钻井液及处理剂新论

王中华　编著

中国石化出版社

内 容 提 要

本书是以介绍钻井液处理剂设计、合成和性能为主，兼顾高性能钻井液体系的专著，全书共分十三章。书中概述了钻井液及处理剂现状与发展方向，探讨了对钻井液及处理剂性能有关认识，详细介绍了含羧酸基聚合物、含磺酸基聚合物、合成树脂类，反相乳液聚合物、聚合物凝胶，天然材料改性等处理剂合成设计及性能，同时还介绍了弱凝胶钻井液、聚合醇钻井液、胺基抑制钻井液、烷基糖苷钻井液、超高温钻井液、超高密度钻井液和油基钻井液等内容。本书力求取材新颖，理论联系实际，研究与应用结合，突出实用价值。

本书可供从事精细化工和油田化学等专业的研究、生产、设计人员以及从事钻井液研究和钻井液现场工程技术的人员阅读，也可供高等院校相关专业师生作为教学参考书。

图书在版编目（CIP）数据

钻井液及处理剂新论/王中华编著. ——北京：中国石化出版社，2016.12

ISBN 978-7-5114-4353-3

Ⅰ. ①钻… Ⅱ. ①王… Ⅲ. ①钻井液-化学处理剂 Ⅳ. ①TE254

中国版本图书馆 CIP 数据核字(2016)第 297306 号

中国石化出版社出版发行

地址：北京市朝阳区吉市口路9号

邮编：100020 电话：(010)59964500

发行部电话：(010)59964526

http://www.sinopec-press.com

E-mail:press@sinopec.com

北京富泰印刷有限责任公司印刷

全国各地新华书店经销

*

787×1092 毫米 16 开本 36.5 印张 869 千字

2016 年 12 月第 1 版 2016 年 12 月第 1 次印刷

定价：120.00 元

前　言

钻井液是钻井中应用的作业流体。在钻井过程中，钻井液起着重要的作用，人们常常把钻井液比喻为“钻井的血液”，是保证安全快速高效钻井的关键，是钻井工程的重要部分。钻井液处理剂是用于配制钻井液，并在钻井过程中维护和改善钻井液性能的化学品。良好的钻井液性能是钻井作业顺利进行的可靠保证，而钻井液处理剂则是保证钻井液性能稳定的基础，没有优质的钻井液处理剂就不可能得到性能良好的钻井液体系。钻井液处理剂是用量最大的油田化学品，它包括无机化工产品、有机化工产品和高分子化合物。

国内系统地开展钻井液及处理剂研究与应用已有40余年的历程，在过去的40余年里，经历起步、发展、完善和提高四个阶段，钻井液处理剂经过由从外专业引进，到专门的处理剂研制而逐步完善配套，与国外相比尽管起步晚，但进步快，某些方面已经跻身国际领先行列，满足了钻井液技术发展的需要。正是由于处理剂的发展，钻井液技术有了长足进步，钻井液由分散到不分散，到低固相、低或/和无黏土相钻井液发展的过程中不断完善配套，不分散低固相聚合物钻井液、“三磺”钻井液、饱和盐水钻井液、聚磺钻井液、聚磺钾盐钻井液、两性离子聚合物钻井液、阳离子聚合物钻井液、正电胶钻井液、硅酸盐钻井液、氯化钙钻井液、有机盐钻井液、甲基葡萄糖苷钻井液、聚合醇钻井液、胺基抑制钻井液、超高温钻井液、超高密度钻井液等一系列水基钻井液体系以及近年来围绕页岩气水平井钻井而开发应用的油基钻井液体系，解决了不同时期、不同阶段、不同地区和不同复杂地质条件下的安全快速钻井难题，促进了钻井液技术进步。

本书是关于钻井液及处理剂，特别是钻井液处理剂设计、开发和应用的专著，是作者30年来在钻井液与完井液方面取得研究成果的基础上，吸收国内外近期发表的有关成果及作者近年来在不同类型的钻井液技术培训班上的讲授内容而形成，它集中反映了我国钻井液处理剂及钻井液体系研究方面取得的成果以及作者对钻井液与处理剂的认识。本书首先从钻井液处理剂现状分析出发，对钻井液处理剂设计、合成和应用进行了系统介绍，结合钻井液新进展，就高性能强抑制水基钻井液、超高温钻井液、超高密度钻井液、弱凝胶钻井液及油基钻井液进行了重点介绍。作者希望本书对提高钻井液及处理剂的认识、处理剂使用及钻井液维护处理水平，尤其是促进钻井液处理剂的研制开发能起到有益的启迪作用。

本书共分十三章，内容以钻井液处理剂为主，兼顾介绍新钻井液体系；处理剂介绍以新为主，兼顾传统，突出研究与设计思路。本书的完成是基于作者对钻井液及处理剂的研究、实践与认识，更是结合我们近期的研究成果及有关文献，所以是集体劳动成果的结晶，在此向曾经参加有关项目研究的同志表示衷心的感谢，同时也向有关文献的作者表示衷心的感谢。

由于本书所涉及的一些思路、部分处理剂和钻井液体系还没有被广泛应用，目前的研究和认识还存在局限性，书中难免有疏漏之处，恳请广大读者批评指正，并提出宝贵意见，以便再版时改正。

王中华

2016年5月于中原油田

目　录

第一章　绪论 …………………………………………………………………………… (1)
第一节　钻井液及处理剂基本知识 ………………………………………………… (1)
一、钻井液处理剂的概念 ……………………………………………………… (1)
二、钻井液处理剂分类 ………………………………………………………… (1)
三、钻井液处理剂的作用 ……………………………………………………… (2)
四、钻井液处理剂剂型介绍 …………………………………………………… (2)
五、钻井液的功能及其分类 …………………………………………………… (7)
六、钻井液在钻井工程中的重要性 …………………………………………… (9)
第二节　高分子基本知识 …………………………………………………………… (10)
一、常用术语 …………………………………………………………………… (10)
二、聚合物反应与分子结构基本概念 ………………………………………… (13)
三、高分子的溶液性质 ………………………………………………………… (15)
第三节　油田化学品基本知识 ……………………………………………………… (15)
一、油田化学品的概念 ………………………………………………………… (15)
二、油田化学品分类 …………………………………………………………… (16)
三、钻井液处理剂在油田化学品中的地位 …………………………………… (18)
第四节　掌握钻井液和处理剂技术的重要性 ……………………………………… (18)
一、有利于提高钻井液处理的针对性 ………………………………………… (18)
二、有利于提高对处理剂的认识 ……………………………………………… (19)
三、有利于促进钻井液体系的健康发展 ……………………………………… (19)
四、有利于规范钻井液体系 …………………………………………………… (20)
五、有利于提高钻井液技术管理水平 ………………………………………… (20)
第五节　研究钻井液处理剂的要求 ………………………………………………… (21)
一、基本要求 …………………………………………………………………… (21)
二、从本质上认识处理剂 ……………………………………………………… (22)
三、把握处理剂发展动态 ……………………………………………………… (22)
四、多元化思路认识处理剂 …………………………………………………… (22)
五、明确不同人员的关注目标 ………………………………………………… (23)
参考文献 …………………………………………………………………………… (24)

第二章 钻井液及处理剂现状与发展方向 …… (25)
第一节 国内外钻井液技术现状 …… (26)
一、抗高温水基钻井液 …… (26)
二、欠平衡钻井液 …… (27)
三、无黏土相盐水钻井液 …… (28)
四、环保钻井液 …… (29)
五、防塌钻井液 …… (31)
六、油基钻井液 …… (33)
七、超高密度钻井液 …… (34)
八、钻井液固相控制 …… (35)
九、新型堵漏材料 …… (35)
十、钻井液无害化处理 …… (35)
第二节 国内钻井液处理剂现状分析 …… (35)
一、处理剂发展回顾 …… (36)
二、对处理剂作用机理的思考 …… (37)
三、制约处理剂发展的因素 …… (38)
第三节 国内钻井液发展分析 …… (40)
一、起步阶段 …… (41)
二、发展阶段 …… (41)
三、完善阶段 …… (43)
四、提高阶段 …… (45)
五、存在的问题 …… (47)
第四节 钻井液及处理剂发展方向 …… (48)
一、处理剂合成用单体 …… (48)
二、钻井液处理剂 …… (49)
三、钻井液 …… (52)
参考文献 …… (55)
第三章 钻井液及处理剂性能的探讨 …… (57)
第一节 钻井液处理剂结构与性能的关系 …… (57)
一、高分子处理剂作用基团及影响因素 …… (57)
二、处理剂分子链刚性对其性能的影响 …… (60)
三、相对分子质量及其分布对处理剂性能的影响 …… (62)
四、高分子处理剂解吸分析 …… (62)

第二节 对钻井液处理剂的认识 …… (63)
一、处理剂及钻井液性能的可变性 …… (63)
二、处理剂结构对应用性能的影响 …… (65)
三、高分子处理剂降解与交联 …… (66)
四、减少处理剂种类、规范标准有利于提高处理剂质量 …… (70)
五、复合和复配型处理剂的优与劣 …… (71)
六、钻井液处理剂功能分析 …… (71)
七、钻井液处理剂选用原则 …… (73)
第三节 对钻井液的认识 …… (77)
一、提高对钻井液设计与维护处理的认识 …… (77)
二、强化钻井液的抑制性,保证钻井液的清洁 …… (78)
三、“预防+巩固”的井壁稳定思路 …… (79)
四、客观认识处理剂和钻井液的作用 …… (79)
五、重视完井阶段的钻井液工作 …… (79)
六、重视油基钻井液技术的发展 …… (80)
七、钻井液及处理剂回归与创新 …… (80)
八、准确理解泥浆、钻井液和钻井流体 …… (81)
九、充分认识环境保护的重要性 …… (81)
第四节 对规范钻井液处理剂及钻井液体系的认识 …… (81)
一、主要处理剂构成分析 …… (82)
二、钻井液处理剂的规范 …… (85)
三、钻井液体系的规范 …… (92)
参考文献 …… (95)
第四章 钻井液用聚合物处理剂设计 …… (96)
第一节 处理剂设计的基本要求与基础 …… (96)
一、基本要求 …… (96)
二、处理剂设计的基础 …… (99)
三、处理剂分子设计的概念 …… (100)
第二节 重要的化学反应 …… (100)
一、聚合物链的控制聚合方法——活性与可控聚合 …… (100)
二、高分子的化学反应 …… (105)
第三节 基本处理剂的设计 …… (113)
一、酚醛树脂磺酸盐的设计 …… (113)

二、乙烯基单体共聚物的合成设计 …………………………………………… (122)
三、天然化合物或高分子材料的改性 ………………………………………… (130)
第四节 抗高温钻井液处理剂设计 ……………………………………………… (135)
一、抗高温处理剂研制的难点 ……………………………………………… (135)
二、高温对聚合物的要求 …………………………………………………… (135)
三、抗高温处理剂的分子设计 ……………………………………………… (136)
四、抗高温处理剂的合成设计 ……………………………………………… (140)
第五节 高性能钻井液处理剂设计 ……………………………………………… (144)
一、高性能处理剂的概念 …………………………………………………… (145)
二、分子设计的基础——影响处理剂性能的因素分析 ……………………… (145)
三、高性能钻井液处理剂设计路线 ………………………………………… (147)
四、高性能处理剂分子设计 ………………………………………………… (149)
五、高性能处理剂合成设计 ………………………………………………… (152)
参考文献 ……………………………………………………………………………… (167)

第五章 含羧酸基多元共聚物处理剂 ………………………………………… (169)
第一节 聚合物的制备方法 ……………………………………………………… (170)
一、单体 ………………………………………………………………………… (170)
二、基本制备方法 …………………………………………………………… (173)
三、钻井液用丙烯酸聚合物制备方法与特点 ……………………………… (175)
第二节 丙烯酰胺-丙烯酸共聚合反应 ………………………………………… (179)
一、丙烯酸、丙烯酸钠与丙烯酰胺聚合反应特征 ………………………… (179)
二、酸性条件下不同因素对共聚合反应的影响 …………………………… (180)
三、碱性条件下不同因素对共聚合反应的影响 …………………………… (182)
四、阳离子单体与丙烯酸、丙烯酰胺共聚反应 ……………………………… (189)
第三节 钻井液用丙烯酸多元共聚物的合成 …………………………………… (193)
一、阴离子型共聚物 ………………………………………………………… (193)
二、两性离子型共聚物 ……………………………………………………… (198)
第四节 常用含羧基聚合物处理剂 ……………………………………………… (207)
一、降滤失剂 ………………………………………………………………… (208)
二、包被、增黏和絮凝剂 ……………………………………………………… (212)
三、防塌剂 …………………………………………………………………… (214)
四、降黏剂 …………………………………………………………………… (216)
参考文献 ……………………………………………………………………………… (221)

第六章 含磺酸基多元共聚物处理剂 …………………………………………………… (223)
第一节 概述 …………………………………………………………………………… (224)
一、2-丙烯酰胺基-2-甲基丙磺酸 ……………………………………………… (224)
二、钻井液用 AMPS 聚合物设计思路 ………………………………………… (228)
三、单体选择 …………………………………………………………………… (229)
四、聚合物抗温机理分析 ……………………………………………………… (232)
五、AMPS 聚合物处理剂的特点 ……………………………………………… (233)
第二节 AM-AMPS 共聚反应 ………………………………………………………… (234)
一、影响共聚反应和产物特性黏数[η]的因素 ……………………………… (235)
二、影响聚合物钻井液性能的因素 …………………………………………… (237)
三、影响低相对分子质量共聚物降黏能力的因素 …………………………… (238)
四、含表面活性剂侧链的聚合物 ……………………………………………… (239)
第三节 AMPS 与烷基取代丙烯酰胺共聚物 ……………………………………… (242)
一、P(AMPS-IPAM-AM)聚合物 ……………………………………………… (242)
二、P(AMPS-DEAM)聚合物 …………………………………………………… (245)
第四节 两性离子型多元共聚物 …………………………………………………… (248)
一、P(AM-AMPS-DMDAAC)共聚物 …………………………………………… (248)
二、P(AHPDAC-HAOPS-AM)共聚物 …………………………………………… (250)
三、P(AODAC-AA-AMPS)共聚物 ……………………………………………… (252)
第五节 其他类型的含磺酸单体聚合物 …………………………………………… (255)
一、超高温聚合物降滤失剂 …………………………………………………… (256)
二、P(AOBS-AM-AA)/腐殖酸接枝共聚物 …………………………………… (264)
第六节 含磺酸基聚合物钻井液处理剂 …………………………………………… (270)
一、阴离子型聚合物 …………………………………………………………… (270)
二、两性离子型共聚物 ………………………………………………………… (277)
参考文献 ……………………………………………………………………………… (282)

第七章 合成树脂磺酸盐类处理剂 …………………………………………………… (284)
第一节 磺甲基酚醛树脂 …………………………………………………………… (284)
一、基本原料 …………………………………………………………………… (285)
二、磺甲基酚醛树脂的合成 …………………………………………………… (287)
三、影响酚醛树脂磺化缩聚反应的因素 ……………………………………… (290)
第二节 改性磺甲基化或磺化酚醛树脂 …………………………………………… (296)
一、两性离子型磺甲基酚醛树脂 ……………………………………………… (296)

二、磺化苯氧乙酸-苯酚-甲醛树脂 …… (297)
三、其他合成树脂磺化产物 …… (300)
第三节 其他类型的合成树脂磺酸盐 …… (302)
一、磺化丙酮-甲醛缩聚物 …… (303)
二、磺甲基三聚氰胺-甲醛树脂 …… (304)
第四节 超高温降滤失剂 …… (304)
一、高温高压降滤失剂 HTASP …… (305)
二、超高温钻井液降滤失剂 P(AMPS-AM-AA)/SMP …… (311)
参考文献 …… (315)

第八章 反相乳液聚合物(类)处理剂 …… (316)
第一节 反相乳液聚合基础 …… (317)
一、基本概念 …… (317)
二、反相乳液聚合体系组成 …… (317)
三、反相乳液聚合方法 …… (320)
第二节 反相乳液聚合体系的稳定性 …… (321)
一、反相乳液体系的稳定性 …… (321)
二、反相微乳液体系 …… (323)
第三节 反相乳液聚合 …… (324)
一、丙烯酰胺反相乳液聚合 …… (324)
二、丙烯酸-丙烯酰胺反相乳液聚合 …… (325)
三、AMPS 与 AM、AA 反相乳液聚合 …… (330)
四、阳离子单体与丙烯酸、丙烯酰胺的反相乳液聚合 …… (337)
第四节 钻井液用反相乳液聚合物 …… (340)
一、P(AM-AMPS-DAC)两性离子型反相乳液共聚物 …… (340)
二、梳型 P(AM-AMPS-MAPEME)反相乳液共聚物 …… (345)
三、反相乳液超支化聚合物合成 …… (349)
四、超浓反相乳液和反相微乳液聚合 …… (353)
五、下步工作 …… (354)
第五节 钻井液用聚合物反相乳液技术要求与评价方法 …… (355)
一、产品技术要求 …… (355)
二、性能评价方法 …… (356)
参考文献 …… (357)

第九章　弱凝胶钻井液及凝胶堵漏材料 …………………………………………… (359)
第一节　高吸水树脂与水凝胶的概念 ……………………………………………… (359)
一、高吸水树脂 ……………………………………………………………………… (359)
二、水凝胶 …………………………………………………………………………… (361)
三、钻井液用聚合物水凝胶 ………………………………………………………… (362)
第二节　吸水树脂的合成方法 ……………………………………………………… (362)
一、溶液法 …………………………………………………………………………… (363)
二、反相悬浮法 ……………………………………………………………………… (363)
三、反相乳液法 ……………………………………………………………………… (363)
四、辐射引发聚合法 ………………………………………………………………… (364)
第三节　钻井液用聚合物凝胶 ……………………………………………………… (364)
一、低交联度的聚合物凝胶 ………………………………………………………… (364)
二、弱凝胶钻井液的组成 …………………………………………………………… (366)
三、弱凝胶钻井液应用 ……………………………………………………………… (367)
第四节　防漏堵漏用聚合物凝胶 …………………………………………………… (369)
一、聚合物凝胶堵漏剂特点与堵漏机理 …………………………………………… (369)
二、堵漏用聚合物凝胶的合成 ……………………………………………………… (370)
三、地下交联聚合物凝胶体系 ……………………………………………………… (380)
四、存在的不足及下步方向 ………………………………………………………… (381)
参考文献 ……………………………………………………………………………… (382)

第十章　天然材料改性处理剂 ……………………………………………………… (385)
第一节　淀粉类改性处理剂 ………………………………………………………… (385)
一、淀粉醚化产物 …………………………………………………………………… (387)
二、淀粉接枝共聚改性产物 ………………………………………………………… (394)
第二节　纤维素类改性处理剂 ……………………………………………………… (401)
一、纤维素醚化产物 ………………………………………………………………… (402)
二、纤维素接枝共聚物 ……………………………………………………………… (409)
第三节　木质素类改性处理剂 ……………………………………………………… (411)
一、木质素磺酸盐与金属离子的络合物 …………………………………………… (414)
二、接枝共聚物 ……………………………………………………………………… (415)
三、其他类型的反应物 ……………………………………………………………… (417)
四、深度水解再缩合制备改性产物 ………………………………………………… (418)
第四节　栲胶或单宁类改性处理剂 ………………………………………………… (420)

一、栲胶或单宁与氢氧化钠(钾)反应或与金属离子络合物 …… (422)
二、磺甲基反应产物 …… (422)
三、接枝共聚改性产物 …… (424)
第五节 腐殖酸类改性处理剂 …… (426)
一、磺甲基褐煤 …… (427)
二、磺化褐煤与磺化酚醛树脂和(或)水解聚丙烯腈等复合物 …… (428)
三、腐殖酸与烯类单体的接枝共聚物 …… (429)
四、其他反应产物 …… (430)
第六节 植物胶类改性处理剂 …… (432)
一、魔芋胶 …… (432)
二、改性瓜胶 …… (434)
第七节 油脂或油脂改性处理剂 …… (436)
一、油脂的概念 …… (436)
二、油脂的制备方法及来源 …… (436)
三、油脂改性产物及在钻井液中的应用 …… (437)
第八节 存在问题与发展方向 …… (438)
一、存在问题 …… (438)
二、发展方向 …… (439)
参考文献 …… (439)

第十一章 抑制剂及抑制性水基钻井液 …… (445)
第一节 聚合醇及聚合醇钻井液 …… (445)
一、聚合醇的合成 …… (446)
二、聚合醇的特点 …… (447)
三、聚合醇的作用机理 …… (447)
四、钻井液用聚合醇类处理剂 …… (448)
五、聚合醇钻井液的特点 …… (450)
六、聚合醇钻井液 …… (451)
七、聚合醇钻井液及应用 …… (452)
第二节 聚胺、胺基聚醚及胺基抑制钻井液 …… (456)
一、概念 …… (456)
二、聚胺的合成 …… (458)
三、胺基聚醚的合成 …… (459)
四、胺基抑制钻井液 …… (463)

五、今后需要开展的工作 …………………………………………………………… (467)
第三节 烷基糖苷及其钻井液 …………………………………………………… (468)
一、烷基糖苷 …………………………………………………………………… (469)
二、甲基葡萄糖苷钻井液 ……………………………………………………… (470)
三、阳离子烷基糖苷 …………………………………………………………… (472)
四、聚醚胺基烷基糖苷 ………………………………………………………… (476)
第四节 页岩气水平井钻井液 …………………………………………………… (477)
一、页岩气水平井钻井液设计要点 …………………………………………… (478)
二、页岩气水平井钻井液设计 ………………………………………………… (478)
三、下步工作 …………………………………………………………………… (481)
参考文献 ………………………………………………………………………… (482)

第十二章 超高温及超高密度钻井液 …………………………………………… (485)
第一节 超高温钻井液 …………………………………………………………… (485)
一、概述 ………………………………………………………………………… (486)
二、超高温水基钻井液设计与评价 …………………………………………… (489)
三、超高温钻井液的现场应用 ………………………………………………… (497)
四、超高温钻井液的现场维护处理要点 ……………………………………… (499)
五、超高温钻井液发展方向 …………………………………………………… (500)
第二节 超高密度钻井液 ………………………………………………………… (502)
一、超高密度钻井液设计 ……………………………………………………… (503)
二、加重材料的选择 …………………………………………………………… (505)
三、钻井液配方研究及在官7井的应用 ……………………………………… (508)
四、钻井液配方研究及在官深1井的应用 …………………………………… (513)
五、现场施工及维护处理要点 ………………………………………………… (520)
六、下步工作 …………………………………………………………………… (522)
参考文献 ………………………………………………………………………… (523)

第十三章 油基钻井液及处理剂 ………………………………………………… (525)
第一节 油基钻井液基础 ………………………………………………………… (525)
一、油基钻井液基本组成 ……………………………………………………… (525)
二、油基钻井液的基本配方及性能 …………………………………………… (528)
三、油基钻井液现场施工要点 ………………………………………………… (529)
四、典型配方 …………………………………………………………………… (530)

第二节 油基钻井液的应用 ……………………………………………… (534)
一、钻井液体系的应用 ……………………………………………… (535)
二、井壁稳定和封堵探索 ……………………………………………… (536)
第三节 为什么要发展油基钻井液 ……………………………………… (536)
一、油基钻井液发展时机已经成熟 ……………………………………… (537)
二、油基钻井液能够满足复杂地层钻井的需要 ………………………… (537)
第四节 发展油基钻井液需要解决的问题 ……………………………… (539)
一、油基钻井液的悬浮和乳液稳定性问题 ……………………………… (539)
二、油基钻井液的封堵问题 ……………………………………………… (539)
三、油基钻井液流变性对温度的敏感性 ………………………………… (540)
四、钻屑或钻井液污染问题 ……………………………………………… (540)
五、低剪切速率下流变性控制 …………………………………………… (541)
六、固井及后期的井筒清洗问题 ………………………………………… (541)
七、油基钻井液天然气侵及稠油污染问题 ……………………………… (542)
八、其他问题 ……………………………………………………………… (542)
第五节 油基钻井液处理剂 ……………………………………………… (542)
一、重要原料 ……………………………………………………………… (542)
二、乳化剂 ………………………………………………………………… (546)
三、降滤失剂 ……………………………………………………………… (558)
四、润湿剂 ………………………………………………………………… (559)
五、有机膨润土 …………………………………………………………… (560)
六、其他处理剂 …………………………………………………………… (561)
第六节 今后工作方向 …………………………………………………… (565)
一、油基钻井液及处理剂 ………………………………………………… (565)
二、井壁稳定与防漏堵漏 ………………………………………………… (566)
三、油基钻井液及钻屑处理 ……………………………………………… (566)
四、钻井液技术规范 ……………………………………………………… (566)
参考文献 …………………………………………………………………… (567)

第一章 绪 论

尽管关于钻井液及钻井液处理剂已有不少教材和专著进行过详细介绍，但为了了解和准确认识钻井液及钻井液处理剂，便于对本书内容的理解，仍然需要对与钻井液及化学合成相关的一些知识进行介绍和讨论。作为复习性的内容，本章在钻井液及处理剂基本知识、高分子基本知识介绍的基础上[1~5]，结合作者从事钻井液工作的实践和认识，阐述了钻井液处理剂在油田化学品中的重要性、掌握钻井液及处理剂技术的重要性以及学习钻井液及处理剂的要求等[6,7]，希望通过本章的介绍能够对钻井液及处理剂有个基本的认识。

第一节 钻井液及处理剂基本知识

本节围绕钻井液处理剂的概念、钻井液处理剂分类、钻井液处理剂的作用、钻井液处理剂剂型以及钻井液及其分类进行简要介绍。

一、钻井液处理剂的概念

钻井液处理剂是指在石油钻井过程中，用于配制钻井液，并为了调节钻井液的性能，保证钻井作业的顺利进行所使用的化工产品，它通常包括无机化工产品、有机化工产品和高分子化合物，钻井用化学品属于油田化学品的重要部分。但在实际应用中，把诸如堵漏剂、解卡剂、缓蚀剂等用于处理钻井过程中出现漏失、卡钻等复杂情况以及防止或减缓钻具腐蚀的材料等也纳入了钻井液处理剂。

本书涉及的钻井液处理剂主要为适用于水基钻井液的处理剂，且以水溶性聚合物材料为主，并以溶液形式用于作业流体，如丙烯酸多元共聚物、2-丙烯酰胺基-2-甲基丙磺酸多元共聚物、磺甲基酚醛树脂、纤维素衍生物、淀粉衍生物、木质素磺酸盐、改性褐煤和栲胶等。而用作油基钻井液和油包水乳化钻井液的处理剂主要以表面活性剂和低相对分子质量有机化合物或聚合物为主。相对于水基钻井液，油基钻井液处理剂不仅品种单一、且用量较少，但近年来随着我国页岩气开发的不断深入，油基钻井液有了一定的应用面，未来油基钻井液处理剂也将会逐步得到发展。

二、钻井液处理剂分类

钻井液处理剂可以根据用途(或功能)及化学性质进行分类。

根据用途或功能通常可将水基钻井液处理剂分为杀菌剂、缓蚀剂、除钙剂、消泡剂、乳化剂、絮凝剂、起泡剂、降滤失剂、堵漏剂、润滑剂、解卡剂、pH 值调节剂、表面活性剂、页岩抑制剂、降黏剂、高温稳定剂、增黏剂和加重剂等。

按化学性质可将水基钻井液处理剂分为无机化合物处理剂和有机化合物处理剂。

(一) 无机化合物处理剂

无机化合物处理剂：氧化物，如氧化钙、氧化镁、氧化锌、三氧化二铁等；碱，如氢氧化钠、氢氧化钾、氢氧化钙、碳酸钠、碳酸氢钠、碳酸钾等;盐,如氯化钠、氯化钾、氯化铵、氯化钙、氯化镁、氯化铝、硫酸钠、硫酸钾、硫酸铵、磷酸钾、磷酸铵等;黏土矿物,如膨润土、蒙脱石、凹凸棒石等;无机高分子,如羟基铝、正电胶等。

(二) 有机化合物处理剂

① 有机化合物:矿物油,如原油、柴油、白油等;有机物,如醛、醇、酯、胺以及甲酸盐、乙酸盐、丙酸盐等;表面活性剂,如阴离子表面活性剂、阳离子表面活性剂、非离子表面活性剂、两性离子表面活性剂。

② 高分子化合物:天然高分子化合物及其衍生物,如木质素类(FCLS、硝基木质素等),单宁类(单宁酸钾、单宁酸钠、磺化单宁酸钠、磺化栲胶等),纤维素类(羧甲基纤维素、羟乙基纤维素等),淀粉类(预胶化淀粉、羧甲基淀粉等),腐殖酸类(腐殖酸钾、磺化褐煤等),多糖类,生物聚合物类;合成高分子化合物,如阴离子型聚合物、阳离子型聚合物、两性离子型聚合物、油溶性树脂等。

相对于水基钻井液,油基钻井液处理剂还比较少,根据用途可将油基钻井液处理剂分为乳化剂、润湿剂、降滤失剂、增黏剂、碱度调节剂、加重剂和封堵剂等。

需要强调的是,在目前关于钻井液处理剂的功能分类中还存在指代不明的问题,即把并不属于钻井液处理剂的材料也纳入处理剂,如解卡剂、堵漏剂、防塌剂、缓蚀剂等。根据化学剂所针对的主体,将其分为钻井液处理剂、储层保护用化学剂和钻遇复杂预防与处理用化学剂更科学,在今后的标准及命名规范中需要予以重视。由于国内油基钻井液也逐步成熟,因此今后还需要将油基钻井液处理剂一并考虑,以保证钻井液处理剂分类更加完整和规范。

三、钻井液处理剂的作用

钻井液处理剂是钻井液的主要成分,是保证钻井液良好性能的关键。良好的钻井液体系及钻井液性能是钻井作业顺利进行的可靠保证,而钻井液处理剂则是保证钻井液性能稳定的基础,没有优质的钻井液处理剂就不可能得到性能良好的钻井液体系。

具体而言,钻井液处理剂在钻井液中的作用主要是:形成结构、分散、吸附(包括离子交换吸附)、絮凝(选择性絮凝)、胶凝和胶溶、乳化和破乳、起泡和消泡、润滑、杀菌、缓蚀、润湿、降滤失、增黏、降黏、pH 值调节、封堵、清洁、稳定黏土和防塌以及高温稳定等。表 1-1 给出了水基钻井液处理剂主要产品和功能。

四、钻井液处理剂剂型介绍

(一) 降滤失剂

降滤失剂的作用是用来降低钻井液的滤失量。滤失量是钻井液中的液相通过滤饼进入到地层的量度,与过滤和压差密切相关。

钻井液的滤失量密切关系到油气层保护、井壁稳定和高渗透渗滤面上厚滤饼的形成以及钻井液性能的稳定,因此在钻井中控制钻井液的滤失量非常重要。钻井液降滤失剂是指用来降低钻井液的滤失量、改善泥饼质量、提高钻井液的稳定性的化学剂,是非常重要且用量最大的钻井液处理剂之一。它主要包括水溶性的天然或天然改性高分子材料、合成树脂和合成聚合物以及一些具有堵孔作用的不同粒径分布的惰性或非水溶性材料。

① 天然或天然改性高分子材料:腐殖酸改性产品,如腐殖酸钠、腐殖酸钾、聚合腐殖

酸、磺甲基腐殖酸钠、磺甲基腐殖酸钾等;淀粉衍生物,如预胶化淀粉、羧甲基淀粉钠(钾)、羟丙基淀粉、磺烷基化淀粉、阳离子或两性离子淀粉和接枝改性淀粉等;纤维素衍生物,如羧甲基纤维素钠、聚阴离子纤维素钠、羟乙基纤维素、羟丙基纤维素、接枝改性纤维素等;木质素改性产物,如木质素磺酸盐接枝共聚物、缩合木质素磺酸盐等。

② 合成树脂:酚醛树脂类,如磺甲基酚醛树脂、阳离子改性磺甲基酚醛树脂、磺化苯氧乙酸-苯酚甲醛树脂、磺化酚脲树脂和磺化三聚氰胺甲醛树脂等;天然产物改性酚醛树脂类,如磺化褐煤磺化酚醛树脂、磺化木质素磺化酚醛树脂、磺化栲胶磺化酚醛树脂等。

③ 合成聚合物:聚丙烯腈水解物,如水解聚丙烯腈钠盐、水解聚丙烯腈钾盐、水解聚丙烯腈铵盐和水解聚丙烯腈钙盐等;聚丙烯酰胺类,如非水解聚丙烯酰胺、水解聚丙烯酰胺钠盐、水解聚丙烯酰胺钾盐等;丙烯酰胺多元共聚物,如阴离子型丙烯酰胺、丙烯酸等单体多元共聚物,阴离子型丙烯酰胺、AMPS等单体多元共聚物,阳离子型丙烯酰胺、DMDAAC等单体多元共聚物,两性离子型丙烯酰胺、丙烯酸、DMDAAC等单体多元共聚物等。同时还有多元共聚物反相乳液。

④ 惰性或非水溶性材料:主要有超细碳酸钙、油溶性树脂、超细纤维素、超细木质素、沥青等。

在降滤失剂中许多产品均具有高温稳定作用。

表1-1 钻井液处理剂主要产品和功能

产品类型	产品名称	主要功能
矿物产品	膨润土、海泡石	配浆、控制滤失量、增黏
	重晶石、钛铁矿粉、石灰石粉	加重
	石棉	堵漏、增黏、携砂
	超细碳酸钙	暂堵
天然产品	木质素、纤维素	堵漏
	淀粉	降滤失
	栲胶、单宁	降黏
	褐煤	降黏、降滤失、高温稳定
天然改性和合成有机化学品	木质素磺酸盐	降黏
	改性纤维素类产品	增黏、降滤失
	改性淀粉类	降滤失
	生物聚合物	增黏
	合成聚合物	增黏、絮凝、降滤失、流型改进、降黏
	表面活性剂	乳化、起跑、消泡、润滑
	聚合醇类	封堵、润滑、防塌
	胺基聚醚	抑制剂
无机化学品	氯化钠、氯化钾、氯化钙	抑制防塌
	烧碱、纯碱	调节pH值,除钙
	亚硫酸钠、亚硫酸铵	除氧

(二) 降黏剂(稀释剂、分散剂、解絮凝剂)

这类处理剂可用来改变钻井液中的固相含量和黏度之间的相互关系,也可用于降低钻井液的静切力,提高钻井液的流动性等。单宁(栲胶)或改性单宁、各种多磷或膦酸盐、褐煤或改性褐煤和木质素磺酸盐等可作为稀释剂或解絮凝剂使用。稀释剂的主要功能是作为解絮凝剂，以降低黏土颗粒之间的吸引力(絮凝作用)，解除由于吸引力造成的钻井液黏度和胶凝强度增加。

在钻井过程中，钻井液的黏度和切力过大或过小都会产生不利的影响，因此必须严格控制。钻井液降黏剂是指能够降低钻井液黏度和切力、改善钻井液流变性能的化学剂，主要包括天然或天然改性高分子材料以及合成聚合物。

① 天然或天然改性高分子材料：单宁类，如单宁酸钠(钾)、磺化栲胶、磺甲基单宁酸钠等；木质素磺酸盐类，如铁铬木质素磺酸盐、钛铁木质素磺酸盐、乙烯基单体-木质素磺酸盐接枝共聚物等；腐殖酸改性产品，如腐殖酸钠、腐殖酸钾、磺甲基腐殖酸钠等。

② 合成聚合物：聚丙烯酸，如水解聚丙烯腈钠盐降解产物、低分子量聚丙烯酸钠等；烯类单体多元共聚物，主要为低相对分子质量的聚合物，如丙烯酸等单体的均聚物或共聚物、AMPS 等单体的均聚物或共聚物、磺化苯乙烯-马来酸酐共聚物、乙酸乙烯酯-马来酸共聚物、两型离子型丙烯酸-烯丙基三甲基氯化铵等单体多元共聚物等。

此外，部分有机磷酸盐也可以作为钻井液的降黏剂，如羟基亚乙基二膦酸、氨基三亚甲基膦酸、乙二胺四亚甲基膦酸等。

(三) 絮凝剂

钻井液絮凝剂是指能使钻井液中黏土颗粒聚结、沉降或适度絮凝的化学剂，可以用来提高钻井液的清洁能力，在低固相钻井液中澄清液相或使固相脱水，也可使钻井液中的胶体颗粒聚集或成絮凝物并使其沉降，控制钻井液中劣质土和有害固相。絮凝往往也伴随着包被，通常所说的包被作用常与絮凝作用并存，有时两者又很难区分。

这类产品包括无机化合物和合成聚合物：无机化合物包括 NaCl(或盐水)、$FeCl_3$、$FeSO_4$、$Al_2(SO_4)_3$、$AlCl_3$、熟石灰、石膏以及聚合铁、聚合铝等；合成聚合物主要为高相对分子质量的合成聚合物，并要求聚合物分子中有足够多的吸附基团，如高相对分子质量聚丙烯酰胺和水解聚丙烯酰胺、80A-51、高相对分子质量的阳离子聚丙烯酰胺、两性离子聚合物等。

(四) 增黏剂

在钻井过程中，钻井液的黏度和切力过大或过小都会产生不利影响，因此必须严格控制。钻井液增黏剂是能够增加钻井液黏度和切力，提高钻井液悬浮能力的化学剂，主要包括纤维素衍物、合成聚合物、生物聚合物、植物胶和无机物等。

① 纤维素衍生物：包括羧甲基纤维素钠、聚阴离子纤维素钠、羟乙基纤维素等。

② 合成聚合物：主要是聚丙烯酰胺类(非水解聚丙烯酰胺、水解聚丙烯酰胺钠盐)和丙烯酰胺多元共聚物 (阴离子型丙烯酰胺、阳离子型丙烯酰胺、丙烯酸等单体多元共聚物，AMPS 等单体多元共聚物，DMDAAC 等单体多元共聚物，两性离子型丙烯酰胺、丙烯酸、DMDAAC 等单体多元共聚物)等。

③ 生物聚合物：典型的代表产品是黄原胶。

④ 植物胶：主要有瓜尔胶、魔芋胶及其羧甲基或羟丙基改性产物等。

⑤ 无机物：主要为黏土矿物，如膨润土、凹凸棒土、锂镁硅酸盐凝胶、铝镁硅酸盐凝胶等，同时还有混合层间金属氢氧化物，即所谓的正电胶。

(五) 页岩抑制剂

页岩抑制剂是指用于抑制因页岩中所含黏土矿物的水化膨胀分散而引起的钻井液低

密度固相增加和井壁失稳的化学剂，主要包括无机盐类、合成聚合物类、合成树脂类、腐殖酸盐类和沥青类。

① 无机盐类：包括氯化钠、氯化钾、氯化铵、氯化钙、氯化镁、硫酸钾、硫酸铵、磷酸钾、磷酸铵、磷酸氢二铵等。

② 有机盐类：包括甲酸钾、甲酸钠、甲酸铯、醋酸钾、醋酸铵、丙酸钾、柠檬酸钾(或铵)、酒石酸钾(或铵)等。

③ 合成聚合物类：包括高相对分子质量的水解聚丙烯酰胺钾盐，水解聚丙烯腈钾盐、铵盐以及阳离子和两性离子聚合物等。

④ 腐殖酸盐类：主要有腐殖酸钾、腐殖酸铵、有机硅腐殖酸钾、腐殖酸钾与合成树脂或水解聚丙烯腈钾(或铵)盐的反应物等。

⑤ 沥青类：主要有磺化沥青钠、钾以及磺化沥青与腐殖酸钾的复合物等。

(六) 润滑剂

润滑剂是指能降低钻具与井壁摩擦阻力的化学剂，其作用是能有效降低泥饼摩擦系数，提高钻井液润滑性，减小扭矩，防止井下卡钻事故发生。这类产品大多为多种材料的复配物。常用的产品主要为液体润滑剂和固体润滑剂。

① 液体润滑剂：由烷基苯磺酸、聚氧乙烯烷基苯酚醚、聚氧乙烯烷基醇醚、聚氧乙烯硬脂酸酯、聚氧乙烯高碳羧酸酯、聚氧乙烯聚氧丙烯二醇醚、聚氧丙烯聚氧乙烯聚氧丙烯甘油醚、山梨醇酐脂肪酸酯、甘油三酸酯硬脂酸盐等表面活性剂、植物油和矿物油等混合而成，也可以用工业废料和表面活性剂配制。一些合成的脂肪酸酯或脂肪酸酰胺可以直接作为润滑剂，如脂肪酸甲酯(包括油酸甲酯、硬脂酸甲酯等)、脂肪酸多元醇酯(甘油酯、季戊四醇酯等)、脂肪酸甲酰胺、乙酰胺等。

② 固体润滑剂：主要包括玻璃小球、塑料小球(主要为二乙烯苯和苯乙烯的交联聚合物)和石墨粉等。

(七) 高温稳定剂

高温稳定剂是指用于提高高温条件下钻井液的流变性能和滤失性能，并在高温条件下持续发挥钻井液功能的处理剂。大多数合成树脂或树脂复合类降滤失剂都可以作为高温稳定剂。这类处理剂包括丙烯酸盐聚合物、AMPS 聚合物和共聚物以及褐煤、木质素磺酸盐和单宁改性处理剂。一些具有除氧作用的化合物也可以作为高温稳定剂。

(八) 消泡剂

减少钻井液发泡作用或消除钻井液中所产生泡沫是钻井液性能维护处理的关键之一，特别是在盐水钻井液和饱和盐水钻井液中消泡剂更显重要。采用泡沫钻井液钻进时，从井内返出的大量泡沫，往往不能回收再用，而且污染环境，因此也必须对这些返出的泡沫进行消泡处理。

凡是加入少量就能使泡沫很快消失的化学剂，称为消泡剂。消泡剂大多数为表面活性剂或其改性产品。消泡剂大致可以分成醇类、脂肪酸及脂肪酸酯类、酰胺类、磷酸酯类、聚硅氧烷类等。

(九) 发泡剂(泡沫剂)

发泡剂是指在水及水基流体中能够产生泡沫的处理剂(表面活性剂)。采用发泡剂可实现气体钻井用于钻水层,同时也可以用于配制泡沫钻井液。为了使生成的泡沫能够比较稳定,在实际应用中,往往需要在表面活性剂的配方中加入一些辅助表面活性剂(称之为稳泡剂)。常用的稳泡剂为月桂酰二乙醇胺。在十二烷基苯磺酸钠或十二醇硫酸钠中加入少量月桂酰二乙醇胺,可以得到相当稳定的泡沫。十二烷基二甲基胺的氧化物也是常用的稳泡剂,其效率超过月桂酰二乙醇胺。

(十) pH 值控制剂

用于控制钻井液碱度的化学剂称为 pH 值控制剂,主要用来保证黏土造浆和钻井液处理剂的功能充分发挥。它属于最基本的材料,常用的产品包括氢氧化钠、碳酸钠、碳酸氢钠、氢氧化钾、碳酸钾和石灰等。

(十一) 除钙剂

除钙剂是指用于降低海水或高矿化度水中的钙离子含量、处理水泥污染和地层中的硬石膏、石膏等对钻井液污染的化学剂,如纯碱、碳酸氢钠、烧碱和某些多磷酸盐等。

(十二) 杀菌剂

杀菌剂是指能杀死细菌,维护钻井液中各种处理剂使用性能,特别是用来防止淀粉、生物聚合物等有机添加剂被细菌降解的化学剂,主要包括氯化十二烷基铵、氯化十八烷基铵、氯化十二烷基三甲基铵、十二烷基二甲基苄基氯化铵、甲醛、戊二醛等。

(十三) 缓蚀剂

缓蚀剂是指在控制钻井液 pH 值的条件下,用来防止或减缓钻具腐蚀、中和钻井液中有害酸性气体和防止结垢的化学剂。一般的缓蚀剂是胺基或磷酸盐基产品,也有其他专门配制的化学产品。由于缓蚀剂的效果不能直观从钻井液性能反映,现场一般很少采用,但其对钻具和循环系统的腐蚀防护非常重要,应引起重视。

(十四) 乳化剂

乳化剂是指用于使两种互不相溶的液体成为非均匀混合物(乳状液)的化学剂。这类处理剂包括:用于油基钻井液中的脂肪酸和有机胺的化学反应产物、Span 类产品等以及用于水基钻井液中的清洁剂、脂肪酸盐、水溶性表面活性剂等,可分为阴离子型、非离子型、阳离子型和两性离子型等不同离子性质的产品。

(十五) 堵漏剂

堵漏剂是指在钻井过程中用以封堵漏失层,隔离井眼表面和地层,以便在随后的作业中不会再造成钻井液漏失的材料。

堵漏剂主要由活性材料和惰性材料组成:活性材料主要有石灰、水泥、石膏、水玻璃、酚醛树脂、脲醛树脂、可交联高分子聚合物(以下简称可交联高聚物)等;惰性材料主要有果壳、蚌壳、蛭石、云母、植物纤维、矿物纤维以及人工合成的热固性树脂薄片等。堵漏剂还包括一些随钻封堵渗透性漏失的防漏材料。

堵漏剂通常为复配型产品,现场施工中也常常将多种材料配伍使用,此外还有凝胶聚合物等吸水膨胀材料。

(十六) 解卡剂

压差卡钻是钻井中经常会遇到的复杂情况之一,严重影响到钻井作业的安全顺利进行。解卡剂是指用于浸泡钻具在井内被泥饼黏附的井段,以降低其摩阻系数解除压差卡钻的化学剂。解卡剂主要由表面活性剂、增稠剂、加重剂和原油、柴油、煤油等组成,属于复配产品。

解卡剂通常有液体和固体两种形式的产品。性能适当的油基钻井液可以直接作为水基钻井液压差卡钻的解卡剂使用。

(十七) 加重剂

加重剂是指用于提高钻井液密度的材料,由不溶于水的高密度惰性物质经研磨加工制备而成。加重材料应具有自身密度大、磨损性小,易粉碎等特点,同时呈惰性,即既不溶于钻井液,也不与钻井液中的其他组分发生相互作用。

加重剂有重晶石粉、石灰石粉、铁矿粉和钛铁矿粉、锰矿粉、方铅矿粉等。这些加重剂中用量最多、应用最广泛的是重晶石粉,其他材料应用较少,通常在有特殊要求时使用,如石灰石粉、铁矿粉和钛铁矿粉适于在非酸敏性而又需进行酸化作业的产层中使用,以减轻钻井液对产层的损害。而对于方铅矿粉,由于其成本高、货源少,一般仅限于在地层孔隙压力极高的特殊情况下使用。

对于一些可以配制高密度盐水的化学剂也可以看作加重材料,如溴化钙、氯化锌、甲酸盐等。

五、钻井液的功能及其分类

(一) 钻井液的功能

钻井液是油气钻井过程中以其多种功能而满足安全钻井作业需要的各种循环流体的总称。钻井液的循环是通过泥浆泵来维持的。钻井液工艺技术是油气钻井工程的重要组成部分,在钻井过程中,钻井液是确保安全、优质、快速钻井的关键,故人们常常把钻井液喻为"钻井的血液",其基本功能如下:

① 携带和悬浮岩屑。钻井液首要的和最基本的功用是通过其本身的循环,将井底被钻头破碎的岩屑携至地面,以保持井眼清洁,使起下钻畅通无阻,并保证钻头在井底始终接触和破碎新地层,不造成重复切削,保持安全快速钻进。在接单根、起下钻或因故停止循环时,钻井液又将井内的钻屑悬浮在钻井液中,使钻屑不会很快下沉,防止沉砂卡钻等情况的发生。

② 稳定井壁和平衡地层压力。井壁稳定、井眼规则是实现安全、优质、快速钻井的基本条件。性能良好的钻井液应能借助于液相的滤失作用,在井壁上形成一层薄而韧的滤饼,以稳固已钻开的地层并阻止液相侵入地层,降低泥页岩水化膨胀和分散的程度。与此同时,在钻进过程中需通过不断调节钻井液密度,使液柱压力能够平衡地层压力,从而防止井塌和井喷(或井涌)等井下复杂情况的发生。

③ 冷却和润滑钻头、钻具。在钻进中钻头一直在高温下旋转并破碎岩层,产生很多热量,同时钻具也不断地与井壁摩擦而产生热量。正是通过钻井液不断地循环作用,将这些热量及时吸收,然后带到地面释放,从而起到冷却钻头、钻具,延长其使用寿命的作用。钻井液的存在使钻头和钻具均在液体内旋转,在很大程度上降低了摩擦阻力,起到了很好的润滑作用。

④ 传递水动力。钻井液在钻头喷嘴处以极高的流速冲击井底,从而提高了破岩效率和钻井速度。高压喷射钻井正是利用了这一原理,即采用高泵压钻进,使钻井液所形成的高

速射流对井底产生强大的冲击力,从而显著提高钻速。在使用涡轮钻具钻进时,钻井液在钻杆内以较高流速流经涡轮叶片,使涡轮旋转并带动钻头破碎岩石。

(二) 钻井液的分类

按照密度大小,可以将钻井液分为低密度钻井液和高密度钻井液。通常对于水基钻井液,其分类既可以根据配浆水、土、固相和处理剂四者全部作为依据,也可以部分考虑,其命名分类可以参考图 1–1 所示的组合情况,并选择关联的因素作用依据。

如按与黏土水化作用的强弱,钻井液可分为非抑制性钻井液和抑制性钻井液。按其固相含量的不同,将固相含量较低的叫低固相钻井液,基本不含固相的叫无固相钻井液。然而,一般所指的分类方法是按钻井液中流体介质和体系的组成特点来进行分类的,通常根据基液或流体的性质,可以简单的分为水基钻井液、油基钻井液和气体钻井流体等三种类型。而油基钻井液则分为纯油和油包水乳化钻井液,同时还有为了解决油基钻井液存在的对环境影响问题而开发的合成基钻井液,下面从不同方面介绍。

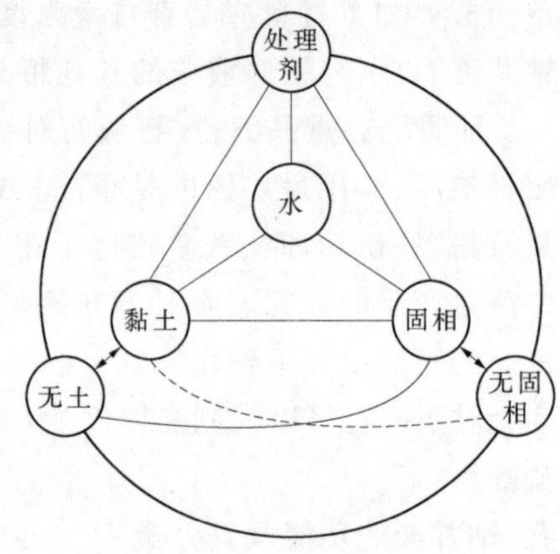

图 1–1 水基钻井液构成关系图

1.水基钻井液

① 分散钻井液:用淡水、膨润土和各种对黏土与钻屑起分散作用的处理剂配制而成的水基钻井液,包括非抑制性分散钻井液和抑制性分散钻井液。其特点是可容纳较多的固相,适合于配制较高密度的钻井液,容易在井壁上形成较致密的泥饼,滤失量较低。某些分散钻井液,如“三磺”钻井液体系具有较强的抗温能力,适合于深井和超深井使用。“三磺”钻井液体系也是国内最早应用的深井、超深井钻井液体系之一。

② 不分散钻井液:用淡水、膨润土和各种对黏土与钻屑起包被、絮凝作用的聚合物处理剂配制而成的水基钻井液。其特点是能够有效地控制钻井液中固相含量和固体颗粒的粒度分布,使钻井效率大幅度提高,以水解聚丙烯酰胺或其衍生物为主处理剂的聚合物低固相钻井液适用于高压喷射钻井。

③ 钙处理钻井液:同时含有一定浓度的 Ca^{2+}和分散剂的钻井液体系。其特点是抗盐、钙污染的能力强,同时具有抑制黏土的水化分散作用,能够有效地控制页岩坍塌和井径扩大,减少对油气层的损害。

④ 聚合物钻井液:以具有絮凝和包被作用的高分子聚合物(以下简称高聚物)作为主处理剂的水基钻井液体系。其特点是各种固相颗粒可以保持在较粗的范围内,钻屑不易分散成细微颗粒。钻井液密度和固相含量低,钻速高,地层损害小,剪切稀释特性强,由于聚合物处理剂有较强的包被、絮凝和抑制分散的能力,有利于钻井液清洁和井壁稳定。

⑤ 盐水钻井液:用盐水或海水配制而成的钻井液,含盐量从 1%直至饱和之前。其特点是有较强的抑制黏土水化分散的作用。当钻井液中 NaCl 的含量接近饱和时,称欠饱和盐水钻井液,达到饱和时就形成了饱和盐水钻井液体系。饱和盐水钻井液适用于钻进大段岩层和复杂的盐膏层,也适用于钻强水敏性地层。

⑥ 钾基聚合物钻井液:以各种聚合物的钾(或铵、钙)盐和 KCl 为主处理剂的防塌钻井

液体系。其特点是体系中的KCl具有很强的抑制黏土水化分散的能力。由于钾离子的抑制和聚合物的包被作用,使体系在保证钻井液的各种优良性能的同时,对泥页岩地层具有良好的防塌效果。

此外,在防塌钻井液体系方面还发展了正电胶钻井液、硅酸盐钻井液、两性离子聚合物钻井液、聚合醇钻井液、甲基葡萄糖苷钻井液、胺基抑制钻井液等一些防塌钻井液体系。

2.油基钻井液

以油作为连续相的钻井液为油基钻井液,它包括纯油基钻井液和油水体积比在(50~80):(50~20)油包水乳化钻井液。其特点是抗高温能力强,有很强的抑制性和抗盐、钙的污染能力,且润滑性好,能有效地减轻对油气层的伤害。目前国内已经在强水敏性地层和页岩气水平井钻井中广泛应用油基钻井液。

3.合成基钻井液

合成基钻井液是指以合成的有机化合物作为连续相,盐水作为分散相,并含有乳化剂、降滤失剂、流型改进剂的一类钻井液。其特点是使用无毒并且能够生物降解的非水溶性的有机物取代了油基钻井液中柴油、白油等,使其不仅保持了油基钻井液的优良特性,而且大大减轻了钻井液排放时对环境造成的不良影响,尤其适合于海上钻井以及对环保要求高的地区钻井。

4.气体型钻井流体

气体钻井是近几年新发展起来的一种欠平衡钻井方式,用气体压缩机向井内注入压缩气体,依靠环空高压气体的能量,把钻屑从井底带回地面,并在地面进行固/气体分离,将分离出的可燃气体燃烧释放、除尘、降噪的一种钻井方式。气体钻井不但可用于油气钻井,近年来还用于煤层气钻井。气体型钻井流体包括空气或天然气钻井流体、雾状钻井流体、泡沫钻井流体和充气钻井液。和传统钻井液钻井相比,其特点是能够提高机械钻速,减少或避免井漏,延长钻头寿命,减少井下复杂事故,减少完井增产措施,降低钻井综合成本,保护油气产层,增加油气产量。

六、钻井液在钻井工程中的重要性

在目前情况下,钻井还离不开钻井液,即使是采用空气钻(因为空气钻井钻遇出水时转化雾化、泡沫、向钻井液转换时的井壁稳定等,都需要从钻井液方面采取措施),可以说没有钻井液,钻井作业就不能安全、顺利实施。钻井液的复杂问题也会引起钻井过程中的一系列复杂问题,钻井液同时也是解决复杂问题的“平台”,即多数复杂问题的解决都离不开钻井液的平台作用。

在钻井过程中如果能够真正的重视钻井液,将会更有利于安全快速钻井,减少井下复杂情况的发生。可见,准确理解钻井液在钻井工程中的作用,对钻井液选择、应用以及钻井液复杂情况预防与处理很重要。

钻井液性能要满足安全快速钻井的需要,不可能没有处理剂,钻井液能否达到有效的维护和处理与处理剂性能密切相关,可见处理剂是钻井过程中保证钻井液性能稳定、满足复杂条件下钻井需要的根本保障。处理剂的性能、质量和处理剂的水平以及处理剂的选择与使用均是保证钻井液性能的关键,从这一点上可以说处理剂的质量和水平决定着钻井液的水平。

满足安全顺利钻井的需要是钻井液进步的基本要求，而处理剂的推动作用更关键。巧妇难为无米之炊，对于钻井液也一样，没有新的高性能处理剂，钻井液性能就难有突破，钻井液技术就难有发展。任何时候，钻井液体系及钻井液技术的进步都是基于新处理剂的出现，钻井液从分散到不分散，从对污染敏感到抗污染能力强，尤其是超高温钻井液、超高密度钻井液技术的进步，更是依赖钻井液处理剂的发展。如，官深1井超高密度钻井液(密度最高2.87g/cm³)之所以能够成功实施，针对超高密度钻井液需要研制的分散剂和降滤失剂是关键。

第二节 高分子基本知识

高分子科学已经发展成为一门独立的学科，与其他传统学科不同，它既是一门基础学科，又是一门应用科学。高分子科学是建立在有机化学、物理化学、生物化学、物理学和力学等学科基础上的一门新兴交叉学科，现已渗透到许多传统的学科之中。目前已形成了高分子化学、高分子物理、高分子材料和高分子工艺等4个主要的分支。

由于多数钻井液处理剂均是高分子材料，或以高分子材料为主的复合物，为方便描述和理解，本节就有关高分子的基本知识进行简要介绍。

一、常用术语

① 单体：单体是一种化合物，它能与其他相同或不同类型的分子结合而形成聚合物。作为单体的化合物必须具有至少两个可反应的位置，并具有能引入其他单体构成聚合物的功能。

② 高分子：也叫聚合物或大分子，具有高的相对分子质量，其结构必须是由多个重复单元所组成，并且这些重复单元实际上或概念上是由相应的小分子衍生而来。

③ 聚合物：也叫高分子化合物，又称大分子或高分子，是由大量的简单分子(单体)化合而成的高相对分子质量的大分子所组成的天然或合成的物质。聚合物包括线型聚合物、支链聚合物和体形聚合物。

④ 链原子：构成高分子主链骨架的单个原子。

⑤ 链单元：链原子及其取代基组成的原子或原子团。

⑥ 主链：构成高分子骨架结构，以化学键结合的原子集合。

⑦ 侧链或侧基：侧链或侧基是连接在主链原子上的原子或原子集合，又称支链。支链可以较小，称为侧基；也可以较大，称为侧链。

⑧ 结构单元：构成高分子主链结构一部分的单个原子或原子团，可包含一个或多个链单元。

⑨ 重复结构单元：重复组成高分子分子结构的最小的结构单元。

⑩ 单体单元：聚合物分子结构中由单个单体分子生成的最大的结构单元。

⑪ 聚合度：单个聚合物分子所含单体单元的数目。

⑫ 末端基团：高分子链的末端结构单元。

⑬ 遥爪高分子：含有反应性末端基团、能进一步聚合的高分子。

⑭ 数均相对分子质量 $\overline{M}_n$：通常由渗透压、蒸汽压等依数性方法测定，其定义是某体系

的总质量 W 为分子总数所平均，见式(1–1)。低分子部分对数均相对分子质量有较大贡献。

$$\overline{M}_n=\frac{W}{\sum N_i}=\frac{\sum N_iM_i}{\sum N_i}=\frac{\sum W_i}{\sum (W_i/M_i)}\sum N_iM_i \tag{1-1}$$

⑮ 重均相对分子质量 $\overline{M}_w$：通常由光散射法测定，见式(1–2)。高相对分子质量部分对重均相对分子质量有较大的贡献。

$$\overline{M}_w=\frac{\sum W_iM_i}{W_i}=\frac{\sum N_iM_i^2}{\sum N_iM_i}\sum W_iM_i \tag{1-2}$$

式(1–1)、式(1–2)中，N_i、W_i、M_i 分别代表体系中 i–聚体的分子数、质量和相对分子质量。对所有大小的分子，即从 $i=1$ 至 $i=\infty$ 作总和。N_i 和 W_i 分别代表 i–聚体的分子分率和质量分率。

⑯ 黏均相对分子质量 $\overline{M}_v$：用溶液黏度法测得的平均相对分子质量为黏均相对分子质量，见式(1–3)。

$$\overline{M}_v=\left(\frac{\sum W_iM_i^a}{W_i}\right)^{1/a}=\left(\frac{\sum N_iM_i^{a+1}}{\sum N_iM_i}\right)^{1/a} \tag{1-3}$$

式中：a 是高分子稀溶液特性黏数—相对分子质量关系式中的指数，一般在 0.5~0.9 之间。

⑰ 相对分子质量分布宽度：单独一种平均相对分子质量往往还不足以表征聚合物的性能，需要了解相对分子质量分布的情况。聚合物的相对分子质量多分散性有分布指数和分布曲线这两种表示方法。

以 $\overline{M}_w/\overline{M}_n$ 的比值来表示相对分子质量分布的宽度，该比值简称分布指数。对于相对分子质量均一的体系，$\overline{M}_w=\overline{M}_n$，比值为 1。不同方法制得的聚合物，分布指数在 1.5~2 至 20~50 间波动，比值愈大，表明分布愈宽，一般，$\overline{M}_w>\overline{M}_v>\overline{M}_n$。

相对分子质量分布曲线。平均相对分子质量相同的聚合物，相对分子质量分布可能不同，这是由于相对分子质量相等的各部分所占百分比不一致所致。对于钻井液处理剂而言，除了平均相对分子质量大小，相对分子质量分布也是影响聚合物钻井液性能的重量因素之一，低分子部分将使处理剂起到降黏作用，高相对分子质量部分又具有增黏作用，不同作用的产物应有其合理的相对分子质量分布。

⑱ 聚合物类型：高分子最常见的分类方法是按主链结构分类和按用途分类。按高分子主链结构可分为：碳链高分子，主链完全由碳原子组成；杂链高分子，主链除碳原子外，还含氧、氮、硫等杂原子；元素有机高分子(主链上没有碳原子)，例如硅橡胶；无机高分子(完全没有碳原子)，例如聚二硫化硅和聚氟磷氮等。按用途可分为：塑料、橡胶(弹性体)、纤维三大类，如果再加上涂料、黏合剂和功能高分子，则有六大类。

此外，按来源可分为：天然高分子、合成高分子和半天然高分子(改性的天然高分子)；按分子的形状可分为：线型高分子、支化高分子和交联(或称网状)高分子；按单体组成可分为：均聚物、共聚物、高分子共混物(又称高分子合金)。

⑲ 预聚体：又名预聚物，指单体经初步聚合而成的物质。聚合度介于单体与最终聚合

物之间的一种相对分子质量较低的聚合物,通常指制备最终聚合物前一阶段的聚合物。用在单体难于一次完全聚合成聚合物,或避免聚合物在加工成型中容易发生空洞和裂缝的场合。

⑳ 功能高分子:具有特殊的物理或化学性能的高分子,如吸附性能、反应性能、光性能、电性能、磁性能、增黏性能、护胶性等。

㉑ 聚电解质:也称高分子电解质,是一类线型或支化的合成和天然水溶性高分子,其结构单元上含有能电离的阳离子或阴离子基团,可用作增稠剂、分散剂、絮凝剂、乳化剂、悬浮稳定剂、胶黏剂等。不溶性体型聚电解质归入离子交换树脂。

㉒ 梳型聚合物:多个线型支链同时接枝在一个主链之上所形成的像梳子形状的聚合物。

㉓ 星型聚合物:从一个枝化点呈放射形连接出3条以上线型链的聚合物。

㉔ 树型高分子:树型高分子是一类三维、高度有序并且可以从分子水平上控制,设计分子的大小、形状、结构和功能基团的新型高分子化合物。从结构上看,树型高分子是由中心核、内层重复单元和外层端基三部分组成。它就像树枝一样逐层伸展出去,所以称之为“树型高分子”。其高度支化的结构和独特的单分散性使这类化合物具有特殊的性质和功能。

㉕ 超支化高分子:又叫超支化聚合物,是一种具有特殊大分子结构的聚合物。超支化聚合物与线性聚合物在结构上也有很大的差别。线性聚合物中线性部分占大多数,支化点很少,分子链容易缠结,体系的黏度随着相对分子质量的增大而迅速增加。而超支化聚合物中主要是支化部分,支化点较多,支化部分至少呈几率的增长。分子具有类似球形的紧凑结构,流体力学回转半径小,分子链缠结少,所以相对分子质量的增加对黏度影响较小,而且分子中带有许多官能性端基,对其进行修饰可以改善其在各类溶剂中的溶解性,或得到功能材料。

㉖ 体型高分子:由许多重复单元以共价键连接而成的网状结构高分子化合物。这种网状结构,一般都是立体的,所以这种高分子既称为体型高分子,又称网状高分子。体型高分子在性质上不同于线型高分子,在任何溶剂中只能溶胀而不溶解,加热也不熔融,即不溶不熔。

㉗ 交联:交联是线型或支型高分子链间以共价键连接成网状或体型高分子的过程,可以分为化学交联和物理交联。化学交联是指交联剂在一定温度下分解产生自由基,引发聚合物大分子之间发生化学反应,从而形成化学键的过程。化学交联需要有交联剂存在,并在一定温度下进行。通过交联剂使两个或者更多的分子分别偶联,从而使这些分子结合在一起。交联剂是一类小分子化合物,相对分子质量一般在200~600之间,具有两个或者更多的针对特殊基团(氨基、巯基等)的反应性末端。辐射交联属于物理交联,是指在高辐射能量作用下,于常温常压下,高分子结构发生变化,产生自由基,进而在大分子链之间形成化学键的过程。与化学交联相比,辐射交联不用交联剂,可以不引入其他物质,并且可在室温中常压下进行。

㉘ 交联聚合物:又称交联高分子,是三维网状结构的聚合物,不溶解,不熔融,交联聚合物中常存在网络缺陷,如未反应的官能团或链末端的闭合环、套环等。

㉙ 反应性高分子:分子的末端或侧基带有活性反应基团,并可进一步反应改性的高分子化合物。

㉚ 高分子化学反应:高分子化合物的结构发生化学转化的各种过程,包括高分子链的化学组成和功能基的转化以及聚合度、链节序列和表观性能的变化等。高分子反应类型与低分子相似,高分子化合物能进行一般的有机化学反应、络合反应,此外还能进行降解反应、分子间反应、支化和接枝反应以及特有的表面和力化学反应。

㉛ 天然高分子化合物:简称天然高分子,相对于合成高分子而言,天然高分子化合物是自然界或矿物中由生化作用或光合作用而形成,存在于动物、植物或矿物内,例如纤维素、淀粉、蛋白质、木质素、天然橡胶、石棉、云母等,常含有其他高分子物质或矿物杂质,可用物理和化学方法纯化、加工或改性。

二、聚合物反应与分子结构基本概念

(一) 缩聚物与加聚物

由低分子单体合成聚合物的反应通称聚合反应。单体加成聚合反应称加聚反应,其产物称作加聚物。加聚物的元素组成与原料单体相同,仅仅是电子结构有所改变,加聚物的相对分子质量是单体相对分子质量的整数倍。

在聚合反应过程中,除形成聚合物外,同时还有低分子副产物产生的反应,称为缩聚反应,其产物称作缩聚物。缩聚反应兼有缩合出低分子和聚合成高分子的双重涵义,是缩合反应的发展。缩聚反应一般是官能团的反应。反应产物缩聚物中留有官能团的结构特征。如酰胺链 NHCO—、醚键—O—等。因此,大部分缩聚物是杂链聚合物,容易被水、醇、酸等试剂水解、醇解、酸解。但磺甲基酚醛树脂却是非常稳定的缩聚物,在钻井液中即使在200℃以上也可以保持稳定。

加聚反应和缩聚反应的划分是以分子的元素组成和结构形成变化为基础的。

(二) 均聚物与共聚物

聚合物含有的链结构重复单元仅为一种化学组成时,称“均聚物”,可简单表示为:—A—A—A—A—A—,式中 A 为结构单元。

具有两种或两种以上不同初始物的链结构重复单元的聚合物,称为“共聚物”。共聚物的类型有如下几种:

① 无规共聚物。链结构单元无规则地排列于聚合物分子中的一种共聚物。A、B 两种链结构单元排列:—A—A—B—A—B—B—A—。

② 交替共聚物。在聚合物链中每一个第一种链结构单元 A 与第二种链结构单元 B 相连接,可以表示为:—A—B—A—B—A—B—。SSMA 便属此种类型。

③ 接技共聚物。把一个聚合物作为分枝生长在另一个先已形成的大分子上而获得的共聚物。而这种接枝的支链是无规则且不等长的。可以表示为:

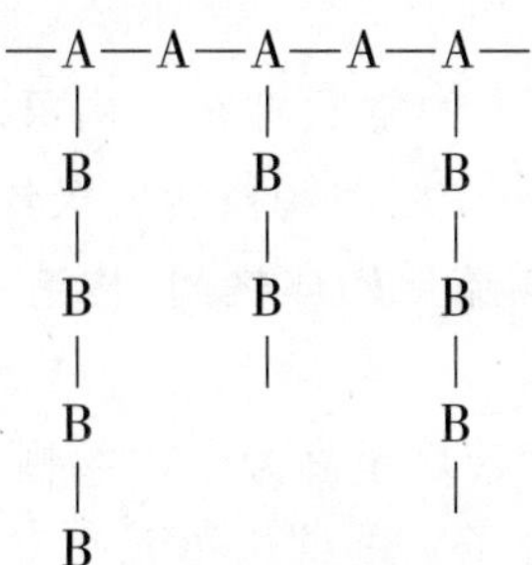

通常利用接枝的方法改进天然聚合物的性能。

④ 嵌段共聚物。主链是由不同重复链结构单元,一定长度的序列组成的共聚物,如—B—B—A—A—A—A—B—B—B—B—A—A—。

(三) 高分子的结构

高分子的结构特征涉及高分子链的柔性和刚性、链的旋转驰豫、链构象运动以及扩散、链的亲水性、疏水性、相转变温度、高分子的自由体积、流动性和微黏度、不同高分子的混溶性等性质。最简单的结构是一个没有分枝的高分子链,链节是它的基本结构单元。

高分子的结构包括一次结构(化学结构)、二次结构(远程结构)和三次结构(凝聚态结构)等。一次结构主要包括:构成高分子的结构单元(化学组成、化学结构、立体异构体等)和单个分子水平的结构(结构单元连接顺序、相对分子质量及其分布、支化、交联以及立体化学问题等)。二次结构主要包括高分子链的大小(相对分子质量)和高分子链(构象)的形态。高分子的一次结构和二次结构属于高分子链的结构。三次结构属于聚集态结构。

1.高分子链的化学结构

合成高分子链结构单元的化学结构是已知的,缩聚过程中缩聚单元的键接方式一般都是明确的,但在加聚过程中,单体的键接方式可以不同。所谓高分子键的近程结构主要指组成高分子的结构单元的化学组成和键接方式、空间排列及支化、交联等问题。

① 线型高分子:整个大分子犹如一根长链,可能比较舒展,也可能蜷曲成团。线型高分子的分子间没有化学键相连。

② 支化高分子:指在大分子链上带有一些长短不一的支链的高分子。在相同相对分子质量时,支化高分子的特性黏数比线型高分子小,而相同特性黏数时,支化高分子的熔体黏度又比线型高分子高。

③ 网状(体型)高分子:高分子链之间通过支链或化学键接可形成为一个三维网状结构的大分子,即所谓交联结构。该类高分子具有不溶不熔的特点。

2.高分子的聚集态结构

高分子的聚集态结构是指高分子链之间的排列和堆砌结构,可分为晶态结构、非晶态结构、液晶结构和取向结构等,是决定高分子本体性质的主要因素,一般由加工成型方法决定,体现在高分子材料的使用性能上。而钻井液用的水溶性高分子,除在改性反应方面涉及聚集态结构,在应用性能方面很少涉及。

(四) 构型与构象

构型系指分子中由化学键所固定的几何排列。由于这种排列非常稳定,要改变构型必须要经过化学键的断裂。因此构型异构体之间在化学键不发生断裂的情况下是不能互相转变的。

构象是由 C—C 单键内旋转而成的空间排布。构象之间的转换是通过单键的内旋转、分子热运动而实现的。因此,各种构象之间转换速度极快。构象是不稳定的,会因单键的旋转或扭曲而产生构象异构体。在构象异构体之间,构造式相同,而原子或原子团的空间排布方式却不相同,故属于立体异构。

长链高分子的主链单键的内旋转赋予高分子以柔性,并使高分子链可任取不同的卷曲程度。反之,主链不能内旋转。高分子主链结构单元间有强烈相互作用,如氢键或极性基团的相互作用，就称为刚性链结构聚合物。

柔顺性是高分子链能够改变其构象的性质，本质上是由高分子中单键的内旋转产生。高分子链的柔顺性主要取决于以下因素：主链结构、侧基极性的强弱、分子间的作用力、高分子链的长度、支化与交联、聚集态结构、外力和温度等。

三、高分子的溶液性质

(一) 高分子溶液的概念

高分子溶液是一种在合适的介质中高分子化合物能以分子状态自动分散成均匀的溶液的胶体，分子的直径达胶粒大小。高分子溶液的本质是真溶液，属于均相分散系。高分子溶液的黏度和渗透压较大，分散相与分散系亲和力强，但丁达尔(Tyndall)现象不明显，加入少量电解质无影响，加入多时引起盐析。

(二) 高分子的溶解过程

高分子化合物在形成溶液时，与低相对分子质量的物质明显不同的是要经过溶胀的过程，即溶剂分子慢慢进入卷曲成团的高分子化合物分子链空隙中去，导致高分子化合物舒展开来，体积成倍甚至数十倍的增长。不少高分子化合物与水分子有很强的亲和力，分子周围形成一层水合膜，这是高分子化合物溶液具有稳定性的主要原因。因此高分子溶液是稳定系统。

① 高聚物的溶胀：由于非晶高聚物的分子链段的堆砌比较松散，分子间的作用力又弱，溶剂分子比较容易渗入非晶高聚物内部，使高聚物体积膨胀；而非极性的结晶高聚物的晶区分子链堆砌紧密，溶剂分子不易渗入，只有将温度升高到结晶的熔点附近，才能使结晶转变为非晶态，从而使溶解过程得以进行。在室温下，极性的结晶高聚物能溶解在极性溶剂中。

② 高分子分散：即以分子形式分散到溶剂中去形成均匀的高分子溶液。交联高聚物只能溶胀，不能溶解，溶胀度随交联度的增加而减小。高分子溶液(特别是那些溶剂的溶解能力较差的溶液)在降低温度时往往会发生相分离，分成两相，一相是浓相，另一相为稀相。浓相的黏度较大但仍能流动，稀相比分级前的浓度更低。往高分子溶液中滴加沉淀剂也能产生相分离，高分子的相分离有相对分子质量依赖性，因而可以用逐步沉淀法来对高聚物进行相对分子质量的分级。

第三节 油田化学品基本知识

钻井液处理剂是重要的油田化学品，钻井液处理剂中许多产品在其他油田化学品中也可以应用。本节的目的是通过对油田化学品的全面认识，能够更加认识到钻井液处理剂的重要性及在油田化学品中的份量，特别是对于处理剂的开发，如果能够站在整个油田化学品的角度，不仅有利于拓宽思路，还有利于扩大产品的应用面，避免重复研究。

一、油田化学品的概念

了解油田化学品，对认识钻井液处理剂在油田化学中的地位很重要。如图 1-2 所示，油田化学是化学与石油勘探开发的交叉学科，总体而言，它涉及化学品和化学方法，属于应用化学，它是建立在化学(包括有机化学、高分子化学、物理化学和无机化学)和钻井工程、采油工程、油气集输和油田水处理等学科的基础上逐渐发展而成的一门新兴学科，它是化学在石油勘探开发中的应用，其目的是通过化学的方法解决油田开发中出现的问题。就化学品而言，包括从其他专业直接拿来和专门针对不同作业流体或作业需要而开发的专用油田化学品。

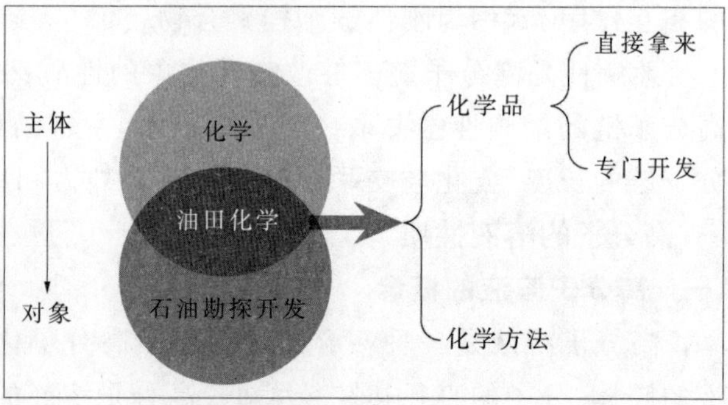

图 1-2 油田化学的形成

油田化学品是20世纪70年代以来，随着石油工业的发展而逐步形成和完善的一类新领域精细化工产品。广义上讲，油田化学品是精细化工产品中的一类，由于其使用的环境不同于其他类型的精细化工产品，又有其自身的特点，它和油田生产技术的发展密切相关，因此在油田化学品的研究开发和应用中，要求研究人员不仅要具备较强的精细化工基础，还应对油田地质条件、油气藏构造的特性、油气层的物性等有比较深入的了解，同时还要把握油田生产技术和油田化学品的发展方向，才能使油田化学品的研究开发和生产满足油田开发的需要。

油田化学品与其他精细化学品相比具有如下特点：产品种类多，且多数产品用量大，针对性强；品种更新快，产品和油田开发情况密切相关，目的是满足不同开发阶段的需要；在生产工艺和产品性能控制方面会因产品所应用的作业流体不同而有所区别，但一般情况下，对其纯度要求方面不如其他精细化工产品严格，为了尽量降低生产成本，提高生产效率，常常希望使用简单的生产工艺。

油田化学品在石油勘探开发中占重要的地位，其应用遍及石油勘探、钻采、集输和注水等所有工艺过程，主要包括矿物产品、无机化工产品、有机化工产品、天然材料和合成高分子材料等。近年来，随着人们对石油勘探、钻采、集输和注水等工艺过程认识的不断提高，化学或化学品在石油勘探开发中的应用倍受重视，特别是随着油气勘探开发地域的扩大，所开采油气层位越来越深，地质条件愈趋复杂，开采难度越来越大，为了保证尽可能高效地进行石油钻探和提高油气采收率，从钻井、固井、压裂酸化，直到最后采出油气的各个环节，都必须采取有效的措施以保证施工的顺利进行。在这些过程中，对油田化学品的要求更高，油田化学品的用量也就越来越大，可以说没有油田化学品，石油勘探开发就不能顺利的进行。显然，油田化学品在石油勘探开发中起着至关重要的作用，是保证石油勘探开发顺利进行的关键。

二、油田化学品分类

油田化学品主要有两种分类方法，即按化学性质和用途进行分类。

（一）按化学性质分类

按化学性质可将油田化学品分为矿物产品、天然材料及其改性产品、合成有机化学品和无机化学品。

① 矿物产品：主要包括膨润土、海泡石、累托石、重晶石、钛铁矿粉、石灰石粉、石棉、陶粒砂、漂珠等。

② 天然材料及其改性产品：主要包括木质素、纤维素、淀粉、瓜胶、田菁胶、魔芋胶、槐

豆胶、栲胶、单宁、褐煤、木质素磺酸盐、单宁酸钠(钾)、腐殖酸钠(钾)以及改性纤维素类产品、改性淀粉类、改性瓜胶、改性田菁胶、生物聚合物等。

③ 合成有机化学品:主要包括有机化合物、合成聚合物、表面活性剂等。

④ 无机化学品:主要包括氯化物、硫酸盐、碳酸盐、磷酸盐、硅酸盐、铬酸盐以及酸、碱等。

(二) 按照用途分类

根据用途可将油田化学品分为通用化学剂、钻井用化学剂、油气开采用化学剂、提高采收率化学剂、油气集输用化学剂和水处理用化学剂等六大类,下面按照用途分类介绍。

1.通用化学剂

通用化学剂主要包括聚合物、黏土稳定剂和表面活性剂等,是指在钻井、采油、水处理等工艺过程均适用的化学品。按照产品分,其中聚合物类产品有生物聚合物、羧甲基纤维素、羧甲基淀粉和聚丙烯酰胺等;黏土稳定剂有 KCl、NaCl、NH_4Cl、$CaCl_2$ 等无机黏土稳定剂和环氧丙基三甲基氯化铵、环氧氯丙烷-二甲胺缩聚物、阳离子聚丙烯酰胺等有机黏土稳定剂;表面活性剂方面常用的有烷基苯磺酸钠、OP-10、快-T、Span-60、Span-80、十二烷基二甲基苄基氯化铵、十二烷基二甲基苄基溴化铵、十八烷基二甲基苄基氯化铵和平平加等。

2.钻井用化学剂

钻井用化学剂可分为钻井液处理剂和油井水泥外加剂。

① 钻井液处理剂:按照用途分,钻井液处理剂主要包括杀菌剂、缓蚀剂、除钙剂、消泡剂、乳化剂、絮凝剂、起泡剂、降滤失剂、堵漏剂、润滑剂、解卡剂、pH 值调节剂、表面活性剂、页岩抑制剂、降黏剂、高温稳定剂、增黏剂和加重剂等。

② 油井水泥外加剂:按照用途分,油井水泥外加剂主要包括促凝剂、缓凝剂、消泡剂、减阻剂、降滤失剂、防气窜剂、减轻剂、防漏剂、增强剂和加重剂等。

3.油气开采用化学剂

按用途分,油气开采用化学剂主要有酸化用化学剂、压裂用化学剂和采油用其他化学剂三类。

① 酸化用化学剂:包括缓蚀剂、助排剂、乳化剂、防乳化剂、起泡剂、降滤失剂、铁稳定剂、缓速剂、暂堵剂、稠化剂和防淤渣剂等。

② 压裂用化学剂:包括破胶剂、缓蚀剂、助排剂、交联剂、黏土稳定剂、减阻剂、防乳化剂、起泡剂、降滤失剂、pH 值控制剂、暂堵剂、增黏剂、杀菌剂和支撑剂等。

③ 采油用其他化学剂:包括解堵剂、黏土稳定剂、防蜡剂、清蜡剂、调剖剂、降凝剂、防砂剂和堵水剂等。

4.提高采收率化学剂

按用途分,提高采收率化学剂主要有碱剂、助表面活性剂、高温起泡剂、流度控制剂、牺牲剂、表面活性剂、增溶剂和稠化剂等。

5.油气集输用化学剂

按用途分,油气集输用化学剂主要有缓蚀剂、破乳剂、减阻剂、乳化剂、流动改进剂、天然气净化剂、水合物抑制剂、防蜡剂、管道清洗剂、降凝剂、抑泡剂和起泡剂等。

6.油田水处理用化学剂

按用途分，水处理用化学剂主要有杀菌剂、缓蚀剂、黏土稳定剂、助滤剂、浮选剂、絮凝剂、除油剂、除氧剂、除垢剂和防垢剂等。

三、钻井液处理剂在油田化学品中的地位

图 1-3 是不同类型的油田化学品用量分布情况。从图 1-3 可以看出，钻井用化学品(钻井液处理剂和油井水泥外加剂)在油田化学品中占主导地位，在钻井用化学品中，钻井液处理剂占 85%以上，说明钻井液处理剂是用量最大的油田化学品。

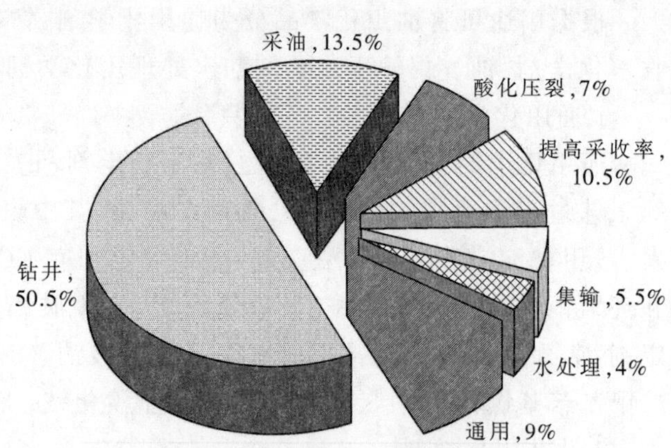

图 1-3 油田化学品用量分布

钻井液处理剂作为用量最大的油田化学品之一，也属于精细化学品。从处理剂的结构及性质方面考虑，钻井液处理剂与其他精细化学品具有一定的关联，特别是与水处理剂、混凝土外加剂、造纸助剂等。有些结构相近的产品可以直接用于钻井液处理剂，如水处理用的阻垢分散剂，尤其是有机膦类阻垢剂，可以作为钻井液的抗温抗盐的降黏剂，水处理用的絮凝剂与钻井液用的絮凝剂 HPAM、PAM 就可以通用。因此在认识钻井液处理剂时，要站在精细化学品的高度看待处理剂，视野就宽了。可见，在处理剂开发中如果能够对相关行业有比较清楚的了解，把处理剂的设计与精细化学品结合起来，不仅可以拓宽思路，也可以避免重复研究。例如，近年来钻井液领域比较热的胺基聚醚，在 20 年前就作为环氧树脂无污染固化剂而广泛应用，而在钻井液领域却作为新产品立项攻关。

第四节 掌握钻井液和处理剂技术的重要性

无论是从研究还是应用的角度来讲，掌握并准确理解钻井液及处理剂对钻井液工作都具有重要的意义。本节从不同方面探讨掌握钻井液及处理剂技术的重要性。

一、有利于提高钻井液处理的针对性

准确理解和掌握钻井液处理剂，有利于提高钻井液处理的针对性和有效性。中医看病，如果不懂药理，就很难准确用药，也很难把握药材的效果，如果不能发挥不同材料的协同增效作用，针对性就不强，以至于出现头痛医头脚痛医脚的现象。钻井液处理犹如中医看病，如果不懂处理剂性能及作用，把握不准处理剂性能特征，在应用中就会出现盲目性，以至于出现摸着石头过河现象，甚至出现降滤失剂越加滤失量越大的现象，结果往往会事倍功半。

掌握了处理剂的性能、结构，明确处理剂结构与性能之间的关系，了解处理剂的相互作用(协同作用)，就可以科学地使用，把握得越好，处理起来目标就越明确、针对性就越强，就能够做到游刃有余，最终达到事半功倍的结果。处理剂的性能、结构与处理剂的作用效果密切相关，从结构上认识处理剂，才能把握实质，才能真正地学好和用好处理剂。

明确了钻井液对处理剂的要求以及处理剂性能，就可以从钻井一开始就制定一套行之有效的维护处理方案，以保证处理的针对性和有效性，最终保证钻井液的性能稳定，减少钻井液维护处理频次和处理剂用量，不仅有利于减少劳动强度，也有利于降低处理费用。任何时候都不能等到出现问题才重视钻井液的处理与维护。

二、有利于提高对处理剂的认识

当处理剂加入钻井液后，随着钻进和钻井液的循环，钻井液性能及钻井液处理剂都开始了变化，因为高温或剪切下，处理剂会断链或交联，处理剂分子上的基团会发生变异，对高价离子敏感的基团会与高价离子结合导致聚合物沉淀，等等。因此在实际工作中，要明确处理剂的作用是变化的，不能只依据处理剂原始性能，只有从动态看待处理剂的性能和作用，处理才能更科学。

处理剂作用的可变性在处理剂合成设计中更为重要，因此，在处理剂分子设计中更需要高度重视。在认识到处理剂作用的可变性的同时，还必须明确高质量处理剂是保证钻井液性能的关键。即不仅要正确使用或选择处理剂，同时还需要注重处理剂的质量，在现场应用中要用成分明确、纯度高的处理剂，要充分认识到高质量处理剂是保证良好钻井液性能的关键。国内钻井液技术水平低于国外，很大程度上和国内缺乏高质量处理剂以及种类过多过乱有关。采用高质量处理剂，减少体系配方中处理剂的种类，更易于突出重点，更容易找出主要影响因素，有利于提高钻井液技术水平，也有利于钻井液技术规范和管理。

对于钻井液处理剂来讲，高质量应该更突出现场效果，而不是评价指标，简而言之，高质量处理剂产品应满足以下几方面的要求：

① 处理剂要在性能、成本、价格和应用效果等要素之间做出平衡，一味追求多功能并不一定是好事，必要的简化和更突出处理剂的关键性能会更有利于现场应用；

② 处理剂产品选用要具有尽可能高的针对性，以满足解决现场复杂问题的需要，提高效率；

③ 高质量产品不一定追求创新最大化，即创新程度很高的处理剂不一定就能够在现场见到良好的效果；

④ 尽管强调一分价钱一分货，由于处理剂适用的对象与环境复杂，高质量产品不一定价格高，价格高的产品不一定高质量，但可以肯定低于原料价格的处理剂不可能货真价实。

三、有利于促进钻井液体系的健康发展

正是由于钻井液的重要性，使人们对钻井液非常重视。就钻井液体系而言，其选择和应用既与习惯有关，也与地区的特点有关。有时几十年过去了，一种体系仍然广泛应用，尽管组分可能已经变化，同时由于钻井液体系命名不规范，虽然出现了不少新的体系(从名称上)，但实质上却仍然是传统体系。还有许多体系只是在原体系中加入了一种剂，就作为一种新体系看待，如正电胶、聚合物、胺基抑制钻井液等。

油基钻井液虽然是一种老体系，由于材料的进步，目前应用的油基钻井液与国内 20 世纪七八十年代相比，有根本的变化，但钻井液指标仍然采用最初设计，特别是破乳电压值，采用高效的乳化剂等配制的高水油比的乳化体系，在保证钻井液性能(乳液稳定性、悬浮稳定性等)的前提下，是否必须要大于 420V 等等，需要进一步思考。

正电胶钻井液具有良好的剪切稀释能力，有利于稳定井壁、有效破岩、提高机械钻速、

保护储层，聚合醇钻井液、胺基抑制钻井液作为高性能水基钻井液具有良好的抑制防塌能力，有利于保护储层，且对环境污染小或无污染，国外已经成熟配套，在强水敏地层、页岩气钻井、海洋钻井等大量应用，并取得了一系列经验和效果。然而国内对其认识还不足，没有形成配套的处理剂和钻井液体系，大多数情况下局限在剂的应用。之所以出现该现象，除前面说的原因外，对钻井液体系命名不规范也使大家进入了一个误区。

甲基葡萄糖苷钻井液能否在国内，特别是在页岩气水平井中获得广泛应用，需要钻井液研究和现场人员在提高认识的情况下，积极地从体系上下功夫，而不是仅仅把甲基葡萄糖苷看成一种剂来使用。

无论是正电胶、聚合醇、胺基聚醚，还是甲基葡萄糖苷，都不能把它们仅仅看作一种剂，要把它们作为特殊或高性能钻井液的主体来看，并寻找或开发与之配套的钻井液处理剂，朝着真正意义上的正电胶、聚合醇、胺基聚醚和甲基葡萄糖苷钻井液体系发展。

水基钻井液能否用于页岩气水平井钻井，也需要首先从认识上提高，只有认识提高了，才能有实现的前提，作为页岩气水平井的水基钻井液，其成本不能用普通水基钻井液作为参比，要满足页岩气水平井井壁稳定的需要，水基钻井液的成本可能与油基钻井液相近或略高，最大意义在于能够解决安全和后期的环境保护问题。

四、有利于规范钻井液体系

规范钻井液体系有利于规范处理剂，目前钻井液体系很不规范，主要体现在体系命名没有明确主体，通常在原钻井液中加入一定量某处理剂，就把钻井液冠为某体系，如胺基抑制钻井液体系，多数情况下并没有从钻井液实际构成来确定体系，而仅仅是因为加入了一点胺基聚醚抑制，由于没有考虑其他因素对钻井液综合性能的影响，过于突出某剂，当钻井液体系没有达到期望的目的时，就会归结到某剂的效果不佳，会制约钻井液体系和钻井液处理剂的应用。因此为了钻井液技术的发展，为了准确地选择和使用处理剂，充分发挥处理剂的作用，需要首先规范钻井液体系及命名，以促进钻井液技术的健康发展。

水基钻井液体系命名可以从配浆水的溶液性质出发，也可以依据起主体作用的处理剂出发。当以配浆水溶液为依据时，配浆水中盐(无机盐、有机盐)或其他材料(烷基糖苷)的质量分数必须达到足以改变水溶液性质，且其性能还需要满足钻井液主体作用的发挥，在主体作用的基础上，所用处理剂则是为了保证钻井液的基本性能(流变性、滤失量、润滑性等)，并对发挥主体功能起到增效作用。当以处理剂作为钻井液体系命名的依据时，可以从一种主体作用的处理剂(胺抑制剂、聚合醇)或多种关键处理剂(磺化酚醛树脂、磺化褐煤、磺化单宁或沥青)入手。如果以一种主体作用处理剂为依据命名，则有胺基抑制钻井液、聚合醇钻井液；如果以多种关键处理剂为依据命名，则有“三磺”钻井液、聚-磺钻井液；也可以从主体作用处理剂的类型，如聚合物、磺化酚醛树脂(同时配合磺化褐煤等)为依据，该类有聚-磺钻井液。

五、有利于提高钻井液技术管理水平

钻井液技术进步和水平的提高，离不开管理，管理是保障生产运行的基础和关键。管理不仅是管理人员的事情，也是技术人员的事，管理也是技术，人人都涉及管理。因此必须在工作中重视管理，通过提高管理的标准化、管理的规范化、管理的科学化以及管理的智能化来提高管理水平。现场钻井液技术管理尤为重要，再先进的技术，如果现场组织协调不好,技术就难以发挥应有的作用。

钻井液技术管理包括基础管理和战略管理。基础管理包括综合管理和单项管理,其中综合管理是工作顺利开展的保障,如生产保障、安全、环保保障等。单项管理涉及生产、技术、材料、成本、人员、培训、资料、生活、学习、固控、监督等各方面。战略管理包括目标和规划,目标关系方向,规划关系发展。

目前国内在钻井液管理方面还存在一些问题,主要体现在机构、团队、制度、执行和人才等方面,这些问题不同程度地制约了钻井液技术水平的提高。目前几乎没有从上到下的钻井液专门管理机构及人员,专业化团队也不规范,真正实现专业化管理的公司很少,钻井液设计、处理方面在制度建设、规范和执行上也存在不足,由于钻井液常被看作降低成本的重要方面,因此很难严格执行设计(这里也包含设计可执行性差的因素)。由于上述原因,钻井液队伍稳定性不足,人才相对缺乏。

今后,无论从技术的角度还是管理角度讲,都需要从制定规范、完善制度、强化培训、稳定队伍和提高认识等方面努力,使钻井液技术和队伍健康发展。

第五节 研究钻井液处理剂的要求

钻井液处理剂是保证钻井液性能的关键,通过系统研究和理解钻井液处理剂,可以提高对处理剂的认识,从而提高处理剂的应用水平,保证钻井液维护处理的针对性。本节结合钻井液处理剂的特征及应用,从不同方面讨论研究钻井液处理剂的重要性和基本要求。

一、基本要求

研究和掌握钻井液处理剂,需要一定的钻井液和化学基础,而现场实践则是检验研究效果的途径,学以致用是最终目的。

① 钻井液基础。处理剂是钻井液的重要组分,也是保证钻井液良好性能的关键,因此,研究处理剂必须建立在熟知钻井液体系组成及性能的基础上,如对钻井液知识不了解,就很难研究好处理剂,也可以说处理剂不能独立于钻井液之外,即处理剂研发和应用必须基于钻井液对处理剂的要求。要研究好处理剂首先必须掌握钻井液基础知识,明确钻井工程等对钻井液的要求,明确钻井液对处理剂的要求,掌握与钻井液有关的复杂情况预防与处理方法。

② 化学基础。无论是处理剂还是钻井液体系、钻井液性能维护与处理,都与化学密切相关,因此,研究处理剂还需要有无机化学、有机化学、物理化学、高分子化学和胶体化学的基础,研究的最终目标是用。可见,真正研究好钻井液处理剂,不仅要掌握相关的基础知识,还需要用好相关知识,尤其需要活用而不能生搬硬套。

③ 现场实践。现场实践是真正学好和掌握处理剂的关键一环,处理剂的最终目的是现场应用,如果在处理剂研究和设计中不结合实际,就可能会出现纸上谈兵,即便是处理剂研发人员,也需要有一定的现场实践基础,否则将很难找到研究的着眼点。从现场实践的角度来讲,掌握处理剂的具体体现是能够有针对性地制定钻井液处理与维护方案,并保证钻井液性能良好,同时在出现复杂情况时,钻井液性能应能够满足复杂问题处理的需要,保证安全快速钻井。

二、从本质上认识处理剂

从处理剂成分、特征、作用机理等方面认识，即把握处理剂的基本性能，明确处理剂的主成分的特征，处理剂用于钻井液如何发挥作用、处理剂的稳定性以及与其他处理剂的配伍性等。

(一) 明确影响处理剂基本性能的因素

处理剂的基本性能与处理剂的结构、官能团性质及比例、相对分子质量等密切相关。结构决定处理剂分子链的稳定性(包括热稳定性和剪切稳定性)，基团性质和比例决定处理剂的作用和最终效果，同时也和处理剂的水解稳定性密切相关，处理剂的相对分子质量和基团性质关系到处理剂的作用，如增黏、降滤失、包被絮凝、降黏等。

(二) 掌握影响处理剂应用性能的因素

在应用中需要掌握影响处理剂性能的因素才能科学地使用和选择处理剂，温度、剪切、盐、pH 值、地层流体等都会影响处理剂的应用性能，学习中需要综合考虑。

① 温度：影响处理剂分子链的稳定性、基团稳定性、处理剂在黏土颗粒上的吸附量及吸附强度、处理剂间的协同及配伍作用。

② 剪切：主要影响处理剂分子链，即剪切降解、处理剂分子形态、分散程度、处理剂在黏土颗粒上的吸附、网状结构等。

③ 盐：主要影响处理剂伸展程度，处理剂基团的吸附能力、水化能力以及处理剂的溶解能力、护胶能力等。

④ pH 值：影响处理剂伸展程度，处理剂基团的吸附能力、水化能力，处理剂的溶解能力，基团稳定性等。

三、把握处理剂发展动态

只有不断实践和学习才能把握处理剂发展动态，要真正地把握处理剂发展动态，在工作中首先要能够明确判别产品是否有创新性，特别是当看到一些所谓的新产品时，要判断是实实在在的新产品，还是说“新”的新产品。

在实践中要明确决定处理剂发展的因素是什么，是解决难题的需要还是推动技术进步的需要，因为不同需要着重点不同。只有了解钻井液处理剂发展中存在什么问题，特别是钻井工艺技术进步、复杂地质条件下安全钻井对钻井液的要求，才能回答为什么会出现这些问题，才能找到解决问题的办法。把握处理剂发展动态，在随时了解现场技术需求的情况下，还需要及时学习和掌握国内外钻井液技术和钻井液处理剂进展，勤学习、勤思考、勤总结。

同时还要关注常规和非常规油气勘探开发的方向，如页岩气开发对水平井钻井液要求更高，如何形成能够满足页岩气水平井安全快速钻井需要的水基钻井液体系，相适应的处理剂是关键。

四、多元化思路认识处理剂

从处理剂这个方面讲，在满足钻井液发展需要的前提下，在处理剂的开发上需要注意以下几点：

① 开阔视野。别总盯在钻井液上，要从钻井液扩展到油田化学，再到精细化学品，要认识到钻井液处理剂与其他油田化学品或精细化工产品，在产品的化学性质和合成方面

主线相通，合成设计和合成方法相通。

② 开发目标多元化。如前所述，目标放在精细化学品，这样不至于因涉及面过窄而限制研究人员的思路，提高创新性，扩大应用面。将方向放在精细化工这个大平台，不仅可以举一反三地开发用于不同领域、不同目标的产品，提高处理剂开发的适用性和效率，而且有利于培养更多的油田化学研究和现场应用技术人才。

③ 提高开发的针对性和实用性。围绕复杂地层安全钻井，特别是页岩气水平井发展的需要，在过去工作的基础上，开发高性能钻井液处理剂，并力争在处理剂结构与性能上有所突破，以促进油田化学，特别是钻井液技术的发展。近年来，采用反相乳液聚合的方法制备钻井液处理剂以及乳液聚合物的应用受到了钻井液工作者的重视。实践表明，乳液聚合物与粉状聚合物相比，效果更优，在达到同样效果的情况下，可以大大减少用量，降低钻井液处理费用。今后需要在应用的基础上，围绕提高聚合物含量、扩大反相乳液聚合物处理剂的种类及应用范围方面进一步开展研究。

五、明确不同人员的关注目标

在生产中，不同领域(生产、销售、采购和应用)和不同岗位人员对处理剂的关注点和关注程度不同。从需求上看，对于不同岗位的钻井液及相关技术人员需要掌握不同的知识，如图 1-4 所示。

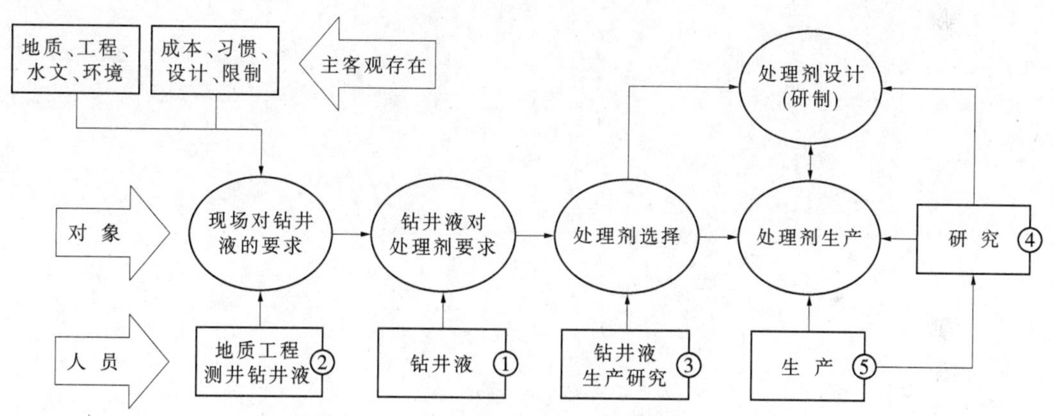

图 1-4 不同层次的人员需要掌握的知识

通常，对于一般的操作人员(图 1-4 对应的①和⑤岗位)，只要了解钻井液对处理剂的要求或生产中的基本操作要求即可，而对于现场钻井液工程师(图 1-4 对应的①、②和③岗位)，则还需要了解工程对钻井液的要求，因为只有明确了工程的要求，目标才能明确，才能科学地制定钻井液维护处理方案，及时解决现场出现的发展问题，减少次生复杂的发生。

尽管对不同层次人员所掌握知识的要求不同，但作为技术人员，知识面越宽水平就越高，即知识决定层次。就钻井液技术人员来说，如能够掌握钻井液研究、钻井液工艺、工程，熟悉地质、测井等，就可以达到现场专家或研发专家的知识层次；当综合掌握现场专家、研发专家应掌握的知识，则就有可能成为最高层次的专家。无论哪一层次的人员或专家，掌握的知识越多，工作就越轻松，钻井液技术人员的技术水平不光是靠经验，还需要系统的知识来支撑。

参考文献

[1] 王中华.钻井液化学品设计与新产品开发[M].西安：西北大学出版社，2006.

[2] 潘祖仁.高分子化学[M].5 版.北京：化学工业出版社，2014.

[3] 华幼卿，金日光.高分子物理[M].4 版.北京：化学工业出版社，2013.

[4] 鄢捷年.钻井液工艺学[M].东营：石油大学出版社，2001

[5] 杨坤鹏，罗平亚，黄汉仁.泥浆工艺原理[M].北京：石油工业出版社，1981.

[6] 王中华.油田化学品[M].北京：中国石化出版社，2001.

[7] 王中华，何焕杰，杨小华.油田化学品实用手册[M].北京：中国石化出版社，2004.

第二章 钻井液及处理剂现状与发展方向

针对解决复杂问题和钻井液发展的需要，目前世界上新型钻井液处理剂的研究方面主要集中在各种新型聚合物材料的开发、各种工业下脚料的利用和一些传统处理剂(包括天然材料)改性方面。同时围绕形成及发展高性能钻井液体系的需要，从其他专业引进或开发了具有特殊作用的化学材料，如聚合醇、胺基聚醚、甲基葡糖苷等。国外钻井液处理剂自20世纪80年代开始快速发展，进入90年代后发展相对平稳，但重点更突出，即以含磺酸基的合成聚合物为基础的各种产品是主流，这也是未来的发展方向。从处理剂的品种来看，最多的是增黏剂、降滤失剂、降黏剂、页岩稳定剂、抑制剂和缓蚀剂。

我国从20世纪80年代以来，在学习国外经验的基础上，根据钻井工艺技术发展的需要，逐渐发展并完善了系列钻井液处理剂，从而完善了各种钻井液体系，促进了现代优化钻井工艺技术的发展。90年代以来，新一代聚合物——2-丙烯酰胺基-2-甲基丙磺酸(AMPS)多元共聚物产品随着AMPS单体的国产化，逐渐受到重视，目前已经在现场应用中见到了明显的效果，成为新型聚合物钻井液处理剂的代表。随着科学技术的不断进步，钻井液处理剂正朝着逐步形成配套的新型系列产品的方向发展，并基本上满足了我国各种类型的钻井作业的需要。降黏剂、降滤失剂和润滑剂等品种有了突破性的进展，特别是近几年来，具有浊点效应的聚合醇在油田受到普遍关注，短短几年时间几乎在国内所有油田得到推广应用，并形成了一系列的聚合醇钻井液体系。此外，甲基葡萄糖酸甙、胺基抑制剂等也在现场应用中见到良好效果，表现出了良好的应用前景，促进了钻井液处理剂的发展。目前，我国钻井液处理剂已发展到18类，数百个品种，而且各种聚合物和新型表面活性剂类处理剂的研究和应用更深入，推广应用越来越普遍，与国外相比尽管起步晚，但进步快，某些方面已经跻身国际领先行列。

正是由于处理剂的发展，才有了钻井液技术的快速发展。就国内来说，在实践经验的基础上，钻井液技术工作始终围绕钻井生产的需要，把解决复杂问题、缩短钻完井周期作为努力方向，特别是近年来，在深井、超深井钻井液方面取得了一系列的新成果，解决了一系列的生产难题，在生产中结合国内实际，借鉴国外经验，逐步形成了两性离子聚合物钻井液、正电胶钻井液、硅酸盐钻井液、甲基葡萄糖苷钻井液等一系列新技术，并在逐步形成高难度的超高温和超高密度钻井液体系，为我国钻井液技术的进一步发展奠定了基础。在气体钻井方面，针对普光气田的需要，通过引进、消化、吸收，逐步完善了一套适合普光气田安全施工要求的气体钻井(包括雾化和泡沫)技术。在防漏、堵漏方面，逐步建立了一套从找漏到堵漏，防堵结合的有效堵漏方法，并借助成像测井技术对井漏特征、堵漏机理有了更清晰的认识，结合现场实际建立了行之有效的防漏、堵漏模拟评价实验装置，使室内评价更符合现场实际，逐步使堵漏一次成功率得到有效的提高，凝胶堵漏剂的研究与应用，使堵漏技术有了长足的进步。在井壁稳定方面，引入了“多元协同”钻井液防塌理念，为了提高封堵和强化钻井液的抑制性，研制了一系列专用的抑制剂，形成了胺基防塌钻井液体系、聚合醇钻井液体系等。同时围绕环境保护的需要开展了有机盐钻井液、甲基葡萄糖苷钻井液和生物可降解钻井液的研究与应用，并围绕钻井废水和钻井液无害化开展了大量的卓有成效的工作，有效地减少了井下复杂的发生，促进了钻井液朝着“绿色、环保、高效”的方向发展，满足了钻井质量和环境保护的需要。

为便于对钻井液及处理剂现状有一个基本的了解，本章首先介绍国内外钻井液现状，并在国内钻井液及处理剂发展分析的基础上，提出了钻井液及处理剂研究应用方面存在的问题，指出了发展方向。

第一节 国内外钻井液技术现状

近年来，随着石油勘探开发技术的不断发展，特别是深井、超深井以及特殊工艺井钻探越来越多，对钻井液提出了更高的要求。“安全、健康、高效”的钻井液技术，标志着钻井液技术研究和应用进入了一个全新的发展阶段。围绕钻井液工程技术和“安全、健康、高效”这一发展主题，国外一些公司相继投入了大量的人力和财力，以满足复杂条件的钻探技术，油气层保护、油气测录井与评价、环保要求以及提高油气勘探开发综合效益等为目标，开展了大量基础理论和应用技术研究，取得了一系列的研究成果和应用技术，如研制并推广了聚合醇钻井液、正电胶钻井液、甲酸盐钻井液、稀硅酸盐钻井液和微泡钻井液等具有国际先进水平的水基防塌钻井液新体系以及环保性能优良的第二代合成基钻井液和逆乳化钻井液新体系。这些研究在很大程度上体现出21世纪钻井液技术发展的方向。国内钻井液由分散到不分散，到低固相、低或/和无黏土相钻井液发展的过程中不断完善配套。不分散低固相聚合物钻井液、“三磺”钻井液、饱和盐水钻井液、聚磺钻井液、聚磺钾盐钻井液、两性离子聚合物钻井液、阳离子聚合物钻井液、正电胶钻井液、硅酸盐钻井液、氯化钙钻井液、有机盐钻井液、甲基葡萄糖苷钻井液、聚合醇钻井液、胺基抑制钻井液、超高温钻井液、超高密度钻井液等一系列钻井液体系，解决了不同时期、不同阶段、不同地区和不同复杂地质条件下的安全快速钻井难题[1]。

纵观国内外钻井液技术的发展现状，应用的新技术、新体系很多，正是由于一系列新体系和新技术的应用，在一定程度上促进了钻井液工艺技术的进步，为便于对国内外钻井液体系或技术有个初步的认识，本节就一些有代表性和突出特性的钻井液体系及相关技术进行简要介绍[2]。

一、抗高温水基钻井液

国外针对深井、超深井钻井的需要，在处理剂研制的基础上，形成了一系列抗高温钻井液体系。如由乙烯基酰胺–乙烯基磺酸共聚物、改性木质素磺酸盐、褐煤、磺化沥青、低相对分子质量聚合物、石灰、膨润土组成，用重晶石加重至要求密度，烧碱调节pH值的抗高温石灰钻井液，成功应用于井深5289m、井底温度170℃的深井中，最高密度达2.22g/cm^3，在美国新奥尔良地区Texas海域野马岛MU A110＃1井应用，没有出现钻头泥包、卡钻等井下复杂情况[3]。

以耐温约370℃的无机聚合物增稠剂、耐温250℃的腐殖酸/丙烯酸接枝共聚物衍生物

G-500S 为主，与泥饼增强剂、高温降滤失剂、井壁稳定剂和高温润滑剂等组成的水基高温钻井液 G-500S 体系，在 240℃的高温下性能稳定。采用水基高温泥浆 G-500S 体系在日本三岛井和新竹野町钻探了两口井，这两口井的井深和井底温度分别为 6300m、225℃和 6310m、205℃，高温下钻井液的性能稳定[4,5]。

将一种微细的重晶石钻井体系(MBF)用于北海地区的一口高温、高压斜井的钻井，解决了加重材料的沉降问题。采用该体系在 ϕ215.9mm 井眼由 6354m 钻至 7327m，该井井斜达 42°，井底温度达 205℃，钻井液密度高达 2.15g/cm^3，使用 MBF 钻井液体系成功钻达目的层。虽然施工过程中发生两次卡钻事故导致侧钻，但施工处理期间，钻井液没有任何沉降发生，保证了工程的顺利实施[6]。

由能在固体颗粒表面吸附，与溶液中的聚合物形成微弱的网状结构离子型丙烯酸类聚合物、乙烯基磺酸盐共聚物和非离子型聚乙烯基吡咯烷酮(PVP)聚合物为主，用粒径 0.47~1.0μm，表面积为 2~4m^2/g 四氧化锰作加重剂组成的钻井液，具有良好的剪切稀释性和悬浮稳定性，且流变性稳定[7]。

国内在超高温钻井液处理剂及钻井液体系研究方面也取得了长足的进步，特别是在水基钻井液处理剂研究方面，开发了以 PAMS 为代表的磺酸盐聚合物以及适用于超高温钻井液的专用处理剂，如 LP527、MP488、HTAMP 和 PFL 等，其性能接近国际先进水平。在钻井液体系方面也取得了可喜的成绩，完成了一批超高温井的施工，如大庆油田在松辽盆地北部深层徐家围子部署的徐深 22 井，设计井深 5300m，完钻井深 5320m，井底温度 213℃；新疆油田在克拉玛依莫索湾背斜上所钻的莫深 1 井，设计井深达 7380m，井底温度超过 200℃，钻井液密度达 2.2g/cm^3；胜利油田完成的胜科 1 井，设计井深 7000m，完钻井深 7026m，测试井底温度也超过 235℃；江苏油田完成的徐闻 X-3 井井底测试温度 210℃。

二、欠平衡钻井液

欠平衡钻井液技术是实施欠平衡钻井的关键技术之一，确保井底处于欠平衡状态是欠平衡钻井技术的核心。国外在这方面应用较多的主要有气体、雾化、泡沫、充气泡沫钻井液等。

(一) 气体钻井流体

气流体是指由空气或天然气、氮气、二氧化碳、防腐剂及干燥剂等组成的循环流体。气流体钻井的优点是可大幅度降低压差，大大提高机械钻速，延长钻头使用寿命；减少对敏感地层的损害，保护低压油气层；可安全钻穿易漏层。其缺点是钻遇天然气层时易引起井下着火与爆炸，造成井下钻具破坏，所以气流体钻井选择气体类型很重要。普光气田在上部地层通过应用气体钻井，平均机械钻速是钻井液的 3~8 倍，加快了该地区的开发速度。

(二) 雾化钻井流体

雾化流体是空气、发泡剂、防腐剂和少量水混合组成的循环流体，其中空气是连续相，液体是非连续相，适用于钻开出液量低于 24m^3/h 的低压油气层。其优点类同于空气钻井，缺点是需要的空气量比空气钻井多 20%~40%，否则井下不安全，且在超深井中，易腐蚀钻具。用空气/雾化在老井中进行欠平衡开窗侧钻，可以明显减少地层伤害。如国外使用空气/雾化在下套管的直井中进行欠平衡开窗侧钻，在钻井过程中，由于套管被挤扁，未钻到设计井深提前完钻。尽管如此，经对侧钻井段的裸眼流动测试，测得的产气量是原直井段综合产气量的 10 倍，效果显著。中原油田在普光气田进行气体钻井地层出水的情况下，通过研制雾化钻井流体专用处理剂，完善雾化钻井流体体系，成功地应用了雾化钻井，与钻井液相比，机械钻速提高 3~5 倍。

(三) 充气水基或油基钻井液体系

充气钻井液是将空气注入钻井液内来降低流体液柱压力，其密度最低为 0.59g/cm³，钻井液和空气的混配比一般为 10:1。用充气钻井液钻井时，环空速度要达到 0.8~8.0m/s，地面正常工作压力为 3.5~8.0MPa。在钻进过程要注意空气的分离和防腐、防冲蚀等问题，要求有配套工艺和地面充气设备。在加拿大阿尔伯达的 Camrose 油藏，用充气钻井液钻成了一口水平井，水平段长 548.64m。该水平井完钻后经测试，其产量是该地区直井产量的 2.5~6 倍。国内这方面也有尝试。

(四) 泡沫钻井液

泡沫钻井液是气体介质分散在液体中，并配以发泡剂、稳泡剂或黏土形成的分散体系，常用于低压产层钻井。常用泡沫钻井液一般为硬胶泡沫和稳定泡沫。硬胶泡沫是气体、黏土、稳定剂和发泡剂配成的稳定性比较强的分散体系。稳定泡沫是指空气(气体)、液体发泡剂和稳定剂配成的分散体系，它具有密度低、携岩能力强、对油层伤害小的特点。国内外均成功使用，并取得较好效果。如中原油田在元坝地区大井眼钻井中采用可循环泡沫钻井液，并通过采用自已研制的消泡器，有效地提高了钻井速度，解决了大井眼携沙问题。

(五) 微泡钻井液

Aphron 钻井液(微泡钻井液)是针对开发枯竭地层的需要而研制的。Aphron 钻井液最主要的特性是流变性以及泡沫的存在，具有很高的剪切稀释性，表现出非常高的低剪切速率黏度以及低触变性。钻井液中的表面活性剂将混入的空气转化为非常稳定的泡沫，即 Aphrons，空气混入可使用常规钻井液混和设备完成。与靠表面活性剂单分子层达到稳定效果的普通空气泡沫相比，Aphron 的外壳是由一种非常稳定的表面活性剂三层结构组成，内层为被黏性水层包裹着的表面活性剂薄膜，内层外是表面活性剂双层结构。该双层结构使 Aphron 的这种结构具有稳定性和低渗透性，同时还具有一定的亲油性。在北海等枯竭油层和低压地层的应用证明，在易漏失和易发生压差卡钻的低压层和多压力层系中，微泡钻井液是最佳体系。微泡钻井液的特性能减轻钻井液侵入渗透性地层或微裂缝性地层。

国内在这方面也开展了一些研究与应用，但从整体效果看，与国外相比仍然存在差距，主要体现在缺乏配套的处理剂及对微泡体系的测定方法上。

三、无黏土相盐水钻井液

采用无黏土盐水钻井液，可以消除人为加入的黏土矿物微粒造成的地层损害问题，有利于提高钻速，以盐类作为加重剂和抑制剂，可提高其防塌能力。由于无黏土相钻井液没有固相，钻井液在环空流动阻力小，且流变性、润滑性和抑制性好，比较适合于小井眼和多分枝井的钻井液。

(一) 甲酸盐钻井液

采用甲酸盐(甲酸钠、甲酸钾和甲酸铯)作为密度调节剂的钻井液体系，密度最高可达到 2.3g/cm³。该体系主要由甲酸盐、AMPS 聚合物增黏剂和降失水剂组成，配方组成较为简单，具有油层保护性能好；抑制水化能力强，防塌效果好；循环流动摩阻压耗低，有利于提高喷射钻井速度；甲酸盐可生物降解，环保性能好；腐蚀性小等优点。且甲酸盐能提高与之配伍使用的聚合物抗温性，钻井完井液体系易于回收再利用。如由密度为 2.20g/m³ 的甲酸铯盐水、密度为 1.57g/m³ 的甲酸钾盐水与丙烯酰胺共聚物、改性淀粉、聚阴离子纤维素、不同粒径的碳酸钙等组成的高密度甲酸铯盐水钻井液，是一种性能优异的无黏土相钻井液，不仅可以简化操作过程，减小钻井液的浪费，而且可以消除流体不兼容的问题。应用结果表明，钻井液性能很好，当量循环密度低，能达到中或高的机械钻速，具有很好的水力特性，好的井眼净化能力，钻井扭矩和摩阻很低，电测井时表现出良好的井壁稳定性，完井作业快速稳定[8]。

(二) $CaCl_2/Ca(NO_3)_2$ 复合盐水无黏土相钻井液

该体系采用 $CaCl_2$ 和 $Ca(NO_3)_2$ 代替 $CaBr_2$ 作为密度调节剂，可以使钻井液密度达到 1.65g/cm³，结晶温度最低可调节为-50℃，适用于低温环境，同时也避免了溴化物对环境的污染问题。该体系可用于易塌地层的钻探。从其性能来看，该体系适用于页岩气水平井钻井，可针对需要进一步验证。

(三) 硫酸钾钻井液体系

以硫酸钾作为加重剂和抑制剂与聚合物类处理剂一起组成无固相硫酸钾钻井液体系，其具有稳定性好、腐蚀性小、防塌效果较好等优点，对气层岩心的渗透率恢复值可高达90%以上，同时消除了 Cl^- 对环境和钻井液性能的不利影响。

(四) 磷酸氢二铵聚合物钻井液

采用磷酸氢二铵作为抑制剂与聚合物类处理剂一起组成无固相磷酸氢二铵钻井液体系，具有 pH 值低(7.8~8.5)、无腐蚀、电阻率大、抑制性强、防塌效果较好等优点，不仅有利于保护油气层，而且对环境无污染。如果严格控制配伍处理剂，则可以形成绿色环保钻井液体系，且钻井液中的磷酸氢二铵还能够起到肥料的作用。

(五) 细目 NaCl 或 $CaCO_3$ 作为暂堵剂的盐水钻井液

该体系由生物聚合物、淀粉、溶解的 NaCl 及细目 NaCl 盐粒或 $CaCO_3$ 等组成，优点是具有良好的触变性、泥饼薄而致密，能有效地防止滤液和固相侵入，在钻井过程中形成的泥饼容易返排，并且容易被酸、氧化剂及欠饱和盐水去除。

四、环保钻井液

为了满足环保的需要，研究了一些环保钻井液，奠定了绿色钻井液的发展基础。

(一) 有机盐钻井液

有机盐钻井液是近年发展起来的一种新型无固相水基钻井液体系。它是基于低碳原子(C_1~C_6)碱金属有机酸盐(甲酸铯、乙酸钾、柠檬酸钾、酒石酸钾)、有机酸铵盐(乙酸铵、柠檬酸铵、酒石酸铵)、有机酸季铵盐的钻井液完井液体系。有机盐钻井液具有防塌抑制性能好、保护油气层、腐蚀性低、环保及可回收再利用的特点，加之其具有低固相，高密度的特性，有利于提高机械钻速。

目前，有机盐钻井液体系的优越性已得到世界石油工业界的认可和重视，在欧洲和美国已广泛应用，均取得很好的效果。在国内，有机盐钻井液先后在海上油田及塔里木油田等进行了现场试验，使用效果明显。

(二) 甲基葡萄糖苷钻井液

甲基葡萄糖苷钻井液是国外 20 世纪 90 年代提出的一种新型水基钻井液体系，由于它在防塌机理及常规钻井液性能方面类似于油基钻井液，又称为类油基钻井液体系。MEG是葡萄糖的衍生物，由淀粉制得，无毒性，且易生物降解。MEG分子是含4个羟基和1个甲基的两排环状结构。大量的室内研究和生产实践证明，甲基葡萄糖苷钻井液能有效地抑制泥页岩水化膨胀，维持井眼稳定，保护油气层，同时还具有良好的润滑性能、抗污染能力和高温稳定性，并且无毒、易生物降解，对环境影响极小，具有极好的应用前景。国内已经开展了大量的应用研究，见到了明显的效果。为了进一步提高其抑制性，开发了阳离子型甲基葡萄糖苷，关于其合成与应用情况将在以后有关章节介绍。

（三）合成基钻井液

合成基钻井液是以人工合成的有机化合物作为连续相，盐水作为分散相以及乳化剂、降滤失剂、流型改进剂等组成的钻井液体系。与油基钻井液相比较，其区别在于，将油基泥浆中的基油(柴油或矿物油)替换成可生物降解又无毒性的改性植物油类。最初的希望是：合成有机物的物理性质应与矿物油的物理性质相似，毒性必须很低，在需氧或厌氧的条件下均可以生物降解。目前，在墨西哥湾和北海油田等地区，使用合成基钻井液已非常普遍。据不完全统计，在世界范围内已有500多口井使用了合成基钻井液。

合成基钻井液分为一代和二代。第一代合成基钻井液主要为酯类、醚类和聚 α-烯烃(PAO)类。第二代合成基钻井液主要为线性 α-烯烃(LAO)类、内烯烃(IO)类、线性烷烃(LP)类和线性烷基苯类。以线性 α-烯烃聚合物为主的第二代合成基，与第一代合成基钻井液相比，黏度较低，配制成本也较低，而且有更强的生物降解能力，且第二代合成基钻井液更适于在高温深井中使用。

（四）聚合醇钻井液

聚合醇钻井液是一种以聚合醇为主剂配制而成的环保型水基钻井液体系，不但具有油基钻井液的优异性能，而且不存在污染环境和干扰地质录井问题。聚合醇包括聚乙二醇(聚丙烯乙二醇)、聚丙二醇、乙二醇/丙二醇共聚物、聚丙三醇或聚乙烯乙二醇等，是一种非离子表面活性剂，溶于水，但其溶解度随温度升高而下降，到达某个温度之后聚合醇溶液就会形成浊状的微乳液(聚合醇部分析出)，当温度降低时聚合醇又完全溶解。聚合醇发挥作用的关键是浊点，浊点与聚合醇化学组成有关，并随其加量及钻井液含盐量的增加而下降。因而可以通过选用不同种类的聚合醇、调整聚合醇加量和含盐量来改变浊点。

利用聚合醇浊点效应，当钻井液的井底循环温度高于聚合醇浊点时，聚合醇发生相分离，不溶解的聚合醇封堵泥页岩的孔喉，阻止钻井液滤液进入地层，从而使钻井液与泥页岩隔离，起到稳定井壁的作用。此外，聚合醇通过在泥页岩表面产生强烈吸附(吸附量随温度升高而增加)，形成一层类似油的憎水膜，不仅可以阻止泥页岩水化、膨胀与分散，且能够提高钻井液的润滑性。聚合醇钻井液毒性很低，有利于环保，国外已广泛应用于海洋钻井，且效果良好。

近年来，国内海上和陆上油田均大量应用聚合醇，但没有形成完善的体系，只是当作一种处理剂。值得强调的一点是，在使用聚合醇时必须针对地层温度选择浊点，关于浊点的设计还需要开展研究。

（五）可逆乳化钻井液

在钻井过程中，使用油基钻井液具有许多水基钻井液无法具有的优点，但是在完井的过程中,油基钻井液又存在一些缺点,如滤饼清除、水泥和地层之间的胶结强度、钻屑表面的残留油、钻屑及废钻井液的处理问题,特别是对于常规的油基钻井液而言,把残余的钻井液留在井筒、油润湿地层和套管里,导致水润湿地层和套管之间水泥胶结强调大大下降。

针对油基钻井液所存在的问题,近年来国外研制出了一种新型可逆的逆乳化钻井液体系。这种钻井液体系在钻井时,其具有油基钻井液的性能,通过改变乳状液的性质,在完井的过程中可以体现出水基钻井液的优点。这种可逆的逆乳化钻井液使钻井液在性能、产量、最小环境影响、成本控制等各方面都达到要求。该钻井液体系已在北海等地区得到了成功的应用。

(六) 环保水基钻井液

针对环境保护的要求,围绕降低钻井液的毒性,减少钻井液的污染,在环保水基钻井液方面开展了一系列研究。如由膨润土、纤维素增黏剂、合成聚合物高温降黏剂、高温降解絮凝剂(可选用)、盐(NaCl)或海水等组成的无毒水基钻井液体系(EHT 体系)。在起下钻期间经受井底高温后仍能具有足够的悬浮和携屑能力,在整个温度变化过程中保证恒定的钻井液流变性,且钻井液抑制钻屑水化分散能力强。该体系成功应用于陆上和海上钻井,井底温度最高达到 215.5℃、钻井液密度 1.86g/cm^3,钻井液流变性稳定[9,10]。

Thaemlitz 等[11]介绍了一种新型环保抗高温水基钻井液,该体系以两种新型的聚合物为主剂。这种新型合成基聚合物是用丙烯酰胺、磺酸盐单体和交联单体共聚合成的一种新型交联聚合物,与非交联直链聚合物相比,它在含水溶液中保留了较为致密的球形结构,交联聚合物在水溶液中的水动力体积比相同相对分子质量的直链分子小得多。交联聚合物的独特结构使其在空间上受到限制,从而增大了其内在水解稳定性,且抗剪切能力强,改进了水基钻井液的流动特性和降滤失特性。采用这两种新型的聚合物,再辅以 pH 添加剂、加重材料和少量的黏土组成的新型钻井液体系具有良好的抗污染性能,对 Ca^{2+}、Mg^{2+}和一般的固态污染物均具有极强的抵抗能力。该体系可以用淡水配制,也可以用海水配制,由于该体系不含金属铬以及其他具有环境毒性的物质,对环境友好,其耐温可达 232℃,符合环保要求。

五、防塌钻井液

针对易塌地层、强水敏性地层等井壁稳定的需要,研究应用了不同类型的抑制、防塌钻井液体系。

(一) 硅酸盐钻井液

硅酸盐钻井液具有无毒、无荧光、低成本的特性,并且通过多方面的协同作用来稳定井壁,因此,日益受到人们的重视。硅酸盐钻井液抑制性强、抗污染能力强,具有良好的环境相容性,但硅酸盐钻井液也存在很多问题,如硅酸盐凝胶和硅酸盐沉淀能堵塞油气层孔隙,且堵塞作用不易清除;性能调整困难,对钻井液 pH 值比较敏感;硅酸盐与其他钻井液处理剂配伍性差;钻井液摩阻大等。目前国外针对硅酸盐钻井液堵塞油气渗流通道问题,已发明硅酸盐破碎剂,能有效清除硅酸盐对油气层的损害,从而使其应用前景更加广阔。该钻井液体系在北海、阿拉斯加、墨西哥湾等地区广泛使用。国内这方面也进行了大量的研究与应用,今后仍然需要针对其存在的问题,从与体系配伍的处理剂研制出发,逐步完善硅酸盐钻井液体系。

(二) 阳离子聚合物盐水钻井液

阳离子聚合物盐水钻井液是由低相对分子质量阳离子聚合物(主要为二甲胺对环氧氯丙烷缩聚物)、KCl、淀粉、生物聚合物(黄原胶)等组成,以重晶石为加重剂。钻井液中阳离子聚合物能吸附到井壁上带负电的黏土表面和钻屑上,从而抑制页岩的分散。由于阳离子的强吸附作用,钻井过程中钻井液中的阳离子聚合物会不断消耗,因此,在钻井中要针对井眼尺寸、页岩活性和钻井速度保持过量的阳离子聚合物含量。应用结果表明,阳离子聚合物盐水钻井液抑制页岩水化分散的能力优于常用的水基泥浆, 其抑制能力可以达到油基钻井液的水平。

国内在阳离子钻井液方面也开展了应用研究,但由于缺少配套的处理剂,目前还没有大面积推广应用。

(三) 胺基抑制性水基钻井液

国外钻井液公司按照“总体抑制”理念,即在保证页岩、黏土和钻屑稳定性的同时,改善一些关键性能,如提高机械钻速、防止钻具泥包以及降低扭矩、起下钻遇阻现象等,研制出了一种由水化抑制剂、分散抑制剂、防沉降剂、流变性控制剂和降滤失剂等组成的胺基抑制型钻井液。

水化抑制剂是一种水解稳定性强、对海洋生物毒性低的水溶性胺化合物,具有 pH 值缓冲剂的作用;分散抑制剂系低相对分子质量的水溶性共聚物,具有良好的生物降解性,对海洋生物的毒性低; 防沉降剂为可包被钻屑和吸附在金属表面的表面活性剂和润滑剂的复合物,可减少水化钻屑的凝聚及其在金属表面的黏结;流变性控制剂为黄原胶;降滤失剂为低黏的改性多糖聚合物,在高含盐量或高钻屑含量的钻井液中均可保持稳定。该钻井液在墨西哥湾现场试验表明,钻井液的稳定性和流变性良好,没有出现钻头泥包等问题。

胺基抑制性钻井液的关键是胺基抑制剂,目前公认胺基抑制剂效果最有效,因此国内近年来在抑制性胺基钻井液方面比较活跃。就胺类抑制剂而言, 国内早在 20 世纪八九十年代就开展了工作,并大量应用,如 XA-1、NW-1 和 HT-201 等。在胺基抑制剂研究方面,仍需要进一步优化分子设计,提高其与传统处理剂的配伍性,控制适当的相对分子质量,以充分发挥其作用。

(四) 混合金属硅酸盐钻井液

混合金属硅酸盐钻井液是混合金属硅酸盐(代号 MMS)与预水化膨润土形成的复合物,具有与正电胶(MMH)钻井液相似的特殊流变性能,但其与膨润土之间相互作用的特性与 MMH 不相同。MMS 膨润土浆的流变剖面更平,携屑能力更强,在低剪切速率下具有更高的黏度,从而降低了通过地层孔喉和裂缝的漏失量,因而可用它来钻进易漏失地层。MMS 钻井液的缺点是钻井液与强阴离子处理剂不配伍,且不能容纳高浓度的盐。

无论 MMS 还是 MMH,今后仍然需要开展工作,前几年 MMH 叫得很响,近年来却趋冷,这是由于当时没有形成真正的 MMH 钻井液体系,只是把 MMH 当成一种剂,加之过度的炒作,原本很好的东西被忽视了。

(五) $CaCl_2$ 钻井液

为了解决钻遇高活性软泥岩地层易造成的各种问题,特别是不能彻底清洁井眼,发生钻头泥包、卡钻等,国外研制了一种强抑制性的 $CaCl_2$ 钻井液。应用结果表明,该钻井液在钻黏土井段显示出了优异的包被和抑制性，在钻井中没有出现钻头泥包，也没有出现软泥岩在底部钻具组合或套管下扩眼器上的堆积。从振动筛上可见返出的离散的干钻屑，尽管采用了 210 目的振动筛，但钻井液的损失却很少，证明钻井液流动性好，清洁且抑制性强。

国内在这方面也开展了一些工作，并在现场应用中取得了很好的效果，但体系中钙离子含量还比较低，将来仍然需要进一步研究，并针对实际需要，开发能够满足页岩气水平井钻井需要的 $CaCl_2$ 钻井液体系。

六、油基钻井液

国外在油基钻井液体系方面已经非常成熟，并广泛应用于解决复杂地层钻探中出现的复杂问题，国外的成功经验，也为国内油基钻井液的发展提供了参考。

(一) 低毒油基钻井液

国外提出了以植物油作为基油的低毒油基钻井液。植物油可以循环利用，具有高降解性，同时具有很高的闪点、燃点以及很好的高温稳定性，直接排放不会对环境造成不利影响。由于其易降解性和低毒性，使植物油基钻井液的环保性能与水基钻井液相当，因此植物油基钻井液可以解决现在以及未来的技术和环境问题。常规的植物油配制而成的钻井液会有很高的黏度和显著的热降解性，经处理的植物油具有适宜的低剪切流变性，在 150℃下老化 16h 后钻井液的流变性无显著变化，因此植物油基钻井液可望应用于较高温度地层的钻井中。

(二) 全油基钻井液

全油基钻井液是以柴油或者低毒矿物油为基油，由用作高温高压滤失量调节剂的聚合物、有机土、乳化剂、润湿剂、加重材料等组成。该体系能在 204℃下性能稳定。由于聚合物/有机土颗粒的良好配伍作用，全油基钻井液体系高温高压滤失量非常低，同时体系中采用无毒的润湿剂代替了阴离子乳化剂，提高了基油对有机土颗粒的润湿性，使润湿剂、聚合物和有机土三者产生协同作用，从而有效地提高了体系的黏度。该体系具有类似于水基聚合物钻井液的流变性，有较高的动塑比，剪切稀释性好，因而提高了钻速，减少了井漏，改善了井眼清洗状况及悬浮性。目前全油基钻井液体系已在井深 6309m、井底最高温度达 213℃的井中成功应用。

(三) 可减少油基钻井液在钻屑上滞留量的新型处理剂

使用油基钻井液时，钻屑上滞留的油量一般不得超过 150g/kg，否则这些岩屑将不允许排放(尤其是海洋钻探作业时)。国外近年研制出了一种复合阳离子表面活性剂——CCS，将其添加至油基钻井液后，不仅可以有效地减少钻屑表面所吸附的油量，同时还具有改善流变性和降滤失的作用。

(四) 抗高温油基钻井液

研究表明，逆乳化钻井液可以用于高温高压井中，并且可抗 260℃高温。国外利用新研制的抗高温处理剂在油水比为 85:15~90:10 的钻井液中效果显著，在 310℃和 203MPa 具有很好的稳定性，钻井液密度可达到 2.35g/cm³。针对高温(260℃)高密度(2.10~2.15g/cm³)钻井液中易出现重晶石沉降问题，采用一种密度为 4.8g/cm³ 的亚微米颗粒的四氧化锰代替重晶石，已经在北海高温高压无黏土油基钻井液中得到成功应用。这种钻井液可以减小当量循环密度，在钻井、下套管和固井中可降低滤失量，并且不会出现加重材料沉降的问题。

(五) 低固相油基钻井液

国外针对高压储层水平井段钻井液的需要，以克服常规油基钻井液固相含量高所造成的地层损害，以油为连续相，把 2.2g/cm³ 密度的甲酸铯溶液以 40:60 的油盐水比加入油相中，形成了密度为 1.65g/cm³ 低固相油基钻井液。

国内 20 世纪 80 年代以来，先后在华北、新疆、中原、大庆等油田使用过油基钻井液。但由于成本问题，油基钻井液在我国应用十分有限。与国内不同，国外一直将使用油基钻井液当作钻深井、超深井、大斜度定向井、水平井和水敏性复杂地层的重要手段，同时也当作保护油气层的一个重要手段。从发展趋势看，国内今后应重视油基钻井液的研究与应用。

(六) 抗高温合成基钻井液

合成基钻井液具有很强的抗高温能力，在 218.3℃的温度下热滚动 16h 不会发生热降解。若选用抗高温的乳化剂和流变性调节剂，合成基钻井液可用于 200℃以上的高温高压深井。由于合成基钻井液热稳定性好，用于超高温钻井取得了好的效果，如美国休斯敦 EEX 公司采用比例 90:10 的线性 α-烯烃和酯化的混合物的合成基，按照 70%的合成基和 30%的水组成的钻井液，采用该合成基钻井液，在墨西哥湾深水区的 Garden Bank Block 386 区块钻成了一口 8493m 超深井，井底温度 275℃[12]。采用 ISO-TEQ 的合成基配成 Syn-TEQ 合成基钻井液，耐温 226.7℃，并且在高温下不水解，密度可以达到 2.16g/cm³，钻井液毒性 LC_{50}>100×10^4mg/L，可以满足环保要求[13]。

(七) CR-SBM 钻井液体系

具有恒流变特性的钻井液体系(CR-SBM)是在合成基钻井液的基础上，通过处理剂的优化和改性发展起来的一种适合于深水钻井的新型钻井液体系。CR-SBM 与传统合成基钻井液的组分基本相同，不同之处是使用有机黏土替代特殊乳化剂作为钻井液增黏剂。这样可以让 CR-SBM 获得比传统合成基钻井液更好的降滤失性。CR-SBM 体系的流变性受温度的影响较小，特别是动切力、静切力和低剪切速率下的黏度等参数不随温度的变化而改变，表现出具有稳定优良的流变特性，从而能够提高机械钻速，保证井眼的稳定性，减少井下钻井液漏失，明显地提高钻井作业效率。目前 CR-SBM 已成功应用于墨西哥湾海域，并逐渐应用于亚洲某些近海海域以及西非近海、巴西近海等地区[14,15]。

七、超高密度钻井液

近几年国外深井超深井主要集中于欧洲北海地区，由于该地区具有典型的高温高压特征，因此这些地区涉及的高密度钻井液相对较多。但从国外高密度钻井液的研究来看，主要集中于甲酸盐、重晶石、赤铁矿、四氧化三锰等单独或复合加重，以实现高密度钻井液体系流变性能、沉降稳定性、高温高压滤失量等的有效控制。国外应用的钻井液密度仅达 2.10g/cm³，用赤铁矿加重的压井液最高密度可达 2.64g/cm³。从整体情况看，国外这方面的水平远低于国内。

国内密度在 2.5g/cm³ 以内的钻井液已成功应用，而密度>2.5g/cm³ 的成功实例相对较少。据文献报道，官 3 井采用 2.8g/cm³ 以上钻井液成功钻进，官 7 井采用密度 2.64g/cm³ 成功压井，官深 1 井采用密度 2.82~2.87g/cm³ 超高密度钻井液顺利完成钻井作业。

在超高密度钻井液研究上，要打破常规思路，重点从分散剂方面攻关，开发具有降滤失作用的分散剂，尽可能减少其他处理剂加量，同时要研究超高密度钻井液高温高压滤失量和流变性测定方法,特别是流变性,传统的测定方法已不适用于超高密度钻井液体系。

八、钻井液固相控制

钻井液固相控制关系到控制流变性和滤失造壁性、预防井下复杂情况、减轻固相油层损害、提高钻井速度和效益等,已引起各方面重视。已经认识到钻井液中添加化学清洁剂可以控制微米、亚微米粒子含量,进一步改善相关固相控制设备的分离效率,提高钻井速度。从振动筛目数来看,国外公司目前用到200目以上很普遍,要达到这一水平,对钻井液自身的清洁和抑制性要求很高,如果钻井液的抑制性不强,在黏滞性高的情况下,采用高目数振动筛是不现实的,故要引入专门的清洁剂。国内实践表明,采用化学固相清洁剂可以避免跑浆和糊筛。

九、新型堵漏材料

(一) 球状地下胶凝堵漏剂

国外研制了用于封堵大裂缝、洞穴、溶洞等储层漏失的堵漏剂CACP,其由聚合物、交联剂与桥塞材料组成。该堵漏剂在地下,经过一定时间后凝固成一种类似橡胶弹性体和海绵状态的物体, 对漏失层段封堵较为密实。凝固时间可以根据地层的施工时间及井底温度,通过加入缓凝剂或促凝剂来调节和控制,一般在几小时内即可见效。

目前国内采用凝胶和桥塞材料等形成的堵漏剂类似该剂,不同之处是“预交联”,在用于强化井壁稳定和堵漏中取得了良好的效果。

(二) 剪切敏感性堵漏剂

国外研制了一种可以快速封堵严重漏失地层的堵漏液——SSPF,它是由油相中的交联剂和溶于水相中的高浓度多糖聚合物组成的反相乳液。堵漏液中的交联剂和多糖聚合物在高剪切速率下混合产生交联,形成类似于塑性固体的凝胶堵塞物而封堵漏失地层。

(三) 快速破乳强驻留反相乳液堵漏材料

适当交联的反相乳液聚合物送达漏失地层时,特别是出水地层时,反相乳液聚合物快速破乳吸水凝胶化,形成高强度的聚合物段塞,以达到快速驻留和随后堵漏作业顺利施工的目的。关键是控制破乳和破乳方法。

十、钻井液无害化处理

多年来,海上钻井作业期间所产生的钻屑和其他油气污染废弃物一直都在陆上进行处理,为了减少运输费用,国外采用了在海上处理油气污染的钻屑的办法,并将回收的油水重新用于钻井液的处理,部分岩屑回填。在北海英国海域进行的一系列海上试验表明,该方法解决了海上作业中钻井废弃物处理方面的复杂问题。

国内在无害化处理方面已经开展了卓有成效的工作, 但与真正的无害化还存在差距,主要问题在于认识不够,从而制约了真正的无害化处理技术的发展。将来要重点从处理剂和处理设备两方面考虑,关键是保证设备的处理量和处理的经济性,特别是随着油基钻井液在页岩气水平井钻井中的普遍应用,油基钻井液和钻屑处理技术更迫切。

第二节 国内钻井液处理剂现状分析

国外钻井液处理剂已经成熟,且形成了针对不同钻井液体系的配套产品,国外处理剂研究与应用为国内钻井液处理剂发展提供了一定的参考。国内钻井液处理剂由从其他专业引进到专用钻井液处理剂研制，已经有 40 多年的历程，特别是自 20 世纪 80 年代以来，一系列钻井液处理剂相继投入生产，有力地促进了国内钻井液技术的进步，解决了生产中存在的问题。然而近年来，由于一些制约因素的存在，钻井液技术出现了停滞不前的现象，目前已难以满足复杂条件下钻井及特殊井钻井的需要。可见，研制能够满足复杂情况下钻井需要的高性能处理剂，是钻井液工作者面临的重要课题。本节在对国内钻井液处理剂发展回顾的基础上，分析了制约钻井液处理剂发展的因素。

一、处理剂发展回顾

国内钻井液处理剂研制始于 20 世纪 70 年代，到 80 年代末逐步形成了规范的处理剂研制与应用体系，此后处理剂研制取得长足进步[16,17]。近年来，从产品、专利、文献报道情况来看，新品种逐年上升，而投入生产及应用的产品却很少。分析内在因素，主要是产品主体结构没有改变，尽管 20 世纪 70~90 年代，相继出现了很多产品，但产品结构没有变化，合成方法没有变化，大部分研究属于重复性工作，因此产品性能没有取得突破性进展。

(一) 聚合物处理剂

对于聚合物处理剂，从 20 世纪 70 年代的 HPAN、HPAM、CPAM、SPAM，到八九十年代的 80A-51、PAC-141(142、143)、FA-367、K-HPAM 等处理剂以及 90 年代以来的 AMPS 聚合物系列，特别是 AMPS 聚合物处理剂的成功应用，使聚合物处理剂的水平上了一个新台阶。但从处理剂结构和基团来看，主体结构与基团并没有改变，只是基团与相对分子质量的优化而已，其主体结构仍然没有突破，如图 2-1 所示。在磺化酚醛树脂(SMP)的改性研究方面，近年来也逐步受到重视，并见到了初步效果。

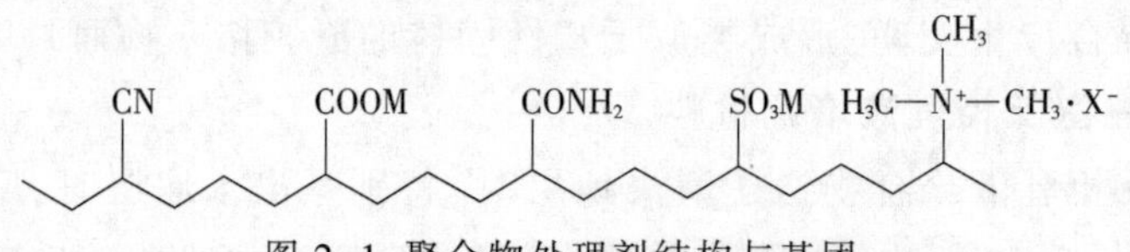

图 2-1 聚合物处理剂结构与基团

(二) 沥青、褐煤、单宁等类产品

对于沥青、褐煤、单宁等类产品，与早期产品相比，颜色没有变化，而有效物却减少了，大多数产品通过复配价廉的辅料而得，产品质量大幅度下滑，如“沥青+褐煤”仍然叫沥青。再就是出现了很多代号+概念性名称的产品，归根结底仍然是褐煤复配物。还有一些产品名称没有变，但含义已不同，如磺化单宁类产品，早期的产品是用五倍子单宁酸为原料制备的磺甲基五倍子单宁酸钠铬络合物，而目前的产品全部是磺化栲胶贴上了磺化单宁的标签，尽管按照标准检测合格，而现场效果却很差。

(三) 淀粉、纤维素

作为绿色、环保的淀粉、纤维素、植物胶改性产品，研究多，应用少，主要原因是材料本身的热稳定性低，提高抗温能力的难度大，限制了其推广应用。

(四) 木质素

对于木质素磺酸盐产品，由于对铬的限制，以铁铬木质素磺酸盐(FCLS)为主的产品用量越来越少，尽管出现了一些无铬木质素磺酸盐产品，但其效果很难达到 FCLS 的水平。去铬化也使 SMC、SMT 等产品的性能进一步下降。

(五) 其他

除上述产品外,还有阳离子黏土稳定剂(如 XA-1、NW-1 等),正电胶,乳化沥青/石蜡等(黑、白色正电胶),聚合醇或多元醇,凝胶聚合物,“不渗透”产品和“聚胺”等产品也得到了应用和发展。特别是近年,“聚胺”得到了行业的重视,并出现了盲目的“聚胺”热。总体而言,尽管处理剂品种、名称不断推陈出新,但在现场真正的长期或大量应用的产品却很少,有时仅是一阵风而已。而 CMC、SMP 等具有明确化学名称的产品,虽然经过了 40 多年,但仍然是现场应用最多的产品。

纵观国内近 40 年来钻井液处理剂的发展(见图 2-2),在产品成分上从初期具有明确化学名称的产品,逐步形成了产品成分模糊、以代号为主体的非正常现象。特别是 20 世纪 90 年代以来,随意编代号的现象越来越严重,具有明确成分或名称的产品越来越少,复配产品越来越多,产品质量逐步降低(主要体现在产品标准指标降低,按照标准检测合格的产品,现场往往无效)。相对于 20 世纪八九十年代,近年来国内钻井液处理剂研制不仅进展缓慢,且重复研究多,从而制约了钻井液技术的发展。

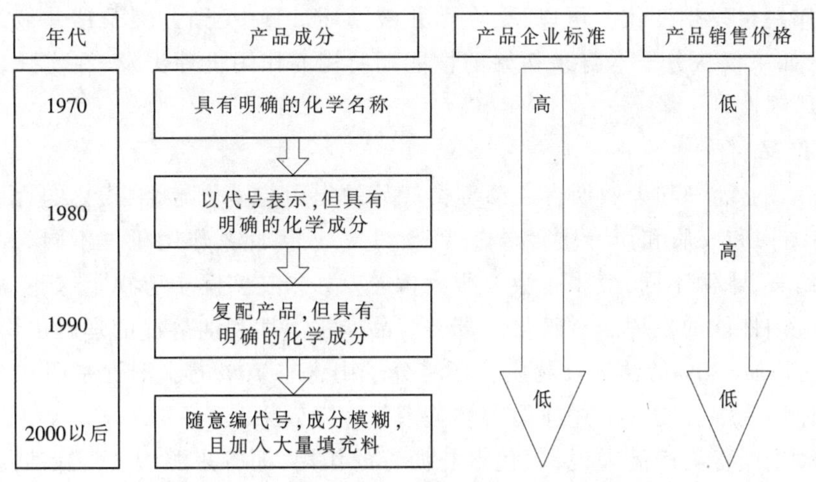

图 2-2 处理剂产品、质量和销售价格变化情况

近年来,深井、超深井钻井逐步增加,非常规油气开发也逐步启动,对钻井液提出了新的更高的要求,为了满足安全快速钻井的需要,保证钻井液良好的性能,需要在钻井液体系研制上下大功夫。

二、对处理剂作用机理的思考

传统的处理剂作用机理对准确理解不同的钻井液处理剂具有一些局限性,需要结合处理剂对一些材料的机理有针对性的分析。

(一) SMP 的作用机理

SMP 如何起作用?在分析 SMP 的作用时,除了考虑产品的缩聚程度磺化度,同时还要从化学反应过程来考虑,即 SMP 在钻井液中的化学反应现象,SMP 的表面活性、浊点盐度,特别是在高温情况下如果 SMP 形成立体结构,则其水溶性就降低,形成不溶或半水溶性的凝胶体,起到堵孔作用。

为什么 SMP 必须在 SMC 配合下方有效?这与 SMP 与 SMC 交联作用有关,两者的反应使支化结构进一步强化,表现出表观相对分子质量增加,无论从护胶还是产生堵孔作用的交联体等考虑,都可以改善其降滤失能力。

为什么目前采用的聚磺钻井液体系高温高压滤失量不易控制？其中SMP质量的影响最关键,现场许多为了满足标准的产品,通常是在SMP中复配了一些廉价材料。另一方面是因为目前产品的SMC不再是铬络合物。

(二) 烯基单体聚合物与腐殖酸、CMC、CMS、XC等类处理剂的作用机理

这些材料的作用与吸附、分散、增黏和物理堵塞有关。对于烯基单体聚合物,传统意义上的机理存在局限性,因为传统作用机理是基于钻井液中聚合物稳定的情况下,而事实上,当聚合物,特别是高相对分子质量的链状聚合物加入钻井液后,聚合物就不能保持稳定,且随着时间的延长,会不断变化。聚合物加入钻井液,在循环过程中会发生分子链剪切断裂,高温下还将发生高温降解或高温交联,对于含不稳定基团的聚合物,如丙烯酰胺类聚合物中的酰胺基会发生水解等,酰胺基的水解将使基团的离子性质发生变化。钻井液体系在循环过程中随着井深的增加,钻井液膨润土含量、固相含量、固相粒径分布等均会发生变化。这些变化会使聚合物处理剂的性质、钻井液中黏土或固相分散状态发生变化,从而使处理剂作用也发生变化。可以说,在钻井液循环过程中,钻井液及钻井液处理剂性能均是变化的,如果仅从分子本身最初始的性能和结构的作用机理出发,在实际应用中便产生了偏差和局限性。

(三) 沥青类产品

沥青包括工业沥青和天然沥青。沥青类产品的作用与磺化与否、磺化的程度以及沥青的来源(影响结构和胶质和沥青质含量)有着密切关系,因此其作用机理不同。即使是指标相同的磺化沥青,来源不同,效果也会有很大偏差。如果在实际中忽视了这些,就会影响磺化沥青产品应用性能的发挥。对磺化沥青类产品的水溶性和油溶性的理解也影响使用,是70%的水溶性物质+30%的油溶性物质？还是分子中含有70%的水溶性基团和30%的油溶性基团？一体还是混合物？上述问题密切关系其应用效果。

对于非磺化沥青类产品来说,软化点与沥青的作用,沥青来源(天然、炼油)会直接影响应用效果。

(四) 理想充填

理想充填对封堵的理解和设计有一定的指导意义,但理想的结果现场不存在,实际中不能全靠实验室给出的结果,实验室研究只能作为参考。从设计的角度达到希望的效果,则必须更多的结合实践,要密切关注所针对的对象,以提高理论的针对性和适应性。

总之,如何结合钻井液的发展,完善或重新认识处理剂作用机理将有利于促进钻井液技术进步,因此,尽快根据目前钻井液体系及发展的需要开展机理研究非常重要。

三、制约处理剂发展的因素

(一) 制约因素

制约钻井液处理剂发展的因素比较多,既有客观因素,又有主观因素,综合起来主要体现在以下一些方面。

1.研究环节

研究环节的问题是制约钻井液处理剂发展的根本因素,主要是:

① 处理剂研发队伍少,缺乏有力的研发团队。在处理剂研究方面,油田企业很少做,

院校虽然开展了很多研究，由于对现场了解少，目标缺乏针对性，最终的局面是研究多、应用少、推广更少。

② 不重视基础研究，使处理剂研制缺乏支撑。由于不重视基础研究，缺乏处理剂作用机理的支撑作用以及处理剂合成相关的基础研究，如单体开发、分子设计、结构与性能的关系等，致使研究缺乏创新。

③ 浮躁的学风和工作作风影响了创新。严重的跟风现象，不仅浪费了人力、物力和财力，也制约了创新工作。严重的重复研究和生产制约了处理剂的发展。由于处理剂的效果需要经过现场应用后才能证实，从研制、中试、现场试验，到最后取得成果是一个漫长的过程，短期的利益驱动使相当多的研究人员难以沉下心来做事。

2.生产环节

生产环节主要是规模企业很少，中小企业多。中小企业，特别是小作坊式的工厂，技术力量薄弱或根本无技术力量，产品技术水平低，生产设备简单，产品质量不稳定，检测手段不健全，使产品质量难以保证。

3.应用环节

应用环节的问题主要是认识上和价格方面的问题，主要体现在：

① 应用中与技术先进性相比，低价格更重要。应用中存在的不重视技术，不重视质量，只看产品价格，严重影响了高质量、高性能处理剂产品的发展，低劣产品大量充斥市场，不正当的关系竞争也在一定程度上制约了处理剂的发展，并损害了行业的声誉。

② 老观念不容易改变，限制了新产品推广，已经形成的体系不容易放弃，新产品试验、推广和应用难度大。

③ 谈“铬”色变。出现了盲从与执一而论的去铬化现象。对于含铬产品，如FCLS、SMC、SMT等，一概认为有污染而限制使用。事实上，铬引起的污染主要是指6价铬，而处理剂中的铬是3价，且以络合的形式存在，只要铬含量控制在一定的范围，是可以满足环境保护要求的。值得强调的是，铬的过量摄入会造成中毒，但铬也是人体一种必需的微量元素，尽管正常人体内只含有6~7mg，但对人体很重要，铬的主要功能是在糖代谢中起作用，铬具有抗糖尿病的作用。在食物中加入含铬化合物可预防和控制动脉粥样硬化的发生，如富铬酵母。可见，在此方面要有科学的认识，铬作为传统的钻井液处理剂的成分之一，对改善某些处理剂高温下的稳定性具有不可或缺的作用。

4.管理环节

管理方面的问题主要体现在体系命名、技术标准和产品定价等方面，主要体现在：

① 体系命名不规范。在钻井液体系命名方面不分主体，不顾作用，不讲科学，想怎么叫就怎么叫，有时仅仅是加入了很小量的某种处理剂，就称“某钻井液体系或技术”。剂是单一的，体系是综合的，并非加入某剂就是某体系。体系的不规范命名也使关键及配伍处理剂的发展受到一定的限制。

② 技术标准不统一。生产企业标准水平相对较低，标准检验与现场差别大，行业标准通用性不强，标准制定缺乏实验和应用依据，多数行业标准为生产企业标准转化而来，且标准中缺少表征产品本质特征的项目及指标。低标准使产品生产的门槛降低，影响了高质量产品的发展。

③ 产品定价不合理。定价不按照市场规律,化工原料价格逐年增加,而处理剂价格不升反降,同时小厂经营的灵活性扰乱了价格体系,管理上的缺陷也不同程度地影响了产品价格的合理制定。高纯度、高质量的产品由于价格因素,推广应用受到了限制,在一定程度上也制约了钻井液技术的发展。

(二) 应对策略

推动钻井液技术进步,为安全钻井提供保障是钻井液工作者要做的重要工作,也是责任。而从处理剂研发方面讲,要排除制约钻井液处理剂发展的因素,重点围绕处理剂研制(单体、分子设计、机理),新处理剂推广,处理剂命名及标准规范和钻井液体系的规范等方面开展工作。

归纳起来,在钻井液处理剂研制上,钻井液工作者应:

① 明确钻井液处理剂的开发目的。满足油气层保护、环境、深井、特殊井等不同需要的钻井液新体系、新技术的要求,即解决现场难题的需要;净化、规范处理剂市场的需要;非常规油气开发提出的新要求;钻井液技术进步及人才培养的需要。

② 遵循钻井液处理剂的开发原则。处理剂开发要围绕安全钻井、油气层保护和实用化方向,产品研制要保证原料价廉易得(最好选择天然原料)、工艺简单、质量稳定、绿色产品、清洁生产等目标。

③ 明确处理剂的研究工作方向。未来要重点围绕超高(低)温、超高(低)密度处理剂研制,提高处理剂抑制性,绿色环保以及非常规油气钻探的钻井液需求及技术进步开展工作。

④ 掌握科学的研究方法。将天然资源的利用作为绿色处理剂开发的重要途径(突出环境友好、低成本),掌握现代化学合成技术,利用分子修饰对已有处理剂性能进行完善(可以减少处理剂研制周期),合成新原料及新的结构产物。

第三节 国内钻井液发展分析

钻井液是钻井工程的重要部分,只有站在钻井系统工程的全局考虑,才能保证钻井液性能的有效发挥,并充分体现“钻井的血液”作用。由于钻井液是安全快速钻井、储层保护的关键,在钻井液设计及维护处理过程中,要始终围绕安全快速钻井、储层保护的目标,同时还要考虑环境保护的要求。通常,井下复杂情况的减少、使用振动筛目数越来越高、稀释剂或降黏剂用量越来越少、膨润土含量越来越低是水基钻井液技术进步的重要标志[18]。

尽管钻井工程技术的进步促进了钻井液技术的发展,但钻井液技术的进步和发展更依赖于钻井的需要和新处理剂的出现。就我国钻井液而言,是伴随着石油工业的发展而逐步成熟起来的,20 世纪 50 年代钙处理钻井液的使用,拉开了我国钻井液发展的序幕,自 1977 年原石油工业部第一次全国油田化学会议之后,钻井液处理剂研制与应用逐步受到重视,特别是 1985 年石油工业部第二次油田化学技术交流会后,钻井液处理剂开始了快速发展,并由当初的由外专业引进,到专用的钻井液处理剂研发,从而促进了钻井液技术的进步。1984 年《油田化学》和《钻井液与完井液》的相继创刊,促进了国内钻井液研究和技术交流。

国内自 20 世纪 70 年代系统开展钻井液及处理剂研究与应用以来, 已经走过了 40 余年的历程。40 年来,钻井液及处理剂是一个不断进步、不断完善的过程,其发展与石油勘探开发及钻井工程的发展密切相关，每一个进步都是建立在需要的前提下，是对钻井液性能认识不断提高的过程。40 年来，钻井液的发展从分散(粗、细分散)到不分散，再到低黏土相、甚至无黏土发展过程中，膨润土含量控制水平是根本标志，钻井液从“遇山开山，遇水搭桥”的现象，逐步走向学科的处理。就整体水平而言，由于国内和国外在管理模式和认识上存在差异，很难确切对比，但可以肯定，国内钻井液技术水平，尤其是钻井液处理剂研究水平居国际领先。由于习惯不同(膨润土含量控制)、复杂程度不同(淡水、盐水，高温、高压)和就地取材(原材料差异)，国内不同地区钻井液技术水平也存在差别，但都能够满足不同地层条件下安全钻井的需要，并朝着安全高效、绿色环保的方向发展。

由于钻井液发展依赖于新处理剂的出现，若以处理剂为主线，钻井液及处理剂发展可以大致分为起步、发展、完善、提高等 4 个阶段[19]。这 4 个阶段是一个连续的过程，各阶段间并无明显的时间界限，且还存在着交叉和重叠。

一、起步阶段

(一) 钻井液体系由分散向不分散的过渡

概括起来，将 20 世纪六七十年代分散钻井液体系及处理剂初步应用的阶段看作起步阶段。该阶段在新中国石油工业发展之初积累经验的基础上，完成了钻井液由自然造浆阶段向分散钻井液体系的过渡，并使钻井液体系的应用逐渐走向系统化，然而由于仪器、技术及处理剂的限制，该阶段经验性钻井液设计与处理仍然占主导。加之当时高校还没有钻井液方向的人才培养，从事该专业的现场人员很少有高等教育的经历，对钻井液认识不可能充分，故该阶段各方面相对都比较粗放。

该阶段初期，普遍应用的是(羧甲基)纤维素铁络盐，两碱(纯碱、烧碱)栲胶腐殖酸等。由于缺乏专门的处理剂以及材料质量及品种的限制，钻井液稳定性差、造浆严重，流变性和膨润土含量控制困难。如果遇到盐膏污染，甚至出现“一个人一把掀，一掀一掀往前赶”的现象，处理剂消耗量很大，维护处理频繁，并常常大量放浆，不仅使钻井液处理费用高、处理强度大，而且环保压力大(好在当时对环保要求不高)。

(二) 不分散钻井液体系的形成

针对起步阶段可用的处理剂很少，且简单的现状以及钻井的需要，在以淀粉(糊化或膨化)、纤维素(CMC)、FCLS、两碱、栲胶、单宁酸、褐煤等处理剂为主形成的最基本的钻井液体系——分散钻井液的基础上，不断探索开发新的钻井液处理剂。水解聚丙烯腈钠、水解聚丙烯腈铵盐、磺化沥青(SAS)、磺甲基酚醛树脂(SMP)、磺化褐煤(SMC)的研制与应用，保证了钻井液的抗温抗盐能力，使得抗高温钻井液体系得到初步发展。尤其是聚丙烯酰胺(PAM)和水解聚丙烯酰胺(HPAM)的应用，使钻井液体系由钙处理等不分散体系逐步发展到聚合物不分散体系，并实现了从无机絮凝剂到有机絮凝剂的过度，奠定了不分散聚合物钻井液体系的基础。

二、发展阶段

(一) “三磺”钻井液体系逐渐成熟

20 世纪 70 年代末至 80 年代，尤其是 1985 年原石油工业部第二次油田化学技术交流会后，这一阶段可以说是钻井液处理剂及钻井液的快速发展阶段。此阶段，SMP、SMC、磺甲基单宁(SMT)或磺化沥青等处理剂构成的“三磺”钻井液体系已逐渐成熟，并在各大油田推广应用,有效地降低了深井、超深井井下复杂,顺利打成了一批深井和高难度井。

(二) 聚合物钻井液的形成

尤其值得强调的是,PAM 对钻井液及处理剂的发展起到了关键作用。首先,不同相对分子质量、不同水解度的 HPAM 产品[见式(2-1)]有效解决了固相及黏土(尤其是劣质土)含量控制的难题,保证了钻井液的清洁。

$$\left[\!-CH_2-\underset{\underset{\underset{NH_2}{|}}{O=C}}{\overset{}{CH}}-\right]_n \longrightarrow \left[-CH_2-\underset{\underset{\underset{NH_2}{|}}{O=C}}{CH}-\right]_a\left[-CH_2-\underset{\underset{\underset{O^-}{|}}{O=C}}{CH}-\right]_b \tag{2-1}$$

同时,以 PAM 水解产物为基础衍生的 HPAM、大钾(水解聚丙烯酰胺钾盐)、聚丙烯酸钙(CPA)等产品,在钻井液中可以起到絮凝、包被、井壁稳定、降滤失和调流型等作用,使钻井液性能控制更方便,尤其是 PAM 的水解、磺化、季铵化等产品的出现(见图 2-3),不仅促进了低固相不分散聚合物钻井液体系的发展,改变了以往以分散钻井液体系为主的现象,也使聚合物钻井液的抗温抗盐能力有了明显提高[20]。受 PAM 水解、磺化和季铵化反应产物的启示,基于图 2-3 中的结构(a)和结构(b),通过配方及工艺优化,先后研制并应用了与(a)和(b)结构相近的 80A-51,PAC-141、142、143,SK-1、2 等一系列聚合物处理剂[21]。由于这些产品分子中的基团及相对分子质量已经进行了优化,其性能比 PAM 的水解产物明显提高,其应用有力地推动了钻井液技术的进步。可以说 HPAM 不仅是聚合物处理剂发展的基础,也是形成低固相钻井液体系的基础,此时无论是钻井液的流变性、滤失性、润滑性、抑制性等,与过去相比都有了大的提高,钻井液固相控制的水平也有了进一步提高,并使钻井液由粗分散体系逐步过度到不分散钻井液体系,低固相钻井液体系逐渐形成并逐步完善,配合高压喷射钻井,大大提高了钻井速度。由于这些聚合物处理剂具有良好的降滤失、井壁稳定、抑制、絮凝等作用,利用其与氯化钾配合形成的钾盐聚合物钻井液以及钾盐聚磺钻井液体系,有效地解决了水敏性、易塌地层的坍塌及深井钻井的难题,为安全快速钻井提供了有效的技术支撑。

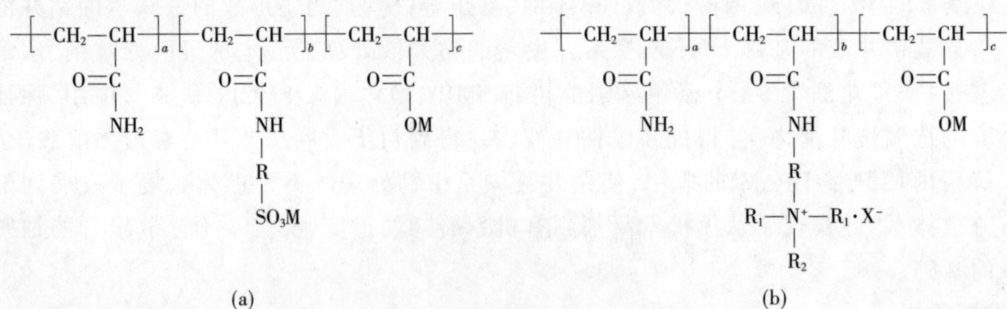

图 2-3 不同聚合物的结构

(三) 抗高温钻井液体系的基础

现场实践是钻井液处理剂发展的根基,受现场启发,如基于 SMP 只有与 SMC 等配合才能发挥作用,通过配方和工艺优化,研制生产了 SLSP、SCSP、SPNH 等产品[22~24],使现场应用更方便，效果更好，也在一定程度上充实了处理剂品种，奠定了抗高温聚磺钻井液体系的基础。

最早应用的淀粉改性产物是糊化或膨化淀粉，为了解决其易发酵的问题，开发了羧甲基淀粉(CMS)，并一度成为饱和盐水钻井液有效的降滤失剂。针对CMS应用中存在的问题，为提高淀粉的抗温能力，还开展了一系列改性工作，但并没有取得实质性应用进展[25]。

在栲胶及单宁酸碱液应用的基础上，针对存在的起泡、抗温抗盐能力差等问题，研制开发了磺甲基单宁和磺化栲胶，提高了产品的抗温抗盐能力，拓宽了应用范围。

木质素方面，从环保的角度出发，研制了钛铁腐木质素磺酸盐降黏剂、接枝共聚物降黏剂[26]等，并在现场应用中见到了一定的效果。这为发展环保木质素磺酸盐类处理剂奠定了基础。

(四) 阳离子聚合物钻井液的形成

从提高钻井液体系抑制性的需要出发，还开发了吸附能力强、有效期持久的阳离子化合物处理剂及阳离子聚合物钻井液体系，由于缺乏配伍的处理剂，加之缺乏有效的评价方法及人们对其良好性能缺乏足够的认识，最终没有大面积推广应用。

(五) 其他

油基解卡剂的成功应用，为处理时常发生的压差卡钻提供了有效手段，积累了处理井下复杂情况的经验。

结合实践，对钻井液处理剂结构与性能的关系进行了探讨，为提高对聚合物处理剂的认识及处理剂的发展奠定了一定的基础。

早在1986年，天津大学就提供了反相乳液聚丙烯酰胺样品供油田进行评价，由于当时认识不足，评价后并没有引起重视，后来仅在个别油田进行了初步应用，使乳液聚合物在油田的应用推迟了20多年。

油基钻井液方面，20世纪80年代初期，研制成功了油基钻井液和油包水乳化加重钻井液，并在华北、新疆和中原等油田得到成功应用，有效地解决了钻遇大段岩膏层和水敏性泥、页岩地层时所遇到的各种问题。随后一段时间，只是零星的在一些特殊地层进行了应用，由于应用的量少，相对于国外，不仅油基钻井液技术发展严重滞后，且缺乏熟练掌握油基钻井液技术的人员。

该阶段，钻井液处理剂品种迅速增加，质量不断提高，配套的评价方法和检测手段不断完善，并启动了钻井液处理剂质量标准制订工作，使钻井液处理剂管理不断规范，处理剂基本满足了不同类型的钻井液维护处理的需要。

三、完善阶段

20世纪80年代末，尤其是90年代以来，针对钻井液处理剂在现场应用中存在的问题与不足，通过一系列研究(如基团类型、基团比例、相对分子质量等优化)，使处理剂整体水平有了进一步提高，从而使钻井液性能更加完善，钻井液工艺技术有了长足的进步。

(一) 两性离子聚合物钻井液

合成材料方面，在阴离子丙烯酸、丙烯酰胺等单体的多元共聚物及阳离子聚合物应用的基础上，针对阴离子聚合物抑制性不足，阳离子聚合物过度絮凝的现象，采用二甲基二烯丙基氯化铵、(甲基)丙烯酰氧乙基三甲基氯化铵、烯丙基三甲基氯化铵等阳离子单体，通过阴离子、阳离子和非离子单体配方优化，制备了以FA-367、JT-888等为代表的不同相对分子质量的两性离子共聚物处理剂，并配合XY27两性离子稀释剂等，在降滤失、降黏、抑制和絮凝等作用机理研究分析的基础上，形成了两性离子聚合物钻井液体系，并成功的在国内各油田推广应用，取得了良好的效果[27]，从而使国内钻井液技术逐步跨入国际先进行列。在SMP应用的基础上，合成了磺化苯氧乙酸-苯酚-甲醛树脂[28]，使合成树脂的抗盐能力进一步提高，但由于现场应用的针对性不强，其优势没有充分体现，产品没有推广。针对SMP分散作用强，为了减少分散性，提高其抑制能力，研制了两性离子磺化酚醛树脂[29]。同时还针对阳离子黏土稳定剂存在的不足，通过结构优化研制了钻井液用阳离子黏土稳定剂(HT-201)和固相化学清洁剂CAS-201。这些处理剂，特别是两性离子聚合物处理剂的应用，使聚合物钻井液性能，特别是膨润土含量及低密度固相的控制能力有了进一步提高，促进了钻井液技术水平的提高。

(二) 聚合物钻井液抗温能力进一步提高

开展了2-丙烯酰胺基-2-甲基丙磺酸(AMPS)共聚物的研究与探索工作[30]。针对钻井液处理剂发展的需要，研制了AMPS生产工艺[31]，实现了AMPS的工业化，为AMPS聚合物处理剂的推广应用提供了原料基础。

(三) 其他

① 受羟基铝、铁胶泥浆等应用的启发，在分析天然无机凝胶结构的基础上，通过优化原料、配方及合成工艺，研制了混合金属层状氢氧化物(MMH，又称为正电胶)，并形成了正电胶钻井液体系。由于该钻井液具有独特的流变特性及强抑制性、防漏、减少油气层损害程度、有利于提高钻速等性能，迅速在全国推广使用[32]。尽管正电胶优势明显，由于仅把它看作一种剂，没有形成配套的处理剂及完善的钻井液体系，最终出现了应用越来越少的局面。

② 天然材料方面，针对羧甲基纤维素(CMC)应用中存在的问题，如抑制性、稳定性，从20世纪80年代起，研究人员就开始了阴离子纤维素(PAC)的探索工作，从合成工艺着手，围绕提高取代度及取代均匀程度，通过优化工艺制备了PAC，在保证CMC优点的情况下，使产物的抑制性、稳定性、增黏性和降滤失能力进一步提高，尤其PAC钾盐抑制性明显增强。淀粉方面，探索了磺化淀粉醚，开展了淀粉接枝共聚物研究，但均没有实施工业化。木质素、褐煤、栲胶等方面也开展了一些工作，但仅限于室内。

③ 改性沥青，特别是SAS作为一种传统的产品，在控制高温高压滤失量、润滑、防塌、封堵等方面发挥了积极作用，在20世纪80年代研究与应用的基础上，形成了稳定的生产工艺，高质量粉状SAS成为出口量最大的处理剂产品之一，尽管国外非常认可，而国内应用却很少。作为沥青类处理剂，乳化沥青在应对破碎性、硬脆性地层及煤层防塌方面发挥了重要的作用，如何充分发挥沥青类的优势，进一步拓宽其应用范围，仍然需要探索，用于控制高温高压滤失量、适用于高温超高温情况下的高软化点沥青，形成配套产品(天然沥青利用)是未来的目标。

此外，水平井钻井液技术逐步完善，成功地解决了水平井钻井中所遇到的托压、携岩、井壁稳定、防漏堵漏、钻井液润滑性和储层保护油等难题，为水平井安全顺利施工提供了保证。钻井液处理剂经过不断发展、完善，并逐步系列化，投入现场的品种达到250余种，同时涉及钻井液处理剂研究的报道很多，但实质性的新产品却很少，并在处理剂研究方面出现了为了科研而科研的浮躁现象。

四、提高阶段

自21世纪以来，以AMPS为代表的聚合物处理剂的研究与应用，使钻井液技术水平进一步提高，钻井液体系也更为完善。由于AMPS聚合物在抗温、抗盐及抑制能力等方面明显优于丙烯酸多元共聚物，一段时间以来，倍受钻井液行业人员重视，并相继有PAMS-601、CPS-2000等一系列产品投入现场应用，取得了良好的效果。AMPS的引入尽管使聚合物钻井液处理剂的水平上了一个新台阶，处理剂抗温抗盐能力、抑制能力都有了明显的改善，但从结构看，与传统处理剂相比并无质的突破。

(一) 抑制性真正得到重视

人们对钻井液抑制性的认识有了提高，并逐步重视。高钙盐、有机盐和硅酸盐等强抑制性钻井液体系得到了进一步应用和发展。为了提高钻井液的抑制性，聚醚多元醇(聚合醇)得到重视，由于聚合醇具有浊点效应，当钻井液的井底循环温度高于聚合醇浊点时，聚合醇发生相分离，不溶解的聚合醇封堵泥页岩的孔喉，阻止钻井液滤液进入地层，可以根据不同地层温度选择不同浊点的产品，以达到有效控制井壁稳定的目的[33]。此外，聚合醇通过在泥页岩表面产生强烈吸附(吸附量随温度升高而增加)，形成一层类似油的憎水膜，不仅可以阻止泥页岩水化、膨胀与分散，且能够提高钻井液的润滑性。以聚合醇为主剂配制而成的环保型水基钻井液体系(聚合醇钻井液)，不但具有油基钻井液的优异性能，而且不存在污染环境和干扰地质录井问题。但由于品种混乱(润滑剂、抑制剂、防塌剂、防卡剂等五花八门)，产品质量差别大，产品价格不一，其结果反而掩盖了聚合醇优势。尽管有一些关于聚合物钻井液体系的研究与应用也见到了良好的效果，遗憾的是，由于聚合醇的主体作用没有体现，聚合醇钻井液的优势没有充分发挥，没有形成真正意义上的聚合醇钻井液体系。

甲基葡萄糖苷(MEG)钻井液进一步受到重视。由于以MEG为主剂所形成的MEG钻井液体系在防塌机理及常规钻井液性能方面类似油基钻井液，能有效抑制泥页岩水化膨胀，维持井眼稳定，具有良好的动、静态携砂能力和流变性能、抗污染能力、润滑能力以及储层保护能力，并且无毒、易生物降解，对环境影响极小，并在应用中见到了明显的效果，应用前景广阔。阳离子型甲基葡萄糖苷进一步提高了钻井液的抑制防塌能力。

近期，基于国外的经验，人们对伯胺在钻井液中的抑制性和井壁稳定能力有了新的认识，具有绿色环保的高性能胺基抑制钻井液体系逐步受到重视。实践证明，有机胺类处理剂具有优异的抑制能力，尤其以胺基聚醚或聚醚胺(APE)最为典型[34]，其独特的分子结构能很好地镶嵌在黏土层间，并使黏土层紧密结合在一起，从而起到抑制黏土水化膨胀、防止井壁坍塌的作用。同时具有一定的降低表面张力的作用，对黏土的Zeta电势影响小，且其抑制性持久，具有成膜作用，有利于井壁稳定和储层保护。APE对钙膨润土分散体系的流变性无不良影响，可以用于高温高固相钻井液体系中，改善体系的抑制性和流变性。这些优势奠定了APE钻井液体系发展的基础[35]。

(二) 超高温、超高密度钻井液有了突破性进展

近期超高温钻井液研究与应用逐步受到重视，并代表了国内钻井液的发展方向。超高温钻井液体系的关键是处理剂，超高温钻井液处理剂是建立在需要的基础上，在传统的基础上如何针对超高温钻井液性能控制的需要，研制高性能处理剂是当前的重点。在研究

中,提出了抗高温钻井液处理剂的设计思路,并研制了一些处理剂,如PFL[36]、LP527[37]、HTASP[38],其中PFL已在现场见到良好的效果。这些处理剂是否能够代表最好水平?研究上是否还具有提升的空间?需要在现场实践中进一步验证。

超高密度钻井液及配套处理剂的研制[39],不仅展示了国内特殊钻井液体系研究的水平,而且保证了超高密度钻井液的流变性和悬浮稳定性,解决了流变性和滤失量控制的矛盾,并成功地实施了官深1井超高压地层的安全顺利钻进,钻井液最高密度达2.87g/cm^3,打破了用重晶石加重不能超过2.6g/cm^3密度的禁区,创造了2.87g/cm^3超高密度钻井液成功钻进的世界记录,为超高压地层开发提供了技术支撑。

(三) 初步提出高性能处理剂的设计思路

结合钻井液技术的发展,提出了高性能处理剂的设计思路[40]。高性能处理剂设计要有新的思路,要突破传统的思想,重点是超支化聚合物和天然材料的分子修饰。高性能钻井液处理剂的设计思路打破了传统处理剂设计的理念,但下步重点是如何实施,并力争近期在合成方面实现突破性进展。

(四) 其他

除上述几方面外,21世纪初期以来,在井壁稳定、防漏堵漏及固相控制等方面也有了一些新的认识。

① 井壁稳定方面,井壁稳定的方法更接近实际,更能满足现场需要,在认识上(理念上)由强调封堵、抑制向封固(封堵、近井地带加固)过渡,并在近井地带加固方面取得了一些进展与认识。从近井壁加固角度讲,钻井液滤液中足够的防塌、固壁成分是关键,也就是说固壁作用材料的量要充分。有效的封堵剂、钻井液水活度等是影响井壁稳定的主要因素,需要同时考虑。在井壁失稳的岩石力学和钻井液化学因素的耦合研究以及盐岩层蠕变规律研究的基础上,通过钻井液优化设计,有效地解决了钻遇复杂泥页岩地层和大段盐膏层时出现的井壁稳定问题。并通过准确地确定地层孔隙压力和坍塌压力剖面以及水化力、膨胀力、地应力的实验数据和计算,来确定钻井液体系、配方及钻井液密度。

② 防漏堵漏方面,由单一方法向多元化方向发展。在堵漏材料上,凝胶、可反应凝胶(化学堵漏)等材料的出现拓宽了堵漏的手段,有效地提高了堵漏一次成功率和效果。但在堵漏强度、驻留能力以及漏点、漏型判断(找漏)上仍然存在问题。总体而言,堵漏方面仍然存在盲目性。

③ 固相控制方面,认识到内在的清洁有利于提高固相控制设备的效率,利用固相化学清洁剂,采用机械与化学相结合的新理念,使固相控制的水平进一步提高,主要体现在低密度固相进一步降低,而直观表现在振动筛目数由几十目增加到超过200目。结合重晶石回收利用,有利于控制钻井液性能,减少钻井液的排放。

④ 气体钻井和泡沫钻井技术以及欠平衡压力钻井条件下的钻井液技术等有了发展,使钻遇易漏失地层、低压层的手段更完善,尤其是气体钻井,有力推动了普光气田的开发速度。深水钻井液逐步得到重视,近年来,围绕深水钻井液技术陆续开展了一些基础研究工作,研制了深水钻井液水合物抑制性评价实验装置和深水钻井液循环模拟装置等,探讨了深水钻井液中水合物的生成规律,优选了水合物抑制剂,形成了深水水基钻井液体系,并实验考察了温度、压力等因素对深水水基钻井液流变性的影响[41~43]。

尽管关于处理剂的研究很多，可以说是文献爆炸时代，但应用的很少，且大部分研究存在过去工作的翻版或重复现象，真正在性能上有实质性提高的并不多[44]。就处理剂品种看，由于随意编代号起名字风盛起，处理剂代号、名称出现了混乱现象，已很难准确有效的统计处理剂品种和数量。该现象导致国内钻井液处理剂出现了停滞不前或倒退的局面，也不同程度上影响了钻井液技术的进步，值得本行业人员深思。

五、存在的问题

(一) 钻井液方面存在的问题

经过 40 多年的发展，国内钻井液及处理剂有了长足的进步，并逐步赶上或超过世界先进水平，但仍然存在一些不容忽视的问题，概括起来，钻井液及处理剂存在的问题既有技术、管理、处理剂质量等方面问题，也有人员方面的问题，尤其是从业人员短缺、队伍不稳定的现象较为普遍。

归纳起来，在钻井液方面存在如下问题：

① 钻井液处理剂及钻井液体系命名不规范，尤其是 2000 年以来，钻井液体系五花八门，谁想怎么叫就怎么叫，无章法，没规范，概念性的名称随处可见，不仅阻碍了钻井液技术的进步，也影响了行业的声誉。

② 在处理剂和钻井液体系上，研究的多应用的少。处理剂方面低水平的重复研究多，创新研究少，钻井液体系发展缺乏连续性，由于追逐新名称，应用一个丢掉一个的现象很常见，故很难形成系统的完善的钻井液体系，新体系总是昙花一现。

③ 油基钻井液研究与应用与国外差距大，对油基钻井液的优势还缺乏科学的认识，缺乏配套的油基钻井液处理剂。

④ 研究缺乏针对性，新技术新理论仍然解决不了老问题，井壁稳定过于强调钻井液的作用，尽管在力化耦合上开展了很多研究，取得了不少成果，但现场应用的力度还不够。

⑤ 传统钻井液处理剂的作用机理是否符合实际？能否满足钻井液发展的需要？需要进一步研究，尽管钻井液及处理剂已经有了进步与提高，但在机理上却缺乏新的研究与认识。

⑥ 井壁稳定和防塌钻井液研究的针对性还不够强，新方法仍然解决不了老问题，水基钻井液还无法应用于页岩气水平井，水基钻井液条件下水平井井壁稳定问题还没有解决。

⑦ 环保钻井液还限于口头和名称上，只谈点不谈面，距离真正的绿色环保还有很大的差距。环保钻井液体系研究及钻井液无害化处理任重道远。

⑧ 尽管人人都说钻井液重要，但本行业人员成长受限，多数人向往管理岗位，非专业化模式在一定程度上使该领域人员边缘化，看不到前景，致使队伍不稳定，从业人员难以沉下心做事。

⑨ 国内通常将钻井液看作降低成本的主要途径，能省则省，不出问题不重视，缺乏预处理及钻井液系统工程的意识，钻井液设计执行不力。

(二) 防漏堵漏方面存在的问题

防漏堵漏方面，在堵漏材料驻留能力、堵漏强度以及漏点、漏型判断(找漏)方面仍然存在问题。总体而言，堵漏仍然存在盲目性和不可预见性。对于大型或复杂漏失仍然缺乏有效的材料和手段，“漏→堵→漏→堵……”现象仍然普遍存在。堵漏一次成功率仍然较低，如川西须家河地层堵漏一次成功率仅为 20%，川东北陆相地层堵漏一次成功率仅为 25%，塔河地区奥陶系一次成功率低于15%，尤其是溶洞和裂缝漏失的有效和快速封堵仍然没有有效解决。结合国内外堵漏技术发展现状，归纳起来在应对复杂地层漏失堵漏方面还存在以下问题：

① 缺乏专用高效材料与方法，在堵漏材料和方法的选择余地小，尤其是大漏仍然多用传统方法以及处理普通漏失的传统材料。尽管在复杂漏失地层堵漏方面有很多成功的实例，但防漏的效果及堵漏一次成功率低，且易发生重复漏失，堵漏作业周期长。

② 由于漏点或漏型判断或识别不准确，堵漏的针对性和科学性还不够强，盲堵的现象仍然普遍存在，从而影响了堵漏的效率和成功率。

③ 缺乏可以有效模拟现场情况的评价手段，对堵漏效果的评价与现场实际还存在差距，室内评价结果对现场的指导作用小。

④ 漏失机理及堵漏机理研究与现场存在差距，对施工的指导性还不强。

⑤ 在对堵漏的认识和理念上与国外还存在差距，尤其是缺乏预防手段和机制，往往是出现了复杂漏失才重视。

第四节 钻井液及处理剂发展方向

本节从处理剂合成用单体、钻井液处理剂和钻井液等方面介绍钻井液及处理剂的发展方向，旨在为钻井液及处理剂研究提供参考。

一、处理剂合成用单体

对于一些已经完成室内研制及小试的单体，如 NVA、AMCnS、DMAM(DEAM)和 IPAM 等，可在室内研究基础上，重点围绕简化工艺、提高收率、降低成本开展工作，并及时实施工业化，以满足钻井液处理剂开发的需要。

对 *N*-(甲基)丙烯酰氧乙基-*N*,*N*-二甲基磺丙基铵盐、2-丙烯酰胺基-2-苯基乙磺酸等单体，可以作为提高聚合物处理剂抗温抗盐能力的共聚单体，但目前还没有可借鉴的合成工艺，可在单体合成工艺上开展研究。针对新处理剂合成的需要，在如图 2-4 和图 2-5 所示结构的一些单体中，已有工业品的可以直接采用，对于没有形成产品或无合成方法的单体，可以开展单体的合成研究工作。

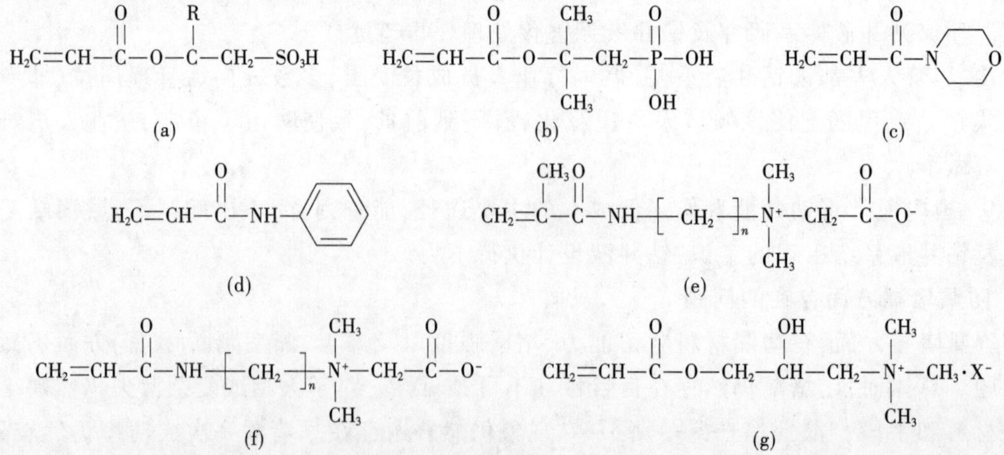

$$H_2C{=}CH{-}\overset{O}{\overset{\|}{C}}{-}O{-}\overset{R}{\overset{|}{C}}{-}CH_2{-}SO_3H$$
(a)

$$H_2C{=}CH{-}\overset{O}{\overset{\|}{C}}{-}O{-}\underset{CH_3}{\overset{CH_3}{C}}{-}CH_2{-}\underset{OH}{\overset{O}{\overset{\|}{P}}}{-}OH$$
(b)

$$H_2C{=}CH{-}\overset{O}{\overset{\|}{C}}{-}N\langle\text{吗啉环, O}\rangle$$
(c)

$$H_2C{=}CH{-}\overset{O}{\overset{\|}{C}}{-}NH{-}C_6H_5$$
(d)

$$CH_2{=}\overset{CH_3}{\overset{|}{C}}{-}\overset{O}{\overset{\|}{C}}{-}NH{-}\left[CH_2\right]_n{-}\underset{CH_3}{\overset{CH_3}{N^+}}{-}CH_2{-}\overset{O}{\overset{\|}{C}}{-}O^-$$
(e)

$$CH_2{=}CH{-}\overset{O}{\overset{\|}{C}}{-}NH{-}\left[CH_2\right]_n{-}\underset{CH_3}{\overset{CH_3}{N^+}}{-}CH_2{-}\overset{O}{\overset{\|}{C}}{-}O^-$$
(f)

$$CH_2{=}CH{-}\overset{O}{\overset{\|}{C}}{-}O{-}CH_2{-}\overset{OH}{\overset{|}{CH}}{-}CH_2{-}\underset{CH_3}{\overset{CH_3}{N^+}}{-}CH_3\cdot X^-$$
(g)

图 2-4 典型的阴离子、非离子及两性离子单体

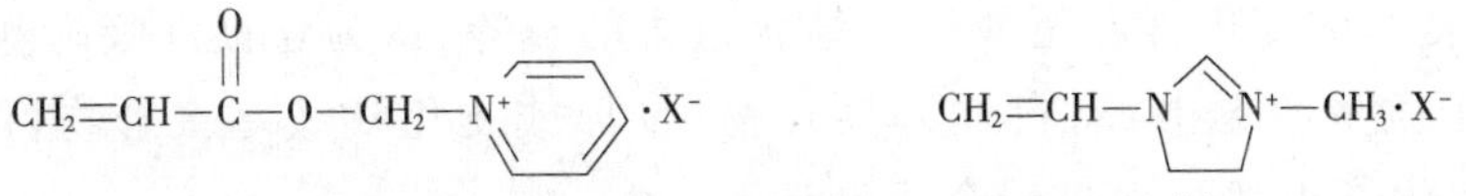

$$CH_2{=}CH{-}\overset{O}{\overset{\|}{C}}{-}O{-}CH_2{-}N^+C_5H_5\cdot X^-$$

(a)

$$CH_2{=}CH{-}N\ \text{(imidazoline ring)}\ N^+{-}CH_3\cdot X^-$$

(b)

图 2–5 含吡啶或咪唑环的单体

将上述这些单体作为聚合物处理剂合成的原料，可以提高处理剂的综合性能，具有开发价值。

二、钻井液处理剂

钻井液处理剂方面要围绕满足抗温、抗盐、剪切稳定性等目标，注重如下几方面：打破传统的处理剂分子结构和基团，从结构上实现突破；通过分子修饰使传统处理剂的功能提高或强化；通过天然材料的水解、降解再缩聚，实现结构重组；合成具有天然材料结构特征和流变性能特征的合成聚合物；农副、工业废料的深度改性利用等。

（一）聚合物处理剂

1.传统产品的替代品

目的是按照"价同质优，质同价低"原则合成新产品，以促进钻井液技术进步。从方法上，可以考虑利用分子设计优化，使分子结构更合理，性能更优越，利用工业废料、农副产品、可循环废物以及天然材料作为主要原料制备处理剂，以降低生产成本。

2.适用于高钙环境下的合成聚合物

研究目的是满足发展氯化钙钻井液体系的需要以及严重钙污染条件下钻井液性能控制的需要。方法是采用超支化分子结构或树枝状结构，选择在高钙离子存在下稳定的基团。结合钻遇地层的特征，通常高温和高钙情况很少同时存在，为了提高处理剂设计的针对性，除非特殊要求，在研制抗钙聚合物处理剂时，要合理设计温度和钙离子含量要求，强调高温时，钙离子可以选择在 1×10^4mg/L 以内，而在强调高钙时，对温度要求不超过 135℃。这样既可以保证产品合适的成本，又可以保证应用面。

3.超支化聚合物

目标在于合成用于高温、高矿化度钻井液的处理剂，无黏土相钻井液处理剂以及压裂、酸化液稠化剂、驱油剂、调堵剂、水处理絮凝剂、降凝降黏剂。方法包括利用活性可控自由基聚合直接合成以及通过设计特殊结构单体及可以缩聚的单元，再经过自由基聚合反应或逐步缩合的方法合成。如图 2–6 所示的可缩聚的单元和图 2–7 所示的带双键的枝链大单体。

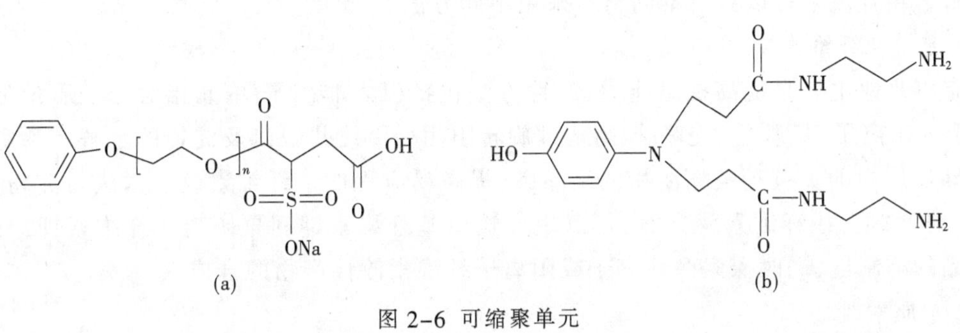

O OH n O=S=O O ONa

(a)

O C—NH NH₂ HO N C—NH NH₂ O

(b)

图 2–6 可缩聚单元

4.固相化学清洁剂

目标是减少钻井液中低密度固相，控制钻井液膨润土含量，提高固相控制效率，要求与其他材料具有良好的配伍性和增效性。结合过去的经验,认为含极性吸附基的阳离子化合物、低相对分子质量的无机-有机插入聚合物、星形或支化端胺基聚合物可作为固相化学清洁剂,故可以围绕上述方面进行合成设计。

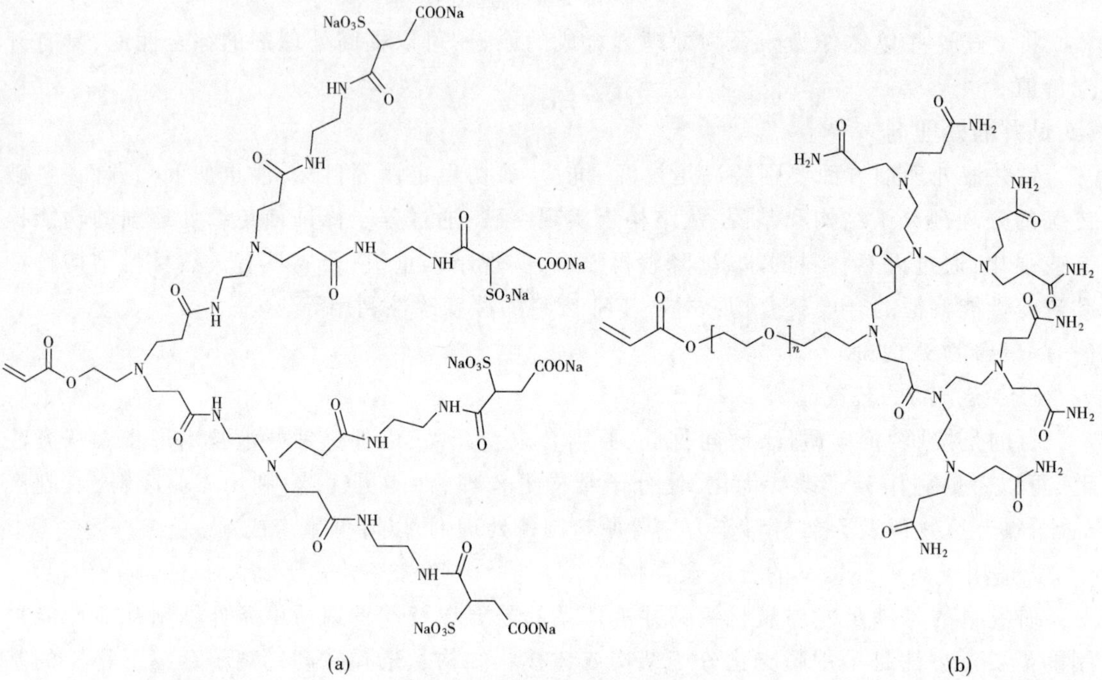

(a) (b)

图 2-7 带双键的枝链大单体

5.高性能凝胶材料

高性能凝胶材料适用于封堵、堵漏,主要开展吸水性互穿网络聚合物颗粒或凝胶材料、树状聚合物交联体、可反应聚合物凝胶(要求抗温大于 150℃、热稳定性不小于 60d),两亲聚合物凝胶,吸油互穿网络聚合物(用于油基钻井液)的研究。合成途径包括纯粹的合成材料、工业废料的利用、天然材料的利用以及无机材料的利用。

(二) 天然材料改性

目标是研制绿色环保的抗高温、抗盐天然材料改性处理剂,提高产品的综合性能,降低处理剂生产成本。天然材料改性产品的优势是原料来源充足,价格低廉,改性途径多,可生物降解。在合成上可以针对不同材料采用不同方法。

1.淀粉和纤维素

淀粉改性主要是提高抗温能力,改性方法包括引入非离子(单元相对分子质量尽可能高)、引入阳离子、烷基化、交联(提高甙键旋转阻力)、接枝共聚以及淀粉的水解产物等。淀粉改性反应中的关键是破坏淀粉的结晶态,提高反应程度。纤维素改性方法与淀粉相近。值得一提的是,在纤维素醚方面,可以生产羧甲基纤维素钾和聚阴离子纤维素钾产品,提高产品的抑制性,同时探索两性离子或阳离子纤维素改性产物的合成。

2.木质素改性

木质素分子结构中存在芳环、酚羟基、醇羟基、羰基,同时存在可反应活性点,是用于制备处理剂的理想原料。针对其结构,改性途径包括氧化、水解、酶解、磺(甲基)化、缩聚、接枝共聚、分子修饰。目的是提高抗盐、抗温能力,用于制备高温高压降滤失剂、抑制剂(胺基化)、分散剂(高密度钻井液、水泥浆)、高温缓凝剂(油井水泥)、水泥减水剂等处理剂。

3.栲胶类

单宁结构单元上具有许多可以反应基团及活性点，可以发生一系列反应，如水解、磺化、缩聚、接枝共聚,利用这些反应可以得到不同作用的产品。目的是提高抗盐、抗温能力,制备高温高压降滤失剂、分散剂、高温缓凝剂(油井水泥)。利用含单宁或栲胶成分的林产资源(如橡椀壳、板栗壳等)直接改性,不仅有利于降低成本,也可以减少废物排放。

4.褐煤

针对褐煤的分子结构特点,可以通过活化、磺化、缩聚、接枝共聚等达到不同改性目标。目的是提高抗盐、抗温性能,制备高温高压降滤失剂、防塌剂(钾、铵)。

5.植物胶

植物胶改性的目标是提高抗温、抗盐能力,改善溶解性。改性方法包括羟烷基化、羧甲基化和接枝共聚。产品可作为钻井液增黏(切)剂。

(三) 其他产品

1.润滑剂

目标是改善润滑剂综合性能,实现多功能化。重点是研制适用于高密度、超高密度钻井液以及适用于非常规水平井钻井液用润滑剂。合成方法及思路要力求有所突破,改变一直以来采用表面活性剂与基础油等复配方法制备润滑剂的思路。可以从高分子表面活性剂、支化表面活性剂、改性烷基糖苷、处理剂的功能化、纳米微球等方面入手,同时也可以天然脂肪酸为原料,通过不同反应(如酯化、酰化等)制备润滑剂。

2.沥青类产品

沥青产品改性包括三方面:①沥青替代产品研制。该产品研制难度大,但现场迫切需要。目的是无荧光,方向是寻找类似于沥青结构的材料,研制封堵性能达到沥青要求的产品,也可采用合成塑料通过高分子化学反应或接枝共聚改性引入极性基团。②高软化点沥青(纯),要求软化点≥150℃(150~200℃范围内分段),高温高压下具有封堵作用,控制高温高压滤失量。其中,粉状产品粒径 200 目以上,水中不漂浮,室温储存 6 个月不结块,水乳液产品乳液稳定性大于 6 个月。③研制油基钻井液用的软化点≥250℃的高软化点沥青。同时要重视天然沥青的利用。

3.工业废料的利用

工业废料的利用主要包括以下几个方面:①废聚苯乙烯。通过磺化的方法制备磺化聚苯乙烯,可以用作钻井液降滤失剂和降黏剂,合成低磺化度的聚苯乙烯乳液,用作润滑剂和封堵剂。通过氯甲基化、胺化制备阳离子改性产物,用作絮凝剂、抑制剂等。也可以将制备的磺化聚苯乙烯进一步接枝共聚或高分子化学反应改性,使其性能更能满足钻井液的需要。②废聚丙烯或聚乙烯。采用聚乙烯(丙烯)蜡或废聚(氯)乙烯(丙烯)等,通过接枝共聚或高分子化学反应引入极性吸附基和水化基团,制备井壁稳定剂、封堵剂和润滑剂。③焦油、渣油、粗酚。通过氧化、磺化、缩合等过程制备钻井液降滤失剂、润滑剂等。④植物油脚。乳化后作为钻井液润滑剂、封堵剂。将植物油脚进一步处理后与脂肪胺反应制备油基钻井液乳化剂和水基钻井液乳化、防卡剂等。

4.油基钻井液处理剂

重点是围绕改善钻井液高温下和低温下的携砂能力、解决温度对钻井液流变性的影响而研制新处理剂。针对目前情况，需要开展腐殖酸酰胺、降滤失剂(加入不影响黏度)、增黏(切)剂及高温下稳定性好的表面活性剂等产品的研制。

纵观钻井液技术的发展历程，钻井液技术的每一次进步都是依赖于新型钻井液处理剂的研制及应用，因此，提高钻井液技术水平的关键是新处理剂的合成。处理剂合成的重点是分子设计。从创新的角度讲，处理剂必须在结构上有所突破，才能真正使处理剂水平上台阶，因此必须在钻井液处理剂设计的基础上，研制特殊结构的单体，以满足新处理剂研制开发的需要；从发展的角度讲，超支化聚合物处理剂将是未来钻井液处理剂发展的方向，特别是适用于无黏土相钻井液、高氯化钙钻井液的处理剂等。在处理剂合成与分子设计中，必须重视天然材料的利用，通过高分子化学反应、接枝共聚等方法合成价廉的绿色处理剂。需要强调的是，所有处理剂的研制都必须紧密结合现场需要，将现场存在的技术瓶颈问题作为处理剂开发的着眼点。由于处理剂合成需要付出艰辛的劳动，研究人员只有耐得住寂寞才能成功。

三、钻井液

在钻井液体系上，结合国内外现状，围绕配方简化、绿色环保，强抑制、强封堵和强封固，钻井液废弃物的绿色、高效、低成本处理等目标，并紧密结合体系的规范化开展工作。

(一) 钻井液体系

1.水基钻井液

钻井液方面，在完善已有体系的情况下，水基钻井液要重点解决以下问题：环保、安全快速钻井的目标要求；低黏土相钻井液高温下悬浮稳定性；有效降低钻井液循环压耗(小井眼更突出)；不靠增加处理剂用量达到满足流变性、滤失量等性能控制的需要；应对强水敏性地层钻井液；页岩气水平井钻井液。

2.油基钻井液

近几年，尽管油基钻井液有了快速的发展，但整体水平与国外仍然有很大的差距，提升的空间还很大，下步重点是如何借助国外成功经验及国内初步经验，围绕满足页岩气及复杂地层钻探及环境保护的需要，油基钻井液方面需要围绕以下方面开展工作：强化处理剂及理论研究，尤其针对页岩气水平井钻井的需要，完善配套的油基钻井液体系；发展无芳烃油基或植物油基钻井液，特别是地沟油作为基础油的油基钻井液，合成基和可逆乳化钻井液，开发生物质合成基钻井液；油基钻屑及废钻井液处理技术与装置。

3.钻井液技术研究方向

规范钻井液及处理剂，重视地层岩性分析，由经验性设计，到根据钻遇地层特点定制钻井液，提高钻井液的适应性和针对性以及钻井液维护处理的科学性非常重要。结合国内钻井液发展的实际，近期钻井液技术还需要重视以下几个方面：

① 注重创新与继承的结合。钻井液体系既要注重创新、发展，还要注重继承，在继承的基础上，通过创新在应用中不断提高。如针对复杂地质条件下深井、超深井、大位移井钻井以及页岩气水平井钻井的需要，从抗温、井壁稳定、润滑、防卡等方面，在已有工作的基础上，通过关键处理剂的研制和系列化，基于机理研究及处理剂配伍性研究，不断完善钻

井液体系。

② 重视现场小型试验。现场要重视钻井液的小型试验,通过试验结果来制定钻井液维护处理方案,做到科学地处理钻井液,而不是凭经验处理,以提高处理的效率与质量。要认识到提前处理(预处理)的重要性,强化钻井液的预处理及对可能出现问题的预测,事前预防比出了问题再处理更能见成效。

③ 减少钻井液处理剂品种及用量。减少钻井液处理剂的品种,在保证钻井液性能满足需要的前提下尽可能降低钻井液处理剂的用量(采用高效处理剂),减少由于钻井液液相黏度增加带来的循环压耗增加和钻具的泥包现象。关键处理剂要减少生产、流通及其他环节的浪费,提高产品质量,减少由于处理剂质量导致的复杂情况以及其他不利影响(处理费用增加,难度增加)。

④ 科学选择和使用钻井液。科学地选择和合理地使用钻井液,要认识到水基钻井液永远无法替代油基钻井液,在不适用于水基钻井液的情况下,可选用油基钻井液,在循环使用和措施得当时,油基钻井液的成本不一定比水基钻井液高,油基钻井液的污染不一定比水基钻井液高。

⑤ 环境保护不容忽视。为满足保护生态环境的需要,积极围绕绿色环保、抗高温抗盐的目标,开发综合性好、生产成本低的天然改性处理剂以及工业废料和农副产品为主要原料的改性处理剂,并建立钻井液及其处理剂的毒性检测评价手段。

⑥ 推广反相乳液聚合物。为了减少生产中烘干、粉碎等环节对处理剂性能造成的不可逆转的破坏性影响,提高处理剂的性价比、减少处理剂用量、降低钻井液处理费用,应加强用反相乳液聚合法生产钻井液用聚合物增黏剂、絮凝剂、抑制剂、防塌剂、包被剂、降滤失剂和润滑剂等的研究,促使乳液产品工业化,研究反相乳液聚合物产品在高温和低温下的储存稳定性,扩大推广应用面。

(二) 防漏堵漏

在堵漏技术上,要充分认识到防漏的重要性,堵漏技术尽管很重要,但如何强化防漏更重要,要重视堵漏的一次成功率。提高堵漏一次成功率(堵漏效率)可以从漏点判断(找漏工具)、物理和化学结合堵漏、堵漏工具开发及堵漏剂等方面考虑。要把握漏失与平衡和堵漏的关系,将堵漏与井壁稳定同时考虑,完善能够真实反映现场情况的模拟堵漏评价方法,使评价结果更切合实际,满足指导堵漏作业的需要。

针对存在的问题,围绕提高复杂漏失地层堵漏一次成功率,还需要从漏失机理和堵漏机理、应对复杂漏失的有效手段、能够模拟现场情况的室内评价方法、准确判断漏失类型和漏点和溶洞和裂缝等复杂漏失堵漏材料配方设计与工艺等方面开展深入研究[45]。

1.漏失及堵漏机理

通过漏失机理和堵漏机理研究,可为科学选择堵漏材料及配方、堵漏方法和工艺提供依据。机理研究上可以从力学平衡、漏失通道(天然、致漏)、封堵方式(表面堆积还是深部井壁加固)等方面着手,同时将堵漏与井壁稳定一并考虑,并做到重视预防。漏失机理研究要针对性强,将普遍性和特殊性相结合,堵漏机理要超越传统理念,要结合新的方法,使机理研究的支撑作用有效发挥。机理研究的方法、手段要统一,以提高机理研究成果的通用性。在机理研究的基础上,结合已有的堵漏经验和统计分析,形成适用于不同地区、不同漏型的堵漏规范做法。

2.复杂漏失堵漏材料及工具

通过完善应对复杂漏失的有效手段,来进一步提高防漏效果和堵漏的一次成功率。材料可以从惰性材料(物理)、活性材料(化学)以及物化复合材料方面出发,重点从解决封堵溶洞漏失过程中堵漏材料的驻留、封门和后期强度问题出发,使材料的针对性和适应性更强。

在完善广谱材料的同时,开发针对性强的专用材料,以形成应对不同类型复杂漏失的系列堵漏材料。如新型高效的桥堵、增强材料、网络结构材料等物理封堵材料。互穿网络聚合物颗粒或凝胶材料、两亲聚合物凝胶、可反应聚合物凝胶、快速反相强驻留交联聚合物乳液、地下交联或地下反应堵漏浆或聚合物"混凝土"等化学封堵材料。在工具上则以机械封隔为主,如膨胀管(实体和筛管)及其他工具。同时也可以从钻井液方面,如触变性钻井液、微泡钻井液和充气钻井液等方面考虑。

3.防漏堵漏模拟评价方法

通过建立能够有效模拟现场情况的室内评价手段,指导现场堵漏材料及配方的选择,为提高一次成功率提供理论支撑。评价仪器的关键是模拟循环过程及地层裂缝或孔洞情况,同时必须具备评价仪器的科学性、评价方法的准确性、评价浆体的代表性、评价材料的稳定性和评价结果的可靠性,最终保证评价结果与现场情况尽可能一致或相近。

4.找漏方法

准确判断漏失类型和漏点,是提高堵漏的针对性和一次堵漏成功率的基础,最基本的是依据地质资料和邻井是否发生漏失的情况做出初步判定,给出具有指导意义的建议,也可以根据钻井过程中工程情况和钻井液情况是否发生异常来作为分析判定的依据。可以用成像测井精确判定漏层(但限制多),最直观的还是借助专门的找漏工具准确找到漏点,重点考虑找漏工具的适用性、且工艺简单、性能可靠,能够满足复杂漏失条件下找漏施工的安全。

5.研究裂缝和缝洞型复杂漏失的堵漏方法

可以从三方面考虑:①堵漏材料选择和堵漏配方优化,重点是材料或堵漏浆在漏层的先期驻留、封门,后期固化体强度(强化、增韧、稳定性);②机械阻断通道,关键是准确判断漏失情况和漏点,保证工具的安全成功下入,同时考虑应力问题,避免出现次生复杂;③从钻井液角度,在进入易漏地层或钻遇易漏地层时,采用充气钻井液、强触变性钻井液和微泡钻井液,在保证安全的前提下也可以考虑清水强钻。在堵漏工艺上,可以从段塞注入(堵漏浆)、钻井液携带、工具输送(解决输送工具)等方面考虑,尤其是研制适用范围更广的堵漏材料或堵漏浆输送工具。

6.提高认识

把防漏堵漏和井壁稳定共同考虑,尤其是防漏与近井壁地带加固相结合,可以减少或避免诱导致漏的可能。防漏要从一开始就考虑,做到"预防+巩固",尤其是长裸眼段需要承压堵漏时更应该从开始考虑,对于可能出现诱导性漏失的地层或破碎性地层,通过在钻井液中添加一些特殊材料,对井壁进行提前封堵和封固可以有效地预防诱导裂缝的产生。在堵漏材料的选择上,不能只看材料的价格,要更重视材料的针对性和效果,要认识到制定科学的堵漏施工方案的重要性,对于钻遇复杂漏失地层不能存在侥幸心理,要重视井漏的预防,通过预防来减少井漏发生的几率。

(三) 井壁稳定

在井壁稳定方面,结合目前的实际,重点从以下方面考虑:水基钻井液如何控制水敏性地层的坍塌,岩性分析、地层稳定性分析是基础,要重点考虑如何确定坍塌周期、延长坍塌周期、在坍塌周期内完成作业(提速是最有效的防塌途径)。目前,尽管在机理、方法等方面做了很多工作,但现场问题仍然很多,因此机理和方法研究要紧密结合实际,解决现场问题。总之,做实事,真正的解决现场问题比一代又一代新理论出现更重要,结合实际近期需要重点围绕以下几方面开展工作:

① 当前对钻井液中低密度固相控制的认识不够,将来应在这方面加以重视,重点考虑固相化学控制剂的研究,通过低密度固相的控制提高钻井液的清洁性,使钻井液技术水平进一步提高。

② 进一步重视钻井液的抑制性, 考虑在现场钻井液检测性能中增加检测方法以提高和确保钻井液具有较高的抑制性。

③ 低分子聚胺为代表的钻井液抑制剂是阳离子钻井液的新发展, 今后应在进一步提高钻井液抑制性的同时加强机理的研究,进一步考察其对钻井液其他性能的影响及检测,如钻井液滤失量、钻井液环保性等的检测。

④ Al^{3+}的化合物或络合物在一定条件下可明显提高钻井液的抑制性,要重视铝基化合物或络合物的研发,进一步强化钻井液的抑制性及封堵作用。

(四) 机理研究

随着钻井液技术进步,尤其是抑制性和固相控制水平的提高,钻井液中膨润土含量越来越低,使传统的基于黏土的钻井液,即泥浆的有关机理已经不适用于低膨润土含量的钻井液,特别是高固体分的超高密度钻井液,传统的机理和测定方法已经不能满足要求,需要针对实际情况开展机理及测定方法研究。

参考文献

[1] 王中华.钻井液处理剂现状分析及合成设计探讨[J].中外能源,2012,17(9):32-40.

[2] 王中华.国内外钻井液技术进展及对钻井液的有关认识[J].中外能源,2011,16(1):48-60.

[3] EISEN J M,BROUSSARD M D,LAHUE D R.Application of a Lime-Based Drilling Fluid in a High-Temperature/High-Pressure Environment[J].SPE Drilling Engineering,1991,6(1):51-56.

[4] 今野 淳.高温度泥水について[J].石油技術協会誌,1993,58(5):387-392.

[5] 佐野 守宏.高温度用泥水システムの開発[J].石油技術協会誌,1994,59(2):129-135.

[6] GREGOIRE M R,HODDER M H,PENG Shuangjiu,et al.Successful Drilling of a Deviated,Ultra-HTHP Well Using a Micronised Barite Fluid [C]//SPE/IADC Drilling Conference and Exhibition,17-19 March 2009,Amsterdam,The Netherlands.

[7] TEHRANI A,YOUNG S,GERRARD D,et al.Environmentally Friendly Water Based Fluid for HT/HP Drilling[C]//SPE International Symposium on Oilfield Chemistry,20-22 April 2009,The Woodlands,Texas.

[8] BERG P C,PEDERSEN E S,LAURITSEN A,et al.Drilling,Completion,and Openhole Formation Evaluation of High-Angle HPHT Wells in High-Density Cesium Formate Brine:The Kvitebjorn Experience,2004-2006[C]//SPE/IADC Drilling Conference,20-22 February 2007,Amsterdam,The Netherlands.

[9] TEHRANI M A,POPPLESTONE A,GUARNERI A,et al.Water-Based Drilling Fluid for HP/HT Applications[C]//In-

ternational Symposium on Oilfield Chemistry, 28 February-2 March 2007, Houston, Texas.

[10] ELWARD-BERRY J, DARBY J B.Rheologically Stable, Nontoxic, High-Temperature Water-Base Drilling Fluid[J]. SPE Drilling & Completion, 1997, 12(3): 158-162.

[11] THAEMLITZ C J, PATEL A D, COFFING G, et al.New Environmentally Safe High-Temperature Water-Based Drilling-Fluid System[J].SPE Drilling & Completion, 1999, 14(3): 185-189.

[12] PRATER T.Fluid System Key to Record Sycess[J].Amer Oilgas Rep, 1999, 42(8): 79-84.

[13] 徐同台，赵忠举.21 世纪国外钻井液和完井液技术[M].北京：石油工业出版社，2004：305-314.

[14] VAN OORT E, LEE J, FRIEDHEIM J, et al.New Constant-rheology Synthetic-based Mud for Improved Deepwater Drilling [C]//SPE Annual Technical Conference and Exhibition, 26-29 September 2004, Houston, Texas.

[15] ROJAS J C, DAUGHERTY B, RENFROW D, et al.Increased Deepwater Drilling Performance Using Constant Rheology Synthetic-based Mud[C]//2007 AADE Drilling Fluids Conference, Houston, Texas, 10-12 April, 2007.

[16] 王中华.钻井液处理剂应用现状与发展方向[J].精细与专用化学品，2007，15(19)：1-4.

[17] 杨小华.生物质改性钻井液处理剂研究进展[J].中外能源，2009，14(8)：41-46.

[18] 王中华.钻井液性能及井壁稳定问题的几点认识[J].断块油气田，2009，16(1)：89-91.

[19] 王中华.国内钻井液及处理剂发展评述[J].中外能源，2013，18(10)：34-43.

[20] 张春光，王果庭，姚克俊，等.聚丙烯酰胺泥浆的成分和性能的研究[M].北京：地质出版社，1981.

[21] 牛亚斌.复合离子型聚丙烯酸盐-PAC 系列在钻井泥浆中的应用[J].钻井泥浆，1986，3(1)：35-42.

[22] 李健鹰，朱墨，王好平，等.SP 与 SLSP 系列泥浆处理剂的研制及应用[J].石油钻采工艺，1984，6(1)：35-44，20.

[23] 谭道忠.钻井液用降滤失剂 SPNH 试验与应用[J].石油钻采工艺，1990，12(1)：27-32.

[24] 冷福清.多功能抗高温降滤失剂 HMF 的研制与应用[J].钻井液与完井液，1990，7(1)：75-78.

[25] 王中华.钻井液用改性淀粉研究概况[J].石油与天然气化工，1993，22(1)：108-110.

[26] 母德全.CT3-4、CT3-5 水基重泥浆稀释剂研究[J].石油与天然气化工，1991，20(2)：21-26.

[27] 研究试验组.复合离子型聚合物泥浆研究与应用[J].钻井液与完井液，1992，9(1)：15-23.

[28] 牛中念，刘凡，王永，等.新型抗高温饱和盐水泥浆处理剂树脂的合成及使用性能[J].河南科学，1996，14(4)：56-60.

[29] 杨小华.胺改性磺化酚醛树脂降滤失剂 SCP[J].油田化学，1996，13(3)：68-69.

[30] 王中华.AMPS/AM 共聚物的合成[J].河南化工，1992(7)：7-11.

[31] 王中华，尹新珍.2-丙烯酰胺基-2-甲基丙磺酸的研制[J].陕西化工，1995，24(4)：31-34.

[32] 张春光，徐同台，侯万国.正电胶钻井液[M].北京：石油工业出版社，2000.

[33] 杨小华，王中华.油田用聚合醇类化学剂研究及应用[J].油田化学，2007，24(2)：171-174，192.

[34] 王中华.关于聚胺及"聚胺"钻井液的几点认识[J].中外能源，2012，17(11)：36-42.

[35] 钟汉毅，邱正松，黄维安，等.聚胺水基钻井液特性实验评价[J].油田化学，2010，27(2)：119-123

[36] 杨小华，钱晓琳，王琳，等.抗高温聚合物降滤失剂 PFL-L 的研制与应用[J].石油钻探技术，2012，40(6)：8-12.

[37] 王中华，王旭，杨小华.超高温钻井液体系研究(Ⅱ)——聚合物降滤失剂的合成与性能评价[J].石油钻探技术，2009，37(4)：1-6.

[38] 王中华.超高温钻井液体系研究((Ⅲ)——抗盐高温高压降滤失剂研制[J].石油钻探技术，2009，37(5)：5-9

[39] 林永学，杨小华，蔡利山，等.超高密度钻井液技术[J].石油钻探技术，2011，39(6)：1-5.

[40] 王中华.高性能钻井液处理剂设计思路[J].中外能源，2013，18(1)：36-46.

[41] 徐加放，邱正松，何畅.深水钻井液中水合物抑制剂的优化[J].石油学报，2011，32(1)：149-152.

[42] 邱正松，徐加放，赵欣，等.深水钻井液关键技术研究[J].石油钻探技术，2011，39(2)：27-34.

[43] 徐加放，邱正松.水基钻井液低温流变特性研究[J].石油钻采工艺，2011，33(4)：42-44.

[44] 王中华.2011~2012 年国内钻井液处理剂进展评述[J].中外能源，2013，18(4)：28-35.

[45] 王中华.复杂漏失地层堵漏技术现状及发展方向[J].中外能源，2014，19(1)：39-48.

第三章 钻井液及处理剂性能的探讨

钻井液性能与处理剂密切相关,处理剂性能是保证良好钻井液性能的关键。提高对钻井液及处理剂的认识,不仅有利于开展处理剂和钻井液研究,更有利于处理剂的应用及钻井液体系的科学维护与处理,特别是在钻井液处理剂及体系存在不规范现象的情况下,通过对处理剂自身性能、应用性能及钻井液性能的分析,有利于钻井液及处理剂的规范,有利于科学地构建和应用钻井液体系,促进钻井液技术进步。

本章结合实践及认识,从技术和管理的角度对钻井液处理剂的结构与性能的关系、对钻井液及处理剂的有关认识、对规范钻井液处理剂及钻井液体系的思考等方面进行讨论,旨在从不同的角度认识和理解钻井液及处理剂。

第一节 钻井液处理剂结构与性能的关系

在钻井液处理剂中,聚合物材料占主导地位。针对聚合物处理剂,从处理剂的基团分布、主链结构、分子链刚性和基团变异等方面的特征理解钻井液处理剂的结构与钻井液性能的关系,对新型钻井液处理剂开发、处理剂应用和现场钻井液设计,都具有十分重要的意义。本节从不同方面对钻井液处理剂的结构特征及其对钻井液性能的影响进行介绍[1]。

一、高分子处理剂作用基团及影响因素

用作钻井液处理剂的高分子,必须具备两个基本条件,即合适的主链结构和基团(官能团),因此,主链结构和官能团的性质将决定处理剂的应用性能。

(一) 基团分布对处理剂性能的影响

处理剂分子链上侧基(基团)的分布和性质,与处理剂本身的性质及其在钻井液中的应用性能密切相关。钻井液处理剂分子链上含有极性吸附基团和水化基团,吸附基在黏土颗粒上吸附,水化基团起水化作用。同一单体的均聚物性能会因基团的分布、数量及相对分子质量的大小不同而异。

大分子链上基团的多分散性,使其有利于用作钻井液处理剂,基团的比例可方便地通过调节单体配比和聚合反应条件(如 pH 值和逐步缩合聚合)加以控制。各基团的作用可概括如下。

1.吸附基团

羟基、酰胺基、酚羟基、羰基、亚胺基、醇羟基、醚键、腈基等都为非离子型吸附基团,并有一定极性,当处理剂分散到钻井液中可以通过这些基团吸附到黏土粒子表面。其中,羟基、酰胺基、酚羟基、醇羟基还具有一定的水化作用,获得较好的稳定胶体,以保持钻井液的综合性能。

季铵基作为阳离子基团,用作吸附基团时,其吸附能力强而持久,可以起到长期的稳定

作用，但如果季铵基量大时，由于过度吸附会破坏钻井液的胶体稳定性(强絮凝)，同时含季铵基的处理剂如果相对分子质量大时，可以与聚合物分子链上的阴离子产生作用，甚至会因分子间吸附降低处理剂的溶解性或产生沉淀，因此不适用于阴离子聚合物钻井液体系。与分子主链直接相连的胺基不仅具有强的吸附能力，且对钻井液性能影响小，含胺基的处理剂可以与阴离子聚合物处理剂配伍。

2.水化基团

羧基、磺酸基为强水化特征的阴离子基团，水化能力良好，在高分子链节上可以形成较强的溶剂化层，从而起到抗盐、抗温、抗污染的作用。而羧基对 Ca^{2+}敏感，在高矿化度条件下的应用受到限制。为提高抗温能力，采用羧钙基可使聚合物分子适度交联，且羧钙基水化相对弱，可增强抗盐污染能力，提高剪切稳定性，并获得较好的剪切稀释特性，从而满足较低水眼黏度和较高环空携岩能力的要求。羧钙基团的引入使难电离的羧钙基团对静电吸附的水分子吸附得更牢固，降低了盐的去水化作用。

如果单从处理剂的溶解性来讲，含羧基的处理剂比含磺酸基的处理剂更容易在水中溶解。如果同一处理剂分子上既含有羧基又含有磺酸基，则就可以兼顾溶解性和抗高价离子的能力。

高分子中的羧铵基和羧钾基通过离解出钾、铵等离子，可较好地防止蒙脱石的水化分散，对于稳定井壁、防黏卡等都有良好的作用。但由于钾、铵等离子数量有限，如果在没有无机盐的配合下，单靠离解出钾、铵等离子是达不到所期望的结果的。

(二) 主链结构对处理剂性能的影响

高温对处理剂的影响除高温解吸附外，高温降解也是一个方面。对聚合物来说，更敏感的是高温解吸和基团的高温变异。为了使分子具有高温稳定性，在处理剂合成设计时，主链应尽量以—C—C—，—C—S—，—C—N—等方式联结，避免引入—O—键。图 3-1 给出了几组实验数据，其中改性淀粉、CMS、CMC 为天然改性产品，分子链以—O—相连，NK-1 和 CPA 是丙烯酸多元共聚物，分子链以—C—C—相连。由图 3-1 可见，所有主链带—O—键的降失水剂，高温后几乎都失去作用，而碳链高分子处理剂的变化却不明显。为了进一步提高处理剂的热稳定性，也可以在主链上引入环状结构，或采用支化结构，以提高聚合物分子链的刚性和位阻。

(三) 处理剂水化基团对盐敏感性分析

对于水溶性聚合物处理剂而言，大多数情况下，其水化基团都是—COONa 和—SO_3Na，因此弄清盐对两种水化基团水化能力的影响，对认识处理剂抗盐能力非常关键。

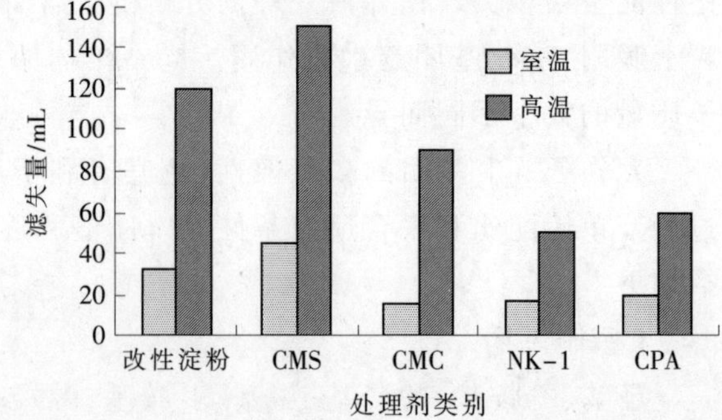

图 3-1 碳链高分子和非碳链高分子高温老化后钻井液性能对比

处理剂的水化能力决定其使用性能。水化能力强的处理剂，可在水中很好地溶解，并被吸附于黏土颗粒表面，产生水化膜，保持黏土粒子不致因碰撞而聚结，从而保证体系的胶体稳定。钻井液体系中的反离子(如钠、钾、钙、镁等离子)可以与离解了的水化基团相互作用，使聚电解质产生不同程度的去水化作用，导致处理剂的效果降低。相反，由于—$(COO)_2Ca$不易电离，且水化弱，其他反离子不易取代Ca^{2+}，故抗盐能力强。由此可知，性能较好的处理剂的主要水化基团应对盐的敏感性较小。

为了便于理解水化基团的性质对处理剂抗温抗盐，特别是抗高价离子的影响，进行了两组实验。图 3-2 是$CaCl_2$加量对含不同水化基团的处理剂所处理基浆滤失量的影响（在5%钙膨润土的饱和盐水泥浆中，合成共聚物加量为 1.5%）。

从图 3-2 中可以看出，两种含羧基的处理剂[即 NaAA-AM 共聚物、NaAA-Ca$(AA)_2$-AM 共聚物]相比，NaAA-Ca$(AA)_2$-AM 共聚物由于引入了部分钙离子，其抗钙能力比 NaAA-AM 共聚物有所提高，但明显不如含磺酸基共聚物抗钙能力强，在所给定实验条件下在氯化钙加量 2%就失去了控制滤失量的能力，而含磺酸基的 AMPS-AM 共聚物即使氯化钙加量达到 10%滤失量仍然较低。

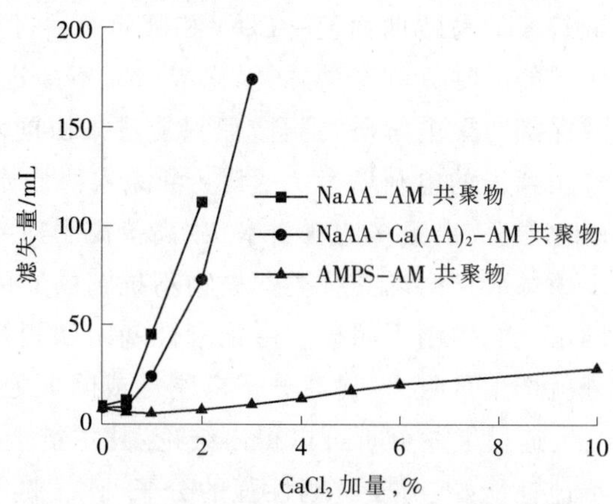

图 3-2 $CaCl_2$加量对钻井液滤失量的影响

图 3-3 是聚合物加量为 1.5%、老化时间16h 时，老化温度对不同的聚合物所处理复合盐水基浆滤失量的影响(复合盐水基浆：在 1000mL 蒸馏水中加入 45g 的 NaCl，5g 无水$CaCl_2$，13g 的$MgCl_2·6H_2O$，150g 符合 SY/T 5060—1993 标准的二级土钙膨润土和 9g 无水Na_2CO_3，高速搅拌 20min，于室温下养护 24h，即得复合盐水基浆)。从图 3-3 中可以看出，在复合盐水基浆中，无论是 NaAA-AM 共聚物、NaAA-Ca$(AA)_2$-AM 共聚物，还是 AMPS-AM 共聚物，在室温和 120℃老化后均能够很好地控制钻井液的滤失量，但当老化温度达到135℃以后，含羧基的处理剂降滤失能力逐步降低，而 AMPS-AM 共聚物即使老化温度达到165℃，滤失量仍然低于 50mL。上述结果表明，含磺酸基聚合物在抗钙和抗温能力方面明显优于含羧基聚合物处理剂，表现出较强的抗温抗盐和抗高价离子的能力。

为什么带磺酸基团的处理剂，抗盐性能会比带羧酸基(如丙烯酸钠聚合物)的处理剂强呢？通过分析—SO_3H结构，由于有两个 S→O(p—dπ 键)的存在，增强了 S 从—OH 上吸引电子的能力，产生—O^-体系的共轭效应，使—SO_3^-较稳定，氢离子的离解可以在较大程度上使自由能降低，根据能量最低原理，—SO_3^-体系较稳定，正离子进入势必会提高体系的自由能，正离子不易进入—SO_3^-共轭体系的水化层中，所以盐对其去水化能力弱。而对—COOH，正离子的进入使体系的自由能上升较少或甚微，故反离子易侵入水化层，产生去水化作用，高价离子的这种去水化作用更强。

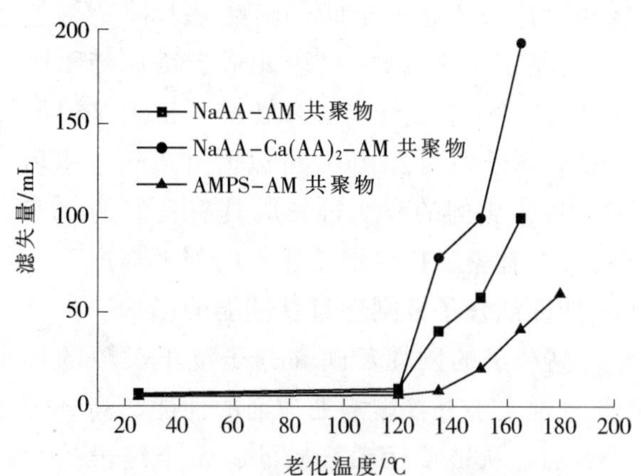

图 3-3 老化温度对钻井液滤失量的影响

为什么高价离子对—COO^-的去水化

能力比相同浓度下的低价离子(如 Na^+)要大呢？这与聚合物的水化特性有关。聚合物水化产生特征水化域和协同水化域，特征水化域是围绕离解基团的球形水化层(见图 3-4)，协同水化域是相邻基团靠近时产生协同作用而形成的。协同水化域的产生与分子链的刚性有密切关系，如果—COO^-所在的主链较柔顺易蜷曲而使—COO^-相靠近，产生特征水化域的同时，可产生协同水化域。Na^+不能进入水化域深部与聚电解质“键合”而只能进入协同水化域，破坏水化膜，释放出自由水的量少。高价正离子的电荷密度大，不仅可深入协同水化域，还可进入特征水化域，较大程度地破坏水化层，放出更多的自由水，故高价离子对—COO^-的去水化作用比 Na^+大得多。这就是为什么丙烯酸与丙烯酰胺类共聚物不抗钙的原因之一。当在分子链上引入刚性基团时，产生协同水化域作用不明显。由于刚性基团和侧基的空间位阻效应，带正电荷的粒子再进入水化域就产生了阻力，提高分子链刚性或降低处理剂对盐的敏感性，都可以提高抗盐能力。

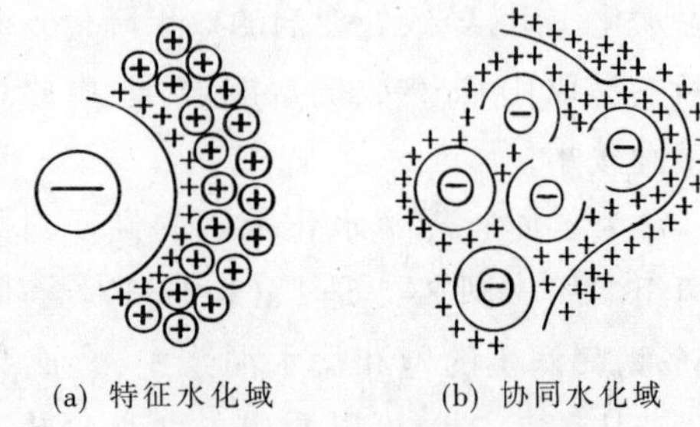

图 3-4 特征水化域和协同水化域示意图

通过上述分析可以得出结论：凡主链上含—SO_3Na 的分子，比含—COONa 的分子抗温、抗盐性能好；分子链刚性强的分子，比主链柔顺的分子抗温、抗盐性能好。为了获得抗温、抗盐的处理剂，应该增强分子链刚性，并采用—SO_3Na 作为水化基团。除羧酸基和磺酸基团外，膦酸基也可以作为处理剂的水化基团，由于膦酸基对钙的容忍度很高，含膦酸基的聚合物在抗钙等高价离子方面比含磺酸基的聚合物更优。

(四) 磺酸基和羧酸基的协同作用

如果分子中同时存在磺酸基和羧酸基，且其比例适当时，则可以起到协同作用，其协同作用可以用图 3-5 表示，而其协同效果可以从图 3-6 中看出(基浆为钙膨润土浆，钙、镁离子 5000mg/L，NaCl 浓度为 4%，滤失量 150℃、16h 老化后测定)。由于磺酸基和羧基单元的相对分子质量不同(磺酸基大，羧基小)，在聚合物相对分子质量一定时，磺酸基基团比例越多，则基团总量就越少，因此适当增加基团中羧基的比例，有利于增加单位分子链上基团的数量。在处理剂合成中，可以通过羧酸单体和磺酸单体比例的改变得到既具有良好的水溶性，又具有较强抗温抗盐能力的处理剂产品。

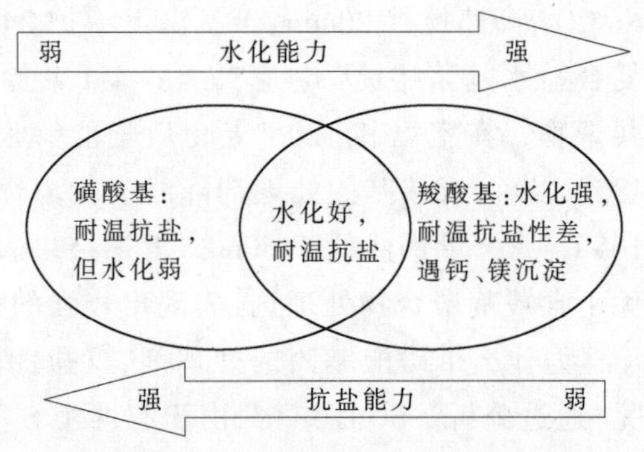

图 3-5 磺酸基和羧酸基协同作用示意图

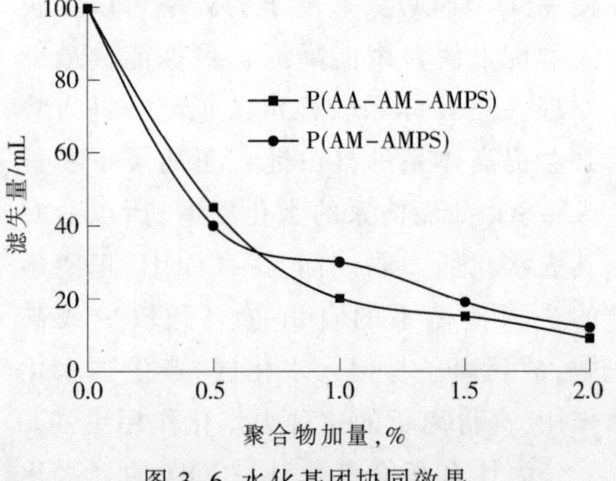

图 3-6 水化基团协同效果

二、处理剂分子链刚性对其性能的影响

高分子的刚性反映高分子链不柔顺的程度，刚性大小直接影响处理剂的性能。高分子的运动是从链段运动开始的，每个链段的运动，主要靠单键的内旋转来实现。若高分子内

旋转较易，整个大分子蜷曲的程度就较大，使处理剂大分子的水化基团(如—COO^-)相互靠近，除产生特征水化域外，还产生协同水化域，就易于发生 Ca^{2+}、Mg^{2+}等离子对它的去水化作用，而表现为抗钙、镁不如抗低价离子(如 Na^+等)的能力强。因此，凡是影响高分子柔顺性的因素，都会影响水化形式。降低高分子链柔顺性或增强分子间作用力的因素，如引入刚性基团"—⟨苯环⟩—"或极性基团"—CN"、交联基团—CH_2—$(COO)_2Ca$ 等，都可减弱去水化能力，提高处理剂抗温、抗盐能力。

(一) 主链结构和侧基的影响

主链由饱和单键组成的高聚物，如 PAA、HPAM 等，因分子链围绕单键进行内旋转而蜷曲，水化基团易靠近，产生协同水化域，结果是在不存在高价离子时有较好的降滤失、护胶能力。存在高价离子时，在低温下就明显失去作用，故聚丙烯酸钾、聚丙烯酸钠等，一般不抗高价盐。当其主链引入刚性基团和大的侧基时，分子链内旋转受阻，且因分子链刚性增强和空间位阻效应，可阻止正离子进入水化域，并提高断链活化能，从而提高了处理剂的抗盐、抗温能力。

(二) 空间位阻和侧基的柔顺

随着空间位阻增加分子内旋转受阻程度增加，分子不易蜷曲，抗温能力提高。还因运动受阻，高温解吸困难，基团的叠加作用产生一种场力，使正离子不易进入水化层。在分子主链上引入大的侧基，将使处理剂的使用条件放宽，如聚丙烯酸类共聚物中引入⟨苯环⟩—CH_2—后，可提高抗温能力。甲基丙烯酰胺与丙烯酸或甲基丙烯酸的共聚物，由于侧基引入了—CH_3，提高了使用性能，其共聚物可使 10%的 NaCl 盐水钻井液的滤失量降至 7mL 以下，可见侧基的柔顺性也对处理剂性能有影响。采用超支化结构更有利于提高产处理剂分子结构的刚性，提高抗温和抗剪切能力。在分子中引入部分疏水性侧基，疏水基团的缔合作用可以增加分子的运动阻力，有利于提高处理剂的抗温能力。

(三) 共聚

共聚可使高分子的性质接近或远远偏离均聚物，这为我们研究开发钻井液处理剂提供了有利的途径。因共聚产生的多分散性，正是钻井液处理剂本身性质所要求的，如采用丙烯酸与丙烯酰胺共聚得到的聚合物，在相对分子质量和基团分布一致时，共聚物的性能明显优于水解产物。如利用共聚法合成的丙烯酸钠-丙烯酰胺共聚物 80A-51，其絮凝和增黏能力优于水解聚丙烯酰胺，丙烯酸钠-丙烯酸钙-丙烯酰胺共聚物 PAC-141 包被、絮凝、增黏和降滤失能力优于水解聚丙烯钙(CPA)。

(四) 接枝

接枝对共聚物的影响比共聚更复杂，接枝共聚反应的方式、接枝率、接枝效率、枝链的密度和长度等，都会影响大分子的结构，可根据实际需要，进行合理设计，得到不同用途的接枝共聚物，如纤维素、PVA 等的改性，复合处理剂的合成，都是利用这一性质的。接枝共聚可以在充分利用母体材料优势的基础上，再赋予其新的性能，从而提高其应用性能，扩大应用范围。

(五) 交联

随着交联点的增加，分子链运动同样受阻，相邻交联点也会阻碍外来分子的入侵，这就是 CPA、CPAN 具有抗盐、抗钙、抗温能力的原因。由此可见，化学和物理交联点也影响高分子处理剂的使用性能。对于相对分子质量小的处理剂，如磺甲基酚醛树脂等通过分子内和分子间交联，可以使处理剂的效果进一步提高，但如果交联过度也可以使处理剂效果降低，直至失效。

三、相对分子质量及其分布对处理剂性能的影响

(一) 相对分子质量

相对分子质量也是影响处理剂性能的主要因素之一。相对分子质量增加，使分子的运动受阻，处理剂降滤失作用会提高，而相对分子质量对提黏度和切力的影响，比其他因素更为重要。相对分子质量的变化，可使基团比例相同的同一大分子有不同的作用，如丙烯酸聚合物，随着相对分子质量的增加，可起到不同的作用：相对分子质量在 3000 左右时是稀释剂，相对分子质量在 5×10^4~20×10^4 时，降滤失明显，相对分子质量大于 300×10^4 时，是良好的增黏剂。

从热稳定性和剪切稳定性考虑，并不希望处理剂相对分子质量太大，在满足钻井液对处理剂产品性能要求的前提下，应尽可能降低相对分子质量，以减少由于高温或剪切使相对分子质量降低而带来的对处理剂性能的影响。

(二) 相对分子质量分布

在相对分子质量分布范围宽的高分子中，高、中、小相对分子质量的不同分布可起不同的作用；不同种类、不同相对分子质量的大分子复配，也符合相对分子质量分布宽度规律。如宽度比为 2 左右时，有利于保证产物的提黏切效果；而宽度比为 10 左右时，则有利于保证产物的降黏切效果。同时，还因相对分子质量不同，分子的运动能力不同而相互影响，使高分子处理剂起到较为理想的作用。因此，在设计及合成大分子处理剂时，对相对分子质量的分布宽度不宜过于严格要求，这也简化了处理剂的生产工艺，对现场钻井液维护，也具有现实意义。

四、高分子处理剂解吸分析

高分子处理剂以—C—C—相联，可提高处理剂的热稳定性。而高分子中—C—C—键的断裂需很高的能量，即使在 200℃下也不易发生断链。当有其他因素存在时，即使个别端链的断裂，也不会对高分子的性质有大的影响，故过去仅用高分子高温断裂降解，来解释高分子处理剂的高温不稳定性，似乎不太全面。实践表明，高分子处理剂高温下性能的降低，主要是高温下的解吸和基团变异所致。高温下的解吸的结果是由于处理剂在黏土颗粒上的吸附量减少，作用效果降低。高温基团变异的结果，使处理剂分子吸附基和水化基比例失调，处理剂效果降低。可见，处理剂高温失效的主要原因在于侧基(官能团)，而较小程度上取决于分子链的结构。这是因为：①高温加剧了高分子的运动，改变了形态，产生了复杂情况；②高温使基团的性质变化——化学反应。

随着温度的升高，高分子主链内旋转的位垒降低，内旋转比较容易。如丙烯酸和丙烯酰胺聚合物，在低温下的抗盐性能较好，而高温后效果明显降低，主要原因是：高温下分子旋转容易，正离子进入水化层阻力降低，易进入水化域而产生去水化作用，同时，吸附基团趋于解吸。此外，大分子主链上的功能基团如—$CONH_2$、—COO^-在高 pH 值、高温条件下，会发生基团变异或与 Ca^{2+}等生成沉淀，失去原有作用，产生去水化。如聚合物中腈基和酰胺基在

高温、高碱性条件下的水解：

$$\left[\!-CH_2-\underset{\substack{|\\CN}}{CH}-\right]_n \xrightarrow[\triangle]{NaOH} \left[\!-CH_2-\underset{\substack{|\\C=O\\|\\NH_2}}{CH}-\right]_n \tag{3-1}$$

$$\left[\!-CH_2-\underset{\substack{|\\C=O\\|\\NH_2}}{CH}-\right]_n \xrightarrow[\triangle]{NaOH} \left[\!-CH_2-\underset{\substack{|\\C=O\\|\\O^-}}{CH}-\right]_n \tag{3-2}$$

磺甲基酚醛树脂分子中的磺酸基在高温条件下的分解会减少处理剂上的水化基团，使处理剂效果降低，当过多分解时，甚至失去作用：

$$\left[\!-C_6H_2(OH)(CH_2SO_3Na)-CH_2-\right]_m\left[\!-C_6H_3(OH)-CH_2-\right]_n \xrightarrow{\text{高温}} \left[\!-C_6H_2(OH)(CH_2SO_3Na)-CH_2-\right]_{m-x}\left[\!-C_6H_3(OH)-CH_2-\right]_{n+x} + xNa_2SO_3 \tag{3-3}$$

另一方面，在高温和高 pH 值条件下，磺化酚醛树脂上的酚羟基会转变为酚钠，吸附能力降低，作用效果下降：

$$\left[\!-C_6H_2(OH)(CH_2SO_3Na)-CH_2-\right]_m\left[\!-C_6H_3(OH)-CH_2-\right]_n \xrightarrow[NaOH]{\text{高温}} \left[\!-C_6H_2(OH)(CH_2SO_3Na)-CH_2-\right]_{m-x}\left[\!-C_6H_3(OH)-CH_2-\right]_{n-x}\left[\!-C_6H_3(ONa)-CH_2-\right]_{x} \tag{3-4}$$

由此可知，影响高分子处理剂应用效果的因素是多方面的，主链结构、官能团性质，都会使处理剂的使用和合成设计出现这样或那样的问题。研究并了解高分子处理剂的影响因素，无疑对我们的研究工作具有重要指导意义，并可使高分子处理剂的分子设计得到更大的发展。

高分子处理剂的降解是影响其钻井液性能的关键因素，控制或减少降解的发生，有利于保证钻井液性能良好。对于线性聚合物处理剂，相对分子质量越大，越易于降解，相对于线性聚合物，支化聚合物剪切稳定性更好。

第二节 对钻井液处理剂的认识

准确理解和认识钻井液处理剂，有利于处理剂的选择和使用，本节在前面关于处理剂结构与性能的关系介绍的基础上，从处理剂应用的角度介绍对钻井液处理剂的一些认识[2]。

一、处理剂及钻井液性能的可变性

钻井液处理剂在应用中其性能是随着时间的延长而变化的，因此分析处理剂性能及性能变化特征是科学使用和处理钻井液的前提，特别是了解处理剂性能及处理剂在钻井液中性能的变化，对配制钻井液及钻井液维护处理非常重要，在配方构建和钻井液维护处理中,要明确不同体系构建思路与原则不同,且不同体系处理方法不同,同时在钻井液配制和维护处理过程中,影响处理效果的因素也不同。要科学地使用和处理钻井液,必须首先掌握处理剂的性能及钻井液中处理剂可能发生的反应或变化。

(一) 处理剂的变化

处理剂加入钻井液后,在经历钻井液循环后会由于高温和剪切等作用,使处理剂特征或性能发生变化,变化包括分子本身、吸附与水化、处理剂含量和处理剂作用等。

从处理剂本身来说,主要是降解、水解、分解、交联等。对于吸附与水化则包括基团变异(基团比例失调)、吸附减少或解吸附、水化能力降低等因素。处理剂的含量会由于分解及吸附后随钻屑除去而降低。正是由于处理剂降解、水解、分解、交联以及基团变异、吸附减少或解吸附、水化能力降低等因素,必然导致处理剂作用效果降低。

例如,PAM 在高温下会发生水解反应[见式(3-5)],在相对分子质量一定时,由于水解导致的基团性质变化,PAM 的作用将会逐步改变,即随着水解的进行,酰胺基减少,羧基增加,使产物的絮凝、包被作用减弱,护胶能力增强,由原来的絮凝作用逐渐转变成降滤失、增黏作用,同时伴随着水解的进行,钻井液体系的 pH 值相应降低,会不同程度地影响处理剂的作用效果。在不考虑水解的情况下,PAM 的剪切降解将使处理剂的相对分子质量降低,絮凝、包被效果降低,直至失去絮凝、包被作用。如果水解、降解同时发生,则性能变化会更大。

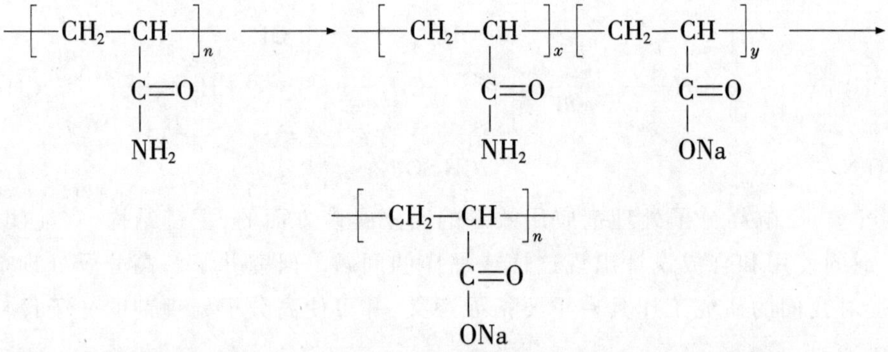

$$\left[\mathrm{CH_2{-}CH(CONH_2)}\right]_n \longrightarrow \left[\mathrm{CH_2{-}CH(CONH_2)}\right]_x\left[\mathrm{CH_2{-}CH(COONa)}\right]_y \longrightarrow \left[\mathrm{CH_2{-}CH(COONa)}\right]_n \tag{3-5}$$

对于羧甲基纤维素类处理剂,如果链端甙键断裂[见式(3-6)],对其性能影响较小,如果中间甙键断裂[见式(3-7)],则将因为聚合度的降低使其性能受到较大的影响。

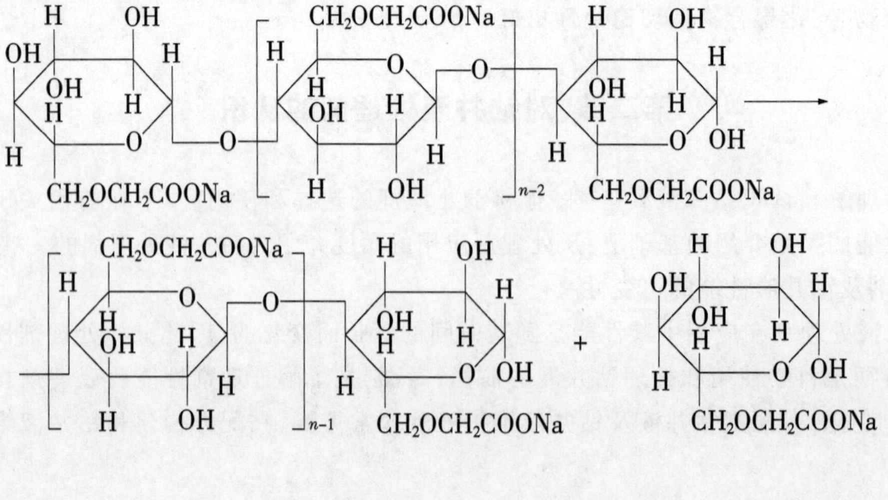

$$\text{CMC 链}(n) \longrightarrow \text{CMC 链}(n-1) + \text{葡萄糖单元}(\mathrm{CH_2OCH_2COONa}) \tag{3-6}$$

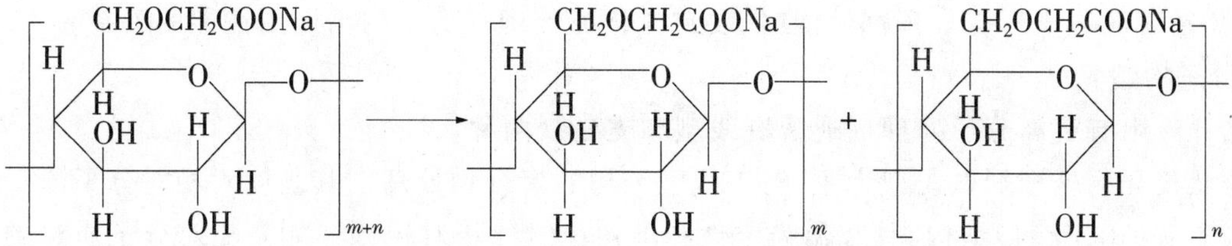

CH_2OCH_2COONa ... $]_{m+n}$ ⟶ CH_2OCH_2COONa ... $]_m$ + CH_2OCH_2COONa ... $]_n$ (3-7)

对于磺化酚醛树脂类处理剂，由于分子链上存在大量的可反应基团，在钻井液中随着时间的延长，会发生相对分子质量变大的反应[见(式 3-8)]，这些反应会有利于提高其降滤失能力，但如果反应过度，即生成不能溶解的交联产物后，将会使作用效果降低。若分子链断裂或与其他处理剂交联键断裂，也将导致其作用效果降低，使控制高温高压滤失量的能力减弱。

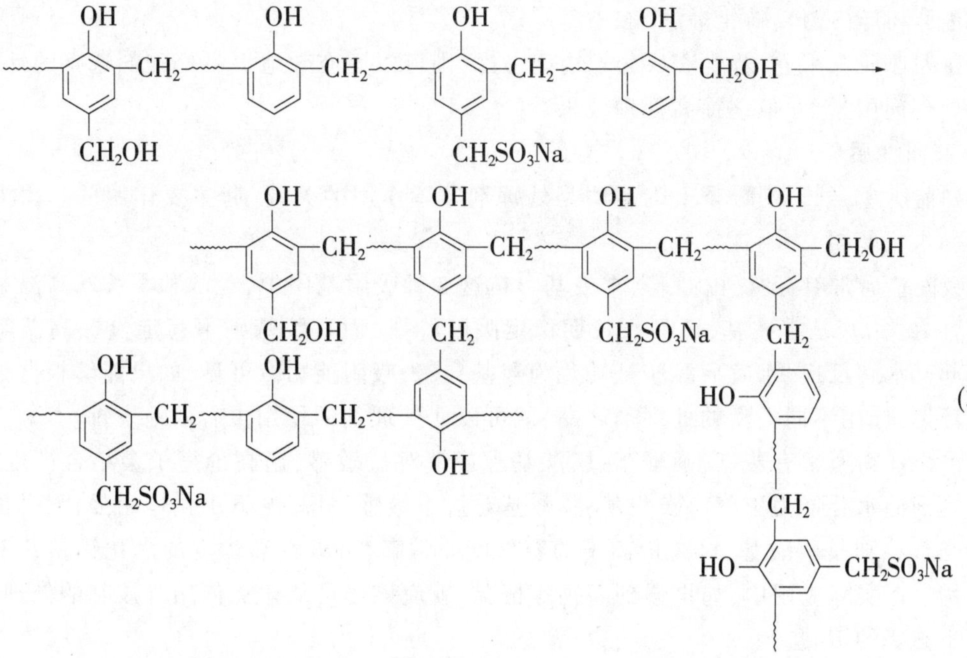

OH, CH_2, CH_2OH, CH_2SO_3Na ⟶ OH, CH_2, CH_2OH, CH_2SO_3Na, HO (3-8)

若各种处理剂间出现交联并形成网状结构时，将会引起钻井液稠化，严重时出现固化。

(二) 钻井液体系的变化

在钻井液循环过程中，不仅处理剂性能是变化的，钻井液体系构成也是变化的，如黏土含量的变化、黏土活性的变化、固相含量的变化、黏土及固相颗粒粒径分布的变化等等。上述变化均会带来钻井液性能的变化，这些变化既包括对钻井液性能的直接影响，也包括处理剂与黏土颗粒或固相颗粒间吸附对钻井液性能的影响。变化的程度会因钻井液中固相含量、黏土含量和固相颗粒粒径不同以及盐含量不同而不同，需要结合钻井液组成来分析。

钻井液性能变化的直观表现是流变性、滤失量、悬浮稳定性、滤饼质量等。尽管变化不可避免，但尽可能寻找减少或抑制变化的手段或方法，认识到引起变化的因素，却可以使变化带来的影响降到最低或能够使变化在可以控制的范围或者利用变化，这一点要引起高度重视。

二、处理剂结构对应用性能的影响

不同结构的处理剂，经受高温和剪切后变化程度不同，因此对钻井液性能的影响也不同,在用动态的眼光看待处理剂性能时,要首先把握处理剂的结构与应用性能的关系。

(一) 分子构型

钻井液用有机高分子处理剂通常有线型和支化型两种。

链状聚合物处理剂以线型为主,对于线型结构的聚合物处理剂其黏度对相对分子质量的依赖性强,由于线型结构,其高温稳定性和剪切稳定性相对较差。如高相对分子质量的聚丙烯酰胺(PAM),在高温和/或高剪切条件下均会很容易降解,使其絮凝、包被能力降低,正是由于这些现象,在选择产品时,用超高或高相对分子质量的 PAM 是没有实际意义的。对于线型聚合物,盐对其增黏能力影响较大。

合成树脂、天然改性材料类处理剂则多为支化型,其黏度对相对分子质量依赖弱,温度对黏度影响小。由于支化结构的空间阻力,处理剂高温稳定性和剪切稳定性相对较高,如磺化酚醛树脂(SMP)、磺化褐煤(SMC)。

在处理剂选用上,若能够从分子构型考虑,则可以更有效地提高处理剂选择的针对性,减少处理剂用量,并最终提高处理效果。

(二) 基团性质

如前所述,处理剂分子上的基团是处理剂发挥作用的关键,起主要作用的基团为吸附基团和水化基团。

吸附基通常有羟基、酰胺基、季铵基。在这 3 种吸附基团中,羟基和季铵基高温和水解稳定性好,尤其是季铵基,还具有长期稳定吸附特征,而酰胺基则不稳定,碱、高温等均可以引起其水解反应,水解后酰胺基转化为羧基,丧失吸附能力。可见,如果能够根据处理剂使用环境,选用不同类型的处理剂产品,就可以使处理剂的作用更有效地发挥。

水化基团通常有羧基、磺酸基、膦酸基。羧基对盐敏感,遇高价离子会结合产生沉淀,使处理剂的水化能力下降。磺酸基、膦酸基对盐不敏感,且高温下水化作用强,耐高价离子能力强。特别是膦酸基,对高价离子的容忍度非常高,可以在高浓度的氯化钙钻井液中发挥作用。在实际应用中,如果遇到高钙等情况,就应该尽可能避免使用含羧基的处理剂,以减少不必要的浪费。

基团变异通常是指吸附基团的水解,由于基团的变异使吸附基减少。吸附基团的减少既有有利的一面,也有不利的一面。有利的是改善护胶能力、提高控制滤失量的能力和改善泥饼质量,不利的是处理剂的抑制性、包被絮凝能力降低、结构力减弱。

除基团的变异外,还涉及活性基团的化学反应。若处理剂分子上含有可反应的活性基团时,可以通过活性基团的化学反应使有些处理剂的性能进一步提高,如果化学反应的结果使处理剂效果降低,则需要控制活性基团的化学反应。反应可以发生在同一处理剂分子间,也可以发生在不同的处理剂分子之间。

在钻井液配方和维护处理方案设计中, 如果利用好处理剂的基团变异的有利方面,充分发挥不同结构和不同类型处理剂间的协同增效作用,不仅有利于钻井液性能稳定,而且可以节约钻井液处理费用。

三、高分子处理剂降解与交联

处理剂的降解和交联是处理剂在钻井液中性能变化的重要因素。处理剂的降解和交联,在不考虑基团变化的情况下,从表观上表现为相对分子质量降低或提高,如前所述,相对分子质量的改变会使处理剂的作用发生变化，因此掌握处理剂的降解与交联对性能的影响很重要。

(一) 降解

高分子在高温环境中由于热的作用所引起的降解是不可避免的。降解涉及到分子链的裂解、解聚和侧基分裂反应以及分子内的环化、支化和异构化等反应。作为钻井液处理剂的水溶性聚合物，在水溶液中的降解温度，尤其是有溶解氧存在时，远低于高分子本身的降解温度。在钻井液体系中，由于组成复杂，降解过程、影响降解的因素等也更复杂。除热降解外，剪切和细菌等也会导致高分子处理剂的降解，在钻井液中加入一定的杀菌剂可以提高处理剂的稳定性。除热降解外，降解还包括剪切降解，相对于热降解，剪切降解仅涉及高分子断链。

降解既有有利的地方，也有不利的地方，影响程度最终由降解程度和钻井液体系类型和组成决定。有利方面是由于降解使处理剂相对分子质量降低，黏度效应变小，有利于护胶并改善降滤失能力。不利方面是当处理剂过度降解的时候，作为包被和增黏的产品增黏能力降低，包被能力减弱，清洁和抑制能力变差，甚至失效。链状聚合物增黏降滤失剂还会因为降解转变为降黏作用。如果在降解中伴随着基团的分解，会对处理剂的效果产生更大的影响。

下面结合具体实验来说明高温降解对合成聚合物处理剂性能的影响情况，为了减少其他因素的干扰，采用室内配制基浆进行了实验，样品为P(AMPS-AM)共聚物(代号PAMS601)和丙烯酸多元共聚物(代号 A-903)，实验结果见表 3-1。从表中可看出，3 种基浆 180℃/16h 老化前后，滤失量变化较大，而黏度和切力变化较小，而加入 PAMS601 聚合物样品后的基浆，180℃/16h 老化前后，滤失量变化较小，而黏度和切力变化较大，这与前面的分析基本一致，对于丙烯酸类聚合物处理剂(A-903)，在海水和饱和盐水基浆中甚至失去作用。这不仅反映了含磺酸基聚合物抗钙能力优于含羧酸基聚合物，也从一个方面说明磺酸大侧基的引入不同程度上对分子的热降解起到了抑制作用。相对于处理剂的降滤失能力而言，高温降解对处理剂提黏切能力影响更显著，这也是低固相聚合物钻井液体系高温下黏切控制比滤失量控制更为困难的原因之一。

对于栲胶、木质素和褐煤等改性产物，由于高温降解或水解会使处理剂的相对分子质量偏离最佳范围，随着降解或水解程度的增加，其作用效果会不同程度的降低，如果降解或水解产物进一步分解，伴随着羧酸基的增加会导致体系的 pH 值降低，进而将影响钻井液体系的胶体稳定性。

(二) 交联

如前所述，处理剂分子中可反应活性基团是产生交联的必要条件之一，交联既包括有利方面，也包括不利方面。但交联过度将会带来不利的影响，因此利用和控制交联很重要。有利的是适当的交联可以改善钻井液的高温稳定性，对于树脂类产品，相对分子质量提高会使降低高温高压滤失量的能力提高，当形成半水溶性树脂时，其封堵作用可以改善滤饼质量。如 SMP 和 SMC 配合使用时，交联作用可以使其控制高温高压滤失量的能力明显提高。交联可以发生在处理剂分子内，也可以发生在处理剂分子间。不利方面是交联会引起增稠(交联程度高)或减稠(交联过度溶解性差)，甚至出现固化，直至失效。

表 3-1 样品所处理基浆高温老化前后性能对比

钻井液组成①	常温性能				180℃/16h 老化后性能			
	AV/(mPa·s)	*PV*/(mPa·s)	*YP*/Pa	*FL*/mL	*AV*/(mPa·s)	*PV*/(mPa·s)	*YP*/Pa	*FL*/mL
淡水基浆(Ⅰ)	7.5	3.0	4.5	30.0	13.0	3.0	10.0	60.0
(Ⅰ)+1.0% A-903	36.0	15.5	20.5	11.0	7.0	5.0	2.0	13.5
(Ⅰ)+0.57% PAMS601	37.5	15	22.5	13.0	10.0	9.0	1.0	16.0
海水基浆(Ⅱ)	5.25	3.5	1.75	65.0	4.25	2.0	2.25	110.0
(Ⅱ)+1.0% A-903	20.5	13	7.5	5.0	3.0	3.0	0	160.0
(Ⅱ)+1.0% PAMS601	35.25	14.5	20.75	10.0	6.5	2.0	4.5	16.0
饱和盐水基浆(Ⅲ)	13.5	4.0	9.5	160.0	12.0	5.0	7.0	222.0
(Ⅲ)+1.71% A-903	26.0	21.0	5.0	8.1	10.0	8.0	2.0	36.0
(Ⅲ)+1.71%P AMS601	38.5	32	6.5	8.0	13.5	9.0	4.5	10.0

注:淡水基浆:在 1000mL 水中加入 60g 安丘产钙膨润土和 5g 碳酸钠,高速搅拌 20min,于室温下放置养护 24h,即得基浆;海水基浆:在 6%的安丘产钙膨润土基浆中加入 1.14g/L 的 $CaCl_2$、10.73g/L 的 $MgCl_2·6H_2O$ 和 26.55g/L 的 NaCl 高速搅拌 20min,于室温下放置养护 24h,即得海水基浆;饱和盐水基浆:在 1000mL 2%或 4%的安丘产钠膨润土基浆中加 NaCl 至饱和,高速搅拌 20min,于室温下放置养护 24h,即得饱和盐水基浆。

处理剂的交联有分子间交联、分子内交联,交联方式则包括化学键合交联和离子交联,具体包括以下一些反应:

① 合成树脂类、聚合物类等处理剂的交联,见式(3-9)。

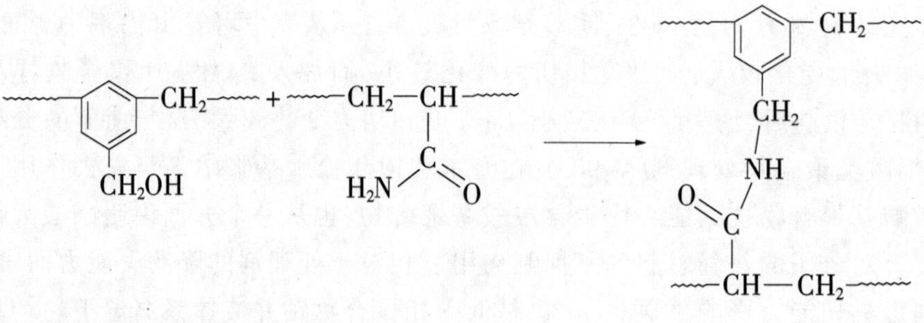

(3-9)

② 合成树脂类处理剂分子间交联,见式(3-10)。

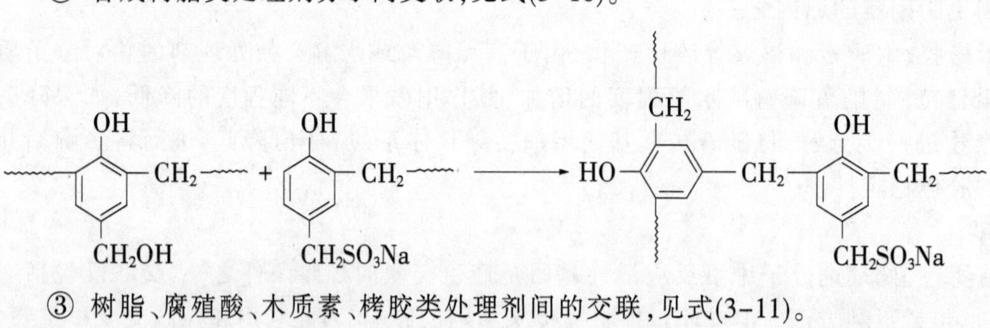

(3-10)

③ 树脂、腐殖酸、木质素、栲胶类处理剂间的交联,见式(3-11)。

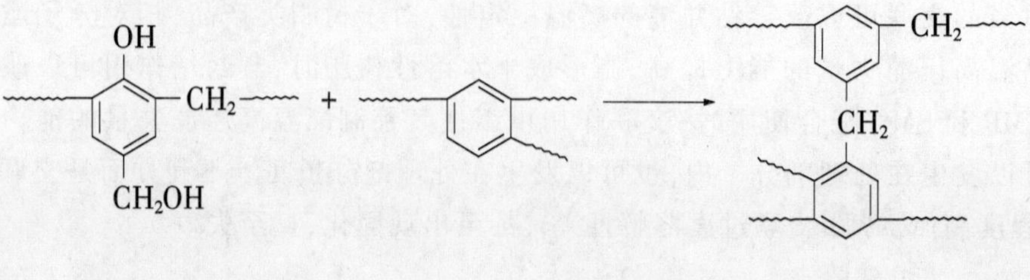

(3-11)

④ 聚合物类处理剂分子间或分子内交联，见式(3-12)~式(3-16)。

$$\sim\!CH_2-CH(CONH_2)\!\sim + HCHO \longrightarrow \sim\!CH_2-CH(CONH-CH_2-NHCO-)CH-CH_2\!\sim \qquad (3-12)$$

$$\sim\!CH_2-CH(CONH_2)\!\sim \longrightarrow \sim\!CH_2-CH(C(=O)-NH-C(=O))-CH-CH_2\!\sim \qquad (3-13)$$

$$\sim\!CH_2-CH(CONH_2)\!\sim \longrightarrow \sim\!CH_2-CH-CH_2-CH\!\sim\ (\text{环: } C(=O)-NH-C(=O)) \qquad (3-14)$$

$$\sim\!CH_2-CH(COO^-)\!\sim \xrightarrow{+Ca^{2+}} \sim\!CH_2-CH(C(=O)-O-Ca-O-C(=O))-CH-CH_2\!\sim \qquad (3-15)$$

$$\sim\!CH_2-CH(COO^-)\!\sim + \sim\!CH(N^+R_3)\!\sim \longrightarrow \sim\!CH_2-CH(C(=O)O\cdot R-NR_2)-CH\!\sim \qquad (3-16)$$

⑤ 羧甲基纤维素和羧甲基淀粉类的交联，见式(3-17)。

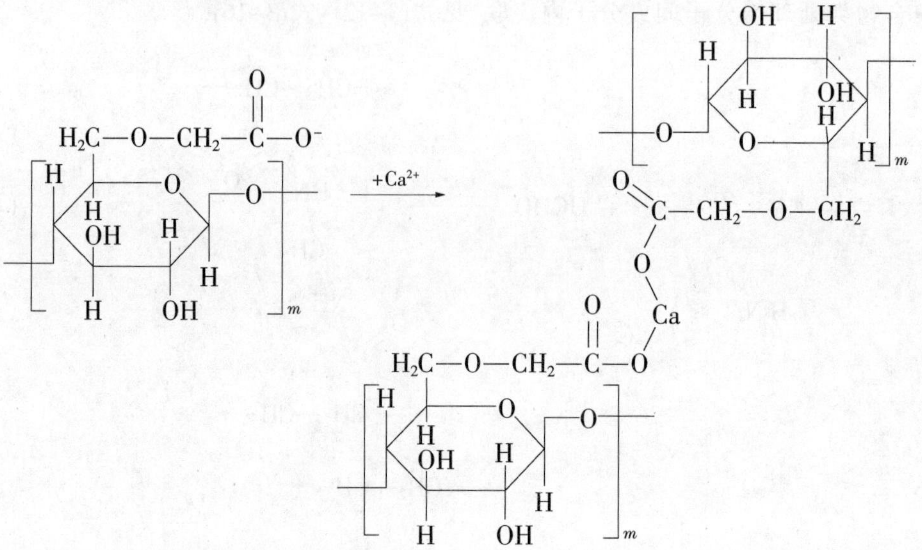

(3-17)

对于由于钙、镁等离子引起的交联，可以通过加入 Na_2CO_3、$NaHCO_3$ 使交联解除。

四、减少处理剂种类、规范标准有利于提高处理剂质量

一段时间以来，国内钻井液处理剂的品种越来越多，且大多数都是含糊其辞的名称，使人们对钻井液处理剂的认识越来越模糊，以至于很难把握钻井液处理剂的性质和性能，可见减少钻井液处理剂种类和品种有利于使用。

要减少处理剂种类，需要从简看待处理剂，不能用模糊概念和代号，应该从产品名字就可以对处理剂性能一目了然，从简看待处理剂，就更容易理解和使用处理剂。如果直接采用符合化学品命名规范的产品名称和代号，特别是用纯粹的物质，使用时非常明了。而事实上目前很多产品都不是单一成分的产品或纯粹的化合物，而是采用不同处理剂混合得到的混合物，名称是随便用，致使从名称上看处理剂品种和种类很多，由于无法得知处理剂的主要成分或组成，在现场使用中很难准确把握处理剂的作用和科学处理。

无论从管理还是使用上来看，减少处理剂种类不仅有利于使用，还有利于减少处理剂数量、优化处理剂用量，有利于科学形成配方与处理钻井液；不仅有利于简化配制和处理工艺，且有利于针对性地维护和处理钻井液，提高钻井液的综合性能，减少钻井液处理频次和费用，最终达到降低劳动强度、节约钻井液成本的目的。

由于缺乏统一的管理，处理剂标准的目的性则因主体不同而不同，如生产商、供应商和用户等在对标准的认识上存在很大差别。生产商定标准的目的是希望在任何情况下都能够保证产品合格，供应商把标准作为采购依据，只要能够达到标准就可以，而用户则希望标准更能够满足实际需要，即按照标准提供的合格产品在使用中能够有效。

规范标准就要从标准的针对性、标准的科学性和标准的适用性三方面考虑。标准的针对性则要保证标准能够针对产品的特征和适用范围，指标要能够体现并表征产品的本质特性，在一定情况下具有唯一性；标准的科学性则要求保证能够真实反映产品性能及处理剂在钻井液中的效果，不能出现大的偏差，如目前常常出现按照标准检验合成的 SMP 产品，现场效果却很差；标准的适用性则在于无论在什么情况下都能够保证标准提供的实验方法可以通用，即任何相同的专业实验室都能够操作，且重复性好。

五、复合和复配型处理剂的优与劣

复合和复配是不同的过程，复合伴有反应的发生，属于化学过程，而复配是物理过程。在实际应用中，当某一种产品难以满足某种性能的需要时，可考虑采用复配的方法来达到。复配常常可以起到比单一产品好得多的效果。如由SMC、SMP和HPAN按一定比例复配的SPNH降失水剂经现场应用表明，具有较强的抗高温、抗盐和抗钙能力。由聚丙烯腈废料和聚丙烯酰胺在高温高压下共同水解制得的水解双聚胺，有着良好的降滤失、防塌和抑制效果。有时人们为了使用方便，会将几种处理剂与配浆土预先按比例混合复配，然后直接用于现场。

还有一些为了满足现场需要的产品本身就是多种化学原料的混合物。如大多数润滑剂均是采用多种基础油和表面活性剂复配而成，解卡剂是由表面活性剂、氧化沥青、石灰和有机土等组成，堵漏剂则由不同类型和不同粒径的纤维、木质素或矿物材料组成。

从应用的角度来讲，复配型产品在一些特定的情况下，或者对于一些特定的产品来说，确实可以方便应用，且经过预先优化后复配得到的产物，更有利于发挥不同成分(处理剂)间的协同增效作用。但近年来，却出现了一系列的并非为上述目的的复配产品，而且还在逐年增加，从实际看偏离了前面所述的目标。为什么复配？如前所述，复配是为了方便使用，而对于生产厂来说，复配更多的是为了避开竞争，容易进入市场。

复配在方便使用的同时，更多的还是模糊了处理剂面目，原本简单明了的东西变得神秘和复杂了，复配产品的出现使处理剂主体功能不清了，处理剂的配伍性降低了，关键是处理剂选用的灵活性降低，为科学选用处理剂制造了障碍。复配产品存在可变性和偶然性，可变性反映在同样名称成分不同，成分相同名称不同，在应用中必然会出现偶然性。因此，为了便于准确把握主要影响因素，在钻井液处理中建议少用或不用复配产品。

六、钻井液处理剂功能分析

关于处理剂的作用机理，在钻井液方面的书籍中已有明确阐述，但在现场有时用传统机理很难解释所出现的一些现象。准确理解钻井液处理剂的作用有益于处理剂的选用，现结合现场实践从不同方面进行一些必要的讨论。

(一) 稀释、分散、降黏的区别

在现场实践中，由于对稀释、分散、降黏等作用往往缺乏全面认识，以至于时常出现三者作用混为一谈，其结果甚至会出现在钻井液中加入降黏剂却不降黏的现象。简单理解，稀释伴随着固相或处理剂质量分数的降低，分散则伴随颗粒分布的变化，降黏则体现在黏度的降低并伴随着网状结构的拆散，三者在概念上有本质区别。在钻井液上通常认为三者都是降低钻井液的黏度和切力，但分散却可能会伴随着黏度增加。

除降黏剂之外，反映在黏度变化上，絮凝、抑制、高温钝化、大分子高温降解等均可以带来钻井液黏度和切力的降低。因此，控制黏切不一定非用降黏剂。除降黏剂之外，与降黏相关的处理剂还有抑制剂、絮凝剂。因为抑制剂、絮凝剂不仅可以净化钻井液，而且在一些情况下可以控制钻井液的黏度和切力。

在处理剂分子设计时，对于稀释、分散、降黏作用的产品，目标并不完全相同，可见明确三者的异同，有利于提高高分子处理剂设计的可靠性和针对性。在未来钻井液降黏剂的设计中，增强钻井液的抑制作用，更有利于提高降黏剂的综合性能。

(二) 滤失量和失水量的区别

滤失量与过滤有关。伴随着固相颗粒的沉积,固相颗粒粒径多少对其产生直接影响,泥(滤)饼质量、有效的封堵有利于控制滤失量。失水量与钻井液的胶体稳定性密切相关(即通常所说的自由水),胶体稳定性越强失水量越小,而对于不同的钻井液体系失水量小,滤失量不一定就小,反之亦然。从处理剂的角度讲,提高处理剂的吸附和水化能力,保证处理剂的护胶作用更有利于控制失水量和滤失量。

影响水基钻井液滤失量的因素包括膨润土、固相、液相黏度和胶体稳定性(护胶剂性质与加量),基于上述原因,降滤失剂之外与降滤失相关的处理剂有封堵剂、抑制剂和增黏剂等,因为有效的封堵可以降低滤饼渗透率,改善滤饼质量。

(三) 黏度、流变性和切力

黏度与流体的流动阻力和液体的黏滞力有关(固相、膨润土、液相黏度)。流变性、切力等与钻井液液相黏度、剪切稀释(吸附有关)和结构力有关。黏滞力是黏性液体内部的一种流动阻力,是流体自身的摩擦。

对于静切力而言,在测定中与采用旋转黏度计相比,对于高密度钻井液切力测定采用浮筒切力计更能够反映真实情况。

从对黏度和流变性的影响看,与黏度、流变性相关的处理剂有流变性能调节剂、增黏剂、降滤失剂、降黏剂和抑制剂等。

(四) 润滑性

钻井液的润滑性既与界面有关,也与流体的性质有关,通常的评价方法很难科学反映钻井液的润滑性。

就润滑而言,按照接触面来考虑,包括硬接触和软接触。硬接触是指采用小球、石墨,通过改变泥饼质量来提高润滑性;软接触体现在钻具-钻井液、井壁-钻井液间的作用,与钻井液的内摩擦和固相含量及性质有关。从内摩擦(流动阻力)来看,与流体的黏滞性(与液相黏度、清洁、泥包)和结构力相关。

从改善润滑性讲,润滑剂之外与润滑相关的处理剂有防卡剂、固相清洁剂、抑制剂、絮凝剂。

(五) 抑制、防塌和包被

抑制、防塌和包被三者的目的是控制造浆、减少黏土水化分散、控制钻井液中的劣质固相,达到钻井液性能稳定和有利于井壁稳定的目标。抑制既体现在钻井液的抑制性(体系中的黏土、岩屑等)上,又体现在滤液的抑制性(对地层起作用)上;包被主要体现在絮凝、包被钻井液中的黏土和岩屑等;防塌体现在井眼的质量上。大分子的包被作用通常在上部地层或井底温度不高的情况下才能体现,在温度大于150℃的情况下,包被作用受很多因素影响,由于高温下处理剂分子降解及基团变异,是否可以有效的包被,需要进一步探讨。

对抑制、防塌和包被而言,从效果上讲,针对不同对象表现出不同的作用,而且抑制剂不一定能够防塌,防塌剂也不一定有抑制作用。与抑制、防塌和包被相关的剂包括防塌剂、页岩稳定剂、絮凝剂、封堵剂、封固剂。

这里需要强调的是,如前所述,传统的处理剂作用机理是建立在以黏土为基础的胶体分散体上,而随着钻井液技术的进步,黏土含量得到了有效控制,当黏土含量低于一定值时,钻井液体系已不再是传统意义上的“泥浆”,从“泥浆”向“钻井液”、“钻井流体”过度的结果是所有以黏土为主的胶体性质泥浆相关机理已不适用, 可见探索研究低黏土或无黏土的钻井液(悬浮分散体)相关机理,将有利于促进钻井液技术进步。

钻井液由泥浆向钻井液、钻井流体发展的过程中,从性质上则逐渐由胶体向胶体分散和悬浮分散转变。这种变化将逐步使“泥浆”一词成为历史。特别是针对膨润土含量很低的超高密度等高固体份钻井液,需要建立适用的机理和评价方法。

七、钻井液处理剂选用原则

在钻井液设计和现场工作中,处理剂选择和使用是钻井液配制和维护处理、保证钻井液良好性能的关键,因此做好钻井液处理剂选择与使用非常重要,选择通常可以从以下方面考虑。

(一) 充分认识处理剂的重要性

应当明确钻井液体系的发展和钻井液技术的进步依赖于新型钻井液处理剂的出现,只有重视新型处理剂的研究开发,才能确保钻井液技术不断进步。钻井液处理剂的质量和水平直接关系到钻井液的质量,没有高质量的产品就不可能得到高质量的钻井液体系。

① 处理剂的质量问题。目前处理剂的质量问题既有处理剂定价过低的原因,也有生产厂家自身的因素,这就要求从负责的角度严把处理剂的质量关,消除由于人为因素造成的处理剂质量下降。从生产、供应和用户多方面共同把关,尽可能生产和使用高质量和高纯度的产品。

② 环境保护对处理剂的要求。出于环境保护的目的,一些含铬的处理剂,如 SMT 和 SMC 等产品,对其铬含量进行了限制,由于限制了铬,这些处理剂的作用就不能充分发挥,在使用上出现抗温能力下降,由于 SMC 等限制铬含量的结果,也在一定程度上降低了 SMP 类配伍处理剂效果的发挥。铬盐作为一种传统的无机处理剂之一,在一些高温水基钻井液中对充分发挥处理剂作用、稳定钻井液性能起着关键作用,关键是量的把握。在生物毒性满足环境保护要求的前提下,这些产品也可以放心使用(目前国外发达地区仍然采用),特别是在高温井段,如果没有铬,有些处理剂的作用就不能充分发挥,要保证钻井液的高温稳定性就要投入更多费用,甚至会带来一系列复杂问题,因此在这方面,不应以是否含铬而取舍,应根据具体情况确定。有时由于钻井液稳定性问题造成的复杂情况而引起的污染问题甚至远远超过铬。

③ 处理剂的检测问题。关键是处理剂的钻井液性能检测,由于检测方法(标准)的局限性,目前大多数产品标准不能满足产品质量的控制,如有相当数量的处理剂,室内检验合格,现场效果却很差。影响因素除方法的局限性之外,最根本的一点是评价用配浆土不规范,今后需要从方法和评价用土上开展工作,统一产品的质量标准和检测方法是控制产品质量的有效途径。

(二) 针对性要强

处理剂选用首先要明确区域或工程对钻井液体系的要求,其次是明确主体处理剂和辅助处理剂,第三是针对不同体系选择不同性能的处理剂。

对于分散钻井液,主处理剂是具有分散作用的低相对分子质量的处理剂,以低相对分子质量的天然或天然改性产品和合成树脂为主。辅助处理剂(配合主处理剂发挥作用)为

CMC、CMS、XC和植物胶等天然改性材料、小分子合成聚合物、表面活性剂和铬盐等,其有利于提高钻井液高温稳定性,高价离子提高其抑制性等。处理剂包被絮凝能力不足,分散作用强,通常体系的膨润土含量相对较高(大于60g/mL)。由于膨润土含量高,且颗粒分散,体系耐盐膏污染能力弱,易于高温稠化,剪切稀释能力差。

对于不分散钻井液,主处理剂以大分子聚合物为主,如PAM及其衍生物类聚合物处理剂。辅助处理剂(配伍处理剂)为CMC、树脂类、SMC、磺化沥青等,同时还包括惰性颗粒及可变形封堵材料、抑制剂和润滑剂等。由于大分子处理剂的包被絮凝作用,体系的膨润土含量通常控制在较低的范围(小于40g/mL),相对于分散体系而言,其抗盐膏能力和剪切稀释能力强,固相含量低。

低土相钻井液体系中无黏土或低黏土,体系循环压耗小,有利于提高机械钻速,保护储层。主处理剂为增黏剂、悬浮稳定剂和抑制剂(包被、絮凝剂),辅处理剂为封堵剂、润滑剂,其中无机盐、有机盐既是密度调节剂,又是抑制剂。

不同的体系尽管处理方法不同,但基本原则是一致的,主要是:

① 处理剂使用量不能过,开始要走下限,处理余地就大。

② 在选择处理剂时,能用低黏时不用高黏(黏度一定程度上反映相对分子质量大小),同时使用时要考虑先低后高。

③ 配制,尤其是处理过程中,尽可能采用胶液,不直接采用干粉,如果加入干粉,同时配合稀碱液(尽可能不用纯碱)。采用反相乳液聚合物时,由于其易于分散,可以直接加入。

④ 护胶能力可以用滤纸,通过观察其水的扩散情况直观判断。

⑤ 测滤液黏度可以简单判定处理剂是否过量。

⑥ 做好过程中钻井液中处理剂含量检测,为制定维护处理方案提供依据。

(三) 明确处理剂的特性

明确处理剂的特性以及产品性质有利于处理剂的选择和使用。对于成分明确的处理剂,在应用时不能仅看产品名称,要注意分析处理剂的相对分子质量、基团比例以及是否交联等。在处理剂选用中首先要思考如下几个问题:

① 质量分数1%胶液黏度相同,但基团组成不同的两种水解聚丙烯酰胺,加入钻井液中能达到同样效果吗?

② 两个不同相对分子质量的聚合物处理剂相比,高相对分子质量的处理剂增黏能力一定高于低相对分子质量的吗?

③ 两种基团组成相同相对分子质量不同的聚合物处理剂高温后会出现什么情况?

④ A、B两种聚合物处理剂,前者室温下滤失量低,高温老化后是否也一定低?

当准确理解并回答了上面的问题后,在选择处理剂时就可以一目了然。

(四) 要明确产品是什么

只有知道是什么,才能提高针对性,在选择处理剂时,不能有模糊概念,对于任何关键处理剂都必须做到心中有数,选择起来才能得心应手。

要首先明确产品是什么。如CMC(高中低黏)、PAM(水解、非水解),而不是笼统的说降滤失剂、增黏剂、絮凝剂等。

二是明确产品是什么作用。主体功能是什么,还有什么辅助功能,在钻井液循环过程中主体功能是否会转为辅助功能，温度、盐、固相含量等对主体功能的发挥是否产生影响。明确这些因素有利于充分发挥处理剂的作用，提高处理的针对性。

三是不能把某一剂归为单一作用产品，无论什么功能的剂都很难有针对性地解决一个或两个问题，通常是综合性能的变化，还需要明确处理剂间的协同作用。

四是要区别看待处理剂和组成钻井液的基本材料，对于一些特殊作用的材料，如正电胶、胺基聚醚、聚合醇和甲基葡萄糖苷等，不能仅把它看作一种剂，要考虑体系的综合效果，当把它看作一种剂的时候，就无法充分发挥其作用。同时还必须把握这些材料发挥最佳作用的最低用量。

在考虑增黏时，采用什么途径？如果采用大分子增黏剂，在加入钻井液中后，不仅液相黏度增加，护胶能力也会增强，由于吸附架桥作用还会形成结构，在增黏剂量适当时会在增黏的同时，使体系滤失量降低并改善润滑性，体现出辅助功能。有时膨润土含量较低的盐水钻井液单靠采用增黏剂很难达到增黏的目的，这时可以通过加入抗盐黏土或预水化膨润土浆提高黏度(增加吸附中心)。

在降黏时，体系中加入降黏剂首先会引起吸附的变化(竞争吸附)。尽管降黏剂相对分子质量低也会增加液相黏度，但体系的结构黏度降低更容易快速形成滤饼，降黏的同时会降低滤失量，滤饼质量的强化可以改善润滑性。降黏剂在改善流变性的同时会弱化剪切稀释能力，若能够通过控制膨润土含量和强化抑制性来达到控制黏度的目的，则尽可能不用降黏剂。还需要强调的是，若钻井液中各种处理剂过量时，体系自由水减少，即使加入小分子的降黏剂也会使体系的液相黏度增加，不仅不能降黏，反而增加黏度。

就封堵而言，可以达到堵塞流体通道、减少压力传递和改变滤失特性的目的。不同目的的封堵对封堵材料的类型和粒度要求不同。封堵有利于防漏、强化井壁稳定和降低滤失量。封堵常常通过综合效果来体现，不同情况下目的不同，但最终都以堵孔为目标，可以体现在改善滤饼质量、井壁稳定和防漏上。而纳、微米级的封堵材料可以有效地降低钻井液的滤失量。

对于处理剂的降滤失、润滑等作用，都同样是在发挥主体作用的情况下，产生其他作用，也可以说处理剂的主体作用是在一定条件下发挥的，是相对的，在应用中要根据产品特征科学选用，保证处理剂协同作用的发挥。

基于上述分析，在处理剂选用时，需要思考如下问题：

① 降低钻井液黏度一定需要加降黏剂吗？为什么？

② 降滤失剂一定能够降失水吗？超细碳酸钙属于降滤失剂吗？

③ 无土相或无固相钻井液在现场是否能够实现？

(五) 优先选用高性能处理剂

选用高性能处理剂有利于减少处理剂用量和种类，提高钻井液的稳定性，特别是在含钙、镁等高价金属离子的钻井液中，选用抗钙镁污染能力强的高性能处理剂更重要，这可以从下面的一组实验中看出。

表 3-2 是 150℃/16h 老化后不同聚合物 (A-1~A-3 为丙烯酸多元共聚物，B-1~B-3 为 AMPS 的多元共聚物) 对复合盐水钻井液滤失量的影响试验结果。从表 3-2 可以看出，AMPS 多元共聚物处理剂在含有钙、镁离子时具有明显的优势。当加量为 0.5%时就可达到

丙烯酸多元共聚物 2%时的效果，且随着用量的增加，降滤失能力逐步增强。

表 3-2 150℃/16h 老化后不同聚合物对复合盐水泥浆滤失量的影响

聚合物	加量，%	滤失量/mL	AV/(mPa·s)	PV/(mPa·s)	YP/Pa
样品 A-1	0	100	7	5	2
	0.5	80	7.5	6	1.5
	1.0	60	11.5	5	6.5
	1.5	60	11	6	5
	2.0	54	11	6	5
样品 A-2	0.5	66	9.5	9	0.5
	1.0	62	10	6	4
	1.5	55	11	6	5
	2.0	44	12	7	5
样品 A-3	0.5	68	10.5	6	4.5
	1.0	66	11	6	5
	1.5	60	12	8	6
	2.0	52	14.5	8	6.5
样品 B-1	0.5	40	8.5	6	2.5
	1.0	30	12	7	5
	1.5	19	13.5	8	5.5
	2.0	12	14.5	9	5.5
样品 B-2	0.5	45	4.5	3.5	1
	1.0	20	5.5	5	0.5
	1.5	15	8	7	1
	2.0	9	12.5	12	0.5
样品 B-3	0.5	38	8.5	7	1.5
	1.0	34	9	6	3
	1.5	15	7	6	1
	2.0	8	7.5	7	0.5

注：基浆组成：基浆 6%的钙膨润土基浆+$CaCl_2$ 和 $MgCl_2·6H_2O$(使钙、镁达到 5000mg/L)+4.5% NaCl。

表 3-3 是 150℃/16h 老化后不同聚合物对含 4%的 $CaCl_2$ 盐水泥浆滤失量的影响试验结果。从表 3-3 可以看出，在含有 Ca^{2+}盐水钻井液中，AMPS 多元共聚物处理剂的优势更明显，150℃/16h 老化后滤失量仍然小于 10mL，而丙烯酸多元共聚物则失去了控制滤失量的能力(滤失量均超过 200mL)。

表 3-3 不同聚合物含钙盐水钻井液中的性能对比(150℃/16h)

钻井液组成	滤失量/mL	AV/(mPa·s)	PV/(mPa·s)	YP/Pa
基 浆	246	5	2	3
上浆+2%样品 A-1	280	5.5	4	1.5
上浆+2%样品 A-2	340	12.5	6	6.5
上浆+2%样品 A-3	280	7	4	3
上浆+2%样品 B-1	8	5.5	5	0.5
上浆+2%样品 B-2	8	5.5	5.5	0
上浆+2%样品 B-3	7	7	6.5	0.5

注：基浆组成：1000mL 水+40g 抗盐土+40g 的 $CaCl_2$+100g 的 NaCl。

第三节 对钻井液的认识

新技术源于实践和需要，目前的钻井液新技术主要是围绕解决现场出现的新问题而言，在解决问题的过程中某些方面有所突破。对于国外钻井液体系来说，最重要的、也是最基本的一点是其创新必定是基于新处理剂的出现，钻井液的每一次进步都是因为处理剂的出现而产生，即在处理剂方面总是超前研究。相对于国外，国内钻井液新技术可以说大多数情况下是“逼”出来的。

就钻井液体系而言，在继承的基础上提高是最有效的创新途径之一，目前的一些技术，如聚合醇钻井液、正电胶钻井液、$CaCl_2$ 钻井液和胺基抑制剂等，早在20世纪七八十年代就有介绍和应用，由于当时缺乏配套的处理剂及认识不够，并没受到重视，直到今天，随着各项技术水平的提高，才使其优越性得到充分体现，并引起广泛重视。

我国在钻井液体系方面已经积累了许多成功的经验，但由于长期以来人们对钻井液性能的认识还仅仅局限在过去的理念上，还没有充分认识到一些潜在因素对钻井液性能的影响，正是由于认识的局限性，影响了钻井液作用的有效发挥，放缓了钻井液技术进步的步伐。今后应在以下几方面提高认识，以促进钻井液技术的不断进步[3,4]。

一、提高对钻井液设计与维护处理的认识

关于钻井液设计及维护处理涉及内容很多，在按照基本要求做好设计和维护处理的同时，还需要针对钻井液的发展不断提高认识。这里结合几个关键点进行分析。设计要引入新的理念，要有强的针对性，同时要考虑环境保护和油气层保护的因素。在维护处理上要提高认识，对钻井液的维护处理不仅要注重过程控制，还要重视早期维护处理。过分控制钻井液的成本是影响钻井液技术发展的一个重要原因。

(一) 钻井液滤失量

在钻井液性能(指标)设计上，要转变观念，要认识到钻井液的滤失量低不利于提高机械钻速，在设计时可根据具体情况适当的放宽滤失量指标，特别是抑制性强的钻井液不应该过分的降低滤失量。而实际上，无论从设计或是从过程控制中，总是过分强调降低钻井液的滤失量，一般而言，钻井液滤失量越低，胶体性和黏滞性越强。有时候为了将钻井液的滤失量降到一定值，需要增加很多材料，进一步增加钻井液的液相黏度，会导致钻井液的清洁能力降低。特别是高密度和超高密度钻井液，常会出现控制滤失量和流变性的矛盾。只要钻井液的抑制性能达到要求，综合性能满足井下安全的需要，在非产层滤失量放宽有利于提高机械钻速并节约成本。因此可以根据不同地区的地层特点，在保证井眼稳定的前提下适当调整滤失量指标。

(二) 膨润土含量控制

要重视膨润土含量的控制，膨润土含量的控制要从钻井的一开始就考虑。膨润土是钻井液中不可缺少的成分。但钻井液问题也和膨润土密切相关，膨润土含量高是钻井液性能不稳定的根源，合理控制膨润土含量可以提高钻井液的高温稳定性和抗盐污染能力。在能够满足钻井液携砂能力的情况下尽可能降低膨润土含量，这样可以减少处理剂的消耗，减少其他一些不必要的麻烦。特别是钻遇易造浆地层时，更应该注意膨润土含量的控制。从

某种意义上讲,膨润土含量的控制是钻井液技术水平提高的具体体现。近年的实践表明,由于现在的钻井液体系膨润土含量控制较好,稀释剂用量明显减少,甚至不再使用,也就是说钻井液稠化现象已经随着膨润土含量的控制而得到解决。对于高密度和超高密度钻井液,膨润土控制更为重要。

(三) 密度

在考虑钻井液密度对油气层保护的影响时,应同时兼顾其他因素,钻井液的密度低并不一定就有利于油气层保护。由于钻井液的密度对钻井速度的影响比其他性能的影响大得多,在地层稳定的前提下,适当降低密度可以有效提高钻井速度,密度设计既要结合地质情况,又要满足安全钻井的需要,同时要认识到提高速度是最好的油气层保护措施。

再从井壁稳定的角度讲,适当地控制密度有利于平衡地层压力保持井壁稳定,但有些情况下提高密度反而不利于井壁稳定,例如,当由于钻井液液柱压力过高而产生了超过拉伸强度的应力时,会产生诱导裂缝,造成拉伸破坏使井壁失稳,故要根据具体情况而定。

(四) 钻井液及滤液中处理剂及离子含量

当钻井液中处理剂及离子含量始终处于一个合理范围时, 有利于保证钻井液的稳定性,准确把握钻井液及滤液中的离子和处理剂含量,才能对症下药,以便制定科学的维护处理方案,提高处理的针对性和处理效率,减少处理工作量。

二、强化钻井液的抑制性,保证钻井液的清洁

强化钻井液的抑制性,保证钻井液的清洁有利于保护油气层、提高机械钻速、改善泥饼质量,降低摩阻,保证井下安全。

(一) 强化抑制性

从井眼稳定性和钻井液稳定性方面来讲,钻井液的抑制性至关重要,因为抑制性在钻井液的具体性能中没有体现,实际工作中是提到的多,考虑的少。有不少学者已经提到并充分认识到钻井液的抑制性不够,但没有得到足够重视。之所以钻井液的抑制性不足,不能达到最佳状态,是因为大家通常认为钻井液的抑制性和钻井液稳定性存在矛盾,所以当出现问题的时候,总是首先考虑其稳定性(特别是滤失量),而放弃了提高钻井液的抑制性,这就是长期以来钻井液抑制性没有充分发挥的根本原因。提高钻井液抑制性最有效的方法是使用有机季铵盐化合物或聚合物,其用量少,吸附能力强,作用周期长,应该重点考虑。另外 Al^{3+}的化合物或络合物在一定条件下也可以提高钻井液的抑制性。这些已经在实践中得到证实。

对于页岩地层,页岩中流体同钻井液之间水的活性差异是一个能使水进入或流出岩层的重要驱动力。为减小井壁不稳定性,可以使用具有水活度低的即高含盐量的水基钻井液。

(二) 固相控制

对于钻井液来讲,固相控制非常关键,特别是低密度固相控制,同等条件下低密度固相含量越低,钻井液的内摩擦力就越小,有利于减少能量消耗。同时也可以提高钻井液的高温稳定性、抗污染等。所以控制低密度固相含量可以保证钻井液性能稳定。具有抑制性和絮凝作用的聚合物处理剂、无机盐和有机胺等均可以控制低密度固相含量,添加专门的固相化学清洁剂可以更有效地减少低密度固相含量。低密度固相含量低,可以减少钻井液的黏滞性,降低内摩阻,在一定程度上有利于发挥水马力。目前对低密度固控制的认识不够,

将来应在这方面重点考虑,通过低密度固相的控制使钻井液技术水平进一步提高。

三、"预防+巩固"的井壁稳定思路

要认识到井壁稳定问题是可变的、动态的,因此在措施的考虑上要多元化,要结合已有的研究成果和经验,从"预防+巩固"综合考虑。首先是钻开地层时的"预防"措施,其次是随后的"巩固"措施。"巩固"解决的是后期井壁稳定问题,是长期的,"预防"是先期的井壁稳定问题,相对而言,后期的稳定更重要。

井壁稳定措施包括化学和物理两方面,比较直观的是钻井液的密度和抑制性,强化措施可以提高井壁稳定效果,如井壁封固、近井地带加固等,在考虑封固时,滤液中具封固作用材料的含量必须充足。同时在井壁稳定措施中也要考虑防漏和堵漏,实践表明,采用凝胶聚合物材料,结合目前的堵漏方法可以见到较好的效果。

对于硬脆性地层靠乳化沥青可以获得比较好的稳定效果。硅酸盐和 Al^{3+} 的封固作用对于提高硬脆性和水敏性地层的井壁稳定更为有效,因此,为了提高防塌效果,在硬脆性地层和破碎性地层,沥青类处理剂和铝基防塌剂是最佳选择。相对于水基钻井液,一般情况下油基钻井液更有利于井壁稳定。

四、客观认识处理剂和钻井液的作用

(一) 不能过于强调一种剂的作用

对于钻井液体系来讲,用一种处理剂不可能形成一种性能稳定的钻井液体系,一种处理剂不可能解决钻井过程中与钻井液有关的全部或大部分问题,如前所述,一种处理剂在发挥主体功能的前提下还会产生一些辅助功能,因此在应用中必须考虑配伍处理剂的作用以及不同处理剂间的配伍性和协同增效作用等。

任何时候都要客观地看待处理剂,没有包治百病的灵丹妙药,也没有哪一种处理剂能解决各种问题,只有认识到这些才能保证处理剂作用的有效发挥,并客观评价处理剂的效果。有时候过于强调一种处理剂的作用会限制处理剂的发展。大家对正电胶都不陌生,曾经出现正电胶热,由于对其单一作用或功能过于夸大,加之没有形成真正的正电胶钻井液体系(缺乏配伍处理剂、处理剂的协同作用没有发挥好),使得人们期望的目标没有达到,致使原本很好的钻井液体系没有得到好的应用和发展。

要认识到处理剂的协同作用是至关重要的。如目前胺基聚醚深受重视,但如果不能针对性地选择配伍处理剂形成一种完善的体系,高性能胺基抑制钻井液体系就难以正确应用和发展。

(二) 不能过于强调钻井液的作用

在出现复杂情况时,要从系统工程考虑,不能过于强调钻井液的作用。尽管钻井过程中要重视钻井液,但也不能过于依赖钻井液,如在井壁稳定措施方面,不能过于强调钻井液的作用,对于由于力学因素导致的不稳定,仅靠钻井液是无法完全解决的;在钻具阻卡方面,除钻井液因素外,井眼轨迹和质量、工程因素也是不容忽视的。因此出现任何问题都需要从系统工程的角度进行客观分析,以提出有针对性的解决方案,从而提高处理复杂的针对性和效率。

五、重视完井阶段的钻井液工作

完井工作是一个系统工程,受各方面因素的影响,哪个环节出现问题,都会影响整个完井工作，因此，需要各个方面密切配合。从钻井液方面来讲，在完井阶段要有针对性的进行维护处理，以满足各种作业的需要，通过良好的钻井液性能来保证完井作业的顺利进行，以缩短完井周期。同时要考虑完井过程中对油气层保护的影响。需要强调的是，重视固井前的井眼准备工作，对于强渗透性地层或易漏失地层实施有效的封堵，提高地层承压能力，扩大密度窗口，对保证固井质量、减少作业复杂具有重要的意义。对于采用油基钻井液井段的固井，既要考虑有效地清除油基钻井液及附着物，还需要考虑固井作业中可能出现的漏失问题，以保证固井质量。

另一方面，不要认为已打完进尺就万事大吉了，从储层保护的角度讲，在完井阶段不仅不能忽视钻井液性能维护，恰恰需要更重视钻井液性能维护与处理，保证钻井液性能稳定和钻井液清洁，以最大限度地降低对储层的伤害。

六、重视油基钻井液技术的发展

在油基钻井液方面，国外在强水敏性和复杂地层大多数情况下均采用油基钻井液，而国内由于过于强调油基钻井液的安全和环保问题，油基钻井液应用面很少，几十年来几乎没有进展，致使国内不仅油基钻井液水平远落后国外，而且由于油基钻井液的限制，钻井液始终处于“瘸腿”状态(缺少油基钻井液及配套处理剂)，也不同程度地影响了钻井液技术的进步。直到近几年，随着国内页岩气水平井不断增加，油基钻井液才逐步得到重视。尤其是对超高温钻井液体系，或者钻遇强水敏性复杂地层时，相对于水基钻井液，采用油基钻井液体系，从技术上要容易得多。因此，在采用水基钻井液很难保证安全钻井的情况下，应毫不犹豫地选择油基钻井液，这样不仅可以减少风险，提高作业效率，而且可以有利于发现和保护油气层。再者，环保技术的进步也为油基钻井液技术发展及钻屑的处理提供了技术保证。尽管如此，将来超高温水基钻井液研究仍然是一个重点。此外，开发生物质合成基钻井液，从源头解决环保问题，是未来油基钻井液的发展方向。

七、钻井液及处理剂回归与创新

特别需要强调的是，针对国内钻井液技术现状，要认识到钻井液体系的回归与创新的重要性。目前，钻井液技术要发展必须解决两个方面的问题，即回归与创新。这里所说的回归，是指回到初期的有序的状态，回归的目的使目前模糊的东西更清晰，使复合成分的产品变为成分明确的产品，使不规范的东西变规范，这样有利于钻井液体系的规范、完善与提高。

回归对于提高钻井液技术水平见效最快，结合新认识重新利用传统处理剂、传统体系，结合目前处理剂和处理手段，使钻井液体系适用于不同复杂条件下安全钻井的需要。传统处理剂包含“诚信”，即是什么叫什么，成分明确。重新利用也包含将目前一些产品的模糊外衣撕去，还处理剂的真实面目。

创新要从理论上和处理剂合成上下大功夫，用创新的思路和方法开展钻井液及处理剂的研究与应用。对于处理剂合成，创新的前提是对分子设计的准确理解。在处理剂设计上不能追求概念，要上升到真正的分子设计的层次。就分子设计而言，用已知的原料放在一起反应，由于其结构是已知的，故不能说是分子设计，分子设计要依据需要，即不同作用对分子结构的要求，是依据需要作为出发点，不是建立在已知原料的简单反应。要明确合成设计是实施分子设计的基础，设计的分子如何得到，要从合成反应上考虑，即合成设计。合成方法是设计实施的关键，聚合、有机化学反应和分子修饰等反应，都是实现处理剂合成的有效途径。在材料来源上，无论是合成材料，还是天然材料、工业、农副产品(润滑剂)，其目的都需要围绕原料来源丰富，在保证提高综合性能的提前下，可以有效降低成本，有利于环境保护。

八、准确理解泥浆、钻井液和钻井流体

在从"泥浆"到"钻井液"，"钻井流体"的转化过程，并不仅仅是术语的变化，要结合钻井液技术进步来理解，才能使认识真正提高。泥浆，泥与浆，显然离不开"泥"(即黏土水化物)，它是以胶体化学为基础，其行为从胶体化学，随着钻井液抑制性、固相控制水平的提高，钻井液中的黏土含量逐步降低，特别是高密度钻井液或超高密度钻井液。为了保证钻井液的流变性，黏土含量通常控制很低，黏土的中心作用逐步弱化，当重晶石等加重材料的质量分数很高的情况下，钻井液中处理剂与固相的吸附特征将会改变，随着液相质量分数越来越低，钻井液的流变行为将会发生改变，等等。传统的机理和理论是否适用于非胶体化学性质的钻井液？是否可以准确地解释或描述高固体组分钻井液的流变性、悬浮稳定性、滤失量等？都需要尽快研究探索。

九、充分认识环境保护的重要性

环境保护是百年大计，这方面一定要高度重视，国内目前虽然已经开展了大量的工作，但还存在很大的局限性，由于费用的问题，废钻井液处理还是流于表面，尚未真正的实施无害化，如何从源头抓是关键，这方面包括进行处理剂毒性评价，环保型钻井液的研制与应用，以减少后处理的压力。同时还需要重视生产环节的环境保护，减少过程中的排放。

重视环境保护，不仅要做好钻井液及废钻井液的处理工作，同时要重视源头的环保设计，即在钻井液处理剂研制、生产及钻井液设计时就考虑到环境保护，故环保型钻井液是钻井液的发展方向。特别是近年来，随着页岩气开发，页岩气水平井钻井几乎都采用油基钻井液，由于油基钻屑、废液等带来的环保压力，如何有效的处理已成为摆在我们面前的难题。有效的处理工艺和方法尽管重要，但如何从源头解决问题，即研制能够满足页岩气水平井钻井需要的水基钻井液迫在眉睫。

第四节　对规范钻井液处理剂及钻井液体系的认识

从钻井液处理剂的品种看，目前国内有 300 多种，但归结起来，不外乎丙烯酸多元共聚物、腐殖酸改性产物、磺甲基酚醛树脂、纤维素和淀粉类。其中，尤以水解聚丙烯腈与褐煤、磺甲基酚醛树脂复合物类产品居多，到处可见，许多生产厂用水解聚丙烯腈与褐煤、磺甲基酚醛树脂等一掺和，起个名字、编个代号、写个标准，便出了一个产品，看起来新产品很多，若从成分看最多不超过 20 种。正是由于这一现象，使处理剂总体水平上不去，不仅影响了处理剂的发展，同时也影响了钻井液技术的进步和规范。

就近 15 年的情况看，我国处理剂的进展基本趋于停滞不前的状况，这有两种原因，一是没有更好的可供处理剂生产选择的原料(新单体)，二是由于产品价格因素限制了高纯度处理剂的发展，一些企业仅仅围绕产品标准做文章，目标放在降低成本，动脑子选用一些廉价的所谓"副料"，虽然按产品企业标准检验可保证产品合格，但现场效果却不明显甚至无效，因为产品中有效成分很少，这样只会增加现场应用的麻烦。可见，要想使处理剂的发展上台阶，应首先从处理剂规范入手，保证处理剂的质量和水平。

现场实践表明，规范钻井液及处理剂有利于处理剂的有效使用和管理，规范的关键工作是命名和标准制定，即如何在准确把握产品和体系命名的基础上形成一系列科学实用的方法、标准和技术规范，对钻井液技术管理和技术进步都有促进作用，本节从主要处理剂构成分析、钻井液处理剂和钻井液的规范三方面进行讨论[5]。

一、主要处理剂构成分析

为了说明规范钻井液处理剂的必要性，首先对国内主要处理剂组成做简要分析。按照材料类别，目前使用的钻井液处理剂主要包括合成树脂、合成聚合物、纤维素衍生物、淀粉衍生物、木质素磺酸盐、改性腐殖酸、栲胶或单宁、沥青或改性沥青以及表面活性剂或其复配物，同时还有以矿物质和农林副产品等组成的堵漏材料。

(一) 合成树脂类

主要为磺甲基酚醛树脂(SMP)，包括液体和固体两种产品，自 20 世纪 80 年代大量应用以来，一直是用量比较大的钻井液处理剂之一。同时还发展了一些以 SMP 为基础的复配产品，如磺化褐煤磺化酚醛树脂(SCSP)、磺化酚醛树脂和水解聚丙烯腈复合物(SPNH)等。

由于该类产品成分相对单一，生产工艺成熟稳定，若严格执行行业标准，可以保证产品的质量。尤其是 SMP 产品名称及成分明确，一般情况下执行行业标准即可保证产品质量，但也存在针对满足现行标准复配其他材料的情况，这样的产品按照标准检测通常会合格，而现场效果却很差，说明标准存在一定的局限性。

(二) 合成聚合物

1.纯聚合物

主要有丙烯酸多元共聚物(包括聚丙烯酰胺钾盐、水解聚丙烯腈钾盐)(正常售价应在 16000~18000 元/t 左右)和磺酸盐多元共聚物(正常售价应在 25000~28000 元/t 左右)。而实际上，目前聚合物类处理剂产品的主导价格普遍较低，在 13000 元/t 左右，符合现行企业或行业标准的产品，现场效果并不理想。正是由于标准的局限性和价格的影响，现场在用的聚合物处理剂，纯聚合物很少或几乎没有。

2.复配辅料的丙烯酸多元共聚物产品

该类产品较多，售价在 12500 元/t 左右。这类产品由于价格的差别，产品质量差别也很大。现以丙烯酸多元共聚物类处理剂为例进行分析，对于纯粹的聚合物产品，生产成本通常在 12500~14000 元/t，售价在 16000~18000 元/t 才符合规律，而目前的聚合物类产品售价在 11000~14000 元/t 之间，甚至有些低于 10000 元/t，试想这样的价格，如果是纯粹的聚合物，制造商会干吗?要有利润，势必掺入一些所谓的“辅料”(如纯碱、石灰石粉、氯化钠、氯化钾等)。对于使用者来说，在处理剂应用上应消除“产品价格低，钻井液成本就低”的认识上的误区。

在聚合物降滤失剂方面，近年来中国石化通过实施 Q/SHCG 35—2012《钻井液用合成聚合物降滤失剂技术要求》标准，钻井液用合成聚合物降滤失剂产品实际有效物平均含量从 50%增加到 70%，降解残余物从 26%降低至 16%，虽然产品中无效成分得到了一定的控制，但仍然没有达到纯粹聚合物的水平[6]。

通过调查、分析，结合评价实验，推测一些低价格的产品通常采用下面的办法复配或混合得到(复配产品通常冠以“×××降滤失剂”、“×××抗盐降滤失剂”等)，如合成聚合物+改性淀粉+超细碳酸钙，合成聚合物+氯化钾+纯碱，合成聚合物+纯碱，合成聚合物+滑石粉或超细碳酸钙+纯碱，合成聚合物+滑石粉或超细碳酸钙+纯碱+磺化酚醛树脂，合成聚合物+膨润土或抗盐土，合成聚合物+重晶石+抗盐土或膨润土。

在聚合物类产品的使用中，应该规定采用纯的聚合物产品(标准中应规定聚合物的含量大于 85%)。该类产品因相对分子质量和基团比例的不同，可分为絮凝、包被、增黏型产品(高相对分子质量，吸附基团比例大)，增黏降滤失剂(高相对分子质量，吸附基团和水化基团比例适当)和降滤失剂(低相对分子质量，水化基团比例大)产品等 3 种，可以考虑形成系列化的高纯度产品。

以 AMPS 与丙烯酰胺共聚得到的磺酸盐聚合物作为一种抗温抗盐能力相对较强的产品，由于其综合性能优于丙烯酸类聚合物而逐步受到重视，值得推广。尽管 AMPS 聚合物的价格高于丙烯酸类聚合物，但达到同样效果的情况下，其加量远低于丙烯酸类聚合物，无论从综合效果还是性价比上来说都更有优势。

(三) 复配型处理剂

主要有复配型的抗温抗盐降滤失剂、防塌剂、页岩稳定剂等。这方面的产品型号较多，通常是生产厂家复配产品， 其目的是为了避开现场使用的产品， 更多时候是为了便于订货，产品大多数都是厂家自己制定的标准，这一类产品的价格通常是每吨数千元，由于其生产成本低，技术含量低，利润相对较高，加之没有统一的标准，是一些中、小型企业，特别是不具备生产能力或设备简陋的生产厂家首选的产品。这些产品通常是由磺化褐煤(SMC)、磺化栲胶(SMK)、水解聚丙烯腈(HPAN)、腐殖酸钾和磺化酚醛树脂等复配或简单混合而成。主要包括如下不同组成的复配产品：HPAN+SMP+SMC；HPAN+SMP；SMP+SMC；HPAN+SMP+KHm(腐殖酸钾)；HPAN+SMC+改性淀粉或膨化淀粉；HPAN+SMP+SMC+KHm；HPAN+SMP+沥青+KHm。

上述复配产品通常冠以抗高温降滤失剂、抗温抗盐降滤失剂、无荧光防塌剂、页岩抑制剂、高温稳定剂、防塌降滤失剂、无荧光防塌降滤失剂、××降滤失剂等，有十几种之多，其实不外乎 HPAN、SMP、SMC、KHm 等产品， 建议直接使用 HPAN、SMP、SMC、KHm 等具有明确成分的产品，这样更有利于钻井液性能的维护处理和减少处理费用，同时也有利于钻井液体系的规范。

(四) 天然材料改性产品

1.纤维素和淀粉衍生物

纤维素衍生物主要有聚阴离子纤维素(PAC)，羧甲基纤维素(CMC，包括高、中、低黏度三个类型)；淀粉衍生物主要是羧甲基淀粉和羟丙基淀粉。

这类产品由于直接标明了其化学名称，属于纯粹的化学品，只要按行业或国家标准进行检验，一般不存在问题。尽管如此，纤维素衍生物中仍然存在掺淀粉等价格相对低廉材料的现象。正是由于这一现象，才出现一些关于纤维素类产品标准中限定淀粉的指标项。

2.木质素、腐殖酸、栲胶或单宁类产品

这一类产品名称通常用其化学名称，如铁铬木质素磺酸盐(FCLS)、磺化褐煤(SMC)、磺化单宁(SMT)、磺化栲胶(SMK)等,产品质量尽管会因原料的来源不同而产生差异,但成分基本是明确的,若执行行业标准,可以保证产品质量。近年来,由于对 FCLS 应用的限制,常将 FCLS 换名出售,尽管还是 FCLS,而价格却大大提高。在 SMT 方面,由于五倍子单宁酸价格高,目前现场应用的 SMT 基本上都是采用不同类型的栲胶为原料制备,即所谓的 SMT 其实是磺化栲胶。

(五) 沥青或改性沥青类产品

比较常用的是磺化沥青(包括膏状和粉状产品,有钾盐和钠盐之分)和改性沥青(磺化沥青和表面活性剂成分组成),这类产品如果严格按行业标准检验,可以保证产品质量,避免复配产品的出现。但由于价格的因素,国内现场很少有纯磺化沥青的应用。

此外,近年来出现了低软化点沥青粉,高质量的产品生产是由沥青(石油沥青或天然沥青)在低温下粉碎,并加入防黏结剂而得到,而现在有一些产品则是由沥青和褐煤一起粉碎而得到,其中沥青成分很少,主要是褐煤等成分,甚至有许多该类产品是由煤焦油沥青与褐煤的混合物,使用时应该区别对待,需要从标准方面进行规范。

(六) 表面活性剂或表面活性剂与其他成分的复配物

包括合成表面活性剂、植物油及其衍生物、矿物油及其衍生物、合成酯类等的复合物,这方面产品主要有解卡剂、润滑剂和乳化剂等。其中,解卡剂生产技术难度大,一般的生产厂家不具备生产条件,产品质量基本不存在问题。

润滑剂方面产品牌号多,检验方法不统一,产品质量差别大,如果按照标准检测符合标准要求的产品,不一定能够在现场有效,这是由于润滑性能评价方法的局限性,目前的标准只能作为参考,在应用中要提高针对性,则必须结合具体情况选择能够模拟现场情况的评价方法和基浆。

(七) 堵漏材料

对于随钻或单向压力堵漏剂或暂堵剂、或复合堵漏剂,不同型号的产品组成略有差别,质量较好的产品应当由经过处理的棉纤维、木质纤维等组成,但目前多数产品中掺有石棉(粉或绒),这不是所希望的。同时还有一些厂家的产品全部或大部分采用花生壳为原料,使产品质量难以满足实际需要。

堵漏剂包括无机材料(活性或非活性)和有机材料(合成或天然材料),除单一的颗粒桥堵材料外,通常是复配物,由于来源不同很难有一个比较统一的标准,由于漏失的复杂性和特殊性,对材料的要求不同,堵漏剂的效果很难在室内模拟评价,如何建立能够有效评价堵漏效果的装置和方法仍然是个难题。也正是由于缺少有效评价堵漏效果的设备和方法,使堵漏剂产品标准制定困难。

从上面的分析可以看出,出现上述现象的主要原因是处理剂命名和标准不规范,也包括价格制约。为了提高处理剂规范,对于企业来说,产品应当标明成分,采用先进标准保证产品的质量,即生产高质量的产品。对于使用者应该严格产品企业标准的审查,严格产品的质量检验,同时在处理剂应用上还应消除“产品价格低,钻井液成本就低”的认识误区。对于市场管理部门应该根据产品的实际情况, 会同物价管理部门和技术部门对产品进行合理定价,同一类产品执行同一个标准,并统一价格。

总之,保证产品的质量需要生产企业、用户和有关管理部门的共同努力,同时还需要各方面都围绕一个共同的目标——有利于钻井液体系的发展和钻井液技术进步。

二、钻井液处理剂的规范

(一) 分类、命名和标准要求

关于钻井液处理剂的命名,在有关的行业或企业标准中都有介绍,在处理剂标准方面也形成了由国标、行标和企标等构成的相对齐全的标准体系(见表 3-4),对处理剂生产、采购和使用起到了有力的保障作用。但由于目前处理剂标准在项目设置、指标确定和实验方法等方面还存在诸多的不规范之处,在处理剂质量控制上仍然存在一些局限性,时常出现按照标准检测合格的产品往往在现场见不到应有的效果，不同程度地影响了钻井液技术水平的提高,同时处理剂归类和命名上也存在一些不足,尤其是模糊了"物质(剂)"和"功能(剂的作用)"的概念,一定程度上影响了钻井液处理剂的规范化。

表 3-4 钻井液相关标准

序 号	标准编号	标准名称
1	GB/T 29170—2012	石油天然气工业 钻井液实验室测试
2	GB/T 16783.2—2012	石油天然气工业 钻井液现场测试 第 2 部分:油基钻井液
3	GB/T 16783.1—2006	石油天然气工业 钻井液现场测试 第 1 部分:水基钻井液
4	GB/T 5005—2010	钻井液材料规范
5	SY/T 5596—2009	钻井液用处理剂命名规范
6	SY/T 5822—1993	油田化学剂类型代号
7	SY/T 5758—2011	钻井液用润滑小球评价程序
8	SY/T 5233—1991	钻井液用絮凝剂评价程序
9	SY/T 5241—1991	水基钻井液用降滤失剂评价程序
10	SY/T 5242—1991	钻井液用处理剂中磺基含量的测定方法
11	SY/T 5243—1991	水基钻井液用降黏剂评价程序
12	SY/T 5350—2009	钻井液用发泡剂评价程序
13	SY/T 5382—2009	钻井液固相含量测定仪
14	SY/T 5390—1991	钻井液腐蚀性能检测方法 钻杆腐蚀环法
15	SY/T 5559—1992	钻井液用处理剂通用试验方法
16	SY/T 5560—1992	钻井液用消泡剂评价程序
17	SY/T 5794—1993	钻井液用磺化沥青类评价方法
18	SY/T 5814—2008	钻井液用腐殖酸类处理剂中腐殖酸含量的测定
19	SY/T 5840—2007	钻井液用桥接堵漏材料室内试验方法
20	SY/T 6093—1994	钻井液用解卡剂评价程序
21	SY/T 6094—1994	钻井液用润滑剂评价程序
22	SY/T 6335—1997	钻井液用页岩抑制剂评价方法
23	SY/T 6397—1999	钻井液用杀菌剂评价方法
24	SY/T 6540—2002	钻井液完井液损害油层室内评价方法
25	SY/T 6615—2005	钻井液用乳化剂评价程序
26	SY/T 5444—1992	钻井液用评价土
27	SY/T 5490—1993	钻井液试验用钠膨润土
28	SY/T 5677—1993	钻井液用滤纸
29	SY/T 6240—2008	重晶石化学分析推荐作法
30	SY/T 5061—1993	钻井液用石灰石粉

续表

序 号	标准编号	标准名称
31	SY/T 5091—1993	钻井液用磺化栲胶
32	SY/T 5092—2002	钻井液用磺化褐煤
33	SY/T 5094—2008	钻井液用磺甲基酚醛树脂
34	SY/T 5659—1993	钻井液用解卡剂 SR301
35	SY/T 5660—1995	钻井液用包被剂 PAC141、降滤失剂 PAC142、降滤失剂 PAC143
36	SY/T 5661—1995	钻井液用增黏剂 80A51
37	SY/T 5665—1995	钻井液用页岩抑制剂改性沥青 FT341,FT342
38	SY/T 5668—1995	钻井液用页岩抑制剂 KAHm
39	SY/T 5679—1993	钻井液用褐煤树脂
40	SY/T 5695—1995	钻井液用两性离子聚合物降黏剂 XY27
41	SY/T 5696—1995	钻井液用两性离子聚合物强合被剂 FA367
42	SY/T 5702—1995	钻井液用铁铬木质素磺酸盐
43	SY/T 5725—1995	钻井液用超细碳酸钙
44	SY/T 5946—2002	钻井液用聚丙烯酰胺钾

为了便于处理剂使用和管理,在过去工作的基础上,结合实践经验提出根据处理剂的性质、作用及应用环境分类的思路,将目前在用的钻井液处理剂分为在钻井液中具有不同作用的化学品、具有单一作用的化学品和不同化学品的复配或混合物等 3 种类型,其目的是为钻井液处理剂规范命名奠定基础。

1.具有不同作用的化学品

在钻井液处理剂中,有相当数量的化学品常常具有不同的作用,即便是主要功能或作用明确的产品,由于处理剂在钻井液循环中性能的可变性,如果仅把它们归于某一特定功能或作用的处理剂,就会因为强调某一作用(功能)而忽视其其他性能,既不利于钻井液配方设计,也不利于科学的维护和处理钻井液,下面结合具体实例进行说明。

① 聚丙烯酰胺。随着水解度和相对分子质量的变化,聚丙烯酰胺可以分别起絮凝、包被和增黏等作用,当水解度达到某一范围,或者用量超过某一值时,还可以起降滤失作用,而水解聚丙烯酰胺的钾盐常作为防塌剂或井壁稳定剂,对于该类产品,只有水解度、相对分子质量一定时,其主体功能或作用才明确。由于在实际生产和应用中很难保证水解度及相对分子质量固定,在选择时不应该仅从某种特定作用作为依据,作为一种单一成分的化学品,由于其水解度(反映基团比例)和相对分子质量足以反映其最终的应用性能,通过理化性能就可以保证产品质量(前提是纯粹物质),故其标准可以与化工产品接轨,标准制定时以理化指标为主体即可。

② 磺化酚醛树脂(SMP)。对于磺化酚醛树脂来讲,不能把其简单的归于降滤失剂,这可以从下面的实验中看出。取现场在用的 SMP 样品进行性能评价,为了减少其他因素的影响,评价采用 4%的膨润土基浆,试验结果见表 3-5。从表中可以看出,在膨润土基浆中,随 SMP 加量的增加,钻井液的表观黏度和切力略有增加,而滤失量不仅没有降低,反而逐渐增加,说明 SMP 单独应用时不能控制钻井液的滤失量,但并不能因此就说 SMP 不具有降滤失作用。

表 3-6 是 SMP 和 SMC 的共同使用对钻井液性能的影响(基浆为 4%的膨润土奖)。从表

中可以看出，将 SMP 和 SMC 配合使用可以较好地控制钻井液的滤失量,SMC 的加入也可以降低钻井液的黏切。

表 3-5 SMP 加量对钻井液性能的影响

SMP加量,%	老化情况	*FL*/mL	*AV*/(mPa·s)	*PV*/(mPa·s)	*YP*/Pa
0	220℃/16h	38	5.5	5.0	0.5
0.5	220℃/16h	39.0	3.5	2.0	1.5
0.75	220℃/16h	42.0	3.5	2.0	1.5
1.0	220℃/16h	44.0	3.5	2.0	1.5
2.0	220℃/16h	56.0	5.5	3.5	2.0
3.0	220℃/16h	64.0	8.25	5.5	2.75

表 3-6 SMP 和 SMC 配合使用对钻井液性能的影响

样品及加量	温度/℃	*FL*/mL	*AV*/(mPa·s)	*PV*/(mPa·s)	*YP*/Pa
0.5% SMP+0.5% SMC	220℃/16h	16.4	3.5	2.5	1.0
0.75% SMP+0.75% SMC	220℃/16h	10.8	4.0	3.0	1.0
1.0% SMP+1.0% SMC	220℃/16h	12.0	3.5	2.5	1.0
2.0% SMP+2.0% SMC	220℃/16h	10.4	3.5	2.5	1.0
3.0% SMP+3.0% SMC	220℃/16h	7.6	4.0	2.5	1.5

从上述实验可见,在膨润土浆中单独使用 SMP,不能起到降滤失作用,其与 SMC 配伍使用时,则表现出良好的降滤失能力。基于上述现象,不宜把磺化酚醛树脂直接划归降滤失剂。同时也说明,当在一种基浆中加入处理剂,结果并不能完全真实地反映产品的效果,在 SMP 标准中其降滤失效果是在 SMC 配伍下评价的,SMC 的性能会影响评价结果的可靠性,尽管企图通过规范 SMC 的配方和工艺来生产标准 SMC 样品,但由于褐煤的来源不同,腐殖酸的结构有区别,因此能否得到满足标准要求的标准样品仍然需要研究。

对于具有不同作用的化学品,可以通过产品本质特性来控制产品质量,若无特殊需要,可以理化指标作为标准主体;如果有特殊要求,可引入 1~2 项能够直观反映其应用性能的指标。

该类产品命名可以钻井液处理剂作为前缀，后面直接跟化学名称，即,“钻井液处理剂+化学名称”,也可以在名称后面加上英文缩写,即“钻井液处理剂+化学名称+英文缩写或代号”,如：

钻井液处理剂 聚丙烯酰胺；

钻井液处理剂 磺甲酚醛树脂；

钻井液处理剂 羧甲基纤维素；

钻井液处理剂 聚阴离子纤维素；

钻井液处理剂 水解聚丙烯酰胺盐；

钻井液处理剂 阳离子烷基糖苷；

钻井液处理剂 磺化沥青；

钻井液处理剂 磺化褐煤；

钻井液处理剂 反相乳液聚合物；

钻井液处理剂 丙烯酸–丙烯酰胺共聚物；

……

钻井液处理剂 聚丙烯酰胺 PAM；

钻井液处理剂 磺甲酚醛树脂 SMP；

钻井液处理剂 羧甲基纤维素 CMC；

钻井液处理剂 聚阴离子纤维素 PAC；

……

在标准制定或采用上，上述某一处理剂如果因为某一关键指标的变化会使处理剂的应用性能或作用有明显改变，当采用一个标准文件时，在制定中可以在标准指标项分项要求，也可以基于主体标准文件以分标准单列。以聚丙烯酰胺为例，在标准中可以按照水解聚丙烯酰胺(钠)、水解聚丙烯酰胺钾盐(行业称“大钾”)等分别列出指标要求，也可以以聚丙烯酰胺作为母标准(代号 01)，其衍生物作为分(子)标准(代号 01.1、01.2……)。

2.具有单一作用的化学品

钻井液处理剂中，为了特定目标而专门研制开发或选用的具有明确作用的产品，产品在钻井液循环过程或高温条件下结构和基团分布稳定，不会因为剪切降解、高温降解或交联而明显影响产物的目标功能(即结构和基团稳定)。为了便于直观地体现产品的作用和性质，该类产品命名可以采用“处理剂类型+化学名称”，也可以采用“处理剂类型+化学名称+英文缩写或代号”的方式，如：

钻井液抑制剂 胺基聚醚；

钻井液絮凝剂 丙烯酸-丙烯酰胺共聚物(80A-51)；

钻井液降黏剂 磺化单宁；

钻井液降黏剂 木质素磺酸盐金属络合物；

钻井液润滑剂 油酸烷基酯；

钻井液封堵剂 高软化点沥青；

钻井液防塌剂 乳化沥青；

……

钻井液抑制剂 胺基聚醚 APE(缩写)；

钻井液降黏剂 磺甲基单宁 SMT(缩写)；

……

在该类处理剂标准制定中，在产品成分单一、组成明确的情况下，如胺基聚醚、油酸烷基酯等，用反映产品特征的理化指标足以控制产品质量，可以完全采用理化指标。对于一些尽管组成或成分明确，但由于原料来源和生产工艺的区别会造成产品性能波动的处理剂，如木质素磺酸盐金属络合物、磺化单宁等，标准可以理化指标为主，加 1~2 项能够直观反映其应用性能的钻井液性能指标，也可以钻井液性能为主，理化、钻井液性能共同控制产品质量，其中理化性能反映物质的性质，钻井液性能反映处理剂的特定作用效果。

3.复配物或混合物类处理剂

尽管不提倡采用复配或混合得到的处理剂产品，但目前该类产品在现场应用中却占相对大的份额，对于由不同材料复配或混合得到的、成分和/或组分不明确、不能给出其准确结构的产品，无法用构成产品的某一物质表征产品性质时，可以采用功能作为命名依据，这类材料在标准指标项目设定时，主要基于钻井液性能，理化性能可以不用或仅为参考项。该类产品命名可以采用“钻井液+具功能作用的名称+代号”，如：

钻井液用抗温抗盐降滤失剂 HMF(代号)；

钻井液用润滑剂 RH-3(代号)；

……

在名称中含有体现处理剂某些特殊功能的修饰词时，如钻井液用抗温抗盐降滤失剂，标准指标设置中为了反映名称中“抗温”和“抗盐”特性，除了基本要求外，还必须有能够体现抗温和抗盐的指标。

对于一些由于技术保密的需要而不宜公开的产品，如一些公司自己开发自己用的特殊产品，包括具有不同作用的化学品和具有单一作用的化学品等两类，可以采用“钻井液+功能+产品名称或代码”命名，如超高密度钻井液分散剂 SMS-19，产品标准指标设置可以钻井液性能为主。对于钻井液原材料，可以采用“钻井液+原材料名称或代号”命名，如钻井液用膨润土。

(二) 实验方法及条件

为了准确表征钻井液处理剂的性能，首先要统一处理剂标准中所涉及的实验方法和实验条件。内容包括基浆、条件、取值方式等。

1.基浆

对于评价用基浆，要从如下几方面考虑，以确保基浆的可靠性和适应性。

① 基浆组成(尤其是盐水)对处理剂性能评价的可靠性和适用性分析，考虑项目包括配浆用水(组成)、膨润土的性质和用量、评价土的可靠性以及按照有关标准提供的膨润土是否可以通用。

② 基浆配制和处理方法的影响同样是标准制定中需要重点考虑的内容。

③ 评价时采用基浆加入配伍处理剂是否合适，也需要通过研究确定，如磺甲基酚醛树脂标准中需要用磺化褐煤和磺化单宁(栲胶)配伍等。

2.条件

在条件方面需要明确处理剂样品的可靠性、样品加量、加样顺序、搅拌速度和时间、搅拌器叶片、老化条件等对评价结果的可靠性影响，针对上述影响分析需要在实验的基础上确定较为合适的条件，以保证标准的先进性、适用性和科学性。

3.数据(参数)取值

数据取值与取值方法直接关系到指标的科学性和适用性，而目前在取值和取值方法上则缺少实验依据，多数情况下凭经验而来，今后需要进一步加强这方面的工作。

① 取值。绝对值还是相对值？目前有些企业标准中常取相对值，以降滤失剂为例，最难的是如何使较低滤失量的钻井液之滤失量进一步降低，因此取绝对值更有利于反映降滤失剂的降滤失能力，与相对值相比，采用绝对值能够有效地控制产品质量。

② 取值方法。以 API 滤失量测定为例，标准中常出现不同的取值方法，有的用 7.5min 滤失量乘以 2，有的用 30min 滤失量，还有的用 30min 滤失量减去 7.5min 滤失量后再乘以 2，到底用那种更合适？需要进一步验证。可以肯定的是，这 3 种取值方法，如果钻井液的瞬时滤失量小时，影响较小，如果瞬时滤失量大时影响就会很大。

4.制定和完善方法规范是处理剂标准化的关键

测定方法的统一是基础，是采用国标、行标，还是常规方法？需要通过大量的实验确定。

即便是同一种作用的处理剂，如降滤失剂，适用于不同情况下的产品或不同类型的产品，由于要求不同，评价的侧重点不同，会对评价方法有不同要求，这里说的方法不同于测试程序。对于润滑剂来说，基浆的性能更重要，基浆必须能够接近现场钻井液情况，否则会造成大的偏差，同时还必须考虑不同润滑剂的润滑作用机理。

从结果的可靠性上来讲，需要探讨在加量设计上，是采用单点好，还是多点好？单点，也就是通过加入某一规定量的处理剂时，某一钻井液性能达到指标要求为依据；多点，也就是通过不同处理剂加量，来考察钻井液某一性能指标达到某一值时，处理剂最小加量为依据。以聚合物所处理复合盐水基浆滤失量为例，如果采用单点加样品，则就是规定在聚合物加量为 1%时，滤失量≤15mL；如果采用多点加样品，则规定钻井液滤失量≤15mL 时，聚合物最小加量是多少。

从实践经验看，后者虽然实验工作量稍大，但比前者更可靠，更能够反映处理剂的质量。对于聚合物类降滤失剂，在滤失量测定中老化温度也至关重要，目前在聚合物处理剂钻井液滤失量测定中基本都采用室温老化，很难区别处理剂质量，实际上老化温度对聚合物降滤失效果的影响很大（见图 3-7）。从图 3-7 可以看出，在老化温度低于 120℃的情况下，不同聚合物样品降滤失能力很接近，但当温度超过 135℃以后，不同样品的差别越来越明显。可见，合理设置老化温度，对保证方法的可靠性非常重要。

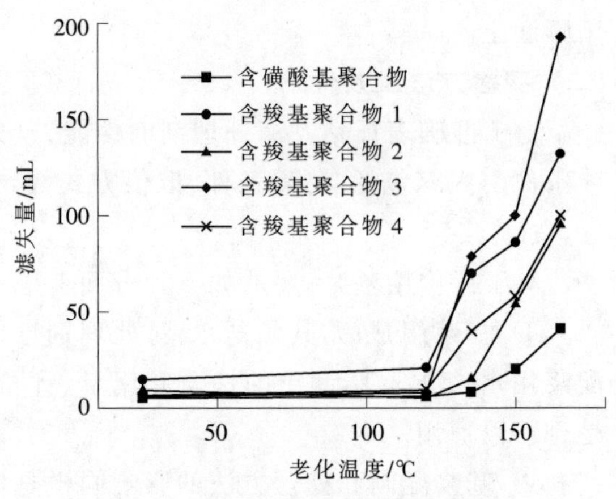

图 3-7 老化温度对聚合物处理剂降滤失效果的影响

在聚合物处理剂标准指标中对相对分子质量或特性黏数(有时用 1%水溶液表观黏度)要求方面，通常规定大于或小于某一值，如果把处理剂看作一组成一定的聚合物，当相对分子质量不同时，控制滤失量的能力不同，见表 3-7。从表 3-7 可以看出，作为降滤失剂的聚合物，在聚合物组成一定时，相对分子质量有一个最佳范围。

表 3-7 1%胶液表观黏度对钻井液性能的影响

AV'/(mPa·S)	*FL*/mL	*AV*/(mPa·s)	*PV*/(mPa·s)	*YP*/Pa
28.5	26.0	3.5	3.0	0.5
45.0	10.0	4.0	3.0	1.0
61.5	4.8	4.5	4.0	0.5
57.0	19.2	4.5	3.0	1.5
65.0	22.0	5.0	3.0	2.0
73.5	26.0	4.5	2.0	2.5
85.0	47.0	6.5	3.0	3.5

注：样品为含磺酸基的两性离子聚合物 CPS200；*AV'* 为 1%水溶液的表观黏度；复合盐水基浆+1.5%的共聚物，150℃/16h 老化后测定。

降黏剂评价必须考虑到其他引起黏度变化的因素，消除其他因素后方能够准确反映降黏效果，同时降黏剂评价基浆更重要。为了提高可靠性，降黏剂评价采用相对值比较好。

(三) 明确职能和责任

不同主体制定标准的着重点不同，不同角色规范标准的出发点不同，因此在标准规划和规范时必须明确目标和目的。就主体而言，制定行业标准有两类主体，生产者(供应商)和使用者(用户)。以生产者为主体时，更注重生产者利益，标准制定是以最大限度的有利于卖方为出发点。以使用者为主体，则标准制定是以最大限度的有利于买方控制产品质量为出发点，常以通用技术条件或规范为主。

目前国内钻井液行业标准，主要从规范管理为出发点，是在现有标准(各级、各类标准)基础上的统一，更多的是在过去常规产品标准的基础上，经过合并、归类得到，重点是从标准指标上考虑，很少涉及性能评价方法(实验方法)及标准指标项目设置的可靠性和科学性分析，标准制定过程中缺乏深入研究和探索，把重点放在指标上，很少考虑可靠性。

目前以专业化技术服务公司为主体制定的产品行业或企业标准很少，一定程度上限制了钻井液体系规范和技术进步，同时由于标准制定的主动权没有为服务公司掌握，处理剂的主动权仍然在市场，使用者为从属地位。服务公司为满足自己所拥有的钻井液体系、服务手段或技术发展的需要提出的处理剂产品标准，则应该属于选择和生产处理剂的尺子，无论从方法的可靠性，还是指标的先进性上都应该很高，是根据需要产生，而不是根据现在的标准转引或抄来。服务公司的标准应基于在自己体系和技术发展需要的基础上，为提升自身服务水平和服务能力，以形成专有的钻井液技术为目标。从钻井液的角度讲，尽管处理剂是钻井液技术进步的基础，其质量直接关系到钻井液体系的质量，但处理剂仍然要以钻井液体系形成为目标，钻井液处理剂必须围绕钻井液体系满足工程需要的要求，也就是依据体系选择处理剂，而不是根据处理剂确定体系。

钻井液处理剂标准制定不能置身于钻井液体系之外，要明确钻井液处理剂标准是钻井液体系规范的重要部分。处理剂标准的制定要摆脱市场上杂乱无章的产品及标准限制，在某种程度上要摆脱行业管理职能，不能有什么买什么，有什么定什么，而应该是需要什么定什么。同时还要充分认识到制定一项标准需要付出艰辛的劳动，标准制定是科技成果的延续，是做出来，而不是编出来，任何时候，靠编是得不到高水平标准的。

(四) 满足需要是标准制定的前提

图 3-8 给出了处理剂标准、处理剂与钻井液性能控制间的关系，可见标准既是控制钻井液处理剂质量的要求，也是保证钻井液性能的关键，最终的落脚点是钻井液。从满足需要讲，处理剂首先要满足基本需要，同时还要满足特殊需要、处理复杂的需要和技术发展的需要。

1.满足基本需要

满足基本需要是当前管理体制下保证生产正常运行的前提。从目前情况看，满足水基钻井液基本需要的处理剂(不含基本材料和堵漏材料)见表 3-8。表 3-8 中这些处理剂，如果能够保证质量，则就足以满足安全钻井对钻井液性能的要求，在实际应用中尽管从数量上看，钻井液处理剂有上百种，但从产品组成上讲，均没有超出表 3-8 所列范围。

除上述处理剂外，还有油基钻井液用的一些材料，如主、辅乳化剂，氧化沥青，腐殖酸酰胺，有机土等。

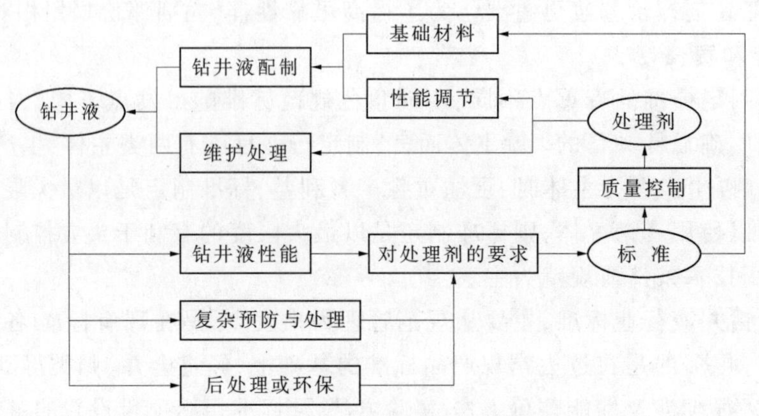

图 3-8 标准、处理剂与钻井液性能控制间的关系

表 3-8 满足基本需要的处理剂

类 别	产 品
聚合物	聚丙烯酰胺、丙烯酸-丙烯酰胺共聚物、AMPS-丙烯酸-(烷基)丙烯酰胺共聚物、丙烯酰氧乙基三甲基氯化铵与丙烯酸、丙烯酰胺共聚物、二甲基二烯丙基氯化铵与丙烯酰胺、丙烯酸共聚物等
合成树脂	磺甲基酚醛树脂
天然材料	磺化褐煤、磺化单宁(或栲胶)、羧甲基纤维素、羧甲基淀粉、木质素磺酸盐金属络合物等
表面活性剂	Span-80、Span-60、OP-10、ABS 等
其 他	脂肪酸酯、磺化沥青、乳化沥青、氧化沥青等

2.满足特殊需要

指满足井壁稳定、封堵、抑制等需要的产品。这些产品一方面可以提高钻井液的综合性能，或封堵、防塌等需要；另一方面，可以作为一种特殊成分，通过与其他处理剂配伍用于形成高性能钻井液体系，如聚合醇、胺基聚醚、甲基葡萄糖苷等。

3.满足解决复杂问题的需要

如解卡剂、堵漏剂等为满足解决复杂问题需要的材料。这些材料从概念上讲，并不属于钻井液处理剂，为了防止复杂问题的发生而采用的一些化学剂，如防卡剂、润滑剂、防泥包剂、防漏剂、封堵剂等，则可以纳入钻井液处理剂范畴。

4.技术进步的需要

针对钻井液技术的发展，有目标地研制开发的一些特殊处理剂，以满足钻井液技术发展的需要。同时，随着合成技术的进步，利用新的合成手段合成的一些新材料也为钻井液技术进步和钻井液体系的完善提供了基础。对于钻井液技术服务公司讲，技术进步是增强服务手段，提高服务能力和水平的需要。

三、钻井液体系的规范

目前，由于钻井液服务体系的特殊性，油田之外的服务商很少，因此，相对于钻井液处理剂，在钻井液体系方面要相对规范得多，在传统体系的基础上发展完善了一系列钻井液体系，如聚合醇钻井液、正电胶钻井液、稀硅酸盐钻井液等，这些体系的名称多数都能够反映钻井液的基本特征，但也有一些体系，在命名上存在不规范现象，主要体现在体系命名没有明确主体，并不是针对处理剂的主体作用来考虑。通常在原钻井液中加入一定量某处理剂，就把钻井液冠为某体系，如胺基抑制钻井液体系，多数情况下并没有从钻井液实际构成来确定体系，而仅仅是因为加入了一点胺基聚醚抑制。由于没有考虑其他因素对钻井液综合性能的影响，过于突出某剂，当钻井液体系没有达到期望的目的时，就会归结到某剂的效果不佳，会制约钻井液体系发展和钻井液处理剂的应用。因此为了钻井液技术的发展，为了准确地选择和使用处理剂，并充分发挥处理剂的作用，需要首先规范钻井液体系及命名，以促进钻井液技术的健康发展。

(一) 基础体系分类

为了有利于钻井液体系命名的规范化，首先分类介绍钻井液基本体系，图 3-9 是基本的水基钻井液构成。图 3-9 所示无土相钻井液是指配浆不采用膨润土，在钻井过程中体系膨润土含量控制在≤5g/L 的钻井液体系；一般的含黏土(膨润土)钻井液是指采用膨润土浆配制，钻井过程中体系膨润土含量≥15g/L 的体系，对于膨润土含量≤15g/L 的钻井液看作低土相钻井液；而无固相钻井液是指体系中不添加非水溶性材料的体系，通常采用氯化钙、氯化钠、氯化钾或甲酸盐配制。与水基钻井液相比，油基钻井液类型要相对简单，根据基液组成分为纯油基钻井液(矿物油和植物油)和油包水乳化钻井液。为了替代对环境有不利影响的矿物油，发展了合成基钻井液，合成基包括聚 α-烯烃(还包括线性 α-烯烃类、内烯烃类、线性烷烃类和线性烷基苯类)、酯基和醚基。

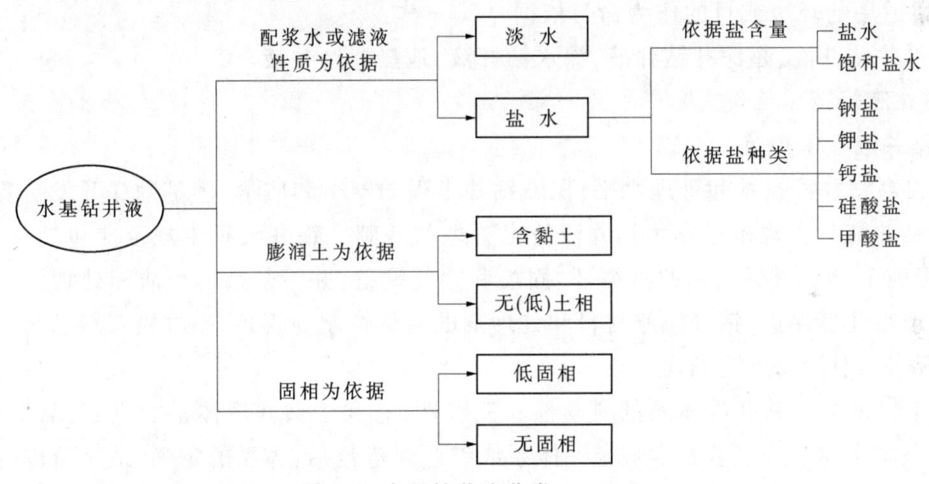

图 3-9 水基钻井液分类

(二) 钻井液体系命名原则

1.以基础体系组成或配浆水性质为命名依据

以基础体系组成或配浆水性质为命名依据的钻井液包括淡水钻井液、盐水钻井液、无土相钻井液、氯化钙(盐水)钻井液、低固相钻井液、无固相钻井液、硅酸盐钻井液、甲酸盐钻井液。

2.以决定钻井液流变性和滤失量等基本性能的主体处理剂为命名依据

① “基础体系+主体处理剂”命名，如盐水聚合物钻井液、低固相聚合物钻井液。

② 依据体系中某一类主处理剂命名，如聚合物钻井液。聚合物钻井液还可以细分为阴离子聚合物、阳离子聚合物和两性离子聚合物钻井液。

③ 依据体系中两类起关键作用的处理剂命名，如聚(合物)磺(甲基酚醛树脂)钻井液。

④ 依据主处理剂与配浆水或滤液性质命名，如聚合物钾盐钻井液、氯化钾-聚合物钻井液。

3.以具有特殊功能，而对钻井液流变性和滤失量等性能影响不大的处理剂为命名依据

目的是突出特殊功能处理剂对抑制、井壁稳定方面的作用，这些特殊作用的材料必须在其他处理剂配伍下才能使用，从而提高钻井液性能。特殊作用的处理剂有时虽然不能对钻井液性能有贡献，但它可以提高钻井液体系的稳定性，对其他材料有增效作用。特殊功能处理剂包括聚合醇、正电胶、胺基聚醚、甲基葡萄糖苷等。体系中特殊功能的处理剂含量必须作为钻井液体系控制的关键指标。

① 直接以剂命名，如聚合醇钻井液、甲基葡萄糖苷钻井液。

② 用“剂+特定功能(防塌、抑制等)”命名，如胺基(聚醚)抑制性钻井液。

4.以钻井液功能为依据

以钻井液功能作为命名依据时，通常采用“功能+钻井液”命名，如防塌钻井液、强封堵钻井液。

5.以钻井液密度作为依据

低密度钻井液(密度≤$1.2g/cm^3$)、高密度钻井液(密度 $1.5\sim2.4g/cm^3$)以及超高密度钻井液(密度大于 $2.4g/cm^3$)

6.以适用的环境或目的作为命名依据

水平井钻井液、超深井钻井液、深水钻井液、地热井钻井液。

(三) 钻井液规范

1.钻井液技术规范

为提高钻井液技术和管理水平，保障钻井工程的安全和质量，满足勘探开发需要，首先要制定钻井液技术规范。作为钻井液技术管理的基础，钻井液技术规范应包括钻井液设计，现场施工，储层保护，钻井液循环、固控和除气设备，井下复杂的预防和处理，钻井液废弃物处理与环境保护，钻井液原材料和处理剂的质量控制与管理，钻井液资料管理等。

2.钻井液体系或工艺规范

为了保证某一钻井液体系的科学性和完整性，有利于钻井液体系的应用，需要针对体系的特点制定体系或工艺技术规范。体系或工艺规范包括：体系的定义、适用范围、技术关键、配方、控制指标、材料及采用标准、配制方法或工艺、维护处理、固相控制、后处理、安全环保要求等。

总之，规范钻井液处理剂及钻井液体系，对于提高和控制处理剂质量，促进钻井液技术水平的提高非常关键。近年来，国内围绕钻井液处理剂命名、规范及产品标准制定等方面开展了一些工作，取得了可喜的进展，有效地保证了钻井液技术发展，为安全、高效、快速钻井提供了保障。但由于对规范处理剂和钻井液体系的认识还不够，在命名、标准和规范化方面仍然存在一些不容忽视的问题，尤其是在钻井液处理剂方面，由于命名混乱，随意编代号、编名称、换包装之风日盛，致使成分明确、纯度高的产品越来越少；同时由于产品标准多是沿用或依据早期产品企业标准转抄或引用而来，无论是标准的指标先进性，还是实验方法的可靠性等均需要进一步验证。正是由于标准的局限性，常出现按照标准检验合格的产品，现场效果不理想，甚至有些处理剂不仅起不到应有的作用，反而起反作用，标准

在一定程度上成为制约钻井液发展的不利因素,规范处理剂标准已迫在眉睫。在钻井液体系命名上也存在不规范现象,主要体现在体系命名没有明确主体,并不是针对处理剂的主体作用来考虑,通常在原钻井液中加入少量的某处理剂,就把钻井液冠为某体系,如胺基抑制钻井液体系,多数情况下并没有从钻井液实际构成来确定体系,而仅仅是因为加入了一点胺基聚醚抑制而已。可见,为了保证钻井液技术的健康发展,充分发挥处理剂对钻井液技术发展的促进作用,对规范处理剂及钻井液体系命名、标准制定等已成为目前本行业急需开展的工作。

参考文献

[1] 王中华.高分子钻井液处理剂结构与性能分析[J].钻井液与完井液,1987,4(3):18-25.

[2] 王中华.钻井液化学品设计与新产品开发[M].西安:西北大学出版社,2006.

[3] 王中华.钻井液性能及井壁稳定问题的几点认识[J].断块油气田,2009,16(1):89-91.

[4] 王中华.国内外钻井液技术进展及对钻井液的有关认识[J].中外能源,2011,16(1):48-60.

[5] 王中华.对规范钻井液处理剂及钻井液体系的认识[J].中外能源,2014,19(11):38-45.

[6] 张月华,湛玉玲,周姝娜.Q/SHCG 35—2012《钻井液用合成聚合物降滤失剂技术要求》标准实施分析[J].石油工业技术监督,2014,30(6):32-34.

第四章 钻井液用聚合物处理剂设计

在钻井液处理剂中，由于绝大多数产品都属于聚合物类，因此本章重点围绕聚合物钻井液处理剂的设计进行讨论。聚合物钻井液处理剂属于功能高分子材料，且以水溶性高分子材料为主。对于功能高分子材料而言，其特殊的“性能”和“功能”是其重要的标志，因此在制备这些高分子材料时，分子设计是十分关键的研究内容。设计一种能满足特定需要的钻井液处理剂是钻井液处理剂研究的一项主要目标。能够成功制备一种具有良好性能与特殊功能的钻井液处理剂，在很大程度上取决于分子设计、合成设计和制备路线的制定。

聚合物钻井液处理剂的制备是通过化学或物理的方法，按照钻井液组成及钻井液性能对材料的要求，将功能基与高分子骨架结构相结合，从而实现预定或所希望的功能。自20世纪50年代以来，随着活性聚合等一大批高分子合成新方法的出现并不断完善，为新型钻井液处理剂的设计和实施提供了有效的合成手段，可以“随心所欲”的设计和制备不同要求和满足不同需要的钻井液处理剂。

目前钻井液处理剂的制备可以通过以下4种主要途径：由单体直接合成聚合物——单体到聚合物(自由基聚合物反应和缩合聚合反应)；功能性小分子材料的高分子化——由小到大(大分子活性自由基反应、偶联、交联、接枝共聚反应)；已有高分子材料的功能化——赋予新的功能(高分子化学反应)；功能材料的复配或复合以及已有功能高分子材料的功能扩展(物理混合、化学交联和分子修饰)。

由于钻井作业流体所适用环境的复杂性，使钻井液处理剂的设计复杂化，然而由于钻井液对处理剂的纯度、聚合物相对分子质量分布、相对分子质量、小分子副产物、微量杂质等没有严格的要求或限制，可以很容易地通过简化的聚合工艺制备处理剂，特别是爆聚，已经成为聚合物制备的重要方法之一，并形成了瞬间聚合快速脱溶剂的低分子聚合物制备工艺。为了提高聚合物分子设计的可靠性和针对性以及钻井处理剂的开发速度和成功率，本章从钻井液处理剂设计的基本要求与基础、重要的化学反应、基本处理剂的设计、超高温钻井液处理剂和高性能钻井液处理剂设计等方面，介绍钻井液聚合物处理剂分子设计和合成设计[1]。

第一节 处理剂设计的基本要求与基础

本节重点介绍处理剂设计的基本要求、处理剂设计的基础和处理剂分子设计的概念。

一、基本要求

为了保证处理剂的针对性、实用性和有效性，钻井液处理剂的设计必须满足一些基本要求，否则将失去设计和制备的价值和意义。基本要求包括处理剂的开发目标、原料选择、对产品结构与水化基团和吸附基团的要求、经济性、工艺条件和环境保护等。

(一) 开发目标

① 明确所设计的产品拟用于石油钻井、完井作业中的哪一个环节以及产品的主要功能、辅助功能和用途；

② 明确为满足钻井液性能调节的需要，对处理剂性能提出的特殊要求，如处理剂的抗温、抗盐、抑制性以及基团的水解稳定性、油气层保护和环境保护的要求；

③ 提高钻井液性能，促进钻井液技术的发展；

④ 解决钻井中出现的新问题和复杂情况；

⑤ 质优价廉和绿色生产，工艺简单，容易实施。

(二) 原料选择

根据产品的开发目的选择合适的原料。在钻井、完井作业中，作业流体多为水基体系，水溶性高分子材料是适用于这些流体的主要处理剂，因此，在原料选择时首先考虑选用水溶性单体或聚合物经特殊处理能得到水溶性产物的单体。

水溶性的丙烯酸、(烷基)丙烯酰胺、马来酸酐、2-丙烯酰胺基-2-甲基丙磺酸、二甲基二烯丙基氯化铵和丙烯酰氧乙基三甲基氯化铵等单体的均聚物或共聚物，可直接用于水基作业流体中；而丙烯腈、苯乙烯、丙烯酸酯和醋酸乙烯酯等疏水性单体的共聚物不溶于水，但可以通过水解和磺化而使分子主链上引入水化基团，以适用于水基作业流体中。以苯酚、尿素和甲醛为原料而得到的酚醛树脂和脲醛树脂等，通过引入水化基团也可用于水基作业流体的添加剂。

对于天然高分子材料，如木质素、纤维素、淀粉等，可以通过改性在分子链上引入水化基团，也可以通过接枝共聚的方法制备水溶性的接枝共聚物。

(三) 对产品结构的要求

对于聚合物类(包括天然和合成产物)产品，为保证产物的高温稳定性，应选用热稳定性好的高分子材料，如主链含—C—C—、—C—S—、—C—N—键以及含有刚性链或含有芳环的高分子材料，一般情况下避免选用主链含—O—键等不稳定键的高分子材料。设计含枝链或梳型结构或树枝状结构的产品可以进一步提高其热稳定性，图 4-1 所示的这些结构一般认为可以作为处理剂的理想结构。

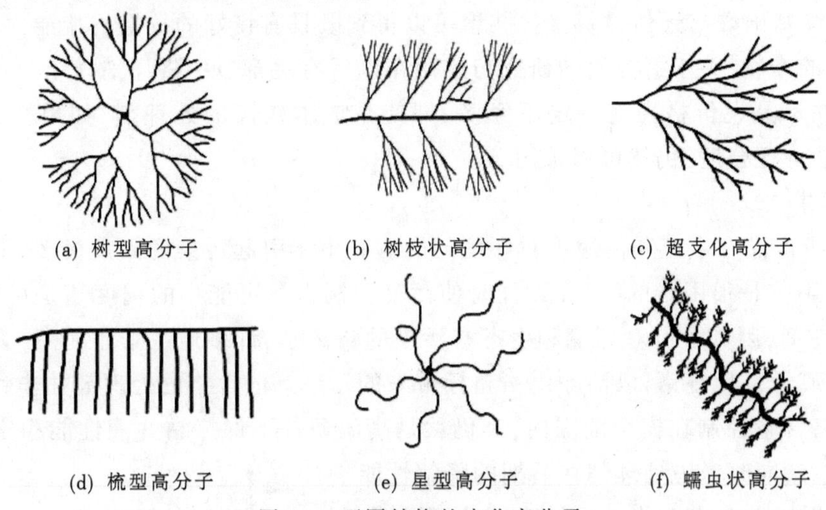

图 4-1 不同结构的支化高分子

(四) 水化基团和吸附基团

用于水基钻井液的高分子材料，对其主要水化基团也有一定的要求，尤其是用在高含盐，特别是高价金属盐的体系中的处理剂，一般要求水化基团应对 Na^+，尤其是 Ca^{2+}、Mg^{2+}等离子的污染不敏感，在不存在 Ca^{2+}、Mg^{2+}等离子时，采用—COO^-即可满足需要，但存在高价离子时，则需要采用如—SO_3^-、—CH_2—SO_3^-、—PO_3^-、—OH 等对高价离子稳定的基团。

对于吸附基团，则应该在高温下保持稳定，或者不易发生化学反应，如聚合物主链上的—$CONH_2$ 作为吸附基团时，在高温和碱性条件下易发生水解反应，见式(4-1)。

$$\left[CH_2-\underset{\displaystyle CONH_2}{\underset{|}{CH}} \right]_n \xrightarrow{\text{高温}} \left[CH_2-\underset{\displaystyle COO^-}{\underset{|}{CH}} \right]_n \tag{4-1}$$

水解反应的结果是使吸附基(—$CONH_2$)转化为水化基团(—COO^-)，一般情况下不宜选用。但并非说—$CONH_2$ 不可选用，因为丙烯酰胺类聚合物在钻井液体系的碱性条件下，当水解度接近 70%时酰胺基就不易再水解，只要基团比例设计得当，便不必再过分担心其水解了。相对而言，选用—OH 作为吸附基团较为理想，但当钻井液 pH 值过高时—OH 会因为转化为—ONa 而使吸附特征减弱。

胺基、季铵基等吸附基团可以使处理剂在黏土表面吸附更牢固，因此选用适当的胺基和阳离子季铵基团可以改善处理剂的吸附稳定性，特别是在合成防塌剂时效果会更明显，在采用季铵基作为吸附基团时，必须严格控制基团量，避免使钻井液产生过度絮凝。

(五) 经济效益

所设计产品既希望性能优良，又希望其价格低廉，以便于产品的推广。可见，在合成设计中应选用来源丰富、价格低廉的原料，不然就失去了优化合成设计的意义。如含乙烯基磺酸盐的共聚物在钻井液中具有优异的性能，但因原料价格高、来源有限，一直未大量使用。如果能够从乙烯基磺酸盐类单体合成上有突破，合成出价廉的单体，将对钻井液处理剂设计非常有利。天然材料是来源丰富价格低廉的原料，天然材料改性是处理剂合成的较佳途径。

采用乙烯基磺酸与天然材料接枝共聚可以得到既具有良好的抗温抗盐能力，而且成本又相对较低的产物，关于这方面的研究与应用在以后有关章节中将详细介绍。

当然，并不是说价格高就一定不经济，即使是成本较高的处理剂，如果性能优、效果好、应用中性价比合适，仍然可以采用。

(六) 环境要求

尽量减少产品在生产和使用中对环境的影响。由于引起污染的因素很多，要消除处理剂对环境的影响是很困难的，但在设计时使污染控制在尽可能小的程度还是可以做到的。如 FCLS 降黏剂，因其含有对环境和生态有污染的铬离子，许多地区禁止使用，为此可以用其他重金属离子来代替铬，以消除由铬超标带来的污染。但含铬的处理剂并非就绝对不能用，只要将铬含量控制在安全范围内，其仍然是高温条件下保持钻井液性能稳定的最有效的处理剂之一，同时考虑处理剂在后期的降解性能。

通过采用绿色合成工艺，尽可能减少处理剂在生产中对环境的影响。

(七) 工艺条件

在钻井液处理剂的设计中，根据产品的性质及实际应用情况，可以从简化生产工艺条件方面来降低产品的生产成本，减少产品的生产投资。如羧甲基淀粉是一种优质的盐水和饱和盐水钻井液降失水剂，传统的生产工艺是采用乙醇-水体系作介质，生产成本高，为此研制出了常温滚压生产工艺，使生产成本大幅降低。聚合物类产品采用“暴聚”的方法生产既可以减少生产费用，又可以提高生产效率，特别是在低相对分子质量的聚合物生产中，通过采用瞬间共聚脱溶剂一次干燥工艺，使产品成本明显降低。

对于高相对分子质量的产品也可以采用反相乳液聚合工艺，采用反相乳液聚合生产既可以减少生产中对产品相对分子质量的影响，又可以使产品快速分散、溶解到作业流体中。

(八) 市场前景

看所设计的产品是否有市场前景，产品适用于解决什么问题，是否具有广阔市场。应该说市场需求是处理剂设计中必须考虑的因素，如果不考虑市场因素，处理剂设计的意义就降低。尤其对于一些特殊情况下应用的处理剂，应用的面通常很窄，因此在设计时不仅针对特殊需求，还要考虑在通常情况下的应用，以扩大应用面。

(九) 注重实效

处理剂研制开发要注重实际效果，不能追求概念，处理剂研究中的创新必须立足解决现场问题。对于处理剂合成，创新的前提是对分子设计的准确理解。在处理剂设计上不能追求概念，要上升到真正的分子设计的层次，就分子设计而言，用已知的原料放在一起反应，由于其结构是已知的，故不能说是分子设计。分子设计要依据需要，即不同作用对分子结构的要求，是依需要为出发点，不是建立在已知原料的简单反应。创新不是标新立异，而是要从理论上和处理剂合成上下大功夫，用创新的思路和方法开展钻井液处理剂研究，保证处理剂的适用性。

二、处理剂设计的基础

处理剂设计包括两大基础，首先是化学(有机化学、无机化学、物理化学、高分子化学和分析化学等)，然后是钻井工程、地层特性、复杂情况处理和环境保护等对处理剂的要求。化学方法和化学品既是解决钻井中出现复杂、保证钻井液性能稳定的需要，更是钻井液处理设计与合成的目标所在。图 4-2 是处理剂设计与钻井工程、地层特性、复杂情况处理和环境保护等对处理剂的要求之间的关系，整个过程是一个循环，在这个循环中包括化学(化学品)、钻井液(处理剂)及工程需要(钻井工程、地层特性、复杂情况处理和环境保护)。可见，处理剂设计必须考虑与钻井液性能、工程需要的结合，以提高设计的针对性。

此外，如下一些内容决定处理剂开发的意义：

① 常规油气开发向深部、复杂地层和海洋深水钻探的发展，非常规油气资源的开发，对石油工程技术的新要求迫切需要配套的作业流体作支撑，而保证流体性能的关键是处理剂，因此对处理剂的开发有了需求；

② 钻井液实践中发现的问题和积累的经验，奠定了处理剂开发的基础；

③ 钻井工艺、工具、测试仪器等方面的进步对钻井液性能提出新要求，而钻井液性能需要钻井液处理剂来保证。

在满足上述需求中，钻井液的配制及性能维护对处理剂的要求是处理剂设计的关键依据。

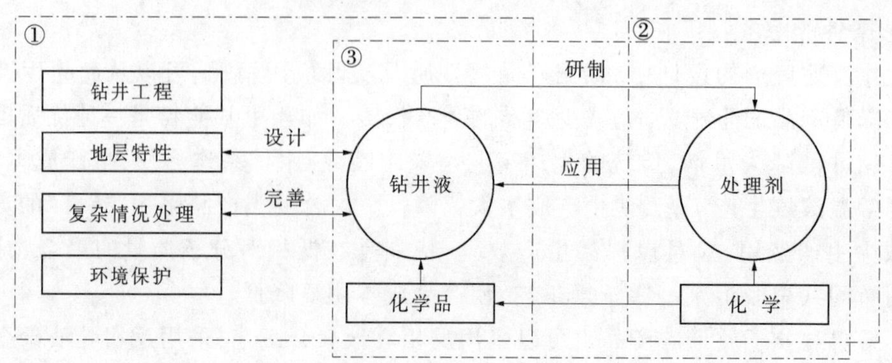

图 4-2 处理剂与钻井液和工程间的关系

三、处理剂分子设计的概念

处理剂分子设计是指根据需要合成具有指定性能或功能的高分子处理剂产品。一般包括如下内容:

① 研究处理剂基团类型及比例、结构、相对分子质量及分布与性能(或功能)之间的关系,首先找出定性关系,使处理剂设计有据可寻,在条件允许的情况下,尽可能找到定量关系,更有利于达到分子设计的最佳效果。

② 按需要合成具有指定链结构的聚合物处理剂。这里所说的链结构包括定链节单元、定聚合度、定枝化度和定基团、定交联点等。

③ 研究在处理剂应用时,高分子处理剂在溶液中的结构形态,分子链上基团类型和性质以及基团数量与处理剂应用性能间的内在联系和相互关系。这一点对于钻井液用聚合物处理剂的设计非常重要。

④ 处理剂设计要将高分子材料科学和现代信息处理技术相互结合，开发高分子处理剂分子设计软件、计算机辅助合成路线选择软件以及建立高分子处理剂产品及钻井液数据库等。这不仅是未来处理剂设计的重要方向,也是提高设计效率和成功率的重要途径。

第二节 重要的化学反应

结合高分子钻井液处理剂的分子和合成设计,特别是高性能处理剂的设计需要,对重要的化学反应进行简要介绍,重点是聚合物链的控制聚合方法和高分子化学反应[2,3]。

一、聚合物链的控制聚合方法——活性与可控聚合

了解活性与可控聚合方法对新结构或特殊结构聚合物处理剂的设计与合成非常重要。

活性与可控聚合是指无终止,无链转移的聚合反应,其最典型的特征是:①引发速度远远大于增长速度;②在特定条件下不存在链终止反应和链转移反应(亦即活性中心不会自己消失);③聚合产物的相对分子质量可控;④相对分子质量分布很窄。

在活性聚合中,链引发、链增长开始后,只要有新的单体加入,聚合链就将不断增长,相对分子质量随时间呈线性增加,直到转化率达 100%,且直到人为加入链终止剂后才终止反应。反应过程中若加入不同性质的单体,可制得二至多嵌段的嵌段共聚物。

目前成熟的活性聚合主要是阴离子活性聚合,而阳离子聚合、自由基聚合等聚合反应类型的链转移反应和链终止反应一般不可能完全避免,但在某些特定条件下,链转移反应

和链终止反应可以被控制在最低限度而忽略不计,这样聚合反应就具有了活性的特征。

通常称这类虽然存在链转移和链终止反应，但宏观上类似于活性聚合的聚合反应为“可控聚合”。“可控聚合”反应为设计和制备高性能钻井液处理剂提供了有利的条件。目前可以应用的可控聚合包括阴离子可控聚合、可控活性自由基聚合、活性开环聚合和基团转移聚合。

(一) 阴离子聚合

阴离子聚合是指活性中心为阴离子的聚合反应,其基本特点是:①聚合反应速度极快,通常在几分钟内即可完成;②单体对引发剂有强烈的选择性;③无链终止反应;④多种活性种共存;⑤相对分子质量分布很窄(目前已知通过阴离子活性聚合得到的最窄相对分子质量分布指数为1.04)。

由于阴离子聚合在钻井液处理剂合成中很少应用,故不做详细介绍。

(二) 可控/活性自由基聚合

可控/活性自由基聚合具有快引发、慢增长、不易终止、窄分布、引发效率高、相对分子质量可控的特点。可控/活性自由基聚合包括引发—转移—终止法(iniferter法——活性自由基聚合法)、原子转移自由基聚合、TEMPO引发体系(氮氧自由基聚合)和可逆加成-断裂链转移自由基聚合(RAFT)等方法。

1.引发—转移—终止法

从活性聚合的特征和自由基聚合的反应机理来理解，实现自由基活性/可控聚合的关键是如何防止聚合过程中因链终止反应和链转移反应而产生无活性的聚合物链。

如果引发剂(R—R′)对增长自由基向引发剂自身的链转移反应具有很高的活性,或由引发剂分解产生的自由基的一部分易于发生与链自由基的终止反应，则可实现引发—转移—终止可控聚合。

引发—转移—终止法乙烯基单体的自由基聚合过程可用式(4-2)来表示:

$$\mathrm{R{-}R\cdot} + n\mathrm{M} \longrightarrow \mathrm{R}\left[\mathrm{M}\right]_n\mathrm{R\cdot} \tag{4-2}$$

根据以上反应机理,可将自由基聚合简单地视为单体分子向引发剂分子中R—R′键的连续插入反应，得到聚合产物的结构特征是两端带有引发剂碎片。由于该引发剂集引发、转移和终止等功能于一体,故称之为引发转移终止剂(iniferter)。

可作为引发转移终止剂的化合物分为热分解和光分解两种:

① 热引发转移终止剂,主要是C—C键的对称六取代乙烷类化合物。其中,又以1,2—二取代的四苯基乙烷衍生物居多,其通式如图4-3所示。

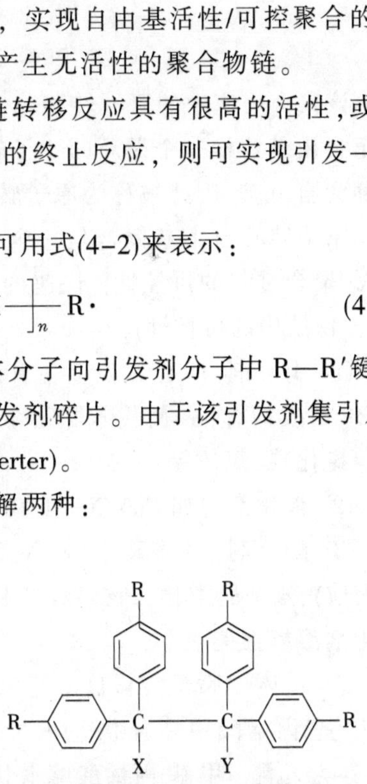

R=H, X=Y=CN, OC_6H_5, $OSi(CH_3)$
R=OCH_3, X=Y=CN
R=H, X=H, Y=C_6H_5

图4-3 1,2-二取代的四苯基乙烷衍生物

② 光引发转移终止剂，主要是指含有二乙基二硫代氨基甲酰氧基(DC)基团的化合物。图4-4为常用光引发转移终止剂的结构式。

2.原子转移自由基聚合

式(4-3)和式(4-4)是典型的原子转移自由基聚合的基本原理。其中,M^n是n个单元组成的聚合链；M 为单体；R—X 为引发剂(卤代化合物)；M_t^n 为还原态过渡金属络合物；M_t^{n+1} 为氧化态过渡金属络合物；R—M，R—Mn 均为活性种；R—M—X，R—Mn—X 均为休眠种，k 为速率常数。

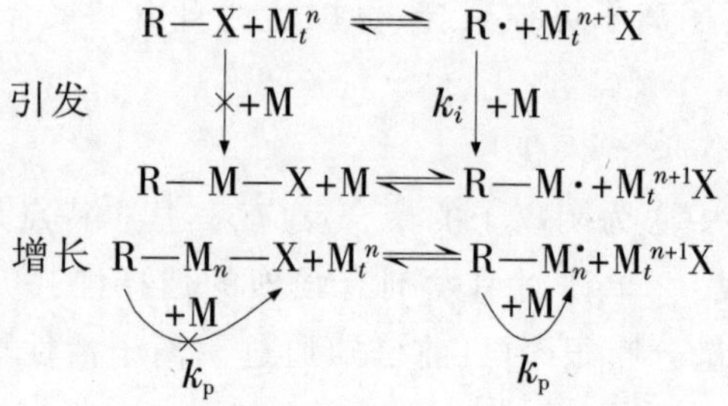

$$\text{引发}\quad \begin{array}{ccc} R{-}X+M_t^n & \rightleftharpoons & R\cdot+M_t^{n+1}X \\ \downarrow \times +M & & k_i \downarrow +M \\ R{-}M{-}X+M & \rightleftharpoons & R{-}M\cdot+M_t^{n+1}X \end{array} \tag{4-3}$$

$$\text{增长}\quad R{-}M_n{-}X+M_t^n \rightleftharpoons R{-}M_n^{\cdot}+M_t^{n+1}X \quad (+M,\ k_p) \tag{4-4}$$

$C_6H_5{-}CH_2{-}S\underset{\|}{\overset{}{C}}N(C_2H_5)_2$ (C=S)　　$CH_3CH_2OC(=O)CH_2SC(=S)N(C_2H_5)_2$

$CH_3CH_2CH_2CH_2OC(=O)CH_2SC(=S)N(C_2H_5)_2$　　$CH_3{-}C_6H_4{-}NHC(=O)CH_2SC(=S)N(C_2H_5)_2$

(a) 单官能度

$(C_2H_5)_2NC(=S){-}S{-}C(=S)N(C_2H_5)_2$　　$(C_2H_5)_2NC(=S)S{-}CH_2{-}C_6H_4{-}CH_2{-}SC(=S)N(C_2H_5)_2$

(b) 双官能度

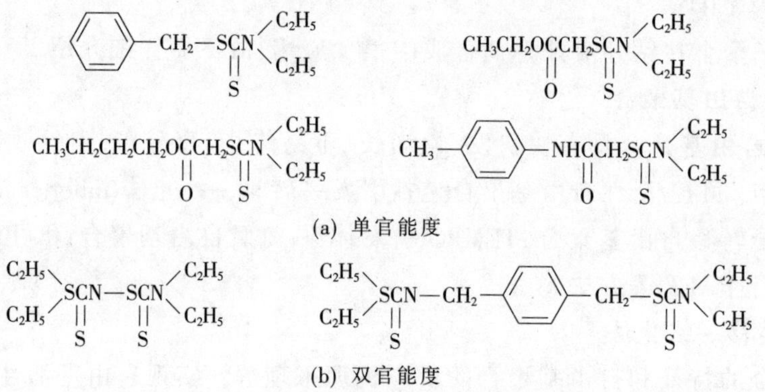

图 4-4 常用光引发转移终止剂的结构式

该聚合反应中的可逆转移包含卤原子从有机卤化物到金属卤化物、再从金属卤化物转移至自由基这样一个循环的原子转移过程，所以是一种原子转移聚合。同时由于其反应活性种为自由基，因此被称为原子转移自由基聚合(ATRP)。

原子转移自由基聚合是一个催化过程，催化剂 M 及 M-X 的可逆转移控制着[M·]，即 R_t/R_p(聚合过程的可控性)；快速的卤原子转换则控制着相对分子质量和相对分子质量分布(聚合物结构的可控性)。

① 引发剂。所有 α 位上含有诱导共轭基团的卤代烷都能引发 ATRP 反应。比较典型的 ATRP 引发剂有：α-卤代苯基化合物、α-卤代碳基化合物、α-卤代腈基化合物、多卤化物，如四氯化碳、氯仿等。

② 催化剂。如 CuX(X=Cl、Br)、Ru(钌)和 Ni(镍)的络合物、卤化亚铁等。

③ 配位剂。如多胺(如 N,N,N',N'',N''-五甲基二亚乙基三胺)、亚胺(如 2-吡啶甲醛缩正丙胺)、氨基醚类化合物、双(二甲基氨基乙基)醚等。配位剂的作用是稳定过渡金属，增加催化剂溶解性能。

④ 单体。原子转移自由基聚合的单体有三大类，即苯乙烯及取代苯乙烯；丙烯酸酯，如(甲基)丙烯酸甲酯、(甲基)丙烯酸二甲氨基乙酯等；特种(甲基)丙烯酸酯，如(甲基)丙烯酸-2-羟乙酯、(甲基)丙烯酸缩水甘油酯、乙烯基丙烯酸酯等。

3.TEMPO 引发体系(氮氧自由基聚合)

TEMPO(2，2，6，6-四甲基氮氧化物)是有机化学中常用的自由基捕捉剂。在聚合过程中 TEMPO 是稳定自由基，只与增长自由基发生偶合反应形成共价键，而这种共价健在高温下又可分解产生自由基,因而 TEMPO 捕捉增长自由基后,不是活性链的真正死亡,而只是暂时失活,成为休眠种,见图 4-5。

TEMPO 引发体系的引发机理见式(4-5)。

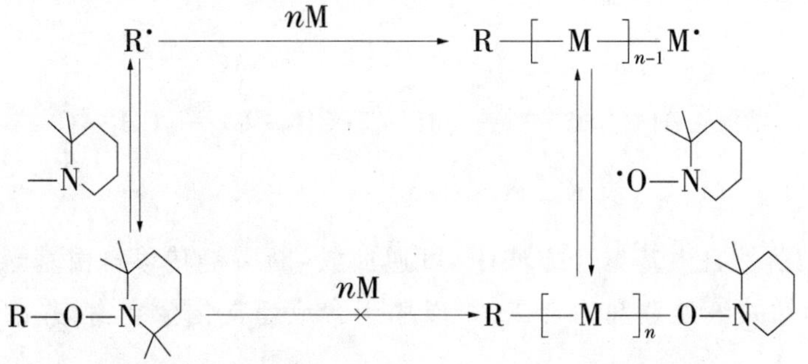

$$R\cdot \xrightarrow{nM} R-[M]_{n-1}-M\cdot$$

$$R-O-N(\text{TEMPO}) \xrightarrow[\times]{nM} R-[M]_n-O-N(\text{TEMPO}) \qquad (4-5)$$

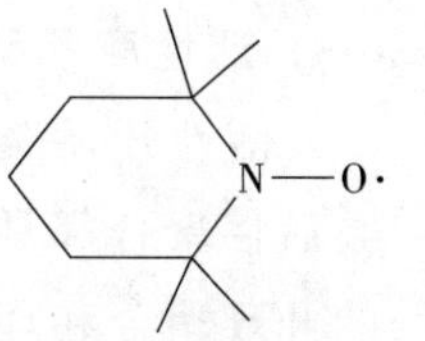

TEMPO 控制的自由基活性聚合既具有可控聚合的典型特征,又可避免阴离子活性和阳离子活性聚合所需的各种苛刻反应条件。TEMPO 引发体系只适合于苯乙烯及其衍生物的活性聚合,因此就目前来看,对于钻井液处理剂设计与合成价值不大。

图 4-5 休眠种

4.可逆加成-断裂链转移自由基聚合(RAFT)

可逆加成-断裂链转移自由基聚合(RAFT)的特点是,与 TEMPO 引发体系导致自由基活性聚合的原理是增长链自由基的可逆链终止不同,可逆加成-断裂链转移自由基聚合过程则实现了增长链自由基的可逆链转移。具有高链转移常数和特定结构的链转移剂双硫酯(ZCS2R)是可逆加成-断裂链转移自由基聚合中的关键。其化学结构如图 4-6 所示。

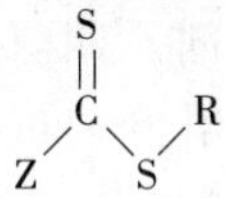

Z=ph, CH_3

R=$C(CH_3)_2ph$, $CH(CH_3)ph$, CH_2ph, $CH_2phCH{=}CH_2C(CH_3)_2CN$, $C(CH_3)(CN)CH_2CH_2CH_2OH$, $C(CH_3)(CN)CH_2CH_2COOH$, $C(CH_3)(CN)CH_2CH_2COONa$

(a) 单官能度

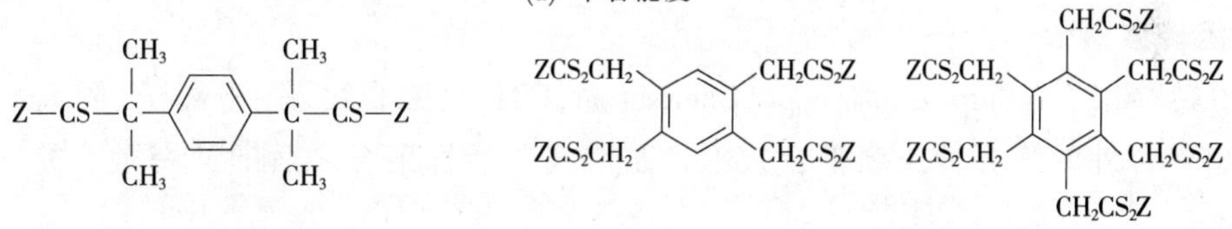

(b) 双官能度

(c) 多官能度

图 4-6 链转移剂双硫酯

可逆加成-断裂链转移自由基聚合的机理见式(4-6)~式(4-8)。

$$I \longrightarrow 2R\cdot \qquad (4-6)$$

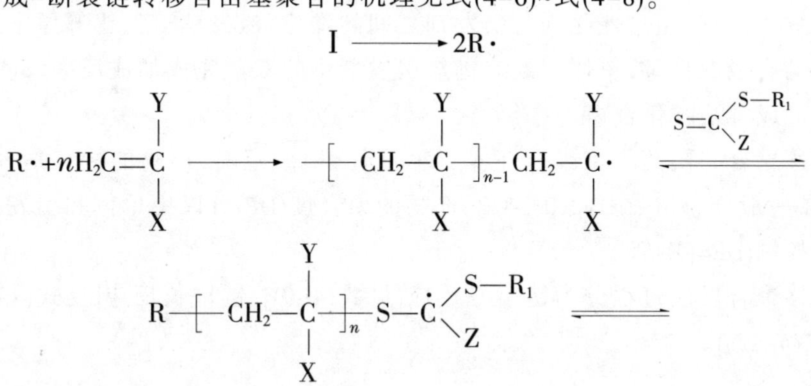

$$R\cdot + nH_2C{=}C(Y)(X) \longrightarrow -[CH_2-C(Y)(X)]_{n-1}-CH_2-\dot{C}(Y)(X) \xrightleftharpoons{S=C(S-R_1)(Z)}$$

$$R-[CH_2-C(Y)(X)]_n-S-\dot{C}(S-R_1)(Z) \rightleftharpoons$$

$$R\left[CH_2-\underset{X}{\overset{Y}{C}}\right]_n S-C\begin{matrix}\nearrow S \\ \searrow Z\end{matrix} + R_1\cdot \tag{4-7}$$

$$R_1\cdot + nH_2C=\underset{X}{\overset{Y}{C}} \longrightarrow R_1\left[CH_2-\underset{X}{\overset{Y}{C}}\right]_{n-1} CH_2-\underset{X}{\overset{Y}{C}}\cdot \tag{4-8}$$

在4种可控/活性自由基聚合方法中，可逆加成–断裂链转移自由基聚合(RAFT)更适用于水溶性聚合物钻井液处理剂的合成，可以用于合成超支化聚合物，并已开展了初步的研究探索[4]。

(三) 活性离子型开环聚合

活性开环聚合是正在发展的一个新的研究领域，对于设计钻井液用高分子处理剂和烯类活性聚合都具有重要的意义。它包括环硅氧烷的开环聚合和环醚的开环聚合。环硅氧烷的开环聚合和环醚的开环聚合可以作为新型钻井液处理剂合成的手段之一。

① 环硅氧烷的开环聚合，例如六甲基环三硅氧烷(D_3)可以被BuLi(正丁基锂)引发进行阴离子活性开环聚合，也可以利用三氟甲基磺酸(CF_3SO_3H)作引发剂进行阳离子活性开环聚合。

② 环醚的开环聚合，环醚主要是指环氧乙烷、环氧丙烷、四氢呋喃等。环氧乙烷和环氧丙烷都是三元环，可进行阴离子聚合和阳离子聚合。

四苯基卟啉/烷基氯化铝可以作为上述原料阴离子活性开环聚合引发剂。四氢呋喃为四元环，较稳定，只能进行阳离子聚合。碳阳离子与较大的反离子组成的引发剂可引发四氢呋喃的阳离子活性聚合。

(四) 基团转移聚合

基团转移聚合(group transfer po1ymerization，GTP)是除自由基、阳离子、阴离子和配位阴离子型聚合外的第五种连锁聚合技术，是阴离子活性聚合之后的又一重要的新的活性聚合技术。

基团转移聚合具有以下特征：以不饱和酯、酮、酰胺和腈类等化合物为单体，以带有硅、锗、锡烷基等基团的化合物为引发剂，用阴离子型或路易士酸型化合物作催化剂，选用适当的有机物为溶剂，通过催化剂与引发剂之间的配位，激发硅、锗、锡等原子与单体羰基上的氧原子结合成共价键，单体中的双键与引发剂中的双键完成加成反应，硅、锗、锡烷基团移至末端形成“活性”化合物。

基团转移聚合与阴离子型聚合一样，属“活性聚合”范畴，产物的特点是：相对分子质量分布很窄，一般分布指数D=1.03~1.2，产物的聚合度(DP)可以用单体和引发剂两者的物质的量比来控制(DP=[M]/[I])。

基团转移聚合反应过程分为链引发反应[见式(4–9)]、链增长反应[见式(4–10)]和链终止反应[见式(4–11)]。

$$(CH_3)_2C^{\delta^-}{=}C(OCH_3)(OSi(CH_3)_3) + {}^{\delta^+}CH_2{=}C{-}C(OCH_3){=}O \xrightarrow{HF_2^-}$$

$$CH_3O{-}C({=}O){-}C(CH_3)_2{-}CH_2{-}C(CH_3){=}C(OCH_3)(OSi(CH_3)_3) \quad (4\text{-}9)$$

$$CH_3O{-}C({=}O){-}C(CH_3)_2{-}CH_2{-}C(CH_3){=}C(OCH_3)(OSi(CH_3)_3) + CH_2{=}C(CH_3){-}C(OCH_3){=}O \longrightarrow$$

$$CH_3O{-}C({=}O){-}C(CH_3)_2{-}CH_2{-}C(CH_3)(COOCH_3){-}CH_2{-}C(CH_3){=}C(OCH_3)(OSi(CH_3)_3) \longrightarrow \text{——— 聚合物} \quad (4\text{-}10)$$

$$CH_3O{-}C({=}O){-}C(CH_3)_2{-}\left[CH_2{-}C(CH_3)(COOCH_3)\right]_n{-}CH_2{-}C(CH_3){=}C(OCH_3)(OSi(CH_3)_3) + CH_3OH \longrightarrow$$

$$CH_3O{-}C({=}O){-}C(CH_3)_2{-}\left[CH_2{-}C(CH_3)(COOCH_3)\right]_n{-}CH_2{-}C(CH_3)(COOCH_3){-}H + Si(CH_3)_3OCH_3 \quad (4\text{-}11)$$

二、高分子的化学反应

在钻井液处理剂合成设计中，高分子化学反应非常重要，是处理剂合成实施的重要手段。下面对高分子化学反应的类型、高分子化学反应特征、影响高分子化学反应的因素、高分子的相似转变、高分子聚合度变大的转变、高分子聚合度变小的转变等重点介绍。

(一) 高分子化学反应的类型

高分子的化学反应(也称聚合物化学反应)是制备钻井液处理剂的重要方法之一。通过高分子的化学反应，可以将天然和合成高分子转变为具有新型结构与功能的聚合物。例如：将纤维素或淀粉转变为羧甲基纤维素或淀粉；将木质素、腐殖酸转变为磺化木质素和磺化腐殖酸；将聚苯乙烯转变为带磺酸基的水溶性磺化聚苯乙烯或阳离子化聚苯乙烯；将聚丙烯酰胺转变为聚丙烯酸或部分水解聚丙烯酰胺(相当于丙烯酸–丙烯酰胺共聚物)；将聚丙烯腈转变为聚丙烯酸和丙烯酰胺；将聚丙烯酰胺转变为磺甲基聚丙烯酰胺或阳离子聚丙烯酰胺；将酚醛树脂转变为磺甲基酚醛树脂。

根据聚合度和基团的变化(侧基和端基)，一般可将高分子的化学反应分为：相似转变，聚合度基本不变，侧基或端基发生变化的反应，如水解、醇解，磺化、醚化和季铵化等；聚合度变大的反应，如交联、接枝、嵌段、扩链等；聚合度变小的反应，如解聚、降解等。在钻井液处理剂制备中,应用较多的高分子的化学反应是聚合度基本不变或变大的反应,而聚合度变小的反应应用相对较少。

一般来说，高分子可以进行与低分子同系物相同的化学反应。例如含酰胺基高分子PAM的水解反应和丙烯酰胺的水解反应相同，酚醛树脂的磺化反应和苯酚的磺化反应类似。这是高分子可以通过基团反应制备具有特种基团的特种与功能高分子的化学基础。

(二) 高分子的化学反应的特征

与小分子相比较,由于聚合物的相对分子质量高,结构和相对分子质量的多分散性等基本特征,使聚合物的化学反应有如下特征:

① 高分子溶液黏度极高,难于结晶、精制,从而限制了聚合物化学反应的应用。

② 在高分子化学反应过程中,起始官能团和反应后形成的新官能团,往往连接在同一个大分子链上,制取只含有同一基团的“纯的”高分子物极其困难。如聚丙烯腈水解制取聚丙烯酸过程中,大分子链上总是兼含未反应的腈基(—CN),及其他不同反应阶段的基团,如酰胺基(—$CONH_2$)、羧基(—COOH),环状亚胺等。

③ 大分子链在反应过程中,总是伴随着不同程度的聚合度的改变,如交联、接枝、嵌段、扩链等高分子聚合度变大的反应以及氧化剂对水解聚丙烯腈的降解的高分子聚合度变小的转变反应。

④ 高分子化学反应过程沿用反应式表示,不能说明有多少结构单元参与反应。由低分子合成的聚合物或天然聚合物经过化学反应转化为二级聚合物，是制备聚合物处理剂的重要方法。聚合物化学反应是研究聚合物分子链上或分子链间官能团相互转化的化学反应过程。利用这种反应可进行聚合物的化学改性,合成具有特殊功能的高分子材料以及研究聚合物的化学结构及其破坏因素与规律。

(三) 影响高分子化学反应的因素

在低分子化学反应中,副反应仅使主产物产率降低。而在高分子反应中,副反应却在同一分子上发生,主产物和副产物无法分离,因此形成的产物实际上具有类似于共聚物的结构。例如丙酸甲酯水解后,经分离,可得产率为80%的纯丙酸。而聚丙烯酸甲酯经水解,转化程度为80%时,产物是由80%的丙烯酸单元和20%丙烯酸甲酯单元组成的无规共聚物。PAN水解物则类似丙烯酸、丙烯腈和丙烯酰胺三元共聚物。从单个官能团比较,高分子的反应活性与同类低分子相同,从结构上讲,由于高分子的形态、邻近基团效应等物理-化学因素的影响,使得聚合物的反应速率、转化程度会与低分子有所不同。

1.物理因素

物理因素包括聚合物的结晶度、溶解性、温度等。

① 结晶性。对于部分结晶的聚合物,由于在其结晶区域(即晶区)分子链排列规整,分子链间相互作用强,链与链之间结合紧密,小分子不易扩散进晶区,因此反应只能发生在非晶区(如淀粉醚化)。

② 溶解性。聚合物的溶解性随化学反应的进行可能不断发生变化,一般溶解性好对反应有利,但假若沉淀的聚合物对反应试剂有吸附作用,由于使聚合物上的反应试剂浓度增大,反而使反应速率增大。

③ 温度。一般情况下温度提高有利于反应速率的提高,但温度太高可能导致不期望发

生的氧化、裂解和水解等副反应。

2.结构因素

聚合物本身的结构对其化学反应性能的影响,称为高分子效应。这种效应是由高分子链节之间的不可忽略的相互作用引起的。高分子效应主要有以下两种:

① 邻基效应,包括位阻效应和静电效应。位阻效应是指由于新生成的功能基的立体阻碍,导致其邻近功能基难以继续参与反应;邻近基团的静电效应可降低或提高功能基的反应活性。如聚丙烯酰胺的水解反应速率随反应的进行而增大,其原因是水解生成的羧基与邻近的未水解的酰胺基反应生成酸酐环状过渡态,从而促进了酰胺基中—NH_2 的离去加速水解(活性提高)[见式(4-12)]。

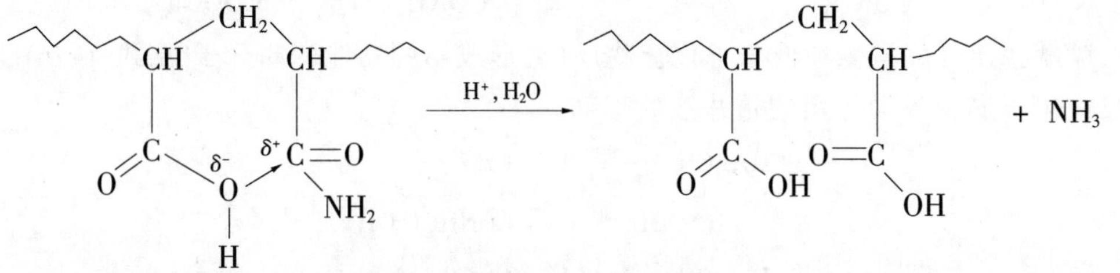

$$\text{(4-12)}$$

而聚丙烯酰胺在强碱条件下水解,当其中某个酰胺基邻近的基团都已经转化为羧酸根后,由于进攻的 OH^- 与高分子链上生成的—COO^- 带相同电荷,相互排斥,因而难以与被进攻的酰胺基接触,故不能再进一步水解,所以聚丙烯酰胺的水解程度一般在 70%以下[见式(4-13)]。

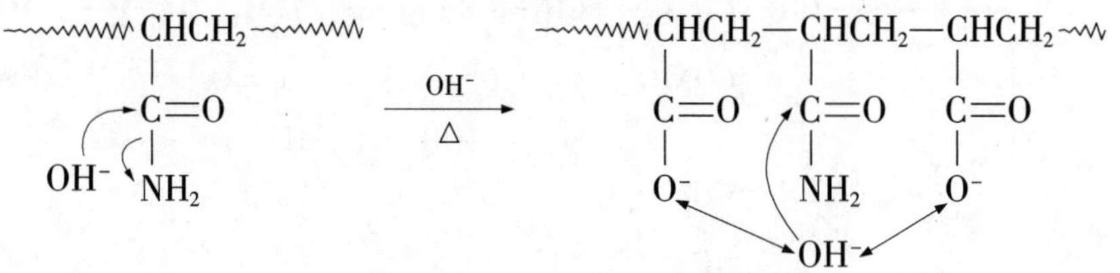

$$\text{(4-13)}$$

邻近基团作用还与高分子的立体结构有关,如全同立构的聚甲基丙烯酸甲酯的水解速度比间同立构或无规立构的聚甲基丙烯酸甲酯快,这显然与全同立构聚甲基丙酸甲酯中的邻近基团的位置有利于形成环状酸酐中间体有关。

② 功能基孤立化效应(几率效应)。当高分子链上的相邻功能基成对参与反应时,由于成对基团反应存在几率效应,即反应过程中间或会产生孤立的单个功能基,由于单个功能基难以继续反应,因而不能 100%转化,只能达到有限的反应程度。如聚乙烯醇的缩醛化反应,最多只能有约 80%的—OH 能缩醛化[见式(4-14)]。

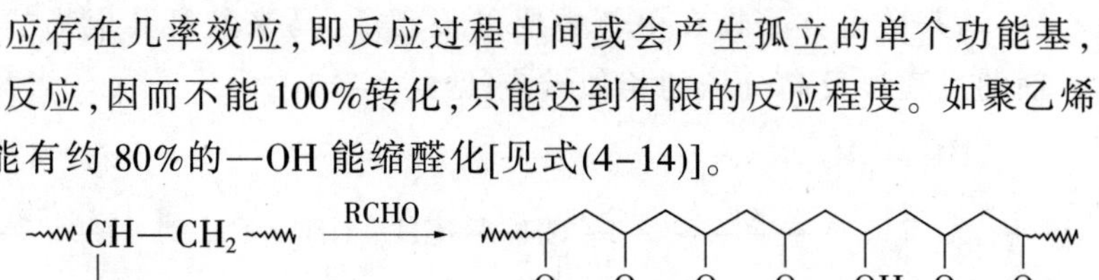

$$\text{(4-14)}$$

(四) 高分子的相似转变

高分子的相似转变是指高分子化合物与低分子化合物的反应仅限于侧基或端基等基团,产物的聚合度与反应前基本相同。高分子的相似转变在工业上应用很多,如淀粉和纤维素等的醚化,聚醋酸乙烯酯的水解,聚丙烯酰胺的水解,聚苯乙烯、苯乙烯-马来酸共聚物的磺化,聚乙烯的氯化,含芳环高分子的取代反应等。许多钻井液处理剂都是通过这一技术制备的,如 CMC、CMS、HPAM、SSMA。

1.聚丙烯酰胺的反应

聚丙烯酰胺是一种重要的水溶性聚合物,在油田、纺织、印染、造纸、水处理等方面具有广泛的用途,聚丙烯酰胺通过水解反应可以得到不同水解度的产物,由于水解度不同在钻井液中可以分别起到絮凝、增黏、抑制等不同作用。氢氧化钠是最有效的水解催化剂[见式(4-15)]。

$$\left[CH_2-\underset{CONH_2}{\underset{|}{CH}}\right]_{m+n} \xrightarrow{NaOH} \left[CH_2-\underset{CONH_2}{\underset{|}{CH}}\right]_m\left[CH_2-\underset{COONa}{\underset{|}{CH}}\right]_n \tag{4-15}$$

聚丙烯酰胺还可以与多种低分子化合物反应,形成不同功能的高分子[见式(4-16)]。通过这些反应可以制备不同作用的钻井液处理剂。

$$\left[CH_2-\underset{CONH_2}{\underset{|}{CH}}\right]_{m+n} \begin{cases} \xrightarrow[OH^-]{HCHO} \left[CH_2-\underset{CONH_2}{\underset{|}{CH}}\right]_m\left[CH_2-\underset{CONHCH_2OH}{\underset{|}{CH}}\right]_n \\ \xrightarrow[NaHSO_3]{HCHO} \left[CH_2-\underset{CONH_2}{\underset{|}{CH}}\right]_m\left[CH_2-\underset{CONHCH_2SONa}{\underset{|}{CH}}\right]_n \\ \xrightarrow[N(CH_3)_3]{HCHO} \left[CH_2-\underset{CONH_2}{\underset{|}{CH}}\right]_m\left[CH_2-\underset{CONHCH_2N(CH_3)_3}{\underset{|}{CH}}\right]_n \\ \xrightarrow[OH^-]{HCHO} \left[CH_2-\underset{CONH_2}{\underset{|}{CH}}\right]_m\left[CH_2-\underset{C(=O)NH-CH_2-NHC(=O)}{\underset{|}{CH}}\right]_n \left[CH-CH_2\right]_m\left[\underset{CONH_2}{\underset{|}{CH}}-CH_2\right]_n \\ \xrightarrow[NaOH]{NaOX} \left[CH_2-\underset{NH_2}{\underset{|}{CH}}\right]_{m+n} \end{cases} \tag{4-16}$$

2.芳环上的取代反应

聚苯乙烯分子中的苯环比较活泼,可以进行一系列的芳香取代反应,如磺化、氯甲基化、卤化、硝化、锂化、烷基化、羧基化、氨基化等等,因此是功能高分子制备中最常用的骨架母体。

例如,苯乙烯-马来酸酐共聚物在甲苯中通过苯乙烯-马来酸酐共聚物的磺化等反应制备钻井液降黏剂的过程涉及高分子的相似转变[见式(4-17)]。

$$\text{(maleic anhydride ring)} + \underset{C_6H_5}{HC{=}CH_2} \xrightarrow{cat} \left[\underset{COONa}{\underset{|}{CH}}-\underset{COONa}{\underset{|}{CH}}-CH_2-\underset{C_6H_5}{\underset{|}{CH}}\right]_n \xrightarrow{SO_3}$$

$$\left[\underset{COONa}{\underset{|}{CH}}-\underset{COONa}{\underset{|}{CH}}-CH_2-\underset{C_6H_4SO_3H}{\underset{|}{CH}}\right]_n \xrightarrow{NaOH} \left[\underset{COONa}{\underset{|}{CH}}-\underset{COONa}{\underset{|}{CH}}-CH_2-\underset{C_6H_4SO_3Na}{\underset{|}{CH}}\right]_n \tag{4-17}$$

苯乙烯低聚物氯甲基化，然后再与三甲胺反应可以得到阳离子化的聚苯乙烯，可以作为黏土稳定剂、防塌剂和絮凝剂[见式(4-18)]。

$$C_6H_5CH{=}CH_2 \xrightarrow{cat} \left[CH_2-CH(C_6H_5)\right]_n \xrightarrow{CH_3Cl} \left[CH_2-CH(C_6H_4CH_2Cl)\right]_n \xrightarrow{N(CH_3)_3} \left[CH_2-CH(C_6H_4CH_2-N^+(CH_3)_3\cdot Cl^-)\right]_n \tag{4-18}$$

也可以采用聚苯乙烯的氯甲基化产物通过式(4-19)的反应制备不同的改性产物：

$$\begin{aligned}
-CH_2-CH(C_6H_4CH_2Cl)- &\xrightarrow{(CH_2)_6N_4} -CH_2-CH(C_6H_4CH_2NH_2)- \\
&\xrightarrow{H_2N-C(CH_2OH)_3} -CH_2-CH(C_6H_4CH_2-NH-C(CH_2OH)_3)- \\
&\xrightarrow{H_2N(CH_2CH_2NH)_4H} -CH_2-CH(C_6H_4CH_2-NH(CH_2CH_2NH)_4H)- \\
&\xrightarrow{H_2Cr_2O_7\ 或\ HNO_3} -CH_2-CH(C_6H_4CHO)- \longrightarrow -CH_2-CH(C_6H_4COOH)- \\
&\xrightarrow{HOC_6H_4COOH} -CH_2-CH(C_6H_4CH_2-C_6H_3(OH)COOH)-
\end{aligned} \tag{4-19}$$

(五) 高分子聚合度变大的转变

高分子聚合度变大的转变主要有交联、接枝、嵌段、扩链等反应。在功能高分子的制备中，经常用到的有接枝、嵌段、扩链等反应，而交联一般用得较少，但在钻井液处理剂制备及应用中交联反应采用的比较普遍。

1.接枝共聚反应

通过化学反应，可以在某聚合物主链上接上结构、组成不同的支链，这一过程称接枝，所形成的产物称为接枝共聚物。接枝共聚物的性能决定于主、支链的组成、结构和长度以及支链数。长支链的接枝物类似共混物，支链短而多的接枝物则类似无规共聚物。通过共聚，可将两种性质不同的聚合物接在一起，形成性能特殊的接枝物。例如酸性和碱性的，亲水的和亲油的，非染色性的和能染色的以及两互不相溶的聚合物接在一起。

接枝共聚反应首先要形成活性接枝点，各种聚合机理都可能形成接枝点，大部分接枝法中接枝点和支链的产生方式可分为下列3类：

(1) 大分子上长出支链

先在大分子链中间形成活性点，再引发另一单体聚合而长出支链，主要方法有链转移反应法、大分子引发剂法和辐射接枝法。

① 链转移机理长出支链的接枝法。有聚合物存在时，引发剂引发单体聚合的同时，还可能向大分子链转移，形成接枝物，这是工业上最常用的方法。通常合成得到的接枝产物实际上是接枝共聚物和均聚物的混合物。在接枝共聚中，采用氧化-还原体系可以有选择性地产生自由基接枝点，从而减少均聚物的形成。纤维素及其衍生物、淀粉、聚乙烯醇等均含有羟基，可与 Ce^{4+}、Co^{2+}、Mn^{3+}、V^{5+}、Fe^{3+}等高价金属化合物形成氧化-还原引发体系。

② 大分子引发剂法。大分子引发剂法就是在大分子主链上引入能产生引发活性种的侧基功能基。该侧基功能基在适当条件下可在主链上产生引发活性种，引发第二单体聚合形成支链。主链上由侧基功能基产生的引发活性种可以是自由基、阴离子或阳离子，最终取决于引发基团的性质。

③ 辐射接枝法。利用高能辐射在聚合物链上产生自由基引发活性种是应用广泛的接枝方法。如果单体和聚合物一起加入时，在生成接枝聚合物的同时，单体也可因辐射而均聚。因此必须小心选择聚合物与单体组合，一般选择聚合物对辐射很敏感，而单体对辐射不很敏感的接枝聚合体系。此外，为了减少均聚物的生成，可采用先对聚合物进行辐射，然后再加入单体的方法。在钻井液用接枝聚合物的合成中，常采用链转移机理长出支链的接枝法，如果希望得到较高相对分子质量的产物，也可以采用辐射法。

(2) 大分子上嫁接支链

带有反应性侧基的大分子主链与带有反应端基的预聚物进行偶合接枝反应，可以合成预定结构的接枝共聚物。其通式见式(4-20)。

$$
\begin{array}{c}\sim\!\!\sim A \sim\!\!\sim A \sim\!\!\sim A \sim\!\!\sim \\ | \quad\;\; | \quad\;\; | \\ G \quad\; G \quad\; G \\ \text{侧基聚合物}\end{array}
+ \begin{array}{c} G'-B\sim\!\!\sim \\ \\ \\ \text{端基聚合物}\end{array}
\longrightarrow
\begin{array}{c}\sim\!\!\sim A \sim\!\!\sim A \sim\!\!\sim A \sim\!\!\sim \\ | \quad\;\; | \quad\;\; | \\ B \quad\; B \quad\; B \\ \wr \quad\;\; \wr \quad\;\; \wr \\ \text{接枝共聚物}\end{array}
\tag{4-20}
$$

该方法可将主链和支链分别预先制得，两者结构可以分别表征，所形成的接枝共聚物结构比较明确。例如已知两者相对分子质量和接枝共聚物的组成，就可以估算出每条大分子链上的支链数和相邻支链间的平均距离，但必须考虑未接枝的均聚物。

(3) 大分子单体共聚嫁接

大分子单体是带有双键端基的齐聚物，与乙烯基单体共聚或与活性链加成，即可接枝。这是近年来研究较多的接枝共聚方法。大分子单体一般由离子聚合制得，活性聚合可以控制链长、链长分布和端基功能团。大分子单体与普通乙烯基单体共聚后，可形成梳状接枝共聚物，乙烯基单体成为大分子主链，大单体则为支链。该类产品具有较强的抗温抗盐能力，带有可反应基团的缩聚物也可以通过其端基或侧基的反应活性，通过缩合反应形成接枝物，如磺化酚醛树脂与木质素磺酸、栲胶等形成接枝共聚物。

2.引发剂选择

引发剂是容易分解成自由基的化合物，分子结构上具有弱键。在一般聚合温度(40~100℃)下，要求键的离解能为100~170kJ/mol。离解能过高或过低，将分解得太慢或太快。根据这一要求，接枝反应涉及的引发剂主要有下列几类。

(1) 过氧化物引发剂

过氧化氢是过氧化合物的母体。过氧化氢热分解形成两个氢氧自由基，但其分解活化能较高(约220kJ/mol)，很少单独用作引发剂。过氧化氢分子中一个氢原子被取代，成为氢过氧化物；2个氢原子被取代，则成为过氧化物。这是可用作引发剂的很大一类化合物。

常用的过氧化物包括无机过氧化物和有机过氧化物。有机过氧化物引发剂有烷基过氧化氢(R—O—OH)、二烷基过氧化物(R—O—O—R′)、过氧化酯类(R—C(=O)—O—O—R′)、过氧化二酰(R—C(=O)—O—O—C(=O)—R)和过氧化二碳酸酯类(R—O—C(=O)—O—O—C(=O)—O—R)等，过氧化物受热分解时，过氧键均裂生成两个自由基。

过氧化二苯甲酰(BPO)是最常用的有机过氧类引发剂。一般在60~80℃分解。BPO的分解按两步进行。第一步均裂成苯甲酸基自由基，有单体存在时，即引发聚合；无单体存在时，进一步分解成苯基自由基，并析出CO_2，但分解并不完全[见式(4-21)和式(4-22)]。

$$C_6H_5-\overset{O}{\overset{\|}{C}}-O-O-\overset{O}{\overset{\|}{C}}-C_6H_5 \longrightarrow 2\,C_6H_5-\overset{O}{\overset{\|}{C}}-\dot{O} \tag{4-21}$$

$$C_6H_5-\overset{O}{\overset{\|}{C}}-\dot{O} \longrightarrow C_6H_5\cdot + CO_2 \tag{4-22}$$

过硫酸盐，如过硫酸钾($K_2S_2O_8$)和过硫酸铵[$(NH_4)_2S_2O_8$]，是无机过氧类引发剂的代表，能溶于水，多用于反相乳液聚合和水溶液聚合的场合[见式(4-23)]。

$$O-\underset{O}{\underset{\|}{\overset{O}{\overset{\|}{S}}}}-O-O-\underset{O}{\underset{\|}{\overset{O}{\overset{\|}{S}}}}-O^- \longrightarrow 2\;{}^-O-\underset{O}{\underset{\|}{\overset{O}{\overset{\|}{S}}}}-\dot{O} \tag{4-23}$$

分解产物 $\dot{SO}_4^-$ 既是离子，又是自由基，可称为离子自由基或自由基离子。

(2) 氧化-还原引发体系

许多氧化-还原反应可以产生自由基，用来引发聚合。这类引发剂称为氧化-还原引发体系。这一体系的优点是活化能较低(约 40~60kJ/mo1)，可在较低温度(0~50℃)下引发聚合，且有较快的聚合速率。氧化-还原引发体系的组分可以是无机和有机化合物，性质可以是水溶性和油溶性。

在钻井液处理剂生产中多采用水溶性氧化-还原引发体系，这类体系的氧化剂有过氧化氢、过硫酸盐、氢过氧化物等；而还原剂则有无机还原剂 (Fe^{2+}、Cu^+、$NaHSO_3$、Na_2SO_3、$Na_2S_2O_3$ 等)和有机还原剂(醇、胺、草酸、葡萄糖等)。过氧化氢单独热分解时的活化能为 220kJ/mo1，与亚铁盐组成氧化-还原体系后，活化能减为 40kJ/mol，可在 5℃下引发聚合[见式(4-24)]。

$$H\dot{O}—\dot{O}H+Fe^{2+} \longrightarrow HO\cdot+OH^-+Fe^{3+} \quad (4-24)$$

上述反应属于双分子反应，1 分子氧化剂只形成 1 个自由基。如还原剂过量，将进一步与自由基反应，使活性消失[见式(4-25)]。

$$OH\cdot+Fe^{2+} \longrightarrow OH^-+Fe^{3+} \quad (4-25)$$

因此，还原剂的用量一般较氧化剂少。

除了以上反应外，过氧化氢与亚铁盐组成氧化-还原体系还有式(4-26)和式(4-27)所示的竞争反应。

$$HO\cdot+H_2O_2 \longrightarrow H—O—O\cdot+H_2O \quad (4-26)$$

$$H—O—O\cdot+H_2O_2 \longrightarrow HO\cdot+H_2O+O_2 \quad (4-27)$$

上述反应影响 H_2O_2 的效率和反应重现性，故多用过硫酸盐/低价盐体系[见式(4-28)]。

$$S_2O_8^{2-}+Fe^{2+} \longrightarrow SO_4^{2-}+Fe^{2+} \quad (4-28)$$

亚硫酸盐和硫代硫酸盐经常与过硫酸盐构成氧化-还原体系，反应以后，形成两个自由基，见式(4-29)和式(4-30)。

$$S_2O_8^{2-}+SO_3^{2-} \longrightarrow SO_4^{2-}+SO_4^-\cdot+SO_3^-\cdot \quad (4-29)$$

$$S_2O_8^{2-}+S_2O_3^{2-} \longrightarrow SO_4^{2-}+SO_4^-\cdot+S_2O_3^-\cdot \quad (4-30)$$

高锰酸钾或草酸任一组分都不能用作引发剂，但两者组合后，却可成为引发体系，反应在 10~30℃下进行，活化能仅为 39kJ/mol。

(六) 高分子聚合度变小的转变

① 水解聚丙烯腈的降解反应。聚丙烯腈先水解，然后再在酸性条件下加入氧化剂进行降解中和至弱碱性，可以用作阻垢剂、钻井液稀释剂。

② 高温下乙烯基聚合物热降解。水解聚丙烯腈铵盐制备过程属于相对分子质量变小的过程，在高温高压下水解的同时相对分子质量降低。

③ 纤维素在 HCl 气体或硫酸作用下降解。纤维素可以在 HCl 气体作用下高温降解以及硫酸作用下酸降解，所得适度酸降解产物更容易粉碎得到不同粒度的纤维素，通过控制降解程度可以制备堵漏剂、封堵剂和降滤失剂等。

第三节 基本处理剂的设计

本节结合磺化酚醛树脂、乙烯基单体共聚物和天然化合物或高分子材料的改性处理剂等最基本的处理剂，介绍处理剂的合成设计，旨在为处理剂合成和高性能钻井液处理剂设计奠定基础。

一、酚醛树脂磺酸盐的设计

以磺化酚醛树脂为代表的合成树脂类处理剂因其突出的耐温抗盐能力，在钻井液中具有广泛的应用，尤其是用于深井、超深井水基钻井液中，是其他处理剂无法比拟的。该类产品除磺化酚醛树脂外，还有磺化酚醛脲醛树脂和磺甲基密胺树脂等。最常用和用量最大的合成树脂磺酸盐是磺甲基化酚醛树脂，后来，人们在磺甲基化酚醛树脂应用实践的基础上还发展了改性磺化酚醛树脂。为了讨论方便，本节以磺甲基酚醛树脂的合成为例介绍合成树脂磺酸盐的合成与设计思路[5]。

(一) 逐步聚合反应

由于磺化酚醛树脂是缩聚反应产物，逐步聚合反应是合成的基础，为了对其合成有更清楚的理解，作为合成基础，首先对逐步聚合反应的特征、类型和实施方法等简要介绍。

1.逐步聚合反应特征

① 反应是通过单体功能基之间的反应逐步进行；

② 每一步反应的速率和活化能大致相同；

③ 反应体系始终由单体和相对分子质量递增的一系列中间产物组成，单体以及任何中间产物两分子间都能发生反应；

④ 聚合产物的相对分子质量逐步增大。

2.逐步聚合类型

逐步聚合反应具体反应种类很多，概括起来主要有两大类：缩合聚合和逐步加成聚合。

3.逐步聚合反应分类

① 线型逐步聚合反应。参与反应的单体只含两个功能基(即双功能基单体)，聚合物分子链只会向两个方向增长，生成线型高分子，主要包括平衡线型逐步聚合反应和不平衡线型逐步聚合反应。平衡线型逐步聚合反应指聚合过程中生成的聚合物分子可被反应中伴生的小分子降解，单体分子与聚合物分子之间存在可逆平衡的逐步聚合反应；不平衡线型逐步聚合反应是指聚合反应过程中生成的聚合物及伴生的小分子之间不会发生交换反应，单体分子与聚合物分子之间不存在可逆平衡，即不存在化学平衡。

② 非线型逐步聚合反应。聚合产物分子链形态不是线型的，而是支化或交联型的。非线型逐步聚合反应的前提是聚合体系中必须含有带两个以上功能基的单体。

4.逐步聚合反应的数均聚合度($\overline{X}_n$)

线型聚合物的聚合度与反应程度(P)及功能基物质的量比(r)有关[见式(4-31)~式(4-34)]。以双功能基单体 A-A 和 B-B 体系为例。

反应程度 P 定义为反应时间 t 时已反应的 A 或 B 功能基的分数，即，P=已反应的 A(或 B)功能基数/起始的 A(或 B)功能基数。

$$\text{功能基物质的量比 } r=\frac{\text{起始的 A(或 B)功能基数 } N_A(\text{或 } N_B)}{\text{起始的 B(或 A)功能基数 } N_B(\text{或 } N_A)} \tag{4-31}$$

(规定 $r \leqslant 1$)

$$\text{数均聚合度 } \bar{X}_n=\frac{\text{起始单体的 A-A 和 B-B 分子总数}}{\text{生成聚合物的分子总数}} \tag{4-32}$$

起始单体分子总数 $n=(N_A+N_B)/2=[N_A(1+1/r)]/2$。

反应程度为 P 时，未反应的 A 功能基数 $N_A'=N_A-N_AP=N_A(1-P)$，未反应的 B 功能基数 $N_B'=N_B-N_AP=N_B(1-rP)$。

每个聚合物分子总含两个未反应功能基，因此生成的聚合物分子总数=未反应功能基总数的一半。

$$\text{数均聚合度 } \bar{X}_n=\frac{\text{起始单体的 A-A 和 B-B 分子总数}}{\text{生成聚合物的分子总数}}$$

$$=\frac{[N_A(1+1r)]/2}{[N_A(1-P)]+N_B(1-rP)]/2}=\frac{1+r}{1+r-2rP} \tag{4-33}$$

若 $r \neq 1$，P 指量少功能基的反应程度，适用于线型逐步聚合反应。

$$\bar{M}_n=M_0\bar{X}_n=M_0\left(\frac{1+r}{1+r-2rP}\right) \tag{4-34}$$

式中：M_0 是单体单元的(平均)相对分子质量，M_0 的计算分两种情况：

① 均缩聚：只有一种单体，所得聚合物分子只含一种单体单元，M_0 就等于这一单体单元的相对分子质量；

② 混缩聚：含两种或两种以上单体，所得聚合物分子含两种或两种以上的单体单元，M_0 就为所有单体单元的相对分子质量的平均值。

5.逐步聚合反应的实施方法

① 熔融聚合。聚合体系中只加单体和少量的催化剂，不加入任何溶剂，聚合过程中原料单体和生成的聚合物均处于熔融状态。

② 溶液聚合。单体在溶液中进行聚合反应的一种实施方法。其溶剂可以是单一的，也可以是几种溶剂混合。溶剂的选择：对单体和聚合物的溶解性好，溶剂沸点应高于设定的聚合反应温度，有利于移除小分子副产物(高沸点溶剂)，溶剂与小分子形成共沸物。

③ 界面缩聚。界面缩聚是将两种单体分别溶于两种不互溶的溶剂中，再将这两种溶液倒在一起，在两液相的界面上进行缩聚反应，聚合产物不溶于溶剂，在界面析出。

④ 固态缩聚。指单体或预聚体在固态条件下的缩聚反应。

在处理剂合成中通常采用前两种方法，最常用的是水溶液聚合，如磺化酚醛树脂的生产；后两种较为少见。

(二) 磺化酚醛树脂合成设计

1.磺化酚醛树脂合成思路产生的依据

开始产生磺化酚醛树脂这一设计思路是基于：

① 酚醛树脂有适当的相对分子质量，且分子中含有可反应的活性点，可以与其他材料交联发挥协同增效作用；

② 酚醛树脂中的重复单元中有充分的吸附基团—OH，保证产品在钻井液中黏土颗粒

上的吸附；

③ 酚醛树脂中的重复单元中有可反应的活性点，可以通过化学反应很容易地引入水化基团，使酚醛树脂转化为水溶性树脂，特别是可以通过磺化或磺甲基化反应而很容易地引入对盐不敏感的磺酸基团，抗污染能力强；

④ 分子中含有苯环，产物为非线型结构，分子链刚性强，热稳定性好；

⑤ 原料来源充足，价格低廉；

⑥ 生产工艺简单，容易操作。

2.磺化酚醛树脂的合成方法

磺化酚醛树脂的合成方法有 3 种，即酚醛树脂直接磺化法、酚磺酸与甲醛缩聚法和边缩聚、边磺甲基化法。

① 直接磺化法。将酚醛树脂在有机溶剂中用三氧化硫磺化，见式(4-35)。

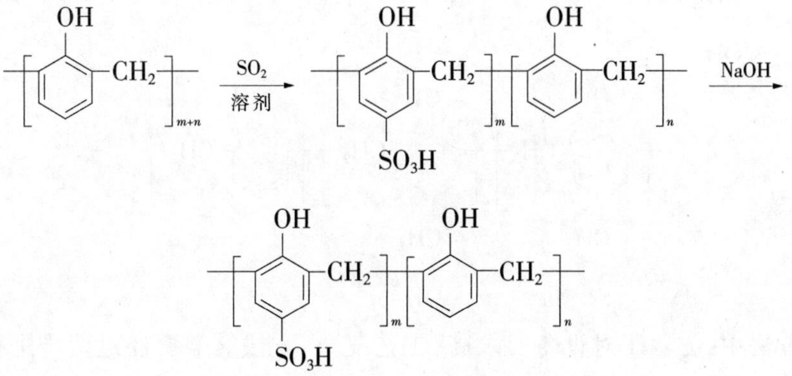

OH —CH₂— (m+n) —SO_2 / 溶剂→ OH —CH₂— (SO_3H) (m) OH —CH₂— (n) —NaOH→

OH —CH₂— (SO_3H) (m) OH —CH₂— (n) (4-35)

② 酚磺酸与甲醛缩聚法。采用苯酚先制备酚磺酸，然后再与甲醛缩聚，见式(4-36)和式(4-37)。

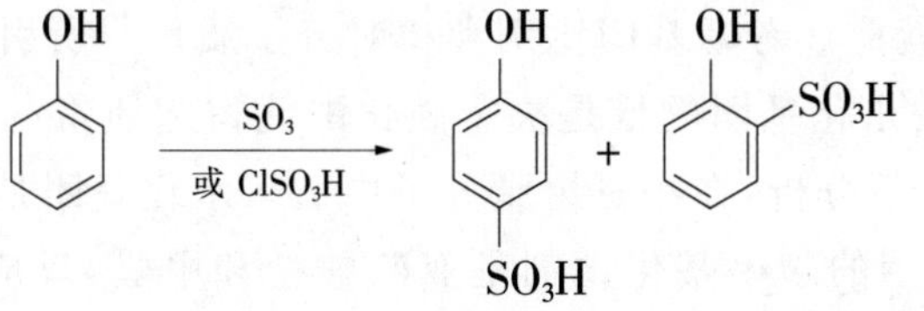

OH —SO_3 / 或 $ClSO_3H$→ OH (SO_3H) + OH SO_3H (4-36)

OH + OH (SO_3H) + HCHO → OH —CH₂— (SO_3H) (m) OH —CH₂— (n) —NaOH→

OH —CH₂— (SO_3Na) (m) OH —CH₂— (n) (4-37)

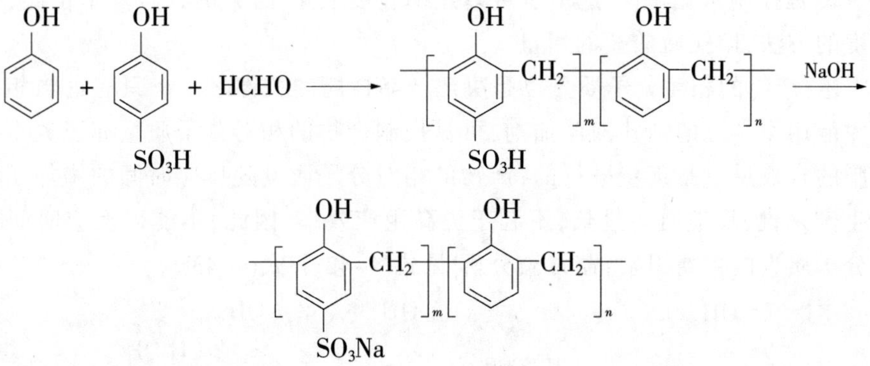

③ 边缩聚、边磺甲基化法。将苯酚、甲醛、亚硫酸盐等一次投料，通过控制反应温度和反应程度得到产物，见式(4-38)~式(4-41)。

$$Na_2SO_3+H_2O \longrightarrow NaHSO_3+NaOH \tag{4-38}$$

$$NaHSO_3+HCHO \longrightarrow HOCH_2SO_3Na \tag{4-39}$$

$$C_6H_5OH + HCHO \xrightarrow{OH^-} HOC_6H_3(CH_2OH)_2 + o\text{-}HOC_6H_4CH_2OH + p\text{-}HOC_6H_4CH_2OH \tag{4-40}$$

$$HOC_6H_3(CH_2OH)_2 + o\text{-}HOC_6H_4CH_2OH + C_6H_5OH \xrightarrow[HOCH_2SO_3Na]{HCHO}$$

$$-\!\!\left[C_6H_2(OH)(CH_2SO_3Na)-CH_2\right]_m\!\!-\!\!\left[C_6H_2(OH)(CH_2OH)-CH_2\right]_n\!\!-\!\!\left[C_6H_3(OH)-CH_2\right]_x\!\!- \tag{4-41}$$

在上述方法中，方法①对设备要求高，工艺复杂，方法②需要经过两步进行，且副反应多，方法③边缩聚边磺化，可在反应釜中一次投料。在3种方法中，方法③最方便，故工业上选择方法③生产磺化酚醛树脂。

3.基团比例和相对分子质量的确定

合成方法确定后，就应该考虑基团比例和相对分子质量。所引入的水化基团应足以使产物在水中溶解，因此，水化基团的量是决定磺化酚醛树脂质量的关键因素之一。怎样控制基团比例呢？先做一下分析：在酚醛树脂分子中引入水化基团是通过磺甲基化反应引入磺酸基团来实现的，所用的磺甲基化试剂是亚硫酸盐和甲醛，反应中甲醛是过量的，故亚硫酸盐用量便是控制水化基团(这里也可以用磺化度表示)的关键因素。基于此，即可确定控制磺化度的方法，即亚硫酸盐的用量。

如前所述，产物的相对分子质量也是决定产品性能的关键之一。只有适当相对分子质量的产物才能用作良好的钻井液添加剂，可见控制产物的相对分子质量亦至关重要。磺甲基酚醛树脂的合成反应是逐步进行的，产物的相对分子质量随反应时间的增加而增大。但对工业化生产来说，反应时间过长，不利于提高生产效率，因此，不能以反应时间作为控制产物相对分子质量的主要因素，需再做分析[见式(4-42)和式(4-43)]。

$$C_6H_5OH + HCHO \xrightarrow{H^+或\ OH^-} p\text{-}HOC_6H_4CH_2OH + HOC_6H_3(CH_2OH)_2 \tag{4-42}$$

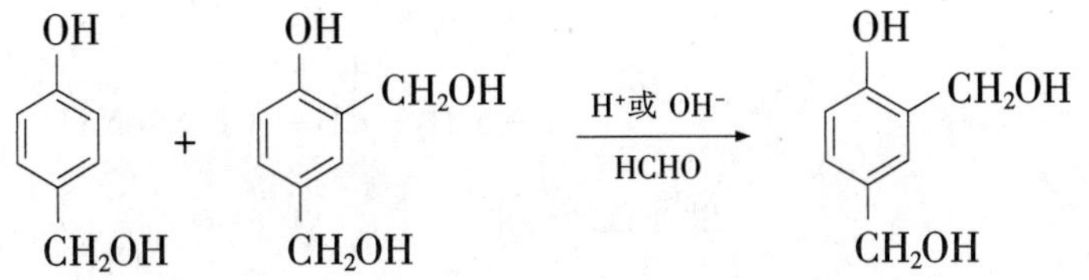

(4-43)

在上述产物中,羟甲基是活性基团,遇苯酚时便发生缩合反应[见式(4-44)]。

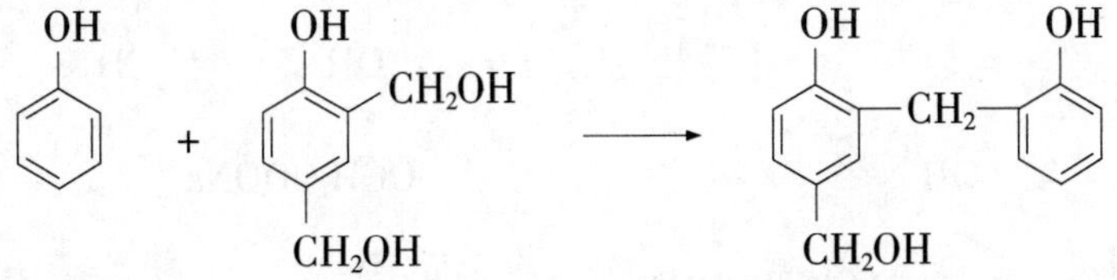

(4-44)

如此可以一直延续下去,直到生成较大相对分子质量的产物,显然,羟甲基数量越多,发生缩合聚合的机会就越多，也就越易得到相对分子质量高的产物，当羟甲基含量过多时,将生成体型结构,形成不溶不熔的树脂。羟甲基的数量与 HCHO 用量有关,说明 HCHO 用量在这里是控制相对分子质量的关键。因此,为得到适当相对分子质量的产物应控制适当的酚醛比。

对于 SMP 的合成,是按边缩聚边磺化的反应路线进行的,在缩聚反应的同时,发生了磺化反应[见式(4-45)]。

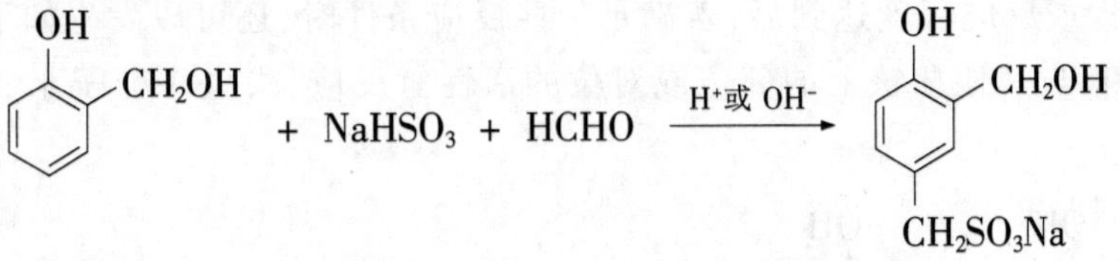

(4-45)

随着—CH_2—SO_3Na 的引入,苯环—OH 上可反应的活性点减少。因此也就降低了反应的几率,不利于产物相对分子质量的提高。由此说明,磺化剂的用量也直接关系着产物的相对分子质量。产物的相对分子质量与磺化度成反比,为了得到高相对分子质量、高磺化度的产物,可以采用分步反应来实现,但这样进行难度较大。如单纯从提高磺化度方面考虑,可采用适量的酚磺酸作为共缩聚单体。通常产物的磺化度达 40%就可得到水溶性较好的产物,但产物的抗盐性相对较差,为提高抗盐性可提高磺化度,一般 60%的磺化度即可满足产物抗盐的需要,但磺化度的提高势必影响产物的相对分子质量,这便出现了提高磺化度和提高抗盐能力之矛盾。要解决这一矛盾,可以通过新的途径来提高产物的水化基团量,如利用酚羟基的反应活性来引入新的基团[见式(4-46)~式(4-48)]。

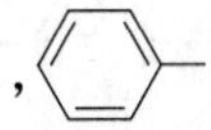

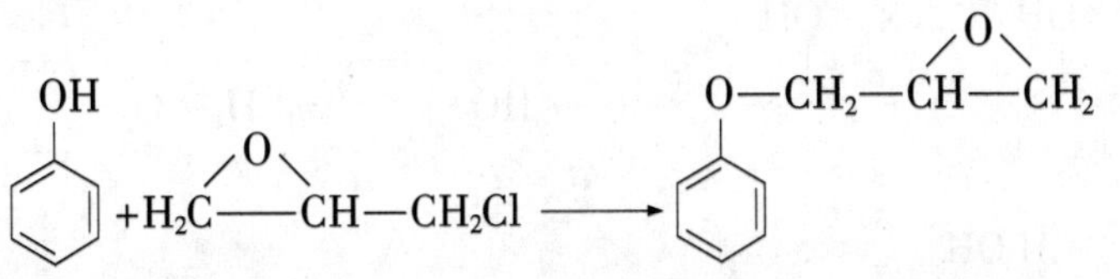

(4-46)

在 SMP 制备过程中引入部分上述产物,在不影响缩合聚合的情况下,使水化基团的数量有所提高,但需要注意的是,水化基团提高的同时,减少了吸附基团,因此需要根据具体实验来确定引入上述产物的量。

$$\text{邻-}HOC_6H_4CH_2CH(-O-)CH_2 \xrightarrow{NaHSO_3} C_6H_5O-CH_2-CH(OH)-CH_2SO_3Na$$
$$\xrightarrow{N(CH_3)_3} C_6H_5O-CH_2-CH(OH)-CH_2-N^+(CH_3)_2-CH_3 \cdot X^- \quad (4-47)$$

$$C_6H_5OH + ClCH_2COONa \longrightarrow C_6H_5OCH_2COONa \quad (4-48)$$

4.SMP 的干燥工艺

前面曾谈到产物的相对分子质量与反应时间有关。因此,将液体的树脂制成粉状产物时,就涉及到了继续反应的问题。如果烘干时间过长,在烘干过程中将进一步反应,最后得到的产物将交联,使产物的溶解性降低或不溶。可见,控制干燥(制粉)过程中进一步反应也应作为合成设计的一部分,采用的制粉方法是尽量缩短干燥时间,采用喷雾干燥和滚筒干燥等都是较有效的方法。

在干燥过程或反应程度达到后,若满足一些反应条件时,还可以发生如下一些反应,如酚核上的羟甲基与其他酚核上的邻位或对位的活性氢反应,失去一分子水,生成亚甲基键[见式(4-49)]。

$$\text{(对-}CH_2OH\text{)}C_6H_2(OH)\text{—} + \text{—}C_6H_3(OH)\text{—}CH_2OH \longrightarrow OH\text{—}C_6H_2\text{—}CH_2\text{—}C_6H(OH)(CH_2OH)\text{—} \quad (4-49)$$

两个酚核上的羟甲基相互反应,失去一分子水,生成苄基醚结构产物[见式(4-50)]。

$$\text{(对-}CH_2OH\text{)}C_6H_2(OH)\text{—} + \text{—}C_6H_3(OH)\text{—}CH_2OH \longrightarrow HO\text{—}C_6H_2\text{—}CH_2\text{—}O\text{—}CH_2\text{—}C_6H_3(OH)\text{—} \quad (4-50)$$

酚羟基和羟甲基缩合[见式(4-51)]。

$$\text{(对-}CH_2OH\text{)}C_6H_2(OH)\text{—} + \text{—}C_6H_3(OH)\text{—} \longrightarrow HO\text{—}C_6H_2\text{—}CH_2\text{—}O\text{—}C_6H_3\text{—} \quad (4-51)$$

亚甲基与羟甲基缩合[见式(4-52)]。

如果体系中存在游离甲醛,则亚甲基与甲醛反应[见式(4-53)]。

利用上述反应可以在 SMP 基础上进一步进行改性,以提高其应用性能。

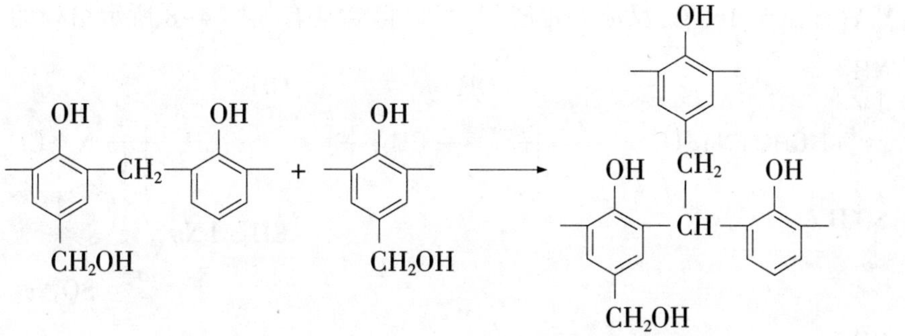

(4-52)

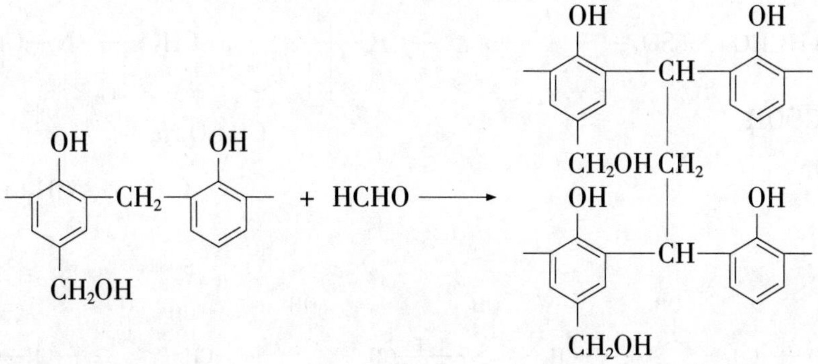

(4-53)

5.其他类型的树脂磺酸盐

在 SMP 的制备中，可以用部分脲素或三聚氰胺代替苯酚生产磺化酚脲醛或磺化酚三聚氰胺甲醛树脂，见图 4-7。

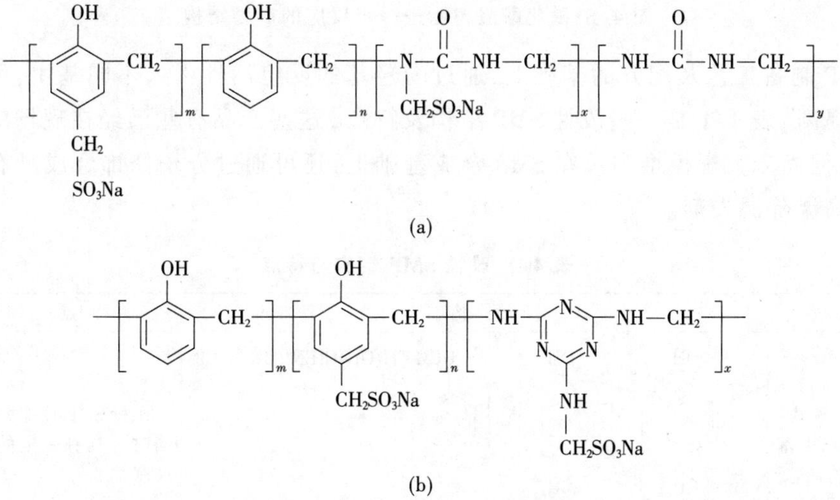

(a)

(b)

图 4-7 其他类型的树脂磺酸盐

但该类树脂的抗温能力赶不上 SMP，且高温后起泡严重，基本没有形成商品。也可以通过式(4-54)和式(4-55)所示方法制备改性的磺甲基酚醛树脂，以提高产物的水化基团数量。

在磺化酚醛树脂的基础上，可以进一步反应，如将质量分数 35%磺甲基化酚醛树脂加入高压反应釜，开动搅拌，然后按配比依次向反应釜中加入环己酮、羟烷基醛、亚硫酸钠、焦亚硫酸钠，原料加完后继续搅拌 15~30min，密封反应釜，升温，在一定温度下保温反应一定时间，然后升温至 160℃，反应一定时间，可以得到具有如图 4-8 所示结构的产物。

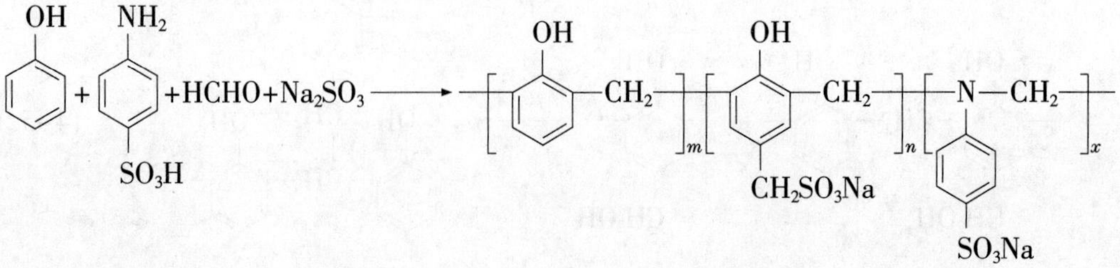

$$\text{苯酚(OH)} + \text{对氨基苯磺酸}(NH_2,\ SO_3H) + HCHO + Na_2SO_3 \longrightarrow [\text{酚(OH)}-CH_2]_m[\text{酚(OH,}\ CH_2SO_3Na)-CH_2]_n[N(\text{苯基-}SO_3Na)-CH_2]_x \quad (4-54)$$

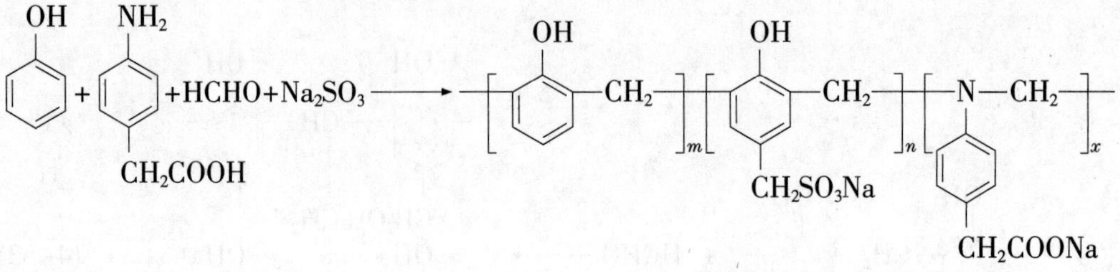

$$\text{苯酚(OH)} + \text{对氨基苯乙酸}(NH_2,\ CH_2COOH) + HCHO + Na_2SO_3 \longrightarrow [\text{酚(OH)}-CH_2]_m[\text{酚(OH,}\ CH_2SO_3Na)-CH_2]_n[N(\text{苯基-}CH_2COONa)-CH_2]_x \quad (4-55)$$

$$HO-[CH_2-\text{酚(OH,}\ CH_2SO_3Na)]_a[CH_2-\text{酚(OH,}\ CH_2OH)]_b[CH_2-\text{酚(OH,}\ HC(SO_3Na)-R-OH)]_c[CH_2-\text{环己酮(}CH(SO_3Na)-R-OH)]_n-CH(OH)-R-OH$$

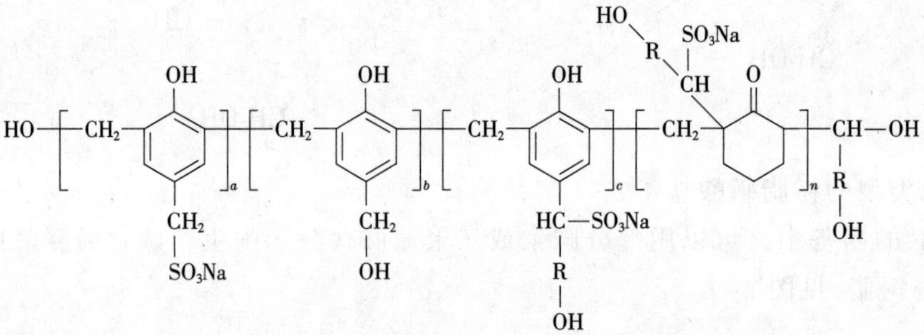

图 4-8 磺化酚醛树脂进一步反应的产物结构

在 SMP 制备工艺及配方的基础上，通过酚羟基的反应活性引入不同基团，可以使其性能进一步提高，表 4-1 是一些改性 SMP 结构及特点。这些产品有些已经在现场应用中见到良好效果，但尚未大规模推广。在 SMP 合成基础上，还可通过分子修饰合成具有良好抗盐能力的超高温降滤失剂。

表 4-1 改性 SMP 结构与特点

名 称	结 构	特 点	实施情况
磺化-3-苯氧基-2-羟基丙基三甲基氯化铵酚醛树脂	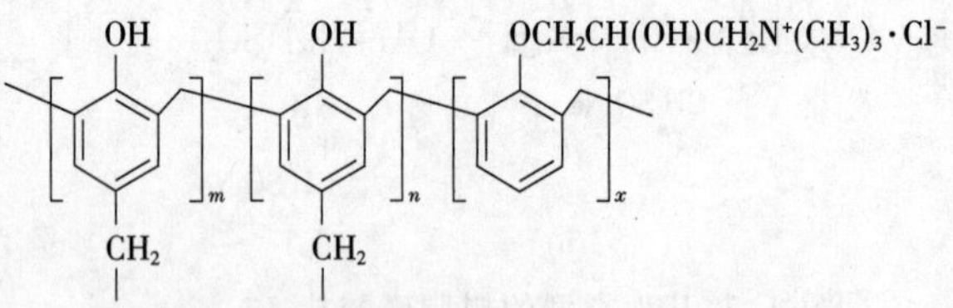 $[\text{酚(OH,}\ CH_2SO_3Na)]_m[\text{酚(OH,}\ CH_2OH)]_n[\text{苯基-}OCH_2CH(OH)CH_2N^+(CH_3)_3\cdot Cl^-]_x$	保持 SMP 性能的同时，具有一定的抑制性	工业化
磺化苯氧乙酸苯酚甲醛树脂	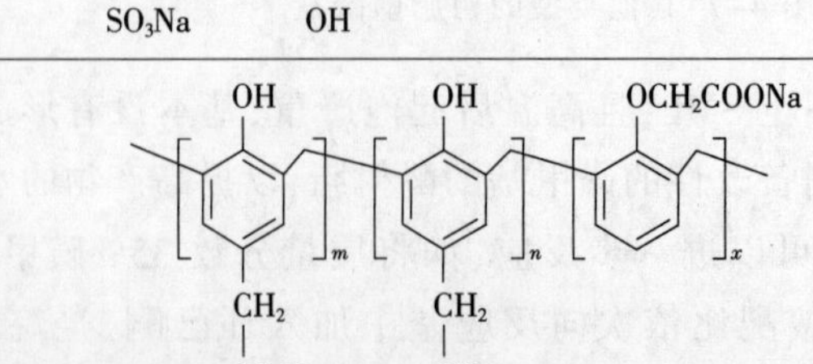 $[\text{酚(OH,}\ CH_2SO_3Na)]_m[\text{酚(OH,}\ CH_2OH)]_n[\text{苯基-}OCH_2COONa]_x$	抗盐能力进一步提高，同等条件下降高温高压滤失量优于 SMP	小 试

续表

名称	结构	特点	实施情况
磺化-3-苯氧基-2-羟基丙磺酸钠苯酚甲醛树脂	$\left[\text{C}_6\text{H}_2(\text{OH})(\text{CH}_2\text{SO}_3\text{Na})\text{CH}_2\right]_m\left[\text{C}_6\text{H}_2(\text{OH})(\text{CH}_2\text{OH})\text{CH}_2\right]_n\left[\text{C}_6\text{H}_3(\text{OCH}_2\text{CH(OH)CH}_2\text{SO}_3\text{Na})\text{CH}_2\right]_x$	抗盐、抗温能力进一步提高	室内
磺化聚氧乙烯苯酚醚-苯酚甲醛树脂	$\left[\text{C}_6\text{H}_2(\text{OH})(\text{CH}_2\text{SO}_3\text{Na})\text{CH}_2\right]_m\left[\text{C}_6\text{H}_2(\text{OH})(\text{CH}_2\text{OH})\text{CH}_2\right]_n\left[\text{C}_6\text{H}_3(\text{O(CH}_2\text{CH}_2\text{O)}_n\text{H})\text{CH}_2\right]_x$	提高抗盐能力	室内

这些产品的生产工艺与SMP基本相同，只是在反应过程中的某一阶段稍有差异。

除了磺化酚醛树脂外，还有一类重要的产品即磺化丙酮-甲醛缩聚物，它是一种专为高温下固井开发的水泥高温分散减阻剂，近年来广泛应用于混凝土减水剂。就其结构看，如果进一步提高其相对分子质量，控制不同类型的基团比例，则可以用作抗高温抗盐的钻井液处理剂。其反应过程见式(4-56)~式(4-63)。

$$Na_2SO_3+H_2O \longrightarrow NaHSO_3+NaOH \tag{4-56}$$

$$H_3C-\overset{\displaystyle O}{\overset{\|}{C}}-CH_3+NaHSO_3 \longrightarrow H_3C-\underset{\displaystyle CH_3}{\underset{|}{\overset{\displaystyle OH}{\overset{|}{C}}}}-SO_3Na \tag{4-57}$$

$$H_3C-\overset{\displaystyle O}{\overset{\|}{C}}-CH_3+HCHO \longrightarrow HO-CH_2-CH_2-\overset{\displaystyle O}{\overset{\|}{C}}-CH_2-CH_2-OH \tag{4-58}$$

$$HO-CH_2-CH_2-\overset{\displaystyle O}{\overset{\|}{C}}-CH_2-CH_2-OH+NaHSO_3 \longrightarrow$$
$$HO-CH_2-CH_2-\underset{\displaystyle SO_3Na}{\underset{|}{\overset{\displaystyle OH}{\overset{|}{C}}}}-CH_2-CH_2-OH \tag{4-59}$$

$$HO-CH_2-CH_2-\overset{\displaystyle O}{\overset{\|}{C}}-CH_2-CH_2-OH \xrightarrow{\triangle}$$
$$HO\left[CH_2-CH_2-\overset{\displaystyle O}{\overset{\|}{C}}-CH_2-CH_2-O\right]_m H \tag{4-60}$$

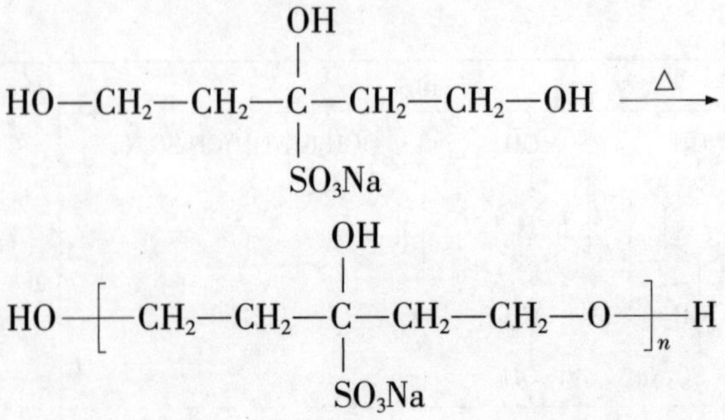

$$HO-CH_2-CH_2-\underset{SO_3Na}{\overset{OH}{C}}-CH_2-CH_2-OH \xrightarrow{\triangle}$$

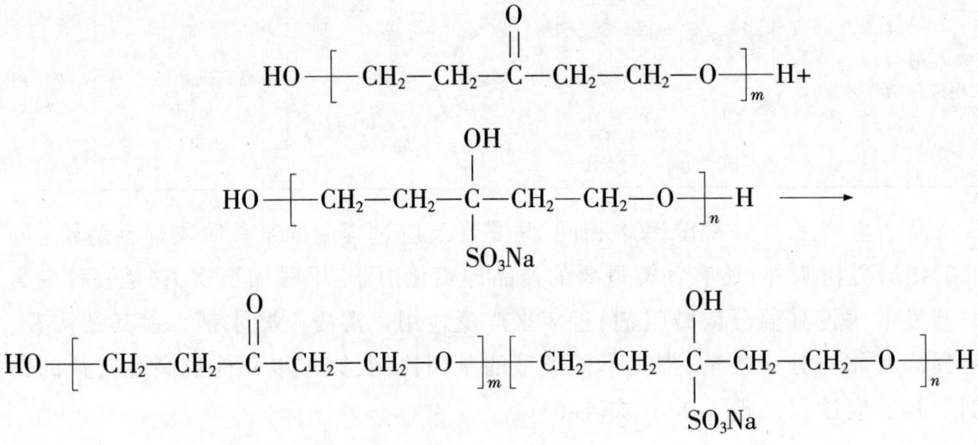

$$HO-\left[CH_2-CH_2-\underset{SO_3Na}{\overset{OH}{C}}-CH_2-CH_2-O\right]_n-H \tag{4-61}$$

$$HO-\left[CH_2-CH_2-\overset{O}{\overset{\|}{C}}-CH_2-CH_2-O\right]_m-H+$$

$$HO-\left[CH_2-CH_2-\underset{SO_3Na}{\overset{OH}{C}}-CH_2-CH_2-O\right]_n-H \longrightarrow$$

$$HO-\left[CH_2-CH_2-\overset{O}{\overset{\|}{C}}-CH_2-CH_2-O\right]_m\left[CH_2-CH_2-\underset{SO_3Na}{\overset{OH}{C}}-CH_2-CH_2-O\right]_n-H \tag{4-62}$$

$$HO-\left[C_2H_4-\overset{O}{\overset{\|}{C}}-C_2H_4-O\right]_m\left[C_2H_4-\underset{SO_3Na}{\overset{OH}{C}}-C_2H_4-O\right]_n-H+H_3C-\underset{CH_3}{\overset{OH}{C}}-SO_3Na \longrightarrow$$

$$H_3C-\underset{CH_3}{\overset{SO_3Na}{C}}-O-\left[C_2H_4-\overset{O}{\overset{\|}{C}}-C_2H_4-O\right]_m\left[C_2H_4-\underset{SO_3Na}{\overset{OH}{C}}-C_2H_4-O\right]_n-\underset{CH_3}{\overset{SO_3Na}{C}}-CH_3 \tag{4-63}$$

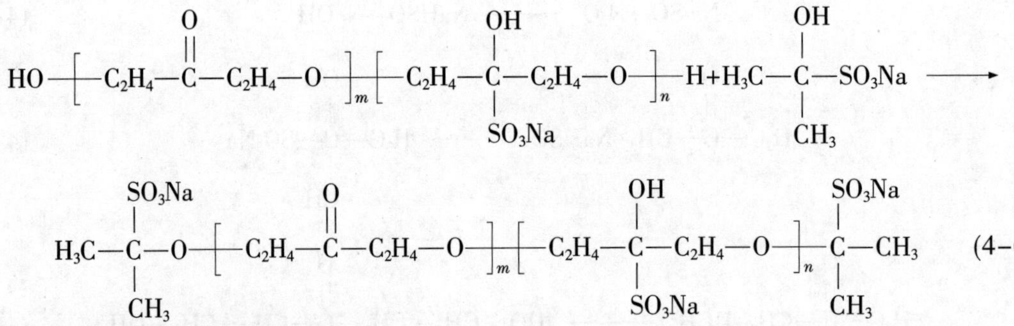

二、乙烯基单体共聚物的合成设计

乙烯基单体聚合物类处理剂是钻井液中用量最大的处理剂之一，其发展相当迅速，最早只是将 PAN 的水解产物及 PAN 和 HPAM 引入钻井液，后来逐步发展为丙烯多元共聚物。丙烯酸多元共聚物用于钻井液处理剂，因其相对分子质量和基团比例的差异可分别用于提黏、流型调节、降滤失、水质稳定和降黏剂。早期使用的聚合物是阴离子型产品，随着钻井液工艺技术的发展，逐步开发了两性离子和阳离子处理剂。现从不同方面介绍聚合物类处理剂的设计思路[6~9]。

(一) 链式共聚合反应

1.基本概念

由一种单体进行的链式聚合反应称为均聚反应，其产物为均聚物，由两种或两种以上单体进行的链式聚合反应成为共聚反应，相应地，其产物成为共聚物。

共聚物不是由几种单体各自生成的聚合物的混合物，而是在聚合物的分子链结构中同时含有这几种单体单元。通过共聚反应吸取几种均聚物的长处，改进多种性能，如溶解性能、抗温性能和抗盐性能等，从而获得综合性能优良的聚合物。

共聚物根据所含单体单元种类的多少可分为二元共聚物、三元共聚物等，依此类推。二元共聚物根据单体单元在分子链上的排列方式可分 4 类：无序(规)共聚物、交替共聚物、嵌段共聚物和接枝共聚物。

2.共聚物的性能与其组成受单体竞聚率的影响

共聚物的性能与其组成有密切关系，但通常原料单体投料比与所生成的共聚物的组成并不相同，它与单体的竞聚率有关，由于竞聚率的不同将会得到不同组成和性能的产品。

在聚合反应中，通常情况下，由于两种单体的聚合反应速率不同，因此，共聚体系中两单体的物质的量比随反应的进行而不断改变，因此，除恒分共聚外，共聚产物的组成也会随反应的进行而不断改变。因此，假如不加以控制的话，得到的共聚产物的组成不是单一的，存在组成分布的问题。

由于共聚物的性能很大程度上取决于共聚物的组成及其分布，应用上往往希望共聚产物的组成分布尽可能窄，因此在合成时，不仅需要控制共聚物的组成，还必须控制组成分布。

3.影响竞聚率的因素

温度、压力和反应介质等均会影响竞聚率。相对而言，竞聚率受温度和压力的影响小，受反应介质的影响大。反应介质对单体竞聚率的影响较复杂，大致体现在以下几方面。

① 黏度。不同反应介质可能造成体系黏度不同，而在不同黏度下，两单体的扩散性质可能不同，从而改变 r 值。

② pH 值。酸性单体或碱性单体的聚合反应速率与体系 pH 值有关，如丙烯酸与苯乙烯或丙烯酰胺共聚时，丙烯酸会以离解型和非离解型两种反应活性不同的形式平衡存在，pH 值不同会导致平衡状态的改变，r 值也随之改变。

③ 极性。若两种单体极性不同，那么两种单体随溶剂极性改变，其反应活性变化的趋势也会不同，也会使 r 发生改变。

4.单体分子结构与反应性能的关系

单体结构与其竞聚率之间有着密切的关系，单体对某一自由基反应的活性大小是由单体活性和自由基活性两者共同决定的，因此不同单体对同一种自由基或者是同一种单体对不同自由基具有不同的反应活性。

一般越活泼的单体形成的自由基越不活泼。单体和自由基的活性之所以不同是由它们的结构即取代基的结构效应造成的，单体取代基的结构效应对单体活性的影响主要表现在 3 个方面：

① 共轭效应。单体及其自由基的反应活性与其取代基的共轭效应密切相关。取代基的共轭效应越强，自由基就越稳定，活性越小。取代基对自由基的共轭效应强弱如下：—Ph，—$CH=CH_2$>—CN，—COR>—COOR>—Cl>—OCOR，—R>—OR，—H。与之相反，取代基的共轭效应越强，单体的活性越高。

② 位阻效应。自由基链增长反应常数 $k=Ae^{DE/RT}$，取代基的共轭效应主要影响其中的 DE 值，而其空间立阻效应则主要影响式中的 A 值。1，1-二取代单体由于链增长时采用首尾加成方式，单体取代基与链自由基的取代基远离，相对于单取代单体，空间阻碍增加不

大，但共轭效应明显增强，因而单体活性增大。

③ 极性效应。取代基的极性也会影响单体和自由基的活性。如推电子取代基使烯烃分子的双键带有部分的负电性；而吸电子取代基则使烯烃分子双键带部分正电性，因此带强推电子取代基的单体与带强吸电子取代基的单体组成的单体对由于取代基的极性效应，正负相吸，因而容易加成发生共聚，并且这种极性效应使得交叉链增长反应的活化能比同系链增长反应低，因而容易生成交替共聚物。

5.自由基聚合的基元反应

丙烯酸等烯类单体的自由基聚合反应一般由链引发、链增长、链终止等基元反应组成。此外，还可能伴有链转移反应。现将各基元反应及其主要特征介绍如下。

(1) 链引发

链引发反应是形成单体自由基活性种的反应。用引发剂引发时，将由下列两步组成：引发剂 I 分解，形成初级自由基 R·[见式(4-64)]；初级自由基与单体加成，形成单体自由基[见式(4-65)]。单体自由基形成以后，继续与其他单体加聚，而使链增长。

$$\mathrm{I} \longrightarrow \mathrm{R}\cdot \tag{4-64}$$

$$\mathrm{R}\cdot + \mathrm{CH_2}{=}\underset{\substack{|\\ \mathrm{X}}}{\mathrm{CH}} \longrightarrow \mathrm{R{-}CH_2{-}}\underset{\substack{|\\ \mathrm{X}}}{\dot{\mathrm{C}}\mathrm{H}} \tag{4-65}$$

式中：X=COOH，$CONH_2$。

(2) 链增长

在链引发阶段形成的单体自由基仍具有活性，能打开第二个烯类分子的 π 键，形成新的自由基。新自由基活性并不衰减，继续和其他单体分子结合成单元更多的链自由基。这个过程称为链增长反应，实际上是加成反应[见式(4-66)]。

$$\mathrm{R{-}CH_2{-}}\underset{\substack{|\\ \mathrm{X}}}{\dot{\mathrm{C}}\mathrm{H}} + \mathrm{CH_2}{=}\underset{\substack{|\\ \mathrm{X}}}{\mathrm{CH}} \longrightarrow$$

$$\mathrm{R{-}CH_2{-}}\underset{\substack{|\\ \mathrm{X}}}{\mathrm{CH}}\mathrm{{-}CH_2{-}}\underset{\substack{|\\ \mathrm{X}}}{\dot{\mathrm{C}}\mathrm{H}} \longrightarrow \cdots\cdots \longrightarrow \sim\!\sim\mathrm{CH_2{-}}\underset{\substack{|\\ \mathrm{X}}}{\dot{\mathrm{C}}\mathrm{H}} \tag{4-66}$$

链增长反应有两个特征：一是放热反应，二是增长活化能低，增长速率极高，在 0.01s 至数秒钟内，就可以使聚合度达到数千，甚至上万。这样高的速率是难以控制的，单体自由基一经形成，立刻与其他单体分子加成，增长成活性链，而后终止成大分子。因此，聚合体系内往往由单体和聚合物两部分组成，不存在聚合度递增的一系列中间产物。

(3) 链终止

自由基活性高，有相互作用而终止的倾向。终止反应有偶合终止和歧化终止两种方式。

两链自由基的独电子相互结合成共价键的终止反应称为偶合终止。偶合终止结果，大分子的聚合度为链自由基重复单元数的两倍。用引发剂引发并无链转移时，大分子两端均为引发剂残基[见式(4-67)]。

$$\sim\!\sim\mathrm{CH_2{-}}\underset{\substack{|\\ \mathrm{X}}}{\dot{\mathrm{C}}\mathrm{H}} + \mathrm{H}\underset{\substack{|\\ \mathrm{X}}}{\dot{\mathrm{C}}}\mathrm{{-}CH_2}\sim\!\sim \xrightarrow{\text{偶合}} \sim\!\sim\mathrm{CH_2{-}}\underset{\substack{|\\ \mathrm{X}}}{\mathrm{CH}}\mathrm{{-}}\underset{\substack{|\\ \mathrm{X}}}{\mathrm{CH}}\mathrm{{-}CH_2}\sim\!\sim \tag{4-67}$$

某链自由基夺取另一自由基的氢原子或其他原子的终止反应，则称为歧化终止。歧化终止结果，聚合度与链自由基中单元数相同，每个大分子只有一端为引发剂残基，另一端为饱和或不饱和，两者各半[见式(4-68)]。

$$\sim\sim CH_2-\underset{X}{\underset{|}{\dot{C}H}}+\underset{X}{\underset{|}{H\dot{C}}}-CH_2\sim\sim \xrightarrow{\text{歧化}} \sim\sim CH_2-\underset{X}{\underset{|}{CH_2}}+\underset{X}{\underset{|}{HC}}=CH\sim\sim \tag{4-68}$$

根据上述特征，应用含有标记原子的引发剂，结合相对分子质量测定，可以求出偶合终止和歧化终止的比例。

链终止方式与单体种类和聚合条件有关。一般单取代乙烯基单体聚合时以偶合终止为主，而二元取代乙烯基单体由于立体阻碍难于双基偶合终止。

在聚合产物不溶于单体或溶剂的非均相聚合体系中，聚合过程中，聚合产物从体系中沉析出来，链自由基被包藏在聚合物沉淀中，使双基终止成为不可能，从而表现为单分子链终止。

此外，链自由基与体系中破坏性链转移剂反应生成引发活性很低的新自由基，使聚合反应难以继续，也属单分子链终止。

链终止和链增长是一对竞争反应。从一对活性链的双基终止和活性链—单体的增长反应比较，终止速率显然远大于增长速率。

任何自由基聚合都有上述链引发、链增长、链终止三步基元反应。其中，引发速率最小的反应是控制整个聚合速率的关键。

(二) 乙烯基单体共聚物处理剂的合成设计

1.处理剂(聚合物)的性能与所处理的钻井液性能的关系

要设计出合适的产品，首先应当弄清楚聚合物自身的性能与用其所处理钻井液性能的关系。因为只有明确了处理剂与钻井液性能的关系后才能为设计所需的产品提供依据，现首先结合实际需要，就钻井液对聚合物处理剂的要求和聚合物性能与所处理钻井液性能之间的关系进行分析，以此作为处理剂设计的基本依据。

① 钻井液对聚合的要求：在钻井液体系中，可以溶解或分散，如用于水基钻井液的产品首先要能溶于水；有适当的相对分子质量和相对分子质量分布；有适量的吸附基和水化基，且吸附基高温稳定性好，水化基对盐敏感性弱；热稳定性好，剪切稳定性强；不盐析或能够很好地溶解于盐水；与其他处理剂配伍性好；对环境无影响或影响小；原料来源广、生产工艺简单。

② 聚合物相对分子质量与产物处理钻井液性能的关系。对于同一种单体，其均聚或与其他单体的共聚物在基团比例一定时，因相对分子质量的不同在钻井液中所起的作用也不同。相对分子质量的大小可以通过控制引发剂类型与用量、单体含量、溶剂类型和反应温度等因素来加以控制。在合成低相对分子质量产物时，还需加入适量的相对分子质量调节剂(异丙醇是常用的相对分子质量调节剂之一)。在合成高相对分子质量的产品时，则要求单体的纯度尽可能高。结合实践及经验，相对分子质量与聚合物用途的关系见表 4-2。

③ 分子中吸附基和水化基团的比例与所处理钻井液性能的关系。用于钻井液处理剂的聚合物，相对分子质量适当是前提，合理的基团分布亦很关键。一般来讲，作为降黏剂的

产物分子中的基团以水化基团为主,作为降滤失剂时则要求水化基和吸附基相当或水化基团略高于吸附基团,而用于调节流型、包被或絮凝时则以吸附基团为主,相对分子质量一定时基团比例与产物的性能关系见表4-3。

表4-2 相对分子质量与聚合物用途的关系

相对分子质量/10^4	主要用途	相对分子质量/10^4	主要用途
≥600	增黏、防塌、包被	5~20	降滤失量、降黏
300~600	调流型、选择性、絮凝、降失水	0.3~1	降 黏
50~300	降滤失量、增黏		

表4-3 基团比例与产物作用的关系

吸附基:水化基	作 用				
	降 黏	降滤失	增 黏	絮凝、包被	流变性调节
1:9	+	++	++		
2:8	+	++	++		
3:7		+++	++		
4:6		++++	+++	+	++
5:5		++++	+++	+	+++
6:4		++++	++++	++	++++
7:3		+++	+++	+++	+++
8:2		+	+	++++	++

注:"+"多少表示作用的强弱。

④ 基团的类型与产物所处理钻井液性能的关系。处理剂分子上的吸附基团的热稳定性会影响到产物的抗盐性能,通常是基团的热稳定越高,抗温能力越强,基团的热稳定表现为长时间高温后基团不发生变异(或发生水解)等。处理剂分子上的水化基团的耐盐污能力,关系到产物的抗盐、抗钙性能,当处理剂分子上的水化基团对高价金属离子不敏感时,则产物的抗污能力就越强。对于聚合物类处理剂,水化基团主要有羧酸基和磺酸基,其中磺酸基的抗盐能力较强。

在处理剂合成中可通过改变吸附基和水化基团的比例来设计不同用途的产品,由于不同单体的竞聚率不同,基团比例不能仅简单的由原料配比来定。

⑤ 分子链结构与处理剂所处理钻井液性能的关系。聚合物的分子链以—C—C—键相连,热稳定性好,这就决定了聚合类处理剂具有较强的抗温能力,碳链聚合物的热分解温度通常大于250℃以上,在钻井液中一般可抗温180℃以上。为了提高处理剂的抗温能力,则采用含环状结构或超支化结构更为有利。

2.丙烯酸多元共聚物应用于钻井液的依据

在钻井液用化学品中,用量最大的产品之一是丙烯酸与丙烯酰胺等单体共聚得到的多元共聚物。丙烯酸多元共聚物之所以能在钻井液处理剂中占主导地位,关键在于:

① 其分子主链以—C—C—键相连,热稳定性好;

② 因其分子为一条长链,在钻井液中通过多点吸附形成的空间结构具有良好的剪切稀释特性,保证钻井液良好的携砂能力,并充分发挥钻头水马力;

③ 分子链上的基团比例可以根据需要通过单体配比和反应条件的改变很容易调整;

④ 羧基的强水化特征使产物具有良好的水溶性；

⑤ 可以通过改变产物的相对分子质量使其起到增黏、包被、絮凝、流变性调节、降滤失和降黏等不同的作用；

⑥ 可以通过选择共聚单体而在分子主链上引入多种水化基团和吸附基团；

⑦ 反应过程易于控制，容易得到不同相对分子质量的产物，生产工艺简单；

⑧ 原料来源充分，单体价格相对较低，单体聚合活性高。

3.原料(单体)的选择

由于聚合物类处理剂主要用作水基钻井液体系，故产物应能溶于水，这就要求使用的原料为水溶性单体，或单体的聚合物经处理后可溶于水(如 AN、VAC 等)。表 4-4 给出了一些不同类型的功能的单体。在合成设计聚合物处理时，可根据单体的性能，采用均聚和共聚合的方法制备一系列不同用途的钻井液处理剂。

表 4-4 一些常用单体及其在处理剂中的功能

单体类型	名 称	主要基团及功能	备 注
阴离子型	丙烯酸(AA)	$—COO^-$，用作水化基团	抗高价离子能力弱
	马来酸(酐)(MA)		
	甲基丙烯酸(MAA)		
	衣康酸(IA)		
	苯乙烯磺酸钠(SS)	$—SO_3^-$，用作水化基团	提高产物的抗污染能力，改善抗温性能
	丙烯磺酸钠(AS)		
	2-丙烯酰胺基-2-甲基丙磺酸(AMPS)		
	2-丙烯酰氧-2-甲基丙磺酸(AOPS)		
非离子型	醋酸乙烯酯(VAC)	—OH，用作吸附基团	AN、AM 水解后可得到阴离子基团
	丙烯酰胺(AM)		
	N,*N*-二甲基丙烯酰胺(DMAM)		
	丙烯腈(AN)		
阳离子型	二甲基二烯丙基氯化铵(DMDAAC)	强吸附基团	改善产物的综合性能提高防塌抑制能力
	三甲基烯丙基氯化铵(TMAAC)		
	甲基丙烯酰胺基丙基三甲基氯化铵(MPTMA)		
	丙烯酸氧乙基三甲基氯化铵(DAC)		

4.溶剂和引发剂的选择

由于用于钻井液的产品多数为水溶性产物，单体多为水溶性，故通常以水作溶剂，水的纯度则根据聚合物的相对分子质量来选择，一般可以采用自来水，生产高分子或超高相对分子质量的处理剂则选择去离子水。采用水溶性的过硫酸盐或过硫酸盐/亚硫酸盐氧化还原引发体系，有时也以高价锰盐与亚硫酸盐组成的氧化还原引发体系。在合成高相对分子质量产品时也可以采用水溶性偶氮引发剂，或水溶性偶氮与过硫酸盐联用。

5.聚合方式的选择

丙烯酸多元共聚物的合成通常采用溶液聚合和反相乳液聚合法生产，使用的溶剂主要为水。液体的聚合产物经烘干、粉碎得粉状产品。大多数情况下烘干过程中会影响产品的相对分子质量和溶解性。在制备高相对分子质量且对溶解速度有特殊要求的产品时，如 PAM 可采用反相乳液聚合的方法生产。因所得乳液可直接使用，加之乳液中有效物含量高

(30%以上),在水中分散快,现场应用方便。钻井液用聚合物生产多数以水为溶剂采用溶液聚合,反应中单体含量的差别会造成产物的相对分子质量与相对分子质量分布、单体与转化率的差异。表 4-5 是采用水溶液聚合时,反应混合液中单体含量与对应的反应产物性能的关系。

表 4-5 单体含量不同与反应及反应产物性能的对应关系

单体质量分数,%	反应描述	产物的状态	相对分子质量与分布描述	单体转化率
<10	反应慢,体系黏度逐步增加	黏稠溶液或胶体状	相对分子质量较大(一般在 400×10^4 以上),分布较窄	较高
10~35	反应较慢、体系黏度增加快	凝胶状产物	相对分子质量在 300×10^4 以上,分布较宽	高
35~55	反应快、一般数分钟即可完成	凝胶至半干状产物	相对分子质量适中(150×10^4 以上)	较高
>55	爆聚、溶剂瞬间大量蒸发	基本干燥产物	相对分子质量较小(150×10^4 以下)	低

(三) 高分子化学反应改性

1.聚丙烯酰胺和聚丙烯腈的水解反应

聚丙烯酰胺可在氢氧化钠水溶液中,通过水解反应生成分子链上含有部分羧酸基的水解聚丙烯酰胺,进一步水解可得到聚丙烯酸[见式(4-69)]。

$$\left[\mathrm{CH_2{-}\underset{\displaystyle CONH_2}{\underset{|}{CH}}}\right]_{m+n} \longrightarrow \left[\mathrm{CH_2{-}\underset{\displaystyle CONH_2}{\underset{|}{CH}}}\right]_m\left[\mathrm{CH_2{-}\underset{\displaystyle COO^-}{\underset{|}{CH}}}\right]_n \longrightarrow \left[\mathrm{CH_2{-}\underset{\displaystyle COO^-}{\underset{|}{CH}}}\right]_{m+n} \tag{4-69}$$

所得产物随着水解度由小到大,可以分别起到絮凝、增黏和降滤失等作用。将所得水解产物在氯化钙溶液中沉淀,烘干,粉碎可制得聚丙烯酸钙(CPA)产品。CPA 是一种耐温抗盐的降滤失剂。将氢氧化钠换为氢氧化钾则可以得到聚丙烯酸钾产品,该产物是一种防塌剂和井壁稳定剂,俗称大钾。

聚丙烯腈在碱性条件下,于 90~100℃下可以水解成分子链上含有酰胺基、羧酸钠基和氰基的水溶性聚合物[见式(4-70)]。

$$\left[\mathrm{CH_2{-}\underset{\displaystyle CN}{\underset{|}{CH}}}\right]_{m+n+x} \longrightarrow \left[\mathrm{CH_2{-}\underset{\displaystyle CONH_2}{\underset{|}{CH}}}\right]_m\left[\mathrm{CH_2{-}\underset{\displaystyle COO^-}{\underset{|}{CH}}}\right]_n\left[\mathrm{CH_2{-}\underset{\displaystyle CN}{\underset{|}{CH}}}\right]_x \tag{4-70}$$

如将氢氧化钠换为氢氧化钾则可以得到水解聚丙烯腈钾产品。水解聚丙烯腈经过氧化降解可以得到具有降黏作用的产品。

聚丙烯腈也可以在 150~180℃,压力 1.5~2.0MPa 下直接水解而得到分子链上含有酰胺基、羧酸铵基和氰基的水溶性聚合物,即水解聚丙烯腈铵盐[见式(4-71)]。

$$\left[\mathrm{CH_2{-}\underset{\displaystyle CN}{\underset{|}{CH}}}\right]_{m+n+x} \longrightarrow \left[\mathrm{CH_2{-}\underset{\displaystyle CONH_2}{\underset{|}{CH}}}\right]_m\left[\mathrm{CH_2{-}\underset{\displaystyle COONH_4}{\underset{|}{CH}}}\right]_n\left[\mathrm{CH_2{-}\underset{\displaystyle CN}{\underset{|}{CH}}}\right]_x \tag{4-71}$$

2.聚丙烯酰胺的磺化反应

聚丙烯酰胺可以通过磺化反应在分子链上引入部分磺酸基团以提高产品的抗盐能力和热稳定性[见式(4-72)]。

$$\left[-CH_2-\underset{\displaystyle CONH_2}{\underset{|}{CH}}-\right]_{m+n}+HCHO+NaHSO_3\longrightarrow\left[-CH_2-\underset{\displaystyle CONH_2}{\underset{|}{CH}}-\right]_m\left[-CH_2-\underset{\displaystyle HN-CH_2SO_3Na}{\underset{|}{\underset{\displaystyle C=O}{\underset{|}{CH}}}}-\right]_n \tag{4-72}$$

聚丙烯酰胺也可以通过烷化反应 (与卤代烷反应) 在分子链上引入部分烷基以提高产品的抗温能力和防塌能力[见式(4-73)和式(4-74)]。

$$\left[-CH_2-\underset{\displaystyle CONH_2}{\underset{|}{CH}}-\right]_{m+n}+RX\longrightarrow\left[-CH_2-\underset{\displaystyle CONH_2}{\underset{|}{CH}}-\right]_m\left[-CH_2-\underset{\displaystyle R\diagup\;\diagdown R}{\underset{\displaystyle N}{\underset{|}{\underset{\displaystyle C=O}{\underset{|}{CH}}}}}-\right]_n \tag{4-73}$$

$$\left[-CH_2-\underset{\displaystyle CONH_2}{\underset{|}{CH}}-\right]_{m+n}+HCHO+R_2NH+HCl\longrightarrow$$

$$\left[-CH_2-\underset{\displaystyle CONH_2}{\underset{|}{CH}}-\right]_m\left[-CH_2-\underset{\displaystyle HN-CH_2-\overset{\displaystyle R}{\overset{|}{\underset{\displaystyle R}{\underset{|}{N}}}}\cdot HCl}{\underset{|}{\underset{\displaystyle C=O}{\underset{|}{CH}}}}-\right]_n \tag{4-74}$$

(四) 提高聚合物处理剂性能的方法

当前面所述设计不能满足复杂条件下钻井液性能维护处理的需要时,通过聚合物优化设计和新的合成方法的利用,特别是开发专用原料,可以有效提高钻井液处理剂的性能,拓宽钻井液处理剂的开发思路。专用原料和特殊结构的聚合物的研制,更有利于提高处理剂的综合效果,为钻井液技术发展奠定基础[10]。

1.聚合物优化设计

从链结构、基团和相对分子质量等方面进一步优化处理剂分子设计,以提高处理剂的综合性能。在优化分子设计中重点把握链结构和基团设计。

① 链结构设计。在链结构设计方面,重点从处理剂主链结构和支链结构出发,设计梳型、树枝状等结构,以保证处理剂具有良好的性能,特别是提高处理剂的热稳定性和剪切稳定性。

② 基团选择。由于官能团是处理剂分子上起关键作用的基团,赋予聚合物以功能性,其性质直接关系到处理剂的应用性能,故基团选择非常重要。

吸附基团、水化基团在分子中起关键作用,且对产品的性能影响较大,因此选择合适的基团对提高处理剂的抗温抗盐能力很关键。

在酰胺基、羟基、胺基等非离子吸附基团,季铵基或季膦基等阳离子吸附基团中,考虑到高温及水解稳定性,宜选择羟基、胺基和季铵基作为吸附基团。

水化基团主要有磺酸基、羧基和膦酸基。其中,磺酸基、羧基已经比较普遍,膦酸基还很少应用,将是未来的方向。为了提高产物的抗高价金属离子的能力,选用磺酸基、膦酸基作为水化基团。

③ 基团设计。为了满足特殊要求,需要进行基团设计,基团设计中要区分基团选择和设计,选择是基于已有单体,设计是根据需要给出新结构,然后再合成出具有新基团的单体。设计要从提高性能出发,针对分子设计的需要提出如图 4-9 所示结构基团的构想。

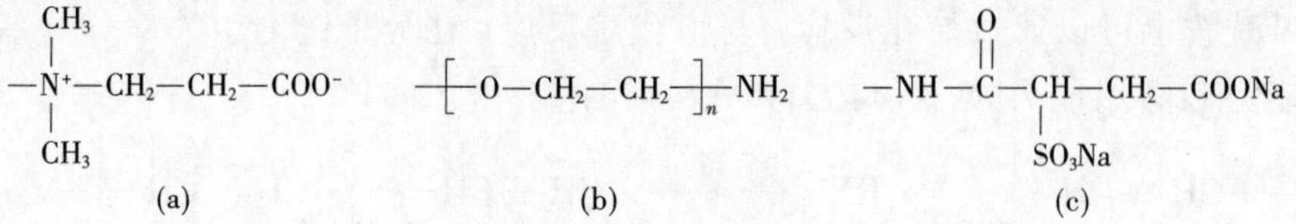

(a) $-N^+(CH_3)_2-CH_2-CH_2-COO^-$

(b) $-[O-CH_2-CH_2]_n-NH_2$

(c) $-NH-C(=O)-CH(SO_3Na)-CH_2-COONa$

图 4-9 基团结构构想

可以通过分子及合成设计来合成具有上述基团的单体或原料。

④ 合成设计。合成设计是在分子设计的基础上,实施处理剂合成的关键。合成设计要围绕目标结构产物、相对分子质量及分布的控制、基团及分布、组成分布、产物性能、工艺的可行性、环保与节能等方面,并根据需要采用不同的化学反应或方法,如活性可控聚合、高分子化学反应、有机单元反应等均可以采用。

2.专用原料(单体)研制

针对提高聚合物处理剂性能的需要,研制专用原料(单体),首先要考虑基团,核心是使其能够满足提高钻井液处理剂性能的需要,且稳定性更好,价格适当或合成出产品的性价比更有优势。其次,考虑单体的实施、聚合特性、聚合物的性能。单体的实施、聚合特性涉及到单体及聚合物的合成,包括合成实施的基础,反应可行,同时方法不能太复杂,有利于工业化。聚合物的性能主要是考虑其结构应能够满足处理剂抗温抗盐的要求,使处理剂具有良好的热稳定性。

针对处理剂开发的需要,在单体(原料)方面已经开展了卓有成效的工作,目前已经形成工业化、小试及研究的单体及其特点见表 4-6。

对于表 4-6 中所列的一些有价值的单体, 应在室内研究探索的基础上, 优化配方,完善工艺,尽快实施工业化。有些单体虽然已经实施了工业生产,但产品生产工艺复杂,产品收率低、成本高,制约了进一步应用,因此还需要在合成方法与工艺上继续攻关,尽快形成经济可行的生产工艺,为处理剂开发提供原料。

三、天然化合物或高分子材料的改性

天然化合物或高分子材料来源丰富,价格低廉,加工方便,是可供生产钻井液处理剂的绿色资源。可利用的天然化合物或高分子材料主要有纤维素、淀粉、木质素、栲胶和褐煤等。在这些材料中纤维素、淀粉、木质素等不溶于水,显然不能直接用于钻井作业流体中,栲胶、褐煤等虽然在水中可溶,然而直接应用时表现为耐温抗盐性差,因此必须经过化学改性(如增加水化基团)来达到既可在水基作业流体中溶解,又具有耐温抗盐的目的。在传统天然材料改性的基础上,可以通过以下方法,对天然材料进行深度改性,以达到提高天然材料改性处理剂综合性能的目的[11]。

(一) 高分子化学反应改性

纤维素、淀粉、木质素、栲胶、褐煤等分子均具有化学反应活性,因此可通过高分子化学反应,在分子中引入水化基团或耐温抗盐之基团,以达到可水溶和抗盐的目的。

表 4-6 已研制或待研制开发的单体结构、特点及实施情况

类 型	名 称	结 构	特 点	实施情况
阴离子	2-丙烯酰胺基-2-甲基丙磺酸(AMPS)	$CH_2{=}CH-C(=O)-NH-C(CH_3)_2-CH_2SO_3H$	易聚合,提高聚合物的抗温、抗盐能力	工 业
	2-丙烯酰胺基十二烷基磺酸($AMC_{12}S$)	$CH_2{=}CH-C(=O)-NH-CH(CH_2(CH_2)_8CH_3)-CH_2SO_3H$	两亲单体,具有疏水缔合作用,热稳定性好,抗盐	小 试
	2-丙烯酰胺基十四烷基磺酸($AMC_{14}S$)	$CH_2{=}CH-C(=O)-NH-CH(CH_2(CH_2)_{10}CH_3)-CH_2SO_3H$		
	2-丙烯酰胺基十六烷基磺酸($AMC_{16}S$)	$CH_2{=}CH-C(=O)-NH-CH(CH_2(CH_2)_{12}CH_3)-CH_2SO_3H$		
	丙烯酰氧丁基磺酸(AOBS)	$CH_2{=}CH-C(=O)-O-CH_2-CH_2-CH_2-CH_2-SO_3H$	易聚合,提高聚合物的抗温、抗盐能力	工 业
	2-丙烯酰氧-2-甲基丙磺酸(AOMPS)	$CH_2{=}CH-C(=O)-O-C(CH_3)_2-CH_2SO_3H$	易聚合,提高聚合物的抗温、抗盐能力	工 业
非离子	*N*,*N*-二甲基丙烯酰胺(DMAM)	$CH_2{=}CH-C(=O)-N(CH_3)_2$	水解稳定性好,有利于提高产物的抗温能力;缺点是难以得到高相对分子质量的产品	工 业
	N,*N*-二乙基丙烯酰胺(DEAM)	$CH_2{=}CH-C(=O)-N(CH_2CH_3)_2$		小 试
	异丁基丙烯酰胺(IBAM)	$CH_2{=}CH-C(=O)-NH-CH-CH(CH_3)-CH_3$		
	乙烯基甲基乙酰胺(VMA)	$CH_2{=}CH-N(CH_3)-C(=O)-CH_3$	水解稳定性好	小 试
阳离子	二甲基二烯丙基氯化铵(DMDAAC)	$(CH_2{=}CH-CH_2)_2N^+(CH_3)_2\cdot Cl^-$	单体聚合活性低,有链转移倾向,无法得到高相对分子质量产物	工 业
	二乙基二烯丙基氯化铵(DEDAAC)	$(CH_2{=}CH-CH_2)_2N^+(CH_2CH_3)_2\cdot Cl^-$		
	甲基丙烯酸二甲胺基乙酯(DAM)	$CH_2{=}C(CH_3)-C(=O)-O-CH_2-CH_2-N(CH_3)_2$	单体聚合活性高,纯度高,可以得到高相对分子质量产物	工 业
	丙烯酸二甲胺基乙酯(DA)	$CH_2{=}CH-C(=O)-O-CH_2-CH_2-N(CH_3)_2$		
	甲基丙烯酰氧乙基三甲基氯化胺(DMC)	$CH_2{=}C(CH_3)-C(=O)-O-CH_2-CH_2-N^+(CH_3)_2-CH_3\cdot Cl^-$		

1.纤维素、淀粉的醚化反应

纤维素、淀粉具有相似的分子结构，可通过相同的高分子化学反应进行改性，得到不同的醚化产物，表 4-7 是有关的改性方法。

表 4-7 纤维素、淀粉改性方法

方法	主要原料	反应所用溶剂	所得产物名称	工业化情况
羧甲基化	氯乙酸、烧碱	醇或水	羧甲基纤维素(CMC)、羧甲基淀粉(CMS)	工业化
羟乙(丙)基化	环氧乙烷、环氧丙烷、烧碱	醇	羟乙(丙)基纤维素、羟乙(丙)基淀粉	工业化
羧乙基化	丙烯腈、烧碱	醇	羧乙基纤维素、羧乙基淀粉	小试
羧甲基氰乙基化	氯乙酸、丙烯腈、烧碱	醇	羧甲基氰乙基纤维素	小试
磺乙基化	2-卤代乙磺酸钠、烧碱	醇	磺乙基淀粉	小试
其他	环氧氯丙烷、亚硫酸氢钠、烧碱	醇	2-羟基-3-磺酸基丙基淀粉醚	小试

在淀粉醚化反应中或醚化反应前，采用表卤醇或醛等进行适当的交联反应，可以提高淀粉醚化产物水溶液的黏度和高温稳定性，但在合成过程中必须控制交联剂用量，用量小则起不到应有的作用，用量大则会因为过度交联降低水溶液黏度和产物的溶解性。

2.木质素、褐煤、栲胶的磺化反应

木质素、褐煤和栲胶等可以通过磺化或磺甲基化反应在分子链上引入磺酸基团，通常采用的磺化剂为亚硫酸盐，在甲醛存在时可以发生磺甲基化反应。

木质素可以在高温下通过磺化制得木质素磺酸盐[见式(4-75)]。

$$L+NaHSO_3 \xrightarrow{\triangle} L-SO_3Na \tag{4-75}$$

工业上所用的木质素磺酸盐主要来源于酸化纸浆废液浓缩物。

褐煤、栲胶等可以通过磺甲基化反应，引入耐盐性好的磺酸基团，从而赋予产品以良好的水溶性和耐温抗盐能力[见式(4-76)]。

$$P+HCHO+NaHSO_3 \xrightarrow[\triangle]{OH^-} P-CH_2SO_3Na \tag{4-76}$$

上述磺甲基反应一般在 70~100℃、常压下进行，反应时间一般为 3~6h。

(二) 接枝共聚改性

聚合物的接枝反应通常是在高分子主链上连接不同组成的支链，可分为两种方式：一是在高分子主链上引入引发活性中心，引发单体聚合形成支链，包括链转移反应法、大分子引发剂法、辐射接枝法。二是通过功能基反应把带末端功能基的支链连接到带侧基功能基的主链上。

1.天然材料与烯类单体的接枝共聚

将天然高分子材料与水溶性的乙烯基单体，如丙烯酸、丙烯酰胺等通过接枝共聚制得水溶性的接枝共聚物[见式(4-77)]。

$$P+CH_2{=}CH{-}R \xrightarrow{\text{引发剂}} P\left[\!-CH_2-\underset{\displaystyle R}{\underset{|}{CH}}-\right]_m \tag{4-77}$$

式中：R=—$CONH_2$，—COO^-。

也可以用一些天然高分子材料与 AN、VAc 制备接枝共聚物，再经水解而制得水溶性的高分子材料[见式(4-78)]。

$$P+CH_2{=}CH{-}R \xrightarrow{\text{引发剂}} P{\left[CH_2{-}\underset{\displaystyle R}{\underset{|}{CH}} \right]}_m \xrightarrow[\triangle]{NaOH} P{\left[CH_2{-}\underset{\displaystyle R'}{\underset{|}{CH}} \right]}_m \tag{4-78}$$

式中:R=—CN,—OCOCH$_3$;R′=—COO$^-$,—OH。

在上述反应中,可以采用高价金属盐与高分子骨架反应生成大分子自由基引发单体聚合接枝,也可以采用链转移接枝共聚的方法(以过硫酸盐为引发剂)。

2.天然材料与苯酚、甲醛等缩聚

对于磺化木质素、褐煤、栲胶等,可以用苯酚、甲醛、亚硫酸盐反应产物进行共缩聚改性[见式(4-79)],也可以将磺化木质素、栲胶、腐殖酸等与磺甲基酚醛树脂用甲醛交联[见式(4-80)],以进一步提高产物的抗盐性。这类产品有磺化木质素磺化酚醛树脂、磺化褐煤磺化酚醛树脂和磺化栲胶磺化酚醛树脂等。

$$P+C_6H_5OH+HCHO+NaHSO_3 \longrightarrow {\left[C_6H_2(OH)(CH_2SO_3Na){-}CH_2 \right]}_m{-}P{-}{\left[C_6H_3(OH){-}CH_2 \right]}_n \tag{4-79}$$

$$P+{\left[C_6H_2(OH)(CH_2SO_3Na){-}CH_2 \right]}_m{\left[C_6H_3(OH){-}CH_2 \right]}_n \xrightarrow{HCHO} {\left[C_6H_2(OH)(CH_2SO_3Na){-}CH_2 \right]}_m{\left[C_6H_2(OH)(CH_2{-}P){-}CH_2 \right]}_n \tag{4-80}$$

3.天然高分子在甲醛存在下交联

木质素磺酸盐、褐煤、栲胶等(包括其改性产物)可以在甲醛存在下发生缩合反应制得新的产品。如木质素磺酸盐和栲胶共缩聚可以得到兼具木质素磺酸盐和栲胶双功能的产品,可用作钻井液降黏剂和降滤失剂。

天然高分子材料与甲醛交联的可能机理[12]:

① 甲醛使木质素磺酸与单宁间交联的可能反应机理见式(4-81)~式(4-86)。

$$H{-}\overset{\displaystyle O}{\overset{\|}{C}}{-}H+H^+ \longrightarrow H{-}\overset{\displaystyle OH}{\overset{|}{C^+}}{-}H \tag{4-81}$$

$$\underset{\text{(单宁部分分子结构)}}{\underset{(A)}{\text{HO-黄烷-(3,4-二羟基苯基)}}} \xrightarrow{H{-}\overset{OH}{\overset{|}{C^+}}{-}H} \underset{(B)}{\text{HO-黄烷-[3,4-二羟基-2,5-}(CH_2OH)\text{苯基]}} \tag{4-82}$$

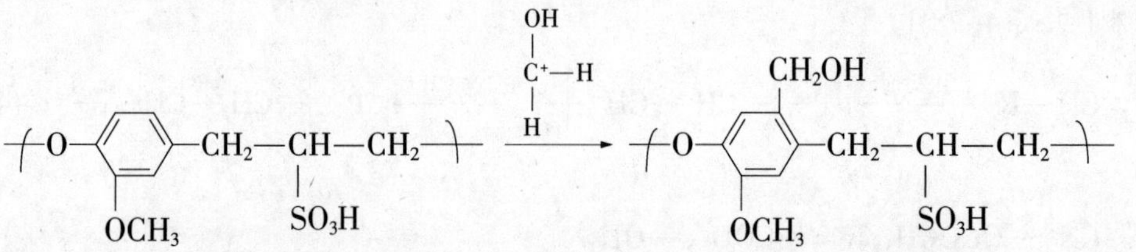

(C) → (D)　　(4-83)

(木质素磺酸的部分结构)

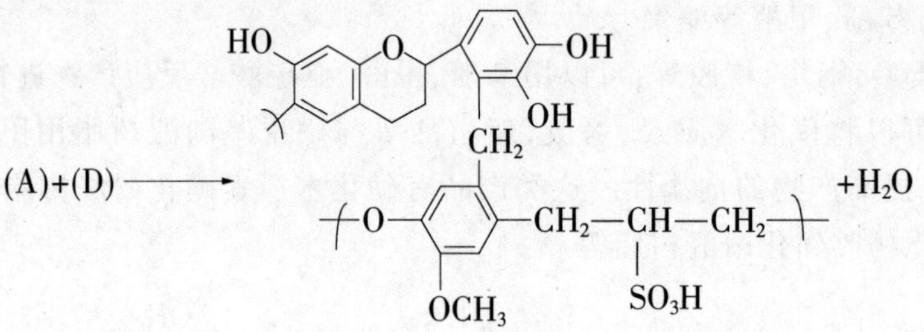

(A)+(D) → $+H_2O$　　(4-84)

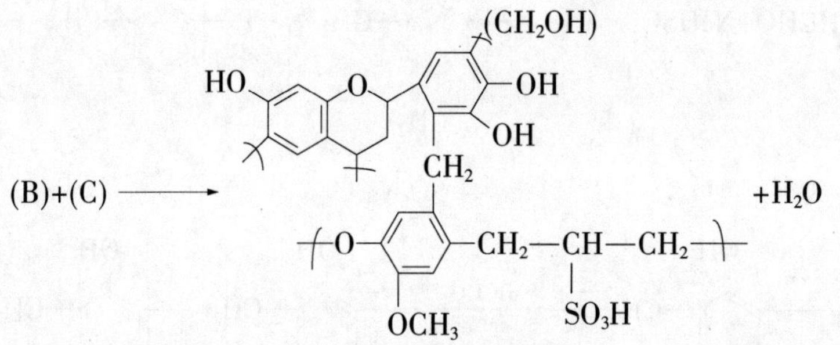

(B)+(C) → $+H_2O$　　(4-85)

(B)+(D) → $+H_2O$　　(4-86)

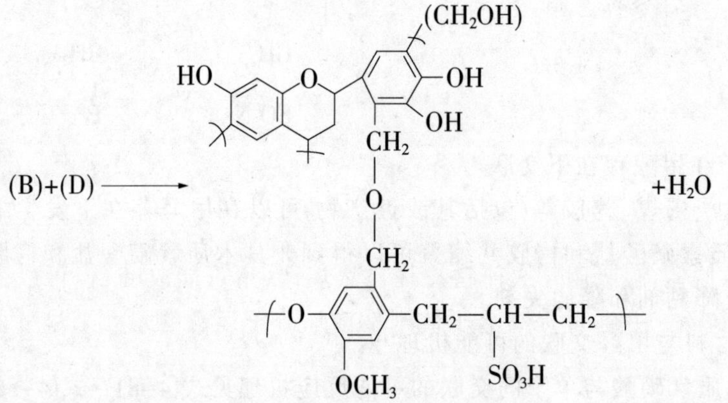

随着合成时甲醛用量增大,合成产物的特性黏数增加,为了控制产物的交联程度,保证产物的效果,合成时甲醛加量应有一合理的范围,可以根据对产物性能的要求来通过确定最佳用量。

② 以甲醛作交联剂,木质素磺酸和褐煤间的交联反应机理和前面情况相近。

4.天然高分子与乙烯基聚合物等的交联改性

褐煤与水解聚丙烯腈、磺化酚醛树脂的交联反应可得到具有抗温抗盐能力的降滤失剂,是制备抗温抗盐降滤失剂的主要途径。

第四节 抗高温钻井液处理剂设计

对于高温钻井液来说,抗高温钻井液处理剂是其核心,因此近年来,国内外研究者根据抗高温水基钻井液的需要,围绕适用于超深井的新型钻井液处理剂研制与开发开展了大量的研究。国外首先针对抗高温钻井液处理剂研制的需要,研制开发或引用了一系列专用的功能性单体,如上一节所述的2–丙烯酰胺基–2–甲基丙磺酸、*N*,*N*–二甲基丙烯酰胺、*N*,*N*–二乙基丙烯酰胺、*N*–乙烯基甲基乙酰胺、*N*–乙烯基乙酰胺,由于这些单体的特殊结构,为研制高性能处理剂提供了原料保证,使抗高温钻井液处理剂的研究取得了较大的进展。本节在抗高温处理剂研制的难点及高温对聚合物的要求分析的基础上,从分子和合成设计两方面对抗温(≥220℃)的处理剂设计进行了讨论,旨在为超高温处理剂的研制提供基础[13]。尽管有些涉及分子设计的内容前面已有介绍,但由于着重点不同,为了完整地理解分子设计和合成设计,仍然一并介绍。

一、抗高温处理剂研制的难点

抗高温处理剂研制的难点主要是基于两个方面的因素对处理剂性能的影响,即化学因素和物理因素,解决了这两个影响因素也就解决了抗高温处理剂研制的难题。

(一) 化学因素

化学因素主要是热降解和基团变异。聚合物在高温环境下热降解是必然趋势,且不可逆,不降解是不可能的,关键是如何提高分子的热稳定性,保证高温下处理剂的相对分子质量能够满足控制钻井液性能的需要。在满足钻井液性能要求的情况下,尽可能降低处理剂的相对分子质量,因为相对分子质量越大降解越明显。基团变异,即官能团性质的改变,也是必然趋势,基团性质的改变可能使处理剂完全丧失作用。抑制基团变异是难点,从聚合物自身来说,应采用高温下稳定的基团,也可以引入能够抑制基团变异的功能基,减缓基团变异的趋势。

(二) 物理因素

物理因素主要是高温对吸附和水化的影响。由于高温加剧了分子的运动,因此高温下吸附量减少,以致脱附(解吸附),这种趋势是自然规律,不可能改变,但可以通过选择高温下吸附能力强的基团,并通过提高分子链刚性增加分子运动的阻力来尽可能提高高温下的吸附能力,减少高温脱附。

高温也会导致水化基团水化能力减弱,以至于失去作用。可以选择水化强的基团来改善高温环境下处理剂的水化能力。特别是在有盐存在的时候,高温会使体系的pH值降低,使处理剂的作用效果下降,影响其水化作用,可以选择对盐和pH值不敏感的水化基团,尽可能减少pH值对水化能力的影响。

二、高温对聚合物的要求

(一) 聚合物抗温抗盐具备的条件

从抗温方面讲,聚合物应具备:①分子链刚性强,分子主链上含有环状结构,最好含苯环,设计梳型结构产品以提高枝化程度;②通过不同类型的吸附基团的协同作用,保证高温下有足够的吸附量;吸附基团吸附牢固,高温下吸附能力强;③吸附基团的水解稳定性强，高温下不发生基团变异；吸附基团高温解吸附趋势尽可能低。

就抗盐方面而言，应满足：①盐对聚合物在黏土颗粒上的吸附量影响小；②水化基团盐敏性低；③以羟基和胺基为主要吸附基，以磺酸基为主要水化基，有足量的吸附基团和水化基团。

(二) 高温高密度钻井液对处理剂的要求

当高温高压并存时，对钻井液性能的要求更高，这也对处理剂提出了更高的要求：

① 处理剂相对分子质量尽可能低，为了降低滤失量而使产品用量增加时对体系的黏度影响小；

② 常温下溶解快，黏度效应小，对加重材料有分散作用；

③ 高温下具有良好的热稳定性，产品不仅不产生絮凝，且具有解絮凝作用，能够控制体系不出现稠化现象，保证体系的稳定性；

④ 有好的控制高温高压滤失量的能力，泥饼薄而韧；

⑤ 吸附能力强，吸附量受温度影响小；

⑥ 不同作用处理剂间配伍性好，高温下具有协同增效作用，有较强的抑制性。

三、抗高温处理剂的分子设计

在基本处理剂设计的基础上，抗高温处理剂的分子设计可以从单体的分子设计和聚合物的分子设计两方面考虑，其中单体的分子设计是聚合物分子设计的基础，当现有的单体不能满足聚合物分子设计的需要时，则必须根据需要设计合成新单体。

(一) 单体的分子设计

1.对单体的要求

① 原料来源广，价格低，合成过程简单，易于实现工业化；

② 单体毒性低或无毒，或合成的最终产品没有毒性或低毒；

③ 功能基团热稳定性高，抗盐能力强，且易于通过自由基聚合反应自聚和共聚而得到较高相对分子质量的产物。

2.单体的分子设计

① 分子结构的确定。首先根据聚合物合成的需要，按照结构和基团性质设计所希望产品的分子结构。

② 分子结构的拆开。在所设计分子结构的基础上，拆开分子结构；根据所拆开部分的结构特征进行可能的原料选择；分析所选择原料的结构及其反应特征以及来源。

③ 分子结构的组合。先根据原料的结构，进行分子结构组合，然后与所设计产品的分子结构对比分析，并进行必要的分子结构修饰以达到最理想目标。

3.单体的合成设计

在分析的基础上，确定最终用于单体合成的原料，选择合成反应路线，并根据所用原料的性质、合成反应及最终产品的结构确定合成工艺和配方。单体的合成设计路线如图 4-10 所示。

4.单体合成设计实例分析

单体的合成设计是实现分子设计的关键，现以异丁基丙烯酰胺合成为例介绍。

(1) 分子拆分与原料确定

首先是分子拆分，关键是单元子(或反向子)确定和分析单元子，然后是单元子复原，最后是原料的确定及组合验证。其中，单元子复原有两种情况，一是明确的单元，可以直接复原；二是不明确的单元，必须经过复原可能的单元，进行分子修饰，确定准确的单元。

从不同拆分点拆分，会有不同的合成方法，按照式(4-87)路线拆分对单元子复原后，确定叔丁胺、丙烯酰氯为原料，作为合成方法 1。按照式(4-88)路线拆分对单元子复原后，确定异丁烯、叔丁醇、丙烯腈为原料，作为合成方法 2。按照式(4-89)路线拆分对单元子复原后，确定 2-丙烯酰胺-2-甲基丙磺酸为原料，作为合成方法 3。

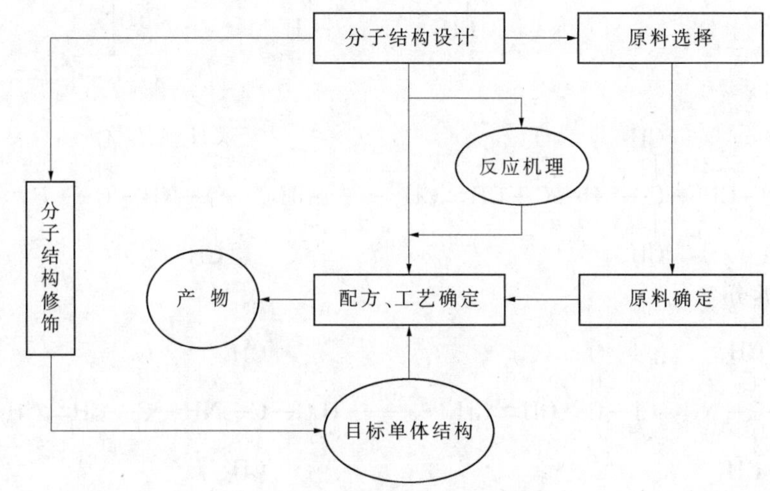

图 4-10 单体的合成设计路线

$$H_3C-\underset{CH_3}{\overset{CH_3}{C}}-NH\underset{\uparrow\,\text{拆分}}{-}\overset{O}{\overset{\|}{C}}-CH=CH_2 \longrightarrow H_3C-\underset{CH_3}{\overset{CH_3}{C}}-\dot{N}H+\dot{\overset{O}{\overset{\|}{C}}}-CH=CH_2 \qquad (4-87)$$

$$\downarrow$$

$$H_3C-\underset{CH_3}{\overset{CH_3}{C}}-NH_2+R-\overset{O}{\overset{\|}{C}}-CH=CH_2$$

$$\downarrow$$

$$Cl-\overset{O}{\overset{\|}{C}}-CH=CH_2 \quad HO-\overset{O}{\overset{\|}{C}}-CH=CH_2$$

(2) 合成方法确定

根据不同拆分点选择不同的原料，然后根据原料选择合适的有机合成反应，其中方法 1 采用叔丁胺、丙烯酰氯为原料，方法 2 采用异丁烯或叔丁醇与丙烯腈为原料，方法 3 采用 2-丙烯酰胺-2-甲基丙磺酸为原料。

方法 1 丙烯酰氯和叔丁胺在有机溶剂中反应[见式(4-90)]。优点是反应温度低，转化率高；缺点是丙烯酰氯的价格较高且其毒性较强，用有机溶剂安全性低，工艺路线较为复杂，生产成本高。

$$\mathrm{H_3C-\underset{CH_3}{\overset{CH_3}{C}}-NH-\overset{O}{\overset{\|}{C}}-CH{=}CH_2 \longrightarrow H_3C-\underset{CH_3}{\overset{CH_3}{C}}\cdot + \dot{N}H-\overset{O}{\overset{\|}{C}}-CH{=}CH_2} \tag{4-88}$$

拆分

$$\mathrm{H_3C{=}\underset{CH_3}{\overset{CH_3}{C}} \qquad H_3C{=}\underset{CH_3}{\overset{CH_3}{C}}-OH \qquad H_2N-\overset{O}{\overset{\|}{C}}-CH{=}CH_2 \xrightarrow{-H_2O} N{\equiv}C-CH{=}CH_2}$$

$$\mathrm{HO_3S-CH_2-\underset{CH_3}{\overset{CH_3}{C}}-NH-\overset{O}{\overset{\|}{C}}-CH{=}CH_2 \longrightarrow H_3C-\underset{CH_3}{\overset{CH_3}{C}}-NH-\overset{O}{\overset{\|}{C}}-CH{=}CH_2} \tag{4-89}$$

拆分

$$\mathrm{H_3C-\underset{CH_3}{\overset{CH_3}{C}}-NH_2+Cl-\overset{O}{\overset{\|}{C}}-CH{=}CH_2 \xrightarrow{NaOH} H_3C-\underset{CH_3}{\overset{CH_3}{C}}-NH-\overset{O}{\overset{\|}{C}}-CH{=}CH_2} \tag{4-90}$$

方法 2 异丁烯或叔丁醇与丙烯腈为原料,反应过程见式(4-91)和式(4-92)。优点是反应条件较为温和,后处理较为简单;缺点是酸性废液的处理问题。

$$\mathrm{H_3C-\underset{CH_3}{\overset{CH_3}{C}}-OH+N{\equiv}C-CH_2-CH_3 \xrightarrow{H_2SO_4} H_3C-\underset{CH_3}{\overset{CH_3}{C}}-NH-\overset{O}{\overset{\|}{C}}-CH{=}CH_2} \tag{4-91}$$

$$\mathrm{H_2C{=}\underset{CH_3}{\overset{CH_3}{C}}+N{\equiv}C-CH_2-CH_3 \xrightarrow{H_2SO_4} H_3C-\underset{CH_3}{\overset{CH_3}{C}}-NH-\overset{O}{\overset{\|}{C}}-CH{=}CH_2} \tag{4-92}$$

方法 3 通过分解 2–丙烯酰胺–2–甲基丙磺酸晶体得到不同物质的混合液，将混合液用氨水溶液中和,加入阻聚剂,进一步反应,得到 *N*–异丁基丙烯酰胺晶体。优点是反应原料简单,不需要添加溶剂;缺点是反应条件很苛刻,必须在高温、高压下进行,而且必须经过多步反应,较为复杂,产品收率低。

(二) 聚合物分子设计

其设计与最基本的聚合物有相近的地方,但也有特殊性,抗高温聚合物分子设计主要从链结构、官能团、相对分子质量、官能团比例等 4 个方面考虑。由于相对分子质量、官能团比例前面已详细介绍,这里重点就链结构和官能团两方面进行分析。

1.链结构

链结构直接关系到产品的热稳定性和应用性能，是设计的关键一步，其选择原则是采用碳链和环状结构，从应用性能考虑，重点是分子主链的刚性、侧基的性质和分子的支化程度。选择碳链结构保证分子的热稳定性，通过引入环状结构可以增强分子链刚性，进一步提高处理剂的热稳定性，增加分子的支化程度，采用大侧基可以提高分子的运动阻力，提高分子高温下的吸附稳定性和抗电解质污染的能力。

2.官能团

官能团是处理剂分子上起关键作用的基团，它赋予聚合物以不同功能性，官能团的性质直接关系到处理剂的应用性能。为了分子设计的可操作性，将官能团分为主导官能团和非主导官能团。

(1) 主导官能团

主导官能团是指分子中起关键作用的，而且对产品的性能影响较大的官能团。根据基团的作用和性质将其划分为吸附基团、水化基团和选择性基团。

① 吸附基团。分子链上能够在黏土颗粒上有强的吸附作用的基团，这种吸附包括化学吸附和物理吸附。吸附基团是保证处理剂发挥作用的关键，因为处理剂分子只有吸附在黏土颗粒上才能起到应有的作用。吸附基团根据其性质主要有非离子基团和阳离子基团。

非离子基团：分子链上不发生离解的基团，其既具有吸附作用，也具有水化作用，多数情况下以吸附作用为主，包括羟基、酰胺基、酚羟基、羰基、亚胺基、胺基、醇羟基、醚键、腈基等，重要的非离子基团有酰胺基、胺基和羟基。其中，酰胺基吸附能力强，热稳定性差，易水解变异，抗盐性强；胺基吸附能力强，热稳定性好；羟基耐水解，吸附能力相对于酰胺基弱，耐温抗盐能力强。

阳离子基团：阳离子基团可以在链段主链上，也可以在侧链上，阳离子基团吸附能力强，耐水解，具有长期稳定效果，抑制性强，但易使钻井液体系过度絮凝，其用量应适当，不宜过大。它可以明显提高处理剂的抗温性能，主要是季铵基。

② 水化基团。水化基团是分子链上可以起到水化作用的官能团，有利于分子在体系中分散，水化基团对盐的敏感性将会影响聚合物的耐盐性。磺酸基、羧基都为强水化特征的阴离子基团，水溶性良好，在高分子链节上可以形成较强的溶剂化层，从而起到抗盐、抗温、抗污染的作用。其中，磺酸基具有较强的水化特性，对盐不敏感，磺酸基的多少决定产品的抗盐性，特别是在高温条件下的抗钙、镁污染能力，包括—SO_3^-、—CH_2—SO_3^-。羧基具有很强的水化能力，可以提高聚合物的溶解性(提高溶解速度)，其缺点是在高价离子存在下易去水化，甚至产生沉淀，在高温情况下抗盐，特别是抗高价金属离子的能力差。

③ 选择性基团。选择性基团是为了使分子达到某种目的而引入的一些具有选择性作用的基团，选择性基团只有在一定的条件下才能起作用，属于“潜在”官能团。当某一官能团发生化学反应后，可以新生成具有吸附或水化作用的官能团(官能团再生)。选择性基团的引入可以使处理剂的稳定性进一步得到改善。

实际设计中可以通过改变3种基团的比例设计作用不同的处理剂。在相对分子质量和主链结构一定的情况下，通过改变吸附基、水化基和选择性基团，可以使产物起到不同作用，其组合效果可以用图4-11表示。

(2) 非主导官能团

非主导官能团是指既能起到一定的水化和吸附作用,对处理剂的性能影响不大,但又能与主导官能团一起有利于改善聚合物的综合性能的基团。在一些情况下,当主导官能团失去作用后,可以代替主导官能团起作用。

非主导官能团包括疏水基团、次吸附基团和次水化基团。疏水基团:产生疏水缔合作用,改善分子的抗温、抗盐和抑制性;次吸附基团:主要指大侧基团上的羰基(改善溶解性),主链上的阳离子基团,可进一步提高产物在黏土颗粒上的吸附能力,提高抑制性;次水化基团:分子链上的羰基、羟基在一定条件下具有水化作用,改善水化能力。上述3种非主导官能团联合作用可改善产物耐温性、抗盐性、吸附性、抑制性和稳定性,是分子设计中不可忽视的内容。

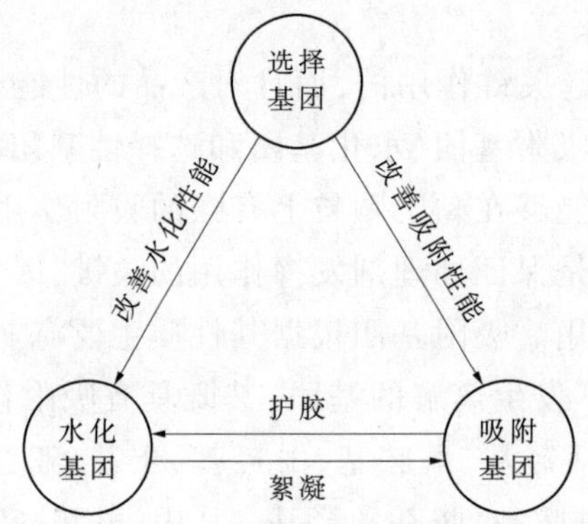

图4-11 吸附基团、水化基团和选择基团的组合效果

四、抗高温处理剂的合成设计

合成设计是处理剂研制的关键环节,在分子结构确定后如何保证产物合成的顺利实施和产物的良好性能,需要通过合成设计来实现。结合分子设计,抗高温聚合物的合成可以从两方面进行,一是通过烯类单体共聚合成新产物,二是在原有处理剂基础上进行分子修饰达到最终的目标。对于超高温处理剂而言,结合实际需要,可以采用自由基聚合反应合成抗高温抗盐的增黏剂、降滤失剂、絮凝剂和分散剂,采用分子修饰的方法合成高温高压降滤失剂,合成设计路线如图4-12所示。

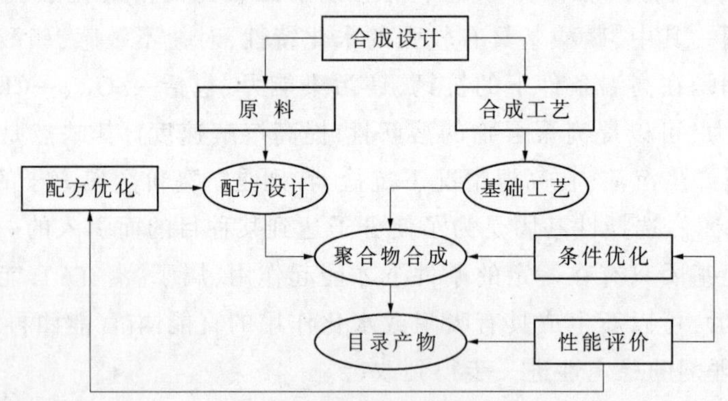

图4-12 聚合物合成设计路线

(一) 烯基单体聚合物的合成

在烯类单体聚合物合成中,重点是原料的选择、配方设计、相对分子质量控制和聚合方法等,由于不同基团和相对分子质量对产物性能的影响已经非常明确,这里不再介绍。

1.单体选择

丙烯酰胺是传统的丙烯酰胺、丙烯酸等烯基单体聚合物处理剂的主要原料，尽管其存在热稳定性差等缺点，但由于其聚合活性高、单体价格低，在超高温处理剂研究中仍然作为主要的单体之一。同时选择一些在用或新开发的功能性单体作为共聚单体，并通过功能性单体的引入提高聚合物的抗高温能力。

① 阴离子单体。目前已经开发的阴离子性单体主要有2-丙烯酰胺基-2-甲基丙磺酸(AMPS)、2-丙烯酰氧-2-甲基丙磺酸(AMOPS)、丙烯酰氧丁基磺酸(AOBS)、2-丙烯酰氧-2-乙烯基甲基丙磺酸钠(AOEMS)、2-丙烯酰胺基十二烷磺酸($AMC_{12}S$)、2-丙烯酰胺基十四烷磺酸($AMC_{14}S$)、2-丙烯酰胺基十六烷磺酸($AMC_{16}S$)等。这些单体均可以在聚合物中提供磺酸基，且水解稳定性好，是提供抗高温处理剂水化基团的重要单体，但这些单体中$AMC_{12}S$、$AMC_{14}S$和$AMC_{16}S$作为表面活性单体，具有强的疏水性，为了保证聚合物的水溶性，仅能引入很少量，在合成中作为辅助单体，用于提高产物的疏水性。AMPS、AMOPS和AOBS具有聚合活性高，易得到较高相对分子质量的产物，故在合成中选择它们作为合成的原料。AOEMS含两个双键，由于两个双键的反应活性不同，与其他单体共聚可以得到具有梳型结构的产物，有利于提高产物的高温稳定性。

② 非离子单体。可提供吸附基团的非离子单体*N*,*N*-二甲基丙烯酰胺(DMAM)、*N*,*N*-二乙基丙烯酰胺(DEAM)、*N*-异丁基丙烯酰胺(IBAM)、*N*-乙烯基甲基乙酰胺(VMAM)、*N*-乙烯基乙酰胺(NVAM)、*N*-乙烯吡咯烷酮(NVP)等在高温下均具有很好的耐水解能力，可以提供高温下稳定的吸附基团。其中，VMAM和NVAM高温下耐水解能力优于DMAM和DEAM，但由于其合成工艺复杂，价格较高，以其为原料合成聚合物经济性差，结合实际情况，并考虑到合成产物的价格，选用DMAM作为主要原料。IBAM具有疏水性，当合成具有疏水性聚合物时可以选择。NVP作为一种可提供水化基团的非离子单体，高温下水解稳定性好，且可以抑制分子链上酰胺基的水解，在处理剂使用温度要求更高的情况下可以适当引入该单体。

③ 阳离子单体。可以提供强吸附基团的阳离子性单体甲基丙烯酸二甲胺基乙酯(DMMA)、甲基丙烯酰氧乙基三甲基氯化胺(MTCMA)和丙烯酸二甲胺基乙酯(DMA)，聚合活性高，可以得到高相对分子质量产物，且水解稳定性较好，在合成中可以根据合成需要选其中的一个或多个单体。阳离子单体的引入可以提高产物的抑制能力，但由于絮凝作用也易导致产物降滤失能力下降。若制备低相对分子质量的聚合物时，也可以采用DMDAAC、DEDAAC等单体。

2.合成方法的确定

针对单体的特点，可以采用水溶液聚合、反相乳液聚合、沉淀聚合或悬浮聚合等进行聚合物合成。在这些方法中，沉淀聚合和悬浮聚合要采用有机溶剂，生产中后处理困难，且存在安全隐患。根据处理剂所用的环境，采用水溶液聚合和反相乳液聚合较好。当采用反相乳液聚合时，2-丙烯酰胺基十二烷磺酸等单体既是原料，又是乳化剂，可以制备乳液产品，但如果希望得到粉状产品时，则应选择水溶液聚合。

3.配方原则

从应用的角度讲，在分子设计的基础上，以产物的应用范围、性能和产物的价格作为产品配方的设计目标,即产品的配方原则。要求具有抗温抗盐、抗钙镁以及抑制性的产品,应选择最高质量,且具有综合作用的原料;如只要求抗温抗盐,而不作其他要求时,可以选择性能单一的原料,以尽可能地降低产品成本,即可以表示为成本、功能和作用配方原则,如图 4-13 所示。

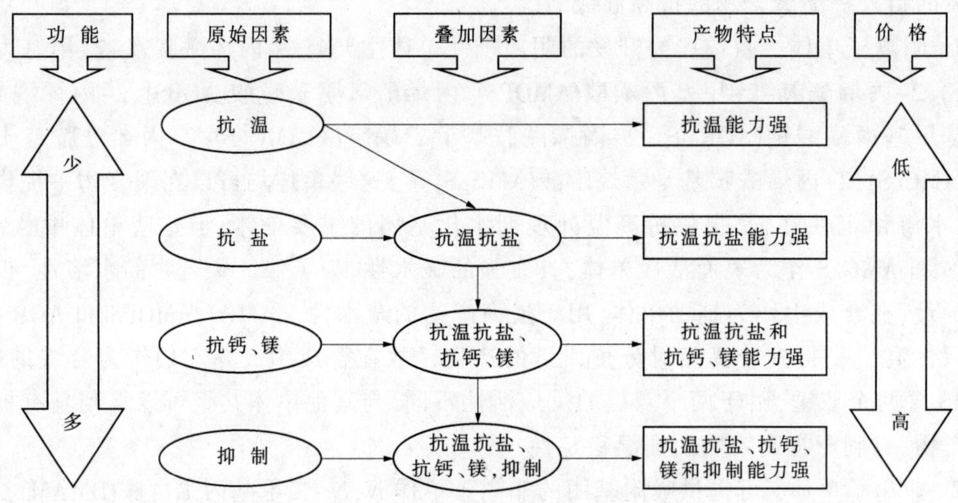

图 4-13 成本、功能和作用配方原则示意图

(二) 修饰产物的合成

1.原料选择

酚醛树脂磺酸盐的特殊结构决定了其具有较好的抗温抗盐能力,是良好的高温高压降滤失剂,但其使用温度超过 200℃时,且在含盐量高和密度高时钻井液会出现严重稠化。针对目前常用酚醛树脂磺酸盐的分子结构特点,提出在其基础上通过分子修饰来进一步提高其抗温抗盐能力。

按照所设计的分子结构,通过分子拆开、回归,可用于化学修饰的原料有丙酮、乙醛、丙醛、对胺基苯磺酸、对羟基苯磺酸、对异丙基苯甲醛、对胺基水杨酸等。丙酮、乙醛和丙醛通过羟烷基化,可以提高分子链刚性,对胺基苯磺酸和对羟基苯磺酸提供吸附基和磺酸基,增加基团密度,对异丙基苯甲醛可通过羟烷基化反应产生刚性基团和提高疏水性,对胺基水杨酸可以同时提供吸附基和水化基。结合反应活性和原料来源,选择丙酮、乙醛和对胺基苯磺酸作为主要修饰材料。合成的基本原料为亚硫酸钠、甲醛和苯酚。

2.化学修饰反应原理

采用丙酮、乙醛和对胺基苯磺酸作为修饰材料对酚醛树脂磺酸盐进行化学修饰,其反应原理如下。

① 当采用苯酚和甲醛时,将发生如式(4-93)~式(4-95)所示的反应。

$$C_6H_5OH + HCHO \xrightarrow{H^+或OH^-} HO\text{-}C_6H_4\text{-}CH_2OH + HO\text{-}C_6H_3(CH_2OH)_2 \qquad (4-93)$$

$$p\text{-}HOCH_2C_6H_4OH + 2,4\text{-}(HOCH_2)_2C_6H_3OH \xrightarrow[HCHO]{H^+或OH^-} 2,4\text{-}(HOCH_2)_2C_6H_3OH \tag{4-94}$$

$$o\text{-}HOCH_2C_6H_4OH + NaHSO_3 + HCHO \xrightarrow{H^+或OH^-} 2\text{-}HOCH_2\text{-}4\text{-}NaO_3SCH_2C_6H_3OH \tag{4-95}$$

② 当用丙酮代替部分甲醛时，将发生如式(4-96)和式(4-97)所示的反应。

$$C_6H_5OH + CH_3COCH_3 \xrightarrow{H^+或OH^-} HO-C_6H_4-C(CH_3)_2OH \tag{4-96}$$

$$HO-C_6H_4-C(CH_3)_2OH + NaHSO_3 \xrightarrow{H^+或OH^-} HO-C_6H_4-C(CH_3)_2-SO_3Na \tag{4-97}$$

③ 当用乙醛代替部分甲醛时，将发生如式(4-98)和式(4-99)所示的反应。

$$C_6H_5OH + CH_3CHO \xrightarrow{H^+或OH^-} HO-C_6H_4-CH(OH)CH_3 \tag{4-98}$$

$$HO-C_6H_4-CHOH(CH_3) + NaHSO_3 \xrightarrow{H^+或OH^-} HO-C_6H_4-CH(CH_3)-SO_3Na \tag{4-99}$$

④ 当用糠醛代替部分甲醛时，也可以发生如式(4-100)和式(4-101)所示的反应。

$$C_6H_5OH + C_4H_3O-CHO \xrightarrow{H^+或OH^-} o\text{-}HOC_6H_4-CH(OH)-C_4H_3O \tag{4-100}$$

$$o\text{-}HOC_6H_4-CH(OH)-C_4H_3O + NaHSO_3 \xrightarrow{H^+或OH^-} o\text{-}HOC_6H_4-CH(SO_3Na)-C_4H_3O \tag{4-101}$$

⑤ 对胺基苯磺酸和苯酚在甲醛存在下发生如式(4-102)和式(4-103)所示的反应。

$$p\text{-}H_2NC_6H_4SO_3H + C_6H_5OH + HCHO \xrightarrow{H^+} \text{(HOCH}_2\text{, NH}_2\text{, SO}_3\text{H)}C_6H_2-CH_2-C_6H_2\text{(OH, CH}_2\text{OH, CH}_2\text{OH)} \tag{4-102}$$

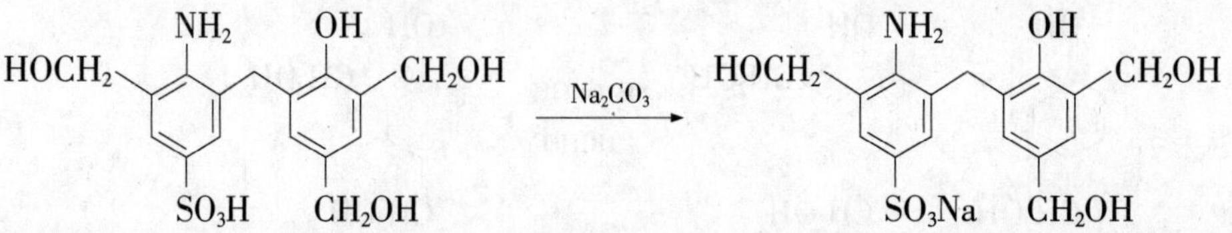

$$\text{HOCH}_2\text{-}C_6H_2(NH_2)(SO_3H)\text{-}CH_2\text{-}C_6H_2(OH)(CH_2OH)_2 \xrightarrow{Na_2CO_3} \text{HOCH}_2\text{-}C_6H_2(NH_2)(SO_3Na)\text{-}CH_2\text{-}C_6H_2(OH)(CH_2OH)_2 \tag{4-103}$$

上述不同中间产物在甲醛和丙酮存在条件下，进一步反应可以得到如图 4-14 所示结构的产物。

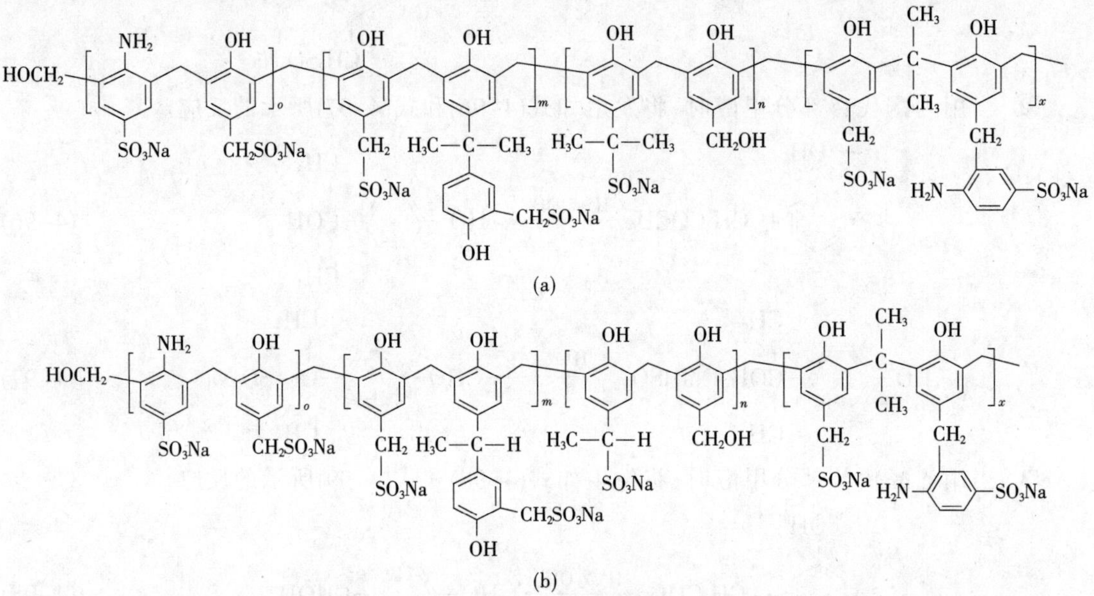

(a)

(b)

图 4-14 产物结构

式(4-100)、式(4-101)产物在酸性介质中,则会因为呋喃环的聚合形成如式(4-104)所示结构单元的产物。

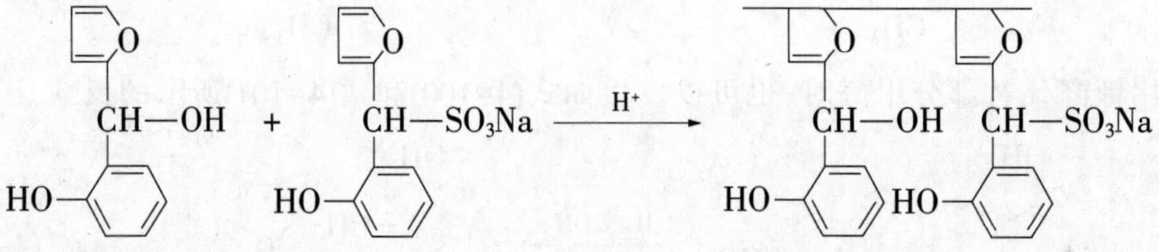

$$\text{CH(OH)(呋喃基)}(C_6H_4OH) + \text{CH(SO}_3\text{Na)(呋喃基)}(C_6H_4OH) \xrightarrow{H^+} \text{[—呋喃—CH(OH)(}C_6H_4OH\text{)—呋喃—CH(SO}_3\text{Na)(}C_6H_4OH\text{)—]} \tag{4-104}$$

上述结构的产物经过进一步反应可以得到具有枝链结构的产物。从产物的分子结构可以看出,与 SMP 相比,分子链刚性提高,基团密度和类型增加,将更有利于改善分子在高温下的吸附和水化能力,提高其抗盐性能。

3.合成方法

合成方法可以采用酚醛树脂磺酸盐 SMP 的生产工艺,SMP 的生产工艺在本书第七章将详细介绍。也可以根据需要先合成不同组成的多聚体,然后进一步缩聚得到。

第五节 高性能钻井液处理剂设计

随着石油钻探向深部和复杂地层的发展,对钻井液提出了越来越高的要求,而保证钻井液性能的关键是钻井液处理剂。为了不断提高钻井液处理剂的水平,拓宽处理剂的合成思路,钻井液处理剂分子设计逐步受到重视,分子设计理念的形成为提高钻井液处理剂性能提供了有效途径。但在高温高盐情况下,尤其是在含钙镁等高价离子的环境或无黏土相钻井液中,由于结构和基团的限制,现有的处理剂不能完全满足苛刻环境下维护钻井液性能的需要。近年来,尽管钻井液处理剂的水平不断提升,但由于分子和合成设计还局限在提高主链稳定性及优化基团与比例上,钻井液处理剂的合成原料仍然是传统原料,当采用的原料及合成方法没有改变时,无论如何优化设计和合成,都很难使钻井液处理剂的性能有大的提高。基于此,本节在第三节和第四节的基础上,提出了高性能钻井液处理剂的设计思路,并力求在结构和基团设计上与传统的处理剂分子设计有着质的不同,在传统的处理剂合成方法的基础上,通过选择和设计新单体以提高产物的性能,同时利用不同的有机化学反应合成具有树枝状和树型结构的中间产物,以期达到分子设计的最佳目标,促进高性能钻井液处理剂的发展[14]。

一、高性能处理剂的概念

高性能处理剂在性能指标上并没有一个明显的界定,相对于传统处理剂而言,把能够在高温、高盐条件下具有良好的稳定性,可以满足复杂条件下钻井液性能维护处理的需要,且用量小(高效)、综合性能(护胶、流变性、抑制性、热稳定性、剪切稳定性等)好、稳定周期长的新型处理剂看作高性能处理剂。高性能处理剂的设计还需要其在性价比方面优于传统处理剂。在设计中,考虑抗温抗盐的同时,还应该考虑其抑制性和剪切稳定性以及环境保护的需要。

二、分子设计的基础——影响处理剂性能的因素分析

高性能处理剂的分子设计必须从影响处理剂性能的因素出发,以发挥有利因素,消除或避免不利因素,将影响处理剂性能的因素贯穿分子设计的全过程,才能保证分子设计的针对性和可靠性。现从链结构、基团性质、相对分子质量等方面对影响处理剂抗温、抗盐、抑制性和剪切稳定性的因素进行讨论。

(一) 抗温

影响处理剂抗温性能的主要因素与链结构、基团性质和相对分子质量有关。这些因素决定着处理剂的抗温能力。

1.链结构

处理剂主链和侧链结构的稳定性是决定处理剂抗温能力的关键。因此影响链结构稳定性的因素均直接影响处理剂的抗温能力。

对于线型直链高分子,通过增强主链刚性是提高处理剂抗温能力的有效方法之一。对于超支化结构的产物,提高支化程度更有利于保证处理剂的热稳定性,同时链结构的次生结构也会关系到处理剂的抗温性能。再者,高温下交联结构的产生以及高温下高分子的化学反应都会影响处理剂的结构,并最终影响处理剂的抗温能力。由于树枝状或树型结构的处理剂空间位阻大,且支链之间相互影响,高温下分子运动阻力大,与线型分子结构相比,热稳定性会明显提高。

2.基团性质

即使在链结构非常稳定时,若基团不稳定,也同样难以保证处理剂的高温稳定性。就基

团而言,可以从高温下的吸附性能和高温下的稳定性两方面来考虑。

吸附性能主要体现在吸附能力和吸附量。高温下吸附能力强,吸附量大时,处理剂抗温能力强,即温度对吸附量的影响越小,抗温能力越强。吸附量大,但高温下吸附能力弱时,仍然难以保证抗温性。可见,同时保证高温下吸附能力和吸附量非常有利于提高处理剂的性能。

基团的性质直接关系到基团高温下的稳定性。基团是否稳定,与基团高温下是否会发生变异、脱落和沉淀有关。对于吸附能力强和吸附量大的基团,如果高温下稳定性差,依然不能满足需要,故必须保证基团同时具有高温稳定性强,吸附能力强和吸附量大的性质。

3.相对分子质量

在分子结构和基团比例一定时,相对分子质量的改变会影响处理剂的性能,在不考虑剪切因素的情况下,钻井液中处理剂相对分子质量变化通常是由于处理剂的高温下降解和交联而造成。

相对分子质量降低,黏度效应降低,在吸附基团数量一定时,网架结构减弱,增黏效果降低。当低至一定程度时,也会影响处理剂的护胶能力,降滤失能力也会相应降低。但当吸附基团的作用强时,即使出现相对分子质量降低现象,作用效果也不会明显降低。

当高温下分子之间发生交联时,则表现出表观相对分子质量提高。适当的交联有利于改善处理剂的效果,但当交联过度时,会导致钻井液稠化,进一步交联成不溶的产物时,将会失去作用,严重时使钻井液出现固化。

合成过程中通过交联或部分交联,使产物低温下部分溶解或不溶解但可以溶胀(控制溶胀倍数),当经过高温作用后交联点逐步破坏,恢复水溶性,从而在高温下发挥作用。

对于用作分散或稀释作用的处理剂,由于相对分子质量较低,通常在 2×10^4 以内,故相对分子质量变化对产物性能影响较小。

(二) 抗盐

盐对处理剂性能的影响主要体现在吸附量、水化能力、分子状态及 pH 值等方面,其中对吸附和水化能力的影响最关键。

1.吸附及水化

盐对处理剂在黏土或固相颗粒上的吸附能力的影响主要包括两方面,即处理剂的吸附基团性质和吸附能力以及盐对钻井液中固相颗粒表面性质的改变。盐对处理剂在黏土颗粒(或其他固相)上吸附量的影响是决定处理剂抗盐能力的关键因素之一,盐对处理剂的吸附量影响越小,处理剂的抗盐能力就越强。采用受盐影响较小的吸附基团或增加吸附基团的数量均可以提高处理剂的抗盐能力。若水化基团对盐敏感时,盐会通过去水化作用影响水化基团的水化能力,选择对盐不敏感的水化基团可以提高处理剂的抗盐能力。

2.分子状态

对于柔性链高分子处理剂,盐不仅影响处理剂的水化能力,且使处理剂的分散(溶解)性能变差,基团的作用效果降低,导致处理剂性能降低。当盐使链状分子卷曲或收缩时,处理剂黏度效应减弱,同时会将一部分基团包括在卷曲的分子中,影响基团的吸附及水化作用,吸附点的减少会影响处理剂形成网架结构的能力,提黏切效果降低,水化减弱会使护胶能力变差,严重时会导致盐析,使处理剂控制滤失量的能力降低。可见,减少盐对处理剂溶解性和舒展程度的影响可提高抗盐能力。相对于柔性链结构，对于树枝状或树型结构的材料，由于支链的相互影响及树型结构的刚性，受盐的影响要小得多。

3.pH 值影响

对于阴离子型高分子处理剂，尤其是羧酸型阴离子型处理剂，pH 值低时会影响水化能力，使溶解性降低，甚至会出现大分子聚沉现象，影响处理剂的水化和护胶性能，同时也会使分子卷曲或收缩。在含膨润土的钻井液中，分子卷曲的结果会减少处理剂的吸附量，含盐体系在高温后 pH 值会快速降低。若基团的性能受 pH 值的影响大，则最终会对吸附基团的吸附能力及离子基团的水化能力带来不利的影响。减少基团性能受 pH 值的影响有利于提高抗盐能力。同时由于 pH 值对黏土分散能力的影响，也会影响处理剂在黏土颗粒上的吸附能力和吸附量。

(三) 抑制性

影响处理剂抑制性的因素主要包括吸附和包被两方面。其中，抑制与吸附有关，包被则既与基团的吸附有关，也与处理剂的相对分子质量有关，所以吸附基团的性质和分布、处理剂的分子链结构及相对分子质量均影响处理剂的抑制性。

对于低相对分子质量的抑制剂而言，从吸附的角度讲，若处理剂分子上的吸附基团能很好地持久地镶嵌在黏土层间，并使黏土层紧密地结合在一起，或通过静电引力和氢键两种吸附作用吸附在黏土晶层表面形成吸附层，增强黏土表面疏水性，阻止水分子的进入，则表现出很强的抑制能力，并能有效地起到抑制黏土水化膨胀、防止井壁坍塌、保证钻井液清洁。

就包被而言，包括抑制和控制运移双重作用，具有极性吸附基和水化基团的链状聚合物通过氢键或静电吸附作用吸附黏土颗粒，而将多个黏土颗粒桥接在一起，形成致密的包被膜，阻止或减缓水分子与黏土表面接触，达到阻止页岩分散的目的(包被作用)。当处理剂吸附基团为阳离子基团时，由于离子基团与黏土之间的静电吸附不易发生脱附，具有更强的抑制性。也可以通过增加处理剂分子运动阻力，降低钻井液的滤失量，利用具有浊点效应的链结构，通过处理剂在一定条件下发生相分离，封堵泥页岩的孔喉，从而达到抑制页岩水化膨胀的目的。

(四) 剪切稳定性

剪切稳定性主要与处理剂分子结构有关，故结构决定处理剂的稳定性。很显然，线型结构的高分子比超支化结构的高分子更容易剪切断链。为了提高处理剂的剪切稳定性，采用树枝状或树型结构更好。

三、高性能钻井液处理剂设计路线

首先提出高性能处理剂设计基本路线简图(见图 4-15)，从路线简图可以看出，处理剂分子设计是以处理剂的稳定性和功能性，即处理剂的性能为依据，合成设计以实施分子设计为目标。总体而言，提高处理剂的性能必须从影响处理剂作用效果的因素出发，在前面影响因素分析的基础上，从分子设计和合成设计等方面对高性能处理剂的设计思路进行探讨。

为便于理解结构、基团和相对分子质量设计，图 4-16~图 4-18 分别给出了结构、基团和相对分子质量设计中各因素之间的关联，通过图示可以更直观理解分子设计。从图 4-16

可以看出，结构设计的核心是基团分布、热稳定性、剪切稳定性和分子状态；从图 4-17 和图 4-18 可以看出，基团设计的依据是所设计分子适用的环境，而相对分子质量设计则主要考虑产物的作用。在设计中可以针对不同条件下对分子结构、基团、相对分子质量等的要求，有针对性地设计合成不同功能的处理剂，提高处理剂设计的针对性和效率。

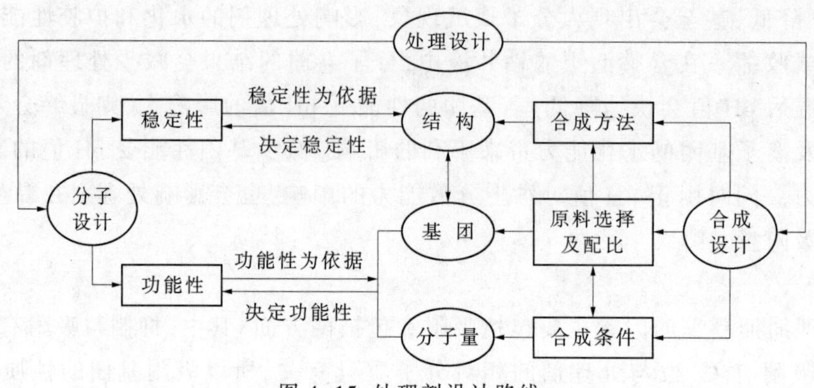

图 4-15 处理剂设计路线

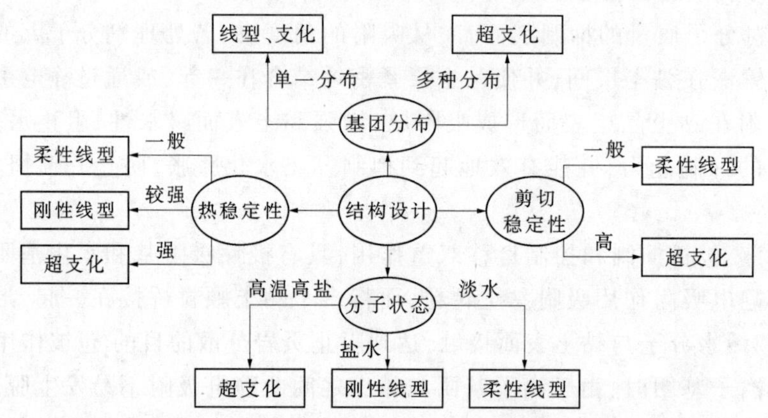

图 4-16 结构设计路线及各个因素的关系

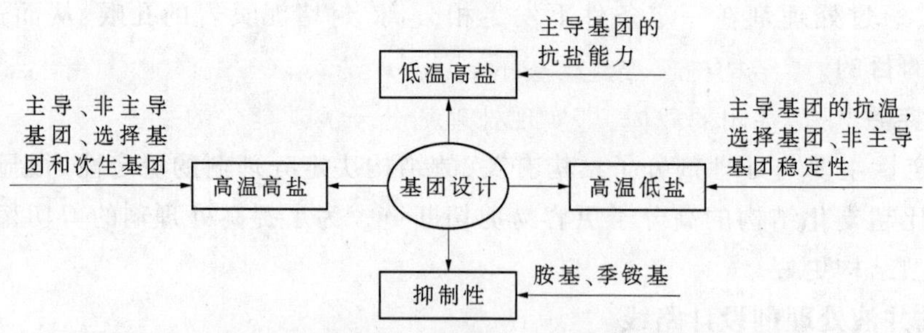

图 4-17 基团设计路线及各个因素的关系

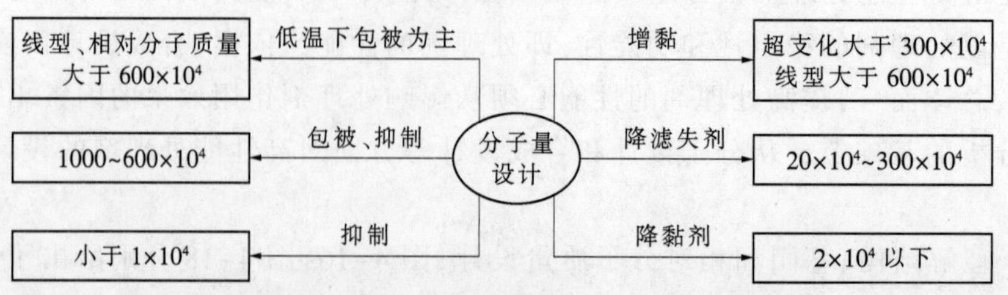

图 4-18 相对分子质量设计路线及各个因素的关系

四、高性能处理剂分子设计

分子设计是处理剂设计的核心，设计中要结合高温高盐条件下钻井液性能维护处理及对处理剂抑制性的需要，当相对分子质量一定时，在保证分子稳定性、基团吸附能力和稳定性的前提下，尽可能提高基团的数量。现从结构设计、基团设计和相对分子质量确定等三方面出发对分子设计进行讨论。

(一) 结构设计

1.结构设计思路

众所周知，尽管提高分子主链结构刚性有利于提高产物的热稳定性，但局限性仍然存在，基于此，重点从超支化的树枝状或树型结构讨论。通过采用超支化的树枝状或树型结构及在线型高分子中引入刚性链状结构，均可以提高处理剂的热稳定性。提高分子刚性虽然可以改善处理剂的抗温抗盐能力，但当温度超过180℃后，效果渐弱，而采用超支化的树枝状或树型结构的分子可以满足更高温度条件下的需要，超支化的树枝状或树型结构优越性不仅是因为主、枝干结构刚性强，且由于支链结构上基团的相互影响，进一步增强高温下的稳定性。就结构而言，超支化的树枝状或树型结构，即使部分链结构破坏，但次生结构仍然能够满足需要，在一些条件下降解和交联同时发生时，表观相对分子质量稳定，同时由于分子断裂产生的次生基团，又保证了分子链上基团的有效数量。树枝状或树型结构的聚合物与传统的柔性链聚合物相比，由于支链的位阻效应及支链上基团的相互影响，高分子结构的热稳定性会明显提高，分子支链上丰富的基团保证处理剂良好的的吸附和水化性能。从处理剂分子的剪切稳定性来讲，即使提高线型大分子的分子链刚性，也不能有效地控制分子的剪切稳定性，这是线型高分子的固有缺陷，而具有超支化的树枝状和树型结构的分子，则具有非常好的剪切稳定性。

2.分子结构模型

基于上述分析，提出超支化树枝状或树型分子结构模型(见图4-19)。为提高分子设计的针对性和可靠性，将链结构分为主干、枝干、主支链、次支链结构。其中，枝干结构是分子稳定的基础，而主干结构是构成超支化树枝状或树型分子结构的核心，其主干结构作为分子链结构的主体，枝干结构构成支链结构的载体，并提供非主导官能团。支链结构作为分子结构组成的分支，是基团的载体，即实现处理剂分子的功能化的关键。其中，主支链是保持分子稳定性的关键，次支链作为主导基团的载体，以满足充分发挥基团的吸附和水化作用的需要。

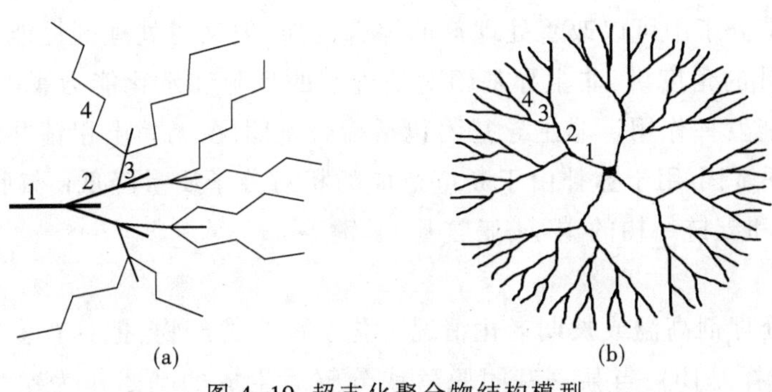

图4-19 超支化聚合物结构模型

1—主干结构；2—枝干结构；3—主支链；4—次支链

(二) 基团设计

为了提高产物的综合性能,考虑到处理剂在应用环境下化学反应的必然性,细化分子设计,提出了主导基团、选择基团、非主导基团和次生基团的概念。由于处理剂分子中的基团是通过合成处理剂所用原料或单体来提供的,故基团设计与具有不同性质基团的单体(或原料)选择及设计密切相关。

1.主导基团

将处理剂分子中的吸附基团和水化基团看作主导基团,它是实施处理剂功能化的根本所在,是处理剂的核心基团。

① 吸附基团:基于吸附基团的稳定性和吸附量考虑,相对于酰胺基,采用羟基、胺基、季铵基和季磷基团等,可以避免因为酰胺基的水解造成的基团变异而使处理剂效果降低的现象。在高性能处理剂设计中应尽可能避免或减少酰胺基作为吸附基团。若已有原料难以满足需要时,可以通过设计具有所需基团的单体或可反应单元来实施。

② 水化基团:为了提高处理剂在高温高盐,特别是高钙镁情况下的水化能力,高性能处理剂水化基团应采用膦酸基、磺酸基,尽可能避免羧基。

除基团本身的性能外,在相对分子质量一定时,提高主导基团的数量,增加基团密度,确定最佳的基团比例和基团分布,也可以提高产物的性能。

2.选择基团

在分子设计中,将分子中在不同条件下可起不同作用的基团看作选择性基团,其主要是配合主导基团进一步促进处理剂作用的发挥,是吸附基团和水化基团的有效弥补。下面一些含有不同性质基团的复合基团,如图 4-20 中具有式(a)~(d)结构的基团可以在分子设计中作为选择性基团来看待,羟基作为主导基团中的吸附基,但由于其也具有水化作用,在一定条件下也可以作为选择性基团。

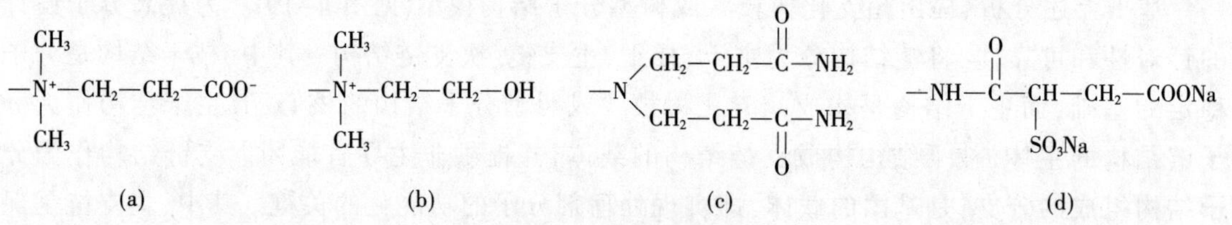

(a) $-N^{+}(CH_3)_2-CH_2-CH_2-COO^{-}$

(b) $-N^{+}(CH_3)_2-CH_2-CH_2-OH$

(c) $-N(CH_2-CH_2-C(=O)-NH_2)_2$

(d) $-NH-C(=O)-CH(SO_3Na)-CH_2-COONa$

图 4-20 不同结构的基团

3.非主导基团

非主导基团是分子中可以改善处理剂的综合性能,但又对处理剂性能影响相对较小的基团。从分子设计的角度讲,非主导基团对处理剂的吸附和水化能力影响相对较小,只是在一定条件下才能发挥作用。非主导基团包括缔合基团(在无黏土相钻井液中增强处理剂的增黏效果)、交联基团(用于弥补由于断链造成的相对分子质量降低)、叔胺基团(起吸附作用)以及组成枝干和支链结构的羰基、亚胺基、醚键等。

4.次生基团

次生基团是处理剂高温或长期老化情况下化学反应的产物,把具有多功能作用的基团(如前面所讲的选择基团),当某一基团脱落或分解后生成的基团作为次生基团,如式(4-105)~式(4-108)给出的(e)~(j)结构的基团。这些次生基团又可以起到主导基团的吸附和水化作用。在一定条件下，由支链经过化学反应产生的次生基团对保证处理剂基团平衡(保证基团数量)非常重要。

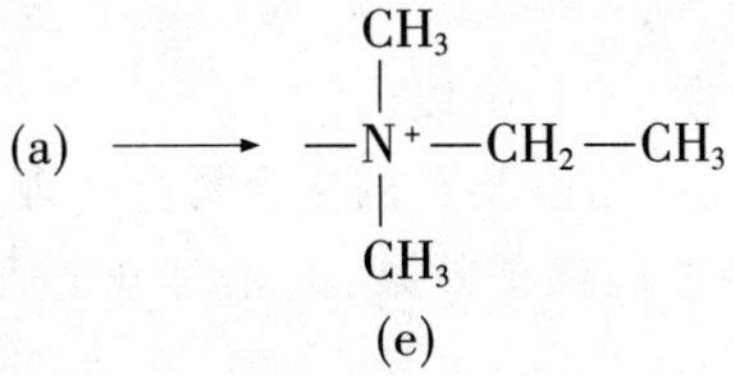

$$\text{(a)} \longrightarrow -\overset{\displaystyle CH_3}{\underset{\displaystyle CH_3}{\overset{|}{\underset{|}{N^+}}}}-CH_2-CH_3 \quad \text{(e)} \tag{4-105}$$

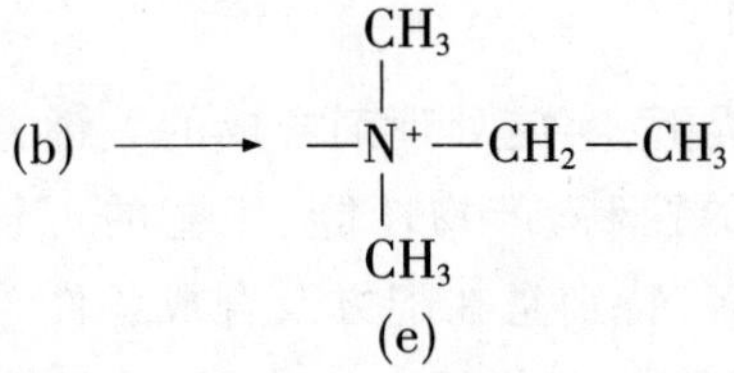

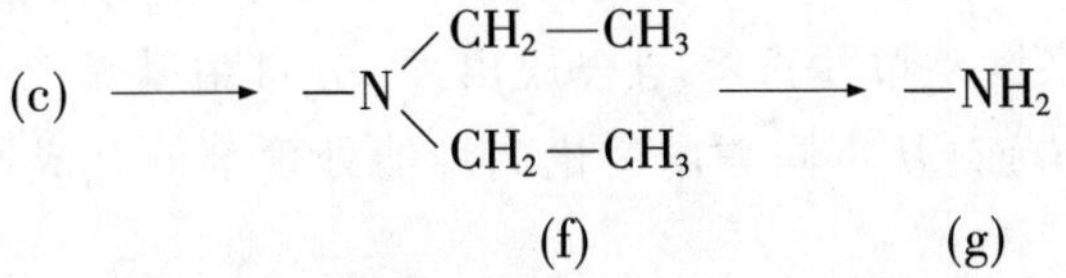

$$\text{(b)} \longrightarrow -\overset{\displaystyle CH_3}{\underset{\displaystyle CH_3}{\overset{|}{\underset{|}{N^+}}}}-CH_2-CH_3 \quad \text{(e)} \tag{4-106}$$

$$\text{(c)} \longrightarrow -N\begin{matrix} \diagup CH_2-CH_3 \\ \diagdown CH_2-CH_3 \end{matrix} \text{(f)} \longrightarrow -NH_2 \text{(g)} \tag{4-107}$$

$$\text{(d)} \longrightarrow -NH-\overset{\displaystyle O}{\overset{\|}{C}}-\underset{\displaystyle SO_3Na}{\underset{|}{CH}}-CH_3 \text{(h)} \longrightarrow$$

$$-NH-\overset{\displaystyle O}{\overset{\|}{C}}-CH_2-SO_3Na \text{(i)} \longrightarrow -NH-\overset{\displaystyle O}{\overset{\|}{C}}-CH_3 \text{(j)} \tag{4-108}$$

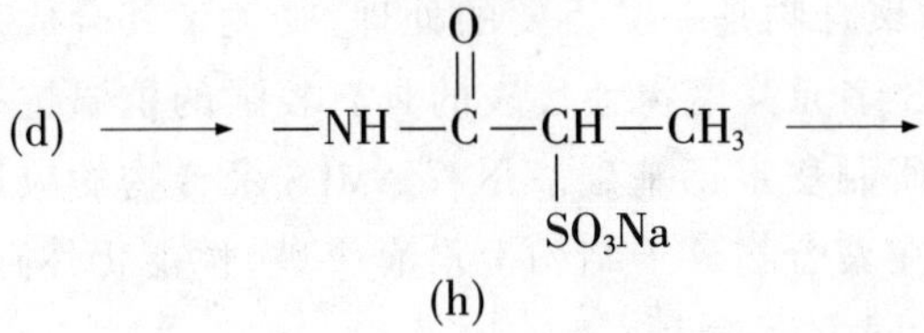

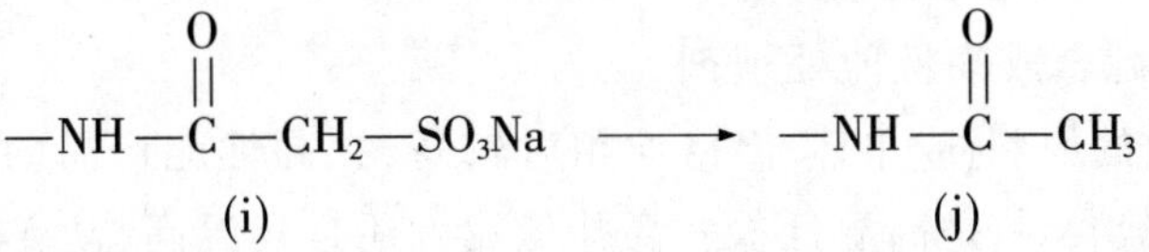

通常将腈基的水解产物酰胺基和羧基也可看作次生基团。在超支化的树枝状和树型结构的处理剂设计中，次生基团的设计非常关键，是选择原料及反应的依据。

在相对分子质量及基团数量一定时，由于吸附基团和水化基团的比例不同，处理剂作用不同。除基团设计外，不同性质基团比例的确定也是分子设计的重要内容之一。由于超支化处理剂分子中基团比例与处理剂性能的关系与传统处理剂差别不大，可参照传统处理剂设计确定。

(三) 相对分子质量的确定

对于超支化聚合物，关键是主干的相对分子质量和支链的相对分子质量的确定。在相对分子质量一定时，支链越多，支化程度越大，支链的相对分子质量就越小。对于柔性支链尽可能低的相对分子质量有利于保证分子稳定。对于增黏剂来讲，不应主要靠提高相对分子质量来增黏，核心是在相对分子质量一定时，通过提高吸附基团的数量和基团的稳定性达到形成强的网状结构的目的。为了提高分子的热稳定性和剪切稳定性，并保证合适的相对分子质量，应尽可能提高分子的支化程度，以降低支链的相对分子质量。

结合过去的经验，提出不同作用聚合物处理剂相对分子质量范围：

① 增黏剂相对分子质量控制在$(300\sim600)\times10^4$，同时具有包被作用，当吸附基团量大

时,表现出絮凝作用;

② 降滤失剂相对分子质量控制在$(10\sim300)\times10^4$,相对分子质量大于50×10^4时,增黏作用进一步增强;

③ 降黏剂相对分子质量控制在1.0×10^4以内。

④ 对于缩聚物、天然材料改性产品以及有机化合物类处理剂,特别是磺化酚醛树脂类产品,需要与不同处理剂配伍使用才能保证效果,故相对分子质量则应通过钻井液性能评价确定。

五、高性能处理剂合成设计

合成设计是在分子设计的前提下,实施处理剂合成的关键,主要围绕目标结构产物、基团及分布、相对分子质量及分布的控制、产物性能、工艺的可行性、环保与节能等方面进行。由于合成设计涉及的内容很多,特别是在配方及合成条件等方面,将会因选用的原料,合成方法、目标产物的结构等要求不同有着很大的差别,需要针对性的进行设计。限于篇幅,这里仅从不同结构的原料及单体选择与合成出发,分自由基聚合、缩合聚合和天然材料及有机化学反应产物三方面,从不同方向讨论高性能处理剂的合成设计思路。

(一) 自由基聚合反应产物

采用自由基聚合得到的聚合物是一类重要的处理剂,关于其合成设计在本章第三节已详细介绍。近年来,以AMPS多元共聚物为代表的具有较强的抗温抗盐能力的处理剂的成功应用,为高性能处理剂的研制奠定了基础。尽管AMPS聚合物的应用使钻井液处理剂水平上了一个新台阶,但由于在聚合物分子结构上没有突破,性能仍然存在局限性。为此,高性能处理剂合成可从以下不同方面着手。

1.以传统原料为基础合成高性能处理剂

由于一些特殊结构的原料(或单体)价格均相对较高,在高性能产品的合成中针对不同需要,如适用的温度和盐含量(是高温低盐?高盐低温?还是高温高盐?)等条件,仍然可以选择传统的AM、AA等单体作为基本的合成原料。其目的是在保证满足钻井液性能维护和处理需要的前提下,以尽可能降低处理剂生产成本。近年来大量使用的AMPS、DMAM等单体,可以作为高性能产品合成的关键原料来选用。

2.采用功能性及高温下稳定性好的单体合成高性能处理剂

在传统聚合物处理剂合成的基础上,为了使产品在抗温抗盐以及剪切稳定性和抑制性能等方面比传统聚合物性能进一步提高,需要在合成中引入能够提供不同于传统聚合物的主导基团的原料(单体),见表4-8。

表4-8中给出的原料(多功能基单体)无论是基团的稳定性,还是吸附、水化能力方面均可以达到此目的,特别是一些两性离子基团的单体更有利于改善处理剂的抑制性。采用这些单体也可以通过活性可控聚合的方法合成具有超支化结构的聚合物处理剂。

3.用强螯合作用的单体作为共聚单体提高处理剂的抗高价离子污染的能力

在高性能产品合成中,含膦酸基的单体可以作为提供强水化基团的主要原料,由于含膦酸基单体具有较强的螯合作用,可以显著提高产物的抗盐,特别是抗钙、镁的能力。从高性能处理剂合成的需要出发,提出不同结构的含膦酸基单体(见表4-9)。关于这些单体的合成,需要尽快研究开发并实施工业化,以满足高性能处理剂合成的需要。

表 4-8 不同结构单体

单体名称	单体结构	单体名称	单体结构
N-甲基-N-乙烯基乙酰胺	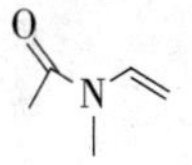 O N	N-羟乙基丙烯酰胺	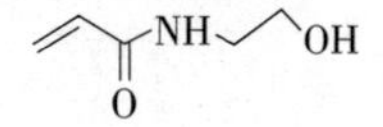 NH OH O
N-乙烯甲酰胺	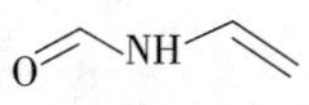 O NH	丙烯酸季戊四醇酯	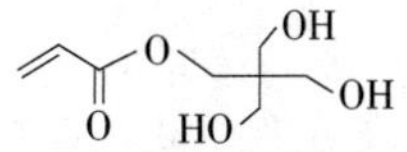 O OH OH O HO
N-乙烯基己内酰胺	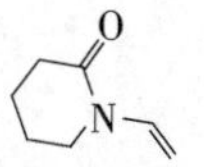 O N	丙烯基硫脲	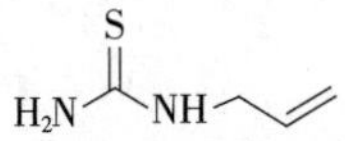 S H_2N NH
N-丙烯酰吗啉	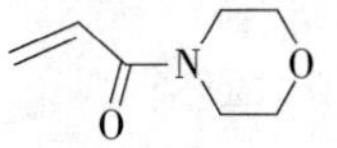 N O O	2-丙烯基苯酚	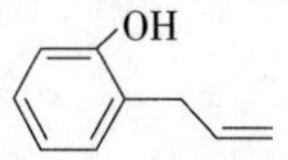 OH
2-烯丙基胺基乙酸	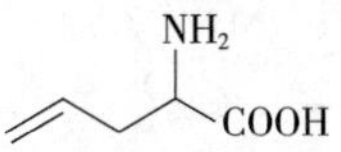 NH_2 COOH	N-(羧甲基二甲基)烷基甲基丙烯酰胺	 NH n N^+ O O^- O
N-(2,2-二羟甲基)羟乙基丙烯酰胺	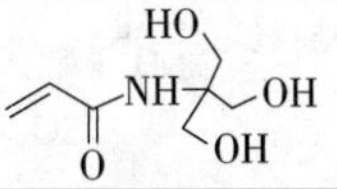 HO NH OH OH O	N-(羧甲基二甲基)烷基丙烯酰胺	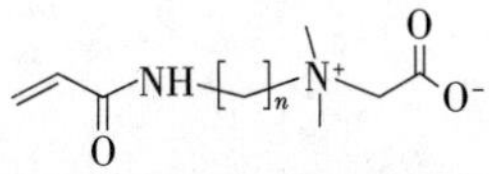 NH n N^+ O O^- O
3-乙酰基-N-乙烯基吡咯烷酮	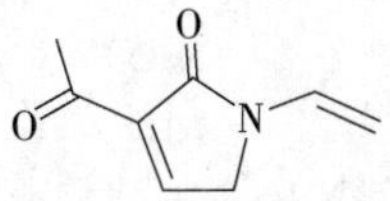 O O N	二羟乙基丙酰胺基烯丙基氯化铵	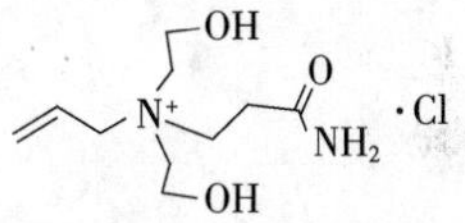 OH N^+ O NH_2 ·Cl OH

表 4-9 含膦酸基单体

单体名称	单体结构	单体名称	单体结构
1,1-二膦酸基-1-戊烯醇(n=1); 1,1-二膦酸基-1-十一烯醇(n=1)	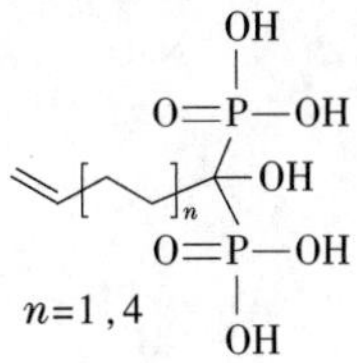 OH O=P—OH n OH O=P—OH OH n=1,4	N-(1,1-二膦酸基-1-羟基丁基)丙烯酰胺	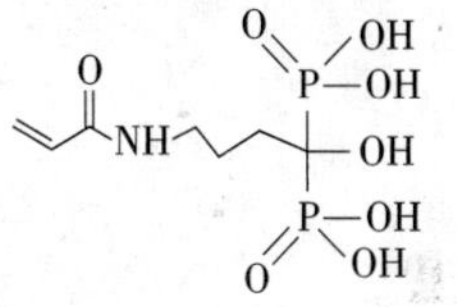 O NH O P OH OH OH P OH O OH
烯丙基膦酸	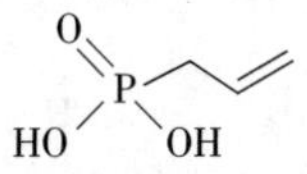 O P HO OH	2-丙烯酰氧基-2-甲基丙膦酸	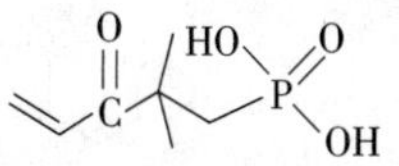 O C HO O P OH

4.设计树枝状和树型结构的单体或中间产物,实现高性能处理剂的最佳目标

针对超支化树枝状或树型结构产物设计的目标,可以选择一些具有特殊反应性能的材料或试剂,如丙烯酰氯、氯丙烯、丙烯腈、马来酸酐、丙烯酰胺、丙烯酸酯、环氧乙烷、环氧丙烷、多元醇、乙二胺、多乙烯多胺等,通过不同反应合成具有不同支链结构和基团的产物(或单体)。这些产物(或单体)的支链上含有丰富的主导基团、选择基团、非主导基团,如叔胺、仲胺、羧基、酰胺基、磺酸基、膦酸基、羟基、羰基等,并具有可产生次生基团的结构。具有该结构的处理剂,当链端基团脱落后将会产生新的基团,从而保证分子链上基团数量,提高处理剂稳定性。

如图 4-21 所示结构的产物,作为树枝状结构的乙烯基单体,通过控制合成方法,选用不同的共聚单体与其共聚,可以得到一系列含有树枝状侧链的超支化聚合物处理剂。

此外,利用图 4-22 和图 4-23 所示的一些支链末端含双键的多烯基树型单体,与不同

单体通过自由基聚合的方法扩链，最终可以得到树型结构的处理剂。

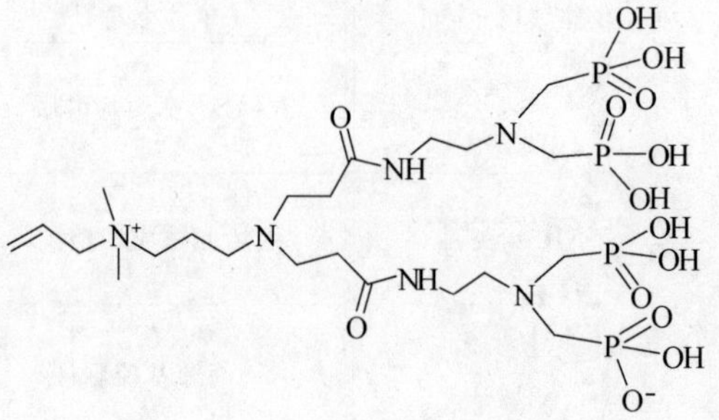

(a)

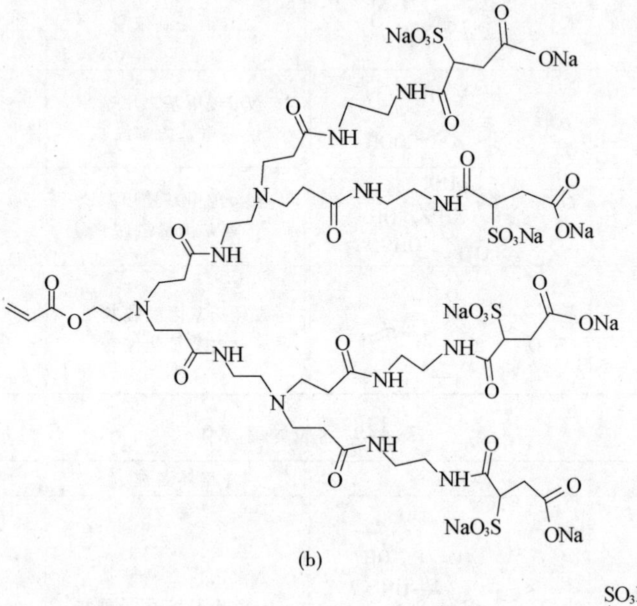

(b)

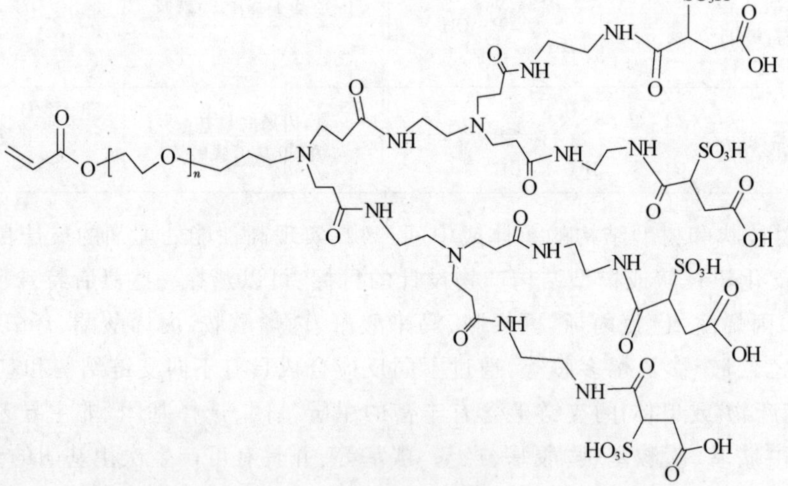

(c)

图 4-21 树枝状结构单体

(二) 缩合聚合反应产物

磺甲基酚醛树脂(SMP)的制备方法和原理，可以作为合成树脂类高性能改性产物的基础，以 SMP 为代表的缩合聚合产物具有良好的抗温抗盐能力，可以有效地控制钻井液的高温高压滤失量，但当温度超过200℃，特别是高含盐的情况下，其降滤失效果会明显降低。通过分子修饰可以有效地提高其抗温抗盐能力，但其效果仍然不能满足要求。通过采用具有长支链结构的可缩合聚合的活性单元或原料，并通过改变处理剂的分子结构及基团性质，可以达到高性能处理剂研制的目标。

通过苯酚烷氧基化等扩链反应，可制备含有不同基团支链结构的可缩聚单元或产物。图4-24是一些以苯酚或对胺基苯酚为活性中心的支链结构的可缩聚单元或产物。这些产物均可在SMP合成中作为改性材料用于合成高性能SMP类产品。由于在分子中引入了含有不同性质基团的超支化柔性链结构，增加了产物中基团的数量和种类，可进一步提高产物的抗温抗盐能力。

图4-25是一些以苯酚或对胺基苯酚为活性中心的含双键的支链结构的可缩聚单元或产物。由于这些结构单元的支链末端含有双键，可以与乙烯基单体共聚引入长链结构，以进一步扩链，生成树枝状结构的产物，其可以直接用作钻井液处理剂，也可以将得到的树枝状结构的产物与苯酚、甲醛和亚硫酸钠等进一步缩合聚合、磺化反应，得到超支化的改性SMP。

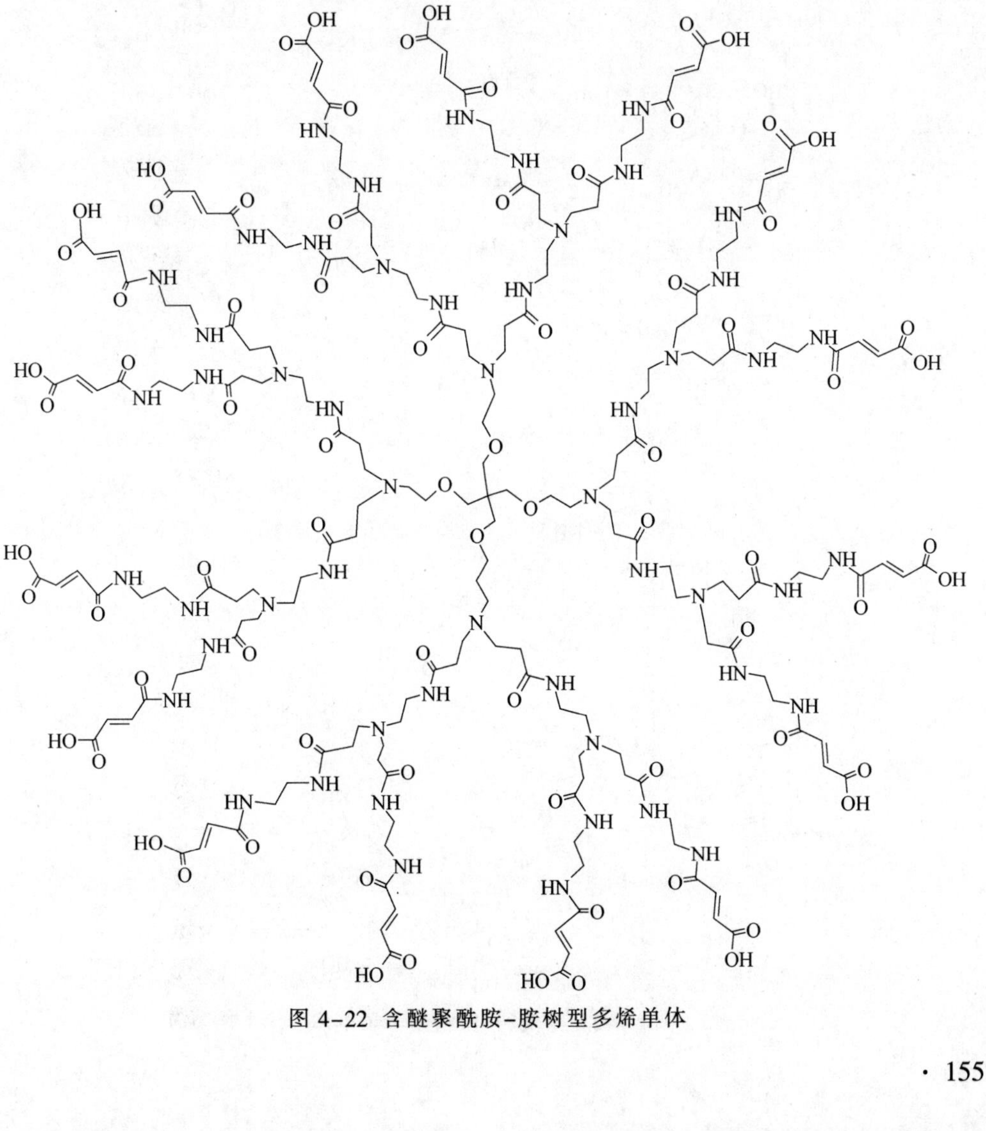

图4-22 含醚聚酰胺-胺树型多烯单体

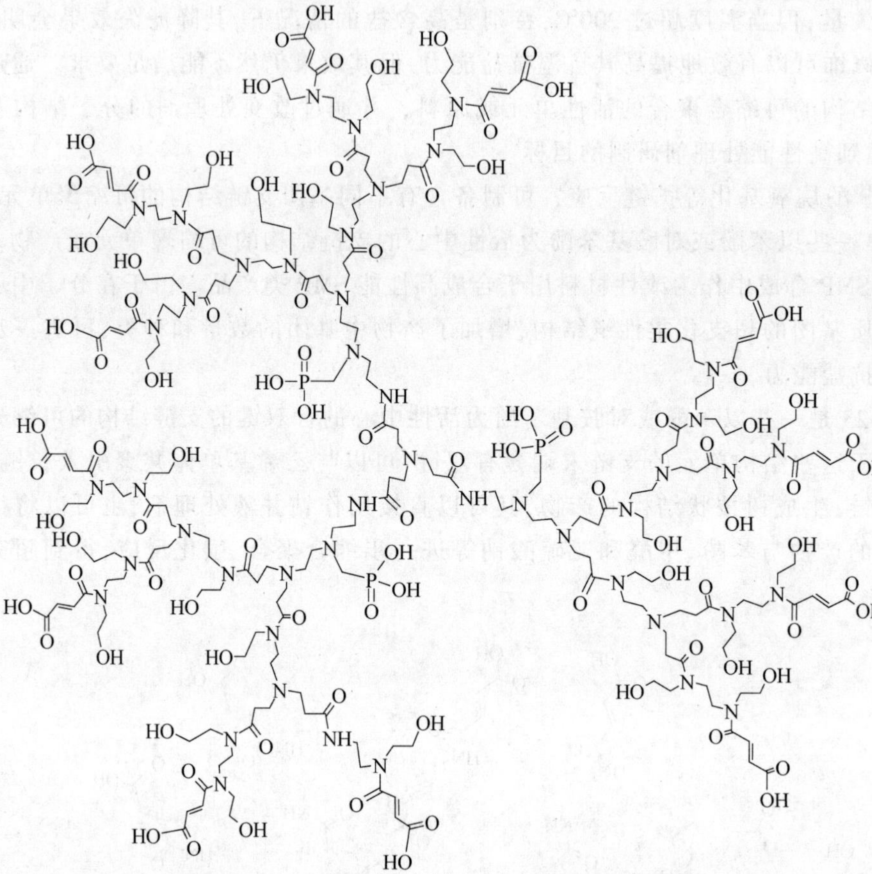

(a)

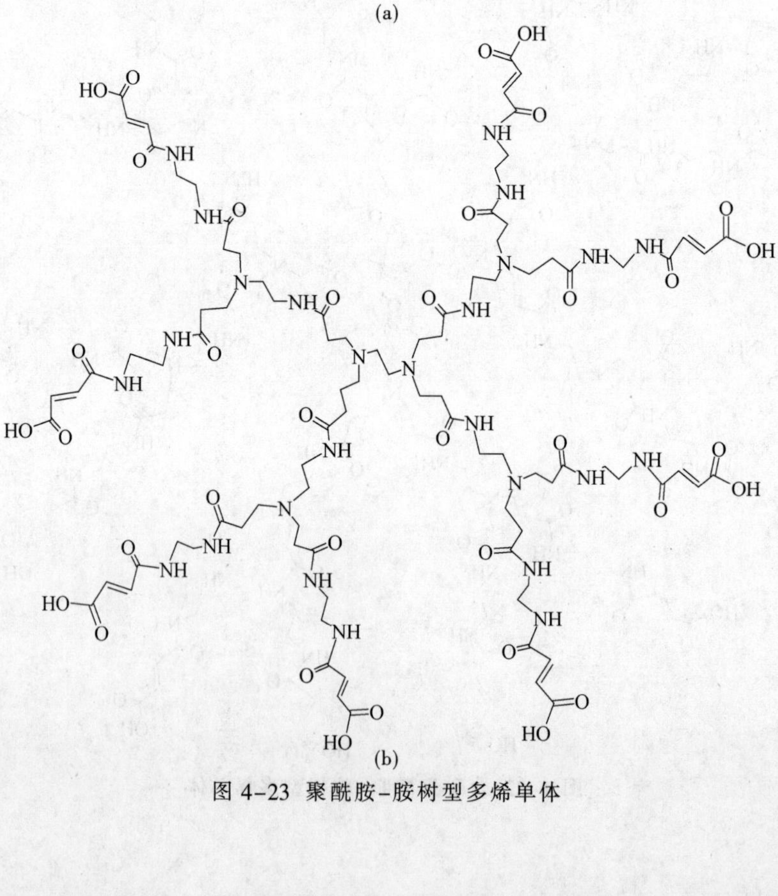

(b)

图 4-23 聚酰胺-胺树型多烯单体

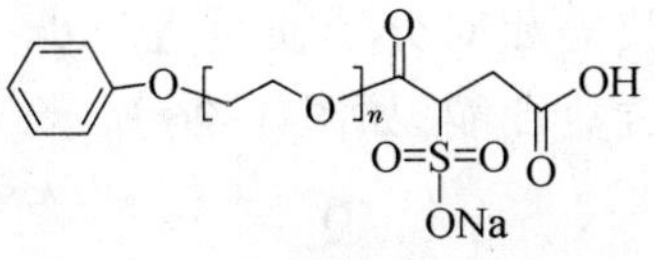

图 4-24 以苯酚或对胺基苯酚为活性中心的支链结构的可缩聚单元或产物

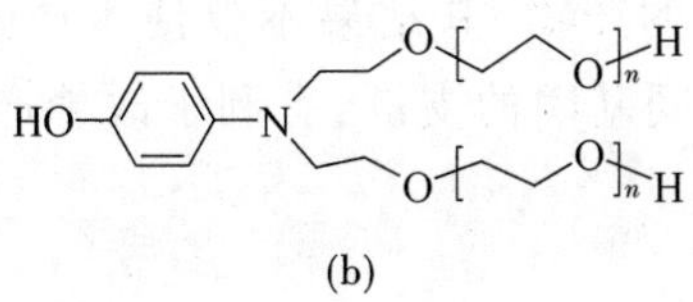

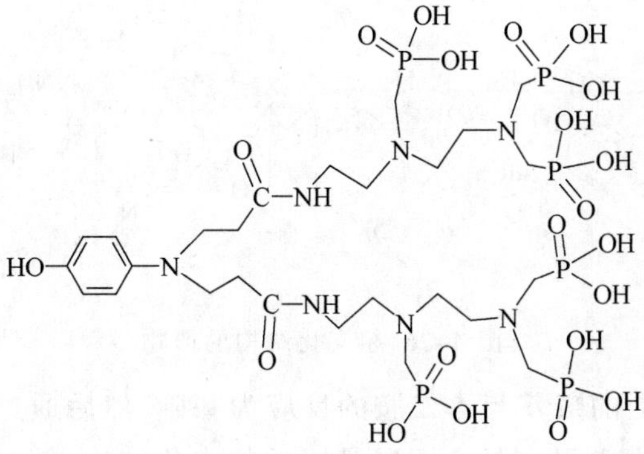

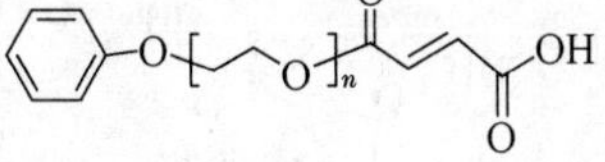

图 4-25 以苯酚或对胺基苯酚为活性中心的含双键的支链结构的可缩聚单元或产物

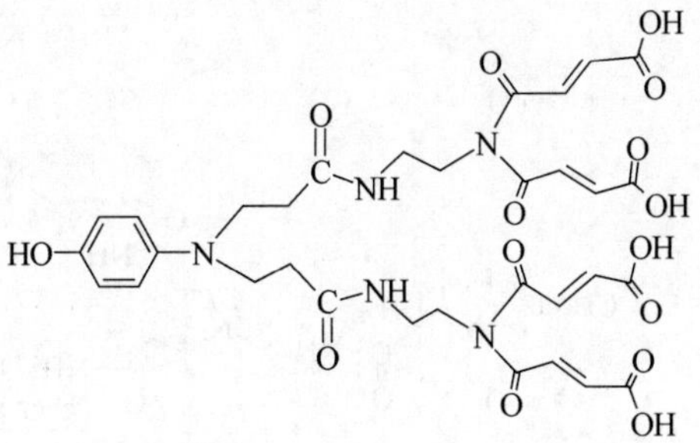

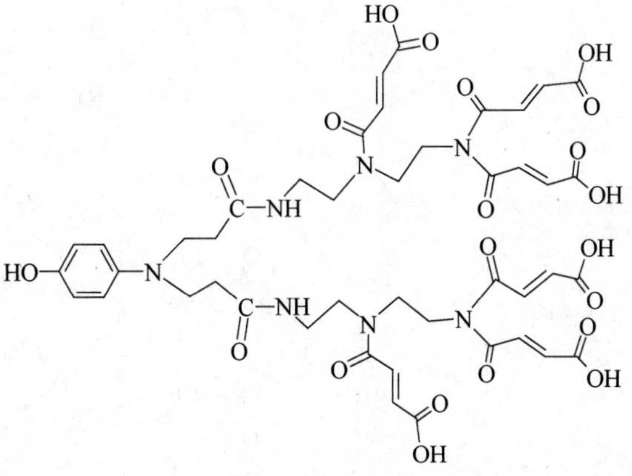

(三) 天然材料及有机化学反应产物

1.天然材料的扩链改性

近年来围绕天然材料改性开展了一些工作[15],但与高性能处理剂要求还存在差距。为了充分利用天然资源制备高性能处理剂,可以将木质素、栲胶等分子结构单元中所含众多的酚羟基与环氧乙烷或环氧丙烷反应,得到聚氧乙(丙)烯化支链的产物,并进一步扩链得到超支化结构的产物，其结果不仅使木质素、栲胶等相对分子质量进一步提高，同时由于引入了含有不同基团的支链，有利于改善产物的抗盐性能，如图 4-26 所示。

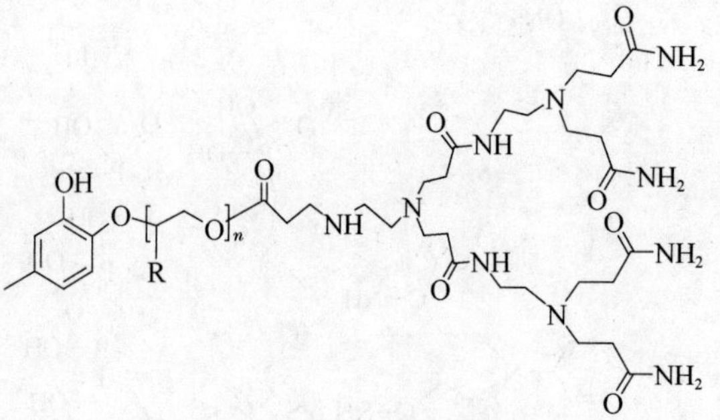

图 4-26 超支化结构的产物

以腐殖酸结构单元上的羧基与乙二胺的反应为基础，然后通过进一步扩链反应合成具有超支化结构的产物。由于引入具有不同基团的超支化结构，其结果是改变了腐殖酸的原有结构和性质，使其抗温抗盐性能进一步提高，如图 4-27 所示。

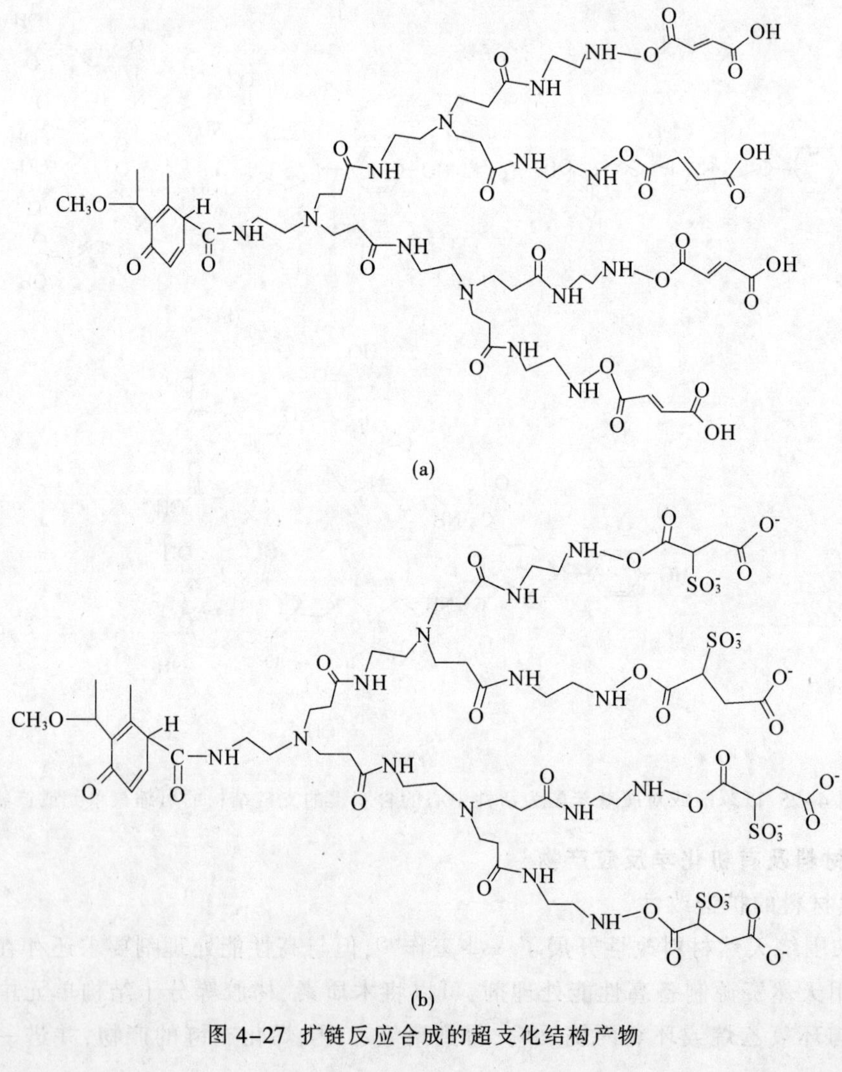

(a)

(b)

图 4-27 扩链反应合成的超支化结构产物

与二乙烯三胺反应，可得到具有阳离子性质的产物。通过该反应可以制备具有阳离子基团的改性腐殖酸产品，其抗温抗盐和抑制性均会得到提高，如图 4-28 所示。

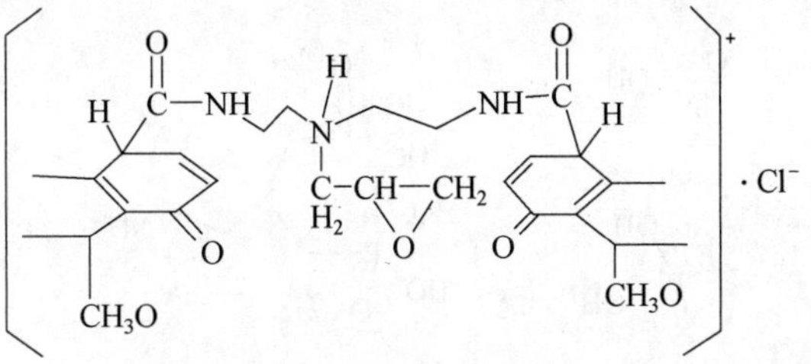

图 4-28 具有阳离子性质的产物

上述这些以天然材料骨架为中心的超支化的树枝状或树型结构产物，由于引入了支化的链结构以及不同性质的基团，将会使产物的性能显著提高，使天然材料改性处理剂高性能化改性成为可能。除上述所列不同结构的产物外，还可以根据需要进行更多链结构设计，以充分利用来源丰富、价格低廉的天然资源。

2.有机化学反应产物

在传统的分子设计的基础上，通过不同的化学反应(而非聚合的方式)，也可以合成具有不同结构的低相对分子质量的处理剂，如降黏剂、抑制剂等。

在相对分子质量适当时，如图 4-29 所示结构的产物可以作为抑制剂。

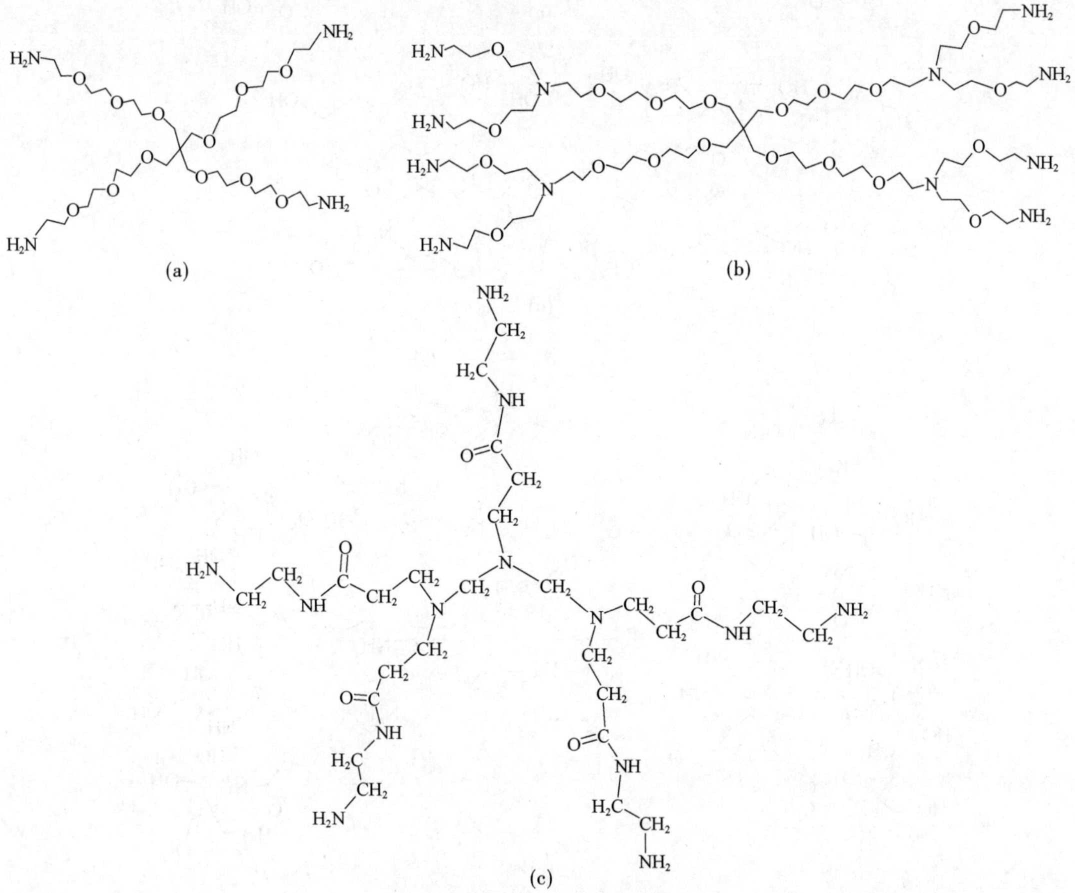

(a)

(b)

(c)

图 4-29 可合成抑制剂的结构

图 4-30 和图 4-31 所示的一些结构的含膦酸基化合物、含端羟基化合物和含端羧基化合物,通过调整合适的相对分子质量可以作为稀释剂或降黏剂。

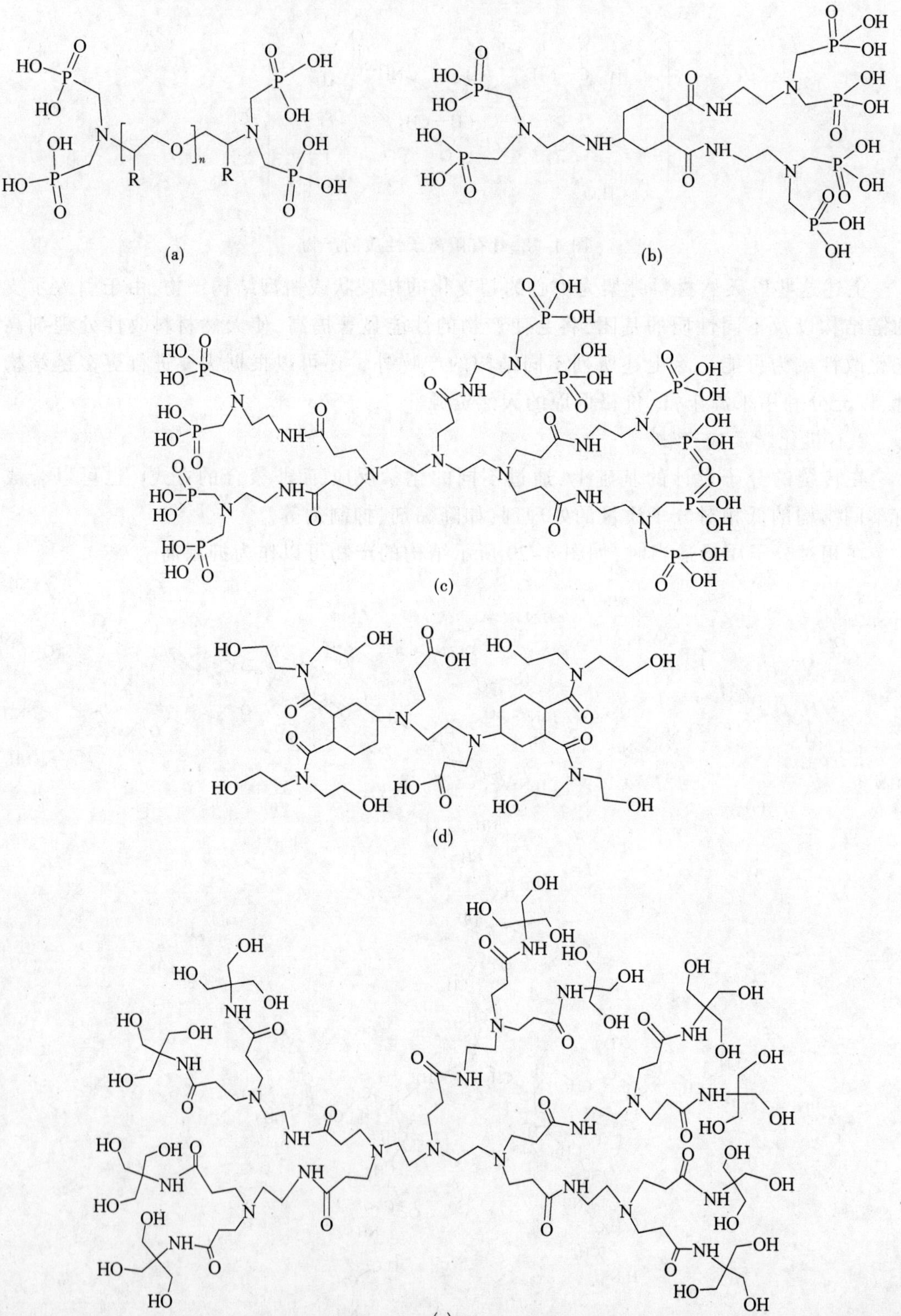

(a)

(b)

(c)

(d)

(e)

图 4-30 支化结构的多磷酸或多羟基化合物

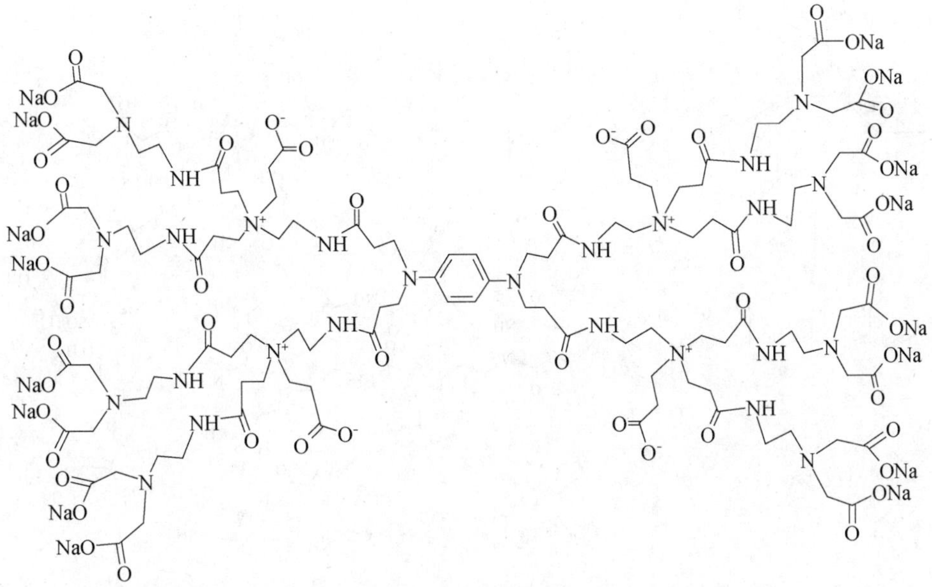

图 4-31 N,N,N',N'-四多羧基聚酰胺-胺基对苯二胺的结构

此外，利用不同的化学反应，以天然脂肪酸或合成脂肪酸为原料，与一元或多元醇(或胺)通过酯化或酰胺化反应，还可以合成高性能表面活性剂、润滑剂以及油基钻井液处理剂等。

结合化学剂的应用环境，前面提出的钻井液处理剂设计思路也适用于采油化学剂、压裂液化学剂、油井水泥外加剂、油田水处理剂、原油破乳剂等不同用途的油田化学品的设计与合成，特别是具有超支化的树枝状或树型结构的聚合物可用作耐温抗盐聚合物驱油剂、水基压裂液稠化剂、抗高温油井水泥降滤失剂和油田水处理絮凝剂等。

(四) 高性能处理剂合成设计实例分析

分子设计要点：

① 首先分析结构模型，在分析的基础上设计出相对明确结构，对结构模型进一步修饰，以达到能够分辨出单元子；

② 分子拆分，确定拆分点，明确并分析单元子；

③ 单元子复原，要给出明确的单元或可能的单元，以达到确定原料的目的；

④ 原料的确定及组合验证。

例如，为了合成一种超支化聚合物，需要一种支化程度高的大单体，希望单体活性高、能够溶于水、存在树枝状结构，并有一系列吸附基团和水化基团。

针对上述要求，按照图 4-19 结构模型，设计一种分子结构(见图 4-32)。按照设计的分子结构确定拆分点，见图 4-33 箭头指示处。在分析单元子的基础上拆分单元子，并进行单元子复原，见图 4-34。

结合单元子复原，可以确定需要的原料，然后选择合适的化学反应，就可以进行合成设计了，主要包括合成方法确定、合成工艺设计与优化和配方设计与优化。合成反应过程如下：

丙烯腈容易和含活泼氢原子的化合物发生加成反应，在碱性催化剂作用下，首先利用醇对缺电子烯烃加成合成带有其他官能团的醚的合成方法合成聚醚腈，聚醚腈经过催化还原胺化制备聚醚胺，反应方程式见式(4-109)。

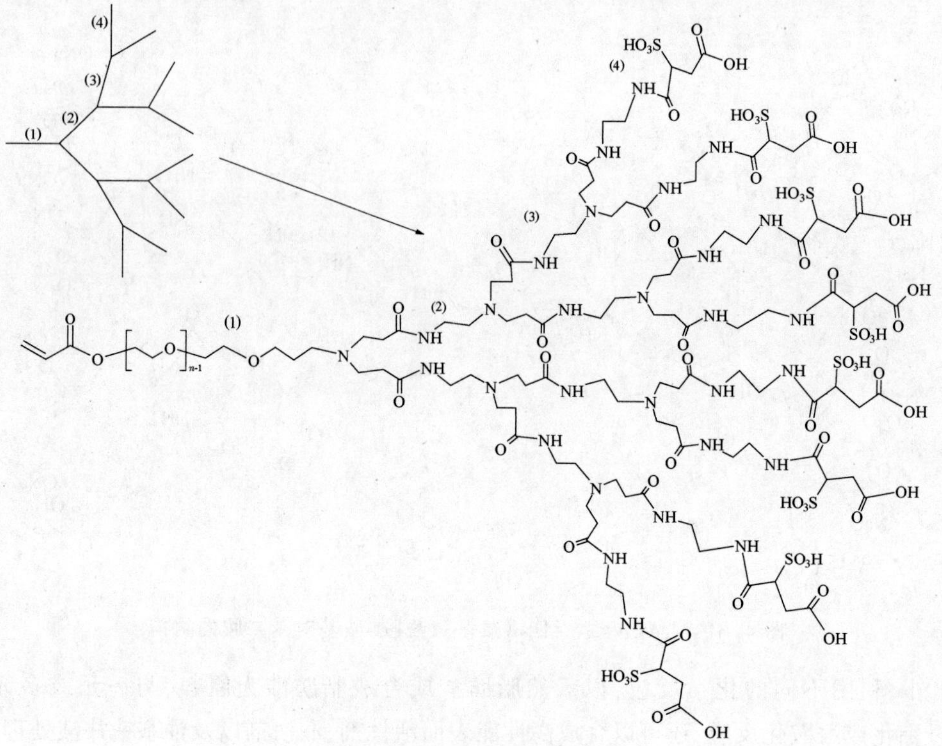

图 4-32 模型的分子结构化

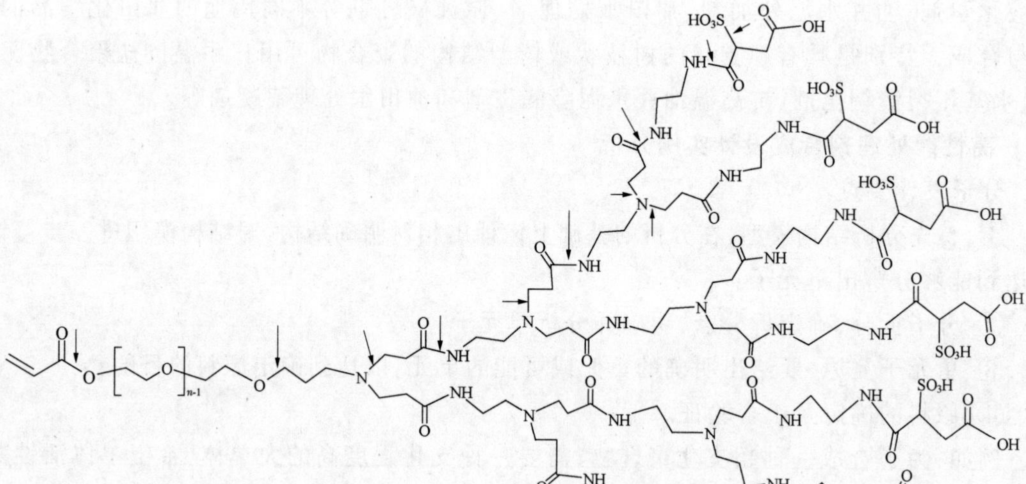

图 4-33 拆分点

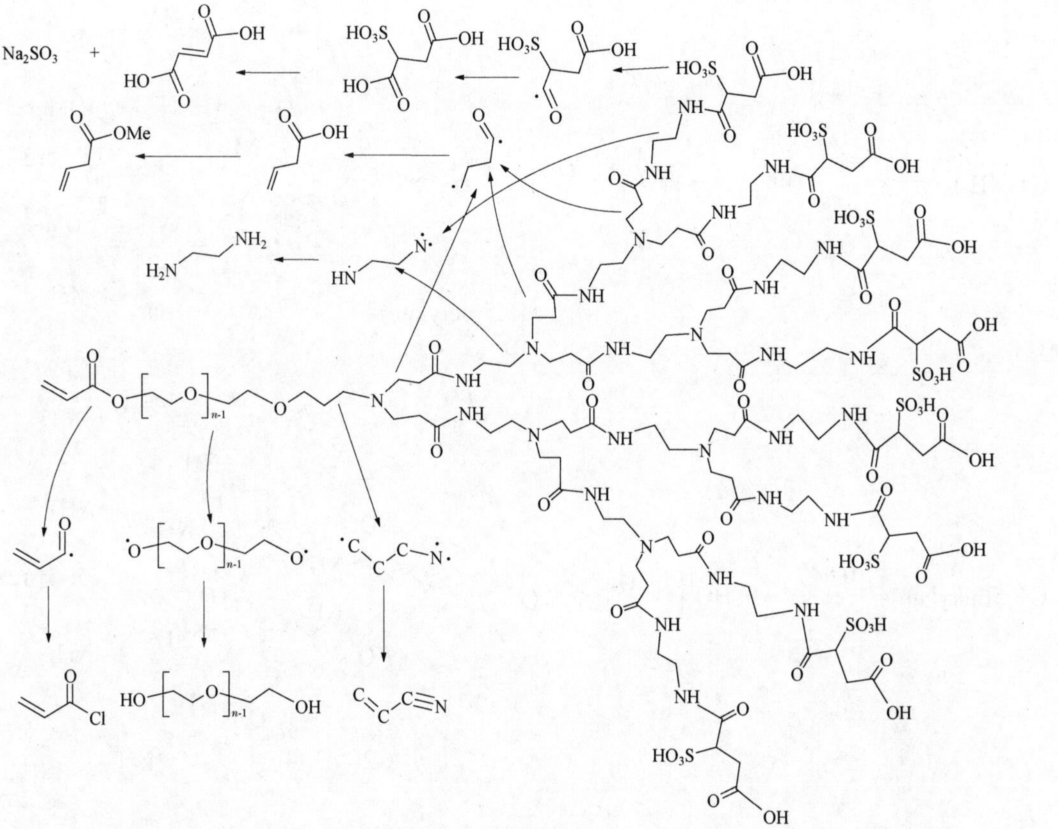

图 4-34 拆分及单元子复原

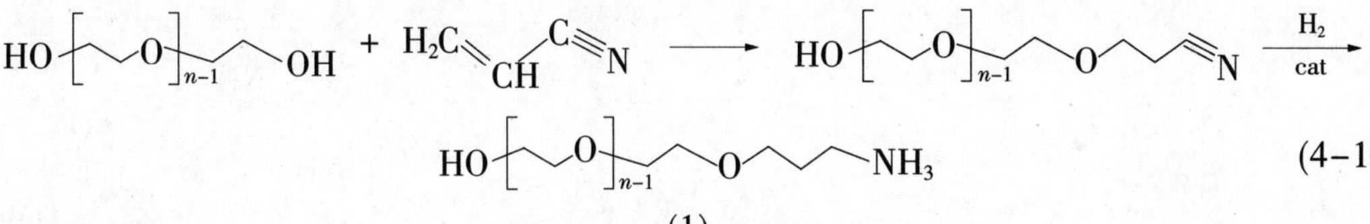

(1) (4-109)

通过胺类化合物与 α,β-不饱和羰基化合物的碳碳双键的亲核加成，经过多步交替反应制备树枝状聚酰胺胺[见式(4-110)~式(4-116)]。

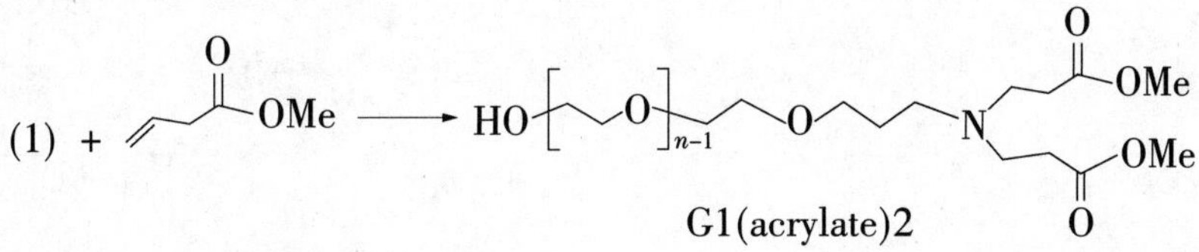

G1(acrylate)2 (4-110)

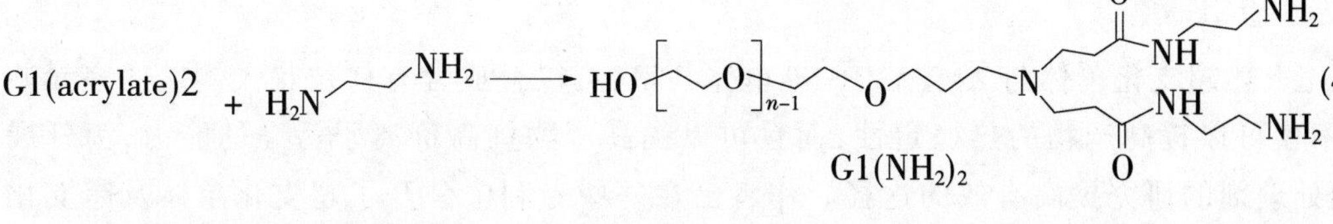

G1(acrylate)2 + H_2N–CH_2CH_2–NH_2 ⟶ $G1(NH_2)_2$ (4-111)

上述树枝状的聚酰胺胺与亚硫酸钠反应、酸化后得到末端含有磺酸基和羧基的聚酰胺胺，将其与丙烯酰氯反应，得到树枝状的乙烯基大单体[见式(4-117)和式(4-118)]。

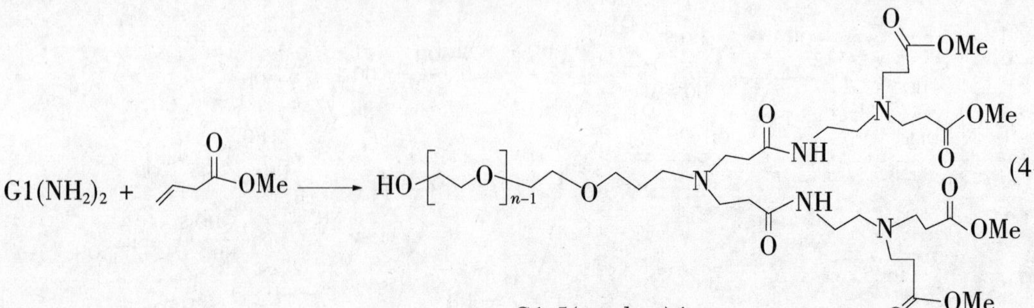

$G1(NH_2)_2$ + [methyl acrylate, OMe] → G1.5(acrylate)4 (4-112)

G1.5(acrylate)4 $\xrightarrow{H_2N\text{–}CH_2CH_2\text{–}NH_2}$ $G2(NH_2)4$ (4-113)

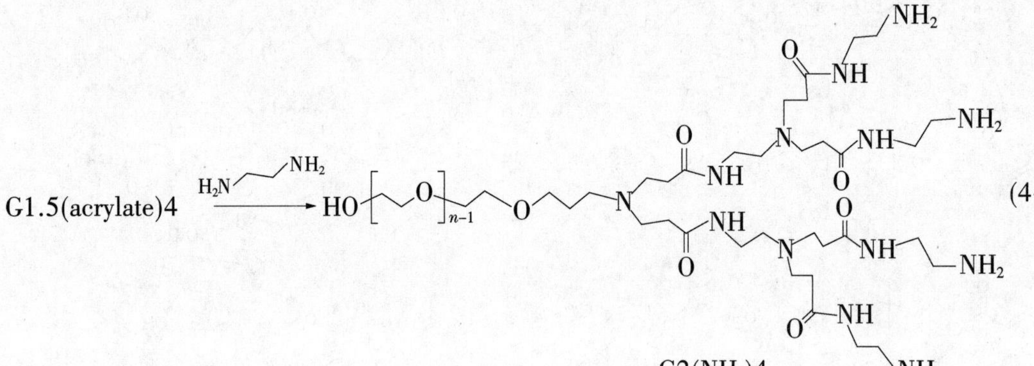

$G2(NH_2)4$ → [methyl acrylate, OMe] → G2.5(acrylate)4 (4-114)

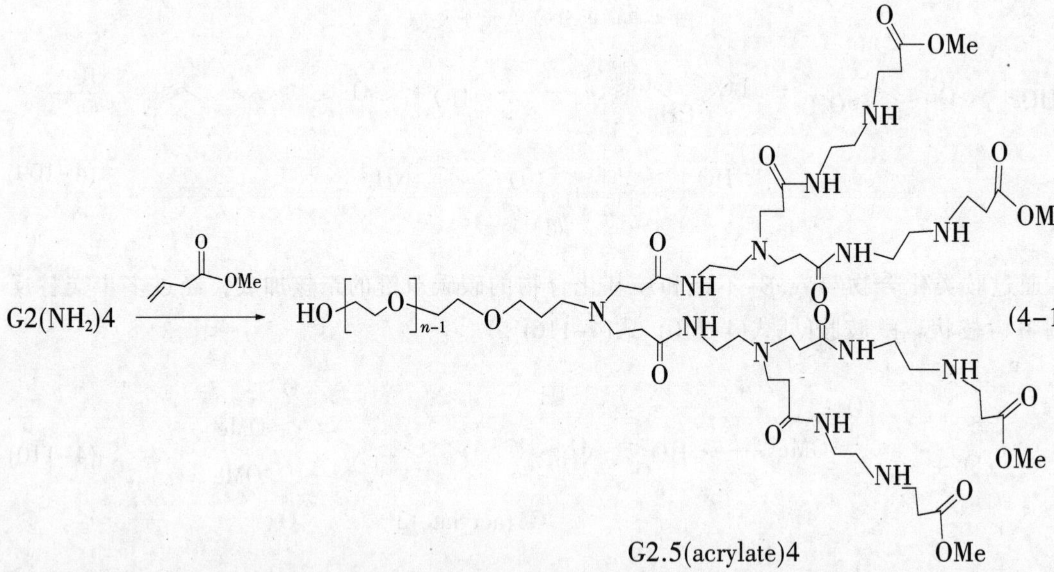

采用上述超支化单体与 AM、AMPS 等单体共聚，可以合成含有树枝状大侧基的多元共聚物，不仅可以提高产物的热稳定性，而且可以提高产物抗高价离子污染的能力，为开展高性能处理剂的研究提高有效的途径。作者已在一些专利中公开了超支化单体及超支化聚合物处理剂的合成方法[16~18]。

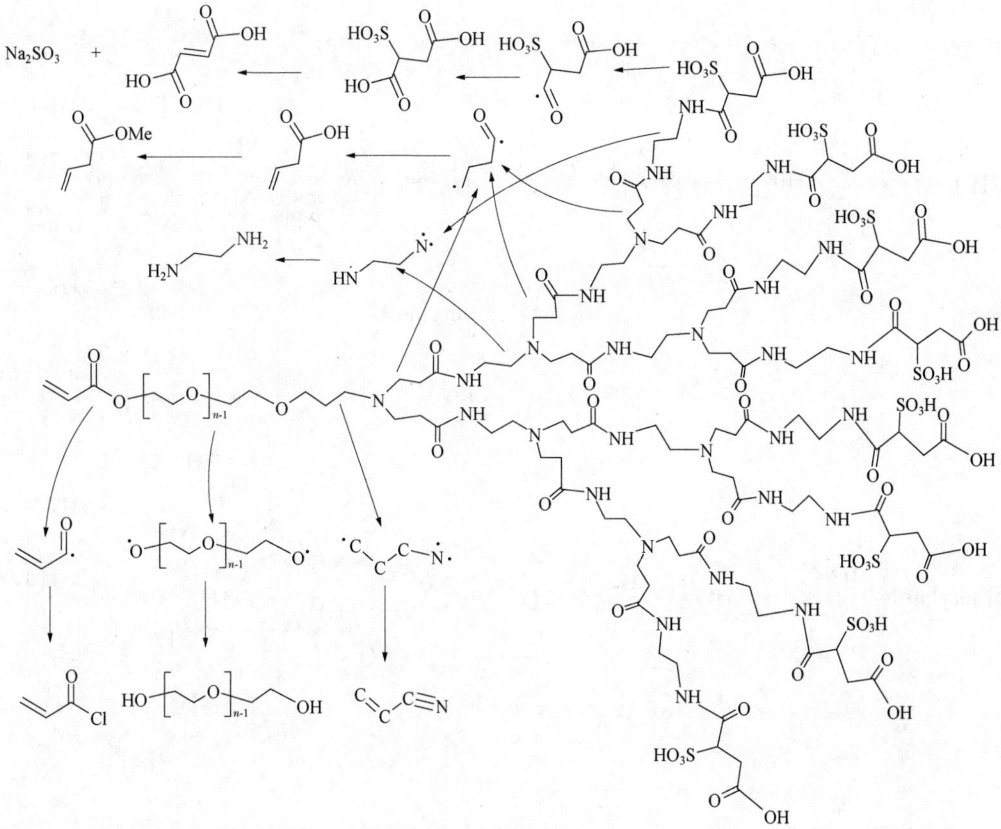

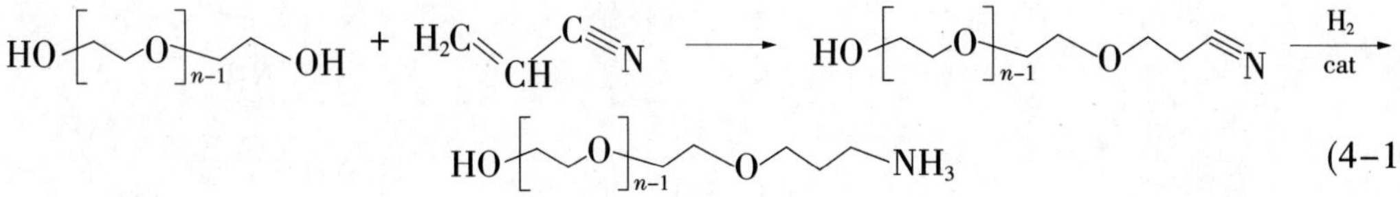

(4-109)

(1)

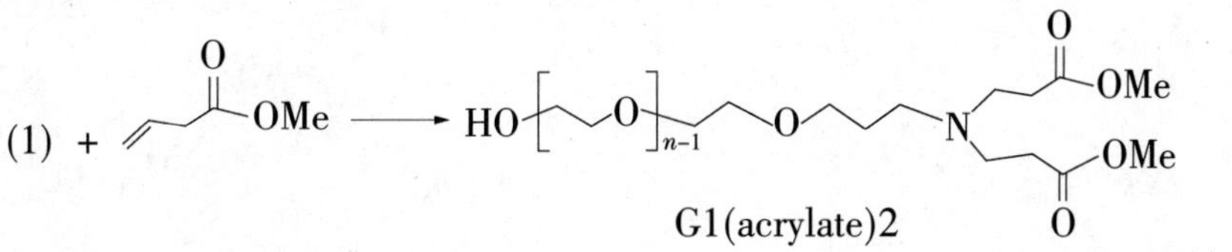

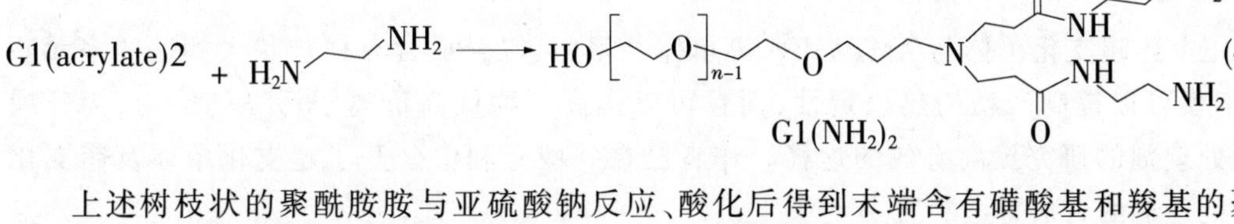

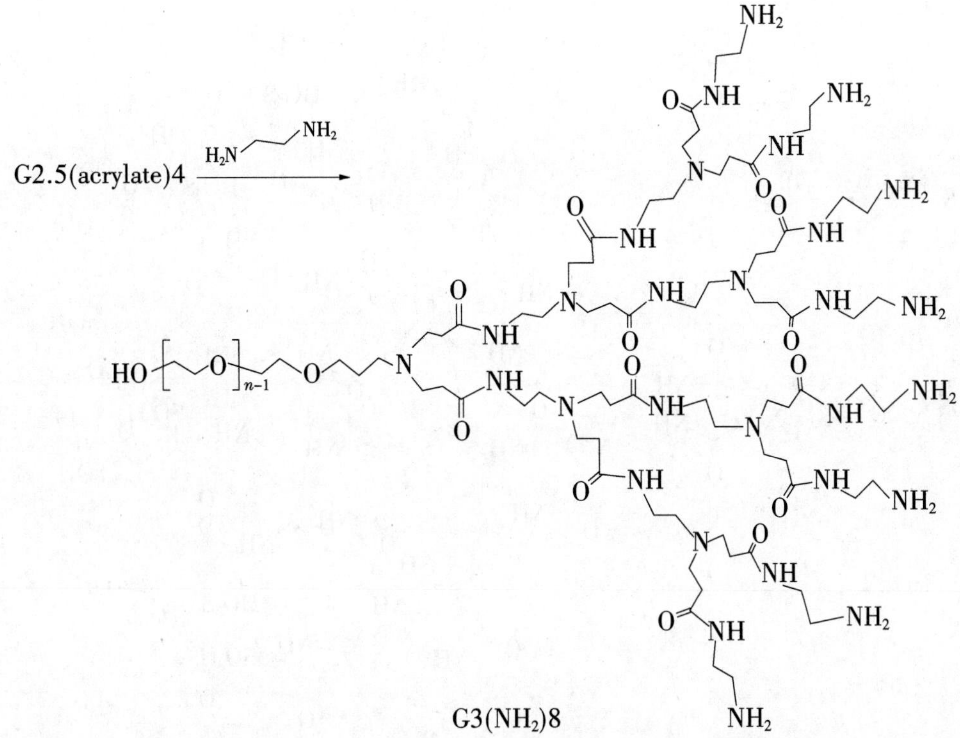

G2.5(acrylate)4 $\xrightarrow{H_2N\diagup\diagdown NH_2}$

HO$[\diagup O]_{n-1}$ ... G3(NH_2)8 (4–115)

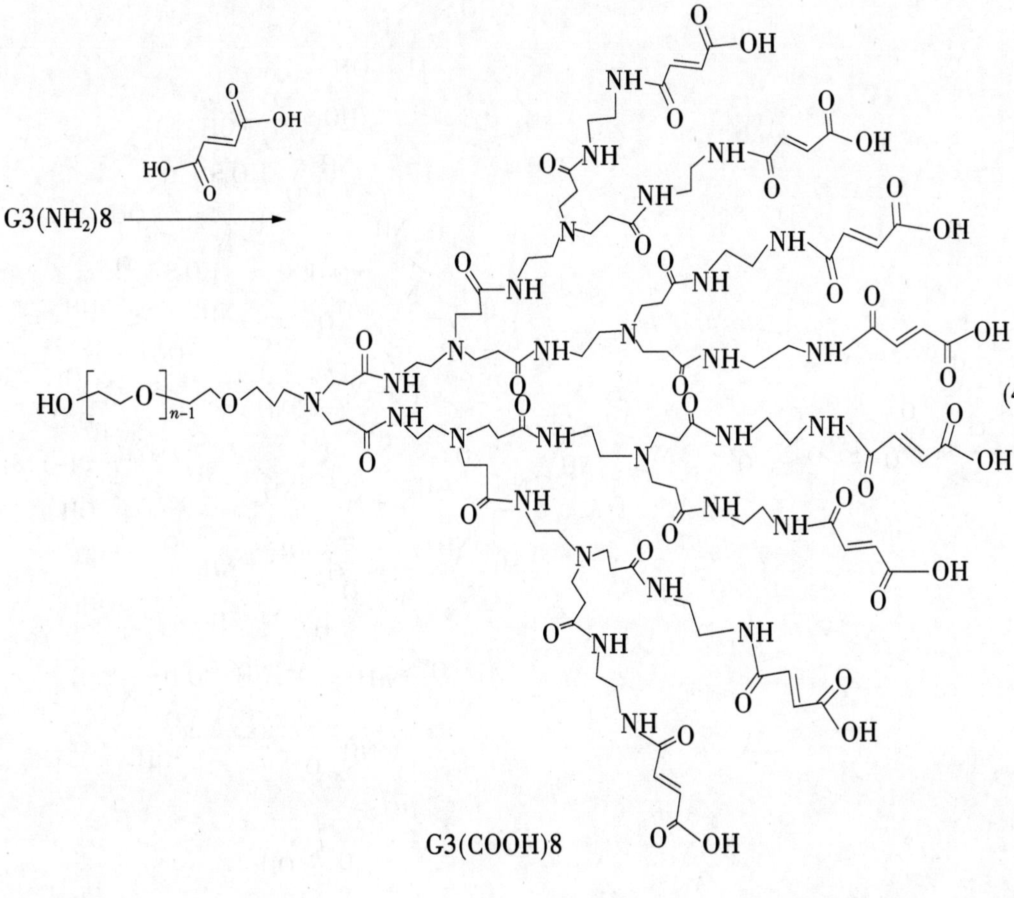

G3(NH_2)8 $\xrightarrow{\text{HOOC-CH=CH-COOH}}$

HO$[\diagup O]_{n-1}$ ... G3(COOH)8 (4–116)

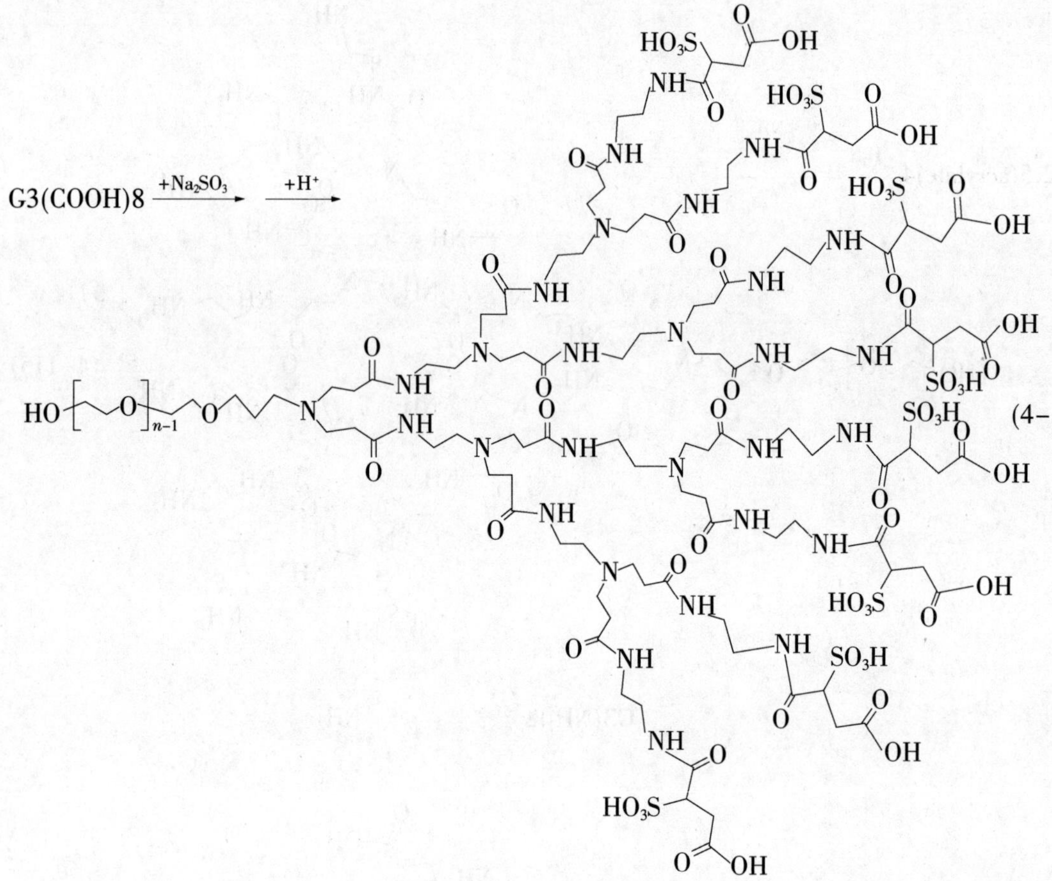

G3(COOH)8 $\xrightarrow{+Na_2SO_3}$ $\xrightarrow{+H^+}$ (4–117)

(2) $\xrightarrow{+CH_2=CHCOCl}$ (4–118)

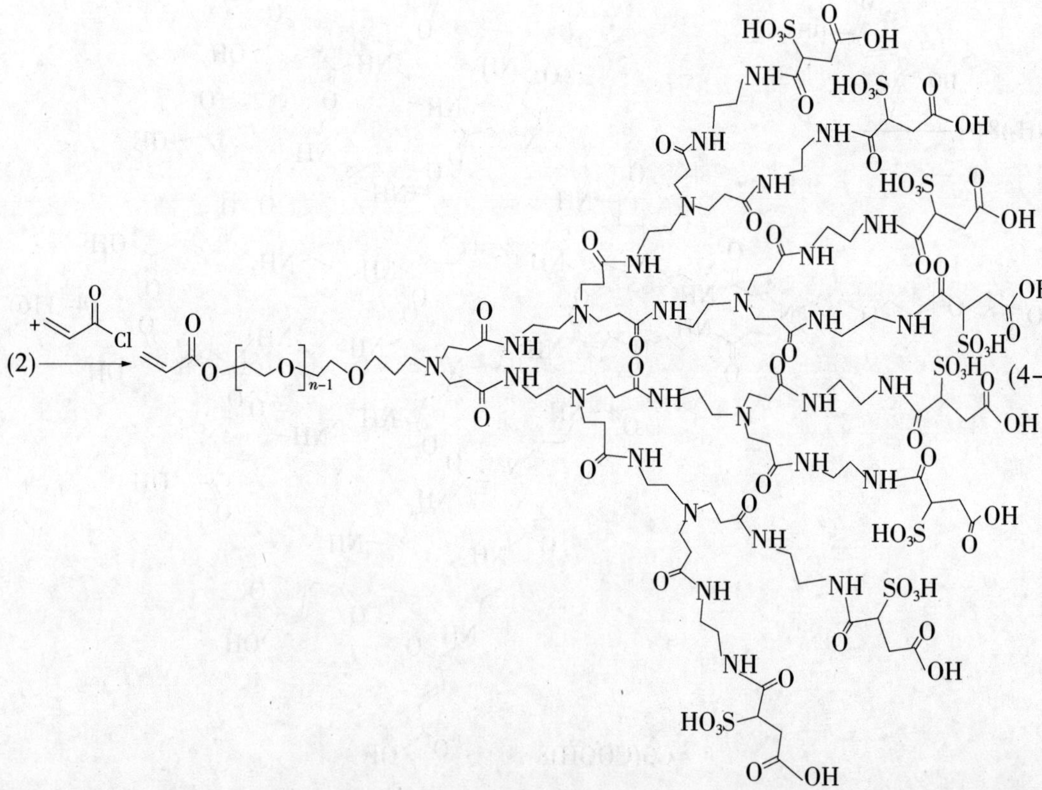

六、几点认识

① 在钻井液专用化学品的开发中，尽管已认识到分子设计的重要性，但从关于处理剂合成的文章和专利文献看，还没有真正达到利用分子设计来指导处理剂研制的目标，在采用传统的原料(单体)以及传统的合成方法制备处理剂时，得到产品结构也必然是已知的。利用已有原料或单体，通过改变单体配比和合成条件，虽然可以得到不同相对分子质量和性能稍有区别的产品，但由于产物的结构和基团性质没有改变，处理剂的分子结构和性能不可能有大的变化。

② 尽管近年来钻井液处理剂的研究报道很多，但多是重复性实验和评价，产品性能上并无长足进步，此现象与处理剂发展，特别是与高性能钻井液处理剂发展的需要很不相称，体现在结构和基团上的新型处理剂的开发任重道远。为了提高高性能处理剂研制开发效率，使处理剂性能比传统处理剂有明显提高，就必须在产品结构及基团上有突破，超支化的树枝状或树型结构设计，正是为了改变传统分子设计及合成思路。

③ 无论是结构还是基团的设计，都是为了解决处理剂的分子结构和基团的稳定性，故结构及基团设计作为高性能处理剂设计的核心，应贯穿处理剂设计的全过程，并结合影响处理剂抗温抗盐的因素，达到高性能处理剂设计的可行性和可靠性。针对高性能处理剂设计提出的一些新单体以及设计的特殊结构中间产物均是基于化学反应及高分子合成技术。因为这些材料，特别树枝状或树型结构的中间产物，均需要多步的化学反应得到。

④ 在分子设计的基础上，如何获得理想的目标产物，实施所涉及的化学反应以及保证目标产物的收率和合成的经济性，还需要从原料配比、反应条件优化等方面进行深入探索研究，为高性能处理剂的开发奠定基础，以促进高性能钻井液技术的进发展。同时探索耐温抗盐聚合物驱油剂、压裂液稠化剂、油井水泥降滤失剂、油田水处理絮凝剂剂和原油破乳剂等高性能油田化学品的设计与合成。

参考文献

[1] 王中华.钻井液化学品设计与新产品开发[M].西安：西北大学出版社，2006.

[2] 聚合物的化学反应[EB/OL].http://wenku.baidu.com/link?url=aZnjrzAtVrm–lO00ciAsROYMVTIj9y1uOjJgMQL1d6iiCkJENWvA_fEmVtK 4cSmP bjkDEe2Of7Xpogu1t812wOGXIzAOvJN6Nzi263iUqQ7.

[3] 王国建.高分子合成新技术[M].北京：化学工业出版社，2004.

[4] 王中华.钻井液用超支化反相乳液聚合物的合成及其性能[J].钻井液与完井液，2014，31(3)：14–18.

[5] 王中华.钻井液用化学品合成与设计思路[J].精细与专用化学品，2001(增)：111–119.

[6] 王中华.钻井液处理剂应用现状与发展方向[J].精细与专用化学品，2007，15(19)：1–4.

[7] 王中华.油田化学品设计思路[J].石油与天然气化工，1993，22(1)：50–56.

[8] 杨小华，王中华.钻井液用高分子处理剂分子设计[J].精细与专用化学品，2010，18(1)：14–18.

[9] 潘祖仁.高分子化学[M].北京：化学工业出版社，1997.

[10] 王中华.钻井液处理剂现状分析及合成设计探讨[J].中外能源，2012，17(9)：32–46.

[11] 王中华.天然材料改性钻井液处理剂研究与应用[J].精细石油化工进展，2001，2(1)：20–24.

[12] 张黎明.LGV 型降黏剂合成用交联剂的研究[J].钻井液与完井液，1992，9(4)：19–23

[13] 王中华.超高温钻井液体系研究(Ⅰ)——抗高温钻井液处理剂设计思路[J].石油钻探技术，2009，37(3)：1–7.

[14] 王中华.高性能钻井液处理剂设计思路[J].中外能源，2013，18(1)：36–46.

[15] 王中华.腐殖酸接枝共聚物超高温钻井液降滤失剂合成[J].西南石油大学学报：自然科学版，2010，32(4)：149–155.

[16] 中国石油化工集团公司，中石化中原石油工程有限公司钻井工程技术研究院.一种树枝状单体、采用该单体的处理剂及其制备方法：中国，104292129 A[P].2015-01-21.

[17] 中国石油化工集团公司，中石化中原石油工程有限公司钻井工程技术研究院.一种超支化共聚物及其制备方法和应用：中国，104250358 A[P].2014-12-31.

[18] 中国石油化工集团公司，中石化中原石油工程有限公司钻井工程技术研究院.一种烯基支化单体及其制备方法：中国，104311449 A[P].2015-01-28.

第五章 含羧酸基多元共聚物处理剂

含羧酸基的多元共聚物是指由含羧酸基团的单体与丙烯酰胺等单体的共聚物。含羧酸基的单体包括丙烯酸、甲基丙烯酸、衣康酸、马来酸(酐)等,其中应用最多的是丙烯酸。由聚丙烯酰胺、聚丙烯腈等水解也可以得到含有羧酸基团的聚合物,从其结构上看为丙烯酸-丙烯酰胺共聚物或丙烯酸-丙烯酰胺-丙烯腈共聚物。含羧酸基团的共聚物由于其所具有的一些特殊性能,而广泛用于工业领域:①水溶性,可以溶于水,其水溶液中聚合物含量低时形成氢键,分子缠结和网状结构,含量高时分子缠结严重,形成凝胶状产物,相对分子质量越高,溶液黏度越大;②在水溶液中的增黏性、假塑性(相对分子质量越高,假塑性越强;浓度越高,假塑性越强);③羧酸基团的水化特性;④非离子基团的吸附特性;⑤护胶作用;⑥离解性或电解质行为;⑦分散作用;⑧絮凝作用;⑨减阻作用;⑩络合作用;⑪与高价离子的交联作用;⑫高温稳定性;⑬分子的可反应性能。

同时还会因聚合物相对分子质量和基团比例的不同,而起到不同的作用,如增黏、降黏、阻垢分散、絮凝、包被、抑制防塌等。

含羧酸基团的多元共聚物一般以羧酸盐的形式存在,主要是钠盐,也可以是钾盐、铵盐。在钻井液用含羧酸基的共聚物中,以丙烯酸(AA)与丙烯酰胺(AM)的共聚物为主。甲基丙烯酸、衣康酸、马来酸的共聚物很少应用,甲基丙烯酸、衣康酸成本高,只是在一些特殊要求的处理剂制备中使用。对于马来酸(酐)而言,由于其聚合反应活性低,很难得到高相对分子质量的共聚物,因此其均聚物或共聚物通常用作降黏剂,也可以作为选择性絮凝剂。

由于丙烯酸聚合活性高,可以通过控制聚合条件、引发剂用量、相对分子质量调节剂用量等制备出一系列不同组成和不同相对分子质量的产物,因此,AA 与 AM 的共聚物是一类用途广泛的多功能高分子化合物,是水溶性高分子聚电解质中最重要的品种之一,广泛用于油田开发、矿业、印染、水处理和土壤改良以及医药、卫生食品、水凝胶等。其作为一种重要的油田化学品,在钻完井、调剖堵水、酸化压裂、油气集输和水处理等方面均有广泛应用,而在钻井液中是应用最早和用量最大的聚合物处理剂种类之一。丙烯酸-丙烯酰胺共聚物是在聚丙烯腈和聚丙烯酰胺水解产物的基础上发展而来的,是以丙烯酸、丙烯酰胺为主要原料的制备的二元或多元共聚物, 如 PAC-141、142、143、80A-51、JT-888、A-903 等,是目前用量最大的聚合物处理剂。由于其良好的性能,发展速度较快,并广泛地应用于各种水基钻井液中。为了进一步改善丙烯酸-丙烯酰胺聚合物类钻井液处理剂的抗高价离子污染的能力,近年来在合成新型共聚物处理剂方面也做了大量的工作,特别是近年来的钻井实践表明,阴离子型钻井液体系对高压喷射钻井和优化钻井的局限性越来越多,如钻井液的静结构力强、水眼能耗大,对钻屑及黏土的水化分散抑制能力不足等,已成为优化钻井中的突出问题,迫切需要改进处理剂性能。为此,通过在丙烯酸-丙烯酰胺共聚中引入阳离子单体、两性离子单体,制备了分子中含有阳离子基团的两性复合离子聚合物处理剂,并形成了两性离子钻井液体系。两性离子聚合物处理剂表现出的良好性能,也推动了两性离子型多元共聚物处理剂的发展[1]。

正是由于丙烯酸–丙烯酰胺共聚物的上述特性，使其成为重要的油田化学品，本章重点围绕丙烯酸–丙烯酰胺共聚反应、聚合物性能进行介绍,同时为便于系统了解,还简要介绍了一些常用的聚合物处理剂。

第一节 聚合物的制备方法

作为含羧酸基多元共聚物合成设计的基础,本节重点介绍用于含羧酸基聚合物合成的含羧酸基单体及共聚单体、聚合物的基本合成方法以及钻井液用丙烯酸多元共聚物制备方法和特点。

一、单体

(一) 主要单体

1.丙烯酸(AA)

丙烯酸为无色液体,有刺激性气味,类似于醋酸,分子式 CH_2=CHCOOH,相对分子质量72.07。熔点 13℃,沸点 141.6℃,相对密度 1.0511(20℃),折射率 1.4185(25℃),闪点 68℃(开杯),溶于水、乙醇和乙醚等。聚合活性很高,受光、热和遇过氧化物易引起聚合剧烈放热。在贮存、运输时,其温度应在 5℃以下,或加入阻聚剂对苯二酚(用量约为 0.1%)或对苯二酚单甲醚(用量约 0.1%)。本品为强有机酸,有腐蚀性。若直接与皮肤接触,会造成局部烫伤,蒸气对人体呼吸器有害。大鼠口服 LD_{50} 为 950mg/kg。聚合级产品丙烯酸含量≥99.0%。

丙烯酸是用于生产丙烯酸系列多元共聚物的重要原料,该类聚合物不仅可用作钻井液降滤失剂、降黏剂等,也可以用作油井水泥降滤失剂、酸化压裂稠化剂、聚合物驱油剂和水处理絮凝剂等。

2.丙烯酰胺(AM)

丙烯酰胺为白色片状结晶,分子式 CH_2=CHCONH$_2$,相对分子质量 71.08,熔点(84.5±0.3)℃,沸点 125℃(3.33kPa),相对密度 1.122。可溶于水、乙醇、甲醇、丙酮,稍溶于醋酸乙酯和氯仿。本品有毒,不得入口,不宜与皮肤接触,如不慎与皮肤接触后应立即擦净并用水清洗,使用和运输人员未经洗手不得进食(包括烟、茶),使用本品时应遵守国家有关有毒物品贮运和使用法规。从事丙烯酰胺清理工作的人员必须穿好适用的防护服和呼吸保护装置。处理固体废料、跑溢物料和被污染的清洗工作人员必须是对情况有正确了解,并经过训练者,并应穿好防护服。工业品含量一般≥98%。

丙烯酰胺是钻井液处理剂生产的主要原料,也可以用于生产丙烯酰胺及其衍生物的均聚体或共聚体,这类聚合物可以用作水处理絮凝剂,钻井用的钻井液添加剂,二、三次采油用驱油剂。

3.甲基丙烯酸(MAA)

甲基丙烯酸为无色透明液体,有刺激性气味,分子式 CH_2=C(CH_3)COOH,相对分子质量86.09。熔点 15~16℃,沸点 160.5℃,相对密度 1.0153(20℃),折射率 1.4314(20℃),闪点77.2℃(开杯),蒸气压 133Pa(25.5℃)。溶于热水,与乙醇和乙醚可以任意比例混溶。易聚合,贮存时需要加阻聚剂，能与空气形成爆炸混合物，爆炸极限2.1%~12.5%。本品具有中等毒性，对皮肤和黏膜有较强的刺激性。大鼠口服 LD_{50} 为840mg/kg。工作场所空气中允许极限浓度为 100×10^{-6}。聚合级产品甲基丙烯酸含量≥98.0%。

甲基丙烯酸用于生产丙烯酸系列多元共聚物的改性单体，提高聚合物的抗温抗盐能力。

(二) 其他单体

1.衣康酸(IA)

衣康酸又名亚甲基丁二酸、亚甲基琥珀酸，无色吸湿性晶体，具有特殊的气味。是一种重要的有机不饱和酸，分子式 $C_5H_6O_4$，相对分子质量130.1，熔点167~168℃同时分解(170℃)，相对密度1.6320(20℃)，在真空下能升华。可溶于水、乙醇和丙酮，微溶于苯、氯仿、乙醚、二硫化碳和石油醚。易聚合，能与其他单体共聚。不易挥发，无爆炸性。本品毒性小，但蒸气具有毒性。工业品含量≥99%。

衣康酸作为改性单体用于生产丙烯酸系列多元共聚物，提高其抗盐性，也可以用于生产水处理剂。

2.顺丁烯二酸酐和顺丁烯二酸(MA)

顺丁烯二酸酐又名顺酐、马来酐、失水苹果酸酐，无色结晶性粉末，有强烈刺激性气味。分子式 $C_4H_2O_3$，相对分子质量98.06，凝固点52.8℃，温度高于凝固点时，部分变为反丁烯二酸，沸点202℃，易升华，相对密度1.48。易溶于水及乙醇、乙醚、冰醋酸、丙酮、苯、甲苯、邻二甲苯和乙酸乙酯等各种有机溶剂，难溶于石油醚和四氯化碳。与热水作用而成马来酸(苹果酸)。本品对眼睛及呼吸气管黏膜有刺激作用。工业品含量≥99.5%。

顺丁烯二酸又名失水苹果酸、马来酸，为无色或淡黄色结晶，有涩味。分子式 $C_4H_4O_4$，相对分子质量116.08，熔点130~131℃，在135℃分解，相对密度1.590(20℃)。易溶于水、乙醇、乙醚、冰醋酸等，温度高于熔点时，部分变成反丁烯二酸。受热时失水而成顺酐。工业品含量≥98%。

顺丁烯二酸(酐)可用于生产钻井液降滤失剂、降黏剂、原油降凝剂、阻垢剂以及表面活性剂等。

3.乙酸乙烯酯(VAc)

乙酸乙烯酯(VAc)又名醋酸乙烯、醋酸乙烯酯，分子式 $CH_3COOCH{=}CH_2$，相对分子质量86.09，是一种重要的有机合成单体。本品为无色透明可燃性液体，有强烈刺激性气味。熔点-100.2℃，沸点72~73℃，相对密度0.9312，闪点7.2℃(闭杯)。微溶于水，能溶于大多数有机溶剂。本品毒性低，有麻醉性和刺激性，高浓度蒸气可引起口腔发炎、眼睛出现红点。工业品含量≥99.8%。

乙酸乙烯酯用于生产钻井液降滤失剂、原油降凝剂、阻垢剂以及表面活性剂等。

4.亚甲基双丙烯酰胺(MBA)

亚甲基双丙烯酰胺是白色或浅黄色粉末状结晶，分子式 $C_7H_{12}N_2O_2$，相对分子质量156.19。熔点184℃(分解)，相对密度1.352(30℃)。溶于水，也溶于乙醇、丙酮等有机溶剂。工业品含量≥95%。

亚甲基双丙烯酰胺作为交联剂与丙烯酰胺共聚制取不溶性吸水树脂，用于地下交联聚丙烯酰胺堵漏剂的交联剂。

5.丙烯腈(AN)

丙烯腈为无色透明液体，分子式 CH_2=CHCN，相对分子质量 53.04。凝固点-853℃，沸点 77.3℃。燃点 481℃，相对密度 0.8060(20℃)，0.8004(25℃)，折射率 1.3388(25℃)，临界温度 246℃，临界压力 3.42MPa，蒸气压 11.47kPa。稍溶于水，易溶于一般有机溶剂，在空气中的爆炸极限为 3.05%~17%。工业品含量≥99.3%。

丙烯腈用于生产丙烯酰胺和丙烯酰胺系列多元共聚物。该类聚合物可用作钻井液降滤失剂、油井水泥降滤失剂、酸化压裂稠化剂和水处理絮凝剂等，同时也是生产丙烯酰胺的原料。

6.烯丙基磺酸钠(AS)

烯丙基磺酸钠是一种白色粉末状结晶，分子式 $C_3H_5O_3SNa$，相对分子质量 144.08，极易潮解，易溶于水、醇，不溶于苯，其水溶液呈弱碱性，水溶液受热时间较长时，易于聚合，干燥的产品对热较稳定。工业品含量≥85%。

烯丙基磺酸钠是生产油田化学品的重要原料之一，也可用于生产水处理阻垢分散剂。

7.二甲基二烯丙基氯化铵(DMDAAC)

二甲基二烯丙基氯化铵为白色或微黄色结晶，极易吸潮，可溶于水，不溶于丙酮、二氯甲烷、苯、甲苯等，对皮肤刺激性小，低毒，其分子式 $C_8H_{17}NCl$，相对分子质量 162.69。由于分子中含有双键和阳离子季胺基团，可以和许多不饱和单体进行共聚，共聚物在水溶液中带有正电荷，生成阳离子型或两性离子型聚合物，是用于生产油田化学品的重要原料之一。由于共聚物具有较好的水解稳定性，和耐温抗盐性能，采用本品与其他单体的共聚物可用于耐温抗盐的钻井液处理剂、油井水泥外加剂、酸化压裂添加剂和驱油剂。目前市场上通常以水溶液的形式出售。

本品可用于生产两性离子型的耐温抗盐钻井液降滤失剂、油井水泥降滤失剂、调剖堵水剂、酸化压裂稠化剂、水处理用絮凝剂和耐温抗盐的聚合物驱油剂，也可直接用作黏土稳定剂。在日用化学品、印刷、造纸、纺织印染和医药卫生等方面也具有广泛的用途。

8.二乙基二烯丙基氯化铵(DEDAAC)

二乙基二烯丙基氯化铵，为白色或微黄色结晶，极易吸潮，可溶于水，不溶于丙酮、二氯甲烷、苯、甲苯等有机溶剂，其分子式 $C_{10}H_{21}NCl$，相对分子质量 190.74。由于分子中含有双键和阳离子季胺基团，可以和许多不饱和单体进行共聚，共聚物在水溶液中带有正电荷，生成阳离子型或两性离子型聚合物，是近年来用于生产新型油田化学品的重要原料之一。由于共聚物具有较好的水解稳定性和耐温抗盐性能，采用本品与其他单体的共聚物可用于耐温抗盐的钻井液处理剂、油井水泥外加剂、酸化压裂添加剂和驱油剂。本品也可直接用作黏土稳定剂。

9. 烯丙基三甲基氯化铵(ATMAC)

烯丙基三甲基氯化铵为白色结晶，极易吸潮，可溶于水，不溶于丙酮、二氯甲烷、甲苯等有机溶剂。其分子式 $C_6H_{15}NCl$，相对分子质量 136.65。由于分子中含有双键和阳离子季胺基团，可以和许多不饱和单体进行共聚，所得共聚物在水溶液中带有正电荷，生成阳离子型或两性离子型聚合物，是近年来用于生产钻井液用两性离子降黏剂的重要原料之一。

本品可用作生产两性离子型的钻井液降黏剂和水处理用絮凝剂等。也可以直接用作采油、注水的黏土稳定剂，与氯化铵配合使用效果更好，还可以加到钻井液中，但加量不能超过0.3%。

10.甲基丙烯酸二甲胺基乙酯(DMAEMA)

甲基丙烯酸二甲胺基乙酯，为无色透明液体，分子式 $C_8H_{15}NO_2$，相对分子质量157.21，沸点186℃，90℃(3.73kPa)，相对密度0.932(20℃)，折射率1.439，闪点64℃(开杯)，57℃(闭杯)，黏度1.24mm²/s。本品可溶于水、醇、酮、醚、酯等，有吸湿性。由于分子中含有活泼的双键，易于自聚或与其他单体共聚，所得共聚物具有较好的水解稳定性，优异的吸湿性、抗静电性、分散性、相容性能等。

本品可用于生产阳离子或两性离子型的水溶性聚合物，该类聚合物可用作抗温抗盐的钻井液降滤失剂、油井水泥降滤失剂、酸化压裂稠化剂、耐温抗盐的聚合物驱油剂和水处理絮凝剂等。也可用于其他精细化工产品的生产。

11.甲基丙烯酰氧乙基三甲基氯化胺(DMC)

甲基丙烯酰氧乙基三甲基氯化胺，分子式 $C_9H_{19}O_2NCl$，相对分子质量208.72，为无色至淡黄色乳液，固体产品为白色晶体，易溶于水，是季胺盐型阳离子表面活性剂单体。由于分子中含有活泼的双键，易于自聚或与其他单体共聚，所得共聚物具有较好的吸湿性、抗静电性、分散性、相容性和絮凝性能等。是用于生产高相对分子质量阳离子或两性离子型油田化学品的主要原料之一。

本品与丙烯酰胺的共聚物是高效的高分子絮凝剂，与烯类单体的共聚物是耐温抗盐的驱油剂，防止钻井、完井、增产作业时对地层伤害的稳定剂，抗温抗盐的降滤失剂、堵水、调剖剂等。也可用于其他精细化工产品的生产。

12.丙烯酸二甲氨基乙酯(DMAEA)

丙烯酸二甲氨基乙酯常温常压下为无色透明液体， 分子式 $C_7H_{13}O_2N$， 相对分子质量143.18，密度0.943g/cm³(20℃)，沸点68.5℃(101.325kPa)，闪点(密闭)63℃，黏度0.0013Pa·s(25℃)。是一种广泛应用的季胺类丙烯酸酯，也是一种拥有多功能的活性单体，具有烯烃、胺、酯类化合物的特性。在一定条件下可发生季胺化、聚合、加成和水解等反应。由于分子中有一个被酯基活化了的碳碳双键，所以它很容易进行双键的所有加成反应，进而制得多种衍生物。其共聚物的叔胺基可与环氧基室温下进行交联，制备室温交联的涂料等。

13.丙烯酰氧乙基三甲基氯化胺(DAC)

丙烯酰氧乙基三甲基氯化胺为无色透明或淡黄色液体，分子式 $C_8H_{16}NO_2Cl$，相对分子质量193.67，纯度≥80%，酸度(以AA计)≤0.2%，色泽(Hazen)≤100，阻聚剂 15×10^{-4}。DAC是一种重要的阳离子单体，可以均聚或与其他单体共聚，如与丙烯酰胺、甲基丙烯酰胺、丙烯晴、丙烯酸甲酯、甲基丙烯酸甲酯、苯乙烯、丙烯酸或甲基丙烯酸等共聚，可在聚合物分子中引入季胺盐基团。广泛用于生产水处理用絮凝剂、抗静电涂料、造纸助剂、化学品、纤维助剂等精细化工产品。

二、基本制备方法

关于AA、AM等单体的均聚物和共聚物聚合方法的研究， 奠定了AA-AA共聚物合成的基础，尤其是水解聚丙烯酰胺的制备方法，是AA-AM共聚物制备的有效途径之一。基于水解聚丙烯酰胺，AA与AM的共聚物的制法有两种，一种是水解法，在丙烯酰胺均聚前或后，加入一定比例的水解剂，如 NaOH、Na_2CO_3，使大分子链上的酰胺基发生部分水解，变成羧酸盐。另一种是共聚法，将丙烯酸或丙烯酸盐与丙烯酰胺按任意比例共聚合。常用的共聚法有水溶液聚合、反相乳液聚合及反相悬浮聚合[2]。

(一) 水解法

水解法制得的丙烯酸-丙烯酰胺共聚物，其丙烯酸盐链节在大分子链上的分布是无规的，它占大分子链上所有链节数的物质的量分数即为水解度。同共聚法相比，一般水解法制备的产物水解度不高，低于 30%，理论上水解度大于 70%的产物需要通过共聚法制备，水解法对水解温度和时间有一定要求，同时水解过程中易发生大分子降解。如最早应用的聚丙烯酸钙、水解聚丙烯酰胺钾盐(大钾)就是采用水解法得到。

采用 NaOH、Na_2CO_3 作为水解剂对水解法进行研究发现，Na_2CO_3 不仅有加速水解的作用，还有提高水解度的作用。如果要制得低水解度(小于 10%)的胶体产物可用 NaOH 为水解剂，要制备中水解度(大于 10%)的胶体产物，最好用 NaOH 和 Na_2CO_3 共水解，从而可在较短时间内达到较高水解度[3]。与水解法相比，共聚法制得的 AA/AM 共聚物一般相对分子质量不高，水溶性不好，因此高或超高相对分子质量 AA/AM 共聚物多用水解法制备。采用非均相水解与反相悬浮相结合的方法合成了相对分子质量大于 1000×10^4 的阴离子聚丙烯酰胺，通过研究水解度与水解时间及体系 pH 值的关系、不同水醇比条件下水解度与时间的关系、水解度与温度的关系，得到了一种超高相对分子质量速溶型聚丙烯酰胺的制备方法[4]。

(二) 水溶液聚合

水溶液聚合反应是把反应单体及引发剂溶解在水中进行的聚合反应。该方法操作简单、环境污染小，且聚合物产率高，易获得高相对分子质量聚合物，不仅是聚丙烯酰胺工业生产最早采用的方法，而且一直是聚丙烯酰胺工业生产的主要方法。目前，对水溶液聚合的研究已经比较深入，既有二元共聚物，也有多元共聚物等，从离子性质讲，有阴离子共聚物、阳离子共聚物和两性离子共聚物等。

(三) 反相乳液聚合

反相乳液聚合及反相悬浮聚合在聚合之前都需要制备反相胶体分散体系，即将单体水溶液借助搅拌分散或乳化于含乳化剂的油相中，形成非均相分散体系，然后加入引发剂进行自由基聚合。一般反相乳液聚合使用油溶性的引发剂，多为阴离子型自由基引发剂和非离子型自由基引发剂，也可以使用水溶性引发剂，如过硫酸盐等。

(四) 反相悬浮聚合

反相悬浮聚合经过 30 余的年发展，逐步受到重视，已经成为实现水溶性聚合物工业化生产的理想方法。研究表明，乳化剂类型影响产物结构，采用水溶性乳化剂和链烷烃油相时，乳化剂的 *HLB* 值一般大于 8，聚合机理及动力学与溶液或悬浮聚合相同，每一个液滴相当于一个单独的水溶液聚合单位，引发、链增长、链转移和链终止具有游离基聚合的特征，在动力学上对引发剂浓度为 0.5 次方关系，符合双分子终止机理。反相悬浮聚合分为三个阶段，第一个阶段形成 W/O 或双连续相，体系的电导接近油相电导；第二个阶段发生相反转，体系电导突增，接近水的电导，水相成为连续相，且黏度明显增加；第三个阶段为反相悬浮聚合。也有研究认为反应体系聚合到一定程度，逐渐形成聚合物颗粒，而且一旦出现，则迅速增加。

在 AA-AM 聚合反应中，最常用的引发剂是过硫酸盐(过硫酸钾、过硫酸铵)，过硫酸盐-亚硫酸盐(亚硫酸钠、亚硫酸氢钠)氧化还原体系、水溶性偶氮引发剂以及偶氮类和过硫酸盐复合引发体系。对于反相乳液聚合和反相悬浮聚合，可以采用偶氮二异丁腈、过氧化苯甲酰等油溶性引发剂，引发剂选择要根据对产物相对分子质量的要求以及对产物基本性能等的要求而定。

三、钻井液用丙烯酸聚合物制备方法与特点

与其他工业领域相比，作为钻井液处理剂，对聚合物的相对分子质量及分布、基团分布、组成分布、共聚物含量、副产物等的要求相对宽松，这也就为钻井液用聚合物的简化制备工艺提供了条件，简化工艺不仅可以降低生产成本、提高生产效率，也可以更容易实施工业生产，有利于节能和减排，并满足现场应用的需要。

(一) 水解法生产工艺

水解法是最早采用的含羧酸基聚合物处理剂的生产方法，最早应用的聚丙烯酸钙、水解聚丙烯酰胺等都是采用该法，特别是水解聚丙烯酰胺钾盐(通常称大钾)直到目前仍然采用水解法工艺生产。水解法生产是首先制备高相对分子质量的聚丙烯酰胺，然后再将聚丙烯酰胺用氢氧化钠、碳酸钠、氢氧化钾等水解得到。生产过程是：按配方要求将丙烯酰胺和水加入聚合釜中，搅拌使其溶解配成 20%~35%的水溶液，加入适量的络合剂(如 EDTA)；在 20~35℃下，加入引发剂，通氮 10~60min，然后保温反应 6~12h，得到凝胶状产物，然后将凝胶状产物切割，放入捏合机；向捏合机中均匀加入防黏剂、水解剂(碳酸钠、氢氧化钠、氢氧化钾，或适当浓度氢氧化钠或氢氧化钾溶液)，在捏合机夹层通入蒸汽，升至 90~100℃，捏合反应 5~6h，在捏合过程中，由于水分蒸发，得到基本干燥的大颗粒产物；将大颗粒产物送入烘干房，在 90~100℃温度下烘干至水分含量小于 5%，粉碎、筛分、包装即得白色固体粉末产品。工艺流程见图 5-1。

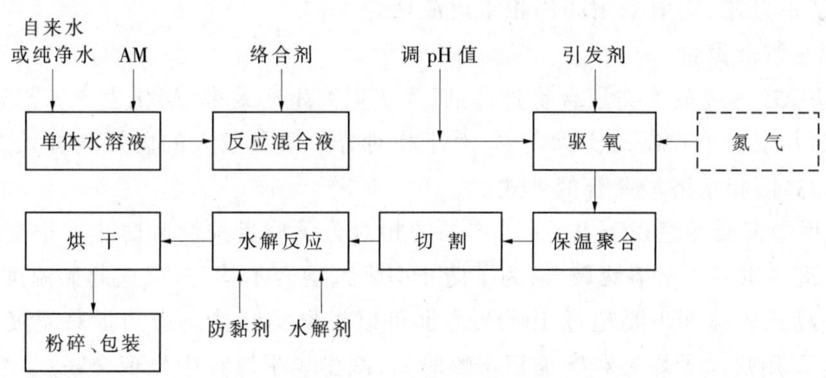

图 5-1 水解法生产工艺流程

(二) 快速聚合生产工艺

在钻井液用丙烯酸聚合物处理剂水溶液聚合的基础上，研制了一种快速聚合生产工艺。该工艺可以在简易的容器中进行，通常数分钟到十几分钟就可以完成聚合。由于反应中产生大量的热，使体系中的水分大量挥发，最终得到的是含水很低的产物(小于 15%)。如果对水分无特殊要，可以直接粉碎包装，如果要求水分小于 10%，则需要将得到的产物烘干至水分小于 10%，然后再粉碎包装。工艺流程见图 5-2。

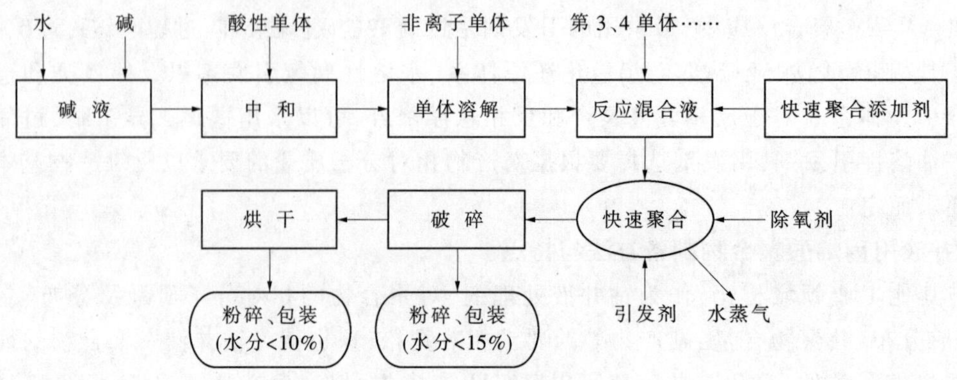

图 5-2 快速聚合工艺流程

在快速聚合生产中，由于采用的是间歇式聚合方式，为了保证聚合反应顺利进行以及产品质量的稳定性，操作中需要注意如下要点：

① 单体反应混合液中单体质量分数控制；

② 加料顺序及加料速度；

③ 引发起始温度的控制；

④ 单体反应混合液体系的 pH 值；

⑤ 引发剂用量、加入时间、加入方式的控制；

⑥ 搅拌速度、搅拌时间，特别是加入引发剂后的搅拌时间；

⑦ 间歇式快速聚合反应器的容积及每次投料量。

快速聚合过程中，体系中的水分会瞬间大量蒸发，生产车间要保持良好的通风，由于聚合剧烈，体积迅速膨胀，因此必须严格做好安全防护。

快速聚合得到的通常是相对分子质量小于 300×10^4 的处理剂，对于要求相对分子质量大于 300×10^4 的产物，需要采用高固相水溶液聚合。

(三) 高固相水溶液聚合

对于丙烯酸、丙烯酰胺类聚合物处理剂，为了提高生产效率、简化生产工艺和降低生产成本，根据钻井液性能控制的实际需要，对于相对分子质量较大的丙烯酸多元共聚物的生产，通常采用高固相水溶液聚合的方式。

生产过程中需要注意以下几点：①产品的相对分子质量控制和防止产物交联；对于单体质量分数超过 40%的水溶液聚合，为了防止引发剂混合不均匀，反应起始温度不宜过高。②烘干时一般开始温度不要超过 100℃，后期可以根据实际情况适当提高温度，但不要超过 150℃。③采用热风干燥有利于缩短干燥时间，减少烘干过程中出现交联。④为了保证聚合物质量，生产中所用的聚合釜、搅拌器等最好不要采用铁器。

当需要得到高相对分子质量的产品时(如大于 500×10^4)，则需要适当控制单体质量分数、pH 值和起始温度。为了保证相对分子质量和聚合反应的顺利实施，需要对单体和水进行纯化处理，同时要加入一定量的 EDTA 等络合剂，并需要在加入引发剂前通氮气除氧，烘干中为了防止交联，需要控制烘干温度，为了缩短干燥时间，通常采用流化床干燥。

聚合过程包括聚合、切割、造粒、干燥和粉碎。流程见图 5-3。

水可以是蒸馏水、纯净水或自来水，根据对产品相对分子质量的要求而定，引发剂也可以单独采用过硫酸盐,但反应温度需要在 60℃以上。

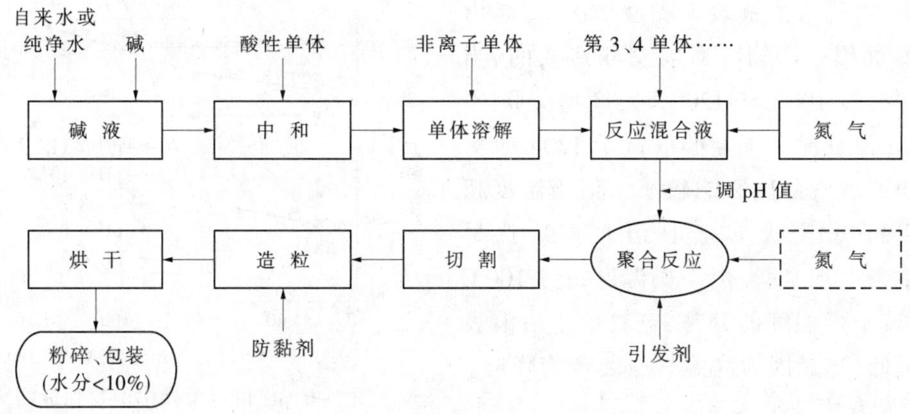

图 5-3 高固相水溶液聚合工艺流程

对于低固相含量的聚合物胶体,烘干温度更重要,这可以从下面的实验结果看出。

1.干燥温度对产物性能的影响

固定原料配比和反应条件合成聚合物样品,并在不同温度下干燥,图 5-4 是干燥温度对 AA-Na、AM 共聚物水溶液表观黏度的影响, 图 5-5 是干燥温度对 AA-Na、AA-Ca、AM 共聚物水溶液表观黏度 (聚合物质量分数 0.5%,下同)的影响。从图 5-4 中可以看出, 在固含量较高时, 在低于 100℃以下温度干燥时,干燥温度对产物水溶液表观黏度影响较小, 而当温度超过 100℃以后, 随着干燥温度的提高,产物水溶液表观黏度呈降低趋势,而在低固含量时,随着干燥温度的提高,产物水溶液表观黏度增加,但当温度超过 100℃时产物交联。从图 5-5 可以看出,对于 AA-Na、AA-Ca、AM 共聚物,在高固含量时干燥温度的影响与 AA-Na、AM 共聚物相近,而在低固相含量时,水溶液表观黏度随着干燥温度的升高略有增加,当超过 100℃以后,固含量 20%时产物出现交联,固含量 30%时产物在温度 120℃以后出现交联。从图中还可以看出,适当的引入钙离子有利于干燥。

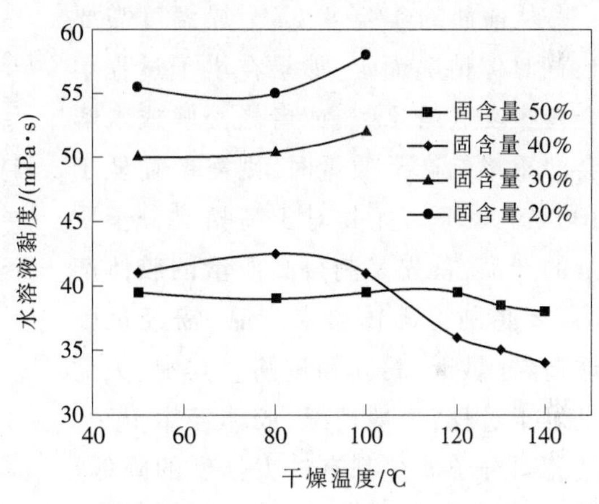

图 5-4 干燥温度对 AA-Na、AM 共聚物黏度的影响

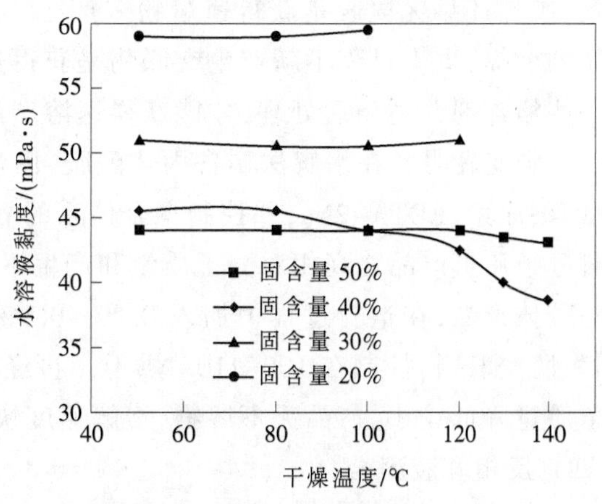

图 5-5 干燥温度对 AA-Na、AA-Ca、AM 共聚物黏度的影响

2.pH 值对干燥过程中产物性能的影响

固定原料配比和反应条件,单体质量分数为 30%时,合成聚合物样品,pH 值对干燥过程中产物性能的影响见图 5-6。从图 5-6

可以看出，在低 pH 值下(7 和 8)，随着干燥温度的提高，产物水溶液表观黏度增加，这是由于在干燥过程中产物有微弱交联造成的，当温度分别超过 100℃和 120℃时，产物交联(不溶)，在 pH 值 9 时在干燥温度低于 120℃时对产物水溶液表观黏度影响较小，但当温度超过 120℃时产物交联。在 pH 值大于 9 时，尽管产物不会出现交联，但干燥温度超过 100℃以后，随着干燥温度的升高，产物的水溶液表观黏度降低，这是因为高温易引起产物降解。

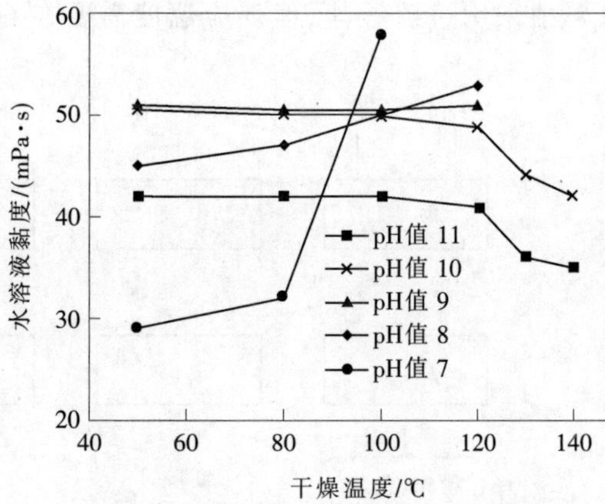

图 5-6 pH 值对干燥中产物性能的影响

3.干燥方式的影响

原料配比和反应条件一定，单体质量分数为 30%时，合成聚合物样品，干燥方式对干燥后产物性能的影响图见 5-7。从图中可以看出，采用鼓风干燥与静止干燥相比，不仅对产物水溶液表观黏度影响小，而且干燥时间大大缩短，既有利于保证产品质量，又可以减少生产周期，节约生产费用。

从前面的实验可见，干燥温度需要根据具体情况而定，如果在烘干过程中会发生交联或水解，或者当交联或水解会严重影响产品质量时，则需要在低于 100℃下烘干。尤其对于高相对分子质量的产品，首先是制得高质量的胶体产品，要想制得固体粉末产品，需经过胶体造粒、烘干、粉碎和过筛。其中，关键是烘干过程，一般情况，胶体经烘干后，其相对分子质量都有较大幅度的降低，而且有不溶物出现，致使产品溶解性变差，胶体产品无凝胶是获得速熔粉末产品的前提，烘干过程不新产生交联物是获得速溶产品的保证。在这两种条件下再通过加入一些添加剂并适当后处理，才能获得速溶产品。

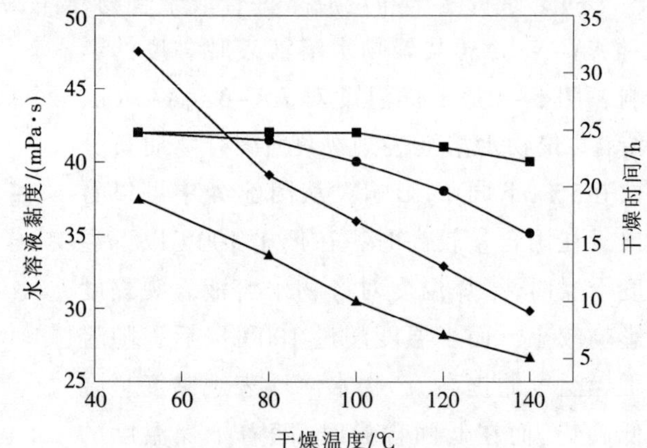

图 5-7 干燥方式对产物性能的影响

—■— 黏度(鼓风干燥)；—▲— 时间(鼓风干燥)；
—●— 黏度(静止干燥)；—◆— 时间(静止干燥)

研究表明，在水解法制备丙烯酰胺-丙烯酸或水解聚丙烯酰胺聚合体系中，添加不同量氨、尿素、EDTA-2Na，并控制聚合体系的 pH 值、单体浓度、聚合水浴温度等，是解决高相对分子质量产品之高相对分子质量和产生不溶聚合物之间矛盾的关键。对于制备的无凝胶的胶体产品，在造粒过程中加入 0.1%~0.5%常温呈液态的非离子表面活剂和适量的防降解、防交联剂，控制在 100~110℃烘干，再经粉碎、过筛，可以获得优质粉末产品，其相对分子质量降低较小，产品无不溶物，溶解速度快[5]。

(四) 反相乳液聚合

近期反相乳液聚合逐步得到重视，产品已经在现场应用，并见到较好的效果，并逐步引起钻井液行业的重视，关于反相乳液聚合将在本书第八章专门介绍。

第二节 丙烯酰胺－丙烯酸共聚合反应

丙烯酰胺、丙烯酸的聚合反应是含羧酸基聚合物处理剂合成的基础，故研究丙烯酰胺-丙烯酸共聚反应对聚合物处理剂的生产具有重要的意义。在丙烯酸作为共聚单体与丙烯酰胺共聚时，由于聚合反应体系的 pH 值变化会对其聚合活性及竞聚率产生影响，因此为了解合成条件及单体比例对聚合物处理剂性能的影响，保证处理剂的作用效果及合成设计针对性，本节结合具体的实例以丙烯酸与丙烯酰胺共聚为主，介绍水溶液聚合合成反应条件及原料配比对聚合反应和产物性能的影响。

一、丙烯酸、丙烯酸钠与丙烯酰胺聚合反应特征

在丙烯酸、丙烯酰胺单体化合物中，pH 值的不同不仅会影响丙烯酸、丙烯酸钠的比例，也会影响丙烯酸、丙烯酸钠、丙烯酰胺单体的聚合反应活性，故研究 pH 值对聚合反应的影响，对丙烯酸、丙烯酰胺共聚反应及共聚物质量控制非常重要[6]。

（一） pH 值对丙烯酸聚合的影响

丙烯酸与丙烯酰胺单体共聚时，因丙烯酸是酸性单体，其用量和中和度的不同，即丙烯酸由酸到盐的转变，都会影响反应混合液体系的 pH 值。pH 值的不同不仅使丙烯酸、丙烯酸钠与丙烯酰胺之间的比例不同，也将使丙烯酸、丙烯酸钠与丙烯酰胺等单体间竞聚率不同，见表 5-1。

表 5-1 AM-AA 聚合竞聚率[7]

pH值	AM竞聚率	AA竞聚率	pH值	AM竞聚率	AA竞聚率
2.17	0.48±0.06	1.73±0.21	4.73	0.95±0.03	0.42±0.02
3.77	0.56±0.09	0.56±0.09	6.25	1.32±0.12	0.35±0.03
4.25	0.67±0.04	0.45±0.02			

从表 5-1 可以看出，pH 值的变化会使 AA、AM 的竞聚率产生很大的差异。丙烯酸和丙烯酸钠的反应活性会因 pH 值的不同而不同，同时反应体系 pH 值也会影响到丙烯酰胺的反应活性。表 5-2 是反应条件一定时，pH 值对丙烯酸均聚反应及产物性能的影响。

表 5-2 pH 值对丙烯酸聚合的影响

pH值	引发剂，%	转化率，%	[η]/(mL/g)	pH值	引发剂，%	转化率，%	[η]/(mL/g)
2	0.08	100	87	7	0.08	微	
3	0.08	57	788	8	0.12	微	
4	0.08	49	706	9	0.12	微	776
5	0.08	37	626	10	0.12	微	284
6	0.08	22	429	10~11	0.12	90	497

注：反应条件：温度 35℃，反应时间 2h，单体浓度 200g/L。

从表 5-2 可以看出，在丙烯酸均聚反应中，pH 值上升反应速度下降，相对分子质量降低，但当 pH 值达到 10 以上时，反应活性又有所提高。这是因为当 pH 值=2.4~2.8 时，AA 的 Q 与 E 分别为 0.40 和 0.25，当 pH 值=6.8~7.4 时，则分别为 0.11 和 0.15(Q 与 E 是反映单体共轭效应和取代基极性的两个参数)。这说明当 pH 值从 2.4 增加到 7.4 时，AA 分子中的

共轭程度下降,取代基的电性能改变(由吸电子变成斥电子基),其结果是不利于 AA 的自由基聚合,只是当 pH 值极高时,AA 单体电离成—COO^-基团被溶液中大量存在的反离子包围,一定程度上削弱了羧酸根负离子的斥电性,因此 AA 中的双键活性又提高。AM 的情况则相反,在低 pH 值下,单体以质子化的形式出现,反应活性大大降低。

(二) pH 值对 AM-AA 共聚反应的影响

表 5-3 是 pH 值对丙烯酸-丙烯酰胺共聚反应的影响。从表 5-3 可以看出,当 AM 和 AA 进行共聚时,pH 值对共聚反应也有明显的影响,所有情况下(即不论 AA 用量多少),体系的 pH 值从 2 上升到 7,反应活性均下降,引发剂用量提高 2 倍,但在 AA 用量较大时(0.4 以上),酸性体系对共聚反应有利,在 AA 用量较小时(0.3 以下)中性条件比较有利。

表 5-3 pH 值对共聚反应的影响

AA用量(物质的量分数)	0.9	0.8	0.7	0.6	0.5	0.4	0.3	0.2	0.1
pH值=2 时的$[\eta]$/(mL/g)	1100	1100	1100			1800	780	560	410
pH值=7 时的$[\eta]$/(mL/g)	320	390	470	520	660	760	850	960	1030

注:反应条件:单体浓度 150g/L,氧化还原引发剂,用量 0.06%(pH 值=2),0.24%(pH 值=7),引发温度 35℃。

在上述不同 AA 用量的共聚反应中,pH 值对反应活性的影响正是这两种单体对 pH 值不同反映的综合体现。从制备适用的钻井液处理剂的角度讲,对于不同 AA 用量的聚合物样品进行钻井液性能评价表明,AA 的物质的量分数小,产品的絮凝能力太强,AA 的物质的量分数大,产品的相对分子质量低。为了获得比常规 PHP(相对分子质量 300×10^4,水解度 30%)更适于做钻井液处理剂的产品,AA 物质的量分数为 0.4 时,可以制备出相对分子质量为$(400\sim700)\times10^4$ 的样品,可以作为钻井液絮凝剂和流型调节剂。因此可以通过改变单体配比制备不同用途的产物。

从前面的分析可以看出,pH 值的变化不仅会影响到丙烯酰胺的反应活性,而且由于丙烯酸钠和丙烯酸的活性不同,与丙烯酰胺等单体间竞聚率不同。为了进一步了解反应条件对丙烯酸-丙烯酰胺共聚反应的影响,奠定丙烯酸类聚合物的合成基础,针对 AA、AM 共聚物应用的目的不同,对其相对分子质量和单体配比要求也会不同,制备低聚物通常在酸性条件下,如水处理分散剂、钻井液降黏剂等,制备高聚物通常在碱性条件下,如絮凝剂、增黏剂、包被剂、降滤失剂等。为了全面认识影响 AA、AM 共聚反应的因素,下面分别介绍酸性条件和碱性条件下不同因素对共聚合反应的影响。

二、酸性条件下不同因素对共聚合反应的影响

由于酸碱性不同会造成离子性单体的聚合活性及单体竞聚率的变化,故反应体系的酸碱性的不同,将影响共聚反应和共聚物的组成和性能。因此,研究 pH 值及反应条件对共聚反应的影响,对开展丙烯酸类聚合物的研究具有重要意义。就酸性条件来讲,包括两层意思,一是丙烯酸与 AM 的聚合,二是不同中和度的丙烯酸与 AM 的聚合,前者涉及 AA 和 AM,而后者涉及 Na-AA、AA 和 AM。在通过共聚、接枝共聚制备水溶性聚合物、交联聚合物(吸水树脂)等反应中,研究较多的是不同中和的丙烯酸与 AM 等单体的共聚物,而 AA、AM 共聚反应研究的相对较少。

(一) 反应时间和反应温度对 AA-AM 的聚合反应的影响

蒋婵杰等[8]在合成亲水涂料用丙烯酸/丙烯酰胺树脂过程中,研究了反应时间和反应温

度对 AA-AM 的聚合反应的影响。

当 AA、AM 单体物质的量比为 1:1，引发剂和单体的质量分数分别为 0.05 和 0.10，反应温度为 40℃时，聚合时间对单体转化率的影响见图 5-8。从图中可以看出，单体转化率随反应时间的增大而增大，这符合自由基聚合的一般原理，当反应时间大于 4h 时，单体转化率趋于不变。由此可见，水溶液共聚法制备 AA、AM 共聚物的反应时间以 4h 为宜。

图 5-9 是单体配比、引发剂用量和单体浓度保持不变，聚合时间为 4h，聚合温度对产物转化率的影响结果。从图中可以看出，反应温度小于 60℃时，单体的转化率随温度的增加而增加，这是因为反应温度增加，聚合速率加大。当温度大于 60℃时，产物中出现凝胶，转化率反而降低，这是由于反应温度过高时，由于反应速度过快，反应热不能及时散发，会使 AA 大量挥发，导致产率下降。同时还会生产凝胶，影响聚合产物的质量。

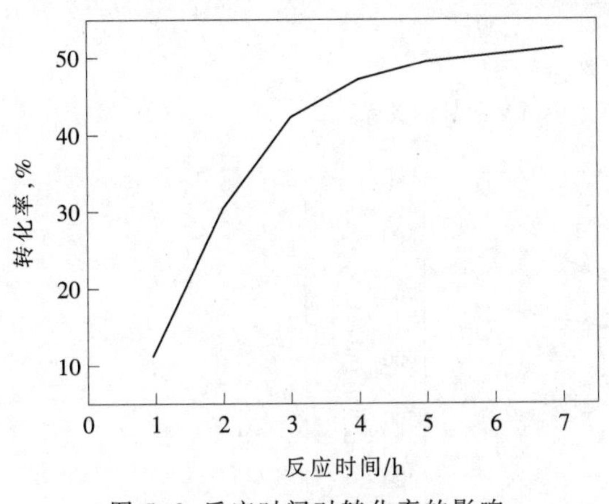

图 5-8 反应时间对转化率的影响

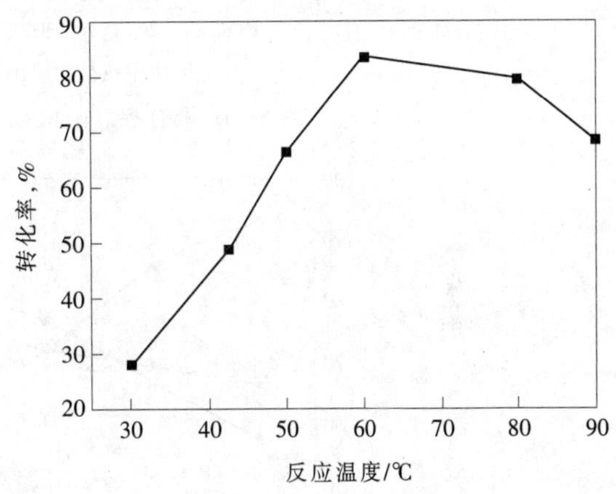

图 5-9 反应温度对转化率的影响

(二) 单体配比、引发剂用量和体系 pH 值等对聚合反应的影响

由于用 AA 与 AM 聚合产物的相对分子质量一般较低，通常用于制备低分子分散剂、降黏剂等[9~11]，而不能很好地满足作为钻井液增黏剂、降滤失、絮凝包被等处理剂的需要，因此一定中和的丙烯酸与 AM 聚合对钻井液用丙烯酸系聚合物处理剂制备更具有现实意义。

赵彦生等研究表明，在反应时间和反应温度一定时，在酸性条件下单体配比、引发剂用量和体系 pH 值等对聚合反应的影响更为关键[12]。

1.单体配比对聚合反应的影响

图 5-10 为单体质量分数 10%，引发剂用量为单体质量的 0.1%，聚合温度为 60℃，反应时间 4h 时，聚合率、共聚物特性黏数[η]和共聚物中 AA 含量(C)与单体中丙烯酸用量的关系。由图 5-10 可以看出，当单体中丙烯酸物质的量分数小于 40%时，聚合率随丙烯酸含量的增大而降低，当单体中丙烯酸物质的量分数大于 40%时，聚合率则随丙烯酸量的增加而提高。当单体中 AA 含量小于 30%时，[η]随单体中 AA 含量的增加而增大，当单体中 AA 含量大于 30%时，[η]则随单体中 AA 含量的增加而降低，而共聚物中丙烯酸结构单元物质的量分数随单体中 AA 用量的增加而增加，当单体中 AA 含量大于 40%以后，增加趋缓，说明均聚物所占比例增加。

2.引发剂用量对聚合反应的影响

当 n(AM):n(AA)为 7:3，其他条件不变，聚合率、[η]和 C 与引发剂用量的关系见图 5-

11。从图中可以看出，聚合率随引发剂用量的增加而增加，共聚物的[η]随引发剂用量的增加而降低，而共聚物中丙烯酸的物质的量分数则略有增加，但幅度较小。

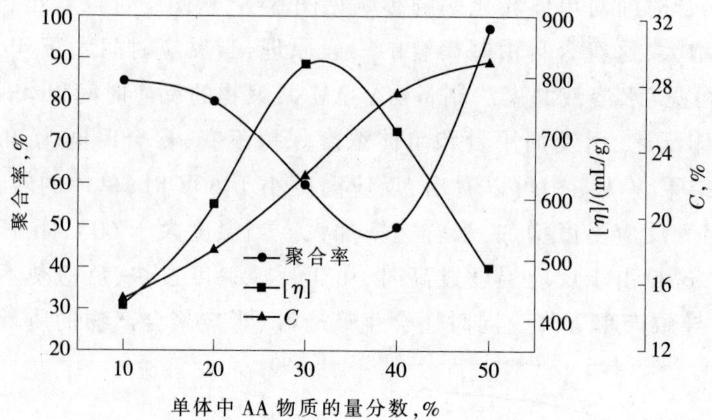

图 5-10 聚合率、[η]和 C 与单体中 AA 含量的关系

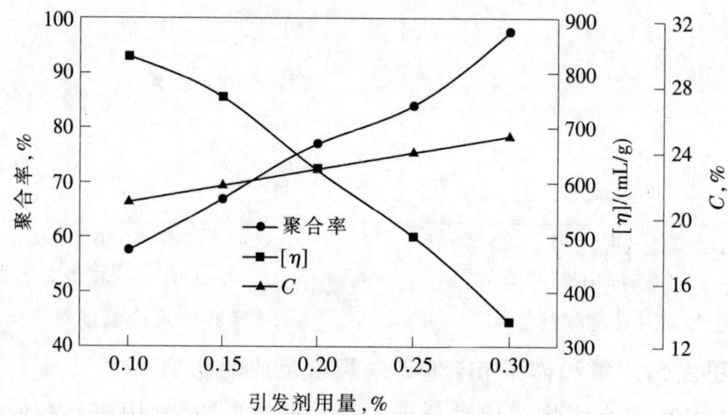

图 5-11 聚合率、[η]和 C 与引发剂用量的关系

3.pH 值对聚合反应的影响

由于 AA 在水中可以电离，因而体系的 pH 值会影响 AA 的电离程度，并最终影响共聚反应的行为。图 5-12 是反应条件一定时，pH 值对聚合率、共聚物的[η]和 C 的影响。从图中可以看出，聚合率随体系的 pH 值的增加而降低，当体系的 pH 值大于 5.0 时，聚合率则随 pH 值的增加而升高。而共聚物的[η]随 pH 值的增加而增加，在体系的 pH 值大于 5.0 时，共聚物的[η]反而随 pH 值的增加而下降，而共聚物中 AA 的物质的量分数却随体系 pH 值的增加而降低，这与 pH 值对单体活性和竞聚率的影响有关。

三、碱性条件下不同因素对共聚合反应的影响

前面讨论了酸性条件下丙烯酸与丙烯酰胺聚合反应的影响，但没有考虑产品水溶液直接烘干对产物性能的影响，结合含羧酸基钻井液处理剂的生产，下面重点就碱性条件下影响聚合反应的因素进行介绍。

(一) 丙烯酸钠–丙烯酰胺共聚反应

结合钻井液用高相对分子质量聚合物制备，研究丙烯酸(钠)与丙烯酰胺在碱性条件下的聚合反应，对于高相对分子质量的共聚物的制备具有重要的意义。采用水溶液聚合时，

合成方法为:将配方量的氢氧化钠加入水中,溶解后,冷却下加入丙烯酸,然后加入丙烯酰胺,搅拌至全部溶解,用20%的氢氧化钠水溶液调体系的pH值至要求,转入反应器,通氮10~30min,加入引发剂,再通氮10~15min,在恒温水浴中恒温反应一定时间,出料,剪切、烘干得到聚合物样品。

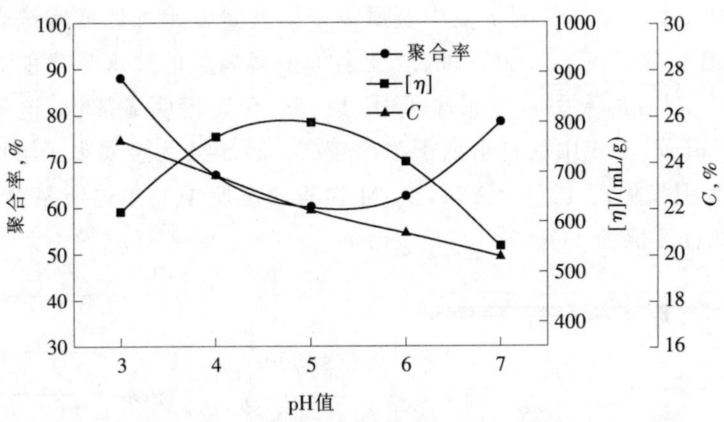

图5-12 聚合率、[η]和C与体系pH值的关系

反应过程中或反应结束,取样配成水溶液,再用乙醇沉淀、洗涤,烘干称量,计算单体转化率。同时取样配制0.5%聚合物水溶液用于测定其表观黏度η_a(水溶液表观黏度可以直观地反应产物的相对分子质量大小)。而产品的特性黏数、水解度、固含量、溶解性等性能评价参照国家标准GB 12005—1989进行。

反应条件和原料配比对聚合反应的影响如下:

1.除氧对反应的影响

在高相对分子质量的聚丙烯酰胺或丙烯酸-丙烯酰胺共聚物生产中常采用高纯氮气驱除溶液中的氧气,也可以采用化学方法驱氧,即向反应混合液中加入适量亚硫酸钠、亚硫酸氢钠或焦亚硫酸钠除氧剂,使其与反应混合液中的微量溶解氧发生反应以除去氧气。

(1) 通氮驱氧

原料配比和反应条件一定时,n(AM):n(AA)=6:4,单体质量分数25%,引发剂用量(以过硫酸铵计,过硫酸铵:亚硫酸氢钠=1:1)为单体质量的0.10%,反应温度40℃,pH值9,在通氮时间不同的情况下反应时间对聚合反应的影响见图5-13。从图5-13(a)可以看出,在反应初期,随着通氮时间的增加,单体转化率增加,说明通氮有利于提高反应速度,当反应时间达到4h以后,通氮对转化率的影响较小。从图5-13(b)可见,随着通氮时间的增加,所得产物的水溶液表观黏度明显增加,通氮30min和60min差别不大,为了减少生产周期,通氮30min即可。从图中还可以看出,产物的水溶液表观黏度随着反应时间延长而增加,当反应时间达到4h以后,基本趋于稳定。在实验条件下反应时间4h即可以满足反应的要求。

(2) 化学驱氧与聚合反应的控制

除通氮驱氧外,也可以采用化学驱氧,文献[13]考察了化学驱氧情况下,不同引发体系对聚合的影响。实验中发现,加入适量除氧剂后,溶液温度升高了0.6℃,这可能是由于除氧剂与氧气发生氧化还原反应产生了一定量的自由基,从而引发少量聚合反应的结果。随后加入引发剂,反应温度呈持续上升趋势,直至聚合完毕。在聚合物反应中采用化学驱氧可同时缩短聚合反应的诱导期,其缩短程度与除氧剂的种类及活性有关。

通过控制引发体系中的氧化还原反应的速率来控制产生自由基的速率,从而实现对聚合反应的控制。在引发体系中加入不同多价金属离子,如 Fe^{2+}、Cu^{2+}和络合剂(EDTA 二钠盐),多价金属离子对氧化还原反应具有催化作用,同时络合剂对金属离子具有络合作用,并建立一种动态平衡关系,通过控制溶液中金属离子的含量,来加速或减缓自由基的生成速率,从而控制聚合反应速率。实验发现,改变多价金属离子的加入顺序能导致不同的引发速率,在加入引发剂后加入多价金属离子时,聚合反应速率明显加快,这是因为络合剂不能完全络合金属离子,溶液中的自由离子浓度较高。表 5-4 为金属离子浓度与反应时间的关系(实验条件为引发温度 12℃,AANa 与 AM 物质的量比 1:3,单体质量分数 23%,引发剂浓度 3×10^{-4}mol/L,pH 值为 11)。

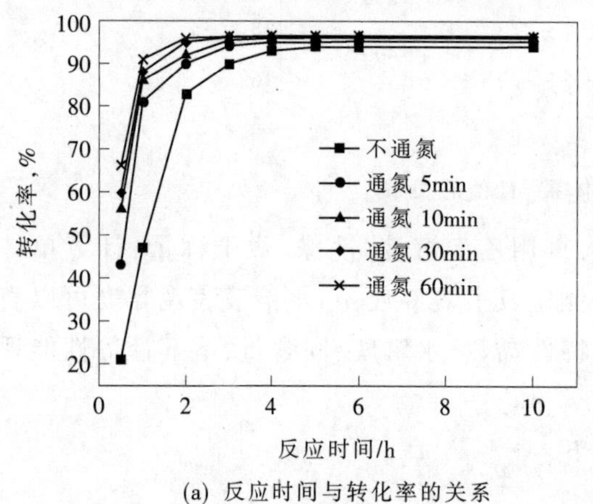

(a) 反应时间与转化率的关系

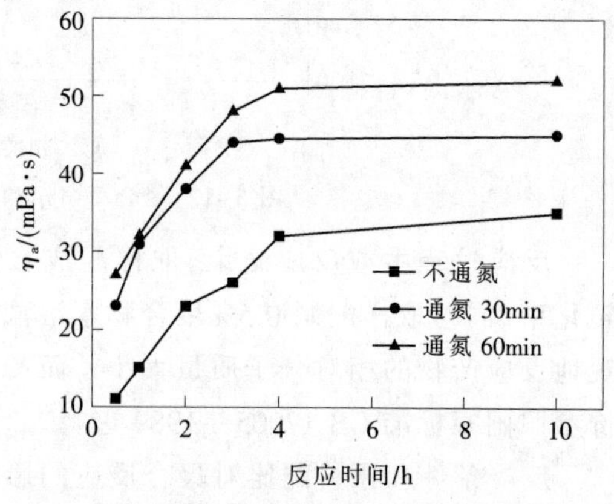

(b) 反应时间与聚合物水溶液黏度的关系

图 5-13 反应时间与转化率、聚合物水溶液黏度的关系

表 5-4 金属离子浓度与反应时间的关系

$[Cu^{2+}]$/(10^{-4}mol/L)	0.1	0.2	0.3
聚合时间/h	6	4	2.5

此外,选用不同类型的还原剂也可控制聚合反应速率,采用胺类有机还原剂已二胺与过硫酸铵组成过硫酸铵-已二胺引发体系,与通常所用的过硫酸铵-亚硫酸氢钠引发剂相比,可以明显延缓反应速率,从而得到较高相对分子质量的聚合物。图 5-14 是在引发温度 16℃、原料配比 n(AANa):n(AM)=1:3、单体总质量分数 23%、引发剂浓度 3×10^{-4}mol/L 时,两种引发体系的反应温度曲线。从图 5-14 可以看出,与体系 2(过硫酸铵-已二胺引发体系)相比,采用体系 1(过硫酸铵-亚硫酸氢钠引发体系)反应达到最高温度的时间快了近 1h。反应初期的温度上升速率也较快,这不利于聚合物的相对分子质量的提高。通常在相同引发剂浓度下,反应初期引发慢有利于生成高相对分子质量的聚合物,产物中的残留单体也相对较低。采用过硫酸铵-已二胺引发体系对聚合反应有一定的控制,其原因是引发体系中的氧化还原反应较慢,温度敏感性相对降

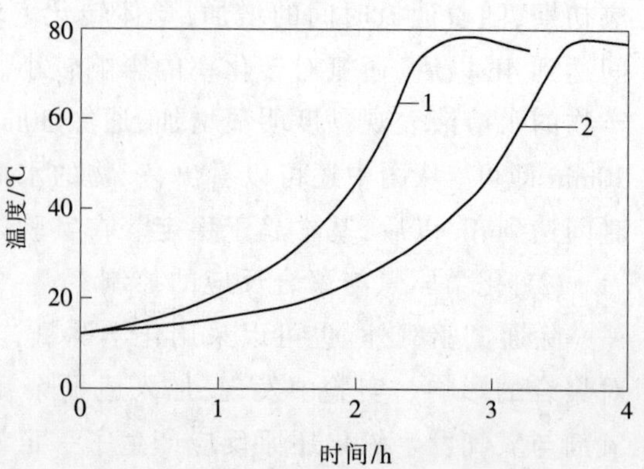

图 5-14 两种引发体系时间与温度的关系

低,从而使产生自由基的速率变的较慢且平稳[13]。

2.反应时间和反应温度的影响

原料配比和反应条件一定时,n(AM):n(AA)=6:4,单体质量分数25%,引发剂用量(以过硫酸铵计,过硫酸铵:亚硫酸氢钠=1:1)为单体质量的0.10%,pH值9,通氮30min,反应时间和反应温度对聚合反应的影响见图5-15。从图5-15(a)可以看出,在反应初期(2h以内),随着反应温度的增加,单体转化率明显增加,当反应时间超过3h以后,反应温度对转化率的影响渐小,温度超过35℃以后,转化率几乎没有差别。从图5-15(b)可以看出,随着反应时间的增加,产物水溶液表观黏度先增加,当反应时间达到4h以后,又出现降低趋势,而且反应温度越高降低越明显,同时还可以看出,随着反应温度的增加,产物水溶液表观黏度明显降低,说明降低反应温度有利于得到高相对分子质量的产物。

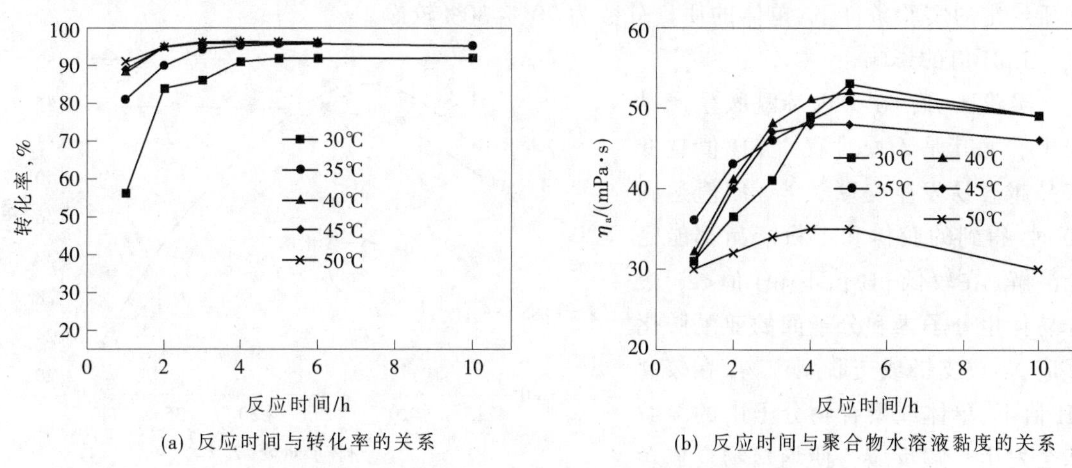

(a) 反应时间与转化率的关系　　(b) 反应时间与聚合物水溶液黏度的关系

图5-15 不同温度下反应时间与转化率、聚合物水溶液黏度的关系

3.引发剂用量

原料配比和反应条件一定时,n(AM):n(AA)=6:4,单体质量分数25%,反应温度40℃,pH值9,通氮30min,反应时间4h,引发剂用量(以过硫酸铵计,过硫酸铵:亚硫酸氢钠=1:1)对聚合反应的影响见图5-16。从图5-16可以看出,随着引发剂用量的增加单体转化率增加,当引发剂用量达到0.125%以后,基本趋于稳定。而产物的水溶液表观黏度随着引发剂用量的增加,先稍有增加,当引发剂用量超过0.125%以后,大幅度降低。这是因为引发剂用量大时,产生的自由基就越多,在单体浓度一定的情况下,每个自由基所消耗的单体的数目减少,从而导致聚合物相对分子质量降低,但引发剂用量过少时,分解产生的自由基数量过少,会导致低聚甚至不聚,而引发剂用量过多时不仅导致产品相对分子质量降低,控制不当还会出现爆聚现象。可见,在给定反应条件下引

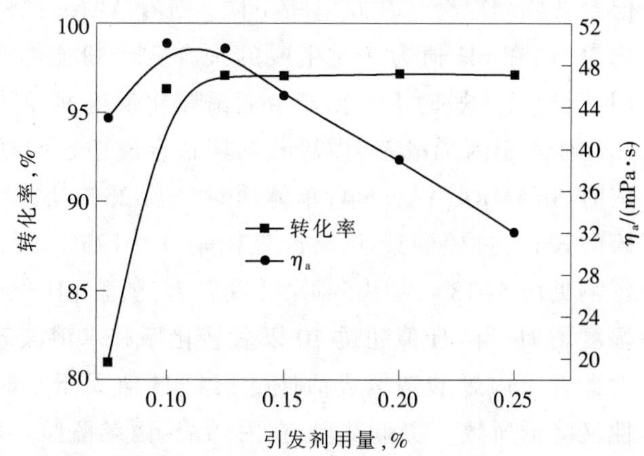

图5-16 引发剂用量对转化率和水溶液黏度的影响

发剂用量 0.10%~0.125%较好。

4.单体质量分数

原料配比和反应条件一定时，n(AM)∶n(AA)=6∶4，引发剂用量(以过硫酸铵计，过硫酸铵∶亚硫酸氢钠=1∶1)0.125%，pH 值 9，通氮 30min，反应温度 40℃，反应时间 5h 时，单体质量分数对聚合反应的影响见图 5-17。从图 5-17 可以看出，随着单体含量的增加，单体转化率增加，当单体的质量分数达到 25%以后，转化率趋于稳定，说明提高单体质量分数有利于提高单体转化率，而聚合物的相对分子质量(水溶液表观黏度)则随着单体质量分数的增加先增加，在 20%达到最大值，当单体质量分数超过 30%以后，聚合物的相对分子质量出现明显降低趋势。这是因为当单体质量分数过高时，由于反应速率快而导致大量放热，若反应热不能及时散发时，还会产生爆聚现象，且高温也不利于提高聚合物相对分子质量。在所给定的实验条件下，单体的质量分数为 20%~30%较好。

5.pH 值的影响

实践证明，在聚丙烯酰胺生产过程中，尤其是干燥过程中 pH 值越低产品越容易发生交联，当 pH 值达到 10 时，得到的胶体和干粉产品都能完全溶解。在较低 pH 值下(pH 值<2)，聚合易伴生分子内和分子间的亚酰胺化反应，形成支链或交联型产物。在较高 pH 值下，单体或聚合物分子中的酰胺基会发生水解反应，使均聚物变成含丙烯酸链节的共聚物。

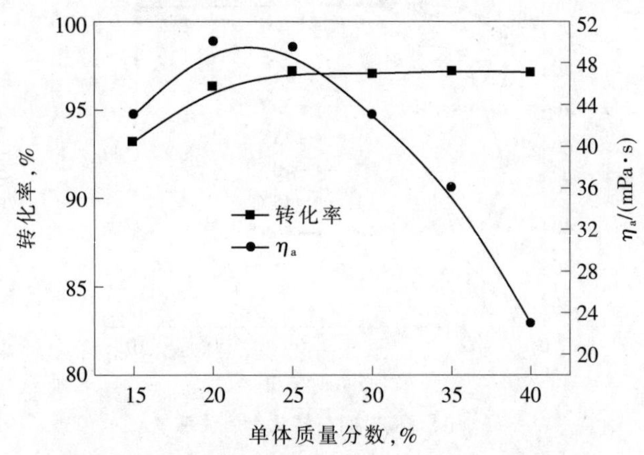

图 5-17 单体质量分数对转化率和水溶液黏度的影响

聚丙烯酰胺生产一般是将聚合得到的胶体造粒干燥后粉碎得到干粉。胶粒干燥时由于受失水和高温的影响，即使反应在较高 pH 值下进行时干燥过程中也易发生交联。在反应条件一定时，改变反应混合液的 pH 值，结果表明，pH 值越低产物越容易交联。在较低 pH 值(pH 值=5)下生成的聚合物胶体经造粒后能溶解，但是加热干燥后得到的干粉却出现不溶现象，即使在常温干燥时，也有不溶物。当 pH 值达到 10 左右，生成的干粉能完全溶解，但聚合物相对分子质量有所下降。随着 AANa 比例增高，生成的聚合物越易溶解。用 AANa 均聚时，在 pH 值为 7 时生成的聚合物干粉能够完全溶解，这是由于 AANa 中不含酰胺基团，反应及干燥时不会因产生亚酰胺化反应而导致产物交联[13]。

而对于丙烯酰胺-丙烯酸共聚物合成中也同样存在上述问题。原料配比和反应条件一定时，n(AM)∶n(AA)=6∶4，单体质量分数 25%，反应温度 40℃，通氮 30min，引发剂用量(以过硫酸铵计，过硫酸铵∶亚硫酸氢钠=1∶1)0.125%，反应时间 5.5h，体系的 pH 值对聚合反应的影响见图 5-18。从图 5-18 可以看出，随着 pH 值的增加，单体转化率和水溶液表观黏度大幅度增加，当 pH 值超过 10 以后转化率和水溶液表观黏度均呈降低趋势。这是由于在低碱性条件下丙烯酸钠聚合活性低，当 pH 值大于 9 时聚合活性提高，而 pH 值超过 11 以后活性又降低所致。实验发现，在丙烯酸-丙烯酰胺共聚物制备过程中，如果 pH 值低于 8，产物容易出现交联，尤其是干燥过程中 pH 值越低产品越容易发生交联，即使在低于 100℃下干燥时，也有不溶物存在。当 pH 值≥9时，得到的产品能完全溶解。但在 pH 值过高，单体或聚合物分子中的酰胺基会发生水解反应，影响分子中吸附基和水化基团的比例，因此在生产中选择 pH 值在 10~11 之间，既可以保证产物相对分子质量较高，又保证不出现产物交联。

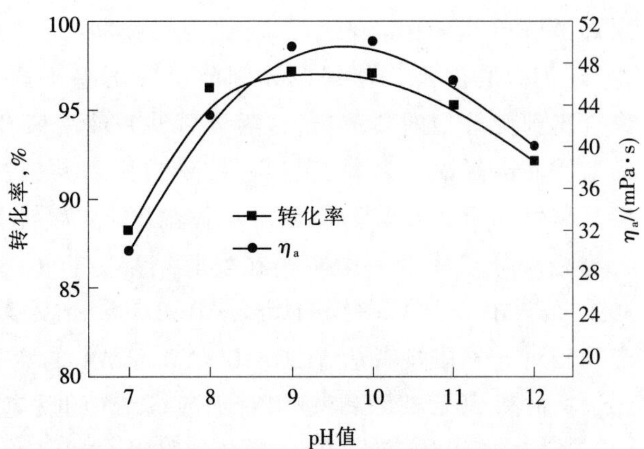

图 5-18 pH 值对转化率和聚合物水溶液黏度的影响

6.n(AM):n(AA)的影响

原料配比和反应条件一定时，单体质量分数 25%，pH 值 9，通氮30min，反应时间 5h，引发剂用量(以过硫酸铵计，过硫酸铵:亚硫酸氢钠=1:1)0.125%，反应温度 40℃，反应时间 5.5h 时，n(AM):n(AA)对聚合反应的影响见图 5-19。由图 5-19 可以看出，随着 AM 比例的提高，单体转化率和产物水溶液黏度均增加，但 AM 用量越大，产物在干燥中越容易出现交联，影响产品质量。考虑到产品用作钻井液处理剂对吸附基和水化基比例的要求以及产品干燥中发生水解反应，通常选择 AM 用量在 60%~70%，以保证产物的钻井液性能。

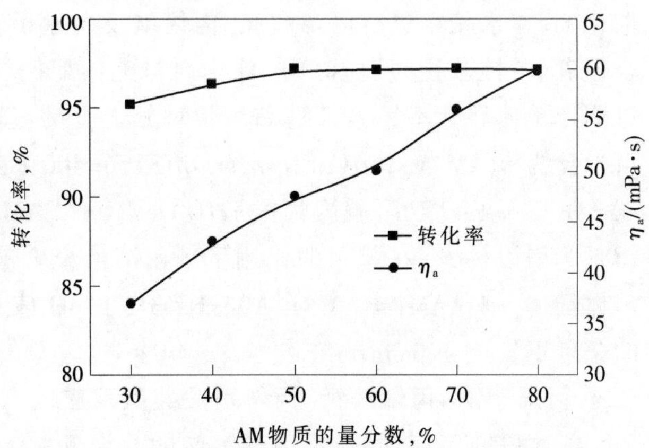

图 5-19 单体配比与转化率和聚合物水溶液黏度的影响

文献[13]考察了不同 AANa 与 AM 配比下反应时间与温度的关系，结果见图 5-20。由图 5-20 可以看出，随着 AANa 比例的提高，反应初期，相同温度处的斜率逐渐变小。在低温诱导期时，温度影响较小，这时 AANa 比例高的体系反应慢，说明 AANa 的聚合活性较 AM 的低。随着反应的进行，含 AM 多的体系不但因自身活性高加快反应，同时 AM 的聚合热较高，放热多也相应的加快了反应速率。从图中还可以看出，随着 AANa 比例的增加，反应达到的最高温度呈下降趋势，这表明 AANa 的聚合热比 AM 的小。

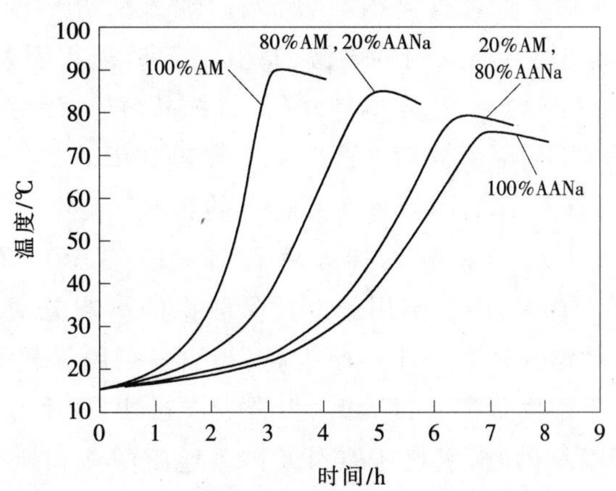

图 5-20 不同 AANa 与 AM 配比下反应时间-温度的关系

说明：反应条件：引发温度 16℃、引发剂浓度 3×10^{-4}mol/L、pH 值=11，原料单体质量分数为 23%

在丙烯酸、丙烯酰胺共聚合研究中，研究者还测定了采用不同方法时丙烯酸、丙烯酰胺聚合反应的竞聚率，如采用 K-T 法和 YBR 法测试了丙烯酸和丙烯酰胺单体间的竞聚率，对比丙烯酰胺-丙烯酸钠微乳液聚合和溶液聚合竞聚率的变化,认为微乳液聚合使得单体间的反应更趋于理想共聚,聚合链结构更趋于无规,而溶液聚合得到交替型的共聚物,这为今后钻井液用聚合物合成方法的选择提供了参考[14]。以丙烯酰胺和丙烯酸为原料,采用水溶液自由基共聚法制备超高相对分子质量丙烯酰胺-丙烯酸共聚物。由正交实验研究了单体浓度、引发剂用量、尿素用量、单体配比、反应温度对聚合物相对分子质量的影响。在实验结果分析的基础上得到最佳条件为:m(AM)∶m(H_2O)=30%,m(AM)∶m(AA)=3,m(I)∶m(AM)=0.3%,m(尿素)∶m(AM)=0.3%,温度20℃。在此条件下,产物相对分子质量高达5120×10^4,AM和AA的竞聚率为r_{AM}=0.684、r_{AA}=0.278。因$r_1r_2<1$,且$r_1r_2<1$,故得到无规共聚物,相对于AA,AM的反应活性更大一些[15]。

尚宏鑫等[16]研究了在均相水介质中,采用铜(Ⅱ)催化体系,水溶性引发剂引发丙烯酰胺-丙烯酸的可控聚合。以过硫酸钾(KPS)为引发剂,以氯化铜与乙二胺(en)形成的络合物为催化剂,在水相中进行丙烯酰胺、丙烯酸反向原子转移自由基聚合反应。控制原料配比、聚合温度、单体浓度、反应时间、催化剂与配体配比等条件,可使反应呈现一定的可控性。通过测定单体转化率、聚合物黏均相对分子质量与转化率的关系，得到了较佳控制条件:原料配比为n(AM/AA)∶n($CuCl_2$)∶n(en)∶n(KPS)=400∶1∶2∶0.27,温度为45℃,反应时间为8h。

王斌等[17]以双丙酮丙烯酰胺(DAAM)、AA、AM为原料,以$(NH_4)_2S_2O_8$-$NaHSO_3$氧化还原体系为引发体系,在超声的作用下采用溶液聚合法合成水溶性三元共聚物。最佳条件为:单体配比n(DAAM)∶n(AM)∶n(AA)=l∶1.3∶1.1,pH值为5,反应温度为25℃,超声功率为200W的条件下反应120min。

(二) 丙烯酸钠-丙烯酸钙-丙烯酰胺共聚反应

前面研究了丙烯酸钠-丙烯酰胺的共聚反应，为钻井液用丙烯酸多元共聚物的合成奠定了一定基础,而实践表明,在钻井液用丙烯酸聚合物制备中,引入部分钙离子可以提高聚合物处理剂的抗盐能力,而大部分丙烯酸多元共聚物处理剂均含有钙,基于以前研究工作[18,19],在合成中通过加入适量的氧化钙,合成了丙烯酸钠-丙烯酸钙-丙烯酰胺共聚物,为了简化生产工艺,制备中不通氮,制备过程是:首先将配方量的氢氧化钠加入一定量的水中,搅拌使氢氧化钠溶解,然后加入配方量的石灰,搅拌均匀后,慢慢加入丙烯酸,搅拌5min,然后加入丙烯酰胺,待其溶解后加入引发剂(过硫酸铵和亚硫酸氢钠),搅拌聚合,于120℃下烘干,粉碎得到样品,将样品溶于水,然后用乙醇沉淀,烘干称量,并计算产品收率。

不同因素对对产品收率的影响如下:

1.引发剂用量对产品收率的影响

当丙烯酸钠∶丙烯酸钙∶丙烯酰胺=3.5∶0.5∶6(物质的量比),起始温度40℃,单体质量分数45%时,引发剂用量对产品收率的影响见图5-21。从图5-21可以看出,随着引发剂用量的增加产品收率逐步提高,当引发剂用量超过0.25%以后,产品收率反而出现降低,这是由于引发剂用量过大时,聚合反应过快,聚合反应热难以散发,最终导致爆聚现象。同时还可以看出,当氧化还原引发体系过硫酸铵和亚硫酸氢钠比例不同时,对产品收率的影响有差异,在引发剂用量较低时,增加亚硫酸氢钠的量有利于提高产品收率,而在引发剂用量较大时,影响相对较小,这是因为亚硫酸氢钠可以起到除氧的作用,在引发剂用量小时,适当增加亚硫酸氢钠用量,可以缩短引发诱导期,有利于反应,而在引发剂用量较大时,引发速度过快,易产生爆聚现象。可见,在所给定的实验条件下,引发剂用量在 0.20%~0.25%,过硫酸铵:亚硫酸氢钠=1:1.25 较好。

2.起始温度对产品收率的影响

当丙烯酸钠:丙烯酸钙:丙烯酰胺=3.5:0.5:6(物质的量比),引发剂用量 0.25%,过硫酸铵:亚硫酸氢钠=1:1.25,单体质量分数 45%时,起始温度对产品收率的影响见图 5-22。从图 5-22 可以看出,增加起始温度有利于提高产品收率,当起始温度超过 40℃以后,产品收率反而出现降低,而在合成中发现起始温度低于 30℃时,反应引发诱导期长,甚至不聚,高于 40℃以后引发过快,不容易操作。考虑产品收率及有利于顺利聚合,起始温度 30~40℃较佳。

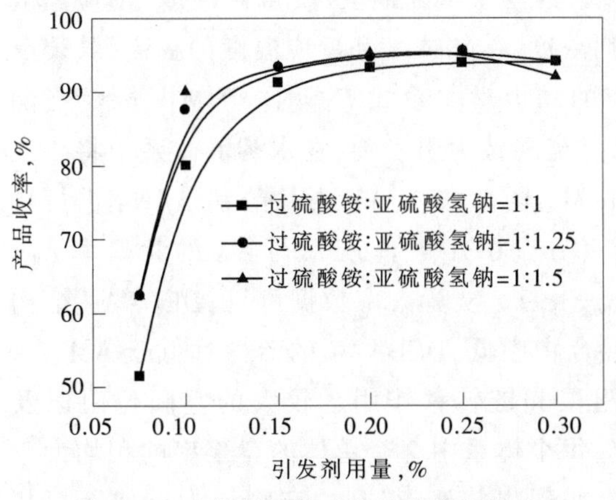

图 5-21 引发剂用量对产品收率的影响

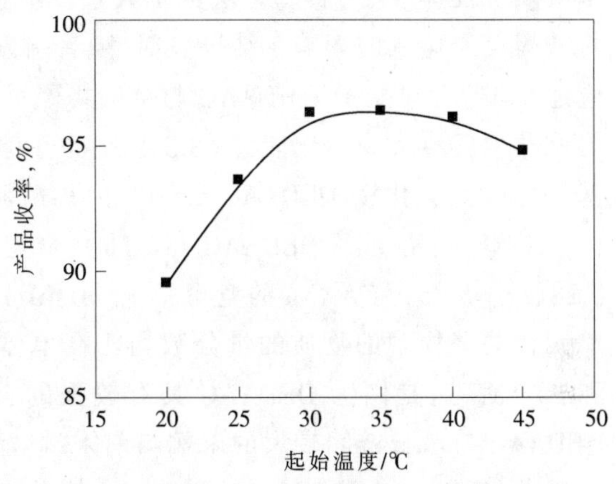

图 5-22 起始温度对产品收率的影响

3.单体质量分数对产品收率的影响

当丙烯酸钠:丙烯酸钙:丙烯酰胺=3.5:0.5:6 (物质的量比), 引发剂用量 0.25%,过硫酸铵:亚硫酸氢钠=1:1.25,起始温度 35℃, 单体质量分数对产品收率的影响见图 5-23。从图 5-23 可以看出, 降低单体的质量分数有利于提高产品收率, 当单体质量分数过低时,产品生产效率低,且烘干时间长,甚至在烘干过程中出现交联, 降低产物的水溶性。单体质量分数高,产物烘干时间短,且产物的溶解性好,不仅有利于提高生产效率,降低生产成本,还可以保证产物质量,但单体质量分数过高时易产生爆聚,使产品收率降低,在兼顾收率和有利于反应的情况下,单体质量分数 40%左右较理想。

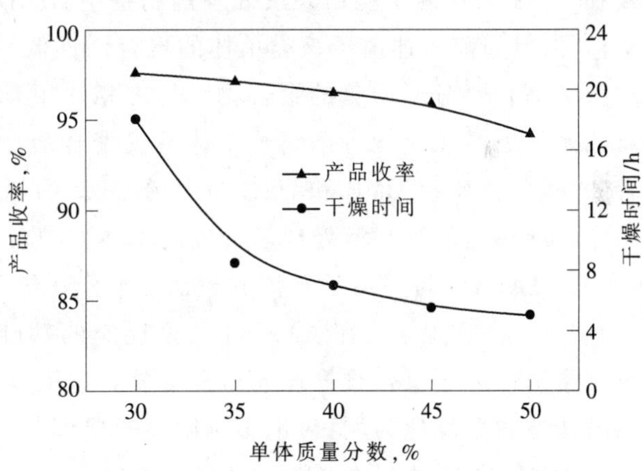

图 5-23 单体质量分数对产品收率的影响

四、阳离子单体与丙烯酸、丙烯酰胺共聚反应

采用阳离子单体与丙烯酸、丙烯酰胺等共聚,可以得到分子链上同时含有阳离子和阴离子基团的两性离子聚合物,当大分子链上同时含有正负电荷基团,且其数目相等的电中性两性聚合物(或称聚电解质),其水溶液黏度在一定条件下不会随外加盐浓度的增加而减

小，而是随外加盐浓度的增加而增大，呈现出十分明显的反聚电解质溶液行为。

20世纪 80 年代后期逐步发展起来的季铵盐型阳离子单体二甲基二烯丙基氯化铵(DMDAAC)，因具有正电荷密度高、无毒、高效、价廉、在常温下十分稳定、聚合后有稳定的环状结构等优点，而深受重视。其聚合物主链上的阳离子季铵基团不仅可溶于水，而且能与带相反电荷的离子或胶体反应，使 DMDAAC 在合成阳离子聚合物电解质领域中占据重要地位，广泛应用于石油开采、纺织印染、水处理、日用化工及涂料等工业领域。国内围绕其与丙烯酰胺、丙烯酸等单体的合成与应用开展了大量的研究工作[20]。围绕聚合反应动力学，以过硫酸钾-亚硫酸氢钠为引发剂，研究了二甲基二烯丙基氯化铵(DMDAAC)与 AA 的水溶液自由基共聚合反应，采用膨胀计法测定共聚反应速率，考察了引发剂浓度、单体浓度、反应温度对共聚反应速率的影响。结果表明，随着引发剂浓度、单体浓度和反应温度的提高，共聚反应速率增大，建立了 DMDAAC 与 AA 共聚反应的动力学关系式 $R_p \propto [I]^{0.6902}[M]^{1.336}e^{-8244/T}$，测得该共聚反应表观活化能为 68.54kJ/mol[21]。以过硫酸铵为引发剂，在水溶液体系中将二乙基二烯丙基氯化铵(DEDAAC)分别与丙烯酰胺(AM)、丙烯酸(AA)和丙烯酸钠(AANa)进行自由基共聚合，得到了 DEDAAC 与 AM 共聚竞聚率 r_{DE}=0.31、r_{AM}=5.27，与 AA 的竞聚率 r_{DE}=0.28、r_{AAa}=5.15，与 AANa 的竞聚率 r_{DE}=0.40、r_{AANa}=3.97。从竞聚率数据可见，DEDAAC 结构单元在共聚物中的物质的量分数均比在单体混合物中低，DEDAAC 的活性远低于 AM、AA 和 AANa；这是因为 DEDAAC 具有较强的自阻聚和链转移作用、较大的空间位阻以及 DEDAAC 与增长链间较大的末端与前末端效应，每个体系中 2 个单体的竞聚率的积均大于 1，因此，DEDAAC 与 AM、AA 和 AANa 等共聚为非理想共聚，得到的产物均为近似无规共聚物[22]。在两性离子型钻井液处理剂制备中，DMDAAC 和 DEDAAC 也是一类重要的阳离子单体[23]，但如前所述由于该类单体的聚合活性低和链转移作用，当阳离子单体用量大时，很难得到高相对分子质量的聚合物，与之相比甲基丙烯酰氧基乙基三甲基氯化铵和丙烯酰氧乙基三甲基氯化铵等阳离子单体不仅聚合活性高，也很容易得到高相对分子质量的聚合物，近年来围绕 DMC 和 DAC 与丙烯酰胺、丙烯酸聚合的研究也逐步得到重视[24,25]，尤其用作不同用途的钻井液处理剂合成的单体，表现出其明显的优势。

在 AA、AM 与阳离子单体共聚时，由于阳离子单体会与阴离子单体形成离子对，将会影响聚合反应，因此，在 AA、AM 共聚反应的基础上，研究阳离子单体与 AA、AM 的共聚，对制备两性离子聚合物处理剂非常重要。这里以 DMC 和 DAC 两种单体分别与丙烯酸、丙烯酰胺的共聚反应为例，讨论影响阳离子单体与丙烯酸、丙烯酰胺共聚反应的影响。

(一) DMC、AM、AA 共聚物

以 DMC、AM、AA 等单体共聚制备的两性离子共聚物是研究较多的产品之一，并应用于不同目的。彭晓宏等[26]研究了氧化还原体系引发 DMC、AM 和 AA 水溶液共聚合，即在 DMC、AM 和 AA 物质的量比为 50:40:10，单体质量分数为 25%，通氮搅拌 10min，在预定的温度下，加入氧化还原引发剂，继续通氮搅拌反应数小时。在聚合过程中，间隔取样分析及测定特性黏数。研究表明，在其他条件一定时，反应温度和引发剂对聚合反应的影响很大。

反应温度不仅影响引发速度，也影响单体转化率和聚合物的相对分子质量。图 5-24 是在过硫酸铵与亚硫酸氢钠物质的量比为 1:2、引发剂质量分数为 0.01%条件下，反应温度对单体转化率和产物特性黏数的影响。从图 5-24(a)可见，随着聚合温度的提高，反应前期

同一时间内，单体转化率增大，聚合反应速率加快。但反应温度为45℃时，其反应中、后期的单体转化率(小于70%)远低于40℃时的转化率(大于90%)。从图5-24(b)可看出，在35~45℃的反应温度内，产物特性黏数随温度的升高变化不大。在实验条件下，选择反应温度40℃左右，不仅缩短反应时间，提高单体转比率，而且有利于得到相对分子质量高的产物。

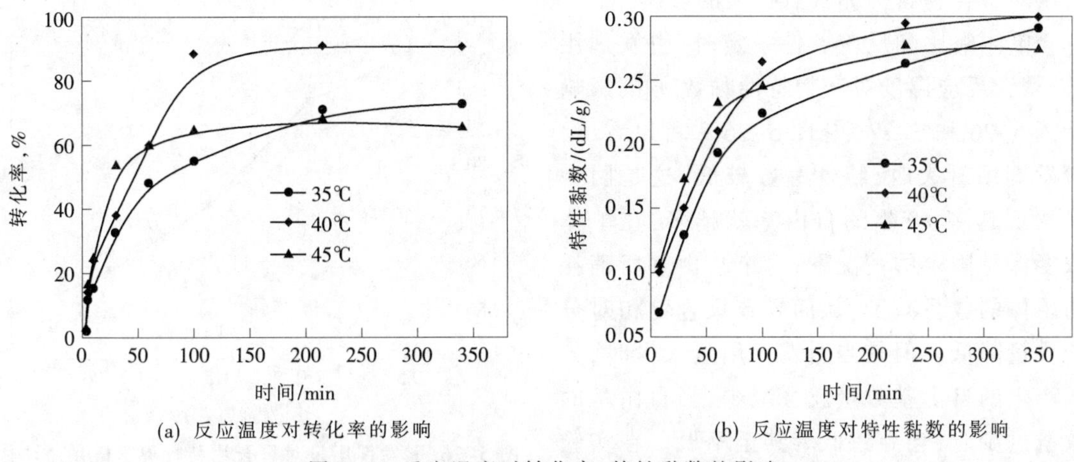

(a) 反应温度对转化率的影响　　(b) 反应温度对特性黏数的影响

图5-24 反应温度对转化率、特性黏数的影响

引发剂用量关系着聚合反应能否顺利进行，过低不易引发，过高易爆聚，在保持过硫酸铵与亚硫酸氢钠物质的量比为1:2，反应温度为40℃的条件下，引发剂用量对单体转化率和产物特性黏数的影响见图5-25。从图5-25(a)可见，除了聚合初期引发剂用量较大者，单体转化率较高之外，在同一反应时间内，反应中后期单体转化率相差不大。从图5-25(b)可以看出，随着引发剂用量的增加，反应后期产物的特性黏数降低。可见，在保证顺利引发的情况下，降低引发剂用量有利于提高产物的相对分子质量。

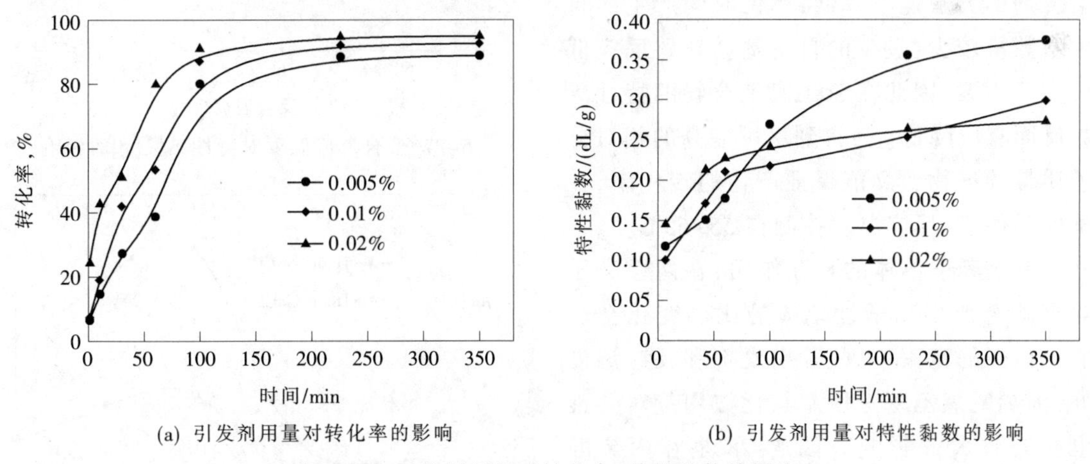

(a) 引发剂用量对转化率的影响　　(b) 引发剂用量对特性黏数的影响

图5-25 引发剂用量对转化率、特性黏数的影响

(二) DAC、AM、AA共聚物

DAC也是制备两性离子共聚物的阳离子单体，其共聚物具有广泛的用途，研究者围绕共聚合开展了一系列研究工作[27,28]，并基于溶液聚合制备聚丙烯酰胺-丙烯酰氧乙基三甲基氯化铵P(AM-DAC)，得出了单体丙烯酰氧乙基三甲基氯化铵和丙烯酰胺的竞聚率：$r_{DAC}=$

0.3835，r_{AM}=2.2864[29]。孙先长针对 DAC 单体与丙烯酸、丙烯酰胺的共聚反应，在聚合反应条件对转化率的影响试验的基础上，优选出合成的最佳配方，即 AA:AM=4:6，丙烯酰氧乙基三甲基氯化铵(以丙烯酸和丙烯酰胺单体计)为 15%，引发剂过硫酸铵(以单体计)用量为 1%，反应温度为 55~65℃，反应时间 3h。在合成反应中引发剂用量、反应温度和阳离子单体用量对聚合物特性黏数有很大的影响[30]。

单体配比和反应条件一定时，引发剂用量、聚合反应温度对产物特性黏数[η]的影响见图 5-26 和 5-27。从图 5-26 中可以看出，引发剂用量大时，特性黏数较低，这是因为引发剂越多，产生的自由基就越多，在单体浓度保持固定的情况下，每个自由基所消耗的单体的数目减少，从而导致聚合物相对分子质量降低。但是当引发剂用量太少时，分解产生的自由基数量就会减少，当自由基的数量过少时，会导致低聚甚至不聚。在实验条件下，引发剂用量控制在 1%时，既可以得到相对分子质量较高的共聚物，又能保证单体具有较高的转化率。从图 5-27 可以看出，随着反应温度的升高，聚合产物的特性黏数先增加后降低。可见，在较低反应温度下易得到相对分子质量较高的产物，但反应温度如果过低，将导致反应的诱导期较长，同时引发剂的分解速率降低，单位时间产生的自由基数量较少，过少的自由基会导致反应低聚甚至不聚，因此在 50℃时聚合物的特性黏数反而有所降低。为得到尽可能高的相对分子质量的产物，又能保证产物的转化率，在试验条件下，反应温度控制在 55~65℃。

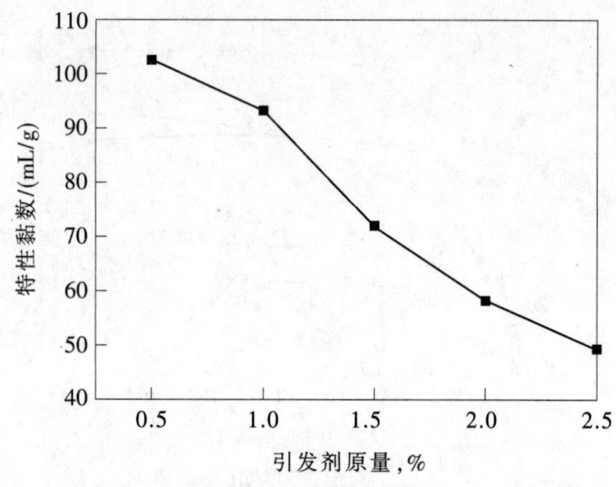

图 5-26 引发剂用量对聚合物特性黏数[η]的影响

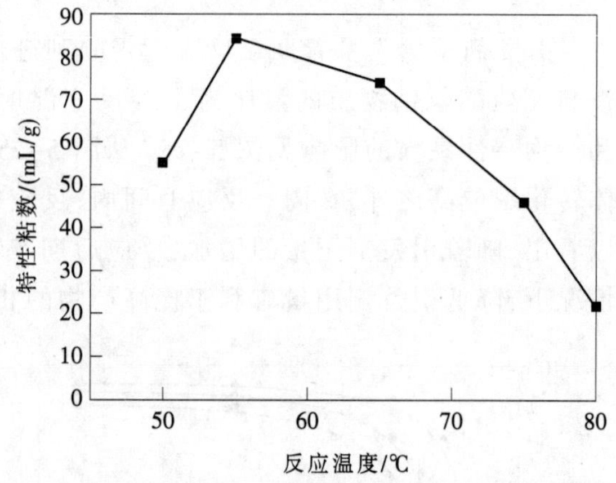

图 5-27 聚合反应温度对特性黏数[η]的影响

由于离子单体的相互作用，在两性离子共聚物合成中离子性单体的比例变化会影响单体间的竞聚率，故除引发剂和反应温度外，丙烯酰氧乙基三甲基氯化铵用量对共聚也会有较大的影响。图 5-28 是在丙烯酸(AA)和丙烯酰胺(AM)单体总量不变时，丙烯酰氧乙基三甲基氯化铵(DAC)质量分数对共聚物特性黏数[η]的影响。从图中可以看出，随着 DAC 用量的增加，共聚物的特性黏数先升高后又降低。在 AA 和 AM 单体用量不

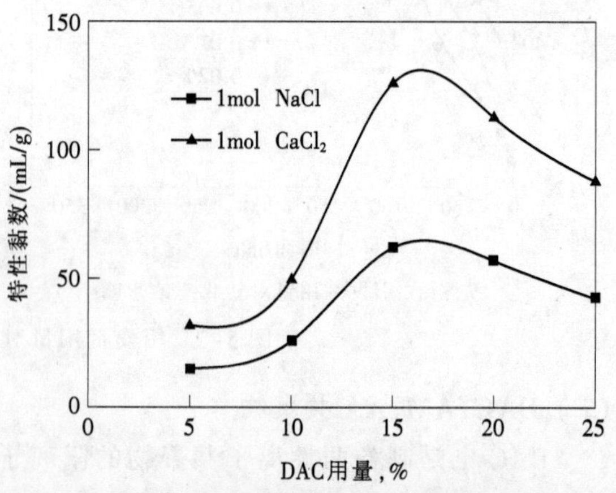

图 5-28 不同 DAC 用量对聚合物溶液特性黏数[η]的影响

变的情况下，单独增加DAC用量可有效增大单体总量。因此随着DAC用量的增大，聚合物特性黏数[η]也相应增大，但当DAC用量过大时，聚合物的特性黏数[η]反而降低。这是因为DAC的侧基位阻效应使其反应活性低于AA和AM，同时离子性单体与羧基的作用还会影响单体的竞聚率，因此DAC的用量过高会降低共聚物的相对分子质量。在实验条件下，DAC最佳用量为15%~20%。

第三节 钻井液用丙烯酸多元共聚物的合成

第二节对丙烯酸-丙烯酰胺共聚反应及影响因素进行了介绍，为丙烯酸多元共聚物的合成奠定了基础，本节在前面讨论的基础上，结合钻井液对聚合物处理剂的要求，对丙烯酸多元共聚物(包括阴离子型共聚物和两性离子型共聚物)合成条件、配方等对共聚物所处理钻井液性能的影响进行讨论，旨在为优化聚合物处理剂合成与性能提供依据。

一、阴离子型共聚物

在钻井液用阴离子型共聚物中，丙烯酸、丙烯酰胺等单体的二元或多元共聚物应用最多，其中丙烯酸与丙烯酰胺共聚物是最基本的聚合物处理剂，包括PAC-141、80A-51、SK-1等，都属于丙烯酸与丙烯酰胺共聚物，所不同的是聚合物的相对分子质量和丙烯酸、丙烯酰胺链节比例(基团比例)。该类聚合物由于相对分子质量及分布、基团比例的差异，会得到具有不同作用的聚合物产品，如絮凝剂、增黏剂、包被剂、降滤失剂和降黏剂等。

前面就合成条件对聚合反应和聚合物性能进行了讨论，下面以降滤失能力作为考察依据，讨论合成条件对产物降滤失能力的影响。

(一) 丙烯酸-丙烯酰胺共聚物

丙烯酸-丙烯酰胺共聚物是最基本的聚合物钻井液处理剂，作为良好的钻井液降滤失剂，既要求其具有适当的相对分子质量，又要求其分子链上吸附基团和水化基团的比例适宜，并通过高价离子的适度交联增强其抗污能力。为此，以过硫酸铵和亚硫酸氢钠组成氧化-还原引发体系为引发剂，并加入适量的CaO，合成了丙烯酸、丙烯酰胺共聚物处理剂，以合成产物在复合盐水基浆(取350mL蒸馏水置于杯中，加入15.75g氯化钠，2.625g无水氯化钙，6.9g氯化镁，待其溶解后加入52.5g钠膨润土和3.15g无水碳酸钠，高速搅拌20min，在密闭容器中养护24h得到基浆，样品加量1%)中的性能作为考察依据，考察了丙烯酰胺、丙烯酸单体物质的量比、引发剂用量、单体质量分数以及反应起始温度等对产物钻井液性能的影响。

1.合成方法

将配方量的氢氧化钠与水加入混合釜中，配成氢氧化钠溶液，同时加入石灰，然后搅拌下慢慢加入丙烯酸，搅拌3~5min，加入丙烯酰胺，搅拌使单体全部溶解，得到单体的反应混合液；将单体的反应混合液转移至敞口反应器中，并用质量分数20%的氢氧化钠水溶液调节pH值至要求，在不断搅拌下加入引发剂(最好事先用适量的水溶解后)，然后快速搅拌1~5min静置反应。由于反应热在聚合过程中使部分水分蒸发，最后生成多孔弹性体。将所得产物经切割后，烘干、粉碎，即得成品。将样品恒质后配成0.5%的水溶液(胶液)，并测定其表观黏度。

2.n(AM):n(AA)对产物钻井液性能的影响

表 5-5 是石灰用量一定时，引发剂用量 0.3%，单体质量分数 42.5%，起始温度 40℃时，n(AM):n(AA)对产物水溶液表观黏度和钻井液性能的影响。从表 5-5 可以看出，随着单体中 AM 比例的增加，产物 0.5%水溶液表观黏度逐渐降低，而所处理剂钻井液的室温下 AV、PV 和 YP 先增加，后用降低，在 n(AM):n(AA)=7:3 黏切最高，而钻井液的滤失量则随着单体中 AM 比例的增加，先降低后又增加，在 n(AM):n(AA)=6:4 滤失量最低。结合实验结果，当希望以增黏为主时，选择 n(AM):n(AA)=7:3，当希望以降滤失为主时，选择 n(AM):n(AA)=6:4。从表中 120℃、16h 老化后结果看，单体 n(AM):n(AA)比例对钻井液的黏切影响较小，而对钻井液的滤失量影响较大，随着 AM 所占比例的增加，钻井液滤失量明显降低，当 n(AM):n(AA)在 7:3 时，滤失量最低，当超过 7:3 时，滤失量大幅度增加。这是由于 AM 用量过大时，聚合物中吸附基的量过多，絮凝能力增强，护胶能力下降的结果。从老化后实验结果看，n(AM):n(AA)为 6:4~7:3 可以保证产物具有良好的降滤失能力。

表 5-5 AA 与 AM 比例对产物水溶液黏度和所处理钻井液性能的影响

AM:AA（物质的量比）	0.5%胶液黏度/(mPa·s)	室温				120℃/16h			
		FL/mL	*AV*/(mPa·s)	*PV*/(mPa·s)	*YP*/Pa	*FL*/mL	*AV*/(mPa·s)	*PV*/(mPa·s)	*YP*/Pa
5:5	53.0	2.0	19.5	16.0	3.5	16.0	7.0	5.0	2.0
6:4	47.0	1.6	30.0	26.0	4.0	9.2	6.0	5.0	1.0
7:3	46.0	2.0	36.0	29.0	7.0	8.4	6.0	5.0	1.0
8:2	42.0	3.2	24.5	19.0	5.5	25.5	6.5	5.0	1.5

3.引发剂用量对产物钻井液性能的影响

表 5-6 是石灰用量一定时，n(AM):n(AA)=6:4，单体质量分数 42.5%，起始温度 40℃时，引发剂用量对产物水溶液表观黏度和钻井液性能的影响。从表 5-6 可以看出，随着引发剂用量的增加，产物 0.5%水溶液表观黏度先大幅度增加，到引发剂用量 0.35%以后又出现降低，而所处理剂钻井液的室温下 *AV* 和 *PV* 先增加后降低，而 *YP* 呈降低趋势，在引发剂用量 0.30%时黏度最高，而钻井液的滤失量则随着引发剂用量的增加，先降低后又增加，但幅度不大，也是在引发剂用量 0.30%时最低，可见引发剂用量 0.30%较好。从表中 120℃、16h 老化后结果看，引发剂用量对钻井液的黏切影响较小，而对钻井液的滤失量相对较大，随着引发剂用量的增加，呈现降低趋势，当引发剂用量达到 0.35%时，滤失量最低，当超过 0.40%后，滤失量稍有增加。结合老化后实验结果，选择引发剂用量为 0.35%~0.40%较好。

表 5-6 引发剂用量对产物水溶液黏度和所处理钻井液性能的影响

引发剂用量，%	0.5%胶液黏度/(mPa·s)	室温				120℃/16h			
		FL/mL	*AV*/(mPa·s)	*PV*/(mPa·s)	*YP*/Pa	*FL*/mL	*AV*/(mPa·s)	*PV*/(mPa·s)	*YP*/Pa
0.20	29.5	2.8	27.5	22.0	11.0	11.6	5.5	5.0	0.5
0.30	47.0	1.6	30.0	26.0	4.0	12.2	6.0	5.0	1.0
0.35	47.0	2.8	27.5	23.0	4.5	8.0	5.5	5.0	0.5
0.40	46.5	3.2	27.0	23.0	4.0	8.0	6.0	5.0	1.0
0.45	43.0	3.5	25.0	21.0	4.0	9.3	6.0	5.0	1.0

4.单体质量分数对产物钻井液性能的影响

表 5-7 是石灰用量一定时，n(AM):n(AA)=6:4，起始温度 40℃，引发剂用量 0.35%时，单

体质量分数对产物水溶液表观黏度和钻井液性能的影响。从表 5-7 可以看出，随着单体质量分数的降低，产物 0.5%水溶液黏度逐渐增加，而所处理钻井液的室温下 *AV*、*PV* 和 *YP* 稍有增加，而钻井液的滤失量则随着单体质量分数的降低，先降低后又增加，在 42.5%时最低，可见单体质量分数 42.5%较好。从表中 120℃、16h 老化后结果看，钻井液的黏切随着单体质量分数的降低而略有增加，而对钻井液的滤失量影响相对大些，随着单体质量分数的降低，先降低后又增加，当单体质量分数 42.5%时，滤失量最低，当低于 42.5%后，滤失量稍有增加。从老化后实验结果看，单体质量分数为 37.5%~42.5%较好。

表 5-7 单体质量分数对产物水溶液黏度和所处理钻井液性能的影响

单体质量分数，%	0.5%胶液黏度/(mPa·s)	室温				120℃/16h			
		FL/mL	*AV*/(mPa·s)	*PV*/(mPa·s)	*YP*/Pa	*FL*/mL	*AV*/(mPa·s)	*PV*/(mPa·s)	*YP*/Pa
50	42	2.8	28	24	4	8.8	6	5	1
42.5	46	2.3	29	25	4	8.1	6	5	1
37.5	47.5	2.4	29.5	25	4.5	8.3	6.5	5	1.5
32.5	49.0	2.5	31.5	25	6.5	10.0	6.5	5	1.5

5.起始温度对产物钻井液性能的影响

表 5-8 是石灰用量一定，$n(AM):n(AA)=6:4$，单体质量分数 42.5%，引发剂用量 0.35%时，起始温度对产物性能的影响。从表 5-8 可以看出，随着起始温度的增加，产物 0.5%水溶液黏度逐渐降低，而所处理剂钻井液的室温下 *AV*、*PV* 和 *YP* 也随着温度的增加而降低，而钻井液的滤失量受起始温度影响较小。从表中 120℃、16h 老化后结果看，起始温度对钻井液的黏切影响较小，而对钻井液的滤失量来说，随着起始温度的增加，呈现增加趋势，尽管降低起始温度有利于降低滤失量，但在起始温度较低时，聚合反应较慢，凝胶状产物孔隙少，不仅不利于产品干燥，而且产物容易交联，溶解性变差。结合实验结果及反应现象，选择起始温度为 35~45℃。

表 5-8 起始温度对产物水溶液黏度和所处理钻井液性能的影响

起始温度/℃	0.5%胶液黏度/(mPa·s)	室温				120℃/16h			
		FL/mL	*AV*/(mPa·s)	*PV*/(mPa·s)	*YP*/Pa	*FL*/mL	*AV*/(mPa·s)	*PV*/(mPa·s)	*YP*/Pa
30	56	2.7	32	27	5	7.9	6	5	1
35	47	2.8	27.5	23	4.5	8.1	6	5	1
40	46	2.3	29	25	4	8.1	6	5	1
45	42	2.9	24	22	2.0	8.3	5.5	5	0.5
50	38	3.4	21	19	2.0	9.8	5.0	4.5	0.5

6.烘干温度对产物性能的影响

实践表明，干燥温度对产物的性能也有很大的影响，按照 $n(AM):n(AA)=6:4$，起始温度 40℃，单体质量分数 42.5%，引发剂用量 0.35%时合成样品，然后于不同温度下烘干。烘干温度对产物 0.5%水溶液表观黏度及所处理钻井液 120℃、16h 老化后滤失量的影响见图 5-29。从图中可以看出，随着烘干温度的增加，产物的水溶液表观黏度逐渐降低，当烘干温度在 140℃时，产物出现轻微交联，而 160℃下烘干后产物出现严重交联。尽管低温下有利于控制产物黏度降低或交联，但温度低于 100℃时烘干时间过长，生产效率低，综合考虑选择烘干温度在120℃左右。

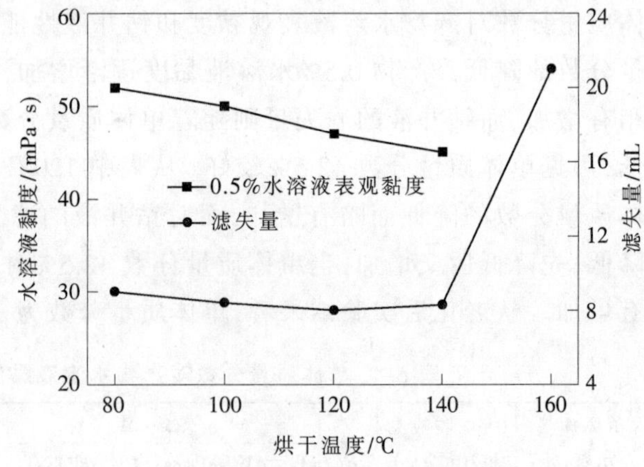

图 5-29 烘干温度对产物性能的影响

(二) 丙烯酸–丙烯酰胺/无机材料聚合物

在丙烯酸多元共聚物合成的基础上，通过引入部分无机材料，合成无机–有机单体聚合物，目的是通过引入成本低廉的无机材料，在保证聚合物性能的前提下，尽可能地降低聚合物的生产成本，为现场提供一种价廉的聚合物处理剂，合成中采用的无机材料可以是天然矿物，也可以是合成的无机材料，研究表明，采用天然矿物更经济[31]。

1.合成方法

将配方量的氢氧化钠、水等加入反应器中，在搅拌下慢慢加入丙烯酸、丙烯酰胺和无机材料，待其溶解或均匀分散后加入所需要量的引发剂(用适量的水配制的水溶液)，约5~10min发生反应，最后得到胶状产物。将所得产物于100~110℃下烘干，粉碎即为共聚物产品。

取4g样品，慢慢加入396mL纯净水中，搅拌使其分散均匀，于常温下放置24h，然后在25℃±2℃下用ZNN–D6型六速旋转黏度计测定聚合物溶液的表观黏度，并通过表观黏度间接考察聚合物的相对分子质量。

以复合盐水基浆(取350mL蒸馏水置于杯中，加入15.75g氯化钠，1.75g无水氯化钙，4.6g氯化镁，待其溶解后加入52.5g钠膨润土和3.15g无水碳酸钠，高速搅拌20min，在密闭容器中养护24h)作为钻井液性能考察依据。

2.无机材料和有机单体形成聚合体的证实

为了证实合成的产物确实为无机材料和有机单体聚合体，进行了一组实验，实验结果见表5–9。从表中可以看出，引入无机材料后所得产物1%水溶液表观黏度明显高于纯粹的有机单体聚合物，而产物在钻井液中的降滤失效果则相近，从钻井液的黏度和切力来看，无机–有机单体聚合物均表现出一定的提黏切的能力，而用纯粹的有机单体聚合物和无机材料复配则达不到应有的效果。从这一现象可以初步证明，形成的目标产物是无机–有机单体聚合物。

表 5-9 不同聚合物对比实验结果

聚合物类型	1%水溶液表观黏度/(mPa·s)	钻井液性能①			
		滤失量/mL	*AV*/(mPa·s)	*PV*/(mPa·s)	*YP*/Pa
有 机	24.0	6.4	14.0	13.0	1.0
无机–有机1	37.5	4.4	14.5	12.0	2.5
无机–有机2	46.0	3.8	15.5	13.0	2.5
无机–有机3	45.0	3.6	17.5	14.0	3.5
无机–有机4	39.0	2.8	17.0	14.0	3.0
无机–有机复配	19.0	16.8	11.0	10.0	1.0

注：①样品加量1.0%，室温下放置24h测定。

3.合成条件对聚合物性能的影响

从表 5-10 可以看出，无机材料引入后产物水溶液表观黏度提高，但其他性能随着无机材料用量的增加变化不大；钻井液的滤失量随着无机材料用量的增加先出现降低，后又增加，但变化幅度不大，即使引入了 40g 无机材料，钻井液的滤失量仍然较低。就产物的生产成本而言，无机材料用量 40g 时与纯粹的有机聚合物相比，其成本仅是纯粹有机聚合物的 60%~65%。可见，无机单体–有机单体聚合物的生产成本明显低于纯粹的有机单体聚合物产品。从产品成本而言，在确保产物性能的前提下无机材料引入越多产物的成本越低，因此，为了降低产品成本应尽可能的多引入无机材料，在实验条件下，无机材料用量 30~40g 可以得到具有较好的降滤失效果的产物。

表 5-10 无机单体用量对产品降滤失能力的影响

无机单体用量①/g	1%水溶液表观黏度/(mPa·s)	钻井液性能			
		滤失量/mL	*AV*/(mPa·s)	*PV*/(mPa·s)	*YP*/Pa
0	35	5.0	14	13	1.0
20	45	3.6	17.5	14	3.5
30	45.5	4.8	13.5	10	3.5
40	44.5	6.8	14.5	10	4.5

注：①有机单体用量为 80g(AM:AA=7:3)；样品加量 1.0%，室温下放置 24h 测定。

图 5-30 表明，在其他条件一定时，随着引发剂用量的增加，聚合物水溶液的表观黏度先降低后又增加，钻井液的滤失量也出现同样的现象，这与纯粹的有机单体聚合物的现象(即引发剂增加聚合物的黏度降低)不同。

相对分子质量调节剂用量直接影响产物的柔性链的长短。为了考察相对分子质量调节剂用量对产品性能的影响，固定原料配比和合成条件，改变相对分子质量调节剂用量，相对分子质量调节剂用量对产品性能的影响见图 5-31。从图中可以看出，随着相对分子质量调节剂用量的增加，所得产品的表观黏度降低，产品的降滤失能力下降。在实际合成中可以根据不同需要选择合适的相对分子质量调节剂用量。

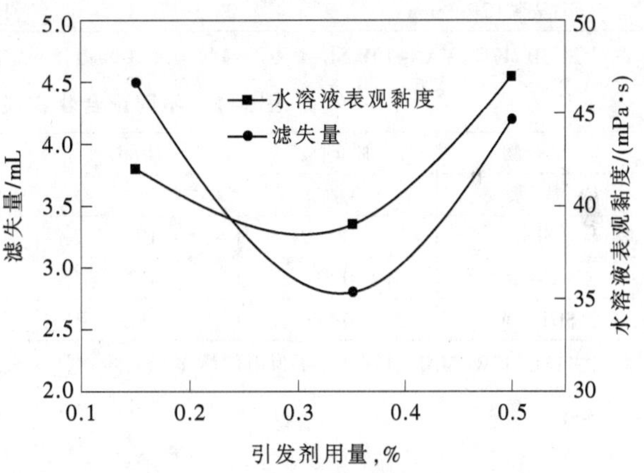

图 5-30 引发剂用量对产物性能的影响

说明：滤失量测定条件：样品加量 1.0%，室温下放置 24h 测定

4.与丙烯酸多元共聚物处理剂性能对比

在优化条件下合成样品，并用于钻井液性能评价。表 5-11 是不同聚合物在饱和盐水钻井液中的对比实验结果。可以看出，无机–有机单体聚合物处理剂(Siop)具有较强的耐温抗盐能力，在加量为 2%时，其降滤失效果优于普通的丙烯酸多元共聚物。表 5-12 是不同聚合物在淡水钻井液中的对比实验结果。从结果可以看出，Siop 聚合物在淡水钻井液中的抗温能力与丙烯酸多元共聚物差别不大。图 5-32 是 $CaCl_2$ 加量对不同聚合物所处理钻井液滤失量的影响(在 6%钙膨润土的饱和盐水钻井液中，聚合物样品加量为 1.5%)。从图 5-32

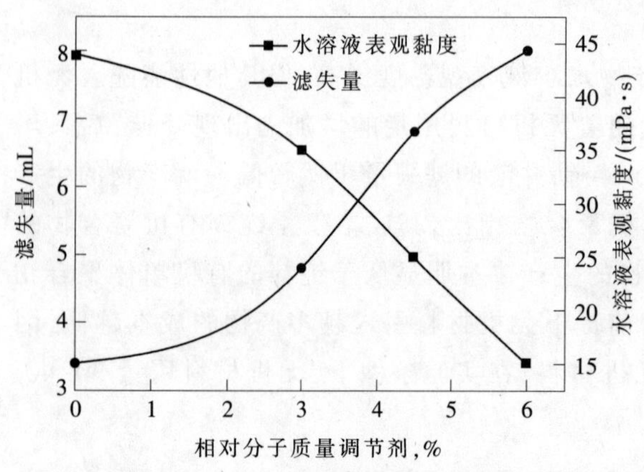

图 5-31 相对分子质量调节剂用量对产物性能的影响
说明:滤失量测定条件:样品加量 1.0%,室温下放置 24h 测定

可见,Siop 在抗钙能力方面与丙烯酸多元共聚物相当或稍优。

二、两性离子型共聚物

与阴离子丙烯酸-丙烯酰胺共聚物相比,用作钻井液处理剂两性离子共聚物在保持阴离子聚合物性能的同时,由于在分子中引入了阳离子基团,不仅使产物的包被絮凝、抑制防塌能力有了进一步提高,同时还有利于提高产物的抗温和抗盐能力。尽管不同类型的阳离子单体的引入均能够提高产物的包被、絮凝和抑制能力,但不同类型的阳离子单体,由于其结构和性质不同会引起共聚单体竞聚率的改变,并最终导致对聚合物反应及产物性能有不同的影响。

表 5-11 不同聚合物在饱和盐水膨润土钻井液中的性能对比(180℃/16h 老化后)

钻井液组成	*B*/mL	*AV*/(mPa·s)	*PV*/(mPa·s)	*YP*/Pa
基浆	228	5	4	1
基浆+2% SD-17W	66.0	10.0	9.0	1.0
基浆+2% MAN-101	40.0	17.0	14.0	3.0
基浆+2% SL-1	35.0	15.0	12.0	3.0
基浆+2% Siop	22.5	16.0	12.0	4.0

注:SD-17W、MAN-101、SL-1 为丙烯酸多元共聚物,Siop 为无机-有机单体共聚物。

表 5-12 不同聚合物在淡水钻井液中的效果

聚合物	加量,%	*B*/mL	*AV*/(mPa·s)	*PV*/(mPa·s)	*YP*/Pa
基 浆	0	60	13	3	10
Siop	0.5	10.8	5.5	3	1.5
MAN-101	0.5	12	6.5	5	1.5
SD17-W	0.5	11	4.75	4	0.75

注:SD-17W、MAN-101、SL-1 为丙烯酸多元共聚物,Siop 为无机-有机单体共聚物。

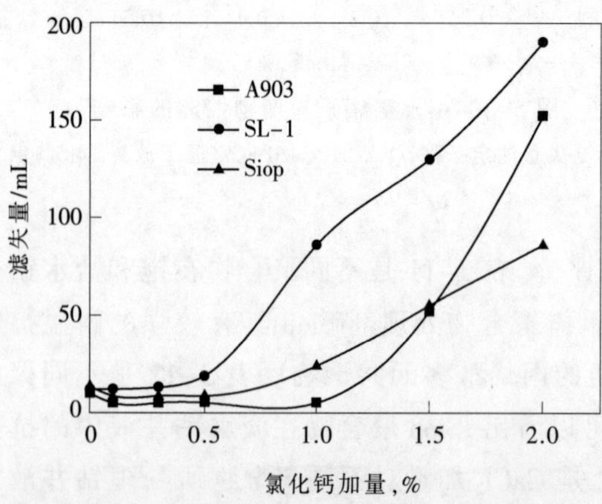

图 5-32 氯化钙加量对钻井液滤失量的影响

(一) 两性离子聚合物处理剂设计要点

作为两性离子型聚合物处理剂,阳离子单体的引入量是合成配方设计的关键,当阳离子单体用量过大时,由于阳离子的强吸附性,将使钻井液体系出现絮凝,使体系的胶体稳定性变差,所以在该类处理剂合成中要保证阳离子单体用量适当。但当用于无固相钻井液体系时,则可以提高阳离子单体的引入量。另一方面,阳离子单体的引入可以提高产物的防塌、包被能力,在设计时可以根据产品的最终用途选择合适的阳离子单体

用量。对于聚合反应而言，不同类型的阳离子单体对聚合反应、聚合物的收率和相对分子质量有不同的影响。通常丙烯酰胺和丙烯酰氧系阳离子单体具有较高的聚合活性，易引发聚合，转化率高，可以得到较高相对分子质量的产物。烯丙基阳离子单体的聚合活性低，不易引发聚合，且很难得到较高相对分子质量的产物，故在实际合成设计中应考虑这些因素。

综合几个方面因素，两性离子型处理剂设计参考如下原则：

① 作为降滤失剂、增黏剂时可以引入少量的阳离子单体，以改善产品的防塌和抑制性；

② 作为防塌剂、包被剂和絮凝剂使用时，可以适当提高阳离子单体用量；

③ 作为无固相钻井液防塌剂、包被剂使用时，可以采用阳离子单体为主进行共聚；

④ 用于阳离子钻井液体系时，可以采用阳离子单体和非离子单体共聚；

⑤ 希望得到高相对分子质量的产物时，选用丙烯酰胺和丙烯酰氧系阳离子单体，希望得到中等相对分子质量的产物时，可以选择双烯丙基阳离子单体，但单体用量不能太高，制备降黏剂时可以选择单烯丙基阳离子单体。

(二) P(APDAC-AM-AA)三元共聚物

P(APDAC-AM-AA)三元共聚物以3-丙烯酰胺基丙基二甲基氯化铵(APDAC)、AM与AA为原料，采用水溶液聚合方法制备。方法是：将配方量的丙烯酸、氧化钙和适量水加入反应釜中，在搅拌下反应至溶液透明，然后再用氢氧化钠或氢氧化钾(30%的水溶液)中和至pH值为要求范围，加入AM、APDAC等单体，待其溶解后，搅拌10~15min。将反应体系的温度升至35℃，通氮5~10min，加入过硫酸铵和亚硫酸氢钠水溶液。搅拌均匀后静止反应0.5~1.0h，得到凝胶状的产物。所得产物于120~150℃下烘干、粉碎，得共聚物产品。

为了保证所合成的共聚物在钻井液中具有良好的性能，以所处理钻井液的表观黏度、水眼黏度和滤失量作为考察依据，研究了引发剂用量、AM/AA、pH值、阳离子单体和氧化钙用量等与产品钻井液性能的关系[32]。考察钻井液性能所用基浆组成为：$[Ca^{2+}]$=1800mg/L、$[Mg^{2+}]$=1550mg/L、$[Cl^-]$=24273mg/L的咸水+钙膨润土15%+纯碱0.5%，样品加量0.5%。

1.引发剂用量对产物性能的影响

在n(AM):n(AA):n(APDAC)=6:2.5:1，单体总物质的量0.84，单体含量30%，体系pH值为12，CaO用量0.07mol的条件下，引发剂用量与产物钻井液性能的关系如图5-33。从图5-33可以看出，随着引发剂用量的增加，用所得产物处理的钻井液表观黏度逐渐降低，滤失量起初有所降低，随后又增大，即只有引发剂用量适当时，才能得到降滤失性能较好的产物。同时还可以看出，增加引发剂用量可降低水眼黏度，改善剪切稀释能力，但引发剂量大时对产物降滤失不利。兼顾各因素，引发剂用量0.3%较好。

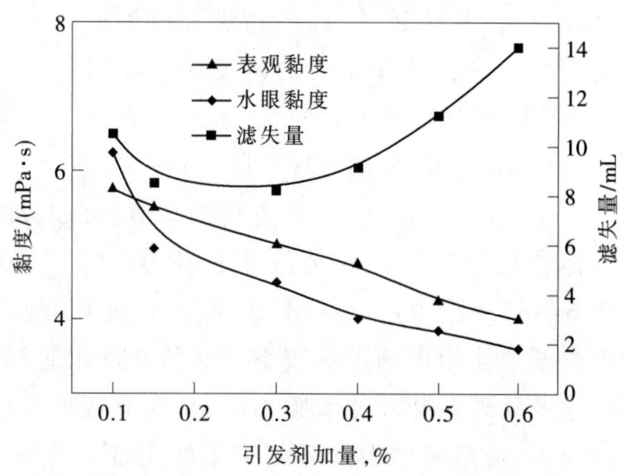

图5-33 引发剂用量与产物钻井液性能的关系

2.n(AM):n(AA)对产物性能的影响

良好的降滤失剂除具有适当的相对分子质量外，还需要合理的吸附基团和水化基团。在所研究的共聚物中，来自单体AM的酰胺基主要起吸附基团的作用，来自单体 AA 的羧基主要起水化基团的作用。两种基团比例的影响可以通过改变 AM、AA 用量比来考察。在 AM+AA+APDAC 物质的量为 0.84mol，阳离子单体(APDAC)用量 0.12mol，引发剂用量为单体质量的 0.30%，体系 pH 值为 11，CaO 用量 0.08mol 的条件下，n(AM):n(AA)与产物钻井液性能的关系如图 5-34。从图 5-34 可以看出，随着 AM/AA 的增加，钻井液的表观黏度先增加后降低，钻井液的失水量却呈现与此相反的趋势。增大 AM/AA 比值可使钻井液的水眼黏度降低，有利于提高钻井液的剪切稀释性，但当 AM/AA 过大时，吸附基量大，产物对钻井液产生絮凝作用，从而失去控制钻井液滤失量的能力。从降滤失的角度讲，n(AM):n(AA)为 2 时较为理想。

3.体系的 pH 值

在 n(AM):n(AA):n(APDAC)=6:2.5:1，单体总物质的量 0.84，单体含量 30%，引发剂用量为单体总质量的 0.30%，CaO 用量0.08mol 的条件下，合成产物的钻井液性能与反应混合物体系 pH 值的关系见图 5-35。从图中可以看出，随着体系 pH 值的增加，用所得产物处理的钻井液表观黏度、水眼黏度先增加后降低。在 pH 值较低时，增加反应混合物体系的 pH 值可以提高产物的降滤失能力，但当 pH 值超过 11 后，所得产物的降滤失效果反而降低。这是因为 pH 值影响各单体的竞聚率，进而影响共聚物的组成。只有当体系的 pH 值适当时，才能获得能满足钻井液降滤失需要的产物。另外，当体系的 pH 值过高时，共聚物中的酰胺基在高温下水解成羧基，吸附基和水化基的比例不再处于适当的范围之内，降滤失效果降低。而当 pH 值过低时，产物烘干过程中会产生交联，从降滤失的角度讲，pH 值为 10~11 时较为理想。

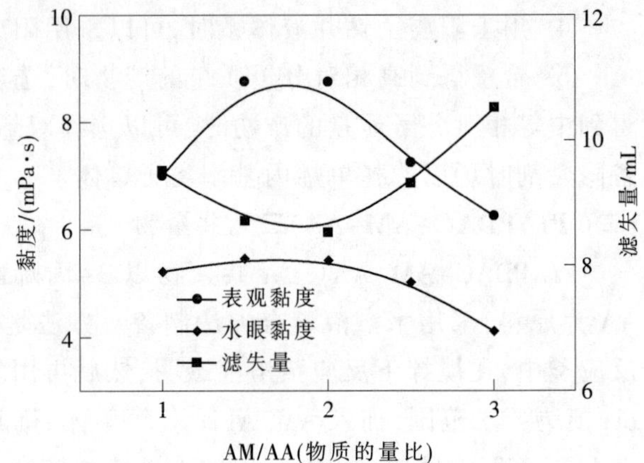

图 5-34 AM/AA 与产物钻井液性能的关系

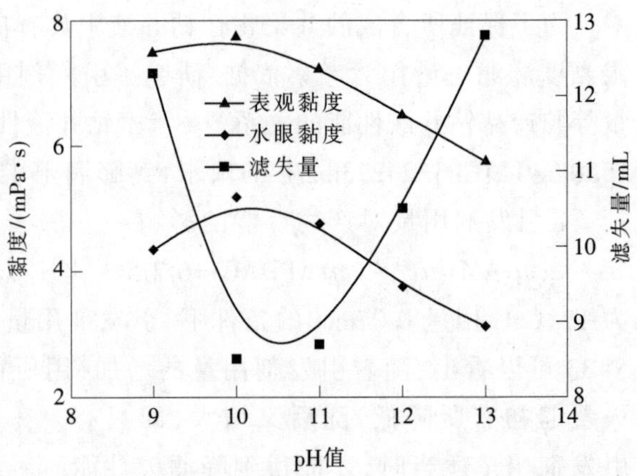

图 5-35 体系的 pH 值与产物钻井液性能的关系

4.阳离子单体 APDAC 用量

在 AM/AA=2，单体总物质的量 0.86mol，pH 值为 11，CaO 用量 0.08mol，引发剂用量占单体质量的 0.35%，单体浓度 30%的条件下，阳离子单体用量对产物钻井液性能的影响见图 5-36。从图中可以看出，表观黏度、水眼黏度随阳离子单体用量的增加而降低，滤失量受阳离子单体用量的影响较小。从钻井液水眼黏度来看，增加阳离子单体的用量有利于降低产物所处理钻井液的水眼黏度，从而有效地发挥钻头水马力。因此在保证钻井液滤失量的情况下，应尽可能增加阳离子单体用量。另外，增加阳离子单体的用量还可以提高产物抑制和包被、絮凝钻屑的能力。

5.CaO 用量的影响

在合成聚合物时引入适量 Ca^{2+}形成水化较弱的羧钙基使产品适当交联,可提高产物抗高价离子污染的抗剪切降解的能力,从而提高产物的降滤失效果。在 n(AM):n(AA):n(APDAC)=5:2.5:1,单体总物质的量 0.86mol,引发剂用量是单体总质量的 0.30%、pH 值为 10、单体浓度 25%条件下,产物的钻井液性能与 CaO 用量的关系见图 5-37。从图中可以看出,随着 CaO 用量的增加,表观黏度、水眼黏度降低,说明增加 CaO 用量可改善产物所处理钻井液的剪切稀释特性。从图中滤失量变化可看出,适量的 CaO 有利于改善产物的降滤失能力,但在实验中发现,当 CaO 用量过大时,产物交联过度,溶解性变差,降滤失能力下降。

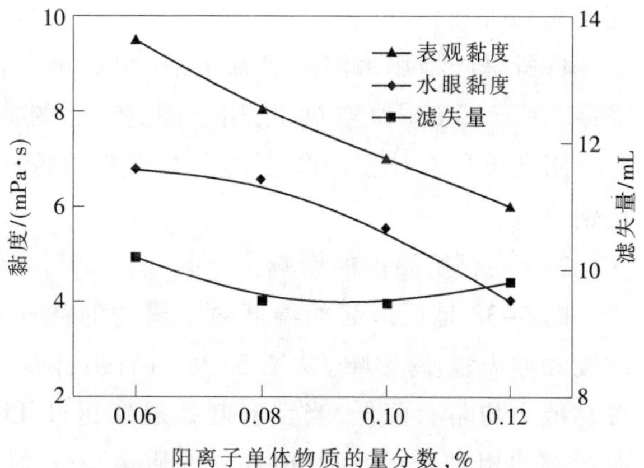

图 5-36 阳离子单体与产物钻井液性能的关系

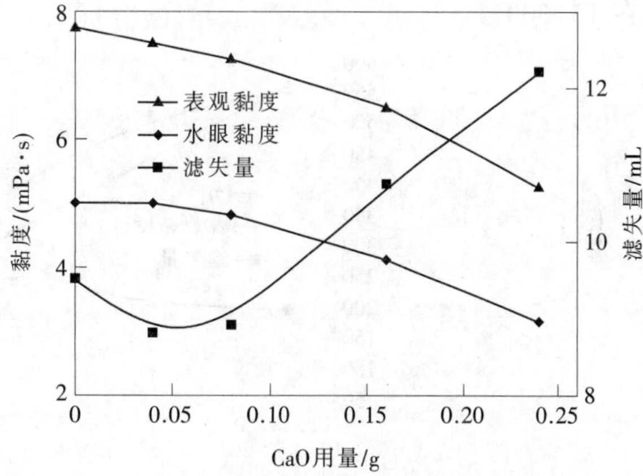

图 5-37 CaO 用量对产品钻井液性能的影响

(三) P(AM-AA-DMDAAC)共聚物

尽管 AM、AA 与 DMDAAC 三元共聚物与 P(APDAC-AM-AA)三元共聚物两者都是两性离子聚合物,且作用相同,但由于它们所用阳离子单体的区别,特别是由于 DMDAAC 聚合活性低,对合成方法和合成条件的要求亦有所不同,故在合成中需要区别对待。为了优化聚合物的性能,考察了反应起始温度、引发剂用量、AA 用量以及 DMDAAC 用量等对共聚物钻井液性能的影响[33]。在考察合成条件对共聚物钻井液性能的影响时,通用合成条件为:n(AM):n(AA):n(DMDAAC)=60:30:10,单体含量 50%(质量分数),反应起始温度 20℃、引发剂用量(以过硫酸铵计、占单体质量百分数,过硫酸铵:亚硫酸氢钠=1:1、质量比)0.06%(质量分数)。在讨论某一项因素的影响时,该项为变量,其他条件不变。钻井液性能实验所用基浆为复合盐水基浆(在 10%的安丘产膨润土基浆中加入 5g/L $CaCl_2$、13g/L $MgCl_2·6H_2O$ 和 45g/L NaCl 高速搅拌 20min,于室温下放置养护 24h,即得复合盐水基浆),样品加量为 0.5%。

1.合成方法

将氢氧化钾溶于适量的水中,并加入适量的氧化钙,搅拌均匀后,慢慢加入丙烯酸,待丙烯酸加完后再依次加入 AM 和 DMDAAC 单体,待溶解后补充水,使单体含量控制在 50%(质量分数),于 15℃下加入引发剂,搅拌均匀后将单体的反应混合物转移至塑料袋中,封口,在不断搓揉下聚合反应逐渐开始,大约 5~10min 即发生剧烈的聚合反应,此时反应温度急剧升高,塑料袋破裂,溶剂水大量蒸发,大约 2~3min 反应结束,得到水分含量在 20%~30%的产物。将所得产物剪成小颗粒,于 60~80℃下烘干、粉碎得粉末状 P(AM-AA-DMDAAC)三元共聚物。

将所得产物用水溶解成稀溶液，然后再用含量 75%~80%(质量分数)的乙醇溶液沉淀，洗涤，并于 80℃下真空烘干，用于测定产品的特性黏数[η]。

用乌氏黏度计在 30℃下测定共聚物的特性黏数[η]，所用溶剂为质量分数 2.925%的氯化钠溶液。

2.反应起始温度的影响

图 5-38 是反应起始温度对共聚物的特性黏数[η]和用所得产物处理钻井液性能(表观黏度和滤失量)的影响。从图 5-38 可看出，随着反应起始温度的升高，所得产物的降滤失和提黏能力均略有降低，当反应起始温度超过 45℃以后产物的降滤失和提黏能力明显降低，而产物的相对分子质量(相对分子质量与[η]值成正比)则随着起始反应温度的增加逐渐降低，说明起始反应温度低有利于得到性能好的产品，故在实验条件下，反应起始温度选择在 15~30℃。

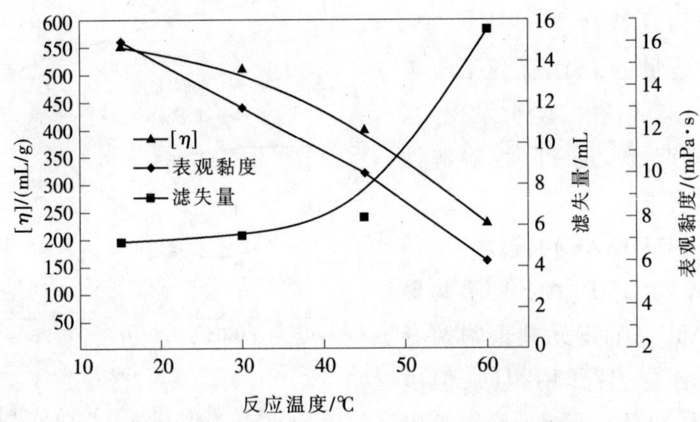

图 5-38 反应温度对产品钻井液性能的影响

3.引发剂用量的影响

从图 5-39 可以看出，引发剂用量对共聚物的特性黏数[η]和用所得产物处理钻井液的黏度影响较大，对钻井液的滤失量影响较小，随着引发剂用量的增加，产物的提黏能力明显降低，而产物的降滤失能力则随着引发剂用量的增加，开始略有改善，当继续增加引发剂用量时，降滤失能力反而略有降低。在实验条件下，引发剂用量在 0.04%~0.06%时较好。

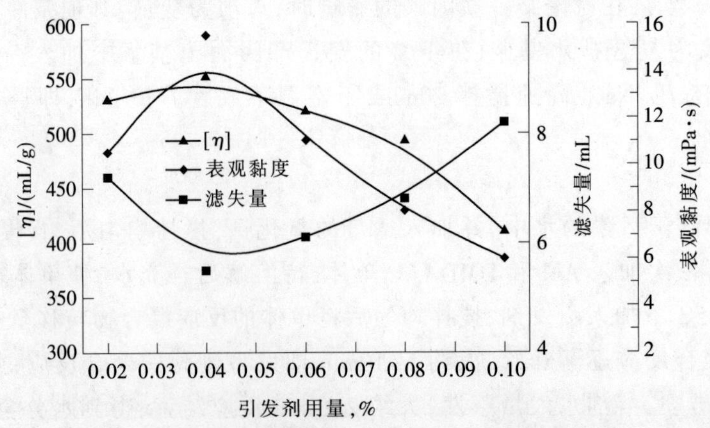

图 5-39 引发剂用量对产品钻井液性能的影响

4.AA 用量的影响

图 5-40 是单体总量不变，DMDAAC 用量 7%(物质的量分数)时，AA 用量(质量分数)对共聚物的特性黏数[η]和用所得产物处理钻井液性能的影响。从图 5-40 可看出随着 AA 用量增加产物的相对分子质量逐渐降低，而产物的降滤失能力则随着 AA 用量增加而明显提高，但当 AA 用量超过 30%(物质的量分数)后，产品的降滤失能力反而降低，在试验条件下选择 AA 用量选用 30%。

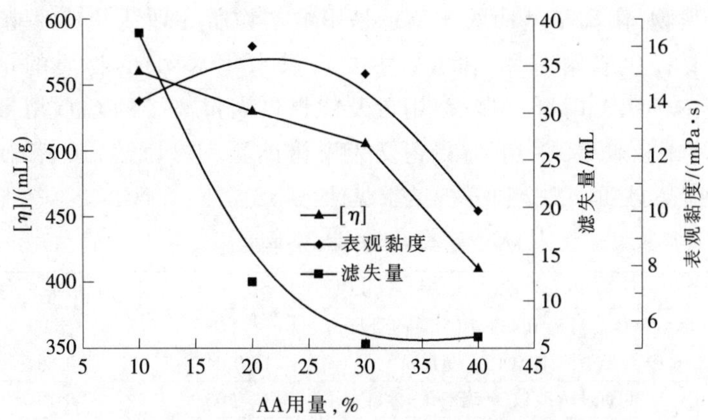

图 5-40 合成条件对产品钻井液性能的影响

5.DMDAAC 用量的影响

表 5-13 是 DMDAAC 单体用量(物质的量分数)对产物的降滤失能力和防塌效果的影响(AA 用量 25%)。从表 5-13 可以看出，增加 DMDAAC 单体用量有利于改善产物的降滤失能力，但当 DMDAAC 单体用量过大时，由于产物的絮凝作用，降滤失能力反而下降，而对于产物的防塌能力而言，随着 DMDAAC 单体用量的增加，所得产物的防塌能力增加。为了得到既具有良好的降滤失能力又有较好的防塌效果的产品，在实验条件下，DMDAAC 单体用量选择 7%~10%(物质的量分数)较好。

表 5-13 DMDAAC 单体用量对产物特性黏数[η]和钻井液性能的影响

DMDAAC用量，%	[η]/(mL/g)	*AV*/(mPa·s)	滤失量/mL	回收率①，%
3.0	580	14	5.6	61
5.0	550	14.5	5.2	72.1
7.0	520	16	5.8	83.0
10.0	465	13	8.4	88.0
15.0	381	8	13.6	89.2

注：①实验条件：回收率(在 0.1%的聚合物溶液中的回收率)120℃/16h，岩屑为明 9-5 井 2695m 岩屑(2.0~3.8mm)，用 0.59mm 筛回收。

(四) P(HMOPTA-AM-AA)共聚物

以 2-羟基-3-甲基丙烯酰氧丙基三甲基氯化铵(HMOPTA)与丙烯酸钙、丙烯酸钾、丙烯酰胺共聚合成了 P(HMOPTA-AM-AA)共聚物多元共聚物，其性能与前面介绍的两性离子聚合物相近，在前面研究的基础上，通过正交试验优化了合成条件[34]。

1.合成方法

将 AA 溶于适量的水中，加入所需量的 CaO，在搅拌下反应至反应混合呈透明；加入

AM、HMOPTA，待其溶解均匀后用适当浓度的 KOH 溶液将体系的 pH 值调至 8~12，并升温至 35℃±2℃；待温度达到后加入过硫酸铵和亚硫酸氢钠(可先溶于适量水中)，反应 2~10min 即得到凝胶产物。经过烘干、粉碎得到产品。

2.正交试验设计

共聚物的相对分子质量、分子链上吸附基和水化基团的比例是影响共聚物所处理钻井液性能的重要因素，而在合成过程中引入适量的高价金属离子可改善产物的抗污染能力。对于具阳离子型共聚物，阳离子基团的比例也是影响产物所处理钻井液性能的因素之一。为此，选用 AM(主要提供吸附基团)和 AA(主要提供水化基团)的物质的量比[即 n(AM):n(AA)]、阳离单体 HMOPTA 用量、引发剂用量及能提供高价离子的 CaO 用量作为可变因素，按表 5-14 中的因素和水平，采用 $L_9(3^4)$正交表安排试验，并以产品在人工海水钻井液中的降滤失效果作为考察依据，试验和分析结果见表 5-15。

表 5-14 因素-水平表

序 号	因 素	水平 1	水平 2	水平 3
A	AM:AA(单体总量为 0.43mol)(物质的量比)	1:1	5:3	3:1
B	阳离子单体(HMOPTA)量/mol	0.04	0.06	0.08
C	引发剂用量(过硫酸铵:亚硫酸钠=2:1)/g	0.05	0.10	0.15
D	CaO用量/g	1.6	3.2	4.8

表 5-15 $L_9(3^4)$正交试验结果

试验号	A	B	C	D	滤失量/mL	水眼黏度/(mPa·s)
1	1	1	1	1	110	5.0
2	1	2	2	2	28.0	3.5
3	1	3	3	3	9.0	4.0
4	2	1	2	3	8.5	3.5
5	2	2	3	1	57.0	6.0
6	2	3	1	2	13.4	4.0
7	3	1	3	2	10.0	4.5
8	3	2	1	3	35.6	3.0
9	3	3	2	1	14.5	5.75
K_1=位级 1 三次滤失量的算术平均值	49	42.83	53	60.5	基浆组成，人工海水(Ca^{2+} 1800mg/L，Mg^{2+} 1550mg/L，Cl^- 24273mg/L)+10%膨润土+0.9% Na_2CO_3；基浆性能：AV=3.0mPa·s；PV=2.0mPa·s；YP=1.0Pa；η_∞=1.08mPa·s；API_B=99mL；样品加量 0.7%	
K_2=位级 2 三次滤失量的算术平均值	26.3	40.17	17	17.13		
K_3=位级 3 三次滤失量的算术平均值	20.03	12.3	25.33	17.7		
R=K_1、K_2、K_3 中最大的减去最小的	29.97	30.53	36	43.37		
优位级	A3	B3	C3	D2		

3.试验结果分析

表 5-15 所示 9 次试验中，4 号试验(位级组合为 $A_2B_1C_2D_3$)所得产物的降滤失能力最强。直观分析得到的优位级组合 $A_3B_3C_2D_2$ 不在 9 个试验之内，为了得到降滤失效果更好的产物，按优位级组合($A_3B_3C_2D_2$)进行了 10 号试验。用 10 号试验所得产物处理钻井液的结果为 FL=8.0mL，AV=3.5mPa·s，PV=3.5mPa·s，YP=0Pa，其降滤失效果优于 4 号。多次重复 10 号试验，用所得产物处理钻井液，滤失量均在 8mL 以下，进一步证明位优级组合 $A_3B_3C_2D_2$ 在试验条件下系优位级组合。

从表 5-15 还可以看出，CaO 用量，即因素 D 的位级改变对滤失量的影响较大，位级由小变大，钻井液的滤失量大幅度降低，但继续增大时滤失量反而略趋升高。这是因为在产物中适当的引入 Ca^{2+}形成水化弱的羧酸钙基，可提高产物的抗污染能力。但当 Ca^{2+}量过大时，产物交联度增加，溶解性变差，致使降滤失效果降低。引发用量，即因素 C 的位级改变对滤失量的影响也较大，其影响趋势与因素 D 相似，说明只有引发剂用量适当时，才能得到降滤失效果较好的产物。各因素对滤失量的影响次序是 D>C>B≈A。对于 AM/AA、阳离单体用量，即因素 A、B 来说，随着位级由小到大改变，钻井液的滤失量降低，说明继续增大 A 因素的比值和 B 因素的用量可以改善产物的降滤失效果，但试验发现，当 A、B 因素继续增加(A 取 4/1、B 取 0.1mol)时所得产物使钻井液过度絮凝，以致失去控制滤失量的能力，(*FL* 大于 100mL)说明通过正交试验得到的 $A_3B_3C_2D_2$ 位级组合是理想的。

此外，还有如图 5-41~图 5-50 所示的含羧基的两性离子聚合物，其基本作用与前面所述的两性离子聚合物相近，但不同结构的单体会由于单体的结构特征不同而在抗温抗盐、抑制性和絮凝能力等方面有一些不同，可以针对实际需要选择，也可以在同一聚合物中引入不同的阳离子单体，以达到进一步优化或提高产物性能的目的。这些聚合物可以按照前面介绍的水溶性聚合方法合成，也可以采用反相乳液聚合方法合成。

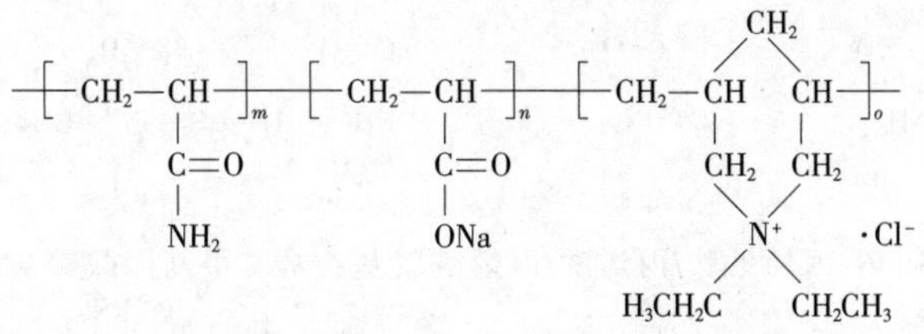

$$-[CH_2-CH(C{=}O)(NH_2)]_m-[CH_2-CH(C{=}O)(ONa)]_n-[CH_2-CH\ \ CH]_o-\quad (\text{ring: }CH_2,\ CH_2,\ CH_2,\ N^+(H_3CH_2C)(CH_2CH_3))\cdot Cl^-$$

图 5-41 丙烯酰胺-丙烯酸/二乙基二烯丙基氯化铵共聚物

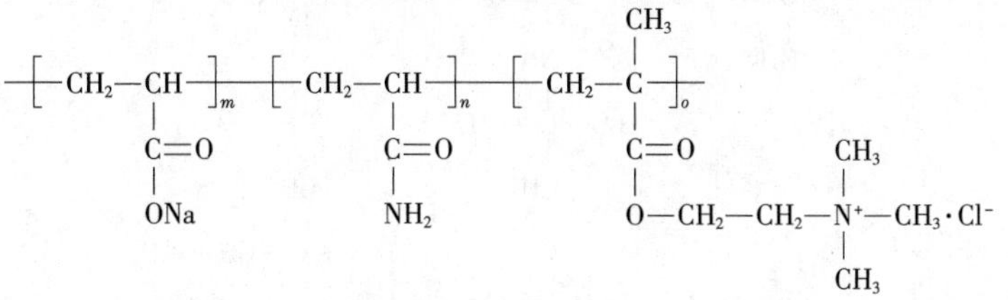

$$-[CH_2-CH(C{=}O)(ONa)]_m-[CH_2-CH(C{=}O)(NH_2)]_n-[CH_2-C(CH_3)(C{=}O)(O-CH_2-CH_2-N^+(CH_3)_2-CH_3\cdot Cl^-)]_o-$$

图 5-42 丙烯酰胺/丙烯酸/甲基丙烯酰氧乙基三甲基氯化铵共聚物

$$-[CH_2-CH(C{=}O)(ONa)]_m-[CH_2-CH(C{=}O)(NH_2)]_n-[CH_2-C(COONa)(CH_2COONa)]_x-[CH_2-C(CH_3)(C{=}O)(O-CH_2-CH_2-N^+(CH_3)_2-CH_3\cdot Cl^-)]_y-$$

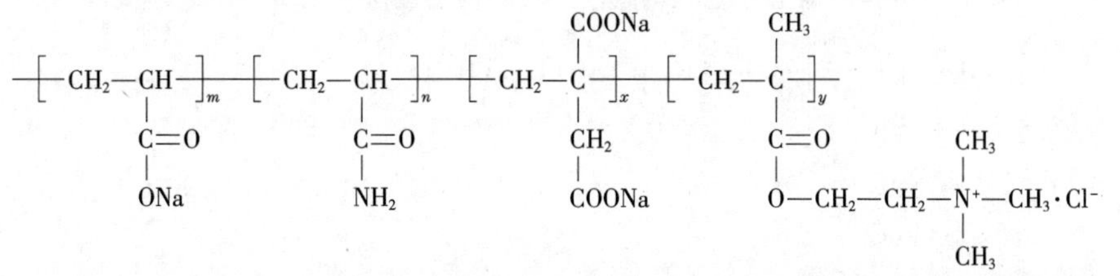

图 5-43 丙烯酰胺/丙烯酸/衣康酸/甲基丙烯酰氧乙基三甲基氯化铵共聚物

$$-[CH_2-CH(C{=}O)(NH_2)]_m-[CH_2-CH(C{=}O)(ONa)]_n-[CH_2-CH(C{=}O)(NH-CH_2-CH_2-N^+(CH_3)_2-CH_2-CH_2-SO_3^-)]_o-$$

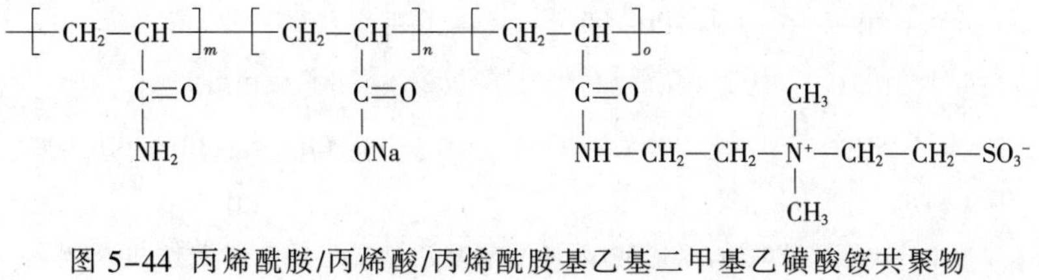

图 5-44 丙烯酰胺/丙烯酸/丙烯酰胺基乙基二甲基乙磺酸铵共聚物

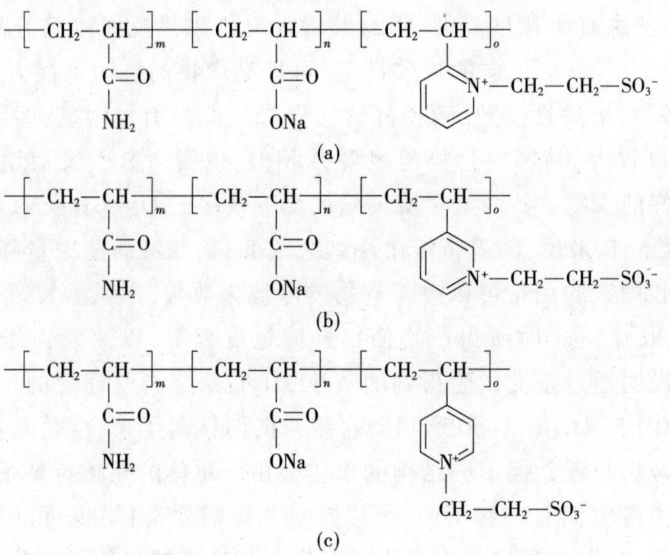

$$\left[CH_2-CH\right]_m\left[CH_2-CH\right]_n\left[CH_2-CH\right]_o$$

(a)

(b)

(c)

图 5-45 丙烯酰胺/丙烯酸/磺乙基乙烯基吡啶盐共聚物

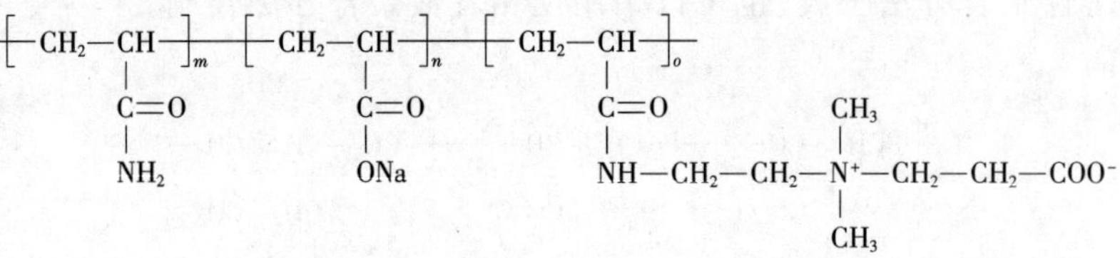

图 5-46 丙烯酰胺/丙烯酸/丙烯酰胺基乙基二甲基丙酸铵共聚物

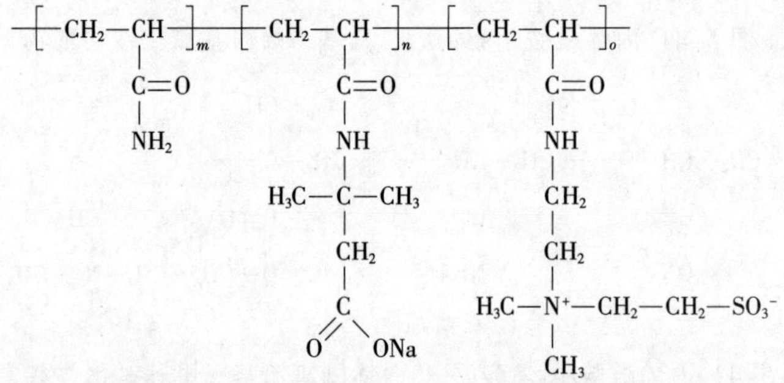

图 5-47 丙烯酰胺/3-丙烯酰胺基-2-甲基丁羧酸/丙烯酰胺基乙基二甲基乙磺酸铵共聚物

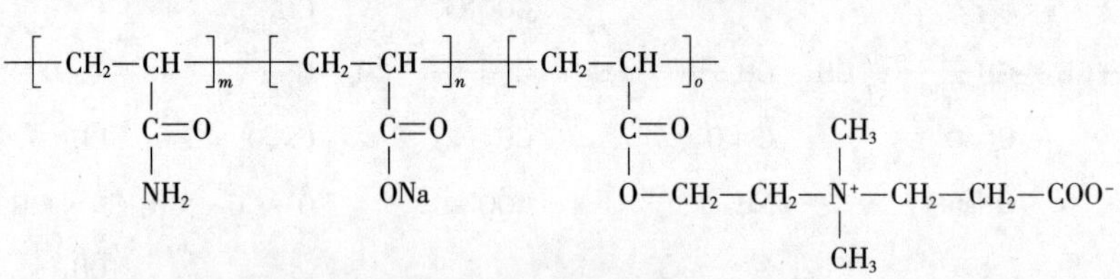

图 5-48 丙烯酰胺/丙烯酸/丙烯酰氧基乙基二甲基丙酸铵共聚物

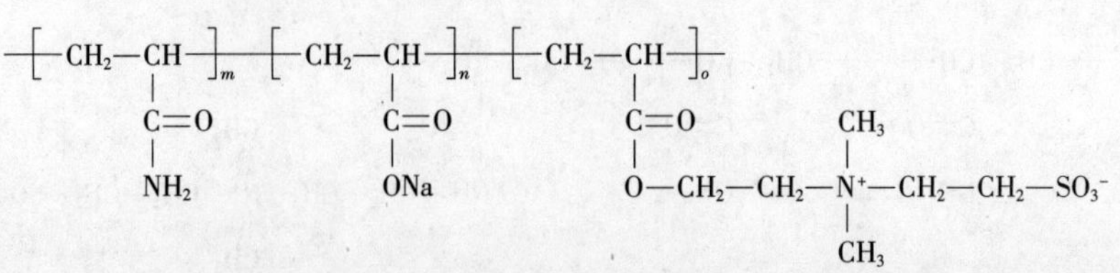

图 5-49 丙烯酰胺/丙烯酸/丙烯酰氧基乙基二甲基乙磺酸铵共聚物

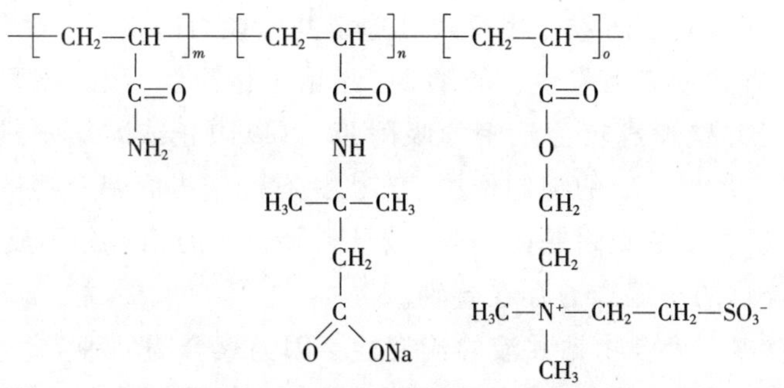

$$\left[\!-CH_2-\underset{\underset{NH_2}{|}}{\underset{C=O}{|}}{CH}-\right]_m\left[\!-CH_2-\underset{\underset{\underset{H_3C-\underset{\underset{CH_2}{|}}{C}-CH_3}{|}}{NH}}{\underset{C=O}{|}}{CH}-\right]_n\left[\!-CH_2-\underset{\underset{\underset{CH_2}{|}}{O}}{\underset{C=O}{|}}{CH}-\right]_o$$

$$-CH_2-COONa \qquad -CH_2-\overset{\overset{CH_3}{|}}{N^+}(CH_3)-CH_2-CH_2-SO_3^-$$

图 5-50 丙烯酰胺/3-丙烯酰胺基-2-甲基丁羧酸/丙烯酰氧基乙基二甲基乙磺酸铵共聚物

第四节 常用含羧基聚合物处理剂

为了便于全面了解含羧酸基合成聚合物处理剂，本节就一些工业化的含羧酸基的聚合物处理剂性能及制备方法进行简要介绍。常用的聚合物处理剂包括降滤失剂、降黏剂、絮凝剂、增黏剂、包被剂和流型调节剂等。在这些常用的聚合物处理剂中，既有丙烯酸-丙烯酰胺的二元共聚物，也有丙烯酸与丙烯酰胺、丙烯腈、阳离子单体、丙烯磺酸钠等单体的共聚物以及马来酸酐与苯乙烯共聚物的磺化产物、丙烯腈的水解产物等[35~39]。这些处理剂基本涵盖了现场在用的常规聚合物处理剂，是构成聚合物钻井液、聚磺钻井液等水基钻井液体系的基本处理剂。

这些聚合物处理剂通过如下的主要作用机理来保证聚合物钻井液体系的良好性能[40]。

① 絮凝或选择性絮凝作用。絮凝作用是高聚物通过与黏土粒子吸附、架桥、成网、絮凝和沉降而实现。聚合物的絮凝作用强弱可以用絮凝能力来表征，聚合物的絮凝能力是指一定含量的聚合物对同一组成的黏土悬浮液的絮凝程度的强弱。从聚合物本身来讲，聚合物的絮凝能力与其相对分子质量和吸附基团的数量有关。除聚合物本身外，还与黏土粒子的种类和含量、体系的 pH 值、电解质、温度、聚合物含量、分散剂、搅拌等有关。同一聚合物对膨润土和劣质土作用不同时，将表现出选择性絮凝作用，选择性絮凝作用是不分散聚合物钻井液的基础。实际应用中絮凝和选择性絮凝没有一个准确的界限。通常在强造浆地层难以实现选择性絮凝。

② 包被作用。包被作用是指聚合物通过与黏土粒子吸附、絮凝而达到抑制黏土水化膨胀分散的目的。它不同于完全的絮凝作用，聚合物的抑制能力增强，即包被作用增强，其絮凝能力不一定增强。包被主要与聚合物的吸附基团的数量和吸附强度有关。在基团比例一定时，提高聚合物的相对分子质量可以使聚合物的包被能力进一步提高。

③ 成网能力。如果一条聚合物链束吸附多个黏土粒子，则形成链桥，而如果若干条聚合物链束同时吸附一个黏土粒子，或包住黏土粒子的聚合物链束又相互连接，则就形成了空间网架结构。如果成网能力过强，则将表现出絮凝作用，如果成网能力适当，将表现出剪切稀释能力。聚合物钻井液内部的空间网架结构是聚合物钻井液具有特殊流变性的决定因素，空间网架结构取决于聚合物的成网能力。影响聚合物成网能力的因素与影响絮凝能力的因素相近。

④ 防塌作用。聚合物的防塌作用反映其稳定井壁能力的强弱。聚合物防塌作用机理：长链聚合物在泥页岩井壁表面发生多点吸附，封堵了微裂缝，阻止泥页岩剥落；聚合物含量较高时，在泥页岩井壁形成较为致密的吸附膜，可以阻止或减缓水进入泥页岩，因而对泥页岩的水化膨胀表现出一定的抑制作用。无机盐有利于提高聚合物的防塌能力。影响聚合物防塌能力的因素主要是吸附基团种类、数量和聚合物的相对分子质量。同时对不同组成的黏土矿物，聚合物的防塌能力存在差别。

⑤ 对流型的改进。聚合物钻井液的流变性会因为聚合物的种类、用量不同而差别很大。通过选择聚合物类型和用量，可以使钻井液的流变性得到改进。聚合物对钻井液流变性的影响主要体现在动塑比、n、k 值及剪切稀释特性。聚合物对流型的改进的能力受其相对分子质量、基团比例和分布的影响。

⑥ 降滤失作用。聚合物通过吸附、水化护胶作用，改善滤饼质量，增加滤液黏度等作用，使钻井液滤失量降低。从聚合物本身讲，降滤失能力与其相对分子质量和基团比例有关。为了降低其对钻井液黏度的影响，一般不希望其相对分子质量太高，同时要求更多的水化基团。除聚合物本身外，钻井液中黏土颗粒、固相颗粒及粒度、pH 值、盐等也会关系到聚合物的降滤失能力。

一、降滤失剂

(一) 丙烯酸盐 Sk 系列

丙烯酸盐 Sk 系列为丙烯酸钠、丙烯磺酸钠和丙烯酰胺或丙烯腈的多元共聚物。该聚合物自 20 世纪 80 年代初投入生产，对促进聚合物钻井液的发展起到了一定作用，但到 90 年代以后该系列处理剂的应用逐渐减少。作为一种水溶性阴离子型丙烯酸多元共聚物，是传统的聚合物处理剂产品之一，为白色或灰白色粉末，可溶于水；同时也是水基钻井液的降滤失剂，但不同型号的产品作用不同。Sk-1 可以作为无固相钻井液及低固相钻井液的降滤失剂，兼有增黏作用，抗温能力达 200℃以上，能改善钻井液流型，与 Sk-2、Sk-3 配合使用时可用于高矿化度的深井中。Sk-2 是不增黏的降滤失剂，Sk-3 为聚合物钻井液被无机盐污染后的降黏剂，可以改善钻井液的高温分散稳定性，降低高温高压滤失量。该类产品适用于淡水、海水、饱和盐水钻井液体系，具有较强的抗高价离子的能力。

制备过程：将氢氧化钠与水加入混合釜中，配成氢氧化钠溶液，然后搅拌下慢慢加入丙烯酸、丙烯酰胺、丙烯磺酸钠搅拌至全部溶解，再根据需要加入丙烯腈，并搅拌 10min。然后加入引发剂引发聚合反应，生成弹性多孔凝胶体。将所得产物经切割后，烘干、粉碎，即得成品。

产品主要质量指标：外观为白色粉末，细度(筛孔 0.9mm 标准筛余)≤10.0%，水分≤7.0%，水不溶物≤5.0%，1%水溶液表观黏度 Sk-1≥30mPa·s、Sk-2≥20mPa·s、Sk-3≤10mPa·s，1%水溶液 pH 值 7~9。

(二) 复合离子型聚丙烯酸盐 PAC-142

PAC-142 为丙烯酸钠、丙烯酰胺、丙烯腈和丙烯磺酸钠的多元共聚物，它与 PAC-141、PAC-143 构成了不同相对分子质量和基团组成的 PAC 系列聚合物，是聚合物处理剂中应用最广、用量最大的系列聚合物处理剂。PAC-142 是传统的钻井液处理剂产品之一，可溶于水，水溶液成弱碱性。主要用于低固相不分散水基钻井液的降滤失剂，兼有降黏作用，同时具有抗温抗盐和高价金属离子的能力,适用于淡水、海水、饱和盐水钻井液体系,与PAC-141,PAC-143 配合使用效果更好。

制备过程:将氢氧化钠与水加入混合釜中,配成氢氧化钠溶液,然后搅拌下慢慢加入丙烯酸、丙烯酰胺、丙烯磺酸钠,搅拌使单体全部溶解,加入丙烯腈,搅拌均匀后加入引发剂引发聚合反应,生成弹性多孔凝胶体。将所得产物经切割后,烘干、粉碎,即得成品。

产品主要指标:外观为白色粉末,细度(筛孔 0.9mm 标准筛余)≤10.0%,水分≤7.0%,1%水溶液表观黏度≥10mPa·s,1%水溶液 pH 值 7~9,滤失量(复合盐水钻井液加 15g/L 的聚合物)≤10.0mL。

(三) 复合离子型聚丙烯酸盐 PAC-143

PAC-143 是丙烯酸钠、丙烯酸钙和丙烯酰胺等的水溶性阴离子型丙烯酸多元共聚物,可溶于水,水溶液成弱碱性,主要用于低固相不分散水基钻井液的降滤失剂,兼有增黏作用,还有较好的包被、抑制和剪切稀释特性,且具有抗温抗盐和高价金属离子的能力,适用于淡水、海水、饱和盐水钻井液体系。

制备过程:将氢氧化钠与水加入混合釜中,配成氢氧化钠溶液,同时加入石灰,然后搅拌下慢慢加入丙烯酸、丙烯酰胺,搅拌使单体全部溶解。然后加入引发剂引发聚合反应,生成弹性多孔凝胶体。将所得产物经切割后,烘干、粉碎,即得成品。

产品主要指标:外观为白色粉末,细度(筛孔 0.9mm 标准筛余)≤10.0%,水分≤7.0%,1%水溶液表观黏度≥20mPa·s,1%水溶液 pH 值 7~9,滤失量(复合盐水钻井液加 10g/L 的聚合物)≤10.0mL。

(四) 复合离子型聚丙烯酸盐 JT-888

JT-888 处理剂是丙烯酸、丙烯磺酸钠、丙烯酰胺和阳离子单体等的多元共聚物,属于一种低相对分子质量的两性离子聚合物处理剂,在降滤失时不提黏。主要用于低固相不分散水基钻井液的不增黏降滤失剂,还有较好的包被、抑制和剪切稀释特性。且具有抗温抗盐和高价金属离子的能力,适用于淡水、海水、饱和盐水钻井液体系。

制备过程:将氢氧化钠与水加入混合釜中,配成氢氧化钠溶液,然后搅拌下慢慢加入丙烯酸、丙烯酰胺、丙烯磺酸钠和阳离子单体,搅拌使单体全部溶解。然后加入引发剂引发聚合反应,生成弹性多孔凝胶体。将所得产物经切割后,烘干、粉碎,即得成品。

主要技术指标:外观为白色粉末,细度(筛孔 0.9mm 标准筛余)≤10.0%,水分≤7.0%,1%水溶液表观黏度≤8mPa·s,1%水溶液 pH 值 7~9,滤失量(复合盐水钻井液加 15g/L 的聚合物)≤15.0/mL。

(五) 丙烯酸多元共聚物 A-903

A-903 是丙烯酸钠、丙烯酸钙和丙烯酰胺的共聚物。其相对分子质量在 100×10^4~150×10^4 之间,是一种抗高温抗盐的降滤失剂,同时还具有一定的抗钙、镁的能力,作为钻井液处理剂,在降滤失的同时还具有增黏、絮凝、包被、控制地层造浆、抑制黏土分散等性能。

制备过程:将 7 份氢氧化钠和适量的水按配方要求加入聚合反应器中,配成溶液;在冷却条件下将 12 份丙烯酸慢慢加入到氢氧化钠溶液中,待丙烯酸加完后,加入 2 份氧化钙,搅拌均匀,然后加入 18 份丙烯酰胺,搅拌使其溶解;向体系中依次加入过硫酸铵和亚硫酸钠溶液,搅拌均匀,大约 3~10min 即发生快速聚合,最终得到凝胶状产物。将凝胶状产物剪切后，于 80~100℃下烘干、粉碎即得成品。

主要技术指标：外观为白色粉末，纯度≥85%，细度(筛孔 0.59mm 标准筛余)≤10.0%，水分≤10.0%，1%水溶液表观黏度≥15mPa·s，1%水溶液 pH 值 7~9，滤失量(复合盐水钻井液加 10g/L 的聚合物，120℃/16h)≤10.0mL。

(六) 钻井液降滤失剂 A-902

本品是丙烯酸钠、丙烯酸钙、丙烯酰胺和丙烯腈的四元共聚物，是水基钻井液的降滤失剂，兼有增黏作用，有较好的胶体稳定性和耐温抗盐能力，还有抑制泥页岩水化分散和较好的剪切稀释特性，可适用于淡水、海水、饱和盐水钻井液体系。

制备过程：将 21 份氢氧化钠与 90 份水加入混合釜中，配成氢氧化钠溶液，然后加入 12 份石灰，搅拌均匀后慢慢加入 36 份丙烯酸，待丙烯酸加完后，加入 50 份丙烯酰胺，搅拌至全部溶解，再加入 8 份丙烯腈，并搅拌 10min。然后加入 0.25 份引发剂过硫酸钾，1~5min 即发生聚合反应，生成弹性多孔凝胶体。将所得产物经切割后，于 80~90℃烘干、粉碎，即得成品。

主要技术指标：外观为白色粉末，纯度≥85%，细度(筛孔 0.59mm 标准筛余)≤10.0%，水分≤10.0%，1%水溶液表观黏度≥15mPa·s，1%水溶液 pH 值 7~9，滤失量(复合盐水钻井液加 10g/L 的聚合物，120℃/16h)≤15.0mL。

(七) 钻井液降滤失剂 SL-1

本品是丙烯酸钙、丙烯酸钠和丙烯酰胺的三元共聚物。是性能较好的盐水和饱和盐钻井液的降滤失剂，且具有较强的抗温能力。本品可以直接加入钻井液中，亦可以与适量的碳酸钠一起配成 2%的溶液，然后再使用，效果更佳，主要用于饱和盐水聚合物钻井液中，其用量为 0.5%~1.5%。

制备过程：将 8 份的氢氧化钠溶于 50 份水配成水溶液，向其中加入 10 份石灰，搅拌均匀后，慢慢加入 20 份丙烯酸，待丙烯酸加完后，加入 20 份丙烯酰胺，搅拌使其溶解。在室温下向反应体系中加入 0.15 份过硫酸铵和 0.15 份亚硫酸氢钠，3~10min 即发生快速聚合反应，生成弹性的多孔的凝胶体。将产物经过烘干、粉碎、包装即得成品。

主要技术指标：外观为白色粉末，纯度≥78%，细度(筛孔 0.59mm 标准筛余)≤10.0%，水分≤10.0%，1%水溶液表观黏度≥15mPa·s，1%水溶液 pH 值 7~9，滤失量(复合盐水钻井液加 10g/L 的聚合物)≤10.0mL。

在降滤失剂方面，除前面介绍的常用产品外，还可以采用烷基取代丙烯酰胺、*N*-乙烯基己内酰胺、*N*-丙烯酰吗啉、烯丙基吗啉、*N*-(2,2-二羟甲基)羟乙基丙烯酰胺、烯丙基羟乙基醚等单体，与丙烯酸、丙烯酰胺采用常规的水溶液、反相乳液等方法通过自由基聚合反应制备共聚物，以提高聚合物处理剂的水解稳定性，见图 5-51~图 5-62。

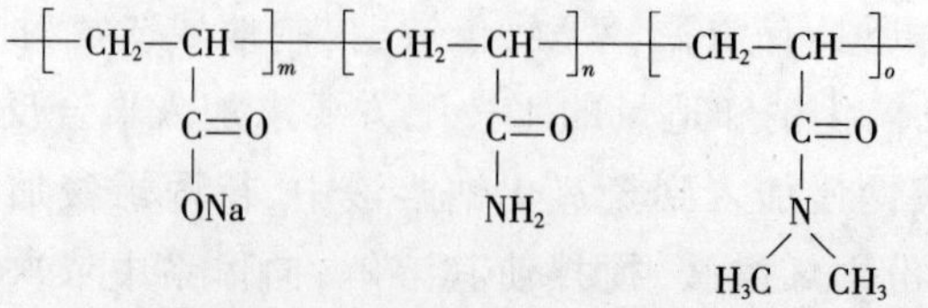

$$\left[CH_2-\underset{\substack{|\\ C=O\\ |\\ ONa}}{CH} \right]_m \left[CH_2-\underset{\substack{|\\ C=O\\ |\\ NH_2}}{CH} \right]_n \left[CH_2-\underset{\substack{|\\ C=O\\ |\\ N(CH_3)_2}}{CH} \right]_o$$

图 5-51 丙烯酸/丙烯酰胺/*N*,*N*-二甲基丙烯酰胺共聚物

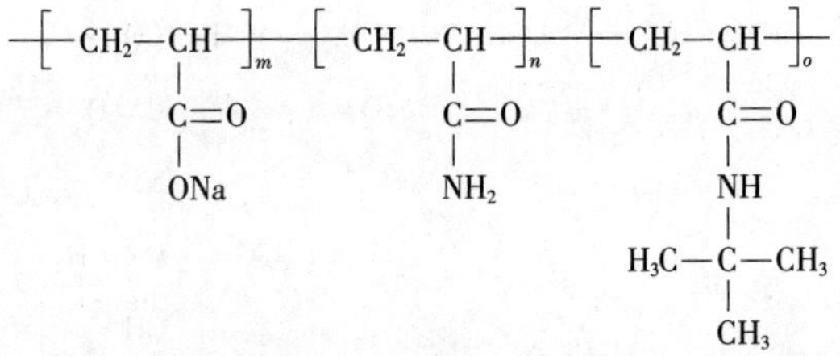

$$\mathrm{-\!\!\left[CH_2-CH(C{=}O)(ONa)\right]_m\!\!-\!\!\left[CH_2-CH(C{=}O)(NH_2)\right]_n\!\!-\!\!\left[CH_2-CH(C{=}O)(NH{-}C(CH_3)_3)\right]_o\!\!-}$$

图 5-52 丙烯酸/丙烯酰胺/异丁基丙烯酰胺共聚物

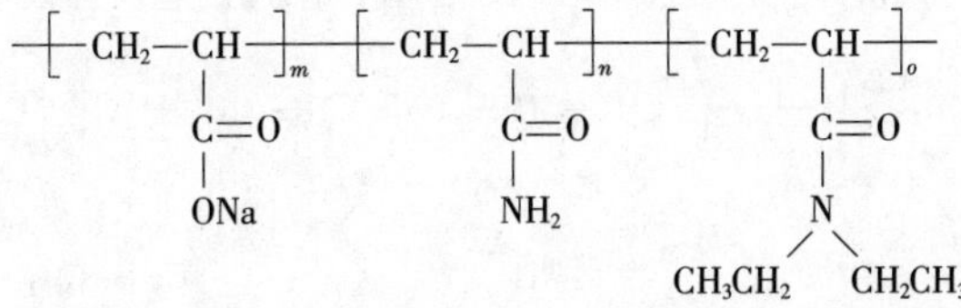

$$\mathrm{-\!\!\left[CH_2-CH(C{=}O)(ONa)\right]_m\!\!-\!\!\left[CH_2-CH(C{=}O)(NH_2)\right]_n\!\!-\!\!\left[CH_2-CH(C{=}O)N(CH_2CH_3)_2\right]_o\!\!-}$$

图 5-53 丙烯酸/丙烯酰胺/*N*,*N*-二乙基丙烯酰胺共聚物

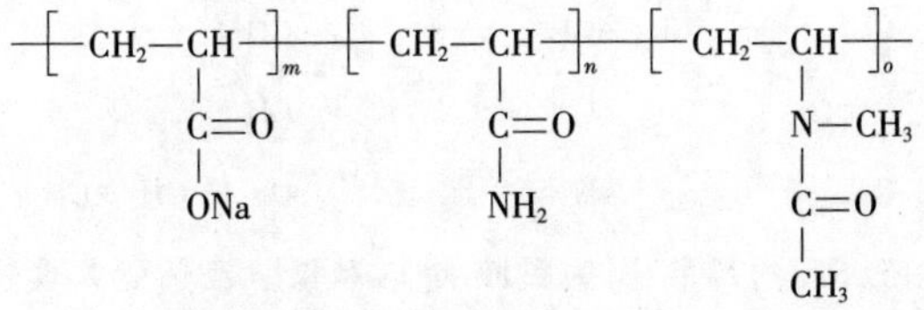

$$\mathrm{-\!\!\left[CH_2-CH(C{=}O)(ONa)\right]_m\!\!-\!\!\left[CH_2-CH(C{=}O)(NH_2)\right]_n\!\!-\!\!\left[CH_2-CH(N(CH_3)C{=}O(CH_3))\right]_o\!\!-}$$

图 5-54 丙烯酸/丙烯酰胺/乙烯基甲基乙酰胺共聚物

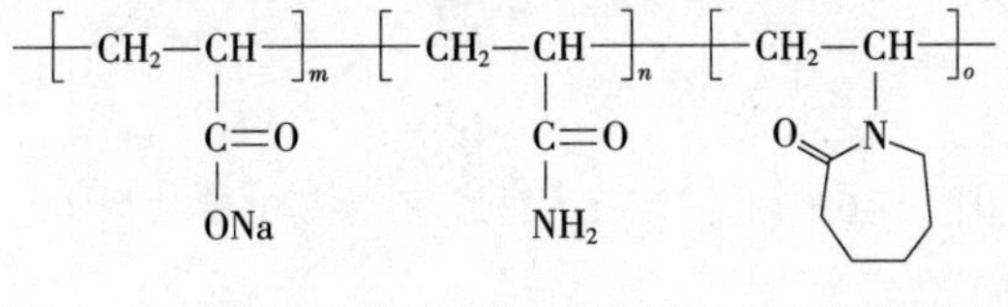

$$\mathrm{-\!\!\left[CH_2-CH(C{=}O)(ONa)\right]_m\!\!-\!\!\left[CH_2-CH(C{=}O)(NH_2)\right]_n\!\!-\!\!\left[CH_2-CH(\text{己内酰胺-N-基})\right]_o\!\!-}$$

图 5-55 丙烯酸/丙烯酰胺/乙烯基己内酰胺共聚物

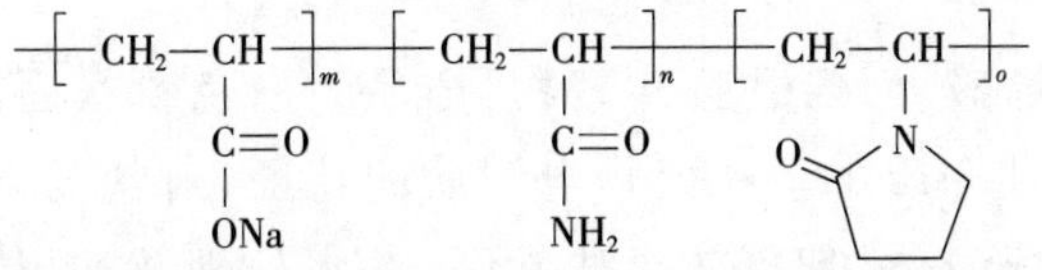

$$\mathrm{-\!\!\left[CH_2-CH(C{=}O)(ONa)\right]_m\!\!-\!\!\left[CH_2-CH(C{=}O)(NH_2)\right]_n\!\!-\!\!\left[CH_2-CH(\text{2-氧代吡咯烷-1-基})\right]_o\!\!-}$$

图 5-56 丙烯酸/丙烯酰胺/乙烯基吡咯烷酮共聚物

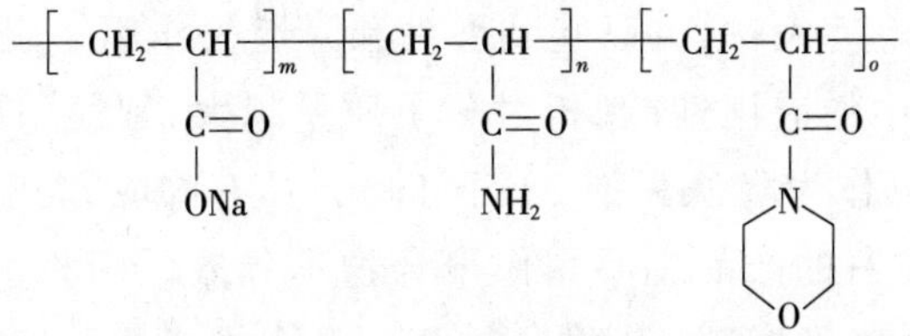

$$\mathrm{-\!\!\left[CH_2-CH(C{=}O)(ONa)\right]_m\!\!-\!\!\left[CH_2-CH(C{=}O)(NH_2)\right]_n\!\!-\!\!\left[CH_2-CH(C{=}O)(\text{吗啉-N-基})\right]_o\!\!-}$$

图 5-57 丙烯酸/丙烯酰胺/丙烯酰吗啉共聚物

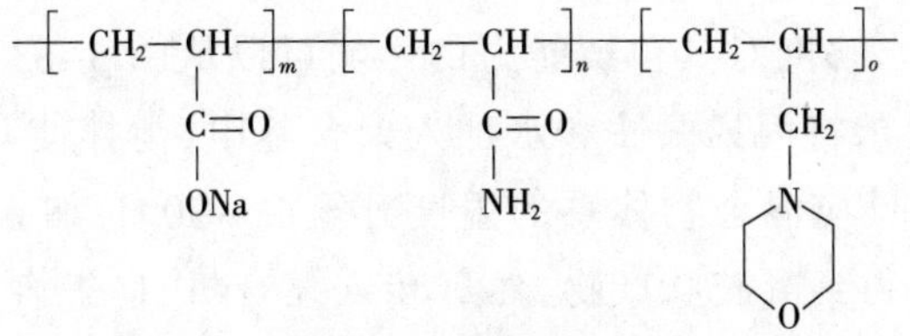

$$\mathrm{-\!\!\left[CH_2-CH(C{=}O)(ONa)\right]_m\!\!-\!\!\left[CH_2-CH(C{=}O)(NH_2)\right]_n\!\!-\!\!\left[CH_2-CH(CH_2\text{-吗啉-N-基})\right]_o\!\!-}$$

图 5-58 丙烯酸/丙烯酰胺/烯丙基吗啉共聚物

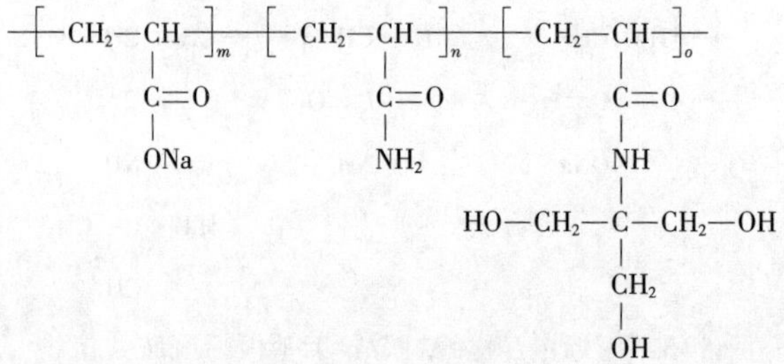

图 5-59 丙烯酸/丙烯酰胺/*N*-(2,2-二羟甲基)羟乙基丙烯酰胺共聚物

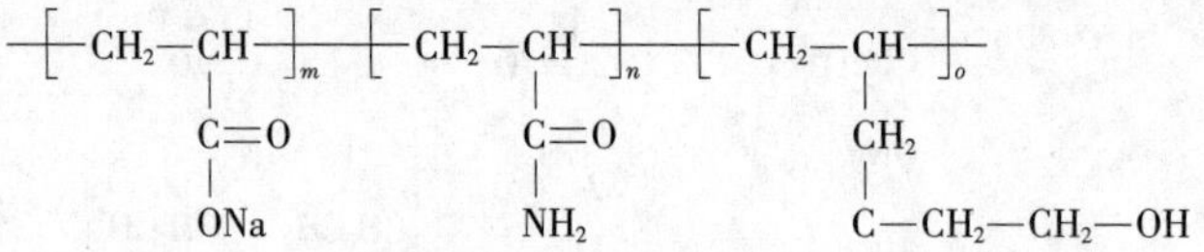

图 5-60 丙烯酸/丙烯酰胺/烯丙基羟乙基醚共聚物

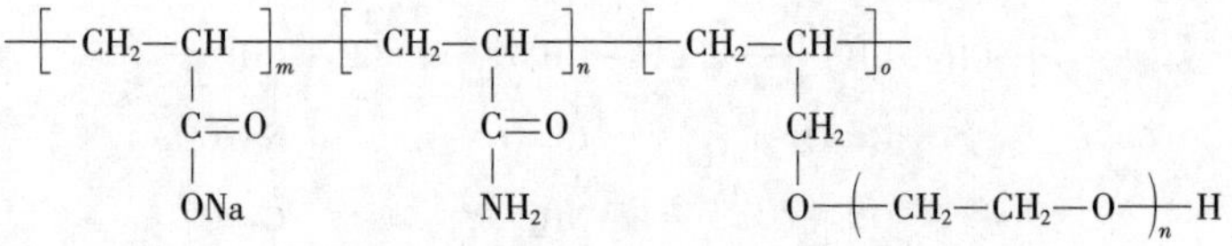

图 5-61 丙烯酸/丙烯酰胺/烯丙基聚氧乙烯醚共聚物

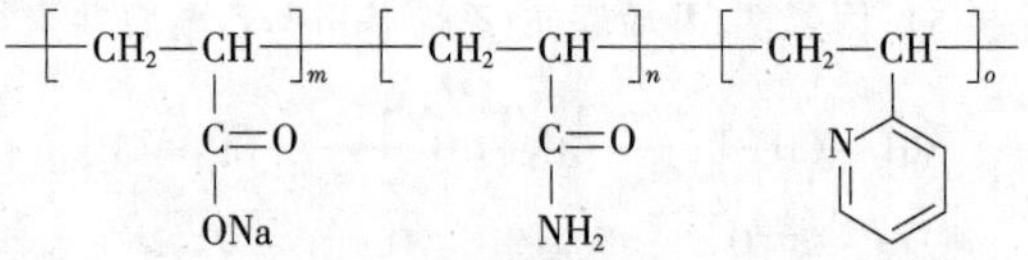

图 5-62 丙烯酸/丙烯酰胺/乙烯基吡啶共聚物

二、包被、增黏和絮凝剂

(一) 水解聚丙烯酰胺

从组成看类似于丙烯酸、丙烯酰胺共聚物，产品为白色粉状固体，溶于水，几乎不溶于有机溶剂。在中性和碱性介质中呈高聚物电解质的特征，对盐类电解质敏感，与高价金属离子能交联成不溶性的凝胶体，絮凝效果非常好，在水处理及油田广泛应用。聚丙烯酰胺的水解度与其在钻井液中的作用密切相关，当水解度低时，因对黏土颗粒的吸附性强而水化弱，以絮凝为主，当水解度大时，可以起到增黏和降滤失作用。聚丙烯酰胺的相对分子质量也关系到其在钻井液中的应用性能，相对分子质量越大，絮凝、抑制能力越强，相对分子质量 10×10^4~20×10^4 可以作为降滤失剂，小于 1×10^4 具有降黏作用，而相对分子质量 300×10^4 左右，水解度 30%左右的产品主要用作聚合物不分散低固相水基钻井液的絮凝剂，并兼有改善钻井液的流变、降低摩阻等性能，在不影响钻井液的黏度和切力情况下悬浮能力强，静置 24h 几乎不产生密度差，剪切稀释效果好，泥饼黏附系数低。作为包被剂，聚丙烯酰胺的相对分子质量和水解度对其包被能力的影响可以从图 5-63 看出。

制备过程：按配方要求将丙烯酰胺和水加入聚合釜中，搅拌使其溶解配成 20%~30%的溶液；在不断搅拌下，使反应混合物体系的温度升至 20~30℃，加入引发剂，反应温度达到要求后连续反应 8~10h，得到凝胶状产物，然后转入捏合机；向捏合机中加入适当浓度氢氧化钠或氢氧化钾溶液(加氢氧化钠得水解聚丙烯酰胺钠盐，加氢氧化钾得水解聚丙烯酰胺钾盐)，在捏合机夹层通入蒸汽，使反应混合物体系温度升至 90~100℃，捏合反应 5~6h，在捏合过程中，由于水分蒸发，得到基本干燥的大颗粒产物；将大颗粒产物送入烘干房，在90~100℃温度下烘干至水分含量小于 5%，然后粉碎即得白色固体粉末水解聚丙烯酰胺产品。

主要技术指标：外观为白色固体粉末，固含量≥90.0%，相对分子质量(200~500)×10^4，水分≤7%，水不溶物≤2.0%，残余单体≤0.5%，水解度 5%~30%，pH 值(25℃，1%水溶液)7~9。

在水解聚丙烯酰胺应用的基础上，结合现场实践，通过基团比例和相对分子质量优化，采用丙烯酸、丙烯酰胺共聚的方法，制备了一系列共聚物包被、絮凝和降滤失剂。

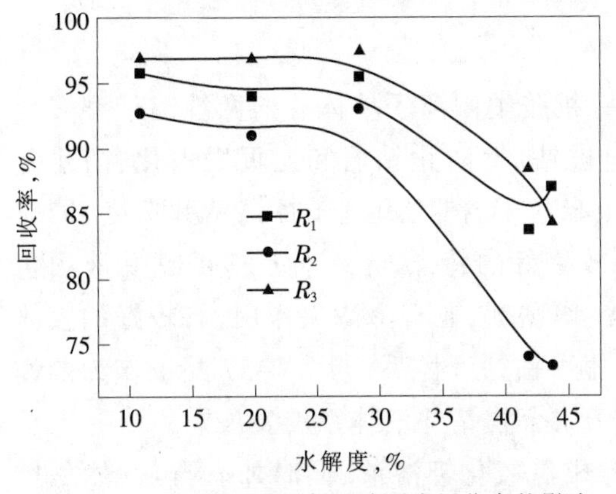

(a) 水解度对聚丙烯酰胺页岩回收率的影响

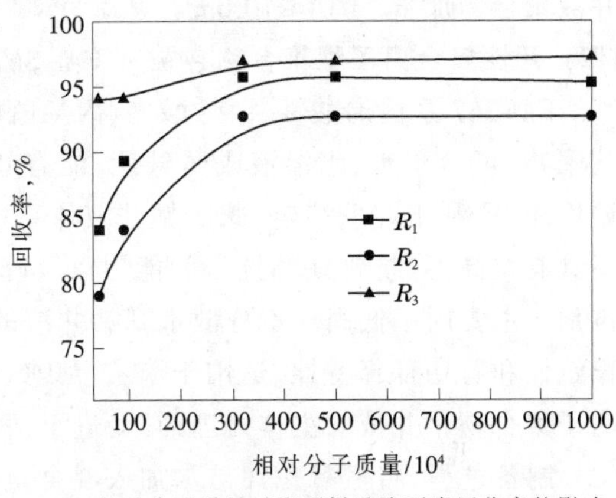

(b) 相对分子质量对聚丙烯酰胺页岩回收率的影响

图 5-63 水解度和相对分子质量对聚丙烯酰胺页岩回收率的影响[41]

说明：R_1 为聚合物水溶液中 16h 回收率，R_2 为清水中 2h 回收率，R 为 R_2/R_1

(二) 复合离子型聚丙烯酸盐 PAC-141

丙烯酸钠、丙烯酸钙和丙烯酰胺等的多元共聚物，是一种水溶性阴离子型丙烯酸多元共聚物，可溶于水，水溶液成弱碱性。是最常用和用量较大的聚合物处理剂之一，主要用于低固相不分散水基钻井液的降滤失剂，兼有增黏作用，由于分子中基团的比例及分布已经优化，使产品有较好的胶体稳定性和耐温抗盐能力，还有较好的包被、抑制和剪切稀释特性。具有抗温抗盐和高价金属离子的能力，适用于淡水、海水、饱和盐水钻井液体系。

制备过程：将氢氧化钠与水加入混合釜中，配成氢氧化钠溶液，同时加入石灰，然后搅拌下慢慢加入丙烯酸、丙烯酰胺，搅拌使单体全部溶解。然后加入引发剂引发聚合，生成弹性多孔凝胶体。将所得产物经切割后，烘干、粉碎，即得成品。

主要指标：外观为白色粉末，细度(筛孔 0.9mm 标准筛余)≤10.0%，水分≤7.0%，1%水溶液表观黏度≥30mPa·s，1%水溶液 pH 值 7~9，滤失量(复合盐水钻井液加 7g/L 的聚合物)≤10.0mL。

(三) HT-101 聚合物包被降滤失剂

本品是丙烯酸钾、丙烯酸钙、丙烯磺酸钠和丙烯酰胺和丙烯酰胺基丙基三甲基氯化铵的多元共聚物。由于产品分子中各类型的基团已经优化，可以单独或与现有阴离子类处理剂一起用于钻井液中，具有较强的抗温、抗盐和抗钙、镁的能力，可包被、絮凝钻屑，控制地层造浆、抑制黏土分散，在阴离子型和阳离子型钻井液体系中均可使用。

制备过程：将适量的水和 56 份丙烯酸按配方要求加入反应釜中，向其中加入 8.5 份的石灰，待溶液透明后，用33.5份的氢氧化钾(先溶于水)中和并调节pH值至9~13，然后加入30份丙烯磺酸钠和140份丙烯酰胺，待其全部溶解后加入57份丙烯酰胺基丙基三甲基氯化铵，然后加入0.85份过硫酸铵和0.85份亚硫酸氢钠(事先溶于适量水中)，搅拌均匀，2~3min即发生快速聚合反应，最后得到多孔的聚合物凝胶体。将所得多孔凝胶状产物用切割机切割成条状，在100~120℃烘干、粉碎，即得共聚物产品。

主要技术指标：外观为白色粉末，纯度≥83.0%，细度(筛孔0.59mm标准筛余)100%通过，水分≤7.0%，1%水溶液表观黏度≥30mPa·s，1%水溶液pH值7~9，滤失量(复合盐水钻井液聚合物加量7g/L)≤10.0mL。

(四) 两性复合离子型聚合物包被剂FA-367

FA-367系丙烯酸钾、丙烯酸钙、丙烯酰胺和有机胺类阳离子单体等的两性离子型多元共聚物，可溶于水，水溶液成弱碱性，能有效地包被钻屑，防止钻屑和泥页岩水化，防止井壁垮塌，有利于井壁稳定，减少钻井液体系中亚微米粒子含量，有利于提高钻井速度，同时还具有抗高温、抗钙镁和抗盐的能力以及降滤失效果好的特点，是一种良好的钻井液用包被剂。主要用于低固相不分散水基钻井液的包被、增黏剂，兼有降滤失作用，有较好的胶体稳定性和剪切稀释特性。适用于淡水、海水、饱和盐水钻井液体系。与XY-27配伍作为两性离子聚合物钻井液的主体处理剂，促进了两性离子聚合物钻井液体系的发展。

制备过程：将氢氧化钾与水加入混合釜中，配成氢氧化钾溶液，同时加入石灰，然后搅拌下慢慢加入丙烯酸、丙烯酰胺、阳离子单体，搅拌使单体全部溶解。然后加入引发剂引发聚合反应，生成弹性多孔凝胶体。将所得产物经切割后，烘干、粉碎，即得成品。

主要指标：外观为白色或浅黄色粉末，细度(筛孔0.9mm标准筛余)≤15.0%，水分≤7.0%，1%水溶液表观黏度≥30mPa·s，1%水溶液pH值7.5~9，160℃/16h滚动老化后表观黏度上升率≤250.0%，滤失量(复合盐水钻井液加7g/L的聚合物)≤10.0mL。

(五) 丙烯酰胺与丙烯酸钠共聚物80A-51

本品为丙烯酸、丙烯酰胺共聚物，相当于水解度40%左右的水解聚丙烯酰胺，相对分子质量400×10^4左右。易溶于水，水溶液呈弱碱性，在空气中易吸水而结块。用作钻井液处理剂，具有絮凝岩屑、抗温、抗污染、抗剪切、剪切稀释性能好等特点，可有效地调节淡水、海水钻井液流型，亦可用作钻井液防塌剂和增稠剂，适用于各种类型的水基钻井液体系。

制备方法：按配方要求将40份丙烯酸和适量的水加入反应釜，搅拌使其溶解，然后加入适当浓度的氢氧化钠溶液将体系pH值调至7~9范围内；在不断搅拌下加入60份丙烯酰胺，搅拌使丙烯酰胺全部溶解；不断搅拌，使反应混合物体系温度升至35℃，通氮驱氧5~10min，然后加入0.25份引发剂；在35℃下反应5~10h；反应完成后，将所得产物取出剪切造粒，于80~100℃下真空干燥、烘干、粉碎得无色或微黄色自由流动固体粉末80A-51产品。

主要技术指标：外观为白色固体粉末，细度(筛孔0.9mm筛余量)≤5.0%，有效物含量≥85.0%，特性黏数≥600mL/g，水分≤8%，水不溶物≤2.0%，pH值(25℃，1%水溶液)7~9。

三、防塌剂

(一) 水解聚丙烯酸钾(K-PAM)

从结构看为丙烯酰胺-丙烯酸钾共聚物，阴离子型，易溶于水，水溶液呈弱碱性。本品用作钻井液处理剂，具有较强的抑制黏土和钻屑分散能力，良好的抗温、抗盐性能和一定的降滤失能力，能有效控制地层造浆，防塌效果好，有利于油气层的发现与保护。与阴离子和两性离子型处理剂有良好的配伍性，可用于淡水、盐水、饱和盐水钻井液体系。

其制备包括水解法和共聚法。水解法是首先制备高相对分子质量的聚丙烯酰胺，然后再将聚丙烯酰胺用氢氧化钾水解得到。共聚法制备过程是：按配方将56份氢氧化钾和水加入中和釜中，搅拌使之溶解，降至室温后，加入60份丙烯酸，搅拌均匀得丙烯酸钾水溶液；将配制好的丙烯酸钾水溶液和140份的丙烯酰胺加入混合釜中搅拌，待丙烯酰胺全部溶解后，用氢氧化钾水溶液将体系pH值调至7~9的范围内，然后将原料混合液泵入聚合釜；在不断搅拌下，将反应体系温度升至30~35℃，通入氮气驱氧，15min后，在氮气保护下加入0.15份引发剂；于35℃下恒温反应1~3h，得凝胶状产物。将所得凝胶状产物取出，经剪切造粒、60~70℃下烘干、粉碎后得白色粉末状产品。

主要指标：外观为白色或淡黄色自由流动粉末，细度90%通过0.42mm筛孔，水分≤10.0%，有效物含量≥75.0%，水解度27.0%~35.0%，钾含量11.0%~15.0%，特性黏数≥600mL/g，岩心线性膨胀降低率≥40.0%。

（二）水解聚丙烯腈钾盐

从组成上看水解聚丙烯腈钾盐近似于丙烯腈、丙烯酰胺和丙烯酸钾共聚物，为阴离子型，易溶于水，水溶液呈碱性。用作钻井液处理剂具有良好的抑制性能和降滤失性能，能有效防止井壁坍塌，减少井下复杂情况，可用于各种阴离子、两性离子型钻井液体系。

制备方法：剔除腈纶废料中的非腈纶杂质，将其洗净、烘干后备用；按配方量将120份氢氧化钾和水加入反应釜，搅拌至氢氧化钾溶解配成10%的溶液，然后加入150份腈纶废料，充分浸泡后将体系温度升至90~100℃；反应5~7h后，待腈纶废料水解至黏稠状后，开动搅拌机，搅拌反应1~3h后得灰褐色黏稠液体；取出水解产物，于120~150℃下烘干、粉碎得水解聚丙烯腈钾盐。其相对分子质量在10×10^4左右。

主要指标：外观为灰褐色粉末，细度85%通过0.42mm筛孔，有效物含量70.0%，水分≤10.0%，pH值(1%水溶液)11~12，水解度55.0%~60.0%。

（三）水解聚丙烯腈铵盐

从组成上看水解聚丙烯腈铵盐近似于丙烯腈、丙烯酰胺和丙烯酸铵共聚物，为黄褐色粉末，可溶于水，水溶液呈中性。用作钻井液处理剂具有良好的抑制性能和降滤失性能，同时还有一定的降黏能力，能有效防止井壁坍塌，减少井下复杂情况，可用于阴离子型和两性离子型水基钻井液体系。

制备方法：按配方将200份腈纶废料和2000份水加入高温高压反应釜中，将体系温度升至180~200℃，反应5~8h，冷却至室温，放压，取出反应产物；将反应产物经过喷雾干燥后得水解聚丙烯腈铵盐产品。

主要指标：外观为黄褐色粉末，有效物含量≥75.0%，铵含量≥7.0%，烘失量≤10.0%，灼烧残余≤2.0%。

（四）水解聚丙烯腈铵钾盐

从组成上看水解聚丙烯腈铵钾盐近似于丙烯腈、丙烯酰胺、丙烯酸铵和丙烯酸钾共聚物，为灰褐色固体粉末，易溶于水，水溶液呈弱碱性。主要用作钻井液页岩抑制剂，亦可用作钻井液降滤失剂和降黏剂。本品具有良好的防塌能力和维护钻井液胶体稳定性的能力，可有效减少井下复杂情况，适用于阴离子型和两性离子型钻井液体系。

制备方法：剔除腈纶废料中的非腈纶杂质，将其洗净、烘干后备用；将 50 份氢氧化钾和适量的水加入高温高压反应釜，搅拌至氢氧化钾溶解后，停止搅拌，加入 200 份的腈纶废料，充分浸泡后将体系温度升至 120~150℃；反应 5~6h 后，待腈纶废料水解至黏稠状后，开动搅拌机，搅拌反应 1h 后得灰褐色黏稠液体；将体系冷却至室温，放压，取出水解产物，于 100~120℃下烘干、粉碎得水解聚丙烯腈钾盐。

主要指标：外观为灰褐色固体粉末，细度 80%通过 0.42mm 筛孔，水分≤7.0%，水解度≥50.0%，pH 值(25℃，1%水溶液)7~9。

无论水解聚丙烯腈钾盐、铵盐还是钾铵盐，由于采用聚丙烯腈废料为原料制备，符合绿色环保产品的方向，但就目前看该类产品生产工艺仍然采用最早的废料直接工艺，由于废料的质量差异，加之生产过程中缺乏有效的控制手段，产品质量受原料来源和批次影响较大。为了保证产品质量的稳定性，今后需要在优化工艺配方上开展必要的研究探索，以充分利用聚丙烯腈废料，降低钻井液处理剂生产成本。

(五) 阳离子聚丙烯酰胺

本品是由聚丙烯酰胺与甲醛羟甲基化，然后再与多乙烯多胺反应而得的一种阳离子聚合物。作为黏土稳定剂，主要使用于疏松砂岩油田，它在抑制黏土矿物水化膨胀和在抑制地层分散运移方面，均有良好的效果。本品无毒、无腐蚀。

制备方法：将 71 份聚丙烯酰胺与 H_2O 加入反应釜配成浓度 5%的水溶液，在搅拌下加入 33.3 份 36%的甲醛溶液，用适当浓度的氢氧化钠将体系的 pH 值调至 9~12，将体系升温至 40℃，在 40~60℃下反应 2~4h。待反应时间达到后，向体系中慢慢加入 75.6 份四乙烯五胺，加完后在 60℃下恒温反应 3h，冷却到室温，加入盐酸，搅拌 1h 得到阳离子化聚丙烯酰胺。

主要技术指标：棕红色黏稠液体，固含量≥5%，pH 值 7~8，相对抑制率≥70%。

由于上述方法制备的阳离子聚丙烯酰胺为 5%左右的胶体，固相含量低，应用很不方便，除早期有应用外，现场很少使用，但可以采用 AM 与阳离子单体共聚制备阳离子聚丙烯酰胺，如 P(AM-DMDAAC)、P(AM-DAC)等，其合成方法可以参考两性离子共聚物合成。

四、降黏剂

随着钻井液技术的进步，钻井液中膨润土或黏土含量得到了有效的控制，一般情况下钻井液的稠化现象很少出现，降黏剂用量越来越少。尽管如此，在过去的基础上，需要围绕高密度、超高密度钻井液流变性控制的需要开发针对性更强的降黏剂。

(一) 聚丙烯酸钠

聚丙烯酸钠是一种低相对分子质量的阴离子型聚电解质，极易吸潮，可溶于水，是应用最早的水处理剂之一。在钻井液中，本品主要用作不分散聚合物钻井液的降黏剂，兼具降低滤失量、改善泥饼质量的作用，具有一定的抗温抗盐能力，适用于水基钻井液体系，缺点是不抗钙。低相对分子质量聚丙烯酸钠也可以用作造纸、陶瓷分散剂。

制备方法：将 53 份氢氧化钠和适量的水加入反应器中，在慢慢搅拌下加入 68 份丙烯酸，待丙烯酸加完后，加入 6.5 份相对分子质量调节剂和 8 份纯碱，搅拌使其分散，控制体系的温度为 80℃(丙烯酸和氢氧化钠中和热即可达到此温度)，加入 2.2 份过硫酸钾，搅拌均匀，约 10min 后，发生快速聚合反应，最后得到白色泡沫状产物。将所得产物冷却、粉碎，即得到降黏剂产品。

产品主要指标：外观为白色或浅蓝色粉，水分≤10.0%，水不溶物≤2.0%，聚合度 50~150，降黏率≥70%。

(二) XB-40 降黏剂

XB-40 降黏剂为丙烯酸和丙烯磺酸钠的二元共聚物，是一种含羧酸基和磺酸基的共聚物，无毒、无污染，易吸潮、极易溶于水。具有较强的抗温、抗盐和抗钙污染的能力，作为水基钻井液的降黏剂，特别适用于不分散聚合物钻井液，兼具降滤失、改善泥饼质量的作用。

制备方法：将 80 份丙烯酸和 120 份的水加入反应釜中，然后在搅拌下慢慢加入 60 份纯碱，待纯碱加完后，加入 20 份丙烯磺酸钠，搅拌使其溶解，得单体的反应混合液，将反应混合液升温至 60~70℃。待温度达到后将反应混合液转移至聚合反应器中，在搅拌下加入 10 份链转移剂，搅拌均匀后加入引发剂过硫酸铵和亚硫酸氢钠，并搅拌 5~10min 即发生聚合反应，最后得到基本干燥的多孔泡沫状产物。将产物在 100℃下烘至水分含量小于 5%，然后经粉碎、包装即得成品。

产品主要指标：外观为白色或浅黄色粉末，水分≤7.0%，水不溶物≤2.0%，聚合度 40~120，常温降黏率≥70%，高温老化后降黏率≥50%。

(三) AA/MA 共聚物降黏剂

本品是丙烯酸和马来酐的二元共聚物，是一种阴离子型低相对分子质量聚电解质，无毒、无污染、易吸潮，可溶于水，水溶液呈酸性。本品作为钻井液降黏剂，其独特的性能是抗高黏土侵的能力强，是针对聚合物海水钻井液而开发的一种新产品。本品可以直接加入钻井液中，加量为 0.1%~0.5%，也可以与其他处理剂配合用于钻井液性能的维护处理。

制备方法：将适量的水、56 份丙烯酸和 98 份马来酐加入反应釜中，搅拌至马来酐全部溶解，然后将体系的温度升高至 60℃，加入 10.2 份引发剂，在 60℃下反应 6~8h。待反应完成后，将所得产物烘干、粉碎即得共聚物降黏剂。主要适用于海水钻井液体系。

产品主要指标：外观为黑褐色粉末，水分≤10.0%，细度(0.84mm 筛余)≤5.0%，特性黏数≤2.5mL/g，降黏率≥70%。

(四) 降黏剂 XY-27

本品为丙烯酰胺、丙烯酸、乙烯磺酸钠、二乙基二烯丙基氯化铵等多元共聚物，是一种两性离子型聚合物，相对分子质量在 2000 左右，无毒、无污染，易吸潮，可溶于水，水溶液呈弱酸性。是抗高温抗盐的钻井液降黏剂，具有一定的降滤失作用，适用于各种水基钻井液，可用于高温深井的钻探中。产品分子中含有少量的阳离子基团，由于阳离子基团能与黏土粒子发生离子性吸附，吸附能力强，且持久，因此对黏土水化分散具有一定的抑制作用。本品可以直接加入钻井液中，但加入速度不能太快，也可以配成 2%~5%的水溶液，然后再按比例加入钻井液中，加量为 0.1%~0.5%。

制备方法：在室温下，向容器中依次加入 40 份的水、10 份丙烯酰胺、80 份丙烯酸钾、30 份乙烯磺酸钠、5 份二乙基二烯丙基氯化铵、10 份 *N*,*N*-二乙基-*N*-苄基烯丙基氯化铵和 5 份烷基硫醇，搅拌至原料溶解均匀后加入 7.5 份 20%的过硫酸铵和 7.5 份 20%硫代硫酸钠水溶液，短时间内反应得到多孔固体，粉碎便得产品。

产品主要指标：外观为白色或浅黄色颗粒，水分≤10.0%，水不溶物≤5.0%，细度(0.9mm

筛余)≤15.0%,10%水溶液表观黏度≤15mPa·s,pH 值(25℃,1%水溶液)5.5~8.0,160℃热滚后表观黏度≤27.5mPa·s,降黏率≥70%。

(五) VAMA 钻井液高温降黏剂

本品是顺丁烯二酸和醋酸乙烯酯的二元共聚物,是一种阴离子型的低相对分子质量的聚电解质,无毒、无污染,易溶于水,水溶液为中性。本品热稳定性好,200℃时仅出现微弱分解,250℃时热失重只有 5.76%,用作钻井液处理剂,适用于聚合物钻井液,属于耐温抗盐和不分散型的高效降黏剂,适用于淡水、盐水和饱和盐水钻井液体系。

制备方法:将 67 份顺丁烯二酸酐和 500 份的水加入反应釜中,搅拌使其充分溶解,然后用 2.7 份氢氧化钠(配成溶液)将其中和至 pH 值 4~5,中和过程中会有部分顺丁烯二酸单钠盐析出,然后加热,使析出的顺丁烯二酸单钠全部溶解后,加入 60 份醋酸乙烯酯,搅拌均匀后加入 2.7 份过硫酸钾和 2.7 份亚硫酸氢钠,在 70℃下反应 8h;待反应时间达到后向反应釜夹层中通冷却水,将体系的温度降至 0℃,将产物过滤,以除去未反应的顺丁烯二酸单钠盐。将所得滤液减压浓缩,然后再在 70℃下真空干燥、粉碎,得棕黄色粉状产品。

产品主要指标:外观为棕黄色粉末,有效物≥90.0%,水分≤7.0%,水不溶物≤1.0%,pH 值(25℃,1%水溶液)6~7,降黏率≥70%。

(六) SSMA 高温降黏剂

本品是磺化苯乙烯-马来酸共聚物,是一种低相对分子质量的阴离子型聚电解质,易吸潮,可溶于水。作为钻井液降黏剂具有很高的抗高温、抗盐、抗钙能力,是降黏剂中最有效的高温降黏剂,抗温可达 260℃。本品适用于各种水基钻井液体系,也可用于油井水泥分散剂和高效的水处理阻垢剂,缺点是成本高,生产工艺复杂。本品可以直接加入钻井液中,也可以配成水溶液使用,主要用于深井、超深井钻井液体系中,其量 0.1%~0.5%,适宜的 pH 值为 8 左右。也可用作油井水泥分散剂。

制备方法:在反应釜中加入 300 份甲苯、10.4 份苯乙烯、9.8 份顺酐和适量的过氧化苯甲酰,在室温下搅拌至混合物呈透明状,然后将反应混合物升温至回流,在回流状态下反应 1h,将反应物冷却至室温,过滤分离出溶剂(循环使用)。将上述所得的 Ma-St 共聚物分散在 300 份二氯乙烷中,然后在 30~35℃下慢慢滴加 9 份 50%的发烟硫酸,待反应时间达到后用氢氧化钠溶液将反应混合物中和至 pH 值=7,分出有机相用于回收溶剂,所得水相经真空干燥即得 SSMA 降黏剂产品。

产品主要指标:外观为黄褐色粉末,总固含量≥80.0%,pH 值(30%水溶液)6.5~7.5,离子性质为阴离子,溶解性为溶于水。

(七) HT-401 两性离子钻井液降黏剂

本品是丙烯酸和丙烯磺酸钠、烯丙基三甲基氯化铵的共聚物,是一种两性离子型低相对分子质量的多元共聚物,无毒,无污染,易溶于水,水溶液呈弱碱性。用作钻井液降黏剂,具有良好的耐温抗盐和一定的抗钙、镁污染的能力,同时还具有较强的抑制性,与高相对分子质量的两性离子型聚合物配合使用时,可以有效地控制钻井液的流变性,改善钻进液的防塌、抑制能力,有利于控制地层造浆,抑制黏土分散,适用于各种类型的聚合物钻井液。

制备方法:将 76 份丙烯酸和 120~150 份水加入原料混合釜中,然后慢慢加入 20 份纯碱,等纯碱加完后搅拌至无汽泡产生为止。向上述体系中加入 24 份丙烯磺酸钠、2.6 份烯丙基三甲基氯化铵和2.6份相对分子质量调节剂,搅拌均匀,然后依次加入8份质量分数37.5%的过硫酸铵和6.5份质量分数25%的亚硫酸氢钠溶液,搅拌,并迅速将所配制的反应混合液加入到事先放有50份纯碱的聚合物反应器中,搅拌使反应混合液与纯碱充分混合2~5min发生快速反应,由于反应放热,使水分大量蒸发,最后得到基本干燥的多孔泡沫状产品;将产物送入烘干房,在100℃干燥至含水≤5%,粉碎即得共聚物产品。

产品主要指标:外观为白色或浅黄色粉末,水分≤10.0%,水不溶物≤5.0%,细度(0.9mm筛余)≤10.0%,10%水溶液表观黏度≤15mPa·s,160℃热滚后表观黏度≤27.5mPa·s,降黏率≥70%。

(八) 水解聚丙烯腈的降解产物

从组成看,水解聚丙烯腈的降解产物相当于丙烯酸和丙烯酰胺、丙烯腈的低分子阴离子型聚合物,易吸潮,可溶于水,水溶液呈弱碱性。是一种低成本的抗高温抗盐的钻井液降黏剂,适用于各种水基钻井液,可用于高温深井的钻探中。是工业废料利用的典型代表,经过纯化的相对分子质量适当的水解聚丙烯腈的降解产物,也可以用作水处理阻垢分散剂等,具有广泛开发前景。

制备过程:将70g氢氧化钠和800mL水加入反应釜中,配成氢氧化钠溶液,然后加入剪碎除杂的腈纶废料100g,升温至95℃,在95℃±5℃下水解反应5~6h;降温至60℃,用20%的甲酸调pH值至5~6;升温至90℃,于此温度下慢慢加入40g过氧化氢,待过氧化氢加完后,在此温度下反应2~5h。将所得产物过滤除去杂质,然后经喷雾干燥,包装得得成品。

主要技术指标:水分≤10%,水不溶物≤2%,pH值(25℃,1%水溶液)7~9,10%水溶液表观黏度≤20mPa·s,降黏率≥80%。

除上述所介绍的含羧酸基的降黏剂外,还可以采用丙烯酸、衣康酸、马来酸酐等与AMPS、烯丙基膦酸、2-丙烯酰氧基-2-甲基丙膦酸、*N*-(1,1-二膦酸基-1-羟基丁基)丙烯酰胺等单体共聚制备低分子量含混合水化基团的新型聚合物降黏剂或分散剂。图5-64~图5-73给出了一些不同结构的产物,但合成产物并不局限于图中所示结构的产物。

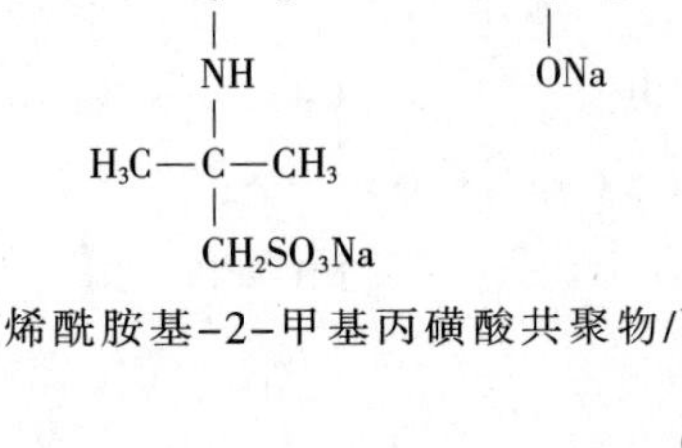

$-[CH_2-CH]_m-[CH_2-CH]_n-$

C=O　C=O

NH　ONa

$H_3C-C-CH_3$

CH_2SO_3Na

图5-64 2-丙烯酰胺基-2-甲基丙磺酸共聚物/丙烯酸共聚物

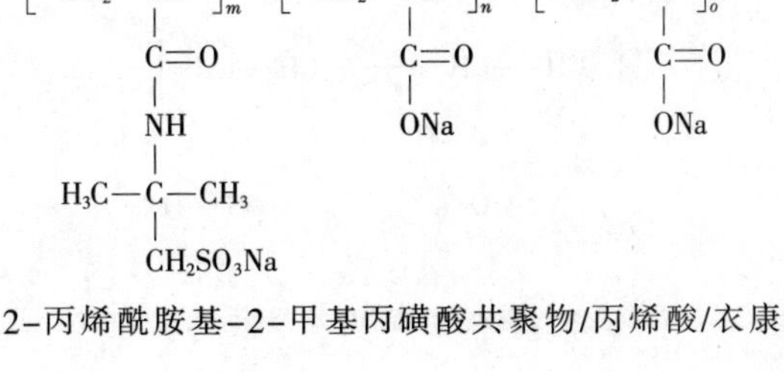

CH_2COONa

$-[CH_2-CH]_m-[CH_2-CH]_n-[CH_2-C]_o-$

C=O　C=O　C=O

NH　ONa　ONa

$H_3C-C-CH_3$

CH_2SO_3Na

图5-65 2-丙烯酰胺基-2-甲基丙磺酸共聚物/丙烯酸/衣康酸共聚物

图 5-66 2-丙烯酰胺基-2-甲基丙磺酸/马来酸共聚物

图 5-67 丙烯酸/烯丙基羟乙基醚共聚物

图 5-68 丙烯酸/异丙基膦酸共聚物

图 5-69 丙烯酸/2-丙烯酰氧基-2-甲基丙膦酸共聚物

图 5-70 丙烯酸/2-丙烯酰胺基-2-甲基丙膦酸共聚物

图 5-71 丙烯酸/*N*-(1,1-二膦酸基-1-羟基丁基)丙烯酰胺

图 5-72 马来酸/异丙基膦酸共聚物

```
─┼─CH₂─CH─┼ₘ──┼─CH₂─CH─┼ₙ
        |              |
       C=O       O=C  CH₃       O
        |          |   |        ‖
       NH          O─C─CH₂─P─OH
        |              |        |
  H₃C─C─CH₃           CH₃      OH
        |
     CH₂SO₃Na
```

图 5-73 2-丙烯酰胺基-2-甲基丙磺酸/2-丙烯酰氧基-2-甲基丙膦酸共聚物

参考文献

[1] 王中华.国内钻井液及处理剂发展评述[J].中外能源,2013,18(10):34-43.

[2] 蒋婵杰,潘春跃,黄可龙.丙烯酸-丙烯酰胺共聚物研究进展[J].高分子通报,2001(6):64-69.

[3] 冀兰英,张秀敏,哈润华.聚丙烯酰胺胶乳水解度的研究[J].高分子材料科学与工程 1995,11(1):122-124.

[4] 李小伏,李绵贵.超高分子量聚丙烯酰胺的表征[J].广州化学,1994(1):37-41.

[5] 季鸿渐,孙占维,张万喜,等.丙烯酞胺水溶液聚合--添加 Na_2CO_3 制取高分子最阴离子型速溶聚丙烯酰胺的研究[J].高分子学报,1994(5):559-564.

[6] 任绍梅.合成条件对 AMPS 共聚物耐温抗盐性能的影响[J].辽宁石油化工大学学报,2007,27(4):1-4.

[7] 方松春.丙烯酰胺与丙烯酸共聚物泥浆处理剂 80A51 的合成与性能[J].钻井液与完井液,1986,3(1):60-67.

[8] 蒋婵杰,黄可龙,潘春跃.亲水涂料用丙烯酸/丙烯酰胺树脂的制备[J].华侨大学学报:自然科学版,2002,23(1):32-35.

[9] 齐惜娟,刘伟,郦和生,等.新型反渗透阻垢剂的合成及阻垢性能研究[J].北京化工大学学报,2006,33(6):5-8.

[10] 邵荣兰.低分子量丙烯酰胺-丙烯酸共聚物的研制[J].陕西化工,2000,29(2):39-41.

[11] 王中华.低分子量 AA-AM 共聚物的合成及应用[J].河南化工,1990(11):22-24.

[12] 赵彦生,沈敬之,李万捷.丙烯酞胺-丙烯酸共聚合反应的研究[J].太原工业大学学报,1994,25(2):81-84.

[13] 慕朝,赵如松.丙烯酸钠与丙烯酰胺共聚反应研究[J].石油化工,2003,32(9):767-770.

[14] 王孟,刘芝芳.丙烯酰胺-丙烯酸钠共聚合竞聚率的测定[J].南华大学学报:自然科学版,2006,20(1):93-95.

[15] 蒋家巧,赵姝.水溶性超高分子量聚丙烯酰胺/丙烯酸的研制及竞聚[J].应用化工,2013,42(12):2151-2154.

[16] 尚宏鑫,曹亚峰,张春芳,等.铜络合物催化体系下丙烯酰胺-丙烯酸控制聚合反应研究[J].大连工业大学学报,2010,29(3):190-193

[17] 王斌,马祥梅,尚启超.超声辐射下水溶性双丙酮丙烯酸胺-丙烯酰胺-丙烯酸共聚物的合成研究[J].山东化工,2011,40(4):34-36,39.

[18] 王中华.钻井液降滤失剂 A-903 的合成及应用[J].钻井液与完井液,1993,10(3):43-46.

[19] 王中华.丙烯酸多元共聚物的合成及对钻井泥浆的降滤失作用[J].河南化工,1991(6):5-8.

[20] 毕可臻,张跃军.二甲基二烯丙基氯化铵和丙烯酰胺共聚物的合成研究进展[J].精细化工,2008,25(8):799-805.

[21] 曹丽娜,田志颖,罗青枝,等.二甲基二烯丙基氯化铵与丙烯酸或丙烯酸羟乙酯共聚反应动力学研究[J].河北工业科技,2010,27(5):288-293.

[22] 刘立华,许中坚,龚竹青.二乙基二烯丙基氯化铵与丙烯酰胺、丙烯酸共聚竞聚率[J].应用化学,2007,24(2):196-199.

[23] 王中华.几种新单体处理剂及其共聚物在钻井液中的应用[J].钻采工艺,1995,18(4):83-85.

[24] 徐晓玲,周艺峰,聂王焰,等.两性絮凝剂 P(AM-co-IA-co-DAC-co-DMC)的合成及絮凝性能[J].应用化工,2012,41(5):819-822.

[25] 张玉,刘福胜,于世涛.光辅助引发制备两性离子型聚丙烯酰胺 P(AM-DMC-AANa)[J].应用化工,2013,42(10):1858-1862.

[26] 彭晓宏,盘思伟,沈家瑞.氧化还原引发体系对 DMC/AM/AA 三元水溶液共聚合的影响[J].石油化工,1999,28(8):

543-546.

[27] 薛冬桦,王记华,苏雪峰,等.P(AA-DAC)两性聚电解质水凝胶的合成及性质[J].高等学校化学学报,2008,29(1):211-216.

[28] 昝丽娜,聂丽华,杨鹏,等.丙烯酰氧乙基三甲基氯化铵-丙烯酰胺共聚物的制备研究[J].化学推进剂与高分子材料,2009,7(1):34-35,39.

[29] 丁伟,于涛,曲广淼,等.丙烯酰胺-丙烯酰氧乙基三甲基氯化铵共聚合的竞聚率测定[J].应用化学,2009,26(4):392-395.

[30] 孙先长.丙烯酸-丙烯酰胺-丙烯酰氧乙基三甲基氯化铵钻井液降滤失剂合成及其性能的研究[D].成都:成都理工大学,2011.

[31] 王中华,杨小华,周乐群,等.无机-有机聚合物钻井液处理剂 Siop-C 的合成与性能[J].精细石油化工进展,2002,3(12):1-5.

[32] 王中华.APDAC/AM/AA 三元共聚物的合成与性能[J].油田化学,1993,10(4):291-295.

[33] 杨小华,王中华.AM/AA/DMDAAC 三元共聚物的合成及性能[J].精细石油化工进展,2002,3(3):32-34.

[34] 王中华.HMOPTA/AM/AA 具阳离子型共聚物泥浆降滤失剂的合成[J].石油与天然气化工,1995,24(1):22-25,27.

[35] 牛亚斌.复合离子型聚丙烯酸盐——PAC 系列在钻井泥浆中的应用[J].钻井泥浆,1986,3(1):35-42.

[36] 杨振杰,王中华,易明新.钻井液与完井液研究文集[M].北京:石油工业出版社,1997.

[37] 王中华.油田化学品[M].北京:中国石化出版社,2001.

[38] 王中华,何焕杰,杨小华.油田化学品实用手册[M].北京:中国石化出版社,2004.

[39] 王中华.钻井液化学品设计与新产品开发[M].西安:西北大学出版社,2006.

[40] 鄢捷年,黄林基.钻井液优化设计与实用技术[M].东营:石油大学出版社,1993.

[41] 张克勤,陈乐亮.钻井技术手册(二):钻井液[M].北京:石油工业出版社,1988:310.

第六章 含磺酸基多元共聚物处理剂

含磺酸基的多元共聚物是指由含磺酸基团的单体与丙烯酰胺等单体的共聚物,含磺酸基团的单体包括2-丙烯酰胺基-2-甲基丙磺酸、2-丙烯酰氧基-2-甲基丙磺酸、丙烯酰氧丁基磺酸、乙烯基磺酸钠、苯乙烯磺酸钠、(2-丙烯酰氧基)异戊烯磺酸钠等。丙烯磺酸钠常作为丙烯酸多元共聚物中的共聚单体,用于改善其抗温抗盐能力,但由于其聚合活性低,很难参与共聚,不能作为主要单体用于含磺酸基多元共聚物的制备。乙烯基磺酸钠尽管聚合活性高于丙烯磺酸钠,但其活性仍然难以满足共聚物处理剂制备的要求,特别是高相对分子质量共聚物的制备,同时价格昂贵,除非特殊要求,一般很少采用,苯乙烯磺酸钠也同样存在聚合活性低的问题。在上述含磺酸单体中,应用最多的是2-丙烯酰胺基-2-甲基丙磺酸,近期研制的2-丙烯酰氧基-2-甲基丙磺酸、丙烯酰氧丁基磺酸单体等也可以用作共聚物的合成。含磺酸基团的共聚物除具有含羧酸基共聚物的一些特性外,其最大的不同是对高价金属离子不敏感,与含羧酸基单体共聚物相比,在钻井液中抗温抗盐能力更强。因此含磺酸基聚合物处理剂的应用可以进一步提高聚合物钻井液的耐温抗盐能力,改善钻井液的综合性能。

含磺酸基团的聚合物一般以磺酸盐的形式存在,主要是钠盐,也可以是钾盐、铵盐。在含磺酸基的共聚物中,主要是2-丙烯酰胺基-2-甲基丙磺酸与丙烯酰胺等单体的二元共聚物或多元共聚物,也有部分2-丙烯酰氧基-2-甲基丙磺酸、丙烯酰氧丁基磺酸的共聚物。乙烯基磺酸钠和苯乙烯磺酸钠由于国内还没有形成工业化生产,目前仅局限在室内研究,同时由于其聚合反应活性低,很难得到高相对分子质量的共聚物,因此其共聚物通常用作降黏剂和阻垢分散剂。且由于还没有形成工业化生产,仅在特殊情况下部分应用。

关于2-丙烯酰胺基-2-甲基丙磺酸共聚物钻井液处理剂,国外早在20世纪80年代就开始了研究与现场应用。随着2-丙烯酰胺基-2-甲基丙磺酸产品的国产化[1],王中华于20世纪80年代末在油田用水溶性2-丙烯酰胺基-2-甲基丙磺酸共聚物研究方面开始了研究工作[2],并取得了一些认识和经验,为处理剂抗温抗盐能力的提高奠定了基础。与丙烯酸多元共聚物相比,2-丙烯酰胺基-2-甲基丙磺酸共聚物处理剂抗温抗盐能力明显提高,尤其是抗高价金属离子的能力更优,不仅适用于钻井液,也可用于油井水泥外加剂、调剖堵水剂、酸化压裂稠化剂、水处理絮凝剂和耐温抗盐驱油剂等,表现出良好的发展前景。研究表明,2-丙烯酰胺基-2-甲基丙磺酸聚合物产品的性能对合成条件具有较强的依赖性,通过调整合成条件可以合成出性能较好的不同用途的聚合物产品[3]。作为钻井液处理剂,2-丙烯酰胺基-2-甲基丙磺酸聚合物不仅具有很强的降滤失和防塌能力,且具有较强的抗盐、抗温能力,有利于保护油气层,与常用处理剂配伍性好,同时还具有良好的协同增效作用,在淡水、盐水、饱和盐水及含钙盐水钻井液中具有较强的降失水、提黏切和包被作用[4]。国内近20年的研究与现场实践表明,2-丙烯酰胺基-2-甲基丙磺酸聚合物钻井液处理剂可以有效地控制钻井液中膨润土含量，钻井液黏切容易控制，维护简单，维护周期长，大大减少了处理剂的种类和用量，钻井液费用低，社会、经济效益显著[5]。正是由于上述特点，2-丙烯酰胺基-2-甲基丙磺酸聚合物将会逐步得到推广应用，并成为重要的聚合物钻井液处理剂品种。

本章重点围绕2-丙烯酰胺基-2-甲基丙磺酸共聚物进行介绍，包括阴离子共聚物、两性离子共聚物和用于超高温条件下的多元共聚物。

第一节 概 述

由于2-丙烯酰胺基-2-甲基丙磺酸是制备含磺酸基多元共聚物的主要单体，故本节首先介绍2-丙烯酰胺基-2-甲基丙磺酸、钻井液用2-丙烯酰胺基-2-甲基丙磺酸聚合物的设计思路、聚合物抗温抗盐机理及2-丙烯酰胺基-2-甲基丙磺酸聚合物钻井液处理剂的特点。由于2-丙烯酰胺基-2-甲基丙磺酸聚合物的合成与丙烯酸多元共聚物基本相同，关于其合成方法可以参考本书第五章第一节。

一、2-丙烯酰胺基-2-甲基丙磺酸

2-丙烯酰胺基-2-甲基丙磺酸(2-Acrylamido-2-Methylpropanesulfonic Acid，AMPS)是一种多功能的水溶性阴离子单体，极易自聚或与其他烯类单体共聚。含有AMPS结构单元的水溶性高分子材料，由于分子中含有对盐不敏感的—SO_3^-基团，赋予了共聚物许多特殊性能。AMPS的特殊结构也可用于改善非水溶性高分子材料的综合性能。可广泛用于化纤、塑料、印染、涂料、表面活性剂、抗静电剂、水处理剂、陶瓷、照相、洗涤助剂、离子交换树脂、气体分离膜、电子工业和油田化学等领域。

AMPS纯度可达很高，用作腈纶纤维合成的第三单体，可显著提高纤维的可纺性、染色性、抗静电性、阻燃性、耐磨性、透明性和白度等指标，使腈纶纤维可用于制备高档织物、人造毛皮、玩具和装饰材料。含有AMPS的共聚物涂层具有抗静电性、耐磨耐腐蚀等优点，用于涂料工业具有良好的前景。用于制备高吸水材料，可明显改善树脂吸盐水的能力。用于合成油田化学剂，可使产品性能迈上新台阶。

国外早在1961年就申请了丙烯酰胺型磺酸单体的合成方法的专利，但直到1975年以后才开始引起人们的重视，每年都有多篇文献发表，到20世纪80年代末有关AMPS单体及聚合物的文献已达300多篇，并逐步形成了一定的生产规模。我国在AMPS单体的研究方面发展比较快，从20世纪80年代末开始单体的研究工作，到20世纪90年代初就形成工业规模，产品质量达到了国外同等水平[6]。我国目前已经具有10000t/a生产能力。近年来，随着AMPS的良好性能逐步为人们所知，激发了相关行业研究人员的兴趣，在AMPS共聚物的研究与应用方面开展了大量的工作。AMPS单体的应用也逐步形成了规模，已经有100多家企业生产AMPS共聚物阻垢分散剂、混凝土外加剂等，年产量数万吨。油田用AMPS共聚物已经推广应用，特别是在抗温抗盐方面体现出了独特的优势，成为抗温抗盐聚合物处理剂的发展方向。

(一) AMPS的性质

1.物理性能

AMPS为具酸味的白色结晶或粉末，熔点185℃，相对分子质量207.3，分子式$C_7H_{13}NSO_4$。

AMPS单体易溶于水和二甲基甲酰胺，微溶于乙醇，不溶于苯、丙酮和丙烯腈，AMPS 在不同溶剂中的溶解度见表 6-1。

表 6-1 AMPS 在不同溶剂中的溶解度

溶 剂	溶解度/(g/100g)	温度/℃	溶 剂	溶解度/(g/100g)	温度/℃
水	150	25	异丙醇	6	82
二甲基甲酰胺	>100	25	苯	<0.1	80
甲 醇	8.7	30	乙 腈	<1	82
乙 醇	2.3	25	醋酸乙酯	<1	77

AMPS具有强吸湿性，如在相对湿度为 85%的环境中放置 6d，其质量就增重 77%，其中含聚合物 74%。如果相对湿度降到 55%，则放置 12d，也不产生聚合物，增重仅有0.1%。AMPS单体的质量指标：外观为白色粉末，熔点 184~187℃，AMPS 含量≥99.0%，酸值 268~278mg KOH/g，色度(铂–钴比色)≤20，Fe 含量≤10×10^{-6}，不挥发分≥99.0%。

2.化学性质

AMPS 单体是强酸，其水溶液的 pH 值与其含量有关，钠盐水溶液为中性，0.1%的水溶液的 pH 值为 2.6。干燥的 AMPS 单体在室温下是稳定的，但 AMPS 单体的水溶液极易聚合，而 AMPS 单体的钠盐水溶液比较稳定，在室温下放置 15d 也不会发生聚合。

AMPS 单体既可进行均聚，也可进行共聚。AMPS 单体在水中的聚合热为 92.1kJ/mol。水和二甲基甲酰胺都可作为聚合的介质，一般采用水溶性的过硫酸铵、过硫酸钾、过氧化氢和溶于有机溶剂的偶氮二异丁腈作为引发剂。水溶性偶氮类也可以作为 AMPS 与其他单体共聚的引发剂。常用的与 AMPS 单体或其钠盐共聚的单体有丙烯酰胺、丙烯腈、丙烯酸、丙烯酰胺、苯乙烯、醋酸乙烯酯、丙烯酸羟乙基酯和 2–羟基甲基丙烯酸丙酯等。

AMPS 单体或其钠盐及部分常用共聚单体的竞聚率见表 6–2。

表 6-2 常用共聚单体的竞聚率

单体 M_1	单体M_2	竞聚率 r_1	竞聚率r_2
丙烯腈	AMPS钠盐	0.98	0.11
苯乙烯	AMPS	1.13	0.31
醋酸乙烯酯	AMPS钠盐	0.05	11.60
丙烯酰胺	AMPS钠盐	1.02	0.5
丙烯酸羟乙基酯	AMPS	0.86	0.90
2–羟基甲基丙烯酸丙酯	AMPS	0.80	1.03
丙烯酸(pH 值=4)	AMPS	0.74	0.19

2–丙烯酰胺基–2–甲基丙磺酸以过硫酸钾为引发剂，在水溶液中进行聚合的动力学方程为[7]：

$$R_p=k[\mathrm{AMPS}]^{1.8}[\mathrm{K_2S_2O_8}]^{0.8} \tag{6-1}$$

其表观活化能数值 E_a=71.1kJ/mol。

3.AMPS 的安全与防护

AMPS 小鼠经口 LD_{50} 为 500~2000mg/kg 体重，属低毒。但 AMPS 水溶液为强酸，因此在处理和包装 AMPS 时，必须穿戴防护眼镜、手套和面具，以防止接触皮肤和眼睛。一旦皮肤接触了 AMPS，则应立即用大量清水冲洗；如果眼睛接触了 AMPS，需立即用大量清水冲洗至少 15min。如果吞咽了 AMPS,则要立即饮大量的水洗胃、诱吐。

AMPS 在潮湿或水溶液中容易自动聚合,因此应存储在干燥的仓库中,如果要长时间存储 AMPS 单体的水溶液,则必须用碱将 AMPS 单体中和,以保持稳定、防止聚合。

(二) AMPS 的应用

1.合成纤维

在聚丙烯腈和丙烯酸酯类化纤的合成中引入少量的 AMPS,就可明显改善纤维的可纺性、染色性、耐菌性、抗温性、抗静电性,提高纤维的柔韧性和抗拉强度,从而改善纤维的综合性能。如由丙烯腈、氯乙烯、甲基丙烯酸甲酯和 AMPS 共聚得到的纤维,具有较高的白度和良好的染色性能,即使经过 100℃沸水处理后仍可保持良好的光泽。含有 0.9%(物质的量分数)AMPS 的聚丙烯腈纤维,经过 200~270℃热氧处理后可获得具有一定阻燃性能的纤维。AMPS 的碱金属盐与丙烯腈共聚而成的纤维具有较强的耐碱性能。我国抚顺已于 1994 年建成以 AMPS 为第三单体的腈氯纶纤维生产装置。

2.水处理剂

低相对分子质量的 AMPS 均聚物或共聚物用作阻垢剂,在阻磷酸垢、稳定锌和分散氧化铁方面性能较为优越。我国在 AMPS 共聚物阻垢剂生产方面工艺和产品质量已经很成熟,已有上百家水处理剂厂生产该类产品。高相对分子质量的 AMPS 均聚物或与丙烯酸、丙烯酰胺、丙烯腈等的共聚物可用作废水处理的选择性絮凝剂和污泥脱水剂,与聚丙烯酰胺相比具有用量少、效果好的特点。

3.油田化学

AMPS 作为油田化学品制造中的改性单体, 可以大大改善油田化学品的耐温抗盐能力,尤其是抗高价金属离子污染的能力。由 AMPS 与 AA、AM、AN 的共聚物用作钻井液降滤失剂,具有显著的抗温和抗钙、镁污染的能力,即使钙离子浓度达到 75000mg/L 仍然有效。低相对分子质量的 AMPS/AA 共聚物可以在高温和含盐、石灰、石膏及钻屑污染的情况下作为钻井液的流度控制剂。

AMPS与 AA、MAM、AM、St 的共聚物用作油井水泥外加剂,可有效地降低盐水(含盐从 15%~饱和)水泥浆的高温失水量,在很宽的温度和 pH 值范围内具有抗水解性,不会引起超缓凝。AMPS 与 AA 等的共聚物用作完井液、修井液等的添加剂可以配制稠化盐水,在室温下可使盐水的黏度提高 4 倍以上,这样的提黏效应即使在 220℃高温、高盐下仍然有效。

AMPS 的共聚物在高浓度的质子酸中有较强的稳定性和润滑作用,可用于油气井的酸化压裂激产过程,亦可作为压裂液的增稠剂。

AMPS与水溶性单体的共聚物用作聚合物驱油过程中的增稠剂,在高温、高盐以及强烈机械剪切作用下有良好的稳定性。

4.涂料

AMPS作为共聚单体, 可改善水分散涂料的综合性能及热塑性涂层的抗静电性和耐磨性。如由 AMPS 与丙烯酸钠、丙烯酰胺制备的共聚物经过柠檬酸铝交联可得到一种凝胶强度较大的瞬时防水涂料。在丙烯酸系阴极电泳涂料及水溶性固化涂料中加入 AMPS 共聚物可促进涂膜的交联和固化作用,得到光泽好、性能好的涂膜。AMPS 与偏氯乙烯-丙烯酸树脂共聚得到的水溶性聚合物涂布在聚丙烯膜上可提高膜的热密封性能。NaAMPS/乙烯醇共聚物溶于甲醇/水溶液中得到一种平均粒度0.60μm的分散涂料。该涂料在PET薄膜上可用作防气性好的食品包装材料。

5.印染助剂

AMPS与烯类单体的共聚物可作为良好的印染助剂。如AMPS与甲基丙烯酸十八烷酯的共聚物通过吸附作用,可使染料均匀分散在其中,再与石蜡、乙烯-醋酸乙烯酯共聚物混合得到一种可用于热传导印刷的易溶油墨,AMPS的引入可解决劣质染料不能很好地分散在油墨中及染料从油墨中沉降的问题。AMPS与水溶性烯类单体的共聚物可用作水基染料分散剂,也可用作印染浆料的增稠剂。

6.吸水材料

含有AMPS的共聚物吸水材料具有较宽的应用范围,有较强的吸收含有高价金属离子的电解质水溶液的能力。将AMPS和丙烯腈的混合物与淀粉接枝产物在$AlCl_3$存在下,用NaOH水解,经过HCl/甲醇混合溶液中和后得到快速吸水的高吸水材料。AMPS与丙烯酰胺、2-丙烯酰胺基-2-甲基丙基三甲基氯化铵与羟乙基纤维素接枝共聚可得到抗温性能好的吸水材料。AMPS/AA/亚甲基双丙烯酰胺交联共聚物吸0.9%的NaCl盐水可达200g/g。

7.造纸工业

在造纸工业中,水溶性AMPS共聚物主要用作纸张增强剂和抄纸过程中的浆料分散剂和纸干燥的剥离性提高剂。如在纸张生产过程中,AMPS的共聚物可用于改进填料和纸浆碎屑的保留率,并提高纸浆的脱水速率。在生产食品包装用纸和卡板纸过程中,AMPS和丙烯酸、磷酸钠的调聚物可用作沉淀控制剂。在波纹纤维板纸浆中加入0.8%的丙烯酰胺/丙烯酸/二甲基乙胺甲基丙烯酸盐共聚物、2.0%明矾和0.2%的丙烯酰胺/丙烯腈/NaAMPS(15:20:65)共聚物,可使所生产的纸张的聚合物固定强度达97.0%、相关破裂因子3.24、环式压碎强度21.0。而采用丙烯酰胺/丙烯腈/丙烯酸钠共聚物加入纸浆中,其相关参数分别为60.4%、2.66、17.8。

8.黏合剂

AMPS可用于特种黏合剂的制备中,如将短聚酯纤维分散在AMPS/AM共聚物和水的混合物中,注入模具中排水后得到非纺织的纤维制品,AMPS/AM共聚物的低黏度有助于制品成型。AMPS与甲基丙烯酸酯的共聚物乳胶是制备可塑性强磁性材料的有效的磁性黏合剂。将AMPS接枝到乙烯-乙烯基丙烯酸酯共聚物上,可制得一种可黏接含油金属板的黏合剂。AMPS与多羟基化合物加热熔融的混合物是一种热熔性黏合剂,也可以在AMPS聚合物中加入多羟基化合物作为增塑剂而制得上述黏合剂。

9.洗涤助剂

AMPS的共聚物可用作洗涤助剂,起到悬浮污垢、防止污垢再沉淀的作用,高相对分子质量的共聚物可作为肥皂、洗发剂、浴液和洗涤剂的增稠剂和润滑剂。

10.抗静电剂

AMPS的共聚物可用作高分子材料的抗静电剂或抗静电涂层。如AMPS的有机胺盐与乙烯基单体及交联剂在热塑性模具上经光聚合、120℃热老化可得到耐磨性抗静电剂涂层。

11.离子交换树脂

AMPS接枝在表面积大的多孔高分子材料上可制得离子交换树脂。如在微孔直径3μm

的多孔尼龙-66 膜中注入 0.5%氮杂蒽酮的丙酮溶液，干燥后放入含有 15% AMPS 的水溶液中，在 25℃下用紫外线辐射 10min，可得一接枝率为 34%的离子交换树脂，用于金属离子的捕捉剂。

12.医疗、卫生和化妆品

AMPS在医药卫生方面也具有一定的用途。如用乙二醇二甲基丙烯酸酯交联的 AMPS 共聚物可用于制备接触眼镜。由 AN/AMPS 共聚物可制得用于血液的透析，并能防止血凝固的中空纤维。AMPS 的聚合物是制作具有抗血栓功能仿生器官的主要原料。AMPS 共聚物或均聚物还可用于药物的赋型剂。由于高相对分子质量的 AMPS 聚合物手感好又不伤害皮肤，在化妆品中可用作润滑剂、增稠剂和黏合剂。

13.气体分离膜

AMPS接枝到多孔介质上可用于制备气体分离膜，如 15%的 AMPS 水溶液与多孔尼龙-66 膜接枝共聚物，经过两端含—NH_2 的二甲基硅氧烷(相对分子质量 5000)处理可得到对氧气选择性好、渗透率高的气体分离膜。

此外，AMPS 的共聚物还可用于陶瓷、照相和电子工业。可见，AMPS 是一种具有广泛开发应用前景的精细化工原料。

二、钻井液用 AMPS 聚合物设计思路

钻井液用 AMPS 共聚物是在丙烯酸多元共聚物的基础上，用 AMPS 等单体代替或部分代替 AA 而得。作为水溶性聚合物，其合成方法与丙烯酸共聚物相近，作为一种抗温抗盐的聚合物，对其又有一些特殊要求。

(一) 基本思路

1.设计思路

含羧酸基的聚合物研究与应用是 AMPS 聚合物设计的基础，根据钻井液处理剂所使用的环境及所希望的抗温抗盐的目标，提出 AMPS 聚合物钻井液处理剂的设计思路：

① 以 AMPS 作为提供水化基团的主要单体，选用与 AMPS 容易共聚的相对价廉的丙烯酰胺、丙烯酸作为主要的共聚单体。同时可以采用少量的丙烯腈、醋酸乙烯酯、丙烯酸酯等疏水单体，既保证分子中基团的合适比例，又保证基团的稳定性。尤其是采用适量的丙烯酸，既可以保证水化基团的数量，又有利于降低成本。

② 引入可抑制酰胺基水解的单体或耐水解的单体代替部分丙烯酰胺单体，在保证不至于大幅度增加产品成本的情况下，以提高聚合物的水解稳定性，以保证聚合物处理剂的耐温能力，如乙烯基吡咯烷酮、烷基丙烯酰胺、乙烯基乙酰胺等。

③ 引入部分热稳定性更强的磺酸的单体，如苯乙烯磺酸、丙烯酰胺基长链烷基磺酸等，代替部分 AMPS 单体，提高聚合物的热稳定性和抗盐性以及疏水性。

④ 控制聚合物具有适当的相对分子质量，减少由于分子链高温或剪切降解对其钻井液性能的影响。

⑤ 引入适量的含 2 个双键的单体，可使产品有一定的支化度或交联度，提高稳定性。

2.其他要求

同时，作为钻井液处理剂还应满足如下要求：

① 良好的剪切稳定性；

② 绿色环保；

③ 与现有的处理剂有良好的配伍性；

④ 生产成本低，产品价格能为市场接受，性价比合适；

⑤ 产品除具有常规处理剂的性能外，还应具有较强的抑制页岩膨胀分散的能力，以满足稳定井壁、防塌和控制地层造浆的需要；

⑥ 适用于多种类型的水基钻井液体系。

(二) 聚合方式的选择

与含羧酸基聚合物一样，水溶性 AMPS 共聚物合成可以采用悬浮聚合、反相乳液聚合和水溶液聚合等方式。根据产品在钻井液中的应用特点，如果对产物相对分子质量分布没有特别要求，考虑到生产、环境保护以及生产成本等因素，通常采用水溶液聚合方式合成 AMPS 共聚物。

在实际合成中可根据对产物相对分子质量的要求，采用低单体含量、低温(15~35℃)聚合(高相对分子质量产品)或高单体含量、中温(60℃)聚合(较高相对分子质量产品)，也可以采用爆聚方式，即当单体含量较高时，聚合可以在 1~2min 内完成(体系温度可以达到 100℃以上)，有时可以得到基本干的产物，以节约生产成本。

(三) 引发剂

采用水溶液聚合时，通常选用水溶性引发剂，可用的水溶性引发剂有水溶性偶氮类、过氧化物、过硫酸盐等，也可以采用过硫酸盐–亚硫酸盐、过氧化氢–亚铁盐等氧化–还原引发体系。当需要合成超高相对分子质量的产品时，常采用水溶性偶氮类和过硫酸盐–亚硫酸盐氧化–还原体系联合使用。在合成中等相对分子质量的产品时，可以采用过硫酸盐或过硫酸盐–亚硫酸盐氧化–还原体系。

结合实际情况，在钻井液用水溶性 AMPS 共聚物合成中常选择过硫酸盐–亚硫酸盐氧化–还原体系。通常工业品引发剂可以直接使用，当有特殊要求时需要将引发剂进行纯化，以达到聚合反应的要求。

引发剂用量决定产物的相对分子质量，一般要结合聚合反应和产物的应用性能来确定。

三、单体选择

在合成水溶性 AMPS 共聚物时，第五章涉及的单体均可以作为共聚物合成的共聚单体，其中丙烯酰胺是最关键的单体，其次是丙烯酸。根据分子设计和产品应用环境的需要，还需要引入适量的第三、四单体，以提高产物的综合性能，可以选择的第三、四单体主要有 *N*,*N*–二甲(乙)基丙烯酰胺、*N*–异丁基丙烯酰胺、衣康酸、甲基丙烯酸(酯)、丙烯腈、*N*–乙烯基甲基乙酰胺、*N*–乙烯基乙酰胺、*N*–乙烯基吡咯烷酮等，也可以采用这些单体共聚合成抗温抗盐能力更强的产品。下面对一些能够提高聚合物高温稳定性的单体进行简单介绍。

(一) *N*,*N*–二甲基丙烯酰胺(DMAM)

N,*N*–二甲基丙烯酰胺为无色透明黏稠液体，分子式 C_5H_9NO，相对分子质量 99.14。凝固点–40℃，沸点 171~172℃，80~81℃(2.67kPa)，相对密度 0.9653(20℃)，折射率 1.4730，闪点 71℃。可溶于水、乙醇、丙酮、乙醚、二氧六环、甲苯、氯仿，不溶于正己烷，有吸湿性。由于分之中含有活泼的双键，易于自聚或与其他单体共聚，共聚物具有较好的水解稳定性，优异的吸湿性、抗静电性、分散性、相容性和黏接性能等。本品小鼠经口 LD_{50} 为 460mg/kg 体重，

皮下注射为 580mg/kg 体重，属于有毒品。是国外油田化学品生产已经采用的原料，目前国内有批量生产，但由于生产工艺还不成熟产品质量不稳定。

DMAM 可用于生产耐温抗盐的水溶性聚合物，该类聚合物可用作耐温抗盐的钻井液降滤失剂、油井水泥降滤失剂、耐温抗盐的聚合物驱油剂和耐温交联聚合物凝胶。也可用作纤维材料的改性、日用化学品、印刷和照相、医药卫生材料等方面。

(二) *N*,*N*–二乙基丙烯酰胺(DEAM)

N,*N*–二乙基丙烯酰胺分子式 $C_7H_{13}NO$，相对分子质量 127.19，为无色透明黏稠液体，易吸湿，属丙烯酰胺的衍生物。由于酰胺基上的氢被乙基取代，具有较好的水解稳定性。可以通过与烯类单体共聚合成可用于钻井液、油井水泥、酸化压裂和驱油的耐温抗盐的聚合物，该类聚合物可用作耐温抗盐的钻井液降滤失剂、油井水泥降滤失剂和耐温抗盐的聚合物驱油剂。也可用作纤维材料的改性、日用化学品、涂料、印刷和照相、医药卫生材料等方面。目前国内没有工业化生产。

(三) 双丙酮丙烯酰胺(DIAC)

双丙酮丙烯酰胺[*N*–(1,1–二甲基–3–氧丁基)–2–丙烯酰胺]，分子式 $C_9H_{15}NO_2$，相对分子质量 169.3，为白色或微黄色片状结晶，熔点 56.5~57℃，沸点 120℃(1.07kPa)，闪点110℃，相对密度 0.998(60℃)。可溶于水、甲醇、乙醇、丙酮、四氢呋喃、醋酸乙酯、二氯甲烷、苯、乙腈、正已醇等，不溶于正庚烷和石油醚(30~60℃)，有吸湿性。由于分子中含有活泼的双键，易于和其他单体共聚，共聚物具有较好的水解稳定性和耐温抗盐性能等。在油田化学品生产中，采用本品与其他单体共聚可以生产用作耐温抗盐的钻井液降滤失剂、油井水泥降滤失剂和耐温抗盐的聚合物驱油剂。也可用作纤维材料的改性、日用化学品、印刷、造纸、电子和照相、医药卫生等方面。

(四) *N*–乙烯基–2–吡咯烷酮(NVP)

N–乙烯基–2–吡咯烷酮为无色透明油状液体，分子式 C_6H_9NO，相对分子质量 111.15，熔点 13.5℃，沸点 214℃~215℃，相对密度 1.04(25℃)。易溶于水、醇、醚、酯中，易聚合，保存时可添加 0.1%的片状苛性钠。用于合成抗温抗盐的聚合物，该类聚合物可用作耐温抗盐的钻井液降滤失剂、油井水泥降滤失剂、酸化压裂稠化剂、耐温抗盐的聚合物驱油剂和水处理絮凝剂等。也可以用于合成日用化学品、水处理剂等。

(五) 2–丙烯酰胺基十二烷磺酸($AMC_{12}S$)

2–丙烯酰胺基十二烷磺酸是一种丙烯酰胺基长链烷基磺酸，属于表面活性剂单体，分子式 $C_{15}H_{29}O_4SN$，相对分子质量 319.41，为白色粉末或结晶，易吸潮，可溶于水，水溶液呈酸性。可用于乳液聚合中的内乳化剂，与烯类单体共聚可制备具有表面活性剂侧链的聚合物，用作高温高盐地层的驱油剂。也可以用于制备具有疏水性的钻井液处理剂和采油用化学剂。该类单体还有 2–丙烯酰胺基十四烷磺酸($AMC_{14}S$)和 2–丙烯酰胺基十六烷磺酸($AMC_{16}S$)。

(六) *N*–丙烯酰吗啉(ACOM)

N–丙烯酰吗啉，分子式 $C_7H_{11}NO_2$，相对分子质量 141.17，为无色或淡黄色透明液体，密度 1.122，折光率 1.4723，熔点–35℃，沸点 158℃，折射率 1.512，闪点 130℃，溶于水和其他常见的有机溶剂，不溶于正已烷。*N*–丙烯酰吗啉是合成树脂的优良助剂和改性剂，用于紫外线固化树脂的反应稀释剂，还是丙烯酸酯树脂和明胶的有效改性剂，以其为原料的丙烯

酰吗啉聚合产品可以用于油田助剂、油墨助剂、造纸助剂和黏合剂等领域。在国外丙烯酰吗啉广泛作为新型的水溶性聚合物单体或者作为其他水溶性聚合物改性的共聚单体。由于丙烯酰吗啉本身无毒，是某些水处理领域替代有毒的丙烯酰胺单体及其聚合产品的最佳选择，也是制备绿色和抗高温钻井液聚合物处理剂的材料。

(七) 乙烯基己内酰胺(NVCL)

乙烯基己内酰胺又称 *N*-乙烯基己内酰胺，室温下为淡黄色透明固体，分子式$C_8H_{13}NO$，相对分子质量 139.2，沸点 128℃，熔点 35~38℃。*N*-乙烯基己内酰胺是合成聚 *N*-乙烯基己内酰胺系列高聚物的重要中间体。*N*-乙烯基己内酰胺的聚合物在生物、医药材料和日用化学品及其他领域具有极其广泛的用途，可用作药物载体，也可与多糖物质接枝成智能型水凝胶。作为一种水解稳定性强的单体，*N*-乙烯基己内酰胺可以明显提高钻井液聚合物处理剂的高温稳定性。

(八) 乙烯基甲酰胺(NVAM)

乙烯基甲酰胺为淡黄色透明液体，分子式 C_3H_5NO，相对分子质量 71.08，熔点-16℃，沸点 210℃，密度 1.014g/mL(25℃)，蒸气压约 0.1mmHg(25℃)，折射率 1.494，闪点 113℃(闭杯)。产品主含量 99.5%以上、水分 500×10^{-6} 以下、金属离子 20×10^{-9} 以下。*N*-乙烯基甲酰胺是重要的有机化工原料和中间体，也是一种性能较好的有机溶剂。用作药物合成反应溶剂、纤维纺纱、合成树脂、照相化学品、绘画和电子化学品领域，也可用作有机合成的反应溶剂和精制溶剂，还广泛用于医药、染料、香料及电解、电镀工业等。用于合成抗温聚合物处理剂。

(九) 乙烯基甲基乙酰胺(NMVA)

乙烯基甲基乙酰胺又称 *N*-乙烯基-*N*-甲基乙酰胺，为棕色透明液体，分子式 C_5H_9NO，相对分子质量 99.1311，相对密度 0.896g/cm^3，熔点-36℃，沸点 165~168，折射率 1.483~1.485，闪点 58℃，自燃点或引燃温度 310℃，蒸气压(20℃)1.28MPa，微溶于水。是一种新型的功能高分子单体，广泛应用于化妆品、药品、石油开采、光学产品等。NMVA 分子中乙烯基直接键接在 *N* 原子上，由于共扼效应双键电子云密度增加，使得 NMVA 单体具有良好的聚合特性及高反应活性。它既可以自由基聚合，也可紫外光引发聚合。

(十) 4-乙烯基吡啶(VP)

4-乙烯基吡啶又称 4-吡啶基乙烯，分子式为 C_7H_7N，相对分子质量 105.14，无色至黄色液体，有恶臭，易挥发。沸点 160℃，相对密度(水=1)0.975，饱和蒸气压 1.33kPa(45℃)，闪点 46.67℃，遇光、受热发生聚合，贮存时常加 0.1%~0.2%的对苯二酚作为阻聚剂。主要用作有机合成中间体和聚合物合成的单体。应用于功能性高分子、表面活性剂、抗静电剂、感光性树脂、涂料、医药、农药等许多方面。同时还有 3-乙烯基吡啶和 2-乙烯基吡啶。作为钻井液处理剂合成可以提高处理剂的抗温能力。

(十一) 可聚合大单体

除前面介绍的 2-丙烯酰胺基十二烷磺酸等单体外，还有一些可聚合表面活性剂剂或可聚合大单体，在聚合物合成中引入少量的表面活性剂单体，可以得到具有表面活性剂侧链或支链或梳型聚合物，从而提高产物的耐温抗盐能力，改善产物的综合性能。图 6-1~图 6-4 是一些较常见的表面活性剂单体或可聚合大单体，这些单体也可以用作反相乳液聚合的内乳化剂。

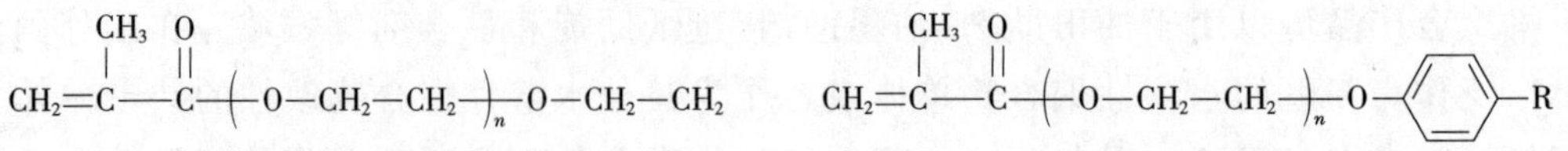

$$CH_2{=}\underset{}{\overset{CH_3}{\overset{|}{C}}}{-}\overset{O}{\overset{\|}{C}}{-}(O{-}CH_2{-}CH_2)_n{-}O{-}CH_2{-}CH_2$$

(a) 聚乙二醇单甲醚甲基丙烯酸酯

$$CH_2{=}\overset{CH_3}{\overset{|}{C}}{-}\overset{O}{\overset{\|}{C}}{-}(O{-}CH_2{-}CH_2)_n{-}O{-}C_6H_4{-}R$$

(b) 聚氧乙烯烷基苯酚醚丙烯酸酯

图 6-1 丙烯酸或甲基丙烯酸聚氧乙烯醚酯大单体

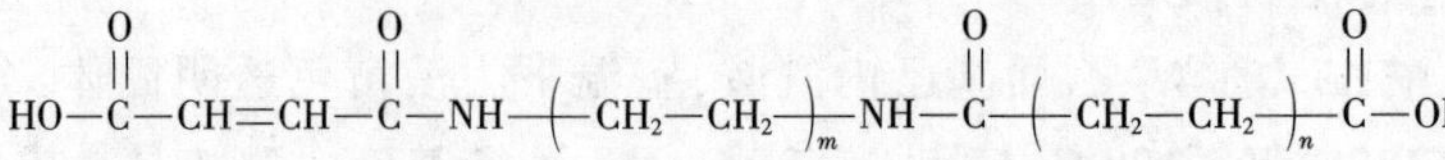

$$HO{-}\overset{O}{\overset{\|}{C}}{-}CH{=}CH{-}\overset{O}{\overset{\|}{C}}{-}NH{-}(CH_2{-}CH_2)_m{-}NH{-}\overset{O}{\overset{\|}{C}}{-}(CH_2{-}CH_2)_n{-}\overset{O}{\overset{\|}{C}}{-}OH$$

图 6-2 二元脂肪酸、二元脂肪胺缩合物与马来酸酐的反应物

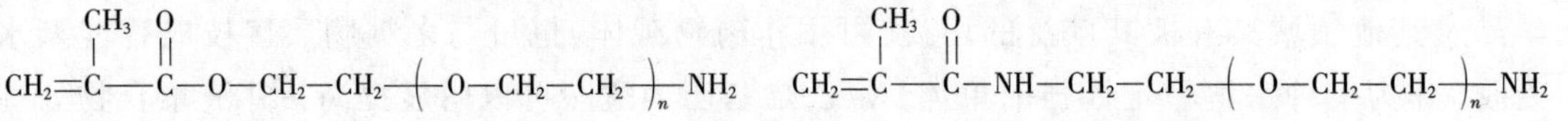

$$CH_2{=}\overset{CH_3}{\overset{|}{C}}{-}\overset{O}{\overset{\|}{C}}{-}O{-}CH_2{-}CH_2{-}(O{-}CH_2{-}CH_2)_n{-}NH_2$$

(a)

$$CH_2{=}\overset{CH_3}{\overset{|}{C}}{-}\overset{O}{\overset{\|}{C}}{-}NH{-}CH_2{-}CH_2{-}(O{-}CH_2{-}CH_2)_n{-}NH_2$$

(b)

图 6-3 *N*-聚醚胺基(甲基)丙烯酰胺或胺基聚醚丙烯酸酯

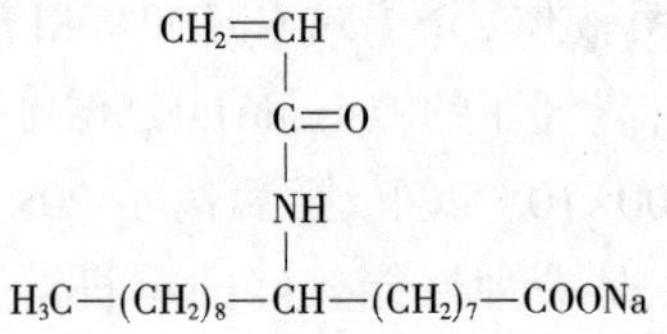

$$CH_2{=}CH{-}C({=}O){-}NH{-}CH[(CH_2)_8CH_3]{-}(CH_2)_7{-}COONa$$

图 6-4 丙烯酰胺硬脂酸钠盐

四、聚合物抗温机理分析

以丙烯酰胺、2-丙烯酰胺基-2-甲基丙磺酸和 *N*,*N*-二甲基丙烯酰胺三元共聚物为例，其结构如图 6-5 所示。

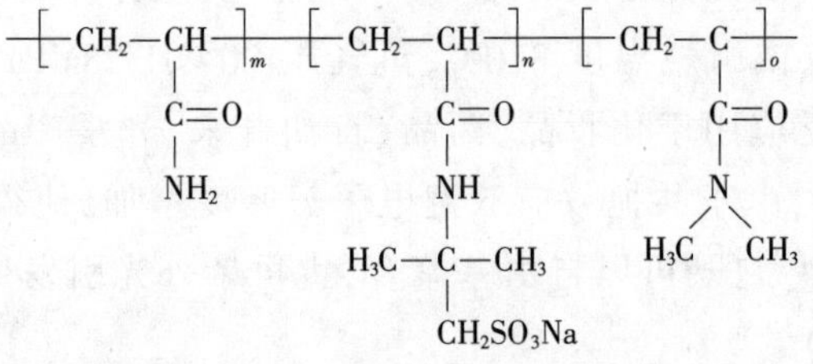

$$\left[CH_2{-}\underset{\underset{NH_2}{|}}{\underset{C=O}{\underset{|}{CH}}}\right]_m\left[CH_2{-}\underset{\underset{NH{-}C(CH_3)_2{-}CH_2SO_3Na}{|}}{\underset{C=O}{\underset{|}{CH}}}\right]_n\left[CH_2{-}\underset{\underset{N(CH_3)_2}{|}}{\underset{C=O}{\underset{|}{C}}}\right]_o$$

图 6-5 丙烯酰胺、2-丙烯酰胺基-2-甲基丙磺酸和 *N*,*N*-二甲基丙烯酰胺三元共聚物

从其结构看，抗温机理可以归纳为：

① 通过采用水解稳定性好的单体，如 DMAM，在分子链上引入可以使产物在高温下保持足够的吸附基团(烷基取代酰胺基)，同时烷基取代酰胺基还可以在一定程度上起到抑制酰胺基水解的作用，保证处理剂分子上有足够的吸附基团，从而使产物在黏土颗粒上的吸附更牢固，高温解吸附趋势趋缓。

② 处理剂分子主链以“C—C”键连接，加之 AMPS 提供的大侧基，使分子链的热稳定性进一步得到提高，聚合物分子本身热分解温度在 275℃以上，从分子结构上保证了处理剂的高温稳定性。

③ 分子链上由 AMPS 单体提供的大侧基上的仲酰胺基电荷密度高，使其具有良好的吸附性和络合性，由于仲酰胺基的吸附作用，使该基团在具有水化作用(磺酸基)的同时还具有较强的吸附作用，进一步增强了产物的吸附能力，提高了其热稳定性。

④ 酰胺基部分水解产生的羧基和磺酸基两种水化基团，通过协同作用以提供产物的护胶能力。由于两种水化基团的热分解温度不同,即使当某一种水化基团分解失去作用,另一种基团仍然起作用,从而保证产物的抗温能力。

⑤ 处理剂分子上由 AMPS 单体提供的大侧基,当在高温下发生水解反应时,尽管磺酸基会脱落,但生成的羧基仍然是水化基团,从而保证产物在高温下的作用效果：

$$—\overset{\overset{\displaystyle O}{\|}}{C}—NH—\underset{\underset{\displaystyle CH_3}{|}}{\overset{\overset{\displaystyle CH_3}{|}}{C}}—CH_2—SO_3^- \xrightarrow{H_2O} —\overset{\overset{\displaystyle O}{\|}}{C}—O^- + \underset{\underset{\displaystyle CH_3}{|}}{\overset{\overset{\displaystyle CH_3}{|}}{CH}}—CH_2—SO_3^- \tag{6-2}$$

在一定条件下还会发生如下反应,分解所产生基团的疏水性会产生一定的疏水缔合作用,使聚合物仍能保持较好的耐温抗盐能力：

$$—\overset{\overset{\displaystyle O}{\|}}{C}—NH—\underset{\underset{\displaystyle CH_3}{|}}{\overset{\overset{\displaystyle CH_3}{|}}{C}}—CH_2—SO_3^- \longrightarrow —\overset{\overset{\displaystyle O}{\|}}{C}—NH—\underset{\underset{\displaystyle CH_3}{|}}{\overset{\overset{\displaystyle CH_3}{|}}{C}}—CH_2 \tag{6-3}$$

五、AMPS 聚合物处理剂的特点

根据室内研究和现场应用实践,相对于传统的含羧酸基团的丙烯酸、丙烯酰胺多元共聚物处理剂来说,AMPS 聚合物具有以下特点。

(一) 作用机理不同于丙烯酸类聚合物

足量的吸附基使高温下护胶能力更强。如前面所述,通过采用水解稳定性好的 DMAM 单体,在分子链上引入可以使产物在高温下保持足够的吸附基团(烷基取代酰胺基),同时烷基取代酰胺基还可以在一定程度上起到抑制酰胺基水解的作用,保证处理剂分子上有足够的吸附基团,从而使产物在黏土颗粒上的吸附更牢固。分子链上由 AMPS 单体提供的大侧基上的仲酰胺基电荷密度高,使其具有良好的吸附性和络合性,进一步增强了产物的吸附能力。处理剂分子上由 AMPS 单体提供的大侧基,在高温下发生水解反应时,尽管磺酸基会脱落,但生成的羧基仍然是水化基团,从而保证产物在高温下的作用效果。磺酸大侧基在一定条件下分解产生的叔胺基团的疏水性而产生疏水缔合作用,通过缔合机理在钻屑或黏土和井壁表面形成致密的憎水膜,降低泥页岩的水化活性,阻止泥页岩的水化分散和离子交换,稳定钻井液的胶体性能,同时还具有传统聚合物的包被作用。

(二) 聚合物抗高价金属离子能力强

采用含磺酸基的 AMPS 单体代替常用的丙烯酸,使聚合物分子链上含磺酸基,提高了其抗高价离子的能力，同时 AMPS 单体的引入，其位阻作用在一定程度上起到了抑制 $—CONH_2$ 水解的作用,从而提高了共聚物基团的稳定性。即使 AMPS 单体侧基有部分水解现象,但由于分解产生的基团的疏水性,其仍能保持较好的耐温抗盐能力(疏水缔合效应),$—CONHC(CH_3)_2—CH_2SO_3Na$ 大侧基增强了分子链的刚性,也从一个方面提高了产物的热稳定性和抗盐能力。综合起来,使其具有显著的抗钙、镁污染能力,满足高温下高矿化度钻井液滤失量控制的需要。

(三) 产品具有良好的综合效果和协同增效作用

产品具有较好的综合效果和协同增效作用，在钻井液中加入少量的 AMPS 聚合物，就能使钻井液体系中其他处理剂的作用效果明显提高，使体系的整体性能得到改善，被称为调节钻井液性能的“味精”产品。

在高温下 AMPS 聚合物与 SMP、SMC 等具有明显的高温增效作用，有利于提高钻井液的抑制和防塌能力，控制钻井液高温高压滤失量，且钻井液性能稳定。采用 AMPS 聚合物与 SMC 两者配合使用，可以使所处理钻井液经 220℃、16h 老化后仍能保持较低的高温高压滤失量。在钻井液中，AMPS 聚合物与 CMC、CMS 等共同使用时，可以使 CMC、CMS 的抗温能力明显提高。

(四) 抑制性强，有利于保护油气层

采用 AMPS 聚合物钻井液在易水化膨胀地层及高密度钻井液中能较好地控制低密度固相含量和固相的分散度，有利于固相清除，保证钻井液清洁，减少钻井液的处理频率。如二开钻井液和钻盐膏层前使用 AMPS 聚合物对钻井液进行预处理后，黏土颗粒处于钝化状态，钻井液性能基本上不受地层造浆和盐膏层污染的影响，特别是盐膏层效果更明显。

同时 AMPS 聚合物通过 3 个途径实现对油气层的有效保护：一是通过其独特的作用机理，与其他钻井液处理剂协同作用，能在井壁表面快速形成致密的憎水膜，阻止钻井液中的自由水和有害固相渗入油气层；二是通过其强抑制性能，控制钻井液中膨润土颗粒及钻屑的水化分散，从根本上有效地控制钻井液的固相含量，保持钻井液清洁，从而减少钻井液对油气层的伤害；三是钻井液滤液中的 AMPS 高分子链具有较强的吸附包被和憎水作用，少量渗入油气层后，能有效地防止油气层中的黏土颗粒的水化运移，减轻钻井液对油气层的伤害。

(五) 配伍性好，抗温能力强，用量少

与常用的处理剂配伍性好，用量小，且使用方便，在一般生产井中每日用 10~20kg AMPS 聚合物配成胶液进行钻井液性能维护，就可保证钻井液性能稳定。AMPS 聚合物能有效地防止高温分散和高温增稠，适应在深井高温、高压地区使用，即使在含高价离子的钻井液中，其抗温能力也可以达到 180℃以上，相同情况下丙烯酸多元共聚物抗温在 150℃以下。本品的使用可有效地降低钻井液综合成本，有利于减轻工人的劳动强度。

(六) 适用范围广

AMPS 聚合物钻井液处理剂适用于淡水、海水、盐水和饱和盐水等钻井液体系，适用于阴离子钻井液体系也适用于阳离子钻井液体系，同时还可用作油井水泥降滤失剂，超高相对分子质量聚合物还可以用作驱油剂和酸化液、压裂液稠化剂。

第二节 AM-AMPS 共聚反应

AMPS 与 AM 的共聚物(实质上是 NaAMPS 与 AM 的共聚物)是最基本的含磺酸基聚合物处理剂，如已经形成商品的 PAMS-601 即为 AMPS-AM 二元共聚物，因此，研究其共聚反应及影响产物性能的因素对含磺酸基聚合物处理剂的合成非常重要，它将为二元、三元或

多元聚合物处理剂的制备提供依据。实践表明,由于 AMPS 在水溶液中极易聚合,采用 AM 与 AMPS 直接进行水溶液聚合时, 配制好的单体水溶液往往在加入引发剂前就会发生聚合,如果控制不当,在配制过程中即发生聚合。即使在保证加入引发剂前不发生聚合,但也很难得到高相对分子质量的产物,因此在 AMPS 共聚物制备中通常采用 AMPS 的钠盐,故,除特别说明外,本章所述的 AMPS 共聚物均为 AMPS 钠盐的共聚物。针对钻井液对处理剂的相对分子质量、基团比例等的基本要求,为了得到性能优越的聚合物处理剂,本节重点研究影响共聚反应和产物[η]的因素以及影响聚合物钻井液性能的因素。

研究中聚合物的合成方法为:将 AMPS 溶于适量的水中,在冷却条件下用等物质的量的氢氧化钠或氢氧化钾(溶于适量的水中)中和,然后加入 AM 单体,待溶解后用氢氧化钠溶液将反应混合物的 pH 值调至要求,在不断搅拌和通氮的情况下升温至 40~50℃;加入占单体质量 0.05%~0.10%的引发剂,搅拌均匀后于 40~50℃下反应 8~10h,得凝胶状产物;取出剪切造粒,于 80℃下烘干、粉碎得粉末状共聚物。

如果要合成低相对分子质量的聚合物降黏剂,则合成中无需通氮,且反应完成后再中和,得到的是黏稠的液体,合成中引发剂用量为 1.0%~1.5%,同时加入适量的异丙醇作为相对分子质量调节剂,以控制聚合物的相对分子质量。

一、影响共聚反应和产物特性黏数[η]的因素

影响共聚反应和产物[η]的因素包括引发剂用量、AMPS 用量、反应时间、单体质量分数和通氮时间等,这些因素不仅对共聚反应和产物[η]有影响,也直接影响聚合物作为钻井液处理剂的性能,可见明确这些因素的影响,对于开发和生产钻井液用含磺酸基聚合物处理剂具有重要的意义。

(一) 引发剂用量对转化率和特性黏度的影响

原料配比(AM:AMPS=8:2,物质的量比)和反应条件一定时(单体质量分数 20%、通氮时间 65min、反应时间 10h),引发剂用量(以过硫酸铵计、占单体质量百分数,过硫酸铵:亚硫酸氢钠=1:1、质量比)对单体转化率和特性黏度的影响见图 6-6。可以看出,引发剂用量大产物相对分子质量低,为提高产物的相对分子质量,应尽可能降低引发剂用量。但引发剂用量太少时,又常导致不聚或低聚。在实验条件下,引发剂用量在 0.05%~0.075%时,既可得到较高相对分子质量的产物,又可保证单体转化率较高。

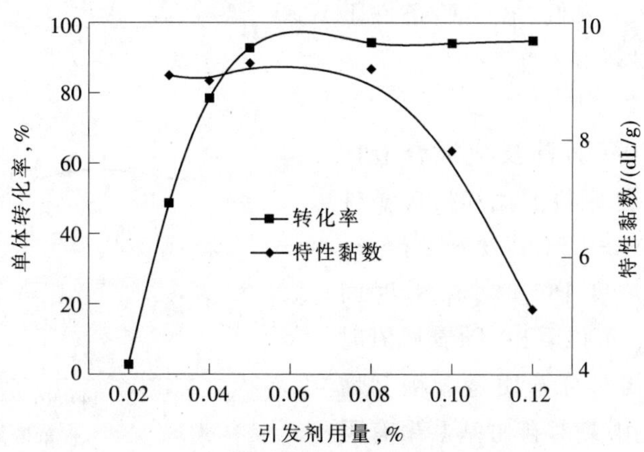

图 6-6 引发剂用量对单体转化率和特性黏数的影响

(二) AMPS 用量对特性黏数的影响

图 6-7 是反应条件一定，通氮 65min、反应时间 10h、单体浓度 20%、引发剂用量0.05%、AMPS、AM 单体总量不变时，AMPS 用量(占单体的物质的量分数)对产物特性黏数的影响。从图 6-7 可看出，随着 AMPS 用量的增加、共聚物的特性黏数开始增加后又降低。在实验条件下，AMPS 在 20%~30%时所得产物的相对分子质量较高。

(三) 反应时间的影响

对于自由基聚合反应，反应时间主要影响单体的转化率。图 6-8 是 n(AMPS):n(AM)=2:8、引发剂用量 0.05%、单体浓度 20%、通氮时间 65min、反应时间对单体转化率的影响。从图 6-8 可以看出，随着反应时间的延长，转化率逐渐增加，当反应时间达 8h 时，转化率趋于恒定，故在实验条件下，反应时间选择在 8~10h。

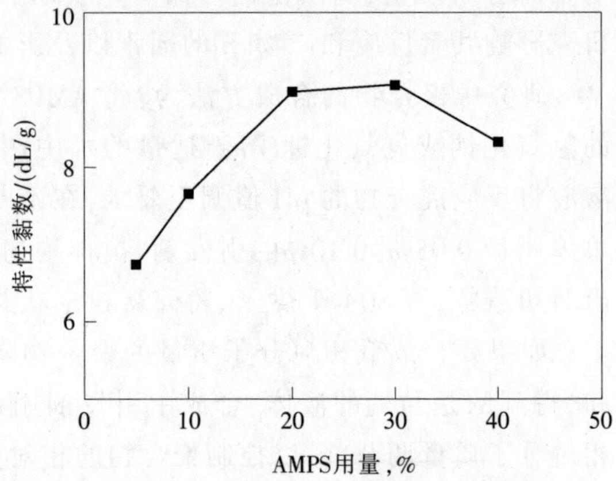

图 6-7 AMPS 用量对产物特性黏数的影响

(四) 单体含量对共聚物特性黏数的影响

图 6-9 是原料配比和反应条件一定，即 n(AMPS):n(AM)=2:8、引发剂用量为 0.05%、通氮时间 65min、反应时间 10h 时，单体浓度对共聚物特性黏数的影响。从图 6-9 可以看出，随着单体含量的增加，所得产物的相对分子质量先略有增加、后又降低。可见，欲得到高相对分子质量的产物，必须控制单体的含量不能过高，这是因为反应混合液中单体含量过高时，随着反应的进行体系的黏度快速增加，反应热不能及时散发，使体系温度升高，聚合物的相对分子质量降低，甚至产生爆聚现象，同时单体含量过低时，不仅引发诱导期长，且生产效率低，在实验条件下单体含量控制在 15%较好。

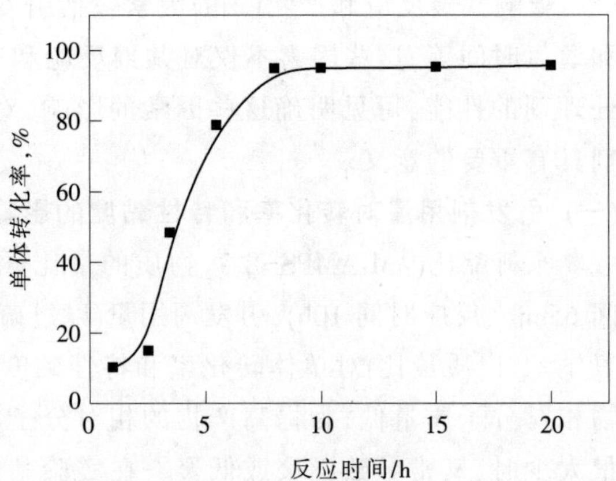

图 6-8 反应时间对单体转化率的影响

(五) 通氮时间的影响

通氮的目的是为了排除反应混合液体系中的氧气，表 6-3 是原料配比和反应条件一定，n(AMPS):n(AM)=2:8、引发剂 0.05%、反应时间 10h、单体浓度 15%时、通 N_2 时间对共聚物[η]的影响。可以看出，随着通氮时间的延长，产物的相对分子质量大幅度增加。这是因为在反应中氧对自由基共聚有阻聚作用，氧很容易与引发剂分解的自由基相

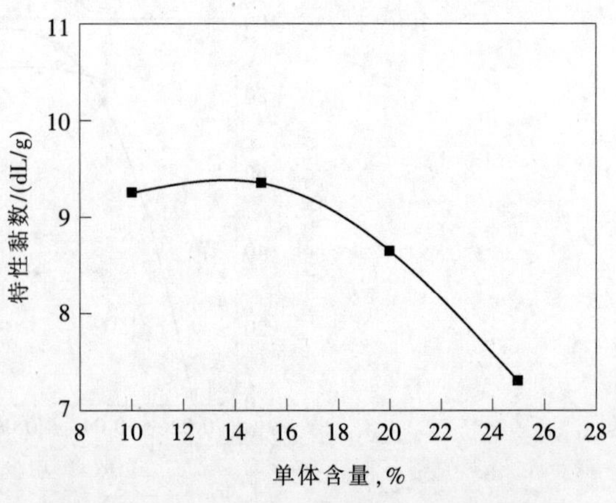

图 6-9 单体含量对共聚物特性黏数的影响

互结合而导致阻聚，反应前如不充分排除氧气，往往出现诱导期过长或温度偏高，导致产物的相对分子质量下降，严重时造成不聚或低聚。在实验条件下，通氮时间一般大于60min即可。

表 6-3 通氮时间对共聚物[η]的影响

通氮时间/min	0	15	30	45	60	80
[η]/(mL/g)	365	430	670	845	990	1010

二、影响聚合物钻井液性能的因素

由于以上讨论中所考察的是合成条件对共聚反应和产物[η]的影响，而研究的目的是提供一种钻井液用共聚物，因此共聚物的钻井液性能的好坏关系到研究的成败，为此研究了磺酸单体用量、烷基取代丙烯酰胺和聚合物相对分子质量等对聚合物钻井液性能的影响。

(一) AMPS 用量对共聚物降滤失能力的影响

良好的降滤失剂除需要有适当的相对分子质量外，还需要合适的水化基团和吸附基团，所合成的共聚物中，单体 AM 提供的酰胺基主要起吸附作用，AMPS 提供的磺酸基主要起水化作用，两种基团的比例对共聚物降滤失能力的影响可通过改变 AM 和 AMPS 单体的用量来考察。原料配比和反应条件一定时，AMPS 用量对产物降滤失能力的影响如图 6-10 所示(饱和盐水钻井液+1.71%的共聚物，180℃/16h，饱和盐水基浆：在 1000mL 4%的钠膨润土基浆中加 NaCl 至饱和，高速搅拌 20min，于室温下放置养护 24h 得到)。

从图 6-10 可以看出，随着 AMPS 用量(占总单体物质的量分数)增加，所得产物的降滤失能力提高，这是因为 AMPS 是含磺酸基的单体，增加其用量有利于提高产物的耐温抗盐能力。但当 AMPS 用量过大时，降滤失能力反而降低，这是因为聚合物用作降滤失剂时，只有当分子中吸附基团和水化基团的比例适当时才能起到较好的降滤失作用。当 AMPS 的量过大时，吸附基团的量减少，吸附基团和水化基团的比例不在适当的范围，致使共聚物的降滤失能力降低；另一方面，在合成条件一定时，AMPS 单体用量增加，产物的相对分子质量降低，也会影响聚合物的降滤失效果。在实验条件下 AMPS 用量 20%较好，这与前面的研究结果是一致的。

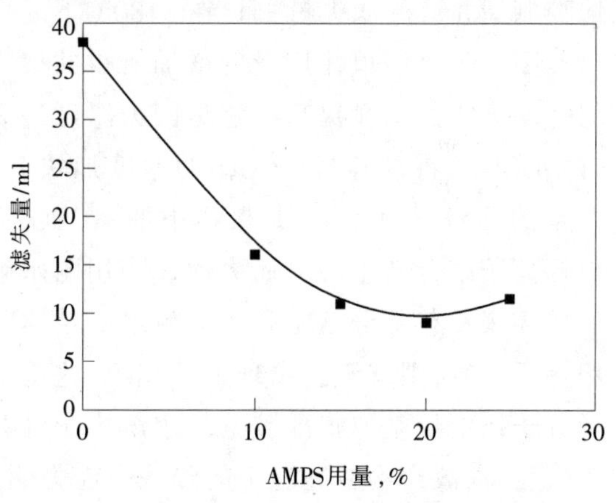

图 6-10 AMPS 用量对共聚物降滤失能力的影响

(二) 聚合物的相对分子质量对共聚物钻井液性能的影响

表 6-4 给出了不同相对分子质量的共聚物(相同合成条件下，通过改变引发剂用量而制得)对钻井液性能的影响。

从表 6-4 中可以看出，作为钻井液处理剂，共聚物必须具有足够的相对分子质量才能起到较好的降滤失作用。当相对分子质量达到一定值时，再增加相对分子质量对产物的降滤失能力影响较小，而产物的增黏能力则随着产物的相对分子质量的增加而提高。根据这一规律可以通过改变合成条件而制得一系列不同相对分子质量和不同作用的产品。

表 6-4 共聚物[η]对钻井液性能的影响(饱和盐水基浆+0.5%的共聚物)

[η]/(mL/g)	AV/(mPa·s)	PV/(mPa·s)	YP/Pa	FL/mL
89	4.0	4.0	0	138.0
322	10.5	10.0	0.5	62.5
691	16.0	14.0	2.0	26.0
808	31.5	29.5	2.0	10.5
1010	41.5	18.2	3.0	10.0
1227	57.5	48.0	9.5	10.5

(三) 烷基取代丙烯酰胺单体对共聚物降滤失能力的影响

实验表明,尽管 AMPS-AM 二元共聚物抗温抗盐及抗钙、镁离子的能力优于丙烯酸多元共聚物,但在温度超过 150℃以后,其抗钙、镁等高价金属离子的能力仍然不足,为此在二元共聚物合成的基础上,引入水解稳定性好的烷基取代的丙烯酰胺(N,N-二甲基丙烯酰胺,DMAM)以考察 DMAM 的引入对处理剂的抗钙能力的影响。固定 AMPS 用量为 20%(物质的量分数)、改变 AM 和 DMAM 单体的用量,用所得产物处理含钙盐水钻井液(基浆+2%的共聚物, 含钙盐水基浆：在 1000mL 水中加入 100g $CaCl_2$,100g NaCl 和 40g 符合 SY/T 5603—1993 标准抗盐土,高速搅拌 20min,于室温下放置养护 24h,即得含钙盐水基浆),并分别在 150℃和 180℃下滚动老化 16h 后测定滤失量, 以考察耐水解单体的用量对共聚物降滤失能力的影响(见图 6-11)。

从图 6-11 可以看出,在 150℃下老化时,二元共聚物(耐水解单体用量为 0)即可较好地控制钻井液的滤失量;而当在 180℃下老化时, 随着耐水解单体用量的增加所得共聚物的降滤失能力明显提高。这是因为温度过高时—$CONH_2$ 将水解为—COO^-的速度加快,在大量的钙离子存在下,共聚物中的—COO^-将与钙离子结合产生沉淀而失效。当用耐水解的单体来代替部分 AM 后, 且耐水解单体的用量适宜时,则就不会出现上述现象,这是由于分子链上烷基取代酰胺基的水解稳定性高于酰胺基,故产物在高温下的降滤失能力明显提高。

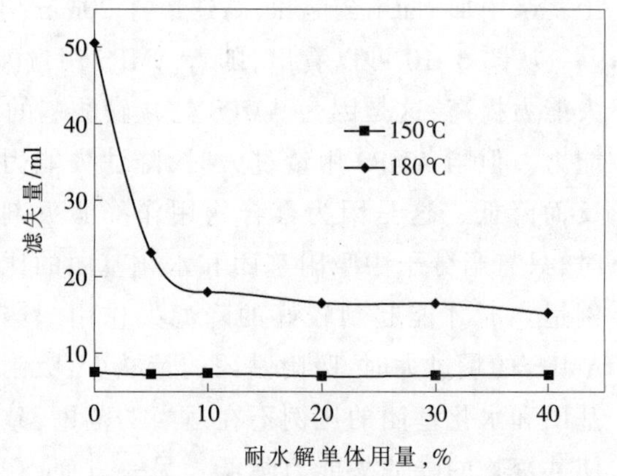

图 6-11 耐水解单体用量为对共聚物降滤失能力的影响

三、影响低相对分子质量共聚物降黏能力的因素

前已述及,在聚合物组成一定时,相对分子质量的改变,会使产物具有不同作用,通过改变原料配比和合成条件,在相对分子质量调节剂存在下,可以合成低相对分子质量的产品,低相对分子质量的产品具有降黏作用。以降黏率 D 作为考察依据,考察影响产物降黏能力的因素。降黏率 D 用 10%膨润土淡水基浆(淡水基浆：在 1000mL 水中加入 100g 钙膨润土和 5g 碳酸钠,高速搅拌 20min,于室温下放置养护 24h 即得)加样前后 ϕ_{100} 作为计算依据,按照式(6-4)计算：

$$D=[(\phi_{100})_0-(\phi_{100})_1]/(\phi_{100})_0\times100\% \tag{6-4}$$

式中：$(\phi_{100})_0$为旋转黏度计测得的基浆ϕ_{100}读数，$(\phi_{100})_1$为旋转黏度计测得的加样钻井液ϕ_{100}读数。

以下就原料配比、引发剂用量和相对分子质量调节剂用量等对聚合物降黏效果的影响进行讨论。

(一) 原料配比对降黏效果的影响

在降黏剂合成中，通常是采用可以提供水化基团的单体共聚或均聚合成，但适当引入部分吸附基团，通过提高产物的吸附能力可以改善产物的降黏效果。表 6-5 是反应条件一定时，原料配比对产物降黏效果的影响结果(基浆为 10%膨润土淡水浆，样品加量为 0.3%，下同)。从表中可以看出，随着提供吸附基团的单体 AM 和 DMAM 用量的增加，产物降黏能力提高，当用量达到 5%时，达到最佳值，当 AM 和 DMAM 用量超过 10%以后，降黏能力明显降低。可见在实验条件下，当 AM 和 DMAM 用量在 5%~10%时，可以保证产物降黏能力最佳。

表 6-5 原料配比对产物降黏效果的影响

AMPS:ADMA:AM (物质的量比)	降黏率，%	
	室 温	150℃/16h
7:0.5:2.5	20	8
8:0.5:1.5	46.5	33
8.5:0.5:1	74.4	64
9:0.5:0.5	88.3	81.2
9.5:0.25:0.25	92.1	83.0
9.75:0.25:0	89.0	79.0

(二) 引发剂用量对降黏效果的影响

原料配比和反应条件一定时，引发剂用量对降黏效果的影响见图 6-12。从图 6-12 可以看出，随着引发剂用量的增加，降黏效果提高，但当引发剂用量达到 2%后，降黏效果趋于稳定。在实验条件下，引发剂用量为2.0%时效果较好。

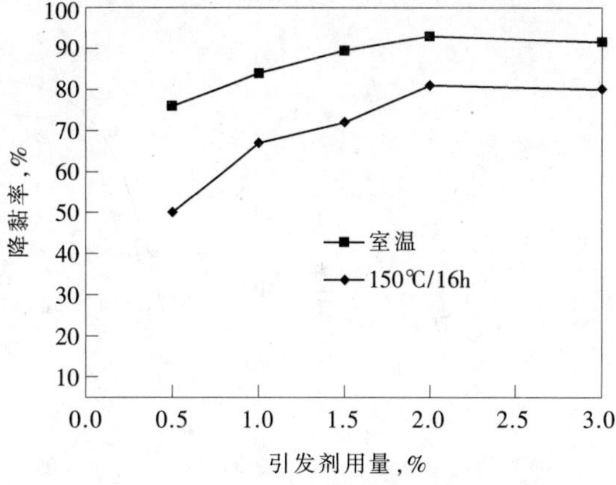

图 6-12 引发剂用量对产物降黏效果的影响

(三) 异丙醇用量对降黏效果的影响

异丙醇的作用是调节产物的相对分子质量，原料配比和反应条件一定时，异丙醇用量对降黏效果的影响见图 6-13。从图 6-13 可以看出，异丙醇用量增加，降黏效果提高，异丙醇用量 2mL 就可以保证产物具有较好的降黏效果，在实验条件下选择异丙醇为2mL。

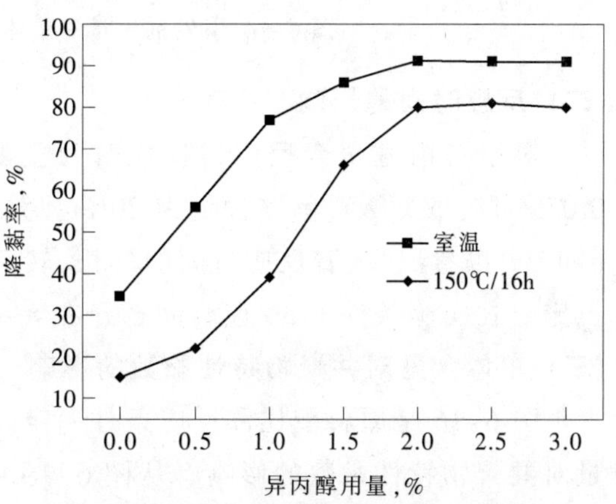

图 6-13 异丙醇用量对产物降黏效果的影响

四、含表面活性剂侧链的聚合物

在 AMPS-AM 共聚物中，引入少量的可聚合的表面活性剂单体 2-丙烯酰胺基十四烷磺酸($AMC_{14}S$)，可得到具有离子型表面活性剂侧链的共聚物(也称疏水缔合聚合物)。该类共聚物通过盐诱发表面活性剂侧链的聚集作用而获得良好的抗盐性，可用于高温和高矿化度地层条件下的驱油剂和钻井液增黏剂[8]。为得到最佳性能聚合物，对影响聚合反应的因素(包括引发剂、反应时间、单体质量分数、反应温度和通氮情况等）及 $AMC_{14}S$ 单体用量对聚合物黏度的影响进行了研究。研究中 $AMPS/AM/AMC_{14}S$ 共聚物合成方法为：将 AMPS、$AMC_{14}S$ 溶于水，在30℃以下用与 AMPS 等物质的量的氢氧化钠(溶于适量的水中)中和，然后加入 AM，搅拌使其溶解，并补充水使单体含量控制在10%~30%(质量分数)，然后移至聚合器中，通氮以除去氧气，加入引发剂(过硫酸铵和亚硫酸氢钠)，再通氮10min后封口，恒温反应一定时间即得凝胶状产物。

反应过程中定时取样，用水溶解成稀溶液，然后再用含量75%~80%(质量分数)的乙醇溶液沉淀，洗涤，并于80℃下烘干，称量，根据单体(AMPS、$AMC_{14}S$ 和 AM)聚合反应生成聚合物的量，计算单体的转化率。

(一) 引发剂用量对转化率和特性黏数的影响

原料配比：20%(质量分数)AMPS，0.15%(质量分数)$AMC_{14}S$，其余为 AM。反应条件为：单体含量20%(质量分数)、反应时间10h。引发剂用量(以过硫酸铵计，用占单体质量分数表示，过硫酸铵:亚硫酸氢钠=1:1，质量比)对单体转化率和特性黏数的影响见图6-14。从图6-14可以看出、随着引发剂用量的增加，单体的转化率大幅度增加，而产物的特性黏数则降低，可见为了提高产物的相对分子质量(相对分子质量与[η]值成正比)，应尽可能降低引发剂用量，但当引发剂用量太少时，又常导致不聚或低聚。在实验条件下，引发剂用量在0.05%~0.075%时，既可得到较高相对分子质量的产物，又可保证所用原料(单体 AMPS、$AMC_{14}S$ 和 AM)转化率较高。

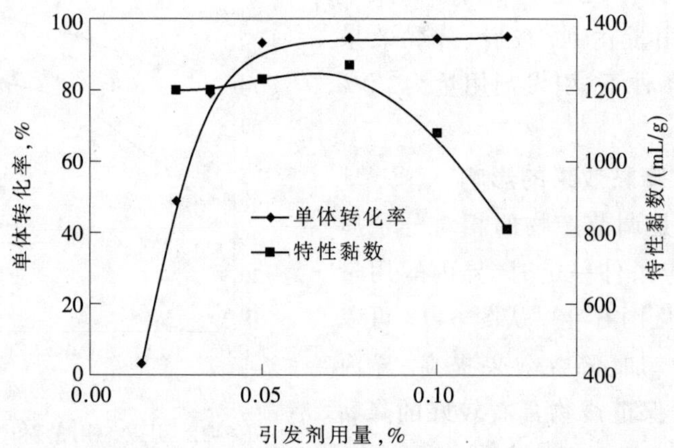

图6-14 引发剂用量对单体转化率和聚合物特性黏数的影响

(二) 反应时间的影响

对于自由基聚合反应，反应时间主要影响单体的转化率。图6-15为引发剂用量0.075%(质量分数)、单体含量为20%(质量分数)时反应时间对单体转化率的影响。从图6-15可以看出，随着反应时间的延长，转化率逐渐增加，当反应时间超过8h，转化率趋于恒定。在实验条件下，反应时间选择在8~10h即可保证单体转化率较高。

(三) 单体含量对共聚物特性黏数的影响

图6-16是原料配比和反应条件一定，引发剂用量为0.05%，反应时间10h时，单体含量对共聚物特性黏数的影响。从图6-16可以看出、随着单体含量的增加，所得产物的特性黏数先略有增加、后又降低。在实验条件下，单体含量在15%~20%(质量分数)较好。

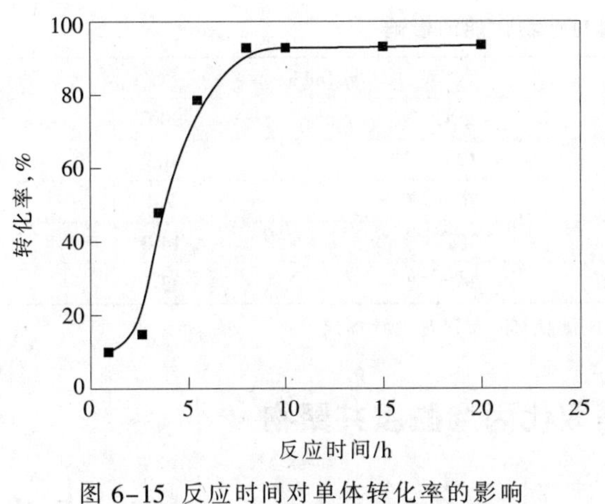

图 6-15 反应时间对单体转化率的影响

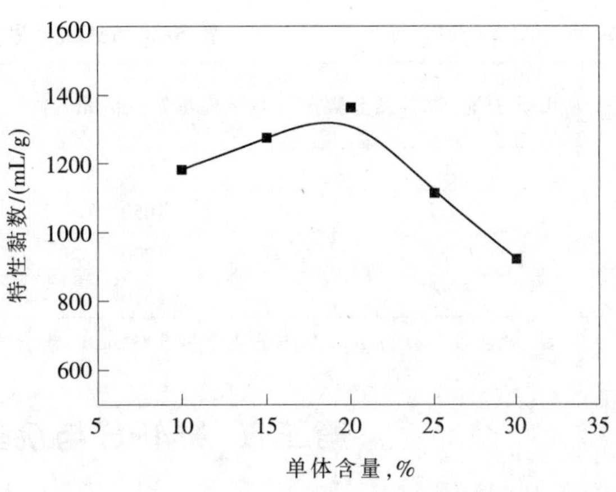

图 6-16 单体含量对共聚物特性黏数的影响

(四) 反应温度的影响

根据自由基共聚合反应原理，反应温度低时有利于得到较高相对分子质量的产物，在实验条件下，反应温度低时聚合反应的诱导期很长(见表 6-6)，而且产物的相对分子质量也随着反应温度的升高而增加，但当反应温度过高时，产物的相对分子质量大幅度降低，且易出现爆聚。在实验条件下选择反应温度在 45℃。

表 6-6 反应温度的影响

反应温度/℃	诱导期/min	[η]/(mL/g)	反应温度/℃	诱导期/min	[η]/(mL/g)
25	时间很长		45	85	1236
35	280	1112	55	35	969

(五) 通氮时间的影响

合成中通氮的目的是驱氧，故以通氮时间作为考察氧对共聚反应的影响。表 6-7 是原料配比和反应条件一定时，通氮时间对共聚反应产物[η]的影响。从表 6-7 可以看出，在不通氮时共聚反应的诱导期很长，随着通氮时间的增加诱导期逐渐缩短，产物的[η]也随着通氮时间的增加而增加。这是因为氧对自由基聚合有强烈的阻聚作用，氧很容易与引发剂分解的自由基相互结合而导致阻聚，反应前如不充分驱氧，往往出现诱导期过长，导致产物[η]下降，甚至造成不聚或低聚。

表 6-7 通氮时间的影响

通氮时间/min	诱导期/min	[η]/(mL/g)	通氮时间/min	诱导期/min	[η]/(mL/g)
没有通	350	582	60	75	912
30	90	764	90	50	1187

(六) $AMC_{14}S$ 用量对产物性能的影响

表 6-8 是原料配比及合成条件一定时，$AMC_{14}S$ 用量对产物性能的影响。从表 6-8 可以看出，随着 $AMC_{14}S$ 用量的增加，产物在复合盐水中的增稠能力提高，耐盐性增强，但当 $AMC_{14}S$ 用量超过 0.5%时，产物在盐水中的溶解性降低。在实验条件下，$AMC_{14}S$ 用量为0.35%较合适。

表 6-8 $AMC_{14}S$ 用量对产物性能的影响

$AMC_{14}S$ 用量,%(质量分数)	特性黏数[η]/(mL/g)	η/(mPa·s)	
		25℃	90℃
0	920	19.4	6.5
0.05	1050	26.5	7.4
0.13	1200	35.5	14.3
0.35	1570	36.5	33.1

注:矿化度 9×10^4mg/L,其中钙镁含量 3000mg/L;聚合物加量 0.3%,布氏黏度计测定。

第三节 AMPS 与烷基取代丙烯酰胺共聚物

为了满足钻遇复杂地层,国内围绕特殊井、超深井等的需要在抗高温钻井液处理剂方面开展了一些工作,但目前已有的处理剂要想提高深井、超深井钻井液的抗温抗盐性能,就必须增加其用量,但随着加量提高又增加了钻井液的黏度,特别是在钙、镁含量高的情况下,钻井液性能控制更加困难,已有的钻井液处理剂已不能完全满足钻井的需要。从上一节的介绍可以看出, 在 AMPS-AM 共聚物中引入部分烷基取代丙烯酰胺替代 AM 后,产物在高温下的抗钙能力明显提高,围绕处理剂不仅要满足抗温抗盐,特别是抗钙、镁污染,而且要求加入钻井液中不能增黏这个目标,采用不同类型的烷基取代丙烯酰胺作为共聚单体,合成了抗钙能力强的 AMPS 共聚物[9,10],即抗钙聚合物处理剂。本节结合研究工作,对影响 AMPS 与烷基取代丙烯酰胺共聚物性能的影响因素及共聚物钻井液性能进行介绍。

一、P(AMPS-IPAM-AM)聚合物

研究表明,采用 AM、异丙基丙烯酰胺(IPAM)和 AMPS 等单体共聚,合成的低相对分子质量的 P(AMPS-IPAM-AM)聚合物三元共聚物,作为抗高温钻井液处理剂,具有较强的降滤失作用、抗温抗盐和抗钙污染能力,而且还表现出了较好的综合性能。在淡水钻井液、盐水钻井液、饱和盐水钻井液和复合盐水钻井液中均具有较强的降滤失和提黏切能力,即使经过 220℃/16h 高温老化后仍能有效地控制钻井液的滤失量。在复合盐水钻井液中其抗温能力明显优于丙烯酸/丙烯酰胺二元共聚物 A-903 以及 2-丙烯酰胺-2-甲基丙磺酸/丙烯酰胺二元共聚物 PAMS-601,作为钻井液降滤失剂具有较强抗温、抗盐能力,与室温相比高温后钻井液的流变性进一步得到改善,这将有利于超高温条件下钻井液性能的维护。

(一) 合成方法

将 NaOH 溶于适量水配成溶液,冷却至室温,在搅拌和冷却下加入 AMPS,待其溶解后加入 IPAM 和 AM,搅拌使其溶解,然后用 20% NaOH 溶液使体系的 pH 值调至要求,升温至 35℃,在此温度下加入所需量的引发剂,搅拌均匀,然后密封、置于 35℃±1℃的恒温水浴中反应 3~5h,得凝胶状产物,所得产物经烘干粉碎,即得粉末状 P(AMPS-IPAM-AM)共聚物。将所得产物恒质后配成 1%水溶液,用于表观黏度的测定。

(二) 合成条件优化

考察钻井液性能所用基浆为复合盐水钻井液(在 1000mL 蒸馏水中加入 45g 的 NaCl,5g 无水 $CaCl_2$,13g $MgCl_2\cdot6H_2O$,150g 钙膨润土和 9g 无水 Na_2CO_3,高速搅拌 20min,于室温下

养护 24h，即得复合盐水基浆），样品加量 1.5%，180℃滚动老化 16h 后，室温下测定性能。重点考察单体配比、反应温度对产物性能的影响。在考察某一因素的影响时，该因素为变量，其他条件不变。

1.IPAM 单体用量的影响

IPAM 是一种烷基取代的丙烯酰胺，其结构如图 6-17 所示。

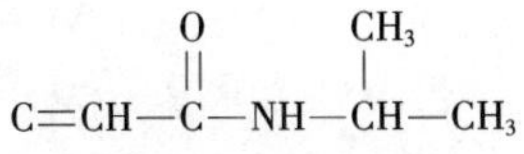

$$C{=}CH{-}\overset{\overset{\displaystyle O}{\|}}{C}{-}NH{-}\overset{\overset{\displaystyle CH_3}{|}}{CH}{-}CH_3$$

图 6-17 IPAM

由于具有较强的水解稳定性，因此，采用部分 IPAM 代替 AM 可以改善产物的热稳定性。为了考察 IPAM 用量对聚合物性能的影响，固定 n(AM+IPAM)∶n(AMPS)=7∶3，反应条件一定，改变 IPAM 用量，IPAM 用量（占 AM+IPAM 单体的物质的量分数）对产品的水溶液表观黏度、产品所处理钻井液的性能的影响见图 6-18。从图 6-18 可以看出，产物水溶液表观黏度随着 IPAM 用量的增加，先升高后又降低，当 IPAM 用量超过 45%以后，趋于稳定，产物所处理钻井液的表观黏度、塑性黏度和动切力，随着单体 IPAM 用量的增加而增加，说明增加单体 IPAM 用量有利于改善产物的提黏切能力。从产物所处理钻井液的滤失量看，随着单体 IPAM 用量的增加，滤失量迅速降低，说明 IPAM 用量增加可以明显提高产物抗钙能力。考虑到 IPAM 成本较高，在实验条件下其用量选择为 70%~80%（物质的量分数）。

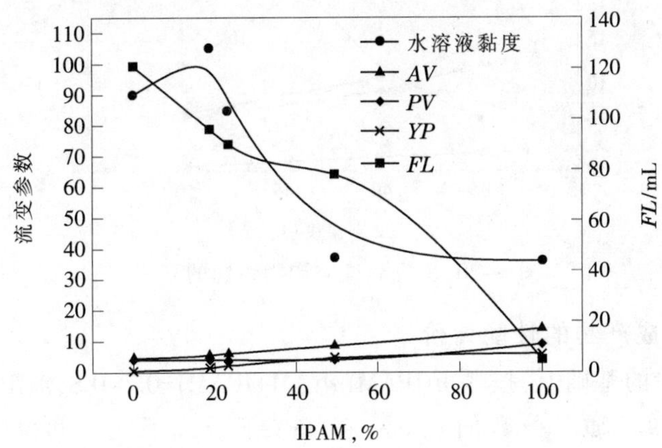

图 6-18 IPAM 单体用量对产物性能的影响

2.n(AM+IPAM)与 n(AMPS)比例的影响

固定 AM 与 IPAM 的比例和合成反应条件，改变 n(AM+IPAM)与 n(AMPS)的比例，n(AM+IPAM)∶n(AMPS)对产品的水溶液表观黏度、产品所处理钻井液的性能的影响见图 6-19。从图 6-19 可以看出，在实验条件下随着 AM+IPAM 用量的增加，产物的相对分子质量提高，提黏切和降滤失效果增加。综合考虑产物相对分子质量和降滤失能力，在所给定的合成条件下选择 n(AM+IPAM)∶n(AMPS)在 0.8~1.0。

3.温度的影响

固定 n(IPAM+AM)∶n(AMPS)=0.67，n(IPAM)∶n(IPAM+AM)=0.8，改变聚合反应温度，聚合反应温度对产品的水溶液黏度、产品所处理钻井液的性能的影响见图 6-20。

从图 6-20 可以看出，随着反应温度的增加，产物的相对分子质量降低，提黏切和降滤失效果降低，在合成时应尽量降低反应温度，但当反应温度低于 35℃时产物聚合较慢，且收率低，故在实验条件下反应温度在 35℃较理想。

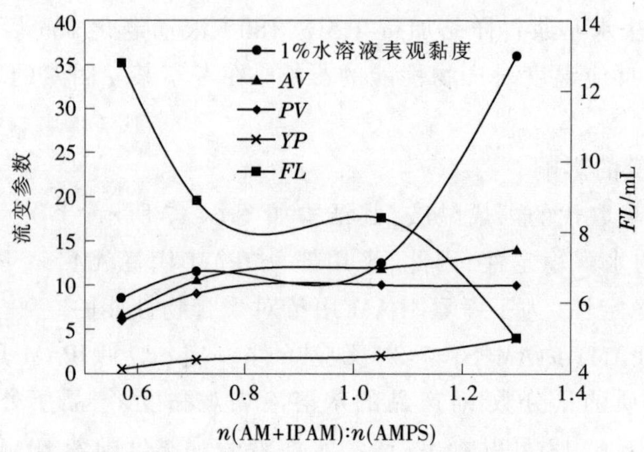

图 6-19 n(AM+IPAM):n(AMPS)对产物性能的影响

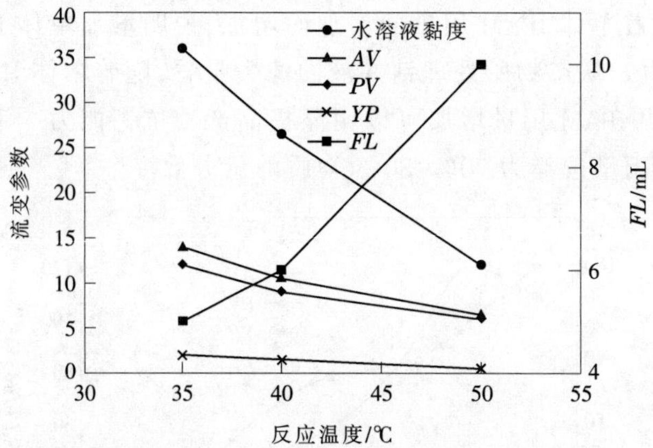

图 6-20 反应温度对产物性能的影响

(三) 优化条件下合成产物的性能评价

在合成条件实验的基础上，按照 n(IPAM):n(AM+IPAM)=0.7~0.8，n(IPAM+AM):n(AMPS)=0.8~1.0，引发剂占单体质量分数的0.4%，在35℃下合成了三元共聚物，其1%水溶液表观黏度10~15mPa·s。表6-9是所合成的P(AMPS-IPAM-AM)在复合盐水钻井液中的抗温实验结果。从表中可以看出，P(AMPS-IPAM-AM)聚合物在复合盐水钻井液中具有较好的降滤失能力，在220℃滚动老化后仍能较好地控制钻井液的滤失量，体现出良好的的抗温抗盐能力。

表 6-9 在不同钻井液中抗温实验结果

处理情况	常温性能					220℃/16h 老化后性能				
	AV/(mPa·s)	*PV*/(mPa·s)	*YP*/Pa	*FL*/mL	*ρ*/(g/cm³)	*AV*/(mPa·s)	*PV*/(mPa·s)	*YP*/Pa	*FL*/mL	*ρ*/(g/cm³)
基 浆	4	3	1.0	76	1.12	3.5	3	0.5	142	1.12
基浆+2.5%聚合物	51.5	36	15.5	4.4	1.12	11.5	9	2.5	12.0	1.12

为了考察P(AMPS-IPAM-AM)聚合物的优越性，将其与目前常用的丙烯酸-丙烯酰胺共聚物A903和AMPS-丙烯酰胺共聚物PAMS-601在复合盐水钻井液中经过不同温度老化后的性能进行对比，结果见表6-10。

表 6-10 老化温度对不同聚合物复合盐水钻井液滤失量的影响

聚合物	老化温度/℃	*AV*/(mPa·s)	*PV*/(mPa·s)	*YP*/Pa	滤失量/mL
P(AMPS-IPAM-AM)聚合物	室温	42.5	22	20.5	4.4
	150	27	18	9	4.4
	180	18	14	4	5.2
	200	10.5	5	5.5	13.4
PAMS-601	室温	80	52	28	2.8
	150	11	10	1.0	3.6
	180	6.5	4	2.5	44
	200	6.0	4.0	2.0	58
A-903	室温	75	46	29	5.6
	150	10.5	6	4.5	38.8
	180	10	4	6	58
	200	5	3	2	156
基浆	室温	4	3	1.0	76
	150	4.75	3	1.75	95
	180	4.75	3	1.75	102
	200	4.5	3	1.5	134

注：聚合物加量 2%，老化时间 16h。

从表 6-10 可看出，丙烯酸多元共聚物在老化温度至 150℃就失去了控制滤失量的能力，当温度达到 200℃，甚至高于基浆。AMPS 聚合物在 150℃下仍能较好地控制复合盐水钻井液的滤失量，而当温度超过 180℃后，其降滤失效果降低。P(AMPS-IPAM-AM)聚合物在复合盐水钻井液中，即使老化温度达到 200℃，仍具有较强的降滤失作用，表现出较好的抗温能力，且其控制滤失量的能力明显优于 AMPS 聚合物。可见，所合成的聚合物具有较强的耐温抗盐能力。从钻井液黏度看，在同样温度下老化后，合成聚合物的增黏作用优于对比聚合物，这也从一个方面体现了产物的热稳定性和抗钙、镁能力优于对比产物。

二、P(AMPS-DEAM)聚合物

采用 *N*,*N*-二乙基丙烯酰胺(DEAM，参考文献[11]合成)和 AMPS 为原料，通过水溶液聚合方法合成了 P(AMPS-DEAM)聚合物，方法是：将 NaOH 溶于适量水配成溶液，冷却至室温，在搅拌和冷却下加入 AMPS，待其溶解后加入 DEAM，搅拌均匀后用 20% NaOH 溶液使体系的 pH 值调至要求，升温至 35℃，在此温度下加入所需量的引发剂，搅拌均匀，然后密封、置于 40℃±1℃的恒温水浴中反应 3~5h，得凝胶状产物，所得产物经烘干粉碎，即得粉末状 P(AMPS-DEAM)共聚物。将所得产物恒质后配成 1%水溶液，用于表观黏度的测定。

中等分子质量的 P(AMPS-DEAM)聚合物作为钻井液处理剂，具有较强的降滤失作用、抗温抗盐和抗钙污染能力，而且还表现出了较好的综合性能。实验表明，P(AMPS-DEAM)二元共聚物在淡水钻井液、盐水钻井液、饱和盐水钻井液和 $CaCl_2$ 钻井液中均具有较强的降滤失和提黏切能力，即使经过 180℃/16h 高温老化后仍能有效地控制钻井液的滤失量。

通过正交试验对配方和合成条件进行了优化，并评价了优化条件下得到产物的效果。

(一) 正交试验

考察钻井液性能所用基浆为复合盐水钻井液，样品加量 1.5%，180℃滚动老化 16h后，

室温下测定性能。

结合经验,固定单体总量,将 DEAM/AMPS 质量比、反应温度、单体质量分数及引发剂用量作为可变因素进行重点考察,按表 6-11 所设计的因素和水平,采用 $L_9(3^4)$正交表安排正交试验,以聚合物降滤失剂在复合盐水钻井液中 180℃/16h 老化后钻井液的滤失量作为考察依据,试验及分析结果见表 6-12。

表 6-11 因素-水平表

水 平	A	B	C	D
	m(DEAM):m(AMPS)	反应温度/℃	单体质量分数,%	引发剂用量,%
1	0.4:1	35	20	0.15
2	0.6:1	40	25	0.22
3	0.9:1	50	30	0.30

表 6-12 $L_9(3^4)$ 正交试验结果

试验号	A	B	C	D	滤失量/mL
1	1	1	1	1	24
2	1	2	2	2	17
3	1	3	3	3	22
4	2	1	2	3	8.4
5	2	2	3	1	11.6
6	2	3	1	2	12.8
7	3	1	3	2	10.8
8	3	2	1	3	12
9	3	3	2	1	7.6
K_1	21.0	14.4	16.3	14.4	在 1000mL 蒸馏水中加入 45g 的 NaCl,5g 无水 $CaCl_2$,13g 的 $MgCl_2·6H_2O$,150g 钙膨润土和 9g 无水 Na_2CO_3,高速搅拌 20min,于室温下养护 24h,即得复合盐水基浆
K_2	10.9	13.5	11.0	13.5	
K_3	10.1	14.1	14.8	14.1	
极 差	10.9	0.9	5.3	0.9	

从表 6-12 可以看出,DEAM 与 AMPS 质量比,即因素 A 的位级改变对降滤失能力的影响较大,随着 DEAM:AMPS 质量比的增加,产物降滤失能力逐渐提高。单体质量分数,即因素 C 的位级改变对降滤失能力的影响也较大,位级由小变大,产物降滤失能力先提高后又降低。反应温度和引发剂用量,即因素 B、D 的位级改变对降滤失能力的影响较小。各因素对产物降滤失能力的影响次序是 A>C>B=D。最佳位级组合为 $A_3B_2C_2D_2$。验证实验表明,采用 $A_3B_2C_2D_2$ 所得产物的滤失量 5.2mL,优于 9 号试验,故确定 $A_3B_2C_2D_2$,即 m(DEAM):m(AMPS)=0.9:1、反应温度 40℃、单体质量分数 25%及引发剂用量 0.22%作为优合成配方,按照该配方合成的二元共聚物样品 1%水溶液表观黏度为 10~15mPa·s。

(二) 优化条件下合成产物的效果

为了考察 P(AMPS-DEAM)聚合物的抗钙能力,将其用于 $CaCl_2$ 钻井液中,实验结果见表 6-13。从表 6-13 可以看出,P(AMPS-DEAM)聚合物在高钙钻井液中具有较强的降滤失和增黏能力,当加量 1.0%时就可以有效地控制钻井液的滤失量。

将 P(AMPS-DEAM)聚合物和 PAMS-601 聚合物(AMPS、AM 共聚物)加入 $CaCl_2$ 盐水钻井液中,经过 180℃/16h 老化后的钻井液性能实验结果见表 6-14。从表中可以看出,P(AMPS-

DEAM)聚合物在 $CaCl_2$ 盐水钻井液中具有较强的降滤失和增黏能力，而此时 PAMS-601聚合物已经基本失去控制滤失量的作用。

表 6-13 $CaCl_2$ 钻井液性能

加量，%	室温性能					180℃/16h 老化后性能				
	FL/mL	*AV*/(mPa·s)	*PV*/(mPa·s)	*YP*/Pa	pH值	*FL*/mL	*AV*/(mPa·s)	*PV*/(mPa·s)	*YP*/Pa	pH值
0	210	6.5	6.5	0	6.0	248	6.0	4.0	2.0	12
0.5	9.2	16.5	13.0	3.5	6.0	20.0	7.5	7.0	0.5	8.0
1.0	10.0	19.5	16.0	3.5	6.0	10.8	9.5	9.0	0.5	8.0
1.5	8.0	26.5	21.0	5.5	6.0	7.2	17.5	16.0	1.5	8.0

注：基浆组成为 4%钠膨润土浆+2% CaO+4% $CaCl_2$+1.0% Na_2CO_3+5% SMC，高速搅拌 20min，于室温下养护 24h，即得 $CaCl_2$ 钻井液。

表 6-14 在 $CaCl_2$ 盐水钻井液中对比实验结果

加量，%	P(AMPS-DEAM)聚合物					P(AMPS-AM)聚合物				
	FL/mL	*AV*/(mPa·s)	*PV*/(mPa·s)	*YP*/Pa	pH值	*FL*/mL	*AV*/(mPa·s)	*PV*/(mPa·s)	*YP*/Pa	pH值
0	314	16.0	5.0	11.0	7.0					
0.5	140	13.0	11.0	2.0	7.0					
0.7	122	10.0	7.0	3.0	7.0					
1.0	28.0	9.5	7.0	2.5	7.0	296	23.5	7.0	16.5	9.5
1.5	16.0	10.5	8.0	1.5	7.5	270	21.5	9.0	12.5	9.5
2.0	10.4	33.5	29.5	4.5	8.0	288	24.5	8.0	16.5	9.5

注：基浆组成为 4%钠膨润土浆+2% CaO+4% $CaCl_2$+20% NaCl+1.0% Na_2CO_3+5% SMC，高速搅拌 20min，于室温下养护 24h，即得 $CaCl_2$ 盐水钻井液。

近期，中国发明专利公开了一种丙烯酰吗啉聚合物钻井液降滤失剂[12]。该丙烯酰吗啉聚合物含有图 6-21(a)所示的结构单元、图 6-21(b)所示的结构单元和图 6-21(c)所示的结构单元，且至少部分图 6-21(b)所示的结构单元与至少部分图 6-21(c)所示的结构单元键合成图 6-21(d)所示的交联结构单元。其中，R_1~R_9 各自独立的 H 或 C_1~C_3 的直链或支链烷基，y 为 1~5 的整数，M 为 H 或碱金属元素，X 为 O 或 NH，R_{10} 为 C_1~C_5 的直链或支链亚烷基。

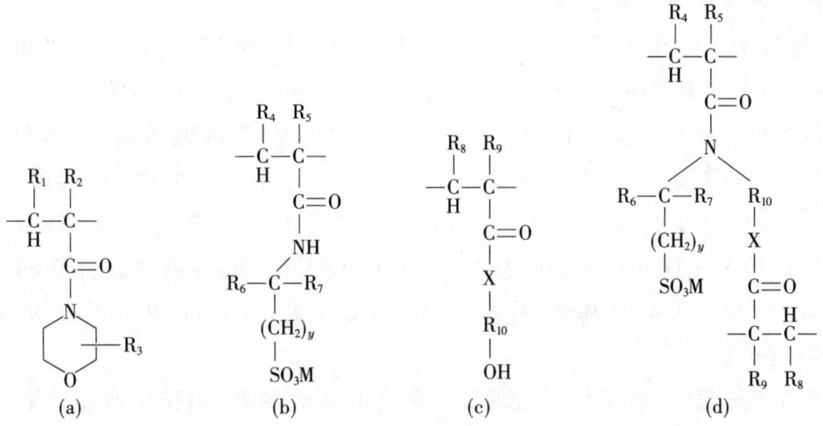

(a) (b) (c) (d)

图 6-21 组成聚合物的结构单元

丙烯酰吗啉聚合物钻井液降滤失剂在复合盐水基浆、高钙盐水基浆和饱和盐水基浆中，经过220℃老化16h后均能够表现出显著的降滤性能和增黏效果，其结果远远优于一般聚合物的降滤性能和增黏效果，即本发明的钻井液降滤失剂具有良好的抗温抗盐性能，其抗温能力优于采用烷基取代丙烯酰胺合成的产物，非常适用于超深井、高压和高含盐地层钻井。

第四节 两性离子型多元共聚物

采用丙烯酰胺、2-丙烯酰胺基-2-甲基丙磺酸与阳离子单体共聚得到的两性离子型共聚物，在保持阴离子型AMPS共聚物热稳定性好，降滤失能力、抗温抗盐能力强的情况下，还使聚合物具有较强的抑制性和防塌效果。由于阳离子基团的吸附能力强，阳离子单体的引入对产物的耐温抗盐能力也有一定的改善。阳离子单体的引入不仅改变了聚合物的溶液性质和钻井液性能，从反应的角度讲，阳离子单体也会对单体的竞聚率产生影响，为了保证聚合反应进行及产物性能，本节结合具体实例对影响聚合反应及聚合物性质的因素进行了介绍。

一、P(AM-AMPS-DMDAAC)共聚物

基于前面的研究，为确保P(AM-AMPS-DMDAAC)共聚物具有良好的性能，特别是在保持阴离子聚合物的特征的基础上具有良好的防塌抑制性能，重点讨论了反应温度、单体含量、引发剂用量、AMPS和DMDAAC用量对聚合反应和聚合物钻井液性能的影响[13]。

(一) 合成方法

将AMPS溶于适量的水中，在冷却条件下用等物质的量的氢氧化钾(溶于适量的水中)中和，然后加入AM和DMDAAC单体，待溶解后补充水，使单体含量控制在40%左右，加入引发剂，于50℃下反应0.5~1.0h，得凝胶状产物。取出剪成小颗粒，于80℃下烘干、粉碎得粉末状AM/AMPS/DMDAAC共聚物。

将所得凝胶状产物用水溶解成稀溶液，然后再用含量75%~80%(质量分数)的乙醇溶液沉淀，洗涤，并于80℃下烘干，称量，根据单体(AMPS、AM和DMDAAC)聚合反应生成的聚合物的量计算单体转化率。

(二) 合成条件对共聚物性能的影响

在合成的基础上考察了反应温度和原料配比对共聚物性能的影响。考察合成条件对共聚物钻井液性能的影响时，通用合成条件：m(AM)∶m(AMPS)∶m(DMDAAC)=70∶20∶10，单体含量40%(质量分数)，反应时间0.5~1.0h，引发剂用量(以过硫酸铵计，占单体质量百分数，过硫酸铵∶亚硫酸氢钠=1∶1，质量比)0.07%。在讨论某一项的影响时，该项为变量，其他条件不变。所用基浆为复合盐水基浆：在10%的安丘产膨润土(符合SY/T 5060—1993标准)基浆中加入5g/L $CaCl_2$、13g/L $MgCl_2 \cdot 6H_2O$和45g/L NaCl高速搅拌20min，于室温下放置养护24h，即得复合盐水基浆，样品加量0.5%(室温)、1.0%(180℃下滚动16h)。

1.反应温度的影响

表6-15是反应温度对单体转化率、共聚物的特性黏数[η]和用所得产物处理钻井液性能的影响。从表6-15可看出，随着反应温度的升高，单体转化率以及所得产物的降滤

失和提黏能力均提高，而当反应温度超过 50℃以后，单体转化率稍有提高，但产物的相对分子质量(相对分子质量与[η]值成正比)、降滤失和提黏能力反而降低。在实验条件下，反应温度在 45~50℃时较好。

表 6-15 反应温度对单体转化率、[η]和用所得产物处理钻井液性能的影响

反应温度/℃	转化率，%	[η]/(mL/g)	表观黏度/(mPa·s)	滤失量/mL
35	77.5	690	6	16
40	86.0	710	8	11
45	92.2	740	8.5	7.5
50	93.5	790	10	6.2
55	94.1	697	7	10

2.单体含量的影响

单体含量对产物特性黏数[η]和用所得产物所处理钻井液性能的影响见表 6-16。从表中可见，提高单体含量有利于提高产物的相对分子质量，改善产物的降滤失和提黏能力，但当单体含量大于 40%以后，则产物的[η]、降滤失和提黏能力反而降低，且易出现爆聚现象。在实验条件下，单体含量选择 35%~40%。

表 6-16 单体含量对产物[η]和用所得产物处理钻井液性能的影响

单体含量，%	[η]/(mL/g)	表观黏度/(mPa·s)	滤失量/mL	单体含量，%	[η]/(mL/g)	表观黏度/(mPa·s)	滤失量/mL
20	670	7.0	7.5	40	831	13.0	6.0
25	700	8.0	6.8	45	770	9.0	6.7
30	740	8.5	6.4	50	680	7.5	7.0
35	790	11.0	6.2				

3.引发剂用量的影响

引发剂用量对用所得产物所处理钻井液性能的影响见表 6-17。从表中可以看出、引发剂用量对用所得产物所处理钻井液的黏度影响较大，对钻井液的滤失量影响较小。随着引发剂用量的增加，产物的提黏能力明显降低，而产物的降滤失能力则随着引发剂用量的增加，开始略有改善，当继续增加引发剂用量时，降滤失能力反而略有降低。在实验条件下，引发剂用量在 0.1%时较好。

表 6-17 引发剂用量对用所得产物处理钻井液性能的影响(室温)

引发剂用量，%	表观黏度/(mPa·s)	滤失量/mL	引发剂用量，%	表观黏度/(mPa·s)	滤失量/mL
0.07	13.5	7.0	0.14	11.0	8.0
0.10	10.0	6.2	0.21	7.0	8.6

4.AMPS 用量的影响

表 6-18 是单体总量不变，DMDAAC 用量 10%时，AMPS 用量(质量分数)对用所得产物处理钻井液性能的影响。从表 6-18 可看出，改变 AMPS 用量时，所得产物在室温下的降滤失能力相差较小，而在 180℃下滚动 16h 后，产物的降滤失能力则随着 AMPS 用量增加而明显提高，说明引入 AMPS 有利于提高产物的耐温抗盐能力，考虑到产品的成本，AMPS 用量选用 25%。

表 6-18 AMPS 用量对产物降滤失能力影响

AMPS用量,%	室 温		180℃/16h	
	表观黏度/(mPa·s)	滤失量/mL	表观黏度/(mPa·s)	滤失量/mL
14	11.0	7.8	5.5	78
25	11.0	7.8	5.0	39
35	11.5	6.0	4.0	28

5.DMDAAC 用量的影响

表 6-19 是 DMDAAC 单体用量(质量分数)对产物的降滤失能力和防塌效果的影响(AMPS 用量 25%)。从表 6-19 可以看出,适当引入 DMDAAC 单体有利于改善产物的降滤失能力,但当 DMDAAC 单体用量过大时,由于产物的絮凝作用,降滤失能力下降,而对于产物的防塌能力而言,随着 DMDAAC 单体用量的增加,所得产物的防塌能力增加,即引入 DMDAAC 后所得的三元共聚物,其岩心回收率明显大于二元共聚物(DMDAAC 为 0时),当引入 7%的 DMDAAC 时,所得产物的岩心回收率比二元共聚物增加 66.9%。为了兼顾产物的降滤失能力和防塌效果,在实验条件下,DMDAAC 单体用量 10%较好,即产物既具有较好的降滤失能力,又具有较好的防塌效果。

表 6-19 DMDAAC 单体用量对产物钻井液性能的影响(室温)

DMDAAC用量,%	表观黏度/(mPa·s)	滤失量/mL	回收率①,%	DMDAAC用量,%	表观黏度/(mPa·s)	滤失量/mL	回收率①,%
0	12	7.4	35.7	10.0	14.5	6.0	83.6
7.0	12	7.0	77.6	18.0	9	14	87.7

注:①实验条件:回收率(在 0.3%的聚合物溶液中的回收率)120℃/16h,岩屑为明 9-5 井 2695m 岩屑(2.0~3.8mm),用 0.59mm 筛回收。

二、P(AHPDAC-HAOPS-AM)共聚物

采用阳离子单体 3-丙烯酰胺基-2-羟基丙基二甲基氯化铵(AHPDAC)与 AM 和 2-丙烯酰氧-2-甲基丙磺酸(HAOPS)共聚合成了一种两性离子型共聚物。研究及应用表明,共聚物有较强的抗温和抑制造浆能力。采用该聚合物钻井液在易水化地层钻井,能较好地控制钻井液低密度固相含量和固相的分散度。钻进过程中,钻井液黏度、切力较稳定,减少了钻井液的处理频率,且抗盐、抗钙镁能力强,与现场常用处理剂配伍性好,可以应用于淡水、盐水和饱和盐水钻井液[14]。

(一) 聚合物的合成

将 KOH 溶于适量水配成溶液,然后在搅拌下加入 HAOPS,继续搅拌至混合液透明,加入 AM,待 AM 溶解后加入阳离子单体 3-丙烯酰胺基-2-羟基丙基二甲基氯化铵(AHPDAC),用 20% KOH 溶液使体系的 pH 值调至要求,升温至 35℃,加入引发剂,在搅拌下反应 5~15min,得凝胶状产物。产物经剪切造粒,于 120℃下烘干粉碎,即得粉末状具阳离子磺酸盐共聚物产品。

(二) 合成条件对产品钻井液性能的影响

考察了引发剂用量、丙烯酰胺用量、HAOPS 用量和阳离子单体用量等合成条件对产物的性能影响。在讨论合成条件对钻井液滤失量和 1%胶液表观黏度的影响时,通用合成条件:非离子单体:阴离子单体=8:2(物质的量比),单体含量 40%;引发剂用量 0.5%。在讨

论某一项的影响时，该项为变量，其他条件不变。

1.引发剂用量对钻井液性能的影响

引发剂用量对钻井液性能的影响见表6-20(复合盐水钻井液+1.5%的共聚物，150℃/16h老化后测定，下同)。从表6-20可以看出，引发剂用量大产物相对分子质量低，为提高产物的相对分子质量，应尽可能降低引发剂用量。但引发剂用量太少时，又常导致不聚或低聚，引发剂用量太多时，聚合反应又不易控制。在实验条件下，引发剂用量在0.50%~0.65%时，可得到适当相对分子质量的产物。

表6-20 引发剂用量对钻井液性能的影响

引发剂用量，%	*FL*/mL	*AV*/(mPa·s)	*PV*/(mPa·s)	*YP*/Pa	*AV'*/(mPa·s)
0.05	47.0	7	3	4.0	89
0.25	27.0	6.5	3	3.5	85
0.50	11.8	6.5	3	3.5	66
0.65	11.2	6.0	3	3.0	60
0.90	10.0	4.0	3	1.0	45

注：*AV'*为用合成聚合物所配1%胶液的表观黏度，下同。

2.丙烯酰胺用量对钻井液性能的影响

良好的降滤失剂除需要适当的相对分子质量外，还需要合适的水化基团和吸附基团，所合成的共聚物中，其他反应条件一定时，丙烯酰胺用量对产物降滤失能力的影响见表6-21。从表6-21可看出，随着吸附基团用量的增加，钻井液的滤失量开始降低后又增加，1%胶液的表观黏度则逐渐升高。当吸附基团用量过大时，降滤失能力反而降低，这是因为聚合物用作降滤失剂时，只有当分子中吸附基团和水化基团的比例适当时才能起到较好的降滤失作用，当吸附基团的量增加，吸附基团和水化基团的比例不在适当的范围，致使共聚物的降滤失能力降低。在实验条件下，吸附基团用量在70%所得产物的滤失量较低，相对分子质量适当。

表6-21 吸附基团用量对钻井液性能的影响

吸附基团用量，%	*FL*/mL	*AV*/(mPa·s)	*PV*/(mPa·s)	*YP*/Pa	*AV'*/(mPa·s)
50	19.2	4.5	3.0	1.5	57.0
60	14.8	5.5	3	2.5	66.0
70	10.5	5.5	3	2.5	68.0
80	13.7	6.5	3	3.5	70.0
90	26.0	8.5	3.5	5.0	73.5

3.水溶性单体中磺酸单体含量对钻井液性能的影响

表6-22是吸附基团用量不变时，磺酸单体含量对钻井液滤失量和表观黏度的影响。从表6-22可以看出，随着磺酸单体含量逐渐增加，所得产物的降滤失能力提高，这是因为增加含磺酸基的单体用量有利于提高产物的耐温抗盐能力。但考虑到合成聚合物所的成本，磺酸单体用量选择20%。

4.水溶性单体中阳离子单体含量对钻井液滤失量及抑制性能的影响

表6-23是吸附基团用量不变时，水溶性单体中阳离子单体含量对钻井液滤失量和抑制性的影响。从表6-23可以看出，随着阳离子单体含量逐渐增加，所得产物的页岩回

收率升高，降滤失能力降低，这是因为增加阳离子单体用量有利于提高产物的抑制防塌能力，但随着阳离子单体含量增加，致使含磺酸基单体含量减少，导致合成产物的降滤失能力降低，过大时会使钻井液絮凝，甚至破坏胶体稳定性。考虑到钻井液的降滤失性能和抑制防塌能力，选择阳离子单体含量在9%。

表6-22 磺酸单体含量对钻井液性能的影响

磺酸含量，%	*FL*/mL	*AV*/(mPa·s)	*PV*/(mPa·s)	*YP*/Pa	*AV'*/(mPa·s)
10	22.0	5.0	3.0	2.0	65.0
20	14.8	6.5	3	3.5	66.0
30	4.8	4.5	4.0	0.5	61.5

表6-23 阳离子单体含量对钻井液性能的影响

阳离子含量，%	*FL*/mL	*AV*/(mPa·s)	*PV*/(mPa·s)	*YP*/Pa	*R'*，%
5	6.2	6.5	6	0.5	86
9	10	7	6.5	1.5	96.6
13	13	5.5	4.0	1.5	96.7
17	22	16.5	6	10.5	96.7

注：实验所用页岩样为马12井井深2700m处的岩屑(2.0~3.8mm)，120℃下滚动16h，用0.42mm筛回收岩心。

(三) 聚合物相对分子质量与共聚物钻井液性能的关系

表6-24给出了不同相对分子质量的共聚物（改变合成条件合成不同聚合物，以1%胶液的表观黏度表示不同聚合物的相对分子质量)对钻井液性能的影响(复合盐水基浆+1.5%的共聚物，150℃/16h)。从表中可以看出，作为钻井液处理剂，在基团比例一定时，共聚物必须具有足够的相对分子质量才能起到较好的降滤失作用，当相对分子质量达到一定值时，再增加相对分子质量反而使产物的降滤失能力降低，产物的增黏能力则随着产物的相对分子质量的增加而提高。根据这一规律可以通过改变合成条件而制得一系列不同相对分子质量和不同作用的产品。

表6-24 1%胶液表观黏度对钻井液性能的影响

AV'/(mPa·s)	*FL*/mL	*AV*/(mPa·s)	*PV*/(mPa·s)	*YP*/Pa
28.5	26.0	3.5	3.0	0.5
45.0	10.0	4.0	3.0	1.0
61.5	4.8	4.5	4.0	0.5
57.0	19.2	4.5	3.0	1.5
65.0	22.0	5.0	3.0	2.0
73.5	26.0	4.5	2.0	2.5
85.0	47.0	6.5	3.0	3.5

三、P(AODAC-AA-AMPS)共聚物

低相对分子质量的两性离子共聚物可以用作钻井液抑制型分散剂，针对目前钻井液工艺技术的发展状况，结合实践经验，以丙烯酰氧乙基二甲基氯化铵(AODAC)(50%水溶液)与AA、AMPS共聚，制得了一种低相对分子质量的两性离子型共聚物降黏剂[15]。

(一) 合成方法

将适量水加入反应釜，然后在搅拌下加入AMPS、AA搅拌至全部溶解，然后加入AP-

DAC和相对分子质量调节剂，然后再用20% KOH溶液使体系的pH值调至要求，升温至35℃；待温度达到后加入引发剂，在此温度下反应0.5~1.5h；待反应时间达到后用适当浓度的氢氧化钾溶液将体系中和至7~7.5；烘干粉碎，即得粉末状产品。

(二) 影响产品性能的因素

结合降黏剂对聚合物性能的要求，研究了产品收率及降黏能力对合成条件的依赖性。在合成条件依赖性实验研究中采用的基础合成配方为：AA 1.05mol，AMPS 0.14mol，AODAC 0.20mol，单体总含量35%，引发剂用量为单体总质量的4.0%(按APS计，APS:SBS=2:1)，相对分子质量调节剂为单体总质量的0.1%，反应温度35℃，反应时间60min。在考察每一合成条件的影响时，该合成条件为变量，其余合成条件保持不变。测定了共聚物的收率和降黏效果。降黏效果以加入0.15%共聚物样品的10%膨润土浆在150℃热滚16h后的室温表观黏度(*AV*)和动切力(*YP*)值表示。所用基浆由钙膨润土、纯碱、水按100:5:1000的比例配成，室温静置24h后使用。

1.引发剂用量和相对分子质量调节剂用量对产品收率和降黏效果的影响

引发剂用量对产品收率和降黏效果的影响如图6-22所示。引发剂用量小于4%时，随着引发剂用量增加，产品收率大幅度增加，当引发剂用量大于4%以后，收率增加趋缓，用产物处理的钻井液的表观黏度和动切力则随引发剂用量的增加先出现降低趋势，当引发剂超过一定量后又出现升高现象。只有引发剂用量适当，才能得到降黏效果好的产品。在所给定的实验条件下，选择引发剂用量为单体质量的4%~6%较好。

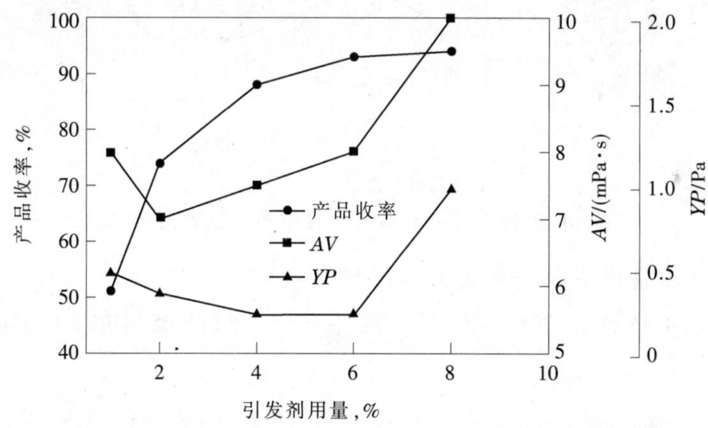

图6-22 引发剂用量对产品收率和降黏效果的影响

相对分子质量调节剂用量对产品收率和降黏效果的影响如图6-23所示。随着相对分子质量调节剂用量的增加，起初产品收率略有降低，用量超过0.15%后收率大幅度降低，而所处理钻井液的表观黏度和动切力则随着相对分子质量调节剂用量的增加先降低后又增加。说明只有相对分子质量调节剂用量适当，才能保证产品收率高、降黏效果好。在所给定的实验条件下，相对分子质量调节剂用量为单体质量的0.1%~0.15%较理想。

2.单体含量对产品收率和降黏效果的影响

从图6-24(相对分子质量调节剂用量为单体质量的0.15%)可以看出，在实验条件下随着单体浓度的增加，产品收率略有降低，用产品处理的钻井液表观黏度降低，动切力略有增加。因此，选择合适的单体浓度是提高产品收率、保证产品良好降黏效果的途径之一，同时也可避免爆聚现象，使聚合反应顺利进行。在所给定的实验条件下，单体含量控制在 30%~35%较好。

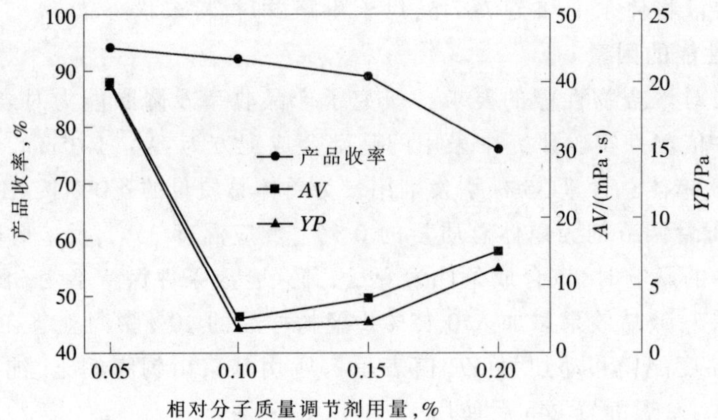

图 6-23 相对分子质量调节剂用量对产品收率和降黏效果的影响

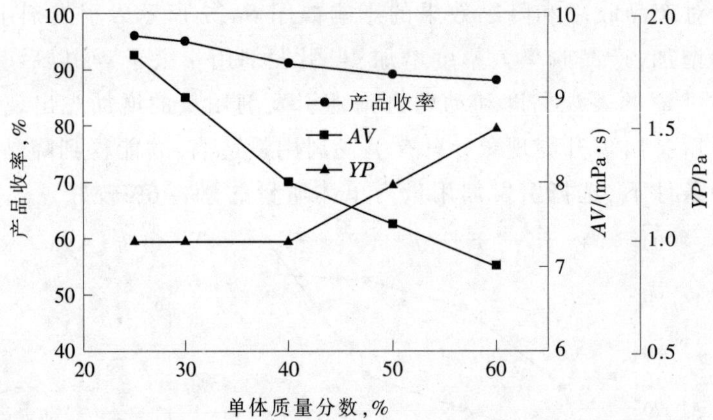

图 6-24 单体质量分数对产品收率和降黏效果的影响

3.反应时间对产品收率和降黏效果的影响

图 6-25 表明(单体含量 30%)，在实验条件下反应时间控制在 60~90min 可保证产品收率高，降黏效果好。

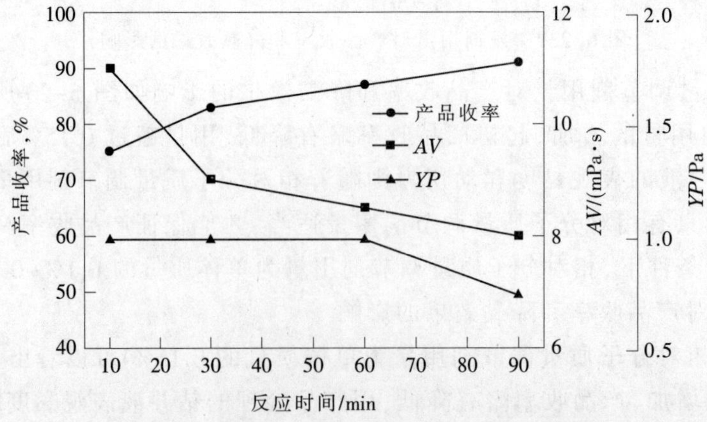

图 6-25 反应时间对产品收率和降黏效果的影响

4.原料配比对产品收率和降黏效果的影响

图 6-26 是产品收率、降黏效果与阳离子单体用量的关系。随着阳离子单体用量的增加,产品收率略有降低。用产品处理的钻井液的表观黏度和动切力先降低后又增加。增加阳离子单体用量有利于改善产物的抑制能力,但由于阳离子基团的强吸附作用会因吸附架桥作用使钻井液黏切增加,同时也会使钻井液产生絮凝,故要保证良好的降黏效果,阳离子基团量要适当。在所给定的实验条件下,阳离子单体用量 0.15~0.25mol 范围内可以达到较好的效果。

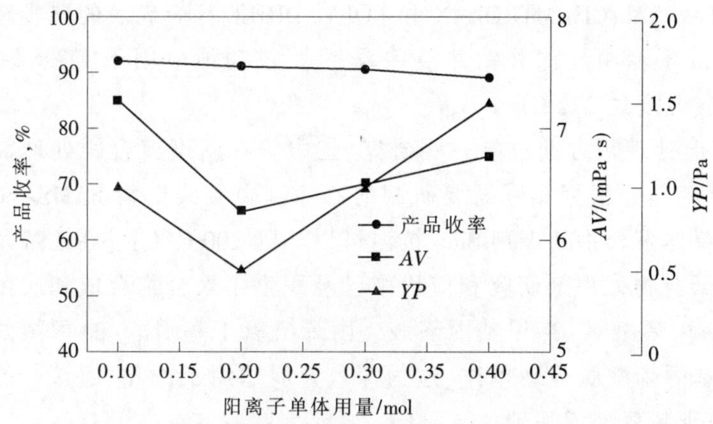

图 6-26 阳离子单体用量对产品收率和降黏效果的影响

图 6-27 是产品收率、降黏效果与 AMPS 用量的关系(引发剂为单体质量的 1%,相对分子质量调节剂为单体质量的 0.15%)。从图中可以看出,引入适量的 AMPS 有利于提高产物的降黏效果,改善产物的综合性能。在给定的实验条件下,AMPS 用量 0.15~0.20mol 范围内较好。

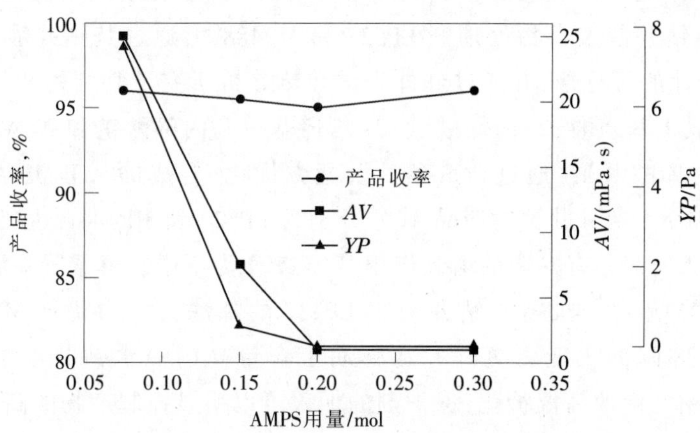

图 6-27 AMPS 用量对产品收率和降黏效果的影响

第五节 其他类型的含磺酸单体聚合物

除前面介绍的以 AMPS 为代表的含磺酸基单体的聚合物处理剂外，还有一些其他类型的含磺酸基团的单体,这些单体的聚合物可以用作超高温钻井液处理剂。

对于高温钻井液来说，能够满足超高温条件下控制钻井液性能的核心是抗高温钻井液处理剂。近年来，国内外研究者根据抗高温水基钻井液的需要，围绕适用于超深井的新型钻井液处理剂研制与开发方面开展了大量的研究。国外首先针对抗高温钻井液处理剂研制的需要，研制开发了一系列专用的功能性单体，如2-丙烯酰胺基-2-甲基丙磺酸、*N*,*N*-二甲基丙烯酰胺、*N*,*N*-二乙基丙烯酰胺、*N*-乙烯基甲基乙酰胺、*N*-乙烯基乙酰胺。由于这些单体的特殊结构为研制高性能处理剂提供了原料保证，使抗高温钻井液处理剂的研究取得了较大的进展，研制出了以COP-1、COP-2、MIL-TEMP、PYRO-TROL、KEM-SEAL、Therma-chek TM、CHEMTROL-X和POLY-DRILL等为代表的独具特色的抗高温处理剂产品，并形成了专用超深井钻井液体系[16~23]，成功地应用于实践，取得了较好的效果，最高使用井底温度达272℃。

国内在抗高温处理剂方面也有一些研究，王中华在新型聚合物处理剂研究方面已进行了大量的探索工作，根据实际需要研制的乙烯基磺酸共聚物PAMS-601和CPS-2000以及无机-有机单体聚合物处理剂Siop抗温可以达到200℃以上。在乙烯基磺酸共聚物和无机-有机单体聚合物处理剂研究和应用中已经积累了聚合物合成和应用的经验，并根据需要研制了2-丙烯酰氧-2-甲基丙磺酸、丙烯酰氧丁基磺酸、2-丙烯酰胺基十二烷基磺酸和*N*-异丁基丙烯酰胺等新单体，这为深入开展适用于深井、超深井的钻井液处理剂和钻井液体系的研制奠定了基础。

由于国内超高温聚合物钻井液处理剂研究刚起步，为了便于对处理剂性能的认识，本节不仅介绍了聚合物处理剂合成及影响聚合物性能因素，还对聚合物钻井液性能进行了介绍。

一、超高温聚合物降滤失剂

在第四章第三节超高温处理剂分子设计的基础上，通过合成条件对产物性能的影响实验，合成了超高温钻井液聚合物处理剂LP527和MP488[24]，通过其钻井液性能、配伍性评价，证明了合成设计的可行性，并通过红外光谱和热分析研究了其结构和热稳定性。结果表明，用丙烯酰氧丁基磺酸、2-丙烯酰氧-2-乙烯基甲基丙磺酸钠和*N*,*N*-二甲基丙烯酰胺与丙烯酰胺、丙烯酸共聚，通过合成条件及配方优化，合成的AOEMS/AOBS/AM/AA和AM/AOEMS/DMAM/AA两种共聚物产品(代号分别为LP527和MP488)，达到了设计要求。其中MP488作为降滤失剂，有一定的增黏作用，LP527作为不增黏解絮凝降滤失剂对钻井液的黏度基本没有影响，在4%盐水钻井液中LP527的降滤失能力优于MP488，在饱和盐水钻井液中MP488降滤失能力更好，在膨润土含量高的淡水钻井液中加入LP527和MP488，可以控制钻井液的高温稠化，保护剂的加入可以明显控制产物的高温降解。热分析表明，合成的降滤失剂热稳定性好，其热稳定性能够满足超高温钻井液体系的需要。通过淡水和盐水钻井液配方实验，发现LP527、MP488与SMC、SMP配伍性好，由它们组成的钻井液体系高温稳定性好，没有出现高温稠化，通过优化配方，钻井液的高温高压滤失量能够控制在15mL以内，在淡水钻井液密度达到2.52g/cm^3，盐水钻井液密度达到2.0~2.27g/cm^{3}时，钻井液仍然具有很好的流变性。现就其合成、影响产物性能的因素及产物性能评价结果进行介绍。

(一) 合成

1.原料

2-丙烯酰氧-2-乙烯基甲基丙磺酸钠(AOEMS)为室内合成;丙烯酰氧丁基磺酸(AOBS)、N,N-二甲基丙烯酰胺(DMAM)、丙烯酰胺(AM)、丙烯酸(AA)、氢氧化钠(钾)、过硫酸钾、相对分子质量调节剂1(无机化合物)、相对分子质量调节剂2(有机化合物)均为工业品。

2.合成方法

将氢氧化钾或氢氧化钠溶于适量水配制成溶液,在搅拌下依次加入离子性单体,使其充分反应,待反应完后加入AM等非离子单体,待AM溶解后用10% KOH或NaOH溶液使体系的pH值调至要求,升温至35~60℃,加入引发剂(过硫酸钾),在搅拌下反应15~45min,得凝胶状或固体状产物。产物在100~120℃下烘干粉碎,即得共聚物处理剂。

将所得产物用蒸馏水配成1%水溶液,在25℃下测其表观黏度,并通过表观黏度来反映相对分子质量大小。

(二) 影响产物性能的因素

针对研究需要,以AOBS和AM单体共聚为基础,考察合成条件对产物性能的影响,以作为聚合物优化合成的依据。考察钻井液性能所用基浆为饱和盐水加重钻井液,其组成为:4%膨润土浆+4% SMC+0.3% ZSC201+36% NaCl+1.5% NaOH,用重晶石加重至密度$2.0g/cm^3$,聚合物样品加量3.5%,220℃/16h老化后降温,补加0.25% NaOH,高速搅拌5min,在50℃测定性能。220℃/16h老化后基浆性能:AV为23mPa·s、PV为9mPa·s、YP为14Pa、Gel_{10s}为6.75Pa、Gel_{10min}为14.5Pa、FL为106mL。

1.AM与阴离子单体比例的影响

以AOBS和AM共聚,固定合成反应条件和AOBS单体用量,改变AM用量,合成不同的聚合物,AM单体用量对产物性能的影响见图6-28。从图中可以看出,在给定的实验条件下,随着AM单体用量的增加,聚合物1%水溶液表观黏度逐渐增加(即产物的相对分子质量随着AM单体用量的增加而增加)。从钻井液性能看,用所得产物所处理钻井液的黏度和切力则大幅度增加,说明增加AM单体用量,产物在钻井液中的提黏切能力提高。从滤失量看,当AM单体用量过大时,降滤失能力下降。可见,在希望所得产物以提高黏切作用为主时,可以适当提高AM单体用量,而当以降滤失为主时,则AM单体用量不能过大。在合成时可根据需要选择适当的AM单体用量。

2.相对分子质量调节剂用量对产物性能的影响

为了得到理想相对分子质量的产物,特别是当希望得到低相对分子质量产物时,只靠改变合成条件和引发剂用量很难实现,为此需引入相对分子质量调节剂来达到控制产物相对分子质量的目的。以AOBS和AM共聚,固定合成反应条件,$n(AM):n(AOBS)=6:4$,在合成中分别加入不同量的相对分子质量调节剂1和2,考察相对分子质量调节剂1和2用量对产物性能的影响,实验结果见图6-29和图6-30。从图中可以看出,两种相对分子质量调节剂均能有效地改变产物的相对分子质量,相对而言相对分子质量调节剂2更容易得到低相对分子质量的产物。在合成中可以根据实际需要选用不同的相对分子质量调节剂以及相对分子质量调节剂用量。从产物对钻井液性能的影响看,当相对分子质量低时,在钻井液中的提黏切能力明显降低;当相对分子质量适当时,产物基本不改变钻井液的黏切，而相对分子质量降低虽然影响控制滤失量的能力，但在不增加钻井液黏度的情况下，可以通过提高产物加量来达到控制滤失量的目的。

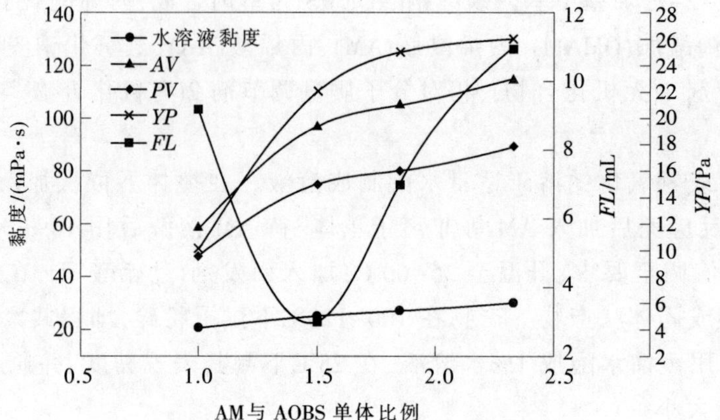

图 6-28 AM 与 AOBS 单体比例对产物性能的影响

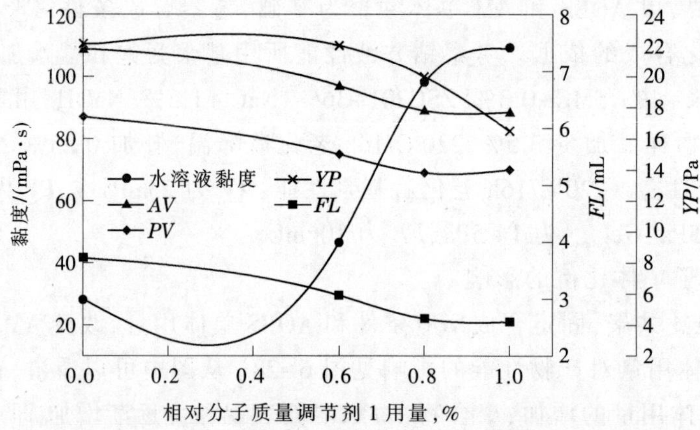

图 6-29 相对分子质量调节剂 1 用量对产物性能的影响

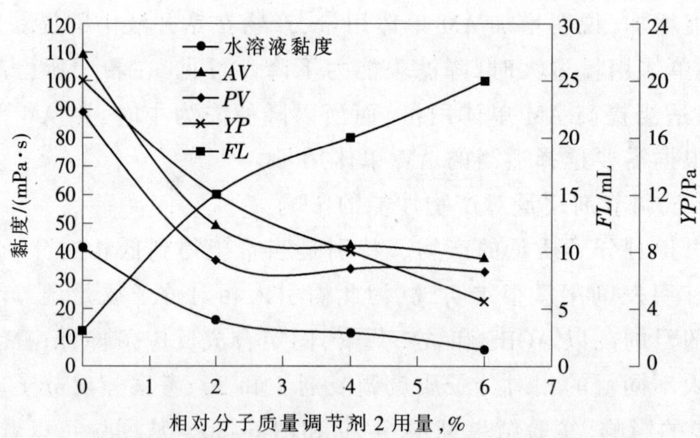

图 6-30 相对分子质量调节剂 2 用量对产物性能的影响

3.DMAM 用量的影响

DMAM 是一种耐水解单体，采用部分 DMAM 代替 AM 可以改善产物的热稳定性，为了考察 DMAM 用量对聚合物性能的影响，固定反应条件，n(AM+DMAM):n(AOBS)=6:4，相对相对分子质量调节剂 2 用量 3%，改变 AM 和 DMAM 的比例，DMAM 用量对钻井液性能的影响见图 6-31。从图中可以看出，当在共聚物中引入 DMAM，随着 DMAM 用量的增加产物的相对分子质量降低，但产物所处理钻井液的剪切稀释能力提高，用产物所处理的钻井液表观黏度、塑性黏度略有降低，但钻井液的动切力却明显提高。产物的降滤失能力随 DMAM 用量的增加稍有改善。总而言之，DMAM 的引入可以提高产物的水解稳定性，使聚合物在高温下保证较多的吸附基，因此有利于提高产物在高温下的吸附能力，改善钻井液在高温下的流变性和悬浮性。从有利于提高降滤失能力方面考虑，n(DMAM):n(AM)=0.55 时较好。

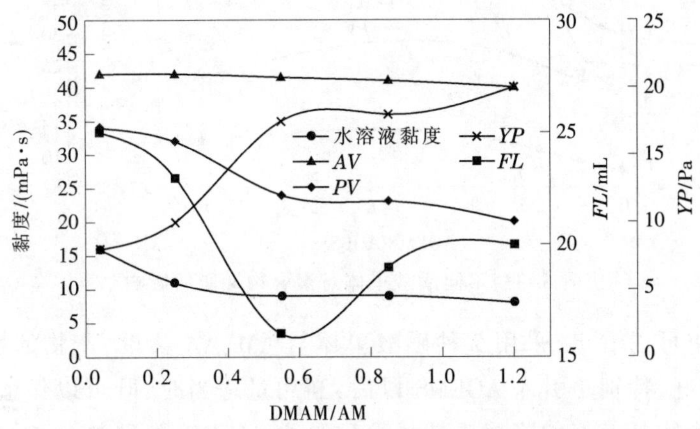

图 6-31 DMAM 用量对钻井液性能的影响

4.AA 的影响

AA 虽然存在耐高价离子差的缺点，但其价格是一个优势，为此考察引入部分 AA 对产物性能的影响。固定反应条件，n(AM):n(AA+AOBS)=6:4，相对相对分子质量调节剂 2 用量 3%，仅改变 AA 和 AOBS 之间的比例，AA 用量对产物性能的影响见图 6-32。从图中可以看出，当在共聚物中引入 AA，随着 AA 用量的增加产物的相对分子质量增加，产物在钻井液中的提黏切能力提高。产物的降滤失能力则随着 AA 用量的增加先提高后又降低。因此在合成时引入适量的 AA，既可以保证产品的综合效果，又能降低产品的生产成本。在实验条件下，n(AA):n(AOBS)=0.26 时较好。

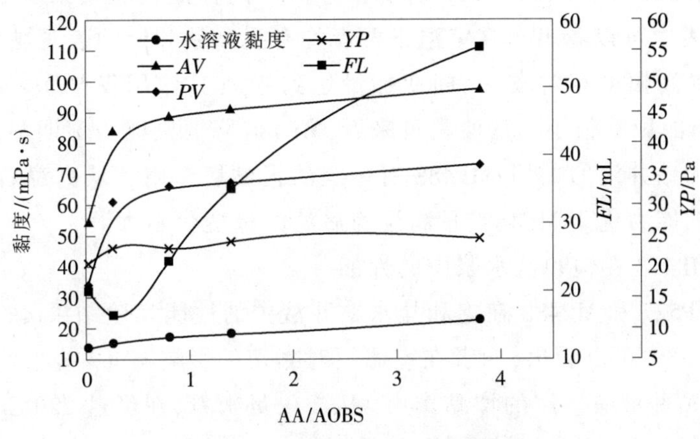

图 6-32 AA 用量对产物性能的影响

5.采用两种磺酸单体与其他单体共聚对聚合物性能的影响

固定反应条件，n(AM)∶n(AOBS+AOEMS)=6∶4，n(AA)∶n(AA+AOBS)=0.26，相对分子质量调节剂 2 用量 3%，改变两种磺酸单体的比例，考察不同磺酸单体及用量对产物性能的影响，实验结果见图 6-33。

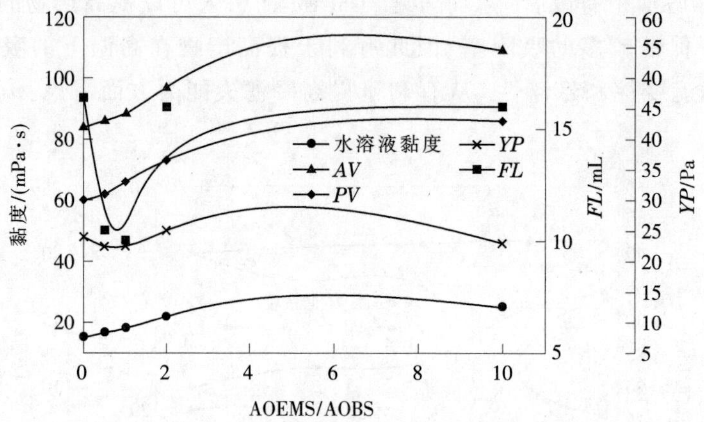

图 6-33 不同磺酸单体对聚合物性能的影响

从图 6-33 中可以看出，采用 2 种磺酸单体与 AM、AA 共聚，产物的性能比采用单一的磺酸单体效果好，特别是引入 AOEMS 以后，当用量适当时，既可以保证产物的黏、切较低，又可以保证产物具有好的降滤失能力。这是由 AOEMS 特殊的分子结构所决定，其分子中 2 个双键的反应活性不同，用其与其他单体共聚，可以得到具有梳型结构的产物。因此可以通过选择 2 种以上磺酸单体共用合成综合性能好的产物。

(三) 优化条件下合成产物的性能

在条件实验的基础上，根据超高温钻井液对处理剂的要求，综合考虑原料来源、生产成本等因素，通过改变合成条件及原料配比，合成了一系列不同作用的产物，在反复实验的基础上确定了 AOEMS/AOBS/AM/AA 共聚物(代号 LP527) 和 AM/AOEMS/DMAM/AA 共聚物(代号 MP488)作为目标产物，并进行钻井液性能评价。

1.LP527 和 MP488 在 4%盐水浆中的性能

表 6-25 是 LP527 和 MP488 在 4%盐水钻井液中的性能实验结果(4%的钙膨润土浆+4%的 NaCl)。从表中可以看出，在室温下两者均有提高钻井液的表观黏度和塑性黏度的作用，但 LP527 提高幅度相对较小，即使加量达到 3%，其作用仅与 1%加量的 MP488 相当，而其对动切力的影响很小。从滤失量来看，MP488 降滤失能力更明显。在高温滚动后 LP527 基本不增加钻井液的黏切，MP488 有一定的提黏切作用，从高温后的滤失量来看，LP527 控制滤失的能力优于 MP488，且高温前后滤失量变化不大。

2.LP527 和 MP488 在饱和盐水浆中的性能

表 6-26 是 LP527 和 MP488 在饱和盐水钻井液中的性能实验结果(4%的钙膨润土浆+NaCl 至饱和)。从表中可以看出，两者在室温下对黏切的影响与 4%盐水钻井液趋势相近，而高温后两者对钻井液有一定的增黏作用。从滤失量来看，在经过 220℃/16h 老化后两者单独使用均可以使钻井液的滤失量明显降低，但相对而言，MP488 降滤失能力更好。

表 6-25 LP527 和 MP488 在 4%盐水钻井液中的性能实验结果

样品	加量,%	常温性能					220℃/16h 后性能				
		AV/(mPa·s)	*PV*/(mPa·s)	*YP*/Pa	*FL*/mL	pH值	*AV*/(mPa·s)	*PV*/(mPa·s)	*YP*/Pa	*FL*/mL	pH值
LP527	0	4.5	2	2.5	60	8.5	5.75	2.5	2.25	126	8.0
	1.0	9.5	7	2.5	26.8	8.5	4	2	2	44	8.0
	1.5	11.5	8	3.5	23.6	8.5	4.25	2.5	1.75	20.8	8.0
	2.0	12	9	3	21.2	8.5	4.5	3.5	1.0	20.8	8.0
	2.5	13	10	3	18	8.5	4.5	3	1.5	14	8.0
	3.0	19	14	5	16	8.5	5.5	3	2.5	20	8.5
MP488	1.0	20	12	8	8.6	7.5	10	2	8	28	8.5
	1.5	28.5	18	10.5	8.4	7.5	11	3	8	29.6	8.5
	2.0	37	24	13	7.8	7.5	11.5	5	6.5	29.2	8.5
	2.5	49	31	18	8.4	7.5	9.75	3.5	6.25	30.4	8.5
	3.0	56.5	38	18.5	7.6	7.5	10.5	3	7.5	26.5	8.5

表 6-26 LP527 和 MP488 在饱和盐水钻井液中的性能实验结果

样品	加量,%	常温性能					220℃/16h 后性能				
		AV/(mPa·s)	*PV*/(mPa·s)	*YP*/Pa	*FL*/mL	pH值	*AV*/(mPa·s)	*PV*/(mPa·s)	*YP*/Pa	*FL*/mL	pH值
LP527	0	6	4.5	1.5	102	8.0	4.5	2.0	2.5	220	8.0
	1.0	7.5	6	1.5	20	8.0	4	2.5	1.5	184	8.0
	1.5	12	10	2	13	8.0	6.5	5	1.5	194	8.0
	2.0	16	14	2	10	8.0	6.5	4	2.5	140	8.0
	2.5	18.5	16.5	2	8.4	8.0	7.5	5	2.5	100	8.0
	3.0	20.5	19	1.5	9.2	8.0	9.5	8	1.5	94	8.0
MP488	1.0	10	9	1	8	7	4.5	3	1.5	112	7.5
	1.5	16	15	1	6	7	6	4	2	72	7.5
	2.0	24.5	22.5	2.5	5.8	7	8	5	3	50	7.5
	2.5	35.5	32	3.5	6.4	7	6.5	5	1.5	68	7.5
	3.0	47	41	6	6.4	7	10.5	8	2.5	50	7.5

3.在不同膨润土含量淡水钻井液中的效果

为了考察 LP527 和 MP488 在淡水钻井液中的作用效果,对其在不同膨润土含量的钻井液中的性能进行了评价,结果见表 6-27 和表 6-28。从表 6-27 可以看出,在钻井液中加入样品后表观黏度和塑性黏度有明显增加,动切力增加幅度较小,相对而言 MP488 比 LP527 增黏效果更明显,而当 220℃/16h 老化后钻井液的黏切均低于基浆,这将有利于控制钻井液高温稠化,而钻井液的滤失量高温前后变化不大。从表 6-28 可以看出,在膨润土含量高时,高温后基浆出现稠化现象,而当加入 LP527 和 MP488 后,钻井液的黏度不仅没有增加,反而降低,说明 LP527 和 MP488 可以有效地控制钻井液的高温稠化,将有利于在高密度条件下控制钻井液的流变性。

4.不同老化温度对钻井液的影响

表 6-29 是含有 LP527 和 MP488 的钻井液在不同温度下老化实验结果(基浆为 4%钙膨润土浆)。从表中可以看出,当样品加量 1%时,老化温度从 180~220℃变化,对钻井液性

能影响不大。从滤失量看，当聚合物加量为1%时，220℃/16h老化后与室温相比基本没有变化，说明LP527和MP488具有较好的抗温能力。同时考察了高温保护剂对产物的保护作用，从表中数据可以看出，保护剂的加入可以明显控制产物的高温降解。

表6-27 LP527和MP488在6%膨润土钻井液中的性能实验结果

样品	加量，%	常温性能					220℃/16h后性能				
		AV/(mPa·s)	*PV*/(mPa·s)	*YP*/Pa	*FL*/mL	pH值	*AV*/(mPa·s)	*PV*/(mPa·s)	*YP*/Pa	*FL*/mL	pH值
基浆	基浆	23	3	20	17.6	8.5	17.5	13	4.4	26	7.5
LP527	0.5	34	8	26	9.2	8.5	9	7	2	14.8	8.5
	1.0	39.5	17	22.5	9.2	8.5	9	7	2	11.2	8.5
MP488	0.5	42.5	15	27.5	8.4	8.5	13.5	11	2.5	14	8.5
	1.0	56.5	28	28.5	7.6	8.5	9	7	2	9.6	8.5

表6-28 LP527和MP488在8%膨润土钻井液中的性能实验结果

样品	加量，%	常温性能					220℃/16h后性能				
		AV/(mPa·s)	*PV*/(mPa·s)	*YP*/Pa	*FL*/mL	pH值	*AV*/(mPa·s)	*PV*/(mPa·s)	*YP*/Pa	*FL*/mL	pH值
基浆	基浆	39	2	37	14.5	8.5	51.5	20	31.5	22	7.5
LP527	0.5	60.5	16	44.5	7.6	8.5	19.5	15	4.5	12.0	8.5
	1.0	59	16	43	7.6	8.5	17	14	3	10.0	8.5
MP488	0.5	65.5	17	48.5	8	8.5	18.5	14	4.5	11.2	8.5
	1.0	83	32	51	6.4	8.5	16	13	3	8.4	8.5

表6-29 LP527和MP488的钻井液在不同温度下老化实验结果

样品	样品加量，%	保护剂加量，%	老化条件	*AV*/(mPa·s)	*PV*/(mPa·s)	*YP*/Pa	*FL*/mL	pH值
LP527	0.5		室温	22	12	10	11.6	8.5
			180℃/16h	5	4	1	13.6	8.5
			200℃/16h	5.5	5	0.5	14.6	8.5
			220℃/16h	4.5	2	2.5	17	8.5
		0.1	180℃/16h	12.5	8	4.5	14	8.5
			200℃/16h	13	7	6	14.3	8.5
			220℃/16h	9	5.5	3.5	15.2	8.5
	1.0		室温	30	20	10	11.2	8.5
			180℃/16h	4.25	4	0.25	13.2	8.5
			200℃/16h	5	4	1	10.4	8.5
			220℃/16h	4.25	3.5	0.75	11.2	8.5
MP488	0.5		室温	25.5	14	11.5	17.6	8.5
			180℃/16h	6	5	1	15.0	8.5
			200℃/16h	6	4	2	14.4	8.5
			220℃/16h	5	3.5	1.5	15.2	8.5
		0.1	180℃/16h	16.5	9	7.5	9.6	8.5
			200℃/16h	13	10	3	9.2	8.5
			220℃/16h	13	7	5	12.8	8.5
	1.0		室温	38	24	14	12.8	8.5
			180℃/16h	6.5	5	1.5	13.6	8.5
			200℃/16h	8	6	2	11.6	8.5
			220℃/16h	5.5	4	1.5	12.8	8.5

5.配伍性实验

为了考察合成产物在淡水钻井液中的适应性，用其与现场常用的腐殖酸钠(NaHm)、磺化褐煤(SMC)和磺化酚醛树脂(SMP)等进行配伍实验,实验配方如下:

1 号:7%钠膨润土浆+3% NaHm+1% SMP+1.5% LP527+0.5% MP488+0.6% XJ+0.25%表面活性剂+0.5% ZSC-201,用重晶石加重至密度 2.3g/cm^3;

2 号:3%钠膨润土浆+6% SMC+4% SMP+1.5% LP527+0.5% MP488+0.5% XJ+0.5% ZSC-201+0.25%表面活性剂+0.4% NaOH,用重晶石加重至密度 2.3g/cm^3;

3 号:1%钠膨润土浆+6% SMC+4% SMP+0.7% LP527+0.7% MP488+0.5% XJ+0.5% ZSC-201+0.5%表面活性剂+0.4% NaOH,用重晶石加重至密度 2.5g/cm^3。

4 号:1%钠膨润土浆+6% SMC+4% SMP+1.5% LP527+0.5% MP488+0.5% XJ+0.5% ZSC-201+0.5%表面活性剂+0.4% NaOH,用重晶石加重至密度 2.5g/cm^3。

按照上面四组配方配制钻井液,并于 220℃下老化 16h,冷却后补加 0.5% NaOH,高速搅拌 5min,测定钻井液性能,结果见表 6-30。从表中可以看出,4 种钻井液均具有良好的流变性,且高温高压滤失量均较低,说明由 LP527、HP488 与常用处理剂配伍可以满足高温下控制钻井液性能的需要。

表 6-30 不同配方淡水钻井液性能

实验编号	*AV*/(mPa·s)	*PV*/(mPa·s)	*YP*/Pa	ρ/(g/cm^3)	FL_{API}/mL	FL_{HTHP}/mL	*Gel*/(Pa/Pa)	pH值	测试温度/℃
1	89	49	40	2.27	7.2	20	18/27	11	55
2	108	68	40	2.32	2.0	10	14.5/26	9.5	55
3	107.5	76	31.5	2.52	3.6	20	7/24	9	55
4	135	102	33	2.52	3.8	13	10.5/26	9	55

注:高温高压滤失量测定条件为 180℃、压差 3.5MPa。

采用 LP527、MP488 与 SMC、高温稳定剂等设计三组盐水钻井液配方,以考察 LP527、MP488 与常用处理剂在盐水钻井液中的配伍性。

5 号:4%钠膨润土基浆+4% NaCl+1.5% LP527+1.5% MP488+6% SMC+4% SMP+0.5% XJ-1+1.0% NaOH,用重晶石加重至 2.25g/cm^3;

6 号:4%钠膨润土基浆+1.0% LP527+3.5% MP488+2% SMC+2%稳定剂+1.5% NaOH+NaCl 至饱和,用重晶石加重至密度 2.0g/cm^3;

7 号:4%钠膨润土基浆+1.0% LP527+3.5% MP488+2% SMC+2%稳定剂+0.5% XSJ+1.5% NaOH+NaCl 至饱和,用重晶石加重至密度 2.0g/cm^3。

按照上述配方配制钻井液,并于 220℃下老化 16h,冷却后补 0.25% NaOH,高速搅拌 5min,测定钻井液性能,结果见表 6-31。从表中可以看出,3 种不同配方的钻井液均具有良好的流变性,高温高压滤失量均较低。对比 6 号、7 号实验结果可以看出,当在体系中引入少量的分散剂就可以使体系的高温高压滤失量明显降低。

此外,中国发明专利还公开了一种聚合物降滤失剂及其制备方法[25]:将酸性单体先用氢氧化钠中和，然后加入非离子性单体丙烯酰胺、*N*-乙烯基己内酰胺，控制聚合体系的 pH 值在 6.0~11.0,以氧化-还原引发体系作为引发剂,在相对分子质量调节剂存在下进行水溶液聚合而成，反应的起始温度为10~80℃，聚合反应5~6min之内完成，得到多孔弹性体，烘干、粉碎得到超高温聚合物降滤失剂，其1%水溶液表观黏度在8~15mPa·s。所得产物作为超高温降滤失剂，在240℃及饱和盐水条件下具有较好的降滤失作用，且产品水溶性好，现场应用方便。

表6-31 不同配方盐水钻井液性能

实验编号	*AV*/(mPa·s)	*PV*/(mPa·s)	*YP*/Pa	ρ/(g/cm³)	*FL*/mL	FL_{HTHP}/mL	*Gel*/(Pa/Pa)	pH值	测试温度/℃
5	132.5	97	35.5	2.27	3.6	13	6/15	9	52
6	109	88	21	2.01	3.2	28	1.5/7.5	8.5	52
7	138	119	19	2.0	0.5	8	4.5/8.5	8.5	52

注：高温高压滤失量测定条件为180℃、压差3.5MPa。

二、P(AOBS-AM-AA)/腐殖酸接枝共聚物

采用腐殖酸与烯类单体接枝共聚，既能保持产物的抗温性，又可以有效地降低处理剂成本，在分子设计的基础上，合成了一种抗温达到240℃的低相对分子质量的AOBS-AM-AA/腐殖酸接枝共聚物处理剂。通过正交试验及腐殖酸用量考察，确定了接枝共聚物合成的条件与配方，并对其钻井液性能、配伍性等进行了评价，利用GPC和热重分析对产物的相对分子质量分布和热稳定性进行了测定，并借助红外光谱对接枝共聚物的基团进行了表征。结果表明，AOBS-AM-AA/腐殖酸接枝共聚物热稳定性好，GPC测定结果表明，接枝共聚物相对分子质量分布宽，作为降滤失剂在淡水钻井液、盐水钻井液和饱和盐水钻井液中均具有较强的降滤失能力。经240℃/16h高温老化证明，具有较强的抗温、抗盐能力，与室温相比高温后钻井液的流变性进一步得到改善，这将有利于超高温条件下钻井液性能的维护。AOBS-AM-AA/腐殖酸接枝共聚物与其他处理剂配伍性好，在用SMC、SMP和XJ-1等组成的2.57g/cm³超高密度KCl钻井液中具有显著降低高温高压滤失量的能力，当加量为3.0%时，可以使钻井液的滤失量由基浆的242mL降至20mL，且对钻井液的流变性影响小[26]。以下从合成、合成条件优化和性能评价等方面介绍。

(一) 合成方法

将褐煤(腐殖酸含量≥60%)去杂，按照褐煤:氢氧化钠=0.83:0.17(质量比)配成水溶液，于90℃保温搅拌反应1~2h，除去不溶物，经浓缩、烘干制成腐殖酸钠(含水≤7%)备用。

将配方量的氢氧化钠溶于适量水配成溶液，然后在搅拌下依次加入离子性单体AA和丙烯酰氧丁基磺酸(AOBS)，使其充分反应，待反应完后加入非离子单体AM，待AM溶解后加入腐殖酸钠搅拌均匀，然后加入相对分子质量调节剂，升温至60℃，加入引发剂(过硫酸钾)，在搅拌下反应15~45min，得凝胶状产物。产物在110~130℃下烘干粉碎，即得AOBS-AM-AA/腐殖酸接枝共聚物处理剂。

将所得产物用蒸馏水配成2.5%水溶液，在25℃下测其表观黏度，并通过表观黏度来反映产物的相对分子质量大小。

性能测试所用基浆为淡水基浆(在1000mL水中加入40g膨润土和5g碳酸钠，高速搅拌20min，于室温下放置养护24h)，盐水基浆(在4%膨润土基浆中加4%的NaCl，高速搅拌20min，于室温下放置养护24h)和饱和盐水基浆(在4%膨润土基浆中加36%的NaCl，

高速搅拌 20min，于室温下放置养护 24h)。

将所需样品加入基浆中，高速搅拌 20min，于室温下放置养护 24h 或在一定温度下滚动老化 16h，于室温下高速搅拌 5min，用 ZNS 型失水仪测定钻井液的滤失量，用 ZNN-D6 型旋转黏度计测定钻井液的流变性。

根据基浆的表观黏度 AV_0 和滤失量 FL_0 以及含样品浆的表观黏度 AV_1 和滤失量 FL_1，分别计算表观黏度上升率和滤失量降低率：

$$\text{表观黏度上升率}=\frac{AV_0-AV_1}{AV_0}\times100\% \tag{6-5}$$

$$\text{滤失量降低率}=\frac{FL_0-FL_1}{FL_0}\times100\% \tag{6-6}$$

(二) 合成条件优化

1.正交试验

在前面研究的基础上[9]，将非离子单体(丙烯酰胺)和离子单体(AOBS、AA)比、离子单体中和度、反应混合液浓度(质量分数)以及腐殖酸钠(占单体及腐殖酸钠总质量分数)作为可变因素进行重点考察，按表 6-32 所设计的因素和水平，采用 $L_9(3^4)$ 正交表安排正交试验，以接枝共聚物在 4%盐水钻井液中 240℃/16h 老化后的效果作为考察依据(样品加量 2.5%)，结果见表 6-33。

表 6-32 因素-水平表

水 平	A	B	C	D
	非离子单体:离子单体(物质的量比)	离子单体中和度，%	反应混合物质量分数，%	腐殖酸钠用量，%
1	1.25:1	80	55	18
2	1.50:1	90	50	24
3	1.85:1	100	45	30

表 6-33 $L_9(3^4)$正交试验结果

试验号	A	B	C	D	2.5%水溶液表观黏度/(mPa·s)	钻井液表观黏度上升率，%	滤失量降低率，%
1	1	1	1	1	7.5	17.6	77.1
2	1	2	2	2	5.5	17.6	79.2
3	1	3	3	3	5.5	0	81.25
4	2	1	2	3	5.5	−5.8	87.5
5	2	2	3	1	6.5	23.5	78.6
6	2	3	1	2	7.0	−5.8	82.3
7	3	1	3	2	6.5	17.6	79.2
8	3	2	1	3	6.5	−17.6	75
9	3	3	2	1	8.0	0	78.6

正交试验极差分析见表 6-34。从表 6-34(a)可以看出，腐殖酸钠用量，即因素 D 的位级改变对接枝共聚物水溶液表观黏度的影响最大，随着腐殖酸钠用量的增加，产物水溶液表观黏度逐渐降低。反应混合物的质量分数，即因素 C 的位级改变对产物水溶液表观黏度的影响较大，随着反应混合物的质量分数的增加，产物水溶液表观黏度先降低后又

增加。非离子单体与离子单体比，即因素 A 的位级改变对水溶液表观黏度的影响较小。离子单体中和度，即因素 B 对产物水溶液表观黏度的影响最小，各因素对产物水溶液表观黏度的影响次序是 D>C>A>B。

表 6-34 四因素对产物水溶液表观黏度、钻井液表观黏度上升率和降滤失能力的影响

项 目	(a) 水溶液表观黏度				(b) 钻井液表观黏度上升率				(c) 降滤失能力			
因 素	A	B	C	D	A	B	C	D	A	B	C	D
K_1	6.17	6.5	7.0	7.33	11.73	9.80	-1.93	13.7	79.18	81.27	78.13	78.1
K_2	6.33	6.17	5.83	6.33	3.97	7.83	3.93	9.8	82.8	77.6	81.77	80.23
K_3	7.0	6.83	6.17	5.83	0	3.93	13.7	-7.8	77.6	80.72	79.68	81.25
极 差	0.83	0.66	1.17	1.5	11.73	5.87	15.63	21.5	5.2	3.67	3.64	3.15

从表 6-34(b)可以看出，腐殖酸钠用量，即因素 D 的位级改变对产物所处理钻井液表观黏度的影响最大，随着腐殖酸钠用量的增加，用所得产物处理的钻井液的表观黏度上升率逐渐降低(最后出现负值，即有降黏作用)。反应混合物的质量分数，即因素 C 的位级改变对钻井液表观黏度上升率的影响较大，随着反应混合物的质量分数的增加，用所得产物处理的钻井液的表观黏度上升率迅速降低。非离子单体与离子单体比，即因素 A 的位级改变对钻井液表观黏度上升率的影响也较大，随着非离子单体的增加，用所得产物处理的钻井液的表观黏度上升率迅速降低。离子单体中和度，即因素 B 对表观黏度上升率的影响较小，各因素对表观黏度上升率的影响次序是 D>C>A>B。

从表 6-34(c)可以看出，非离子单体与阴离子单体比，即因素 A 的位级改变对降滤失能力的影响较大，随着非离子单体的增加，用所得产物降滤失能力先提高后又降低。离子单体中和度，即因素 B 的位级改变对降滤失能力的影响也较大，位级由小变大，产物降滤失能力先降低后又增加。反应混合物的质量分数，即因素 C 的位级改变对降滤失能力的影响与 B 相近。腐殖酸钠用量，即因素 D 的位级改变对降滤失能力的影响较小，随着腐殖酸钠用量的增加，产物降滤失能力逐渐提高。各因素对产物降滤失能力的影响次序是 A>B≈C>D。

2.优化试验结果与配方确定

在正交试验分析的基础上，对于水溶液表观黏度而言，由于希望合成的产物相对分子质量尽可能低，故从水溶液表观黏度来看优位级组合为 $A_1B_2C_2D_3$。同时希望合成的产物尽可能不增加钻井液的黏度，故从钻井液表观黏度上升率来看优位级组合为 $A_3B_3C_1D_3$。从降滤失能力而言，优位级组合为 $A_2B_1C_2D_3$。综合考虑超高温对降滤失剂的要求，即尽可能低的相对分子质量、对钻井液黏度和切力影响小、降滤失效果好，在三组优位级组合的基础上，确定了接枝共聚物合成的初步位级组合(配方)为 $A_2B_3C_2D_3$，考虑到增加腐殖酸钠用量可以降低接枝共聚物的成本，故以 $A_2B_3C_2D_3$ 为基础，在其他因素不变的情况下，即非离子单体与离子单体比为 1.5:1、离子单体中和度 100%，反应混合物质量分数 50%，改变腐殖酸钠用量，进一步考察腐殖酸钠用量对产物性能的影响，结果见图 6-34。

从图 6-34 可以看出，在实验条件下，随着腐殖酸钠用量的增加，产物水溶液表观黏度逐渐增加，用产物所处理钻井液的表观黏度也逐渐增加，当褐煤用量超过 36%以后，产物在老化后的钻井液中呈现增黏作用。从滤失量降低率看，增加腐殖酸钠的用量有利于提高接枝共聚物的降滤失效果，但当腐殖酸钠用量超过 34%以后，接枝共聚物的降滤失能力反而下降，综合考虑，在实验条件下选用腐殖酸钠用量 34%。在正交试验的基础上，确定接枝共聚物合成的配方为：非离子单体:离子单体=1.5:1、离子型单体的中和度100%、反应混合物的质量分数 50%、腐殖酸钠用量 34%，按照该配方进行接枝共聚物的合成，并进行性能评价。

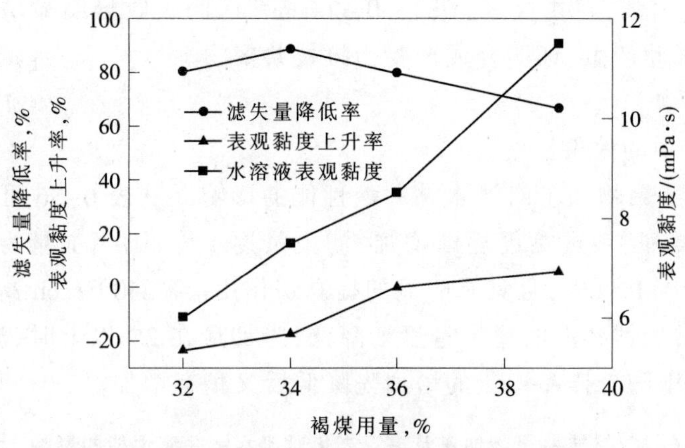

图 6-34 腐殖酸钠用量对产物性能的影响

(三) 相对分子质量测定

用高效凝胶渗透色谱法(GPC)测定 AOBS-AM-AA/腐殖酸接枝共聚物相对分子质量，结果见表 6-35。从表中可以看出，接枝共聚物相对分子质量分布较宽，这一特性有利于产物对钻井液综合性能的控制。

表 6-35 GPC 测定结果

数均相对分子质量 $\overline{M}_n$	重均相对分子质量 $\overline{M}_w$	峰位相对分子质量 M_P	Z均相对分子质量 $\overline{M}_z$	Z+1 均相对分子质量 $\overline{M}_{z+1}$	多分散性
81850	411979	613207	656297	780613	5.033362

(四) 红外光谱分析

将 AOBS-AM-AA/腐殖酸接枝共聚物经纯化后，用 KBr 压片测红外光谱，同时测定 P(AOBS-AM-AA)聚合物与腐殖酸钠的混合物的红外光谱[混合物制备方法：按照接枝共聚物合成中单体的配比合成 P(AOBS-AM-AA)，将 P(AOBS-AM-AA)聚合物与腐殖酸钠混合后溶于水配成胶液，于 100℃下烘干、粉碎]，结果见图 6-35。

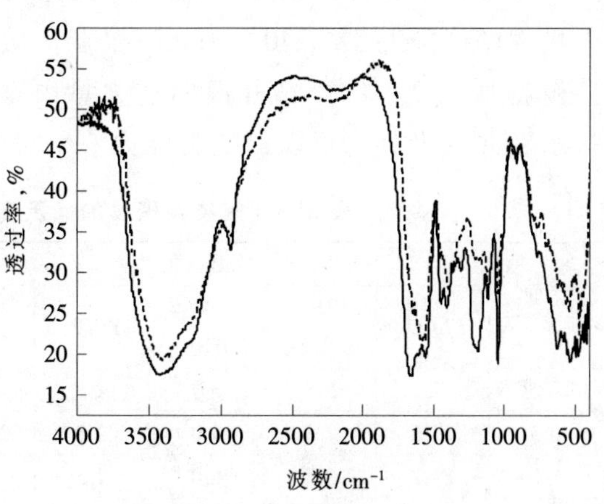

图 6-35 红外光谱

—— AOBS-AM-AA/腐殖酸接枝共聚物；

----- P(AOBS-AM-AA)与 SMC 混合物

在图 6-35 中，AOBS-AM-AA/腐殖酸接枝共聚物特征吸收归属：波数 3428cm^{-1} 为伯酰胺的—NH 伸缩振动，2927cm^{-1} 为脂肪族 C—H 键的伸缩振动，1673cm^{-1} 为酰胺基中

—C═O 的伸缩振动，1630cm^{-1} 附近为取代的芳环的环振动，1550cm^{-1} 附近为芳香族 C═O，仲胺伸缩振动，1217cm^{-1} 附近为—O—和酚基—O—的伸缩振动，1189cm^{-1} 附近为羧基的 C—O 键伸缩振动和—OH 的变形振动，1040cm^{-1} 附近为磺酸基的—SO_2—伸缩振动，证明接枝共聚物中存在亚甲基、酰胺基、羧基、磺酸基、芳环和酚基(腐殖酸结构单元)等基团。

从图 6-35 还可以看出，接枝共聚物与混合物相比，接枝共聚物在 1217cm^{-1} 附近酚基—O—的吸收峰显著增强，在指纹区，即 1330~400cm^{-1} 区间吸收峰明显增强，这是整个分子或分子的一部分振动产生，证明合成产物为接枝共聚物。

(五) 钻井液性能

1.在不同钻井液中的效果

表 6-36 是接枝共聚物加量对淡水钻井液性能的影响。从表 6-36 可看出，室温下随接枝共聚物加量的增加，表观黏度逐渐增加，滤失量逐步降低，当加量为 1.0%即可使钻井液的滤失量降至 10mL 以内，且具有明显的提黏切作用。经 240℃/16h 高温老化后，随着接枝共聚物用量的增加钻井液的滤失量逐渐降低，当加量在 2%以上时，滤失量比室温还低，而钻井液的黏切则随着样品用量的增加先降低后又稍有增加。

表 6-36 接枝共聚物加量及高温老化对淡水钻井液性能的影响

样品加量，%	常温性能					240℃/16h 老化后性能				
	FL/mL	*AV*/(mPa·s)	*PV*/(mPa·s)	*YP*/Pa	pH值	*FL*/mL	*AV*/(mPa·s)	*PV*/(mPa·s)	*YP*/Pa	pH值
基 浆	25	6.5	4.0	1.5	9.0	40	4.5	4.0	1.5	7.5
0.5	10.8	12.5	12.0	0.5	8.5	14.0	3.0	3.0	0	8.0
1.0	8.4	16.5	13.0	3.5	8.5	12.0	3.5	3.5	0	8.0
1.5	8.2	22.5	19.0	3.5	8.5	8.4	4.0	4.0	0	8.0
2.0	8.4	27.5	22.0	5.5	8.5	8.0	4.5	4.0	0.5	8.0
2.5	7.8	31.0	27.0	4.0	8.5	6.0	6.0	5.0	1.0	8.0

表 6-37 是接枝共聚物加量对盐水钻井液性能的影响。从表 6-37 中可看出，室温下随着接枝共聚物加量的增加，钻井液表观黏度和塑性黏度逐渐增加，动切力基本不变，滤失量大幅度降低。经 240℃/16h 高温老化后，钻井液黏切变化不大，对滤失量而言，当接枝共聚物加量 2.5%时，钻井液的滤失量由基浆的 200mL 下降至 18mL，说明接枝共聚物在盐水钻井液中具有很强的抗温能力。

表 6-37 接枝共聚物加量及高温老化对盐水钻井液性能的影响

样品加量，%	常温性能					240℃/16h 老化后性能				
	FL/mL	*AV*/(mPa·s)	*PV*/(mPa·s)	*YP*/Pa	pH值	*FL*/mL	*AV*/(mPa·s)	*PV*/(mPa·s)	*YP*/Pa	pH值
基 浆	72	5.5	3.0	2.5	8.5	200	5.5	4.0	1.5	7.5
0.5	27.6	7.5	5.0	2.5	8.5	64.0	6.5	3.0	3.5	8.0
1.0	23.2	8.5	6.0	2.5	8.5	52.6	4.5	2.0	2.5	8.0
1.5	19.2	10.0	7.5	2.5	8.5	39.0	6.0	3.0	3.0	8.0
2.0	16.0	12.5	9.0	3.5	8.5	36.4	7.0	4.0	3.0	8.0
2.5	13.6	14.5	12.0	2.5	8.5	18.0	6.5	3.0	3.5	8.0

表 6-38 是接枝共聚物加量对饱和盐水钻井液性能的影响。从表 6-38 中可看出，常温下随着接枝共聚物加量的增加，表观黏度、塑性黏度增加，滤失量降低，动切力先降低后又增加。经 240℃/16h 高温老化后，随着接枝共聚物用量的增加滤失量大幅度降低，当加量为 4%时可以使滤失量由基浆的 260mL 下降至 11.6mL，而钻井液的黏切增加很少，表明接枝共聚物具有很强的抗温抗盐能力。

表 6-38 接枝共聚物加量及高温老化对饱和盐水钻井液性能的影响

样品加量，%	常温性能					240℃/16h 老化后性能				
	FL/mL	*AV*/(mPa·s)	*PV*/(mPa·s)	*YP*/Pa	pH值	*FL*/mL	*AV*/(mPa·s)	*PV*/(mPa·s)	*YP*/Pa	pH值
基 浆	136	9.5	6.0	3.5	7.5	260	7.0	4.0	3.0	7.0
1.0	25.2	7.5	6.0	1.5	7.0	192.0	4.0	3.0	1.0	8.0
1.5	16.0	8.5	8.0	0.5	7.0	196.0	4.25	3.5	1.75	8.0
2.0	10.0	11.0	11.0	0	7.0	160.0	4.5	3.50	1.0	8.0
2.5	6.8	13.5	13.0	0.5	7.0	76.0	7.0	5.0	2.0	8.0
3.0	4.4	16.0	15.0	1.0	7.0	32.4	12.5	9.0	3.5	8.0
4	4.8	23.5	22.0	1.5	7.0	11.6	10.5	8.0	2.5	8.0

2.在高膨润土含量钻井液中的效果

接枝共聚物在高膨润土钻井液中具有非增黏性。对含样品的 8%膨润土钻井液于 240℃/16h 老化后测性能，结果见表 6-39。从表 6-39 中可看出，经过 240℃/16h 老化后样品加量 0.5%~2.0%的钻井液黏切均低于基浆，即加入接枝共聚物的钻井液的黏切不仅没有增加，反而降低，说明接枝共聚物可以有效地控制钻井液的高温稠化，将有利于控制钻井液的流变性。

表 6-39 8%淡水浆钻井液性能

样品加量，%	*FL*/mL	*AV*/(mPa·s)	*PV*/(mPa·s)	*YP*/Pa	pH值
0	25.5	11.5	9.5	2.0	7.5
0.5	8.8	8.0	7.0	1.0	8.0
1.0	8.4	8.0	7.0	1.0	8.0
1.5	7.0	8.5	7.0	1.5	8.0
2.0	8.4	10.0	9.0	1.0	8.0

3.配伍实验

接枝共聚物降滤失剂与其他处理剂具有良好的配伍性，将其用于密度 2.57g/cm³ 的超高密度 KCl 钻井液(组成：1%的膨润土浆+6% SMC+5.5% SMP+0.5% XJ-1+5% KCl+0.5% SP-80+0.75% NaOH，用重晶石加重至密度 2.57g/cm³)，在钻井液中加入不同量的接枝共聚物，于 240℃下老化 16h，测定钻井液性能，实验结果见表 6-40。从表 6-40 中可以看出，接枝共聚物在超高密度钻井液中具有较强的控制高温高压滤失量的能力，随着样品用量的增加，钻井液高温高压滤失量大幅度降低，当加量为 3.0%时，可以使钻井液的滤失量由基浆的 242mL 降至 20mL，而钻井液的黏、切均较低，说明接枝共聚物具有较好地控制高温高压滤失量和钻井液流变性的能力。

表 6-40 接枝共聚物在高密度 KCl 钻井液中的效果

样品加量,%	AV/(mPa·s)	PV/(mPa·s)	YP/Pa	Gel/(Pa/Pa)	ρ/(g/cm³)	FL/mL	FL_{HTHP}/mL	pH值	温度/℃
0	43.5	43.5	0	1/4.5	2.57	28.6	242	8	50
1.0	54.0	54.0	0	0.5/1.5	2.57	14	212	8	50
2.0	70.0	68.0	2.0	1/4.5	2.57	3.2	70	8	50
3.0	84.5	80.0	4.5	2/6	2.57	3.6	20	8	50

注:FL_{HTHP} 于 180℃、压差 3.5MPa 下测定。

第六节 含磺酸基聚合物钻井液处理剂

含磺酸基钻井液处理剂主要指 AMPS、AOBS 等含磺酸单体与其他单体的共聚物,目前还没有在现场广泛应用, 除 AMPS 与 AM 的共聚物 PAMS-601 和 AOBS 与 AM、AA 共聚物 CPS-2000 外,多属于室内研究或试验阶段。由于该类聚合物的合成方法基本相同,产品性能前面已详细介绍,这里仅给出一些处理剂的名称和结构式[27~36],其合成与性能不再赘述。

一、阴离子型聚合物

(一) 阴离子型多元共聚物

阴离子型多元共聚物主要为 AMPS 单体与丙烯酰胺、丙烯酸、烷基取代丙烯酰胺、乙烯基(甲)乙酰胺、乙烯基吡咯烷酮等单体的共聚物,这些聚合物将会因相对分子质量和基团比例不同而在钻井液中起到降滤失、增黏、絮凝、包被、抑制、防塌和降黏等作用,见图 6-36~图 6-54。

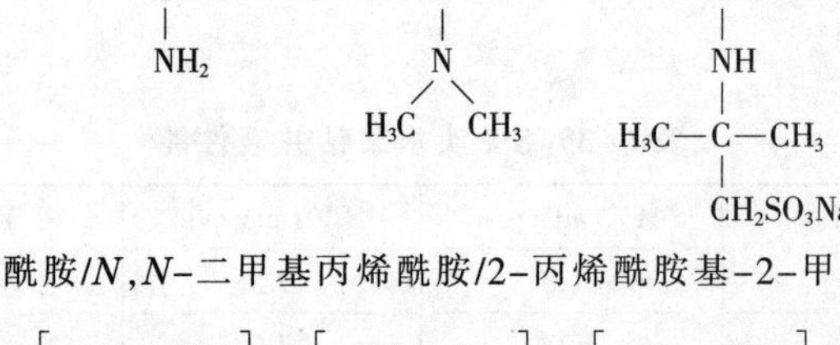

图 6-36 丙烯酰胺/N,N-二甲基丙烯酰胺/2-丙烯酰胺基-2-甲基丙磺酸共聚

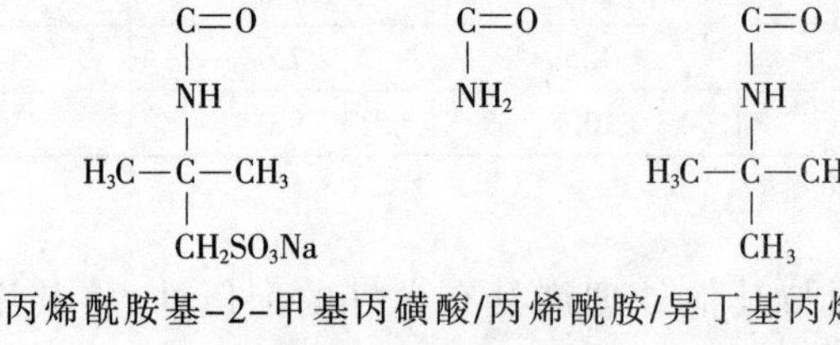

图 6-37 2-丙烯酰胺基-2-甲基丙磺酸/丙烯酰胺/异丁基丙烯酰胺共聚物

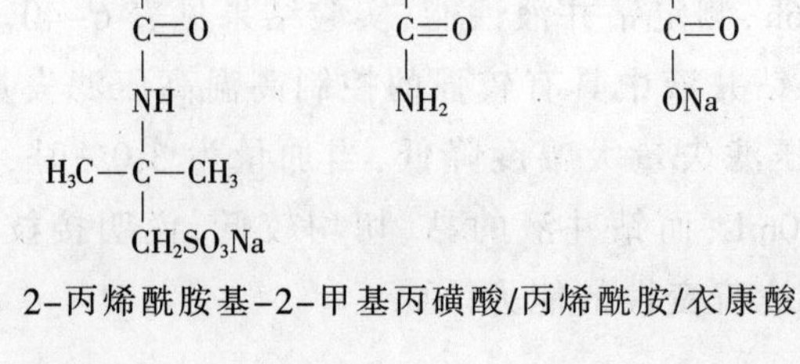

图 6-38 2-丙烯酰胺基-2-甲基丙磺酸/丙烯酰胺/衣康酸共聚物

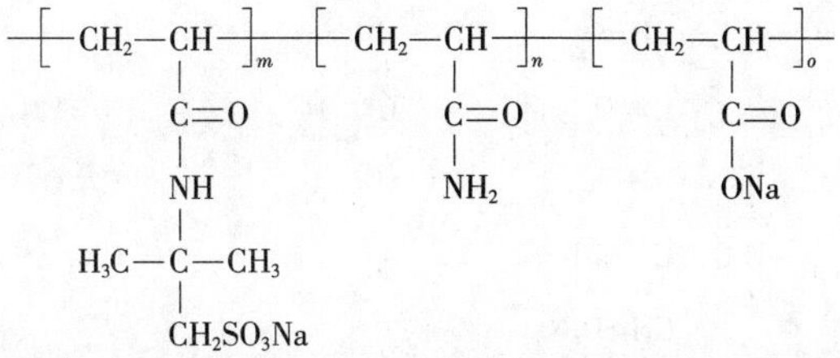

$-\!\!\left[CH_2-CH \right]_m\!\!-\!\!\left[CH_2-CH \right]_n\!\!-\!\!\left[CH_2-CH \right]_o\!\!-$

C=O　　C=O　　C=O

NH　　NH_2　　ONa

$H_3C-C-CH_3$

CH_2SO_3Na

图 6-39 2-丙烯酰胺基-2-甲基丙磺酸/丙烯酰胺/丙烯酸共聚物

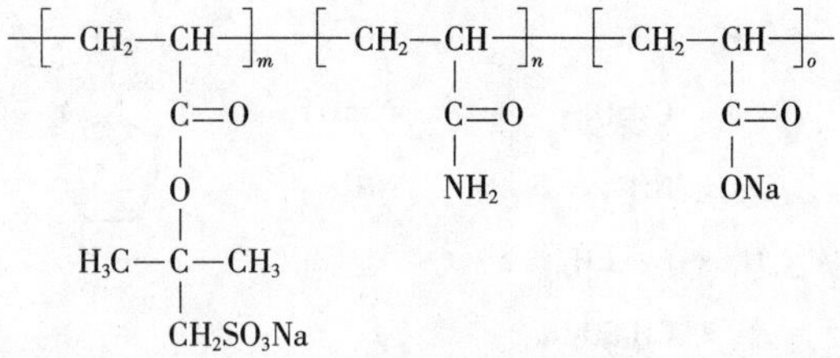

$-\!\!\left[CH_2-CH \right]_m\!\!-\!\!\left[CH_2-CH \right]_n\!\!-\!\!\left[CH_2-CH \right]_o\!\!-$

C=O　　C=O　　C=O

O　　NH_2　　ONa

$H_3C-C-CH_3$

CH_2SO_3Na

图 6-40 2-丙烯酰氧基-2-甲基丙磺酸/丙烯酰胺/丙烯酸共聚物

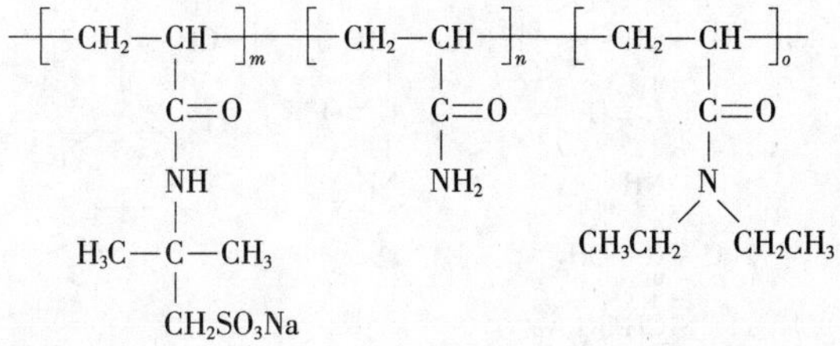

$-\!\!\left[CH_2-CH \right]_m\!\!-\!\!\left[CH_2-CH \right]_n\!\!-\!\!\left[CH_2-CH \right]_o\!\!-$

C=O　　C=O　　C=O

NH　　NH_2　　N

$H_3C-C-CH_3$　　CH_3CH_2　CH_2CH_3

CH_2SO_3Na

图 6-41 2-丙烯酰胺基-2-甲基丙磺酸/丙烯酰胺/*N*,*N*-二乙基丙烯酰胺共聚物

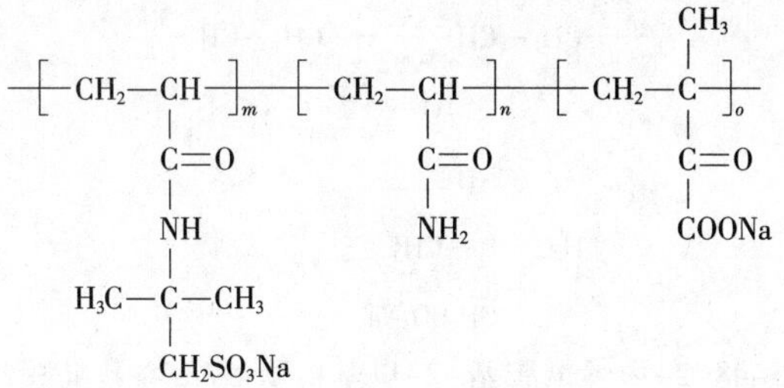

CH_3

$-\!\!\left[CH_2-CH \right]_m\!\!-\!\!\left[CH_2-CH \right]_n\!\!-\!\!\left[CH_2-C \right]_o\!\!-$

C=O　　C=O　　C=O

NH　　NH_2　　COONa

$H_3C-C-CH_3$

CH_2SO_3Na

图 6-42 2-丙烯酰胺基-2-甲基丙磺酸/丙烯酰胺/甲基丙烯酸共聚物

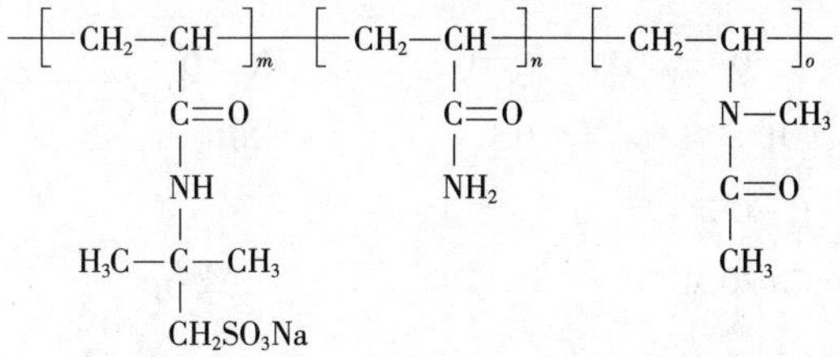

$-\!\!\left[CH_2-CH \right]_m\!\!-\!\!\left[CH_2-CH \right]_n\!\!-\!\!\left[CH_2-CH \right]_o\!\!-$

C=O　　C=O　　$N-CH_3$

NH　　NH_2　　C=O

$H_3C-C-CH_3$　　CH_3

CH_2SO_3Na

图 6-43 2-丙烯酰胺基-2-甲基丙磺酸/丙烯酰胺/乙烯基甲基乙酰胺共聚物

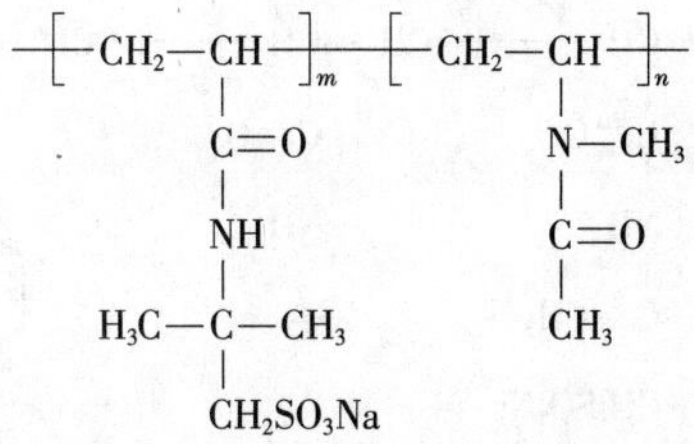

$-\!\!\left[CH_2-CH \right]_m\!\!-\!\!\left[CH_2-CH \right]_n\!\!-$

C=O　　$N-CH_3$

NH　　C=O

$H_3C-C-CH_3$　　CH_3

CH_2SO_3Na

图 6-44 2-丙烯酰胺基-2-甲基丙磺酸/乙烯基甲基乙酰胺共聚物

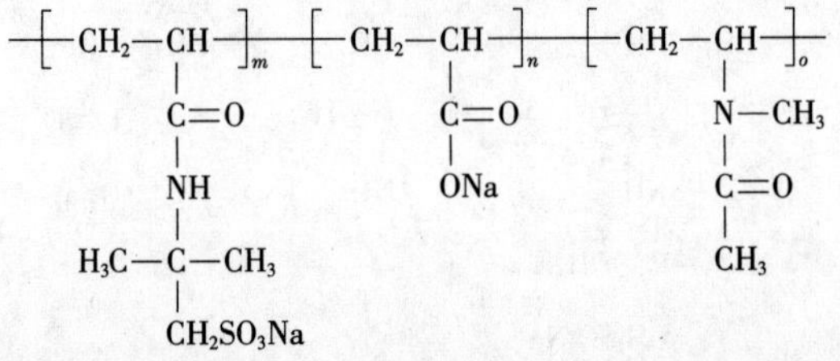

图 6-45 2-丙烯酰胺基-2-甲基丙磺酸/丙烯酸/乙烯基甲基乙酰胺共聚物

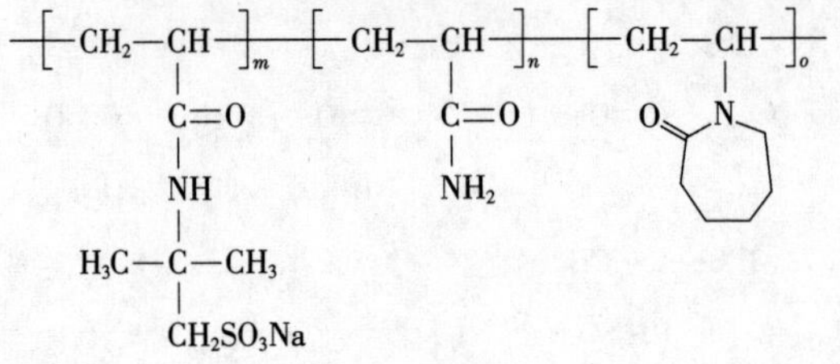

图 6-46 2-丙烯酰胺基-2-甲基丙磺酸/丙烯酰胺/乙烯基己内酰胺共聚物

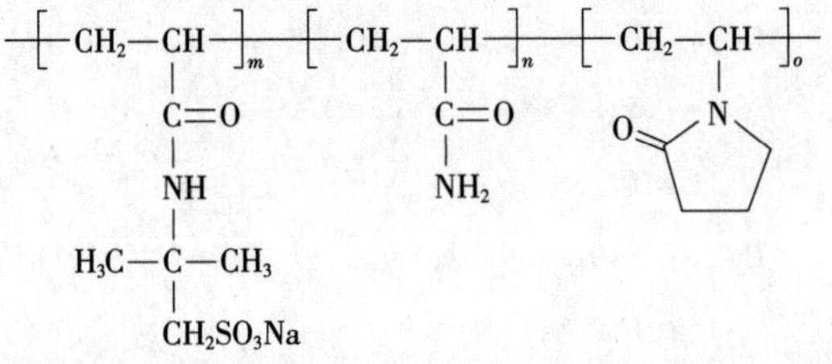

图 6-47 2-丙烯酰胺基-2-甲基丙磺酸/丙烯酰胺/乙烯基吡咯烷酮共聚物

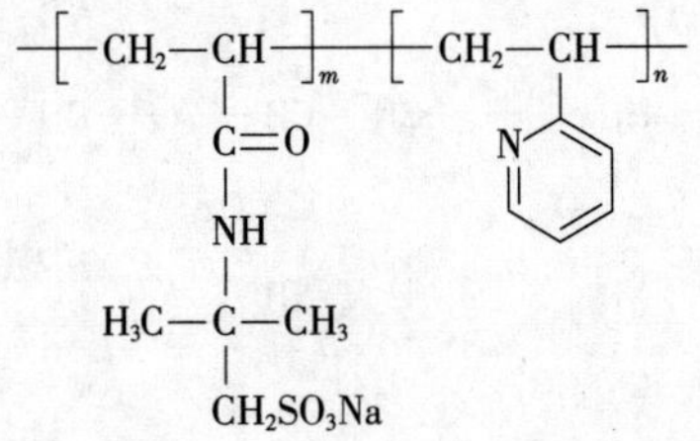

图 6-48 2-丙烯酰胺基-2-甲基丙磺酸/乙烯基吡啶共聚

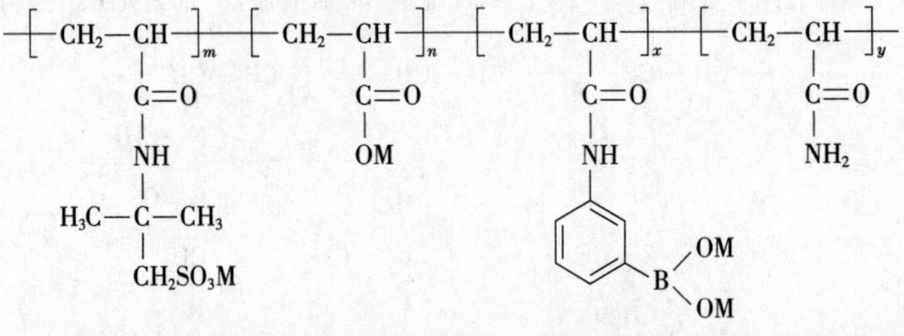

图 6-49 2-丙烯酰胺基-2-甲基丙磺酸/丙烯酸/3-丙烯酰胺基苯硼酸/丙烯酰胺共聚物

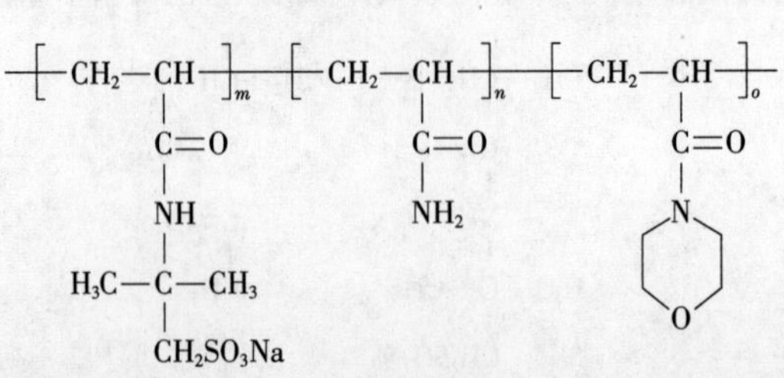

图 6-50 2-丙烯酰胺基-2-甲基丙磺酸/丙烯酰胺/丙烯酰吗啉共聚物

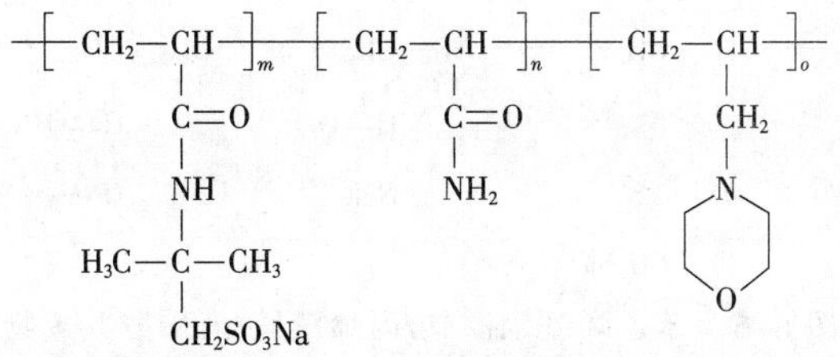

图 6-51 2-丙烯酰胺基-2-甲基丙磺酸/丙烯酰胺/烯丙基吗啉共聚物

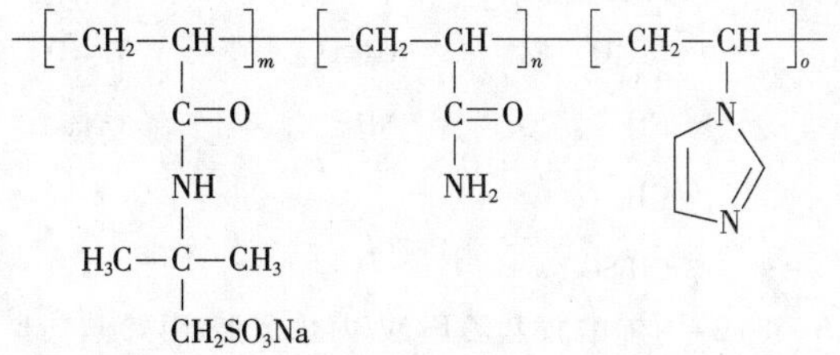

图 6-52 2-丙烯酰胺基-2-甲基丙磺酸/丙烯酰胺/乙烯基咪唑共聚物

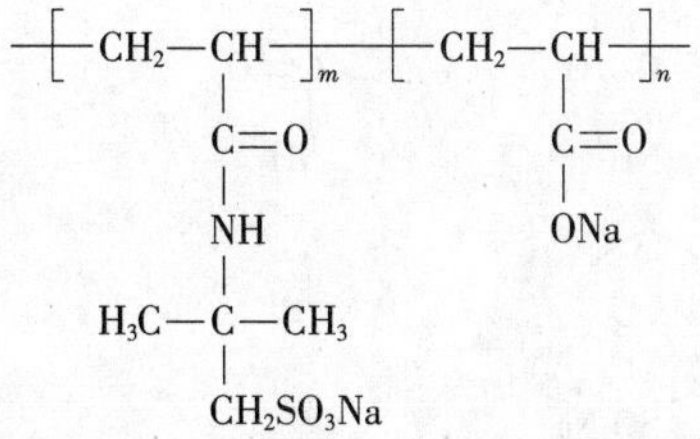

图 6-53 2-丙烯酰胺基-2-甲基丙磺酸/丙烯酸共聚物

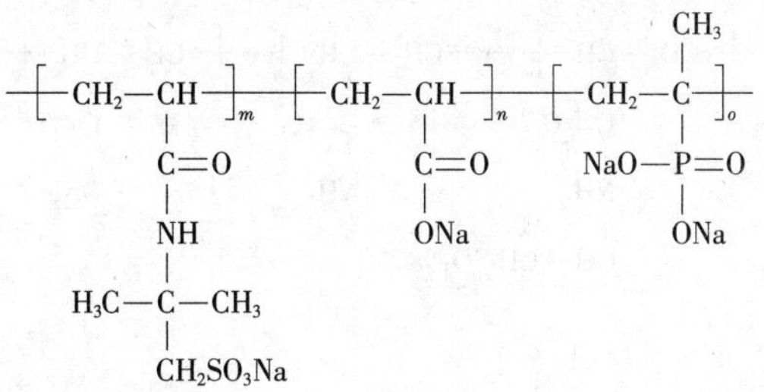

图 6-54 2-丙烯酰胺基-2-甲基丙磺酸/丙烯酸/异丙烯膦酸共聚物

(二) 其他类型的含磺酸基聚合物

其他类型的含磺酸基聚合物结构见图 6-55~图 6-66。

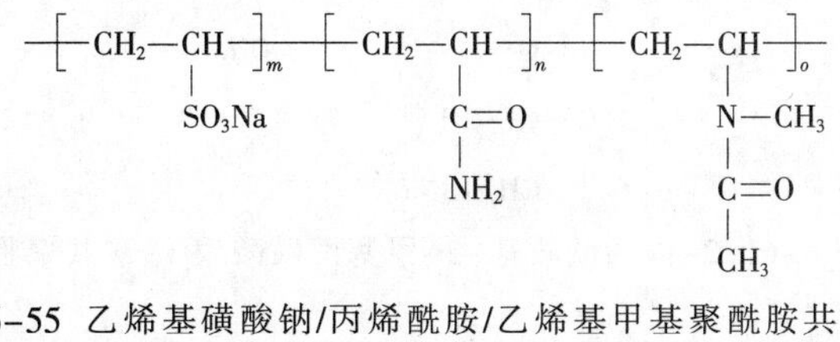

图 6-55 乙烯基磺酸钠/丙烯酰胺/乙烯基甲基聚酰胺共聚物

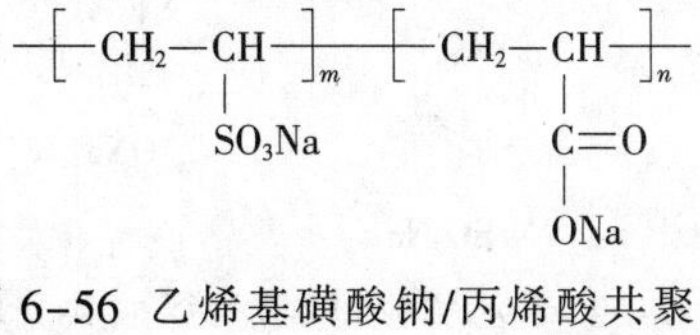

图 6-56 乙烯基磺酸钠/丙烯酸共聚物

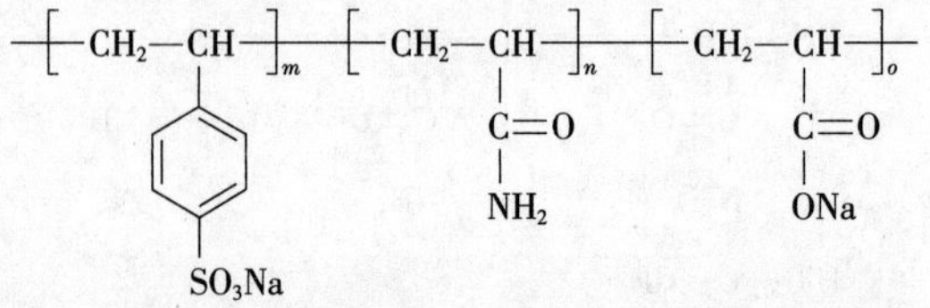

图 6-57 苯乙烯基磺酸钠/丙烯酰胺/丙烯酸共聚物

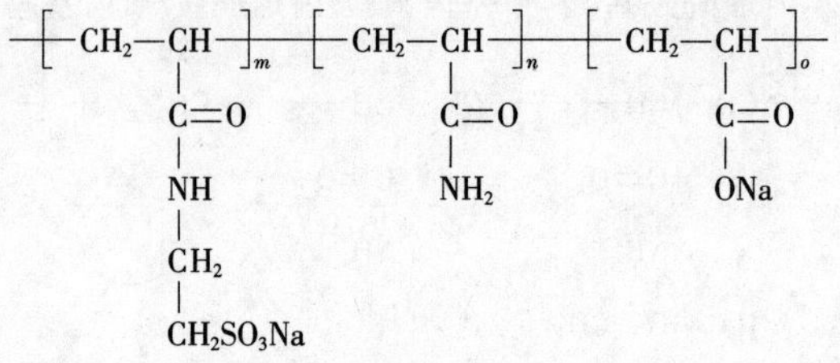

图 6-58 2-丙烯酰胺基乙磺酸/丙烯酰胺/丙烯酸共聚物

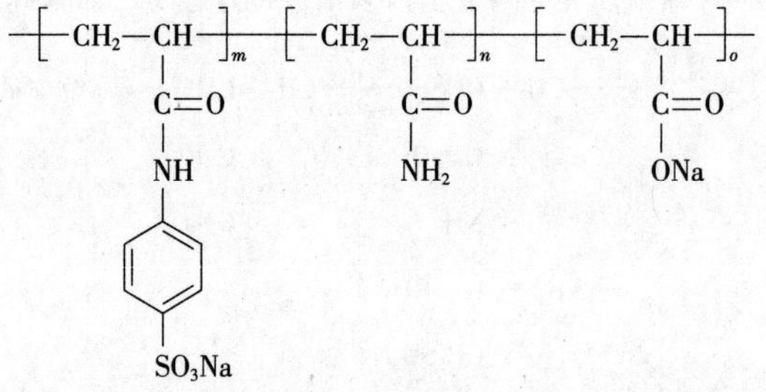

图 6-59 对丙烯酰胺基苯磺酸/丙烯酰胺/丙烯酸共聚物

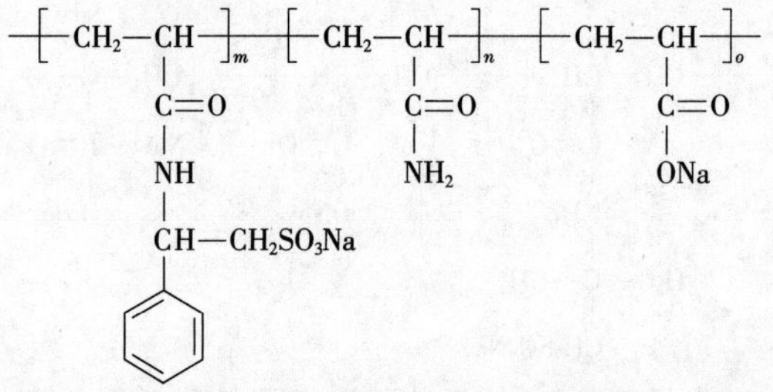

图 6-60 2-丙烯酰胺基苯基乙基磺酸/丙烯酰胺/丙烯酸共聚物

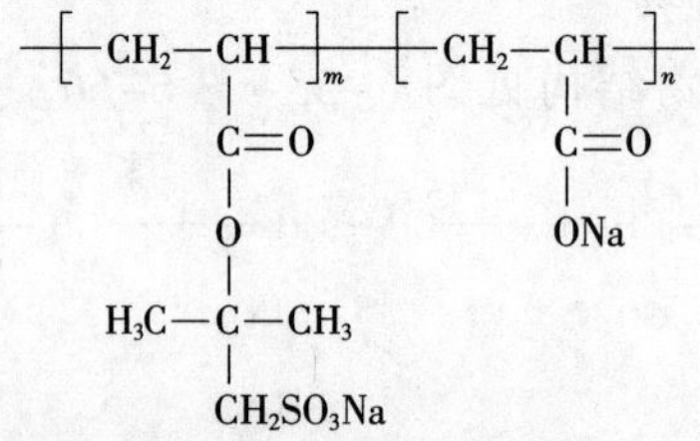

图 6-61 2-丙烯酰胺基-2-甲基丙磺酸/丙烯酸共聚物

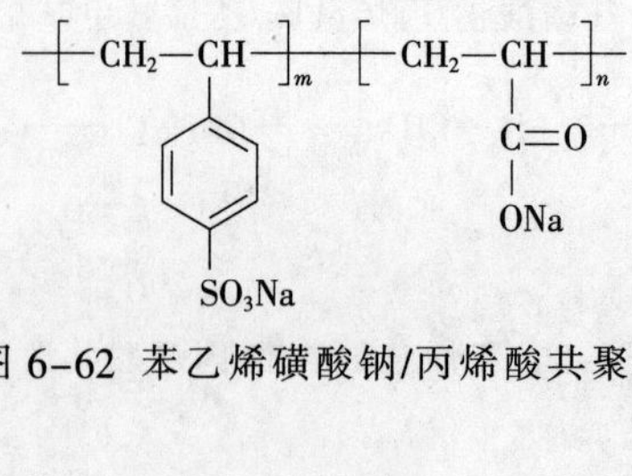

图 6-62 苯乙烯磺酸钠/丙烯酸共聚物

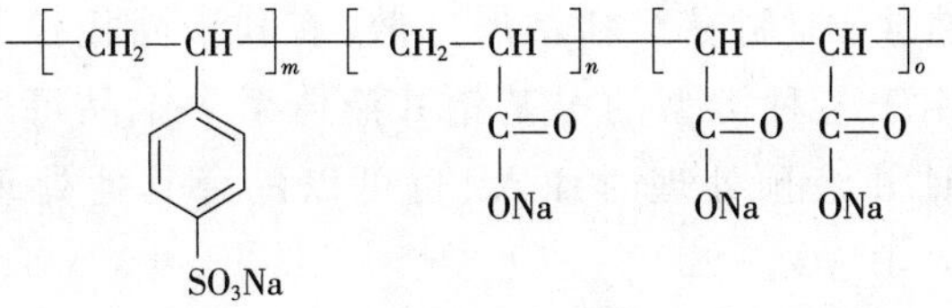

图 6-63 苯乙烯基磺酸钠/丙烯酸/马来酸共聚物

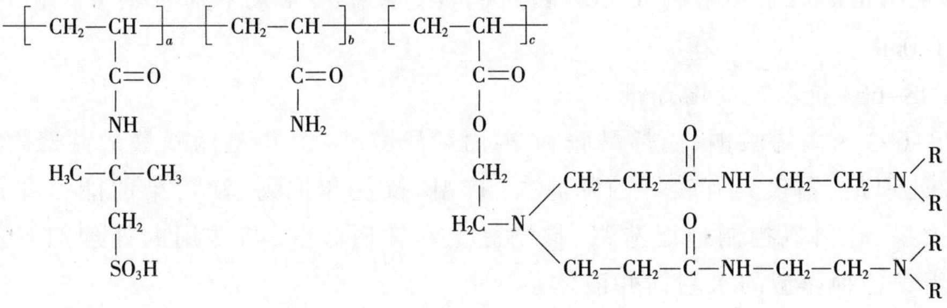

(a)

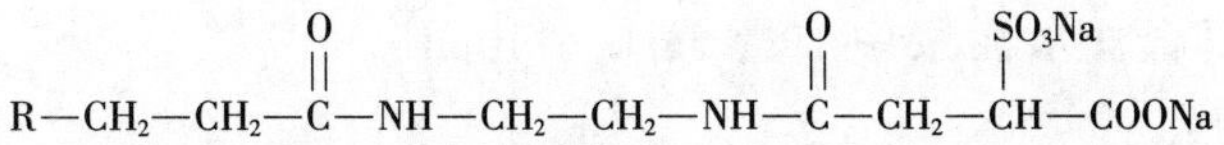

(b)

图 6-64 2-丙烯酰胺基-2-甲基丙磺酸/丙烯酰胺/超支化单体聚合物

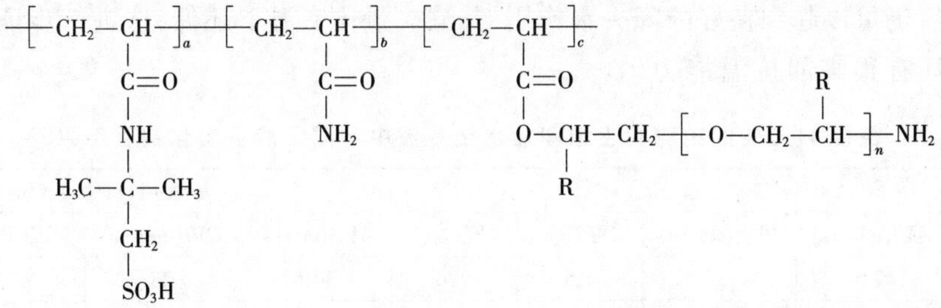

图 6-65 丙烯酰胺基-2-甲基丙磺酸/丙烯酰胺/*N*-端胺基聚醚基丙烯酰胺共聚物

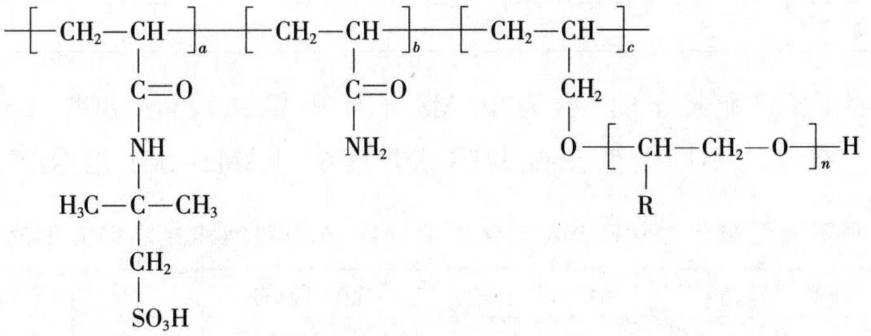

图 6-66 丙烯酰胺基-2-甲基丙磺酸/丙烯酰胺/烯丙基聚氧乙烯醚或聚氧丙烯醚共聚物

(三) PAMS-601 和 PAMS-603 聚合物处理剂

在阴离子型含磺酸基聚合物中，目前已经形成商品的主要有以 AMPS 与 AM、AA 等共聚制备的 PAMS-601 和 PAMS-603 聚合物处理剂。

1.抗温抗盐增黏包被聚合物处理剂 PAMS-601

PAMS-601 为丙烯酰胺和 2-丙烯酰胺基-2-甲基丙磺酸的共聚物。用作钻井液处理剂，具有较好的降滤失、抗温、抗盐和抗钙、镁污染的能力，同时具有较好的抑制、包被作用,可有效地控制地层造浆、抑制黏土和钻屑分散,有利于固相控制。本品与常用的处理剂有良好的配伍性,可用于各种类型的水基钻井液体系。本品可适用于海洋和高温深井钻井作业中,本品可在钻井液预处理时加入,也可以配合其他处理剂进行钻井液性能的维护处理,加量为0.05%~0.3%。

产品性能指标:外观白色粉末,有效物≥85.0%;水分≤7.0%;25℃下,1%水溶液的表观黏度≥35.0mPa·s;水不溶物≤1.0%;滤失量(复合盐水泥浆中加量15g/L,150℃/16h老化后)≤10.0mL。

2.PAMS-603抗温抗盐增黏剂

PAMS-603为丙烯酸钠、丙烯酰胺和2-丙烯酰胺基-2-甲基丙磺酸的共聚物。本品用作钻井液处理剂,不仅具有较好的降滤失、抗温、抗盐和抗钙、镁污染的能力和较好的增黏、絮凝效果,也可以控制地层造浆、抑制黏土和钻屑分散,与常用的处理剂有良好的配伍性,可用于各种类型的水基钻井液体系。

产品性能指标:外观为白色粉末;有效物≥85.0%;水分≤7.0%;特性黏数≥400mL/g;pH值7~9;滤失量(复合盐水泥浆中加量5g/L)≤10mL。

3.应用效果

以PAMS-601为例,将含有PAMS-601聚合物的饱和盐水泥浆于不同温度下进行老化试验,结果见表6-41。从表6-41可以看出PAMS-601在饱和盐水泥浆中即使在220℃下老化16h后仍可以起到良好的降失水作用,其滤失量比室温下还低,这进一步证明了PAMS-601聚合物具有很高的抗温能力。

表6-41 2%的钠膨润土饱和盐水钻井液中不同温度下老化实验结果

老化温度与时间(℃/h)	基浆				基浆+1.71% PAMS			
	AV/(mPa·s)	*PV*/(mPa·s)	*YP*/Pa	*FL*/mL	*AV*/(mPa·s)	*PV*/(mPa·s)	*YP*/Pa	*FL*/mL
室温	9.5	5	4.5	224	34.5	28	6.5	24
180/16	11.5	2.5	6.25	240	14.5	9	5.5	29
200/16	7.75	3	4.75	284	10.5	5	5.5	21
220/16	6.5	3	3.5	344	7.5	5	2.5	17

表6-42是采用不同配浆土时,含有PAMS-601的钻井液经180℃/16h老化后的效果,从表6-42可看出,在采用不同配浆土配制的钻井液中,PAMS-601聚合物均有较好的效果。

表6-42 采用不同配浆土180℃/16h老化后PAMS-601对饱和盐水钻井液滤失量的影响

配浆土	样品加量,%	*AV*/(mPa·s)	*PV*/(mPa·s)	*YP*/Pa	*FL*/mL
4%钠膨润土	0	5	4	1	228
	1.7	12.5	8.5	4	9.8
4%抗盐土	0	2.5	2.5	0	240
	1.7	10	10	0	8

注:样品加量1.71%。

为了进一步考察PAMS-601聚合物的抑制能力,进行了页岩滚动回收率实验,并与K-PAM进行了对比,结果见表6-43。从表6-43中可以看出,PAMS-601聚合物具有较强的抑制页岩水化分散的能力,明显优于K-PAM。

表 6-43 页岩滚动回收率实验结果

聚合物溶液浓度,%	回收率,%	聚合物溶液浓度,%	回收率,%
清 水	25.88	0.05% PAMS601	84.18
0.1% K-PAM	47.17	0.1% PAMS601	84.38
0.2% K-PAM	50.24	0.15% PAMS601	88.44
0.3% K-PAM	63.89		

注:所用岩心为岩屑粒度 2.1~3.8mm,用 0.42mm 筛回收,滚动条件 80℃/16h。

二、两性离子型共聚物

(一) 在阴离子聚合物的基础上,引入不同结构的阳离子单体,合成一系列两性离子型多元共聚物

在阴离子型聚合物的基础上,通过引入不同结构的阳离子单体,可以合成一系列两性离子型多元共聚物,这些共聚物将因分子中阳离子、阴离子和/或非离子基团量比例、相对分子质量的不同,而在钻井液中起到抑制、防塌、絮凝、包被、降滤失和降黏等作用,见图 6-67~图 6-79。

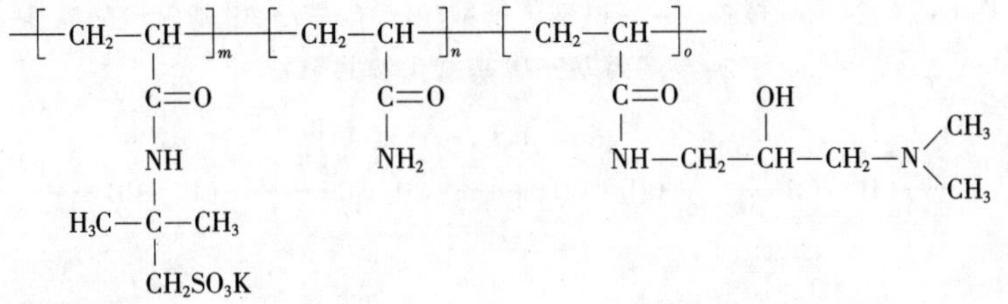

图 6-67 2-丙烯酰胺基-2-甲基丙磺酸/丙烯酰胺/3-丙烯酰胺基-2-羟基丙基二甲胺共聚物

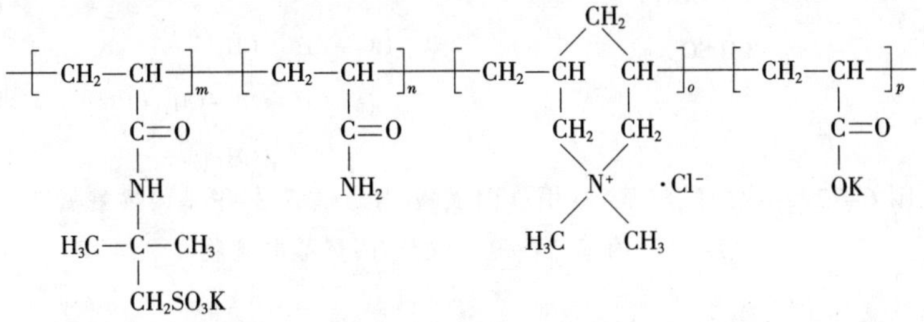

图 6-68 2-丙烯酰胺基-2-甲基丙磺酸/丙烯酰胺/二甲基二烯丙基氯化铵/丙烯酸共聚物

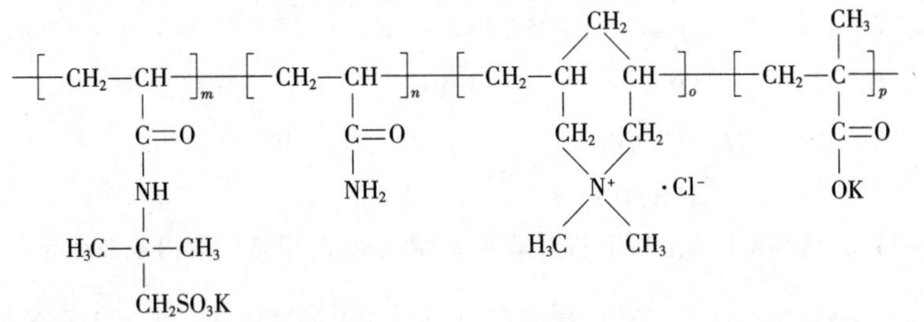

图 6-69 2-丙烯酰胺基-2-甲基丙磺酸/丙烯酰胺/二甲基二烯丙基氯化铵/甲基丙烯酸共聚物

(二) 采用既含阴离子又含阳离子基团的两性离子型单体与 AMPS、AM 等共聚制备两性离子型多元共聚物

图 6-80~图 6-85 是采用既含阴离子又含阳离子基团的两性离子型单体与 AMPS、AM 等共聚制备的两性离子型多元共聚物。

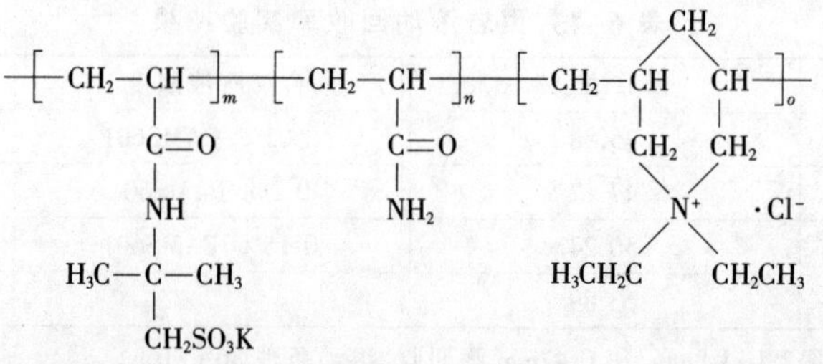

图 6-70 2-丙烯酰胺基-2-甲基丙磺酸/丙烯酰胺/二乙基二烯丙基氯化铵共聚物

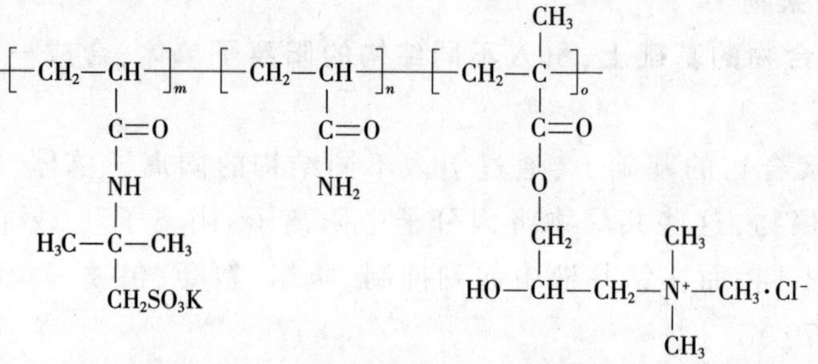

图 6-71 2-丙烯酰胺基-2-甲基丙磺酸/丙烯酰胺/3-甲基丙烯酰氧基-2-羟基丙基三甲基氯化铵共聚物

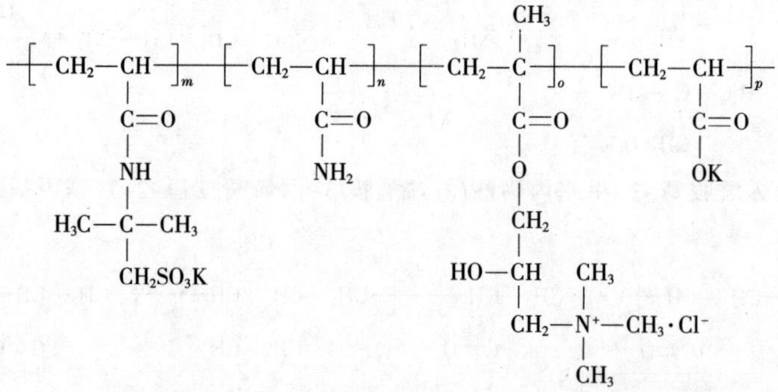

图 6-72 2-丙烯酰胺基-2-甲基丙磺酸/丙烯酰胺/3-甲基丙烯酰氧基-2-羟基丙基三甲基氯化铵/丙烯酸共聚物

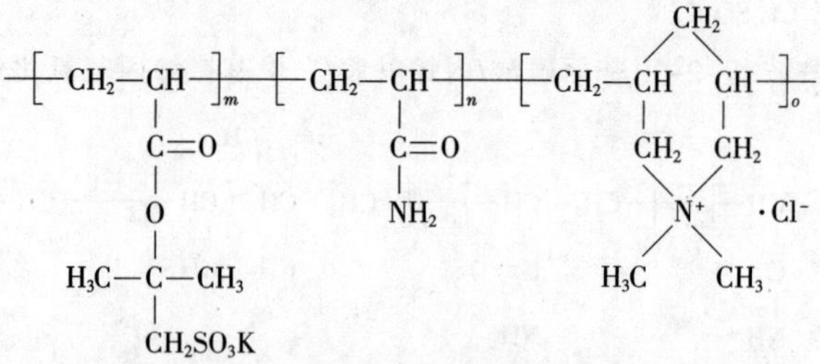

图 6-73 2-丙烯酰胺氧-2-甲基丙磺酸/丙烯酰胺/二甲基二烯丙基氯化铵共聚物

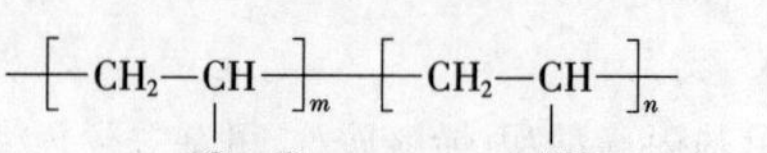

图 6-74 2-丙烯酰胺基-2-甲基丙磺酸/烯丙基三甲基氯化铵共聚物

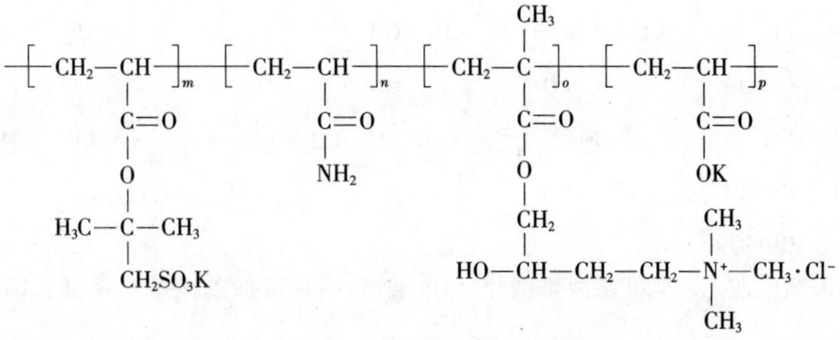

```
                                                    CH3
                                                    |
—[CH2—CH]m—[CH2—CH]n—[CH2—C]o—[CH2—CH]p—
        |          |          |          |
       C=O        C=O        C=O        C=O
        |          |          |          |
        O         NH2         O          OK
        |                     |
  H3C—C—CH3                  CH2               CH3
        |                     |                 |
     CH2SO3K          HO—CH—CH2—CH2—N+—CH3·Cl−
                                                |
                                               CH3
```

图 6-75 2-丙烯酰氧基-2-甲基丙磺酸/丙烯酰胺/3-甲基丙烯酰氧基-2-羟基丙基三甲基氯化铵/丙烯酸共聚物

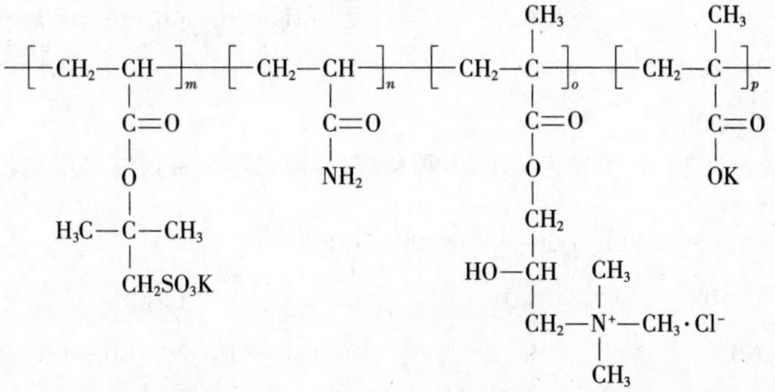

```
                                   CH3           CH3
                                   |             |
—[CH2—CH]m—[CH2—CH]n—[CH2—C]o—[CH2—C]p—
        |          |          |          |
       C=O        C=O        C=O        C=O
        |          |          |          |
        O         NH2         O          OK
        |                     |
  H3C—C—CH3                  CH2
        |                     |
     CH2SO3K             HO—CH     CH3
                              |      |
                             CH2—N+—CH3·Cl−
                                     |
                                    CH3
```

图 6-76 2-丙烯酰氧基-2-甲基丙磺酸/丙烯酰胺/3-甲基丙烯酰氧基-2-羟基丙基三甲基氯化铵/甲基丙烯酸共聚物

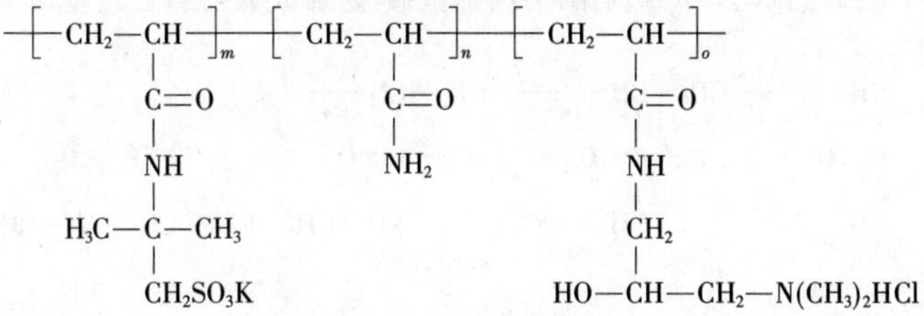

```
—[CH2—CH]m—[CH2—CH]n—[CH2—CH]o—
        |          |          |
       C=O        C=O        C=O
        |          |          |
       NH         NH2        NH
        |                     |
  H3C—C—CH3                  CH2
        |                     |
     CH2SO3K          HO—CH—CH2—N(CH3)2HCl
```

图 6-77 2-丙烯酰胺基-2-甲基丙磺酸/丙烯酸/3-甲基丙烯酰氧基-2-羟基丙基二甲胺盐酸盐共聚物

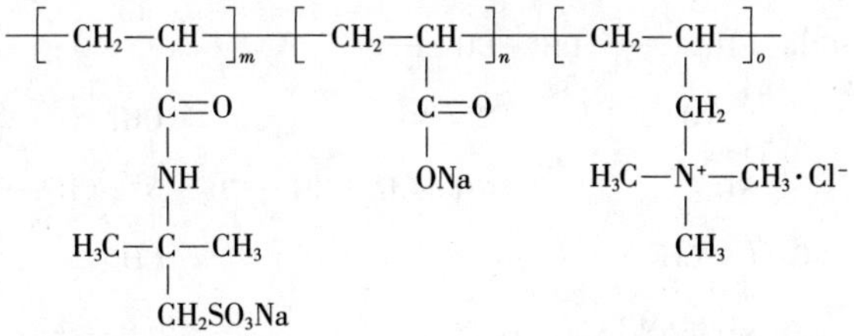

```
—[CH2—CH]m—[CH2—CH]n—[CH2—CH]o—
        |          |          |
       C=O        C=O        CH2
        |          |          |
       NH         ONa   H3C—N+—CH3·Cl−
        |                     |
  H3C—C—CH3                  CH3
        |
     CH2SO3Na
```

图 6-78 2-丙烯酰胺基-2-甲基丙磺酸/丙烯酸/烯丙基三甲基氯化铵共聚物

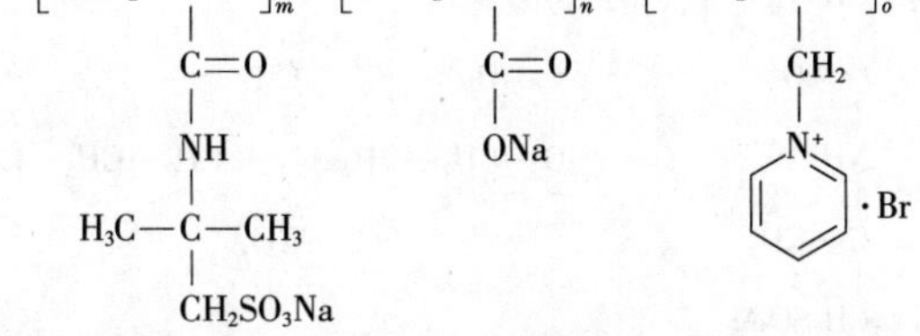

```
—[CH2—CH]m—[CH2—CH]n—[CH2—CH]o—
        |          |          |
       C=O        C=O        CH2
        |          |          |
       NH         ONa         N+ (pyridinium ring) ·Br
        |
  H3C—C—CH3
        |
     CH2SO3Na
```

图 6-79 2-丙烯酰胺基-2-甲基丙磺酸/丙烯酸/烯丙基吡啶共聚物

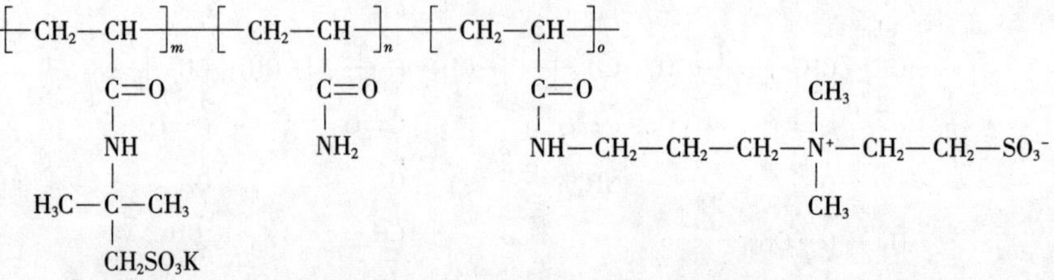

$$-\!\!\left[\mathrm{CH_2-CH}\right]_m\!\!-\!\!\left[\mathrm{CH_2-CH}\right]_n\!\!-\!\!\left[\mathrm{CH_2-CH}\right]_o\!\!-$$

$\mathrm{C{=}O}$　　$\mathrm{C{=}O}$　　$\mathrm{C{=}O}$　　$\mathrm{CH_3}$

NH　　$\mathrm{NH_2}$　　$\mathrm{NH-CH_2-CH_2-CH_2-N^+-CH_2-CH_2-SO_3^-}$

$\mathrm{H_3C-C-CH_3}$　　$\mathrm{CH_3}$

$\mathrm{CH_2SO_3K}$

图 6-80 2-丙烯酰胺基-2-甲基丙磺酸/丙烯酰胺/3-丙烯酰胺基丙基二甲基乙磺酸铵共聚物

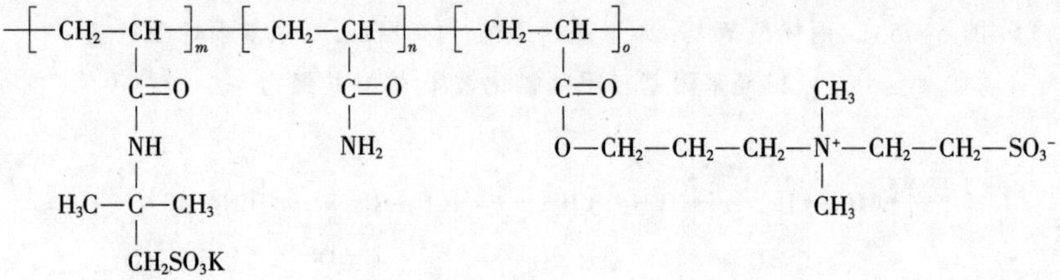

$$-\!\!\left[\mathrm{CH_2-CH}\right]_m\!\!-\!\!\left[\mathrm{CH_2-CH}\right]_n\!\!-\!\!\left[\mathrm{CH_2-CH}\right]_o\!\!-$$

$\mathrm{C{=}O}$　　$\mathrm{C{=}O}$　　$\mathrm{C{=}O}$　　$\mathrm{CH_3}$

NH　　$\mathrm{NH_2}$　　$\mathrm{O-CH_2-CH_2-CH_2-N^+-CH_2-CH_2-SO_3^-}$

$\mathrm{H_3C-C-CH_3}$　　$\mathrm{CH_3}$

$\mathrm{CH_2SO_3K}$

图 6-81 2-丙烯酰胺基-2-甲基丙磺酸/丙烯酰胺/3-丙烯酰氧基丙基二甲基乙磺酸铵共聚物

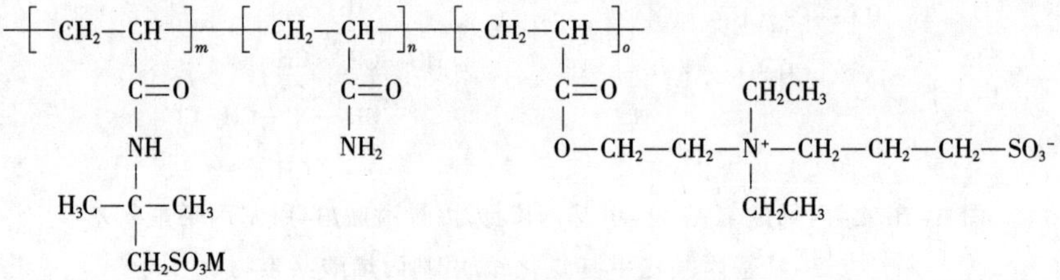

$$-\!\!\left[\mathrm{CH_2-CH}\right]_m\!\!-\!\!\left[\mathrm{CH_2-CH}\right]_n\!\!-\!\!\left[\mathrm{CH_2-CH}\right]_o\!\!-$$

$\mathrm{C{=}O}$　　$\mathrm{C{=}O}$　　$\mathrm{C{=}O}$　　$\mathrm{CH_2CH_3}$

NH　　$\mathrm{NH_2}$　　$\mathrm{O-CH_2-CH_2-N^+-CH_2-CH_2-CH_2-SO_3^-}$

$\mathrm{H_3C-C-CH_3}$　　$\mathrm{CH_2CH_3}$

$\mathrm{CH_2SO_3M}$

图 6-82 2-丙烯酰胺基-2-甲基丙磺酸/丙烯酰胺/丙烯酰氧乙基二乙基丙磺酸铵共聚物

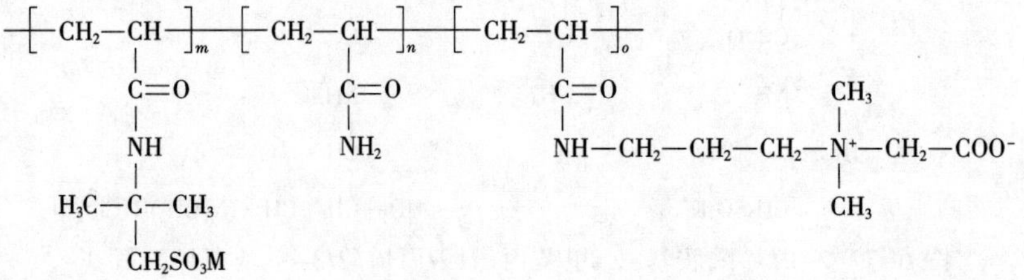

$$-\!\!\left[\mathrm{CH_2-CH}\right]_m\!\!-\!\!\left[\mathrm{CH_2-CH}\right]_n\!\!-\!\!\left[\mathrm{CH_2-CH}\right]_o\!\!-$$

$\mathrm{C{=}O}$　　$\mathrm{C{=}O}$　　$\mathrm{C{=}O}$　　$\mathrm{CH_3}$

NH　　$\mathrm{NH_2}$　　$\mathrm{NH-CH_2-CH_2-CH_2-N^+-CH_2-COO^-}$

$\mathrm{H_3C-C-CH_3}$　　$\mathrm{CH_3}$

$\mathrm{CH_2SO_3M}$

图 6-83 2-丙烯酰胺基-2-甲基丙磺酸/丙烯酰胺/3-丙烯酰胺丙基二甲基乙酸铵共聚物

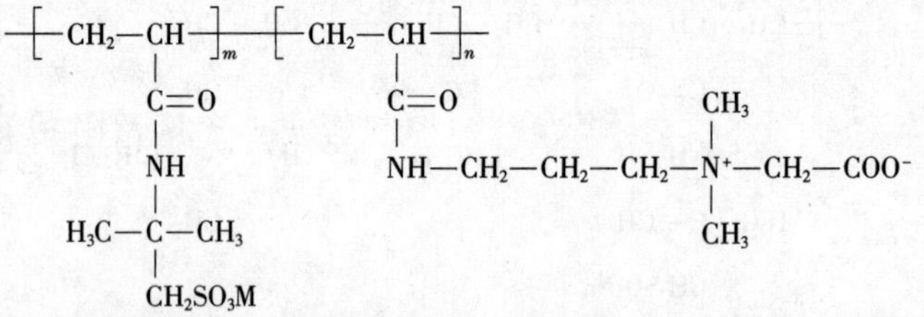

$$-\!\!\left[\mathrm{CH_2-CH}\right]_m\!\!-\!\!\left[\mathrm{CH_2-CH}\right]_n\!\!-$$

$\mathrm{C{=}O}$　　$\mathrm{C{=}O}$　　$\mathrm{CH_3}$

NH　　$\mathrm{NH-CH_2-CH_2-CH_2-N^+-CH_2-COO^-}$

$\mathrm{H_3C-C-CH_3}$　　$\mathrm{CH_3}$

$\mathrm{CH_2SO_3M}$

图 6-84 2-丙烯酰胺基-2-甲基丙磺酸/3-丙烯酰胺丙基二甲基乙酸铵共聚物

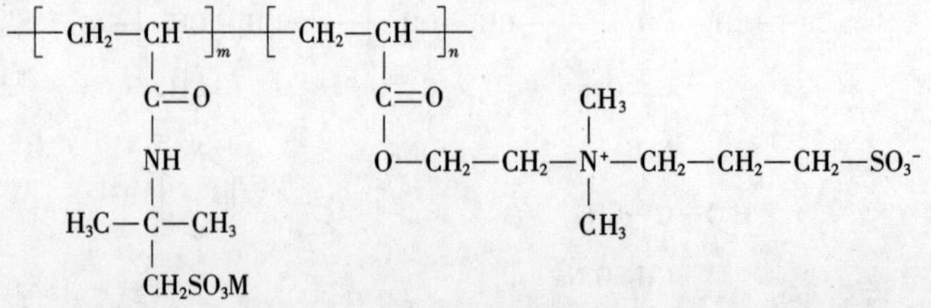

$$-\!\!\left[\mathrm{CH_2-CH}\right]_m\!\!-\!\!\left[\mathrm{CH_2-CH}\right]_n\!\!-$$

$\mathrm{C{=}O}$　　$\mathrm{C{=}O}$　　$\mathrm{CH_3}$

NH　　$\mathrm{O-CH_2-CH_2-N^+-CH_2-CH_2-CH_2-SO_3^-}$

$\mathrm{H_3C-C-CH_3}$　　$\mathrm{CH_3}$

$\mathrm{CH_2SO_3M}$

图 6-85 2-丙烯酰胺基-2-甲基丙磺酸/丙烯酰氧乙基二甲基丙磺酸铵共聚物

在两性离子型含磺酸聚合物中目前形成商品的主要有丙烯酰胺和2-丙烯酰氧基-2-甲基丙磺酸、阳离子单体共聚得到的两性离子磺酸聚合物包被剂CPS-2000。用作钻井液处理剂,具有较好的降滤失、抗温、抗盐和抗钙、镁污染的能力,同时具有较好的抑制、防塌、絮凝和包被作用,可有效地控制地层造浆、抑制黏土和钻屑分散,保持钻井液清洁。本品与常用的处理剂有良好的配伍性,可用于各种类型的水基钻井液体系。本品适用于海洋和高温深井钻井作业中,可在钻井液预处理时加入,也可以配合其他处理剂进行钻井液性能的维护处理,加量为0.05%~0.3%。产品性能指标:外观白色粉末,有效物≥85.0%;水分≤7.0%;25℃下,1%水溶液的表观黏度≥15.0mPa·s;水不溶物≤5.0%;滤失量(复合盐水泥浆中加量10g/L,135℃/16h老化后)≤10.0mL;表观黏度上升率≤250%。

为了评价CPS-2000的抗温性,将含有CPS-2000的盐水钻井液、饱和盐水钻井液和复合盐水钻井液在150℃高温滚动老化16h,老化前后钻井液性能见表6-44。从表6-44可见,用CPS-2000所处理的盐水钻井液、饱和盐水钻井液、含钙盐水钻井液经150℃高温滚动16h前后钻井液滤失量变化不是很大,说明CPS-2000具有较强的抗温能力。

表6-44 不同类型钻井液150℃/16h滚动老化前后钻井液性能

钻井液①	室温				150℃/16h老化后			
	FL/mL	*AV*/(mPa·s)	*PV*/(mPa·s)	*YP*/Pa	*FL*/mL	*AV*/(mPa·s)	*PV*/(mPa·s)	*YP*/Pa
1	6	25	12	13	12	5	3	2
2	3.6	35.5	27	8.5	20	7.5	5	2
3	3.6	56	33	23	15.4	7.5	6	1.5
4	4.2	26	18	8	10	4.5	4	0.5
5	3.8	35	20	15	6.0	9.5	8	1.5

注:①1号:盐水基浆+0.7% CPS-2000;2号:饱和盐水基浆+1.5% CPS-2000;3号:复合盐水基浆+1.5% CPS-2000;4号:$CaCl_2$盐水基浆+1.5% CPS-2000;5号:$CaCl_2$盐水基浆+2.0% CPS-2000。

为了考察合成共聚物的防塌能力,进行了页岩滚动回收率实验,表6-45是页岩滚动回收率实验结果。从表6-45可以看出,0.3% CPS-2000水溶液的一次回收率可以达到93.1%,相对回收率可以达到98.7%,较高的相对回收率表明CPS-2000在页岩表面的吸附能力强。在较小的共聚物含量下,就能大大提高页岩的回收率,说明所合成共聚物具有较强的抑制性,能有效控制泥页岩水化分散、控制膨润土含量及固相含量,有利于对油气层的保护。

表6-45 页岩滚动回收率实验结果

配方	R_1,%	R_2,%	R',%
0.3% CPS-2000胶液	93.1	91.9	98.7
0.5% CPS-2000胶液	96.1	95.9	99.7
清水	17.2		

现场应用表明,CPS-2000有较强的抗温抗盐和抑制能力。采用CPS-2000聚合物钻井液在易水化膨胀地层钻进及高密度钻井液中能较好地抑制黏土水化膨胀,控制低密度固相含量,有效防止高温分散和高温增稠,钻进过程中,钻井液黏度、切力较稳定,能够减

少钻井液的处理频率。与现场常用处理剂配伍性良好。现场效果明显，用量较少，抗盐、抗钙镁能力强，可应用于淡水、盐水、饱和盐水钻井液以及水包油钻井液体系。

参考文献

[1] 王中华，杜宾海，尹新珍.2-丙烯酰胺基-2-甲基丙磺酸的合成[J].化工时刊，1995(8)：3-9.

[2] 王中华.AMPS/AM 共聚物的合成[J].河南化工，1992(7)：7-11.

[3] 王中华.钻井液用丙烯酰胺/2-丙烯酰胺基-2-甲基丙磺酸三元共聚物 PAMS 的合成[J].油田化学，2000，17(1)：6-9.

[4] 王中华，张献丰，郭明贤.钻井液用聚合物 PAMS 的评价与应用[J].油田化学，2000，17(1)：1-5.

[5] 王中华.油田化学品[M].北京：中国石化出版社，2001.

[6] 王中华.2-丙烯酰胺基-2-甲基丙磺酸的合成[J].化学世界，1996，37(8)：422-423.

[7] 姚康德，沈中华，刘铸舫.2-丙烯酰胺基-2-甲基-1-丙磺酸水溶液聚合动力学研究[J].合成树脂及塑料，1992，9(3)：44-46.

[8] 王中华.AM/AMPS/AMC14S 共聚物的合成[J].化学工业与工程，2001，18(9)：137-140.

[9] 王中华.钻井液降滤失剂 P(AMPS-IPAM-AM)的合成与评价[J].钻井液与完井液，2010，27(2)：10-13.

[10] 王中华.抗钙钻井液降滤失剂 P(AMPS-DEAM)聚合物的合成[J].精细与专用化学品，2010，18(4)：24-28.

[11] 王中华.*N*，*N*-二乙基丙烯酰胺及其共聚物的合成[J].陕西化工，1998，27(2)：19-21，24.

[12] 中国石油化工股份有限公司，中石化中原石油工程有限公司钻井工程技术研究院.一种丙烯酰吗啉聚合物及其应用和钻井液降滤失剂：中国，103665261 A[P].2014-03-26.

[13] 王中华.AM/AMPS/DMDAAC 共聚物的合成[J].精细石油化工，2000(4)：5-8.

[14] 杨小华，王中华，刘明华，等.耐温抗盐两性离子磺酸盐聚合物CPS-2000 的合成[J].精细石油化工进展，2004，4(5)：1-4.

[15] 王中华.钻井液化学品设计与新产品开发[M].西安：西北大学出版社，2006.

[16] HAYES J R.High Performance Water-based Mud System：US，7351680[P].2008-04-01.

[17] GIDDINGS D M，RIES D G，SYRINEK A R.Water-soluble Terpolymers of 2-acrylamido-2-methylpropane-sulfonic Acid，Sodium Salt (AMPS)，N-vinylpyrrolidone and Acrylonitrile：US，4544722[P].1985-10-01.

[18] GARVEY C M，SAVOLY A，RESNICK A L.Fluid Loss Control Additives and Drilling Fluids Containing Same：US，4741843[P].1988.

[19] HUDDLESTON D A，WILLIAMSON C D.Vinyl Grafted Lignite Fluid Loss Additives：US，4938803[P].1990-03-07.

[20] PATEL B B，DIXON G G.Drilling Mud Additive Comprising Ferrous Sulfate and Poly (N-vinyl -2-pyrrolidone/sodium 2-acrylamido-2-methylpropane sulfonate)：US，5204320[P].1993-04-20.

[21] STEPHENS M，SWANSON B L，PATEL B B.Drilling Mud Comprising Tetrapolymer Consisting of n-vinyl-2-pyrrolidone，Acrylamidopropanesulfonicacid，Acrylamide，and Acrylic Acid：US，5380705[P].1995-01-10.

[22] UDARBE R G，HANCOCK-GROSSI K，GEORGE C R.Method of and Additive for Controlling Fluid Loss from a Drilling Fluid：US，6107256[P].2000-08-22.

[23] HAYES J R.High Performance Water-based Mud System：US，7351680[P].2008-04-01.

[24] 王中华，王旭，杨小华. 超高温钻井液体系研究(Ⅱ)——聚合物降滤失剂的合成与性能评价[J].石油钻探技术，2009，38(3)：8-12.

[25] 中国石油化工股份有限公司，中原石油勘探局钻井工程技术研究院.一种聚合物降滤失剂及其制备方法：中国，102746834 A[P].2012-10-24.

[26] 王中华.腐殖酸接枝共聚物超高温钻井液降滤失剂的合成[J].西南石油大学学报：自然科学版，2010，32(4)：149-155.

[27] 王中华，杨振杰，易明新.钻井液与完井液研究文集[M].北京：石油工业出版社，1997.

[28] 王中华，何焕杰，杨小华.油田化学品实用手册[M].北京：中国石化出版社，2004.

[29] 王中华.国内油田用水溶性 AMPS 共聚物[J].油田化学,1999,16(1):81-85.
[30] 杨小华,王中华.国内 AMPS 类聚合物研究与应用进展[J].精细石油化工进展,2007,8(1):14-22.
[31] 王中华.油田化学品应用现状及开发方向[J].精细与专用化学品,2006,14(24):1-4,19.
[32] 王中华.我国油田化学品开发现状及展望[J].中外能源,2009,14(6):36-47.
[33] 王中华.近期国内 AMPS 聚合物研究进展[J].精细与专用化学品,2011,19(8):42-47.
[34] 王中华.2011~2012 年国内钻井液处理剂进展评述[J].中外能源,2013,18(4):28-35.
[35] 王中华.钻井液处理剂现状分析及合成设计探讨[J].中外能源,2012,17(9):32-40.
[36] 王中华.高性能钻井液处理剂设计思路[J].中外能源,2013,18(1):36-46.

第七章 合成树脂磺酸盐类处理剂

磺甲基酚醛树脂(SMP)是典型的合成树脂类处理剂,属于低分子缩聚物,因其相对分子质量小,单独使用时通常很难达到理想的效果,当与 SMC 等配伍使用时,经过高温下分子间交联反应,可以有效降低钻井液的高温高压滤失量。由于 SMP 分子主链中含有苯环,热稳定性好,在钻井液中抗温能力强,同时其主要水化基团—$CH_2SO_3^-$对盐的敏感性不强,因此处理剂的抗盐污染能力强,使酚醛树脂磺酸盐类处理剂作为高温高压滤失量控制剂,在石油深井钻探和盐水钻井液中得到较广泛的应用,并发展了以 SMP 为主的用于深井段的抗温抗盐钻井液体系[1]。为了进一步扩大 SMP 的应用范围,在 SMP 现场应用的基础上,结合存在的不足,还开展了一些 SMP 的改性工作。如由 SMP、SMC 和 HPAN 经复配或共缩聚制得一种代号 SPNH 的钻井液高温稳定剂,该剂具有较好的抗盐、抗温能力,在降滤失量的同时还有较好的降黏作用。磺化 2-苯氧基乙酸-苯酚-甲醛树脂则是一种新型的酚醛树脂类降滤失剂,该产品在 NaCl 含量达 25%~36%范围内具有良好的抗盐抗高温性能,无需 SMC 配合就可达到 SMP 的降滤失效果,阳离子改性磺化酚醛树脂则进一步提高了产物耐温抗盐能力,尤其是使处理剂有了抑制性,在磺化酚醛树脂的基础上,经过分子修饰还合成了超高温钻井液的高温高压降滤失剂,进一步拓宽了合成树脂磺酸盐类处理剂的应用范围。合成树脂磺酸盐也可以用作油井水泥外加剂,通过控制磺化度和聚合度,可以得到不同用途的产品,如降滤失剂和减阻剂(分散剂)等。

正是由于合成树脂磺酸盐类,特别是 SMP 的良好的耐温性、抗盐性和配伍性,自 20 世纪 70 年代投入应用以来,一直是用量较大的一类钻井液处理剂。为了全面了解该类处理剂的合成与性能,本章就磺甲基酚醛树脂、改性磺化酚醛树脂、其他类型合成树脂磺酸盐和超高温降滤失剂等进行介绍。

第一节 磺甲基酚醛树脂

磺甲基酚醛树脂是一种阴离子型水溶性聚电解质,具有很强的耐温抗盐能力,作为高温高压降滤失剂,一直占据主导地位,是用量最大的钻井液处理剂之一,同时也可以用作油井水泥降滤失剂。SMP 用作耐温抗盐的钻井液降滤失剂,可以有效地降低钻井液的高温高压滤失量,与 SMC、SMT(SMK)或 SAS 等共同使用可以配制“三磺钻井液”体系,与聚合物处理剂配伍可以得到聚磺钻井液体系,是理想的高温深井钻井液体系之一,同时可以作为高温稳定剂使用,以控制钻井液的流变性。

SMP 有粉状和液体两种规格。粉状产品为棕红色或浅灰色粉末,易溶于水,水溶液呈弱碱性。粉状产品可以直接通过混合漏斗加入钻井液中,但加入速度不能太快,以防止形成胶团,最好先配成 5%~10%的胶液,然后再慢慢加入到钻井液中。其主要质量指标:干基含量≥90%，浊点盐度(Cl^-)≥110g/L，水不溶物≤10%，钻井液表观黏度≤25mPa·s，高温高压滤失量≤25mL。液体产品在性能要求上与粉状产品相同，通常固含量在35%左右，由于受到运输、储存及使用不便的限制，目前液体产品很少使用。

本节重点介绍磺甲基酚醛树脂的合成方法及影响磺化、缩合聚合反应的因素。

一、基本原料

基本原料除磺甲基酚醛树脂生产的原料甲醛、苯酚和亚硫酸盐外，还给出了改性磺化酚醛树脂生产的主要原料。

(一) 甲醛

甲醛俗名福尔马林，无色气体，有特殊的刺激气味，分子式HCHO，相对分子质量30.03。凝固点-92℃，沸点-19.5℃，着火温度300℃，气体相对密度1.067(空气为1)，液体相对密度0.815(-20℃)，临界温度137℃，临界压力65.6MPa，临界体积0.266g/mL。易溶于水和乙醚。水溶液的含量最高可达55%。工业品通常是40%(含8%甲醇)的水溶液，无色透明，具有窒息性臭味，呈中性及弱酸性反应。纯甲醛有强还原作用，能燃烧。蒸气与空气形成爆炸混合物，爆炸极限为7%~73%(体积分数)。工业品甲醛含量在37.0%~37.4%。

甲醛主要用于生产(磺化)酚醛树脂、脲醛树脂以及其他磺化类处理剂的原料。此外，还用于油田作业流体中作交联剂、杀菌剂等。

(二) 苯酚

苯酚俗名石炭酸，是一种重要的基本有机合成原料，分子式C_6H_5OH，相对分子质量94.11。无色透明针状结晶。工业苯酚有时呈无色、微黄色或微红色，呈弱酸性。凝固点40.9℃，熔点43℃，沸点181.4℃，闪点79℃，燃点716℃。相对密度1.0708(25℃)，折射率1.559(21℃)。微溶于水，易溶于苯、乙醇、乙醚、丙三醇(甘油)、液态二氧化碳，难溶于石蜡烃，几乎不溶于石油醚。

苯酚主要用于生成磺化酚醛树脂、高温稳定剂，也是树脂堵漏剂的基本原料。

(三) 无水亚硫酸钠

无水亚硫酸钠别名硫氧，白色粉末或六方菱柱形结晶，分子式Na_2SO_3，相对分子质量126.04。相对密度2.633，溶于水，水溶液呈碱性。微溶于醇，不溶于液氯、氨。为强还原剂，与二氧化硫作用生成亚硫酸氢钠，与强酸反应生成相应盐并放出二氧化硫。工业品亚硫酸钠(Na_2SO_3)含量≥96.0%。

无水亚硫酸钠可用于聚合物合成中氧化-还原引发体系的还原剂，用于磺化树脂类产品合成的磺化剂，在油田化学作业流体中作除氧剂等。

(四) 焦亚硫酸钠

焦亚硫酸钠别名重硫氧，白色或微黄色结晶粉末，分子式$Na_2S_2O_5$，相对分子质量190.10。相对密度1.4，溶于水，水溶液呈酸性。溶于甘油，微溶于乙醇。受潮易分解，暴露在空气中易氧化成硫酸钠，与强酸接触放出二氧化硫而生成相应的盐类。加热到150℃分解。工业产品要求焦亚硫酸钠(以SO_2计)含量≥65.0%。

焦亚硫酸钠可用于氧化-还原引发体系的还原剂以及磺化树脂类产品合成的磺化剂，在油田化学作业流体中也可以用作除氧剂等。

(五) 氯乙酸

氯乙酸又名一氯乙酸，是一种重要的中间体，分子式 $ClCH_2COOH$，相对分子质量 94.5。无色或淡黄色结晶，有 3 种结晶体(α、β 和 γ 型)。熔点分别为：α 型 63℃，β 型 56.2℃，γ 型 52.5℃。沸点 187.85℃，相对密度 1.4043(40℃)，折射率 1.4330(60℃)。溶于水和乙醇、乙醚等大多数有机溶剂。工业产品中一氯乙酸含量≥97.5%，二氯乙酸含量≤1.0%，乙酸含量≤1.0%。

氯乙酸是用于生产羧甲基纤维素和羧甲基淀粉等的原料。在生产羧甲基淀粉时，二氯乙酸含量越低越好，否则将使产物交联。

(六) 三甲胺

三甲胺是一种有机合成原料，分子式 $(CH_3)_3N$，相对分子质量 59.21。无水物为无色液化气体，有鱼腥的氨气味。凝固点-117.1℃，沸点 3℃，相对密度 0.632(20℃)，闪点-6.67℃(闭杯)，自燃点 190℃，临界温度 161℃，临界压力 4.154kPa，易燃烧，其蒸气与空气形成爆炸性混合物，爆炸极限为 2%~11.6%，燃烧热 2357kJ/mol。溶于水、乙醇和乙醚。40%三甲胺水溶液沸点 26.0℃，闪点-17.78℃(闭杯)，相对密度 0.827，蒸气压 52.662kPa(20℃)。

三甲胺可用于生产阳离子单体、表面活性剂和黏土稳定剂。

(七) 环氧氯丙烷

环氧氯丙烷又称表氯醇，为无色透明液体，有类似氯仿的气味，分子式 CH_2CHOCH_2Cl，相对分子质量 92.53。常温下略溶于水中，可溶于低碳醇、酯类、醚类、酮类、芳烃类中。凝固点-57.2℃，沸点 116.56℃，相对密度 1.18066(20℃)，闪点 40.5℃。与水形成共沸，共沸点 88℃。共沸物中含环氧氯丙烷 72%(体积分数)。

环氧氯丙烷用于生产丙二醇、丙烯醇、聚醚多元醇、非离子型表面活性剂、润湿剂、乳化剂、破乳剂、阳离子单体和黏土稳定剂等。

(八) 糠醛

糠醛又称 2-呋喃甲醛，其学名为 α-呋喃甲醛，是呋喃 2 位上的氢原子被醛基取代的衍生物。无色或浅黄色油状液体，在空气中易变成黄棕色，有苦杏仁的味道，相对分子质量 96.08，沸程 160~163℃，化学式 $C_5H_4O_2$，相对密度 1.1594，折光率 1.5261，闪点 60℃，能溶于丙酮、苯、乙醚、甲苯等有机溶剂，能与水部分互溶，两相组成随温度不同而变化。在临界温度 122.7℃以上时，糠醛与水能以任意比混溶，20℃时在水中溶解度为 8.3%。它最初从米糠与稀酸共热制得，所以叫做糠醛。糠醛是由戊聚糖在酸的作用下水解生成戊糖，再由戊糖脱水环化而成。生产的主要原料为玉米芯等农副产品。合成方法有多种。糠醛是呋喃环系最重要的衍生物，化学性质活泼，可以通过氧化、缩合等反应制取众多的衍生物，被广泛应用于合成塑料、医药、农药等工业。

(九) 对胺基苯磺酸

对胺基苯磺酸为白色至灰白色粉末，熔点 280℃，相对密度(水=1)1.5，相对分子质量 173.20，分子式 $C_6H_7NO_3S$，在空气中吸收水分后变为白色结晶体，带有一个分子的结晶水，温度达 100℃时失去结晶水，在 300℃时开始分解碳化，在冷水中微溶，溶于沸水，微溶于乙醇、乙醚和苯，有明显的酸性，能溶于氢氧化钠溶液和碳酸钠溶液。用于制造偶氮染料等，也可用作防治麦锈病的农药。作为 SMP 的改性材料可以提高产物的磺化基团数量。

(十) 三聚氰胺

三聚氰胺，即1,3,5–三嗪–2,4,6–三胺，俗称密胺，白色单斜晶体，相对分子质量126.12，分子式 $C_3N_3(NH_2)_3$，在345℃的情况下分解，熔点>300℃(升华)，相对密度(水=1)1.5733，相对蒸气密度(空气=1)4.34，饱和蒸气压6.66kPa，20℃水中溶解度0.33g，不溶于冷水，溶于热水，微溶于水、乙二醇、甘油、(热)乙醇，不溶于乙醚、苯、四氯化碳。是一种三嗪类含氮杂环有机化合物，是合成磺甲基三聚氰胺–甲醛树脂的主要原料。

二、磺甲基酚醛树脂的合成

磺甲基酚醛树脂可以采用中间加水控制聚合反应的边缩聚边磺化工艺，也可以采用一次投料后于高温高压下反应得到，由于高温高压反应对原料配比要求严格，稍有偏差即出现产物交联或相对分子质量不能满足要求，且控制困难，故工业上很少采用。而边缩聚边磺化是SMP生产的主要工艺。合成中甲醛是最常采用的醛，但也可以采用其他醛。这里结合中间加水控制聚合反应的边缩聚边磺化工艺，对SMP生产进行介绍[2]。

1.反应过程

磺甲基酚醛树脂合成如果以甲醛、苯酚和亚硫酸盐为原料，其反应过程如式(7–1)~式(7–4)所示。

$$Na_2SO_3+H_2O \longrightarrow NaHSO_3+NaOH \tag{7-1}$$

$$NaHSO_3+HCHO \longrightarrow HO—CH_2—SO_3Na \tag{7-2}$$

(7–3)

(7–4)

当在SMP合成中引入部分糠醛，则将发生如式(7–5)~式(7–7)所示的反应。

(7–5)

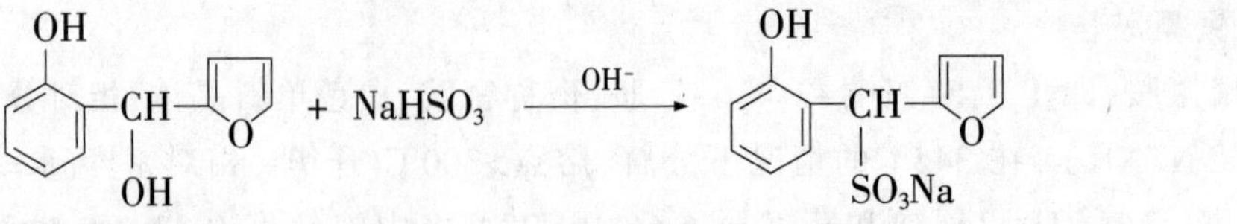

(7-6)

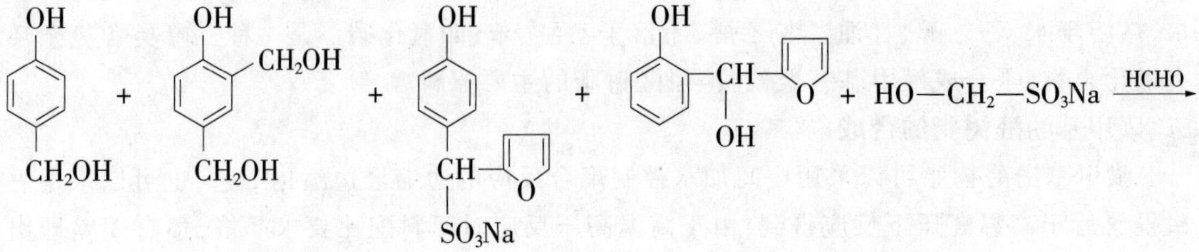

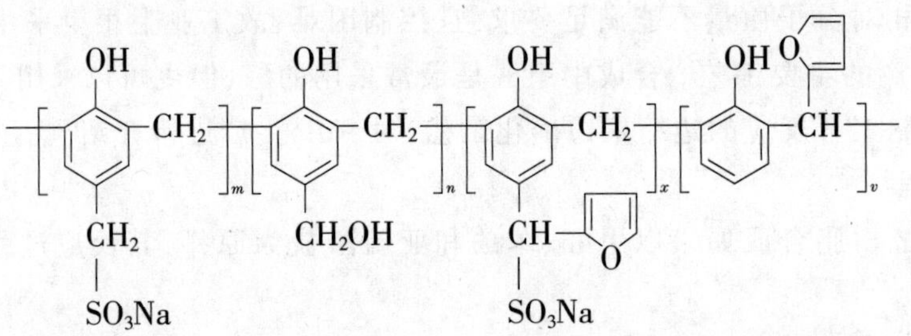

(7-7)

当在 SMP 合成中引入部分对羟基苯甲醛，则将发生如式(7-8)和式(7-9)所示的反应。

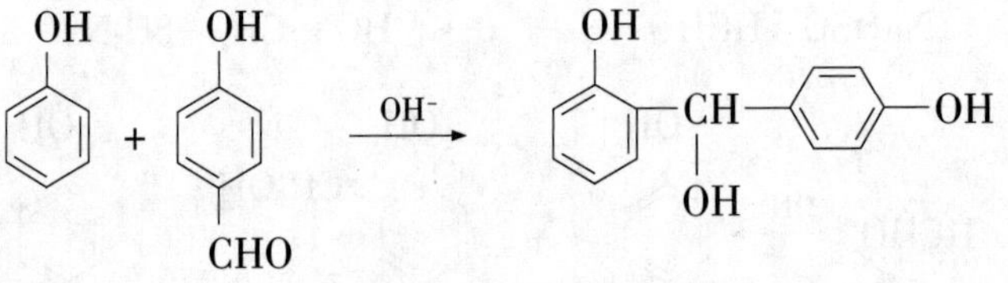

(7-8)

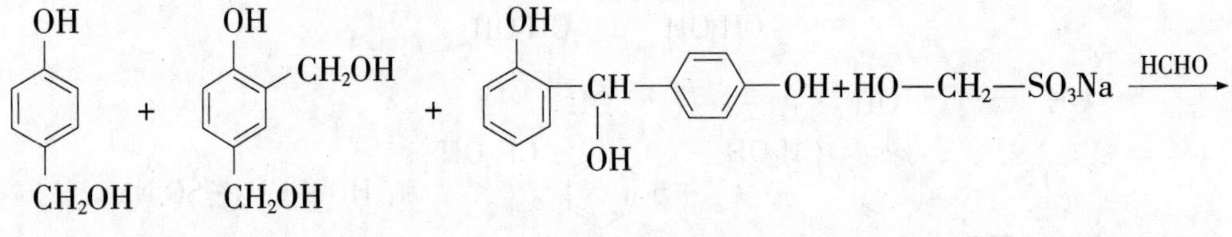

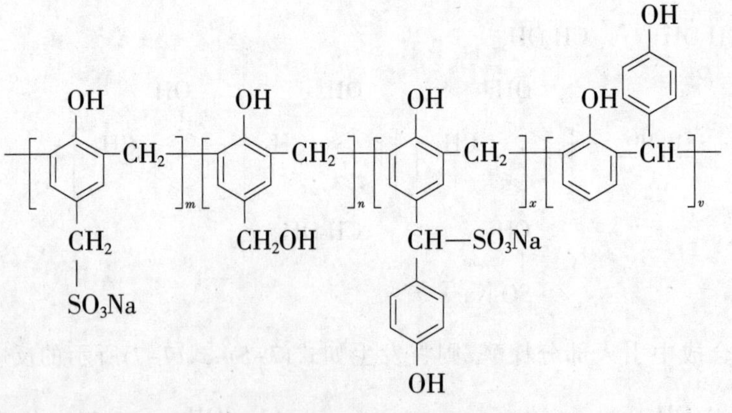

(7-9)

利用上述反应可以合成不同类型醛的酚醛树脂磺化产物。

(二) 配方

SMP合成的基本配方为：苯酚 200kg、甲醛 325~350kg、焦亚硫酸钠 60kg、无水亚硫酸钠

75~100kg、水 40kg,反应过程中补加水 600kg。在实际生产中可以根据需要对配方进行调整。

(三) 生产工艺

① 首先将苯酚在 60℃下融化,备用。

② 将配方量的甲醛、水加入反应釜中,然后加入融化的苯酚,搅拌均匀后,慢慢加入焦亚硫酸钠,待焦亚硫酸钠溶解完后,过 15min 再慢慢加入无水亚硫酸钠,待亚硫酸钠加完后,搅拌反应 30min(反应温度控制在 60℃左右)。

③ 待反应时间达到后,慢慢升温至 97℃,在 97~107℃温度下反应一定时间(一般为 2~4h,生产中根据实际情况而定),反应过程中需时刻注意体系的黏度变化。当反应产物黏度增加至一定程度时(搅拌情况下液面旋涡变小,趋于平面时),开始将水分 6~8 批分别加入反应釜中(即反应过程中补加水)。每次加入水后(每次所加水量均为反应过程中所需补加水的量 1/8,即 600/8=75),需等到反应混合液的黏度再明显增加时,再补加下一次水…… 如此操作,直至反应过程中所需补加水加完为止,再反应 0.5~1h,降温出料,即得到浓度 35%左右的液体产品(在补加水的过程中,要一直观察反应现象,加入水要及时,否则易出现凝胶现象)。

④ 液体产品经喷雾干燥即得到粉状产品。

生产工艺流程见图 7-1。

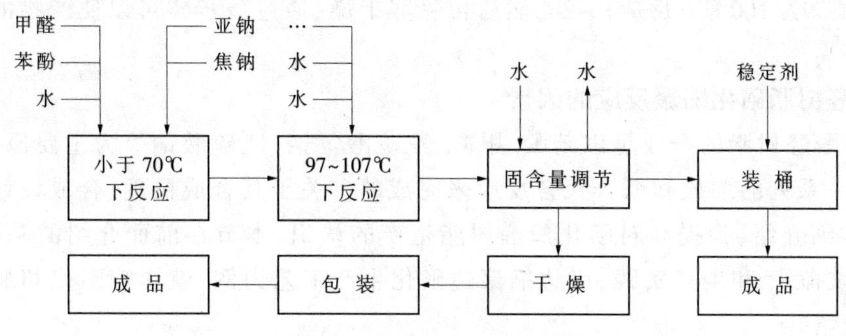

图 7-1 SMP 生产工艺流程

(四) 注意事项

1.反应程度判断与加水时间

反应程度是通过反应过程中操作人员的观察来确定的,所以生产过程中要细心观察,时刻注意反应现象。产品生产的关键是判断黏稠程度(反应程度),并通过补加水来调节反应程度,并防止凝胶化,因此加水是生产顺利与否的关键。若加水过早、则反应产物的黏度低(相对分子质量小),若加水过晚则会出现凝胶现象(产物交联),尤其是第一次加水的时机更重要。

补加水的量可以根据所希望最终产品的质量分数(或固体含量)来适当增减,通常产品质量分数控制在 30%~35%时,生产和使用方便,质量分数再高时产品流动性差,且存放过久会交联,影响使用效果。

2.原料用量

甲醛、无水亚硫酸钠给出范围值,因为原料含量有波动,采用不同产地或存放不同时间的原料时,应适当调整原料配比(要根据实验来定)。

3.加料顺序

加料顺序不能改变，且在加入焦亚硫酸钠和无水亚硫酸钠时，应慢慢加入(分批或逐步加入)，以免原料沉于釜底，苯酚在室温下为固体，加料前应在 50℃以上的热水中融化。

4.突遇停电

反应过程中若遇到停电，则应注意快速降温，可向釜中加入适量的冷水，并尽可能设法搅拌(在这一操作过程中应断掉电源，以防突然来电)。防止由于静置使局部反应温度升高产生凝胶化。

5.安全防护

苯酚、甲醛均有腐蚀性，应避免溅至皮肤上，在操作中注意安全防护，车间内应保持良好的通风状态，同时还要注意防火。

除前面介绍的方法外，还可以采用高温高压反应一步得到磺甲基酚醛树脂，按照苯酚:甲醛:亚硫酸盐=1:(2.1~2.2):1 的物质的量比，将甲醛、苯酚加入混合釜，在温度不超过 70℃的情况下，边搅拌边慢慢加入亚硫酸氢钠和亚硫酸钠，加入后搅拌至亚硫酸盐全部溶解，加入适量水调整至原料质量分数在 42%~45%。然后将反应混合液转移至高压反应釜，密封反应釜，升温至 120℃，于 120~160℃下反应 6~8h，降温，出料，并调整固含量达到喷雾要求，喷雾干燥即得到产品。也可以将高温高压反应后的产物，在喷雾干燥前加入适量的苯酚和甲醛，在 97~100℃下反应 1~2h，然后再喷雾干燥，通过该步骤可以使产物的相对分子质量有所提高。

三、影响酚醛树脂磺化缩聚反应的因素

磺甲基酚醛树脂的合成是以苯酚、甲醛、亚硫酸氢钠、亚硫酸钠等为主要原料，在碱性条件下，经一系列的加成和缩合聚合反应来完成的。关于其合成机理、合成设计在第四章第三节已详细介绍，为提高对磺化酚醛树脂生产的认识，本节在前面介绍的基础上，结合研究、有关文献[3,4]和生产实践，以边缩聚边磺化生产工艺为例，就影响磺化和缩聚反应的因素进行介绍。

(一) 亚硫酸盐用量的影响

亚硫酸盐(即亚硫酸钠与焦亚硫酸钠)是磺甲基酚醛树脂制备的关键原料，用以提供产物的水化基团(磺酸基)，在边缩聚边磺化的反应中既是磺化剂，同时其中的亚硫酸钠水解产生的氢氧化钠也是反应的催化剂 (影响体系的 pH 值)，因此其用量对反应至关重要。

1.亚硫酸盐总量对反应的影响

按照 n(苯酚):n(甲醛)=1:1.9 的比例投料，先在 70℃以下反应一定时间，然后升温至回流温度，开始记时，磺化剂(亚硫酸钠和亚硫酸氢钠)与苯酚的物质的量比对达到第一次加水时反应时间的影响见图 7-2。

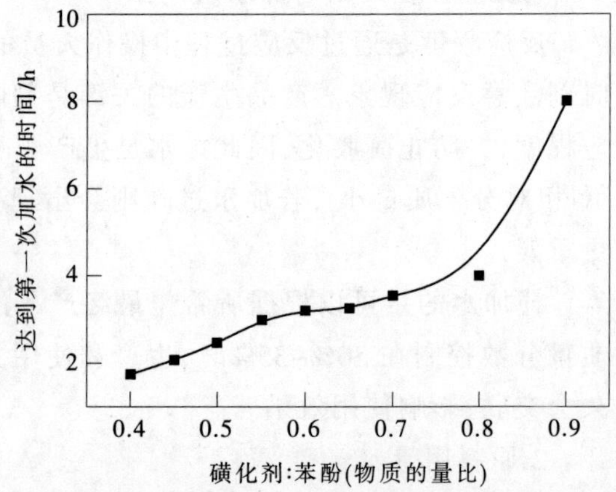

图 7-2 磺化剂与苯酚物质的量比对达到第一次加水时间的影响

从图 7-2 可以看出，随着磺化剂用量的增加，达到第一次加水时的反应时间延长，减

少磺化剂用量可以缩短反应时间，但当苯酚与甲醛的比例相同时，随着亚硫酸盐的用量减少，易引起爆聚，形成不溶于水的体型结构。这是因为亚硫酸盐减少，致使羟甲基磺酸钠量过少，苯酚上可缩聚的活性点增多，缩聚反应速率增大，使得反应不易控制，并产生交联。在苯酚与甲醛比例相同时，随着亚硫酸盐用量增加，反应时间延长，反应液黏度下降，这是因为亚硫酸盐增加，使羟甲基磺酸钠量过多，活性点减少，易造成缩聚反应速率减慢，同时苯环上引入的—CH_2SO_3Na 基团阻碍了苯酚间通过—CH_2—连接，相对分子质量不易增加，使磺甲基酚醛树脂的黏度不易提高。在其他条件不变时，亚硫酸盐用量越多，越不易聚合，生成物的相对分子质量越低，降滤失能力也降低，但抗盐性能却有所提高。同时，磺化剂用量增大即磺化度的提高，使磺化酚醛树脂经高温作用后不易发生分子间交联或与其他处理剂分子间产生交联作用，从而造成降滤失能力下降，磺化剂与苯酚的物质的量之比对降滤失效果的影响见图 7-3[5]。由图 7-3 可知，磺化剂（亚硫酸盐）与苯酚的物质的量比在 0.57~0.70 之间时，得到的磺化酚醛树脂都有较好的降滤失效果。其中磺化剂与苯酚的物质的量之比为 0.66 时降滤失效果最好。可见，为了得到降滤失效果较好的产物，必须保证 SMP 的最佳磺化度。

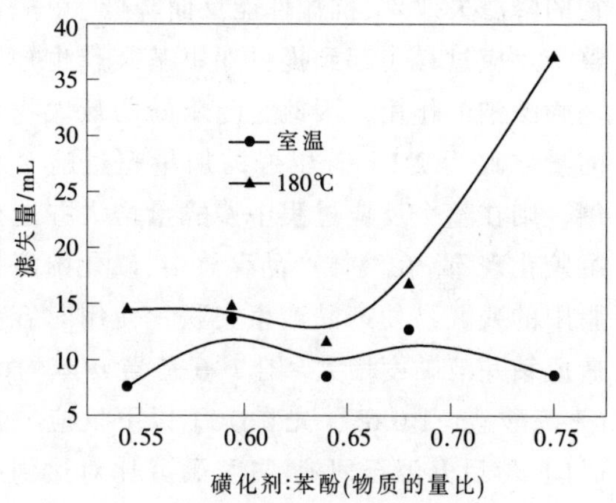

图 7-3 磺化剂与苯酚的物质的量比对降滤失效果的影响

另一方面，当磺化剂用量过大时，副产物硫酸钠的量提高，不同程度地影响产品质量，这是因为磺化度并不是与磺化剂用量成正比，这从图 7-4 磺化剂用量与磺化酚醛树脂磺化度之间的关系可以看出。

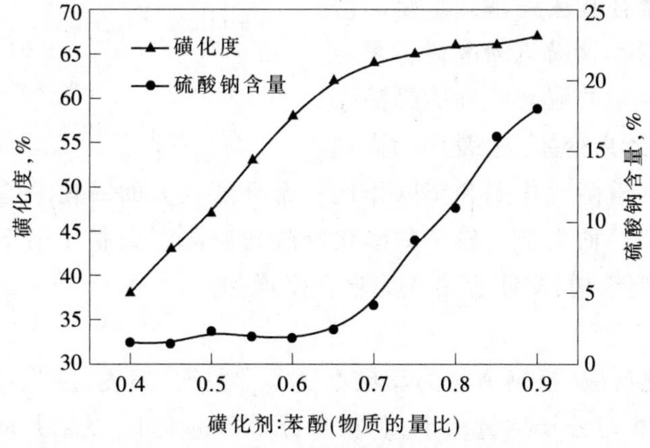

图 7-4 是磺化剂用量与磺化酚醛树脂磺化度之间的关系

2.pH 值的影响

在边缩聚边磺化反应中，Na_2SO_3 逐步水解，生产羟甲基磺酸钠和 NaOH，通过控制 Na_2SO_3 的用量，使生成的 NaOH 将反应混合液的 pH 值维持在 8.5~10，以保证反应的顺利进行。若 pH 值高了，高温下甲醛会被氧化成甲酸，容易导致产物溶解性变差；若 pH 值过小，不仅需要延长反应时间，也会降低聚合物的相对分子质量，同时副反应也会增加，使产品在钻井液中效果降低。图 7-5 是磺化剂中亚硫酸盐总量一定时，亚硫酸钠用量对达到第一次加水时反应时间的影响。从图中可以看出，当亚硫酸钠摩尔分数小于 0.3，反应时间会延长，大于 0.3 以后，对聚合反应时间影响不大，但呈降低趋势。为了保证反应的顺利进行及产物的钻井液性能，在亚硫酸盐中亚硫酸钠摩尔分数为 0.325~0.38 较好。

(二) 甲醛用量

甲醛用量对反应时间和产物的黏度都会产生影响，甲醛用量越多，缩聚反应程度越大，所需时间越短，反应产物的黏度增大，有利于相对分子质量提高，但在相对分子质量过大时，由于交联程度增加，溶解性降低，产物的降滤失效果、抗盐性能反而降低。甲醛在整个反应过程中起到提供亚甲基及产生羟甲基磺酸钠的作用，因此它与苯酚的最大物质的量之比为 2:1，若甲醛的加量超过这个比例，则在整个反应过程中残醛量增大并造成凝胶化现象。在液体产品存放中，磺化酚醛树脂中的残醛易使产品产生交联，使用时容易造成钻井液黏度增大。图 7-6 是当 n(苯酚):n(亚硫酸盐)=1:0.65，先在 70℃以下反应一定时间，然后升温至回流温度，酚醛比对达到第一次加水时间的影响。从图中可以看出，甲醛与苯酚物质的量比在 1.95~2.05 范围较好。

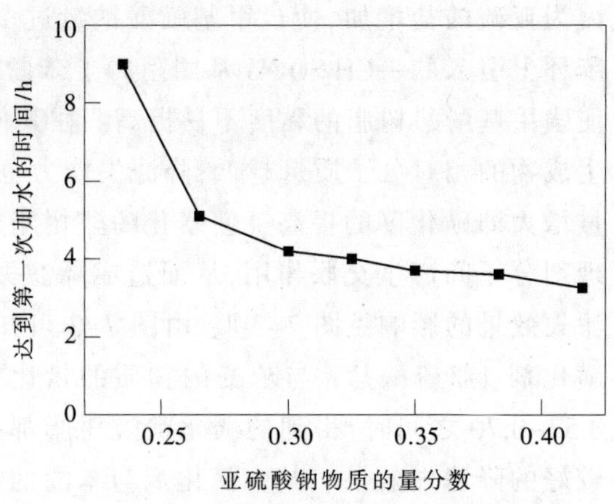

图 7-5 亚硫酸钠用量对反应时间的影响

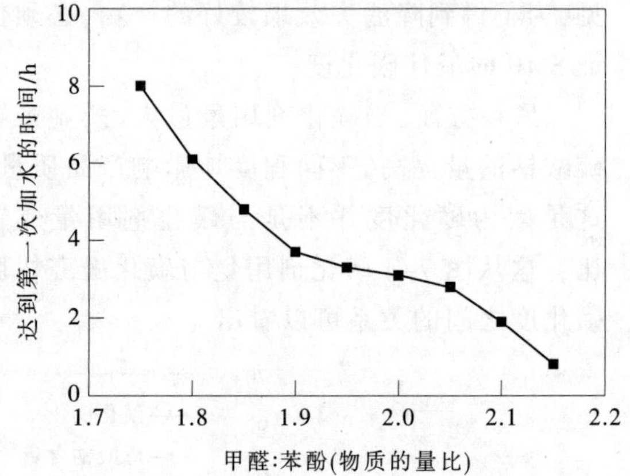

图 7-6 酚醛比对第一次加水时间的关系

亚硫酸盐和甲醛都直接关系到磺化酚醛树脂的聚合度和交联度，磺化酚醛树脂聚合度太大，在低温下对钻井液有较好的降滤失作用，而在高温下则效果变差。这是因为高温对磺化酚醛树脂存在着降解作用和交联作用，聚合度太大的磺化酚醛树脂高温降解作用要大于高温交联作用，而聚合度较小的磺化酚醛树脂高温交联作用反而大于高温降解作用(由于产物并非线型结构，交联也表现为聚合度增加)。

(三) 温度

缩聚反应是放热反应，控制适宜的反应温度非常关键。温度过高会加速苯酚氧化，磺化度降低。温度过低，相对分子质量减小，若相对分子质量太小，在钻井液中不能与固相颗粒间形成多点吸附，不利于给黏土颗粒提供高的负电荷密度，使降失水性能下降。

而在实际生产中，对于磺化度高的产品来说，只有温度在 97~107℃时缩聚反应才容易进行，在缩聚反应进行完全之前低温(75~90℃)进行磺化反应，则羟甲基磺酸钠首先与苯酚上的活性点充分反应，因而可缩聚的活性点位置减少，缩聚反应减慢，造成反应时间延长。生产液体磺化酚醛树脂时延长反应时间可以提高聚合度，但生产粉剂磺化酚醛树脂时应考虑喷雾干燥对聚合度的影响。

在采用通过加水控制聚合程度的工艺过程中，了解反应温度与达到第一次加水时间的关系对整个反应很重要，当 n(苯酚):n(甲醛):n(亚硫酸盐)=1:1.9:0.65 时，先在 70℃以下反应一定时间，然后升温至指定的温度，图 7-7 是反应温度与达到第一次加水时间的关系。从图中可以看出，升高温度有利于提高反应速度，在实际生产中反应温度在 105~110℃较好。

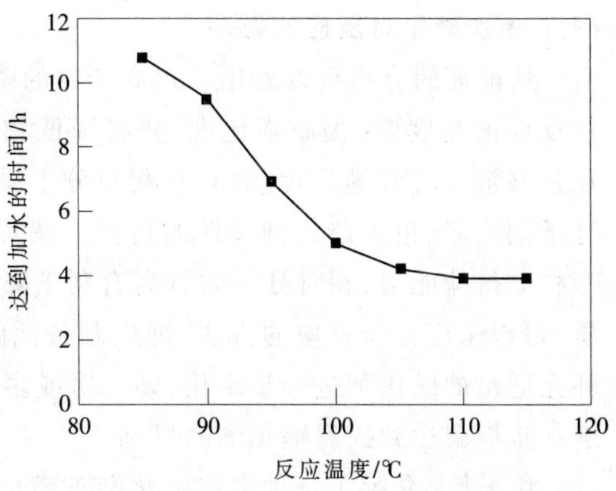

图 7-7 反应温度与达到第一次加水时间的关系

(四) 反应时间

在缩聚过程中，线型缩聚物的聚合度随反应程度增加而增加，控制聚合时间的主要目的在于得到能够满足现场需要的产品。聚合时间长，相对分子质量过大，并会发生过度交联，形成不溶性体型树脂，若相对分子质量太大，在应用中会引起钻井液稠化。聚合时间短，相对分子质量小，不能有效地控制钻井液的滤失量。当 n(苯酚):n(甲醛):n(亚硫酸盐)=1:1.9:0.65 时，先在 70℃以下反应一定时间，然后升温至回流温度，不同物料质量分数情况下反应产物黏度(质量分数 15%)与反应时间的关系见图 7-8。从图中可以看出，反应混合物质量分数对反应时间影响较大，提高反应混合物中反应物料质量分数，有利于缩短反应时间，但当物料质量分数高时，产物中会出现部分凝胶产物。因此在生产中，既要考虑反应时间，还要保证反应中不出现产物凝胶，结合实际，反应混合物物料质量分数在 45%~50%较好。

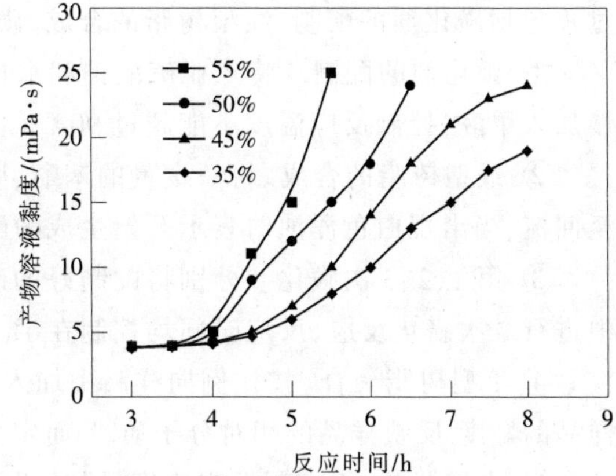

图 7-8 反应产物溶液黏度(质量分数 15%)与反应时间的关系

(五) 补加水的影响

反应过程中补加水的目的是为了保证生产中不产生凝胶或过度交联，又能够使聚合度达到最佳要求。在缩聚过程中，为了控制缩聚物相对分子质量，防止反应过程中过度交联和凝胶化，反应中要适时适量加水(加水还起到减缓反应速度的作用)。如果加水多了，则反应缓慢，加水少了，则会出现交联和凝胶化。因此，操作中加水要量少次多，且把握时间和量，包括水温，保证缩合与磺甲基化反应顺利进行。

(六) 稳定剂对产品质量的影响

对于以液体产品形式使用时，为了保证产品质量，在聚合反应结束后，加入适量的复合稳定剂能有效地阻止液体 SMP 树脂在储存和运输过程中进行反应，最终防止液体产品发生交联和凝胶化。稳定剂可以采用控制 pH 值的材料，也可以采用能与羟甲基反应的材料，如甲酸钠、亚硫酸氢钠、硫代硫酸钠、尿素等。对于直接生产固体产品时，不需要添加稳定剂，与液体产品相比，由于固体产品需要烘干过程，因此在反应程度控制上要区别对待。

(七) 多次磺化对反应的影响

从前面的分析可以看出，提高产物的磺化度与提高产物的相对分子质量是一对矛盾。从反应的角度讲，提高磺化度，势必降低相对分子质量，而相对分子质量低又不利于产物在钻井液中有效地发挥作用，在相对分子质量低的情况下，即使在钻井液中发生分子内和分子间交联，也不能达到预期的目标。就其在钻井液中的应用来说，磺化度高有利于提高产物的抗盐能力，相对分子质量高有利于降滤失。为了解决磺化度和相对分子质量间的矛盾，可以采用分步反应的方法，即先制备低磺化度的产物，等相对分子质量达到预期后，再补充适量的磺化剂进一步磺化，即二次或多次磺化。也可以采用补充酚磺酸或胺基苯磺酸进一步缩聚达到提高磺化度的目标。

詹平等[6]介绍了一种多次磺化制备磺化酚醛树脂的方法，具有良好的降滤失和抗盐效果，特别适合高矿化度钻井的需要，且具有价格低廉、操作简单、生产稳定等优点。其制备过程包括磺化剂的配制、线型树脂的合成、磺化、T 型树脂聚合和再磺化不同阶段：

① 磺化剂的配制。将焦亚硫酸钠和水按比例加入三口烧瓶中，搅拌均匀，边搅拌边缓慢加入甲醛，控制反应温度不能超过 90℃。

② 线型树脂的合成。将一定量的苯酚、甲醛、催化剂等按比例加入另一反应容器，加热至回流，当出现白色浑浊时表示开始生成酚醛树脂，继续反应 20min 即可。

③ 第 1、2、3 次磺化。分别将配制好的磺化剂按总质量的 1/4 加入合成好的酚醛树脂中进行 3 次磺化反应，反应时间均控制在 1h。

④ T 型树脂聚合。按比例向样品中加入定量的甲醛进一步进行树脂聚合。反应时间视样品的黏度(反映样品的相对分子质量)而定。

⑤ 水样调节。为控制反应速度，同时调节产品的干基含量，按比例加入新鲜水，反应时间根据样品的黏度决定。

⑥ 第 4 次磺化。向样品中加入剩余的 1/4 磺化剂，进一步进行磺化反应，45min 后反应结束，即可得所需产品。

通过正交试验得到实验室优化配方，并经过多次实验，将所得样品按 SY/T 5094—2008 标准对样品进行检测表明，所得产品具有良好的抗温抗盐能力，在高温条件下，仍具有良好的降滤失能力，且样品在高矿化度钻井液中仍有很好的效果，盐溶性达到了预期目的，按此配方合成 SMP-Ⅱ的重复性较好，操作平稳，实验样品理化指标合格。结合室内研究，在放大试验的基础上得到了最优工业化生产配方，实验室和工业优化配方见表 7-1。

表 7-1 SMP-Ⅱ的优化配方

原料名称	实验室配方		工业生产配方	
	质量/g	物质的量/mol	质量/g	物质的量/mol
苯 酚	100.0	1.06	100.0	1.06
线性甲醛	27.5	0.92	30.0	1.00
焦亚硫酸钠	101.0	1.06	101.0	1.06
磺化甲醛	34.0	1.17	36.0	1.20
水	46.0	2.56	46.0	2.56
烧 碱	12.0	0.30	13.0	0.33
树脂甲醛	27.0	0.90	30.0	1.00

为了进一步提高 SMP 的相对分子质量，也可以向已反应好的 SMP 产品中加入事先制备的热塑型(线型)酚醛树脂，在 90~100℃反应一定时间后，再加入磺化剂进行磺甲基化反应，见式(7-10)~式(7-12)。

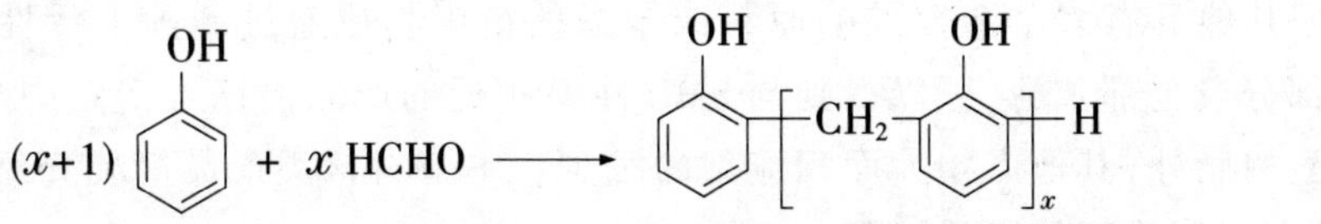

(7-10)

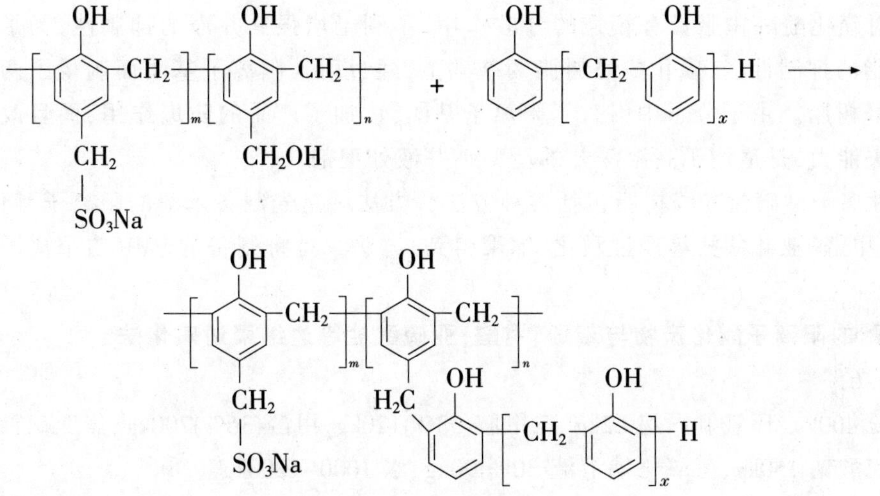

(7-11)

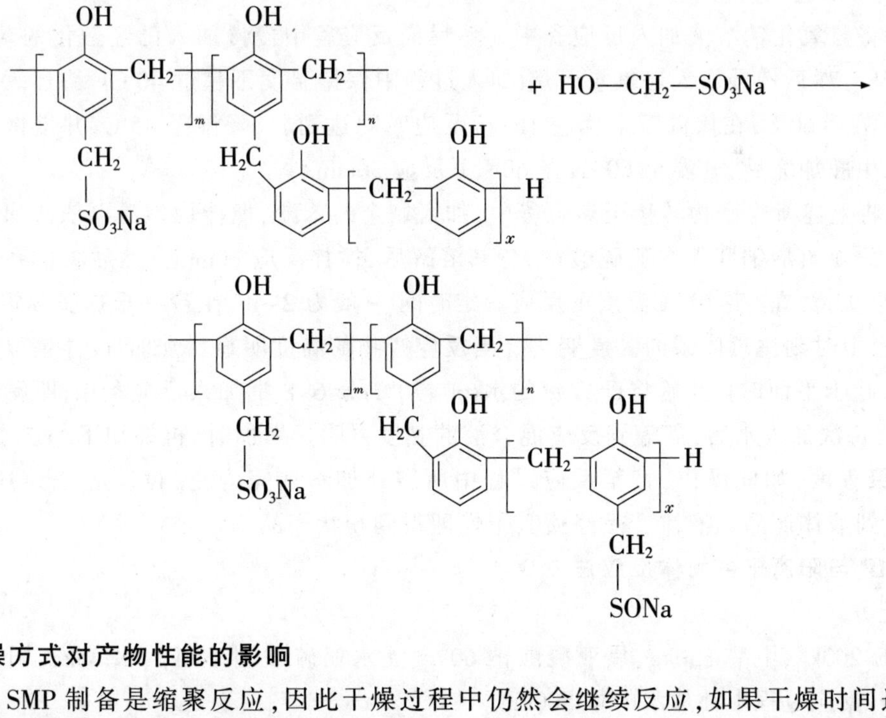

$$+\ HO—CH_2—SO_3Na \longrightarrow$$

(7-12)

(八) 干燥方式对产物性能的影响

由于 SMP 制备是缩聚反应，因此干燥过程中仍然会继续反应，如果干燥时间过长，则会使产物的聚合度增加，溶解性降低，甚至由于交联而不溶，为了保证产物的溶解性，必须控制干燥时间。实践表明采用喷雾和滚筒干燥等快速干燥方式可以减少干燥过程中的反应，保证产物的溶解性。相对而言，喷雾可以在瞬间成粉，作为 SMP 干粉生产是最好的选择。

第二节 改性磺甲基化或磺化酚醛树脂

采用其他具有多个活性点的原料或苯酚的衍生物或通过苯酚上活性点反应得到的产物代替部分或全部苯酚,可以得到与 SMP 性能相近的产品。该类产物中,除两性离子型磺甲基酚醛树脂外,其他产物大面积应用的很少。本节对该类产品简要介绍。

一、两性离子型磺甲基酚醛树脂

针对磺化酚醛树脂具有较强的分散作用,不利于增强钻井液的抑制性,为了提高磺化酚醛树脂的抑制性,在磺化酚醛树脂的基础上,通过引入阳离子基团而制得了两性离子型磺化酚醛树脂。由于分子中引入了阳离子基团,增加了产品的防塌作用,而且改善了产品的降滤失能力,是适用于高温深井的新型钻井液处理剂[7]。

两性离子型磺化酚醛树脂包括两种方法, 方法一是先制备苯酚的阳离子醚化产物,再与苯酚、甲醛、亚硫酸盐等经过磺化、缩聚得到;方法二是将制备的 SMP 与阳离子中间体反应得到。

(一) 苯酚的阳离子醚化产物与苯酚、甲醛、亚硫酸盐等边缩聚边磺化法

1.配方

苯酚 400kg、环氧氯丙烷 62kg、三甲胺(33%)120kg、甲醛(36%)700kg、焦亚硫酸钠180kg、无水亚硫酸钠 150kg、氢氧化钠溶液(30%)90kg、水 1000~1200kg。

2.生产工艺

① 将氢氧化钠溶液加入反应釜中, 然后向反应釜中慢慢加入已经融化的苯酚 63kg,反应 0.5h。然后慢慢加入环氧氯丙烷(加入过程中保持温度不超过 40℃),待环氧氯丙烷加完后,升温至 60℃,在该温度下反应 1h;待反应时间达到后,降温至 45℃,并慢慢加入三甲胺,待三甲胺加完后,升温至 60℃,在 60℃下反应 30min。

② 将上述所得产物转移至聚合釜中,加入剩余的苯酚,搅拌均匀后再依次加入配方量的甲醛、焦亚硫酸钠和无水亚硫酸钠,待其溶解后,搅拌反应 30min。然后将体系的温度慢慢升温至 97℃,在 97~107℃温度下反应一定时间(一般为 2~4h,生产中根据实际情况而定),反应过程中时刻注意体系的黏度变化。当反应产物的黏度明显增加时(搅拌情况下液面旋涡变小,趋于平面时),开始将配方量的水(60~70℃)分 6~8 批加入反应釜中(即反应过程中补加水),每次加入水后,需等到反应混合液的黏度再明显增加时,再补加下一次水,否则会影响缩聚程度,如此操作,直至反应过程中所需补加水加完为止,再反应 0.5~1h,降温出料,即得到液体产品。液体产品经喷雾干燥即得到粉状产品。

(二) SMP 与阳离子中间体反应法

1.配方

苯酚 200kg、甲醛 350kg、焦亚硫酸钠 60kg、无水亚硫酸钠 100kg、水 45kg、阳离子中间体 120kg、反应过程中补加水的量 500kg。

一种典型的阳离子中间体制备过程见式(7-13)和式(7-14)。

2.生产工艺

① 首先将苯酚在 70℃下融化,备用。

$$H_3C-\underset{CH_3}{\overset{CH_3}{\underset{|}{\overset{|}{N}}}} + HCl \longrightarrow H_3C-\underset{CH_3}{\overset{CH_3}{\underset{|}{\overset{|}{N}}}}\cdot HCl \tag{7-13}$$

$$H_3C-\underset{CH_3}{\overset{CH_3}{\underset{|}{\overset{|}{N}}}}\cdot HCl+\overset{O}{\overbrace{CH_2-CH}}-CH_2-Cl \longrightarrow Cl-CH_2-\overset{OH}{\overset{|}{CH}}-CH_2-\underset{CH_3}{\overset{CH_3}{\underset{|}{\overset{|}{N^+}}}}-CH_3\cdot Cl^- \tag{7-14}$$

② 将配方量的甲醛、水加入反应釜中,然后加入融化的苯酚,搅拌均匀后,慢慢加入焦亚硫酸钠,待焦亚硫酸钠溶解完后,过 15min 再慢慢加入无水亚硫酸钠,待亚硫酸钠加完后,搅拌反应 30min(反应温度控制在 60℃左右)。

③ 待反应时间达到后,慢慢升温至 97℃,在 97~107℃温度下反应一定时间(一般为 2~4h,生产中根据实际情况而定)。

④ 反应过程中时刻注意体系的黏度变化。当反应产物黏度增加至一定程度时(搅拌情况下液面旋涡变小,趋于平面时),开始将水分 6~8 批分别加入反应釜中(即反应过程中补加水),每次加入水后(每次所加水量均为反应过程中所需补加水的量 1/8,即 600/8=75),需等到反应混合液的黏度再明显增加时,再补加下一次水……如此操作,直至反应过程中所需补加水加完为止,再反应 0.5~1h,加入阳离子中间体体,反应 0.5h 后,降温出料,即得到浓度 35%左右的液体产品(在补加水的过程中,要一直观察反应现象,加入水要及时,否则易出现凝胶现象)。

⑤ 液体产品经喷雾干燥即得到粉状产品。

比较两种方法,第二种方法生产容易控制,且产品性能更稳定。目前该产品已经广泛在现场应用,将来需要进一步提高阳离子度,使其具有更强的防塌抑制能力。

在实际生产中阳离子中间体不同时,得到产品的性能会出现差别,而且阳离子中间体的用量也会影响产物性能,其用量以不影响产物高温高压降滤失能力为准,故在生产中需要根据实验确定合适的用量,生产过程中的注意事项参见 SMP 的生产。

研究表明,将阳离子化酚醛树脂和磺甲基酚醛树脂在催化剂存在下反应,制备的两性酚醛树脂,在黏土上的饱和吸附量高达 24.292mg/g 土,约为磺甲基酚醛树脂 SMP-Ⅰ、SMP-Ⅱ的 2 倍,在浓度≤3.5g/L 的 NaCl 水溶液中不析出,当树脂加量为 3%时,含盐(NaCl) 15%和 30%的 4%膨润土钻井液在 180℃热滚后的高温高压(150℃,3.5MPa)滤失量分别小于 15mL 和 30mL,加入 3%该树脂的 8%膨润土钻井液经 180℃热滚后的表观黏度和高温高压滤失量,与加入 5%商品降滤失剂 SMP-Ⅰ、SMP-Ⅱ的水平相当[8]。

二、磺化苯氧乙酸-苯酚-甲醛树脂

与磺化酚醛树脂相比,磺甲基苯氧乙酸-苯酚-甲醛树脂分子中增加了水化基团羧甲基,提高了抗盐能力,该产品在 NaCl 含量达 25%~36%范围内具有良好的抗盐、抗高温性能,并在降滤失的同时具有明显的稀释作用,是一种新型的耐温抗盐的钻井液降滤失剂。其综合效果比磺化酚醛树脂好,可降低钻井液的处理费用,具有很强的抗盐能力,适用于各种水基钻井液体系。其生产过程中的关键控制点与 SMP 基本相同。

(一) 参考配方

苯酚 400kg、氯乙酸 80kg、甲醛(36%)770kg、焦亚硫酸钠 180kg、无水亚硫酸钠 150kg、氢氧化钠 33kg、碳酸钠 43kg、水 1000~1200kg。

(二) 生产工艺

① 将氯乙酸和碳酸钠加入捏合机中,捏合反应 1~2h,得到氯乙酸钠。

② 将氢氧化钠和适量的水加入反应釜中,配制成氢氧化钠溶液,然后向反应釜中慢慢加入已经融化的苯酚 78kg,反应 0.5h。然后加入氯乙酸钠,在 60~80℃下反应 1~1.5h,降温至 40℃。

③ 向上述反应产物中加入配方量的甲醛和剩余的苯酚,待搅拌均匀后,慢慢加入焦亚硫酸钠,待焦亚硫酸钠溶解完后,过 15min 再慢慢加入无水亚硫酸钠,待其溶解后,搅拌反应 30min(反应温度控制在 60℃左右)。

④ 待反应时间达到后,慢慢升温至 97℃,在 97~107℃温度下反应一定时间(一般为 2~4h,生产中根据实际情况而定),反应过程中时刻注意体系的黏度变化。当反应产物的黏度明显增加时(搅拌情况下液面旋涡变小,趋于平面时),开始将配方量的水(60~70℃)分 6~8 批加入反应釜中(即反应过程中补加水),每次加入水后,需等到反应混合液的黏度再明显增加时,再补加下一次水,否则会影响缩聚程度。如此操作,直至反应过程中所需补加水加完为止,再反应 0.5~1h,降温出料,即得到质量分数 35%左右的液体产品(在补加水的过程中,要一直观察反应现象,加入水要及时,否则易出现凝胶现象)。

⑤ 液体产品经喷雾干燥即得到粉状产品。

氯乙酸、苯酚、甲醛等均有腐蚀性,应避免溅至皮肤上,在操作中注意安全防护,车间内应保持良好的通风状态,同时还要注意防火。

在按照 SMP 工艺生产磺甲基苯氧乙酸-苯酚甲醛树脂中,由于影响树脂合成的因素已经非常明确,本产品的关键是氯乙酸占苯酚的物质的量分数的确定。原料配比和反应条件一定时,氯乙酸用量对产品降滤失能力的影响见图 7-9。从图 7-9 可以看出,随着氯乙酸用量的增加,产物降滤失能力明显提高,说明羧基的引入大大提高了产品的降滤失能力,但当氯乙酸用量超过 20%后,降滤失效果反而降低,这是由于羧甲基越多,作为吸附基的酚羟基就越少,使吸附基与水化基比例失调,导致作用效果降低。可见,氯乙酸用量控制在 20%左右较好。

(三) 有关认识

根据有机合成原理,在氯乙酸分子中,由于羧基的负电性,氯原子容易解离,生成的 CH_2COOH 通过 SN2 亲核取代反应,与酚钠直接作用生成醚化物。当参与酚醛缩合反应时,该醚化物仍保持了酚类邻对位的化学活性,制品中除磺化生成的磺酸基团外又引入羧基阴离子基团,提高了树脂的水化性能[9]。

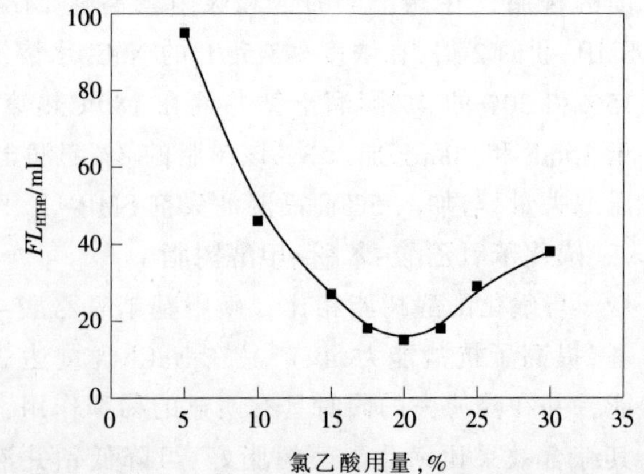

图 7-9 氯乙酸用量对产物降滤失能力的影响

在磺化苯氧乙酸-苯酚-甲醛树脂合成

树脂反应过程中，由于 OH^-，COONa 的空间位阻效应及诱导效应，将对缩聚反应产生一定影响，当 2-苯氧基乙酸钠比例过大时，将使反应速度下降，相对分子质量不易提高。比例过小又造成产物中羧基含量减少，故必须严格控制二者的比例。在缩聚反应中，随 OH^-浓度增大反应速度提高，但 OH^-浓度过大缩聚物平均相对分子质量降低，且当 pH 值高至一定程度时甲醛易氧化成甲酸。因此，采用亚硫酸钠水解产生 OH^-使反应体系 pH 值维持在 8~9 可达到较好效果。

研究表明，磺化苯氧乙酸-苯酚甲醛树脂出现盐析浓度为 152g/L 氯离子(NaCl 含量为 30%)，而 SMP 出现盐析浓度为 100g/L 氯离子(折合 NaCl 含量为 20%)，而其实际抗盐范围增大 5%~7%，与磺化苯氧乙酸-苯酚-甲醛树脂抗盐实验结果相吻合。

在淡水钻井液中磺化苯氧乙酸-苯酚-甲醛树脂不但具有降滤失性能，而且有明显的稀释性能，在淡水钻井液中随磺化苯氧乙酸-苯酚-甲醛树脂加量的增加，黏度不断下降；当淡水钻井液加入 36% NaCl 后，黏度急剧下降，待加入磺化苯氧乙酸-苯酚-甲醛树脂时，黏度上升，这是由于最初盐浸造成 ξ 电位下降，反离子极化水减少而引致。当加入 1%磺化苯氧乙酸-苯酚-甲醛树脂时，ξ 电位回升极化水增加，黏度增大，而随着样品含量继续增加，黏度又趋于下降。结构分析表明，其是通过产物分子上酚羟基配价键吸附在黏土颗粒断键边缘处形成吸附水化层，削弱了黏土颗粒之间的端-面和端-端连接，从而拆散了钻井液中空间网架结构，使钻井液黏切显著降低。由此表明，磺化苯氧乙酸-苯酚-甲醛树脂在降滤失的同时具有较好的稀释性能。

此外，还可以通过如下方法制备改性磺甲基酚醛树脂：

① SMP 与腐殖酸、水解聚丙烯腈等反应(本书第十章第五节将详细介绍)。

② 采用聚乙烯醇对 SMP 进行改性，可以提高 SMP 的护胶能力，改善其控制滤失量的能力。聚乙烯醇是由聚醋酸乙烯酯水解而得，故聚乙烯醇的分子结构上仍然存在少量的乙酰基：

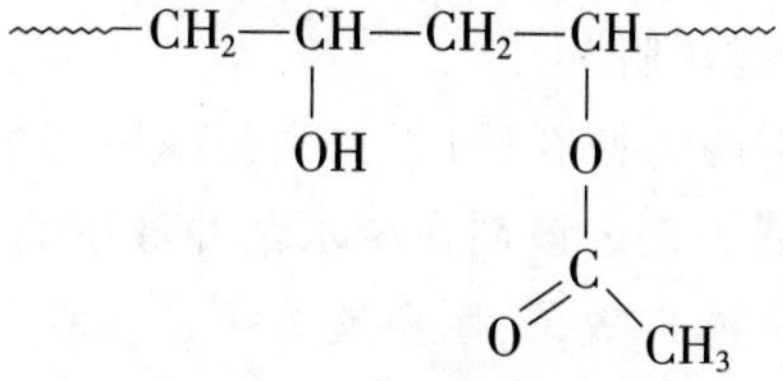

$$\sim\!\sim CH_2-\underset{\displaystyle OH}{\underset{|}{CH}}-CH_2-\underset{\displaystyle O-C(=O)-CH_3}{\underset{|}{CH}}\sim\!\sim$$

聚乙烯醇的相对分子质量分布很宽，在一定限度内聚合度越高，合成的改性产物的护胶能力越强，其改性反应过程见式(7-15)。

③ 采用聚醚胺进行改性，合成具有聚醚侧链的产物，见式(7-16)。

采用水溶性环氧树脂与磺甲基酚醛树脂反应制备侧链具有羧酸基团的改性产物，见式(7-17)。

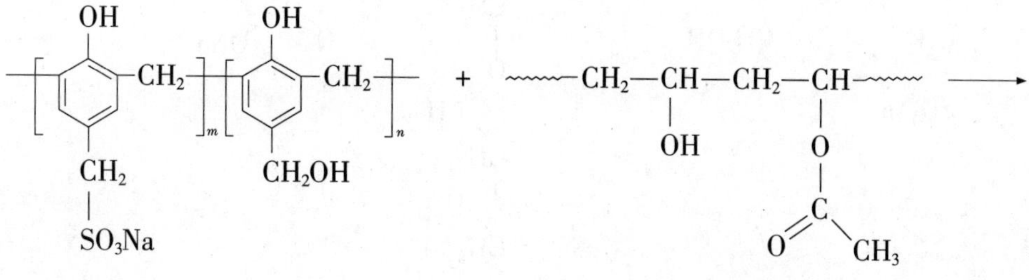

$$\left[\text{C}_6\text{H}_2(\text{OH})(\text{CH}_2\text{SO}_3\text{Na})-CH_2 \right]_m \left[\text{C}_6\text{H}_2(\text{OH})(\text{CH}_2\text{OH})-CH_2 \right]_n + \sim\!\sim CH_2-\underset{\displaystyle OH}{\underset{|}{CH}}-CH_2-\underset{\displaystyle O-C(=O)-CH_3}{\underset{|}{CH}}\sim\!\sim \longrightarrow$$

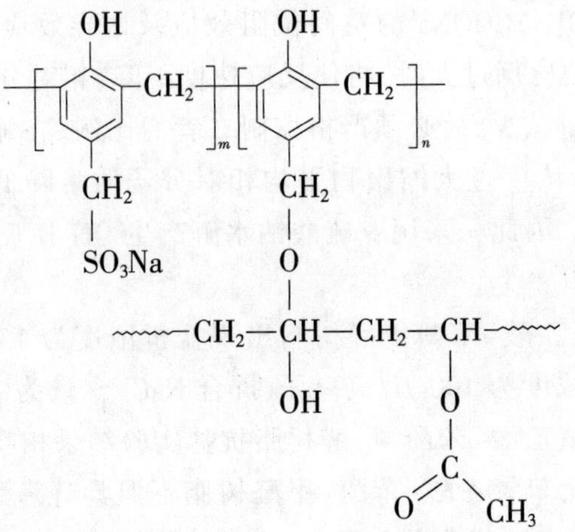

(7-15)

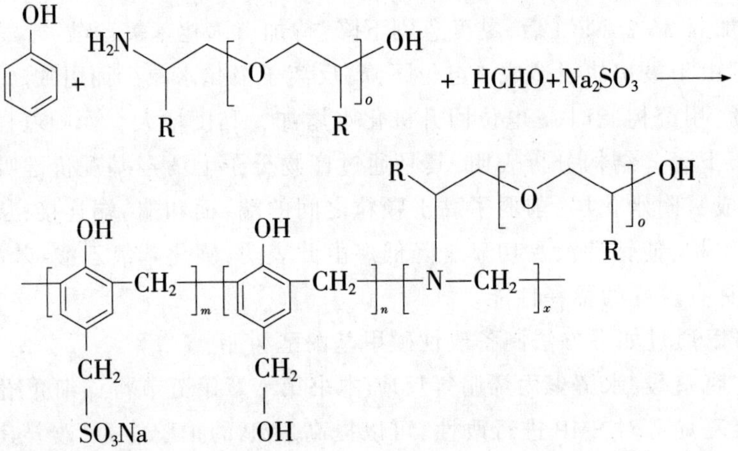

$+ HCHO + Na_2SO_3 \longrightarrow$

(7-16)

三、其他合成树脂磺化产物

其他合成树脂磺化产物包括改性磺化酚醛树脂和磺化酚醛树脂。

(一) 对氨基苯磺酸-苯酚-甲醛树脂

以苯酚、对氨基苯磺酸、甲醛为原料，可以得到与磺甲基酚醛树脂具有相似分子结构的对氨基苯磺酸盐酚醛树脂降滤失剂。该剂在淡水钻井液中的适宜加量为5%。用该降滤失剂配制的钻井液具有良好的降滤失效果，耐温能力可达180℃[10]。

苯酚、对氨基苯磺酸、甲醛在不同酸碱条件下反应机理不同，在碱性或中性条件下按照式(7-18)和式(7-19)进行反应。

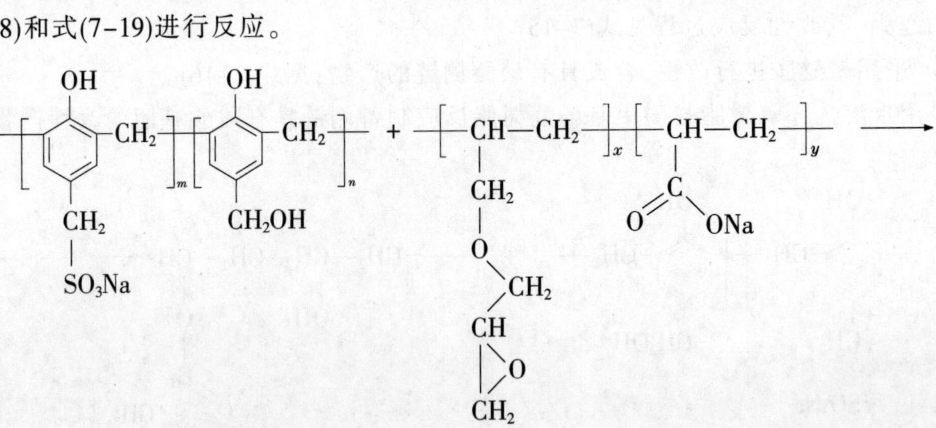

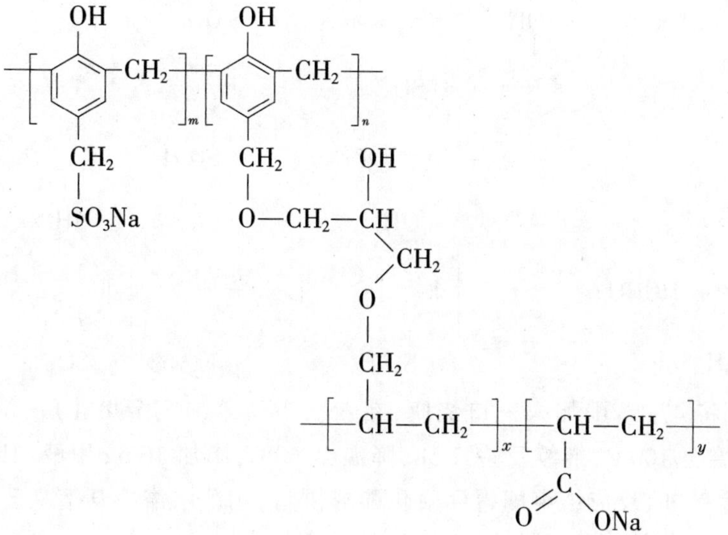

(7-17)

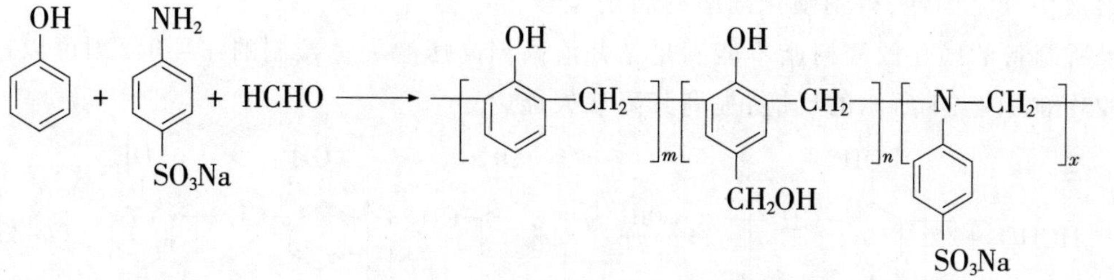

(7-18)

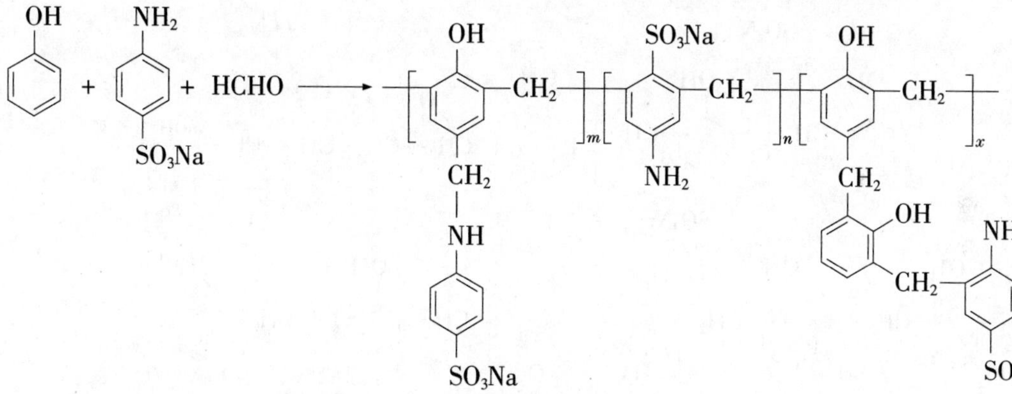

(7-19)

在酸性条件下将发生如式(7-20)所示的反应。

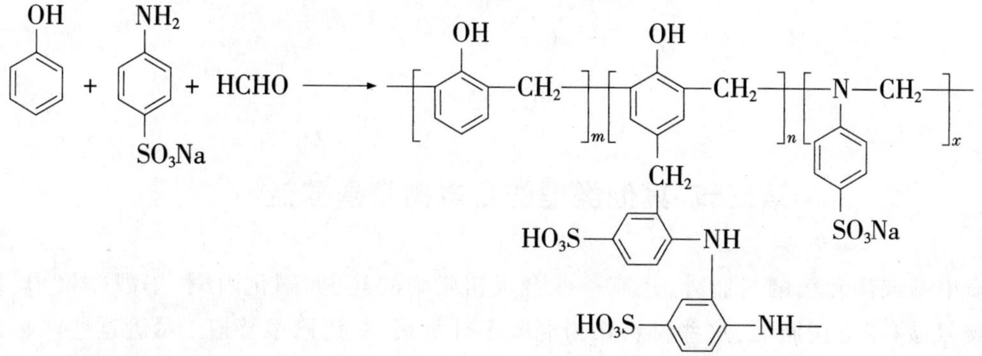

(7-20)

(二) 磺化酚醛树脂

以苯酚、硫酸、甲醛等为原料可以合成磺化酚醛树脂(SP)，见式(7-21)和式(7-22)。

$$\text{C}_6\text{H}_5\text{OH} + H_2SO_4 \longrightarrow HO\text{-C}_6\text{H}_4\text{-}SO_3H \tag{7-21}$$

$$HO\text{-C}_6\text{H}_4\text{-}SO_3H + HCHO \longrightarrow \left[\text{C}_6\text{H}_2(OH)(SO_3H)\text{-}CH_2\right]_n \xrightarrow{NaOH} \left[\text{C}_6\text{H}_2(OH)(SO_3Na)\text{-}CH_2\right]_n \tag{7-22}$$

制备方法:将47g苯酚加入三口烧瓶,在65℃下待苯酚完全熔化后,缓慢滴加98%浓硫酸53.9g,升温至100℃,继续反应2.5h,降温至60℃,滴加10.5g甲醛,1h内滴完后升温至95℃,保温反应2h,反应结束即得到磺化酚醛树脂。用冰水浴冷却溶液至室温,并用氢氧化钠水溶液中和至中性,得到磺化酚醛树脂钠盐[11]。

如果所制备的磺化酚醛树脂不能满足钻井液高温高压滤失量控制的需要时,则可以通过式(7-23)和式(7-24)所示的反应,提高其降滤失能力。

$$\text{C}_6\text{H}_5\text{OH} + HCHO + \left[\text{C}_6\text{H}_2(OH)(SO_3Na)\text{-}CH_2\right]_n \xrightarrow{NaOH} \left[\text{C}_6\text{H}_3(OH)\text{-}CH_2\right]_m\left[\text{C}_6\text{H}_2(OH)(SO_3Na)\text{-}CH_2\right]_n\text{-C}_6\text{H}_4OH \tag{7-23}$$

$$\left[\text{C}_6\text{H}_3(OH)\text{-}CH_2\right]_m\left[\text{C}_6\text{H}_2(OH)(SO_3Na)\text{-}CH_2\right]_n\text{-C}_6\text{H}_4OH + \underset{\text{O}}{CH_2\text{—}CH}\text{—}CH_2\text{—}Cl \xrightarrow{NaOH}$$

$$\left[\text{C}_6\text{H}_3(OH)\text{-}CH_2\right]_m\left[\text{C}_6\text{H}_2(OH)(SO_3Na)\text{-}CH_2\right]_n\text{-C}_6\text{H}_4\text{-O-}CH_2\text{-}\underset{\underset{OH}{|}}{CH}\text{-}CH_2\text{-O-C}_6\text{H}_4\text{-}\left[CH_2\text{-C}_6\text{H}_2(OH)(SO_3Na)\right]_n\left[CH_2\text{-C}_6\text{H}_3(OH)\right]_m \tag{7-24}$$

第三节 其他类型的合成树脂磺酸盐

除磺甲基或磺化酚醛树脂外,还有一些合成树脂磺酸盐,如磺化丙酮-甲醛缩聚物、磺甲基三聚氰胺-甲醛树脂等,这些材料作为混凝土外加剂,应用已很普遍。尽管这些产物作为钻井液处理剂还没有系统的研究,但从其结构看,具备用作钻井液处理剂的特征,可以通过提高缩聚度或通过改性而满足钻井液性能控制的需要。

一、磺化丙酮-甲醛缩聚物

磺化丙酮-甲醛缩聚物(SAF)是一种阴离子型聚电解质,为桔黄色粉末,易溶于水,水溶液呈弱碱性,是由丙酮、甲醛和亚硫酸盐在碱性条件下缩聚得到的一种水溶性树脂,为国内20世纪90年代开发的一个专用的油井水泥减阻剂或分散剂。自国内首次合成并成功用于油井水泥分散剂以来[12],因其良好的抗温能力而逐步成为主要的油井水泥抗温分散剂。近年来随着人们对其优越性的认识,在混凝土行业作为减水剂而得到了快速发展[13]。由于该产品原料来源丰富,生产工艺稳定,且热稳定性好,易于通过改性提高其性能,且绿色环保,从其分子结构和水化基团看,具备用作钻井液处理剂的基本性能,在SAF油井水泥分散剂合成工艺的基础上,通过改变原料配比、延长反应时间,可以制备钻井液处理剂。

下面是关于磺化丙酮-甲醛缩聚物几种不同的制备方法[14~16],可以作为钻井液处理剂合成的参考。

(一) 方法一

① 按配方要求,将300g丙酮、800g质量分数36%甲醛、250g亚硫酸氢钠加入反应釜中,搅拌至亚硫酸氢钠全部溶解;

② 将体系的温度升至50~60℃,在此温度下,慢慢加入50g催化剂,待催化剂加完后将体系的温度升至80~90℃,在此温度下反应2~6h;

③ 所得反应产物经烘干、粉碎,即得微黄色的自由流动粉状产品。

(二) 方法二

① 将102g焦亚硫酸钠加入885g质量分数36%的甲醛溶液中,待其反应完毕,降至室温,加入280g丙酮,混合均匀,即得丙酮/甲醛和羟甲基磺酸钠的混合溶液;

② 将189g无水亚硫酸钠和适量的水加入反应釜中,并升温至60℃;

③ 待反应温度升至60℃后,慢慢加入丙酮/甲醛和羟甲基磺酸钠的混合溶液,加入速度控制在体系温度不超过65℃,待混合溶液加完后,将体系升温至70℃,在此温度下恒温反应30min;

④ 将体系升温至95℃,于95℃±5℃下继续反应1~5h;

⑤ 待反应完毕,将反应体系降温至室温,用适当的甲酸将其中和到pH值为7~8,经干燥、粉碎即得产品。

(三) 方法三

① 将300g丙酮、850g质量分数36%甲醛和300g亚硫酸氢钠进行混合,即得丙酮/甲醛和亚硫酸氢钠混合溶液;

② 将50g催化剂溶于适量水并加入反应釜;

③ 在50~60℃下,向反应釜中分批加入①所制得的丙酮/甲醛和亚硫酸氢钠混合溶液;

④ 待混合液加完后将反应体系升温至80~110℃,于此温度下反应1~4h;

⑤ 待反应完毕,将所得产物经干燥、粉碎即得到成品。

除采用丙酮外,也可以采用环己酮、或环己酮与丙酮共同使用合成不同的磺化产物。初步的实验表明,环己酮的引入可以提高产物的抗温能力。同时也可以采用甲醛之外的其他醛来合成不同结构的磺化酮醛缩聚物,以拓宽产品的研究开发思路。

二、磺甲基三聚氰胺-甲醛树脂

采用三聚氰胺与甲醛在亚硫酸盐存在下，可以得到磺甲基三聚氰胺-甲醛树脂(SMAP)，其作为混凝土减水剂，已得到了一定的应用。从结构和基团分析，它可以用作钻井液降滤失剂和油井水泥降失水剂和分散剂，但作为钻井液降滤失剂，研究还比较少。从绿色环保的角度来讲，SMAP 比 SMP 具有明显优势，应该引起重视。

磺甲基三聚氰胺-甲醛树脂的合成反应见式(7-25)。

$$\mathrm{C_3N_3(NH_2)_3} + \mathrm{HCHO} + \mathrm{NaHSO_3} \longrightarrow \left[\mathrm{NH}-\mathrm{C_3N_3(NH_2)}-\mathrm{NH}-\mathrm{CH_2}\right]_m\left[\mathrm{NH}-\mathrm{C_3N_3(NH_2{-}CH_2SO_3Na)}-\mathrm{NH}-\mathrm{CH_2}\right]_n \qquad (7\text{-}25)$$

段宝荣等[17]介绍了一种合成方法，可以作为钻井液用磺甲基三聚氰胺-甲醛树脂制备的参考。其过程是将定量的三聚氰胺与水加入三口烧瓶中，然后调节 pH 值至 8.5~9 之间，并将三口烧瓶放入油浴锅升温至 70~85℃。达所需温度后滴加甲醛，并不断搅拌至三聚氰胺完全溶解，继续反应 40~60min，然后加入定量的亚硫酸氢钠，并用 NaOH(10%)溶液调节体系 pH 值至 8.5~10.0 进行磺甲基化反应，约 60min 后，即得到水溶性好、长期储存较稳定的磺甲基化三聚氰胺甲醛树脂。

通过实验确定了合成三聚氰胺甲醛树脂及其改性的最优工艺条件，即 n(三聚氰胺):n(甲醛):n(亚硫酸氢钠)=1:(4~5):2。其中，三聚氰胺与甲醛反应温度为 85℃，反应时间为 40~60min，pH 值为 8.5~9；三聚氰胺与甲醛的产物与亚硫酸氢钠的反应温度为 75~85℃，反应时间为 90min，pH 值为 10。

以三聚氰胺、甲醛和磺化剂为原料，通过缩合反应合成了磺化蜜胺树脂(SMF)。实验结果表明，当 n(甲醛):n(三聚氰胺):n(亚硫酸氢钠)=4.5:1.0:1.2 时，合成的磺化密胺树脂在钻井液中具有较好的降滤失作用。无论在淡水钻井液，还是在盐水或复合盐水钻井液中，它都能够有效地控制钻井液的滤失量，即使在高温高压的条件下，它依然能够保持良好的降滤失能力[18]。

第四节　超高温降滤失剂

第六章第五节介绍了含磺酸基聚合物类超高温钻井液降滤失剂，为了兼顾超高温条件下钻井液流变性和滤失量控制，仅采用合成聚合物处理剂难以满足要求。为此，在 SMP 的基础上，通过分子修饰或接枝共聚改性，可以使其耐温抗盐能力进一步提高，且可以与合成聚合物较好的配伍，从而满足超高温条件下降低钻井液高温高压滤失量的需要。本节介绍适用于超高温钻井液的高温高压降滤失剂合成及评价情况。

一、高温高压降滤失剂 HTASP

采用超高温钻井液聚合物处理剂 LP527 和 MP488，与酚醛树脂磺酸盐(SMP)等配伍可以得到抗温达到 220℃淡水和 4%盐水钻井液体系，且体系的高温性能稳定。研究发现，当 NaCl 含量超过 4%以后，以 SMP 作为高温高压降滤失剂，在高温下抗盐能力变差(见表 7-2)，失去了控制高温高压滤失量的作用，在高含盐的情况下要使体系的高温高压滤失量控制在较低的范围，只能通过增加 LP527 和 MP488 聚合物的加量来达到。随着聚合物加量的增加，体系液相黏度增加，又给高密度钻井液流变性控制带来了不利因素。

表 7-2 SMP 钻井液抗盐实验结果①

配 方	老化条件	黏度计读数				ρ/(g/cm^3)	FL/mL	FL_{HTHP}/mL	K/mm	K_{HTHP}/mm	pH值	温度/℃
		ϕ_{600}	ϕ_{300}	ϕ_{200}	ϕ_{100}							
0	220℃/16h	218	148	119	84	2.34	5.6	20	0.5	0.8	9	60
+4% NaCl	220℃/16h	268	169	136	90	2.35	3.2	34	0.2	1	9	60
+6% NaCl	220℃/16h	②	219	180	120	2.35	6.0	62	1	2	9	60
+8% NaCl	220℃/16h	②	211	164	113	2.35	8.8	170	1	4	9	60

注：①泥浆组成为：4%钠土浆+1.0% LP527-1+1.5% MP488+ 6% SMC+4% SMP+0.5% XJ+3.0g NaOH+重晶石；②太稠无法测定。

尽管 SMP 作为高温高压降滤失剂，在温度超过 220℃高温度下，其抗盐能力不能满足需要，但 SMP 分子结构特点具有通过化学修饰提高其抗盐性的可行性。基于此，在分子设计的基础上，提出通过 SMP 进行分子修饰改变分子结构，并通过增加产物的水化基团，引入新的吸附基，合成抗盐的高温高压降滤失剂，来达到产物在高温高含盐的情况下控制高温高压滤失量的目的。

实验结果表明，按照第四章第四节抗高温聚合物处理剂的分子设计思路，以胺基苯磺酸、苯酚和甲醛、丙酮、乙醛和亚硫酸氢钠等为原料，合成了不同修饰单元(修饰剂)，通过配方优化得到了性能较好的修饰产物 HTASP。HTASP 可以有效地控制盐水钻井液的高温高压滤失量，与 LP527-1、MP488、HP527-10 及 SMC、SMP 等具有良好的配伍性，能够满足超高温钻井液的需要。由 LP527-1、MP488、HP527-10、HTASP 及 SMC 组成的盐水和饱和盐水钻井液体系高温稳定性好，没有出现高温稠化，可以有效地控制钻井液高温高压滤失量(小于 15mL)，密度达到 2.32g/cm^3 时仍具有较好的流变性[19]。

(一) 高温高压降滤失剂——修饰产物的合成

1.结构设计

基于超高温钻井液处理剂分子设计，通过综合分析提出修饰产物的分子结构模型，如图 7-10 所示。

2.合成原料

合成原料为丙酮、乙醛、对胺基苯磺酸、亚硫酸钠、亚硫酸氢钠、甲醛和苯酚等。

3.修饰剂(修饰单元)的合成

采用不同原料等，通过配方设计与优化，在一定条件下反应合成 2 种修饰单元，作为修饰剂 1 和修饰剂 2 用于修饰产物的合成。

4.修饰产物的合成

① 将配方量的甲醛、水加入反应釜中，然后加入苯酚，搅拌均匀后，慢慢加入焦亚硫酸钠，待焦亚硫酸钠溶解完后，反应 15min，再慢慢加入无水亚硫酸钠，待亚硫酸钠加完后，搅拌反应 30min(反应温度控制在 60℃左右)。

② 待反应时间达到后，慢慢升温至 97℃，在 97~107℃温度下反应 1~1.5h，然后加入修饰剂 1 或修饰剂 2，将反应温度升至 115~125℃，在此温度下反应，反应过程中时刻注意体系的黏度变化。当反应产物黏度增加至一定程度时(搅拌情况下液面旋涡变小，趋于平面时)，降温至 90℃，并加入适量的水，再将反应温度升至 115~125℃，等到反应混合液的黏度再明显增加时，再补加水……如此操作，直至反应混合物固含量为 35%~40%，降温出料，即得到固含量 35%左右的液体产品(在补加水的过程中，要一直观察反应现象，加入水要及时，以避免出现凝胶现象)。

③ 液体产品经喷雾干燥即得到粉状产品。

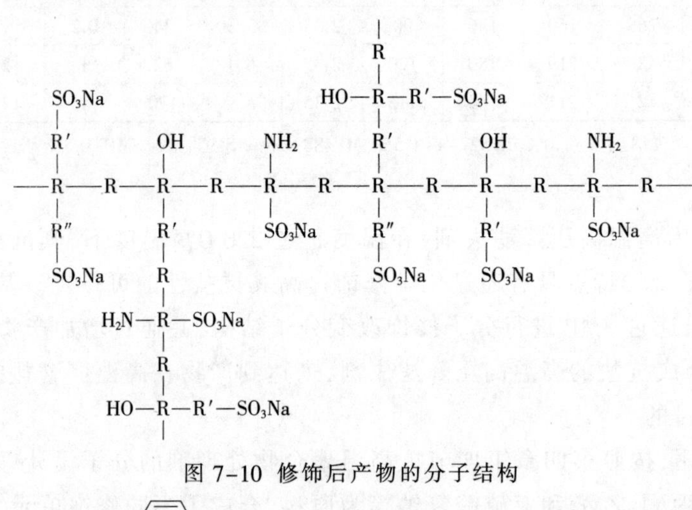

图 7-10 修饰后产物的分子结构

说明：R=⌬ 或 CH_3，R′=CH_2 或 CH_2CH_2 或 $C(CH_3)_2$，R″=$C(CH_3)_2$

(二) 合成条件优化与产品性能评价

1.修饰剂及用量对产物性能的影响

在考察中所用钻井液的基本配方为：4%钠膨润土浆+1.0% LP527-1+1.5% MP488+6% SMC+7%修饰产物+0.5% XJ+0.75% NaOH+10% NaCl，用重晶石加重至密度 2.3g/cm^3，将所配制钻井液于 220℃老化 16h，然后降温至 50℃测其流变性，同时测定高温高压滤失量，通过高温高压滤失量考察产物的性能。

(1) 不同修饰剂及用量对产物相对分子质量的影响

图 7-11 是采用不同修饰剂对修饰产物相对分子质量的影响。从图 7-11 可以看出，采用不同的修饰剂对产物相对分子质量影响不同。对于修饰剂 1，随着修饰剂用量的增加，所得修饰产物的相对分子质量逐渐降低，当修饰剂用量一定时，降低趋缓；而采用修饰剂 2 时，修饰产物的相对分子质量随着修饰剂用量的增加先提高后又降低。从超高温钻井液对处理剂的要求方面讲，采用修饰剂 1 合成高温高压降滤失剂比较好。

(2) 不同修饰剂及用量对产物所处理钻井液性能的影响

图 7-12 是修饰剂用量对钻井液表观黏度、塑性黏度和动切力的影响。从图中可以看出，

随着修饰剂用量的增加，用所得产物所处理钻井液的表观黏度、塑性黏度逐渐降低；对于修饰剂 2 的产物，当修饰剂用量超过28%后，表观黏度和塑性黏度又出现升高。而产物所处理钻井液的动切力随着修饰剂用量的增加逐渐降低，从这一点说明经过修饰的产物可以控制钻井液高温稠化现象。

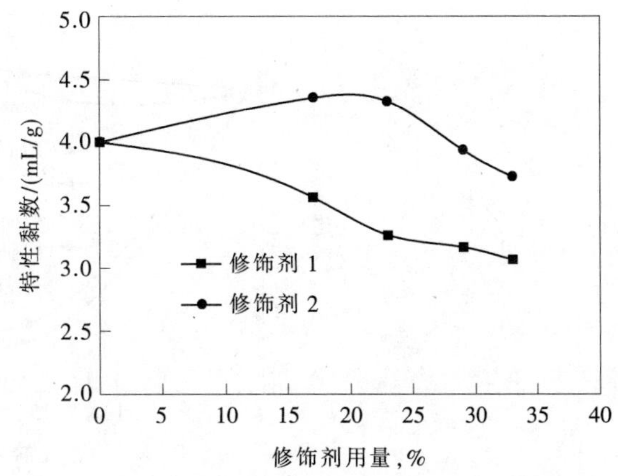

图 7-11 修饰剂用量对产物相对分子质量的影响

图 7-13 是修饰剂用量对产物所处理钻井液初、终切的影响。从图中可以看出，对于修饰剂 1，随着修饰剂用量的增加，用所得产物所处理钻井液的初切先降低，后又增加，终切先增加，再降低，后又增加。对于修饰剂 2，随着修饰剂用量的增加，产物所处理钻井液的初切逐渐降低，终切先增加，后又降低。但总的趋势是随着修饰剂用量的增加，钻井液的初、终切降低。

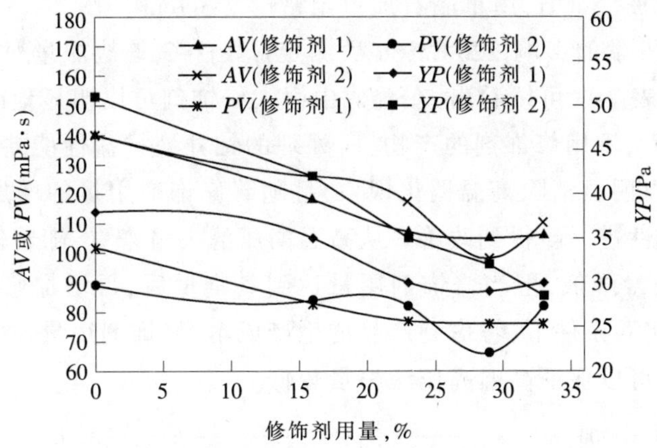

图 7-12 修饰剂用量对钻井液黏度和动切力的影响

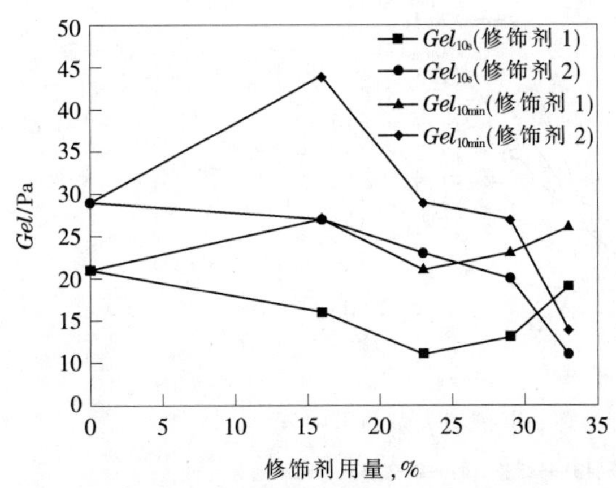

图 7-13 修饰剂用量对钻井液初、终切力的影响

综合考虑产物所处理钻井液的表观黏度、塑性黏度、动切力和初、终切，在实验条件下修饰剂用量在 23%~28%效果较好，且采用修饰剂 1 所得产物性能优于修饰剂 2。

图 7-14 是修饰剂用量对钻井液 API 滤失量和高温高压滤失量的影响。从图中可以看出，对于修饰剂 1，随着修饰剂用量的增加，用所得产物处理钻井液的滤失量逐渐降低；对于修饰剂 2，随着修饰剂用量的增加，钻井液的滤失量先增加后降低。而钻井液的高温高压滤失量随着修饰剂用量的增加大幅度降低，当修饰剂用量超过 23%后，又略有上升，在实验条件下修饰剂用量17%~28%对控制高温高压滤失量更有利。

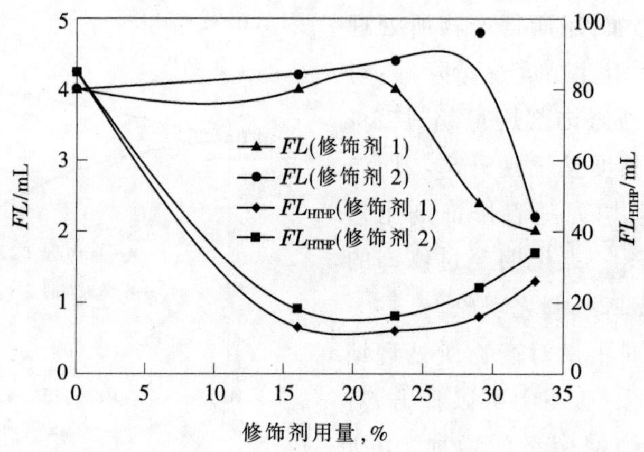

图 7-14 修饰剂用量对产物所处理钻井液滤失量的影响

(3) 盐加量对修饰产物钻井液性能的影响

在条件实验的基础上,选用修饰剂 1 进行产物合成,并考察盐加量对修饰产物钻井液性能的影响,实验所用基浆组成:4%钠膨润土浆+1.0% LP527+1.5% MP488+6% SMC+7%样品+0.5% XJ+0.75% NaOH,用重晶石加重至密度 2.3g/cm³。图 7-15 是盐加量对修饰产物所处理钻井液滤失量的影响(220℃/16h 后测定),表 7-3 是盐加量对修饰产物流变性的影响。从图 7-15 和表 7-3 可以看出,在合成中引入修饰剂可以明显地改善产物的抗盐性。从钻井液的流变性看,不用修饰剂的产物,所处理的钻井液抗盐性能差,且出现高温稠化,而引入修饰剂后可以明显消除高温稠化现象,且随着修饰剂用量的增加,所处理钻井液的黏度逐渐降低,流变性进一步得到改善。从高温高压滤失量来看,随着修饰剂用量的增加,抗盐能力提高,滤失量降低,但当修饰剂用量达到一定量后,再增加修饰剂用量对降滤失效果影响不大。在实验条件下,考虑到产品的生产成本,修饰剂用量在 17%~28%既可以保证体系的流变性,又可以保证高温高压滤失量较低。

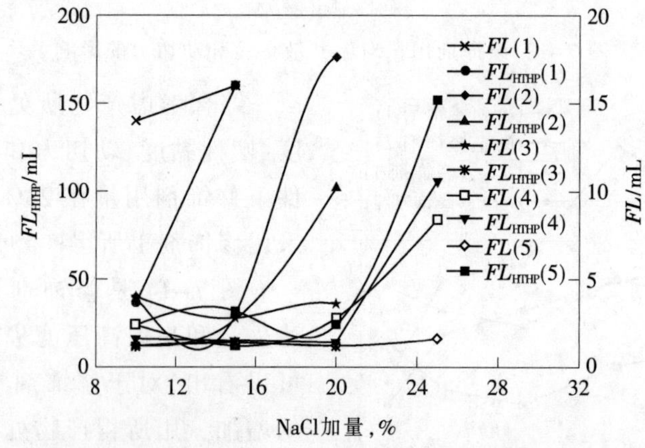

图 7-15 盐加量对修饰产物所处理钻井液滤失量的影响

说明:修饰剂 1 用量(1)—0,(2)—17%,(3)—23%,(4)—28%,(5)—33%

2.验证实验

在优化实验和加量实验的基础上,用 23%~28%修饰剂 1 进行产物合成,合成产物性能评价结果见表 7-4。从表中可以看出,用所设计的配方和工艺合成的产物具有良好的重现性，证明分子与合成设计达到了预期的目标。将最终产物作为抗温抗盐的高温高压降滤失剂，编号为 HTASP，并用其进行后面的评价实验。

表 7-3 盐加量对修饰产物钻井液流变性的影响

修饰剂量，%	NaCl加量，%	老化条件	黏度计读数			
			ϕ_{600}	ϕ_{300}	ϕ_{200}	ϕ_{100}
0	10	常 温	①	217	161	114
		220℃/16h			242	180
	15	常 温			246	161
		220℃/16h				
17	10	常 温		239	192	137
		220℃/16h	236	153	118	84
	15	常 温		242	192	142
		220℃/16h		221	180	132
	20	常 温		233	177	130
		220℃/16h			242	175
23	10	常 温		265	201	152
		220℃/16h	215	138	108	74
	15	常 温		238	196	135
		220℃/16h	232	147	117	84
	20	常 温		267	197	141
		220℃/16h	272	176	138	97
28	10	常 温		255	220	156
		220℃/16h	210	134	105	73
	15	常 温		238	184	126
		220℃/16h	185	123	96	78
	20	常 温		236	186	139
		220℃/16h	230	147	116	81
	25	常 温		248	196	140
		220℃/16h		255	220	156
33	10	常 温	167	106	83	57
		220℃/16h		228	174	124
	15	常 温	197	125	92	69
		220℃/16h		252	195	136
	20	常 温	192	120	93	64
		220℃/16h		248	196	140
	25	常 温	201	126	97	66
		220℃/16h	167	106	83	57

注：①太稠无法测定；②表中空白为没有测定(下同)。

3.样品加量对修饰产物钻井液性能的影响

表 7-5 是修饰剂用量在 23%~28%之间合成的样品加量对产品所处理钻井液性能的影响(钻井液组成：4%浆+1.0% LP527+1.5% MP488+6% SMC+0.5% XJ+3.0g NaOH+20% NaCl+0.25%表面活性剂，用重晶石加重致密度 2.3g/cm³)，并与 SMP 进行对比。

表 7-4 重复合成实验结果

配 方	*AV*/(mPa·s)	*PV*/(mPa·s)	*YP*/Pa	ρ/(g/cm³)	*FL*/mL	FL_{HTHP}/mL	初切/Pa	终切/Pa	pH值	温度/℃
①	104	80	24	2.3	1.6	10	5	7	8.5	55
②	108.5	83	25.5	2.3	1.6	6	3.0	7.5	8.0	55
③	113	80	33	2.3	1.0	6.0	12	19	8.0	55
④	81.5	63	18.5	2.3	2.8	12	2.5	7	8.5	55

注：①300mL 4%浆+1.0% W-1+1.5% MP488+6% SMC+7% HTASP-1+0.5% XJ+3.0g NaOH+850g 重晶石+20% NaCl;②300mL 4%浆+1.0% W-1+1.5% MP488+6% SMC+7% HTASP-2+0.5% XJ+3.0g NaOH+850g 重晶石+20% NaCl;③300mL 4%浆+1.0% W-1+1.5% MP488+6% SMC+7% HTASP-3+0.5% XJ+3.0g NaOH+850g 重晶石+20% NaCl;④300mL 4%浆+1.0% W-1+1.5% MP488+6% SMC+7% HTASP-4+0.5% XJ+3.0g NaOH+850g 重晶石+20% NaCl。

表 7-5 修饰产物加量对产品所处理钻井液性能的影响

样品类型	样品加量,%	实验条件	黏度计读数				ρ/(g/cm³)	*FL*/mL	FL_{HTHP}/mL	*K*/mm	K_{HTHP}/mm	pH值	温 度
			ϕ_{600}	ϕ_{300}	ϕ_{200}	ϕ_{100}							
SMP	4	常 温		283	204	142	2.3						
		220℃/16h		299	192	144	2.3	9.8	全 失				
	7	常 温			246	161	2.3						
		220℃/16h					2.3	稠 化	稠 化				
HTASP-A	4	常 温		217	196	110	2.3					9.5	55
		220℃/16h	245	158	128	93	2.3	6.4	158	0.5	12	9.0	55
	7	常 温		238	196	135	2.3					9.5	55
		220℃/16h	232	147	117	84	2.3	2.8	14	0.5	4	9.0	55
	9	常 温		235	205	134	2.3					9.5	55
		220℃/16h	255	166	132	99	2.3	4.0	10	0.5	4	9.0	55
HTASP-B	4	常 温			252	184	2.3					9.5	55
		220℃/16h	195	124	96	67	2.3	17	176	3	10	9.0	55
	7	常 温		236	186	139	2.3					9.5	55
		220℃/16h	230	147	116	81	2.3	2.8	14	0.5	4	9	55
	9	常 温			249	177						9.5	55
		220℃/16h	243	156	121	84	2.3	11	18	2	4	9.0	55

从 7-5 中可以看出,当采用 SMP 时,当加量 7%时,钻井液就失去了流动性,出现高温稠化现象，说明 SMP 不能满足在高温高盐条件下控制钻井液的流变性和高温高压滤失量的需要。对于修饰产物,随着加量的增加,而滤失量明显降低,当加量为 7%时即可将体系的高温高压滤失量控制在 15mL 以内,且钻井液流变性经过高温后进一步得到改善,说明通过对 SMP 进行分子修饰,使产物的结构特征和基团分布发生了变化,能够满足高温高盐条件下控制钻井液高温高压滤失量的需要。可见,采用分子修饰合成高温高压降滤失剂的思路是可行的。

(三) 钻井液配方实验

前面在分子设计的基础上,进行了抗高温处理剂的合成,并对所设计的不同作用的处理剂进行了配方优化研究,确定了处理剂的最终配方及产品类型,即 LP527-1、MP488、HP527-10 和 HTASP。为了进一步考察所设计产物在钻井液中的适应性,用其与现场常用的腐殖酸钠、磺化褐煤等进行配伍实验。采用 NaHm、SMC 与 LP527-1、高温稳定剂等设计 4 组不同盐含量的盐水钻井液配方：

1号：4%钠膨润土浆+1.0% LP527-1+1.5% MP488+6% SMC+7% HTASP+0.5% XJ+1% NaOH+0.1%表面活性剂+10% NaCl，用重晶石加重至 2.3g/cm³；

2 号：4%钠膨润土浆+1.0% LP527-1+1.5% MP488+6% SMC+7% HTASP+0.5% XJ+1% NaOH+0.1%表面活性剂+20% NaCl，用重晶石加重至 2.3g/cm³；

3 号：4%钠膨润土浆+1.0% LP527-1+1.5% MP488+6% SMC+9% HTASP+0.5% XJ+1% NaOH+0.1%表面活性剂+25% NaCl，用重晶石加重至 2.3g/cm³；

4 号：2%钠膨润土浆+2.75%稳定剂+1.0% LP527-1+3.5% MP488+6% SMC+6% HTASP+0.5% XJ+1% NaOH+0.1%表面活性剂+36% NaCl，用重晶石加重至 2.1g/cm³。

按照上面 4 组配方配制钻井液，并于 220℃下老化 16h，测定钻井液性能，结果见表 7-6。从表 7-6 可以看出，4 种不同钻井液均具有良好的流变性，高温高压滤失量均小于16mL。说明体系具有良好的高温稳定性。

表 7-6 不同配方钻井液性能

实验编号	*AV*/(mPa·s)	*PV*/(mPa·s)	*YP*/Pa	ρ/(g/cm³)	*FL*/mL	FL_{HTHP}/mL	初切/Pa	终切/Pa	pH值	温度/℃
1	117.5	82	35.5	2.3	4.4	16	22.5	28.5	9.5	55
2	113	80	33	2.3	1.0	6	12	19	8.0	55
3	131	94	37	2.3	3.0	10.0	19.5	40	9	55
4	127	101	26	2.1	1.0	10	4	13	9.5	55

二、超高温钻井液降滤失剂 P(AMPS-AM-AA)/SMP

从前面的介绍可以看出，利用分子修饰原理在原处理剂分子上引入新的基团或改变处理剂的结构，是抗温抗盐钻井液处理剂设计的方向，且分子修饰获得的理想效果已被证实。在前面工作的基础上，基于自由基聚合和缩合聚合的方法，通过对磺化酚醛树脂进行分子修饰，合成了一种 P(AMPS-AM-AA)/SMP 复合聚合物钻井液降滤失剂。通过正交试验，确定了复合聚合物的合成条件与最佳配方，并对其钻井液性能进行了评价。评价结果表明，P(AMPS-AM-AA)/SMP 复合共聚物热稳定性好，在淡水钻井液、盐水钻井液中均具有较强的降滤失能力，经 240℃/16h 高温老化证明，作为钻井液降滤失剂具有较强的抗温、抗盐能力，且与 SMC 和 XJ 等具有较好的配伍性[20]。现对其合成及性能进行介绍。

(一) 合成

1.原料

苯酚、甲醛(质量分数 37%)、亚硫酸盐、AM、AMPS、AA、氢氧化钠均为工业品，过硫酸钾、亚硫酸氢钠为分析纯，2-丙烯酰胺基-2-甲基丙磺酸钠(SAMPS)、丙烯酸钠(SAA)室内制备。

2.反应机理

反应机理见式(7-26)和式(7-27)。

$$\text{C}_6\text{H}_5\text{OH} + \text{NaHSO}_3 + \text{HCHO} \longrightarrow \left[\text{C}_6\text{H}_2(\text{OH})(\text{CH}_2\text{SO}_3\text{Na})\text{—CH}_2\right]_x\left[\text{C}_6\text{H}_3(\text{OH})\text{—CH}_2\right]_y \tag{7-26}$$

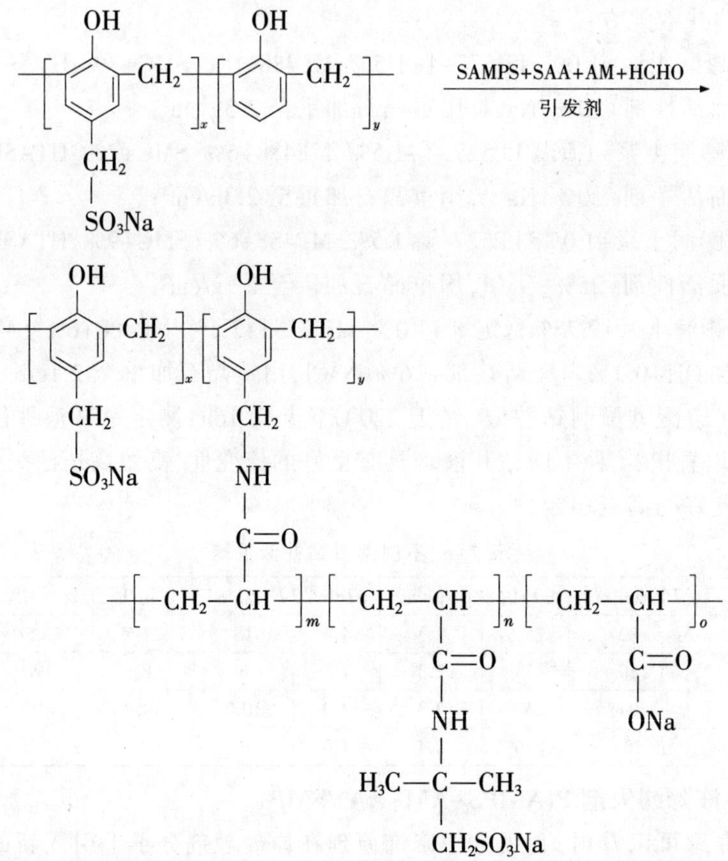

(7-27)

最终产物 P(AMPS-AM-AA)/SMP 复合聚合物为在磺化酚醛树脂分子链上引入柔性链结构的枝链结构，产品在保持磺化酚醛树脂性能的同时，赋予了其新的性能。

3.合成方法

合成分两步进行，第一步是磺化酚醛树脂的合成，第二步是在磺化酚醛树脂存在下用引发剂引发 SAMPS、AM 和 SAA 等单体聚合。

首先，以苯酚、甲醛、亚硫酸盐等为原料，按照本章第一节的方法合成磺化酚醛树脂，产物的质量分数在 35%~40%。按配方要求将质量分数 35%~40%的磺化酚醛树脂用水稀释至要求，然后在搅拌下依次加入配方量的 SAMPS、SAA 和 AM 等单体，充分搅拌至单体全部溶解，将反应混合物升温至 45~60℃，加入甲醛、氢氧化钠(用适量的水溶解)，搅拌 3~5min，加入引发剂(过硫酸钾和亚硫酸氢钠，用前配制成水溶液)，在搅拌下反应 30~45min，然后将产物在一定温度下保温 1~2h，于 120℃下烘干、粉碎，即得 P(AMPS-AM-AA)/SMP 复合聚合物处理剂。

4.性能测试

将所需样品加入基浆中，高速搅拌 20min，于一定温度下滚动老化 16h，于室温下高速搅拌 10min，用 ZNS 型失水仪测定钻井液的滤失量，用 ZNN-D6 型旋转黏度计测定钻井液的流变性。

正交试验分析中根据基浆的高温高压滤失量$(FL_{HTHP})_0$与含复合聚合物降滤失剂钻井液的高温高压滤失量$(FL_{HTHP})_1$计算高温高压滤失量降低率：

$$高温高压滤失量降低率=\frac{(FL_{HTHP})_0-(FL_{HTHP})_1}{(FL_{HTHP})_0}\times100\% \tag{7-28}$$

(二) 合成条件优化

在分子设计的基础上，将磺化酚醛树脂(SMP)和 SAMPS、SAA、AM 等单体(M，M=SAMPS+AM+SAA)质量比、甲醛用量、烧碱用量及反应混合液质量分数作为可变因素进行重点考察，按表 7-7 所设计的因素和水平，采用 $L_9(3^4)$正交表安排正交试验，以复合聚合物降滤失剂在 15%高密度盐水钻井液中(4%钠膨润土浆+6% SMC+0.5% XJ+0.85% NaOH+0.1%表面活性剂+15% NaCl，用重晶石加重至密度 2.1g/cm³)240℃/16h 老化后的效果作为考察依据(样品加量 8.5%)，在 180℃、3.5MPa 下测定钻井液的高温高压滤失量，基浆高温高压滤失量为 272mL。试验结果见表 7-8。由表 7-8 可以看出，对于高温高压滤失量影响最大的因素是 A，即 SMP/M 比，各因素对产物降低高温高压滤失量能力的影响次序是 A>C>D>B，最佳位级组合为 $A_2B_2C_1D_2$。验证试验表明，采用 $A_2B_2C_1D_2$ 所得产物的高温高压滤失量降低率是 94.2%，优于 6 号实验，故确定 $A_2B_2C_1D_2$，即 SMP:M=7:3(质量比)、甲醛用量 8.0%，氢氧化钠用量 0.6%，反应混合物质量分数 45%为最优合成配方。按照该配方合成样品，并进行综合性能评价。

表 7-7 因素-水平表

水 平	A	B	C	D
	SMP:M(质量比)	甲醛用量，%	氢氧化钠用量，%	反应混合物质量分数，%
1	8:2	6	0.6	50
2	7:3	8	1.0	45
3	6:4	10	1.5	40

表 7-8 $L_9(3^4)$正交试验结果

试验号	A	B	C	D	高温高压滤失量降低率，%
1	1	1	1	1	58.8
2	1	2	2	2	59.6
3	1	3	3	3	51.5
4	2	1	2	3	86.0
5	2	2	3	1	88.5
6	2	3	1	2	93.4
7	3	1	3	2	87.5
8	3	2	1	3	89.7
9	3	3	2	1	89.0
K_1	56.63	77.43	80.63	78.77	
K_2	89.30	79.27	78.20	80.17	
K_3	88.73	77.97	75.83	75.73	
极 差	32.67	1.84	4.80	4.44	

(三) 钻井液性能

为考察所合成的复合聚合物降滤失剂 P(AMPS-AA-AM)/SMP 性能，在淡水(2%钠膨润土浆+6% SMC+0.5% XJ+0.85% NaOH+0.1%表面活性剂，用重晶石加重至密度 2.4g/cm³)、4%盐水(4%钠膨润土浆+6% SMC+0.5% XJ+0.85% NaOH+0.1%表面活性剂+4% NaCl，用

重晶石加重至 2.1g/cm³)和 15%盐水(4%钠膨润土浆+6% SMC+0.5% XJ+1.0% MP488+0.85% NaOH+0.1%表面活性剂+15% NaCl，用重晶石加重至 2.1g/cm³) 高密度钻井液中加入不同量的复合聚合物降滤失剂，并于 240℃下老化 16h，降温至室温，高速搅拌 10min 后测定钻井液性能，结果见表 7-9。从表 7-9 中可以看出，合成聚合物在 3 种不同组成的高密度钻井液中均可以有效地控制钻井液高温高压滤失量，特别是在盐水钻井液中，可使钻井液的高温高压滤失量显著降低，表现出了较强的抗温抗盐能力。

表 7-9 复合聚合物加量对钻井液性能的影响

钻井液类型	样品加量，%	ρ/(g/cm³)	AV/(mPa·s)	PV/(mPa·s)	YP/Pa	静切力/(Pa/Pa)	FL_{API}/mL	FL_{HTHP}/mL	pH值
淡水钻井液	0	2.40	35.0	20.0	15.0	9.0/15	5.2	28	9
	5	2.40	121	72	49.0	10/19.5	2.4	23	9
	6	2.40	132.5	76	56.5	29/37	2.8	20	9
4%的盐水钻井液	0	2.15	29.0	11.0	18.0	20/39	44	260	9
	6	2.15	58.0	43.0	13.0	3.5/11.5	5.8	86	9
	7	2.15	57.0	43.0	14.0	3.5/9.5	4.2	42	9
	8	2.15	48.0	35.0	13.0	2.0/5.0	4.4	32	9
15%盐水钻井液	0	2.15	42.5	34.0	8.5	3/7.5	16.8	200	8
	6	2.15	42.0	32.0	10.0	2.0/7.5	5.6	108	8
	7	2.15	61.0	51.0	10.0	1.0/5.5	3.2	28	8
	8	2.15	84.5	69.0	15.5	3.0/9.0	3.6	24	8
	9	2.15	86.0	67.0	19.0	4.5/10.5	1.8	18	8

注：FL_{HTHP} 于 180℃、压差 3.5MPa 下测定。

为了进一步考察复合聚合物降滤失剂 P(AMPS-AA-AM)/SMP 的性能，并证明复合聚合物的效果不同于聚合物与 SMP 的混合物，将其与 P(AMPS-AA-AM)聚合物和 SMP 配合使用于 15%的盐水钻井液中的性能进行对比(于 240℃下老化 16h 后测定)，实验结果见表 7-10。从表 7-10 可以看出，复合共聚物在高密度盐水钻井液中具有较强的控制高温高压滤失量的能力，当加量为 8.0%时，可以使钻井液的高温高压滤失量由基浆的 200mL 降至 24mL，且钻井液流变性较好，而 P(AMPS-AA-AM)聚合物和 SMP 配合使用不仅钻井液高温高压滤失量大(72mL)，且钻井液流变性差(表观黏度大于 150mPa·s)，说明复合共聚物具有较好的控制高温高压滤失量的能力。对比实验结果也充分说明，复合聚合物不同于 P(AMPS-AA-AM)聚合物和 SMP 的混合物，从一个方面证明了设计思路的可行性。

表 7-10 对比实验结果

实验号	ρ/(g/cm³)	ϕ_{600}	ϕ_{300}	AV/(mPa·s)	PV/(mPa·s)	YP/Pa	静切力/(Pa/Pa)	FL_{API}/mL	FL_{HTHP}/mL	pH值
1	2.15	169	100	84.5	69.0	15.5	3.0/9.0	3.6	24	8.5
2	2.15		225					12.0	72	8.5

注：1 号配方：4%钠膨润土浆+6% SMC+0.5% XJ+1.0% MP488+0.85% NaOH+0.1%表面活性剂+15% NaCl+8% P(AMPS-AM-AA)/SMP 复合聚合物，用重晶石加重至密度 2.1g/cm³；2 号配方：4%钠膨润土浆+6% SMC+0.5% XJ+1.0% MP488+0.85% NaOH+0.1%表面活性剂+15% NaCl+5.6% SMP+2.4% P(AMPS-AM-AA)，用重晶石加重至密度 2.1g/cm³；FL_{HTHP} 于 180℃、压差 3.5MPa 下测定。

此外，中国发明专利还公开了由苯酚、甲醛、腐殖酸盐、焦亚硫酸盐、无水亚硫酸盐反应得到磺化酚醛腐殖酸树脂的方法[21]，其过程为：将水、苯酚、甲醛、腐殖酸钠、焦亚硫酸钠、无水亚硫酸钠加入反应器中，于100~200℃(最好120~165℃)下反应3~15h(最好6~8h)，得到磺化酚醛腐殖酸树脂；将水、氢氧化钠加入反应瓶，待氢氧化钠溶解后，在冷却下加入AMPS，然后加入丙烯酰胺和*N*,*N*-二甲基丙烯酰胺，搅拌至全部溶解，得到单体的反应混合物；将磺化酚醛腐殖酸树脂溶液与单体的反应混合物混合均匀，于60℃下加入引发剂，保持在此温度下反应2~15h(最好是4~6h)，烘干、粉碎，即得到AMPS/AM/DMAM-磺化酚醛腐殖酸树脂接枝共聚物。实验表明，所得产物既具有控制钻井液流变性，又具有降低钻井液高温高压滤失量的功能，同时既提高了链状聚合物侧链的热稳定性，又改善了磺化酚醛树脂的抗盐能力，保证产品在高温高盐条件下具有良好性能。

从本节的介绍可以看出，利用分子修饰的方法对SMP进行改性，不仅可以使SMP的高温下抗盐性能进一步提高，而且可以得到能够满足超高温条件下盐水钻井液流变性和高温高压滤失量控制需要的修饰产物，对于今后深入开展超高温钻井液处理剂的研究具有一定的参考价值。

参考文献

[1] 王中华.油田化学品[M].北京：中国石化出版社，2001.

[2] 王中华.钻井液化学品设计与新产品开发[M].西安：西北大学出版社，2006.

[3] 刘德峥.钻井泥浆用降失水剂SMP的研究[J].河南化工，1994(8)：11-13.

[4] 王庆，刘福胜，于世涛.磺甲基酚醛树脂的制备[J].精细石油化工，2008，25(2)：21-24.

[5] 张高波，王善举，郭民乐.对磺化酚醛树脂生产应用的认识[J].钻井液与完井液，2000，17(3)：21-24.

[6] 詹平，龚浩.磺甲基酚醛树脂Ⅱ型的合成及性能测试[J].化工生产与技术，2009，16(4)：28-30.

[7] 杨小华.胺改性磺化酚醛树脂降滤失剂SCP[J].油田化学，1996，13(3)：259-260.

[8] 李尧，黄进军，杨国兴，等.阳离子化磺化两性酚醛树脂降滤失剂XNSMP-Ⅲ的研制[J].油田化学，2009，26(4)：351-353.

[9] 牛中念，刘凡，王永，等.新型抗高温饱和盐水泥浆处理剂LF-1树脂的合成及使用性能[J].河南科学，1996，14(4)：400-404.

[10] 陈晓飞，鲁红升，郭斐，等.耐高温钻井液降滤失剂的研究[J].精细石油化工进展，2012，13(1)：23-26.

[11] 尚婷，张光华，强铁，等.环氧磺化酚醛树脂水煤浆分散剂的合成及应用[J].煤炭转化，2013，36(1)：51-54.

[12] 王中华，范青玉，陈良德.磺化丙酮-甲醛缩聚物的合成及用于固井水泥浆分散剂的研究[J].油田化学，1990，7(2)：129-33.

[13] 赵晖，傅文彦，王毅，等.脂肪族高效减水剂的合成及其分散性能研究[J].新型建筑材料，2005(9)：4-7.

[14] 王中华.磺化丙酮-甲醛缩聚物油井水泥分散剂的合成[J].精细石油化工，1991(6)：17-19.

[15] 王中华，范青玉，杨全盛，等.SAF油井水泥减阻剂的研制[J].石油钻探技术，1992，20(2)：12-15.

[16] 中原石油勘探局钻井工程服务公司.磺化丙酮-甲醛缩聚物的制造方法：中国，1066448[P].1991-05-08.

[17] 段宝荣，赵磊，王全杰，等.磺甲基化三聚氰胺树脂的合成研究[J].国际纺织导报，2007(6)：70-72

[18] 李海涛.磺化蜜胺树脂的合成及其钻井液降滤失性能的研究[D].济南：济南大学，2010.

[19] 王中华.超高温钻井液体系研究(Ⅲ)-抗盐高温高压降滤失剂研制[J].石油钻探技术，2009，37(5)：5-9.

[20] 王中华.超高温钻井液降滤失剂P(AMPS-AM-AA)/SMP的研制[J].石油钻探技术，2010，37(5)：5-9.

[21] 中国石油化工股份有限公司，中原石油勘探局钻井工程技术研究院.一种钻井液用降滤失剂及其制备方法：中国，102766240 A[P].2012-11-07.

第八章 反相乳液聚合物(类)处理剂

反相乳液聚合与溶液聚合相比具有许多优点，如聚合速率高，得到的乳胶通过调节体系的 pH 值或加入适当乳化剂的方法可使聚合物迅速地溶于水，比粉末型聚合物的应用方便得多，从而使反相乳液聚合作为常规溶液聚合制备处理剂的一个补充而到了迅速发展。反相乳液聚合是用非极性溶剂，如烃类溶剂等为连续相，聚合单体溶于水，然后借助乳化剂分散于油相中，形成“油包水”型乳液而进行的聚合。

反相乳液聚合为水溶性单体提供了一个具有高聚合速率和高相对分子质量产物的聚合方法。以聚丙烯酰胺及其衍生物、聚丙烯酸及其盐类等水溶性聚合物的研究为起点，反相乳液聚合的研究越来越受到重视，尤其是水溶性高相对分子质量聚合物可广泛用于纺织、印染、农业、石油开采、造纸、涂料、医药、日化等领域。特别是近年来随着人们对反相乳液聚合认识的提高，反相乳液聚合物在钻井液中的应用引起了国内行业的高度重视。

聚合物处理剂是用量最大的钻井液处理剂之一，传统的聚合物处理剂以粉状为主，不足之处是烘干、粉碎过程中，产品性能降低(降解或交联或水解等反应)，且粉状处理剂直接加入钻井液溶解速度慢。如果溶解时间大于循环周期，溶胀颗粒会被震动筛筛出，甚至糊筛，使用时必须先配成质量分数 0.5%~2%的水溶液，不仅增加工作量，而且使产品剪切降解、使用不方便，并影响产品使用效果。

作为钻井液处理剂，反相乳液聚合物与粉状聚合物相比，具有以下优势：

① 可以减少粉状聚合物在烘干、粉碎过程中由于降解、交联等反应造成的不利影响，更容易实现配方设计的目标，达到预期目的；

② 在使用中可以直接加入钻井液中，分散速度快，在达到同样效果的情况下，可以大大减少用量，降低钻井液处理费用；

③ 由于反相乳液聚合物生产中无烘干、粉碎等环节，不仅生产周期短，而且生产费用降低，无粉尘污染，即更容易实现绿色环保生产，同时可以提高产量、扩大规模；

④ 产品中的白油、乳化剂等成分具有润滑作用，可以改善钻井液的润滑性。

缺点是在运输、储存和冬季稳定性方面还存在不足。如何充分利用反相乳液聚合物的优势，克服存在的不足，将有利于促进反相乳液聚合物钻井液处理剂的发展。

近年来，采用反相乳液聚合方法合成钻井液处理剂逐步受到重视，围绕反相乳液聚合物研究与应用已开展了一些工作，并见到了良好的效果[1]。关于反相乳液聚合物合成与应用在涂料、纺织、印染等其他领域已经非常成熟，研究也比较深入，应用也比较广泛，由于聚合原理和方法一样，关于钻井液用反相乳液聚合的机理等可以参考相关文献。

本章重点围绕钻井液用反相乳液聚合物及其合成、影响合成的因素等进行介绍，为便于理解反相乳液聚合物，同时也兼顾介绍一些基础知识。若要深入学习反相乳液聚合及最新进展，可以参考有关专著和文献。

第一节 反相乳液聚合基础

作为复习性内容,本节简要介绍反相乳液聚合体系的组成和反应乳液聚合方法[2]。

一、基本概念

传统的乳液是由亲油性单体为分散相,水为连续相,在亲水性乳化剂作用下,形成水包油(O/W)型单体液滴和单体溶胀胶束的乳化体系。反相乳液是由水溶性单体溶于水中的液体作分散相,在亲油性乳化剂作用下,用非极性烃类溶剂作连续相,形成油包水(W/O)型的单体液滴和单体溶胀胶束的乳化体系。正相与反相乳胶粒的结构如图 8-1 所示。该类乳化体系与传统乳液在组成和体系的相结构上恰似镜式对照,因此被称为反相乳液(或叫反乳液,逆向乳液)。在反相乳液中,使水溶性单体进行聚合制备聚合物的过程叫反相乳液聚合(见图 8-2)。

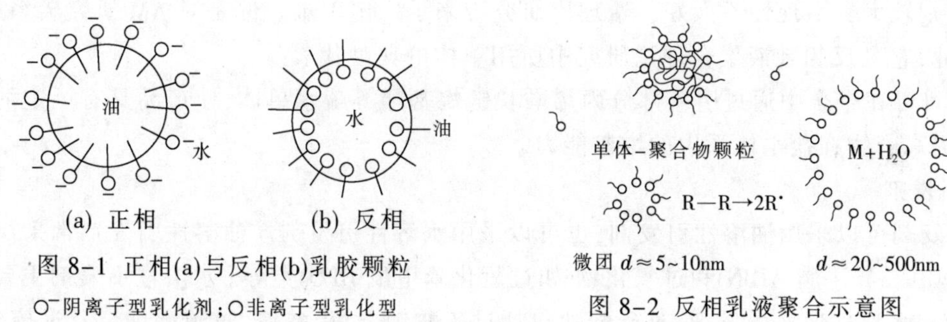

图 8-1 正相(a)与反相(b)乳胶颗粒

○⁻阴离子型乳化剂;○非离子型乳化型

图 8-2 反相乳液聚合示意图

反相乳液聚合的最终产物通常是亲水性聚合物粒子在连续油相中的胶体分散体系。这种聚合方法有许多好处,与溶液聚合相比,由于反应位置的分隔化,它把水溶性单体的高聚合速率和高聚合度联系在一起。该种聚合方法制备的反相胶乳粒子,很容易反转并溶解于水中,便于在不同领域的应用。

自从 vanderhoff 等在 1962 年以有机溶剂为介质,首先进行了水溶性单体的反相乳液聚合以后,反相乳液聚合便引起了人们的极大兴趣。特别是对丙烯酰胺反相乳液聚合的研究更受重视。

聚丙烯酰胺(PAM)及其衍生物是一类新型的精细功能高分子产品,是现代水溶性合成高分子聚电解质中最重要的品种之一。它广泛应用于化工、冶金、地质、煤炭、石油、造纸、轻纺、水处理等工业领域,并随着各行业对 PAM 的需求增加,新品种、合成新工艺不断涌现。

因为反相乳液聚合能在高聚合速率下制备高相对分子质量的亲水性聚合物,并在某些工业领域有特殊的用途,因而 20 世纪 80 年代以来又重新引起人们的巨大兴趣。同时,逐步形成了以烃类作介质,制备不同反相胶体体系的聚合工艺,例如反相悬浮聚合、反相微悬浮聚合、反相乳液聚合、反相微乳液聚合、非水分散聚合等。反相乳液聚合方法已经用于工业生产,并形成了基本成熟的工艺,产品不断在各有关领域得到应用,如水处理用的絮凝剂、纺织印染用的增稠剂、油田用的钻井液处理剂、造纸工业用的补强剂等。

二、反相乳液聚合体系组成

与传统乳液聚合相比,反相乳液聚合研究要少得多。除了一些生产技术的专利外,对基本原理的研究从广泛性和深度来说都还不够。几十年来，特别是近二十年来，对一些水溶性单体进行了反相乳液聚合机理的研究和工业化研究。归纳起来，反相乳液聚合体系主要包括水溶性单体、引发剂、乳化剂、水和有机溶剂等。

(一) 单体

反相乳液聚合用的单体为水溶性单体，且要极难溶于有机溶剂，这些单体包括(甲基)丙烯酰胺、*N*,*N*-烷基取代丙烯酰胺、(甲基)丙烯酸(或其盐)、*N*-羟烷基丙烯酰胺、2-丙烯酰胺-2-甲基丙磺酸(或其盐)、(甲基)丙烯酸二甲胺基乙(丙)酯以及它们的季胺盐，(甲基)丙烯酸二甲胺基羟基乙(丙)酯、二甲基氨基乙基丙烯酰胺以及其季铵盐、二烯丙基二烷基铵盐、乙烯基吡咯烷酮等。油田化学方面研究与应用最多的水溶性单体是丙烯酰胺、2-丙烯酰胺基-2-甲基丙磺酸、丙烯酸、丙烯酸钠盐或铵盐、*N*-乙烯基吡咯烷酮，对于阳离子型单体二烯丙基二甲基氯化胺、甲基丙烯酸二甲胺基乙酯的季胺盐等也进行了一些研究。由于单体的分子结构和性质差别较大，采用不同类型和性质的乳化剂形成反相乳液的稳定性及反应机理差别较大，重现性不太好，给理论研究带来了一定困难。但是对 AM 研究较系统、深入，因此，它是反相乳液聚合理论研究中所用单体的典型代表。

也可以在聚合中通过引入部分丙烯酸长链烷基酯等疏水单体，使产品具有一定的疏水性，以提高产物在盐水体系中的增黏能力。

(二) 引发剂

引发剂可以采用油溶性引发剂，也可以采用水溶性引发剂。油溶性引发剂常采用偶氮类(如偶氮二异丁腈 AIBN)和过氧化物(如过氧化苯甲酰 BPO)类等。水溶性引发剂主要有过硫酸盐和水溶性偶氮引发剂，过硫酸盐包括过硫酸钾、过硫酸铵、过硫酸钠以及过硫酸盐-亚硫酸盐氧化还原体系，水溶性偶氮引发剂主要有偶氮二异丁基脒盐酸盐(简称 AIBA，V-50 引发剂)，偶氮二异丁咪唑啉盐酸盐(简称 AIBA，VA-044 引发剂)，偶氮二氰基戊酸(简称 ACVA，V-501)，偶氮二异丙基咪唑啉(简称 AIP，VA-061 引发剂)等。

水溶性偶氮引发剂普遍适用于高分子合成的水溶液聚合与乳液聚合中。与一般类型的偶氮引发剂相比，水溶性偶氮引发剂引发效率高，产品的相对分子质量相对比较高，且残留体少。特别是在丙烯酸、丙烯酰胺等单体聚合物合成反应中，产物的相对分子质量、溶解性是相互制约的指标，要获得高相对分子质量的产品则会发生分子间的交联，产物不易溶解；而要获得溶解性好的产品，则产物的相对分子质量又不高。目前合成聚丙烯酸钠常采用过硫酸盐作引发剂，由它诱导分解产生的氧中心自由基有较强的夺氢能力，而且聚合过程中由于离子化反应使体系 pH 值降低，影响聚合物的稳定性，这些缺点使采用过硫酸盐作引发剂难以得到高相对分子质量、高转化率的聚合物。水溶性的偶氮引发剂引发速率快，引发乙烯基单体过程中不会发生诱导分解，在较温和的条件下可达到较高的转化率，获得高相对分子质量的线型聚合物，且残留引发剂不影响聚合物的稳定性。采用水溶性偶氮引发剂 V-50 和 $NaHSO_3$ 组成的复合引发剂，通过反相乳液聚合制备了相对分子质量高的聚丙烯酸钠。研究结果表明，采用复合引发剂 V-50/$NaHSO_3$ 效果优于 APS/$NaHSO_3$[3]。

(三) 乳化剂

稳定的反相乳液是借助乳化剂在胶乳粒子的最外层构成吸附膜所起的空间位阻作用，从而防止胶乳粒子黏并而实现的。因此乳化剂是影响乳液稳定性的重要因素。乙(丙)二醇脂肪酸酯、甘油单硬脂酸酯、脱水山梨糖醇酯类、聚氧乙烯脱水山梨糖醇酯类、聚氧乙烯烷(苯)基醚类或山梨糖醇酐脂肪酸酯(Span 类)与聚氧乙烯衍生物(Tween 类)的混合物等，常用作反相乳液聚合的乳化剂，如 Span-60，Span-80 或 Span-80 与 Tween80 的混合物等。其中 Tween类主要用作助乳化剂，用量较少。

将两种或多种具有不同亲水亲油平衡值(*HLB*)的乳化剂经物理或化学方法混合构成复配乳化剂体系，使性质不同的乳化剂由亲油到亲水间逐渐过渡，就会大大提高乳化效果。复合乳化剂的 *HLB* 值可按式(8-1)计算。

$$HLB=\sum_{i=1}^{n}(HLB)_i M_i \tag{8-1}$$

式中：M_i 为乳化剂 i 所占乳化剂总量的质量百分数；n=2 或 3。

乳化剂的选择是反相乳液聚合和产品性能的关键，有 3 种方法可供选择：经验法、直接影响乳液的稳定性的 *HLB* 法、内聚能法。因为乳化剂的溶解度参数难以找到，运用内聚能法来选择乳化剂受到限制。

HLB 法：*HLB* 值可影响乳液的稳定性、乳液系统的黏度及乳胶粒的大小。研究发现，当被乳化物质的 *HLB* 值与乳化剂的 *HLB* 值之间相差大时，乳化剂对被乳化物质的亲和力小，乳化效果差；当乳化剂的 *HLB* 值很小时，其对水的亲和力小，乳化效果亦差。因此一般选用 *HLB* 值为 4~5 左右的油溶性非离子型乳化剂 Span-60、Span-80 等，此外，还有山梨糖醇酯与烷基酚、脂肪醇或环氧乙烷的加成物。

在反相乳液体系中，采用非离子型乳化剂时，乳化剂对粒子的稳定作用主要依靠界面的空间位阻及降低界面张力来实现，因此，乳胶粒子的稳定性比传统乳液的稳定性差。为了提高反相乳液的稳定性，常加入一种至数种聚合物分散剂或稳定剂，如甲基丙烯酸十六烷基硬酯酰和甲基丙烯酸的共聚物，可聚合的表面活性剂，衣康酸和硬脂酰乙醇的乙氧化物(10)的酯化产物等，或用 Span-80/Tween-80、Span-60/Tween-80 复合体系等。

也可以采用可聚合表面活性剂作为乳化剂，以减少体系中的乳化剂用量，从而减少乳化剂对聚合反应的影响，并有利于提高产品的固含量。

(四) 分散介质

反相乳液聚合体系中用非极性介质作连续相，可选择任何不与水互溶的有机惰性液体，分散介质的性质，特别是介电常数、溶解度参数和对所选用的表面活性剂的溶解能力，对反相乳液聚合过程有着非常显著的影响。与常规聚合体系不同的是，油相或连续相介质可以在很广泛的范围内选择，它与乳化剂可以组成多种匹配关系。根据有机溶剂和表面活性剂的相互关系，可以把有机溶剂分为三类。

① 非溶剂化作用的溶剂。例如乙二醇、二氨基乙醇，这类溶剂含有两个以上的氢键生成中心，其结构类似于水，在这类溶剂中形成与水溶液相同的正相胶束。

② 形成反相胶束的溶剂。这是反相乳液聚合所选用的溶剂，通常为脂肪烃、芳烃、卤代烃等，如甲苯、邻二甲苯、异构石蜡、异构烷烃、环己烷、庚烷、辛烷、十二烷，十四烷、白油和煤油等。这些介质对预聚合的单体及聚合物不溶解、不反应，一般具有价格便宜、易得、低毒的特点。在工业生产中，为了得到固体粉状产物，常用减压蒸馏法脱除该类溶剂。

③ 不形成胶束的溶剂。例如甲醇、乙醇、二甲基甲酰胺等，它们具有单个氢键生成中

心，与表面活性剂不形成胶束。

油相与水相(分散相介质)的比例及油相的黏度也是影响稳定性的重要因素。当油水相的比例较大时，可防止粒子之间黏并，根据经验，采用油水比为(1~3):1，适合的油水比在1.6左右，增大体系的黏度，可提高乳液的稳定性，加入一些诸如纤维素醚或酯、苯乙烯-马来酸酐共聚物、聚环氧丙烷、聚丙烯酰胺等增稠剂。必须指出，增稠剂的加入，除提高连续相的黏度外，均会不同程度地改变油、水、表面活性剂之间的界面作用力和相平衡。

要求有机溶剂不溶解单体和聚合物或单体在连续相中的溶解度很小，实际应用时还要求与乳化剂具有很好匹配性。考虑到使用安全，生产钻井液用反相乳液聚合物时，通常选用白油作为分散介质。

聚合产物为胶乳状，也可经简单处理得到粉末状产物。反相乳液聚合能使水溶性单体有效地聚合成粉状或乳状聚合物，聚合体系黏度在反应过程中变化不大，反应温度平稳且易于控制，反应条件温和，一定程度上避免了交联和支化反应。产物相对分子质量和水解度可以自由调节，有利于产品质量控制和现场应用。

三、反相乳液聚合方法

反相乳液聚合是将水溶性单体(如AA，AM)溶于水相，在搅拌作用下借助乳化剂分散于非极性液体中形成油包水型乳液而进行的聚合反应。这种聚合反应可采用油溶性或水溶性引发剂。

在反应初期单体液滴和胶束共存，引发剂溶于水相中，且在水相中分解为自由基。由于胶束的直径通常要比单体液滴的直径小3~4个数量级，它的比表面积远远大于单体液滴的比表面积。又由于胶束的曲率半径很小，乳化剂分子在胶束表层的排列方式和单体液滴中的排列方式的不同，导致单体在胶束内和液滴内热力学状况的不同，因而在连续相及界面产生的自由基更容易进入胶束中，引发胶束内部的单体形成聚合物粒子即胶束成核。

当某一乳胶粒中扩散进入一个自由基时，在这个乳胶粒中将发生链引发和链增长，形成一个一端为自由基的大分子链。当第二个自由基由水相扩散进入这个乳胶粒时，就和这个乳胶粒中原来的那个自由基发生碰撞而终止。

反相乳液聚合工艺流程见图8-3。

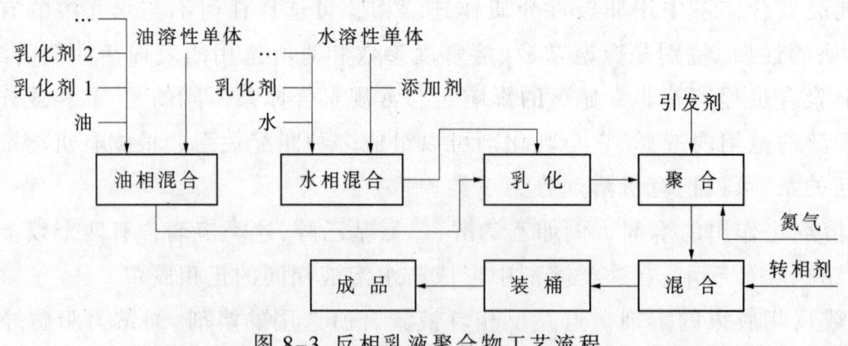

图8-3 反相乳液聚合物工艺流程

若将得到的反相乳液聚合物经过减压脱水，将固相颗粒与油相分离可以得到球状的固体产品。这样得到的固体产品质量明显优于水溶液聚合方法生产的产品。

第二节 反相乳液聚合体系的稳定性

反相乳液聚合法的关键是获得性能稳定的反相乳液体系，乳液体系的稳定性在很大程度上决定着反相乳液聚合操作难易程度及生产效率，对反相聚合过程及其产品质量和乳液稳定性有重要影响，也是反相乳液聚合物法要解决的关键和难点。本节从反相乳液和反相微乳液两方面介绍影响乳液稳定性的因素。

一、反相乳液体系的稳定性

反相乳液聚合研究中，遇到的最重要的问题是如何制备稳定性高的反相乳液。对于反相乳液的稳定机理尽管存在一些争议，但通常都认为，在低极性介质中，不可能存在静电稳定作用。在这类体系中，双电层的厚度十分分散，可以达到数微米范围。非水分散体系的引力势能比粒子的能量要大得多，这些引力势能可以由空间障碍作用平衡，利用增加吸附乳化剂的碳链长度或形成一层浓缩界面膜来实现。

影响反相乳液稳定性的因素有单体的性质和含量、表面活性剂的类型、结构、*HLB* 值、浓度、介质类型、温度等。由于影响稳定性的因素有多种，在基础研究时，常用常规的经验配方作为基础。在实际应用中，非离子表面活性剂的掺混物(如山梨糖醇或氧化聚乙烯型)，可以提供比单一乳化剂更有效的乳化作用。这是因为混合熵的增加保证了更好的稳定性；掺混物分子在 W/O 界面上缔合，并形成络合物，使得界面膜更加浓缩，而且可以通过掺混达到一个较宽范围的 *HLB* 值。

宋昭峥等以 Tween-60 与 Span-80 为复合乳化剂，通过调节 Tween-60 与 Span-80 的质量比得到 *HLB* 值不同的复合表面活性剂体系。以白油配制油相，将 AM 与 DAC 以适当的质量比混合配为水相溶液，在一定转速下加入油相中，继续乳化一定时间，即可得到所需的反相乳液。以该体系为研究对象对，按照如下方法评价反相乳液的稳定性：即将装有上述乳液的刻度试管置于一定温度水浴中，记录乳液层的体积变化，由式(8-2)计算 t 时刻乳液稳定性指数：

$$V_t=\frac{t\text{时刻乳液的体积}}{\text{起始时刻乳状液的体积}} \tag{8-2}$$

根据实验情况，考察了静置温度为 50℃，静止时间为 2.5h，复合乳化剂 *HLB* 值、乳化剂用量和油水体积比对反相乳液稳定性的影响，结果见图 8-4、图 8-5 和图 8-6[4]。

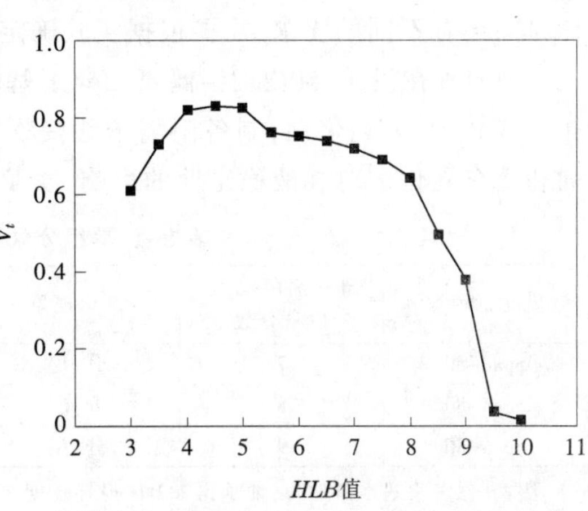

图 8-4 *HLB* 值对乳液稳定性的影响

从图 8-4 可以看出，随着复合乳化剂的 *HLB* 值增大，乳化体系的稳定性增加，但当 *HLB* 值超过 5 以后，稳定性又降低。这是因为，随着 *HLB* 值增加，乳化体系的的亲水性也逐渐增大，亲油性变小，有利于体系容纳更多的水，当 *HLB* 值达到 5 时，体系亲水-亲油性达到平衡状态，即获得最大增溶水量。而一

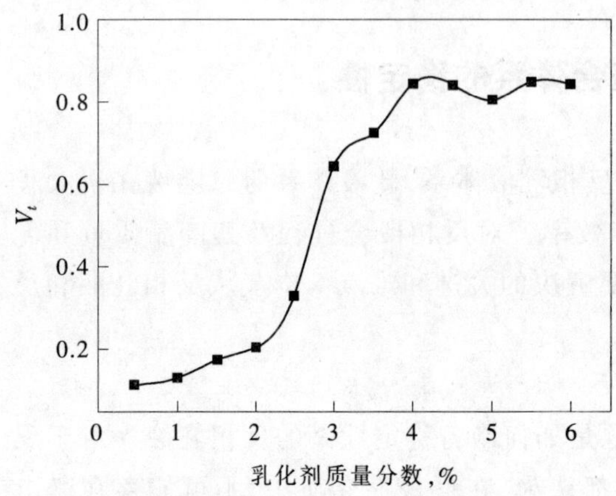

图 8-5 乳化剂质量分数对乳液稳定性的影响

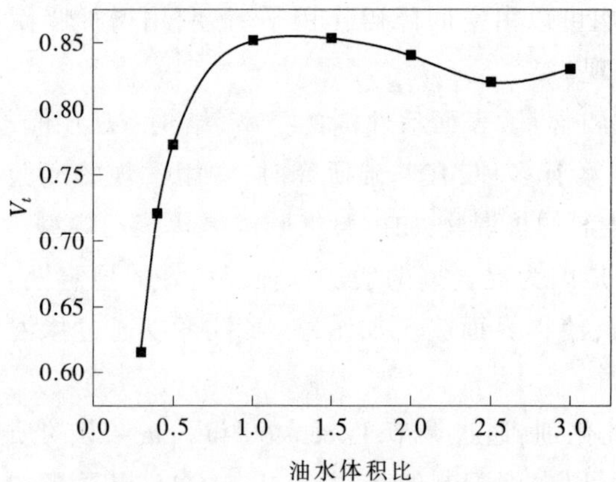

图 8-6 油水体积比对乳液稳定性的影响

旦 *HLB* 值超过这一平衡状态，则在油水两相的界面膜会因亲水-亲油平衡倾向于亲水而变得不稳定，使形成稳定油包水型结构的难度加大，从而导致乳液体系中增溶水量减少，乳液发生相转变，水溶液成为连续相。在实验条件下，当复合乳化剂的 *HLB* 值为 5 时，可以得到稳定性较好的乳液。

从图 8-5 可看出，随着乳化剂用量的增加，乳液稳定性增加，当乳化剂用量超过 4%以后，稳定性增加趋于平稳。在实验条件下，乳化剂质量分数应不小于 4%才能保证反相乳液体系的稳定性。

从图 8-6 可看出，当油水体积比低于 1:1 时，乳液的稳定性差，测得的电导率远大于 0；当油水体积比高于 1:1 时，测得电导率接近 0，乳液的稳定性较好，但油水体积比过大时，由于油相含量增加使固含量降低，体系黏度增大，不利于随后的聚合反应。故选取油水体积比为 1:1 较为合适。

此外，乳化速率和乳化时间对乳液稳定性也有较大的影响。乳化速率过小，乳液体系分散不均匀，乳液粒子粒径及其分布都会变大变宽。速率过大，乳化的液滴间碰撞增加，会发生部分液滴聚并，同样会导致乳液分布不均，稳定性下降。对于所评价的体系，在转速为 14000r/min 时，乳化时间对乳液稳定性的影响非常显著。当乳化时间小于 35min 时，乳液的稳定时间及稳定指数随乳化时间的增加而提高。可见，当搅拌速度为 14000r/min 时，乳化时间在 35min 乳化效果较好。但在实际应用中，当采用不同的乳化剂，或者单体的类型和离子性质不同，油相不同时，搅拌速度和搅拌时间会有不同的要求，需要根据实验确定。

钟宏等在以 V-50(2，2′-偶氮二异丁基脒二盐酸盐)为引发剂，石蜡为油相，采用 Span-80 和 OP-10 为乳化剂，制备阳离子共聚物 P(DMC-AM)反相乳液过程中，考察了单一乳化剂和复合乳化剂对乳液稳定性的影响，实验结果见表 8-1 和表 8-2[5]。

表 8-1 单组分乳化剂对乳化性能的影响

乳化剂种类	乳化剂用量，% (质量分数)	乳化现象	乳化剂种类	乳化剂用量，% (质量分数)	乳化现象
Span-80	7	分 层	OP-10	7	分 层
Span-80	8	分 层	OP-10	8	分 层
Span-80	9	分 层	OP-10	9	分 层

注：乳化实验基本条件为：油水比 1.2:1，搅拌强度 300r/min，搅拌时间 30min，Span-80 的 *HLB* 值为 4.3，OP-10 的 *HLB* 值为 13.9，下同。

表 8-2 双组分乳化剂对乳化性能的影响

乳化剂种类	乳化剂用量,%(质量分数)	*HLB*值	乳液类型	乳化率,%
Span-80/OP-10	7	5	油包水	84
Span-80/OP-10	8	5	油包水	89
Span-80/OP-10	9	5	油包水	91
Span-80/OP-10	7	6	油包水	88
Span-80/OP-10	8	6	油包水	95
Span-80/OP-10	9	6	油包水	96
Span-80/OP-10	7	7	油包水	83
Span-80/OP-10	8	7	油包水	85
Span-80/OP-10	9	7	油包水	85

从表 8-1 可以看出,在乳化剂不同用量下,单组分的乳化剂所制取的乳液在静置 48h 后普遍明显分层,难以制备稳定性较好的反相乳液,因此不适于用作反相乳液聚合的乳化剂。

从表 8-2 可以看出,采用 Span-80 和 OP-10 复合乳化剂所制备的反相乳液性质普遍比较稳定,且不易分层。这是因为将 OP-10 与 Span-80 复合使用时,根据乳液聚合理论,亲水性表面活性剂与亲油性表面活性剂的合理匹配可以形成紧密的复合表面层,提高乳液稳定性。当 Span-80 和 OP-10 占有机相质量的 8%,且 *HLB* 值为 6 时,所制备的反相乳液乳化率最高,因此选择此条件下进行聚合反应。

二、反相微乳液体系

在反相乳液聚合的基础上,发展了反相微乳液聚合。与反相乳液聚合一样,反相微乳液稳定性也是由体系组成及比例所决定,其体系一般包含 3 个组分,即单体水溶液、油相和乳化剂。因此,对水相、油相和乳化剂选择及配比的优化是反相微乳液聚合研究的基础。一般在反相微乳液聚合体系中,油水体积比越大,乳化剂的加量越多,越易形成稳定的反相微乳液体系,但油相和乳化剂用量过多,必然会降低产品的固含量,增加产品的生产成本,因此生产中力求能在较小油水比和较低的乳化剂加量的条件下,获得稳定性好、固含量高的产品。刘卫红等以庚烷作为油相,SF2810 作为乳化剂,考察了油水体积比及乳化剂加量(占油相的质量百分数)对 AM/AA/AMPS/DMAM 共聚物反相乳液稳定性的影响,实验结果见表 8-3 和表 8-4[6]。

表 8-3 油水体积比对乳液稳定性的影响

油水体积比	产品外观	稳定时间/h	油水体积比	产品外观	稳定时间/h
5:5	淡黄色半透明	>24	3:7	淡黄色半透明	>24
4:6	淡黄色半透明	>24	2:8	乳白色胶状	反应中破乳

注:乳化剂加量为 14%。

表 8-4 乳化剂加量对微乳液体系稳定性的影响

乳化剂加量,%	产品外观	稳定时间/h	乳化剂加量,%	产品外观	稳定时间/h
14	淡黄色半透明	>24	10	淡黄色半透明	>24
12	淡黄色半透明	>24	8	乳白色	12

注:油水体积比 3:7。

从表 8-3 和表 8-4 可以看出，以庚烷为油相，SF2810 为乳化剂时，在油水体积比达到 3:7，乳化剂加量为 10%的情况下，微乳液仍能保持很好的稳定性，因此从提高产品固含量、降低生产成本的角度来考虑，选择反相微乳液体系的油水体积比为 3:7，乳化剂加量为10%。

在反相乳液或反相微乳液聚合物中，*HLB* 值的最佳范围还和聚合反应单体的种类和性质有关，因此不同组成的反相乳液聚合物合成以及采用不同的油相介质时，会产生偏移，需要结合实验确定乳化剂最佳 *HLB* 值范围和用量。同时单体的质量分数、引发剂用量、乳化剂用量、反应温度和反应时间等均会对反应及反应过程中体系的稳定性造成影响，在具体实践中需要结合实际情况进行优化，以保证反相乳液聚合顺利及反相乳液聚合物的稳定性。

第三节 反相乳液聚合

国内于 20 世纪 70 年代开始丙烯酰胺的反相乳液聚合研究，随后丙烯酰胺与功能性单体的共聚合的研究引起了人们的广泛关注。近年来，国内对于此领域的研究占据了主导地位。鞠乃双等[7]研究了温度、单体浓度、乳化剂、油水比对反相 PAM 乳液的乳液稳定性和黏度的影响；吴全才等[8]研究了丙烯酰胺与阳离子单体二甲基二烯丙基氯化铵的反相乳液共聚合；还有学者[9~13]对反相乳液聚合体系的影响因素进行了研究，考察了引发剂种类及浓度、反应温度、反应时间、乳化剂用量、单体配比及浓度等因素对聚合产物相对分子质量及相对分子质量分布、表观黏度及转化率的影响，得出了不同体系的最佳聚合条件。尽管关于反相乳液聚合的研究比较多，但由于影响反相乳液聚合的因素比较多，任何因素的变化都会不同程度地影响反相乳液聚合反应及产物性能。本节依据有关文献，在实践的基础上，结合不同类型单体的反相乳液均聚或共聚合反应，介绍影响反相乳液聚合的因素，以期为钻井液用聚合物反相乳液的研制与生产提供参考。

一、丙烯酰胺反相乳液聚合

在反相乳液聚合物中研究最多的单体是丙烯酰胺，丙烯酰胺聚合物也是应用最早的反相乳液聚合物，关于其研究尽管很多，但主要的区别在于油相、复合乳化剂及引发剂选择上。

周诗彪等[14]以过硫酸钾和亚硫酸钠氧化还原体系为引发剂，Span-80 和 OP-10 为复合乳化剂，煤油为连续相合成了聚丙烯酰胺反相乳液，讨论了反应温度、反应时间、油水比、乳化剂用量、原料配比对转化率影响。在研究的基础上，得到聚丙烯酰胺反相乳液聚合的最佳原料配方和条件：反应温度 30℃，反应时间 4h，油水体积比 4:1，引发剂用量为单体质量的 0.5%(质量分数)，乳化剂用量为单体质量的 8.0%(质量分数)，按照此条件下所合成乳胶的体积平均粒径为 112μm。为丙烯酰胺反相乳液聚合提供了参考。

程原等[15]以氧化还原体系为引发剂，Span-80，OP-4 为乳化剂，研究了丙烯酰胺的反相乳液聚合，用溴化法测定单体转化率，用黏度法测定聚合物的相对分子质量。讨论了反应时间、引发剂用量、油水比等因素对转化率、相对分子质量和胶乳稳定性的影响。采用水解法和共聚法均可以得到转化率大于 98%、相对分子质量大于 300×10^4 的稳定胶乳。结果表明，引发剂用量和油水比对产物相对分子质量有显著影响。

① 引发剂用量直接影响聚合速率和产物相对分子质量。表 8-5 为引发剂量对产物相对分子质量的影响实验结果。从表中可以看出，随着引发剂用量的降低，产物的相对分子质量增加，这一结果符合自由基聚合的规律。表明为提高胶乳的相对分子质量，需减少引发剂的用量，但引发剂用量过少，往往导致聚合周期延长，甚至不聚或低聚。

表 8-5 引发剂用量对 PAM 相对分子质量的影响①

$(NH_4)_2S_2O_8$ 的量②	PAM相对分子质量	$(NH_4)_2S_2O_8$ 的量	PAM相对分子质量
0.7	368×10^4	0.3	581×10^4
0.5	469×10^4		

注：①$CO(NH_2)_2$ 的用量为相应$(NH_4)_2S_2O_8$ 用量的 10 倍；②用量以单体质量为 1000 作计算标准。

② 降低油水比是提高胶乳浓度的方法之一。对油水比不同的同一配方做了 3 个对比实验，结果见表 8-6。从表中可以看出，随着油水比的减少，放热温差增大，相对分子质量增加，这是因为油水比减少，即相对油量减小，不利于散热，故体系放热温差较大，随着油水比的减少，单体质量分数相应的提高，故相对分子质量增加。

表 8-6 不同油水比对聚合的影响

油	油水比	放热温差	相对分子质量	稳定性
225mL	1.5:1	34.3℃	336×10^4	稳 定
180mL	1.2:1	42.0	351×10^4	稳 定
150mL	1:1	44.7	490×10^4	稳 定

二、丙烯酸-丙烯酰胺反相乳液聚合

作为钻井液用聚合物反相乳液，希望构成反相乳液的各成分都能够在钻井液中起到有益的作用，由于白油、液体石蜡、煤油和表面活性剂等，特别是白油和液体石蜡，均可以在钻井液中起到较好的润滑作用，而且是大多数钻井液用润滑剂的主要成分，故采用白油和液体石蜡作油相能够满足制备钻井液处理剂的要求。研究表明，在丙烯酸-丙烯酰胺共聚物反相乳液聚合中，油相类型、复合乳化剂类型等对共聚反应都会产生一定的影响。

(一) 以白油为连续相的 AA-AM 共聚物反相乳液

1.合成过程

以白油为连续相，以 Span-80/Span-60/Tween-80 为复合乳化剂，过硫酸铵-亚硫酸氢钠($APS-NaHSO_3$)为氧化还原引发剂，制备 AA-AM 共聚物反相乳液。针对满足钻井液处理剂的需要，在合成时添加适量的 CaO，合成过程如下：

① 油相的配制：将 Span-60、Span-80 加入白油中，升温 60℃，搅拌至溶解，得油相。

② 水相的配制：将需要量氢氧化钠溶于水，配成氢氧化钠水溶液，冷却至室温，加入适量的 CaO，搅拌均匀，然后在搅拌下慢慢加入 AA，将温度降至 40℃以下，加入配方量的丙烯酰胺，搅拌使其完全溶解。加入 Tween-80，搅拌至溶解均匀得水相；

③ 聚合反应：将水相加入油相，用均质机搅拌 10~25min，得到乳化反应混合液，并用质量分数 20%的氢氧化钠溶液调 pH 值至要求。向乳化反应混合液中通氮 10~30min，加入引发剂过硫酸铵和亚硫酸氢钠，搅拌 5min，继续通氮 5~15min，在反应温度下保温聚合 5~10h，停止加热，冷却，过滤，即得到 P(AA-AM)聚合物反相乳液样品。

取 4g P(AA-AM)反相乳液样品加入 396mL 水中，配制聚合物水溶液，用六速旋转黏度计测定表观黏度。将P(AA-AM)反相乳液聚合物产品用一定量的乙醇溶液沉淀，然后用丙酮洗涤2次以上，烘干、称量，计算单体转化率。

2.影响因素

为了保证反相乳液聚合顺利进行及产物的性能，考察了原料配比和反应条件对产物性能的影响，考察中以复合盐水钻井液(在1000mL蒸馏水中加入45g的NaCl，5g无水$CaCl_2$，13g $MgCl_2·6H_2O$，150g钙膨润土和9g无水Na_2CO_3，高速搅拌20min，于室温下养护24h，即得复合盐水基浆)中加入2%乳液样品，经120℃、16h老化后钻井液的滤失量作为考察依据，结果如下。

① *m*(AM):*m*(AA)对聚合反应及产物性能的影响。固定油水体积比1.0，单体质量分数30%，复合乳化剂*HLB*值6.8，引发剂占单体质量的0.20%，体系pH值为9，反应温度40℃，反应时间6h，复合乳化剂用量(质量分数)7%时，*m*(AM):*m*(AA)对聚合反应及产物性能的影响见表8-7。从表8-7可以看出，随着单体中AA用量的增加，水溶液表观黏度开始逐渐增加，后又略有降低，用产物所处理钻井液的滤失量先降低后又增加，而单体转化率则随着AA用量的增加而逐渐降低，但降低幅度不大，这是由于AA的活性比AM低所致。从实验现象来看，当AM用量较大时，聚合过程中会产生部分凝胶颗粒，控制不当时会产生爆聚现象，从应用的角度讲，在*m*(AM):*m*(AA)=6:4时产物降滤失能力最优。综合考虑，在制备中选择*m*(AM):*m*(AA)=6:4。

表8-7 *m*(AM):*m*(AA)对聚合反应和产物性能的影响

m(AM):*m*(AA)	水溶液表观黏度/(mPa·s)	转化率,%	滤失量/mL	*m*(AM):*m*(AA)	水溶液表观黏度/(mPa·s)	转化率,%	滤失量/mL
8:2	12	97.1	23.2	1:1	14.5	96.4	9.2
7:3	17	97.0	9.5	4:6	11	95.1	17.0
6:4	18.5	96.5	6.7				

② 单体质量分数对聚合反应的影响。*m*(AM):*m*(AA)=6:4，其他条件同①，单体质量分数对聚合反应及产物性能的影响见图8-7。从图8-7可以看出，随着单体质量分数的增加，聚合物产物的水溶液表观黏度先增加后又降低，而单体转化率也是先增加，后又降低，这因为当单体含量过低时，由于单体之间接触和碰撞的几率较小，不利于分子链的增长，且反应速率慢，不仅时间长，且聚合不完全。随着单体用量增加时，反应速率增加，聚合时间变短，使聚合物黏度变大，相对分子质量也就增大，单体转化率增加。当单体质量分数为30%时，聚合转化率达到最大值，在单质量分数超过30%后，聚合转化率反而随着单体含量增大而降低，从反应现象看，单体质量分数过高时，反应过程中体系出现破乳，甚至出现交联或爆聚现象，从而导致聚合物的相对分子质量和转化率降低。在实验条件下，单体质量分数30%~32.5%较好。

③ 乳化剂*HLB*值对转化率影响。单体质量分数30%，其他条件同②时，复合乳化剂*HLB*值对聚合反应的影响见图8-8。从图8-8可以看出，随着*HLB*值的增加，单体转化率开始略有增加，当*HLB*值达到7.1后转化率快速降低，这由于当乳化剂亲水性强时，乳化体系的稳定性降低，反应过程中乳化体系容易产生凝胶，甚至发生破乳，影响聚合反应顺利进行，严重时导致聚合反应失败。在实验条件下*HLB*值在6.8~6.9较好。

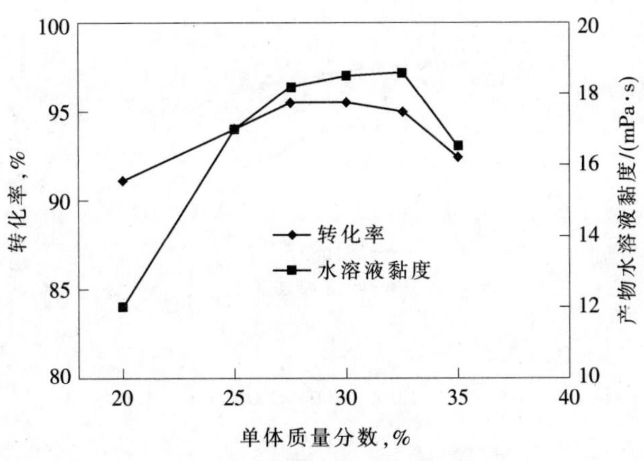

图 8-7 单体质量分数对聚合反应的影响

④ 乳化剂用量对转化率影响。复合乳化剂 *HLB* 值 6.8,其他条件同③时,复合乳化剂用量(质量分数)对聚合反应的影响见图 8-9。从图 8-9 可以看出,随着复合乳化剂用量的增加,单体转化率逐渐增加,当乳化剂用量超过 7%以后,再增加乳化剂用量单体转化率反而降低,这是因为当聚合反应中乳化剂用量较低时,乳胶粒子表面吸附的乳化剂分子较少,表面乳化膜不致密,胶粒易聚结,所以使得聚合反应速率下降,聚合反应转化率降低。随着乳化剂用量增加时,胶粒数目增多,聚合反应速率加快,聚合反应转化率增加,但达到一定值后继续增加会使油水之间的界面膜增厚,反而阻碍引发自由基的扩散,导致聚合反应速率下降,转化率降低。另一方面乳化剂量过大时,由于其链转移作用不利于相对分子质量的提高。可见,在实验条件下,复合乳化剂用量为 6%~7%时较好。

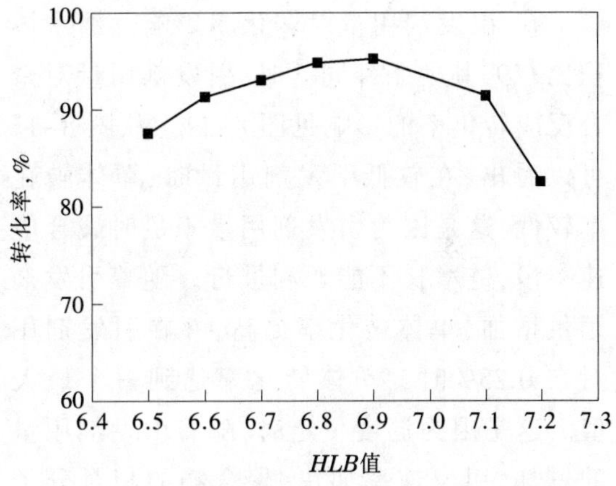

图 8-8 复合乳化剂 *HLB* 值对聚合反应的影响

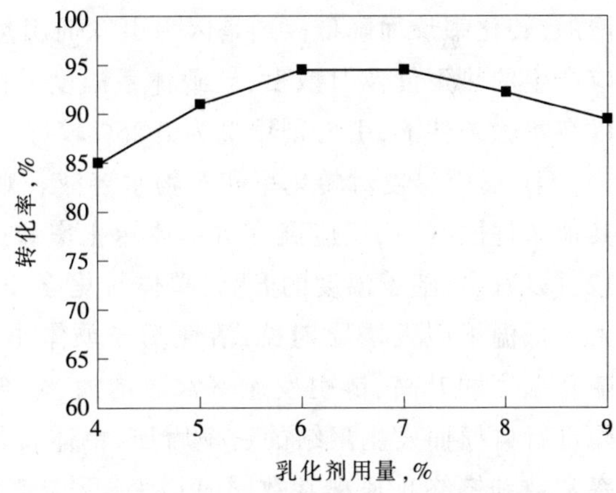

图 8-9 乳化剂用量对聚合反应的影响

⑤ 油水体积比。复合乳化剂用量(质量分数)6.5%,其他条件同④时,油水体积比对聚合反应及产物性能的影响见图 8-10。从图 8-10 可以看出,随着油水体积比的增加,单体转化率逐渐增加,当达到一定值时,转化率反而降低。而产物的相对分子质量则随着油水体积比的增加而降低,说明降低油水比有利于提高产物的相对分子质量。从生产的角度降低油水质量比可以提高产物的固含量,从而提高生产效率,但当油相过少时聚合过程中易出现凝胶化,甚至出现爆聚,故在实验条件下,油水体积比为 0.9 较好。

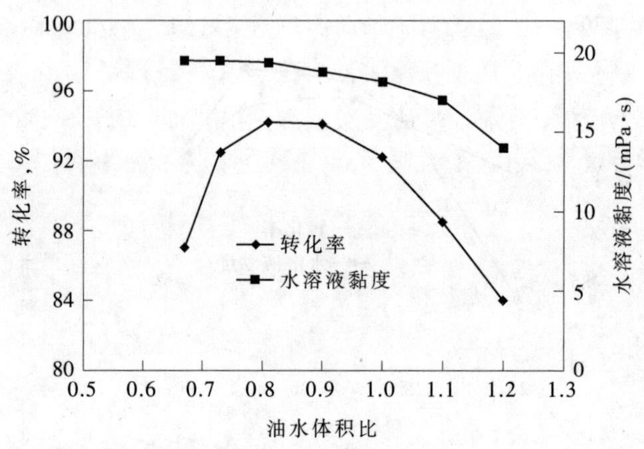

图 8-10 乳化剂用量对聚合反应的影响

⑥ 引发剂用量对转化率影响。油水体积比 0.9,其他条件同⑤时,引发剂用量对聚合反应转化率的影响见图 8-11。从图 8-11 可以看出,在较低引发剂用量时,单体转化率较低,这是因为引发剂用量不足时聚合应速率慢,链增长不能顺利进行。随着引发剂用量增加,单体转化率提高,并在引发剂用量在 0.25%时, 单体转化率达到一个最大值。这是因为温度一定时,随着引发剂用量的增加,引发速率加快,聚合物的相对分子质量增加。当引发剂浓度达到适宜值后继续增加,转化率反而降低。这是因为引发剂用量过大时,聚合反应出现自动加速现象,聚合反应产生的热不能及时散发,导致体系温度升高使大分子链断裂,甚至使乳液体系破乳。所以在实验条件下,引发剂用量为 0.25%较好。

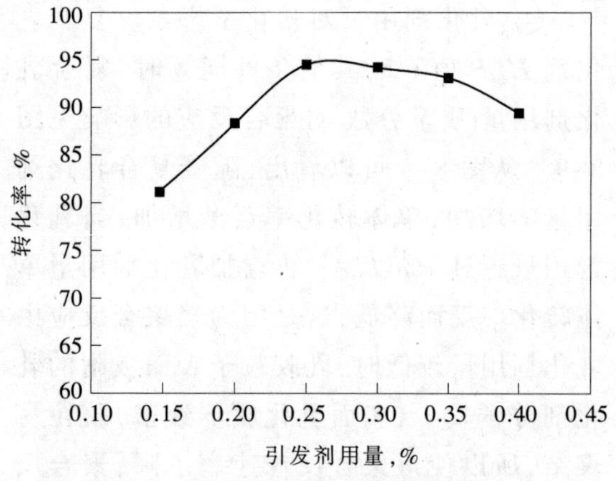

图 8-11 引发剂用量对聚合反应的影响

⑦ 反应温度对转化率和产物水溶液表观黏度的影响。当引发剂占单体质量的 0.25%,其他条件同⑥时,反应温度对单体转化率和产物水溶液表观黏度影响见图 8-12。从图 8-12可以看出,随着温度的升高,单体转化率和产物水溶液表观黏度先增加,后又降低。这是由于低温下引发诱导期长,活性基与单体作用弱,链增长较慢转化率和相对分子质量低,随着温度的升高,链引发速率常数增加,聚合物相对分子质量增加,同时由于乳胶粒子之间进行碰撞而发生聚结的速率增加,单体转化率相应的提高。但在较高温度下,链引发速率常数和链终止速率常数同时增大,反应速度过快,产生大量的热不能及时散发,产物中会出现凝胶,并易产生暴聚现象,并使单体转化率降低,相对分子质量下降(水溶液黏度降低)。可见,当反应温度控制在 40~45℃,既可以保证反应顺利,又可以使单体转化率和相对分子质量最高。

⑧ 反应时间。反应温度 45℃,其他条件同⑦时,反应时间对聚合反应转化率的影响见图 8-13。由图 8-13 可知,随着反应时间的增加,单体的转化率逐渐增大,在 4h 后趋于稳定。因为在自由基聚合反应中,对单个聚合物分子而言,聚合物的链引发速度很快,在很短

时间内即能完成链的增长。但对整个体系而言,在较短的时间内则不能使所有的单体均转化为高分子,单体的转化率随时间的延长而增大,当反应时间达到 4h 后,转化率趋于恒定,再增加时间只能降低生产效率。因此选择反应时间为 4h 较好。

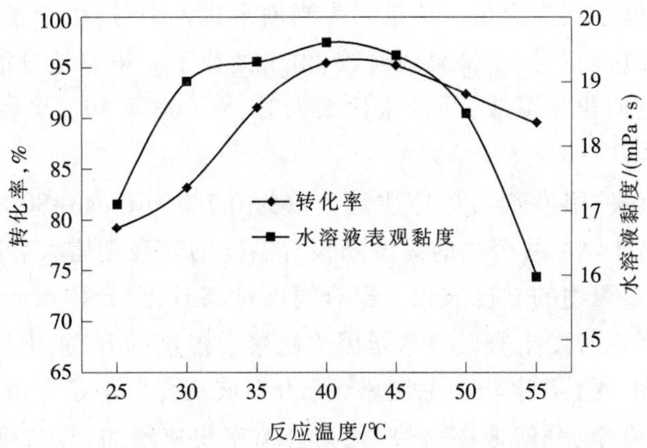

图 8-12 反应温度对转化率和水溶液黏度的影响

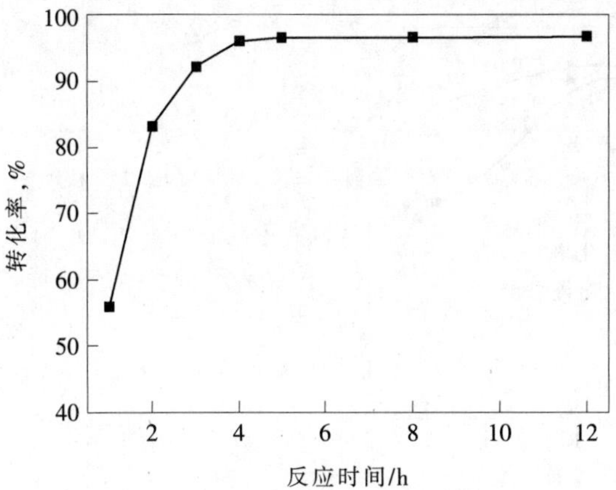

图 8-13 反应时间对单体转化率的影响

⑨ pH 值对聚合反应及产物性能的影响。反应时间 5h,其他条件同⑧时,体系 pH 值对聚合反应及产物性能的影响见图 8-14。由图 8-14 可知,随着体系 pH 值的增大,单体转化率和聚合物水溶液表观黏度均大幅度增加。这是因为乳液的稳定性随 pH 值增大明显增加,当 pH 值>10 时,随 pH 值增大,体系稳定性变化不明显,单体转化率变化不大,而聚合物水溶液表观黏度却大幅度降低。故在反相乳液聚合中,水相 pH 值应控制在 8.5~9.5 之间为宜。

(二) 以液体石蜡为连续相的 AA-AM 共聚物反相乳液聚合

赵明等[16]以液体石蜡为连续相、Span-80 与 Tween-80 为乳化剂、*N*,*N'*-亚甲基双丙烯酰胺为交联剂、过硫酸铵为引发剂,制备了 AM-AA 共聚物反相乳液,并以聚合物的水溶液黏度作为考察依据,考察了引发剂含量、单体 AM 含量、复合乳化剂 Span-80 与 Tween-80 的配比、聚合体系 pH 值、反应温度、油水质量比等对 AM-AA 共聚物性能的影响。尽管反应温度和乳化剂、引发剂、油相有所不同,但影响规律与前面的研究基本一致,所不同的是 *HLB* 值、油水比和反应温度,研究表明:

① 在反应条件一定时,当 w(AM)=40%(AM 占 AA 的质量分数),引发剂占单体质量分数的 0.7%,聚合体系的 pH 值=9.0,温度 70℃,油水质量比为 1.1 时,AM-AA 共聚物的黏度随 m(Span-80):m(Tween-80)的增加先增加后降低。当 m(Span-80):m(Tween-80)=92:8 时(此时复合乳化剂的 *HLB* 值约为 5.2)AM-AA 共聚物的黏度达到最大值;当 m(Span-80):m(Tween-80)<80:20 时,乳化剂的分散效果不好,AM-AA 共聚物易凝聚;当 m(Span-80):m(Tween-80)>92:8 时,AM-AA 共聚物的黏度降低。在实验条件下,m(Span-80):m(Tween-80)=

92:8，即 *HLB* 值约 5.2 时较好。

② 当 w(AM)=40%，引发剂占单体质量分数的 0.7%，m(Span-80):m(Tween-80)=92:8，温度 70℃，AM-AA 共聚物的黏度随油水质量比的增大先增大后减小。当油水比为 1.1 时，AM-AA 共聚物的黏度达到最大值。这是因为当油水比太小时，由于连续相油相的用量少，不能很好地分散聚合热而易产生暴聚或凝胶，由于油相不能很好地分散单体液滴导致聚合时胶乳粒子发生黏结而出现凝胶；当油水比太大时，聚合效率和固含量降低。因此较适宜的油水比为 1.1。

③ 当 w(AM)=40%，引发剂占单体质量分数为 0.7%，m(Span-80):m(Tween-80)=92:8，油水质量比 1.1 时，AM-AA 共聚物的黏度随聚合温度的升高先增大后减小。当聚合温度为 60~70℃时，AM-AA 共聚物的黏度较大。聚合温度过高时，聚合体系的黏度降低，易发生爆聚，乳胶颗粒变大，严重时发生凝胶。这是因为随聚合温度的升高，引发剂分解速率加快且分解更完全，导致 AM-AA 共聚物的黏度增大。由于该聚合反应是自由基聚合，当达到一定温度时，引发剂分解完全，分解速率过快，使聚合速率快速增加，导致爆聚现象的发生。故选取聚合温度为 60~70℃较适宜。

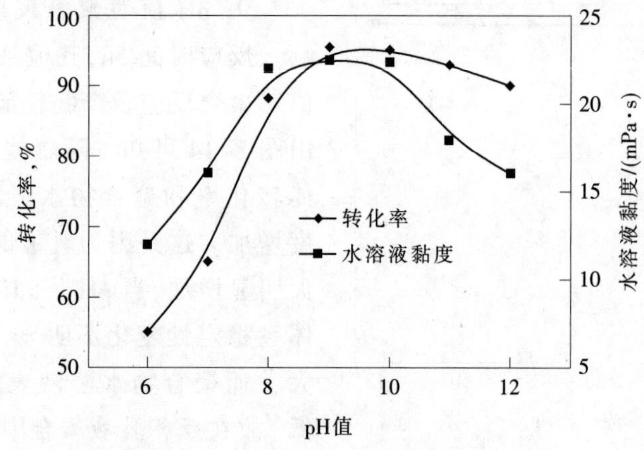

图 8-14 水相 pH 值对聚合反应的影响

三、AMPS 与 AM、AA 反相乳液聚合

随着人们对 AMPS 聚合物优越性的认识，AMPS 聚合物研究与应用越来越受到重视[17]，尤其在油田化学领域，由于 AMPS 产物的优越性能而倍受关注。本书第六章对其水溶性聚合及性能已经详细介绍，这里结合研究及文献对 AMPS 与丙烯酰胺等单体的反相乳液聚合进行介绍。

(一) AM-AA-AMPS 反相乳液聚合

在以前工作的基础上，以 AM、AA、AMPS 为原料，用反相乳液聚合方法合成了 P(AM-AA-AMPS)共聚物。其中，油相的配制：将 Span-60、Span-80 加入白油中，升温 60℃，搅拌至溶解，得油相。水相的配制：将氢氧化钠溶于水，配成氢氧化钠水溶液，冷却至室温，搅拌下慢慢加入 2-丙烯酰胺-2-甲基丙磺酸，然后加入丙烯酸，将温度降至 30℃以下，加入配方量的丙烯酰胺，搅拌使其完全溶解。加入 Tween-80、EDTA 搅拌至溶解均匀得水相。聚合反应：将水相加入油相，用均质机搅拌 15~25min，得到乳化反应混合液，并用质量分数 20%的氢氧化钠溶液调 pH 值至 8~9。向乳化反应混合液中通氮 20~30min，加入引发剂过硫酸铵和亚硫酸氢钠(提前溶于适量的水)，搅拌 5min，继续通氮 20min，在 45℃下保温聚合 6~10h，降至室温，出料、过滤，得到 P(AM–AA–AMPS)反相乳液聚合物样品。

取 7g P(AM–AA–AMPS)反相乳液样品，加入 393mL 水中，配制聚合物水溶液(聚合物质量分数约 0.5%)，用六速旋转黏度计测定表观黏度 η_a。

将反相乳液聚合物产品用一定量的乙醇溶液沉淀，然后用丙酮洗涤 2 次以上，烘干、称量，计算单体转化率及产物固含量。

通过水溶液表观黏度反映聚合物的相对分子质量大小。针对钻井液对产物性能的需要，用反相乳液聚合物所处理复合盐水基浆(在 350mL 蒸馏水中加入 15.75g 氯化钠，1.75g 无水氯化钙，4.6g 氯化镁，52.5g 钙膨润土和 3.15g 无水碳酸钠，高速搅拌 20min，室温放置老化 24h，得复合盐水基浆，反相乳液聚合物样品加量 1.5%)120℃、16h 老化后的滤失量作为钻井液性能评价依据，考察了原料配比及合成条件对反相乳液聚合及产物性能的影响。

1.原料配比的影响

① n(AM)/n(AA+AMPS)比例对聚合反应及产物性能的影响。固定油水体积比 0.9，单体质量分数 30%，复合乳化剂 *HLB* 值 6.8，复合乳化剂用量(质量分数)6%，引发剂占单体质量的 0.25%，体系 pH 值为 9，反应温度 45℃，反应时间 6h，n(AA):n(AMPS)=4:6 时，n(AM)/n(AM+AA+AMPS)对聚合反应及产物性能的影响见图 8–15。从图 8–15 可以看出，随着单体中 AM 用量的增加，聚合物水溶液表观黏度逐渐降低，而单体转化率则随着 AM 用量的增加而先逐渐增加后又稍有降低，但影响幅度不大。用产物所处理钻井液的滤失量先略有降低后大幅度增加，这是由于随着 AM 用量增加，产物水化基团量减少，吸附基团数量增加，水化能力降低，絮凝能力增强所致。从实验现象来看，随着 AM 用量增加，聚合过程中反应剧烈程度增加，并逐渐出现凝胶颗粒，控制不当时会产生爆聚现象，以产物降滤失能力为依据，并结合实验现象 n(AM):n(AM+AA+AMPS)为 55%~60%较好。

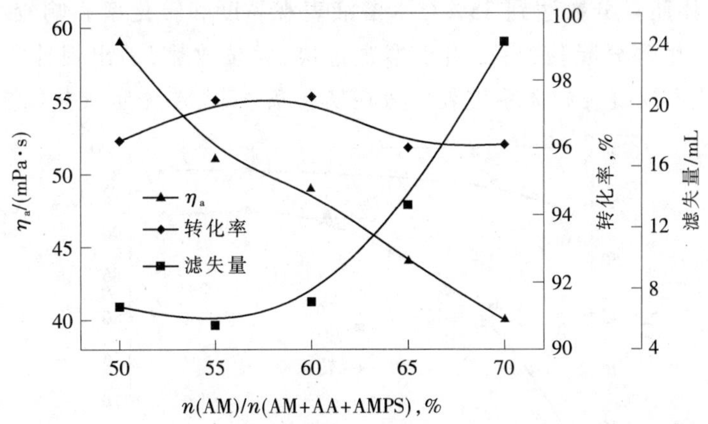

图 8–15 n(AM)/n(AM+AA+AMPS)对聚合反应和产物性能的影响

② n(AA)/n(AA+AMPS)比例对聚合反应及产物性能的影响。当 n(AM)/n(AM+AA+AMPS)=55%，其他条件同①时，n(AA)/n(AMPS)对聚合反应及产物性能的影响见图 8–16。从图 8–16 可以看出，随着单体中 AA 用量的增加，AMPS 用量降低，聚合物水溶液表观黏度逐渐增加，而单体转化率稍有降低，但用产物所处理钻井液的滤失量先略有增加，当超过 58%后，大幅度增加，这是由于随着 AMPS 用量降低，产物抗钙能力降低，使滤失量大幅

度增加。以产物降滤失能力为依据，兼顾产品成本和实验现象，$n(AA)/n(AA+AMPS)$为42%较好。

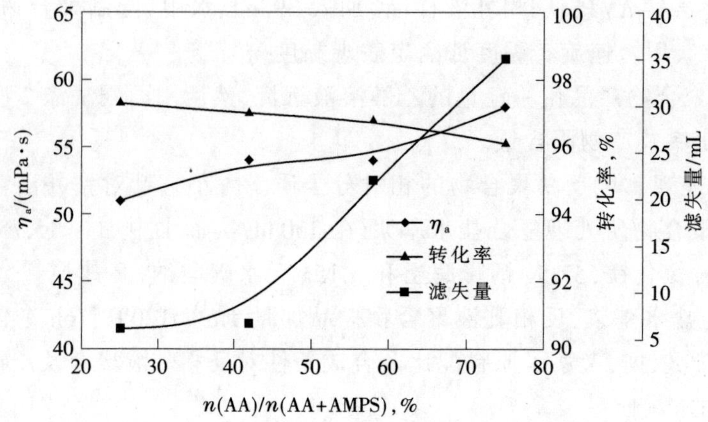

图 8-16 $n(AA)/n(AA+AMPS)$对聚合反应和产物性能的影响

2.单体质量分数对转化率影响

固定油水体积比0.9，复合乳化剂*HLB*值6.8，引发剂占单体质量的0.25%时，体系pH值为9，反应温度45℃，反应时间5h，复合乳化剂用量(质量分数)6%，$n(AM)/n(AM+AA+AMPS)=55\%$，$n(AA)/n(AA+AMPS)$为42%时，单体质量分数对聚合反应及产物性能的影响见图8-17。从图8-17可以看出，随着单体质量分数的增加，聚合产物的水溶液黏度开始逐渐增加，当单体质量分数30%以后，趋于稳定；而单体转化率随着单体质量分数的增加而增加，当单体质量分数25%以后趋于稳定。这因为当单体含量过低时，由于单体之间接触和碰撞的几率较小，不利于分子链的增长，且反应速率慢，不仅时间长，且聚合不完全。但当单体用量增加时，反应速率增加，聚合时间变短，单体转化率增大，使聚合物相对分子质量增大。尽管单体质量分数达到35%对水溶液表观黏度和转化率影响较小，但实验中发现，在产品中会产生部分凝胶颗粒，由于聚合过快，大量放热，易出现冲釜现象，甚至破坏乳化稳定性，导致出现凝胶和体系破乳。故在实验条件下，单体质量分数30%较好。

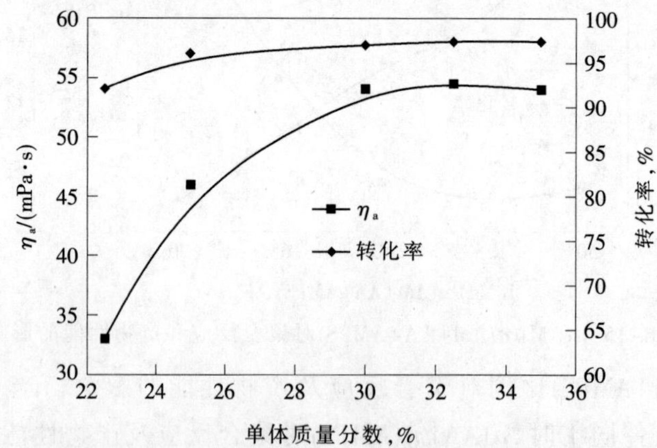

图 8-17 单体质量分数对聚合反应和产物性能的影响

3.反应温度

当单体质量分数30%，其他条件同上时，反应温度对聚合反应及产物性能的影响见图

8-18。从图 8-18 可见,聚合反应的单体转化率随反应温度的增大而提高,当反应温度超过35℃以后趋于稳定,而聚合物水溶液表观黏度则随着聚合温度升高,先增加,在 40℃出现最大值,然后随着聚合温度的进一步升高,水溶液表观黏度呈下降趋势。故在实验条件下,聚合反应温度应控制在 40~45℃较为合适。

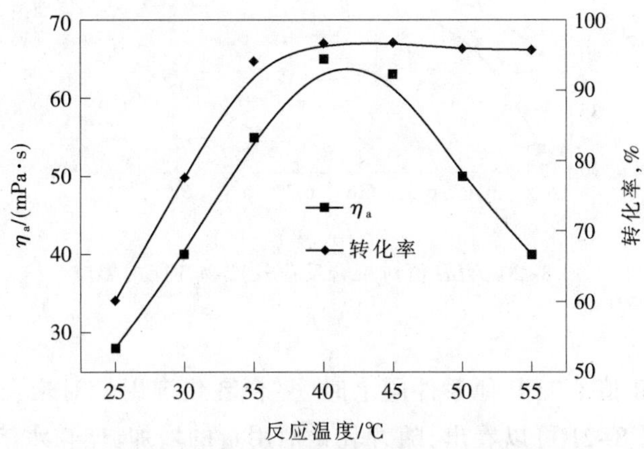

图 8-18 反应温度对聚合反应及产物性能的影响

4.反应时间

反应温度 45℃,其他条件同上时,反应时间对聚合反应及产物性能的影响见图 8-19。由图 8-19 可知,随着反应时间的增加,单体的转化率逐渐增大,当反应时间达到 4h 后,再增加时间转化率变化较小,因此选择反应时间为 4h 即可。

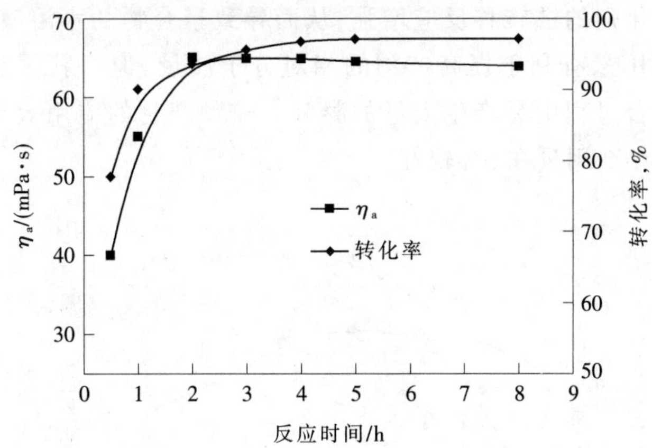

图 8-19 反应时间对聚合反应及产物性能的影响

5.乳化剂 *HLB* 值影响

反应时间 5h,其他条件同上时,复合乳化剂的 *HLB* 值对聚合反应及产物性能的影响见图 8-20。从图 8-20 可以看出,随着 *HLB* 值的增加产物水溶液表观黏度先增加,再降低(表明产物相对分子质量增加后又降低);单体转化率随着 *HLB* 值的增加先增加,后降低,这是因为随着复合乳化剂 *HLB* 值增加, 反应及乳液的稳定性增大所致。当 *HLB* 值达到6.7 时,效果最好;当 *HLB* 值超过 6.8 以后,乳液稳定性变差;*HLB* 值过低和过高时,反应过程中均容易产生凝胶,甚至出现破乳现象。在实验条件下,选择复合乳化剂 *HLB* 值在6.8,既可保证产品具有较好的降滤失能力,又能确保反应顺利进行及乳液稳定。

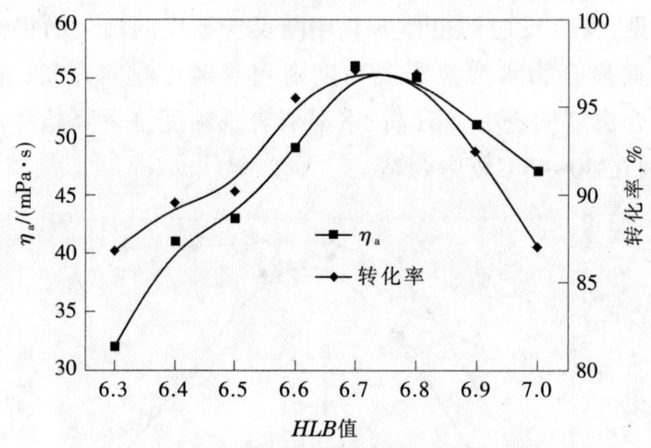

图 8-20 *HLB* 值对聚合反应及产物性能的影响

6.乳化剂用量

复合乳化剂 HLB 值 6.7,其他条件同上时,复合乳化剂用量对聚合反应及产物性能的影响见图 8-21。从图 8-21 可以看出,随着乳化剂用量的增加,产物水溶液表观黏度逐渐增加,当用量超过 5%以后,又略降低,这是因为增加乳化剂用量时,由于乳化剂的链转移作用,会使产物相对分子质量降低,水溶液黏度降低。转化率随着乳化剂用量的增加,先增加,后趋于稳定,这是因为乳化剂用量越大,乳胶粒表面张力的降低有利于形成更小的胶粒和更快的聚合速率,从而导致转化率的增大。与此同时,胶粒粒数越多,自由基在乳胶粒中的平均寿命就越长,聚合物的水溶液表观黏度(相对分子质量)也越高,但当乳化剂用量过大时,自由基向乳化剂的链转移反应增强,从而导致聚合物的水溶液表观黏度降低。可见,适当减少乳化剂用量有利于提高产物的相对分子质量,但当乳化剂用量过低时,所得乳液稳定性差,且聚合过程中易产生大量的凝胶。兼顾产物的应用效果及乳液稳定性,在实验条件下,选择乳化剂用量在 5%较好。

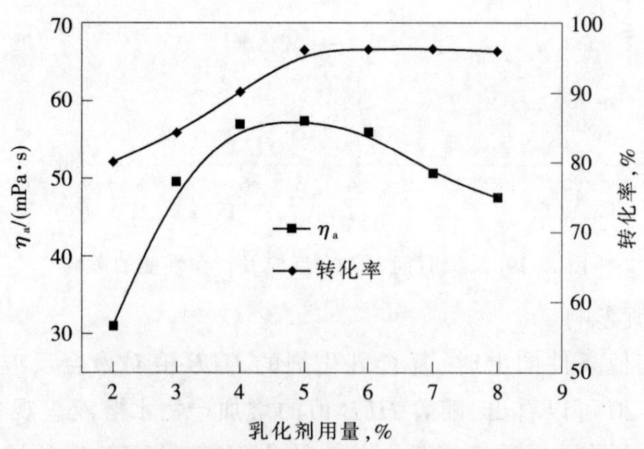

图 8-21 乳化剂用量对聚合反应及产物性能的影响

7.油水体积比

复合乳化剂用量 5%,其他条件同上时,油水体积比对聚合反应及产物性能的影响见图 8-22。从图 8-22 可以看出,随着油水比的增加,单体转化率和产物水溶液表观黏度先增加，当油水比超过1.0以后，呈降低趋势。从反应现象看，油水比过低时(油相少)，易出现凝胶现象，增加油水体积比可以保证聚合过程中不产生凝胶或爆聚，且乳液稳定性好，但油水比过大时，聚合物含量降低。在实验条件下，从产物的降滤失效果和稳定性考虑，选择油水体积比为0.9~1。

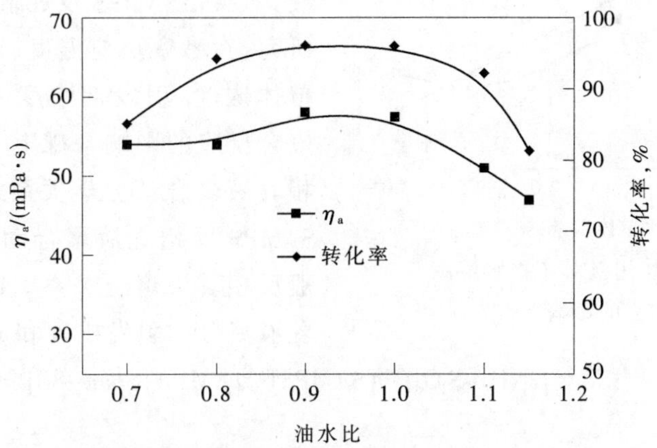

图8-22 油水体积比对聚合反应和产物性能的影响

8.引发剂用量

当油水体积比为1.0，其他条件同上时，引发剂用量对聚合反应及产物性能的影响见图8-23。从图8-23可以看出，单体转化率随着引发剂用量的增加逐渐增加，而产物水溶液表观黏度则随着引发剂用量的增加先增加，当引发剂用量达到0.20%后又出现降低趋势。实验发现，当引发剂用量过大时，易出现凝胶和爆聚现象。从有利于反应顺利进行及保证产物性能的角度来考虑，在实验条件下，选择引发剂引发剂用量0.2%。

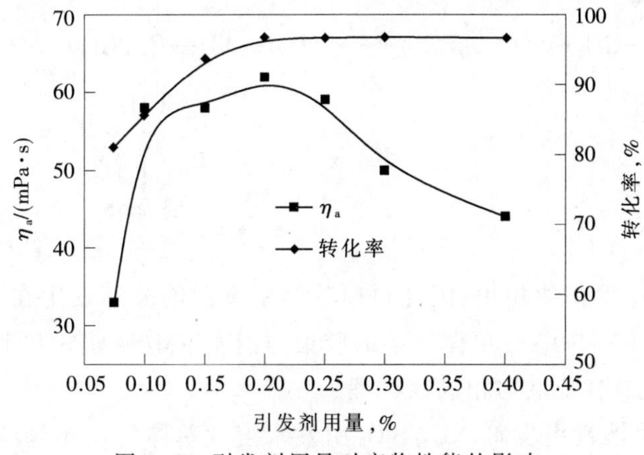

图8-23 引发剂用量对产物性能的影响

9.疏水单体对聚合物水溶液表观黏度的影响

当反应条件同上时，疏水单体(丙烯酸十二烷基酯、丙烯酸十六烷基酯和丙烯酸十八烷基酯)用量对聚合物水溶液表观黏度的影响见图8-24。从图8-24可以看出，引入适量的疏水单体可以增加产物水溶液表观黏度，在所实验的3种疏水单体中，以丙烯酸十六烷基酯较好。

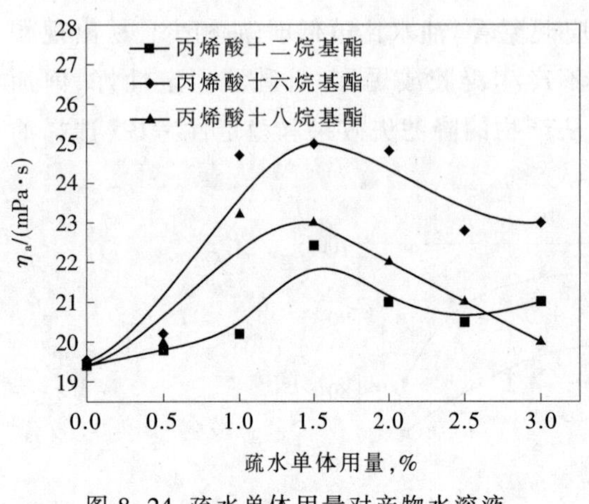

图 8-24 疏水单体用量对产物水溶液表观黏度的影响

(二) AM-SAMPS 反相乳液聚合反应动力学

为了揭示 AMPS、AM 聚合反应动力学，高青雨等[18]采用 Span-80 为乳化剂，$(NH_4)_2S_2O_8$ 为引发剂制备了 AM/SAMPS 聚合物反相乳液，对 AM/SAMPS 反相乳液聚合进行了系统研究，在考察反应温度、乳化剂浓度、功能性单体浓度、引发剂浓度、单体浓度等因素对聚合反应的影响基础上，得出 AM/SAMPS 反相乳液聚合动力学关系式[见式(8-3)]。AM/SAMPS 反相乳液聚合动力学关系式符合一般反相乳液聚合关系。同时，还探讨了反相乳液聚合的引发机理和成核机理。

$$R_p \propto [(NH_4)_2S_2O_8]^{0.48}[SAMPS]^{0.62}[AM]^{1.18}[Span-80]^{-0.70} \tag{8-3}$$

1.引发机理

张贞浴等[19]研究了可聚合叔胺二甲胺基亚甲基丙烯酰胺、甲基丙烯酸二甲胺基乙酯与过硫酸钾组成的氧化还原体系引发 AM 的溶液聚合，还有人研究了过硫酸盐与亚硫酸盐组成的氧化还原体系引发 AM 的溶液聚合时 pH 值的影响，但对于过硫酸盐-磺酸盐参与的氧化还原体系的引发机理则未见报道。结合分析认为，其机理与过硫酸盐-亚硫酸盐体系具有相似之处，如式(8-4)所示。SAMPS 不仅作为共聚单体参与了共聚，而且也在磺酸根阴离子上产生自由基，进一步引发聚合。

$$\text{~CH}_2\text{—CH~}(\text{C(=O)NH—C(CH}_3)_2\text{—CH}_2\text{—SO}_3^-) + S_2O_8^- \longrightarrow \text{~CH}_2\text{—CH~}(\text{C(=O)NH—C(CH}_3)_2\text{—CH}_2\text{—SO}_3\cdot) + SO_4^-\cdot + SO_4^- \tag{8-4}$$

（$—SO_3\cdot$ 经 AM → 聚合物；$SO_4^-\cdot$ 经 AM → 聚合物）

2.成核机理

由于$(NH_4)_2S_2O_8$ 不溶在油相中，因此可以认为引发剂的分解发生在单体液滴中，而后由负离子自由基 $SO_4^-\cdot$ 和$—SO_3\cdot$在单体增溶的胶束内引发 AM/SAMPS 共聚，转化率与时间的曲线成 S 形，也支持增溶胶束均相成核机理。

尽管可以认为水溶性引发剂$(NH_4)_2S_2O_8$ 引发水溶性单体的反相乳液聚合是一种乳液滴中的溶液聚合，其机理与反相悬浮聚合有相似之处，但高聚合速率的结果却与溶液聚合和悬浮聚合不同。在溶液聚合中，链终止反应为双基终止，由于反应容器较大，在体系黏度高时，虽然长链自由基的运动受到限制，但初始自由基和短链自由基的运动受到的阻碍却很少。悬浮聚合的机理与此基本相同。而在乳液聚合反应中，由于乳胶粒体积较小，引发剂浓度低，一个乳胶粒中含有的引发剂分子数量极为有限，一个引发剂分子分解成两个自由基后分别进行链增长，在乳液滴中引发聚合，形成两个长链自由基，其运动受到体系黏度和乳液滴体积的限制，链终止的机会少。同时乳化剂 Span-80 分子结构中含有的叔醇结构有链转移的作用，也使乳液滴中具有足够引发活性的自由基数目下降。只有当另一引发剂分子受热分解产生新的初始自由基时，才会发生长链自由基与初始自由基或其他短链自由基的终止反应，因而自动加速阶段的聚合速率比溶液聚合和悬浮聚合快得多。

四、阳离子单体与丙烯酸、丙烯酰胺的反相乳液聚合

含阳离子基团的阳离子或两性离子聚合物是在石油开采、造纸工业、纺织印染以及污水处理等领域都有广泛应用的水溶性高分子材料。作为一种重要的油田化学品，在钻井液、调剖堵水、酸化压裂、油田水处理等方面都具有较大的应用面，尤其是作为钻井液处理剂，阳离子聚合物既可以作为阴离子钻井液体系的包被、絮凝和抑制剂，也可以作为阳离子聚合物钻井液体系的增黏剂和降滤失剂等，同时也可以作为水处理絮凝剂。

两性离子聚合物作为一种具有良好的包被、絮凝和抑制防塌作用的钻井液处理剂，已经在现场普遍应用，因此采用反相乳液聚合法制备两性离子聚合物，也具有重要的意义。当采用不同的阳离子单体时，由于单体的活性及单体间竞聚率的不同，对反相乳液聚合的条件会有不同的要求，特别是由于离子性质的不同，为保持体系乳液稳定对乳化剂 *HLB* 值的要求会产生较大偏离。同时还会因为采用的乳化剂、油相及引发剂的不同而得到不同的结果。表 8-8 是一些在不同条件制备反相乳液的实例，可以看出，不同条件下得到的优化条件不同。

表 8-8 不同方法两性离子或阳离子聚合物反相乳液聚合的情况

单体组成	油 相	乳化剂	引发剂	结 果	文献编号
AM、AA、DMDAAC	5号白油	Span-80、OP-7、OS-15	APS/$NaHSO_3$	Span-80、OP-7 和 OS-15 组成 *HLB* 值为 7.13，油水比为 1:1.5 时，所得 APAM 反相乳液最为稳定，且随着阳/阴离子单体质量比的增加，产物的特性黏数值逐渐增加，转化率逐渐降低	[20]
AA、AM、DAC	0号柴油	Span-80、Tween-80	偶氮二异丁基脒盐酸盐(AIBA)	聚合反应温度在 37~42℃、体系水相引发剂浓度在0.35~0.45mmol/L、单体质量分数 40%、DAC 量为总单体物质的量分数的 8%、复合乳化剂的 *HLB* 值 5.5~6.0，乳化剂用量为 3%~4%，水相 pH 值 7.0~8.0，在此条件下反应体系稳定，单体转化率和聚合物特性黏数相对较高	[21]
DAC、AM	液体石蜡或白油	Span-80、Tween-20	偶氮类化合物或氧化-还原引发剂	单体物质的量比为 2:3，油水体积比为 1:1.2，引发剂为氧化-还原引发剂或高效水溶性引发剂，得到溶解迅速且絮凝效果好的产品	[22]
AM、DMC	液体石蜡	Span-80、Tween-80	有机引发剂	在油水体积比为 1:1.6、乳化剂用量为 30%、单体用量为 30%、阳离子度为 60%，即 n(AM):n(DAC)为 2:3，引发剂用量为 0.15%的条件下，得到的聚合物黏度较大且具有良好的稳定性和溶解性	[23]
DMC、AM	5号白油	Span-80、Tween-80	在氧化还原引发体系	水相中 DMC 物质的量分数为 50%，Span-80:Tween-80 为 9:1，复合乳化剂总量为 8%，油水比 1:1，水相 pH 值 7，水相单体浓度 45%，产物相对分子质量(640~1000)×10^4	[24]
DMDAAC、AM	白 油	Span-80、Tween-80	硫酸钾	最佳条件：*HBL* 值为 4.5，油水比为 1.5:1，乳化剂用量为 7%，单体浓度为 30%，阳离子度为 30%，引发温度为 50℃，引发剂用量为 0.5%	[25]

续表

单体组成	油 相	乳化剂	引发剂	结 果	文献编号
DMDAAC、AM	煤 油	Span-80、Tween-80	水溶性偶氮V-50和$NaHSO_3$组成的复合引发剂	复合引发剂V-50/$NaHSO_3$效果优于APS/$NaHSO_3$，其最佳用量为0.6%，复合乳化剂最佳*HLB*值为5.7，乳液体系稳定，乳化剂最佳用量为8%，EDTA用量为0.8×10^{-6}	[26]
AM、DMDAAC	液体石蜡	Span-80、OP-10	过硫酸铵	过硫酸铵占单体总质量的1.0%，n(AM):n(DMDAAC)=1.6，m(Span-80):m(OP-10)=96:4，复合乳化剂的*HLB*值约为4.7，乳化剂占油相质量的6%，聚合温度40℃，聚合体系pH值约为5.0，在此聚合条件下，制得的P(AM-DMDAAC)阳离子共聚物的黏度较大，稳定性较好	[27]
AM、DMDAAC	煤 油	Span-80、Tween-80	Va-044	反应温度50℃，Va-044的质量分数在0.08%~0.1%，乳化剂含量为4%，油水体积比为0.5，单体水相质量分数为45%	[28]

由于pH值对离子型单体竞聚率的影响以及离子型单体间的相互作用，在两性离子反相乳液制备中，体系的pH值和阳离子单体含量对共聚反应的影响很大，合适的pH值和阳离子单体用量也是获得稳定的反相乳液及反应顺利进行的关键。

(一) pH值的影响

共聚体系的酸碱度对自由基共聚合反应规律有较大影响。因为溶液的酸碱度直接影响聚合体系中单体的存在形式及自由基的电荷分布，进而影响反应速率，影响了共聚物的相对分子质量。

对于阳离子DMC-AM反相乳液聚合，控制反应温度为50℃，乳化剂用量为8%，*HLB*值6，油水质量比为1:1，单体质量分数为40%，单体配比为n(DMC):n(AM)=5:95，EDTA-2Na用量为0.5‰，引发剂V-50用量0.14%，反应时间为4h，改变体系的pH值，并测定聚合物的相对分子质量(采用1mol/L的硝酸钠溶液为溶剂)，pH值对聚合反应的影响见图8-25[5]。从图中可见，产物的相对分子质量随着pH值的增大呈现先增大后减小的趋势，在pH值=5.0时聚合物的相对分子质量达到最大值581×10^4。在较低pH值时，聚合易伴生分子内和分子间的酰亚胺化反应，形成支链或交联型产物，产物溶解性较差；pH值较高时，溶液中丙烯酰胺可生成次氮基丙酰胺(NTP)，NTP的生成速率随着碱性增强而加快，NTP是链转移剂，因此pH值增加会使聚丙烯酰胺相对分子质量降低。说明该引发体系对溶液的pH值变化敏感，适用于弱酸性环境。在最佳聚合工艺条件下，即反应温度为50℃，反应时间为4h，引发剂V-50用量为0.14%，乳化剂用量为6%，*HLB*值6，保持单体质量分数为40%，油水比为1.1:1，单体配比n(DMC):n(AM)为5:95，EDTA-2Na用量为0.5‰，pH值为5，重复实验数次，得到的聚合产品相对分子质量在$(560\sim600)\times10^4$范围内，平均值为580×10^4。

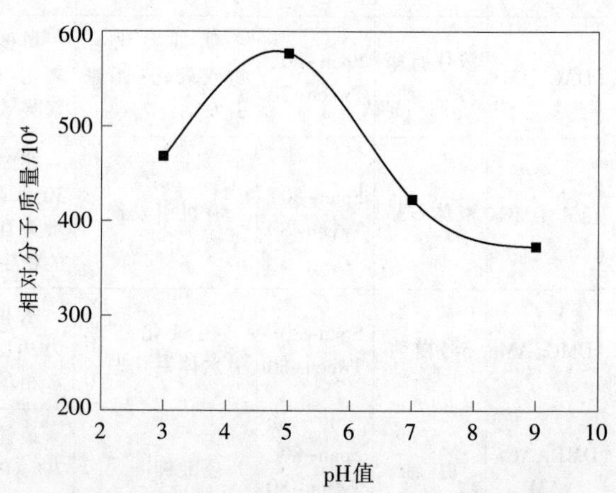

图8-25 pH值对聚合物相对分子质量的影响

对于体系中同时含有阳离子和阴离子型单体时，水相 pH 值的影响又有不同。如在 DAC、NaAA、AM 反应乳液聚合时，当 DAC:NaAA:AM=8:70:22(物质的量比)，单体质量分数 40%，引发剂用量 0.364mmol/L，乳化剂 3.74%，*HLB* 值 6.0，油水体积比 0.45，pH 值=7.5，温度37℃时，单体 AA 在聚合前，加入氢氧化钠溶液中和，转变为丙烯酸钠后再与 AM、DAC 共聚生成两性丙烯酰胺共聚物，控制氢氧化钠的加入量，可控制聚合液的 pH 值[21]。图 8-26 为水相 pH 值对聚合反应的影响，从图中可见，随着水相 pH 值的增大，单体转化率和聚合物特性黏数均急剧增大，这是因为乳液的稳定性随 pH 值增大明显增加。当 pH 值>8 时，随 pH 值增大，体系稳定性变化不明显，单体转化率变化不大，而聚合物特性黏数降低较大，这是因为聚合产物中含有溶解性较差的难溶凝胶。因此，在反相乳液聚合中水相 pH 值应控制在 7.0~8.0 之间为宜。

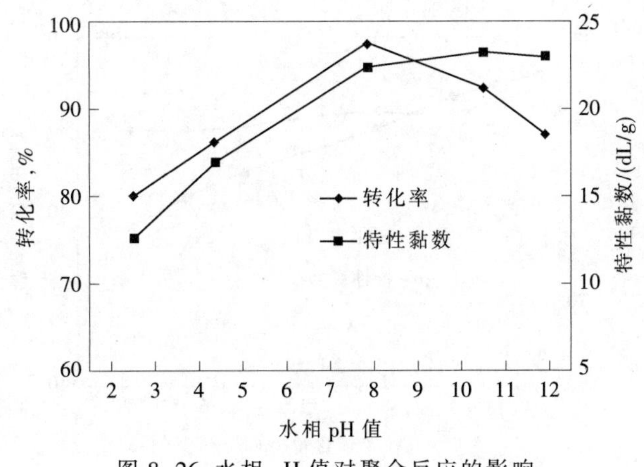

图 8-26 水相 pH 值对聚合反应的影响

(二) 单体配比的影响

在制备 AM、DMC 共聚物时，由于 AM 和 DMC 两种单体的竞聚率相差很大，因此要获得相对分子质量较高的共聚物，控制两者的比例是关键。在上述各最佳聚合工艺条件下，改变两种单体的配比，考察不同单体配比对共聚物相对相对分子质量的影响，共聚物阳离子度的测定采用 $AgNO_3$ 溶液滴定，结果见图 8-27[5]。由图 8-27 可以看出，随着 DMC 用量的增加，共聚物特性黏数降低，阳离子度增大。这是因为反相乳液聚合的引发及粒子成核都在单体的液滴内进行，未成核的单体液滴将自身的单体不断扩散补充到成核的液滴中成长为乳胶粒，而 DMC 单体具有电荷排斥作用。随着 DMC 用量的增加，单体的扩散速率和反应活性下降，导致共聚物相对分子质量下降。

对于 DAC 和 AM、AA 共聚时，当 NaAA 为 70%(物质的量分数)，单体质量分数 40%，引发剂用量 0.364mmol/L，乳化剂质量分数 3.74%，*HLB* 值 6.0，油水体积比 0.45，pH 值=7.5，温度 40℃时，共聚单体中阳离子单体 DAC 含量和 AM 含量对单体转化率和共聚物特性黏数的影响见图 8-28。从图 8-28 可以看出，随 DAC 含量的增大和 AM 含量的减少，单体转化率略有降低，但共聚物特性黏数则呈明显下降趋势。这是由于 DAC 的空间位阻效应所导致的单体活性降低以及 AM 助乳化作用减弱、反相乳液聚合的稳定性降低、乳胶粒数减少、自由基在乳胶粒中寿命缩短所致[21]。

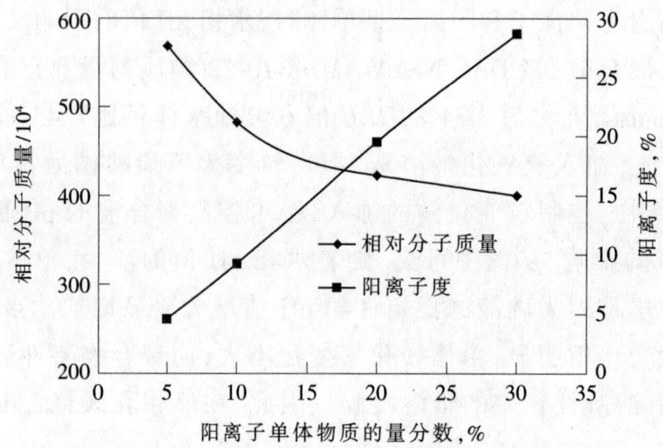

图 8-27 单体配比对聚合物相对分子质量的影响

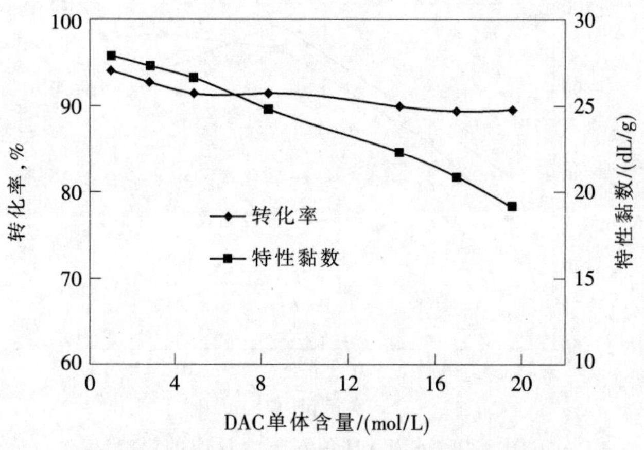

图 8-28 单体中 DAC 用量对聚合反应的影响

第四节 钻井液用反相乳液聚合物

前面对反相乳液聚合体系的组成及聚合方法以及影响反相乳液稳定性的因素进行了介绍,但在复合乳化剂用量及 *HLB* 值一定时,采用不同单体进行共聚物合成时,由于单体的性质,特别是离子型单体的性质不同,会使乳化体系稳定所需的最佳 *HLB* 值产生影响。为此,围绕钻井液用反相乳液聚合物处理剂合成这一目标,在反相乳液体系稳定性以及共聚反应研究的基础上,从有效提高反相乳液聚合物在钻井液中的应用效果出发,以产物所处理剂钻井液性能作为考察依据,研究了合成条件及单体配比等对反相乳液聚合、产物钻井液性能等方面的影响,旨在为开展钻井液用反相乳液聚合物处理剂的研制与应用奠定基础。

一、P(AM-AMPS-DAC)两性离子型反相乳液共聚物

以 AM、AMPS 和丙烯酰氧乙基三甲基氯化铵(DAC)为原料,用反相乳液聚合方法合成了钻井液用两性离子型 P(AM-AMPS-DAC)共聚物[29]。

(一) 合成方法

① 油相的配制:将 Span-60 加入白油中,升温 60℃,使其全部溶解,然后加入 Span-

80,搅拌至溶解,得油相。

② 水相的配制:将氢氧化钠溶于水,配成氢氧化钠水溶液,冷却至室温,搅拌下慢慢加入2-丙烯酰胺-2-甲基丙磺酸,将温度降至40℃以下,加入配方量的丙烯酰胺和丙烯酰氧乙基三甲基氯化铵,搅拌使其完全溶解。加入Tween-80,搅拌至溶解均匀得水相。

③ 聚合反应:将水相加入油相,用均质机搅拌10~15min,得到乳化反应混合液,并用质量分数20%的氢氧化钠溶液调pH值至8~9。向乳化反应混合液中通氮10min,加入引发剂过硫酸铵和亚硫酸氢钠,搅拌5min,继续通氮5min,在45℃下保温聚合5~8h,然后升温至70℃,在70℃下保温0.5~1h,降至室温加入适量的OP-15,即得到两性离子P(AA-AMPS-DAC)反相乳液聚合物样品。

取4g两性离子P(AA-AMPS-DAC)反相乳液样品,加入396mL水中,配制聚合物水溶液,用六速旋转黏度计测定表观黏度。将两性离子P(AA-AMPS-DAC)反相乳液聚合物产品用一定量的乙醇溶液沉淀,然后用丙酮洗涤2次以上,烘干、称量,计算反相乳液聚合物的固含量。

评价表明,两性离子P(AM-AMPS-DAC)反相乳液聚合物热稳定性好,在淡水、盐水、饱和盐水以及复合盐水钻井液中均具有较强的降滤失作用,抗温、抗盐及抗高价金属离子的能力强,在加量较低的情况下即可以有效地控制钻井液的滤失量,提高钻井液的黏度和切力。两性离子P(AM-AMPS-DAC)反相乳液聚合物具有较强的防塌能力、润滑能力,同时具有较好的冷冻稳定性,可以适用于寒冷地区。

(二) 合成条件对反相乳液聚合及产物性能的影响

为保证反相乳液聚合顺利进行以及乳液的稳定性和乳液聚合物的性能,针对需要研究了合成条件对反相乳液聚合及产物性能的影响。重点探讨了乳化剂*HLB*值、乳化剂用量、引发剂、油水体积比等因素对聚合反应及产物性能的影响,通过水溶液表观黏度反映聚合物的相对分子质量大小,通过反相乳液聚合物所处理复合盐水基浆(在350mL蒸馏水中加入15.75g氯化钠,1.75g无水氯化钙,4.6g氯化镁,52.5g钙膨润土和3.15g无水碳酸钠,高速搅拌20min,室温放置老化24h,得复合盐水基浆)的性能考察其增黏、切和降滤失能力(反相乳液聚合物样品加量1.5%,120℃老化16h后测定)。同时在条件实验的基础上确定了优化合成配方,评价了优化配方下合成产物的性能。

1.复合乳化剂*HLB*值及用量

采用SP-60和TW-80复配作为反相乳液聚合的乳化剂,通过改变其质量比配制具有不同*HLB*值的复合乳化剂,图8-29(a)是复合乳化剂的*HLB*值对产物性能的影响,可以看出,*HLB*值对产物水溶液表观黏度及所处理钻井液的*YP*、滤失量影响较大,而对钻井液的*AV*、*PV*影响较小。随着*HLB*值的增加,水溶液表观黏度先大幅度增加,再大幅度降低(表明产物相对分子质量增加后又降低),钻井液的滤失量随着*HLB*值的增加而大幅度降低,当*HLB*值达到6.9时,降低趋缓,实验发现当*HLB*值为6.7或7.3时,反应过程中容易产生凝胶,甚至出现破乳现象,*HLB*值为6.9时得到产物的乳液储存稳定性差。在实验条件下,选择复合乳化剂*HLB*值在7.1,既可保证产品具有较好的降滤失能力,又确保反应顺利进行及乳液稳定。

从图8-29(b)可以看出,随着乳化剂用量的增加,水溶液表观黏度、所处理钻井液的

AV、YP 逐渐降低，所处理钻井液的 PV 先增加，后又降低，但变化幅度不大。钻井液的滤失量则随着乳化剂用量的增加，先慢慢增加，当用量超过 7%以后，则大幅度增加，这是因为增加乳化剂用量时，由于乳化剂的链转移作用，会使产物相对分子质量降低，降滤失能力降低。可见，适当减少乳化剂用量有利于提高产物的降滤失能力，但当乳化剂用量过低时，所得乳液稳定性差，且聚合过程中易产生大量的凝胶，兼顾产物的应用效果及乳液稳定性，在实验条件下选择乳化剂用量在 5%~6%之间。

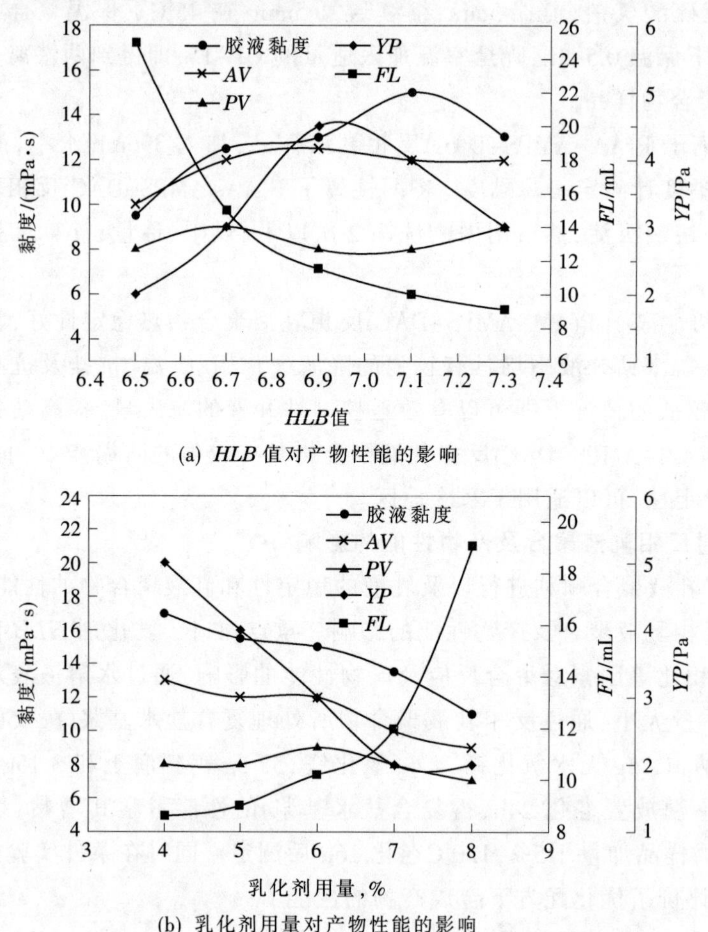

(a) HLB 值对产物性能的影响

(b) 乳化剂用量对产物性能的影响

图 8-29 复合乳化剂的 HLB 值、乳化剂用量对产物性能的影响

2.油水体积比

固定单体 n(AM):n(AMPS):n(DMC)=0.55:0.40:0.05，单体质量分数 30%，复合乳化剂质量分数 5.5%，引发剂占单体质量的 0.25%时，复合乳化剂 HLB 值 7.1，油水体积比对产物性能的影响见图 8-30。从图 8-30 可以看出，随着油水比的增加，产物水溶液表观黏度及所处理钻井液的 AV、PV 及 YP 先增加后降低，所处理钻井液的滤失量随着油水比的增加，先降低后增加，同时增加油水体积比可以保证聚合过程中不产生凝胶现象，且乳液稳定性好。在实验条件下，从产物的降滤失效果考虑，选择油水体积比为 1。

3.引发剂用量

固定油水体积比 1.0，单体 n(AM):n(AMPS):n(DMC)=0.55:0.40:0.05，单体质量分数

30%，复合乳化剂质量分数 5.5%，复合乳化剂 *HLB* 值 7.1，引发剂用量对产物性能的影响见图 8-31。从图 8-31 可以看出，产物水溶液表观黏度及所处理钻井液的 *AV*、*PV* 及 *YP* 均随着引发剂用量的增加先增加后降低，所处理钻井液的滤失量则随着引发剂用量的增加，先大幅度降低，当引发剂用量超过 0.2%后又略有增加。实验发现，当引发剂用量过大时，易出现爆聚现象。从有利于反应顺利进行及降滤失能力的角度来考虑，在实验条件下，选择引发剂引发剂用量 0.2%。

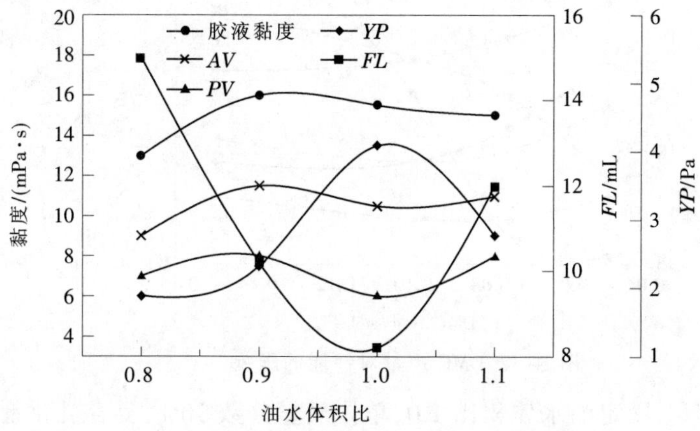

图 8-30 油水体积比对产物性能的影响

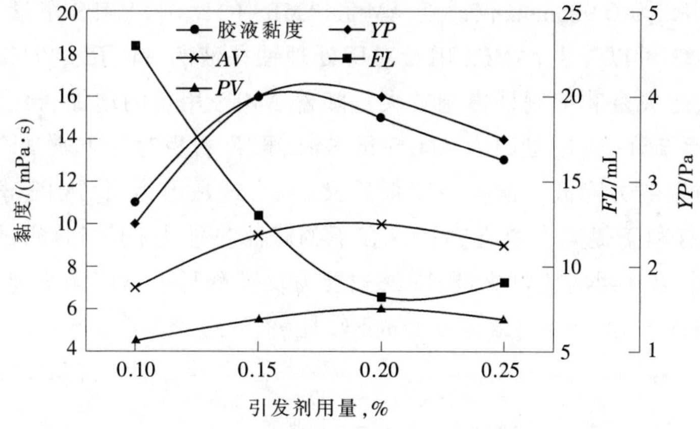

图 8-31 引发剂用量对产物性能的影响

4.单体配比对产物性能的影响

合成两性离子反相乳液聚合物的目的是希望其在具有降滤失能力的同时，还要有一定的抑制能力，为此考察了原料配比对产物性能的影响，其中抑制能力用 1%反相乳液聚合物水溶液中的页岩滚动回收率考察(所用岩屑为马 12 井井深 2700m 处的岩屑，岩屑粒径1.70~3.35mm，采用孔径 0.38mm 标准筛回收，滚动条件 120℃/16h，清水中回收率为 19.1%)。

① DAC 用量的影响。固定油水体积比 1.0，单体质量分数 30%，复合乳化剂质量分数 5.5%，复合乳化剂 *HLB* 值 7.1，引发剂用量 0.2%，当单体 AMPS 为 0.4mol，AM+DAC 为0.6mol，仅改变 AM 和 DAC 的比例，DAC 用量对产物性能的影响见图 8-32。从图 8-32 可以看出，随着阳离子单体用量的增加，产物水溶液表观黏度以及所处理钻井液的 *AV*、*PV*、*YP* 均略有降低(影响相对较小)，滤失量则逐渐增加。当 DAC 用量超过 0.075mol 后，滤失量大幅度

增加，这是因为DAC用量大时，聚合物分子中阳离子基团量过大，其强吸附作用使体系产生絮凝，聚合物护胶作用减弱。页岩滚动回收率则随着DAC用量的增加而逐渐升高，这是因为当聚合物分子中阳离子基团增加时，吸附能力提高，有利于提高产物的防塌能力。综合考虑降滤失和抑制性，在实验条件下，选择DAC用量为0.06~0.075mol。

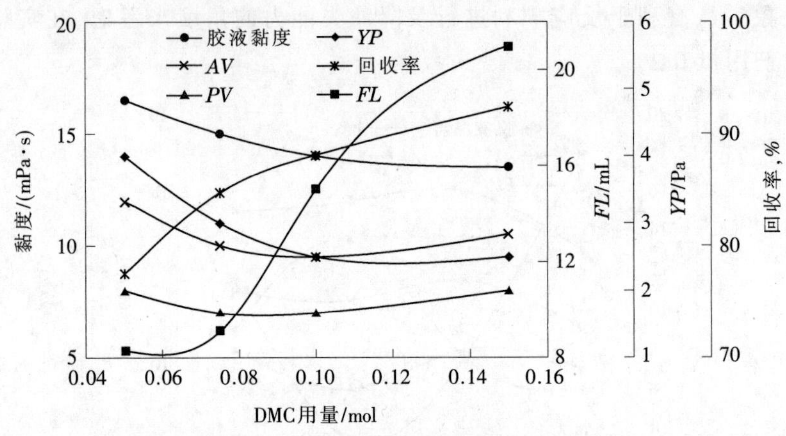

图 8-32 DMC 用量对性能的影响

② AMPS用量。固定油水体积比1.0，单体质量分数30%，复合乳化剂质量分数5.5%，引发剂占单体质量的0.25%时，复合乳化剂*HLB*值7.1，引发剂用量0.2%，当单体DAC为0.075mol，AM+AMPS为0.925mol，仅改变AM和AMPS的比例，AMPS用量对性能的影响见图8-33。从图8-33可以看出，AMPS用量对所处理钻井液的*AV*、*PV*、*YP*影响相对较小，对水溶液表观黏度、滤失量和抑制性影响较大。随着AMPS用量的增加，聚合物水溶液黏度、页岩滚动回收率逐渐降低，这是因为AMPS量多时，聚合物相对分子质量降低，同时分子中的吸附基减少，防塌能力降低。滤失量降低后又增加，这是因为当AMPS量增加时，水化基团(磺酸基)增加，有利于提高产物在钙镁存在下的降滤失能力，但当其用量超过一定值后，由于吸附基团和水化基团的比例失调，降滤失能力反而降低。从降滤失能力和抑制性量方面考虑，在实验条件下，AMPS用量为0.35mol较佳。

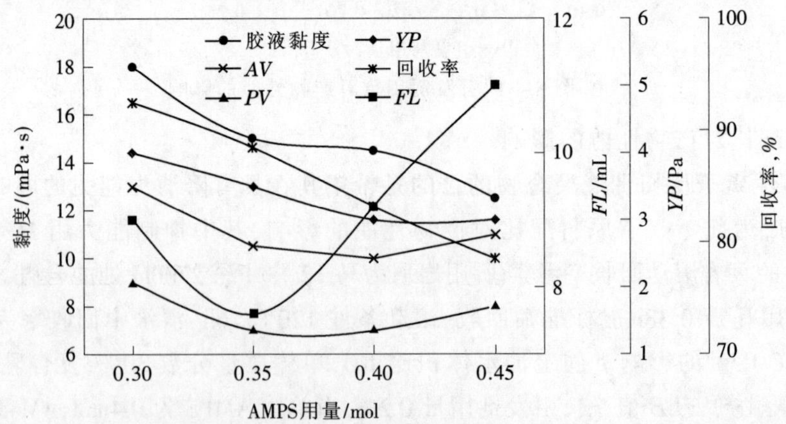

图 8-33 AMPS 用量对性能的影响

(三) 优化条件下合成产物的性能

在前面实验的基础上，确定优化合成的配方：油水体积比1.0，单体质量分数30%，复合乳化剂质量分数 5.5%，复合乳化剂 *HLB* 值 7.0，引发剂过硫酸铵用量 0.2%，单体 n(AM):n(AMPS):n(DAC)=0.59:0.35:0.06。按照该条件合成样品，测得水溶液表观黏度为 15.5mPa·s，固含量 28.4%，所处理复合盐水钻井液性能见表 8-9。从表 8-9 可以看出，优化条件下合成的产物，在复合盐水基浆中具有较强的降滤失能力。

表 8-9 优化配方合成样品钻井液性能

钻井液配方	老化情况	*AV*/(mPa·s)	*PV*/(mPa·s)	*YP*/Pa	*FL*/mL	pH值
复合盐水基浆	室 温	3.5	1.0	2.5	89.0	7.5
	120℃/16h	3	1	2.0	96.0	7.0
复合盐水浆+1.5%反相乳液聚合物样品	室 温	15.5	9	6.5	8.8	7.0
	120℃/16h	14.5	9	5.5	7.2	7.0

为了考察产物的防塌能力，采用反相乳液聚合物配成水溶液，进行页岩滚动回收率实验(120℃/16h 老化)，结果见 8-10。表 8-10 结果表明，合成的反相乳液聚合物具有较好的防塌效果，当反相乳液聚合物加量 1%时，页岩滚动回收率达到 88.1%，相对回收率 97.84%。

表 8-10 页岩滚动回收率实验结果

反相乳液聚合物用量，%	R_1，%	R_2，%	R_2/R_1，%
0.5	82.6	78.8	94.19
1.0	88.1	86.2	97.84

用美国 Waters 公司高效凝胶渗透色谱仪(GPC)测定纯化后共聚物的相对分子质量，结果见表 8-11。从表 8-11 中数据可以看出，P(AM-AMPS-DAC)两性离子反相乳液聚合物为低相对分子质量聚合物，且相对分子质量分布表现出一定的多分散性，这一特性更有利于产物在钻井液中发挥作用。

表 8-11 GPC 测定结果

数均相对分子质量$\overline{M}_n$	重均相对分子质量$\overline{M}_n$	峰位相对分子质量 M_p	Z均相对分子质量$\overline{M}_z$	Z+1 均相对分子质量 $\overline{M}_{z+1}$	多分散性
333460	725968	614258	1183496	1685788	2.17707

二、梳型 P(AM-AMPS-MAPEME)反相乳液共聚物

从聚合物分子结构方面讲，支化结构的聚合物具有更好的热稳定性和剪切稳定性，从而使处理剂的抗温抗盐能力进一步提高。在以前工作的基础上，以 AM、AMPS 和具有线型聚氧乙烯链的大单体甲基丙烯酸聚乙二醇单甲醚酯(MAPEME)为原料，用反相乳液聚合方法合成了具有长侧链的钻井液用梳型 P(AM-AMPS-MAPEME)共聚物[30]。

(一) 合成方法

① 油相的配制：将 Span-60、Span-80 加入白油中，升温 60℃，搅拌至溶解，得油相。

② 水相的配制：将氢氧化钠溶于水，配成氢氧化钠水溶液，冷却至室温，搅拌下慢慢加入 2-丙烯酰胺-2-甲基丙磺酸，将温度降至 40℃以下，加入配方量的丙烯酰胺和甲基丙烯酸聚乙二醇单甲醚酯，搅拌使其完全溶解。加入 Tween-80，搅拌至溶解均匀得水相。

③ 聚合反应：将水相加入油相，用均质机搅拌 10~15min，得到乳化反应混合液，并用质量分数 20%的氢氧化钠溶液调 pH 值至 8~9。向乳化反应混合液中通氮 10~15min，加入引发剂过硫酸铵和亚硫酸氢钠(提前溶于适量的水)，搅拌 5min，继续通氮 10min，在 45~

50℃下保温聚合 5~8h,降至室温加入适量的 OP-15,即得到梳型 P(AA-AMPS-MAPEME)反相乳液聚合物样品。

取 4g 梳型 P(AA-AMPS-MAPEME)反相乳液样品,加入 396mL 水中,配制聚合物水溶液(聚合物质量分数约 0.3%),用六速旋转黏度计测定表观黏度。

将梳型 P(AA-AMPS-MAPEME)反相乳液聚合物产品用一定量的乙醇溶液沉淀,然后用丙酮洗涤 2 次以上,烘干、称量,计算反相乳液聚合物的固含量。

研究了影响合成反应的因素,并评价了优化条件下合成产物的性能。

(二) 合成条件对反相乳液聚合及产物性能的影响

为了考察反相乳液聚合能否顺利进行及所得反相乳液聚合的稳定性、反相乳液聚合物的钻井液性能,在前期研究的基础上,探讨了乳化剂 *HLB* 值、乳化剂用量、引发剂、油水体积比等因素对聚合反应及产物性能的影响, 通过水溶液表观黏度反映聚合物的相对分子质量大小,通过反相乳液聚合物所处理复合盐水基浆(组成同本节一)的性能考察其增黏、切和降滤失能力(反相乳液聚合物样品加量 1.5%,120℃老化 16h 后测定)。

1.乳化剂 *HLB* 值影响

由于采用复合乳化剂比单一乳化剂效果更优, 故采用 Span-60、Span-80 和 Tween-80 复配作为反相乳液聚合的乳化剂,通过改变三者的质量比配制具有不同 *HLB* 值的复合乳化剂,表 8-12 是复合乳化剂的 *HLB* 值对聚合物反应及产物性能的影响。从表 8-12 可以看出,*HLB* 值对产物水溶液表观黏度及所处理钻井液的 *AV*、*YP*、滤失量影响较大,而对钻井液的 *PV* 影响较小。随着 *HLB* 值的增加,水溶液表观黏度先增加再降低(表明产物相对分子质量增加后又降低),钻井液的滤失量随着 *HLB* 值的增加先降低后升高,当 *HLB* 值达到 6.6 时,滤失量达到最小,随着复合乳化剂 *HLB* 值增加,反应及乳液稳定性增加,当 *HLB* 值超过 6.7 以后,乳液稳定性变差,*HLB* 值过低和过高时,反应过程中均容易产生凝胶,甚至出现破乳现象。在实验条件下,选择复合乳化剂 *HLB* 值在 6.6,既可保证产品具有较好的降滤失能力,又确保反应顺利进行及乳液稳定。

表 8-12 *HLB* 值对聚合反应及产物性能的影响

*HLB*值	1%水溶液表观黏度/(mPa·s)	*AV*/(mPa·s)	*PV*/(mPa·s)	*YP*/Pa	*FL*/mL	乳液稳定性
6.2						反应中破乳
6.3	9.5	13	10	3	19	乳白色乳液,有大量凝胶颗粒,11h 分层
6.4	12.5	15	12	3	14.3	乳白色乳液,有较大凝胶颗粒,20h 分层
6.5	14.5	15.5	12	3.5	10.5	乳白色乳液,24h 不分层
6.6	16.0	17.0	12	5.0	9.6	乳白色乳液,24h 不分层
6.7	15.5	17.5	12	5.5	9.8	乳白色乳液,有少量凝胶颗粒,24h 不分层
6.8	13.5	15	11.5	4.5	11.4	乳白色乳液,有大量凝胶颗粒,9h 分层
6.9						反应中破乳

注:反应条件:油水体积比 0.9,单体 *n*(AM):*n*(AMPS):*n*(MAPEME)=0.50:0.40:0.10,单体质量分数 30%,复合乳化剂质量分数 6.5%,引发剂(以过硫酸铵计,过硫酸铵与亚硫酸氢钠质量比为 1:1,下同)占单体质量的 0.15%。

2.乳化剂用量

表 8-13 是复合乳化剂用量(质量分数)对聚合物反应及产物性能的影响。从表中可以

看出，随着乳化剂用量的增加，水溶液表观黏度、所处理钻井液的 *AV*、*YP* 逐渐降低，所处理钻井液的 *PV* 变化幅度不大，这是因为增加乳化剂用量时，由于乳化剂的链转移作用，会使产物相对分子质量降低，水溶液黏度和在钻井液中的增黏能力均降低。乳化剂用量对钻井液的滤失量影响较小，基本是随着乳化剂用量的增加先降低，当用量超过 6.5%以后，则出现增加，可见适当减少乳化剂用量有利于提高产物的相对分子质量及降滤失能力，但当乳化剂用量过低时，所得乳液稳定性差，且聚合过程中易产生大量的凝胶或破乳。兼顾产物的应用效果及乳液稳定性，在实验条件下选择乳化剂用量在 5.5%~6.0%之间较好。

表 8-13　乳化剂用量对聚合反应及产物性能的影响

乳化剂用量,%	1%水溶液表观黏度/(mPa·s)	*AV*/(mPa·s)	*PV*/(mPa·s)	*YP*/Pa	*FL*/mL	乳液稳定性
4.0	21.0	21.5	13.0	8.5	10.8	乳白色乳液，有大量粗凝胶，5h 分层
4.5	19.5	20.0	12.5	7.5	10.1	乳白色乳液有大量细凝胶，17h 分层
5.0	18.0	18.5	12.0	6.5	10.2	乳白色乳液，有少量凝胶颗粒，24h 分层
5.5	17.5	18.0	12.0	6.0	9.9	乳白色乳液，有微量凝胶颗粒，24h 不分层
6.0	16.0	17.0	12.0	5.0	9.6	乳白色乳液，24h 不分层
6.5	13.5	16.0	12.0	4.0	10.0	乳白色乳液，24h 不分层
7.0	13.5	16.0	12.0	4.0	11.5	乳白色乳液，24h 不分层

注：反应条件：油水体积比 0.9，单体 n(AM):n(AMPS):n(MAPEME)=0.50:0.40:0.10，单体质量分数 30%，复合乳化剂 *HLB* 值 6.6，引发剂占单体质量的 0.15%。

3.油水体积比

表 8-14 是油水体积比对聚合反应和产物性能的影响。可以看出，随着油水比的增加，产物水溶液表观黏度及所处理钻井液的 *AV*、*PV* 及 *YP* 先增加后降低，所处理钻井液的滤失量随着油水比的增加，先降低后增加，同时增加油水体积比可以保证聚合过程中不产生凝胶现象，且乳液稳定性好，但油水比过大时，聚合物含量降低。在实验条件下，从产物的降滤失效果和稳定性考虑，选择油水体积比为 1。

表 8-14　油水体积比对聚合反应及产物性能的影响

油水体积比	1%水溶液表观黏度/(mPa·s)	*AV*/(mPa·s)	*PV*/(mPa·s)	*YP*/Pa	*FL*/mL	乳液稳定性
0.7	14.0	12.0	8.0	4.0	15.0	乳白色乳液，大量凝胶颗粒，24h 不分层
0.8	14.0	15.0	10.5	4.5	15.0	乳白色乳液，少量凝胶颗粒，24h 不分层
0.9	16.0	17.0	12.0	5.0	9.6	乳白色乳液，24h 不分层
1	17.5	18.5	12.0	6.5	8.2	乳白色乳液，24h 不分层
1.1	18.0	18.0	11.0	7.0	12.0	乳白色乳液，24h 不分层

注：反应条件：单体比例 n(AM):n(AMPS):n(MAPEME)=0.50:0.40:0.10，单体质量分数 30%，复合乳化剂质量分数 6.0%，引发剂占单体质量的 0.15%时，复合乳化剂 *HLB* 值 6.6。

4.引发剂用量

从表 8-15 可以看出，产物水溶液表观黏度及所处理钻井液的 *AV*、*PV* 及 *YP*，均随着引发剂用量的增加先增加后降低，所处理钻井液的滤失量则随着引发剂用量的增加先大幅度降低，当引发剂用量达到 0.175%后又略有增加。实验发现，当引发剂用量过大时，易出现爆聚现象，从有利于反应顺利进行及降滤失能力的角度来考虑，在实验条件下，选择引发剂引发剂用量 0.175%较合适。

表 8-15 引发剂用量对产物性能的影响

引发剂用量,%	1%水溶液表观黏度/(mPa·s)	*AV*/(mPa·s)	*PV*/(mPa·s)	*YP*/Pa	*FL*/mL	乳液稳定性
0.075						反应中凝胶化
0.1	13.5	16.0	11.0	5.0	23.0	乳白色乳液,少量凝胶,24h 分层
0.125	17.0	18.0	11.0	7.0	13.0	乳白色乳液,少量凝胶,24h 不分层
0.15	17.5	18.5	12.0	6.5	8.2	乳白色乳液,24h 不分层
0.175	16.0	18.0	12.0	6.0	7.7	乳白色乳液,24h 不分层
0.20	14.5	15.5	10.0	5.5	9.4	乳白色乳液,少量凝胶,24h 不分层
0.25						反应中爆聚

注:反应条件:油水体积比 1.0,单体 n(AM):n(AMPS):n(MAPEME)=0.50:0.40:0.10,单体质量分数 30%,复合乳化剂质量分数 6%,复合乳化剂 *HLB* 值 6.6。

5.MAPEME 单体用量的影响

从表 8-16 可以看出,随着大单体用量的增加,产物水溶液黏度以及所处理钻井液的 *AV*、*PV* 及 *YP* 均略有增加(影响相对较小),滤失量则逐渐降低。从乳液稳定性看,大单体用量过高和过低时,乳液的稳定性降低,甚至破乳,这是由于 MAPEME 单体具有表面活性,属于亲水性表面活性剂,其用量的改变会影响复合乳化剂的 *HLB* 值,用量由小到大,在复合乳化剂用量和比例不变时,由于 MAPEME 单体的作用,复合乳化剂的 *HLB* 值将随着 MAPEME 单体用量增加而逐渐增加,最终使 *HLB* 值偏离最佳范围,影响聚合反应及乳液稳定性,综合考虑降滤失和乳液的稳定性,在实验条件下,选择 MAPEME 单体用量为 0.10~0.125mol。

表 8-16 MAPEME 用量对反应和产物性能的影响

MAPEME 用量/mol	1%水溶液表观黏度/(mPa·s)	*AV*/(mPa·s)	*PV*/(mPa·s)	*YP*/Pa	*FL*/mL	乳液稳定性
0.05						反应中破乳
0.075	15.0	17.5	12.0	5.5	9.1	乳白色乳液,少量凝胶,24h 不分层
0.10	16.0	18.0	12.0	6.0	7.7	乳白色乳液,24h 不分层
0.125	18.0	19.5	13.0	6.5	7.4	乳白色乳液,24h 不分层
0.15	19.5	19.5	12.0	7.5	7.3	乳白色乳液,少量凝胶,24h 分层
0.175						反应中破乳

注:反应条件:油水体积比 1.0,单体质量分数 30%,复合乳化剂质量分数 6%,复合乳化剂 *HLB* 值 6.6,引发剂用量 0.175%,固定单体总物质的量及 AMPS 物质的量不变。

(三) 优化实验及性能评价

在前面实验的基础上,确定优化合成的配方:油水体积比 1.0,单体质量分数 30%,复合乳化剂质量分数 6.0%,复合乳化剂 *HLB* 值 6.6,引发剂过硫酸铵用量 0.175%,单体 n(AM):n(AMPS):n(MAPEME)=0.475:0.40:0.125。按照该条件合成样品,合成样品所处理复合盐水钻井液性能见表 8-17。从表 8-17 可以看出,优化条件下合成的产物,在复合盐水基浆中具有较强的降滤失能力,且明显优于用水溶液聚合法合成的同类聚合物。

表 8-17 优化配方合成样品钻井液性能

钻井液配方	老化情况	*AV*/(mPa·s)	*PV*/(mPa·s)	*YP*/Pa	*FL*/mL	pH值
复合盐水基浆	室 温	3.5	1.0	2.5	89.0	7.5
	120℃/16h	3.0	1.0	2.0	96.0	7.0
复合盐水浆+1.5%反相乳液聚合物样品(相当纯聚合物 0.447%)	室 温	35.5	21.0	14.5	4.6	7.0
	120℃/16h	20.0	13.0	7.0	7.3	7.0
复合盐水浆+1.0%粉状聚合物样品	室 温	32.0	23.0	9.0	5.1	7.0
	120℃/16h	12.0	9.5	2.5	11.5	

同时测得水溶液表观黏度为 18.5mPa·s，固含量 29.8%。合成的反相乳液聚合物室温放置 30d 无分层现象，将反相乳液聚合物装入塑料瓶，置于冰箱冷冻室冷冻 120h，取出样品观察，仍然可以流动(仅比室温下稍微稠)，冷冻后的样品于室温放置 24h 后与冷冻前没有差别，流动性好，无破乳现象。对优化条件下合成的样品进行评价，结果表明：①梳型 P(AM-AMPS-MAPEME)聚合物反相乳液热稳定性好，在淡水、盐水、饱和盐水和复合盐水钻井液中均具有较强的降滤失作用，抗温、抗盐及抗高价金属离子的能力强，在加量较低的情况下即可以有效地控制钻井液的滤失量，提高钻井液的黏度和切力。②梳型 P(AM-AMPS-MAPEME)聚合物反相乳液具有较强的润滑能力，同时具有较好的冷冻稳定性，可以适用于寒冷地区。

三、反相乳液超支化聚合物合成

尽管在反相乳液聚合物研究与应用方面已经开展了一些工作，但多集中在传统聚合物方面，在超支化反相乳液聚合物方面还鲜见报道。为了进一步完善反相乳液聚合物处理剂性能，在以前工作的基础上，结合高性能钻井液处理剂的发展方向[31]，对超支化丙烯酸、丙烯酰胺和 2-丙烯酰胺-2-甲基丙磺酸反相乳液聚合物合成及性能进行了初步探索[32]，旨在为钻井液处理剂开发提供一个新思路。

研究表明，优化条件下合成的超支化聚合物在复合盐水浆中，不仅降滤失能力优于常规反相乳液聚合物，而且其黏度及在钻井液中的增黏、切效果远优于常规反相乳液聚合物。在淡水基浆、盐水基浆、饱和盐水基浆以及复合盐水基浆中均具有较强的增黏降滤失作用，抗温、抗盐及抗高价金属离子的能力强，在加量较低的情况下即可有效控制钻井液的滤失量，提高钻井液的黏度和切力，同时还具有较好的润滑作用，具有较好的发展前景。

(一) 反相乳液超支化聚合物合成

采用聚合级丙烯酸、2-丙烯酰胺-2-甲基丙磺酸、丙烯酰胺，乳化剂 SP-60、SP-80、Tween-80、OP-15、RAFT 试剂三硫代碳酸酯、氢氧化钠、引发剂过硫酸铵、亚硫酸氢钠、5 号工业品白油、蒸馏水等为原料和溶剂，采用如下合成工艺合成反相乳液超支化聚合物。

① 将 Span-60 加入白油中，升温 60℃，使其全部溶解，然后加入 Span-80，搅拌至溶解，得油相。将氢氧化钠溶于水，配成氢氧化钠水溶液，冷却至室温，搅拌下慢慢加入丙烯酸、2-丙烯酰胺-2-甲基丙磺酸，将温度降至 40℃以下，加入配方量 80%的丙烯酰胺(剩余 20%用于后续反应) 和占丙烯酰胺质量 0.25%的 RAFT 试剂，搅拌使其完全溶解。加入 Tween-80，搅拌至溶解均匀得水相。

② 将水相加入油相，用均质机搅拌 25min，得到乳化反应混合液；向乳化反应混合液

中通氮 10min,加入引发剂过硫酸铵和亚硫酸氢钠,搅拌 5min,继续通氮 5min,在 45℃下保温聚合 1~3h。

③ 反应时间达到后，在 0.5~1h 内加入由剩余丙烯酰胺和占丙烯酰胺质量 0.55%的 *N*,*N*-亚甲基双丙烯酰胺组成的质量分散 40%的单体水溶液,在 45℃下保温聚合 5~7h,即得到超支化反相聚合物乳液。

④ 在所得乳液中加入适量的 OP-15,搅拌 10min,即得到超支化反相乳液聚合物产品。

取 4g 反相乳液,加入 396mL 水中,配制聚合物水溶液,用六速旋转黏度计测定表观黏度。

将反相乳液聚合物产品用丙酮与乙醇 1:1 的混合溶液沉淀、洗涤、烘干的方法测定反相乳液聚合物的固含量。

(二) 合成条件对产物性能的影响

为了考察反相乳液聚合能否顺利进行及乳液的稳定性、乳液聚合物的性能,考察了影响反相乳液聚合的因素,如引发剂、油水体积比、乳化剂 *HLB* 值及乳化剂用量。由于聚合物处理剂已非常成熟,没有对原料配比进行考察,通过水溶液表观黏度反映聚合物的相对分子质量,通过乳液聚合物在复合盐水基浆(在 350mL 蒸馏水中加入 15.75g 氯化钠,1.75g 无水氯化钙,4.6g 氯化镁,52.5g 钙膨润土和 3.15g 无水碳酸钠,高速搅拌 20min,室温放置老化 24h,得复合盐水基浆)中(乳液样品加量 1.5%,120℃老化 16h 后测定)性能评价,考察其增黏、切和降滤失能力。

1.引发剂

① 引发剂比例。固定油水体积比 0.875,单体及 RAFT 试剂配比,控制单体质量分数 27%,复合乳化剂 *HLB* 值 7.1,引发剂占单体总质量的 0.16%,复合乳化剂质量分数 7%,引发剂过硫酸铵与亚硫酸氢钠的比例对性能的影响见图 8-34。从图 8-34 可以看出,在引发剂过硫酸铵用量一定时,增加亚硫酸氢钠用量,产物水溶液表观黏度先增加后又降低,表明增加亚硫酸氢钠用量有利于提高产物的相对分子质量,但当其用量过大时,相对分子质量反而降低。而产物在钻井液中的增黏能力则随着亚硫酸氢钠用量的增加先降低后又增加,滤失量随着亚硫酸氢钠用量增加逐渐降低,说明增加亚硫酸氢钠用量有利于提高处理剂的降滤失能力,但当亚硫酸氢钠用量过大时,反应中易出现爆聚现象,导致体系破乳,不能得到稳定的乳液。综合考虑,在实验条件下,选择过硫酸铵与亚硫酸氢钠的质量比为1.0。

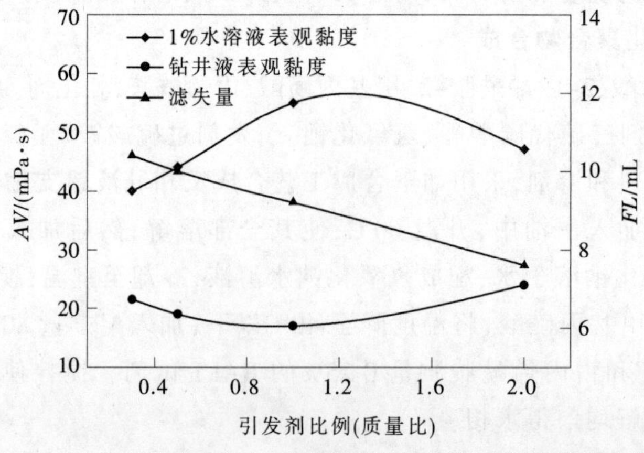

图 8-34 引发剂过硫酸铵与亚硫酸氢钠的比例对产物性能的影响

② 引发剂用量。固定油水体积比 0.875，单体及 RAFT 试剂配比，控制单体质量分数 27%，复合乳化剂 *HLB* 值 7.1，复合乳化剂用量 7%，引发剂过硫酸铵与亚硫酸氢钠的质量比为 1.0，引发剂过硫酸铵用量对产物性能的影响见图 8-35。从图 8-35 可以看出，产物水溶液表观黏度及所处理钻井液的表观黏度，随着过硫酸铵用量的增加先增加后降低，所处理钻井液的滤失量则随着过硫酸铵用量的增加先降低后增加。故在实验条件下，引发剂过硫酸铵用量 0.16%~0.2%较好。

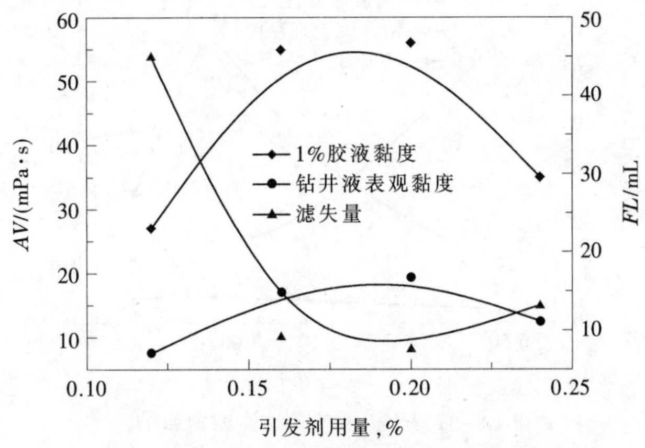

图 8-35 引发剂过硫酸铵用量对产物性能的影响

2.油水体积比

固定单体及 RAFT 试剂配比，控制单体质量分数 27%，复合乳化剂 *HLB* 值 7.1，复合乳化剂用量 7%，引发剂过硫酸铵与亚硫酸氢钠质量比为 1，引发剂过硫酸铵用量为单体总质量的 0.18%，油水体积比对产物性能的影响见图 8-36。从图 8-36 可以看出，随着油水比的增加，产物水溶液表观黏度及所处理钻井液的表观黏度先增加后降低，所处理钻井液的滤失量随着油水比的增加先降低后增加。在实验条件下，从产物的增黏和降滤失效果考虑，油水比选择在 0.875~1 之间。

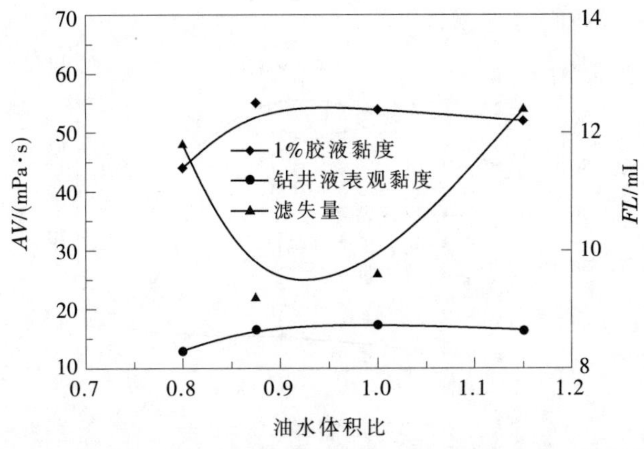

图 8-36 油水体积比对产物性能的影响

3.乳化剂 *HLB* 影响

固定油水体积比 0.875，单体及 RAFT 试剂配比，控制单体质量分数 27%，复合乳化剂质量分数 7%，引发剂过硫酸铵与亚硫酸氢钠质量比为 1，引发剂占单体质量的 0.18%，复

合乳化剂 *HLB* 值对产物性能的影响见图 8-37。从图 8-37 可以看出，*HLB* 值对产物水溶液表观黏度及所处理钻井液的滤失量影响较大，而对钻井液的表观黏度影响较小。随着 *HLB* 值的增加，水溶液表观黏度先大幅度增加，再大幅度降低，钻井液的滤失量随着 *HLB* 值的增加而大幅度降低，当 *HLB* 值达到 6.9 时，降低趋缓。实验发现当 *HLB* 值为 6.5 或 7.2 时，反应过程中容易出现破乳。综合考虑，选择复合乳化剂 *HLB* 值在 6.9~7.1。

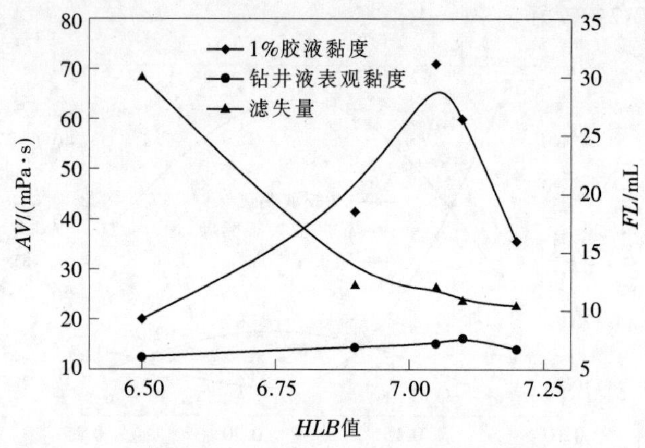

图 8-37 *HLB* 值对产物性能的影响

4.乳化剂用量

固定油水体积比 0.875，单体及 RAFT 试剂配比，控制单体质量分数 27%，复合乳化剂 *HLB* 值 7.05，引发剂过硫酸铵与亚硫酸氢钠质量比为 1，引发剂占单体质量的 0.16%，复合乳化剂用量(质量分数)对产物性能的影响见图 8-38。从图 8-38 可以看出，随着乳化剂用量的增加，水溶液表观黏度先升高后降低，而所产物处理钻井液的表观黏度逐渐增加，滤失量逐渐降低。可见，适当增加乳化剂用量有利于提高产物的降滤失能力，但当乳化剂用量过大时，所处理钻井液会严重起泡，影响钻井液性能。为保证产物的应用效果，在实验条件下选择乳化剂用量在 7.6%~8.5%之间较好。

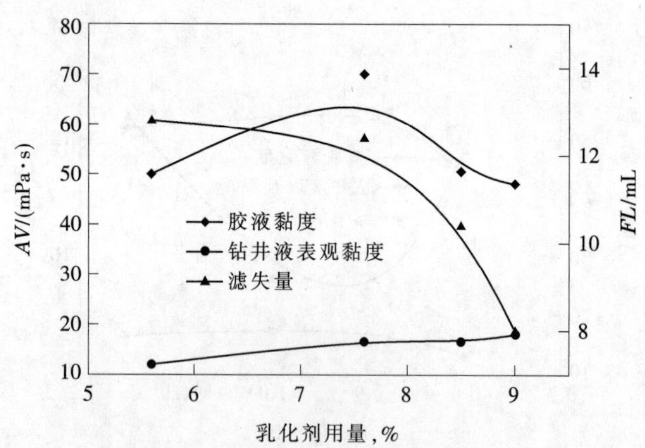

图 8-38 乳化剂用量对产物性能的影响

(三) 优化实验结果

在条件实验的基础上，综合考虑能否顺利聚合和乳液稳定性因素，在单体配方及RAFT试剂用量一定时，当引发剂过硫酸铵:亚硫酸氢钠=1:1，引发剂用量 0.16%~0.2%，油水体积比 0.875~1.0，复合乳化剂 *HLB* 值 6.9~7.1，复合乳化剂用量 7.6%~8.5%时，所得乳液作为钻井液处理剂具有较好的综合性能，结果见表 8-18。表 8-18 中 1 号样品用原料用量下限，2 号样品用上限，3 号样品为平均值。同时按照 3 号样品配方，合成中不加 RAFT 试剂及 *N*,*N*-亚甲基双丙烯酰胺合成对比样，方法是丙烯酰胺在合成步骤①一次加入，将步骤②保温时间延长到 10h，时间达到后加入 OP-15，得到反相乳液聚合物。从表 8-18 可以看出，合成的超支化聚合物在复合盐水浆中降滤失能力方面稍优于常规反相乳液聚合物，而其黏度及在钻井液中的增黏、切效果远优于常规反相乳液聚合物。

表 8-18 优化条件下合成样品性能实验结果

样 品	固含量，%	水溶液 *AV*/(mPa·s)	钻井液性能				
			AV/(mPa·s)	*PV*/(mPa·s)	*YP*/Pa	*FL*/mL	pH值
1	29.1	71	12	9	3.0	9.2	8
2	29.0	66	9.5	8	1.5	9.6	8
3	29.15	70	13	9.5	3.5	9.1	8
对比样品	30.2	35	6.5	6	0.5	13.4	7.5

注：复合盐水浆，乳液样品加量 1.5%，120℃老化 16h 后性能。

文中仅考察了影响反相乳液聚合的因素，如引发剂、乳化剂及油水体积比等，没有对原料配比进行考察，对于常规聚合物经过优化的基团比例是否适用于超支化聚合物合成，还需要进一步研究。

四、超浓反相乳液和反相微乳液聚合

(一) P(AA-AM-AMPS)超浓反相乳液聚合

由于采用反相乳液聚合制备钻井液处理剂时固含量一般在 30%左右，再增加固含量时，很难得到稳定的反相乳液，采用超浓反相乳液聚合有利于提高反相乳液聚合物产品的固含量，提高生产效率，减少运输和储存费用，并方便现场使用。针对应用目标，马贵平等[33]合成了 AA/AM/AMPS 三元共聚合超浓反相乳液，合成方法：

① 将 AA、AM、AMPS 按设定物质的量比配制成质量分数为 55%的水溶液，用 KOH 溶液调节 pH 值后，加入一定量的 $K_2S_2O_8$ 引发剂溶液得到单体水溶液；

② 在反应瓶中加入一定量的白油和乳化剂，滴加上述单体水溶液；

③ 滴加完毕后通入氮气，置入 50℃的恒温水浴槽中，在一定的搅拌速度下反应，得到的反相(油包水)乳状液即为所合成的降滤失剂。

结合实际考察了引发剂、乳化剂、水相体积分数和基团比例等对降滤失性能的影响(依据 2.0%反相乳液在淡水基浆中的降滤失效果)，并在条件实验的基础上，得到了最佳合成条件：单体在水相中的质量分数 55%，水相体积分数 85%，乳化剂为油相质量的 12%，引发剂 $K_2S_2O_8$ 与单体的物质的量比为 0.2%，单体中水化基团(羧酸根，磺酸根)与吸附基团(酰胺基)物质的量比为 1:1。

实验表明，该反相乳液聚合物作为钻井液处理剂，在淡水、盐水、饱和盐水、复合盐水基浆中加入 2.0%时，其 API 滤失量分别为 12.2mL、14.3mL、19.5mL、14.0mL，在 150℃滚动老化 16小时后分别为 13.8mL、19.2mL、28.0mL、16.3mL，且反相乳液稳定性良好，在 3000r/min 离心分离60min，油相分离率为 2.2%，在室温储存 3 个月，油相分离率为 6.0%，稳定性良好，能够满足运输和储存的要求。

陈荣华等[34]研究了加盐对超浓反相乳液的合成的影响。结果表明,在乳化体系、水相体积分数、水相单体浓度及引发剂加量一定的条件下,加盐一定程度上提高了产品的降滤失性能和稳定性,当盐加量太多时,降滤失性能反而有所下降,但稳定性变化不大,最佳加量为水相质量的 0.7%。

(二) P(AA-AM)反相微乳液

采用一般反相乳液聚合方法制备反相乳液聚合物处理剂,仍存在胶乳不稳定而易有聚合物絮沉、凝胶和粒子大小分布过宽等问题,采用反相微乳液聚合可以从根本上解决上述问题,反相微乳液具有以下一些主要特点:

① 分散相(水相)比较均匀,大小在 5~200nm 之间;

② 液滴小,呈透明或半透明状;

③ 具有很低的界面张力,能发生自动乳化;

④ 处于热力学稳定状态,离心沉降不分层;

⑤ 在一定范围内,可与水或有机溶剂互溶。

基于上述原因,彭双磊等[35]探索了采用反相微乳液聚合方法合成 P(AA/AM)反相微乳液钻井液处理剂。步骤是先将一定量的 AA、AM 配成水溶液,并用 NaOH 将其中和至一定的 pH 值,再加入一定量的 EDTA,配得水相。然后将一定量的乳化剂 2810 以及煤油加入到三口烧瓶中,置于配有搅拌器的恒温水浴锅中,持续搅拌并通入 N_2,搅拌均匀后,把水浴温度恒定在 30℃,并滴入已配制好的水相,水相控制在 30min 内滴加完成,之后加入 $NaHSO_3$,3~5min 之后再加入$(NH_4)_2S_2O_8$,最后控制水浴温度在 40℃,反应 5h 即可得到 AA/AM 共聚物的反相微乳液溶液。

通过正交试验得到优化反应条件,即 P(AA/AM)的反相微乳液聚合的最优反应条件为乳化剂用量 5%,引发剂用量 0.15%,水相单体浓度 40%。通过极差 R 分析,各因素对试验指标影响的主次顺序为乳化剂用量影响最大,其次是引发剂用量,水相单体浓度的影响较小。

按照该条件合成的 P(AA/AM)反相微乳液作为钻井液处理剂在淡水、盐水、饱和盐水和复合盐水钻井液中均具有良好的增黏效果,而且在 120℃下热滚老化 16h 后仍保持较好的增黏性能,说明 AA/AM 反相微乳液具有良好的抗温性能。P(AA/AM)反相微乳液还具有良好的润滑性能和抑制页岩和黏土水化分散的能力。

五、下步工作

尽管反相乳液聚合物用作钻井液处理剂已普遍受到重视,并在现场应用中显示出了优势和应用前景, 但在生产和应用中还存在一些不足, 如生产中产品的稳定性控制问题,应用面还不够,缺乏针对不同复杂情况处理要求的系列产品,与粉状产品表现出不同的溶液性质,低温下储存稳定性和流动性问题等。要使反相乳液聚合物处理剂推广应用,需要在初步工作的基础上,结合钻井液性能维护处理的需要,进一步开展工作:

① 由于目前稳定的反相乳液聚合物产品固含量最高 35%,增加了包装、运输等费用,今后需要围绕提高固含量开展研究,通过优化表面活性剂及用量,完善高固含量反相乳液聚合物生产工艺;

② 提高反相乳液聚合物在低温下的稳定性，满足高寒地区的应用需要；

③ 结合现场应用中存在的问题，针对钻井液对处理剂性能的要求，完善钻井液用反相乳液聚合物生产工艺及配方优化，深入开展反相乳液聚合物处理剂系列化研究，如降滤失剂、絮凝剂、增黏剂、防塌剂、包被剂、流变性调节剂、凝胶堵漏剂等；

④ 利用反相乳液聚合制备粉状聚合物产品，特别是高相对分子质量的速溶聚合物处理剂；

⑤ 深入开展超支化聚合物反相乳液聚合研究，提高处理剂的综合性能；

⑥ 利用反相乳液聚合制备接枝共聚物处理剂，如淀粉、纤维素等接枝共聚物；

⑦ 在同样组成的情况下，与水溶液法制备的粉状产品钻井液性能进行对比，准确把握两者的区别，为现场应用提供参考；

⑧ 从提高反相乳液聚合物稳定性的角度出发，开展采用反相乳液聚合法制备钻井液处理剂的研究，拓宽反相乳液聚合物的种类和应用领域；

⑨ 探索采用反相悬浮聚合制备钻井液处理剂；

⑩ 合成具有功能性的可聚合乳化剂，不仅有利于改善乳液的稳定性，也可以减少产品中表面活性剂量，可以消除在应用中表面活性剂带来的不利影响，也有利于提高产物的有效含量；

⑪ 制定产品性能评价方法和产品标准；

⑫ 强化反相乳液聚合物处理剂的推广；

⑬ 研究反相微乳液聚合技术，因为反相微乳液与反相乳液相比更为稳定，且反应易于进行，并能开拓产物的应用范围；

⑭ 研究反相乳液聚合工业反应器的最佳设计与合理放大等，以实现反相乳液聚合的工业化和自动化，提高反相乳液聚合的平稳性和连续性，提高生产效率。

第五节 钻井液用聚合物反相乳液技术要求与评价方法

目前现场在用的钻井液用聚合物反相乳液主要有两个类型，即丙烯酸共聚物反相乳液和 AMPS 共聚物反相乳液。就是其性能和用途来说，聚合物反相乳液与相同组成的粉状产品性能相同，唯一不同的地方是其产品在钻井液中分散速度快，可以直接加入钻井液，同时乳液中的油相及表面活性剂对钻井液具有润滑作用。因此，聚合物反相乳液用作水基钻井液处理剂，根据其相对分子质量和基团组成不同，可以分别用作包被抑制剂、增黏剂、絮凝剂和降滤失剂等，能够有效地絮凝包被钻屑、抑制黏土水化分散，控制钻井液滤失量，改善钻井液流变性和润滑性。本节简要介绍产品的技术要求及实验方法。

一、产品技术要求

目前钻井液用反相乳液聚合物处理剂产品主要有丙烯酸多元共聚物和 AMPS 多元共聚物两种类型，两者相比，AMPS 多元共聚物反相乳液抗温抗钙能力更优。根据产品相对分子质量的不同，可以分为低相对分子质量和高相对分子质量两种型号。聚合物反相乳液产品技术要求见表 8-19。

表 8-19 聚合物反相乳液技术要求

项 目		要 求	
		丙烯酸多元共聚物	AMPS多元共聚物
外 观		乳白色或棕黄色黏稠液体	乳白色或微黄色黏稠液体
pH值		6.0~8.0	6.5~8.0
表观黏度/(mPa·s)		≥20(低分子),≥60(高分子)	≥15(低分子),≥60(高分子)
固含量,%		≥30	≥30
润滑系数降低率,%		≥50	≥50
滤失量/mL	室温老化	≤10	≤10
	120℃/16h 老化后	≤15	
	150℃/16h 老化后		≤15

二、性能评价方法

(一) 仪器与设备

① 分析天平:分度值 0.1mg;

② 超级恒温箱:控温灵敏度±0.2℃;

③ 高速搅拌机:11000±300r/min;

④ 旋转黏度计:Fann-35 或同类产品;

⑤ 玻璃砂芯漏斗:500mL;

⑥ 磁力搅拌器;

⑦ E-P 极压润滑仪;

⑧ 滚子加热炉;

⑨ 秒表。

(二) 试剂或材料

① 无水乙醇;

② 丙酮:分析纯;

③ 无水乙醇、丙酮混合溶液:分析纯,无水乙醇与丙酮 1:1 混合;

④ 氯化钠:分析纯;

⑤ 硝酸钠;

⑥ 钙膨润土;

⑦ 精密 pH 试纸;

⑧ 滤纸:钻井液用滤纸(符合 SY/T 5677 的要求);

⑨ 蒸馏水:符合 GB/T 6682 中规定的三级水。

(三) 外观

目测。

(四) pH 值

称取 1.0g 试样于 150mL 烧杯中,加水 100mL 蒸馏水,在常温下搅拌溶解 10min 后,将精密 pH 试纸侵入试液中 0.5s 后取出,与色板比较即得 pH 值。

(五) 水溶液表观黏度

准确称取 3.5g 试样, 在搅拌下慢慢加入到 346.5mL 蒸馏水中, 高速搅拌 5min 后,按

GB/T 16783.1 中的 6.3 方法用旋转黏度计测定其表观黏度。

(六) 固含量

用 5mL 量筒量取 5mL 试样,连同量筒一起称量(精确至 0.001g,下同),将试样倒入100mL烧杯中,然后称量量筒。往烧杯中慢慢加入 50mL 甲醇或乙醇使样品,慢慢搅拌,使样品破乳沉淀,并聚沉 10min,将上部溶液用已于 105℃±3℃下烘干恒质的滤纸过滤,然后用 50mL 丙酮洗涤沉淀(操作同前)并重复三次,将全部不溶物转入过滤器中,滤干后将滤纸及沉淀物在 105℃±3℃下烘干 4h 后取出,于干燥器中冷却至室温,然后称量。

固含量按式(8-5)计算。

$$w=\frac{m_3-m_2}{m_1-m_0}\times 100 \tag{8-5}$$

式中:w 为固含量,%;m_3 为干燥后滤纸与沉淀物质量,g;m_2 为滤纸质量,g;m_1 为量筒与试样质量,g;m_0 为量筒质量,g;

(七) 润滑系数降低率

① 膨润土悬浮液的制备。在盛有 1000mL 蒸馏水的杯中加入 60.0g 膨润土,用高速搅拌器搅拌 5min,取下容器,刮下黏附在容器杯壁上的膨润土,继续搅拌 15min,累计搅拌时间为 20min。在室温下将每个悬浮液在密闭容器中养护 24h。

② 取 400mL 膨润土悬浮液两份,一份为空白,另一份加样品 4.0g,在常温下各搅拌 10min,按照 SY/T 6094 中的 4.2 来测定计算润滑系数降低率。

(八) 滤失量

① 复合盐水基浆的配制。量取 350mL 蒸馏水置于杯中,加入 15.75g 氯化钠,1.75g 无水氯化钙,4.6g 氯化镁,待其溶解后加入 52.5g 钠膨润土和 3.15g 无水碳酸钠。高速搅拌 20min,其间至少停两次,以刮下黏附在容器壁上的黏土,在密闭容器中养护 24h 作为复合盐水基浆。

② 常温滤失量测定。在复合盐水基浆中加入试样 3.5g,高速搅拌 20min,按 GB/T 16783.1 中 7.2 的方法测定其室温中压滤失量。

③ 120 或 150℃老化后的滤失量测定。在复合盐水基浆中加入试样 5.25g 或 10.5g,高速搅拌 20min,放入滚子炉中于 120 或 150℃老化 16h 后,降至室温,再高速搅拌 5min,按 GB/T 16783.1 中 7.2 的方法测定其中压滤失量。

参考文献

[1] 王中华.2011~2012 年国内钻井液处理剂进展评述[J].中外能源,2013,18(4):28-35.

[2] 张洪涛,黄锦霞.乳液聚合新技术及应用[M].北京:化学工业出版社,2007:102-110.

[3] 顾学芳,田澍,张跃华,等.水溶性偶氮引发剂引发丙烯酸钠的反相乳液聚合反应[J].化学世界,2008,(12):715-718.

[4] 宋昭峥,杨军,周书宇.反相乳液体系制备及稳定性研究[J].石油化工高等学校学报,2012,25(5):44-47.

[5] 钟宏,常庆伟,李华明,等.反相乳液聚合制备阳离子型高分子絮凝剂 P(DMC-AM)[J].化工进展,2009,28(增):241-246.

[6] 刘卫红,许明标.AM/AA/AMPS/DMAM 的反相微乳液共聚合研究[J].江西师范大学学报:自然科学版,2009,3(5):523-528.

[7] 鞠乃双,曾文江.丙烯酰胺反相乳液聚合[J].广州化工,1997,25(4):59-62.

[8] 吴全才，姜涛.反相乳液聚合合成 DDAC/AM 阳离子型共聚物[J].沈阳化工学院学报，1996，10(1)：57-62.
[9] 王新龙，周环，张跃军.油溶性引发剂引发反相乳液聚合制备 P(DMDAAC-AM)及其性能[J].精细化工，2005，22(8)：604-606.
[10] 陈双玲，赵京波.反相乳液聚合制备聚丙烯酸钠[J].石油化工，2002，31(5)：361-363.
[11] 何平，谢洪泉.有关反相乳液聚合法制备聚丙烯酸增稠剂的几个问题[J].高分子材料科学与工程，2002，18(3)：172-175.
[12] 侯斯健，哈润华.二甲基二烯丙基氯化铵-丙烯酰胺反相乳液聚合动力学特征研究[J].高分子学报，1995(3)：349-354.
[13] 潘智存，王晓茹.丙烯酸系反相乳液共聚合反应的研究[J].清华大学学报：自然科学版，1998，38(6)：49-51.
[14] 周诗彪，罗鸿，张维庆，等.丙烯酰胺氧化-还原引发体系反相乳液聚合[J].涂料工业，2010，40(5)：20-22.
[15] 程原，杜栓丽.丙烯酰胺反相乳液聚合的研究[J].华北工学院学报，1999，2(1)：81-84.
[16] 赵明，李鸿洲，张鹏云，等.反相乳液聚合制备丙烯酰胺-丙烯酸铵共聚物[J].石油化工，2008，37(2)：153-156.
[17] 王中华.近期国内 AMPS 聚合物研究进展[J].精细与专用化学品，2011，19(8)：42-47.
[18] 高青雨，王振卫，史先进，等.AM/SAMPS 反相乳液聚合动力学[J].石油化工，2000，29(11)：841-844.
[19] 张贞浴，祖春兴，乔丽艳，等.含胺基功能性单体的聚合研究 XIV.含二甲氨基丙烯酸类衍生物与过硫酸钾引发体系引发的丙烯酰胺聚合[J].高分子学报，1990(5)：623-627.
[20] 何普武，朱丽丽，高庆，等.两性反相乳液的合成与表征[J].胶体与聚合物，2009，27(2)：5-7.
[21] 彭晓宏，彭晓春，蒋永华.反相乳液共聚合制备两性丙烯酰胺共聚物的研究[J].高分子学报，2007(1)：26-30.
[22] 李琪，蒋平平，卢云，等.反相乳液聚合法制备阳离子型高分子絮凝剂 Poly(DAC-AM)[J].江南大学学报：自然科学版，2006，5(5)：581-584.
[23] 郑怀礼，王薇，蒋绍阶，等.阳离子聚丙烯酰胺的反相乳液聚合[J].重庆大学学报：自然科学版，2011，34(7)：96-101.
[24] 高伟.丙烯酰胺反相乳液合成条件的优化考察[J].甘肃科技，2011，27(8)：43-46.
[25] 颜学敏，匡绪兵.阳离子聚丙烯酰胺的反相乳液合成及其絮凝性能[J].石油与天然气化工，2010，39(4)：323-327.
[26] 顾学芳，田澍，王南平，等.丙烯酰胺和阳离子型单体反相乳液共聚合及其絮凝性能[J].材料科学与工程学报，2008，26(6)：887-890.
[27] 赵明，王荣民，张慧芳，等.反相乳液聚合制备丙烯酰胺-二甲基二烯丙基氯化铵阳离子共聚物[J].甘肃高师学报，2010，15(2)：20-23.
[28] 尚宏周，胡金山，杨立霞.P(AM-DADMAC)的反相乳液聚合及其表征[J].上海化工，2010，35(3)：11-14.
[29] 王中华.钻井液用两性离子 P(AM-AMPS-DAC)共聚物反相乳液的制备与性能评价[J].中外能源，2014，19(4)：28-34.
[30] 王中华.钻井液用梳型 P(AM-AMPS-MAPEME)反相乳液的制备与评价[C]//全国钻井液完井液技术交流研讨会论文集.北京：中国石化出版社，2014：227-234.
[31] 王中华.高性能钻井液处理剂设计思路[J].中外能源，2013，18(1)：36-46.
[32] 王中华.钻井液用超支化反相乳液聚合物的合成及其性能[J].钻井液与完井液，2014，31(3)：14-18.
[33] 马贵平，喻发全，苏亚明，等.AA/AM/AMPS 超浓反相乳液聚合合成钻井液降滤失剂的研究[J].油田化学，2006，23(1)：1-4，11.
[34] 陈荣华，喻发全，张良均，等.加盐超浓反相乳液的合成、表征及性能研究[J].钻井液与完井液，2007，24(4)：19-20.
[35] 彭双磊，刘卫红，冯雪，等.AA/AM 反相微乳液的合成及性能研究[J].广州化工，2013，41(4)：57-59.

第九章 弱凝胶钻井液及凝胶堵漏材料

弱凝胶钻井液及凝胶堵漏材料的主体是聚合物水凝胶或交联聚合物或吸水树脂,是由水溶性单体在适当的交联剂存在下共聚得到,也可以由水溶性聚合物的稀溶液中加入交联剂通过控制交联反应得到。依据交联程度的不同,可以用于不同目的。通常,溶胀程度高(高吸水)的产物可以作为钻井液增黏剂和降滤失剂,也可以采用微交联聚合物或聚合物在溶液中交联形成弱凝胶钻井液。溶胀程度低(低吸水)的产品具有封堵、堵漏和堵水调驱的作用,多用作钻井液堵漏材料。聚合物凝胶作为堵漏材料,包括地下交联凝胶和可吸水膨胀交联聚合物凝胶,由于交联聚合物凝胶强度较低,必须与其他刚性材料配合才能很好地发挥作用。在堵漏施工中,交联聚合物凝胶因其具有可变形性不受漏失通道的限制,能够通过挤压变形进入裂缝和孔洞空间,最终达到封堵漏层的目的。现场应用表明,聚合物凝胶堵漏剂与其他材料配合使用,能很好地解决钻井过程中的恶性漏失,堵漏成功率高,对碳酸盐岩、裂缝发育地层及孔洞漏失特别有效。

钻井液用聚合物凝胶是在高吸水树脂和水凝胶的基础上,针对弱凝胶钻井液和堵漏的要求而制备的,由于起步晚,尽管应用中见到了一定的效果,但研究的针对性还有待提高,尤其是还缺乏适用于高温条件下的凝胶堵漏材料和无或低黏土相钻井液用弱凝胶材料。随着研究与应用的不断深入,聚合物凝胶材料在解决钻井过程中出现的复杂问题,发展无黏土相钻井液中发挥越来越重要的作用。本章在对高吸水树脂和水凝胶基本概念介绍的基础上,就聚合物水凝胶的合成、性能和应用以及弱凝胶钻井液体系进行简要介绍,旨在为钻井液用聚合物凝胶材料研究与应用提供一定的参考。

第一节 高吸水树脂与水凝胶的概念

由于钻井液用交联聚合物通常以水凝胶形式来应用,而水凝胶吸水前属于高吸水树脂的范畴,为了便于理解,并有利于结合钻井液及堵漏对材料性能的要求制备钻井液用弱凝胶和凝胶堵漏材料,本节首先简要介绍高吸水树脂与水凝胶的概念及分类[1,2]。

一、高吸水树脂

高吸水性树脂(SAP)是一种新型的高分子材料,它能够吸收自身质量几百倍至上千倍的水分,无毒、无害、无污染,不仅吸水能力特别强,且保水能力特别高。如通过丙烯酸聚合得到的交联聚合物吸水树脂,所吸水分不能被简单的物理方法挤出,并且可反复释水、吸水。广泛用于农林业生产、城市园林绿化、抗旱保水、防沙治沙、医疗卫生、石油开采、建筑材料、交通运输等许多领域。

(一) 高吸水性树脂的特性

① 高吸水性,能吸收自身质量的数百倍或上千倍的无离子水,根据水化基团的不同可以吸收自身质量的数十倍到数百的矿化水;

② 高吸水速率，每克高吸水树脂能在 30s 内就吸足数百克的无离子水；

③ 高保水性，吸水后的凝胶在外加压力下，水也不容易从中挤出来；

④ 高膨胀性，吸水后的高吸水树脂凝胶体体积随即膨胀数百倍；

⑤ 吸氨性，低交联型聚丙烯酸盐型高吸水性树脂，由于其分子结构中含有羧基阴离子，遇氨可将其吸收，有明显的除臭作用。

(二) 高吸水性树脂的分类

高吸水性树脂发展很快，种类也日益增多，并且原料来源相当丰富，由于高吸水性树脂在分子结构上带有的亲水基团，或在化学结构上具有的低交联度或部分结晶结构又不尽相同，由此在赋予其高吸水性能的同时也形成了一些各自的特点。从原料来源、结构特点、性能特点、制品形态以及生产工艺等不同的角度出发，对高吸水性树脂进行分类，并形成不同的分类方法。

1.按原料来源分类

随着人们对高吸水性树脂研究的不断深入，传统的高吸水性树脂以淀粉系列、纤维素系列和合成树脂系列的分类方法，已不能满足分类要求。为此提出了如下六大系列的分类方法。

① 淀粉系：包括接枝淀粉、羧甲基化淀粉、磷酸酯化淀粉、淀粉黄原酸盐等；

② 纤维素系：包括接枝纤维素、羧甲基化纤维素、羟丙基化纤维素、黄原酸化纤维素等；

③ 合成聚合物系：包括聚丙烯酸盐类、聚乙烯醇类、聚氧化烷烃类、无机聚合物类等；

④ 蛋白质系列：包括大豆蛋白类、丝蛋白类、谷蛋白类等；

⑤ 其他天然材料及其衍生物系：包括果胶、藻酸、壳聚糖、肝素等；

⑥ 共混物及复合物系：包括高吸水性树脂的共混、高吸水性树脂与无机物凝胶的复合物、高吸水性树脂与有机物的复合物等，堵漏用吸水树脂则以该类为主。

2.按亲水化方法分类

高吸水性树脂在分子结构上具有大量的亲水性化学基团(也称水化基团)，而这些基团的亲水性很大程度上影响着高吸水性树脂的吸水保水性能，如何有效获得这些化学基团在高吸水性树脂化学结构上的合理数量和分布，充分发挥各化学基团所在亲水点的效能，已经成为高吸水性树脂研究的重点。故可以从亲水化方法进行分类。

① 亲水性单体的聚合物，如聚丙烯酸盐、聚丙烯酰胺、丙烯酸-丙烯酰胺共聚物等；

② 疏水性(或亲水性差的)聚合物的羧甲基化(或羧烷基化)反应，如淀粉羧甲基化反应、纤维素羧甲基化反应、聚乙烯醇(PVA)-顺丁烯二酸酐的反应等；

③ 疏水性(或亲水性差的)聚合物接枝聚合亲水性单体，如淀粉接枝丙烯酸盐、淀粉接枝丙烯酰胺、纤维素接枝丙烯酸盐、淀粉-丙烯酸-丙烯酰胺接枝共聚物等；

④ 含氰基、酯基、酰胺基的高分子的水解反应，如淀粉接枝丙烯腈后水解、丙烯酸酯-醋酸乙烯酯共聚物的水解、聚丙烯酰胺的水解等。

3.按交联方式进行分类

高吸水性树脂交联控制是控制其空间组织结构状态的重要方面，其交联点的密度大小直接影响高吸水性树脂的吸水和保水能力。因此根据交联点形成方式的不同，可分类如下。

① 交联剂进行网状化反应，如多反应官能团的交联剂交联水溶性的聚合物、多价金属

离子交联水溶性的聚合物、用高分子交联剂对水溶性的聚合物进行交联等；

② 自交联网状化反应，如聚丙烯酸盐、聚丙烯酰胺等的自交联聚合反应；

③ 放射线照射网状化反应，如聚乙烯醇、聚氧化烷烃等通过放射线照射而进行交联；

④ 水溶性聚合物导入疏水基或结晶结构，如聚丙烯酸与含长链(C_{12}~C_{20})的醇进行酯化反应得到不溶性的高吸水性聚合物等。

4.其他分类方法

① 以制品形态分类，高吸水性树脂可分为粉末状、纤维状、膜片状、微球状等；

② 以制备方法分类，高吸水性树脂可分为合成高分子聚合交联、羧甲基化、淀粉接枝共聚、纤维素接枝共聚等；

③ 以降解性能分类，高吸水树脂可分为非降解型(包括丙烯酸钠、甲基丙烯酸甲酯等聚合产品)和可降解型(包括淀粉、纤维素等天然高分子的接枝共聚产品)。

作为弱凝胶重要组成部分，组成适当的低交联度的吸水树脂，经过基团和交联度优化，可以直接用作弱凝胶钻井液处理剂，以改善钻井液的流变性、悬浮稳定性和滤失量。而吸水树脂吸水倍数太高，吸水后凝胶强度低，不能满足堵漏施工及堵漏体强度的要求，故不能直接使用，需要在高吸水树脂的基础上通过提高交联度，减少吸水倍数，加入增强材料来达到满足堵漏用凝胶材料的要求。

二、水凝胶

水凝胶(Hydrogel)是以水为分散介质的凝胶，是具有网状交联结构的水溶性高分子中引入一部分疏水基团和亲水残基，亲水残基与水分子结合，将水分子连接在网状内部，而疏水残基遇水膨胀的交联聚合物。水凝胶是一种高分子网络体系，性质柔软，能保持一定的形状，并吸收大量的水。

凡是水溶性或亲水性的高分子，通过一定的化学交联或物理交联，都可以形成水凝胶。制备水凝胶高分子按其来源可分为天然和合成两大类：

① 天然的亲水性高分子，包括多糖类(淀粉、纤维素、海藻酸、透明质酸、壳聚糖等)和多肽类(胶原、聚 *L*–赖氨酸、聚 *L*–谷胺酸等)；

② 合成的亲水高分子，包括聚乙烯醇、丙烯酸及其衍生物类(聚丙烯酸、聚甲基丙烯酸、聚丙烯酰胺、聚 *N*–取代丙烯酰胺等)。

(一) 水凝胶的分类

水凝胶有各种分类方法：

① 根据水凝胶网络键合的不同，可分为物理凝胶和化学凝胶。物理凝胶是通过物理作用力如静电作用、氢键、链的缠绕等形成的，这种凝胶是非永久性的，通过加热凝胶可转变为溶液，所以也被称为假凝胶或热可逆凝胶。许多天然高分子在常温下呈稳定的凝胶态，在合成聚合物中，聚乙烯醇(PVA)是一典型的例子，经过冰冻融化处理，可得到在60℃以下稳定的水凝胶。化学凝胶是由化学键交联形成的三维网络聚合物，是永久性的，又称为真凝胶。

② 根据水凝胶大小形状的不同，有宏观凝胶与微观凝胶(微球)之分。根据形状的不同宏观凝胶又可分为柱状、多孔海绵状、纤维状、膜状、球状等，制备的微球有微米级及纳米级之分。

③ 根据水凝胶对外界刺激的响应情况可分为传统的水凝胶和环境敏感的水凝胶两大类。传统的水凝胶对环境(如温度或 pH 值等)的变化不敏感,而环境敏感的水凝胶是指自身能感知外界环境(如温度、pH 值、光、电、压力等)微小的变化或刺激,并能产生相应的物理结构和化学性质变化甚至突变的一类高分子凝胶。

④ 根据合成材料的不同,水凝胶又分为合成高分子水凝胶和天然高分子水凝胶。天然高分子由于具有更好的生物相容性、对环境的敏感性以及丰富的来源、低廉的价格,因而深受重视。但天然高分子材料稳定性较差,易降解,在一定程度上限制了其应用。

(二) 水凝胶的用途

水凝胶作为一种高吸水性材料,具有广泛的用途:

① 在日用化学品方面,广泛地应用于妇女卫生巾、尿布、生理卫生用品、香料载体以及纸巾等;

② 在食品中可以用作保鲜剂、增稠剂等;

③ 在工业上,可用于油水分离、废水处理、空气过滤、电线包裹材料、防静电、密封材料、蓄冷剂、溶剂脱水、金属离子浓集、包装材料等诸多方面;

④ 在农业、土建方面,可用作农用薄膜、农业园艺用保水材料、污泥固化、水泥添加剂、墙壁顶棚材料等;

⑤ 在生物医学领域,可用于烧伤涂敷物、药物传输体系、补齿材料、移植、隐型眼镜和生物分子、细胞的固定化等方面;

⑥ 在油田化学方面,可用作采油堵水调剖、压裂酸化稠化剂、驱油剂、钻井液处理剂和油井水泥外加剂等。

三、钻井液用聚合物水凝胶

钻井液用聚合物水凝胶是在其他领域所述水凝胶的基础上,根据现场实际要求有针对性的制备,通常不是一种纯净的体系。聚合物水凝胶是吸水树脂吸水(液)后的弹性胶体,也包括聚合物在水溶液中交联后形成的具有一定黏弹性的胶体。不含水的,即干燥的交联聚合物通常称为吸水树脂,但目前油田化学领域将水凝胶、交联聚合物或吸水树脂习惯的称为凝胶聚合物。

第二节 吸水树脂的合成方法

聚合物水凝胶是基于吸水树脂的产物,由于吸水树脂的生产工艺已非常成熟,并有专著详细论述[2],钻井液用凝胶聚合物可以参考高吸水树脂的合成方法制备,也可以在聚合物处理剂制备的基础上,通过加入交联剂适当交联得到目标产物。为了满足钻井液的特殊需要,合成中通过选择不同性质的单体和交联剂用量,使吸水树脂达到不同的吸水倍数,同时由于钻井液用凝胶需要对抗温和热稳定性有特殊的要求,在选择单体时需要考虑保证其抗温能力。对于钻井液用低交联聚合物可以在常规聚合物处理剂合成的基础上,通过加入并控制交联剂用量来制备。

吸水树脂的合成方法有溶液法、反相悬浮法、反相乳液法和分散聚合法等。引发方式除化学引发外,还有射线辐射引发、光引发、等离子体引发等。

一、溶液法

将单体溶于水中形成溶液，在适当的引发条件下引发反应，在一定温度下反应一定时间后，出料得到凝胶状弹性体，经剪切、烘干、粉碎、筛分等工序即可得到产品。溶液法具有实施方法简单、体系纯净、交联结构均匀且不存在有机溶剂的使用及回收问题等优点。但溶液法也存在一些不足，如反应过程中黏度增大、反应热难以及时散发、单体含量低、设备利用率低和生产能力低、体系含水量较大、产品的后处理特别是烘干能耗较大等。对于堵漏用吸水树脂(凝胶聚合物)，可以将反应产物直接造粒，并加入防黏结剂后，直接以凝胶的形式使用，这样就可以减少干燥过程，降低生产费用。

溶液法合成吸水树脂较广泛，如以有机硅和双丙烯酰胺作为交联剂，用溶液法合成了丙烯酸钠与丙烯酰胺共聚物吸水剂树脂，在交联剂和引发剂量各占单体质量的0.15%，丙烯酸与丙烯酰胺的物质的量比为0.32，单体含量15%~20%时，所制得的超强吸水剂吸蒸馏水为1160g/g，吸5%氯化钠溶液为41g/g[3]。

二、反相悬浮法

反相悬浮法是以油类为分散介质，单体的水溶液为分散相，引发剂溶解在水相中进行聚合的一种聚合方法。该体系一般包括单体、分散介质、分散剂、水溶性引发剂等4个基本组成部分。反相悬浮法具有反应散热快、控温比溶液法容易，产品相对分子质量比溶液聚合高，杂质含量比乳液聚合产品低以及所得粒状产品不需粉碎工序等特点。但反相悬浮法也存在一些不足，如较难获得稳定的反应体系，反应中容易结块、黏壁，所得产品不如溶液法纯净等，且存在有机溶剂的使用、回收及污染等问题。

以环己烷为连续相、水为分散相、氨水部分中和的丙烯酸为单体，过硫酸钾为引发剂，*N*,*N*—亚甲基双丙烯酰胺为交联剂，采用反相悬浮聚合法合成了聚丙烯酸铵高吸水性树脂，得到的高吸水性树脂最大吸水率为1237mL/g，其最大吸生理盐水率为114mL/g[4]。在此基础上，采用白油作为连续相，水为分散相，选用不同的单体、交联剂及填充料，通过反相悬浮聚合制备吸水树脂材料，过滤除去油相，得到的产物(水凝胶)可以直接用作堵漏材料，尤其是油基钻井液的防漏、堵漏。

三、反相乳液法

将分散介质(油相)加到反应器中，再加入一定量的乳化剂达到其临界胶束浓度，充分搅拌，使乳化剂溶解并搅拌均匀，加热到反应温度，然后将单体滴加到反应器中形成稳定的乳液，同时滴加引发剂引发反应。一定时间后停止反应，破乳，得到含水量较低的浆料，经过一系列的后处理工序得到粉末状的产品。反相乳液法具有聚合速率快、产物相对分子质量高等特点，但也存在与反相悬浮法同样的缺点。在实际应用中，用反相乳液聚合法制备高吸水树脂并不多见。如以石油醚为分散介质，Span-60和十二烷基磺酸钠(SLS)作为乳化剂，*N*,*N*-亚甲基双丙烯酰胺为交联剂，采用反相乳液共聚合成了一种耐盐性高吸水性树脂[5]。方法是：在250mL的四口瓶中，加入SLS、Span-60、石油醚，升温使乳化剂溶解于石油醚中，同时通N_2驱氧。在冰浴中用NaOH中和AA，然后再加入AM、交联剂、还原剂，形成预聚液。待预聚液溶解充分后，将其加入四口瓶中，升温乳化40min后，加入氧化剂，引发反应。反应5h后升温到共沸点脱水，脱水量达到要求后停止反应。最后将反应物在真空烘箱中干燥，得到颗粒状产物。当反应温度为45℃，乳化剂用量为7%，交联剂用量为0.08%，氧化剂与还原剂配比为4:4时，产物的吸水率和吸盐率达到最大，分别为753.5g/g和158.6g/g。

近期的实践表明，采用反相乳液聚合法制备交联聚合物微球用于油基钻井液的封堵剂已在现场见到明显效果，开辟了油基钻井液在渗透性漏失封堵和减少循环漏失的一个有效途径。

四、辐射引发聚合法

辐射引发聚合法即在高能射线照射下引发反应合成水凝胶的方法。辐射引发聚合法无需引发剂，具有工艺简单、成本低、吸水倍率高等优点，逐渐成为一种引人注目的合成手段。如采用 $^{60}Co-\gamma$ 射线辐射引发溶液聚合制备了聚丙烯酸–丙烯酰胺吸水树脂：将丙烯酸用氢氧化钠溶液中和至pH值6~7(用精密pH试纸测定)，加入丙烯酰胺及其他助剂溶解，然后置于 $^{60}Co-\gamma$ 射线场中聚合。反应完后，聚合物置于红外烘箱中干燥，然后粉碎得到吸水树脂。将所需量的表面处理剂与无水乙醇2g混溶后，均匀喷洒至50g吸水树脂表面，并搅拌均匀，70℃反应3h。结果表明，当丙烯酰胺用量为12.5%(质量分数)、辐射剂量为3.5kGy、颗粒大小为31.8~127mm、表面处理剂用量为0.5%(质量分数)时，可制备吸蒸馏水速率为140s，吸0.9%(质量分数)的氯化钠溶液速率为80s的吸水树脂[6]。以丙烯酸为原料，N,N'–亚甲基双丙烯酰胺为交联剂，采用光聚合的方法合成的聚丙烯酸–丙烯酸钠高吸水性树脂的吸水率达1550mL/g，对0.9%氯化钠溶液的吸液率为160mL/g[7]。针对目前高吸水性树脂合成中存在的问题，采用微波加热提供反应所需热量，以淀粉为原料，过硫酸钾为引发剂，进行丙烯酸接枝共聚反应，合成了吸水率为753mL/g的高吸水性树脂。该工艺与传统加热合成方法相比，时间大大缩短，仅为传统方法的1/10，操作条件易于控制，无“三废”排放，是合成高吸水性树脂的清洁生产工艺[8]。

钻井液用水凝胶也可以在水溶性天然聚合物和合成聚合物水溶液中加入交联剂，通过交联反应制备，可以采用的交联剂有高价金属盐(铬、铝、锆、钛和铁等)、多羟基化合物、合成树脂(如酚醛树脂、糠醛树脂和脲醛树脂等)和醛等。

第三节 钻井液用聚合物凝胶

弱凝胶聚合物处理剂是在弱凝胶聚合物钻井液的基础上，通过控制交联聚合物的交联程度制备的可以充分分散和悬浮的一种弱交联聚合物。由于链状聚合物不能满足无固相钻井液体系所要求的低剪切速率下高黏度的要求，相对于链状聚合物，弱交联聚合物在高温下的悬浮能力明显改善，可以保证钻井液体系优良的流变性能和携岩能力，为开发抗高温低黏土相钻井液提供了一个有效途径。在无黏土相的钻井液中交联聚合物还具有强化滤饼质量、提高润滑性及降低滤失量的作用。但如何保证弱交联聚合物高温下的稳定性是形成弱凝胶聚合物钻井液体系的关键。

一、低交联度的聚合物凝胶

低交联的聚合物，当交联度不足以使交联产物产生完全的体型结构时，可以看做是一种超支化结构的聚合物，它介于溶和不溶之间，通常呈现半水溶性聚合物的性能，具有较好的保水性。当其充分分散于水中可以形成具有一定结构力的基础液，通过其他材料的配伍可以形成具有一定流变性和较低滤失量的无土相钻井液体系。在体系滤失过程中交联聚合物通过沉积可以有效地封堵滤失通道，控制钻井液的滤失量。在弱凝胶聚合物体系中，低交联度的聚合物可以起到悬浮稳定、护胶、调整流变性等不同作用，哪种作用为主，和聚合物交联程度及组成密切相关。其热稳定性取决于交联聚合物的链稳定性和交联基团的水解稳定性。

用作弱凝胶聚合物钻井液体系的弱凝胶聚合物应满足如下要求：

① 适当的交联度，保证交联聚合物在钻井液体系中的水化特征及部分端链的柔顺性；

② 主体聚合物链要有足够的链长，即非交联状态下聚合物的相对分子质量要尽可能高；

③ 选用的水化基团的水化能力受高价金属离子影响小，基团稳定性好，温度对流变性和滤失量影响小；

④ 交联聚合物中的联结基热稳定性要高，并尽可能与大分子主链热稳定性相近，同时联结基团水解稳定性好，尤其在高温和碱性条件下不发生水解；

⑤ 弱凝胶聚合物上的自由链段(端链)要有适当的吸附基，表现出线状聚合物的水化和吸附特征，有利于互穿或网络结构的形成；

⑥ 剪切对交联体系的影响小，即不至于因为剪切使体系的结构力明显变化；

⑦ 与链状高分子处理剂配伍性好，易于形成互穿结构，保证钻井液的流变性、悬浮稳定性和剪切稀释性。

围绕弱凝胶钻井液的需要，在钻井液用弱凝胶材料方面有一些专利文献对其合成进行了介绍。

(一) 钻井液用聚合物溶胀微粒

聚合物溶胀微粒是一种交联聚合物[9]，为具有多种几何形状的网状结构高分子。其在水中部分溶解、部分溶胀，通过在水中溶胀自由分散成不同尺寸的微小粒子，依靠分子间的静电斥力使体系维持一定的黏度和切力，具有一定的可变形性和黏性，可直接参与形成低渗透性泥饼、降低钻井液失水和封堵微裂隙，提高稳定井壁能力。

典型制备方法为：在反应釜内加入水和氢氧化钠 20kg，搅拌均匀后冷却至室温，然后加入甲基丙烯磺酸钠 150kg，待完全溶解后，转入混合釜，搅拌下加入丙烯酰胺 600kg，待完全溶解后，加入丙烯酸 100kg，搅拌均匀；将混合溶液放入聚合釜中，用氢氧化钠水溶液调节聚合体系的 pH 值至 9.5，控温为 20℃，加入过硫酸钾、四甲基乙二胺水溶液引发剂共2kg 引发反应，维持聚合反应 1.5h；然后加入环氧氯丙烷 100kg，控温 50℃，维持交联反应 2h，将聚合得到的胶状物切割、造粒后，送入烘干房，在 105℃下烘干，然后粉碎即得聚合物溶胀微粒。

(二) 一种钻井液用凝胶提切剂

该弱凝胶提切剂提黏切效果较好，有效含量为 1.5%弱凝胶提黏切剂 170℃/16h 后表观黏度为 45~50mPa·s，动切力 15~20Pa。同时表现出良好的高温稳定能力，170℃/96h 老化后，表观黏度为 35.0~40mPa·s、动切力为 5~7Pa，可以有效满足无黏土相钻井液高温状态下的悬浮携砂性能要求[10]。

制备方法如下：

① 在容器中加入 117mL 水，开启搅拌器加入 42g 2-丙烯酰胺基-2-甲基丙磺酸、38g 丙烯酰胺、20g *N*,*N*-二甲基丙烯酰胺、0.1g *N*,*N′*-亚甲基双丙烯酰胺、1.5g Tween-80，搅

拌直至溶解，控制体系的 pH 值为 9.0，得分散相；

② 在容器中加入 117mL 5 号白油、6.14g Span-80，搅拌直至溶解形成连续相；

③ 将所得的分散相在搅拌下缓慢加入连续相中，然后在乳化釜中充分搅拌 10min，得反相乳液；将所得反相乳液放入装有搅拌器、滴液漏斗、通氮气管、温度计的反应容器中，通入氮气 30min，同时将水浴温度升至 50℃，缓慢滴加质量分数 10%过硫酸铵水溶液 0.1g，10%的亚硫酸氢钠水溶液 0.1g，搅拌 20min 后停止搅拌，继续通氮气 20min，静置，反应 5h，得黏稠状乳白色胶乳，即为弱凝胶提黏切剂。

也可以采用二乙烯基苯代替 *N*,*N′*-亚甲基双丙烯酰胺为交联剂制备弱凝胶提切剂，由于二乙烯基苯不会发生水解反应，可以使产物的抗温能力明显提高。

(三) 钻井液用有机-无机复合型弱凝胶流型调节剂

一种绿色安全、耐高温、具有良好的低剪切速率黏度的有机-无机复合型弱凝胶流型调节剂[11]，在 120℃热滚之后依然能够保持良好的流变性能，与热滚前的性能相差不大，且具有非常高的低剪切速率黏度，能够满足无固相钻井液体系携砂、携岩的需要，对有效减少钻井周期，保护油气层有重大意义。

其制备方法如下：

① 将 5 份十水四硼酸钠溶于 20 份水中，制得十水四硼酸钠水溶液；

② 将 10 份黄原胶，20 份羟丙基瓜尔胶投入到捏合机中，边捏合边加入步骤①制得的十水四硼酸钠水溶液，在 40℃条件下反应 2h；

③ 将得到的物质烘干，粉碎；

④ 将 10 份蛇纹石棉纤维与 5 份脂肪酸甲酯投入到捏合机中，使其充分捏合反应 1h；

⑤ 将 15 份羟乙基纤维素、10 份聚阴离子纤维素、20 份羧甲基纤维素、5 份亚硫酸钠与步骤③、步骤④中制得物质混合均匀，得到钻井液用有机-无机复合型弱凝胶流型调节剂。

二、弱凝胶钻井液的组成

作为一种无黏土相钻井液，希望采用低交联的聚合物凝胶来起到类似于黏土的作用，通过弱凝胶特征达到满足钻井液流变性、悬浮稳定性、携砂能力、滤失量控制的要求。目前现场关于弱凝胶聚合物钻井液有不同的配制方法：

① 采用预先合成的低交联度的交联聚合物作为增黏剂、结构剂，适当交联度的聚合物作为封堵剂和降滤失剂，配合其他处理剂或材料形成弱凝胶钻井液体系；

② 采用高相对分子质量的天然改性或合成聚合物水溶液在交联剂存在下反应得到低交联度聚合物体系(弱凝胶)，通过其他配伍性处理剂或材料，形成弱凝胶聚合物钻井液体系；

③ 高相对分子质量的水溶性聚合物作为增黏剂、交联聚合物及可酸溶固相颗粒作为封堵和滤失量控制剂，在其他处理剂或材料的配伍下形成弱凝胶聚合物钻井液体系，弱凝胶聚合物在体系中起到吸附中心的作用，通过吸附使体系具有一定的剪切稀释能力，满足钻井液流变性和悬浮稳定性的要求。

④ 采用高相对分子质量的疏水缔合的聚合物作为增黏剂、结构剂，适当交联度的聚合物作为封堵剂，配合其他处理剂或材料形成弱凝胶钻井液体系。

三、弱凝胶钻井液应用

本世纪初以来，作为一种无黏土相钻井液体系，国内弱凝胶钻井液的研究与应用受到了普遍重视，并在现场应用中见到了较好的效果，现介绍几个典型的应用实例。

(一) 无黏土弱凝胶钻井液

由聚合物 PF-VI 与交联剂 JLJ 按一定配比(聚合物质量分数为 0.6%、交联剂质量分数 0.1%)制成的混合物，即增黏剂 PF-VIS 为主剂，制备了一种弱凝胶钻井液，并在水平井段进行了应用。在室内配方，即海水+0.1% NaOH+0.2% Na_2CO_3+1% KCl+0.7% PF-VIS+1.5%降滤失剂 PF-FLO+1.5%抑制制 PF-JLX；淡水+0.1% NaOH+0.2% Na_2CO_3+5% KCl+0.7% PF-VIS+1.5%降滤失剂 PF-FLO+1.5%抑制制 PF-JLX 两种配方性能评价的基础上，形成了现场配方：淡水+0.1% NaOH+ 0.2% Na_2CO_3+4%~5% KCl+0.6%~0.7% PF-VIS+1.5%降滤失剂 PF-FLO+1.5%抑制制 PF-JLX+1% PF-LUBE。

维护和处理要点：当钻完造斜段后，按以上配方配制弱凝胶钻井液，替换 PDF PLUS/KCl 钻井液，再进行水平段钻进，在钻进过程中，用 BROOKIELD DV-Ⅱ黏度计监测低剪切速率黏度(LSRV)是否达到要求。如果没有达到要求，加入增黏剂 PF-VIS 来调整钻井液的黏度，一般加量为 6~9kg/m^3。加入降滤失剂 PF-FLO 控制钻井液的滤失量。必要时加入杀菌剂以维护钻井液的稳定性。用 NaOH 或 Na_2CO_3 调整钻井液的 pH 值，维持 pH 值在 8~9 之间。加入 KCl 提高钻井液的抑制性，加入 PF-JLX 提高钻井液的封堵能力，下套管前还应加入润滑剂 PF-LUBE。

现场应用表明，该钻井液在低剪切速率下具有较高的黏度，携砂能力强，在高剪切速率下黏度、切力较低，剪切稀释性好，性能稳定，与其他处理剂的配性好。弱凝胶钻井液破胶解堵后岩心渗透率恢复值在 80%以上，在现场应用中取得了良好的保护储层效果[12]。

(二) 改进的无固相弱凝胶钻井液

针对无固相弱凝胶钻井液在使用过程中出现的易起泡、抗气侵能力差、滤失量偏大等问题，以表观黏度、起泡率、泡沫半衰期、表面张力、高温高压滤失量、渗透率恢复值等参数为指标，优化了一种改进的无固相弱凝胶钻井液配方，在 TZ826 井的应用中取得了明显效果[13]。改进前后配方如下：

① 改进前：0.3% NaOH+1.5% SJ-1+1% SoltexK+8% KCl+10% NaCl+15% $CaCl_2$+0.3% CX-216+1.5% PF-PRD；

② 改进后：0.3% NaOH+2% SJ-1+0.3% CX-216+2% PE+10% HCOONa+8% KCl+17% NaCl+1.5% PF-PRD。

实验及应用表明，改进配方的流变性明显优于原配方，热稳定性升至 150℃，高温高压滤失量降至 12mL，低剪切速率黏度显著增大，渗透率恢复值提高了近 37%。因此，使用该优化配方更有利于在近井壁带快速形成滤饼，增加井眼清洁能力，并阻止滤液和有害固相侵入储层，增强储层保护的效果。在塔中 826 井储层井段(5674~5770m)实施后，现场钻井液性能优良，钻井施工顺利。

(三) 随钻堵漏弱凝胶钻井液

针对实际需要，优选出一套随钻堵漏型无固相弱凝胶钻井液，其配方为：0.26% PAM-2+0.5% NaCl+0.06%乙酸铬+0.5%重铬酸钾+3%超低渗透剂+3%超细碳酸钙。该体系的成胶范围宽、成本低、适应性强，有一定的抗温性和堵漏效果，可用于随钻堵漏[14]。

(四) 高温环保型弱凝胶钻井液

为了满足当前钻井逐渐向深层、复杂地层发展以及保护环境的需要，在分析目前各类环保型钻井液处理剂的基础上，以生物聚合物为主要原料，经过表面活化以及复合等工艺，研制出了抗高温弱凝胶提切剂 GEL-ZL，并以此剂为主形成了抗高温弱凝胶环保型钻井液。GEL-ZL 在钻井液中能形成独特的空间网架结构，并依靠粒子之间的斥力和分子链间的相互作用来维持钻井液黏度、切力的稳定，使得钻井液在高温下具有稳定的流变性。实验结果表明，GEL-ZL 的抗温性能可达 160℃，能大幅度提高低剪切速率下的黏度，有利于提高钻井液悬浮和动态携砂能力，保持井眼清洁。形成的抗高温环保型钻井液滤失量低，具有良好的抑制性能和储层保护性能，渗透率恢复值达 89.8%，是一种无害的钻井液体系[15]。

(五) 凝胶钻井液提切剂

研究表明[16]，以生物聚合物为主要原料，将生物聚合物加入到表面活性剂水溶液中，进行活化反应，并与纤维素改性物、抗高温氧化剂等复合得到弱凝胶提切剂，其具有优良的抗盐、抗温性能和高剪切速率黏度(在 0.3r/min 的剪切速率下，黏度达 9×10^4mPa·s 以上)，携岩能力强，可生物降解，无毒，能够满足钻井工程和环保要求。

其制备步骤如下：在 142.5mL 水中加入 7.5g 表面活性剂，配制得到 5%表面活性剂水溶液；将 150g 5%的表面活性剂水溶液加入到反应釜中，边搅拌边加入 100g 生物聚合物，在 80~90℃温度下，活化反应 6~8h；活化后产品经 105℃烘干、粉碎及过 200 目筛后，得中间产品；将活化反应所得中间产品与纤维素改性物或淀粉改性物和抗高温氧化剂进行复合，利用中间产品与其他原料间的协同效应，得到最终产品 GEL-30。

在室内配方优化实验的基础上，确定了无固相钻井液配方：400 mL 水+6.0% KCl+20% NaCl+7% $CaCl_2$+0.12% NaOH+1% GEL-30+2.0% PEG+1.0% DRH+0.3% CMC-LV。

现场试验表明，在井深超过 4000m、井底温度 150℃以上情况下，该体系仍具有热稳定性好、抗温抗盐能力强等特点，很好地解决了以往无固相钻井液高温状态下由于聚合物的降解而造成的降黏问题，携岩能力强，保证了钻井施工安全顺利。

(六) 氯化钙弱凝胶无黏土相钻井液

采用反相乳液聚合方式制备了一种弱凝胶提黏切剂(该提黏切剂呈球状，具有一定的粒径分布，其中粒径较大的约为 1.8μm，较小的约为 0.1μm)。以弱凝胶提黏切剂和高阳离子度聚合物抑制剂为主处理剂配制的 $CaCl_2$ 弱凝胶无黏土相钻井液抗温可达 150℃，抗钻屑和膨润土污染可达 10%，抑制防塌性能优越，相对页岩回收率为 99.1%，钻井液活度为 0.838，具有良好的沉降稳定性和高温稳定能力，且加入弱凝胶提黏切剂后的钻井液承压封堵能力增强，最大承压达 22MPa[17]。

(七) 大位移井、水平井的弱凝胶无固相水基钻井液

中国专利公开了一种低剪切速率下黏度高、抗温性好且具有较强抑制性和润滑性的适用于大位移井、水平井的弱凝胶无固相水基钻井液[18]。钻井液的配制方法如下：

根据配方，按比例称取一定量的水，在 12000r/min 的转速下，边搅拌边加入 0.3%的聚丙烯酰胺和 0.2%的聚丙烯酸钾，搅拌 20min；加入 0.6%的弱凝胶流型调节剂，搅拌 15min；

加入 3%的羧甲基改性淀粉和 1%低黏 PAC,搅拌 10min;加入 10%的氯化钾,搅拌 15min;按顺序加入 0.2%的氢氧化钠和 0.3%的碳酸钠、0.5%的醚乙二醇聚胺、5%的聚氧乙烯硬脂酸酯、0.2%的三聚磷酸钠和 0.1%的三乙烯二胺,搅拌 20min,得到弱凝胶无固相水基钻井液。

尽管围绕弱凝胶钻井液开展了一些探索性研究，并在现场应用中见到了初步的效果，但研究的深度和广度还不够,还没有形成能够满足复杂条件下钻井液需要的材料和钻井液体系,特别是弱凝胶钻井液的研究与应用只能说是刚刚起步,高温下的悬浮稳定性和流变性问题以及弱凝胶材料的长期老化稳定性问题仍然没有很好的解决。今后如果能够突破抗温大于 170℃的弱凝胶处理剂,则弱凝胶钻井液将会上一个新台阶。

第四节 防漏堵漏用聚合物凝胶

堵漏用凝胶是凝胶类在钻井中用量最大和比较成熟的产品。近年来,国内外针对钻遇不同地层的不同漏失情况,在防漏、堵漏技术的研究与应用方面取得了长足的发展,特别是聚合物凝胶堵漏材料的成功应用,为裂缝性、溶洞性严重漏失地层的封堵提供了有效的途径。采用特定颗粒材料与不同尺寸颗粒状聚合物的混合体,水化后大幅膨胀,几小时内就能封堵非常严重的大漏失。如在埃及尼罗河三角洲地区钻井时出现了大量的漏失,将不同粒径的颗粒材料、合成聚合物及水混合打入井下产生膨胀作用,较好地解决了井漏问题[19]。采用不同组成的膨胀性堵漏材料在彩南油田的 C2872 井[20]、南方海相重点探井金鸡 1 井[21]等钻井堵漏施工中均得到较好的应用。在实践经验的基础上,逐步形成了聚合物凝胶堵漏剂和配套的堵漏工艺技术,从而促进了防漏堵漏技术的进步,为安全、快速、高效钻井提供了保证。

一、聚合物凝胶堵漏剂特点与堵漏机理

堵漏用交联聚合物,习惯称聚合物凝胶或吸水膨胀聚合物堵漏剂,包括地下交联聚合物凝胶和吸水性交联聚合物凝胶(或吸水树脂)。聚合物凝胶与其他材料配合,能很好地解决钻井过程中的恶性漏失,对碳酸盐岩、裂缝发育地层漏失特别有效。为了保证聚合物凝胶具有一定的强度,用于堵漏的吸水性交联聚合物吸水倍数不能太高,一般控制在 3~20 倍,其制备方法与高吸水性树脂基本相同,只是在生产中为了提高其吸水后凝胶的强度,常常需要加入具有支撑作用的无机填充材料等。

(一) 聚合物凝胶堵漏剂的特点

交联聚合物堵漏材料的特点可归纳如下:

① 适用范围广,对钻井液性能影响小,施工风险小;

② 与其他堵漏材料配伍性好,与惰性桥堵剂有协同增效作用;

③ 吸水凝胶颗粒具有变形性,对孔洞或裂缝适用性强;

④ 耐冲刷能力强,驻留效果好,结合水泥堵漏能够有效封堵缝洞型漏失;

⑤ 具有良好的可降解性,有利于保护储层;

⑥ 制备工艺简单,生产成本低,经济上能为现场接受。

(二) 堵漏作用机理

基于传统堵漏,在桥堵和化学堵漏材料的基础上,通过引入地下交联聚合物凝胶和吸水性交联聚合物凝胶进行复合堵漏,可使堵漏的适应性和效果进一步提高,能很好地解决钻井过程中的恶性漏失,对碳酸盐岩、裂缝发育或缝洞型地层漏失特别有效。在凝胶中加入桥接堵漏材料和刚性无机材料后,更能有效地解决超大裂缝的漏失问题[22]。

实践表明,引入具有遇水延时膨胀材料的水化膨胀复合堵漏材料,不仅延缓了凝胶聚合物吸水膨胀速度,同时克服了桥接堵漏时架桥骨架在正、负压差作用下容易破坏的缺陷。随着与钻井液接触时间的延长,该材料会吸水膨胀至原体积的5~18倍,使"封堵墙"更加致密,与裂缝间的摩擦阻力进一步加强,"封堵墙"在正、负压差作用下的抗破坏能力增强。在材料中通过添加矿物或合成的长纤维材料,可以弥补棉纤维和木质纤维强度低的缺陷,增强了堵漏材料在长裂缝中的缠绕封堵强度。通过各种材料的合理级配,可充分发挥各种材料的协同作用,具有较好的弹性和挂阻特征,进入裂缝后能产生较高的桥塞强度,达到快速、安全、有效堵漏的目的[23]。应用表明,采用交联聚合物复合材料进行复杂漏失地层的堵漏,不仅驻留能力强、与惰性桥堵或其他活性材料配伍性好,且适应性强,施工安全,成功率高。交联聚合物复合堵漏机理可以进一步归纳为[24~27]:

① 交联类堵漏材料中的可吸水凝胶能够吸水膨胀形成亲水性的三维空间网络状结构,当以凝胶的形式进入漏层或在漏层形成凝胶后,凝胶能在地层表面吸附,与漏失通道作用,产生较高的黏滞阻力,易于在漏层中驻留,从而可解决桥塞堵漏、随钻堵漏等方法难以解决的漏失问题。

② 交联聚合物颗粒堵漏材料配合其他材料用于高渗透、特高渗透地层和裂缝性和大孔道地层堵漏,交联凝胶形成后表现出很好的黏弹性、柔软性和韧性。当聚合物中添加了惰性桥堵剂后,惰性桥堵剂刚性好,能起骨架和支撑作用,凝胶则充填在骨架之间,使之封堵严密。

③ 交联聚合物堵漏材料或以交联聚合物材料为主的交联聚合物堵漏剂,由于凝胶的可变形性,堵漏时不受漏失通道的限制,能够通过挤压变形进入裂缝和孔洞空间。另外,该堵剂具有"变形虫"的特殊作用,如果在某一孔道处未产生封堵,会在漏失压差下继续向前变形蠕动,至下一较小孔道处产生变形封堵,最终将漏层封堵,从而防止裂缝的压力传播和诱导扩展。

二、堵漏用聚合物凝胶的合成

第一节介绍的吸水树脂的合成方法为凝胶聚合物堵漏剂的合成提供了手段,由于吸水树脂凝胶强度的要求,与高吸水树脂相比,堵漏用交联聚合物的吸水倍数通常要求小于20。

凝胶聚合物堵漏剂可以采用水溶性单体(如AA、AM、AMPS等)、疏水性单体(如MMA、St、丙烯酸长链烷基酯等)、无机材料(如膨润土、海泡石、硅藻土、碳酸钙等),在交联剂(如*N*,*N′*-亚甲基双丙烯酰胺、乙二醇双丙烯酸酯、二乙烯基苯等)存在下通过水溶液聚合得到,即首先将酸性单体用氢氧化钠溶液中和至所需要的中和度,然后加入其他单体、交联剂等,搅拌至单体全部溶解后,加入无机材料,搅拌均匀后加入引发剂,通氮5~10min,置于恒温水浴中反应一定时间后即得到黏弹性凝胶体。将得到的凝胶体剪切、造粒(粒径根据需要确定),加入防黏剂即得到凝胶堵漏剂。进一步干燥、筛分,可以得到固体的交联聚合物堵漏剂。也可以先分别制备单体的反应混合液和无机材料的悬浮液，然后将两者混合均匀后，按照上述步骤制备。同时还可以采用反相乳液或反相悬浮聚合方法制备。

在制备中，原料、原料配比、无机材料种类及用量、引发剂用量、制备方法则可以针对不同需要，即堵漏剂使用的环境和性能要求来确定。为了减少实验的工作量，在制备中可以参照高吸水树脂配方和合成方法，结合应用环境及堵漏工艺的要求，通过改变单体及填充材料，特别是交联度合成用于不同情况的凝胶聚合物堵漏剂。

针对现场需要，研究者围绕吸水树脂堵漏材料制备开展了一系列研究[28,29]。2000 年以来，我们在交联聚合物驱油剂研究的基础上[30]，发展了堵漏用聚合物凝胶，在现场应用中见到了良好的效果[31]，并针对现场实际，研制了适用于不同漏失情况下的凝胶堵漏材料[32]。同时还有学者针对钻井中出现的恶性漏失情况，研制开发出了新型堵漏剂——特种凝胶 ZND[33]。它是在大分子链上引入特种功能单体的水溶性高分子材料，在水溶液中，大分子链通过分子间相互作用自发地聚集，形成可逆的超分子结构——动态物理交联网络。特种凝胶对大漏、失返、返出量太小的裂缝性、孔洞性、破碎性地层以及用桥塞堵漏、随钻堵漏等方法无法解决的漏失问题具有很好的堵漏效果，尤其对含水层以及喷漏同层的漏失问题具有独到之处。特种凝胶堵漏剂 ZND 已经在现场推广应用。堵漏用凝胶聚合物主要为丙烯酸、丙烯酰胺等单体聚合物与无机材料的复合凝胶，这些研究与传统领域相比，树脂的吸水倍数不能过高，同时还必须保证抗温抗盐和一定的强度，以满足堵漏作业的要求。下面结合具体的凝胶堵漏剂的制备实例介绍聚合物凝胶的合成方法及影响凝胶性能的因素。

(一) 丙烯酸–丙烯酰胺聚合物/无机材料复合凝胶

在堵漏用凝胶聚合物方面，以丙烯酸、丙烯酰胺等单体为原料制备的堵漏剂的研究居多。该类材料主要有丙烯酸、丙烯酰胺、膨润土或碳酸钙、*N*,*N*–亚甲基双丙烯酰胺通过溶液自由基聚合法合成的吸水膨胀聚合物[34,35]以及丙烯酰胺、丙烯酸、2–丙烯酰胺基–2–甲基丙磺酸/高岭土三元复合型油田堵漏用高吸水树脂，还有在丙烯酸、丙烯酰胺吸水树脂基础上通过引入疏水单体制备的缓吸水的吸水耐盐耐压水膨体堵漏材料[36]。

1.制备方法

将称量好的水加入反应器中，加入 NaOH，待溶解后，在降温下加入 AA，然后加入 AM，溶解后调 pH 值至 6.0~7.5 左右；加入称量好的交联剂(干粉)，使其搅拌均匀；加入混合土，搅拌均匀，不能有块状物。待搅拌均匀后，加入引发剂，通氮 10~30min，静止恒温反应。反应时间达到后取出剪切、造粒、烘干、粉碎得到丙烯酸–丙烯酰胺交联聚合物吸水材料。

高温下交联聚合物损失率的测定：取 10g 已恒质的粒径 6~8 目的交联聚合物放入老化罐，装入 350mL 清水，密封，于 125℃下老化一定时间，降温，用 200 目已恒质的标准筛过滤，直至无水滴下，将标准筛和老化后的样品于 105℃±3℃烘干至恒质，称量，按照式(9–1)计算老化后损失率，通过损失率来反映产物的高温稳定性。

$$\text{损失率}\ s_w=\frac{m-(m_2-m_1)}{m}\times 100 \tag{9–1}$$

式中：s_w 为损失率，%；m 为样品质量，g；m_1 为标准筛质量，g；m_2 为老化后标准筛和样品质量，g。

将制得的树脂产品准确称量 1.00g 于烧杯中，加入 500mL 去离子水，待充分溶胀后，用

200目网筛过滤，直至无水滴下，称量此时胶体的质量。按式(9-2)计算吸水率。

$$吸水率=\frac{吸水后树脂质量-吸水前干粉体树脂质量}{吸水前干粉体树脂质量} \tag{9-2}$$

2.混合土含量对吸水率和损失率的影响

实践表明，在制备堵漏凝胶聚合物材料时采用不同类型的土和矿物材料复合使用(简称混合土)，与采用单一土相比，具有更优的效果，主要体现在反应过程中不分层、表面无黏稠聚合物清液，且产物的稳定性和韧性好。

在 m(AM):m(AA)=6:1，引发剂占单体质量的 0.425%，丙烯酸中和度 100%，交联剂用量占单体质量的 0.7%，反应混合物固含量 30%(质量分数)，反应温度 40℃，反应时间 5h 时，m(混合土):m(混合土+单体)对损失率和吸水率的影响见图 9-1。由图 9-1 可知，随着混合土用量的增加，吸水率先增加后又降低，但降低幅度不大；而产物高温下的损失率则随着混合土用量的增加而降低，但当混合土用量太多时，聚合过程中会出现分层，且吸水后的凝胶韧性降低，影响产物质量。结合堵漏对交联聚合物吸水率的要求及聚合反应情况，从提高产物的高温稳定性、凝胶的韧性及反应来考虑，混合土用量 40%~50%较好。

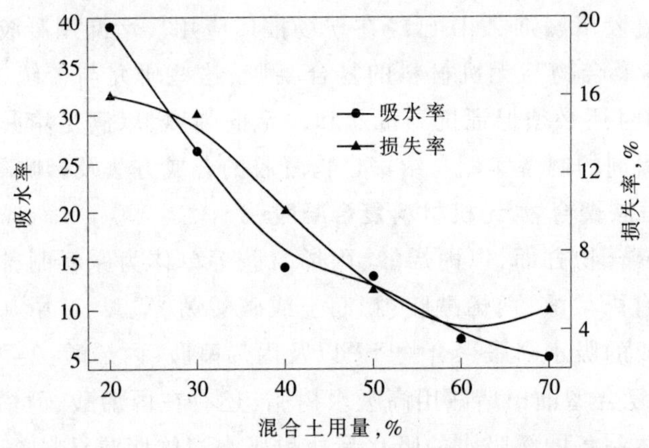

图 9-1 混合土用量对吸水率和稳定性的影响

3.交联剂对产物性能的影响

当在 m(AM):m(AA)=6:1，引发剂占单体质量的 0.425%，丙烯酸中和度 100%，反应混合物固含量 30%，反应温度 40℃，反应时间 5h，m(混合土):m(混合土+单体)=45%时，交联剂对产物性能的影响见图 9-2。由图 9-2 可知，随着交联剂用量的增加，交联聚合物吸水率降低，稳定性提高。这是因为交联剂用量对三维网格结构的密集程度有最直接的影响，密度过大，网格收缩紧密，不利于水分子进入其中，使吸水率降低，而交联过度时，将使凝胶过度收缩，难以溶胀，稳定性提高，但凝胶韧性降低。结合反应及对堵漏剂的要求，交联剂用量为 1.0%~1.5%之间较好。

4.引发剂对产物性能的影响

当在 m(AM):m(AA)=6:1，丙烯酸中和度 100%，交联剂用量占单体质量的 1.25%，反应混合物固含量 30%，反应温度 40℃，反应时间 5h，m(混合土):m(混合土+单体)=45%时，引发剂用量对产物性能的影响见图 9-3。由图 9-3 可知，较低的引发剂用量会使体系活性自由基数量过低而难以引发双键聚合，而引发剂量过高又会使反应过于剧烈，且造成聚合物相对分子质量降低。从图 9-3 可知，随着引发剂用量的增加，产物吸水率开始稍有增加，到引发剂超过 0.45%以后，快速增加；而损失率则随着引发剂用量的增加先降低，后又增加。这是因为自由基数量增多，反应热加剧，为体系中土的水化创造了有利条件，使土在聚合物网络中分散更为均匀，有利于提高稳定性，但由于引发剂用量过高时，聚合物链长降低，网状结构稳定性降低，损失率增加，稳定性降低。结合反应及对堵漏剂的要求，选择引发剂用量 0.4%~0.45%之间较好。

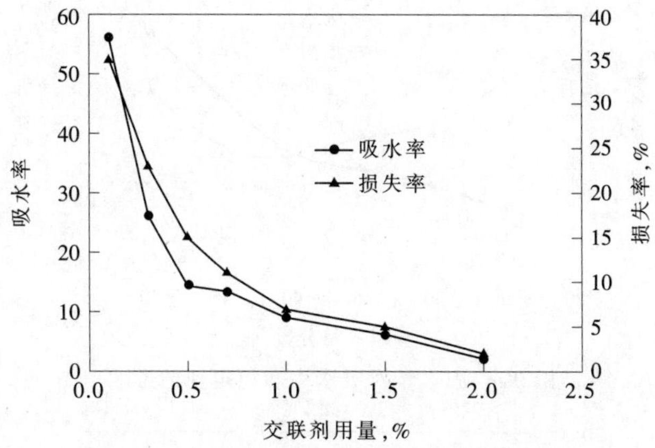

图 9-2 交联剂用量对吸水率和稳定性的影响

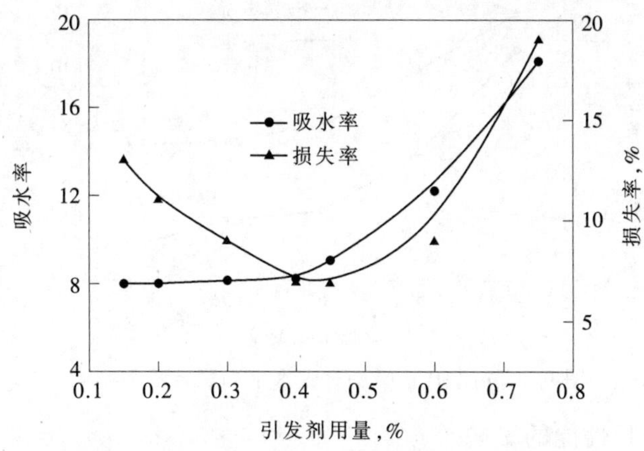

图 9-3 引发剂用量对吸水率和稳定性的影响

5.反应混合液固含量对产物性能的影响

当在 m(AM):m(AA)=6:1，丙烯酸中和度 100%，交联剂用量占单体质量的 1.25%，反应温度 40℃，反应时间 5h，m(混合土):m(混合土+单体)=45%，引发剂用量 0.4%时，反应混合液固含量对产物性能的影响见图 9-4。由图 9-4 可知，随着固含量增加，产物吸水率逐渐增加，而稳定性先提高后又降低。这是因为体系原料固含量太低不利于活性自由基引发链增长，同时使高分子交联不充分，过高则使体系黏度过大，局部反应热高，聚合物分子链降低。实验发现在聚合反应中，原料固含量低时，不仅引发周期长，且产物表面有黏稠状产物，甚至出现土沉淀现象。综合考虑，反应混合液固含量 35%~40%较好。

6.m(AM):m(AA)对产物性能的影响

当丙烯酸中和度 100%，反应混合物质量分数 35%，反应温度 40℃，反应时间 5h，m(混合土):m(混合土+单体)=45%,交联剂用量 1.25%,引发剂用量 0.4%时,m(AM):m(AA)对产物性能的影响见图 9-5。由图 9-5 可知,随着 AM 用量的增加,产物吸水率逐渐降低,热稳定性提高,但当丙烯酰胺过高时,反应容易发生爆聚,且吸水后凝胶韧性降低。结合实际,选择 m(AM):m(AA)为 5~6 较好。

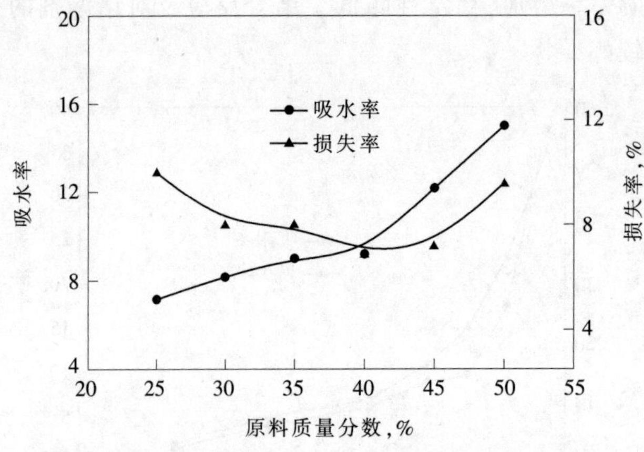

图 9-4 固含量对吸水率和稳定性的影响

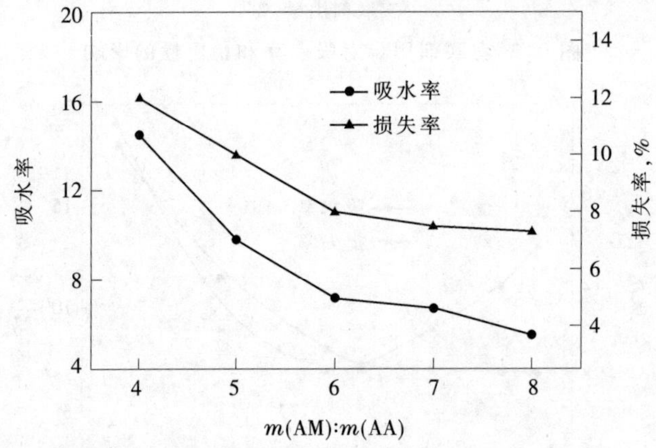

图 9-5 m(AM):m(AA)对吸水率和稳定性的影响

7.反应温度对产物性能的影响

当丙烯酸中和度 100%,反应混合物质量分数 35%,反应温度 40℃,反应时间 5h,m(混合土):m(混合土+单体)=45%,交联剂用量 1.25%,引发剂用量 0.4%,m(AM):m(AA)=5.5 时,反应温度对产物性能的影响见图 9-6。由图 9-6 可知,随着反应增加,产物吸水率逐渐降低,而稳定性先提高后又降低。实验发现聚合反应中,如果反应温度太低时,引发周期长,且产物表面有黏稠状产物。这是因为反应温度太低时不利于活性自由基的产生,过高则使聚合反应过快,体系局部反应热高,导致爆聚。结合实际,反应温度在 40℃较好。

8.产物抗温能力试验

当丙烯酸中和度 100%,反应混合物质量分数 35%,反应温度 40℃,反应时间 5h,m(混合土):m(混合土+单体)=45%,交联剂用量 1.25%,引发剂用量 0.4%,m(AM):m(AA)=5.5 时,合成样品,将样品在不同温度下老化 24h。结果表明,在 120℃下老化 24h 后,产物还能够保持老化前凝胶形状[见图 9-7(a)],而 135℃下老化 24h 后几乎成为一团,并失去黏弹性

[见图 9-7(b)]。说明丙烯酸-丙烯酰胺聚合物/无机材料复合凝胶能够适用于 120℃以下,超过 135℃则成为黏流态,趋于溶解。

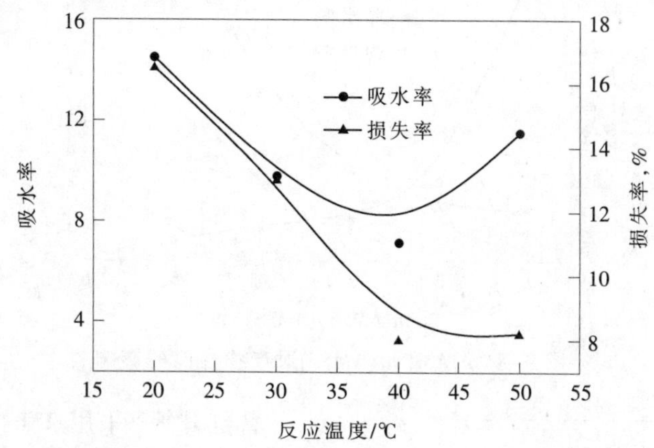

图 9-6 反应温度对吸水率和稳定性的影响

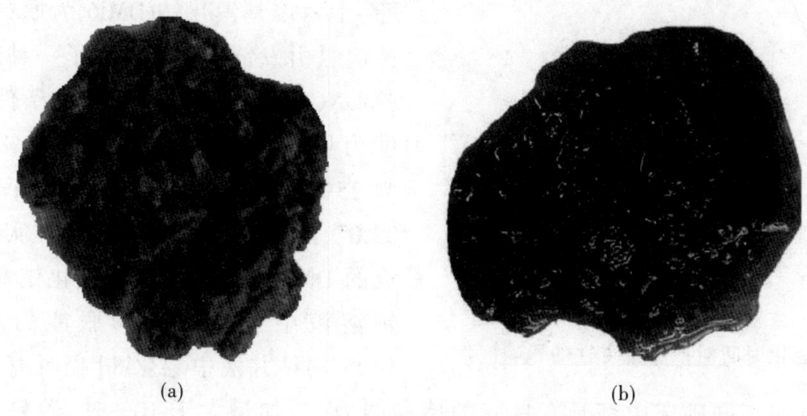

图 9-7 不同老化温度后凝胶的状态

(二) AM-AMPS 聚合物/无机材料复合凝胶

基于上述研究及方法,采用 AMPS 与 AM 共聚,制备 AMPS-AM 聚合物/无机材料复合凝胶。

在 m(混合土):m(混合土+单体)=50%(质量分数),引发剂占单体质量的 0.35%,交联剂用量占单体质量的 1.15%,反应混合物质量分数 30%,反应温度 40℃,反应时间 6h,首先考察了 AMPS 用量对产物性能的影响(见图 9-8)。从图 9-8 可以看出,随着 AMPS 用量的增加,产物吸水率增加,产物的稳定性提高。但当 AMPS 量过高时,由于吸水倍数过高,凝胶黏弹性低,综合考虑,m(AM):m(AMPS)=2~3 较好。

按照 m(AM):m(AMPS)=2:1 合成 AM-AMPS 聚合物/无机材料复合凝胶样品,将样品在 140℃温度下老化不同时间, 损失率与老化时间的关系见图 9-9。从图 9-9 可以看出,在 120℃老化 120h,几乎没有损失,在 140℃老化时,随着时间的延长,损失率增加,但即使 120h 损失率仍然较低,而在 160℃下老化时,随着时间的延长损失率迅速增加,当超过 48h 再继续老化时,产物完全溶解。说明 AM-AMPS 聚合物/无机材料复合凝胶在 140℃以下具有较好的稳定性。

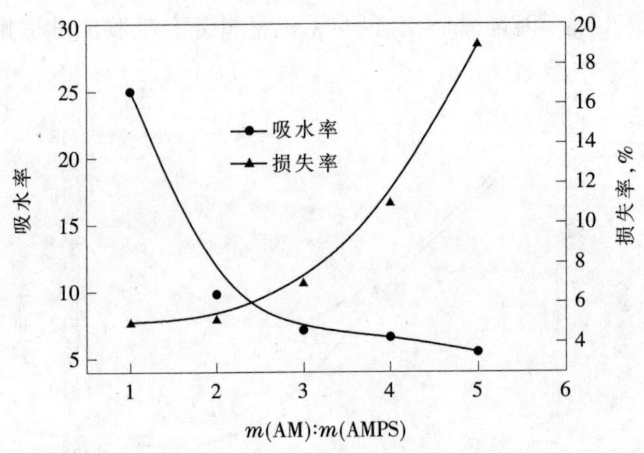

图 9-8 m(AM):m(AMPS)对产物性能的影响

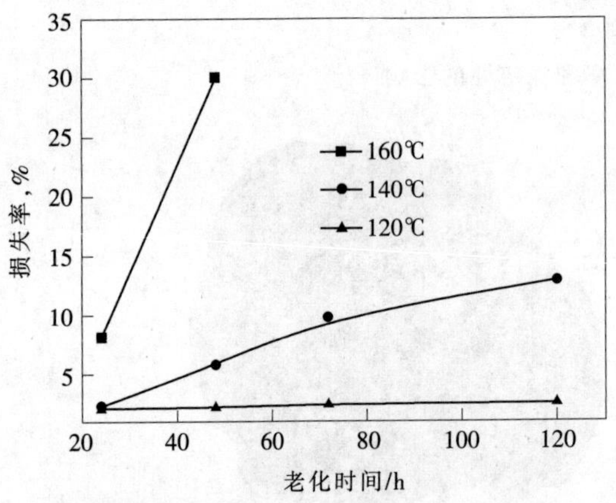

图 9-9 老化时间对产物稳定性的影响

鲁红升等[37]采用 AM 与含磺酸基单体(SJ)、阳离子表面活性剂单体二甲基-丙烯酸乙酯-十六烷基溴化铵(DMl6)为原料，采用水溶性偶氮引发剂 V50，制备了一种新型堵漏凝胶 DNG，通过实验得到最佳条件与配方：温度为 40℃，引发剂用量为 0.10%，单体浓度为 25%，单体配比 DMl6:SJ:AM=5.29:12.64:82.07，反应时间为 4h。在最佳实验条件下合成的 DNG 能够在 17.5%氯化钠和 4.0%氯化钙溶液中有很好的膨胀能力和韧性；在 140℃的钻井液中老化 8d 仍具有较高的吸水倍数和韧性；在不同砂床中都具有良好的堵漏能力，当加量大于 10%时，砂粒大小对堵漏效果影响不大，表明 DNG 具有很强的现场适应性，能够满足对不同漏失孔道的封堵，DNG 在模拟裂缝漏层中仍具有良好的堵漏能力。

还可以采用反相悬浮聚合的方法制备 AM-AMPS 聚合物/无机材料复合凝胶，按照前面的研究结果设计原料配方，合成方法如下：

① 反应混合液配制：按照配方，m(混合土):m(混合土+单体)=50%，引发剂占单体质量的 0.45%，交联剂用量占单体质量的 1.25%，首先配制氢氧化钠水溶液，然后搅拌下均匀加入混合土，高速搅拌至成浆状，然后在搅拌下慢慢加入 AMPS，加完后继续搅拌 5min，加入丙烯酰胺等单体，溶解后加入交联剂、引发剂，再用氢氧化钠水溶液调节 pH 值，并用通过加入水调整反应混合液固含量，使原料质量分数 30%~35%。

② 反相悬浮聚合：将溶剂(白油、煤油或环已烷等)，表面活性剂(Span-80 或 *HLB* 值相近的其他乳化剂)加入反应瓶，并通氮，加热至反应温度，在搅拌下滴入反应混合液，进行聚合反应，待滴加完后，继续保温反应 0.5~1h，然后共沸或减压脱水，脱水后再反应 1~2h，分离合成的产物，干燥即得到颗粒状交联聚合物吸水材料。也可以不脱水，待反应完成后分离出凝胶，直接使用。

在其他条件一定时，反应温度对产物高温稳定性的影响见图 9-10(140℃下老化)。从图

9-10 可以看出，随着反应温度的提高，所得产物的热稳定性提高，因此，提高反应温度有利于保证产物的质量。但当反应温度过高时，容易发生爆聚，使产物颗粒不规则，且会发生黏连，使聚合反应失败。在低温下反应得到的产物，随着老化时间的增加，损失率快速增加，当达到一定时间后变化逐渐变小，这是因为在低温下反应不完全，且产物不能形成均匀的交联结构，没交联部分在高温下会逐渐溶于水中，使损失率增加，当交联部分溶解差不多时，交联聚合物的损失率与高温下反应产物趋于一致。从图 9-10 还可看出，在 60℃和 65℃反应得到的产物热稳定性差别不大，故选择反应温度在 60~65℃。

(三) 提高交联聚合物抗温能力的方法

通过采用水解稳定性的单体代替部分 AM 制备交联聚合物-混合土吸水材料，可以有效地提高产物的热稳定性。图 9-11 是采用不同的单体所制备吸水材料的热稳定性情况(160℃下老化)。从图 9-11 可以看出，采用不同的水解稳定性单体代替部分 AM 后，材料的热稳定性明显提高，当全部代替 AM 后，效果更优。但由于所采用的这些单体的价格较高，寻找低成本水解稳定性单体对于制备抗高温交联聚合物凝胶堵漏材料很重要。

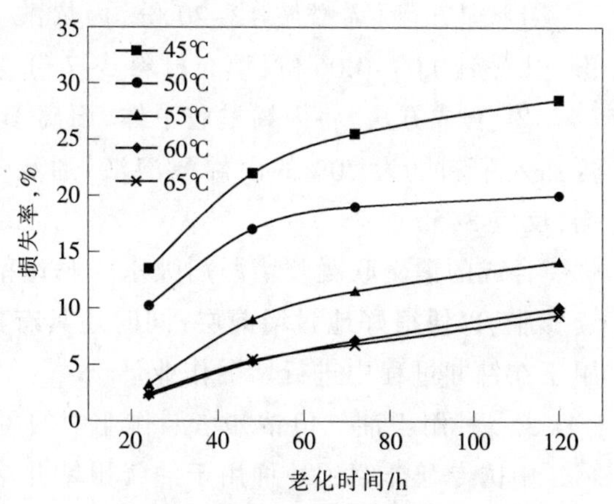

图 9-10 老化时间对不同温度下合成产物稳定性的影响

(四) 聚合物凝胶研究进展

正是由于聚合物凝胶堵漏剂在现场表现出的突出优势，使聚合物凝胶堵漏剂研究越来越受重视，近几年还有一系列关于聚合物凝胶堵漏剂制备的专利文献，现就一些代表性凝胶堵漏材料进行介绍。

1.互穿网络吸水树脂堵漏剂

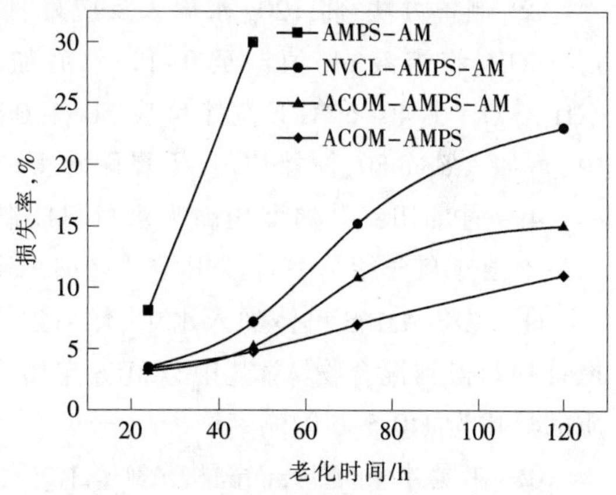

图 9-11 老化时间对不同组成产物稳定性的影响

针对提高凝胶吸水树脂抗温性能的需要，设计出一种新型互穿网络凝胶吸水树脂[38]。通过引入含有大侧基或刚性基团的有机单体，提高吸水树脂的抗温性能。同时，在传统的单一网络结构基础上，引入具有柔性链段的第二网络，填补第一网络的空隙，并限制第一交联网络的链节运动。当受到外力作用时，第一网络和第二网络之间可以发生相对滑移，从而有效地分散作用力，这样“刚柔相济”的结果使双网络吸水树脂的强度有很大的提高，可以达到传统吸水树脂的十几倍甚至几十倍，从而提高凝胶吸水树脂的强度和抗温性能。其合成方法如下：

① 配制一定浓度的第一单体(AMPS)水溶液，加入适量的氢氧化钠中和，然后加入适量比例无机粉末填充材料搅拌均匀，依次加入适量的交联剂、引发剂，搅拌均匀后常温下静置反应 0~30min，得到具有黏弹性的块状树脂，将树脂剪成 2~20mm 的小块备用。

② 配制一定浓度的第二单体(丙烯酰胺)水溶液，在溶液中加入适量的交联剂和引发

剂，搅拌均匀后备用。将第一步所得树脂小块放入第二单体溶液中浸泡，达到饱和吸液后取出，加热至60~80℃引发聚合得到DNG堵漏剂产品。所得产品具有极好的黏弹性和柔韧性，抗压强度达到20MPa，吸水倍数为3~30倍。互穿网络凝胶经150℃老化后形态保持完整、不溶解、吸水倍数增加、保持足够的强度，且150℃下的高温稳定性达到30d，可以满足150℃高温下现场堵漏要求。

2.一种钻井用高强度预交联凝胶堵漏剂制备方法

中国专利介绍了一种钻井用高强度预交联凝胶堵漏剂制备方法[39]：

① 配方：丙烯酰胺12~20份，丙烯酸2~5份，阳离子单体3~6份，交联剂0.01~0.03份，引发剂0.03~0.06份，填充材料3~7份，其余为水。

② 合成方法：将丙烯酰胺单体、阳离子单体和交联剂加入水中溶解，加填充材料搅拌；再加入中和度为70%的丙烯酸溶液，通氮气保护，充分搅拌，在30~60℃温度下加入引发剂，反应3~5h。

合成的预交联凝胶堵漏剂吸水膨胀速率较慢，保证堵漏剂进入漏层后自身体积还能持续膨胀，以便很好地封堵漏层；同时还具有抗挤压强度大、耐温耐矿化度能力强等特点，适用于在钻井过程中进行堵漏作业。

3.一种用于油气田钻井堵漏作业中的可控膨胀堵漏剂

中国专利介绍了一种用于油气田钻井堵漏作业中的可控膨胀堵漏剂[40]。

① 配方：水120g，丙烯酸7~12g，丙烯酸胺18~23g，超细$CaCO_3$ 3~6g，中和剂12~20g，交联剂0.05~1g，引发剂0.4~0.8g，乳化剂3~7g，石蜡35~45g。

② 制备方法：将120g水放入反应罐，搅拌中加入丙烯酸和丙烯酸胺；溶解后滴加中和剂NaOH，将溶液pH值调至9~11；然后加入超细$CaCO_3$、交联剂NMBH、引发剂Na_2SO_3和$(NH_4)_2S_2O_8$，在40~60℃下搅拌反应50~150min得样品；将石蜡加热至液态，样品加入石蜡中，再加入Span80，搅拌均匀、干燥碾碎得产品。

4.一种油田钻井堵漏用高吸水材料的制备方法

中国专利介绍了一种油田钻井堵漏用高吸水材料的制备方法[41]：

① 先将AMPS单体加入水中，然后边搅拌边向AMPS单体和水的混合物中加入烧碱，搅拌均匀得到混合物A。其中，AMPS单体与水的质量比为1:1~4:1，AMPS单体与烧碱的物质的量比为1:0.5~0.9:1。

② 在搅拌条件下，依次将AM单体、交联剂N,N'-亚甲基双丙烯酰胺、麦饭石矿物粉加入到混合物A中，继续搅拌均匀得到混合物B。其中，AMPS与AM单体物质的量比为1:(0.5~5):1；交联剂质量为AMPS单体质量的0.02%~0.1%；麦饭石矿物粉加入量为AMPS质量的1%~50%。

③ 再向混合物B中加入占AMPS单体质量的0.1%~1%的引发剂，搅拌均匀后得到混合物C。

④ 将混合物C放置于微波反应装置中，控制微波辐射频率2450MHz，辐射功率200~400W，辐射时间为3~8min，使自由基接枝共聚反应在麦饭石矿物粉表面发生完全，得到含水的接枝聚合物。含水的接枝聚合物干燥、机械粉碎得到最终产品，即油田钻井堵漏用高吸水材料。

麦饭石矿物粉的制备方法为:先将麦饭石矿石粉碎成200目的粉末,然后将麦饭石粉末在1~3mol/L的盐酸溶液或者1~3mol/L的硫酸溶液中浸泡24h,过滤,再用蒸馏水将麦饭石湿粉洗涤至中性,烘干,即得。

5.磺化酚醛吸水树脂SPA

传统的吸水树脂一般以碳-碳单键为主链,而磺化酚醛吸水树脂的分子结构主要以苯环和亚甲基为主,苯环体积大,空间位阻大,不容易转动,刚性强。通过分子主链结构的改变实现较好的高温稳定性。

SPA的合成[42]:在装有回流冷凝器、温度计、搅拌器的四口烧瓶中加入甲醛和熔化的苯酚,控制体系温度40~50℃,搅拌均匀后,慢慢加入焦亚硫酸钠,待其完全溶解后,继续搅拌15min再慢慢加入无水亚硫酸钠,反应pH值控制在8~10之间,控制体系反应温度60℃,搅拌反应30min后,升温至100℃,反应1~2h后加入增韧改性剂,继续反应1~2h,在成胶前将反应液倒入密闭容器中在100℃下熟化1~5h,即制得磺化酚醛吸水树脂。

SPA老化前为具有弹性和韧性的树脂,在地层压差的作用下能够被挤入漏层,在地层高温作用下,SPA进一步交联固化,转变成较为坚硬的固体,起到固化封堵层的作用,有望在堵漏作业中取得较好的效果。

6.一种改良的凝胶聚合物——双亲球形聚合物防漏材料WZ-1

针对深井超深井渗透性漏失地层的需要,设计出一种具有亲油核/亲水壳的双亲微球结构,即引入高强度高抗温的油性树脂材料,并对其表面进行亲水修饰,以提高材料在钻井液体系中的分散作用。其中,亲油核采用具有刚性结构的油性单体合成,亲水壳采用具有吸水膨胀作用的凝胶材料合成。

合成方法[43]:

① 在反应瓶中,加入适量的纯净水作为连续相,并称取一定量的乳化剂加入到水中并搅拌均匀;取一定量的苯乙烯、1,4-二乙烯基苯混合均匀,作为分散相,在分散相中加入引发剂偶氮二异丁腈和过氧化羟基异丙苯,混合均匀后在持续搅拌状态下将分散相滴入连续相中,得到稳定的苯乙烯浓乳液,然后将配制好的浓乳液在50℃下聚合6~8h,得到白色的PB2疏水粒子。

② 将PB2疏水粒子用一定量的有机溶剂溶胀2~5h,然后将丙烯酰胺,N,N'-亚甲基双丙烯酰胺的水溶液加入溶胀过的PB2微球,搅拌至均匀的混合体系,然后加入一定浓度的氧化-还原引发剂水溶液,体系在室温下几分钟内即可完成界面引发,产品经干燥后得到粉末状双亲微球聚合物WZ-1。

双亲微球具有较好的弹性和一定的可变形性,同时外柔内刚的特殊结构赋予了材料较强的填充及承压能力,并能有效预防诱导裂缝的产生。双亲微球粒径可控且分布范围广,在压差的作用下,小于地层孔隙尺寸或裂缝宽度的双亲微球进入漏层后,可通过架桥充填原理产生封堵;大于地层孔隙直径或裂缝宽度的双亲微球可通过挤压变形进入孔隙,然后通过较强的弹性作用使孔隙或裂缝产生扩张充填,从而对孔隙或裂缝产生较好的封堵作用;大小颗粒相互填充,最终形成密实封堵层,有效降低封堵层的渗透率,阻止钻井液进入漏层,提高封堵强度。产品形状呈球型,微球之间的摩擦力较小,可有效缓解组分间的摩擦作用,变滑动摩擦为滚动摩擦,在压力作用下可快速在漏层处形成密实封堵;同时可自身旋转起到轴承作用,有效降低体系摩阻。

三、地下交联聚合物凝胶体系

将堵漏材料送入漏层,在地层温度条件下形成交联体而起到封堵漏层的目的。采用地下交联形成的聚合物凝胶堵漏剂需要配制专门的堵漏液,施工中要根据漏失情况设计堵漏工艺和堵漏液的量。

(一) 剪切敏感性堵漏剂 SSPF

该剂是一种可以快速封堵严重漏失地层的堵漏液,它是由油相中的交联剂和溶于水相中的高浓度多糖聚合物组成的反相乳液。堵漏液中的交联剂和多糖聚合物在高剪切速率下混合产生交联,形成类似于塑性固体的凝胶堵塞物而封堵漏失地层。该堵漏液用于封堵大裂缝和洞穴的灰岩或石灰岩漏失地层效果良好[44,45]。

(二) 复合堵漏材料 BLCM

复合堵漏材料 BLCM 由粒径 2~120mm 的特殊纤维颗粒、适当尺寸的植物纤维及聚合物颗粒等组成。BLCM 材料吸水膨胀可以形成具有一定的强度和黏弹性的网状结构,在压差作用下被挤入漏失层,并根据漏失层的形状自动填充,从而有效地解决了漏失问题。如在 Trinidad 东海岸某井(井深 1400m)使用直径 245mm 钻头钻进时发生失返性漏失,导致泵压不稳定,无法正常钻进,用常规方法堵漏效果不明显,改用 BLCM 材料成功处理了井漏,保证钻井施工顺利[46]。

(三) 复合有机/无机凝胶堵漏剂

该剂由有机复合凝胶材料、活性有机增韧剂和活性无机膨胀增强剂组成。复合有机/无机凝胶堵漏剂在漏层近井壁带快速吸水膨胀并吸附搭桥交联,形成三维网架结构,固相颗粒在网架结构上凝聚沉积成富集体,大大提高了堵漏效率,有效抑制堵漏浆向漏层深部漏失。这种堵漏剂在漏层驻留性强,封堵层短时间内承压能力高,流动性好,初凝时间易调整。增加活性有机增韧剂的含量可以增强微复合胶的强度,压力对微复合凝胶体的形成过程有一定影响,但水的矿化度及温度对其稳定性影响不大。经岩心实验表明,此复合凝胶堵漏剂具有良好的密封性,且对环境无不良影响,其组成成分可以干混,便于储存和运输。该剂成胶后在 160℃下热滚 16h 不会发生降解[47,48]。

(四) 低密度膨胀型堵漏浆

该材料由不同类型、不同相对分子质量的聚合物作增黏、降滤失剂,多种有机添加剂作悬浮载体,以超细材料作填充剂,用油溶性树脂、硅酸盐作加固剂,以低相对分子质量聚合物作防塌剂,并引入了流型调节剂、悬浮稳定剂、密度调节剂以及不同粒径、不同功能的高延展性的桥堵剂。低密度膨胀型堵漏浆进入漏失通道后,在地层温度、压力的作用下,各组分之间发生不同程度的物理、化学反应,产生协同效应。各组分在随钻堵漏过程中首先滞流,然后堆积、架桥、连接、填充加固,在漏失段井壁上快速形成封堵率高、填充加固能力强的封堵带,达到堵漏目的[49]。

(五) 丙烯酸、丙烯酰胺聚合物类交联体系

该类体系以丙烯酸、丙烯酰胺聚合物为基础,在交联剂作用下形成网状结构的凝胶。以丙烯酰胺为主体,引入具有吸附性能的阳离子单体二甲基二烯丙基氯化铵,采用 N,N'-甲基双丙烯酰胺为交联剂组成的体系,在地下自动聚合,并交联形成黏度可达 10000mPa·s 以

上的高黏凝胶,形成的凝胶可吸水膨胀至本身体积的1.5倍。该体系对高渗透地层和裂缝性地层具有降低漏失速度并封堵漏层的作用,凝胶堵漏在钻井过程中解决恶性漏失具有很好的效果[50]。选择聚丙烯酰胺作为成胶剂,三价铬和酚醛作为交联剂,通过调节pH值得到的聚合物凝胶具有稳定性好、流动性好等特点,聚合物凝胶与其他堵漏材料配合能够有效地封堵漏层。实验表明,水质对聚合物凝胶影响较小,pH值对凝胶的影响显著,在pH值为8条件下形成的凝胶黏度、稳定性较好,随着pH值升高,交联速度变快,成胶时间缩短,在一定的盐浓度范围之内,聚合物凝胶成胶速度快,稳定性好,但当盐浓度过高时,体系成胶性能变差,尤其是钙离子浓度较高时,易形成果冻型块状沉淀,需在施工中注意[51]。采用水解聚丙烯酰胺或水解聚丙烯腈与酚醛树脂、脲醛树脂等配成的混合液,在地层温度下可以形成交联体,以封堵漏失通道。交联体强度可以通过调节聚丙烯酰胺等与合成树脂的比例来达到,为了提高堵漏效果,同时需要配合使用桥堵材料。

通常采油堵水用的凝胶体系,通过调整配方等均可以用于钻井堵漏作业。

(六) 植物或生物胶交联体系

以田菁胶、磨芋胶、多聚甲醛和凝胶增强剂为主要原料,合成的无固相凝胶定时堵剂NSG-2。由NSG-2形成凝胶堵剂体系无论在淡水或海水中均能形成具有一定耐温性和抗压强度的凝胶,能在漏层部位定时堵隔和解堵,有利于保护油气层。但温度影响成胶时间和破胶时间,温度越高,成胶和破胶时间均会缩短,因此现场施工时应考虑温度的影响[52]。在渤海石油公司SZ-36-1井,井深3128m处发生严重井漏,在又喷又漏的复杂情况下,使用WS-1凝胶(魔芋粉改性高分子材料)与桥堵剂F配制的混合堵漏浆液,用平推法压井工艺一次压井堵漏成功[53]。黄原胶与硼砂等硼酸盐在适当pH值条件下可以交联成为三维凝胶结构,能有效地解决地层漏失问题[54]。

(七) 特殊纤维、桥塞材料和交联聚合物复合堵漏剂

一种用于封堵大裂缝、洞穴、溶洞等储层漏失的堵漏剂CACP,其由聚合物、交联剂与桥塞材料组成。该堵漏剂在地下经过一定时间后凝固成一种类似橡胶弹性体和海绵状态的物体,对漏失层段封堵较为密实。凝固时间可以根据地层的施工时间、井下地层温度通过加入缓凝剂或促凝剂来调节和控制, 一般在几小时内即可以见效。该材料分3个型号:Ⅰ型由聚合物、交联剂和粒径范围较宽的纤维材料组成,经过混合后压制球状,可以用于水基和油基钻井液中,用于封堵大裂缝或洞穴漏失;Ⅱ型组成中的纤维素颗粒较细,且含量较高,便于堵塞较深的裂缝和洞穴,胶结更坚固;Ⅲ型堵漏剂组成中采用了较粗的碳酸钙颗粒,可以在漏失层洞口形成具有一定孔隙度的堵塞层,以便其他较细的堵漏剂深入漏失层深部,达到全封堵的效果[55]。采用聚丙烯酰胺交联凝胶与无机碱金属盐的混合物堵漏剂等[56]也可以较好地解决相关井漏问题。

需要强调的是,地下交联聚合物调剖堵水剂配方通过优化交联剂并添加填充增强剂后可以用作地下交联堵漏剂。

四、存在的不足及下步方向

实践表明,常规的桥塞堵漏材料在处理裂缝性、孔洞性恶性漏失时有其自身的弱点和局限性。一是堵漏材料颗粒与地层裂缝或孔隙的匹配问题不好把握,二是堵漏材料在井筒周围的漏层驻留能力差,易与地层流体相混,堵漏浆很难在井筒周围形成足够强度的封堵

体，降低堵漏效果，堵漏一次成功率较低。而交联聚合物堵漏材料的使用，虽然在一定程度上改善了堵漏的效果，但仍然存在一些不足：①地下交联聚合物堵漏材料，在施工中未交联的聚合物溶液经过钻头剪切进入漏层也易与地层流体相混，聚合物交联的时间、交联后形成的凝胶的强度等不易控制；②对于吸水性交联聚合物堵漏剂，吸水速度不容易控制，加入钻井液中易引起钻井液流变性变差，给堵漏的施工带来困难；③以丙烯酸、丙烯酰胺为主要原料制备的材料耐温抗盐能力不足，一般当温度高于130℃以后，其热稳定性降低，高温下交联点会断裂，逐步由交联聚合物转化为水溶性聚合物，失去驻留作用，可能发生再漏失现象。

针对上述不足，围绕提高交联聚合物堵漏材料的综合性能，今后需要从以下方面开展工作：①针对提高抗温性和堵漏强度，可以合成适用于不同温度范围的互穿网络聚合物颗粒或凝胶材料、两亲聚合物凝胶、可反应聚合物凝胶、快速反相强驻留交联聚合物乳液、地下交联或地下反应堵漏浆或聚合物“混凝土”、可控交联树脂等化学封堵材料；②研究延迟膨胀技术，控制凝胶吸水膨胀速度；③结合交联聚合物堵漏剂的特征，建立配套的堵漏性能评价方法，为针对性地开展凝胶堵漏剂及凝胶、桥堵复合堵漏剂研究提供手段；④在凝胶聚合物堵漏机理方面深入研究，不断完善交联聚合物堵漏剂的性能及堵漏施工工艺，以在石油勘探开发中发挥更大的作用。

参考文献

[1] 水凝胶[EB/OL].http://baike.baidu.com/view/200585.htm?fr=aladdin.

[2] 邹新禧.超强吸水剂[M].北京：化学工业出版社，1991.

[3] 郑延成，周爱莲，赵维鹏.溶液法合成高吸水树脂的条件优化[J].精细石油化工，1999(5)：34-36.

[4] 闫辉，张丽华，周秀苗.功能高分子聚丙烯酸铵的研制[J].功能高分子学报，2002(2)：142-146

[5] 陈欣，张兴英.反相乳液聚合制备耐盐性高吸水性树脂[J].化工新型材料，2007，35(7)：73-75.

[6] 谢洪科，蒋灿，邓凤其，等.聚丙烯酸-丙烯酰胺吸水树脂的辐射法制备及性能研究[J].湖南农业科学，2008(4)：64-66.

[7] 林纪辰，黄毓礼，熊光超.光聚合法合成聚丙烯酸-丙烯酸钠高吸水性树脂[J].北京化工大学学报，2001，28(2)：26-29.

[8] 龙明策，王鹏，郑彤，等.高吸水性树脂的微波辐射合成工艺及性能研究[J].高分子材料科学与工程，2002，18(6)：205-208.

[9] 中国石油化工股份有限公司.钻井液用聚合物溶胀微粒及其制备方法：中国，103509199 A[P].2014-01-15.

[10] 中国石油化工集团公司，中石化中原石油工程有限公司钻井工程技术研究院.一种钻井液用弱凝胶提黏切剂及其制备方法：中国，104140791 A[P].2014-11-12

[11] 中国石油集团渤海钻探工程有限公司.钻井液用有机-无机复合型弱凝胶流型调节剂及其制备方法：中国，103980870 A[P].2014-08-13.

[12] 罗健生，王雪山，徐绍诚.无黏土弱凝胶钻井液的研制开发及应用[J].钻井液与完井液，2002，19(1)：10-12.

[13] 叶艳，鄢捷年，王书琪，等.无固相弱凝胶钻井液配方优化及在塔里木油田的应用[J].钻井液与完井液，2007，24(6)：11-16.

[14] 黄珠珠，蒲晓林，罗兴树，等.随钻堵漏型无固相弱凝胶钻井液体系研究[J].钻井液与完井液，2008，25(3)：52-54.

[15] 向朝纲，蒲晓林，冯宗伟.抗高温环保型弱凝胶钻井液[J].钻井液与完井液，2012，29(3)：15-17.

[16] 谢水祥，蒋官澄，陈勉，等.凝胶型钻井液提切剂性能评价与作用机理[J].石油钻采工艺，2011，33(4)：48-51.

[17] 苏雪霞，孙举，郑志军，等.氯化钙弱凝胶无黏土相钻井液室内研究[J].钻井液与完井液，2014，31(3)：10-13.

[18] 中国石油集团渤海钻探工程有限公司.适用于大位移井、水平井的弱凝胶无固相水基钻井液:中国,103952128 A[P].2014-07-30.

[19] EI-SAYED M,EZZ A,AZIZ M,et al.Successes in Curing Massive Lost-Circulation Prob-lems With a New Expansive LCM[C]//SPE/IADC Middle East Drilling and Technology Conference,22-24 October 2007,Cairo,Egypt.

[20] 张歧安,徐先国,董维,等.延迟膨胀颗粒堵漏剂的研究与应用[J].钻井液与完井液,2006,23(2):21-24.

[21] 狄丽丽,张智,段明,等.超强吸水树脂堵漏性能研究[J].石油钻探技术,2007,35(3):33-36.

[22] 汪建军,李艳,刘强,等.新型多功能复合凝胶堵漏性能评价[J].天然气工业,2005,25(9):101-103

[23] 左凤江,于玉兴,海法,等.水化膨胀复合堵漏工艺技术[J].钻井液与完井液,2006,23(5):56-59.

[24] 张歧安,徐先国,董维,等.延迟膨胀颗粒堵漏剂的研究应用[J].钻井液与完井液,2006,23(2):21-24.

[25] HORTON R L,PRASEK B,GROWCOCK F B,et al.Prevention and Treatment of Lost Circulation with Crosslinked Polymer Material:US,7098172[P].2006-08-29.

[26] SWEATMAN R,WANG Hong,XENAKIS H,et al.Wellbore Stabilization Increases Fracture Gradients and Controls Losses/Flows During Drilling [C]//Abu Dhabi International Conference and Exhibition,10-13 October 2004,Abu Dhabi,United Arab,Emirates.

[27] IVAN C D,BRUTON J R,THIERCELIN M,et al.Making a Case for Re-thinking Lost Circulation Treatments in Induced Fractures[C]//SPE Annual Technical Conference and Exhibition,29 September-2 October 2002,San Antonio,Texas.

[28] 王中华.聚合物凝胶堵漏剂的研究与应用进展[J].精细与专用化学品,2011,19(6):33-38.

[29] 赖小林,王中华,郭建华,等.吸水材料在石油钻井堵漏中的应用[J].精细石油化工进展,2010,11(2):17-21.

[30] 周亚贤,郭建华,王同军,等.一种耐温抗盐预交联凝胶颗粒及其应用[J].油田化学,2007,24(1):75-78.

[31] 李旭东,郭建华,王依建,等.凝胶承压堵漏技术在普光地区的应用[J].钻井液与完井液,2008,25(1):53-56.

[32] 赖小林,王中华,邓华江,等.双网络吸水树脂堵漏剂的研制[J].石油钻探技术,2011,39(4):29-33.

[33] 张新民,聂勋勇,王平全,等.特种凝胶在钻井堵漏中的应用[J].钻井液与完井液,2007,24(5):83-84.

[34] 彭芸欣,罗跃,陈利平.吸水膨胀型聚合物堵漏剂的合成与评价[J].当代化工,2009,38(6):563-565,569.

[35] 严君凤.新型堵漏材料的合成[J].钻井液与完井液,1998,15(1):42-44.

[36] 苗娟,李再钧,王平全,等.油田堵漏用吸水树脂的制备及性能研究[J].钻井液与完井液,2010,27(6):23-26.

[37] 鲁红升,张太亮,黄志宇.一种新型堵漏凝胶 DNG 的研究[J].钻井液与完井液,2010,27(3):33-35.

[38] 中国石油化工集团公司,中国石化集团中原石油勘探局钻井工程技术研究院.一种吸水树脂堵漏剂的制备方法:中国,102295729 B[P].2011-12-18.

[39] 中国石油大学(华东).一种钻井用高强度预交联凝胶堵漏剂及其制备方法:中国,101586023 B[P].2010-07-21.

[40] 西南石油大学.一种可控膨胀堵漏剂:中国,102146280 B[P].2013-02-27.

[41] 陕西国防工业职业技术学院.一种油田钻井堵漏用高吸水材料的制备方法:中国,102268123 B[P].2013-01-09.

[42] 中国石油化工股份有限公司,中原石油勘探局钻井工程技术研究院.磺化酚醛吸水树脂的制备方法:中国,102295820 B[P].2013-10-02.

[43] 中国石油化工股份有限公司,中原石油勘探局钻井工程技术研究院.一种抗高温随钻堵漏剂及其制备方法:中国,102603985[P].2012-07-25.

[44] JOHNSON L,MURPHY P,ARSANIOUS K.Improvements in Lost-Circulation Control During Drilling Using Shear-Sensitive Fluids[C]//Canadian International Petroleum Conference,Jun 4-8,2000,Calgary,Alberta.

[45] QUINN D,SUNDE E,BARET J F.Mechanism of a Novel Shear-Sensitive Plugging Fluid To Cure Lost Circulation [C]//SPE International Symposium on Oilfield Chemistry,16-19 February 1999,Houston,Texas.

[46] ALI A,KALLOO C L,SINGH U B.Preventing Lost Circulation Inseverely Depleted Unconsolidated Sandstone Reservoirs[J].SPE Drilling & Completion,1994,9(1):32-38.

[47] LÉCOLIER E,HERZHAFT B,ROUSSEAU L,et al. Development of a Nanocomposite Gel for Lost Circulation Treatment[C]//SPE European Formation Damage Conference,25-27 May 2005,Sheveningen,The Netherlands.

[48] ZAITOUN A, KOHLER N, MARRAST J, et al. On the Use of Polymers to Reducewater Production from Gas Well[J]. In Situ: Oil-Coal-Shale-Minerals, 1990, 14(2): 133-146.

[49] 隋跃华，关芳.低密度膨胀型堵漏技术在塔深 1 井的应用[J].石油钻探技术，2006，34(6)：74-76.

[50] 郑军，何涛，王琪，等.地下合成凝胶堵漏性能研究[J].钻采工艺，2010，33(4)：102-104.

[51] 罗兴树，蒲晓林，黄岩，等.堵漏型聚合物凝胶材料研究与评价[J].钻井液与完井液，2006，23(2)：28-32.

[52] 王松.无固相凝胶堵剂 NSG-2 的合成与性能评价[J].特种油气藏，2004，11(3)：76-78.

[53] 王松.WS-1 凝胶堵漏剂的研制与应用[J].河南石油，1998，12(5)：23-26.

[54] MOKHTARI M, OZBAYOGLU E M. Laboratory Investigation on Gelation Behavior of Xanthan Crosslinked With Borate Intended to Combat Lost Circulation [C]//SPE Production and Operations Conference and Exhibition, 8-10 June 2010, Tunis, Tunisia.

[55] BRUTON J R, IVAN C D, HEINZ T J. Lost Circulation Control: Evolving Techniques and Strategies to Reduce Downhole Mud Losses[C]//SPE/IADC Drilling Conference, 27 February-1 March 2001, Amsterdam, Netherlands.

[56] SUYAN K M, DASGUPTA D, SANYAL D, et al. Managing Total Circulation Losses With Crossflow While Drilling: Case History of Practical Solution [C]//SPE Annual Technical Conference and Exhibition, 11-14 November 2007, Anaheim, California, USA.

第十章 天然材料改性处理剂

作为绿色环保化学品,水溶性天然或天然材料改性处理剂因材料来源丰富、价格低廉、对环境污染小,在石油工业中有广泛的用途。这类材料作为钻井液处理剂,可以起降滤失、增黏、降黏、稳定井壁和防塌等作用,在钻井液处理剂中占有较大的份量,是用于维护钻井液良好性能的重要油田化学品。天然材料改性处理剂主要有淀粉类、纤维素类、栲胶类、木质素类、腐殖酸类和植物胶类。尽管国内在水溶性天然材料改性处理剂方面已经开展了大量的研究和应用工作,并在石油钻探中起到了积极的作用,为石油钻井的顺利进行提供了保障,但仍然存在研究深度不够、应用较少等问题,这从一定程度上反映出人们对天然材料利用还不够重视。主要体现在:

① 就改性研究内容来说,改性的手段还比较少,改性的深度也不够。

② 在淀粉接枝共聚物研究中,并没有明确指出淀粉是作为主体还是只少量的引入,无论从降低成本,还是从环保的角度讲,如何尽可能地提高淀粉在接枝共聚物中质量分数应是研究的关键。可喜的是淀粉下游产品——烷基糖苷的研究与应用逐步得到重视。

③ 在纤维素改性方面,早期就有采用纸浆作为纤维素原料制备羧甲基纤维素的介绍,近年又开展部分工作,这是值得倡导的,但如何从纤维素处理和生产工艺上进一步攻关,使非棉纤维素为原料的羧甲基纤维素实施工业化生产和推广应用更显迫切。

④ 对于木质素、腐殖酸和栲胶等来说,不仅原料来源丰富,而且价格低廉,且其分子结构具备深度改性的反应基础,如何以其为原料,通过化学处理、分子修饰等手段制备适用于高温、超高温条件下的水基钻井液处理剂以及制备油基钻井液处理剂等,可作为今后的研究目标,并尽可能避免与木质素、腐殖酸和栲胶相关的一般的改性及与过去近似的重复工作。

⑤ 植物胶作为一种生物质资源, 也可以用作制备天然材料改性钻井液处理剂的有效途径,但这方面研究与应用一直很少,今后应引起重视,并重点放在改善其抗温和抗盐能力方面。

可见,如何充分利用绿色生物质资源,拓宽天然材料改性产品的应用范围,仍然是摆在钻井液工作者面前的课题,针对实际需要和目前研究与应用现状,今后需要继续开展深入的研究开发工作,以开发出综合性能更好、成本低的改性产品,进一步提高天然改性产品在钻井液中的应用水平[1]。为了对天然材料改性处理剂有个整体的认识,本章结合文献和实践,对天然或天然改性产物类处理剂简要介绍,对于一些应用面相对大的天然改性处理剂还介绍了其制备方法。作者希望通过本章的介绍能对处理剂的发展起到有益的促进作用。

第一节 淀粉类改性处理剂

淀粉是绿色植物光合作用的产物,是植物体中贮存的养分,存在于种子和块茎中,各类植物中的淀粉含量都较高，大米中含淀粉 62%~86%，小麦中含淀粉 57%~75%，玉米中含淀粉 65%~72%，马铃薯中含淀粉 12%~14%。

淀粉是葡萄糖的高聚体，由相当于化学式 $C_6H_{10}O_5$ 结构单元重复结构组成，简写成$(C_6H_{10}O_5)_n$，式中 n 为聚合度。纯粹的淀粉是由葡萄糖结构单元缩聚而成的高分子化合物，由于葡萄糖结构单元在淀粉中的缩聚方式不同、成分不均一，形成两种不同的多糖体，即直链淀粉和支链淀粉。直链淀粉含几百个葡萄糖单元，支链淀粉含几千个葡萄糖单元。在天然淀粉中直链的约占 22%~26%，它是可溶性的，其余的则为支链淀粉。当用碘溶液进行检测时，直链淀粉液显蓝色，而支链淀粉与碘接触时则变为红棕色。图 10-1 和图 10-2 分别为直链淀粉和支链淀粉结构式。支链淀粉显示多分子的特征。支链淀粉部分水解可产生称为糊精的混合物。糊精主要用作食品添加剂、胶水、浆糊，并用于纸张和纺织品制造(精整)等。

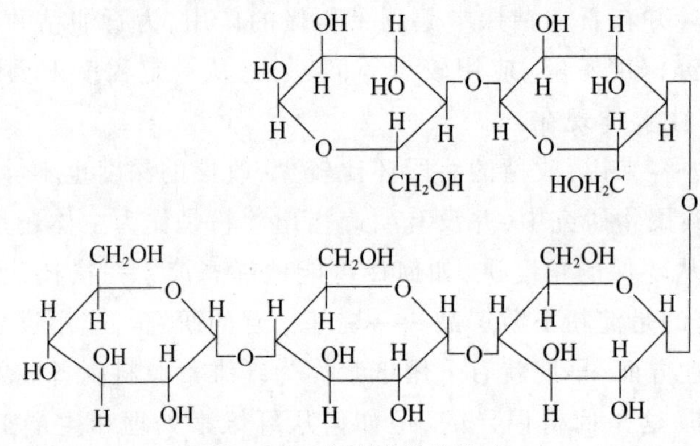

图 10-1 直链淀粉结构式

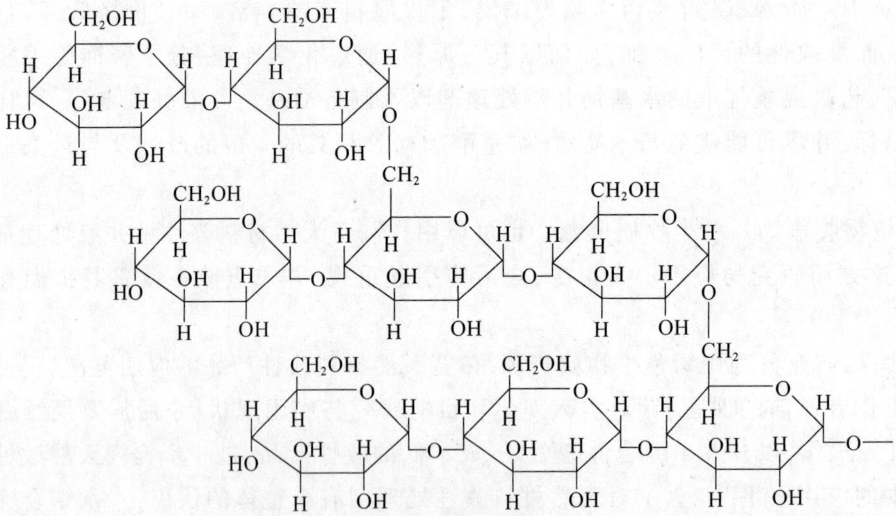

图 10-2 支链淀粉结构式

从微观上讲，淀粉分子是由结构紧密的结晶区(晶相)和结构松散的无定形区(非晶相)所组成。这一点与纤维素相类似，但其最高结晶度只有 40%，远比纤维素的结晶度小。

直链淀粉的结晶度较大，呈螺旋体状，它容易形成微晶结构，在稀溶液中溶胀时，可以部分伸直，并能很快地凝集，若加入乙醇，则会因夺取其无定形区的饱和水而导致沉淀。

支链淀粉形成结晶区的趋向较小,无定形区较大,呈球形结构,它能因水化作用而溶胀,支链的存在会使溶解带来极大的机械障碍。

最近,也有一些研究者认为,淀粉颗粒的结晶部分并不是以直链淀粉为主,在支链淀粉分子中的非还原端链附近,也易形成结晶性。

淀粉结构单元上有 3 个羟基,在醚化时可被取代的羟基数量最多只能有 3 个。由于 3 个羟基所连接的碳原子的位置不同,其反应能力有差异。淀粉反应的特点如下:

① 反应产物的不均匀性和复杂性。淀粉的化学反应和其他高分子化合物一样,都发生在大分子链节的官能团上。反应程度表示大分子中官能团的平均转变程度。因此,在同一条大分子链中,既含有已反应的链节,又含有未反应的链节。而且,不同的大分子链,其官能团的取代程度和取代位置也不完全相同,造成产物取代度的不均匀,也即基团分布不均。

② 分子结构对反应的影响。大分子官能团的反应活性,常受邻近官能团的影响。淀粉单元结构中所含有的三个可反应的羟基,其反应能力并不相同,且还与反应类型和条件有关。淀粉在羧甲基化时,第一醇的反应活性大于两个第二醇。两个第二醇中,如果其中有一个已被取代后,另一个第二醇的反应活性即明显降低。

③ 高聚物与低分子化合物反应的差异。高聚物与低分子化合物反应时,具有长链结构的高聚物扩散速度很慢,反应速度主要决定于小分子在大分子中的扩散程度。因此,聚合物的聚集状态对反应过程的影响很大。对淀粉而言,一般认为,在结晶相中难以进行反应,反应仅发生在无定形相中。所以,要得到比较优质的淀粉衍生物,在反应时应设法使淀粉的结晶结构破坏。淀粉与纤维素相比较,其结晶结构的破坏较容易,但也应避免使淀粉形成凝胶。

由于淀粉分子中的羟基的可反应性,可以通过醚化反应和接枝共聚改性途径赋予其新的性能,淀粉改性产物因其价格低廉、来源丰富,且绿色环保而成为重要的油田化学品之一,作为钻井液处理剂,因其具有强的抗盐性,可作为饱和盐水钻井液的降滤失剂,但该类处理剂抗温能力差,在井底温度高时容易发酵,一般仅能适用于 130℃以下,这就限制了其进一步的推广。为了提高淀粉类处理剂的抗温性能,采用丙烯酰胺、丙烯酸等单体与淀粉进行接枝共聚,接枝共聚产物既保持了淀粉的抗盐性能又提高了其抗温能力,使其逐步得到油田化学工作者的重视[2,3]。

目前,在淀粉改性处理剂中,现场应用的产品以淀粉醚化产物为主,接枝共聚物类处理剂多局限在室内研究。本节从淀粉醚化、接枝共聚两方面介绍淀粉改性处理剂。

一、淀粉醚化产物

最初人们将淀粉糊化或膨化产物用于钻井液处理剂,但在使用温度超过 70℃以后,容易发酵,并导致钻井液起泡,针对该问题围绕淀粉的醚化改性开展了一系列的工作,醚化改性产物有以下几类:

① 以淀粉与氯乙酸钠醚化得到的羧甲基化产物;

② 淀粉与环氧乙烷、环氧丙烷、烧碱等得到的羟乙(丙)基化产物;

③ 淀粉与丙烯腈反应产物经过进一步水解得到的羧乙基化产物;

④ 淀粉与 2-卤代乙磺酸钠得到的磺乙基化产物;

⑤ 淀粉与环氧氯丙烷、三甲胺等反应物反应得到的阳离子醚化产物。

现场应用证明,淀粉醚化产物作为钻井液降滤失剂,具有良好的控制滤失量的作用,且抗盐能力强,尤其适用于饱和盐水钻井液体系。

在醚化过程中产品质量控制主要包括两方面,一是碱化过程,二是醚化过程。碱化的关键是保证碱化均匀,尽可能使淀粉充分碱化,同时能避免淀粉在碱化过程中出现凝胶化,这一步直接关系到下步醚化反应。在醚化过程中,应尽可能保证搅拌均匀,以保证碱淀粉在非均相状态下反应更均匀完全,减少副反应,提高醚化反应效率,保证产品的取代度和取代度均匀分布,同时还要考虑减少醚化反应中可能出现的交联现象。

在采用半干法生产中,控制合适的醇水比,保证淀粉充分悬浮在乙醇-水体系中,在碱化过程中控制碱的加入速度及碱化温度,防止碱化淀粉聚集沉淀,在醚化剂加入后应充分搅拌,保证醚化剂与碱化淀粉充分接触,同时控制反应温度,减少醚化剂水解反应。

在干法生产中,碱化过程中氢氧化钠水溶液加入要均匀,以保证充分混合,最好以雾化方式加入,醚化剂加入同样要均匀,然后在低温下充分混合,待混合均匀后再在适当温度下醚化,同时保证醚化时间,产品干燥过程中开始温度不宜过高,一般控制在80℃以下,最好采用热风干燥。

基于淀粉的结构特点,醚化产物在抗温上虽然有明显改善,但其使用温度不能超过130℃,故在深井中不宜使用本品,但在饱和盐水钻井液中,使用温度可放宽至140℃,配合乙烯基磺酸盐共聚物或除氧剂,可将其使用温度提高至150℃。淀粉醚化产物有羧甲基淀粉、羟丙基淀粉、羧乙基淀粉和含磺酸基的醚化淀粉等,其中羧甲基淀粉用量最大,羟丙基淀粉次之,而羧乙基淀粉醚和含磺酸基醚化淀粉仅局限在室内研究。与羧甲基淀粉相比,含磺酸基醚化淀粉不仅抗盐能力强,同时具有抗钙镁污染的能力,应用前景良好,应进一步深入研究,并形成工业化生产。

(一) 羧甲基淀粉(CMS)

CMS是阴离子型的淀粉醚,性能及用途与羧甲基纤维素(CMC)相似,但其价格却远低于CMC。工业用羧甲基淀粉的取代度一般在0.9以下,取代度大于0.1的产品可溶于冷水,得到透明的黏稠溶液。与原淀粉相比,CMS黏度高、稳定性好,适用作增稠剂和稳定剂。CMS的黏度随取代度的提高而增加,其黏度受浓度的影响大,而受pH值的影响小,但在强酸条件下能转变成游离酸型,发生沉淀,通过添加交联剂(如甲醛),能提高CMS的黏度。在水溶液中,盐含量的提高可使CMS的黏度大大降低,CMS具有吸湿性,且随着湿度的上升而增加。

在油田化学中,CMS是一种重要的钻井液降滤失剂,尤其适用于饱和盐水钻井液体系。用作钻井液处理剂抗盐能力强,可用于淡水、盐水、饱和盐水钻井液和低固相钻井液,但其抗钙、镁离子能力差。

钻井液用的CMS主要有一级品和二级品,一级品是用半干法生产,二级品则采用干法生产。一级品主要技术指标:含水量≤12.0%,氯化钠≤7.0%,取代度(DS)≥0.25,pH值8±0.5,细度0.25mm筛100%通过。二级品主要技术指标:含水量≤15.0%,氯化钠≤12.0%,取代度(DS)≥0.15,pH值9±1,细度0.25mm筛100%通过。

1.生产方法

CMS可以采用淀粉与氯乙酸在碱性条件下醚化制得,其生产方法有半干法、干法和溶剂法，为了尽可能地降低成本，钻井液用 CMS 通常采用干法生产。

(1) 半干法

按淀粉:氢氧化钠(35%):乙醇=20:15:70 的比例(质量比)，将乙醇、淀粉加入反应釜，搅拌 30min，然后慢慢加入氢氧化钠溶液，继续搅拌 30~40min；升温至 45℃，在此温度下慢慢加入氯乙酸的乙醇溶液(用 20 份乙醇和 5.5 份氯乙酸配成)，在 45~50℃下反应 2~2.5h 后将反应混合液转移至中和洗涤釜中，首先用稀盐酸中和至 pH 值 7~8，然后再加入适量的乙醇使产物沉淀，沉淀物经分离回收乙醇，所得沉淀物经干燥、粉碎即得产品[4]。

(2) 干法

按淀粉:氯乙酸:氢氧化钠(45%溶液):Span-80(10%乙醇溶液)=20:5:11:1 的比例(质量比)，将淀粉加入捏合机中，然后依次向淀粉中喷入 Span-80 乙醇溶液和氢氧化钠溶液。加完后，捏合碱化 1h。碱化时间达到后，加入氯乙酸，在常温下捏合 2h，出料，将所得产物老化 12h 后，在 80℃烘干，粉碎即得成品[5]。

(3) 溶剂法

溶剂可以采用乙醇、异丙醇等，以异丙醇作为溶剂为例，合成方法是：在反应瓶中加入 8.1g 玉米淀粉和适量异丙醇(约 150mL)，搅拌使淀粉充分分散，加热至 40℃，加入 15g 质量分数 40%氢氧化钠水溶液，碱化反应 1.5h。加入 11.5g 氯乙酸和异丙醇(约 30mL)，并在 1h 内滴加 15g 质量分数 40%的氢氧化钠溶液，于 50℃下进行醚化反应 3h。用冰醋酸调节 pH 值至 7~8，抽滤，用无水乙醇洗涤至滤液中无 Cl^-，烘干、粉碎即得 CMS[6]。在溶剂法生产中，溶剂中适当的水量、溶剂与淀粉的比例、碱用量、氯乙酸用量以及碱化温度和醚化温度、后处理等对产物性能均具有不同程度的影响。

2.干法生产影响因素

干法生产工艺简单、对设备要求低，生产成本低，是生产钻井液用 CMS 的主要方法。在干法生产中如下一些因素会对产品性能造成影响：

(1) NaOH 用量

固定反应条件和原料配比 n(淀粉):n(氯乙酸钠)=1:0.45，H_2O 含量 30%，催化剂用量为淀粉质量的 1.5%，改变 NaOH 用量，产物性能与 NaOH 用量的关系如图 10-3(基浆为饱和盐水+4%抗盐土，滤失量 146mL，样品加量 1.5%，下同)。由图 10-3 可见，增加 NaOH 量有利于提高产物的取代度，而当 NaOH 用量过大时取代度反而降低，这是由于碱量过大时，副反应产物羟基乙酸钠量增加降低了主反应程度。还可看出，增加 NaOH 用量，产物的降失水能力增强，当 NaOH 用量过大时，失水量反而上升，可见要得到性能较好的产物，必须控制 NaOH 用量适当。

(2) 氯乙酸钠用量

图 10-4 是在反应条件及原料配比一定时(淀粉 1mol，NaOH 1.0mol，H_2O 含量 30%，催化剂 1.5%)，氯乙酸钠用量对产物性能的影响。由图中可见，产物的取代度随着氯乙酸钠用量的增加而增加，当氯乙酸钠用量超过 0.5mol 时取代度降低，产物水溶性差，这是由于产物部分交联所致；失水量随氯乙酸钠量增加大幅度下降，但氯乙酸钠量超过 0.4mol 后，失水量反而升高，这是由于产物溶解性差，不能在钻井液中分散所致。

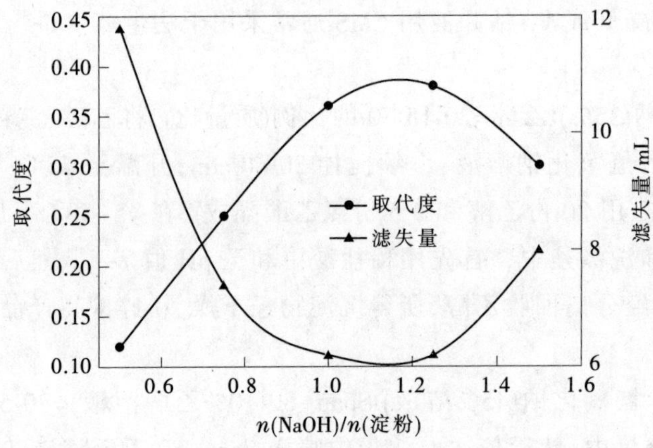

图 10-3 NaOH 用量对取代度和滤失量的影响

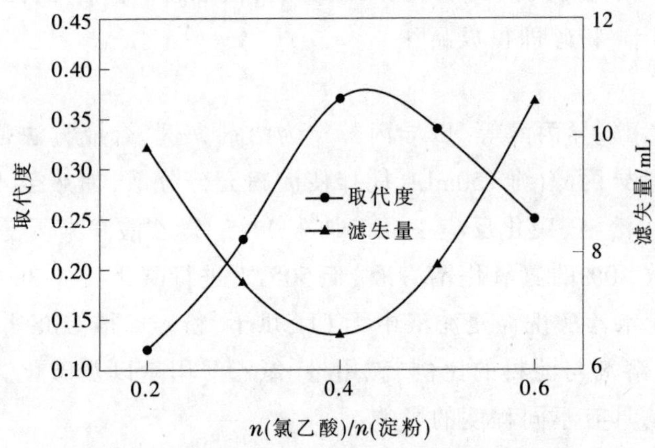

图 10-4 氯乙酸用量对取代度和滤失量的影响

(3) 水用量

原料配比一定,n(淀粉):n(NaOH):n(氯乙酸钠)=1:1.0:0.5,催化剂用量占淀粉总质量的2.0%,反应条件一定时,反应体系的含水量增加,产物的取代度先升高后又降低。这是因为开始增加 H_2O 量,反应较均匀,但当 H_2O 量大时,烘干时间延长,烘干过程中交联产物量增加,产物的水溶性较差,降失水能力下降(见图 10-5)。

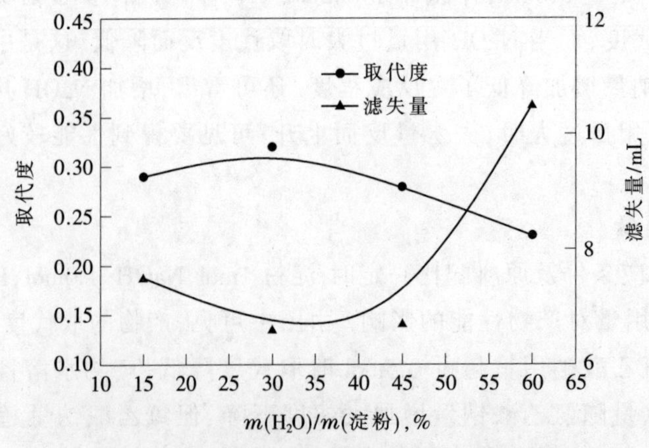

图 10-5 水用量对取代度和滤失量的影响

同时干法生产中需要注意碱化时间和干燥温度的影响。

图 10-6 结果表明，反应条件一定时(同烘干反应)，增加碱化时间有利于提高产物的降失水效果，但在实际生产中也不能无限地延长碱化时间，以防止淀粉在碱性条件下降解。

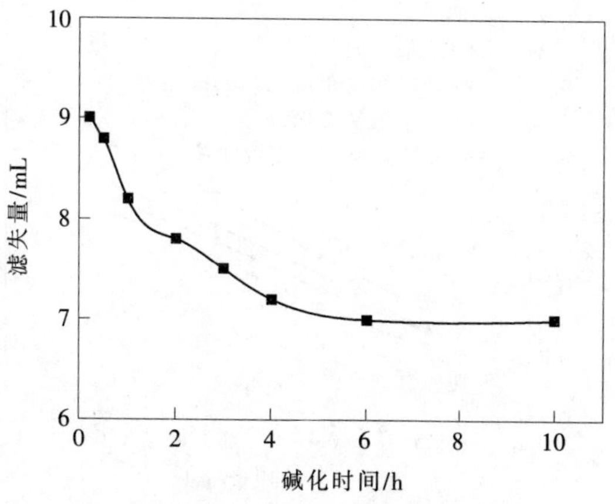

图 10-6 碱化时间对产品滤失量的影响

反应条件一定时，n(淀粉):n(NaOH):n(氯乙酸钠)=1:1:0.5，H_2O 含量 30%，催化剂为淀粉量的 2%，烘干温度对产物降滤失能力和烘干时间的影响见图 10-7，可以看出，提高烘干温度可以缩短烘干时间，但当温度超过 100℃时，产物交联、降失水效果降低，为了保证产物的降失水性能，烘干温度应控制在 100℃以下。

在溶剂法(非水介质)生产中，甲醇、乙醇、丙酮和异丙醇等有机溶剂均可以作为介质，不同介质在反应条件相同时制备的 CMS，其取代度有很大的差异(见表 10-1)[7]。当以有机溶剂作为介质时，其中水的比例也直接影响醚化反应，以乙醇为例，当乙醇中含水 13%~14%(体积)时，可以获得高取代度的产物，在含水小于 5%(体积)的乙醇中，醚化难以进行。

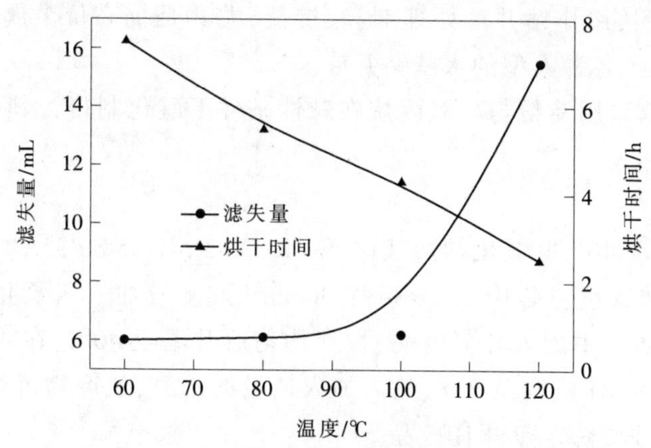

图 10-7 烘干温度对产品降滤失能力和烘干时间的影响

表 10-1 不同反应介质对取代度的影响

反应介质	水	甲 醇	丙 酮	乙 醇	异丙醇
取代度	0.1755	0.2294	0.3793	0.4756	0.5897

在溶剂法生产中可以通过加入相转移催化剂，如十六烷基三甲基溴化铵、苄基三甲基溴化铵、四丁基碘化铵提高产物的取代度和黏度[8]，在配方和反应条件一定时，不同催化剂对取代度的影响不同(见图 10-8)。比较 3 种催化剂时，十六烷基三甲基溴化铵效果较好，其次为苄基三甲基溴化铵和四丁基碘化铵。同种催化剂在不同的氯乙酸加入量中，其效果亦不同。从图中还可以看出，当氯乙酸投入量较高时，催化效果更为明显。

上述方法生产的 CMS，黏度一般较低，主要作为钻井液降滤失剂，如果希望淀粉改性产物用作增黏剂时，可采用文献[9]方法制备超高黏度羧甲基淀粉，其 2%水溶液黏度(25℃)大于 1300mPa·s。围绕提高淀粉改性产物的抗温性，在合成羧甲基淀粉钠(SCMS)的过程中

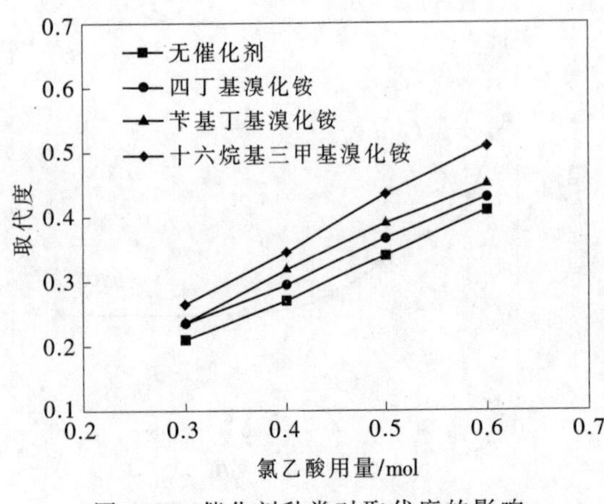

图 10-8 催化剂种类对取代度的影响

引入水溶性硅酸钠对其进行改性，合成了硅改性的 SCMS 降滤失剂 (Si-SCMS)，用 Si-SCMS 处理钻井液，在 150℃热滚后的失水量仅为 15.2mL，与 SCMS 降滤失剂相比，抗温性能显著提高[10]，从而拓宽了淀粉改性处理剂的应用范围。

通过适当的交联反应，可以提高羧甲基淀粉的应用性能，如，以马铃薯淀粉为原料，以 90.0%乙醇为溶剂，环氧氯丙烷为交联剂，氯乙酸为醚化剂，当淀粉、氯乙酸及氢氧化钠物质的量比为 1:0.57:1.01，交联剂用量为干淀粉质量的 0.67%，在 65℃下反应 70min，合成的高黏度交联-羧甲基化复合变性淀粉(CCMS)，具有较好的抗剪切性能和较高的黏度，在不同钻井液体系中均有较好的增黏性、降滤失性、抗高温性和抗盐性，高温老化后仍具有良好的降滤失能力[11]。

(二) 羟丙基淀粉(HPS)

HPS 属非离子型，其取代度 0.1 以上即可溶于冷水，水溶液为半透明黏稠状。由于分子中不含有离子型基团，用作钻井液处理剂，其抗盐，尤其是抗高价金属离子污染的能力优于羧甲基淀粉，可用于各种类型的水基钻井液。

羟丙基淀粉可以采用淀粉与环氧丙烷在碱性条件下醚化制得，其生产方法与 CMS 相似，主要有以下几种：

1.半干法

按淀粉:环氧丙烷:40%氢氧化钠溶液:乙醇:水=20:3.5:12.5:80:35 的比例(质量比)，将乙醇、H_2O、淀粉依次加入反应釜中，充分搅拌 30min 后，慢慢加入氢氧化钠水溶液，并搅拌 30~45min。然后向体系中加入环氧丙烷，搅拌均匀后升温至 40℃，在 40~45℃下反应 1.5~2h。用盐酸将体系的 pH 值调至 7~8，然后加入适量的乙醇，使产物沉淀，分离出乙醇回收使用，所得产物经干燥，粉碎即得 HPS 品。

2.干法

按淀粉:环氧丙烷:45%氢氧化钠溶液:乙醇=20:5:10:5 的比例(质量比)，将淀粉加入捏合机中，然后在捏合搅拌下喷洒氢氧化钠溶液，待氢氧化钠溶液加完后继续捏合碱化 1h，得到碱化淀粉，并将所得到的碱化淀粉粉成细粉加至密闭式捏合机中，在捏合、搅拌下将环氧丙烷的乙醇溶液喷洒至淀粉中，在 40℃下捏合反应 1.5~2h，静置 8h 后出料，经干燥、粉碎得 HPS 成品[12]。在干法生产中，首先要严格控制氢氧化钠溶液的加入速度，防止淀粉凝胶化而影响反应的均匀性，其次是干燥过程中防止产物交联，使降滤失效果降低。

3.溶剂法

按环氧丙烷与淀粉的物质的量比为(0.6~1.0):1.0，催化剂用量为淀粉质量的 0.05%~0.1%，溶剂与淀粉的质量比为(2.0~3.0):1.0 的比例，在高压釜中首先加入一定量的有机溶剂及淀粉，调至糊状。然后依次加入用作催化剂的碱液和醚化剂环氧丙烷，加盖后通氮除氧，密封，在不断搅拌下缓慢升温至 100℃，反应 5h。降温，用酸调节 pH 值至 7，分离回收溶剂，产物在60~80℃下烘干,粉碎得HPS[13]。

上述方法所得HPS的取代度一般在0.1~0.6,如果要得到高取代度HPS时,可以采用文献[14]方法制备。

利用上述方法也可以采用环氧乙烷或氯乙醇合成羟乙基淀粉。

(三) 其他醚化产品

为了提高淀粉改性产物的性能,在CMS、HPS的基础上还开发了其他类型的醚化产物,但这些产物均没有在现场得到应用,今后可以结合需要进行深入研究,使这些性能较好的产品应用于现场,以提高淀粉改性产品的应用水平并扩大应用面。

1.羧乙基淀粉醚(CES)

羧乙基淀粉可用于各种类型的水基钻井液,它通过淀粉氰乙基化、水解反应得到,将占反应原料2~3倍的介质(水-乙醇)加入反应釜中,然后将162g淀粉和170g氢氧化钠加入反应釜,并搅拌30min,加入140g丙烯腈,将体系的温度升至50℃,在50℃下反应3h;当反应时间达到后,用酸将反应产物中和至pH值为7~8,再用乙醇洗涤、过滤、真空干燥,粉碎得产品[15]。也可以采用微波辐射的方法合成羧乙基淀粉醚[16]。

2.含磺酸基的醚化产物

与羧甲基淀粉相比,由于产物中引入了磺酸基,所得产物作为钻井液降滤失剂,不仅具有较好的抗盐能力,而且还具有抗钙、镁污染的能力,能有效地降低淡水钻井液、盐水钻井液和饱和盐水钻井液的滤失量。含磺酸基的淀粉醚化产物有2-羟基-3-磺酸基丙基淀粉醚(HSPS)和磺乙基淀粉(SES)。HSPS和SES可以采用下面方法得到:将450mL乙醇、100g淀粉加入反应瓶中,充分搅拌后,慢慢加入250g质量分数10%的氢氧化钠溶液,搅拌1h以使淀粉充分碱化;然后升温至50℃,在此温度下,加入65g 3-氯-2-羟基丙磺酸钠或41.0g 2-氯乙磺酸钠,在50℃下反应1.5~3.5h;将产物用盐酸中和至pH值为7~8,经适当浓度的乙醇沉洗,过滤、真空干燥、粉碎即得HSPS[17]和SES[18],乙醇回收利用。

3.复合离子型改性淀粉CSJ

将玉米淀粉在碱性条件下糊化,加入定量的一氯醋酸或其钠盐(其量以使阴离子的取代度控制在0.5~0.8之间),在40~60℃醚化反应6~8h;然后加入一定量的阳离子化试剂环氧丙基三甲基氯化铵(其量以使阳离子的取代度控制在0.2~0.4之间),在70~85℃下醚化反应4~6h;将所得产物经烘干、粉碎,即得复合离子型改性淀粉降滤失剂CSJ。CSJ在淡水钻井液、正电胶钻井液和盐水钻井液中均具有较好的流变性能和降滤失性能,与正电胶钻井液具有良好的配伍性,抗盐达饱和,抗温达140℃[19]。

4.阳离子型淀粉醚化产物

该类产物主要包括以2,3-环氧丙基三甲基氯化铵为阳离子化试剂,采用半干法合成的季铵型阳离子淀粉[20];由淀粉(土豆淀粉、木薯淀粉、玉米淀粉混合)、催化剂、阳离子试剂和交联剂等合成的钻井液用抗温淀粉组合物[21],其用作钻井液处理剂,具有较好的降滤失能力,抗盐能力强,防塌效果好。以环氧氯丙烷、苯基有机胺、羧甲基淀粉(CMS)钠盐等为原料,制备的苯基阳离子淀粉(PCS)降滤失剂,在160℃高温滚动16h后,常温中压滤失量仅为8.4mL,表现出良好的耐热稳定性[22]。以六甲基二硅氮烷、苯基有机胺、羧甲基淀粉(CMS)、3-氯-2-羟丙基磺酸钠等为主要原料,制备的抗160℃高温的钻井液用淀粉降滤失剂(HTS),

具有良好的抗高温性能，含 HTS 的淡水钻井液在 160℃滚动 16h 前后降滤失性能均优良，且钻井液的流变性能变化较小，与传统的改性淀粉降滤失剂相比，抗高温能力提高近 40℃；无论在 NaCl 含量为 4%还是 8%的盐水钻井液中，HTS 的降滤失性能都较好，说明磺酸基团的引入可提高降滤失剂的耐盐性能[23]。

二、淀粉接枝共聚改性产物

将淀粉与水溶性的乙烯基单体，如丙烯酸、丙烯酰胺、2-丙烯酰胺-2-甲基丙磺酸等通过接枝共聚可以制得水溶性的接枝共聚物，也可以用淀粉与丙烯腈、醋酸乙烯酯、甲基丙烯酸酯等制备接枝共聚物，再经水解而制得水溶性的淀粉改性产物。接枝可以采用高价金属盐与淀粉分子骨架反应生成大分子自由基引发单体聚合接枝，也可以采用链转移接枝共聚的方法(以过硫酸盐为引发剂)。

研究最早和最多的是淀粉-丙烯酰胺接枝共聚，淀粉接枝丙烯酰胺是以淀粉的刚性链为骨架，接枝上具有一定柔性的聚丙烯酰胺支链，形成具有刚柔结合的空间网状大分子结构。其制备与应用在淀粉接枝共聚体系中占有重要的地位，不仅可以提高淀粉的使用价值，扩大淀粉的应用范围，而且可以改善合成高分子的性能，并大大降低成本和节约石油资源[24]。

以不同结构的丙烯酰胺类单体与改性淀粉及不同电性的离子性单体共聚合可得到非离子、阳离子、阴离子和两性等不同离子类型的接枝共聚物。这类聚合物在工业生产中一般采用水溶液聚合法，由自由基引发，自由基进攻淀粉大分子，通过夺氢反应产生淀粉大分子自由基，然后引发接枝反应。还可通过辐射法引发聚合，将过氧化物或过氧化氢加入经 γ 射线照射过的淀粉中，然后再与丙烯酰胺接枝共聚。除水溶液聚合外，反相(微)乳液聚合及双水相聚合技术的研发也正在进行中，目前，此类技术已经在实验室研究方面取得了较大的进展。接枝共聚包括：

① 非离子型淀粉-丙烯酰胺类接枝共聚物；

② 阳离子型淀粉-丙烯酰胺类接枝共聚物；

③ 阴离子型淀粉-丙烯酰胺类接枝共聚物；

④ 两性离子淀粉-丙烯酰胺类接枝共聚物。

(一) 影响淀粉接枝共聚的因素

表 10-2 是其他领域的一些关于水溶性单体与淀粉接枝共聚物的研究结果，可以作为钻井液用淀粉接枝共聚物合成的参考。

结合研究与实践，认为影响淀粉接枝共聚及产品性能的主要因素如下：

1.影响接枝率和接枝效率的因素

淀粉与丙烯酰胺类单体接枝共聚的关键是如何提高接枝率和接枝效率。曹文仲等研究表明，以过硫酸铵为引发剂，淀粉与丙烯酰胺在水溶液中进行接枝共聚反应中，淀粉团粒大小和淀粉的糊化对接枝共聚反应具有重要的影响[31]。

不同种类淀粉的结构存在差异。自然界生长的淀粉是以团粒结构形式存在的，淀粉团粒是亲水的，但不溶于水，不同种类淀粉的团粒大小相差很大(见表 10-3)。

正是由于不同来源的淀粉结构差异，不同种类淀粉对接枝共聚影响不同。固定淀粉浓度[AGU]为 0.40mol/L[AGU($C_6H_{10}O_5$)为脱水葡萄糖单元]，单体浓度为 2.00moL/L，引发剂浓度

CAPS为 2.0×10^{-3}mol/L，改变淀粉种类，于 50℃下反应 180min 合成接枝共聚物。实验结果表明，淀粉团粒大小对反应的影响很大(见表 10–3)。粒径最小的稻米淀粉促进丙烯酰胺聚合的能力最强，马铃薯淀粉和玉米淀粉粒径相近，促进丙烯酰胺聚合的能力也相近，均远优于粒径特别大的小麦淀粉。由此可见，淀粉和丙烯酰胺接枝共聚反应主要是在淀粉的表面进行，因此，团粒粒径小的淀粉，表面积就越大，促进丙烯胺酰聚合的效果就越明显。

表 10–2 一些水溶性单体与淀粉接枝共聚物研究结果

单 体	聚合方法	引发剂	最佳条件	文献编号
AA	水溶液	过硫酸钾–亚硫酸钠	引发剂浓度 5.0×10^{-4}mol/L，[NaAA]:[St]=2:1，反应温度为 50℃，接枝聚合反应的时间控制在 3h 左右为宜，淀粉在 70℃下预糊化 30min 接枝效率最优	[25]
AM	水溶液	过硫酸钾	引发剂在体系中的质量浓度为 0.7g/L，m (淀粉):m (丙烯酰胺)=1:2.2，反应温度 65℃，反应时间 3h	[26]
AM	双水相聚合法	过硫酸铵–亚硫酸氢钠	体系中聚乙二醇 20000 的质量分数为 10%，m(淀粉):m(丙烯酰胺)=1:2.3，n(亚硫酸氢钠):n(过硫酸铵):n(丙烯酰胺)=0.0006:00012:1，温度 30℃，预引发时间 10min，反应时间 9h，单体转化率为 95.39%，接枝率为 113.03%，接枝效率为 63.91%	[27]
AM、DMC	反相微乳液聚合法	过硫酸铵–亚硫酸氢钠	淀粉 7.5g，AM 15g，引发剂浓度 0.4mmol/L，反应温度 45℃，反应时间 5h，m(DMC):m(AM)为 1:3，接枝共聚物的接枝率为 136.18%，接枝效率为 79.8%，阳离子度为 19.2%	[28]
AM、DAC、AMPS	水溶液	自制引发剂 SH–1	自制引发剂 SH–1 的质量分数为 0.1%，m(单体):m(淀粉)=7:3，pH 值 3~4，反应温度 50℃，反应时间 4h。接枝率为 217.92%，转化率为 93.74%，特性黏数为 543.31mL/g	[29]
AM	反相乳液	过硫酸铵	*HLB* 值 6.49，油水体积比 1:1，乳化剂用量 3%，反应温度 50℃，反应时间 2h，$c_{(NH_4)_2S_2O_8}$=0.0175mol/L，m(AM):m(St)=1.5:1，聚合率 95.4%，接枝效率 95.1%	[30]

表 10–3 淀粉团粒大小对反应的影响

淀粉种类	团粒直径/μm			转化率，%	接枝率，%	支链相对分子质量/10^4
	最 大	最 小	平 均			
稻米淀粉	7.8	6.0	6.5	97.66	71.1	768
马铃薯淀粉	15.6	8.4	10.2	93.60	69.6	603
玉米淀粉	15.6	9.0	10.8	93.02	69.5	515
小麦淀粉	35.6	22.8	32.4	75.54	64.8	356

注：①接枝聚合方法：在 0.5L 四口烧瓶上安装聚四氟乙烯搅拌器、回流冷凝器、温度计、导气管和滴液漏斗，置于恒温水浴中，将一定量淀粉和水混合打浆，加入四口烧瓶中，通 N_2 搅拌 30min，加热到反应温度。在烧杯中加入一定量的亚硫酸钠、过硫酸铵及尿素、去离子水，玻璃棒搅拌。将烧杯中配好的混合液在搅拌速度为 160r/min 下滴加到四口烧瓶中，引发 15min 后，向四口烧瓶中滴加单体，聚合一定时间后冷却，倾出液相，可得胶体状粗产物。②淀粉团粒直径系偏光显微镜测量值。

淀粉结构有一个很显著的特征，即它的聚集态是以亲水但不溶于水的团粒结构存在。当把淀粉加热到 70℃时，淀粉的团粒结构解体，紧闭在团粒结构内部的淀粉大分子润胀和水合，分子链伸张，成为比较均匀的糊状胶体，称为淀粉的“糊化”。淀粉糊化产生结构变化对其与烯类单体接枝共聚反应的影响非常明显。未糊化淀粉与丙烯酰胺的接枝共聚，反应初始阶段接枝聚合在淀粉团粒表面进行，随着反应温度升高，部分淀粉团粒开始解体，但仍不如糊化淀粉分子链伸展度大接枝反应支链数少、相对分子质量大；而糊化淀粉的接枝聚合，其产物支链相对分子质量较小。

未糊化淀粉及在70℃处理30min的糊化淀粉，在相同条件下与丙烯酰胺进行接枝聚合，所得到的产物用扫描电子显微镜观察发现，未糊化淀粉在接枝聚合后团粒结构依然未完全解体，松散状聚丙烯酰胺覆盖在淀粉团粒表面。淀粉经完全糊化后，丙烯酰胺接枝聚合的产物结构就比较均匀，看不到明显的两相界面。

可见，在钻井液用淀粉接枝共聚物合成中，关键是淀粉的均匀糊化，在糊化过程中要减少或避免生成凝胶颗粒，以使淀粉与单体充分混合接触，保证反应的均匀性，从而提高接枝效率和接枝率及产品钻井液性能。

2.引发剂类型和淀粉预处理对接枝共聚反应的影响

在淀粉接枝共聚反应中，引发剂是影响接枝共聚反应的关键，采用不同的引发剂接枝率和接枝效率会有明显区别。通常在淀粉接枝共聚反应中，高铈离子是一种高性能的引发剂，适应性广，单体转化率、接枝效率、接枝率均高，但反应工艺条件控制要求严，价格昂贵，产量有限，限制了其在工业上使用。过氧化氢作为引发剂与环境亲和性好，无污染，价格低廉，但接枝效率低，均聚物多，而且过氧化氢储藏太久易失效。锰离子体系引发淀粉接枝共聚反应中应严格控制酸的浓度，避免淀粉的酸水解，使用高锰酸钾时还应注意接枝淀粉的颜色变化。辐射引发是一种物理引发方法，接枝率高，形成的均聚物少，但辐射源对人体伤害大，设备的价格昂贵，限制了其使用。尽管过硫酸盐作为引发剂接枝效率低，但过硫酸盐在接枝反应中温度易于控制，价廉而无毒，因此过硫酸盐和过硫酸盐-亚硫酸盐氧化还原引发体系是最有潜力的引发剂。综合考虑，工业上生产接枝淀粉时应使用过硫酸盐、过氧化氢、锰离子等，尤其是过硫酸盐作为引发剂[32]。

此外，淀粉的预处理对淀粉与丙烯酸、丙烯酰胺等单体的接枝共聚反应也会产生较大的影响。淀粉的预处理方式主要有物理法、化学法、酶降解和复合预处理法等，不同的预处理方式对淀粉接枝共聚物的制备具有重要的影响，特别是在接枝率、接枝效率、单体转化率以及应用性能方面。不同的预处理方式能够得到不同应用性能的变性淀粉。单一预处理淀粉只有一种变性的优点，在实际使用中可能不一定会满足某些应用要求。复合预处理淀粉具有不同变性的特点，更能满足应用的要求，复合预处理将在改性淀粉接枝聚合中发挥越来越重要的作用[33]。

3.原料配比及反应条件对接枝共聚物钻井液性能的影响

为了提高淀粉类处理剂的抗温性能，采用AM、AA、3-甲基丙烯酰胺基丙基三甲基氯化铵(MPTMA)与淀粉接枝共聚，合成了一种淀粉接枝共聚物钻井液降滤失剂[34]。由于产物中引入了羧酸基和阳离子基团，所得产物不仅具有较好的降滤失作用，而且具有较好的耐温抗盐和防塌效果。合成方法是：将淀粉用适量的水调和均匀，于60~80℃下糊化1.0~1.5h，降温至室温，加入AM、K-AA和MPTMA，搅拌均匀，并用氢氧化钾溶液使反应混合物体系的pH值调至7~9。然后在不断搅拌下升温至60℃，加入适量的除氧剂（亚硫酸盐），5min后加入占单体质量0.5%~1.0%的引发剂，搅拌均匀后于60℃下反应0.5~10.0h，得凝胶状产物。取出剪切造粒，于100℃下烘干、粉碎得白色粉末状接枝共聚物降滤失剂。

由于钻井液用处理剂最终目的是产物在钻井液中要能够很好地发挥作用，无论是接枝共聚物，还是均聚物、淀粉等，都可以作为钻井液的成分，故为了尽可能多地引入淀粉，以降低处理剂成本，在研究中并未考虑接枝率和接枝效率，从应用角度出发，仅以0.7%接枝共聚物所处理复合盐水基浆(在 350mL 水中加入 15.75g NaCl、1.75g $CaCl_2$、4.6g $MgCl_2·6H_2O$、35g 膨润土和 3.15g 碳酸钠，高速搅拌 20min，于室温下放置养护 24h)的滤失量作为评价产物降滤失能力的依据，考察影响产物降滤失能力的因素。

(1) MPTMA 用量

当淀粉用量为40%(占淀粉和单体总质量的百分数)，引发剂用量为单体总质量的0.75%，且反应条件一定时，MPTMA 用量对接枝共聚物降滤失能力的影响见表 10-4。从表中可以看出，在试验条件下，增加 MPTMA 用量有利于提高接枝共聚物的防塌能力，对于接枝共聚物的降滤失能力来说，当引入适量的 MPTMA 时，可以改善其降滤失能力，但当 MPTMA 用量大时，接枝共聚物的降滤失效果反而降低，这是因为当 MPTMA 用量过大时，所得产物将使钻井液絮凝，从而失去控制滤失量的能力。在给定的试验条件下，为兼顾接枝共聚物的降滤失能力和防塌效果，选择 MPTMA 的用量为 15%(占总单体的摩尔百分数)。

表 10-4 MPTMA 用量对接枝共聚物性能的影响

K-AA:AM:MPTMA (物质的量比)	滤失量/mL	页岩滚动回收率		
		一次回收率 R_1，%	二次回收率 R_2，%	R_2/R_1，%
40:60:0	12.0	84.0	63.1	75.1
40:55:5	11.0	86.5	80.3	92.8
35:55:10	10.0	89.2	86.0	96.4
30:55:15	9.5	93.1	90.0	96.6
30:50:20	13.0	94.0	93.0	98.9
25:50:25	24.0	95.2	95.0	99.8

注：试验条件：一次回收率(在 0.3%的聚合物溶液中的回收率)120℃/16h，二次回收率(一次回收所得岩屑在清水中的回收率)120℃/2h。岩屑为明 9-5 井 2695m 岩屑(6~10 目)，用 40 目筛回收。

(2) 淀粉用量

原料配比和反应条件一定时(下同)，K-AA:AM:MPTMA=30:55:15(物质的量比)，引发剂用量为单体总质量的 0.75%，淀粉糊化温度 60~80℃，反应温度 60℃，淀粉用量(占淀粉和单体总质量的百分数)对接枝共聚物降滤失能力的影响结果见图 10-9。从图中可以看出，随着淀粉用量的增加，接枝共聚物的降滤失能力开始略有增加，当淀粉用量超过 60%以后，产物的降滤失能力迅速降低。为得到降滤失效果好且成本较低的接枝共聚物降滤失剂，在试验条件下选择淀粉用量为 40%~50%。

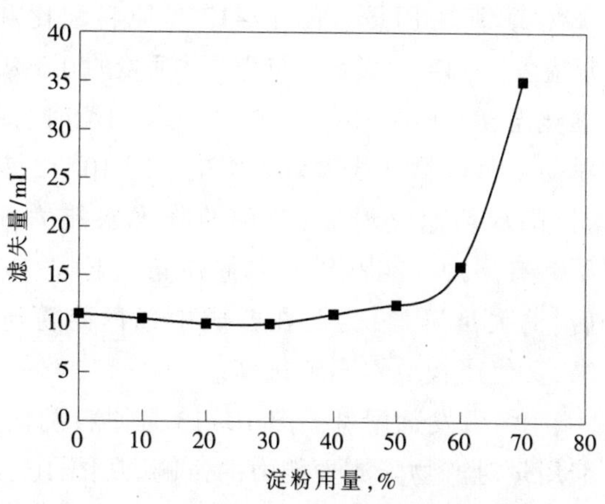

图 10-9 淀粉用量对产物降滤失能力的影响

(3) 引发剂用量

原料配比和反应条件一定时，淀粉用量 50%，引发剂用量对接枝共聚物降滤失能力的影响结果见图 10-10。从图中可以看出，引发剂用量为单体总质量的 0.8%~1.0%时所得接枝共聚物的降滤失效果较好。

(4) 反应温度

原料配比和反应条件一定时，淀粉用量50%，引发剂用量0.8%，反应温度对接枝共聚物降滤失能力的影响结果见图10-11。从图中可以看出，反应温度低于60℃时，所得接枝共聚物的降滤失能力较差，80℃时产物的降滤失能力较好，但由于反应速度过快，易出现暴聚现象，使产品收率降低，故选择反应温度为60℃较好。

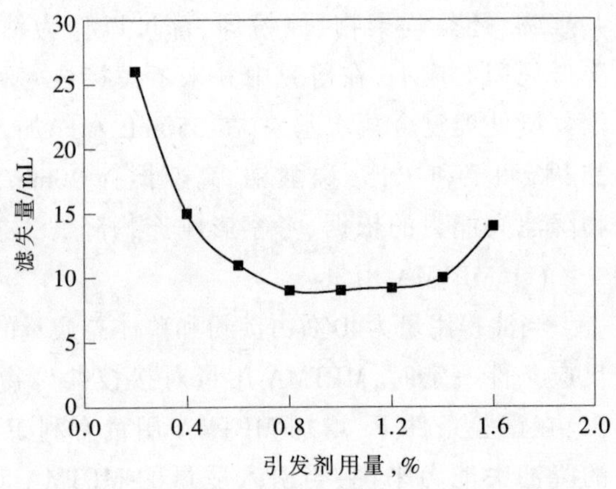

图10-10 引发剂用量对产物降滤失能力的影响

采用丙烯酰胺、丙烯酸钾和2-羟基-3-甲基丙烯酰氧丙基三甲基氯化铵(HMOPTA)与淀粉接枝共聚合成接枝改性淀粉，方法是：将淀粉用适量水调和成浆状，于60℃~80℃糊化1~1.5h；降至室温后加丙烯酰胺、丙烯酸钾和2-羟基-3-甲基丙烯酰氧丙基三甲基氯化铵，搅拌30min后升温至60℃；加入适量除氧剂，5min后加入引发剂，搅拌均匀，于60℃下静止(密封)反应0.5~2h得凝胶状产物，于80~150℃下烘干、粉碎得产物。在原料配比为：丙烯酰胺:丙烯酸钾:2-羟基-3-甲基丙烯酰氧丙基三甲基氯化铵=1:0.5:0.3(物质的量比)时，以滤失量作为考察依据(基浆组成：Ca^{2+} 1800mg/L、Mg^{2+} 1550mg/L和NaCl质量分数4.5%的人工海水+10%膨润土+0.6%无水碳酸钠，样品加量0.7%)，淀粉用量、引发剂用量和反应温度对产物降滤失能力的影响如下[35]：

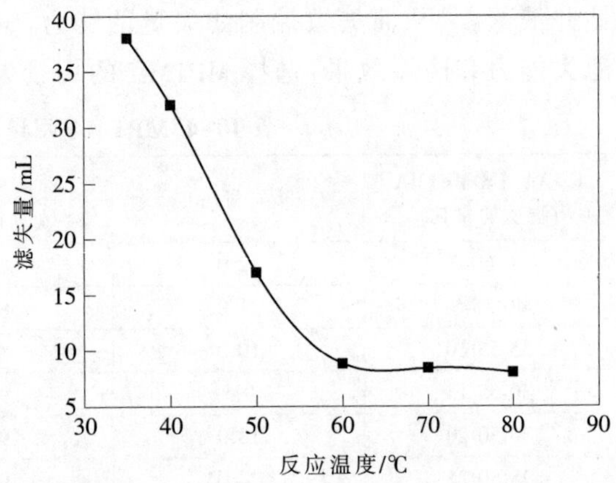

图10-11 反应温度对产物降滤失能力的影响

① 淀粉用量。图10-12是原料配比和反应条件一定，引发剂用量为单体质量的0.5%，糊化温度60~80℃，反应温度60℃±1℃时，淀粉用量对产物降滤失效果影响。图10-12表明，随淀粉用量增加，产物的降失水能力开始略有增加，当淀粉与单体质量比超过1:1后，滤失量迅增，为此在合成中选择淀粉与单体质量比为1:1，既可保证产物的降滤失效果，又使产物成本不致过高。

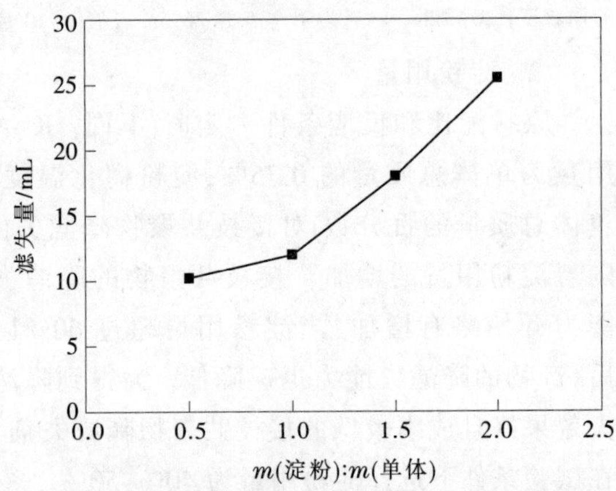

图10-12 淀粉与单体质量比对降滤失能力的影响

② 引发剂用量。图10-13是原料配比和反应条件一定，淀粉:单体=1:1(质量比)，引发剂用量对产物降滤失能力的影响。从图10-13可见，当引发剂用量为单体质量的0.8%时所得产物的降滤失效果较好。

③ 反应温度。图 10-14 是原料配比和反应条件一定,引发剂用量为单体质量的 0.8%时,反应温度对产物降滤失能力的影响。图 10-14 表明,反应温度低于 60℃时,所得产物在60℃以下降滤失能力较差,75℃时产物降滤失能力较好,但由于反应速度过快,将出现暴聚现象,使产品收率下降。综合考虑选择反应温度为 60℃。

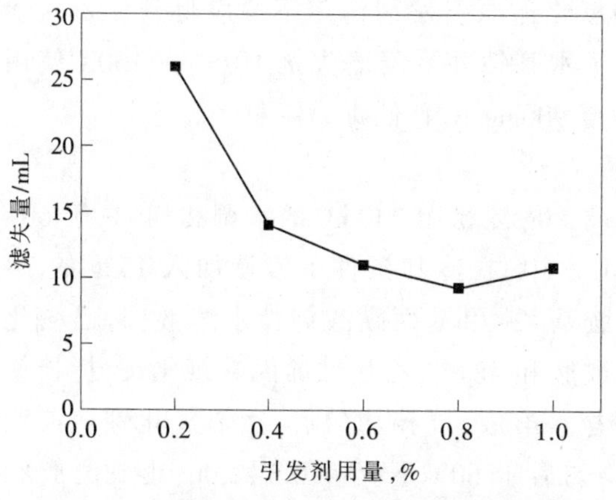

图 10-13 引发剂用量对产品降滤失能力的影响

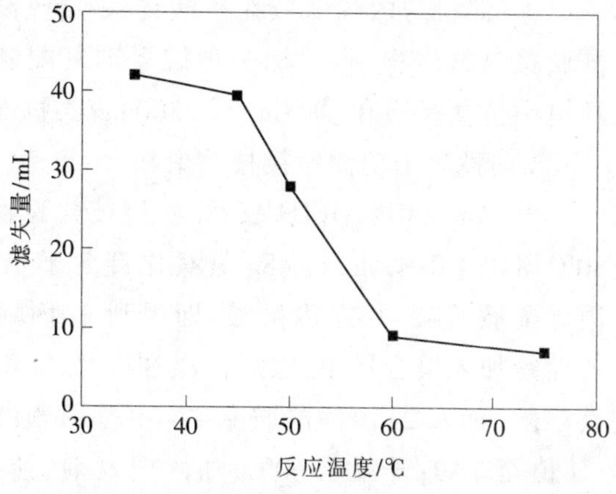

图 10-14 反应温度对产品降滤失能力的影响

(二) 钻井液用淀粉接枝共聚物

与淀粉醚化产物相比,淀粉接枝共聚物研究尽管起步较晚,但由于接枝产物兼具淀粉的抗盐性能和聚合物产品的抗温性,在钻井液中的应用逐渐受到重视。近年围绕钻井液需要,在淀粉与丙烯酸、丙烯酰胺和阳离子单体接枝产物的研究方面开展了大量的工作,从而扩大了淀粉改性产物的应用范围,但目前这些研究实现工业化生产的很少,今后应重点围绕产品工业化及现场应用开展工作。

目前钻井液用淀粉接枝共聚物研究主要有淀粉与丙烯酰胺、丙烯酸等单体的阴离子型接枝共聚物,淀粉与丙烯酰胺、丙烯酸及阳离子单体等的两性离子型接枝共聚物。

1.阴离子型淀粉接枝共聚物

① AM/AA/淀粉接枝共聚物。按淀粉:(丙烯酸+丙烯酰胺)=4:6, 丙烯酸:丙烯酰胺=5:5(质量比),引发剂用量 0.35%,制备的丙烯酸-丙烯酰胺-淀粉接枝共聚物,作为钻井液降滤失剂,在淡水钻井液、盐水、饱和盐水钻井液和复合盐水钻井液中均具有较强的降滤失能力以及较好的抗盐抗温能力[36]。

② AMPS/AM-淀粉接枝共聚物。将 25g 淀粉用适量的水调和成浆状,在 60~80℃下糊化 1.0~1.5h;向糊化淀粉中加入 56g 丙烯酰胺和 40g 的 2-丙烯酰胺基-2-甲基丙磺酸,用7.5~8g 的氢氧化钠(配成溶液)将体系的 pH 值调至 4~6,然后升温至 60℃;加入占单体质量0.8%的引发剂,在 65℃±1℃聚合 0.5~2.0h,产物经烘干、粉碎得接枝共聚物产品。由于引入了磺酸基团,AMPS/AM-淀粉接枝共聚物不仅具有较强的热稳定性,且抗钙镁能力进一步提高[37]。

③ 丙烯酸钠接枝淀粉。以 N,N'-亚甲基双丙烯酰胺为交联剂,过硫酸铵为引发剂合成的高黏度抗剪切丙烯酸钠接枝淀粉。当 m(淀粉):m(丙烯酸)=1:1.5,乙醇质量分数为 80%,过硫酸铵的用量为单体总质量的 1%,交联剂为单体总质量的 0.6%,反应时间 2.5h,反应温度为 55℃,丙烯酸中和度为 70%时,得到的交联接枝淀粉糊液具有良好的触变性,在 4%盐水泥浆中的添加量为 14.0g/L 时,表观黏度为 26.0mPa·s,滤失量为 7.2mL;在饱和盐水钻

井液中添加量为23.5g/L时，表观黏度为54.5mPa·s，滤失量为3.1mL；在80℃高温下老化16h，其表观黏度及滤失量等性能基本保持不变，表现出良好的增黏、降失水作用和抗盐、抗老化性能。在盐水和饱和盐水钻井液中均具有较好的增黏和降滤失作用，在80℃下老化16h后，其表观黏度及滤失量等基本保持不变[38]。

④ 淀粉与丙烯酰胺在硫酸铈铵/过硫酸钾氧化还原引发剂作用下反应得到淀粉丙烯酰胺接枝共聚物，再添加一种抗氧剂复配制备了水基钻井液降滤失剂HRS，在150℃使用环境中抗盐至饱和，抗Ca^{2+}至2300mg/L，抗Mg^{2+}至900mg/L，且低毒易降解[39]。

2.两性离子型淀粉接枝共聚物

① AM/AMPS/DEDAAC/淀粉接枝共聚物。将80g淀粉用240mL的水调和均匀，于60~80℃糊化1.0~1.5h；将48g氢氧化钾溶于160mL水中，在冷却条件下慢慢加入152g的2-丙烯酰胺基-2-甲基丙磺酸，即得到2-丙烯酰胺基-2-甲基丙磺酸钾盐水溶液；将已糊化的淀粉加入聚合器中，然后依次加入224g丙烯酰胺和48g二乙基二烯丙基氯化铵，搅拌使其溶解，加入2-丙烯酰胺基-2-甲基丙磺酸钾盐水溶液，搅拌均匀后，用氢氧化钾溶液调pH值至7~9；升温至60℃，加入引发剂，搅拌均匀后于60℃下反应0.5~2.0h，得到凝胶状产物，经烘干、粉碎得接枝共聚物[40]。

② 阳离子淀粉-烯类单体接枝聚合物OCSP。以淀粉、氯丙烯、二乙胺和烯类单体为原料，以硝酸铈铵-乙酰乙酸乙酯为引发剂合成。其制备分两步，首先是有机阳离子(OC)单体制备：在装有搅拌器、冷凝器及温度计的三口烧瓶中加入氯丙烯、二乙胺等，在一定温度下反应一定时间即得到有机阳离子(OC)。然后合成OCSP：在三口烧瓶中加入水、淀粉，并在一定温度下糊化1h，冷却，加入OC和其他烯类单体，用硝酸铈铵和乙酰乙酸乙酯作引发剂，在一定温度下反应一定时间后在真空干燥箱中干燥、研磨，即得OCSP[41]。

③ 淀粉与AMPS、DMDAAC、AM接枝共聚物。以玉米淀粉与AMPS、DMDAAC、AM单体接枝共聚得到的两性离子改性淀粉钻井液降滤失剂，在淡水基浆、盐水基浆、人工海水基浆中均具有较好的降失水性能，加入0.6%产品的淡水钻井液在180℃下热滚16h后性能无明显变化[42]。

④ 淀粉与AM、SSS接枝共聚物。将淀粉与AM、丙烯酰氧基三甲基溴化铵和苯乙烯磺酸钠(SSS)接枝共聚制备的淀粉接枝聚合物降滤失剂，具有较好的降滤失性和抗温、抗盐能力，其水溶液表观黏度的温度敏感性较低，在高浓度盐水基浆(20%的NaCl和10%的$CaCl_2$)中均具有较好的降滤失能力[43]。

⑤ 淀粉、AM、AMPS和DAC接枝共聚物。以淀粉(St)、AM、AMPS和丙烯酰氧乙基三甲基氯化铵(DAC)为原料，通过接枝共聚合成了一种环保性能好的抗高温抗盐两性离子改性淀粉降滤失剂，最佳反应条件：单体AMPS与AM的物质的量比为1:1，单体与淀粉的质量比为3:1，引发剂为单体质量的1.0%，反应温度为60℃。加有1%改性淀粉降滤失剂的淡水钻井液在150℃老化前后的滤失量分别为7.9mL和10.9mL，在160℃老化后的滤失量为12mL，盐水钻井液老化前后的降滤失效果较好，180℃、3.5MPa下的高温高压滤失量为22mL，表现出较好的抗盐和高温稳定性[44]。

⑥ AM-DMC-SSS-淀粉两性离子聚合物。采用水溶液聚合法，在一定量淀粉溶液中，引发剂质量分数为0.6%，丙烯酰胺、苯乙烯磺酸钠以及甲基丙烯酰氧乙基三甲基氯化铵质

量分数分别为 10.3%,10%,7.4%,聚合反应时间为 3h 时,合成了水溶性 AM-DMC-SSS-淀粉两性离子聚合物。在淡水钻井液中,淀粉共聚物加量 0.4%时,钻井液的滤失量由 16.5mL 降至 7.0mL,表观黏度由 8.0mPa·s 增加至 32.0mPa·s,页岩回收率由 38.5%提高至 67.3%,表现出较好的降滤失和较强的提黏切能力,并具有较好的防塌性。淀粉共聚物质量分数为 0.5%时,页岩的线膨胀率由 22.1%降至 11.6%,表现出对页岩膨胀较好的抑制性能[45]。

在淀粉与阳离子单体接枝共聚物中,由于引入了阳离子基团,产物作为钻井液处理剂,不仅具有抗盐、抗高价离子污染能力和较强的抗温能力,同时还具有较强的抑制页岩水化膨胀分散能力,在页岩表面有较强的吸附能力,可以达到长期稳定黏土水化膨胀的目的。

第二节 纤维素类改性处理剂

纤维素是构成植物细胞壁的基础物质,因此一切植物中均含有纤维素。各种植物含纤维素多少不一,棉花是含纤维素很丰富的植物,其质量分数可达 92%~95%,亚麻中含纤维素达 80%,木材中的纤维素约占木材质量的 1/2。纤维素是白色、无气味、无味道、具有纤维状结构的物质,不溶于水,也不溶于一般有机溶剂。它是没有分支的链状分子,与直链淀粉一样,是由 D-葡萄糖单位组成。纤维素结构与直链淀粉结构间的差别在于 D-葡萄糖单位之间的连接方式不同。由于分子间氢键的作用,使这些分子链平行排列、紧密结合,形成了纤维束,每一束有 100~200 条纤维系分子链。这些纤维束拧在一起形成绳状结构,绳状结构再排列起来就形成了纤维素。纤维素的结构如图 10-15 所示。纤维素的机械性能和化学稳定性与这种结构有关。

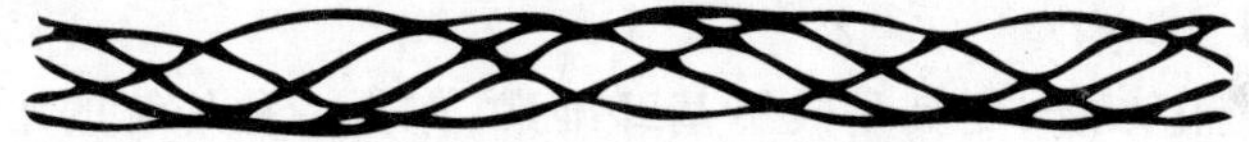

图 10-15 扭在一起的纤维素链

纤维素是地球上最为丰富的资源,是一种复杂的多糖,大约由几千个葡萄糖单元组成,每一个葡萄糖单元有 3 个醇羟基,其分子也可用$[C_6H_7O_2(OH)_3]_n$ 表示,结构式如图 10-16。由于醇羟基(一个伯羟基和两个仲羟基)的存在,所以纤维素能够表现出醇的一些性质,除发生水解反应外,还能发生酯化反应。经化学反应后主要形成纤维素酯和纤维素醚两大类纤维素衍生物。纤维素衍生物的取代度定义为平均每个葡萄糖残基上被取代的羟基数。纤维素衍生物的最大取代度为 3,取代度可以不是整数。

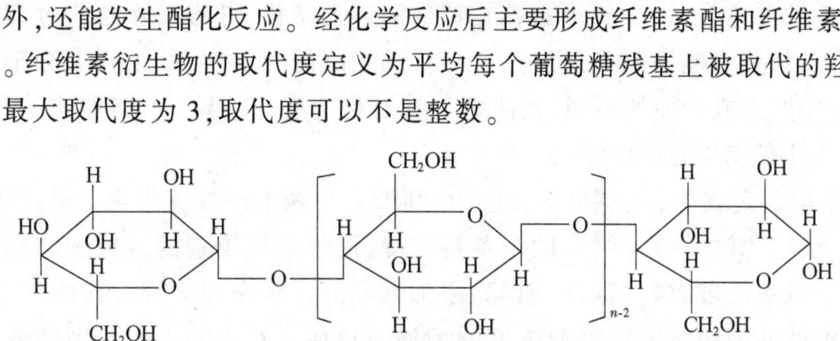

图 10-16 纤维素的结构式

纤维素反应的特点与淀粉相近,但不同的是在纤维素的化学反应中,纤维素的可及度,即反应试剂抵达纤维素羟基的难易程度,是纤维素化学反应的一个重要因素。它表示纤维素中无定形区的全部和结晶区的表面部分占纤维素总体的百分数。在多相反应中,纤维素的可及度主要受纤维素结晶区与无定形区的比率的影响。对于高结晶度纤维素的羟基,小分子试剂只能抵达其中的10%~15%。普遍认为,大多数反应试剂只能穿透到纤维素的无定形区与结晶区的表面部分,而不能进入紧密的结晶区。人们把纤维素的无定形区也称为可及区。

纤维素的可及度也取决于试剂分子的化学性质、大小和空间位阻作用。小的、简单的以及不含支链分子的试剂,具有穿透到纤维素链片间间隙的能力,并引起片间氢键的破裂。如二硫化碳、环氧乙烷、丙烯腈等,均可在多相介质中与羟基反应,生成高取代的纤维素衍生物;具有庞大分子但不属于平面非极性结构的试剂,如对硝基苄卤化物,即使与活化的纤维素反应,只能抵达其无定形区和结晶区表面,生成取代度较低的衍生物。

为了提高纤维素的可及度,可以通过研磨、切碎、高能电子辐射处理、微波和超声波处理、高温高压水蒸气处理等物理方法以及用氢氧化钠溶液、液氨预处理等化学法来达到,也可以用纤维素酶处理的方法。

在改性天然材料钻井液处理剂中,水溶纤维素类产品是应用最早、应用面最广和用量最大的钻井液处理剂之一。水溶性纤维素产品主要以羧甲基纤维素为主,根据其聚合度和黏度的不同,在钻井液中分别起到增黏、提高钻井液的悬浮性,降低滤失量和改善泥饼质量等作用,可以用于淡水、盐水、海水和无黏土相钻井液。此外,水溶性纤维素还有聚阴离子纤维素、羟乙(丙)基纤维素和接枝改性纤维素等,其中,聚阴离子纤维素是在羧甲基纤维素的基础上,通过优化工艺而制得的取代度均匀的水溶性纤维素产品,在钻井液中具有更好的增黏、降滤失和防塌抑制效果。由于纤维素类处理剂的研制开发难度大,近年来在纤维素利用方面开展的工作较少[46]。本节从醚化产物和接枝共聚物两方面进行介绍。

一、纤维素醚化产物

工业用纤维素醚化产物,尤其是羧甲基纤维素,作为一种传统的水溶性天然高分子材料,其生产工艺已经比较成熟[47]。纤维素大分子的基环里含有3个醇羟基(一个伯羟基和两个仲羟基),羟基的存在使其可以发生醚化反应以制备不同类型的纤维素醚。由于纤维素的结构特征,其醚化反应具有一定的特点:大分子或其基环在纤维素中不同的均整度决定了醚化剂向纤维素各部分扩散速度的不同;纤维素在大多数醚化剂中不溶解,因此醚化反应大多在多相介质中进行;由于纤维素存在特殊的形态结构,纤维素在醚化过程中会发生不同程度的溶胀,从而影响到醚化速度及所得纤维素醚的溶解性;纤维素大分子基环中伯羟基、仲羟基反应能力或活性的不同,也决定了其醚化速度的差异。在纤维素醚化反应中,纤维素的伯羟基具有较高的反应能力。

在纤维素醚化过程中,主要化学反应为:纤维素与碱水溶液反应生产碱纤维素;碱纤维素与醚化剂反应。其中,碱纤维素的制备是关键,因为碱纤维素的组成和结构差异将影响到醚化反应。碱液浓度、碱化温度、时间、添加剂和纤维素来源等都会影响纤维素的碱化。纤维素对碱溶液的吸附量随着碱液浓度的增加而增加,对水的吸附量则随着碱液浓度的增加而增加到最大值后下降。纤维素在不同碱浓度和处理条件下形成不同的碱纤维结晶变体,故将影响醚化反应。在一定的碱(氢氧化钠)水溶液中,纤维素对碱的吸附量和膨润度随处理温度的降低而增加,故降低处理温度,可以使生产碱纤维的碱浓度降低。

在纤维素-NaOH-水系统中,添加醇、盐、其他金属氢氧化物,对碱纤维素的形成也有很大的影响。纤维素在某一碱浓度下碱化，当添加醇时，可以提高形成碱纤维素的速度，增加纤维素的吸碱量。醇的存在还有利于碱水溶液的均匀分散，在制备纤维素醚的碱化阶段，尽管用较高浓度的碱液，在存在醇时也可以得到均匀吸附和反应性好的碱纤维素，同时醇的存在可以增加纤维素的无序度，有利于碱化和随后的醚化反应。

盐(氯化钠)有抑制水解、调节系统游离水含量的作用，从而能够提高碱化和醚化效率。此外，在碱液中加入脲、硫脲、间苯二酚、乙酸钠、水杨酸钠和硫氰酸钠等，可以大大增加纤维素在碱液中的润胀，有利于碱纤维素的形成。纤维素与碱液的作用速度很快，它随着碱浓度和处理温度不同而异。不同碱化设备和工艺等，对碱浸渍时间的要求也不同。纤维素的来源不同、制备浆粕的工艺条件等也不同。

纤维素在氢氧化钠水溶液中，除发生化学变化生成碱纤维素外，还发生物理化学变化——润胀，使纤维素的形态结构和微细结构发生很大的变化，并溶解出半纤维素、杂质和低聚合度的纤维素，从而提高纤维素的纯度和反应性。

正是由于纤维素的上述特点，使醚化反应复杂化，通常纤维素的醚化反应分为两类，即在单相介质中的醚化反应和在多相介质中的醚化反应。

纤维素醚化产物主要包括：以碱纤维素与氯乙酸(钠)醚化反应得到的羧甲基纤维素钠(包括聚阴离子纤维素)；以碱纤维素与环氧乙烷或环氧丙烷或氯乙醇等醚化反应得到的羟烷基纤维素醚；以碱纤维素与环氧乙烷或环氧丙烷、氯乙酸(钠)等醚化反应得到的羧甲基羟烷基纤维素醚；以碱纤维素与丙烯腈醚化反应得到的氰乙基纤维素醚，进一步水解得到羧乙基纤维素醚。

这里仅结合钻井液用纤维素改性产物的制备进行简要介绍。

(一) 羧甲基纤维素

羧甲基纤维素是一种阴离子型聚电解质，由氯乙酸钠与碱纤维素反应制得，简称CMC，商品羧甲基纤维素取代度范围在0.4~1.2，根据其纯度不同，外观为白色或灰白色粉末，无毒，溶于冷水或热水。水溶液为透明黏稠的胶体，具有较好的耐盐性(碱金属盐)，重金属盐及高价金属盐可使羧甲基纤维素沉淀，如在硬水中有较高的钙离子存在时，会呈现雾状沉析，钙离子更高时可使羧甲基纤维素从溶液中沉淀出来。

由于羧甲基纤维素的水溶液具有许多优良的性质和化学稳定性好，不易腐蚀变质，对生理安全无害，具有悬浮作用和稳定的乳化作用，良好的黏接性和抗盐能力，形成的膜光滑、坚韧、透明以及对油和有机溶剂稳定性好等，被广泛用于石油、食品、纺织、医药、造纸和日用化学工业等领域。

在油田化学中，羧甲基纤维素可用作钻井液增黏、稳定和降滤失剂，油井水泥降滤失剂和酸化、压裂用稠化剂。

在钻井液中，羧甲基纤维素应用最早，根据其水溶液黏度，羧甲基纤维素分高黏(HV)、中黏(MV)和低黏(LV)三种规格。HV-CMC 主要技术指标：外观为自由流动的白色或淡黄色粉末，含水量≤10%，纯度≥95.0%，取代数≥0.80，pH 值 6.5~8.0；MV-CMC 主要技术指标：外观为自由流动的白色或淡黄色粉末，含水量≤10%，纯度≥85.0%，取代数≥0.65，pH 值 7.0~9.0；LV-CMC 主要技术指标：外观为自由流动的白色或淡黄色粉末，含水量≤10%，纯度≥80.0%，取代数≥0.8，pH 值 7.0~9.0。

羧甲基纤维素生产工艺已经比较成熟，可以采用脱脂棉纤维素与氯乙酸在碱性条件下醚化制得，工业上采用溶媒法和水媒法两种生产工艺。溶媒法生产的产品醚化相对均匀，产品代替度高而且分布均匀，产品质量稳定，适用生产各种规格的产品，缺点是生产后处理麻烦，产品成本高。水媒法生产过程简单，产品成本低，但产品质量不稳定，产品代替度低而且分布不均匀，一般用于生产碱性中黏产品。

1.溶媒法

按配方脱脂棉 10kg、质量分数 34%的液碱 50~100kg、质量分数 90%的酒精 23kg、氯乙酸 8kg、质量分数 70%的酒精 360kg、稀盐酸适量。将脱脂、漂白的棉短绒按配比浸于质量分数 34%的液碱中，浸泡 30min 左右取出，液碱可循环使用，但要不断补充新的液碱，以保持浓度和数量，将浸泡后的棉短绒移至平板压榨机上，以 14MPa 的压力压榨出碱液，得碱化棉；将碱化棉加入至捏合机中，加质量分数 90%的酒精 15kg，开动搅拌，缓慢滴加氯乙酸酒精溶液(质量分数 90%酒精 8kg 作溶剂)，捏合机夹套中通冷却水，保持温度在 35℃，于 2h 左右加完。加完后控温 40℃，保持捏合搅拌，醚化反应 3h。取样检查终点(方法是取样放入试管，加水振荡，若全部溶解无杂质，则达到终点)，得醚化棉。向醚化产物中加入 20kg 质量分数 70%的酒精，搅拌 0.5h，加稀盐酸中和至 pH 值为 7；离心脱去酒精，再用质量分数 70%的酒精 120kg 洗涤两次，每次要搅拌 0.5h 以上，再离心脱去酒精。洗涤后的酒精合并回收利用。离心脱去酒精的产物进行粗粉，然后在通热风条件下，采用低于 80℃的温度干燥 6h，干燥的产物经粉碎、过筛、包装即得羧甲基纤维素成品。

2.水媒法

按配方纤维素 80kg、液碱(质量分数 20%)180kg、氯乙酸钠 66kg。将纤维素投入捏合机中，在搅拌的条件下喷洒入氢氧化钠溶液，在 35℃下捏合 1h 后加入氯乙酸钠，在 35℃以下捏合反应 1~2h，然后在 45~55℃下捏合 1~1.5h；将上述产物移至熟化槽中，在 40~45℃下放置老化 12~24h。将熟化的产物粗粉后，送入带式干燥机中干燥，干燥后，粉碎、混并、包装即得羧甲基纤维素成品。

除采用棉纤维外，也可以采用其他含纤维素的物质合成羧甲基纤维素，此类产品在钻井液中可以作为不增黏降失水剂，值得进一步研究推广。

① 针叶木浆为原料[48]：按配方针叶木浆(DP300~500)800kg、一氯醋酸(含量 95%)450kg、固体烧碱(含量 95%)200kg、质量分数 45%液体烧碱 600kg、酒精(含量 95%)700kg，将针叶木浆切碎后置于捏和机中，滴加烧碱醇溶液进行碱化，其间不断搅拌，滴加时间控制在 0.5~1.5h，滴加完后搅拌 1~2h，反应制成碱纤维，然后加入一氯醋酸进行醚化，加入时间控制在 0.5~lh，加完后加热至 75~85℃，搅拌 1~2h。制得的物料放入中和桶内用稀酒精洗涤，用盐酸调 pH 值至 6.5~7.5。再经压滤机压滤，耙式蒸馏机蒸馏多余的乙醇，然后烘干、粉碎即得羧甲基纤维素。

② 以竹浆为原料生产超低黏度羧甲基纤维素[49]：搅拌下，将 100g 经粉碎的竹浆用适量质量分数 18%的 NaOH 水溶液于 15℃浸渍碱化 60min，压滤，得碱纤维素。将上述碱纤维粉碎后转入带搅拌的 1500mL 三颈烧瓶中，加入 850mL 乙醇，充分搅拌均匀。室温下滴加质量分数 35%的氯乙酸的乙醇溶液 180g，于 45℃醚化反应 1h，然后升温至 70℃醚化反应 4h。醚化反应结束后冷却反应液，用 1:2 盐酸溶液(V 盐酸:V 水)调节反应体系 pH 值到 9，分两

次加入 50g 过氧化氢，于 50℃反应 3h。最后反应液经中和、还原、压滤、洗涤、干燥和粉碎，得到超低黏度羧甲基纤维素产品。羧甲基纤维素的醚化度为 0.85，纯度为 99.6%，黏度(2%水溶液，25℃)为 6mPa·s。

③ 稻草生产羧甲基纤维素[50]：先将稻草用粉碎机粉碎成 15~35 目的稻草粉备用，然后将 30g 的稻草粉放入混捏机中，在搅拌条件下将 25g 质量分数 30%的氢氧化钠溶液淋洒在稻草粉上，再加入 35g 的工业级乙醇，密封，在 35~55℃温度范围内搅拌 1.5~2.5h，降温并分批加入 10g 工业级一氯醋酸，升温至 60~70℃反应 1.5~2.0h，降至室温，分批送至离心机甩干，干燥、粉碎、过筛，得稻草羧甲基纤维素。稻草羧甲基纤维素的外观为土黄色颗料，不溶物含量不超过 11%，代替度为 1~1.5(酸碱滴定)。

此外，选用造纸木浆为原料，以水媒法制备了钻井液用低黏羧甲基纤维素钠盐[51]以及用废纸浆为原料，采用干法工艺合成的钻井液用低黏羧甲基纤维素(LV-CMC)，其性能符合钻井液对 CMC-LV 的要求，既能降低生产成本，又能使废纸得到充分利用[52]。

(二) 羟乙基纤维素

羟乙基纤维素(HEC)是纤维素分子中羟基上的氢被羟乙基取代的衍生物，外观为白色至淡黄色纤维状或粉末固体，无毒、无味，属于非离子型的纤维素醚类，易溶于水，不溶于绝大多数有机溶剂；软化温度 135~140℃，表现密度 0.35~0.61g/mL，分解温度 205~210℃，燃烧速度较慢；pH 值在 2~12 范围内黏度变化较小，但超过此范围黏度下降；具有增稠、悬浮、黏合、乳化、分散、保持水分及保护胶体等性能；可制备不同黏度范围的溶液。其水溶液中允许含有高浓度的盐类而稳定不变，即水溶液对盐不敏感。

用作钻井液降滤失剂，在淡水钻井液、盐水钻井液、饱和盐水钻井液和人工海水钻井液中均具有较好的降滤失、增稠作用和一定的耐温能力，可用于各种类型的水基钻井液体系，特别适用于盐水钻井液、饱和盐水钻井液。其主要指标：外观为淡黄色粉末，黏度(2%水溶液，20℃)≥800.0mPa·s，代替度 1.2~1.8，相对分子质量≥30×10^4，水分含量≤7.0%，水不溶物含量≤2.0%。也可作油井水泥的降滤失剂。可与多价金属离子交联成凝胶。

羟乙基纤维素通常采用下面生产方法：按配方棉短绒或纸浆柏 7.3~7.8kg、质量分数30%的液碱 24.0kg、环氧乙烷 9.0kg、95%酒精 45.0kg、醋酸 2.4kg、质量分数 40%乙二醛 0.4~0.3kg，将原料棉短绒或精制柏浆浸泡于 30%的液碱中，浸渍 0.5h 左右，待时间达到后取出，进行压榨，压榨到含碱水比例达 1:2.8 的程度，移至粉碎装置中进行粉碎；将粉碎好的碱纤维素、酒精投入反应釜中，密封，抽真空、充氮，并重复数次充氮、抽空操作，以使釜内空气驱净，然后压入经过预冷的环氧乙烷液体，同时在反应釜夹套中通冷却水，控制温度为 25℃左右，反应 2h，得粗羟乙基纤维素；将所得粗产物用酒精洗涤(洗涤后的酒精经蒸馏回收)，并用甲酸中和至 pH 值 4~6，加入乙二醛，经一段时间交联老化后，用水快速洗涤，然后离心脱水，烘干、粉碎，即得羟乙基纤维素。

羟乙基纤维素也可以采用气相法生产：在反应过程中添加添加剂或稀释剂，碱纤维和环氧乙烷(EO)在气相中反应。将棉纤维在 18.5%的 NaOH 液中浸渍、活化，然后压榨、粉碎后置于反应器中。将反应器抽成真空，充氮 2 次，加入 EO，在真空度 90.64kPa、27~32℃反应 3~3.5h 可得。气相法虽然工艺过程简单，操作方便，但 EO 耗量大，醚化率仅 40%左右，成本较高，且产品品质不均匀，应用不多。

文献还介绍了如下制备羟乙基纤维素的新方法。

方法 1[53]:将 196g 质量分数为 7.5% NaOH/12%尿素水溶液预先冷却至-12℃,然后加入 4g 纤维素(棉短绒浆,相对分子质量为 11.4×10^4)在室温下搅拌 3~5min,即得到质量分数为 2%的纤维素溶液。取上述纤维素溶液 200g,加入氯乙醇 12g,于室温下反应 1h,然后升温至 50℃反应 4h,加入醋酸中和反应液至 pH 值为 7 时停止反应。通过离心的方法将水溶性和水不溶性部分分离,并沉淀、真空干燥得到水溶性和水不溶性两种白色粉末状羟乙基纤维素产品。其中,水溶性部分质量为 1.70g,取代度(DS)为 0.48;水不溶性部分质量为2.77g,取代度为 0.45。

方法 2[54]:按照传统配方,精选聚合度 2400 的精制棉为原料,用棉纤维粉碎机将精制棉粉碎成 0.1~0.8mm 纤维粉末;将异丙醇溶液加入反应釜中并投入片碱,再将粉状纤维素加入反应釜中,在 4~10℃的条件下碱化 1.5h;投入环氧乙烷均匀升温(每 min 升 1℃)至70℃,并恒温 2.5h 进行醚化反应,然后均匀降温(每 min 降 1℃)至 40℃;在醚化降温后的物料中加入酸类物质如盐酸、醋酸,中和 0.5h,控制物料 pH 值 5~7;中和后的物料加入醛类物质如琥珀醛、乙二醛,控制温度 50~70℃,pH 值 5~7,进行交联反应,时间 1~2h;然后离心后用 72%的异丙醇水溶液洗涤。此离心洗涤过程只需循环 2~3 次;交联反应结束后,分离、干燥、粉碎得到超高黏度羟乙基纤维素,产品黏度(质量分数 2%、25℃)在 80000~100000mPa·s。

(三) 羧甲基羟乙基纤维素

羧甲基羟乙基纤维素(CMHEC)是分子链上同时含有羧甲基离子和羟乙基非离子的纤维素混合醚,它结合了 CMC 和 HEC 的优点,从而有广阔的应用前景。

与 HEC 相比,CMHEC 溶解性更好, 这是由于当 HEC 分子链中的羟基被羧甲基取代后,分子间的氢键作用类型及强度变化不大,但在溶液中增加电离性质,取代度越大,带有负电荷的—COO^-基团也越多,水溶性也越好;而且带弱负电的羧甲基的相互排斥作用,使分子链在稀溶液中距离增大,其间的范德华力也减弱。

1.以 HEC 为原料制备

将一定量的羟乙基纤维素和一定量的 $Na_2B_4O_7$ 混合后,浸泡于异丙醇溶液中。按 HEC 与一氯乙酸($ClCH_2COOH$)的物质的量比为 1:1,加入 $ClCH_2COOH$ 和 40%NaOH 溶液(NaOH 与 $ClCH_2COOH$ 的物质的量比为 1.7:1),在 50℃温度下反应 1h,熟化 1.5h,固体物用冰醋酸中和至 pH 值为 7 时,用少量水将产物溶解,再用甲醇重结晶,并用甲醇洗涤 3 次,抽滤,放入真空箱中干燥制得羧甲基羟乙基纤维素。在反应物中加入少量的 $Na_2B_4O_7$,可以提高产物的溶解速率,保证所制产品在水中速溶,且黏度稳定性好[55]。

2.由精制棉直接制备

将精制棉用粉碎机粉碎至细度为 40~80 目的棉纤维粉;将 100kg 棉纤维粉放入反应釜中,加入 l00kg 氢氧化钠搅拌 0.5~2h 进行碱化反应,制成碱纤维素;将 100kg 碱纤维素放入反应釜中,加入 80kg 氯乙酸边搅拌边加温至 60~80℃,反应时间 0.5~3h;将上述羧甲基化反应物通过离心机分离出含湿量为 30%~70%的反应沉淀物。将上述分离后的反应沉淀物 100kg 放入反应釜中,加入 40kg 氢氧化钠搅拌,然后再加入 100kg 环氧乙烷边搅拌边升温至 50~90℃,进行羟乙基化反应,反应时间 0.5~3h;将上述羟乙基化反应的反应物在反应釜中冷却至常温，加入冰醋酸搅拌，调至 pH 值为 6~7；将上述中和后的反应物通过离心机分离出含湿量为 30%~70%的羧甲基羟乙基纤维素粗品。将上述 100kg 羧甲基羟乙基纤维素粗品放入洗涤槽内用 1000kg 异丙醇洗涤 3~4 次，通过离心机分离出含湿量为 20%~30%的羧甲基羟乙基纤维素湿品；将上述含湿量为 20%~30%的羧甲基羟乙基纤维素湿品放入真空干燥器中干燥至含湿量为 3%~8%，粉碎即得到产品，可用作钻井液增黏剂和降滤失剂，适用于盐水和饱和盐水钻井液体系[56]。

(四) 聚阴离子纤维素

聚阴离子纤维素(PAC)是一种聚合度高、取代度高、取代基团分布均匀的阴离子型纤维素醚，具有与羧甲基纤维素(CMC)相同的分子结构。由于聚阴离子纤维素具有良好的增稠、悬浮、分散、乳化、黏结、抗盐、保水及保护胶的作用，可广泛用于石油、涂料、日化、食品、纺织、造纸、建材等领域，其应用前景十分广阔。

目前，聚阴离子纤维素在国内尚处于推广应用阶段，主要与其他纤维素醚配合用于钻井液添加剂。聚阴离子纤维素比其他羧甲基纤维素抗盐性能好，在井温较高的情况下，可保持良好的稳定性和降滤失能力，能够显著地降低滤失量并减薄泥饼厚度，并对页岩有较强的抑制作用，是钻井液中一种重要的高效处理剂。同时也可用于其他工业，如，聚阴离子纤维素可加入水乳型涂料中作为增稠剂和成膜剂使用，可使产品贮存稳定、展色均匀、流变性好、易于机械施工，有助于提高涂料的柔韧性和光泽；用于牙膏的黏性添加物，肥皂和洗涤剂的污垢分散剂和抗再沉淀剂，化妆品成膜剂、黏合剂、调理剂；可替代淀粉用于轻纱上浆剂，用于棉花印花浆料和真丝渗透印花浆料，以增加浆料的流动性，作乳化浆的保护胶体，蚕丝、人造丝上浆用料等；用于纸浆增稠剂和耐油吸墨剂，可提高纸的纵向强度和平滑度，提高纸的耐油性和吸墨性。此外，聚阴离子纤维素还可用作丁苯橡胶的乳液稳定剂，医药软膏、片剂、丸剂等的黏料，食品中作明胶、冰淇淋、人造奶油乳化剂，陶瓷粉料黏合剂，混凝土墙体防裂剂以及其他石油化工产品的加工。

用作钻井液处理剂具有比 CMC 更优良的提黏切、降滤失能力、防塌和耐盐、耐温特性，适用于淡水、盐水、饱和盐水和海水钻井液体系。其主要性能指标：白色纤维状粉末，水分≤7%，1%水溶液黏度≥2000mPa·S(PAC-HV)、≥100mPa·S(PAC-LV)，取代度≥0.9。

PAC 的制造方法一般分为水媒法和溶剂法。水媒法以水为介质，由于副反应激烈，导致反应总的醚化率仅为 45%~55%，同时，产品中含有羟乙酸钠、乙醇酸和更多的盐类杂质，影响纯度，造成产品纯化困难。溶剂法采用乙醇、异丙醇、丁醇等作为反应的介质，反应过程中传热、传质迅速、均匀，主反应加快，醚化率可达 60%~80%，反应稳定性和均匀性高，使产品的取代度和取代均匀性及使用性能大大提高。因此工业上主要采用溶剂法[57]。

溶剂法配方：精制棉(α-纤维素≥98%)81.5kg、氢氧化钠 60kg、氯乙酸 116.5kg、异丙醇 1190kg、水 132kg、乙醇适量、盐酸适量。

溶剂法生产工艺：按配方将精制棉和异丙醇加入反应釜，搅拌均匀后于 30℃下滴加氢氧化钠水溶液，碱化反应 60min；将配方中的一氯乙酸配成适当浓度的水溶液，在碱化反应完成后分批加入反应釜，然后升温至 70℃，反应 90min；用盐酸将体系调节至中性，抽滤除去溶剂，然后用 80%的乙醇水溶液洗涤产物，除去氯离子；异丙醇和乙醇分别回收、蒸馏后循环使用；取出絮状产物，通入热风除去乙醇，将产物碾碎，于 100℃下烘干得白色纤维状聚阴离子纤维素。

生产中的原料精制棉要采用剪切粉碎机粉碎至要求，并尽可能选择质量好的原料。生产中要保持充分的搅拌，保证反应均匀。

以茭白下脚料的茭白壳为原料，异丙醇为醚化剂，采用四甲基胺氯化物作为相转移催化剂处理纤维素，用碱液溶解成为碱纤维素，经醚化制得了PAC，其取代度达到1.0，黏度为1542mP·s(纯水)和1315mP·s(盐水)，水溶液中均匀透明，具有优良的性能[58]。

王飞俊等研究表明，介质对聚阴离子纤维素合成过程中碱纤维素及其醚化物的结构与性能具有很大影响[59]。

1.不同溶剂体系中碱纤维素的形态与结构不同

纤维素与碱金属氢氧化物溶液作用时，发生物理变化和化学变化。物理变化主要表现为纤维素的溶胀，化学变化是纤维素吸附碱形成碱纤维素。在氢氧化钠溶液中，棉纤维直径迅速变大，晶片中的链片距离增加，从而更易于反应试剂进入。研究表明，有机介质与纤维素质量之比为23.7，NaOH水溶液质量分数45%，NaOH与纤维素质量之比为0.85时，纤维素的反应活性最高。上述条件下，20℃时不同介质中处理纤维素1h，纤维素在碱液中的溶胀程度受反应介质的影响很大：当氢氧化钠用量、浓度及有机介质的用量一定时，随着介质的不同，纤维直径增大程度不同，顺序如下：异丙醇>异丙醇/乙醇(70/30)>异丙醇/乙醇(50/50)>异丙醇/乙醇(30/70)>乙醇。在实验条件下，采用乙醇作反应介质，纤维素纤维的结构参数几乎没有变化；而在异丙醇和异丙醇-乙醇混合物中，纤维素结构发生了变化，且当异丙醇的含量超过50%，可形成碱纤维素。通过计算得到，纯异丙醇中纤维素结晶度最小，乙醇中最大，异丙醇-乙醇混合物中介于二者之间。纤维素吸附碱量也是随着异丙醇浓度的增加而增加。

在乙醇介质中，由于乙醇极性大，NaOH在乙醇中的溶解度高，NaOH、水和乙醇几乎属于均相共存，当碱用量一定时，乙醇的存在使体系中的NaOH浓度明显降低。另外，由于Na^+外层同时吸附有乙醇和H_2O分子，水化离子半径较大，不利于其向纤维原纤间渗透，过渡区氢键打开迟缓，更难进入结晶区，结晶度降低小，纤维润胀度最小，只有17%。

当介质是异丙醇/乙醇混合体系时，NaOH在异丙醇中溶解度低，减小了水合离子的尺寸，易于渗进原纤之间，拉大原纤间距离，过渡区大分子间、分子内氢键得到迅速破坏；随着异丙醇含量增大，变成富异丙醇混合体系，直至单一异丙醇时，反应是在两相结构体系中进行，一相由NaOH、乙醇、水和极少量的异丙醇组成；另一相则由异丙醇、水和极少量的NaOH组成；只有借助外界的搅拌作用，使两相进行物理相混。此时，由于乙醇的参与少，Na^+浓度高，且水合离子外层更多的是水，尺寸较小，易于渗透并被纤维素有效吸附，可有效拉大原纤间距离，加速过渡区乃至结晶区分子间、分子内氢键的破坏。

2.不同溶剂体系中碱纤维素的稳定性与羧甲基化程度不同

相同醚化剂用量，以乙醇为反应介质时，羧甲基化物的取代度极低(DS=0.05)，在水中不溶；以异丙醇-乙醇混合物为反应介质，在富乙醇溶剂体系(乙醇:异丙醇>50:50，质量比)，得到的羧甲基化产物溶解性变差，而当乙醇:异丙醇<50:50(质量比)，能够有效羧甲基化，尤其富异丙醇溶剂体系，产物水溶性好。其原因是乙醇的极性(3.9)大于异丙醇的极性(3.0)，会使已形成的碱纤维素发生严重醇解，导致碱化效果差。在混合溶剂体系中，随着乙醇的减

少，纤维润胀更好，碱纤维素醇解程度降低，纤维素碱化效果好。

纤维素的碱化效果对进一步的羧甲基化有直接影响，在单一或富乙醇溶剂体系中，由于纤维素的润胀程度和生成的碱纤维素量都最小，羧甲基化效率低；而单一或富异丙醇体系中，碱纤维素醇解程度低，水化离子尺寸适中，纤维润胀充分，碱纤维素形成容易且稳定，利于醚化试剂一氯乙酸的进入与反应，使 PAC 取代度提高，溶解性变好。

受碱化效果的影响，产物的取代度和取代基分布均匀性也随着乙醇含量的增加而降低。

上述研究结果对聚阴离子纤维素的生产有着重要的参考价值。

二、纤维素接枝共聚物

为了充分开发利用纤维素的潜在功能，纤维素的改性成为纤维素功能化利用的重要研究方向，除前面介绍的醚化改性外，接枝共聚也是对纤维素进行改性的重要方法之一。它可以赋予纤维素某些新的性能，同时又不会完全破坏纤维素材料所固有的优点。其特征是单体起聚合反应，生成高分子链，通过共价化学键接枝到纤维素大分子链上。通过纤维素与丙烯酸、丙烯腈、甲基丙烯酸甲酯、丙烯酰胺、AMPS、苯乙烯、醋酸乙烯、异戊二烯和其他多种人工合成高分子单体之间的接枝共聚反应，已制备出性能优良的高吸水性材料、离子交换纤维、油田化学品等新型化工产品。纤维素接枝共聚可以采用纤维素，也可以采用水溶性纤维素醚，其接枝共聚包括如下方法：①自由基引发接枝；②离子引发接枝；③原子转移自由基聚合引发接枝。下面重点介绍影响纤维素接枝反应的因素及钻井液用纤维素接枝共聚物。

（一）影响纤维素接枝反应的因素

对于接枝共聚反应，关键是如何提高接枝率和接枝效率。近年来，有关纤维素接枝共聚的研究很多[60]，并进行了纤维素接枝共聚物的制备和应用，但围绕钻井液用接枝共聚物研究却很少，尽管如此，由于反应和方法的通用性，下面一些研究仍然为钻井液用纤维素接枝共聚物的合成奠定了基础。

采用 CAN/EDTA 复合体系作为引发剂，可使 DMAC 与 HEC 发生接枝共聚，且优于单一 CAN；当反应温度在 30~40℃、时间 6h，CAN 和 EDTA 浓度各为 50×10^{-4}mol/L 时，接枝反应较理想[61]。利用硝酸铈铵引发羟乙基纤维素与 *N*-异丙基丙烯酰胺的接枝反应，当单体浓度 20g/L，引发剂浓度 40mmoL/L，反应温度 30℃，反应时间 4h 时，合成的 HEC-g-PNIPAAm 的接枝率可达 35%[62]。以硝酸铈铵(CAN)为引发剂，在 N_2 保护下，羧乙基纤维素与丙烯酰胺进行接枝共聚反应，当引发剂用量为单体质量的 0.75%，反应温度 40℃，m(AM):m(CEC)=1.5:1，反应时间 3h 时，接枝率和接枝效率最高[63]。以硝酸铈铵-乙二胺四乙酸为氧化还原引发剂，在 N_2 保护下，羧甲基纤维素钠与甲基丙烯酸进行接枝共聚反应，较佳条件为：单体[MAA]为 0.7mol/L，反应温度 30~35℃，引发剂[CAN]为 5.0mmol/L，[EDTA]为 5.0mmol/L，反应时间为 2h[64]。

用过硫酸盐氧化法使超细纤维素与丙烯酸接枝共聚，当反应温度 88℃，反应时间 5h，单体用量 3.75mol/L，引发剂浓度 3.5mmol/L，接枝率可达 70%以上[65]。以 $K_2S_2O_8$-$NaHSO_3$ 氧化还原体系为引发剂合成羟乙基纤维素与丙烯酰胺的接枝共聚物时，最佳的反应条件是反应时间为 8h、反应温度为 50℃、引发剂用量为 7×10^{-4}g/mL[66]。以过硫酸铵-亚硫酸钠为引发剂，羧甲基纤维素-丙烯酰胺接枝共聚，当单体质量分数 20%，引发剂用量 300mg/L，初始温度 40℃,初始 pH 值 8 时,得到的接枝共聚物在特性黏数、抗温及抗盐等方面均优于羧甲基纤维素和聚丙烯酰胺[67]。

用高锰酸钾/硫酸作引发体系，丙烯酸与纤维素的接枝聚合，高锰酸钾预处理温度 60℃、预处理时间 10min、浓度 0.003mol/L,硫酸浓度 0.2mol/L,丙烯酸 2mol/L,反应温度 60℃,聚合时间 5h,纤维素的接枝率可达到 35%[68]。

按照如下方法制备纤维素接枝丙烯酰胺[69]:称取 2.5g 马尾松漂白硫酸盐浆纸浆纤维素于烧杯中,加入 4%NaOH 溶液 50mL,常温下浸泡 15~20min 左右,搅拌至呈糊状,加酸中和后挤去多余水分,将纤维素倒入带有搅拌器的三口烧瓶中,然后按照一定顺序加入计算量的单体、引发剂和去离子水,置于 45℃恒温水浴锅中,保持 45℃搅拌反应一定时间,停止搅拌,静置一段时间后取出,过滤,水洗、丙酮洗、乙醚洗,干燥,称重,得到纤维素–丙烯酰胺接技共聚物。当采用不同的引发剂引发接枝共聚时,有不同的接枝效率。在丙烯酰胺浓度为 0.75mol/L、反应温度 45℃、反应时间为 3h 的条件下,以硝酸铈铵作引发剂时,当硝酸铈铵浓度为 3.0mmol/L,丙烯酰胺在纤维素骨架上的接枝率为 40%;以过硫酸钾为引发剂,浓度为 5.0mmol/L 时,丙烯酰胺在纤维素骨架上的接枝率为 48%;以过硫酸钾和亚硫酸钠为引发剂,当过硫酸钾,亚硫酸钠质量比为 1.5 时,丙烯酰胺在纤维素骨架上的接枝率为60%。可见采用过硫酸钾/亚硫酸钠氧化还原引发体系引发纤维素与丙烯酰胺的接枝效率最高。

(二) 钻井液用纤维素接枝共聚物

关于钻井液用纤维素接枝共聚物等方面的研究较少,且都是在 CMC 的基础上的改性,从原料和生产过程看无形中增加了产物成本，如何直接利用不同来源的纤维素原料进行改性,将是未来的研究方向。

1.羧甲基纤维素接枝 AM/DMDAAC 共聚物

合成方法是称取一定量 CMC 加入装有搅拌、回流、通氮装置的四颈反应瓶中,加入一定量的蒸馏水和一定浓度的 $KMnO_4$ 溶液预氧化,通氮 20min 后升温至预定的反应温度,再加入定量的 H_2SO_4 溶液和 AM 且以蒸馏水定容;反应 60min 后,加入一定量的 60%DMDAAC 溶液;反应在 N_2 保护下进行,在 50℃下反应时间为 6h。反应结束后将反应混合物倾入大量的异丙醇中,分离出淀淀物。以体积比为 60:40 的乙酸–乙二醇混合溶剂抽提 12h 以除去反应副产物(均聚物和 AM 与 DMDAAC 共聚物)。在 40℃下真空干燥至质量恒定、粉碎即得产物。单体聚合转化率高达 90%以上。产品极易被纤维素酶降解而成为低相对分子质量断片,具有适当分子结构的两性纤维素类聚合物,兼具优良的抑制、配浆和可生物降解性能[70,71]。

2.降滤失剂 LS–2

将改性纤维素与丙烯腈等在一定条件下接枝共水解、磺化,制得了新型降滤失剂 LS–2。室内及现场试验表明,LS–2 热稳定性好,对钻井液的黏切影响小,抗电解质能力强,适用于各种类型的钻井液体系[72]。

3.HEC/AM/AMPS 接枝共聚物

用引发聚合方法合成了 HEC/AM/AMPS 接枝共聚物,研究结果表明,在单体总质量分数为 15%~20%,引发剂质量分数 0.15%,pH 值为中性时,在 40~50℃反应 8h 可以得到转化率为 95%,特性黏数 1200~1800mL/g 的共聚物。在 25~90℃范围内,浓度 3000mg/L 的共聚物标准水溶液的黏度($7.3s^{-1}$)随温度升高而降低。25℃时的黏度为 35.1mPa·s,90℃高温下黏度为 12.5mPa·s,表明共聚物溶液具有较强的耐温性,可以用于配制无固相完井液[73]。

4.PAC-AMPS 接枝共聚物

以 Ce^{4+}为引发剂,合成了 LV-PAC 与 AMPS 接枝共聚物。在 45℃下,当反应时间为 3h,引发剂 Ce^{4+}(2.8×10^{-3}mo1/L)的用量为 2mL,接枝单体 AMPS(1.8mo1/L)的用量为 9mL 时,LV-PAC 接枝 AMPS 共聚反应的接枝效率为 94.7%,接枝率为 30.5%。DSC 分析表明,接枝后所得共聚物的热分解温度达到了 389℃,比 LV-PAC 提高了 48℃,通过接枝磺酸盐的方法大大提高了 LV-PAC 的耐热稳定性,可以用作钻井液抗温抗盐的降滤失剂[74]。

第三节 木质素类改性处理剂

木质素是来源丰富、价格低廉的一种天然资源,属于再生有机聚合物,与纤维素一起存在于树木等植物中,天然状态下纤维素和木质素紧密结合在一起,决定着硬度和刚性等结构性能。木质素无毒,性能优异,在工业上应用日益广泛。木质素除作为堵漏材料外,不能直接在钻井液中应用,通常采用水溶性的木质素磺酸盐为原料制备钻井液处理剂。木质素磺酸盐是一类高分子电解质,它是由含有天然木质素的造纸废液直接分离或经磺化、改性而得到。根据制浆工艺不同,可得酸木质素(酸制浆法)和碱木质素(烧碱制浆)两大类。并可通过离心分离分成高相对分子质量和低相对分子质量两个级别的产品,其相对分子质量约在 2000~1000000 之间,磺化度约为 0.3~1.0。结构十分复杂,至今尚未完全确定,通常认为木质素是由苯丙烷结构单元组成的具有复杂三维空间结构的非晶高分子。组成木质素结构的主要结构单元见图 10-17。图 10-18 是木质素的结构。

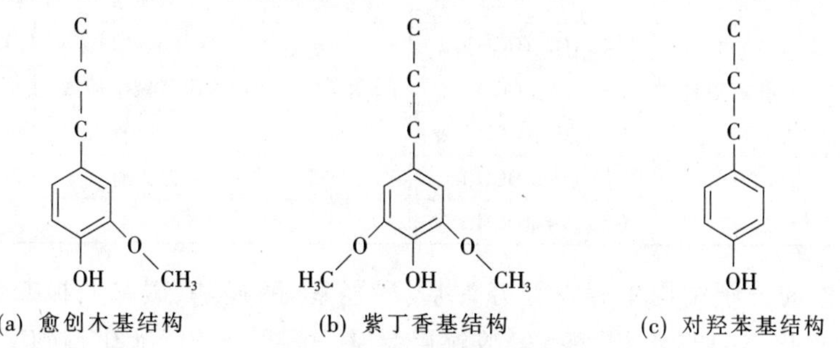

图 10-17 木质素的组成单元

一般认为,木质素主要含碳、氢、氧 3 种元素,质量分数分别约为 60%、6%和 30% ,此外还有 0.67%左右的氮元素。但因来自不同的植物、不同的产地、不同的分离方法,木质素的元素组成往往也会存在一些差别。表 10-5 是一些植物的木质素的元素组成[75]。

木质素一般作为木材水解工业和造纸工业的副产物,由于得不到充分利用,成为污染环境的废弃物。由于我国木材来源的缺乏,非木材类植物的应用仍占重要地位,但因其制浆后的废液更难处理,不仅造成严重的环境问题,而且浪费资源。因此,利用木质素磺酸盐和碱木质素类原料开发无污染、价格低廉的钻井液处理剂,对于降低钻井液成本、减少造纸工业对环境的污染,具有重要的现实意义。

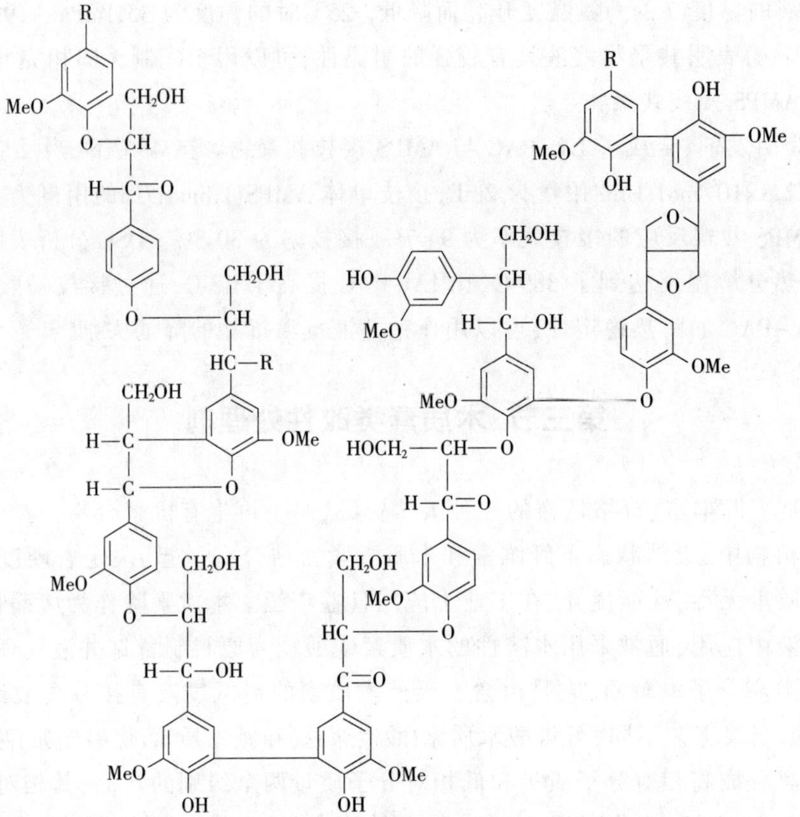

图 10-18 木质素的结构

表 10-5 不同植物种类木质素元素组成

植物种类	木质素	元素组成	植物种类	木质素	元素组成
针叶林	兴安落叶松心材	$C_9H_{8.82}O_{3.14}(OCH_3)_{0.93}$	禾草类	麦草碱木质素	$C_9H_{9.84}O_{3.41}(OCH_3)_{0.86}$
	兴安落叶松边材	$C_9H_{8.80}O_{3.06}(OCH_3)_{0.98}$		龙须草碱木质素	$C_9H_{8.96}O_{2.88}(OCH_3)_{0.77}$
	杉 木	$C_9H_{8.08}O_{2.46}(OCH_3)_{0.94}$		芦 苇	$C_9H_{8.26}O_{3.33}(OCH_3)_{1.20}$
阔叶林	杨树心材	$C_9H_{7.16}O_{2.38}(OCH_3)_{1.99}$	竹 类	白夹竹	$C_9H_{7.42}O_{3.19}(OCH_3)_{1.53}$
	杨树边材	$C_9H_{8.61}O_{2.73}(OCH_3)_{1.33}$			

由于木质素的分子结构中存在着芳香基、酚羟基、醇羟基、碳基共扼双键等活性基团，因此可以进行氧化、还原、水解、醇解、酸解甲氧基、羧基、光解、酞化、磺化、烷基化、卤化、硝化、缩聚或接枝共聚等诸多化学反应，并可以利用化学反应进行木质素改性，木质素改性途径主要包括[76]：

① 磺化改性。目前，国内外利用木质素产物中的绝大多数为亚硫酸盐法造纸制浆废液回收的木质素磺酸盐的形式。与碱法造纸制浆黑液回收的木质素相比，其水溶性、分散性、表面活性等较好。利用其基本性能可用于混凝土减水剂、油田化学剂、染料分散剂和木材黏结剂等。利用直接回收的磺化木质素存在某些难以克服的缺陷，其性能不能满足高质量产品的要求，如木质素磺酸钙混凝土减水剂产生沉淀影响使用效果等。通过进一步改性提高其性能或制得其他类型产品是扩大其应用的有效途径。因此，对木质素的磺化改性是具有实用价值的一种方法。木质素的磺化改性主要包括对木质素的磺化和磺甲基化反应。

木质素磺化改性。一般采用的是高温磺化法，即将木质素与 Na_2SO_3 在 150~200℃条件下进行反应，使木质素侧链上引进磺酸基，得到水溶性好的产品。如碱木素磺化试验条件：Na_2SO_3 用量 1.0~6.0mmol/g，NaOH 与 Na_2SO_3 质量比为 1:9，液比为 1:4，反应最高温度 165℃，保温时间 5h[77]。对麦草碱木质素和松木硫酸盐木质素高温磺化反应比较证明，两者的反应速度和磺化度的差异不大[78]。在对蔗渣碱木素的磺化条件系统研究的基础上，得出磺化反应的适宜条件为 Na_2SO_3 用量 5mmol/g，pH 值 10.5，温度 90℃，时间 5h[79]。在反应体系中加入适量 $FeCl_3$ 或者 $CuSO_4$ 溶液作为接触催化剂，能提高木质素磺化反应的效果。

磺甲基化反应。木质素溶于碱性介质，其苯环上的游离酚羟基能与甲醛反应引入羟甲基，木质素经羟甲基化以后，在一定反应温度条件下与 Na_2SO_3、$NaHSO_3$ 或者 SO_2 发生苯环的磺甲基化反应。此时，侧链的磺化反应则较少发生。木质素磺甲基化反应可分为 2 种方法：一种为一步法，即在一定反应条件下，与甲醛和 Na_2SO_3 反应；另一种为两步法，即先羟甲基化，然后再与 Na_2SO_3 发生反应。

② 氧化反应。木质素的结构中，有多个部位均可以发生氧化反应，氧化后产物亲水能力得到提高。此类反应在表面活性剂的研究应用方面有重要意义。如竹材碱木质素烷基化后，再进行氧化反应，其产物表面活性大大提高，降低表面张力的能力超过十二烷基磺酸钠及十二烷基苯磺酸钠。用过硫酸铵、过氧化氢氧化木质素磺酸盐，可显著提高其表面物化性能，在钻井液中降黏效果良好，抗温、抗盐及抗钙能力有较大的提高。

③ 接枝共聚改性。木质素与乙烯基单体接枝共聚反应可采用化学引发或者辐射作用或者电化学接枝的方法。接枝共聚反应多属于在水溶性引发剂作用下的自由基反应。此类引发剂应用较多的是铈盐、过硫酸盐、H_2O_2-$FeSO_4$ 和复合型引发剂，如 $K_2S_2O_8$-$NaHSO_3$、$K_2S_2O_8$-$Na_2S_2O_3$。常用的交联剂有 N,N'-亚甲基双丙烯酰胺，金属盐类等。木质素接枝共聚合成的单体包括丙烯酰胺、甲基丙烯酰胺、丙烯酸、2-丙烯酰胺基-2-甲基丙磺酸、丙烯腈和苯乙烯等。木质素磺酸盐与丙烯酸发生共聚反应所得产物具有良好的分散性能。木质素的酚羟基能与环氧烷烃反应。木质素在碱催化、加压情况下与环氧乙烷共聚，所得产物水溶性提高，表面活性也有所增强，与环氧丙烷共聚后，则亲油性有所改善。

④ 聚合改性。木质素的聚合改性依据反应机理可分为两类：一类为木质素游离酚羟基与多个官能团化合物的交联反应，交联剂为卤化物、环氧化物等；另一类为木质素在非酚羟基位置的缩合反应，缩合反应是木质素重要的化学改性手段之一，也是研究其应用的一条重要途径。木质素结构中的酚型单元、醛基结构以及醇羟基均可以和醛类、酚类、异氰酸酯类等发生缩合反应，生成一系列新型高分子材料。

⑤ 木质素的氧化氨解改性。采用空气或者氧气为氧化剂时，一般在高温和加压下进行反应，如以过氧化氢为氧化剂，则可以在较低温度和常压条件下进行氧化氨解改性。

⑥ 曼尼希反应。在木质素的结构单元中，酚羟基的邻、对位以及侧链上的羰基上 α 位上均有较活泼的氢原子，此类氢原子容易与甲醛、脂肪胺发生曼尼希反应，制成木质素胺，可以显著提高木质素的表面活性。通过曼尼希反应，还可以将木质素的离子电性转化为阳离子型，胺化木质素具有优良的络合性、分散性和黏合性，已广泛应用于沥青乳化等领域，从其结构看，可以用作钻井液泥页岩抑制剂或黏土稳定剂。

⑦ 烷基化和羟烷基化反应。研究得较多的木质素烷基化、羟烷基化反应是甲基化和羟

甲基化反应。碱木质素与氯代烷烃、溴代烷烃反应,可以引入烷基链,提高亲油性。羟甲基化木质素是众多木质素衍生物的重要中间体之一,它不仅是当前广泛应用的两步磺甲基化法的关键步骤,而且在木质素酚醛树脂型黏合剂的合成过程中具有决定性作用。

在油田化学方面,从酸法造纸废液中分离出的木质素磺酸盐是最早用于制备钻井液降黏剂的原料之一,用这种原料制得的铁铬木质素磺酸盐(FCLS)是一种广泛应用的最有效的钻井液降黏剂,适用于各种类型的钻井液体系,数十年来其用量一直很大。近年来由于对环境保护的重视,FCLS 的应用受到了限制, 已不能满足勘探开发的需要和环境保护的要求,为此研究人员在无污染降黏、降滤失剂方面开展了大量的工作[80]。

本节从木质素磺酸盐与金属离子的络合物、接枝共聚物、其他类型的反应物和深度水解再缩合制备改性产物等方面简要介绍。

一、木质素磺酸盐与金属离子的络合物

作为木质素类改性产物的主要品种,FCLS,即铁、铬木质素磺酸盐,是一种重要的木质素磺酸盐与铁、铬的络合物,作为钻井液降黏剂,自应用以来,一直是效果最好、用量最大的降黏剂之一,由于铬不能满足环保要求,围绕其替代品开展了许多研究探索,并企图通过采用其他金属代替铬制备性能相当的产物,但直到目前为止无铬改性产物在综合性能上始终没有突破性进展。目前木质素类改性降黏剂方面仍然以络合改性居多。

(一) 改性无铬木质素降黏剂

将 15 份的亚硫酸钠用适量的水溶解后,加入 10 份质量分数 36%的甲醛和 200 份碱法造纸黑液,混合均匀后将该混合液加入高压釜中,升温至 130℃,在此温度下反应 6h。冷却、出料即得磺甲基化木质素溶液。将 10 份氢氧化钠和适量的水加入反应釜中配成溶液,然后在搅拌下慢慢加入 15 份栲胶和 25 份褐煤, 待两者加完后再加入磺甲基化木质素溶液,搅拌均匀,加入 10 份焦亚硫酸钠和 8 份甲醛,升温至 90℃,在该温度下反应 3~4h,待反应时间达到后加入 15 份 $FeSO_4$(事先用适量的水溶解),30min 后停止反应。将所得产物过滤除去不溶性杂质后进行喷雾干燥,即得降黏剂产品。该产品可溶于水,无毒、无污染,可用作水基钻井液的降黏剂,具有耐温抗盐的特点。

(二) 木质素磺酸和腐殖酸络合物

将 75 份木质素磺酸钙、35 份 $FeSO_4\cdot7H_2O$ 配成一定浓度的水溶液, 加入 37 份有机络合剂,搅拌升温至 80~100℃,让木质素磺酸钙和 $FeSO_4$ 在酸性条件下发生络合反应,1~2h 后加入 21 份腐殖酸盐溶液,升温至 80~90℃,反应完毕用适量的氢氧化钠溶液将产物的 pH 值调至 7~8,分离除渣、烘干、粉碎得产品。该产品具有较好的抗温抗盐能力,在低 pH 值时的高温稀释效果优于铁铬木质素磺酸盐,抗温大于 180℃。适用于淡水、海水和盐水钻井液。

(三) 磺甲基化碱木素

把黑液与甲醛、亚硫酸氢钠在碱性条件下催化缩合,进行磺甲基化反应,其制备的方法是,在装有搅拌器、温度计和回流冷凝器的三颈瓶中,按原料配比加入黑液、甲醛、亚硫酸氢钠和水,在搅拌下升至 110℃,开始回流,混合物在恒温下回流 2~3h 后,加入一定量的 Fe^{2+}盐,将液体产品在 40℃下风干即可使用。该产品对环境无污染,是一种较好的钻井液稀释剂,同时具有一定的降失水作用;有较宽的 pH 值使用范围(9~11.5),并且靠自身的高碱

性可以调节钻井液 pH 值至使用范围。该产品有较好的抗温、抗盐和抗钙能力[81]。

(四) 钻井液处理剂 CT3-7

采用碱法造纸废液通过添加具有抗高温苯环结构且能与废液起协同效应的褐煤,并用无毒金属离子络合、改性而制得的一种新型的钻井液降黏剂。经现场和室内试验证明,CT3-7 处理剂的降黏效果优于 SMK,处理费用比 SMK 低,抗盐、抗石膏污染能力略优或相当于 SMK,适用于多种钻井液体系,加之该剂生产原料来源广、价格低廉,生产工艺简单,既为钻井液提供了一种新型降黏剂品种,又解决了碱法造纸废液的排放问题,经济、社会效益显著,推广前景可观。该剂水溶性好,降黏降切效果优于 SMK,处理费用低于 SMK,抗盐、抗石膏污染能力比 SMK 略优或相当,抗温达 120~150℃[82]。

(五) 其他改性产物

① 木质素磺酸钛铁络合物,属于无铬的钻井液降黏剂,无毒、元污染,是铁铬木质素磺酸盐的替代品种之一。用作钻井液降黏剂,具有良好的降黏效果,抗盐达饱和,抗温大于 150℃,适用于多种水基钻井液体系。其制备过程为:将钛铁矿粉与浓硫酸以 1:1.5(质量比)的比例投料,并在 70~80℃,不断通空气的条件下反应 1.5h,然后冷却至室温,并加入相当于钛铁矿粉 3 倍质量的水,浸取 4h,最后静止 8~10h,令其自然沉降分层,分出上层透明的墨绿色清液,即为钛铁浸出液;将适量的水加入反应釜中,搅拌下加入 100kg 木质素磺酸盐,待其充分溶解后加入 100kg 钛铁浸出液,搅拌均匀后慢慢加入 12.5kg 氧化剂(过氧化氢),待氧化剂加完后升温至 80℃,在 80℃下氧化、络合反应 3h,降温至室温,用适当浓度的氢氧化钠溶液中和至 pH 值 4~6,得固含量 40%左右的反应产物,液体产物经干燥、粉碎即得粉状的无铬木质素降黏剂产品。

② 用亚硫酸盐法以造纸废液为主要原料, 通过络各不同的金属阳离子得到相应的木质素磺酸盐(LSS),采用 H_2O_2 氧化处理,得到了 LSS 的氧化产物,产物在钻井液中具有良好的降黏作用[83]。

③ 以马尾松硫酸盐制浆黑液为原料, 经化学改性制备复合型改性木质素基钻井液用降黏剂,既能发挥无机降黏剂良好的降黏作用,又具有木质素系降黏剂良好的抗温、抗盐效果,同时具有较好的协同作用。在淡水基浆中加入 0.5%降黏剂,降黏率可达 96.7%[84]。

二、接枝共聚物

木质素或木质素磺酸盐通过接枝共聚,是制备木质素类改性钻井液降黏剂和降滤失剂的一个重要途径,但由于研究的局限性,尽管开展了不少工作,而投入现场应用的却很少。

(一) 接枝共聚物用于钻井液降黏剂的研究

1.AMPS/AA/DMDAAC/木质素磺酸接技共聚物降黏剂

采用丙烯酸和 2-丙烯酰胺基-2-甲基丙磺酸、二甲基二烯丙基氯化铵单体与木质素磺酸钙接枝共聚,合成了一种无毒、无污染的木质素接枝共聚物钻井液降黏剂,方法是:将相对分子质量调节剂和适量的水加入反应器中,加入木质素磺酸钙和适量的氢氧化钾,搅拌均匀后加入 2-丙烯酰胺基-2-甲基丙磺酸、丙烯酸、二甲基二烯丙基氯化铵,加入适量的氢氧化钾(先溶于适量的水中),使体系的 pH 值控制在 4~5,然后加水使反应混合物中的反应物料含量至要求,升温至 50℃,然后慢慢加入引发剂,在此温度下反应 1h 即得液体产品,液体产品经过干燥、粉碎得粉状成品。由于分子中引入了新的基团,产品用作钻井液降黏剂具有很强的耐温、抗盐和抗钙镁污染的能力，在淡水钻井液、盐水钻井液、聚合物钻井液和含钙钻井液中均具有较好的降黏作用，同时还具有较强的防塌能力[85]。

2.改性碱法制浆废液共聚物降黏剂

以碱法制浆废液、AMPS、AA、DADMAC为原料，当AMPS和AA总物质的量恒定、DMDAAC物质的量不变，AMPS与AA的物质的量比为0.1:1.0，引发剂用量为单体质量的0.6%时，合成的钻井液降黏剂具有良好的降黏能力、抗温、抗盐和抗钙能力，加量为0.3%时，降黏效果最佳，抗温达150℃，抗NaCl达30%，抗$CaCl_2$达1.0%[86]。

3.碱法蔗渣制浆废液制备降黏剂

在蔗渣中加入12%(以绝干蔗渣计)NaOH，按固液比1:3加入水，在60min内升温至160~170℃(压力0.6~0.70MPa)，在此条件下蒸煮20min，使反应物高锰酸钾值达到9.5~10，粗浆得率为50%~52%。将所得碱法制浆废液浓缩至木质素含量大于23%。在浓缩后的碱法蔗渣制浆废液中加入一定量亚硫酸钠和硫酸，混合均匀，加热到一定温度并保温度1~2h，再加入一定量硝酸、硫酸铁、丙烯酸、丙烯酰胺、甲基丙烯酸甲酯及有机络合剂，在不断搅拌下加热至设定温度，保持该温度2h左右。反应完毕后，用NaOH溶液将反应物的pH值调至钻井液所要求的值，除去所含杂质，即得到改性碱性蔗渣制浆废液。产品可用作聚合物钻井液的降黏剂，其降黏能力优于FCLS[87]。

4.对苯乙烯磺酸钠/马来酸酐/木质素磺酸钙接枝共聚物

采用对苯乙烯磺酸钠、马来酸酐、木质素磺酸钙为原料，过硫酸铵为引发剂合成了接枝改性木质素磺酸钙降黏剂(SMLS)。评价表明，SMLS通过拆散钻井液中的黏土网状结构降低钻井液的黏度和切力，降黏性能优异，在淡水钻井液、盐水钻井液和钙处理钻井液中的降黏率可分别达到80.77%、75.00%和70.50%，具有良好的抗盐性能。在150℃以下的降黏作用几乎不受老化温度的影响，在经200℃老化16h后，加量为0.4%的SMLS在淡水钻井液中的降黏率仍可达70%[88]。

(二) 接枝共聚物用于钻井液降滤失剂的一些研究

1.AM/AMPS/木质素磺酸接枝共聚物降滤失剂

按比例将AMPS溶于适量水中，在冷却条件下用等物质的量的氢氧化钠(溶于适量的水中)中和，然后依次加入AM，木质素磺酸钙，待溶解后升温至60℃，通氮5~10min后加入占单体质量0.75%的引发剂，搅拌均匀后于60℃下反应0.5~1h，得凝胶状产物。将产物于120℃下烘干、粉碎得棕褐色粉末状接枝共聚物降滤失剂，其1%水溶液表观黏度≥10.0mPa·s。研究表明，在实验条件下，当AMPS用量20%(占AM和AMPS总量的物质的量分数)、木质素用量(占AM、AMPS和木质素磺酸总量的质量百分数)在50%~60%时，可以得到成本较低降滤失效果较好的接枝共聚物，接枝共聚物在淡水钻井液、饱和盐水钻井液及复合盐水钻井液中均具有较好的降滤失效果和较强的抗盐抗温和抗钙、镁能力[89]。

采用复合盐水基浆(在350mL水中加入15.75g NaCl、1.75g $CaCl_2$、4.6g $MgCl_2·6H_2O$、42g钠膨润土和3.15g碳酸钠)，样品加量1.0%作为考察依据，考察了AMPS用量和木质素磺酸盐用量对对产物降滤失能力的影响：当反应条件一定，(AM+AMPS):SL=6:4(质量比)时，改变AMPS用量，AMPS用量(占AM和AMPS单体总量的物质的量分数)对产品降滤失能力的影响如图10-19所示。从图10-19可以看出，增加AMPS用量有利于提高产物的降滤失能力，但当AMPS用量超过20%后再增加AMPS的用量，钻井液的滤失量变化较小。由于AMPS的价格较高，在实验条件下AMPS用量20%既可保证产物良好的降滤失能力，又不至于使产物成本过高，所以选择AMPS用量为20%。

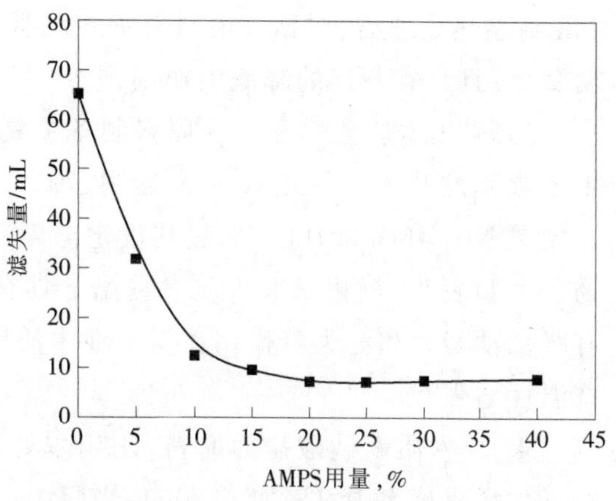

图 10-19 AMPS用量对产物降滤失能力的影响

采用木质素与AM、AMPS接枝共聚的目的是为了得到一种价廉高效的降滤失剂，因此在保证产物降滤失效果的情况下应尽可能的增加木质素磺酸的用量，为此考察了木质素磺酸用量对接枝共聚物降滤失能力的影响，如图10-20所示[AMPS/(AM+AMPS)=20%，物质的量分数]。从图10-20可以看出，当木质素磺酸用量(占AM、AMPS和木质素磺酸总量的质量百分数)超过60%以后，所得接枝共聚物的降滤失效果明显降低。因此在试验条件下选择木质素磺酸的用量为50%~60%。

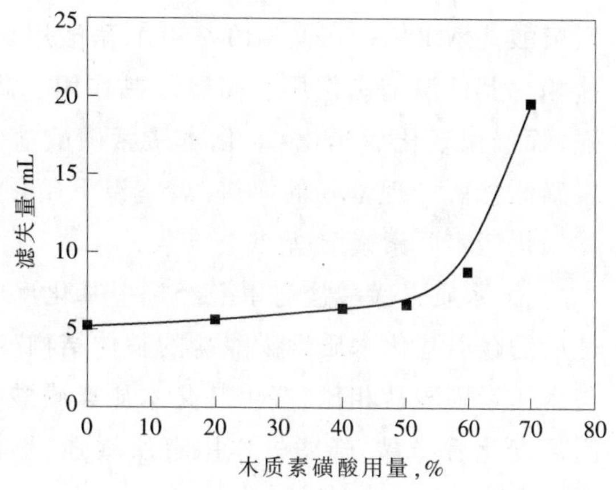

图 10-20 木质素磺酸用量对产物降滤失能力的影响

2.木质素磺酸盐与丙烯酸单体的接枝共聚物

由木质素磺酸盐与烯类单体接枝共聚反应得到，方法是：在已经离心提纯的木质素磺酸盐溶液中加入适量甲醛并缩合反应一定时间，再加入已溶解的AM和MA单体以及引发剂$(NH_4)_2Ce(NO_3)_6$搅拌均匀，将混合物转移到装有搅拌并通N_2保护的三口瓶中，在一定pH值和指定温度下反应一定时间。在接枝共聚物中加入适量的硫酸铁进行络合反应一定时间后，加入已用甲醛溶解的亚硫酸钠，封闭反应一定时间后静置，过滤，烘干。产品作为钻井液降黏剂，具有较强的抗盐抗钙能力，可用于水基钻井液[90]。木质素磺酸钙与丙烯酸接枝共聚及改性后，可以提高其作用效果，扩大其应用范围，作为钻井液处理剂，有较好的降黏及降滤失作用，并具有较好的耐温抗钙污染能力[91]。

三、其他类型的反应物

近期，为进一步拓宽木质素衍生物在钻井液中的应用，还开展了一些新的探索，如：

① 采用木质素磺酸盐与甲醛、伯/仲胺通过Mannich反应制备的一系列木质素磺酸盐Mannich碱钻井液处理剂，在水基钻井液中具有增黏和降滤失作用，并且其性能与Mannich碱结构单元中胺甲基上的取代基链长密切相关，部分木质素磺酸盐Mannich碱具有一定的抗温性[92]。

② 通过木质素磺酸钙与甲醛、伯/仲胺的Mannich反应产物与杂聚糖反应制备出系列聚糖-木质素SL，作为水基钻井液处理剂，常温下具有增黏作用和弱的降滤失作用，180℃、

24h 高温热处理后，对钻井液具有一定的稀释作用，塑性黏度适中，可明显改善塑性黏度和动塑比，且具有一定的降滤失作用[93]。

③ 采用木质素磺酸盐为原料制备了氧化氨解木质素钻井液处理剂，方法是：称取适量木质素磺酸盐于 100mL 反应容器中，加入 20mL 水，搅拌均匀，调节 pH 值，先后逐滴加入一定量 $NH_3 \cdot H_2O$ 和 H_2O_2，加热到设定温度，保温反应 2h，经浓缩后在 80℃下真空干燥得产物。实验表明，氧化氨解木质素室温下具有增大动切力和降低滤失量作用，而在高温下具有降低动切力和滤失量作用，与工业木质素磺酸盐相比，其在钻井液中的降切作用减弱，抗温性增强[94]。

④ 以木质素磺酸盐为原料，用硝酸处理制备了硝化—氧化木质素磺酸盐，方法是：将 3.1g 木质素磺酸盐(LS)加入 50mL 烧瓶中，加入 15mL 水溶解，再加入 1.5mL 65%的硝酸，在不同温度下反应 3h，待反应完成后用氢氧化钠溶液调节 pH 值至 7，得到硝化-氧化木质素磺酸盐(NOLS)。在低温(0~15℃)、硝酸用量较低(10%~15%)时，合成的产物与木质素磺酸盐相比其低温增黏作用、高温降黏作用、降滤失作用和对黏土膨胀的抑制作用均有所增强，而高温老化后硝化-氧化木质素磺酸盐的降滤失作用不好，形成的泥饼较基浆和木质素磺酸盐所处理基浆的泥饼薄；室温下硝化-氧化木质素磺酸盐对黏土的水化膨胀的抑制作用优于木质素磺酸盐[95]。

⑤ 木质素磺酸盐与甲醛经羟甲基化反应制备了羟甲基化木质素磺酸盐。评价表明，改性后的羟甲基化木质素磺酸盐的整体结构变化不大，但羟基数量增加，与水的相溶性增强，与木质素磺酸盐相比，羟甲基化木质素磺酸盐在室温下对基浆有较强的提黏作用，经180℃高温老化后降黏、降滤失作用有所增强，形成的泥饼厚度降低，对黏土水化膨胀的抑制作用增强[96]。

四、深度水解再缩合制备改性产物

为了充分利用廉价、丰富的木质素资源，可以首先将木质素水解得到不同结构的化合物，见图 10-21。

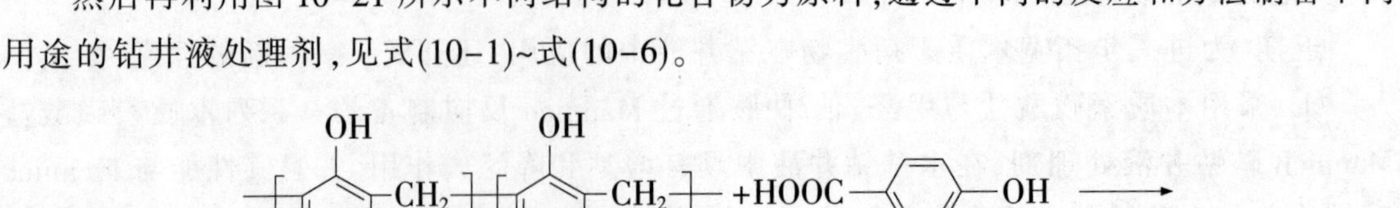

图 10-21 木质素水解产物

然后再利用图 10-21 所示不同结构的化合物为原料，通过不同的反应和方法制备不同用途的钻井液处理剂，见式(10-1)~式(10-6)。

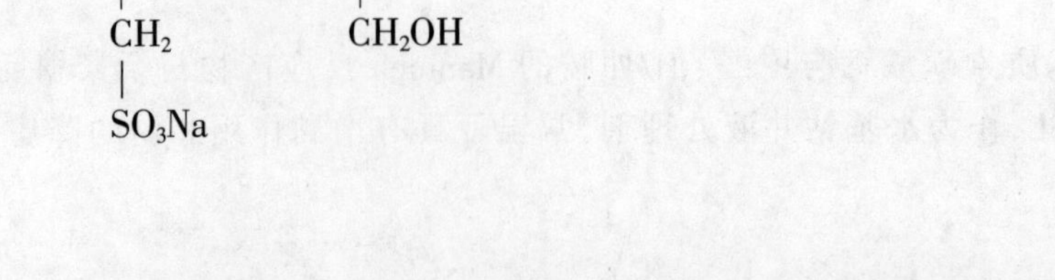

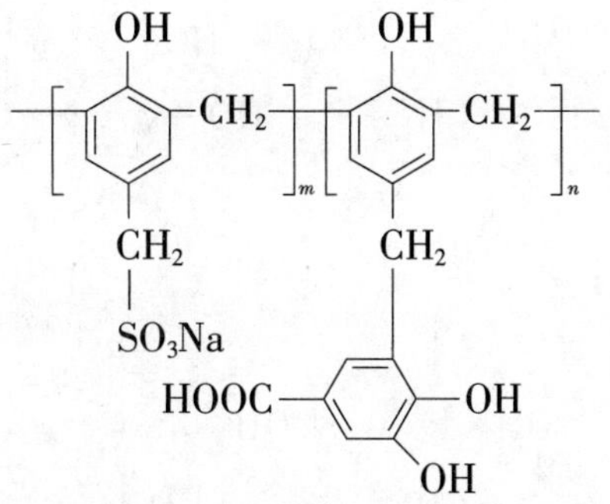

OH OH

CH_2 CH_2 $_m$ $_n$ (10-1)

CH_2 CH_2

SO_3Na

HOOC OH

OH

OH OH O

CH_2 CH_2 $_m$ $_n$ + H OH ⟶

CH_2 CH_2OH O

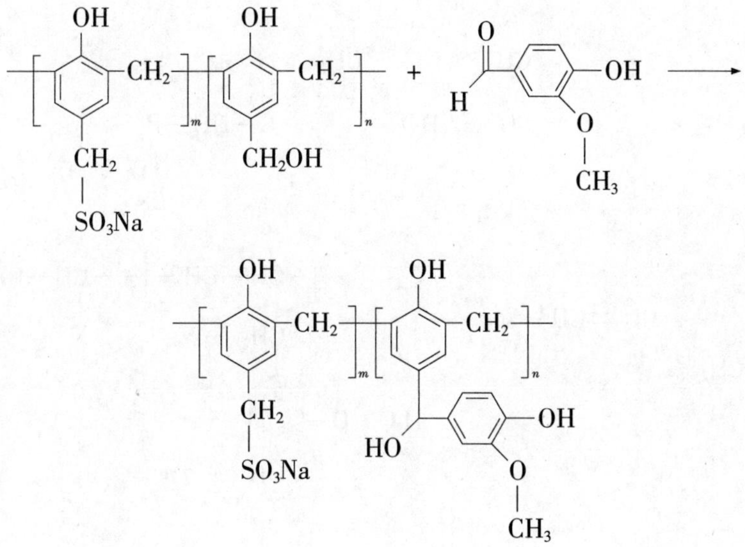

SO_3Na CH_3

OH OH

CH_2 CH_2 $_m$ $_n$ (10-2)

CH_2 OH

SO_3Na HO O

CH_3

OH O

+ $HCOH+NaHSO_3$ + H OH ⟶

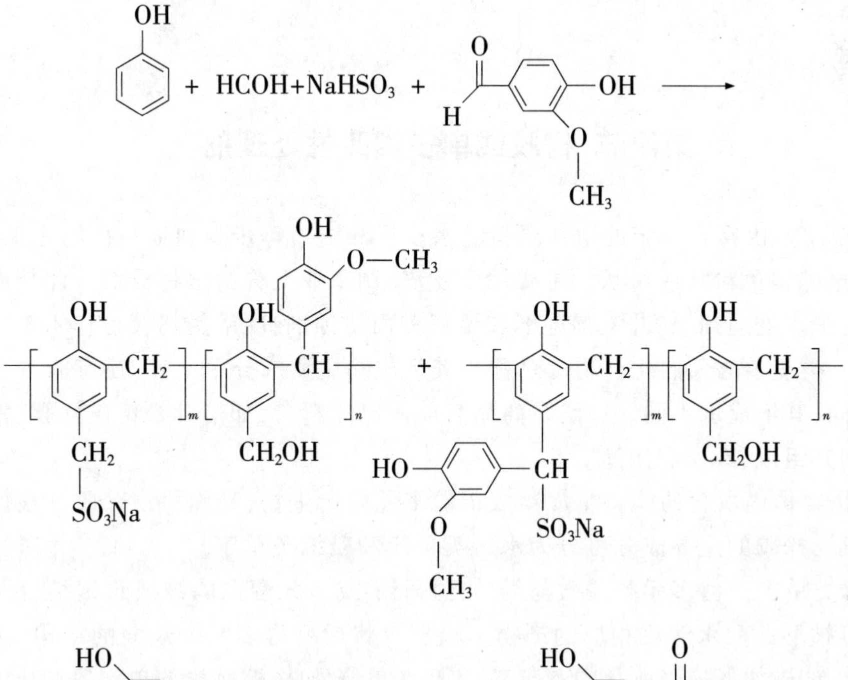

O

CH_3

OH

O—CH_3

OH OH OH OH

CH_2 CH $_m$ $_n$ + CH_2 CH_2 $_m$ $_n$ (10-3)

CH_2 CH_2OH HO CH CH_2OH

SO_3Na O SO_3Na

CH_3

HO HO O

HO COOH+H_2N—R ⟶ HO C—NH—R (10-4)

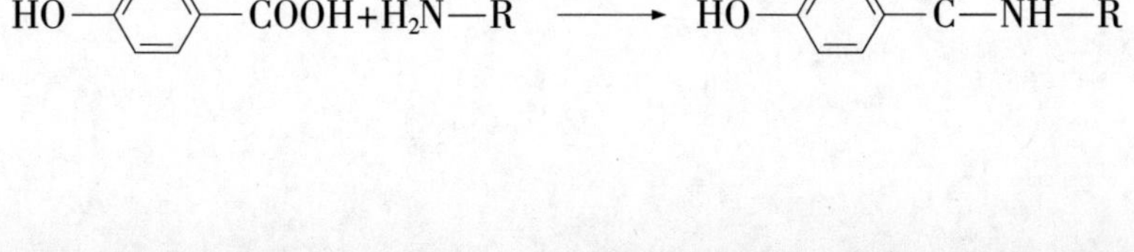

$$\text{[酚醛缩聚物：}\left[\text{苯环(OH)(}CH_2SO_3Na\text{)}-CH_2\right]_m\left[\text{苯环(OH)(}CH_2OH\text{)}-CH_2\right]_n\text{]} + (HO)_2C_6H_3-\overset{O}{\overset{\|}{C}}-NH-R \longrightarrow$$

$$\left[\text{苯环(OH)(}CH_2SO_3Na\text{)}-CH_2\right]_m\left[\text{苯环(OH)(}CH_2-C_6H_2(OH)_2-\overset{O}{\overset{\|}{C}}-NH-R\text{)}-CH_2\right]_n \quad (10\text{-}5)$$

$$\text{HO-}C_6H_3\text{(}O-CH_3\text{)-}CH_2-CH_2=CH_2 + CH_2=CH-X \longrightarrow \left[CH(CH_2-C_6H_3(O-CH_3)(OH))-CH_2\right]_m\left[\underset{X}{CH}-CH_2\right]_n \quad (10\text{-}6)$$

式中：$X=-\overset{O}{\overset{\|}{C}}-O^-, -\overset{O}{\overset{\|}{C}}-NH_2, -CH_2-\overset{O}{\overset{\|}{\underset{O}{\underset{\|}{S}}}}-O^-$。

第四节 栲胶或单宁类改性处理剂

栲胶或单宁是由富含单宁的植物原料经水浸提和浓缩等步骤加工制得的化工产品。通常为棕黄色至棕褐色粉状或块状。主要用于鞣皮，制革业上称为植物鞣剂。此外还用作选矿抑制剂、锅炉水处理剂、钻井液稀释剂和金属表面防蚀剂，凝缩类栲胶也作木工胶黏剂。

栲胶是一类复杂的天然化合物的总称。其组成除主要成分单宁外，还有非单宁和不溶物。原料不同，其组成也不同。一般在商品名前冠以原料名，如落叶松树皮栲胶、橡椀栲胶等，用以区别其组成、性质和用途。

单宁是植物体内所含的能将生皮鞣成革的多元酚衍生物，又称植物鞣质。根据单宁的化学结构特征，栲胶的主要成分可分为水解类单宁和凝缩类单宁。

① 水解类单宁。由多元酚羧酸与糖(如葡萄糖)或多元醇以酯键或苷键结合而成的复杂化合物，可被酸或酶水解成相应的产物。根据水解后所得多元酚羧酸的结构，又分为没食子(或倍子)单宁(如五倍于所含的单宁等)和鞣花单宁(如橡椀所含的单宁等)，其结构见图10-22(a)。

② 凝缩类单宁。由黄烷醇等化合物以碳-碳键为主结合而成的复杂聚缩物，在水溶液中，不能被酸或酶水解；相反，与酸共热会聚缩成难溶于水的无定形物质——红粉，大多数凝缩类单宁分子中的单体来源于羟基黄烷-3-醇、黄烷-3、4-二醇等黄酮类化合物，其结构见图 10-22(b)。因此，凝缩类单宁又称黄酮类单宁，是黄酮类化合物中的原苍色素的一部分。

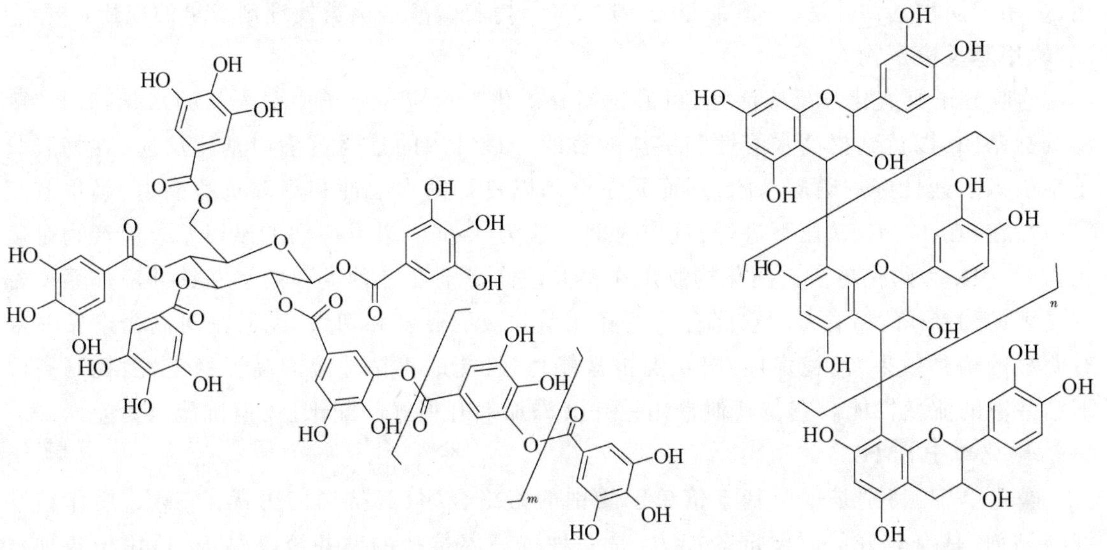

(a) 水解类单宁

(b) 凝缩类单宁

图 10-22 单宁的结构

非单宁是栲胶中不具鞣性的水溶性物质，主要成分是糖、简单酚、有机酸、无机盐、色素、含氮物质等。各种栲胶的非单宁组成不同。

不溶物是 0.4%的单宁溶液在 20℃±2℃时，不能通过中速滤纸和高岭土过滤层的物质，主要成分是单宁的分解产物(黄粉)或缩合产物(红粉)、低分散度单宁以及果胶、树胶、无机盐、机械杂质等。

栲胶溶于水，水溶液属半胶态体系，呈弱酸性，加食盐能发生盐析，不同栲胶的盐析度不同。味苦涩，遇明胶溶液发生沉淀，鞣制生皮时，栲胶溶液中单宁与皮蛋白质(胶原)形成多点氢键结合使生皮成革。栲胶中的单宁与金属离子结合，可形成部分溶解或部分不溶解的络合物。凝缩类栲胶中的单宁与甲醛缩合可制成冷固性或热固性胶黏剂。栲胶中的单宁易氧化成醌类物质，使栲胶溶液颜色加深。栲胶与亚硫酸盐作用时，单宁分子中引入磺酸基，使栲胶中不溶物含量减少，冷溶性提高，渗透速度和浅化颜色得到改进。

栲胶或单宁作为来源丰富，价格低廉的林产材料，在石油工业中有着广泛的用途。在改性天然产物钻井液处理剂中栲胶或单宁是应用最早的钻井液处理剂之一，且主要用作降黏剂。从最初的栲胶或单宁碱液到磺化单宁，最后逐渐发展到接枝改性产物，可以直接在钻井液中起到降黏和降滤失作用，从而保证钻井液良好的综合性能。尽管在栲胶或单宁改性方面开展了一些卓有成效的工作，但在栲胶或单宁的深度改性上仍需要进一步开展工作，使栲胶或单宁这一天然资源在钻井液中发挥更大的作用[97]。

本节从栲胶或单宁的直接中和反应、磺甲基化反应和接枝共聚等方面对栲胶或单宁类改性产物进行简要介绍。

一、栲胶或单宁与氢氧化钠(钾)反应或与金属离子络合物

栲胶或单宁可以在现场配成栲胶或单宁碱液直接使用，也可以与 NaOH、KOH 等反应制得栲胶或单宁的钠(钾)盐，其中丹宁酸钾 KT，由于引入了钾离子，使其具有良好的防塌和降黏效果。用作钻井液处理剂能有效抑制页岩水化，同时还具有降黏和一定的降滤失作用，适用于淡水基钻井液，一般加量为 1%~2%。栲胶碱液是该类处理剂最早的应用形式。

二、磺甲基反应产物

栲胶分子具有化学反应活性，可通过高分子化学反应在分子中引入新的水化基团或耐温抗盐基团，以达到提高水溶性和抗盐的目的。最常用的是通过磺甲基化反应，在栲胶分子中引入耐盐性好的磺酸基团，从而赋予产品以良好的水溶性和耐温抗盐能力，磺甲基反应一般在 70~100℃、常压下进行，反应时间一般为 3~6h。最早应用的磺甲基反应产物是磺化栲胶 SMK 和磺化单宁。磺化栲胶用作钻井液降黏剂在各种类型的水基钻井液体系中都有显著的稀释(降黏)能力。它能有效地降低钻井液的黏度和切力，尤其是对高密度钻井液有明显的稀释效果，热稳定性好，抗温抗盐能力强，能改善钻井液的高温稳定性，控制高温下钻井液的流变性能。它与其他常用钻井液添加剂有很好的配伍性，但抗盐能力差。

(一) 磺化单宁 SMT

磺化单宁，特别是磺甲基五倍单宁酸钠的铬络合物，其抗温能力优于 SMK，用作钻井液降黏剂，具有较好的耐温抗盐能力，是一种抗高温抗盐的钻井液降黏剂，适用于各种水基钻井液，可用于高温深井的钻探中，也可以用作油井水泥缓凝剂和用于配制固井隔离液。以五倍子为原料经过浸提、浓缩磺化制得的改性磺化单宁(M-SMT)降黏剂[98]，具有较好的耐温抗盐能力，是一种抗高温抗盐的钻井液降黏剂，可以有效地控制钻井液高温下的流变性，适用于各种水基钻井液，可用于高温深井的钻探中。其制备包括两步，单宁的浸提和磺化单宁的制备。

① 单宁的浸提。将原料五倍子经过去杂，并挑出霉变的部分，筛去虫屎及尘土等杂质，然后破碎至 2.14mm 左右的颗粒。将破碎后的五倍子加入提取罐中，然后加入 2 倍于五倍子量的清水，浸泡 5h；等时间达到后，加入质量分数为 20%的烧碱水溶液(用量与五倍子相同)，常温下浸泡 6~20h，过滤，滤渣用质量分数为 5%的烧碱水溶液洗一次，再用适量自来水洗涤数次，合并滤液即为单宁酸钠水溶液(单宁浸提液)，然后浓缩至 25%~28%。

② 改性磺化单宁的制备。将 300kg 单宁浸提液通过计量泵打入反应釜，在不断搅拌下加入配方量 1/3 的甲醛(总量 15~50kg)，于 90~100℃下，反应 0.5h。反应时间达到后向上述反应混合物中加入 10~30kg 的亚硫酸氢钠和剩余甲醛，于 90~100℃下反应 3~4h；反应时间达到后降温至 60℃，然后加入已经溶于适量水中的 0.5~2kg 改性剂和 1~5kg 络合剂，反应 0.5~1h；将所得反应物进行喷雾干燥，包装，即得成品。

(二) SMT-88 钻井液降黏剂

由于五倍子来源有限，不能满足需要，为此根据现场实际需要，在磺化栲胶和磺化单宁应用的基础上，以落叶松、橡碗等栲胶为原料制备了 SMT-88 钻井液降黏剂，其性能可以达到磺甲基五倍单宁酸钠的水平，而成本却较低[99]。其制备方法是：将 10 份氢氧化钠、150~300 份水加入反应釜中配成氢氧化钠溶液，然后慢慢加入 50 份的栲胶，待其溶解后，向体系中加入 5 份的甲醛溶液，于 90℃下反应 0.5h。反应时间达到后，向体系中加入 15 份亚硫

酸氢钠和10份甲醛，于90℃下反应4h。反应结束后，再向体系中加入3份络合剂，并搅拌反应0.5h。将反应产物浓缩、烘干、粉碎即得到产品。

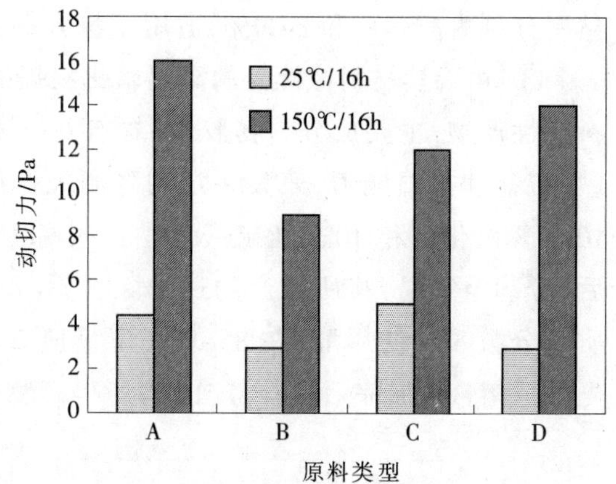

图10-23 不同原料产物对所处理钻井液的动切力的影响

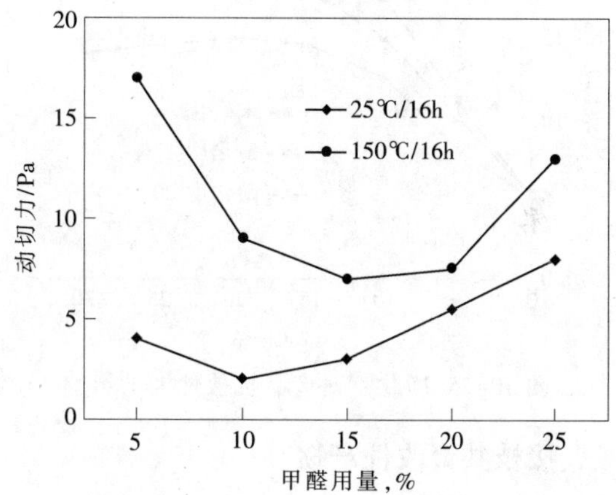

图10-24 甲醛用量对钻井液动切力的影响

值得强调的是，栲胶类型、甲醛用量、产物的磺化度等对产物的性能具有较大的影响。图10-23是采用不同类型的栲胶(橡椀栲胶—A，落叶松栲胶—B，红柳树根皮栲胶—C和单宁酸—D)所得产物对钻井液动切力的影响情况(10%膨润土基浆，样品加量1.5%，下同)。从图10-23中可以看出，用A、B、C三种原料均可制得性能接近磺化单宁(D)水平的产品。以B为原料所得产品的性能最好，因此选用B为原料较理想，A虽然不是理想原料，由于A来源丰富价格低，为此采用具A、B混合原料，这样既保证了产品的质量，又降低了生产成本。

图10-24是在原料配比和合成条件一定时，甲醛用量对产物所处理钻井液性能的影响。从图10-24中可以看出，钻井液分别经150℃/16h，25℃/16h老化后，动切力随甲醛用量的增加逐渐降低，表明降黏效果提高。当甲醛用量超过15%后，动切力反而升高，降黏效果降低，这是由于增加甲醛用量可以使栲胶分子适当交联，改善其降黏效果，但当甲醛用量过大时，随着交联程度的增加，产物表观相对分子质量增加，使其相对分子质量偏离了用作钻井液降黏剂的最佳范围，同时当交联过度时，会使产物溶解性降低，导致降黏能力降低。故甲醛用量在10%~20%之间较理想。

磺化是增加产物水化基团的主要途径，产品必须有一定的磺化度才能保证具有较好的抗盐抗温能力。因此，控制磺化工艺，保证产品的磺化度，直接关系着产品在钻井液中的应用性能。图10-25、图10-26是不同磺化度的产品对钻井液抗盐和抗温性能的影响，很显然在实验条件下磺化度越高，产物抗盐、抗温能力越强。

(三) 其他改性产物

① 由落叶松树皮在150~180℃经碱性磺化浸提3~6h后，所得酚类磺化物再于70~90℃经络合30~100min、70~100℃下偶合1~5h、70~100℃下缩合1~6h、50~60℃下交联30~90min等多步化学改性，制备的钻井液添加剂在黏土颗粒表面发生吸附包被的物质的量分数为93.9%，它在聚合物钻井液中具有较好的降黏和降滤失能力，可作为强化聚合物钻井液抑制性能的稀释-降滤失双功能添加剂使用[100]。

② 用塔拉单宁磺化甲基化制得的无铬塔拉磺化单宁(SMT-T)在180℃下，淡水浆降黏率为78.4%~93.2%，盐水浆降黏率最高达91.0%；在200~220℃下，淡水和盐水基浆平均降

黏率分别为 95.1%和 84.9%,适用于深井钻井液[101]。

③ 由天然材料橡椀壳的高温磺化浸提液经缩合、络合改性而得的一种低成本的天然材料改性产物,主要成分为栲胶,并含有部分木质素磺酸盐。用作钻井处理剂,具有较好的降黏、抗盐和抗温能力,兼具一定的降滤失作用。其制备方法是:将 100kg 橡椀粉、300kg 水、10kg 氢氧化钠和 10kg 亚硫酸氢钠投入高压反应釜中,在 130℃下反应 5h,待反应时间达到后,冷却至室温,将所得产物过滤除去不溶性残渣;将所得浸出液打入反应釜中,加入 10kg 质量分数 36%的甲醛,在 85~90℃下反应 2~3h,然后降温至 60℃,加入 5kg $FeSO_4 \cdot 7H_2O$(事先配成溶液),加完后搅拌 0.5h;将所得产物经干燥、粉碎即得降黏剂产品。

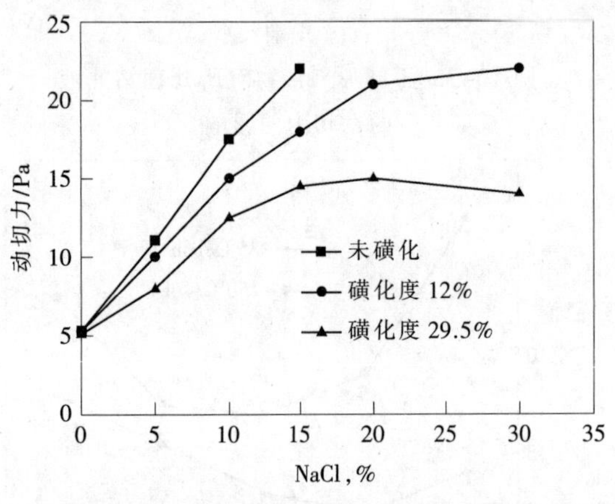

图 10-25 磺化度对产品抗盐性能的影响

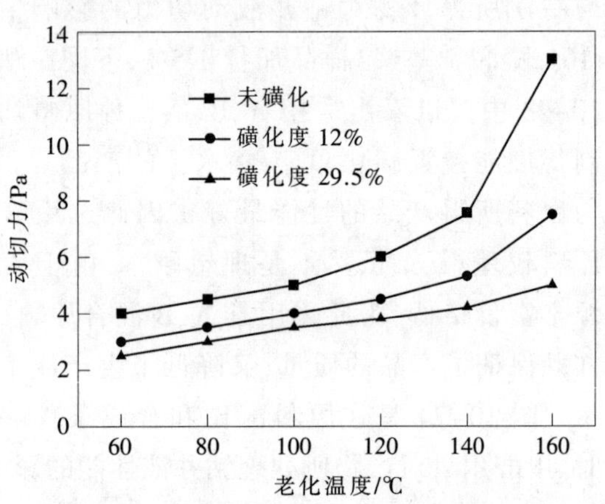

图 10-26 磺化度对产品抗温性能的影响

三、接枝共聚改性产物

接枝共聚改性包括栲胶与乙烯基单体的接枝共聚,栲胶与苯酚、甲醛的边缩聚边磺化,栲胶与其他天然材料在甲醛存在下的交联反应等。

(一) 栲胶与烯类单体的接枝共聚

将栲胶与水溶性的丙烯酸、丙烯酰胺等单体通过接枝共聚可以制得接枝共聚物。接枝反应可以采用高价金属盐与高分子骨架反应生成大分子自由基引发单体聚合接枝,也可以采用链转移接枝共聚的方法(以过硫酸盐为引发剂)。

1.AM/AMPS/栲胶接枝共聚物

将栲胶与 AM、AMPS 用过硫酸盐引发聚合,得到的接枝共聚物用作钻井液降滤失剂,耐温抗盐能力强,在淡水钻井液、盐水钻井液、饱和盐水钻井液和海水钻井液中均具有较强的降滤失和提黏切能力,可用于各种类型的水基钻井液体系,特别适用于高温深井的钻井作业中[102]。其制备方法是:按配方要求将 60kg AMPS 和适量的水加入反应釜中,在冷却条件下用等物质的量的氢氧化钠(溶于适量的水中)中和,然后加入 150kg AM,待其溶解后加入栲胶,搅拌均匀,并补充水使反应混合物的质量分数控制在 35%~40%,然后用氢氧化钠溶液使反应混合液的 pH 值调至 7~9,升温至 60℃;待温度达到后将反应混合物转移至聚合器中,通氮 5~10min 后加入 1.2kg 引发剂,搅拌均匀后于密封、60℃下静止反应 0.5~1h,得凝胶状产物。将所得产物取出剪切造粒后,于 120℃下烘干、粉碎得黑色粉末状共聚物降滤失剂。

2.AMPS/AA/单宁酸接技共聚物

采用单宁酸与 AMPS、AA，在氧化还原引发剂引发下反应得到的接技共聚物，用作钻井液降黏剂具有很强的耐温、抗盐和抗钙镁污染的能力，适用于各种水基钻井液体系，特别适用于高温深井[103]。其制备方法：将 70~75kg 氢氧化钾和水加入反应釜，配成氢氧化钾溶液，然后在冷却条件下慢慢加入 30kg AMPS 和 60kg AA，待其加完后，再依次加入 0.1kg $CuSO_4$(事先溶于水)和 20kg 栲胶，待栲胶加完后升温至 70℃；将已升温至 70℃的反应混合液转移至特制的聚合反应器中，在搅拌下加入配方量的过硫酸铵(事先溶于适量水中)，5~10min 即开始发生快速聚合反应，最后得到多孔的泡沫状固体，将其进一步干燥至水分小于 5%，经粉碎、包装即得降黏剂产品。

3.塔拉钻井液降黏剂

以塔拉豆荚粉为原料，经浸提、浓缩，再与丙烯酰胺-甲基丙烯酸钾共聚物混合制得的塔拉钻井液降黏剂，适用温度范围广，降黏效果好，具有一定的抗盐性，在 2%的 NaCl 钻井液中和高温下，其降黏效果无明显变化[104]。

(二) 栲胶与苯酚、甲醛等缩聚

栲胶可以与苯酚、甲醛、亚硫酸盐反应产物进行共缩聚改性，以进一步提高产物的相对分子质量以及抗温、抗盐性，如：

1.磺化栲胶-磺化酚醛树脂

将 150 份水和 15 份氢氧化钠加入反应釜中，配制成氢氧化钠溶液，然后在搅拌下慢慢加入 50 份栲胶，待溶解后加入 30 份质量分数 36%的甲醛、20 份焦亚硫酸钠等，并搅拌使其溶解。将反应体系的温度升至 90℃，在 90~100℃下反应 2h。反应时间达到后，向上述产物中加入 200 份质量分数 40%的磺化酚醛树脂，搅拌均匀，在 90~100℃下反应 2h 得到磺化栲胶-磺化酚醛树脂。

产物作为水基钻井液体系的抗高温抗盐的降滤失剂，兼具一定的降黏作用，与磺化酚醛树脂相比，可降低钻井液的处理费用，适用于各种水基钻井液体系，一般加量为 1%~3%。

2.磺化天然酚提取物甲醛树脂

基于磺甲基酚醛树脂合成工艺，利用橡椀、落叶松树皮和花生壳等提取物替代部分苯酚，制备了磺化酚醛树脂钻井液降滤失剂，过程：按含天然多元酚的原料:NaOH:Na_2SO_3:水=1:(0.02~0.1):(0.02~0.1):(5~15)(质量比)将物料投入压力釜中，于 100~200℃下处理 4~20h，滤液经过滤浓缩成固含量约为 30%的浓缩提取液；再按提取液:苯酚:甲醛=1:(1.5~2.0):(1.2~1.6)(质量比)，将物料投入反应瓶中搅拌 5~30min，然后依次加入一定量的焦亚硫酸钠、亚硫酸钠，反应 5~30min(温度控制在 50℃以下)后，升温至 80~120℃，在此温度下回流 4~6h，制得降滤失剂产品(固相含量约为 30%~40%的棕红色黏稠液体)[105]。

(三) 与其他天然高分子材料在甲醛存在下交联

栲胶或单宁(包括其改性产物)可以在甲醛存在下与其他材料发生缩合反应制得新的产品。将栲胶和木质素磺酸盐共缩聚可以得到兼具栲胶和木质素磺酸盐双功能的产品，可用作钻井液降黏剂，如：

1.木质素-单宁交联物降黏剂

甲醛存在下单宁与木质素磺酸间交联反应可以得到钻井液降黏剂。研究表明，甲醛使木质素磺酸与栲胶(单宁)进行分子间交联时,甲醛用量影响合成产物的分子大小,从而影响其降黏性能,在反应过程中甲醛加量应控制在一合理范围,才能使合成产物达到理想的降黏效果[106]。同时木质素磺酸-栲胶接枝共聚物分子在Fe^{2+}存在下因络合而收缩,Fe^{2+}用量越大,收缩越明显,Fe^{2+}用量为0.75mo1/kg时形成的CaLS共聚物剧烈收缩,在黏土上的吸附量下降[107]。

2.铁锡栲胶-木质素磺酸盐降黏剂

以落叶松树皮为原料,通过磺化,络合、氧化等反应,得到的综合性能优于FCLS的稀释剂铁锡栲胶-木质素磺酸盐。FSLS稀释剂兼有降失水作用,抗温大于180℃,抗NaCl达8%,在盐水钻井液中产生的泡沫少。用FSLS配制钻井液时不需加碱,操作简单,产品不含铬,无污染[108]。

3.无铬木质素稀释剂ZHX-1

将木质素磺酸钙与Fe^{2+}络合后同腐殖酸、栲胶混合均匀后加入甲醛,在高温高压釜内反应数小时,反应产物经烘干、粉碎得到ZHX-1产品。该产品具有较好的抗温、抗盐和抗钙能力,适用于淡水、盐水或钙处理钻井液,对环境无污染,且热稳定性优于FCLS[109]。

第五节 腐殖酸类改性处理剂

腐殖酸是自然界存在的,由生物(主要是植物)残骸经微生物分解和复杂化学过程形成的深色、酸性和亲水胶体类有机物,又称腐植酸、富啡酸或胡敏酸。腐殖酸广泛分布在土壤、水域沉积物、泥炭和煤矿等碳质矿藏中,形成过程千差万别,组成和结构也各不相同,到目前为止,关于其结构也不完全明确,图10-27是其部分结构。大体上讲,其相对分子质量为10^3~10^4,含碳(45%~70%)、氢(2%~6%)、氧(30%~50%)和氮(1%~6%),有时也含硫。分子结构中间是含芳环的骨架,周围有许多羧基、羟基等官能团和一些氨基酸、氨基糖等残片,而且常有金属离子配位,无光学活性,普遍存在氢键,因此可形成各种超分子结构,一定条件下还能聚集成类似海绵状的结构。腐殖酸可通过降解(尤其氧化降解)并甲基化得到可溶于有机溶剂和有挥发性的物质,也可与金属离子或金属水合氧化物络合。

腐殖酸是影响自然界生态平衡的重要因素,也是潜在的资源。农业上能提高植物对化肥的利用率,抑止土壤对有效磷的固定,促进根系生长,改变生物膜的透过性,影响酶的活性。农用腐殖酸常经硝酸进一步氧化分解。此外也用来制造土壤改良剂、植物生长调节剂和复合肥料。对人和动物有多种生理、药理作用(如消炎、止血、促进愈合等),但也有对健康不利的一面,如它与某些地方病的发病率有一定关系。在工业上腐殖酸钠、钾及其他盐类可作钻井液、陶瓷的改性剂,浮选工艺中可作选择性吸附剂;与纯碱合用能提高锅炉防垢效果;磺化腐殖酸钠加入水泥中作分散和减水剂,制成离子交换剂可处理工业废水。

腐殖酸中存在较多的酚羟基、羧基、醇羟基、羟基醌、烯醇基、磺酸基、胺基以及游离的醌基、半醌基、酯基、甲氧基以及羰基等活性基团。使其具有较好的胶体性质、热稳定性、电化学性质、腐殖酸与金属离子的交换和络合性、腐殖酸的吸附与脱附性等。通过电镜可观察到,腐殖酸分子是由一些疏松多孔、类似葡萄串球状质点聚合而成的疏松海绵状结构,具有很大的比表面积和较强的吸附能力。这一特性恰恰赋予了腐殖酸用于制备钻井液处理剂较好的物质特征[110]。为了进一步提高腐殖酸的应用性能,还可以通过硝酸氧解、氧化反应、氨化、与其他碱金属离子反应、磺化和磺甲基化等对其进行改性。特别是磺化和磺甲基化是对腐殖酸进行化学改性的重要手段,腐殖酸经过磺化,引入磺酸基团,能提高水溶性和抗盐性。

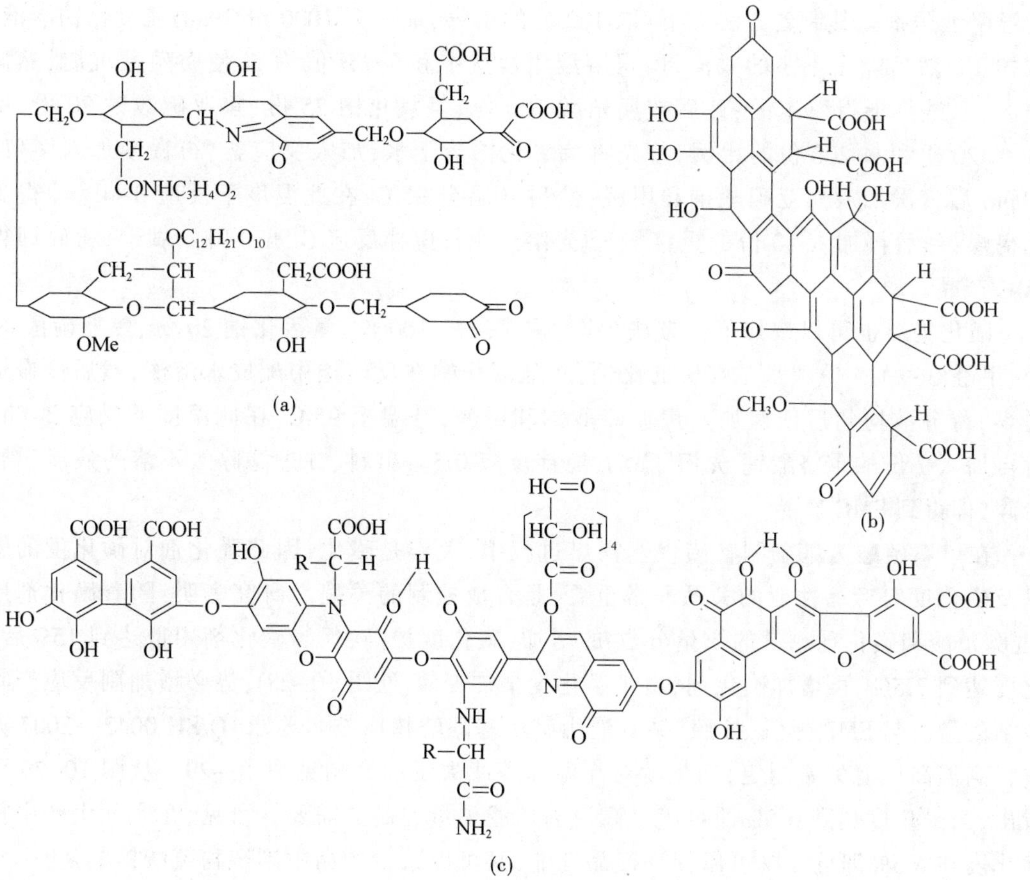

(a)

(b)

(c)

图 10-27 腐殖酸的结构

腐殖酸作为来源丰富、价格低廉的天然材料,在钻井液处理剂中占有重要的地位,是应用最早和用量最大的钻井液处理剂之一。从煤碱液的直接使用,到磺化产物、接枝改性产物的应用,逐步形成了一系列的产品,可以分别用作钻井液降黏剂、降滤失剂、高温稳定剂、防塌剂等,适用于各种类型的水基钻井液体系,以保证钻井液性能稳定,特别是配合磺化酚醛树脂等形成的“三磺”钻井液具有很强的抗温抗盐能力,可以用于深井和超深井钻井中。钻井液用腐殖酸的改性途径主要有与氢氧化钠(钾)的直接反应、磺化或磺甲基化反应、甲醛存在下的缩合反应、酰胺化反应和接枝共聚反应等。本节从磺甲基褐煤、磺化褐煤与磺甲基酚醛树脂和(或)水解聚丙烯腈等复合物、腐殖酸与烯类单体的接枝共聚物和其他改性产物等方面进行介绍[111]。

一、磺甲基褐煤

腐殖酸含芳环的骨架结构使其具有很强的热稳定性,芳环骨架上大量的羧基、羟基等官能团赋予其吸附性和水化性,可以用于抗高温降滤失剂和高温稳定剂,腐殖酸可以与氢氧化钠或氢氧化钾通过中和反应制得可溶于水的腐殖酸钠(钾)盐,也可以在腐殖酸的芳环上通过磺(甲基)化反应引入磺酸基。煤碱液和磺化褐煤 SMC 是应用最早的降滤失剂产品。

磺甲基褐煤(SMC),即磺化褐煤,也称磺甲基腐殖酸,是应用最早的腐殖酸改性产品之一,主要作为降滤失剂和降黏剂,是“三磺钻井液”的主要处理剂之一,抗温能力强,与 SMP 配合使用可以有效地降低钻井液的高温高压滤失量。同时也可以 SMC 为基础制备一系列高温降滤失剂。其制备方法如下:取 100 份的褐煤,加入至 1000 份 3%的氢氧化钠溶液中,搅拌 1h,然后除去不溶的残渣,所得溶液用盐酸中和至 pH 值为 5,使腐殖酸沉淀,然后经分离,水洗烘干得腐殖酸;然后按腐殖酸 100 份、氢氧化钠 25 份、焦亚硫酸钠 20 份、甲醛(36%)20 份和水 200 份的比例,首先将氢氧化钠溶于水,加入反应釜,再慢慢加入腐殖酸,10min 后依次加入焦亚硫酸钠和甲醛,然后升温至 95℃,在此温度下反应 3~4h,即得到磺化褐煤,然后再加入 10 份的重铬酸钾(先溶于水),搅拌反应 0.5h,出料、烘干、粉碎即得到 SMC 产品。

磺化褐煤也可以按如下的方法生产:按腐殖酸 100 份、氢氧化钠 20 份、焦亚硫酸钠 15 份、甲醛(36%)15 份和水 700 份的比例,将氢氧化钠在反应釜中配成水溶液,然后慢慢加入褐煤,待分散均匀后依次加入焦亚硫酸钠和甲醛,升温至 95℃,在此温度下反应 2~3h,最后再加入 7 份的重铬酸钾(先溶于水),搅拌反应 0.5h,出料、并过滤除去不溶的残渣,烘干、粉碎,即得到 SMC 产品。

在以腐殖酸为基础制备磺甲基褐煤过程中,关键是磺化,因此磺化剂对磺化度的影响以及磺化度对产品性能的关系非常重要,是合成控制的关键。研究表明:随着磺化剂用量(占腐殖酸和磺化剂总量的质量分数)的增加,磺化度提高,但当磺化剂用量达到 15%后,磺化度达到 7.5%,再增加磺化剂,由于磺化度增加变缓(见图 10-28),势必增加副反应产物硫酸钠的量。与 SMP 配伍,按照《钻井液用磺甲基酚醛树脂技术要求》Q/SH 0042—2007 方法进行高温高压滤失量测定,磺化度对高温高压滤失量的影响见图 10-29。从图 10-29 可以看出,当磺化度达到 6.5%即可满足高温高压滤失量控制的需要。可见,在实际生产中控制磺化度在 6.5%即可。既可以保证产品性能,又可以减少产品中副产物硫酸钠的量[112]。

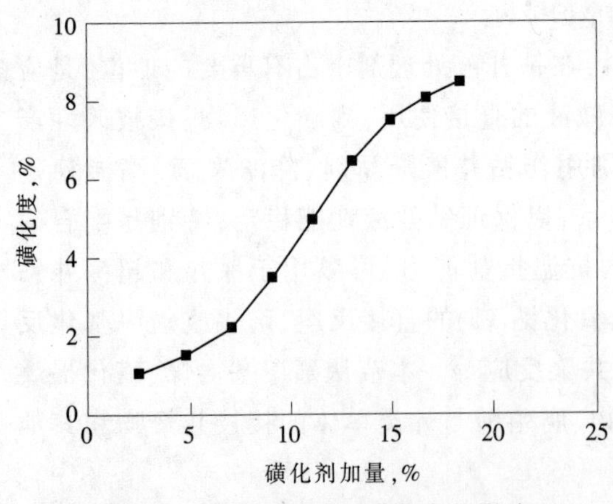

图 10-28 磺化剂用量对磺化度的影响

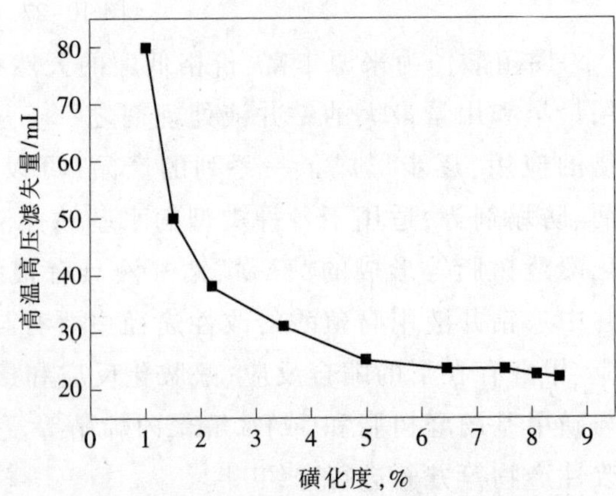

图 10-29 磺化度对高温高压滤失量的影响

二、磺化褐煤与磺化酚醛树脂和(或)水解聚丙烯腈等复合物

由于 SMC 产品耐盐能力和降滤失剂效果方面还存在不足,应用受到限制,为此,根据现场需要,通过腐殖酸与磺化酚醛树脂共缩聚或与烯类单体接枝共聚研制了一些新的产

品，从而拓宽了腐殖酸改性产物的应用范围，其用量也越来越大。这方面的研究主要集中在腐殖酸磺化产物和磺化酚醛树脂缩合物，磺化褐煤与磺化酚醛树脂和水解聚丙烯腈等复合物。

(一) 腐殖酸磺化产物和磺化酚醛树脂缩合物

腐殖酸磺化产物和磺化酚醛树脂缩合物可用于水基钻井液体系的抗高温抗盐的降滤失剂，兼具一定的降黏和防塌作用，适用于高温深井钻井液体系，可有效地降低钻井液的高温高压滤失量，也是重要的高温稳定剂之一。该类产品有：

① 磺化褐煤磺化酚醛树脂(SCSP)。将质量分数40%磺化酚醛树脂和质量分数40%磺化褐煤、腐殖酸钾和质量分数36%的甲醛按适当的比例加入混合釜中，充分混合30min，然后加入一定量的重铬酸钾水溶液，20min后将混合均匀的产物在90~110℃下干燥、粉碎得到。

② 抗高温降失水稳定剂PSC-Ⅱ。用风化煤、苯酚、磺化剂、交联剂、络合剂等合成的抗高温降失水稳定剂 PSC-Ⅱ[113]，经现场应用表明，此产品的综合性能优于磺化褐煤和磺化酚醛树脂复配物。

(二) 磺化褐煤与磺化酚醛树脂和/或水解聚丙烯腈等复合物或缩聚物

磺化褐煤与磺化酚醛树脂和/或水解聚丙烯腈等复合物或缩聚物可有效地降低钻井液的高温高压滤失量，具有较强的耐温抗盐力，现场习惯称之为高温稳定剂。最早应用的是用100份质量分数35%的磺化酚醛树脂、200份质量分数30%的磺化褐煤和100份质量分数20%的水解聚丙烯腈反应得到的SPNH 高温稳定剂[114]。后来相继出现了一系列相关产品，如以腐殖酸、腈纶废丝等为主要原料，采用接枝共聚及磺化的方法制得一种含羟基、羰基、亚甲基、磺酸基、苯环、羧基和腈基的SPNH(改进型)抗高温降失水稳定剂。

此外，还有由风化煤氧化降解、活化处理，再经过磺甲基化反应后与碳酰胺衍生物CA、聚丙烯腈复合中间体等在一定温度、压力下接枝反应得到的高温降滤失剂SCUR，降滤失性能突出，改善泥饼质量效果显著，与其他聚合物及分散性处理剂有很好的配伍性，兼有高温降黏和改善流变性作用[115]。以腐殖酸为主要原料，通过缩合、接枝共聚、金属离子螯合和磺化等系列反应引入抗高温、抗盐抗钙基团，得到一种抗高温、抗盐抗钙的KCS-53高温抗盐防塌降滤失剂[116]。

三、腐殖酸与烯类单体的接枝共聚物

腐殖酸与烯类单体的接枝共聚物是重要的一类褐煤改性产物，主要用作降滤失剂和抑制页岩水化膨胀分散，具有较强的抗污染和抗温能力，在接枝共聚物的合成中，过硫酸钾、过硫酸铵是最常用的引发剂，该类产品主要有：

① 以褐煤、烧碱或水按一定的比例制备褐煤碱液与烯类单体接枝共聚，然后与阳离子物质及其辅料混合后烘干，粉碎后得到无荧光防塌降滤失剂PA-1。该剂能有效地抑制黏土水化膨胀，防止井壁坍塌，降低井径扩大率，减少井下事故，除有显著的降滤失作用外，还有一定的降黏作用，与其他处理剂配伍性好[117]。

② 由磺化褐煤、水解聚丙烯腈、二乙基二烯丙基氯化铵、AMPS、尿素、甲醛等反应得到的具有防塌作用的阳离子抗高温降滤失剂CAP，热稳定性好，抗盐能力强，并具有一定的抑制和防塌作用[118]。

③ 采用AM、AMPS与腐殖酸，按AM:AMPS:NaHm=40:(5~20):(55~40)(质量比)比例进行

接枝共聚得到的AM/AMPS/腐殖酸接枝共聚物，由于产物中引入了对盐不敏感的磺酸基团,所得产物在淡水钻井液、盐水和饱和盐水钻井液及人工海水钻井液中均具有较强的降滤失和提黏切能力,同时具有较强的抗盐抗温和抗钙、镁能力,其降滤失效果明显优于现场常用的丙烯酸多元共聚物[119]。

④ 按褐煤30~60份,氢氧化钠3~8份,甲醛7~13份,顺丁烯二酸酐或环氧丙烷6~10份,引发剂7~15份,磺化剂7~11份,非离子表面活性剂5~9份的比例(质量比),通过接枝共聚反应得到一种高电阻率降滤失剂。该降滤失剂能有效降低钻井液滤失量,保证钻井液体系无固相状态的同时,有效提高钻井液体系的电阻率,使测井顺利进行,可替代钻井液中加入石油提高电阻率的操作,节约成本并减少对环境的污染[120]。

⑤ 褐煤与NaOH、KOH反应后,与丙烯酸、丙烯酰胺、丙烯腈接枝反应的乙烯基单体和褐煤的接枝共聚物降黏剂,具有较好的降失水及降黏(或增黏)效果,同时具有较好的抗盐性能及热稳定性[121]。

⑥ 褐煤与(2-丙烯酰氧基)异戊烯磺酸钠、AA等单体的接枝共聚物具有较好的抗温抗盐能力,可以作为超高温条件下的高温高压降滤失剂,对体系的黏度效应小,并表现出良好的解絮凝作用,具有良好的发展前景。

四、其他反应产物

(一) 用作降滤失剂的反应产物

① 以褐煤与尿素、甲醛和苯酚反应制得反应产物,经磺化制得具有抗温、抗盐性能较好的酚脲醛树脂改性褐煤降滤失剂，用其所处理的质量分数4%的盐水钻井液,180℃老化后钻井液中压滤失量<10mL,高温高压滤失量<20mL[123]。

② 将腐殖酸与浓硫酸在160℃下反应8h,生成磺化腐殖酸;磺化腐殖酸与过量二氯亚砜在70℃下反应6h,生成腐殖酰氯;按腐殖酰氯与脂肪胺质量比25:4的比例加入脂肪胺,在0~10℃下反应4h,得到一种钻井液防黏附剂,其可将钻头和岩屑表面由强亲水性转变为弱亲水性,并能大幅降低钻井液表面张力,在4%膨润土浆中加入2%防黏附剂,润滑系数由0.43降至0.27,膨润土岩心在1.5%防黏附剂水溶液中的膨胀率为1.6%(2h)和3.5%(16h),表现出较好的润滑性和抑制性[124]。

③ 以腐殖酸为主要原料,通过缩合、接枝共聚、磺化和金属离子螯合等系列反应,可制得一系列处理剂。用有机胺对腐殖酸进行改性的产物,替代沥青类产品用作油基钻井液降滤失剂,具有良好的降滤失效果,150℃高温高压滤失量6.8mL,优于沥青类降滤失剂,并且对钻井液流变性影响较小[125]。

④ 采用褐煤经过碱化和胺化改性反应，然后经过高温热裂解制得的抗高温油基钻井液降滤失剂XNTROL 220,具有很高的抗温(220℃)能力,在油中具有良好的分散性能和降滤失性能,很好地解决了高温油基钻井液滤失量大的问题[126]。

⑤ 采用腐殖化程度高的腐殖酸,与不同碳链长度的脂肪胺、适量的交联剂反应得到的油基钻井液降滤失剂SDFL,适用于白油基和合成基钻井液,抗温200℃,与钻井液的配伍性好,可使油基钻井液滤失量降低85%以上,且对油基钻井液的流变性影响小[127]。

(二) 用作降黏剂的反应产物

腐殖酸芳环骨架上的羧基、羟基等官能团的水化和吸附作用,可以使其在钻井液中起到降黏和分散作用,降黏剂方面最早应用的是腐殖酸钠(NaHm)。该剂主要作为钻井液的降黏剂和失水控制剂,并能改善钻井液的高温稳定性,由于其抗盐能力差,仅适用于淡水钻井液。为了扩大应用范围,研究者围绕现场需要开展了一系列的研究工作。

1.有机硅改性产物

① 由褐煤、有机硅树脂等在一定温度下反应得到有机硅腐殖酸钾(GKHm)[128]。产品中的有机硅与黏土颗粒有极强的吸附结合能力,因而对黏土的水化膨胀具有强抑制能力;能有效地降低钻井液的黏度和切力,控制钻井液的流变性能;同时有良好的高温稳定性,能改善高温下钻井液的失水造壁性能。用作淡水钻井液降黏剂时,其加量一般为 0.3%~1.0%;用作失水控制剂及防塌剂,其加量一般为 1%~2%。

② 以褐煤、有机硅为主要原料,以稳定剂、磺化剂等为辅料,在强碱介质条件下反应而成的 GX-1 硅稀释剂,稀释能力强。在钻井液中加量为 2%时,稀释率达 80%以上,抗温150℃以上,有良好的抗盐污能力和显著的抑制泥页岩膨胀分散的效果。它与 GW-1 复配使用时,稀释效果与 FCLS 基本相当,可作为钻井液降黏切稳定剂和聚合物不分散钻井液的泥饼改善剂[129]。

③ 以腐殖酸和硅化剂为主要原料的硅化腐殖酸钠产品 GFN-1[130],制备方法是:按照一定的比例,将水、甲醛、烧碱和硅化剂加入反应瓶,升温至 60℃以后,均匀搅拌,再缓慢加入计量的腐殖酸,升温至 80℃以上,反应一定时间后出料。反应产物经干燥、粉碎得到产品。作为钻井液添加剂,GFN-1 具有良好的降滤失性能和降黏作用,耐温性和热稳定性良好,并兼有优良的控制页岩分散的能力,其大多数应用性能相当于或略优于 OSAM-K,作为替代品完全能够满足现场应用的需要。

④ 将烯丙基聚氧乙烯醚、含氟单体、低含氢硅油,按质量比 3:2:2 的比例反应得到的产物,再与腐殖酸、纤维素钠、烧碱等在 120~130℃下反应得到的硅氟抗高温降黏剂,具有优异的降黏特性及护壁防塌功能,对钻井液有分散、润滑、消泡等作用,同时具有抑制泥页岩水化膨胀和井壁稳定作用[122]。

2.复配或络合改性产物

将褐煤与其他材料通过复配或反应可以提高其应用性能,如:

① 将褐煤与羟甲基磺酸钠反应产物与 SSMA 混合得到一种改性腐殖酸降黏剂,在淡水钻井液中加入 0.5%该降黏剂,可使其黏度下降 80%以上,具有抗盐、抗高温和一定的降失水作用,能够改善钻井液的流变性,抑制钻屑的水化分散,且与其他处理剂配伍性好[131]。

② 以褐煤、M^{3+}-M^{2+}复合离子和螯合促进剂、亚硫酸盐、甲醛等反应产物,干燥后配入一定比例 N-P 多元增效剂得到的无铬降黏剂 GHm,与聚合物等有很好的协同增效作用,可有效改善聚合物泥饼质量,使泥饼致密光滑,有利于降低钻井综合成本,在中深井可以用 GHm 代替 SMC、FCLS 作降黏剂[132]。

③ 钛、锆、铁络合的磺化硝基腐殖酸及磺化木质素螯合物和络合物的混合物作为钻井液稀释剂,能显著降低钻井液黏度、屈服值、胶凝强度和失水,抗温、抗盐抗钙能力强[133]。

(三) 用作防塌剂的改性产物

腐殖酸芳环骨架上含有羧基,可以与氢氧化钾中和反应得到腐殖酸钾,腐殖酸钾作为防塌剂应用最早,后来根据实际需要开发了下面一系列产品,主要为腐殖酸钾与磺化酚醛树脂、水解聚丙烯腈以及有机硅等的复合或反应物。

① 将水、腐殖酸钾、磺化酚醛树脂混合搅拌后，在 100~140℃下烘干、粉碎后制成的无荧光防塌剂 MHP。用作钻井液处理剂能有效抑制页岩水化膨胀分散，同时还具有降低滤失作用，无荧光，对地质录井无荧光干扰，可用于生产井、探井等各种钻井作业[134]。

② 由煤矸石、废腈纶丝、烧碱、甲醛、亚钠、亚硫酸氢钠、苯酚等反应得到的无荧光防塌降滤失剂，用作钻井液处理剂能有效抑制页岩水化膨胀分散，同时还具有降低滤失作用，无荧光，对地质录井无荧光干扰，因而可用于生产井、探井等各种钻井过程[135]。

③ 腐殖酸钾与有机硅等的复合或反应物。褐煤氧解产物与卤硅烷反应得到的 HA-Si 系防塌剂[136]，具有较好的抑制防塌作用。

④ 两性离子褐煤。将 83 份褐煤和 17 份氢氧化钾水溶液混合，搅拌均匀，然后加入 10 份阳离子醚化剂反应一定时间，产物经烘干、粉碎后得到阳离子褐煤，用作钻井液处理剂，具有很强抑制页岩水化分散的能力，同时还具有降黏和降低滤失作用，适用于淡水和盐水钻井液。

第六节 植物胶类改性处理剂

植物胶是从植物豆或球茎中提取制得，如田菁胶、瓜尔胶、胡麻胶、香豆胶和魔芋胶等，主要成分是半乳甘露聚糖。植物胶不溶解于乙醇、甘油、甲酰胺等任何有机溶剂，可溶于水。植物胶遇水能溶胀水合形成高黏度的溶胶液，其黏度随浓度增加而显著增加，植物胶液属于非牛顿型流体，黏度随剪切速率增加而降低。由于它的非离子性，植物胶液一般不受阴、阳离子的影响，不产生盐析现象。水合后的植物胶可与硼砂，重铬酸盐等多种化学试剂发生交联作用，形成具有一定黏弹性的非牛顿型水基凝胶。这种凝胶的黏度要比胶液黏度高几十倍甚至几百倍。

植物胶可以用作石油钻井液增黏剂和压裂液的增稠剂、地质钻井冲洗液的絮凝剂、石油炼制的催化剂、选矿作业的絮凝剂和助滤剂、造纸工业的添加剂、纺织上浆印染湖料、陶瓷工业中的增强剂、电池制造业中的新型涂料，建筑材料和耐火材料中的黏结剂以及食品工业中的增稠剂或稳定剂。

但植物胶由于抗温能力的限制，在钻井液中应用的不多，李凤霞等[137]研究表明，在天然植物胶钻井液完井液体系中加入 SMP-I、SMC 可使体系的抗温能力有所提高，但抗温效果不是很明显，而加入聚合醇能够显著提高体系的抗温能力，同时钻井液性能又能满足现场钻进作业的要求，为扩大植物胶应用范围提供了参考。本节仅就魔芋胶和瓜儿胶改性产物简要介绍。

一、魔芋胶

魔芋又称蒟蒻，是天南星科魔芋属的多年生草本植物。全世界大约有 170 种，主要分布在亚洲和非洲。我国魔芋资源丰富，有 20 多种，其中至少 13 种为我国特有。我国魔芋主要分布在秦岭以南的山区或高原地区。其中以云南、贵州、四川盆地、陕西南部、鄂西及湖南山区等地为主产区。我国是研究和利用魔芋最早的国家，早在西汉时期的《神农本草经》就首次确认魔芋是治病的药物，后在元、明、清代均有魔芋入药及荒年充饥的记载。

魔芋的经济成分是球茎中所含的葡甘聚糖。从球茎的解剖结构中可以看出,球茎中含有大量的大型异细胞,异细胞中含葡甘露糖,通过去掉异细胞周围的淀粉和其他成分,即可获得魔芋葡甘露糖的粗制品——魔芋精粉,将魔芋精粉进一步提纯和细化,可加工成质量更高、使用更方便的魔芋微粉。

魔芋胶又称魔芋葡甘聚糖,是一种高分子多糖,其结构见图 10-30,具有水溶、增稠(增稠剂)、稳定、悬浮、胶凝、成膜、黏结等多种理化特性。因此,魔芋广泛应用于医药、食品、钻探、造纸、建材、印染、日化、环保等行业。

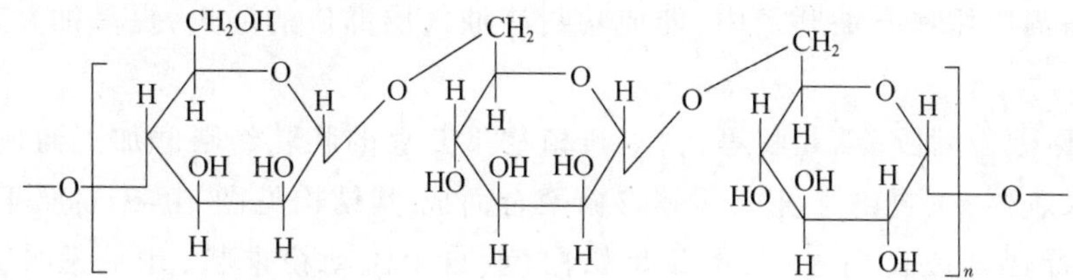

图 10-30 魔芋葡甘聚糖的结构

魔芋胶有下面几种生产方法:

① 魔芋精粉(含葡萄甘露聚糖 60%以上)加水 8~10 倍在搅拌机中混合成松散团状体,静置 3~5h,让精粉颗粒吸水膨润,即使精粉颗粒内外吸水均匀,将湿润团状体加入挤压机挤压成长条,条形物自然干燥或烘干至含水 15%左右,再将条形物加入普通膨化机膨化处理,膨化颗粒用 100 目筛粉碎机粉碎后过 100 目筛,最后包装即为成品魔芋胶[138]。

② 魔芋精粉(含葡萄甘露聚糖 60%以上)润水至含水 15%左右,混匀后静置 3~5h,让精粉颗粒吸水膨润,将松散的精粉颗粒加入粉体膨化机膨化处理,再将膨化颗粒用 100 目筛粉碎机粉碎后过 100 目筛,最后包装即为成品魔芋胶。

③ 取原料魔芋精粉 100kg,将其浸泡在浓度为 35%的低浓度食用乙醇中,边浸泡边用胶体磨对魔芋精粉进行抛光、研磨,使魔芋精粉中的淀粉、单宁、灰分、色素、生物碱等从葡甘聚糖表面脱落, 溶解或分散在低浓度乙醇中形成混合物料。此过程持续时间约为 1~2h 后,将混合物料送入装有 100kg 35%低浓度乙醇的浸泡罐中再次浸泡。然后,将浸泡罐中的混合物料的混合液送入由水力旋流器构成的逆流洗涤装置中, 用 35%低浓度乙醇对混合物料的混合液进行洗涤和分离处理,排出淀粉、单宁、灰分、色素、生物碱等杂质,得到高纯度魔芋胶与乙醇的混合液。上述醇、胶混合液经胶体磨四级破碎、研磨,再经离心机甩干脱水后,再装入真空干燥机中,在 60℃左右干燥 2h 后即可得到高纯度的葡甘聚糖即魔芋胶产品[139]。

由于魔芋本身具有的特性,例如溶解度低、溶胶稳定性差、流动性不好等,限制了魔芋的广泛应用,因此,要深度开发利用魔芋资源,改善其性能,扩大其应用范围,必须对其进行改性研究。目前,人们用物理、化学或生物的方法将魔芋粉改性使其具有某些特殊性能,从而满足多方面的要求。其中,魔芋粉与乙烯类单体接枝共聚反应是魔芋粉化学改性的重要途径,魔芋粉与丙烯腈、丙烯酰胺和丙烯酸等单体接枝共聚可得到亲水性的高分子化合物,在高吸水性材料、工业增稠剂、高分子絮凝剂、钻井液增黏剂、降滤失剂等领域有广泛的应用前景。魔芋类高吸水性树脂主要有魔芋粉接枝丙烯腈、丙烯酸、丙烯酰胺等树脂产品。其中,魔芋粉与丙烯酸接枝共聚物具有反应过程简单、亲水性好、可生物降解等优点。

魔芋粉与丙烯酸接枝共聚常用的引发剂有硝酸铈铵、过硫酸钾，过硫酸钾-亚硫酸氢钠氧化-还原引发体系。研究表明，用过硫酸钾作引发剂，其接枝率与用硝酸铈铵作引发剂相差无几，而接枝效率比用硝酸铈铵低，过硫酸钾-亚硫酸氢钠氧化-还原引发体系的引发效果比硝酸铈铵、过硫酸钾要高得多，因此在魔芋粉与丙烯酸的接枝共聚反应中，过硫酸钾-亚硫酸氢钠氧化-还原引发体系有很好的应用前景[140]。

围绕钻井堵漏的需要，开发了一种改性魔芋粉堵漏剂，最佳条件：7%魔芋粉，pH 值9.0~10.0，交联剂加量 0.2%，接枝单体加量 1.5%~2.5%，反应温度 80~100℃。现场应用表明，魔芋粉凝胶堵漏剂应用在石油开发中，能成功封堵油气层部位的漏失，提高油井产量[141]。

二、改性瓜胶

瓜胶，也称做古耳胶、瓜儿胶等，由豆科植物瓜儿豆的胚乳经碾磨加工而成。瓜胶为大分子天然亲水胶体，主要由半乳糖和甘露糖聚合而成(其结构见图 10-31)，属于天然半乳甘露聚糖，为食品品质改良剂之一，本品呈奶白色、自由流动粉末状，几乎无味，能溶于冷水或热水中形成溶胶，天然溶液 pH 值在 6~8 之间。瓜胶无毒，有较好的水溶性和交联性，并且在低浓度下能形成高黏度的稳定性水溶液，所以被作为增稠剂、稳定剂和黏合剂等广泛应用于石油钻采、食品、医药、纺织印染、采矿选矿和造纸等行业。国外对瓜胶的研究起步较早，应用技术也相对成熟。近年来的热点主要集中在提高瓜胶抗温性，开发基于瓜胶及其衍生物的高温压裂液。我国从 1974 年开始引种瓜尔豆，已在云南、新疆等一些地区进行了示范性种植，但对瓜胶及其衍生物的研究仍处于初级阶段，真正进行大规模工业生产并实际应用的企业还较少。目前国内瓜胶及改性产物主要作用食品增稠剂，在石油工业上可以用作压裂液稠化剂和钻井液增黏剂。

由于瓜胶原粉在使用过程中表现出水不溶物含量高、不能快速溶胀和水合、溶解速度慢、黏度不易控制、耐剪切性较弱、易被微生物分解而不能长期保存等缺点，限制了瓜胶的应用范围，为了满足不同的应用要求，扩大应用范围则必须对其进行改性。瓜胶的改性主要有醚化改性、接枝共聚、交联反应等方法。

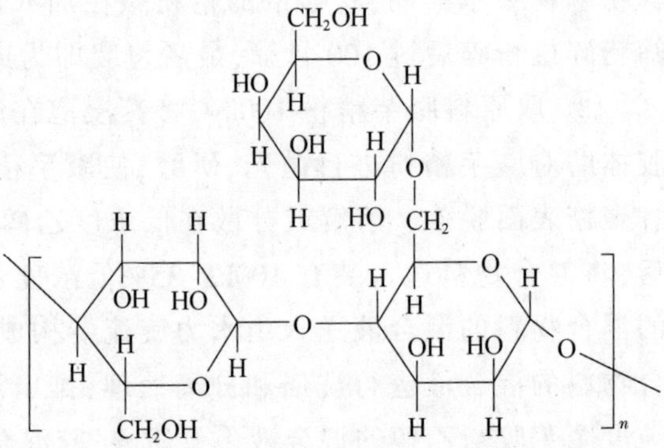

图 10-31 瓜尔胶的化学结构

(一) 瓜胶醚化改性产物

醚化改性是最常用的瓜胶衍生物的制备方法。瓜胶的羟基在一定条件下可发生醚化反应，生成非离子、阳离子、阴离子、两性离子型的羟烷基阴离子瓜胶和羟烷基阳离子瓜胶等。国外在 20 世纪 80 年代基本实现了瓜胶的醚化产物的工业化生产，主要品种有羧甲(乙)基化、羟丙基化、羟羧基化或羧羟基化、季铵盐化瓜胶等，其中以羟丙基瓜胶、羧甲基瓜胶和季铵盐化的瓜胶应用最为广泛。

国内在瓜胶醚化改性方面也逐步开展了一些工作，中国专利 021159955[142]介绍了一种瓜胶醚化工艺，分别制备了羟乙基瓜胶和阳离子瓜胶。

① 羟乙基瓜胶：将 400 份 95%乙醇泵入 $2m^3$ 反应釜中，开启搅拌，加入 100 份瓜胶原粉，依次加入 4 份氢氧化钠溶解于 50 份水中形成的水溶液、2 份连二硫酸钠，1h 后升温至

50℃,加入 30 份氯乙醇反应 6h。降温至 20℃,加入 20 份乙酸中和后,加入 0.1 份乙二醛搅拌 30min,离心过滤,滤饼经 95%乙醇洗涤两次后,滤饼放入真空干燥设备中于 60℃、0.09MPa 干燥 1h,干燥后物料经粉碎、筛分、混合、检验、包装入库。产品黏度 1800mPa·s,水不溶物 6%。溶剂回收达标后循环使用。

② 阳离子瓜胶:将 800 份异丙醇泵入 $2m^3$ 反应釜中,然后加入 20 份氢氧化钠溶于 150 份水中形成的水溶液,充氮四次。搅拌条件下将 100 份瓜胶原粉投入反应釜中,搅拌 30min。升温至 45℃±2℃,加入 20 份羟丙基三甲基氯化铵,反应 5h。降温至 20℃,用 60 份工业盐酸中和至 pH 值 8~9,离心过滤,滤饼经 80%异丙醇水溶液洗涤两次,再用无水乙醇洗涤一次。滤饼进入真空干燥设备于 50℃、0.09MPa 条件下干燥 2h,干燥后的物料经粉碎、筛分、混匀、检验、包装入库。所得产品黏度 2600mPa·s,水不溶物 15%。溶剂回收利用。

针对已有工艺需要使用大量有机溶剂、生产成本高、安全性差等问题,研究人员开始探索改进工艺的方法。国内有人以氯化十六铵为催化剂,采用相转移催化法合成了羟丙基瓜胶[143],采用半干法合成了阳离子瓜胶[144]。

(二) 接枝共聚

采用水溶性单体与瓜胶接枝共聚,能够在保留原有聚合物重要性能的基础上,通过引入新的基团,赋予聚合物所期望的新性能,特别是可以提高产物的热稳定性,非常有利于用作钻井液处理剂。将丙烯酰胺接枝到瓜胶上可增加其抗生物降解性,接枝产物是有效的絮凝剂,同时,酰胺基团水解还可引入所需要的离子官能团。在丙烯酰胺与瓜胶的接枝共聚引发体系中,应用最多的是 Ce^{4+}离子引发体系。可以采用 γ 射线、过硫酸钾/抗坏血酸和硫酸铈铵引发丙烯腈接枝瓜胶,其中硫酸铈铵引发体系接枝效果较好。瓜胶与丙烯腈接枝共聚,再于碱性条件下水解,使丙烯腈基团转化成羧基,得到瓜胶的阴离子接枝产物,该产物在保水、金属离子络合等领域非常有用。也可以将丙烯酸接枝到瓜胶上,以赋予瓜胶新的性能。

尽管瓜胶接枝共聚改性方面已经开展了不少工作[145],但在钻井液用改性处理剂方面相对较少,具有代表性的是接枝改性瓜胶钻井液降滤失剂 FLG。其制备方法是:在三颈瓶中加入烃类溶剂和司盘系悬浮稳定剂,充分搅拌分散后,加入瓜胶、丙烯酸钠、丙烯酰胺和醋酸乙烯酯混合溶液(单体含量 5%,丙烯酸:丙烯酰胺:酯酸乙烯酯质量比为 2:2:1,瓜胶加量为 1%),通氮气 10min,加入引发剂 0.01%、交联剂 0.02%,在 80℃下反应 3h。保持反应温度,将一定量的聚合醇和不溶金属氧化物加入三颈瓶中。搅拌使其充分附着在珠状的聚合物表面(防止珠状聚合物粒子粘连),冷却过滤,在 80℃下干燥、粉碎,再混入一定量的聚合物降黏剂,即制得灰白色粉状混合物产品 FLG[146]。

将降滤失剂 FLG 加入常规钻井液后,可使常规钻井液成为超低渗透钻井液。由于降滤失剂 FLG 是以植物衍生物为主的混合物,可生物降解,对环境污染小,且具有耐温、抗盐的特点。

此外,他拉胶(刺云豆胶)、亚麻胶、楠木粉等植物胶以及海藻酸钠等也可以通过改性用作钻井液处理剂。

第七节 油脂或油脂改性处理剂

油脂在钻井液中具有较广泛的应用,最早以植物油直接用作钻井液的润滑剂、消泡剂、配制油基密闭液等,植物油精炼过程中产生的皂脚作为钻井液润滑剂的主要成分。由于植物油低荧光,且油性好,不污染环境,与矿物油相比,是一种优良的低荧光润滑剂。但直接应用时会由于植物油高温水解或皂化对钻井液性能产生不利的影响,限制了其应用面,尽管如此,目前多数润滑剂的成分中仍然有大量的植物油。油脂是一种很有潜力的钻井液处理剂,特别是油基钻井液处理剂制备的原料。本节从油脂的概念、油脂的制备和油脂改性产物及在钻井液中的应用等方面简要介绍。

一、油脂的概念

油脂是油和脂肪的统称[147]。从化学成分上来讲,油脂都是高级脂肪酸与甘油形成的酯。油脂是烃的衍生物,密度一般比水小,没有固定的熔沸点。自然界中的油脂是多种物质的混合物,其主要成分是一分子甘油与三分子高级脂肪酸脱水形成的酯,称为甘油三酯。

油脂是脂肪族羧酸与甘油所形成的酯,在室温下呈液态的称为油,呈固态的称为脂肪。油脂中的碳链含碳碳双键时,即为不饱和高级脂肪酸甘油酯,主要是低沸点的植物油;油脂中的碳链为碳碳单键时,即为饱和高级脂肪酸甘油酯,主要是高沸点的动物脂肪。油脂不但是人类的主要营养物质和主要食物之一,也是一种重要的工业原料。油脂中油可以进行加成反应(如氢化),油和脂都能进行水解反应。

从植物种子中得到的大多为油,来自动物的大多为脂肪。油脂中的脂肪酸大多是正构含偶数碳原子的饱和的或不饱和的脂肪酸,常见的有肉豆蔻酸(C_{14})、软脂酸(C_{16})、硬脂酸(C_{18})等饱和酸和棕榈油酸(C_{16},单烯)、油酸(C_{18},单烯)、亚油酸(C_{18},二烯)、亚麻酸(C_{18},三烯)等不饱和酸。某些油脂中含有若干特殊的脂肪酸,如桐油中的桐油酸、菜油中的油菜酸、蓖麻油中的蓖麻酸、椰子油中的橘酸等。液态油类可根据它们在空气中能否干燥的情况分为:干性油、半干性油和非干性油三类。除甘油三酯外,并含有少量游离脂肪酸、磷脂、甾醇、色素和维生素等。

化合态或游离态的脂肪酸,分饱和脂肪酸和不饱和脂肪酸。其中,饱和脂肪酸,如月桂酸、软脂酸、硬脂酸等;不饱和脂肪酸,如油酸、亚油酸、亚麻酸等。油脂不溶于水,溶于有机溶剂,如烃类、醇类、酮类、醚类和酯类等。在较高温度,有催化剂或有解脂酵素存在时,经水解而成脂肪酸和甘油,与钙、钾和钠的氢氧化物经皂化而成金属皂和甘油,并能起其他许多化学反应,如卤化、硫酸化、磺化、氧化、氢化、去氧、异构化、聚合、热解等。主要用途是供食用,但也广泛用于制造肥皂、脂肪酸、甘油、油漆、油墨、乳化剂、润滑剂等。

二、油脂的制备方法及来源

油脂的制法有压榨法、溶剂提取法、水代法和熬煮法等四类。所得的油脂可按不同的需要,用脱磷脂、干燥、脱酸、脱臭、脱色等方法精制。

动物的脂肪组织和油料植物的籽核是油脂的主要来源。脂肪中含高级饱和脂肪酸的甘油酯较多,油中含高级不饱和脂肪酸甘油酯较多,天然油脂大都是混合甘油酯。各种油脂都是多种高级脂肪酸甘油酯的混合物。一种油脂的平均相对分子质量可通过它的皂化值

(1g 油脂皂化时所需 KOH 的毫克数)反映。皂化值越小,油脂的平均相对分子质量越大。油脂的不饱和程度常用碘值(100g 油脂跟碘发生加成反应时所需 I_2 的克数)来表示。碘值越大,油脂的不饱和程度越大。油脂中游离脂肪酸的含量常用酸值(中和 1g 油脂所需 KOH 的毫克数)表示。新鲜油脂的酸值极低,保存不当的油脂因氧化等原因会使酸值增大。有些油类在空气中能形成一层硬而有弹性的薄膜,有这种性质的油叫干性油(碘值大于 130),例如桐油和亚麻油。蜡跟油脂一样,也是广泛存在于自然界中的酯类。蜡的主要成分一般是含有偶数碳原子的高级饱和脂肪酸跟高级一元醇组成的酯,例如,白蜡的主要成分是蜡酸蜡酯,蜂蜡的主要成分是软脂酸蜂蜡酯,鲸蜡的主要成分是软脂酸鲸蜡酯。由于习惯的原因,有些称蜡的不是酯类。例如石蜡是高级烷烃,高聚乙二醇是合成蜡。

三、油脂改性产物及在钻井液中的应用

通过油脂的化学反应可以制备一系列油脂化学品,为油脂类处理剂研制与应用提供了途径。

植物油可以用作油基钻井液的基础油,配制环保型的油基钻井液。棉籽油、玉米油等可以直接作为钻井液润滑剂使用。

一些油脂类化学品也可以直接用作钻井液处理剂,如油酸可以用作润滑剂、乳化剂,硬脂酸铝或铅可以作用钻井液消泡剂等。一些不同类型的脂肪酸酯、脂肪酸酰胺,如油酸甲酯,油酸酰胺可以用作钻井液的润滑剂。脂肪酸与多元胺酰胺化产物再进一步与多元酸酰胺化反应,可以制备用作油基钻井液的高效乳化剂,是目前国内外应用较多的乳化剂之一。

围绕油脂的利用,国内开展了一些有益的研究探索。以航空煤油为基液,用双硬脂酸铝、油酸、异辛醇、磷酸三丁酯制备的高效消泡剂 RXJ,经现场应用表明,加量为 0.1%~0.2%时,不仅消泡迅速,且消泡效果持久[148]。

为了使钻井液用植物油润滑剂在高压和高温氧化后仍具有良好的抗磨减摩性能,将层状固体润滑剂石墨、蛇纹石加入植物油中,合成了几种含固体润滑剂的钻井液用植物油润滑剂。评价表明,在植物油中添加石墨、蛇纹石可以降低植物油的摩擦因数和摩擦件的磨损,同时可使植物油在高温氧化后仍能保持良好的减摩抗磨性能[149]。

利用改性植物油和多羟基胺反应生成的亲水性酯与阴离子表面活性剂混合得到的低荧光水基润滑剂 RY-838,润滑能力强,荧光级别低于 2 级。现场应用表明,对录井、测井影响小,且配伍性好,可满足深井、探井、水平井钻井作业的需要[150]。利用地沟油、二乙二醇进行酯交换反应生成直链的酯类产物,利用单质硫将直链酯类产物部分转变为网状酯类,用石墨进行复配得到钻井液润滑剂 RH-B,淡水钻井液中加量 1%时,润滑系数降低率达到 86.19%,海水钻井液中加量 2%时,其润滑系数降低率达到 63.4%,对钻井液的表观黏度和滤失量影响较小、无毒无污染、荧光级别较低[151]。以废动植物油、乙醇胺反应产物和白油为原料制备了一种钻井液润滑剂 BZ-BL,其抗温、抗温能力强,现场应用表明,润滑性能好,能够有效地降低摩擦阻力,减轻钻机负荷,与其他处理剂配伍性良好[152]。以生物柴油为原料的钻井液用生物油高效润滑剂,抗温达到 140℃,润滑剂的加量为 1%时即可使钻井液的润滑系数降低 70%以上,同时在不同体系水基钻井液中均显示出较好的润滑性,润滑系数降低率均在 70%以上。该剂在新疆油田 3 口井的现场应用,均取得较好的效果,而且该产品对环境无污染[153]。以植物油酯作内相、多元醇水溶液作外相、失水山梨醇三油酸酯/聚氧乙烯失水山梨醇单油酸酯复合表面活性剂为乳化剂，制备了一种水包油型钻井液用润滑剂 GreenLube，在渤海油田数口井的钻探中应用表明，润滑效果良好，泥饼摩擦系数和钻具的扭矩显著降低[154]。针对目前钻井液用常规润滑剂极压膜强度低、润滑持久性差、荧光级别高、抗温性能差等问题，首先在植物油提取物中引入硫、磷、硼等活性元素，合成出一种钻井液用极压抗磨添加剂，将其与表面活性剂按一定比例添加到基础油中制备了一种极压抗磨润滑剂 SDR，在加量为 1.5%时，极压润滑系数降低率大于 75%，抗温达 180℃，对钻井液流变性和滤失性无明显影响，与不同钻井液体系配伍性良好，且荧光级别低(1~2 级)、无毒、易生物降解[155]。

此外，还有一些油基钻井液处理剂，如，用硬脂酸、油酸、亚油酸、塔罗油、被氧化塔罗油和甘油三酸脂等 18 碳原子的脂肪酸得到的合成脂肪酸皂盐[156]；高度改性的塔罗脂肪酸皂盐或者塔罗松香酸皂盐，或者两种改性产品的混合产品[157,158]；用油脂加工废料与有机碱为原料，合成的油基钻井液用可降解乳化剂 CET[159]；采用油脂加工废料经过提纯和胺化得到的一种可生物降解型润湿剂 CQ-WBP[160]；以大豆油酸、二乙烯三胺为原料，经过酰胺化合成端基带有伯胺基的大豆油酸酰胺基胺润湿剂[161]等。

第八节 存在问题与发展方向

近年来，针对钻井液发展的需要，从扩大天然材料应用面和降低处理剂生产成本以及绿色环保的目标出发，围绕天然材料改性方法和途径方面开展了大量的研究工作，并在一定程度上促进了天然材料改性处理剂的发展，但与丰富的天然材料资源量相比，无论是研究的深度还是应用面都还有限，如何有效地利用丰富价廉的天然资源，并形成完善配套的处理剂，最终形成绿色环保的钻井液体系，将是未来研究的重点。本节结合目前天然材料改性处理剂的现状，就存在的问题及下步发展方向作简要归纳。

一、存在问题

近年来，在天然材料及改性钻井液处理剂方面尽管开展了不少工作，也见到了初步的效果，但仍然存在研究深度不够，应用较少等问题，这从一定程度上反映出人们对天然材料利用还不够重视。主要体现在：

① 天然材料的改性的手段还比较少，改性的深度也不够，多数研究局限在简单的反应，使天然材料处理剂的性能不能有效发挥。

② 从已经公开的钻井液用天然材料接枝共聚物研究看，基本没有涉及能够证明是否接枝的研究，缺乏对接枝共聚和接枝效率的考察，接枝共聚物有可能只是混合物而已。

③ 在聚阴离子纤维素方面，目前国内产品与羧甲基纤维素相比并没有体现出绝对优势，如何选择高质量纤维素原料，完善生产工艺、优化工艺参数、提高醚化的均匀程度，生产高质量聚阴离子纤维素产品，仍然需要投入精力。

④ 对于腐殖酸、木质素等资源的利用仍然局限在简单的处理，这些材料的结构和成本优势在处理剂研制中并没有充分发挥。改性木质素类钻井液处理剂主要为木质素磺酸盐改性，缺乏木质素直接利用，木质素利用多集中在物理加工的堵漏材料方面。腐殖酸主要集中在简单的酸碱中和产品和磺甲基产物，如腐殖酸钠、腐殖酸钾、磺甲基腐殖酸盐等。

⑤ 植物胶和其他天然材料方面不仅还限于室内研究，且相关研究工作较少，并缺乏现场应用。

⑥ 油脂方面的应用研究多集中用润滑剂，深度和广度不够，缺乏深度改性研究。

⑦ 几乎没有涉及天然材料改性化学反应和机理研究，使改性研究缺乏理论支撑。

二、发展方向

今后天然材料及改性处理剂研究方面要强化基础研究和新原料的开发，探索改性的手段和新途径，充分利用丰富的天然材料资源，围绕绿色环保、抗高温抗盐的目标，通过氧化或高温降解、分子修饰、接枝共聚等方法深度改性，以提高产品的综合性能，降低处理剂生产成本，改性途径如下：

① 直接加工利用。采用纤维素、木质素等经过化学或物理处理，再经粉碎、筛分制备超细纤维素或木质素(纳米级或微米级)，用作低固相或无固相钻井液的降滤失剂和渗透性储层暂堵剂。

② 氧化处理。改变天然材料的相对分子质量和基团性质，使产物应用范围拓宽，性能提高。并以氧化产物为基础，通过与其他原料进一步反应制备新型钻井液处理剂。

③ 酶处理。利用生物化学反应改变链结构，在产品原有性能的基础上赋予新的功能或提高综合性能；通过生物降解制备不同结构的小分子产物，并通过与其他原料进一步反应制备不同作用的衍生物。

④ 活化处理。通过活化提高木质素等天然材料的可反应性，以提高改性产品的效率和作用效果，利用活化提高腐殖酸等天然材料分子结构单元上基团量，改善处理剂的性能。

⑤ 分子修饰和接枝共聚。改变基团、侧链和主体结构的性质，进一步在提高产品的综合性能等方面继续开展深入的研究开发工作，以开发出综合性能更好、成本低的改性产品，进一步提高天然改性产品在钻井液中的应用水平。

⑥ 天然材料水解或降解后再反应。将所得到的保持天然材料结构单元结构的小分子，作为钻井液处理剂合成的原料，合成具有不同功能的钻井液处理剂。以油脂化学品为原料制备钻井液润滑剂、乳化剂和抑制剂等。

⑦ 纤维素、淀粉、木质素等天然材料的均相反应。研究在均相条件下醚化、磺(甲基)化、接枝共聚等，提高反应的均匀性和最终效果，探索离子液作为反应介质的可行性。

总之，改性目标是围绕绿色处理剂和处理剂绿色合成，提高天然材料的抗温、抗盐能力，拓宽应用面，降低处理剂成本。值得强调的是，今后需要利用天然材料开发油基钻井液用增黏提切剂、结构剂、降滤失剂和封堵剂等，以满足石油工业发展的需要。

参考文献

[1] 王中华.国内天然材料改性钻井液处理剂现状分析[J].精细石油化工进展，2013，14(5)：30-35.

[2] 王中华.钻井液用改性淀粉的制备与应用[J].精细石油化工进展，2009，10(9)：12-16.

[3] 王中华.钻井液用改性淀粉研究概况[J].石油与天然气化工，1993，22(2)：108-110.

[4] 王中华.油田化学品[M].北京：中国石化出版社，2001.

[5] 王中华.钻井液用 CMS 生产工艺的改进[J].石油钻探技术，1993，21(3)：28-30.

[6] 杨艳丽，李仲谨，王征帆，等.水基钻井液用改性玉米淀粉降滤失剂的合成[J].油田化学，2006，23(3)：198-200.

[7] 张燕萍.变性淀粉制造与应用[M].2 版.北京:化学工业出版社,2007:121.

[8] 孙晓云,房青岚,康树明.用相转移催化法合成羧甲基淀粉的研究[J].精细石油化工,1992(5):6-9.

[9] 四平市科学技术研究院.高粘度羧甲基淀粉钠及其制备方法:中国,1259342 C[P].2006-06-14.

[10] 王德龙,汪建明,宋自家,等.无机硅改性羧甲基淀粉钠降滤失剂的研制及其性能[J].石油化工,2010,39(4):440-443.

[11] 田文欣.复合变性淀粉合成与性能评价[J].化学工业与工程技术,2013,34(4):45-48.

[12] 王中华.羟丙基淀粉的合成[J].河南化工,1990(9):21-22.

[13] 刘祥,李谦定,于洪江.羟丙基淀粉的合成及其在钻井液中的应用[J].钻井液与完井液,2000,17(6):5-7.

[14] 华南理工大学.高取代度羟丙基淀粉的制备方法:中国,1052986 C[P].2000-05-31.

[15] 姚克俊,叶传耀.羧乙基淀粉醚的合成和性能研究[J].精细石油化工,1998,15(4):27-32.

[16] 张金生,王艳红,李丽华,等.微波辐射对玉米淀粉羧乙基化的研究[J].粮油食品科技,2006,14(3):34-36.

[17] 王中华,代春亭,曲书堂.2-羟基-3-磺酸基丙基淀粉醚的合成与性能[J].油田化学,1991,8(1):22-25.

[18] 王中华.磺乙基淀粉的合成与性能[J].河南化工,1993,(1):11-12.

[19] 周玲革,赵红静.CSJ 复合离子型改性淀粉降滤失剂的研制[J].江汉石油学院学报,2004,26(3):81-82.

[20] 姜翠玉,王维钊,张春晓.高取代度阳离子淀粉的合成及其降滤失性能[J].应用化学,2006,23(4):424-428.

[21] 北京中科日升科技有限公司.一种钻井液用抗温淀粉组合物及其制备方法:中国,101255333 B[P].2010-06-02.

[22] 赵鑫,解金库,张灵霞.抗高温苯基阳离子淀粉降滤失剂的合成及性能[J].石油化工,2012,41(7):801-805.

[23] 解金库,赵鑫,盛金春,等.抗高温淀粉降滤失剂的合成及其性能[J].石油化工,2012,41(12):1389-1393.

[24] 徐俊英,丁秋炜,滕大勇.淀粉-丙烯酰胺类接枝共聚物的制备及应用饼究进展[J].精细与专用化学品,2011,19(6):39-42.

[25] 曹文仲,田伟威,钟宏.淀粉接枝丙烯酸钠聚合物的水溶液合成[J].有色金属,2010,62(4):42-44.

[26] 柴莉娜。张广成.孙伟民,等.淀粉接枝丙烯酰胺的合成及其絮凝性能的研究[J].应用化工,2009,38(9):1313-1316.

[27] 张春芳,曹亚峰,尚宏鑫,等.APS/$NaHSO_3$ 引发双水相中淀粉接枝丙烯酰胺聚合反应[J].大连工业大学学报,2010,29(3):209-212.

[28] 刘翠云,付青存,宋文生,等.淀粉-丙烯酰胺-甲基丙烯酰氧乙基三甲基氯化铵接枝共聚研究[J].化学推进剂与高分子材料,2007,5(5):157-59.

[29] 宋辉,马希晨.两性淀粉基天然高分子聚合物的合成及其速溶性的影响因素[J].大连轻工业学院学报,2006,25(3):193-196.

[30] 尹丽,张友全,尚小琴,等.淀粉丙烯酰胺反相乳液体系的稳定性及接枝共聚反应[J].高分子材料科学与工程,2007,23(2):77-80.

[31] 曹文仲,王磊,田伟威,等.淀粉接枝丙烯酰胺絮凝剂合成及机制[J].南昌大学学报:工科版,2012,34(3):216-219.

[32] 张斌,周永元.淀粉接枝共聚反应中引发剂的研究状况与进展[J].高分子材料科学与工程,2007,23(2):36-40.

[33] 陈夫山,赵华,吴海鹏,等.淀粉预处理方式对接枝共聚反应的影响[J].造纸化学品,2010,22(6):2-5.

[34] 王中华.AM/AA/MPTMA/淀粉接枝共聚物钻井液降滤失剂的合成[J].精细石油化工,1998(6):19-23.

[35] 王中华.CGS-2 具阳离子型接枝性淀粉泥浆降滤失剂的合成[J].石油与天然气化工,1995,24(3):193-196.

[36] 王中华.AM/AA/淀粉接枝共聚物降滤失剂的合成及性能[J].精细石油化工进展,2003,4(2):23-25.

[37] 王中华.AMPS/AM-淀粉接枝共聚物降滤失剂的合成与性能[J].油田化学,1997,14(1):77-78,96.

[38] 薛丹,刘祥,吕伟.钻井液用交联-接枝淀粉的制备及性能[J].应用化学,2011,28(5):510-515.

[39] 张龙军,彭波,林珍,等.水基钻井液降滤失剂 HRS 的性能研究[J].油田化学,2013,30(2):161-163.

[40] 王中华.AM/AMPS/DEDAAC/淀粉接枝共聚物钻井液降滤失剂的合成[J].化工时刊,1998,12(6):21-23.

[41] 高锦屏,郭东荣.阳离子淀粉-烯类单体接枝聚合物 OCSP 的研制[J].钻井液与完井液,1995,12(1):22-26.

[42] 陈馥,罗先波,熊俊杰.一种改性淀粉钻井液降滤失剂的合成与性能评价[J].应用化工,2011,40(5):850-852.

[43] 王力,万涛,王娟,等.淀粉接枝 AM/SSS/DAC 降滤失剂的制备与性能[J].广州化工,2012,40(2):59-62.

[44] 乔营,李烁,魏朋正,等.耐温耐盐淀粉类降滤失剂的改性研究与性能评价[J].钻井液与完井液,2014,31(4):19-

22.
[45] 贺蕾娟，逯毅，刘瑶，等.AM-DMC-SSS-淀粉的合成及性能评价[J].应用化工，2015，44(1)：53-56.
[46] 王中华，杨小华.水溶性纤维素类钻井液处理剂制备与应用进展[J].精细与专用化学品，2009，17(9)：15-18.
[47] 许冬生.纤维素衍生物[M].北京：化学工业出版社，2003.
[48] 江阴市化工五厂.羧甲基纤维素的制备方法：中国，1136569[P].1996-12-17.
[49] 中国科学院成都有机化学研究所.一种超低黏度羧甲基纤维素及其制备方法：中国，1490336[P].2004-04-21.
[50] 北京有色金属研究总院.一种稻草羧甲基纤维素及其制备方法：中国，1272346 C[P].2006-08-30.
[51] 张艳，宿辉，易飞.木浆制备钻井液用低黏羧甲基纤维素钠盐[J].精细与专用化学品，2011，19(4)：43-46.
[52] 马振锋，马炜，赵毅.干法合成钻井液用低黏羧甲基纤维素[J].石油化工应用，2012，31(8)：103-105.
[53] 武汉大学.一种制备羟乙基纤维素的方法：中国，1313495 C[P].2007-05-02.
[54] 时育武.超高粘度羟乙基纤维素生产工艺：中国，1179977 C[P].2004-12-15.
[55] 陈阳明，熊犍，叶君，等.羧甲基羟乙基纤维素的制备[J].造纸科学与技术，2004，23(1)：40-42，56.
[56] 刘延金.一种羧甲基羟乙基纤维素生产工艺：中国，1673233[P].2005-09-28.
[57] 朱刚卉.高性能聚阴离子纤维素处理剂的研制[J].石油钻探技术[J].2005，33(3)：36-38
[58] 黄艳红.聚阴离子纤维素合成方法的研究[J].漳州师范学院学报：自然科学版，2002，15(4)：80-82.
[59] 王飞俊，邵自强，王文俊，等.反应介质对聚阴离子纤维素结构与性能的影响[J].材料工程，2010，(1)：77-81.
[60] 王彦斌，苏志锋，赵耀明.纤维素及其主要衍生物接枝改性的研究进展[J].合成材料老化与应用，2009，38(4)：35-39
[61] 张黎明，谭业邦，李卓美.甜菜碱型烯类单体与羟乙基纤维素的接枝聚合[J].高分子材料科学与工程，2000，16(6)：44-46.
[62] 解光明，宋晓青，马宗斌，等.羟乙基纤维素接枝 *N*-异丙基丙烯酰胺的研究[J].化学研究与应用，2007，19(6)：629-632.
[63] 张彩华，周小进，刘晓亚，等.羧乙基纤维素与丙烯酰胺接枝共聚物的制备与应用研究[J].萍乡高等专科学校学报，2003(4)：51-55.
[64] 彭湘红，王敏娟，潘雪龙.羧甲基纤维素与甲基丙烯酸接枝共聚的研究[J].湖北化工，1999，16(6)：13-14.
[65] 宋荣钊，陈玉放，潘松汉，等.超细纤维素与丙烯酸接枝共聚反应规律的研究[J].纤维素科学与技术，2001，9(4)：11-15，20.
[66] 易俊霞，李瑞海.羟乙基纤维索接枝丙烯酰胺共聚物的合成及表征[J].塑料，2010，39(2)：32-34.
[67] 杨芳，黎钢，任凤霞，等.羧甲基纤维素与丙烯酰胺接枝共聚及共聚物的性能[J].高分子材料科学与工程，2007，23(4)：78-91.
[68] 刘晓洪，黄家宽.纤维素接枝聚合反应的研究[J].武汉科技学院学报，2002，15(5)：47-50.
[69] 黄金阳，刘明华，陈国奋.引发剂对纤维素接枝丙烯酰胺反应的影响[J].纤维素科学与技术，2008，16(1)：29-33.
[70] 张黎明，尹向春，李卓美.羧甲基纤维素接枝 AM/DMDAAC 共聚物的合成[J].油田化学，1999，16(2)：106-108.
[71] 张黎明，尹向春，李卓美.羧甲基纤维素接枝 AM/DMDAAO 共聚物作为泥浆处理剂的性能[J].油田化学，1999，16(2)：102-105.
[72] 蒋太华，刘传禄.LS-2 新型聚合物降滤失剂[J].钻井液与完井液，1992，9(3)：40-43.
[73] 王松，胡三清，刘罡，等.HEC-AM-AMPS 共聚物的合成[J].湖北化工，2002(6)：10-11，14.
[74] 吴仁涛，陶秀俊，鲁敬荣，等.低黏聚阴离子纤维素接枝 AMPS 共聚物的研究[J].山东农业大学学报：自然科学版，2006，37(4)：623-627.
[75] 郑大锋，邱学青，楼宏铭.木质素的结构及其化学改性进展[J].精细化工，2005，22(4)：249-252.
[76] 穆环珍，刘晨，郑涛，等.木质素的化学改性方法及其应用[J].农业环境科学学报，2006，25(1)：14-18.
[77] 马涛，詹怀宇，王德汉，等.木质索锌肥的研制及生物试验[J].广东造纸，1999(3)：9-13.
[78] 何伟，邰飚生，林耀瑞.麦草碱木素和松木硫酸盐木素磺化反应的比较研究[J].中国造纸，1991(6)：10-15.
[79] 穆环珍，黄衍初，杨问波，等.碱法蔗渣制浆黑液木质素磺化反应研究[J].环境化学，2003，22(4)：377-379.

[80] 王中华,杨小华.国内钻井液用改性木质素处理剂研究与应用[J].精细石油化工进展,2009,10(4):19-22.

[81] 尹忠,杨林.碱木素的磺化及在泥浆中的应用[J].西南石油学院学报,1996,18(2):111-116.

[82] 四川石油管理局天然气研究等.新型钻井液处理剂 CT3-7 的研制[J].石油与天然气化工,1992,21(3):160-164,170.

[83] 尉小明,刘庆旺,殷国强.木质素磺酸盐(LSS)氧化改性研究[J].钻采工艺,2000,23(6):63-65.

[84] 陈珍喜,刘明华.复合型改性木质素基钻井液用降黏剂的性能研究[J].广州化学,2012,37(4):7-11.

[85] 王中华.AMPS/AA/DMDAAC-木质素磺酸盐接枝共聚物钻井液降黏剂的合成与性能[J].精细石油化工进展,2001,2(9):1-3.

[86] 龙柱,陈蕴智,崔春仙,等.改性碱法制浆废液共聚物降黏剂的研究[J].钻井液与完井液,2005,22(4):24-26.

[87] 马斐,陈嘉翔,宋淑芳,等.改性碱法制浆废液降低聚合物泥浆黏度的室内研究[J].油田化学,1997,14(3):265-267.

[88] 李骑伶,赵乾,代华,等.对苯乙烯磺酸钠/马来酸酐/木质素磺酸钙接枝共聚物钻井液降黏剂的合成及性能评价[J].高分子材料科学与工程,2014,30(2):72-76.

[89] 王中华.AM/AMPS/木质素磺酸接枝共聚物降滤失剂的合成与性能[J].精细石油化工进展,2005,6(11):1-3.

[90] 尉小明,刘喜林,俞庆森,等.钻井液降黏降滤失剂 MGAC-2 的研制[J].油田化学,2002,19(1):14-18

[91] 朱胜,何丹丹.木质素磺酸盐的接枝改性及其应用研究[J].长江大学学报自然科学版:理工卷,2012,9(8):16-18.

[92] 陈刚,杨乃旺,汤颖,等.木质素磺酸盐 Mannich 碱钻井液处理剂的合成与性能研究[J].钻井液与完井液,2010,27(4):13-15.

[93] 陈刚,张洁,张黎,等.聚糖-木质素钻井液处理剂作用效能评价[J].油田化学,2011,28(1):4-8.

[94] 张洁,杨乃旺,陈刚,等.钻井液处理剂氧化氨解木质素制备及性能评价[J].石油钻采工艺,2011,33(2):46-50.

[95] 张洁,陈刚,杨乃旺,等.硝化-氧化木质素磺酸盐的制备及其在钻井液中作用效能研究[J].钻采工艺,2012,35(2):77-79.

[96] 张黎,张洁,陈刚,等.羟甲基化木质素磺酸盐添加剂对钻井液性能的影响[J].化学研究,2014,25(4):423-427.

[97] 王中华,杨小华.改性栲胶和单宁类钻井液处理剂研究与应用[J].精细石油化工进展,2008,9(9):10-13.

[98] 王中华,王福昌.改性磺化单宁(M-SMT)降黏剂的研制与应用[J].钻井液与完井液,1989,6(1):57-61.

[99] 王中华,岳玉越,常胜等.SMT-88 泥浆降黏剂的研制[J].河南化工,1990(4):26-28.

[100] 张洁,罗平亚,李忠正.树皮酚类制备油田钻井液添加剂的研究[J].精细化工 2001,18(8):479-481.

[101] 张建云,李志国,夏定久,等.钻井液降黏剂 SMT-T 的研制[J].钻井液与完井液,2007,24(4):9-11.

[102] 王中华.AM/AMPS/栲胶接枝共聚物的合成[J].河南化工,1999(2):14-15.

[103] 王中华,周乐群.AMPS/AA/单宁酸接枝共聚物的合成与性能[J].精细石油化工进展,2001,2(6):20-22.

[104] 黄荣华,梁兵,代华,等.塔拉钻井液降黏剂的制备方法:中国,1414059[P].2003-04-30.

[105] 黄宁.天然多元酚制备磺化酚醛树脂降滤失剂的研究[J].精细石油化工,1996(4):9-11.

[106] 张黎明.LGV 型降黏剂合成用交联剂的研究[J].钻井液与完井液,1992,9(4):19-23.

[107] 张黎明.木质素磺酸-栲胶接枝共聚物在 Fe^{2+}存在下的螯合收缩效应[J].油田化学,1992,9(2):161-164.

[108] 田建儒.新型钻井液添加剂铁锡栲胶-木质素磺酸盐的研制[J].油田化学 1992,9(3):266-269.

[109] 鲁令水,盖新村,高在海,等.钻井泥浆无铬稀释剂 ZHX-1 的研制与应用[J].油田化学,1997,14(2):106-l09.

[110] 王永.腐殖酸分子结构对钻井用泥浆处理剂性能的影响[J].河南化工,2005,22(7):20-21.

[111] 王中华.钻井液用改性腐殖酸类处理剂研究与应用[J].油田化学,2008,25(4):381-385.

[112] 孙明卫,朱玉萍,毕家红,等.检验用标准材料磺化褐煤的研制[J].精细石油化工进展,2009,10(10):21-24.

[113] 王平全.PSC-Ⅱ抗高温降失水稳定剂[J].钻采工艺,1993,16(3):33-38.

[114] 谭道忠.钻井液降滤失剂 SPNH 试验与应用[J].石油钻采工艺,1990,12(1):27-32.

[115] 李善祥,晁兵,安慎瑞,等.高温降滤失剂 SCUR 的研制与应用[J].油田化学,1995,12(4):298-303.

[116] 卿鹏程,刘福霞,彭云涛,等.高温抗盐防塌降滤失剂 KCS-53 的研究[J].石油钻探枝术,2004,32(1):38-39.

[117] 夏剑英,郭东荣,郝玉珍,等.无荧光防塌降滤失剂 PA-1 的合成及现场应用[J].石油大学学报:自然科学板,1996,20(1):39-42.

[118] 刘盈,刘雨晴.新型阳离子抗高温降滤失剂 CAP 的研制与室内评价[J].油田化学,1996,13(4):294-298.
[119] 王中华.AM/AMPS/腐殖酸接枝共聚物的合成[J].化工时刊,1998,12(10):24-25.
[120] 王波,段方田,艾双.高电阻率降滤失剂及其制备方法:中国,101054511[P],2007-10-17.
[121] 罗跃.褐煤腐殖酸与烯类单体四元共聚物的制备与评价[J].精细石油化工,1992,(5):23-25.
[122] 宋福如.一种钻井液用硅氟抗高温降黏剂干粉的生产方法:中国,101368090[P].2009-02-18.
[123] 鲍允纪,何跃超,孙立芹,等.酚脲醛树脂改性褐煤降滤失剂的合成与评价[J].精细石油化工,2011,28(5):5-8.
[124] 李之军,蒲晓林,吴文兵,等.钻井液防黏附剂的合成与性能评价[J].油田化学.2014,31(1):12-16.
[125] 史茂勇,舒福昌,石磊,等.油基钻井液降滤失剂及其制备方法:中国,101624516[P].2010-01-13.
[126] 高海洋,黄进军,崔茂荣,等.新型抗高温油基钻井液降滤失剂的研制[J].西南石油学院学报,2000,22(4):61-64.
[127] 冯萍,邱正松,曹杰.交联型油基钻井液降滤失剂的合成及性能评价[J].钻井液与完井液,2012,29(1):9-11.
[128] 刘子龙,万正喜.聚合物-有机硅腐殖酸钻井液应用研究[J].油田化学,1990,7(3):211-215.
[129] 郝庆喜.钻井液用 GX-1 硅稀释剂的合成及应用[J].钻井液与完井液,1994,11(3):54-60.
[130] 史俊,李谦定,王涛.硅化腐殖酸钠 GFN-1 的研制[J].石油钻采工艺,2007,29(3):75-77.
[131] 张峰,李淑娥,刘继广,等.改性腐殖酸钻井泥浆稀释剂的制备研究[J].山东科学,1999,12(1):28-30.
[132] 李善祥,李燕生,于建生,等.无铬降黏剂 GHm 的研究与应用(I)[J].石油与天然气化工,1995,24(4):257-260.
[133] 王锋,赵贵枝.新型超级钻井液稀释剂:中国,1015373[P].1992-09-02.
[134] 李健鹰,纪春茂.MHP 无荧光防塌剂的研制及应用[J].钻井液与完井液,1991,8(4):47-52.
[135] 图们市方正化工助剂厂.石油勘探钻井液用无荧光防塌降滤失剂:中国,101117573[P],2008-02-06.
[136] 李善祥,李燕生,赵冰清.HA-Si 系防塌剂的合成及性能评价(I)[J].精细石油化工,1995(5):13-18.
[137] 李凤霞,崔茂荣,王郑库等.提高天然植物胶钻井液完井液体系抗温能力的途径[J].钻采工艺,2010,33(5):102-103,107
[138] 罗学刚.速溶魔芋胶的制造工艺:中国,1075974[P].1993-09-08.
[139] 艾咏平,艾咏雪.一种魔芋胶生产工艺:中国,1333318[P].2002-01-30.
[140] 张克举,王乐明,李小红,等.不同引发体系对魔芋粉与丙烯酸接枝共聚反应的影响研究[J].湖北大学学报:自然科学版,2007,29(3):269-272,279.
[141] 王松,张凡.改性高分子魔芋粉堵漏剂在石油开发中的应用[J].精细石油化工进展,2002,3(5):15-17,14.
[142] 刘海亮.一种瓜胶醚化工艺:中国,1214045 C[P].2005-08-10.
[143] 熊蓉春,陈建明,周楠,等.相转移催化法合成羟丙基瓜尔胶[J].北京化工大学学报,2005,32(1):43-50.
[144] 秦丽娟,陈夫山,王高升.阳离子瓜尔胶半干法合成及其在造纸湿部的应用[J].中国造纸,2005,24(2):11-13.
[145] 李秀瑜,吴文辉.瓜胶及其衍生物在药物控制释放领域的研究进展[J].现代化工,2007,27(1):23-26,28.
[146] 江小玲,马进.超低渗透钻井液降滤失剂 FLG 的合成研究[J].重庆科技学院学报:自然科学版,2006,8(2):4-6.
[147] 油脂[EB/OL].http://baike.baidu.com/link?url=dHUwmTXE9yDmLWXoqFE4Yxh4s2tfVY9vaHo7726qil5KPbKneqBNBCyNb5_WKSU41Gf7V9jLvI-sUTYQV15_2VLPYpHriev0tg8cGBeP-QG.
[148] 高燕,张龙军,向泽龙,等.钻井液消泡剂 RXJ 的制备及应用[J].钻井液与完井液,2014,31(5):89-91.
[149] 王万杰,李长生,曹可生,等.钻井液用植物油润滑剂的制备及摩擦学性能研究[J].润滑与密封,2010,35(1):29-32.
[150] 郝宗香,王泽霖,何琳,等.低荧光水基润滑剂 RY-838 的研制与应用[J].钻井液与完井液,2012,29(4):24-26.
[151] 刘娜娜,王菲,张宇,等.钻井液润滑剂 RH-B 的制备与性能评价[J].西安石油大学学报:自然科学版,2014,29(1):89-93.
[152] 李广环,龙涛,田增艳,等.利用废弃动植物油脂合成钻井液润滑剂的研究与应用[J].油田化学,2014,31(4):488-491,496.
[153] 郑义平,黄治中,张兴国,等.钻井液用生物油润滑剂的研究与应用[J].钻井液与完井液,2013,30(4):19-20.
[154] 夏小春,胡进军,孙强,等.环境友好型水基润滑剂 GreenLube 的研制与应用[J].油田化学,2013,30(4):491-495.
[155] 邱正松,王伟吉,黄维安,等.钻井液用新型极压抗磨润滑剂 SDR 的研制及评价[J].钻井液与完井液,2013,30(2):

18-21.
[156] WALKER, THAD O, SIMPSON, et al.Fast Drilling Invert Emulsion Drilling Fluids: US, 4508628[P].1985-04-02.
[157] KIRSNER, JEFF, MILLER, et al.Additive for Oil-based Drilling Fluids: US, 7008907[P].2006-03-07.
[158] MILLER, JEFFREY J.Metallic Soaps of Modified Tall Oil Acids: US, 7534746[P].2009-05-19.
[159] 党庆功, 孙双, 贾辉, 等.油基钻井液用OET乳化剂的研制[J].油田化学, 2008, 25(4): 300-301, 308.
[160] 李巍, 陶亚婵, 罗陶涛.油基钻井液生物降解型润湿剂的研制与性能评价[J].钻采工艺, 2014, 37(6): 96-98.
[161] 中国石油集团渤海钻探工程有限.酰胺基胺油基钻井液润湿剂及其制备方法: 中国, 103694968 A[P].2014-04-02.

第十一章 抑制剂及抑制性水基钻井液

抑制性是指钻井液具有抑制地层造浆的特性，更确切的说，就是对泥页岩地层中的黏土有抑制水化膨胀及分散的作用。本章所涉及的强抑制性材料，主要指聚合醇、聚胺和胺基聚醚、烷基糖苷等。聚合醇、聚胺和胺基聚醚、烷基糖苷等是随着钻井液发展的需要而获得广泛应用和重视的强抑制性化学品。

强水敏性、硬脆性和破碎性泥页岩地层以及页岩气储层井壁稳定问题，一直是钻井液技术所面临的难题，对于井壁稳定难题，采用油基钻井液可以很容易加以克服，但近年来环境保护越来越受到人们的重视，由于油基钻屑带来的次生问题，油基钻井液的应用受到严格的限制。因此，自 20 世纪 90 年代后期，开始研究开发和应用以聚醚多元醇、胺基聚醚为主处理剂的高性能抑制性水基钻井液以及作用机理类似于油基钻井液性能的烷基糖苷钻井液。这些体系不但表现出具有油基钻井液的优异性能，而且不存在环境污染和干扰地质录井问题。由于钻井液体系的强抑制性与封堵性，能有效稳定井壁，且润滑性能好，毒性极低，对环境影响小，维护简单，有利于油气层保护和环境保护。与一般的抑制剂不同，这些材料是通过其分子结构特征和溶液特性在钻井液中发挥作用的，是形成高性能钻井液的基本材料，在应用中不能仅把他们看作一种剂。国内对该类钻井液体系研究尽管起步较晚，但发展快，近年来围绕抑制剂和钻井液体系开展了一系列研究工作，并在应用中体现出了聚醚和胺基聚醚的优异性能以及烷基糖苷钻井液的突出特性。

由于烷基糖苷、聚合醇和胺基聚醚是比较成熟的工业材料，关于其合成与性能在有关期刊、书籍中有详细介绍，本章仅简要介绍聚醚、胺基聚醚和烷基糖苷的合成，并结合钻井液体系及应用情况简要阐述其应用效果。

第一节 聚合醇及聚合醇钻井液

聚合醇具有与蔗糖相类似的化学和物理性质，是非离子型饱和碳链聚合物，系低碳醇与环氧乙烷、环氧丙烷的低聚物，可以是含双羟基的醇到任意共聚物，包括聚乙烯氧化物或聚丙烯氧化物，聚乙二醇(聚丙烯乙二醇)、聚丙二醇、乙二醇/丙二醇共聚物、聚丙三醇或聚乙烯乙二醇等，是一种非离子表面活性剂，常温下为黏稠状淡黄色液体，溶于水，其水溶性受温度影响很大，当温度升到聚合醇的浊点温度时，聚合醇从水中析出，当温度低于聚合醇的浊点温度时，聚合醇又能溶于水。用作钻井液处理剂能有效抑制页岩水化分散，封堵岩石孔隙，防止水分渗入地层，从而稳定井壁，同时还具有良好的润滑、乳化、降低滤失量和高温稳定等作用，用于水基钻井液可以降低钻具扭矩和摩阻，防止钻头泥包，有效保护油气层。钻井液用聚合醇外观为淡黄色黏稠状液体，密度 1.00~1.14g/cm^3，倾点≤-15℃，浊点 50~80℃(或根据需要调整)，荧光级别≤3.0 级，润滑系数降低率≥50.0%，表观黏度上升率≤26%。

国外自 20 世纪 80 年代开始室内研究,90 年代初投入应用。最早主要用于钻井液防泥包、润滑防卡等。后来发现其在稳定井壁、保护油层和环境等方面也有很好的作用,于是在江河、湖泊和滩海钻井工程中最先得到广泛应用。我国于 20 世纪 90 年代初开始研究,开发出聚合醇产品和聚合醇钻井液体系,1995 年首先在渤海油田得到广泛应用,随后在南海、辽河、江苏、中原、新疆、大庆等油田得到推广应用。聚合醇水基钻井液体系不但具有接近油基钻井液的优异性能,而且不存在环境污染和干扰地质录井问题,对解决井下复杂难题,特别是页岩稳定问题非常有效。

本节围绕聚合醇的合成、特点、作用机理、钻井液用聚合醇以及聚合醇钻井液体系的研究与应用情况作简要介绍。

一、聚合醇的合成

聚合醇的合成一般采用间歇式生产方法和连续式生产方法[1]。间歇式生产方法是在一个反应釜中将起始剂、催化剂、氧化烯烃等加入其中进行反应,这种方法的缺点是体系温度、黏度难于控制,并且由于生成的分散体持续反应,最后其粒径分布较窄,体系不很稳定。间歇法制聚合醇的工艺适用于小规模、多品种的生产,其生产规模不宜超过 $1×10^4$t/a。另一种是连续式生产方法,是先将起始剂与催化剂加入釜内,然后将氧化烯烃单体用计量泵或氮压连续地输至聚合釜内,使输入氧化烯烃单体的速率正好等于其聚合速率。该法易于控制产物的黏度,有利于制备出相对分子质量较大的聚合醇,同时分散体的粒径分布也较宽,体系较为稳定,也保证了釜内反应处在恒定状态。连续法制聚合醇的工艺特点是生产规模大、能量消耗低、劳动生产率高、自动化程度高、“三废”量少等,但缺点是生产的产品较固定、更换较困难。

目前不同的生产厂家生产聚合醇所采用工艺各不相同,但归纳起来根据聚合反应所用催化体系不同,一般可分为三大类:

① 阴离子催化合成工艺。阴离子催化剂主要以碱金属、碱土金属的氢氧化物为主,包括 KOH、NaOH、CsOH、RONa、ROK 等。其中,KOH 催化环氧丙烷开环聚合仍然是国内工业上制备聚合醇的主要方法,但它的反应周期长,产品需后处理去除钾、钠离子,制得聚合醇产品相对分子质量分布宽、不饱和度高,应用受到一定的限制。

② 二甲胺催化合成工艺。胺工艺的特点是初期反应速度非常快,随着聚醚相对分子质量增大,反应速度逐渐减慢。与钾工艺相比,该工艺在生产效率、制造成本等方面有着明显的优势,但在产品的内在质量以及应用方面要弱于钾工艺。

③ 双金属络合物(DMC)催化合成工艺。DMC 催化剂是用于环氧化物聚合的一种新型高效络合催化剂,它的活性很高,用量很小就能达到很好的催化效果。DMC 催化剂制得的聚醚多元醇与传统的碱催化剂和胺催化剂产品相比,具有相对分子质超高、不饱和度低、产品中单官能度杂质少、平均官能度高、相对分子质量分布窄、黏度低等优点,用这类新型聚醚合成的聚氨酯产品的性能大幅度改善,应用范围更广,具有更广阔的市场前景。

以聚丙二醇为例,反应过程见式(11-1)。

其制备是在内衬玻璃或不锈钢反应釜中完成的。将起始剂(1,2-丙二醇或一缩二丙二醇)和催化剂(氢氧化钾)的混合物加入制备催化剂的釜内,加热升温至 80~100℃,在真空下除去催化剂中的溶剂，以便促使醇化物的生成。然后将催化剂转入反应釜中，加热升温至90~120℃，在此温度下将环氧丙烷加入釜中，使釜内压力保持0.07~0.35MPa。在此温度和压力下，环氧丙烷进行连续聚合，直至达到一定的相对分子质量。负压下状态下，蒸出残存的环氧丙烷单体后，将聚合醇混合物转入中和釜，用酸性物质进行中和，然后经过滤、精制、加入稳定剂得到产品。

$$\begin{array}{l}CH_3\\ |\\ CH-OH\\ |\\ CH_2-OH\end{array} + \underset{\diagdown O \diagup}{CH_2-\overset{\overset{CH_3}{|}}{CH}} \longrightarrow \begin{array}{l}\overset{\overset{CH_3}{|}}{CH}-O{\left[CH_2-\overset{\overset{CH_3}{|}}{CH}-O\right]}_x H\\ |\\ CH_2-O{\left[CH_2-\underset{\underset{CH_3}{|}}{CH}-O\right]}_y H\end{array} \tag{11-1}$$

二、聚合醇的特点

在钻井液中，聚合醇以其固有的特性，具有抑制、防塌、润滑等作用。

① 抑制防塌性能。聚合醇无论是井眼温度高于还是低于浊点温度，对页岩都有一定的抑制作用。选择浊点温度在80℃左右的聚合醇，采用YPM-03页岩膨胀模拟试验装置进行试验[2]。结果表明，随着温度的变化，聚合醇对膨润土的抑制性能呈现出很大的差异，在浊点温度以下，抑制性能很好，而在浊点温度以上，其抑制性能迅速降低。在浊点温度以上，随着浓度的增加，聚合醇对膨润土的抑制性增强，但在较低浓度时，抑制效果不明显，只有达到较高浓度时，才呈现出较好的抑制性，随着压力的增大，聚合醇浓度较低时，抑制性不理想，当聚合醇浓度较高时，随压力的增大，抑制性增强。采用测定黏附系数和页岩抑制率的方法研究了聚合醇在浊点前后对钻井液润滑性和抑制性的影响。研究结果表明，温度高于浊点时聚合醇钻井液的润滑性明显好于温度低于浊点时的润滑性，抑制性与浊点关系不大，在高温时抑制效果更好。

② 润滑性能。聚合醇类化学剂不仅具有良好的抑制防塌性能，通过形成一层类油的憎水膜，使其同时具有明显的润滑性能。

③ 环保无毒。从生物毒性和生物降解性两个环保考核指标出发，对聚合醇钻井液添加剂的环保性能进行评价。评价结果表明，用聚合醇类配制的钻井液对环境是有益的，是一种理想的“绿色”钻井液。

此外，聚合醇还具有在高温下延迟聚合物降解的作用，从而提高纤维素、淀粉等醚化产物的高温稳定性。

三、聚合醇的作用机理

由于聚合醇能够解决页岩水化膨胀，具有润滑、生物降解、有利于环保、储层保护等特点，很快引起了人们对其作用机理的关注。聚合醇抑制泥页岩水化分散的机理归纳起来有[3]：

① 浊点效应是聚合醇发挥作用的关键，当温度降低到浊点温度以下时，聚合醇开始溶解，而温度高于浊点温度时，从水中析出，形成憎水膜，吸附在页岩表面，封堵泥页岩的孔喉，阻止钻井液滤液进入地层。浊点与聚合醇化学组成有关，并随其加量及钻井液含盐量的增加而下降。

② 聚合醇可增大滤液的黏度、降低滤液的化学活性，抑制页岩水化分散。降低滤液化学活性，抑制机理是渗透机理所致，但要求多元醇浓度必须较高，而在3%~5%的加量下该

机理不能实现。

③ 与水分子争抢页岩中黏土矿物上的吸附位置,其在泥页岩表面的强烈吸附(吸附量随温度升高而增加)阻止泥页岩水化、膨胀与分散。

④ 聚合醇与无机盐或有机盐具有协同增效作用,当两者共同使用时,可以更有效的起到抑制页岩水化分散,稳定页岩的作用。在实际应用中可以通过选用不同种类的聚合醇、调整聚合醇加量和含盐量来改变浊点。

四、钻井液用聚合醇类处理剂

国内在聚合醇方面研究较多,但有些研究却偏离了聚合醇的基本特征,尽管如此,仍然有一定的参考价值,为了全面了解聚合醇钻井液处理剂情况,除聚合醇之外,把相关研究也一并给出。由于聚合醇作为一种广泛应用的工业原料,其生产工艺非常成熟,在相关书籍已有介绍,这里不再赘述。

① 聚合醇油层保护剂。配方为聚乙二醇(PEG600)50~70 份、聚乙二醇(PEG1000)20~40 份、聚乙二醇(PEG400)40~60 份、聚丙烯酰胺 3.5 份、水解聚丙烯腈铵盐 60~80 份、无水乙醇 3~5 份、水 600~700 份。按照配方要求,首先在容器中加入无水乙醇,再缓慢加入聚丙烯酰胺,搅拌均匀后作备用料;然后在反应釜中加入水,开始升温并同时搅拌,缓慢加入分散好的备用料和水解聚丙烯腈铵盐,在 40~50℃条件下,搅拌至聚丙烯酰胺和水解聚丙烯腈铵盐全部溶解;最后向反应釜中加入预先在水浴中熔化的聚乙二醇 PEG1000 以及聚乙二醇 PEG600、聚乙二醇 PEG400,在 40~50℃下,搅拌反应 50~70min,冷却后即可[4]。

② 钻井液用两性离子聚合醇。该剂可用于钻井液抑制防塌、油气层保护和钻井液的黏土稳定剂,其制备方法是[5]:在聚合反应器中加入丙烯酸 50g,丙烯酰胺 165g,2-丙烯酰胺基-2-甲基丙磺酸 95g,烯丙基三甲基氯化铵 45g,环氧乙烷 7.50g 和环氧丙烷 1650g,起始剂丙二醇 65g,聚合催化剂过氧化苯甲酰 25g,在不断搅拌下加热至 105℃,聚合反应开始并发生激烈反应,反应过程中通入冷却水调节反应温度。保持反应温度为 120~135℃,反应压力为 0.3~0.5MPa,经过 2~3h 反应后,通入冷却水冷却至 70~80℃。将聚合物缓慢加入另一个反应容器中,此反应容器中有预先配制好质量分数为 20%的氢氧化钾溶液,反应器通过冷却水控制温度在 80~90℃,当溶液 pH 值为 7~8 时,得到 6850g 质量分数为 41%的钻井液用两性离子聚合醇。

③ 改性聚合多元醇水基润滑剂。将起始剂多元醇加入聚合反应器中,然后将物料升温至 100~120℃,抽真空脱除轻组分及水分。在除去轻组分和水分的物料中,按多元醇总量的 0.5%~3%加入催化剂,然后将物料加热至 130℃~150℃,抽真空并通入高纯氮气保护,同时通入氧乙烯基化试剂,氧乙烯基化试剂加料过程中控制温度不超过 150℃、压力小于 0.35MPa,氧乙烯基化试剂加完后,保温降压至 0.2MPa,以便剩余的原料反应完全。当压力降至0.2MPa 并稳定时,开始加入氧丙烯化试剂,待氧丙烯化试剂加完后,保温 30min。在反应完全的物料中,按聚合多元醇物料量的 3%~15%加入有机硅改性剂,通 N_2 升温到 70℃,加入定量的催化剂,控制反应温度不超过 100℃。当反应混合液澄清透明后,继续在 90~100℃保温一定时间,降温出料即为改性聚合多元醇水基润滑剂 Silicon-1[6]。Silicon-1 具有优良的润滑性能,加入 1.0%~3.0%的 Silicon-1 可以使 6%膨润土浆的润滑系数(0.358)降低 71.51%~83.8%。Silicon-1 还具有良好的井眼清洁能力,井壁稳定和抑制能力强;地质录井

无荧光干扰，储层保护效果好；对聚合物钻井液常规性能无不良影响，不引起发泡，生物毒性可以满足环保要求。

④ JMR 聚醚润滑剂。以环氧乙烷、环氧丙烷、引发剂、五氧化二磷、亚硫酸钠、氢氧化钾、正丁醇、丙三醇等为原料。将混合脂肪醇加入反应釜，加入混合醇、环氧乙烷和环氧丙烷总量的 0.5%的氢氧化钾作为反应的催化剂；然后将物料升温至 130℃左右，抽真空并通高压氮气保护，当温度升至 130℃，通入环氧乙烷，通过控制加入环氧乙烷的速度控制温度≤140℃、压力≤0.35MPa；环氧乙烷加完后，保温降压，以使剩余的环氧乙烷完全反应。当压力降至 0.2MPa 不再降时，证明环氧乙烷已反应完全。此时，将反应釜中的放空阀打开放空，加环氧丙烷，反应温度≤140℃，压力为 0.3MPa 左右。待环氧丙烷加完后，保温 30min，然后再加入引发剂、P_2O_5、Na_2SO_3 等原料。反应 2h 后，循环冷水至温度降为 60℃时放料，即得到 JMR 聚醚润滑剂[7]。JMR 润滑剂荧光级别低(为 1)，具有较好的润滑性，对钻井液流变性无影响，在淡水聚合物钻井液和盐水聚合物钻井液中均具有较好的润滑作用，同时具有一定的降滤失和抑制作用，在深井、探井和大斜度井中使用效果明显。

⑤ 钻井液用固体多元醇。钻井液用固体多元醇由质量比为(1.95~2.05):(0.95~1.05):(1.95~2.05)的平均相对分子质量为 5500~7500 的聚乙二醇、聚氧乙醚 L61、木质素磺酸钙组成，先将聚氧乙醚 L61、木质素磺酸钙混合，然后与粉碎后的相对分子质量 5500~7500 的聚乙二醇充分混合即得到产品[8]。与液体产品相比，固体多元醇除具有现在钻井液用液体聚合醇的优点外，还克服了液体聚合醇在使用上需要特殊包装、装卸和添加不方便、运输成本较高且容易浪费等缺点，且具有不增黏、不起泡等优点。

⑥ 钻井液用聚合醇润滑抑制剂。是一种具有润滑抑制双重作用的处理剂，润滑抑制剂适用于淡水或盐水或饱和盐水钻井液，在钻井液中加入 1%~10%时，具有很好的润滑性能和页岩抑制性能，对环境无污染[9]。产品由质量分数为 1%~50%、浊点为 5~20℃的聚氧乙烯脂肪酸酯或聚氧丙烯脂肪酸酯(起润滑作用)和质量分数 50%~99%、浊点为 70~90℃的聚氧乙烯脂肪醇或聚氧丙烯脂肪醇(起抑制作用)组成。

⑦ 钻井液用聚醚多元醇润滑剂 SYT-2。聚醚多元醇润滑剂 SYT-2 由环氧乙烷和环氧丙烷共聚而成，为白色至淡黄色黏稠液体，密度$(0.95\pm0.10)g/cm^3$，闪点大于 70℃，有效物含量约 80%[10]。该剂具有一定极性和低的黏附系数，能有效吸附在钻具、套管表面和井壁岩石上，形成非常稳定的具有一定强度的润滑膜，润滑系数较低而抗剪切能力较强，可大幅度降低钻具与井壁及套管之间的摩擦，降低钻具旋转扭矩和起下钻阻力，还可直接参与泥饼的形成，使泥饼具有良好的润滑性，避免或减少压差卡钻的发生。SYT-2 对聚合物钻井液常规性能无不良影响，不起泡，无荧光，EC_{50} 值大于 1.0×10^5mg/L，无毒，易生物降解。

⑧ 新型钻井液用多元醇醚润滑剂。多元醇醚润滑剂是由天然物质经精练提纯后，在一定的温度和压力下进行相关的化学处理，使其具有活泼的反应性基团，再与低分子烷氧基化合物缩合而成的烷氧基化产物，固有的结构特征使多元醇醚润滑剂具有比其他润滑剂更为突出的特点。多元醇醚润滑剂是浅黄色至棕色的黏稠液体，具有淡淡的清香味，相对密度 0.88~0.92，倾点<-10℃，30℃表观黏度<25mPa·s，与水的混溶性较差，且会在水面上迅速分散并形成一层分散膜。其结构特点与常见表面活性剂相似，具备亲油基团和亲水基团，其亲水基团吸附强度小但吸附面积较大，吸附点较多，而亲油基团具有相对较大的体积及

表面单体分布，这决定了多元醇醚润滑剂的一系列独特特性。其适用于温度不高于120℃、pH值小于11的钻井液体系[11]。

⑨ 聚合醚润滑剂HLX。HLX是由天然物质经精炼提纯后，在一定温度、压力和缩合剂的作用下与低分子烷氧基化合物缩合而成，属非离子处理剂。HLX与海水钻井液复配后可增强海水钻井液体系的抑制性，适用于钻进造浆地层。与海水钻井液复配后，钻井液抗温150℃，性能稳定，产品没有浊点效应，不受温度和环境的影响，适用于水平井及大斜度井[12]。

⑩ 多功能聚醚多元醇防塌剂SYP-1。SYP-1是以环氧乙烷、环氧丙烷共聚物在碱性条件下与一种天然大分子反应而得的含磺酸物30%、油溶物40%、水溶物70%的产物[13]。其与磺化沥青的抑制性相仿，不同之处是多功能聚醚多元醇防塌剂SYP-1的水溶组分在浊点以上温度下从水溶液中析出，形成胶束粒子，产生封堵作用；其聚醚分子链通过氢键吸附，形成半渗透保护膜，且无毒，2%悬浮液的EC_{50}值大于1×10^4mg/L，无荧光。

五、聚合醇钻井液的特点

聚合醇钻井液作为一种环保型防塌钻井液体系，具有如下特点[14]：

① 井眼稳定能力强。聚合醇类水基钻井液的页岩回收率与油基钻井液相当，岩屑强度随浸泡时间的延长而增强，动滤失随温度升高变化微小。这证明聚合醇类水基钻井液的抑制性明显优于一般水基钻井液，与油基钻井液相当。由于聚合醇分子内部的醚键与水分子竞争而吸附在黏土表面，形成体积较大的化合物层，并与钾离子发生协同作用，使结构的有序性与致密性进一步提高，从而有效地排斥水分子在黏土表面的附着，起到了减弱页岩水化、稳定页岩的作用。钾离子与聚合物的相互作用对获得最强的页岩抑制性是极其重要的。由于K^+的水化能力较弱，聚合醇与K^+间较强的相互作用，压缩黏土表面的双电层，使黏土表面的水化膜变薄，有利于聚合醇在黏土表面的吸附，阻止黏土颗粒与水接触，抑制页岩水化分散。红外光谱分析结果表明，多元醇被吸附的同时，黏土中的水被排出来，K^+与多元醇共同作用可以使更多的水分子被排出来。

② 良好的润滑性。聚合醇具有一定的极性和较小的黏压系数，能够在钻具及套管表面和井壁岩石上产生有效吸附，形成非常稳定的且具有一定强度的润滑膜，从而大幅度降低钻具与井壁及套管间的摩擦力，降低钻具的旋转扭矩和起、下钻阻力。此外，聚合醇可以直接参与滤饼的形成，增强滤饼的润滑性，有效避免和减少压差卡钻。聚合醇与极压润滑剂和石墨润滑剂类等的复配使用，可以使水基钻井液的润滑性能接近油基钻井液。

③ 防止和消除钻头泥包。钻井液中的聚合醇可以吸附在钻头表面形成一层疏水性薄膜，阻碍亲水性钻屑在钻头表面吸附，减少泥包，有利于提高钻速。

④ 对地层损害小。由于聚合醇能提高滤液的液相黏度，降低滤失量，达到浊点温度时，聚合醇具有封堵微孔隙的作用，减少外来固相颗粒的侵入。聚合醇与钾离子的协同作用，能够有效地抑制储层中黏土矿物的水化膨胀及分散，降低油气层的水敏性损害。聚合醇能显著降低油水界面张力。温度升高或无机盐含量增加，均使界面张力降低，界面张力的降低使返排容易，有利于保护油气储层，故聚合醇钻井液体系在抑制水敏性地层中黏土分散、防止水敏、水锁造成的油气层污染等方面具有独特效果，能够适应复杂地质情况下的探井油气层保护的要求。

⑤ 符合环保要求。排放的聚合醇会很快在微生物的作用下分解为水和二氧化碳等小

分子物质，因此聚合醇钻井液毒性极低，且易被生物降解。

⑥ 配伍性好。聚合醇与常规处理剂配伍性好，在水基钻井液中适用性强，如在目前广泛应用的聚合物钻井液体系基础上，通过加入聚合醇及相关处理剂，可以形成具有防塌和油气层保护功能的聚合醇钻井液体系。

⑦ 具有良好的流变性。聚合醇的加入可以降低钻井液的黏度与切力，表现出一种稀释降黏的作用，对钻井液的流变性能调节起到了一定的作用，改善了钻井液流变性，能够满足水平井携岩和清砂的需要。

⑧ 改善钻井液的稳定性。研究表明，聚合醇的存在对钻井液起到了稳定作用，具有延缓钻井液中其他有机处理剂的热降解作用，有利于维持钻井液良好的流变性和高温稳定性。

正是由于聚合醇钻井液具有上述特点，使其适用于复杂井、大斜度定向井以及水平井钻井作业。

六、聚合醇钻井液

(一) 基本配方

表 11-1 给出了中原油田现场应用的一种聚合醇钻井液配方。采用该配方配制的钻井液性能应该满足表 11-2 的要求。

表 11-1 聚合醇钻井液配方

处理剂名称	功 用	用量/(kg/m^3)
膨润土	造浆提黏	30~50
纯 碱	除钙、调 pH 值	1.5~2.5
低黏羧甲基纤维素钠盐	降滤失	3.0~8.0
乙烯基多元共聚物	降滤失	3.0~8.0
聚合醇	防塌、润滑	10~50
磺甲基酚醛树脂	深井加入，抗高温降滤失	15~30
磺化褐煤	深井加入，抗高温降滤失	15~30
重晶石	加重剂	按设计要求
烧 碱	调 pH 值	1.0~3.0

表 11-2 聚合醇/多元醇钻井液性能①

项 目	要 求	项 目	要 求
密度/(g/cm^3)	依地层压力系数而定	*FL*/mL	≤5
FV/s	45~80	pH值	8.5~10.5
PV/(mPa·s)	15~40	低密度固相含量，%	≤10
YP/Pa	5~20	膨润土含量/(g/L)	25~40
($G_{初}/G_{终}$)/(Pa/Pa)	(1~5)/(3~15)		

注：① Q/SH 1025 0117—2009，聚合醇钻井液工艺技术规程[S].中原石油勘探局。

(二) 配制要点

上述聚合醇钻井液可以采用如下方法配制：

① 新配制钻井液需要根据配方要求先配制预水化膨润土浆，水化时间不少于 24h，转换钻井液需根据计算和小型试验情况预留原浆，将循环罐清理干净，加入清水，同时保证有效清除有害固相，减少聚合醇的吸附损失。

② 根据配方要求加入乙烯基多元共聚物、低黏羧甲基纤维素钠盐、磺甲基酚醛树脂、磺化褐煤、聚合醇。

③ 若在盐水、饱和盐水钻井液、氯化钾钻井液及其他体系中使用聚合醇,转换时按照其相应配制工艺操作,然后加入 1.0%~5.0%的聚合醇。

④ 全井循环,加入烧碱将 pH 值调整到设计范围。

⑤ 将密度调整到设计范围,配制完成后,测定性能合格后方可使用,否则用所需处理剂调整钻井液性能到设计要求。

(三) 维护处理要点

在钻井过程对钻井液进行维护与处理时,需要注意如下几点:①加强固控设备的利用;②转换为聚合醇钻井液体系后,监测钻井液中聚合醇含量,为了充分发挥聚合醇的效果,要及时补充聚合醇,保持其足够的含量;③钻进中根据摩阻系数和井下情况及时调整聚合醇加量。

需要特别强调的是:①选择好聚合醇的浊点是提高聚合醇钻井液体系性能的关键,以目标井段的井温比聚合醇的浊点高出 5~10℃为最佳;②钻井液中 Na^+、K^+、Ca^{2+}等不同类型离子和离子含量会影响聚合醇的浊点温度,使用盐水钻井液时应根据实验情况选用不同浊点的聚合醇;③选择合适的配伍处理剂,以充分发挥协同增效作用。

七、聚合醇钻井液及应用

除前面介绍的基本钻井液配方外,在聚合醇钻井液方面还有如下一些典型的体系。现从组成及应用方面简要介绍。

(一) 聚醚多元醇钻井液

以新研制的多功能聚醚多元醇 SYP-1 为主剂,通过对聚合物包被剂、防塌剂和降滤失剂等优选实验,研制了一种新型的聚醚多元醇钻井液[15]。

1.配方

4%膨润土+2% SYP-1+0.2% KPAM+2% HFT-301+1% LY-1+3% LYFF+3% SMP+加重剂。

室内实验表明,聚醚多元醇钻井液将聚醚多元醇、沥青和 K^+的防塌作用有机结合起来,具有封堵能力强、滤失量低、泥饼质量好、抑制性好、润滑性好及抗污染能力强的特点,能有效抑制钻屑分散、稳定井壁和保护油气层。

2.现场应用效果

在 LN3-6H 井和 HD4-23H 井现场应用表明,聚醚多元醇钻井液具有良好的综合性能,能有效地抑制泥页岩的水化膨胀和分散,防止地层坍塌,且磨阻小,钻速快,可以满足复杂地质条件下钻井的需要。

在 LN3-6H 井的钻井实践证明,该钻井液体系在控制泥岩水化分散和井壁稳定方面效果显著,平均井径扩大率为 6%(该地区平均井径扩大率为 9%),电测、下套管一次成功。在直井段只用了 17d 的时间就完成了 4950m 的钻井施工任务,创造了该地区最快的钻井记录。在水平井的施工中,没有再使用其他的润滑剂,成功地完成了造斜段和水平段的钻进,未发生任何的井下复杂情况。而且起下钻顺利,尤其是解决了在造斜施工中出现的拖压问题。

HD4-23H 井应用表明，聚醚多元醇钻井液成功地解决了钻头泥包的问题，在全井的钻进过程中未出现钻头泥包现象；聚醚多元醇钻井液良好的防塌性能保证了在钻过玄武岩时井壁的稳定，电测结果显示该井段井径规则，未发生起、下钻遇卡情况。在此基础上又成功地钻穿了下部的褐色泥岩，确保了井壁稳定，避免了井下复杂情况的发生：①平均井径扩大率为 8.5%，低于该区块的平均井径扩大率（11.5%），其中玄武岩井段的扩大率仅为 1.76%；②电测、下套管一次成功率为 100%；③固井质量合格；④起、下钻顺利，平均短起钻井段为 300m，以 24d 的时间创造了该区块造斜段和水平段的最快钻进记录。

(二) 强抑制性多元醇海水钻井液

胜利浅海埕岛油田沙河街组地层黏土含量高，黏土组成以伊/蒙混层和伊利石为主，地层水敏性较弱，微裂缝及层理较发育。钻井液及滤液沿层理和微裂缝渗入地层内部，会引起硬脆性泥页岩剥落坍塌。为此，针对沙河街组地层特点，研制出一种强抑制性多元醇海水钻井液体系[16]。室内实验结果表明，该钻井液体系具有较好的抑制性能和流变性，抗海水和劣质土污染的能力较强，环境可接受。强抑制性多元醇海水钻井液先后在埕岛油田 CB30B 井组和 CB30A 井组共 6 口井上进行了现场试验，井深最浅为 3860m，最深为4750m，平均为 4300m 左右。根据地层特点，6 口井均设计为四开井身结构，三开使用多元醇海水钻井液钻穿沙河街组地层，以便为四开钻开油层打下良好的基础。

1.配方

天然海水+6%膨润土+1% PAC-141+0.2% SD-2+2% LY-1+2% SPNH+3% LYFF+3%多元醇+加重剂。

2.钻井液维护处理措施

进入沙河街组地层前对钻井液进行转化，按配方要求调整好钻井液性能。钻井过程中，预先配制好增黏剂及降滤失剂胶液，以便及时维护补充。

钻进时，根据地层岩性、钻进速度以及钻井液性能状况，采用如下维护处理措施：视钻井液黏度和切力情况，补充适量的增黏剂 PAC-141 和 SD-2，提高钻井液黏度和切力，保证钻井液具有良好的悬浮能力；降滤失剂以胶液的形式补充，API 滤失量维持在 5mL 以下，高温高压滤失量(3.5MPa，120℃)控制在 15mL 以内；每钻进 100m，补充多元醇 100~300kg，使其含量维持在 2%以上，同时根据井下情况和钻井液性能，适当调整多元醇的加量。

3.应用效果

强抑制性多元醇海水钻井液在埕岛油田的使用，较好地解决了钻井过程中的井壁稳定、摩阻控制、井眼净化和油层保护等技术难题，达到了较理想的施工效果。主要体现在：

① 防塌效果好，井壁稳定。多元醇海水钻井液有效地抑制了地层中黏土矿物对钻井液的污染及伊蒙脱混层的不均匀膨胀，保障了钻井液性能及井壁稳定，全井返出的岩屑代表性强，无垮塌掉块现象，井壁稳定性好，井径规则，平均井径扩大率小于 10%。

② 携岩洗井效果好。通过对钻井液流变参数的合理调控，配合周密的工程措施，保证了良好的洗井，有效地避免了岩屑床的形成，携岩能力强，井眼清洁，有效保证了井眼畅通。

③ 良好的润滑防卡性能，能够有效地降低摩阻和扭矩，保证了定向井起下钻畅通无阻和安全钻进，全井无黏卡事故和钻具扭矩过大的问题发生。

④ 性能稳定，易于维护。整个钻井过程中钻井液性能未出现较大幅度的波动，日常维

护简便，可操作性强。

(三) 新型水基聚合醇钻井液

针对海底天然气水合物地层及其钻井的特性，在充分考虑现有常用聚合醇钻井液体系特点的基础上，设计了一种适合海底天然气水合物地层钻井的新型聚合醇钻井液[17]。

1.配方

3.0%膨润土+0.3% Na_2CO_3+10.0%聚乙二醇+20.0% NaCl+4.0% SMP-2+1.0% LV-PAC+1.0% PVP(K90)+0.5% NaOH。

2.设计原则

根据海洋天然气水合物储存地层及水合物自身特点，采用聚合醇钻井液体系，其设计原则为：

① 采用海水配浆。在海上钻井时，因淡水供应成本高，需要采用海水配浆。海水的矿化度一般为 33~37g/L，室内实验用水的总矿化度取 35g/L，其配方为水+3.0% NaCl+0.2% $MgCl_2$+0.2% $CaCl_2$。

② 钻井液密度控制。为保持井壁稳定和水合物稳定，需要较高的钻井液密度，但海底沉积地层破裂压力较低，因此钻井液的密度又不能太高。根据海底水合物地层钻井的实际情况，经过计算，将钻井液的密度控制在 1.05~1.20g/cm^3。

③ 钻井液应具有很强的页岩水化抑制性和水合物抑制性。聚合醇钻井液具有很强的水化和水合物抑制性能，能够有效封堵孔隙，阻止滤液进入地层。此外，加入少量动力学抑制剂(LDHI)能够有效抑制循环管路内水合物的再生，且安全无毒，不会对海洋环境造成破坏。

3.评价结果

评价结果表明，该钻井液体系能够有效抑制页岩水化分散和防止水合物在循环管路内重新生成，且在低温条件下具有良好的流变性能，能够有效保持井壁稳定，清洁和冷却孔底。

(四) 铝盐聚合醇钻井液

辽河油田沈北区块上部地层含大段软泥岩，易水化膨胀缩径，下部地层水化分散强，易发生周期性垮塌，常规的钻井液体系不能有效稳定井壁，常引发井下复杂情况。为此，研制出一种强抑制性铝盐聚合醇钻井液体系[18]，其配方：4%膨润土+0.7%~0.8% NaOH+0.5%~1% OCL-IVB+0.5%~1%聚合醇+0.5% OCL-JA+0.5% SMP-2+0.02%~0.05%强力包被剂+1%~1.2%无毒稀释剂+重晶石。

1.配制与转化

钻至井深 2000m 左右，加入 1~2t FCLS、0.7~2t NaOH，黏度控制在 35s 左右，再加入 1~2t OCL-JA、1~1.5t 聚合醇、1~2t OCL-IVB、50~100kg 强力包被剂，充分循环，混合均匀后继续钻进。

2.维护与处理

在中部地层每钻进 200~300m 补充处理一次，在下部地层每钻进 100m 补充处理一次，并用无毒稀释剂替代 FCLS，每次加入 0.8~1.5t 无毒稀释剂、0.5~1t NaOH、1~2t OCL-JA、0.5~1t SMP-2、1~1.5t 聚合醇、1~2t OCL-IVB、50~100kg 强力包被剂。若泥饼质量不好，滤失量大，则适当提高 OCL-JA、OCL-IVB 和 SMP-2 的使用量。进入垮塌严重的下部地层，将钻井液密度、处理剂用量提高到上限，加大 OCL-IVB 和聚合醇的用量，使钻井液 API 滤失量小于 3mL，高温高压滤失量小于 12mL，增强钻井液的防塌抗温能力。钻进沙四段及房身泡组地层，将钻井液密度提高到设计上限，若井下仍不正常，在征得有关方面同意后可适当提高。随着井深与位移的加大，逐步提高聚合醇和润滑剂的用量，提高钻井液的防卡能力。加强固控设备的使用，最大限度地清除钻井液中的有害固相。工程上要严格控制泵排量，并适当提高钻井液的黏度和切力，防止冲垮井壁。

3.现场效果

该钻井液通过铝盐和聚合醇的协同作用，具有优良的润滑和抑制性能。该体系在现场应用中表现出良好的抑制性，减少了钻井复杂情况，井下安全，井眼规则，与同区块使用聚合物分散体系的井相比，平均井径扩大率降低 7.95%~11.77%，并且降低了钻井液的使用密度。其成功应用证明，铝盐聚合醇钻井液抑制性和井壁稳定能力强，具有明显的防塌效果，可满足沈北区块沙河街地层钻进的需要。该体系与贝克休斯公司的 PERFORMAX 高性能水基钻井液有相近之处。

贝克休斯公司的 PERFORMAX 高性能水基钻井液[19]，将聚合醇的浊点和铝的化合作用相结合，极大提高了水基钻井液抑制性，适用于大斜度、大位移井、井下情况复杂但因环保限制而不能使用油基钻井液的情况，钻井液主要成分和功用见表 11-3。体系中各处理剂共同作用封堵泥岩孔隙和微裂缝，阻止钻井液滤液的侵入，减小孔隙压力传递作用，达到良好抑制效果。其特点是提高井眼稳定性、提高固控设备效率、提高携砂能力、减少钻头泥包、减少压差卡钻风险、减少扭矩和起下钻磨阻、符合环保要求、降低钻井成本。

表 11-3 PERFORMAX 高性能水基钻井液组成

名 称	功 能	作 用
MAX-SHIELD™	泥页岩稳定剂	堵塞成膜
MAX-PLEX™	泥页岩稳定剂	沉淀成膜
MAX-GUARD™	泥页岩抑制剂	抑制水化
NEW-DRILL™	钻屑稳定剂	包 被
PENETREX™	降阻减磨，防钻头泥包	钻具、管柱和井壁表面形成憎水膜

(五) 新型海洋环保聚合醇钻井液

针对海上钻井对钻井液体系的环保要求，在钻井液处理剂生物毒性分析的基础上，筛选出了优质的钻井液处理剂，并结合海上钻井对钻井液性能的要求，优选出新型海洋环保聚合醇钻井液配方：4.0%钠膨润土+0.3% Na_2CO_3+0.3% PAC-141+1.0%聚合醇+3.0%聚合醇润滑剂+1.5% HXJ+0.3% KPAM。评价结果表明，优选出的新型海洋环保聚合醇钻井液具有强抑制防塌性能、良好的润滑性能和储层保护能力，生物毒性低(EC_{50} 为 1.9×10^5mg/L)，环保性能好，同时还具有较好的抗温能力，在 120℃温度下性能稳定，具有较强的抗污染能力，能抗 16.0% NaCl 和 1.0% $CaCl_2$ 污染，可满足海上快速、优质钻井的需要[20]。

(六) 硅酸钾聚合醇钻井液

从处理剂的综合作用出发，将硅酸钾的化学效应(胶凝沉淀)以及聚合醇的物理效应(浊点效应)复合应用，建立了一套具有凝胶-浊点效应的膜结构硅酸钾聚合醇钻井液体系[21]，配方为：4%膨润土基浆+4%硅酸钾(FP-V)+0.4%增黏剂(HV-CMC)+0.4%降滤失剂(JT-888)+

3%聚合醇(JLX-B-S)+1% KCl+适量 NaOH。

综合评价表明,该体系具有流变性好、失水造壁性好、抑制性强、抗污染能力强(抗 NaCl 污染 6%、抗 Ca^{2+}或 Mg^{2+}污染 0.5%、抗钻屑污染 15%)、润滑性好、封堵能力强和热稳定性好等优点。该体系对钻井中抑制强水敏性地层(高蒙脱土含量地层)的水化、减少因水化作用产生的地层缩径,阻止弱水敏性地层(破碎性或硬脆性泥岩)因压力传递、毛管压力、水化等造成的掉块、垮塌,控制钻屑水化产生的钻井液流变性不稳定等问题,具有重要意义。

国外聚合醇钻井液比较成熟,且体系完善。相对于国外,国内应用面虽然广,但没有达到真正的聚合醇体系,加之聚合醇质量差别大,在应用中多数情况下还仅是把其当作一个剂来看待,缺乏针对性的配套处理剂。大部分聚合醇钻井液都是在常规钻井液基础上改造而来,尽管取得了良好的效果,但聚合醇钻井液的作用还没有充分发挥,今后需要在配伍处理剂研究和选择的基础上,使处理剂完善配套,结合聚合醇的特征,针对现场需要开展高性能水基钻井液体系研究,同时建立聚合醇钻井液中聚合醇含量的测定方法,为钻井液维护处理提供支撑。

第二节 聚胺、胺基聚醚及胺基抑制钻井液

近年来,为满足环保要求和降低钻井液成本,国内外钻井液公司一直在努力寻求能够在强水敏或页岩地层代替油基钻井液的水基钻井液体系,如以胺基抑制剂为主剂的高性能水基钻井液,因其能够满足环保要求,且效果与油基钻井液相当而深受重视,并已广泛应用[22~25]。受国外胺基抑制性钻井液研究与应用的启示,国内也相继开展了一些研究与应用工作,并将胺基抑制剂习惯称为聚胺,并随之出现了聚胺热。聚胺作为一种有效的钻井液抑制剂[26],已在现场应用中见到了初步的效果[27],关于聚胺钻井液也有介绍[28],但在对聚胺及其钻井液的认识上还不够全面,从近期发表的文献及初步的应用情况看,只是在原水基钻井液配方的基础上加入部分聚胺,以提高其抑制性,在多数情况下,仍然是将聚胺作为一种抑制剂来使用,聚胺的作用还没有充分体现,真正意义上的聚胺钻井液体系还没有形成。

聚胺和胺基聚醚都是可以用作钻井液抑制剂的产品,但目前在应用中往往将两者都叫聚胺,从结构看,胺基聚醚并非真正意义上的聚胺,要准确的理解和使用好某一产品或处理剂,就必须明确产品的概念、特性及结构,特别是要明确为什么要应用胺基聚醚。

本节从聚胺、聚醚胺的概念、合成以及聚醚胺抑制钻井液等方面简要介绍[29],以期促进胺基抑制钻井液的发展。

一、概念

(一) 聚胺

聚胺是指重复结构单元中含有胺基的聚合物,如表 11-4 所列的一些产品,即为典型的聚胺。

分析这些产物结构特征,胺基分布在主链上,且作为重复结构单元。这些产品中的环氧氯丙烷-二甲胺缩聚物、环氧氯丙烷-多乙烯多胺缩聚物等,作为钻井液黏土稳定剂,具有很强的抑制黏土和页岩水化分散的作用,但由于其与阴离子处理剂配伍性差,对黏土的絮凝能力强,会严重影响或破坏水基钻井液的性能,因此应用受限。

表 11-4 部分聚胺的结构、用途

名 称	结 构	用 途
聚乙烯胺	$\left[NH\diagup\diagdown\diagup NH\diagup\diagdown\diagup\right]_n$	染料助剂、化妆品添加剂、造纸助剂、絮凝剂等
聚乙烯亚胺	$\triangleright N-\left[CH_2-CH_2-NH\right]_n-H$	造纸湿强剂、固色剂，纤维改性、印染助剂、离子交换树脂及絮凝剂等
环氧氯丙烷-二甲胺缩聚物	$\left[N^+(CH_3)_2-CH_2-CH(OH)-CH_2\right]_n Cl^-$	污水、印染废水处理剂，油田水处理剂、黏土防膨剂
环氧氯丙烷-多乙烯多胺缩聚物	$\left[N^+((CH_2)_2-N-)_2-CH_2-CH(OH)-CH_2\right]_n Cl^-$	工业废水的脱色剂、絮凝剂，油田水处理剂、黏土防膨剂
2-乙烯基-4,6-二氨基均三嗪	$H_2C=CH-C_3N_3(NH_2)_2$（三嗪环：C—N=C(NH₂)—N=C(NH₂)—N=）	原 料
三聚氰胺	$C_3N_3(NH_2)_3$（三嗪环上三个 $-NH_2$）	原 料

而国内外在高性能或强抑制钻井液中所涉及的“聚胺”(胺基抑制剂)的结构为：$H_2N-\left[CH(R)-CH_2-O\right]_n-CH_2-CH(R)-NH_2$，其中 R=H、$CH_3$，$n$=2~10。从结构上看，上述物质重复结构单元中并不含有胺基，即并非聚胺，而是聚醚的胺基化产物，即端氨基聚醚或聚醚胺。

(二) 端氨基聚醚

端氨基聚醚(Amine-Terminated Polyether，简称 ATPE)是一类具有柔软的聚醚骨架，末端以氨基或胺基(一般为含有活泼氢的仲胺基、伯胺基或多胺基基团)封端的聚氧化烯烃化合物，这些化合物大多是以相应的聚醚多元醇为原料，通过对末端羟基进行化学处理而得到，根据端胺基相连烃基结构的不同，ATPE 可分为芳香族和脂肪族两类。根据氨基基团中氢原子被取代的个数，又分为伯胺基、仲胺基 ATPE。由于大分子链的端氨基含有活泼氢，能与异氰酸酯基团和环氧基团等反应，因此，近年来 ATPE 主要用作聚氨酯(聚脲)材料的合成原料和环氧树脂的环保型交联剂。除此之外，ATPE 还可在发动机燃料油中用作抗混浊、抗沉淀添加剂。可见，胺基聚醚在其他领域已经是成熟产品，就产品而言，并非是钻井液行业的创新，而是从其他领域引进，国内外均有工业产品供应。实践证明，相对分子质量适当的脂肪族伯胺基聚醚可以作为良好的钻井液的抑制剂，这些产品可以从已有商品中选择，也可以有针对性的生产。如 JEFFAMINE® D-230 Polyetheramine 商品[30],由于其相对分子质量适当,可以直接用作钻井液的抑制剂,具有良好的的抑制效果[31]。

从前面的介绍可以看出,目前国内钻井液行业习惯上叫的聚胺,并非实际意义上的聚胺,而是胺基聚醚。在明确了国内钻井液行业聚胺准确的含义后,从科学的角度讲,为了更直观地反映产品的结构特征,同时有利于术语规范,钻井液行业可以统一称为胺基聚醚(Amine Polyether,简称 APE)。

二、聚胺的合成

与钻井液相关的聚胺主要有环氧氯丙烷-二甲胺缩聚物、环氧氯丙烷-多乙烯多胺缩合物以及氨-环氯氯丙烷缩聚物等,这里对其合成简要介绍。

(一) 环氧氯丙烷-二甲胺缩聚物

环氧氯丙烷-二甲胺缩聚物是一种阳离子型聚电解质,产品主要以水溶液形式出售,外观为微黄色至桔红色黏稠液体,不分层,无凝聚物,密度 1.18~1.20g/cm³。在油田化学中主要用作采油、注水中的黏土防膨剂,在酸、碱、高温条件下稳定,可适用于各种接触产层的油水井作业,也可用作阳离子型钻井液的页岩抑制剂,污水处理絮凝剂。本品也可用于阴离子钻井液中,作为抑制剂,但加量不能超过 0.2%。其反应过程见式(11-2)。

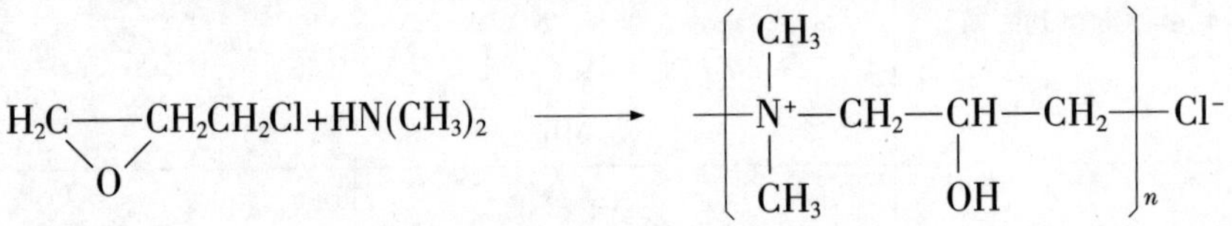

$$\underset{\text{(epoxide, O bridging)}}{H_2C\text{—}CH\text{—}}CH_2Cl+HN(CH_3)_2 \longrightarrow \left[-N^+(CH_3)_2-CH_2-\underset{OH}{CH}-CH_2- \right]_n Cl^- \tag{11-2}$$

生产工艺:

① 将 596 份 33%的二甲胺打入反应釜中,在反应釜夹套中通冷水,使釜内温度降至 25℃以下,然后在搅拌下慢慢加入 404 份环氧氯丙烷(加入管口要插入液面下),在加入环氧氯丙烷过程中控制反应温度在 40℃以下,当环氧氯丙烷加量达 1/3 时,可适当加快加料速度,待环氧氯丙烷加完后,使体系的温度逐渐升至 90℃,然后在 90~95℃下反应 1~2h。

② 待反应时间达到后取样检测终点,若 10%反应物的水溶液呈现透明状态,反应液 pH 值为 7~8,则认为反应达到终点;否则,再继续反应。当达到反应终点后,降温至 40~50℃,出料、包装即得成品。

生产所用原料有毒,生产车间必须保证良好的通风状态,车间工人应注意穿戴防护服装等。

(二) 环氧氯丙烷-多乙烯多胺缩合物

多乙烯多胺与环氧氯丙烷经缩聚而得的阳离子聚合物,为红棕色黏稠液体,溶于水,主要用作采油和注水过程中的长效黏土稳定剂和污水处理中的絮凝剂,亦可用作阳离子型钻井液的防塌剂,通过调整聚合度和阳离子度,也可以用作阴离子钻井液抑制剂。在钻井液中,加量不能过大。其反应过程见式(11-3)。

生产工艺:按配方要求将 40.0 份多乙烯多胺和 120.0 份水加入反应釜中,并搅拌均匀,然后在 50℃温度下慢慢加入 20 份环氧氯丙烷,加完后,将体系的温度升至 70℃,在 70℃下反应 4h,待反应时间达到后,降温、出料即得成品。

采用环氧氯丙烷与四乙烯五胺以物质的量比 1:1 投料,在水中于 95~96℃下反应 4h,

可以得到线性聚胺,见式(11-4)。

$$
H_2C\underset{O}{\diagdown\!\!\diagup}CH_2CH_2Cl + H_2N(CH_2CH_2NH)_nCH_2CH_2NH_2 \longrightarrow \left[\begin{array}{c} -N- \\ | \\ CH_2 \\ | \\ CH_2 \\ | \\ N^+ - CH_2 - \underset{\displaystyle OH}{\underset{|}{CH}} - CH_2 \\ | \\ CH_2 \\ | \\ CH_2 \\ | \\ -N- \end{array} \right]_n Cl^- \quad (11\text{-}3)
$$

$$
H_2N-(CH_2CH_2NH)_3-CH_2-CH_2-NH_2 + \overset{O}{CH_2-CH}-CH_2-Cl \xrightarrow{-HCl}
$$

$$
\left[NH-(CH_2-CH_2-NH)_3-CH_2-CH_2-NH-CH_2-\underset{\displaystyle OH}{\underset{|}{CH}}-CH_2 \right]_n \quad (11\text{-}4)
$$

通过控制缩聚度,可以得到适用于钻井液的黏土稳定剂或页岩抑制剂。

(三) 氨-环氧氯丙烷缩聚物

采用氨与环氧氯丙烷缩合也可以制备聚胺,如在常温和搅拌下,将质量分数 28%的氨水于 10min 内加入环氧氯丙烷中,控制环氧氯丙烷与氨的物质的量比 1:4。缩聚过程为放热反应,温度逐步升至 98℃,当氨水全部加完后,常压回流 3h,并控制温度不高于104℃,最终得到固含量 48%的无色透明液体。产品可以作为钻井液废水脱色剂、水处理絮凝剂和钻井液黏土稳定剂[32]。

针对传统聚胺在钻井液应用中存在的不足,研究者通过调整阳离子度和聚合度合成了一种适用于钻井液抑制剂的新型聚胺[33]。实验表明,将不同阳离子度的聚胺按一定比例混合可以达到协同增效作用, 如将具有在低添加浓度下抑制作用良好和配伍性一般的聚胺 PAA-6 与具有低阳离子度且在低添加浓度下抑制作用一般的聚胺 PAB-8 混合后得到的聚胺 PAH,同时具有聚胺 PAA-6 和聚胺 PAB-8 的优点,抑制作用很好。进一步通过抑制膨润土造浆实验和黏土层间距 XRD 数据分析,表明聚胺 PAH 进入黏土层间后,结构中的铵基阳离子交换出层间水分子,通过静电作用中和黏土晶层表面的负电荷,降低黏土层间水化斥力,能抑制黏土水化膨胀[34]。并在现场应用中见到了良好的效果。

三、胺基聚醚的合成

胺基聚醚在其他领域已经广泛应用,且合成工艺比较成熟,这里仅对其合成简要介绍,目的是通过了解产品的合成路线和方法, 对从源头认识产品和改善产品性能很关键,如何根据应用中存在的问题和不足,反过来从结构设计和合成方法改进上提高产品性能,使产品更好地满足钻井液性能控制的需要,是钻井液处理剂性能提高的基础,也是钻井液专用处理剂研发的必由之路。国内外关于 APE 的合成方法比较成熟,通常采用聚醚催化还原加氢胺化法、聚醚腈催化加氢和离去基团法。现结合有关文献对不同的合成方法进行简要介绍。

(一) 聚醚催化还原加氢胺化法

以聚醚多元醇为原料，在氢气、氨及催化剂存在下[35,36]，通过催化还原加氢胺化可制备APE，其反应原理见式(11-5)。

$$\mathrm{HO}\left[\mathrm{CH(R)CH_2O}\right]_n\mathrm{CH_2CH(R)OH} \xrightarrow[\text{催化剂}]{\mathrm{NH_3+H_2}} \mathrm{H_2N}\left[\mathrm{CH(R)CH_2O}\right]_n\mathrm{CH_2CH(R)NH_2} \qquad (11\text{-}5)$$

式中：$R=H$、CH_3，$n=2\sim10$。

合成工艺见图 11-1。该工艺优点是一步反应，转化率高，缺点是条件苛刻。但由于目标产品选择性强，收率高，且经济，是目前工业生产的主要途径。

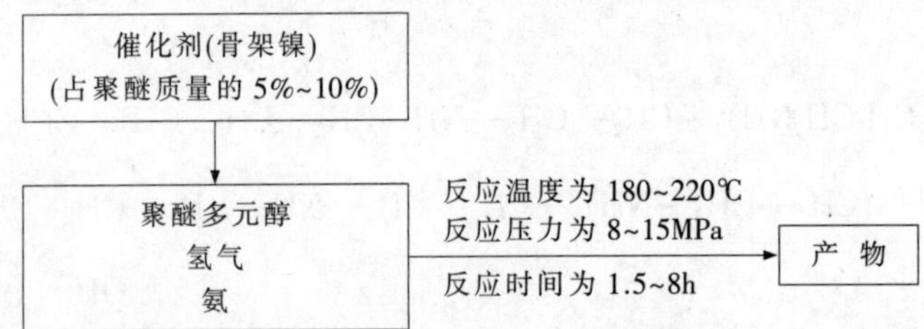

图 11-1 催化还原胺化合成工艺

(二) 聚醚腈催化加氢胺化法

采用聚醚腈催化加氢胺化，也可以制备 APE[37~39]。该方法分两步进行，首先是制备聚醚腈，然后将聚醚腈催化加氢胺化得到目标产物，其反应原理见式(11-6)和式(11-7)。

$$\mathrm{HOCH_2CH_2OCH_2CH_2OH} + \mathrm{CH_2{=}CHCN} \xrightarrow{\mathrm{KOH}} \mathrm{NCCH_2CH_2OCH_2CH_2OCH_2CH_2OCH_2CH_2CN} \qquad (11\text{-}6)$$

$$\mathrm{NCCH_2CH_2OCH_2CH_2OCH_2CH_2OCH_2CH_2CN} \xrightarrow[\text{催化剂}]{\mathrm{H_2}} \mathrm{H_2N(CH_2)_3OCH_2CH_2OCH_2CH_2O(CH_2)_3NH_2} \qquad (11\text{-}7)$$

合成工艺见图 11-2 和图 11-3。该工艺优点是反应条件相对温和，成本相对较低。缺点是步骤多，后处理复杂。由于该方法制备成本低，可以作为 APE 经济有效的制备方法。但该法合成产品的结构与聚醚催化还原加氢胺化法制备的产品结构稍有不同，其效果与前者是否有所区别，能否满足钻井液性能维护的需要，还需要进一步实验验证。

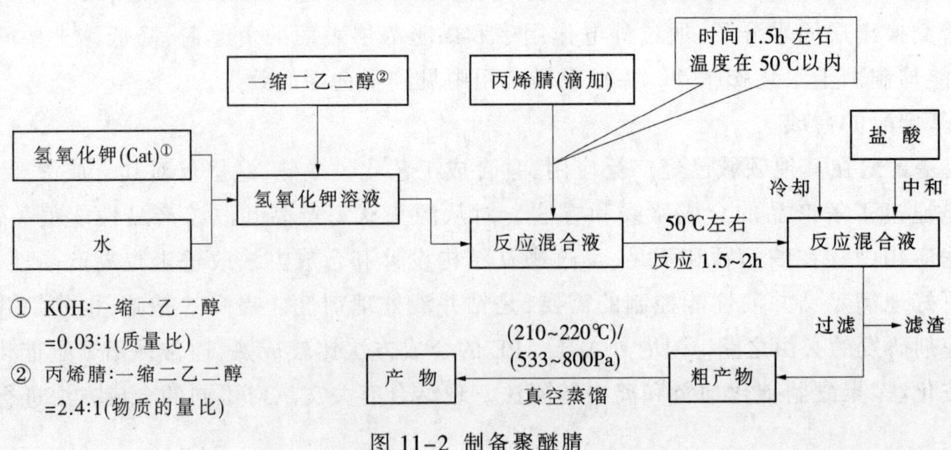

图 11-2 制备聚醚腈

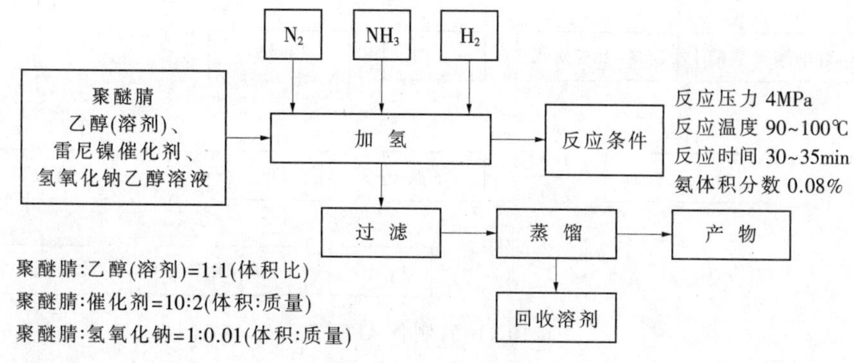

图 11-3 聚醚腈加氢

(三) 离去基团法

离去基团法制备 APE 分两步实施[40,41],包括聚醚-对甲苯磺酸酯制备和 APE 的制备,所得到产品结构与聚醚催化还原加氢胺化法制备的产品一致。其反应原理见式(11-8)。

$$HO-\!\left[CH(R)CH_2-O\right]_n\!-CH_2CH(R)-OH + Cl-SO_2-C_6H_4-CH_3 \longrightarrow CH_3-C_6H_4-SO_2-O-\left[CH(R)CH_2-O\right]_n-CH_2CH(R)-O-SO_2-C_6H_4-CH_3$$

$$\xrightarrow{NH_4OH} CH_3-C_6H_4-SO_2-O^{-}\;{}^{+}H_3N-\left[CH(R)CH_2-O\right]_n-CH_2CH(R)-NH_3^{+}\;{}^{-}O-SO_2-C_6H_4-CH_3$$

$$\xrightarrow{NaOH,H_2O} H_2N-\left[CH(R)CH_2-O\right]_n-CH_2CH(R)-NH_2 \qquad (11-8)$$

式中:R=H、CH_3,n=2~10。

合成工艺见图 11-4 和图 11-5。该工艺优点是反应条件比较温和;缺点是步骤多,后处理复杂,转化率低,成本高。在工业上很少采用。

除上述 3 种方法外,还可以采用如下方法制备 APE:首先将脂肪醇或多元醇与氢氧化钾反应生成醇钾,再与环氧乙烷或环氧丙烷在一定温度下引发反应一定时间后,得到聚醚醇,将聚醚醇与氯化亚砜按一定物质的量比混合后,反应一定时间,得聚醚氯化物。将聚醚氯化物与氨或各种胺在一定温度下反应一定时间,经过分离提纯即得 APE。由于该方法工艺繁杂,污染严重,因此工业上很少采用。

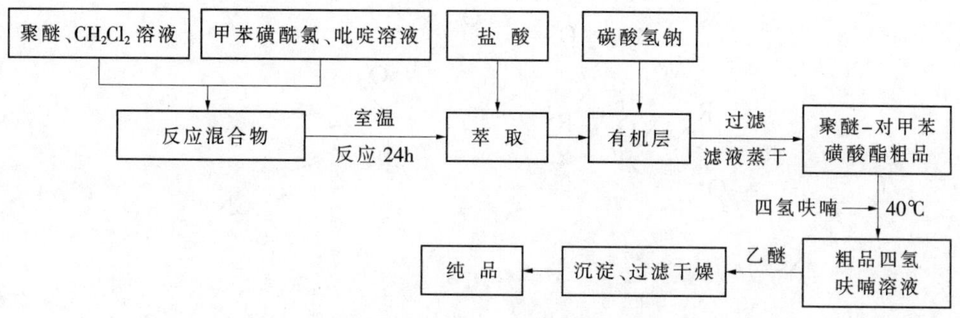

图 11-4 制备聚醚-对甲苯磺酸酯

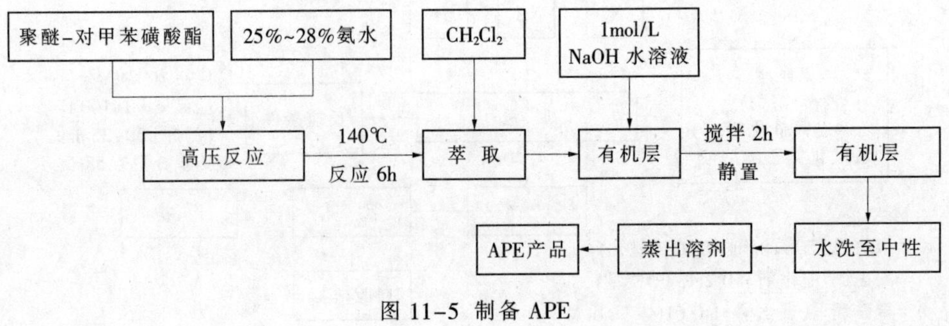

图 11-5 制备 APE

除制备上述所述的线性端胺基聚醚外，还可以通过式(11-9)制备具有星形结构的端胺基聚醚：

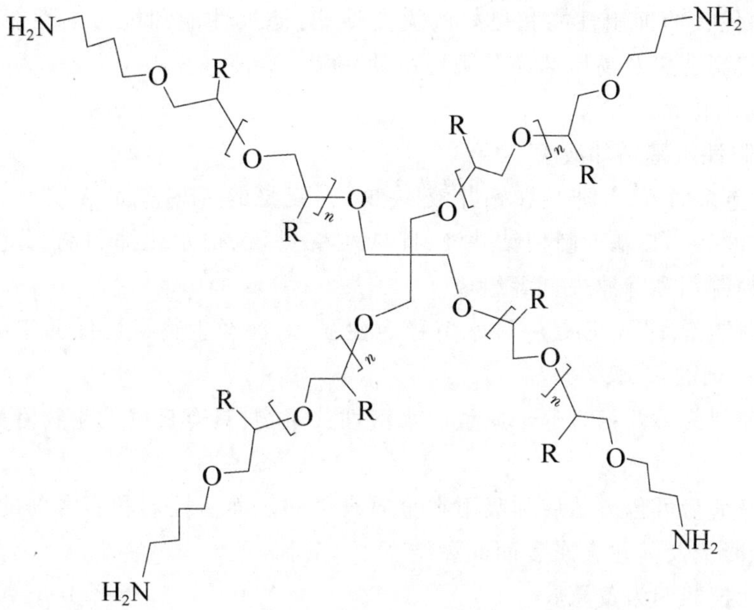

(11-9)

四、胺基抑制钻井液

(一) 胺基抑制钻井液的特点

胺基抑制型钻井液，即 APE 钻井液，它由胺基聚醚(即 APE)与其他剂等组成，抑制性和环保是 APE 体系的主要特征。体系具有抑制性强、提高钻速、高温稳定、保护储层和保护环境等特点。

胺基聚醚(APE)作为钻井液抑制剂，其独特的分子结构，能很好地镶嵌在黏土层间，并使黏土层紧密结合在一起，从而起到抑制黏土水化膨胀、防止井壁坍塌的作用。APE 具有一定的降低表面张力的作用，对黏土的 Zeta 电势影响小，能有效抑制黏土和岩屑的分散，且其抑制性持久性强，具有成膜作用，有利于井壁稳定和储层保护，能够较好地兼顾钻井液体系的分散造壁性与抑制性。APE 对钙膨润土分散体系的流变性无不良影响，可以用于高温高固相钻井液体系中，改善体系的抑制性和流变性[42,43]。

APE 可以单独作为钻井液抑制剂或防塌剂，在有效的加量范围内，用于改善水基钻井液的抑制性和井壁稳定能力。研究表明[44]，APE 之所以具有优异的抑制性能是因为：APE 进入黏土层间形成单层吸附，同时与黏土晶层表面产生氢键作用。APE 在溶液中部分解离形成的铵基阳离子，通过静电作用中和黏土表面负电荷，降低黏土水化斥力。同时 APE 与黏土晶层表面形成氢键强化吸附，静电引力和氢键二者共同作用将黏土片层束缚在一起，并排挤出部分层间吸附水，减弱黏土水化。APE 吸附在黏土表面之后，增强黏土表面疏水性，阻止水分子的进入，进一步抑制黏土水化膨胀。

胺基抑制钻井液的关键是抑制剂的用量确定以及配伍处理剂的选择，可以在原钻井液的基础上改造，也可以直接配制钻井液体系。从环保的角度讲，不建议采用老浆改造。从稳定井壁的作用看，钻井液滤液中胺基聚醚的含量控制非常重要，在钻井液维护处理过程中不能仅从加量来考虑，必须根据滤液中胺基聚醚的含量来制定具体的方案。从钻井液组成与性能看，抑制性和环保是该体系的主要特征。与传统的聚合物钻井液体系相比，APE 钻井液具有更加优良的抑制性能和更好的流变性能、滤失性能和抗污染性能，易于维护，适宜于在高水敏、高造浆及高压和易污染地层使用[45]。

(二) 几种不同的体系

1.胺基抑制性水基钻井液

就钻井液体系而言，并非是在钻井液中加入一定量的 APE 就是 APE 钻井液，国外所谓的高性能钻井液——胺基抑制型钻井液，即 APE 钻井液，由水化抑制剂、分散抑制剂、防沉降剂、流变性控制剂和降滤失剂等组成。

① 水化抑制剂(即 APE)是一种水解稳定性强、对海洋生物毒性低的水溶性胺化合物，具有 pH 值缓冲剂的作用；

② 分散抑制剂系低相对分子质量的水溶性共聚物，具有良好的生物降解性，对海洋生物的毒性低；

③ 防沉降剂为可包被钻屑和吸附在金属表面的表面活性剂和润滑剂的复合物，可减少水化钻屑的凝聚及其在金属表面的黏结；

④ 流变性控制剂为黄原胶；

⑤ 降滤失剂为低黏的改性多糖聚合物，在高含盐量或高钻屑含量的钻井液中均可保持稳定。

采用上述材料形成的典型体系组成为：0.1335m^3 水+210.9kg/m^3 氯化钠+29.92kg/m^3 水化抑制剂+7.12kg/m^3 分散抑制剂+5.7kg/m^3 降滤失剂+3.56kg/m^3 增黏剂+30.21kg/m^3 沉降抑制剂+66.975kg/m^3 重晶石。该钻井液在墨西哥湾现场试验表明，钻井液的稳定性和流变性良好，没有出现钻头泥包等问题。

张洪伟等[46]在研制聚胺抑制剂、强包被剂等主要处理剂的基础上，优选得到新型强抑制胺基钻井液基本配方：(6%~8%)KCl+(2%~4%)聚胺 JAI+(0.3%~0.5%)阳离子聚丙烯酰胺包被剂 PV+(0.3%~0.5%)流型调节剂(XCD:XC-HV=1:1)+(0.7%~1.2%)改性淀粉+(1%~1.5%)防塌剂+(1%~1.5%)成膜降滤失剂+(2%~4%)润滑剂+适量杀菌剂+适量消泡剂，根据现场条件可以采用碳酸钙、有机盐或重晶石加重。室内实验和现场应用表明，该钻井液体系具有很强的抑制性，携岩能力强，抗盐、抗钻屑污染能力强，润滑性良好，能够应用于易水化的泥页岩复杂地层。同时，新型强抑制胺基钻井液的环境保护性能好，应用前景广阔。

2.新型水基钻井液 ULTRADRILL

由环保处理剂组成的一种安全环保的新型水基钻井液 ULTRADRILL[47]，可用各种盐配制，从海水到高浓度氯化钾和氯化钠，使用范围广，当水量为 1m^3 时，配方及材料性能与作用见表 11-5。

对 ULTRADRILL 新型水基钻井液中化学组分的毒性进行了测定，LC_{50} 值合格，均大于 14×10^4mg/L。与传统的水基钻井液相比，ULTRDRILL 新型水基钻井液具备油基钻井液的抑制性和润滑性，该钻井液的无毒性，使钻井作业产生的钻屑可直接排放入海，完钻后钻井液可回收反复使用，大大降低了钻井成本。

国内研制了一套与 ULTRADRILL 同类型的强抑制聚胺钻井液体系[48]，该体系的基本配方：海水(或淡水)+0.2% NaOH+0.15% Na_2CO_3+2.0% HDF+(0.3%~0.6%)HPM+(0.2%~0.4%)

HVIS+3.0% HPA+3.0% HLB+7.0% KCl，用重晶石加重到 1.25g/cm³。其中，HPM 为阳离子包被剂，系阳离子聚丙烯酰胺，主要起增黏、包被、絮凝作用；HDF 为淀粉类降滤失剂，用于控制滤失量；HVIS 是由生物聚合物复配的弱凝胶增黏剂，用作调节体系流型；HPA 为聚胺抑制剂，起抑制钻屑水化和稳定井壁作用；HLB 为无荧光润滑剂，系非离子表面活性剂，主要作用是润滑，增加钻速。该体系抑制性强，无黏土相，润滑和防泥包性能较强，储层保护效果良好，处理剂能生物降解。

表 11-5 ULTRADRILL 钻井液配方及材料性能与作用

材 料	用 量	作 用
氯化钾	83.8kg	抑 制
ULTRAHIB	5.4L	ULTRAHIB 是碱性抑制剂，它能吸附在泥页岩表面，阻止黏土与水直接接触，降低了黏土的水化膨胀，达到了抑制效果，ULTRAHIB 推荐浓度为 2%~4%，具体加量取决于页岩的活性；合适的 ULTRAHIB 浓度可确保 pH 值为 9.0~9.5，避免加入烧碱和氢氧化钾
ULTRACAP	11.4kg	ULTRACAP 为包被剂，是一种相对分子质量适度的阳离子丙烯酰胺；该剂能起包被钻屑和稳定页岩作用，推荐使用浓度为 2.85~8.56kg/m³；ULTRACAP 能在页岩和钻屑表面形成保护膜，避免钻屑黏糊振动筛和钻屑相互黏结
DEFOAM-A 醇基消泡剂	适 量	消 泡
POLYPAC UL	7.13kg	POLYPACUL 为降滤失剂，是一种纯净的高相对分子质量的低黏聚阴离子纤维素聚合物，在水基钻井液中容易分散，在淡水、各种盐水、海水到饱和盐水钻井液中均有效，不但能有效地控制滤失量，而且对流变性的影响极小；POLYPACUL 推荐使用浓度为 5.7~11.4kg/m³，并确保滤失量小于 6.0mL
杀菌剂 LX-CIDE 102	0.95kg	杀 菌
ULTRAFREE	5.56kg	ULTRAFREE 为钻速增效剂(防黏结和润滑剂)，是一种表面活性剂混和物；ULTRAFREE 具有润滑作用，可减少钻头泥包；为获得均匀的混合效果，该剂应足量加入，推荐使用浓度为 1%~3%，这取决于钻井液的密度和固相含量
MC-VIS	4.27kg	MC-VIS 是黄原胶类生物聚合物，为 ULTRA-DRILL 钻井液的最佳增黏剂；MC-VIS 可使该钻井液表观黏度低、动塑比高、低剪切速率黏度高，具有良好的悬浮携砂能力，推荐使用的浓度为 1.42~4.28kg/m³，具体情况取决于井径和井况

3.深水聚胺钻井液体系

为了解决深水钻井中低温下钻井液增稠、当量循环密度变化较大、作业安全密度窗口窄、低温高压下易形成天然气水合物等问题，采用强抑制剂聚胺 PF-UHIB、包被剂 PF-UCAP、防泥包润滑剂 PF-HLUB、降滤失剂 PF-FLO、流型调节剂 XCH 及水合物抑制剂 NaCl 等形成了一套适合深水钻进的 HEM 体系，其基本配方：海水+(0.2%~0.3%)纯碱+5% KCl+(0.5%~0.8%)PF-UCAP+(1.5%~2%)PF-FLO+(0.1%~0.3%)XCH+(2%~3%)PF-UHIB+(1%~2%)PF-HLUB。现场配方：2%海水膨润土浆(或海水)+2~3kg/m³ 纯碱+1~6kg/m³ PAC+3~9kg/m³ PF-UCAP+15~20kg/m³ PF-FLO+30~50kg/m³ KCl+1~5kg/m³ XCH+20~30kg/m³ PF-UHIB+10~20kg/m³ PF-HLUB+30~70kg/m³ NaCl。

现场应用表明，深水聚胺钻井液在 4~50℃下流变性能稳定，携砂能力、抗盐、抗钙及抗钻屑污染能力强；抑制性强，润滑性好，具有较强的水合物抑制能力，完全能满足井深 2000m 左右深水钻进，在流花油田 5 口井得到成功应用[49]。

4.聚铝胺盐防塌钻井液

为解决吉林油田伊通、大安等区块软泥岩和硬脆性泥岩地层坍塌的问题,从聚胺盐与聚铝盐的抑制防塌机理出发,将两者复配,以发挥两者的协同效应提高钻井液的抑制防塌性能,结合吉林油田软泥岩和硬脆性泥岩地层钻井工程实际情况,通过试验优选其他添加剂及加量,优选出了具有强抑制性的聚铝胺盐防塌钻井液配方[50]:2%钠基膨润土+2%封堵剂聚铝盐 PAC-1+3.0%抑制剂聚胺盐 HPA+1.0%降滤失剂 SMP-1+1.5%降滤失剂 APC-026+2.0%抑制剂磺化沥青+pH 值调节剂 NaOH。性能评价结果表明,强水敏泥岩在聚铝胺盐防塌钻井液中的一次回收率为 75%、膨胀率为 17.4%;聚铝胺盐防塌钻井液能抗 15% NaCl 和 1% $CaCl_2$ 污染,耐 150℃高温。

现场维护及处理措施:

① 在钻至易塌地层时要保持聚铝基抑制剂不低于 1.5%,聚胺抑制剂不低于 2.0%,以便能更好地抑制泥岩的水化分散、缓解井眼缩径现象;降低钻井液的黏度和切力,使其形成紊流,冲蚀井壁以避免产生虚厚泥饼、缓解水化膨胀。

② 在进入易塌地层前,用降滤失剂 SMP-1 和 APC-026 将钻井液的 API 滤失量调整至小于 3mL,改善泥饼质量,抑制破碎性泥岩水化膨胀,延长水化周期,确保施工顺利。

③ 钻至易坍塌井段前,将钻井液密度逐渐调整至设计上限,起钻前再将钻井液密度提高 0.02g/cm^3 以平衡地层压力,防止破碎性软泥岩塑性变形、剥落。用离心机将固相含量控制在设计范围内。

应用效果评价:伊通区块尤其是伊 59 区块,钻井施工难度非常大,经常出现井下故障。破碎性的硬脆性泥页岩水化周期短,井壁垮塌现象严重,井径不规则,"糖葫芦"井眼、坍塌和缩径现象共存,掉块卡钻、起下钻遇阻等问题时常发生。起钻前必须用封井液封堵易塌井段,即使封堵也要划眼,划眼时间占钻进时间的比例较大,同时钻井液设计密度偏低,不能平衡地层压力。应用聚铝胺盐防塌钻井液后,以上问题得到解决,处理井下故障时间缩短、井径扩大率降低,电测、下套管顺利,固井质量得到提高。应用聚铝胺盐防塌钻井液的伊 59-14-10 井与未应用该钻井液的邻井伊 59-14-17 井相比,处理井下故障的时间缩短 90%,易塌井段井径扩大率由 29.0% 降至 14.4%。14 口井的现场应用表明,聚铝胺盐防塌钻井液的抑制性和封堵能力强,能有效防止泥岩坍塌,解决了吉林油田伊通、大安等区块泥岩地层钻井过程中因井壁坍塌和缩径造成的掉块、起下钻遇阻等问题。

此外,由 8.57kg/m^3 膨润土+2.14kg/m^3 氢氧化钠+194.2kg/m^3 氯化钠+1.43kg/m^3 聚丙烯酰胺+1.43kg/m^3 羧甲基纤维素+2.85kg/m^3 改性淀粉+14.3kg/m^3 铝化物+3.0%封堵剂+20.0kg/m^3 胺酸络合物+2.0%快速钻井剂等组成的新型的高性能水基钻井液(HPWBM)是典型的防塌钻井液的代表。该体系表现出油基钻井液性能,具有页岩稳定性好、对黏土和钻屑抑制性强、可减小钻头泥包、减少扭矩和摩阻,从而有利于提高机械钻速,高温稳定性好、可抑制天然气水合物的生成,减少储层伤害,同时还具有环境友好和配浆成本较低的优点。现场应用结果表明,HPWBM 可以满足钻软泥页岩、硬脆性泥页岩、枯竭地层的要求,防塌性能类似于油基钻井液。在陆上和海上钻井,都具有广阔的应用前景[51]。

5.胺基强抑制泡沫钻井液

针对泡沫钻井过程中井壁失稳问题,通过对发泡剂、稳泡剂以及胺类泥页岩抑制剂的优选,筛选出发泡性能优越,抗温、抗污染能力强,且具有强效持久抑制性能的胺类强抑制泡沫钻井液[52]，其配方为：0.8%复合发泡剂 FPH+0.5%生物聚合物 XC+0.4%季铵盐聚合物 PPVA+5%胺类低聚物 DA-1，溶液 pH 值为 9。

评价结果表明，低分子胺类聚合物能进入黏土晶层，阻止水分子进入并抑制黏土水化。高分子胺类聚合物由于相对分子质量大，不能有效地进入黏土晶层，因此主要吸附于黏土表面，形成分子保护膜，防止周围流体中水分子的进一步侵入。由于胺类聚合物通过提供多重阳离子吸附于黏土矿物上，因此能保持长久性黏土稳定且不易于逆转吸附，从而具备持久抑制性能。

(三) 几点认识

1.重视配伍性处理剂研制和钻井液体系的形成

从近期发表的文献看，国内围绕 APE 钻井液虽然开展了大量的工作，但研究的深度和针对性还不够，更多的研究则局限在 APE 的抑制性和配伍性评价，有些虽然是关于钻井液研究应用的文章，其实只是 APE 的应用而已，从结果看并不能反映 APE 钻井液的优越性，与国外高性能钻井液体系相比，无论在体系配套处理剂，还是综合性能上，均存在较大的差距，需不断的从配伍性处理剂研制和钻井液体系的形成上下功夫，以形成具有油基钻井液抑制性和润滑性的高性能水基钻井液体系。

在 APE 钻井液设计中，要突出 APE 的主体作用，其他处理剂是为了满足钻井液性能控制及 APE 性能充分发挥的需要，以保证钻井液流变性、悬浮性和润滑性。

2.重视 APE 含量测定与控制

在钻井过程中，钻井液中 APE 的量控制及配伍处理剂的选择是该体系控制的关键，因此在维护处理中，APE 含量测定是实施该体系的关键。

3.明确 APE 抑制剂的作用及环保性能

同时还要明确，APE 是最有效的抑制剂之一，其突出特点是由于 APE 具有的弱电解质行为，保证有机胺对黏土及地层作用程度和作用方式不同于聚季铵盐化合物。APE 与黏土和地层作用平和而彻底，不象季铵盐和聚季铵盐类氨基抑制剂一样加量大时会破坏钻井液稳定性，且具有抑制和控制运移的双重作用。此外，APE 具有较高的胺基浓度和较高的酸中和当量浓度，保证了对钻具表面的吸附和对钻具的腐蚀抑制，具有相对好的缓蚀作用，且具有较强中和地层酸性气体的能力和较好的 pH 值缓冲容量，有利于保证在地层流体侵入情况下的钻井液性能稳定。可生物降解是其突出之处，环保友好应该成为 APE 钻井液的目标之一。

4.APE 与其他抑制性化学品共同使用

近期的实践证明，将胺基聚醚用于甲基葡萄糖苷(APG)钻井液，可以有效地提高钻井液的井壁稳定能力，如何能够将两者结合起来，或将甲基葡萄糖苷、$CaCl_2$、APE 和聚合醇等复合使用，进一步提高水基钻井液的井壁稳定能力，扩大水基钻井液在页岩气水平井钻井中的应用面，形成适用于页岩气水平井钻井的钻井液将非常有意义。

五、今后需要开展的工作

(一) 规范名称

准确把握聚胺和端胺基聚醚的概念，为了直观反映产品的特征，在将来的应用及有关介绍中应统一规范为胺基聚醚(APE)，而不宜习惯上把胺基聚醚也称聚胺。

(二) 完善胺基抑制剂生产工艺

尽管国外已有大规模的胺基聚醚生产线,国内也有批量生产,但从工艺上讲仍然有提高和改进的空间,仍然需要进一步完善工艺,提高收率,降低成本,以便于在钻井液中大规模推广应用。

(三) 强化研究,形成体系

由于APE的性能及应用效果已为不争的事实,今后应尽可能避免重复的评价,减少缺乏创新性的现场总结,而应在充分认识胺基聚醚性能及对其作用机理研究的基础上,集中精力开发与之配套的处理剂系列,从绿色环保的方向出发,通过配方优化组合,形成真正意义上的胺基聚醚钻井液体系,促进水基钻井液的进步。特别是通过该体系的研究,形成与油基钻井液性能相近的水基钻井液体系(即类油基钻井液),为适用于页岩气水平井的水基钻井液研究提供途径。在目前情况下,APE也可以作为一种有效的钻井液抑制剂,用于改善水基钻井液的抑制性和井壁稳定能力,但其抑制性评价方法还需要进一步探讨。

(四) 完善评价手段

此外,关于APE的抑制性评价,采用目前常用的方法(抑制造浆、页岩滚动回收率和页岩膨胀率等)是否能够真实的反映其性能?哪一种方法更适合于APE的抑制性评价?还需要进一步研究探讨。同时,为了更好地研究应用和推广APE钻井液,需结合APE钻井液的特点和应用情况,完善APE钻井液工艺技术规范。

尽管APE存在着诸多优越性,但其是否能够达到人们所期望的目标,仍然需要在不断的实践中证实。需要强调的是,任何一种剂,其作用都是有限的,在其具有某些优势的同时,也一定存在自身的劣势,任何一种钻井液体系都有其适用的范围和条件,因此必须理性的看待。过分地强调APE及钻井液的优点,有可能会在实际应用中陷入尴尬的局面,客观的一分为二的看待它,反而更有利于APE钻井液体系的发展。对于一种已知性能的产品不宜过多的进行重复实验或评价,如何从配伍性处理剂研制或选择上有所突破,将有利于APE的推广。

第三节 烷基糖苷及其钻井液

井眼稳定问题是钻井工程中经常遇到的一个十分复杂的世界性难题。随着石油工业的迅速发展,钻井深度不断增加,目前我国6000m以深的超深井愈来愈多,井眼稳定问题更加突出。研究表明,钻井液与页岩地层发生物理化学作用而引起的页岩水化效应是井眼失稳的主要原因。而大量的钻井实践证明,普通的水基钻井液不能有效抑制页岩的水化,即使使用低活度水基钻井液 (钻井液水活度低于页岩水活度),也只能减少进入地层中的水量。虽然油基钻井液可以有效地抑制泥页岩水化,从而维持井眼稳定,但是其成本较高,并且会造成严重的环境污染,因此油基钻井液的应用和推广受到了限制。所以寻求一种能够替代油基钻井液的水基钻井液具有十分重要的现实意义。

烷基糖苷钻井液,作为一种类油基绿色环保钻井液,能够满足强水敏地层、页岩气地层井壁稳定以及环境保护有严格要求地区钻井作业的需要,是一种具有良好发展前景的绿色钻井液体系。本节从烷基糖苷性质、制备出发,介绍烷基糖苷钻井液、阳离子烷基糖苷、聚醚胺基烷基糖苷等。

一、烷基糖苷

烷基糖苷(Alkyl Polyglycoside，缩写 APG)，又称烷基多糖苷、烷基多聚糖苷、烷基葡萄糖苷、烷基葡糖苷和烷基多聚葡萄糖苷等，是一种新型非离子表面活性剂，兼具普通非离子和阴离子表面活性剂的特性，APG 在自然界中能够完全被生物降解，不会形成难于生物降解的代谢物，从而避免了对环境造成新的污染，是国际公认的首选“绿色”功能性表面活性剂。在钻井液领域作为烷基糖苷钻井液的主体，深受重视。

(一) 生产方法

APG 是由葡萄糖与脂肪醇在酸性催化剂的条件下脱去一个分子水而得，一般组成为单苷、二苷、三苷和多苷的混合物，所以也称烷基多糖苷。根据合成路线的不同，烷基糖苷的合成方法有 Koenigs-Knorr 反应、直接苷化法、转糖苷法、酶催化法、原酯法、糖的缩酮物的醇解等。

1.一步法(直接法或直接苷化法)

以葡萄糖和 C_8~C_{18} 脂肪醇为原料，在催化剂的存在下直接反应生成烷基多糖苷的工艺，称为一步法合成烷基多糖苷工艺。在该反应过程中，一般使用酸催化剂在真空状态下进行反应，反应物中脂肪醇需过量，反应结束后在高真空下除去未反应脂肪醇，再用水稀释后进行脱色处理。

2.两步法(间接法或转糖苷法)

葡萄糖首先与 C_2~C_4 的短碳链醇在酸性催化剂存在下，80~120℃反应生成短碳链烷基多糖苷，再与 C_8~C_{18} 脂肪醇进行糖苷转移反应，生成长碳链的烷基多糖苷，高真空下除去过量的脂肪醇，得到聚合度(DP)为 1.3~2.5 的烷基多糖苷产品。

3.Koenigs-Knorr 法

葡萄糖经过乙酰化后，在 HBr-HAc 存在下生成糖苷基溴化物，再用 Ag_2O 催化与脂肪醇反应，生成烷基糖苷。

4.酶催化法

利用葡萄糖苷酶催化葡萄糖而生成烷基糖苷。

5.淀粉醇解法

淀粉在酸性催化剂存在时与 C_1~C_4 的醇在高压下发生醇解反应，而生成聚合度为 2~4 的糖苷，再与 C_8~C_{18} 的脂肪醇进行转化反应，便得到了具有表面活性的烷基多糖苷。

目前工业生产方法主要有一步法和两步法两种。一步法生产的产品质量优于两步法。若想进一步了解烷基糖苷的生产方法，可参考有关文献[53]。

(二) 性能

工业品多制成为 50%和 70%的水溶液，为无色至淡黄色黏稠液体或乳白色膏体(冬天)。纯 APG 为褐色或琥珀色片状固体，易吸潮。

APG 一般溶于水，较易溶于常用有机溶剂，在酸、碱性溶液中呈现出优良的相容性、稳定性和表面活性，尤其在无机成分较高的活性溶剂中。

APG 具有降低水活度、改变页岩孔隙流体流动状态的作用，因此可作为抑制剂使用。加入到钻井液中有润滑性好、抑制能力强、抗污染能力强及良好的储层保护作用。APG 能与其他水溶性聚合物相互作用而达到最佳降滤失效果。可以拓宽天然聚合物钻井液使用的温度限定范围,且可生物降解,有利于环境保护。

(三) 钻井液用烷基糖苷

在钻井液中应用的烷基糖苷是以甲基糖苷为代表的低碳烷基糖苷,对乙基糖苷和丙基糖苷也进行了实验研究,同时还针对性地开发了一些其他类型的烷基糖苷,如以淀粉为主要原料合成的新型多羟基糖苷防塌剂 DTG-1,用其配制的钻井液具有组成简单、流变性易控制、高温稳定性好、抗污染性强等特点[54]。由甲基葡萄糖苷经过磺化得到的产物,进一步提高了其抗温能力,且抑制性强、润滑性好、抗温性强、对环境无污染[55]。以葡萄糖与三甲基氯硅烷为原料合成的三甲基硅烷基葡萄糖苷 TSG,具有较好的抑制黏土水化膨胀、分散的作用。在质量分数为 10%的 TSG 水溶液中,膨润土的线性膨胀率仅为 54.62%,防膨率为 79.07%,同时对水基钻井液具有一定的增黏作用和降滤失作用,且摩阻系数降低[56]。通过在甲基葡萄糖苷分子上引入季铵基团合成的阳离子甲基葡萄糖苷 CMEG,具有优异的抑制页岩水化膨胀和抗高温(150℃)的能力,且配伍性较好,能与其他处理剂产生协同作用,在钻井液中具有很好的应用前景[57]。由淀粉、辛醇及磺化类催化剂等反应制得了改性聚糖类钻井液防塌润滑剂 MAPG,对膨润土浆及模拟现场钻井液流变性影响很小,有明显的降滤失作用,形成的泥饼致密光滑,润滑性好,抑制能力强,抗温达 140℃,抗盐达 35%[58]。

二、甲基葡萄糖苷钻井液

近几年, 国外提出了一种替代油基钻井液的新型水基钻井液体系——甲基葡萄糖苷(MEG)钻井液。研究表明,甲基葡萄糖苷钻井液是一种具有良好的润滑性、降滤失性及高温稳定性且无毒、易生物降解的新型水基钻井液,它具有与油基钻井液相似的性能,可有效抑制页岩水化,成功地维持井眼稳定,在一定条件下是油基钻井液的理想替代体系,该体系为解决钻井过程中井眼失稳和环境污染等问题提供了新的方法和途径,应用前景广阔。

国外于 20 世纪 90 年代初开始对甲基葡萄糖苷钻井液进行研究,并已成功地用于解决水敏性地层和其他复杂地层的井眼稳定问题,且取得了良好的效果。目前国内尽管也开展了烷基糖苷及钻井液研究,但还没有形成真正的钻井液体系,烷基糖苷的整体优势还没有充分发挥。

(一) 钻井液组成

甲基葡萄糖苷钻井液可由淡水、盐水或海水作水相(若用盐水作为水相,合适的水溶性盐包括 NaCl、KCl、$CaCl_2$ 等),以甲基葡萄糖苷作为主要材料,再添加适量的降滤失剂(如改性淀粉、聚阴离子纤维素等)及流型调整剂等组成。

研究表明,将一定量的甲基葡萄糖苷加入到水基钻井液中,会改变该水基钻井液的性能。例如,加入 3%以上的甲基葡萄糖苷可以增大钻井液的屈服值和凝胶强度,从而提高钻井液的携岩能力,加入 15%以上的甲基葡萄糖苷则会减小钻井液的摩擦系数,提高钻井液的润滑性,加入 35%以上的甲基葡萄糖苷不仅可以有效地降低钻井液的水活度,而且可以形成理想的半透膜,阻止与钻井液接触的页岩水化和膨胀,有效地维持井眼的稳定。

甲基葡萄糖苷钻井液的主体材料是甲基葡萄糖苷,它既可以由葡萄糖直接合成,也可由淀粉经高温降解为葡萄糖后在催化剂的作用下制得。甲基葡萄糖苷是一种在化学性质上已改性的糖,其结构是一含有 4 个羟基基团的环状结构。该物质是一种吸潮性固体,溶于水。纯甲基葡萄糖苷为白色粉末,实际产品为奶油色、淡黄色至琥珀色,是两种对应异构体的混合物。浓度为62.5%的甲基葡萄糖苷溶液在12℃下仍为流体。热红外成像分析表明,在氮气存在的条件下,浓度为70%的甲基葡萄糖苷溶液在194℃时仍处于稳定状态。

(二) 甲基葡萄糖苷钻井液的特点

甲基糖苷的性质决定了甲基葡萄糖苷钻井液具有自己的独特性能,其作用机理与油基钻井液类似,因此又可以称其为类油基钻井液,归纳起来具有如下特点[59]:

1.具有良好的页岩抑制性

甲基葡萄糖苷分子结构上有1个亲油的甲基(—CH_3)和4个亲水的羟基(—OH),羟基可以吸附在井壁岩石和钻屑上,而甲基则朝外。当加量足够时,甲基葡萄糖苷可在井壁上形成一层膜,这种膜是一种只允许水分子通过而不允许其他离子通过的半透膜,因而可通过调节甲基葡萄糖苷钻井液的水活度来控制钻井液与地层内水的运移,使页岩中的水进入钻井液,有效地抑制了页岩的水化膨胀,从而维持井眼稳定。

为了使钻井液具有理想的页岩抑制性,甲基葡萄糖苷的用量至少在35%以上,理想用量为45%~60%。不过可以通过向钻井液中加入无机盐来调节甲基葡萄糖苷的用量。若使用7%的NaCl则再添加25%的甲基葡萄糖苷就可将钻井液的水活度降至0.84~0.86,而该活度的钻井液可以使活度为0.90~0.92的页岩保持稳定。由于甲基葡萄糖苷钻井液能够充分抑制泥页岩的水化,因此可以利用机械法充分分离岩屑,以保证钻井液在存放时尽可能稳定。

2.润滑性

甲基葡萄糖苷钻井液具有良好的润滑性,现场应用表明,在水平井定向施工中不仅磨阻低,而且不托压。

3.高温稳定性

甲基葡萄糖苷钻井液具有良好的热稳定性,通常可以抗温140℃,当在体系中引入褐煤或褐煤改性产品后,可以使其热稳定性进一步提高。研究表明若在甲基葡糖苷钻井液体系中加入石灰和褐煤,167℃下的滤失量明显降低。这是因为褐煤既改善了甲基葡萄糖苷钻井液颗粒的尺寸和形状的分布,又利于将溶解氧从体系中除去,从而提高了其高温稳定性。另外,甲基葡萄糖苷钻井液还具有良好的抗污染性。

4.生物降解性

甲基葡萄糖苷钻井液具有无毒、且易生物降解的特性,具有极好的环境保护特性。

5.维护处理方便,回收利用容易

甲基葡萄糖苷钻井液体系具有配方简单、现场易于维护、抗污染能力强等特点。同时,甲基葡萄糖苷钻井液比油基钻井液更便于回收、调整及再利用。

6.保护储层

甲基葡萄糖苷基液能配制出滤失性能优良的钻井液,能很快形成低渗透致密的滤饼,具有良好的膜效率,在高、低渗透储层中能够有效地控制固相和滤液浸入引起的储层伤害。

(三) 应用

国外甲基葡萄糖苷钻井液已经成熟,并作为油基钻井液的理想替代体系,特别适用于钻大位移井和大斜度井,为解决钻井过程中的井眼失稳和环境污染等问题提供了新的方法和途径[60]。国内在此方面也逐步受到重视,但相对于国外,还没有完善配套,没有形成充分发挥甲基葡萄糖苷作用的钻井液体系，且应用少。

文献[61]介绍了一种无黏土相甲基葡萄糖苷水平井钻井液体系，配方为：甲基葡萄糖苷基液:海水(4:6)+0.2% Na_2CO_3+0.5%流型调节剂 VIS+1%降滤失剂 HFL+0.1%抗氧化剂，用 $CaCO_3$ 将体系密度调整到 1.15g/cm³。室内研究结果表明，无黏土相甲基葡萄糖苷水平井钻井液体系具有良好的动、静态携砂能力和流变性能(低剪切速率黏度达到 44133mPa·s)、优异的抑制能力、抗污染能力、润滑能力以及储层保护能力，还具有一定的抗温能力。

为满足海上油气田开发在储层保护及环境保护等方面的特殊要求，研制出了一种新型甲基葡萄糖苷钻井液体系。该钻井液体系是一种无环境污染的油基泥浆替代体系，主要由甲基葡萄糖苷、流型调节剂、降滤失剂、pH 值调节剂等组成，具体配方：3%海水膨润土浆+0.2% NaOH+0.1% Na_2CO_3+0.5% PF-PAC-LV+0.3% PF-PLUS+0.2% PF-XC+7.0% PF-MEG+3% PF-ZP。室内研究及现场应用结果表明，所研制的甲基葡萄糖苷钻井液体系具有良好的抑制、润滑性能及突出的储层保护和环境保护特性[62]。

三、阳离子烷基糖苷

阳离子烷基糖苷是一类带有烷基和季铵基的糖苷衍生物，是一类新型阳离子表面活性剂。20 世纪末开始，国外研究者发现其可广泛应用于洗涤护理剂、纺织印染助剂、农药、水处理剂、矿物浮选、沥青乳化、皮革助剂、造纸助剂、涂料和黏合剂等领域。近年来，国内开始开展相关研究，取得了一些研究成果。如中石化中原石油工程公司钻井工程技术研究院开展了钻井液用阳离子烷基糖苷的研究，已经取得了突破性的进展，目前已工业化生产及现场推广，所合成的产品应用于钻井液中各方面性能优异，其中抑制性能尤其显著，在加量很小的情况下，就能完全抑制泥页岩和黏土的水化分散，是解决当前非常规水平井钻井过程中井壁失稳的有效措施。分子中碳链长度不同，烷基数、季铵基团数不同以及糖苷聚合度不同，都会导致其具有不同的性能，因此需要根据不同应用领域的性能要求合理选用原料来合成阳离子烷基糖苷产品。阳离子烷基糖苷是通过对非离子烷基糖苷进行季铵化改性得到，它不仅保持了烷基糖苷原有的优良性能，同时兼具阳离子表面活性剂的特殊性能，具有以下显著特点：

① 绿色、天然、低毒、低刺激、易生物降解；

② 能很好地与阴离子表面活性剂复配；

③ 具有强力柔软性能和杀菌性能；

④ 临界胶束浓度低，表面活性好，润湿、渗透性能优异；

⑤ 抑制性、润滑性优于烷基糖苷，低加量下即表现出突出的抑制能力。

研究表明，用作钻井液体系，阳离子烷基糖苷的性能远优于烷基糖苷，并在现场应用中见到明显的效果[63,64]。

(一) 阳离子甲基葡萄糖苷的合成方法

目前阳离子甲基葡萄糖苷的合成方法主要有 3 种：

① 一步法直接合成。直接把原料混合在一起在一定的条件下进行反应。

② 甲基葡萄糖苷和环氧氯丙烷先合成氯代醇甲基葡萄糖苷，然后氯代醇甲基葡萄糖苷再与烷基叔胺反应合成阳离子甲基葡萄糖苷。

③ 以叔胺与环氧氯丙烷为原料，合成阳离子醚化剂 3-氯-2-羟丙基三烷基季铵盐；阳

离子醚化剂再和甲基葡萄糖苷反应制得阳离子甲基葡萄糖苷。

按方法①合成的反应过程见式(11-10)。

$$\underset{\diagdown O \diagup}{H_2C—CH}—CH_2Cl + \text{(甲基葡萄糖苷: }CH_2OH\text{, OR)} + R—N(CH_3)_2 \longrightarrow \text{(葡萄糖苷 }CH_2—O—CH_2—CH(OH)—CH_2—N^+(CH_3)_2R\cdot Cl^-\text{, OR)} \tag{11-10}$$

式中：R=H，C_nH_{2n+1}，n=1，2，3……。

按方法②合成的反应过程见式(11-11)~式(11-13)。

$$\underset{\diagdown O \diagup}{H_2C—CH}—CH_2Cl+H_2O \xrightarrow{H^+} \underset{OH\ \ OH}{H_2C—CH}—CH_2Cl \tag{11-11}$$

$$\underset{OH\ \ OH}{H_2C—CH}—CH_2Cl + \text{(甲基葡萄糖苷: }CH_2OH\text{, OR)} \xrightarrow{H^+} \text{(葡萄糖苷 }CH_2—O—CH_2—CH(OH)—CH_2—Cl\text{, OR)} \tag{11-12}$$

$$\text{(葡萄糖苷 }CH_2—O—CH_2—CH(OH)—CH_2—Cl\text{, OR)} + R—N(CH_3)_2 \xrightarrow{H^+} \text{(葡萄糖苷 }CH_2—O—CH_2—CH(OH)—CH_2—N^+(CH_3)_2R\cdot Cl^-\text{, OR)} \tag{11-13}$$

式中：R=H，C_nH_{2n+1}，n=1，2，3……。

按方法③合成的反应过程见式(11-14)~式(11-16)。

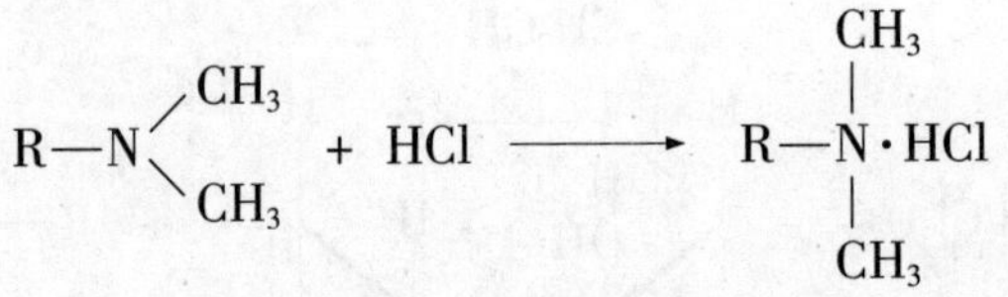

$$\text{R—N}\begin{matrix}\diagup CH_3\\ \diagdown CH_3\end{matrix} + HCl \longrightarrow \text{R—}\overset{\overset{CH_3}{|}}{\underset{\underset{CH_3}{|}}{N}}\cdot HCl \tag{11-14}$$

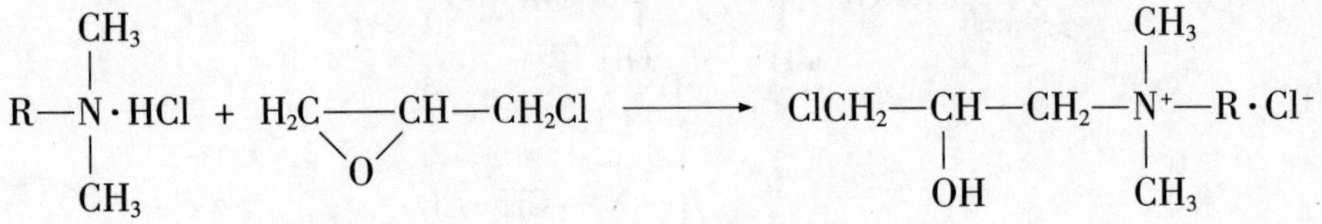

$$\text{R—}\overset{\overset{CH_3}{|}}{\underset{\underset{CH_3}{|}}{N}}\cdot HCl + \underbrace{H_2C\text{——}CH}_{O}\text{—}CH_2Cl \longrightarrow ClCH_2\text{—}\underset{\underset{OH}{|}}{CH}\text{—}CH_2\text{—}\overset{\overset{CH_3}{|}}{\underset{\underset{CH_3}{|}}{N^+}}\text{—R}\cdot Cl^- \tag{11-15}$$

$$ClCH_2\text{—}\underset{\underset{OH}{|}}{CH}\text{—}CH_2\text{—}\overset{\overset{CH_3}{|}}{\underset{\underset{CH_3}{|}}{N^+}}\text{—R}\cdot Cl^- + (\text{glucoside: }CH_2OH,\ H,\ O,\ H,\ H,\ OH,\ H,\ OH,\ OR,\ H,\ OH) \longrightarrow$$

$$\text{R—}\overset{\overset{CH_3}{|}}{\underset{|}{N^+}}\text{—}CH_3\cdot Cl^-;\quad H_2C\text{—}CH\text{—}CH_2;\quad CH_2\text{—}O,\ OH;\quad (\text{glucoside: }H,\ O,\ H,\ H,\ OH,\ H,\ OH,\ OR,\ H,\ OH) \tag{11-16}$$

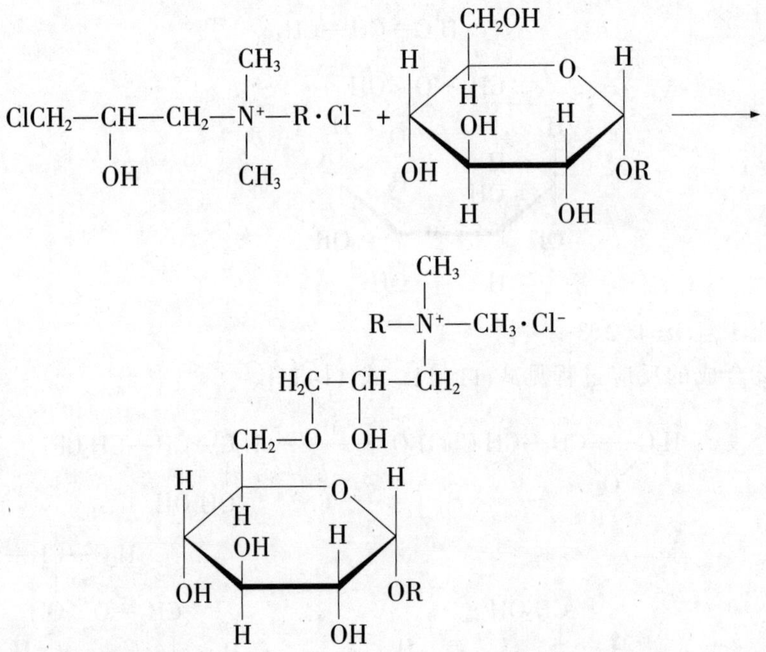

式中：R=H，C_nH_{2n+1}，n=1，2，3……。

分别按照上述 3 种方法合成了阳离子烷基糖苷产品，标记为 CAPG-方法①、CAPG-方法②、CAPG-方法③。

对不同合成方法合成产品进行了岩屑回收率测试(实验条件为 120℃、16h)，实验结果见表 11-6。由表 11-6 中可以看出，方法②合成产品抑制性能最优，岩屑一次回收率达 95.55%，相对回收率达 99.11%，方法①和方法③合成产品的岩屑一次回收率仅为 40.70% 和 77.45%，方法①和方法③合成产品的抑制性能远远低于方法②产品的抑制性能。这是因为合成过程中，方法①未考虑反应过程中的酸碱性环境，合成产品收率不高，副产物较多，质量较差；方法③产品收率不高，且反应过程中引入浓盐酸和有机溶剂，对环境造成一定的污染；而方法②反应条件较温和，直接采用水做溶剂，避免了有机溶剂对环境的污染，且合成产品收率较高，质量较好；所以从产品性能、经济效益和社会效益等方面综合分析，方法②合成产品收率较高，抑制性能较好，且不会对环境造成不良影响。故优选方法②合成阳离子烷基糖苷。

表 11-6 不同合成方法合成产品岩屑回收实验

样品名称	含量,%	R_1(一次回收率),%	R_2(二次回收率),%	R(相对回收率),%
清 水		2.29	1.00	43.67
CAPG-方法①	5	40.70	39.05	95.95
CAPG-方法②	5	95.55	94.70	99.11
CAPG-方法③	5	77.45	75.85	97.93

(二) 钻井液用阳离子烷基糖苷的合成

按照方法②合成阳离子烷基糖苷的反应主要分为 3 步,具体操作步骤如下:

1.环氧氯丙烷水解

将环氧氯丙烷、去离子水按一定物质的量比加入到装有回流冷凝管、温度计和搅拌装置的四口烧瓶中,加入酸性催化剂,搅拌升温至一定温度,保持回流一定时间,停止反应,得到的是无色透明的 3-氯-1,2-丙二醇水溶液。

2.氯代醇烷基葡萄糖苷的合成

在配制好的 3-氯-1,2-丙二醇水溶液中加入一定量烷基糖苷,搅拌升温至一定温度,反应一定时间,得到淡黄色透明液体,即为氯代醇烷基葡萄糖苷的水溶液。冷却至室温后用浓度为 40%的 NaOH 水溶液调 pH 值至需要。

3.阳离子烷基葡萄糖苷的合成

将氯代醇烷基葡萄糖苷水溶液与烷基叔胺加入到装有回流冷凝管、温度计和搅拌装置的四口烧瓶中,一定温度下搅拌一定时间,待反应液变为均一透明的淡黄色黏稠液体,反应液的氨味基本消失时,结束反应,即得到阳离子烷基葡萄糖苷的水溶液。合成的阳离子烷基糖苷具有优异的性能,用于钻井施工中不需要进行后处理,可直接使用,如要应用于其他领域,可根据需要进行提纯。将阳离子烷基糖苷经过浓缩、脱除杂质、重结晶等后续处理,可得到纯度较高的阳离子烷基糖苷结晶状固体。总之,可根据应用领域的不同,对阳离子烷基糖苷产品进行处理,以满足不同需求。

CAPG 兼具 APG 和季铵盐的双重性能,在钻井液中性能优异,适用于解决长水平段泥页岩的井壁稳定问题,是钻井液处理剂的一个发展方向。

4.阳离子烷基糖苷钻井液

针对烷基糖苷钻井液在现场应用中出现的问题,研制了阳离子烷基糖苷钻井液[65]。钻井液的优化配方为:375mL 自来水+6% CAPG+0.6%降滤失剂 LV-CMC+0.6%流型调节剂黄原胶+0.4%增黏剂 HV-CMC+3%封堵剂 WLP+0.4% NaOH+0.2% Na_2CO_3+24% NaCl+0.4%抗氧化剂 $NaHSO_3$。试验结果表明,该钻井液体系在抑制性、抗温性、润滑性、滤液表面活性、抗污染性、降滤失性及储层保护等方面性能优良,岩屑一次回收率 99.15%,相对回收率 99.45%,对黏土的相对抑制率 91.4%,抗温达 160℃,极压润滑系数 0.097,滤液表面张力 19.52mN/m,滤失量 4.0mL,抗 NaCl 36%,抗 $CaCl_2$ 5%,抗膨润土 10%,抗钻屑 10%,抗水侵 20%,抗原油 10%,岩心的静态渗透率恢复值大于 93%,动态渗透率恢复值大于 92%,其各方面性能均优于烷基糖苷钻井液,在油气勘探开发中的应用前景良好。现场应用表明,阳离子烷基糖苷钻井液润滑性、携砂能力和井壁稳定能力等能够满足强水敏性地层水平井钻井的需要,就其综合性能看,也有望用于页岩气水平井钻井。

四、聚醚胺基烷基糖苷

聚醚胺的井壁稳定能力已为业内普遍认可，烷基糖苷凭借羟基吸附成膜效应、长链烷基疏水效应来发挥抑制作用，并且与钻井液具有较好的配伍性，但其抑制性能有待提高，在钻井液中加量较大(>30%)时才能充分发挥作用。鉴于上述分析，设计了聚醚胺基烷基糖苷的分子结构，设计的产品分子结构上既具有烷基糖苷的基本结构单元，又具有聚醚胺的基本结构单元，将烷基糖苷和聚醚胺整合到同一分子结构中，与两者复配有本质不同，一方面，分子中聚醚胺结构的超强吸附及拉紧作用可充分保证强抑制性，另一方面，分子中烷基糖苷结构的位阻效应可充分保证钻井液的分散稳定性，同时通过吸附作用发挥一定的抑制性能。总体而言，聚醚胺和烷基糖苷两者作为一个聚醚胺基烷基糖苷分子上的两个不同的结构单元，实现了两者功能融合，使一种产品兼具不同功能，以满足钻井液强抑制性能的目的[66]。在分子设计的基础上，提出了聚醚胺基烷基糖苷合成思路，其反应过程见式(11–17)~式(11–19)。

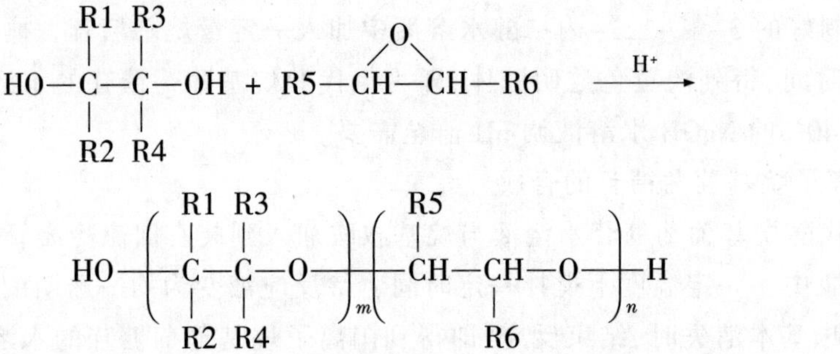

$$\mathrm{HO{-}\underset{R2}{\overset{R1}{C}}{-}\underset{R4}{\overset{R3}{C}}{-}OH + R5{-}\overset{\;\;O\;\;}{CH{-}CH}{-}R6 \xrightarrow{H^+}}$$

$$\mathrm{HO{-}\left(\underset{R2}{\overset{R1}{C}}{-}\underset{R4}{\overset{R3}{C}}{-}O\right)_m\left(\underset{}{\overset{R5}{CH}}{-}\underset{R6}{CH}{-}O\right)_n{-}H} \tag{11-17}$$

$$\mathrm{HO{-}\left(\underset{R2}{\overset{R1}{C}}{-}\underset{R4}{\overset{R3}{C}}{-}O\right)_m\left(\overset{R5}{CH}{-}\underset{R6}{CH}{-}O\right)_n{-}H + \text{糖环}(CH_2{-}OH;\ H,\ O,\ H;\ H,\ OH,\ H;\ OH,\ OR;\ H,\ OH) \longrightarrow}$$

$$\mathrm{\underset{\text{糖环}(H,\ O,\ H;\ H,\ OH,\ H;\ OH,\ OR;\ H,\ OH)}{CH_2}{-}O{-}\left(\underset{R2}{\overset{R1}{C}}{-}\underset{R4}{\overset{R3}{C}}{-}O\right)_m\left(\overset{R5}{CH}{-}\underset{R6}{CH}{-}O\right)_n{-}H} \tag{11-18}$$

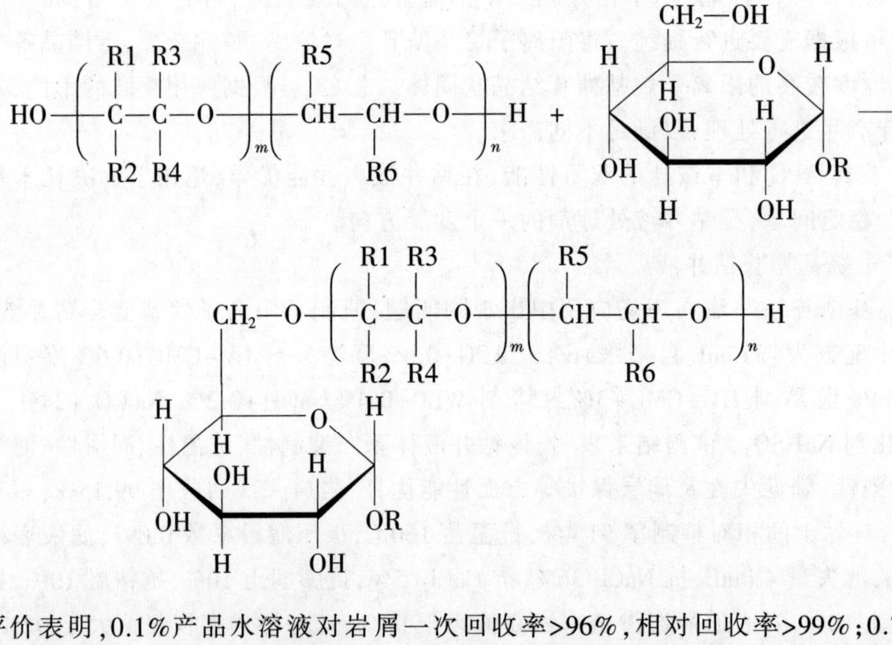

评价表明，0.1%产品水溶液对岩屑一次回收率>96%，相对回收率>99%；0.7%产品对钙土相对抑制率>95%；产品可使无土基浆和有土基浆的抗温性能由110℃提高到160℃；产品含量超过7%时，润滑系数<0.1；3%产品水溶液静态或动态污染岩心后，静态渗透率恢复值大于96%，动态渗透率恢复值大于91%。产品在新疆地区顺南6井、金跃4-3井、哈德

251井、策勒 1 井等井初步试验,防塌效果突出,产品与常规水基钻井液配伍性好,适用于易坍塌地层防塌,同时可望用于页岩气水平井钻井,应用前景较广。由于聚醚胺基烷基糖苷的研究刚刚开始,为了保证更好的应用,需要在优化合成、作用机理及配伍性方面深入研究,并结合配套处理剂研制,最终形成完善的聚醚胺基烷基糖苷钻井液。

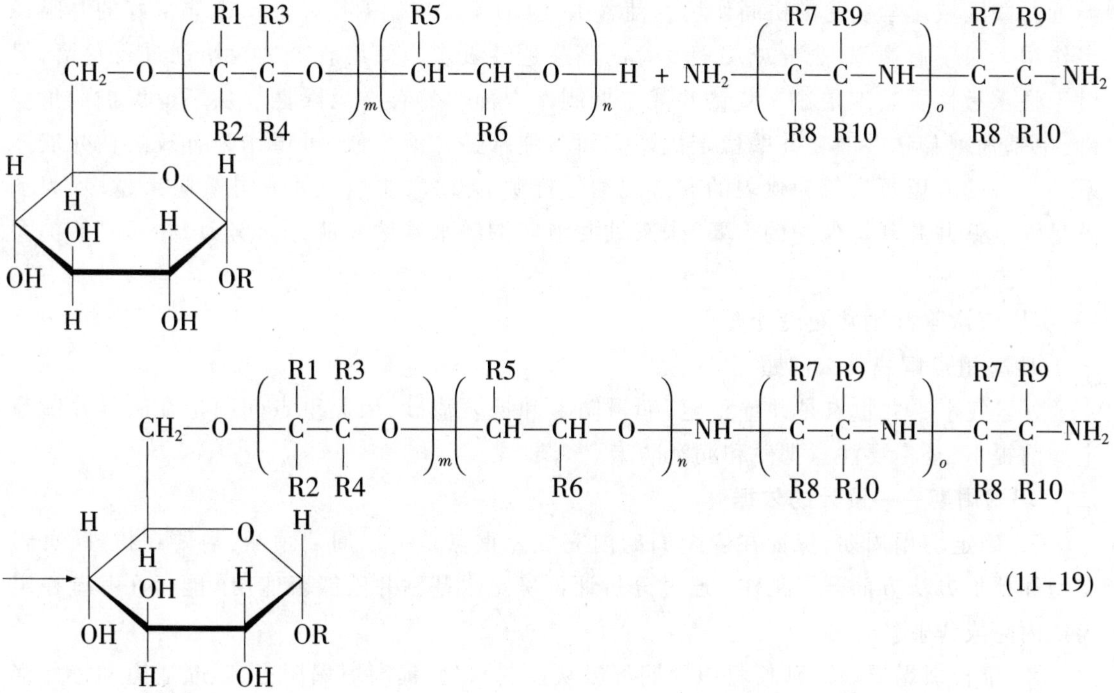

$$\text{Glc(OR)}-CH_2-O\left(\underset{R2}{\overset{R1}{C}}-\underset{R4}{\overset{R3}{C}}-O\right)_m\left(CH-\underset{R6}{CH}-O\right)_n H + NH_2\left(\underset{R8}{\overset{R7}{C}}-\underset{R10}{\overset{R9}{C}}-NH\right)_o\underset{R8}{\overset{R7}{C}}-\underset{R10}{\overset{R9}{C}}-NH_2$$

$$\longrightarrow \text{Glc(OR)}-CH_2-O\left(\underset{R2}{\overset{R1}{C}}-\underset{R4}{\overset{R3}{C}}-O\right)_m\left(\overset{R5}{CH}-\underset{R6}{CH}-O\right)_n NH\left(\underset{R8}{\overset{R7}{C}}-\underset{R10}{\overset{R9}{C}}-NH\right)_o\underset{R8}{\overset{R7}{C}}-\underset{R10}{\overset{R9}{C}}-NH_2 \qquad (11\text{–}19)$$

第四节 页岩气水平井钻井液

本章第一、二、三节所述的抑制剂及钻井液为页岩气水平井水基钻井液的设计奠定了基础。页岩气是以多种相态存在、主体上富集于泥页岩(部分粉砂岩)地层中的天然气聚集,页岩气具有储量大、生产周期长等特点,全世界页岩气总资源量约为 $456\times10^{12}m^3$。美国和加拿大已经开始了对页岩气的勘探开发,特别是美国,目前已对密西根、印第安纳等 5 个盆地的页岩气进行商业性开采。

近期,国内页岩气开发也受到重视,2007 年 10 月中国石油与美国新田石油公司签署了《威远地区页岩气联合研究》,国土资源部 2009 年 10 月份在重庆市綦江县启动了我国首个页岩气资源勘查项目[67]。这标志着继美国和加拿大之后,我国正式开始这一新型能源页岩气资源的勘探开发。尤其是 2013 年以来,我国页岩气资源开发已全面铺开,针对页岩气的成藏特征,页岩气开发以浅层大位移井,丛式水平井布井为主,由于页岩地层裂缝发育,水敏性强,长水平段钻井中不仅易发生井漏、垮塌、缩径等,且由于水平段较长,还会带来摩阻、携岩及地层污染问题,从而增加了产生井下复杂的几率,为此页岩气水平井钻井中解决井壁稳定、降阻减摩和岩屑床清除等问题成为水平井钻井液选择和设计的关键。油基钻井液可提高水润湿性页岩的毛细管压力,防止钻井液对页岩的侵入,因此通过使用油基钻井液和合成基钻井液可以非常有效地保持井壁稳定,且油基钻井液还具有良好的润滑、防卡和降阻作用，在页岩气水平井钻井中油基钻井液具有独特的优势，是国内外目前采用最多的钻井液体系，但油基钻井液存在安全和环境风险，需要尽快实现采用水基钻井液的目标。采用水基钻井液的时候，利用低活性高矿化度聚合物钻井液或 $CaCl_2$ 钻井液，降低页岩和钻井液相互作用的总压力，采用浓甲酸钾、Al^{3+}盐，可以通过脱水、孔隙压力降低和影响近井壁区域化学变化的协同作用，使含 KCOOH 和 Al^{3+}盐的钻井液产生非常好的井眼稳定作用。对于有裂隙、裂缝或层理发育的高渗透性页岩应使用有效的封堵剂进行封堵，但对于强水敏性页岩地层，水基钻井液在抑制性方面仍然存在局限性。从环境保护的角度讲，甲基葡糖苷钻井液在井壁稳定机理方面与油基钻井液相似，可望作为有效的钻井液体系之一。随着以页岩气为代表的非常规油气资源的开发，页岩气水平井会越来越多，为了满足安全钻井和环境保护的需要，未来钻井液应围绕水基钻井液方向努力，并尽可能扩大应用范围。

一、页岩气水平井钻井液设计要点

(一) 明确重点解决什么问题

页岩气水平井重点是井壁稳定、润滑防卡和携岩清砂，因此重点问题是在满足井壁稳定的前提下，还需要注意携砂和润滑防卡。

(二) 坍塌周期——设计的依据

① 确定坍塌周期，保证在安全周期内完成。重点是坍塌周期预测，需要在机理、页岩类型和评价方法方面开展工作。通过分析评价确定水基钻井液能否适用？能否在井壁稳定周期内完成作业？

② 延长坍塌周期。延长坍塌周期可以从控制水化、提高坍塌压力、阻断通道和近井壁加固四方面考虑。

(三) 钻井液体系设计

钻井液体系设计包括基础液、基本材料和强化作用材料。

为了解决井壁稳定问题，关键是保证井壁稳定采用特殊钻井液时，如何保证钻井液的性能，既要考虑材料的优化，同时还需要考虑钻井液滤液性质。

从钻井液考虑为了减少进入孔隙引起应力变化，可以采用封堵。

从滤液考虑，为了控制因水化造成的破裂压力降低，因吸水造成的页岩层理胶结能力降低和因毛管作用带来的滤液进入地层引起应力变化，需要使滤液中含有足量的抑制和具有固结作用的材料，同时保证低活度。通过滤液中离子在地层沉淀胶结达到固(固结)壁作用(如 Al^{3+}、硅酸盐等随着 pH 值变化与黏土矿物结合)，通过滤液中的特殊材料，如胺基聚醚压缩黏土层间距减少孔隙压力。

(四) 钻井液体系形成

① 基础液，包括抑制反吸水材料、压缩层间距材料、具有固壁作用材料等。

② 钻井液处理剂，包括增黏剂、封堵剂、降滤失剂、抑制性降滤失剂、稳定性以及润滑剂等。

二、页岩气水平井钻井液设计

基于页岩气水平井钻井的特点及对钻井液的需求，这里在文献资料分析的基础上就页岩气水平井钻井液难点与要求以及下步的发展方向进行初步探讨[68]。

(一) 页岩气钻井液难点分析

与常规水平井相比，以浅层大位移井、丛式水平井布井为主的页岩气水平井水平段长，并需要进行分段压裂。对于要进行分段压裂的水平井，其水平段方位均以垂直于最大水平主应力方向或沿着最小水平主应力方向为原则。井眼沿着最小主应力方向钻进时，由于页岩地层裂缝发育，长水平段(1200m 左右)钻井中不仅易发生井漏、垮塌、泥页岩水化膨胀缩径等问题而产生井下复杂，而且在长水平段，摩阻、携岩及地层污染问题也非常突出，钻井液性能好坏直接影响钻井效率、井下复杂的发生率及储层保护效果[69]。因此，从钻井液方面讲，井壁稳定技术、降阻减摩技术和井眼清洗技术等将成为页岩气水平井钻井中的关键技术，在实施这些技术的过程中将面临井壁稳定、降阻减摩和岩屑床清除等难点。

1.井壁稳定问题

从井壁稳定的角度讲，页岩地层钻井中 70%以上的井眼问题是因为页岩不稳定造成的。钻井液穿过地层裂隙、裂缝和弱的层面后，钻井液与页岩相互作用改变了页岩的孔隙压力和页岩强度，最终影响页岩的稳定性。归纳起来影响井壁稳定的主要原因如下[70]：

① 孔隙压力变化造成井壁失稳，泥页岩与孔隙液体的相互作用，改变了黏土层之间水化或膨胀应力大小。滤液进入层理间隙，页岩内黏土矿物遇水膨胀，膨胀压力使张力增大，导致页岩地层(局部)拉伸破裂；相反如果减小水化应力，则使张力降低，产生泥页岩收缩和(局部)稳定作用。

② 对于低渗透率(10^{-12}~10^{-6}D)泥页岩地层，由于滤液缓慢的侵入，逐渐平衡钻井液压力和近井壁的孔隙压力 (一般大约为几天时间)，因此失去了有效钻井液柱压力的支撑作用。由于水化应力的排斥作用使孔隙压力升高，泥页岩物质可能会受到剪切或张力方式的压力，减少使泥页岩物质联结在一起的近井壁有效应力，诱发井壁失稳。

③ 对于层理和微裂缝较发育、地层胶结差的水敏性页岩地层，滤液进入后破坏泥页岩的胶结性。水或钻井液滤液极易进入微裂缝破坏原有的力学平衡，导致岩石的碎裂。近井壁含水量和胶结的完整性改变了地层的强度，并使井眼周围的应力场发生改变，引起应力集中，井眼未能建立新的平衡而导致井壁失稳。

2.高摩阻和高扭矩问题

对于浅层大位移水平井，由于其定向造斜段造斜率高，斜井段滑动钻进，定向时容易在井壁形成小台阶，造斜点至 A 靶点相对狗腿度较大，起下钻容易形成键槽。在水平井段，定向滑动钻进时钻具与井壁摩擦力大，正常钻进钻头扭矩大，必须要求钻井液具有良好的润滑性，以起到降阻减摩作用。同时由于井眼曲率大、水平段长，套管自由下滑重力小，摩阻大等，下套管过程中易发生黏卡，这些也都对钻井液性能，特别是润滑、防卡能力提出更高的要求。

3.岩屑清除问题

由于水平井造斜段井斜变化大，井眼难清洁，同时在水平段由于泥页岩的坍塌和井中岩屑重力效应，影响了井眼清洁，再者小井眼环空间隙小，泵压高，因排量受到限，施工中易形成岩屑床，进一步增加磨阻、扭矩和井下复杂情况发生的机率，此时钻井液流变性和携岩清砂能力更显重要。

总之，针对页岩具有易膨胀、易破碎的特点，开展页岩气钻井井壁稳定性研究及适合页岩地层特点钻井液优化,对于避免钻井过程中井壁坍塌、井漏,降低钻具有效摩阻,避免卡钻、埋钻具等井下复杂的发生,具有重大的现实意义。鉴于此,要求页岩气水平井钻井液必须具有携沙能力强、润滑性好、封堵能力强和强抑制性等特点。

(二) 页岩气水平井井壁稳定措施

针对前面井壁稳定性影响因素分析,井壁稳定的措施包括钻井液的化学作用、钻井液密度以及控制环空压力激动。特别是利用钻井液的化学作用来控制水和离子在页岩中的进出,从而控制水化应力、孔隙压力和页岩强度。

① 对于低渗透性页岩,当钻井液的活度比孔隙液体的活度低时,孔隙液体的渗透回流作用可以平衡水力流动,使水化减慢、孔隙压力升高速度降低。如果远场反应比水从钻井液传输到页岩慢时,将会发生脱水和近井壁地层孔隙压力降低,地层强度和近井壁有效应力增加,此结果将有利于井眼稳定。通过使用高矿化度聚合物钻井液或 $CaCl_2$ 钻井液,可减少钻井液的活度,降低页岩和钻井液相互作用的总压力。采用高含量甲酸钾、$CaCl_2$ 和 Al^{3+} 盐,可以通过脱水、孔隙压力降低和影响近井壁区域化学变化的协同作用,使钻井液产生非常好的井眼稳定作用。

② 对于裂隙、裂缝性或层理发育的高渗透性页岩可使用有效的封堵剂进行封堵。因为在原始地层被压裂的情况下(如构造应力区的硬性易碎泥页岩),即使采用低活度水基钻井液也不一定起到稳定作用。此时可以通过提高滤液黏度或封堵作用与渗透回流作用相结合,以降低页岩渗透率来降低水力传导率。采用低相对分子质量的增黏剂,如甲基葡萄糖苷、$CaCl_2$、KCOOH 和高浓度的低相对分子质量聚合物来实现减小水力传导率。使用含有铝、聚合醇的钻井液或采用页岩孔隙封堵剂在页岩表面或微裂隙内形成一个渗透率阻挡层,以降低渗透率来实现稳定页岩的目的。采用触变性钻井液和低密度钻井液,尽可能降低钻井液对缝隙的穿透能力。

③ 由于油基钻井液可提高水湿性页岩的毛细管压力,防止钻井液对页岩的侵入,通过使用油基钻井液和合成基钻井液, 可以有效地解决井壁不稳定问题。即使采用油基钻井液,对裂缝或层理发育的页岩地层,还必须强化封堵,以减少液体进入地层造成的压力传递(阻断流体通道)。在应对页岩气水平井井壁稳定方面,采用油基钻井液体系是国外目前最有效的措施。油基钻井液在润滑、防卡和降阻方面有着水基钻井液无法比拟的优势,可以避免滑动钻井时的拖压问题,这也是其广泛应用的根本所在。

(三) 钻井液体系选择原则

页岩气水平井钻井可以采用油基钻井液,也可以采用强抑制性水基钻井液。其关键是确保井壁稳定、润滑、防卡和井眼清洗。

对于水基钻井液,保证井壁稳定性的关键是提供抑制性和封堵能力。从抑制性方面讲,可以通过减少钻井液滤液的水力流入来减轻泥页岩的不稳定性,无论哪种泥页岩,都可以通过维持高滤液黏度,或采用封堵孔喉的化学剂降低有效泥页岩渗透率来实现。对于低渗透性泥页岩, 也还可以通过低活度水基钻井液水相所引起的渗透回流来抵消水基钻井液滤液的水力流动。低活度水基钻井液对稳定有裂缝或微裂缝的泥页岩也可以见到一定效果,但强化封堵更重要。

此外,提高钻井液的润滑性,减少内摩阻,也是页岩气水平井钻井液的重要内容。低固相或无黏土相强抑制性钻井液可以满足润滑、防卡、降阻的作用,从抑制性、封堵性及润滑性考虑,可以采用甲基葡萄糖苷钻井液(类油基)、铝基钻井液、硅酸盐钻井液、胺基钻井液、有机盐/无机盐和聚合醇钻井液等类型的水基钻井液。

实践表明,使用低活度水基钻井液(钻井液水活度低于页岩水活度)只能减少进入地层中的水量,不能根本解决基本稳定问题,而油基钻井液可提高水湿性页岩的毛细管压力,防止钻井液对页岩的侵入,相对于水基钻井液,油基钻井液用于页岩气水平井钻井,在井壁稳定、润滑、防卡方面具有绝对优势。国外60%~70%的页岩气水平井采用油基钻井液。国内虽然有采用有机盐聚合醇钻井液钻页岩气井(直井)的应用实例,就国内近期完成的页岩气水平井看,绝大多数还是采用油基钻井液。油基钻井液可以选用全油基钻井液、乳化钻井液、可逆乳化钻井液以及合成基钻井液。需要强调的是,在采用油基钻井液时,还需要考虑封堵,以防井壁失稳和钻井液漏失。

用于页岩气水平井钻井,油基钻井液和水基钻井液体系各有特点,可以针对实际需要选择,但目前由于水基钻井液还不成熟,国内页岩气水平井钻井几乎全部采用油基钻井液。可见,针对页岩气水平井的水基钻井液研究将是抑制性水基钻井液所面临的一个难题,也是国外一直努力的方向。

三、下步工作

从两种体系的优缺点对比看,在目前情况下,油基钻井液表现出更多的优势,因此为了实现防塌需要,同时获得良好润滑性的目标,页岩气水平井钻井应首先使用油基钻井液体系。并结合油基钻井液的应用存在的问题及需要,研制油基钻井液降滤失剂、乳化剂、提黏切剂、封堵剂及润湿剂等,以不断完善油基钻井液体系,发展低毒或无毒油基钻井液。同时建立油基钻井液体系流变性和密度预测模型,指导油基钻井液的应用,提高油基钻井液的水平。

甲基葡萄糖苷钻井液具有与油基钻井液相似的性能,可以有效抑制页岩水化,成功地维持井眼稳定,还具有良好的润滑性、抗污染能力以及高温稳定性,并且无毒、易生物降解,因而对环境造成的污染很小,可作为页岩气水平井钻井液。但从目前的应用情况看,采用甲基葡萄糖苷钻井液在润滑、清砂、降阻方面完全可以满足页岩气水平井钻井的需要,但在应对泥岩、页岩地层井壁稳定方面仍然存在问题。将来需要针对性的深入研究,可以通过甲基葡萄糖苷与硅酸盐等无机盐配合使用,通过物理和化学沉淀的作用封堵微裂缝,以达到满足井壁稳定的目的[71]。

研究表明,当活性页岩暴露于高矿化度(35%的 $CaCl_2$)的水基钻井液时,活性页岩会发生失水或脱水现象。在高矿化度条件下,岩心中的水分反而会被吸入到钻井液中去,这样对于提高页岩地层稳定性非常有利[72],因此针对页岩气水平井钻井的需要,探索应用水基 $CaCl_2$/聚合物钻井液,无论从降低成本还是环境保护的角度,均十分必要,目前水基 $CaCl_2$/聚合物钻井液难点是解决配伍的处理剂及钻井液稳定性问题,因此重点是开发适用于水基 $CaCl_2$/聚合物钻井液的聚合物处理剂。

总之,本节介绍的适用于页岩气水平井钻井的钻井液技术,对页岩油、致密砂岩油气等非常规资源钻探同样适用。国外页岩气水平井钻井主要采用油基钻井液体系,对于致密砂岩油气采用抑制性水基钻井液即可以满足需要。国内页岩气钻井刚刚起步,针对页岩易膨胀、破碎的特点，为了满足页岩气水平井安全钻井的需要，开展页岩气水平井钻井井壁稳定及新型强抑制性钻井液研究已迫在眉睫。今后应该在目前已经取得实践经验的基础上，借鉴国外成功经验，在页岩气水平井水基钻井液方面，针对页岩地层特点，围绕提高钻井液的抑制性和井壁稳定性需要出发，从降低钻井液活度，提高钻井液封堵能力方面着手，在常规甲基葡萄糖苷钻井液、$CaCl_2$/聚合物钻井液、胺基抑制性钻井液、聚合醇钻井液、甲酸盐钻井液和硅酸盐钻井液应用经验的基础上，针对其特性，提高其对页岩地层抑制和封堵作用，改善其润滑、防卡和清砂能力，并在甲基葡萄糖苷、$CaCl_2$、胺基抑制和聚合醇等复合使用后的协同作用方面深入研究，扩大水基钻井液在页岩气水平井钻井中的应用面，在满足页岩气等非常规资源开发需要的同时，使钻井液朝着绿色环保的方向发展。

参考文献

[1] 杨波.合成聚醚多元醇的研究进展[J].广东化工，2009，36(12)：78-80.

[2] 郭宝利，袁孟雷，王爱玲等.聚合醇抑制性能评价研究[J].钻井液与完井液，2005，22(4)：35-36，39.

[3] 杨小华，王中华.油田用聚合醇化学剂研究与应用[J].油田化学，2007，24(2)：171-174，192.

[4] 王刚.聚合醇油层保护剂配方及制备方法：中国，1775892[P].2006-05-24.

[5] 中国石油冀东石油勘探开发公司.钻井液用两性离子聚合醇及其制备方法：中国，100445345 C[P].2008-12-24.

[6] 肖稳发，罗春芝.改性聚合多元醇水基润滑剂的研究[J].钻采工艺，2005，28(4)：87-89，96.

[7] 袁建强，王越之，罗春芝.JMR 聚醚润滑剂的研制与应用[J].石油钻探技术，2005，33(3)：34-35.

[8] 中国石油大学(北京).钻井液用固体多元醇：中国，100398622 C[P].2008-07-02.

[9] 中国石油天然气股份有限公司.一种钻井液用聚合醇润滑抑制剂及其应用：中国，1331978 C[P].2007-08-15.

[10] 吕开河.钻井液用聚醚多元醇润滑剂 SYT-2[J].油田化学，2004，21(2)：97-99.

[11] 许明标，胥洪彪，王昌军，等.新型钻井液用多元醇醚润滑剂的研究[J].油田化学，2002，19(4)：301-303.

[12] 孙启忠，胥洪彪，刘传情，等.聚合醚润滑剂 HLX 的研究及应用[J].石油钻探技术，2003，31(1)：42-43.

[13] 吕开河.多功能聚醚多元醇防塌剂 SYP-1 的性能评价及现场应用[J].钻井液与完井液，2004，21(5)：15-18.

[14] 沈丽，柴金岭.聚合醇钻井液作用机理的研究进展[J].山东科学，2005，18(1)：18-23.

[15] 吕开河，邱正松，徐加放.聚醚多元醇钻井液研制与应用[J].石油学报，2006，27(1)：101-105.

[16] 吕开河，邱正松，徐加放.强抑制性多元醇海水钻井液研究及应用[J].中国石油大学学报：自然科学版，2006，30(3)：59-62，66.

[17] 刘天乐，蒋国盛，涂运中，等.新型水基聚合醇钻井液性能评价[J].石油钻探技术，2009，37(6)：26-30.

[18] 卢彦丽，王彬，宋芳，等.铝盐聚合醇钻井液体系在辽河油田的应用[J].钻井液与完井液，2005，22(增)：11-13.

[19] 孙金声，张希文.钻井液技术的现状、挑战、需求与发展趋势[J].钻井液与完井液，2011，28(6)：67-76.

[20] 罗云凤，韩来聚，张妍，等.新型海洋环保聚合醇钻井液室内性能研究[J].石油钻探技术，2009，37(4)：15-18.

[21] 白杨，王平全，吴建璋，等.硅酸钾聚合醇钻井液的研制及性能评价[J].石油化工，2012，41(5)：567-572.

[22] 张克勤，何纶，安淑芳，等.国外高性能水基钻井液介绍[J].钻井液与完井液，2007，24(3)：68-73.

[23] WILLIAM D，KEN D，NELS H，et al.New Water-based Mud Balances High-Performance Drilling and Environmental Compliance[J].SPE Drilling & Completion，2006，21(4)：255-267.

[24] LEAPER R，HANSEN N，OTTO M，et al.Meeting Deepwater Challenges with High Performance Water based Mud[C]//prepared for presentation at the AADE 2006 Fluids Conference held at the Wyndam Greenspoint Hotel in Houston，Texas，April 11-12，2006.

[25] YOUNG S，STAMATAKIS E.Novel Inhibitor Chemistry Stabilizes Shales[C]//prepared for presentation at the AADE 2006 Fluids Conference held at the Wyndam Greenspoint Hotel in Houston，Texas，April 11-12，2006.

[26] 鲁娇，方向晨，王安杰，等.国外聚胺类钻井液用页岩抑制剂开发[J].现代化工，2012，32(4)：1-5.

[27] 佘可芝，许明标.聚胺钻井液在南海流花 26-1-1 井的应用[J].石油天然气学报，2001，33(9)：119-122.
[28] 张洪伟，左凤江，贾东民，等.新型强抑制胺基钻井液技术的研究[J].钻井液与完井液，2011，28(1)：14-17.
[29] 王中华.关于聚胺及"聚胺"钻井液的几点认识[J].中外能源，2012，17(11)：36-42.
[30] JEFFAMINE?D-230 Polyetheramine[EB/OL].http://www.huntsman.com/portal/page/portal/performance_products/Media%20Library/a_MC348531CFA3EA9A2E040EBCD2B6B7B06/Products_MC348531D0B9FA9A2E040EBCD2B6B7B06/Amines_MC348531D0BECA9A2E040EBCD2B6B7B06/Polyetheramines%20%20%20JE_MC348531D0E07A9A2E040EBCD2B6B7B06/Diamine% 20products_MC348531D0EA1A9A2E040EBCD2B6B7B06/files/jeffamine_d_230_polyoxypropylenediamine_7_11.pdf.
[31] PATEL A D，STAMATAKIS E.Shale Hydration Inhibition Agent and Method of Use：US，6609578[P].2003-08-26.
[32] 严莲荷.水处理药剂及配方手册[M].北京：中国石化出版社，2003：41.
[33] 陈楠，张喜文，王中华，等.新型聚胺抑制剂的实验室研究[J].当代化工，2012，41(2)：120-122，125.
[34] 杨超，赵景霞，王中华，等.复合阳离子型聚胺页岩抑制剂的应用研究[J].钻井液与完井液，2013，30(1)：13-16.
[35] LARKIN J M，RENKEN T L.Process for the Preparation of Polyoxyalkylene Polyamines：US，4766245[P].1988-08-23.
[36] 江苏省化工研究所有限公司.脂肪族端氨基聚醚的生产方法及其专用催化剂的制备方法：中国，1243036 C[P].2006-02-22.
[37] KLUGER E W，GOINEAU A M.Process for the Reduction of Dicyanoglycoils：US，4313004[P].1982-01-26.
[38] 曹永利，乔迁，李东日.聚醚腈合成的研究[J].吉林工学院学报，2001，22(3)：44-45.
[39] 王元瑞，梁克瑞，张文革.在氨气环境下聚醚睛催化加氢制聚醚胺[J].工业催化，2007，15(增)：377-379.
[40] 王琴梅，潘仕荣，张静夏.双端氨基聚乙二醇的制备及表征[J].中国医药工业杂志，2003，34(10)：490-492.
[41] 季宝.离去基团法制备端氨基聚醚的研究进展[J].山西建筑，2009，35(12)：171-173.
[42] 苏秀纯，李洪俊，代礼扬，等.强抑制性钻井液用有机胺抑制剂的性能研究[J].钻井液与完井液，2011，28(2)：32-35.
[43] 吕开河，韩立国，史涛，等.有机胺抑制剂对钻井液性能的影响研究[J].钻采工艺，2012，35(2)：75-76，96.
[44] 邱正松，钟汉毅，黄维安.新型聚胺页岩抑制剂特性及作用机理[J].石油学报，2011，32(4)：687-682.
[45] 许明标，张春阳，徐博韬，等.一种新型高性能聚胺聚合物钻井液的研制[J].天然气工业，2008，28(12):51-53.
[46] 张洪伟，左凤江，贾东民，等.新型强抑制胺基钻井液技术的研究[J].钻井液与完井液，2011，28(1)：14-17.
[47] 黄浩清.安全环保的新型水基钻井液 ULTRADRILL[J].钻井液与完井液，2004，21(6)：4-7.
[48] 王荐，舒福昌，吴彬，等.强抑制聚胺钻井液体系室内研究[J].油田化学，2007，24(4)：296-300.
[49] 罗健生，李自立，李怀科，等.HEM 深水聚胺钻井液体系的研究与应用[J].钻井液与完井液，2014，31(1)：20-23.
[50] 马超，赵林，宋元森.聚铝胺盐防塌钻井液研究与应用[J].石油钻探技术，2014，42(1)：55-60.
[51] MONTILVA J C，VAN OORT E，BRAHIM R，et al.Using a Low-Salinity High-Performance Water-Based Drilling Fluid for Improved Drilling Performance in Lake Maracaibo[C]//SPE Annual Technical Conference and Exhibition，11-14 November 2007，Anaheim.
[52] 舒小波，孟英峰，万里平，等.胺类强抑制泡沫钻井液的研究[J].现代化工，2014，34(3)：86-89.
[53] 孙岩，殷福珊，宋湛谦，等.新表面活性剂[M].北京：化学工业出版社，2003：209-293.
[54] 张华辉.多羟基糖苷防塌剂的合成及性能研究[J].海洋石油，2011，31(1)：82-85.
[55] 刘艳，刘学玲，袁丽霞，等.新型抗 180℃高温抑制剂 SEG[J].钻井液与完井液，2010，27(2)：20-22.
[56] 苏慧君，蔡丹，张洁，等.强抑制性三甲基硅烷基葡萄糖苷的合成及其防膨性研究[J].复杂油气藏，2014，7(2)：61-64.
[57] 司西强，王中华，魏军，等.钻井液用阳离子甲基葡萄糖苷[J].钻井液与完井液，2012，29(2)：21-23.
[58] 王怡迪，丁磊，张艳军，等.改性聚糖类钻井液防塌润滑剂的合成与评价[J].断块油气田，2013，20(1)：108-110.
[59] 张琰，陈铸.MEG 钻井液保护储层特性的实验研究[J].钻井液与完井液，1998，15(5)：11-13.
[60] 刘岭，高锦屏，郭东荣.甲基葡萄糖苷及其钻井液[J].石油钻探技术，1999，27(1)：49-51.

[61] 高杰松，李战伟，郭晓军，等.无黏土相甲基葡萄糖苷水平井钻井液体系研究[J].化学与生物工程，2011，28(7)：80-83.

[62] 徐绍诚，田国兴.一种新型 MEG 钻井液体系的研究与应用[J].中国海上油气：工程，2006，18(2)：116-118.

[63] 司西强，王中华，魏军，等.钻井液用阳离子烷基糖苷的合成研究[J].应用化工，2012，41(1)：56-60.

[64] 司西强，王中华，魏军，等.阳离子烷基糖苷的绿色合成及性能评价[J].应用化工，2012，41(9)：1526-1530.

[65] 司西强，王中华，魏军，等.阳离子烷基葡萄糖苷钻井液[J].油田化学，2013，30(4)：477-481.

[66] 司西强，王中华.钻井液用聚醚胺基烷基糖苷的合成与性能[C]//全国钻井液完井液技术交流研讨会论文集.北京：中国石化出版社，2014：235-246.

[67] 页岩气：在石缝中挖掘出的“真金”[EB/OL].http://www.chinanews.com/ny/2010/08-24/2486228.shtml.

[68] 王中华.页岩气水平井钻井液技术的难点及选用原则[J].中外能源，2012，17(4)：43-47.

[69] 崔思华，班凡生，袁光杰[J].页岩气钻完井技术现状及难点分析[J].天然气工业，2011，31(4)：1-4.

[70] VAN OORT E，HALE A H，MODY F K，et al.Transport in Shales and the Design of Improved Water-Based Shale Drilling Fluids[J].SPE Drilling & Completion，1996，11(3)：137-146.

[71] PENG Chunyao，FENG Wenqiang，YAN Xiaolin，et al.Offshore Benign Water-Based Drilling Fluid Can Prevent Hard Brittle Shale Hydration and Maintain Borehole Stability[C]//IADC/SPE Asia Pacific Drilling Technology Conference and Exhibition，25-27 August 2008，Jakarta，Indonesia.

[72] PAUL D，MERCER R，BRUTON J.The Application of New Generation $CaCl_2$ Mud Systems in the Deepwater GOM[C]//IADC/SPE Drilling Conference，23-25 February 2000，New Orleans，Louisiana.

第十二章 超高温及超高密度钻井液

随着石油勘探开发向深部和高压、超高压地层的发展，钻遇异常高温和高压地层逐步增加，安全钻井对钻井液提出了更高的要求，国内围绕需要在该方面开展了卓有成效的研究，在超高温钻井液方面完成了一批井底温度超过200℃的超高温钻井液的应用，形成了配套的处理剂和钻井液体系，如在徐闻X-3井采用国产处理剂获得成功，奠定了我国超高温钻井液体系研究的基础。超高密度钻井液方面，在处理剂研制的基础上，在技术上、理念上和实践上均实现了突破，用工业级重晶石加重钻井液实钻密度达到2.87g/cm³，创造了国内外当前的最高记录。尽管国内在超高温和超高密度钻井液方面有了可喜进展，但由于超高温和超高密度钻井液所涉及的地层的复杂性和特殊性，对超高温和超高密度钻井液性能要求更高，限于目前研究，特别是应用的局限性，对超高温和超高密度钻井液认识还不全面，真正达到成熟和完善还需要进一步深入研究。

本章结合研究工作，在国内外有关文献及实践的基础上，分别对超高温钻井液和超高密度钻井液设计与应用进行概要介绍，旨在加深对超高温和超高密度钻井液的理解和认识，以促进并完善超高温和超高密度钻井液技术发展，为复杂条件下钻井提供技术支撑。

第一节 超高温钻井液

随着石油需求的不断增加和已探明储量的逐渐开采，油气勘探开发逐步向深层拓展，钻遇高温高压地层逐渐增加。如美国、北海等已开采的地区，地温梯度平均达4.0℃/100m、井底最高压力超过110MPa、井底温度超过200℃，钻井时的钻井液密度达2.22g/cm³以上。国内大庆油田松辽盆地北部徐家围子地区，地层地温梯度高达4.1℃/100m，井深4000~6000m，井底温度在180~240℃之间。南海西部莺琼盆地地质条件恶劣，地温梯度高，异常压力大，实钻井底最高温度达到249℃、最大钻井液密度2.38g/cm³，属于世界上三大高温高压并存的地区之一。此外，在塔里木盆地、准噶尔盆地和四川盆地，大部分油气资源都埋藏在深部地层，地层压力系数大，井底温度高。钻井实践表明，随着井深的增加，钻井技术难题逐渐增加，井下高温严重影响钻井液性能，特别是流变性和滤失量控制困难，原有的钻井液处理剂和钻井液体系已不能完全满足深井、超深井钻井技术发展的需要，为此，世界各国都在努力研制抗高温钻井液处理剂和钻井液体系，以满足深井、超深井钻井技术发展的需要。

从国内外已经应用的超高温高密度钻井液体系看，国外多为油基钻井液和水基钻井液，国内则以水基钻井液为主。比较油基、合成基和水基钻井液，油基钻井液在井眼净化、井壁稳定、抑制地层水敏膨胀及快速钻进，特别是润滑性等方面，具有水基钻井液无法比拟的优势，但油基钻井液对环境有污染、安全风险大、配制成本高。合成基钻井液具有水基钻井液和油基钻井液的优点，而且对环境无污染，可替代油基钻井液应用到各种复杂钻井作业中，其主要缺点是成本较高。与油基和合成基钻井液相比，水基钻井液成本低、配制和维护处理简单、涉及环境保护问题较少，出现井漏时水基钻井液比油基钻井液处理相对容易，水基钻井液几乎不溶解天然气，对发现气侵、及时井控和发现油气层有利，且水基钻井液对于固井和复杂情况下的注水泥作业兼容性好，因此，能够满足井底温度和压力需要的水基钻井液一直是研究和应用的重点。

本节结合国内外超高温高密度钻井液的研究与应用情况，对超高温钻井液设计与配方进行了介绍，提出了超高温钻井液发展方向。关于超高温钻井液处理剂可以参见本书第六章第五节和第七章第三节。

一、概述

(一) 国内外井底温度大于 200℃深井、超深井概况

国外超深井钻探起步较早，早在 1958 年，就已经采用水基钻井液打成了 7000m 的超深井，井底温度 245℃。后来，在路易斯安娜水域，又打成了一口 7803m 的超深井，井底温度 260℃，该井在 7000m 井段以后采用密度 2.32g/cm^3 的木质素磺酸盐混油钻井液。用 SSMA 与木质素磺酸盐组成的钻井液，在庞怡特雷恩湖地区成功打了一口井深 6981m 的超深井，井底温度 232℃，钻井液密度 2.253g/cm^3，采用该体系在加州塞罗普里埃托，井底温度超过 371℃的地热井中应用，也取得了很好的结果。采用油基钻井液在美国得州 Webb 市施工的罗萨 1 号野猫井，井深 7265m，井底温度 290℃，该井从 3048m 开始使用密度 1.34g/cm^3 的油基钻井液，逐步加重到密度 2.23g/cm^3 完钻，因故钻井液在井下静止 41 天未变质，体现出了油基钻井液的热稳定性[1]。采用分散褐煤-聚合物钻井液在密西西比海域所钻的 MS57#1 井，井深 7178m，井底温度 213℃，钻井液最高密度 2.09g/cm^3[2]。用低胶质水基钻井液，在路易斯安那州钻的井深 6098m 的超深井，井底温度 236℃，钻井液具有很好的热稳定性，该体系也在奥地利 Zistersdorf 地区成功应用[3]。

近年来，国内井底温度大于 200℃的深井、超深井也普遍增加[4]，如新疆油田在克拉玛依莫索湾背斜上所钻的莫深 1 井，设计井深达 7380m，井底温度超过 200℃，钻井液密度达 2.2g/cm^3。胜利油田完成的胜科 1 井，完钻井深 7026m，测试井底温度超过 235℃。河南油田施工的泌深 1 井完钻井深 6005m，钻井液静止 24h 实测井底温度 236℃。在松辽盆地徐家围子所钻的徐深 22 井完钻井深 5320m，井底温度 213℃。在松辽盆地所钻的长深 5 井，完钻井深 5321m，井底温度超过 200℃，测井顺利。在南海莺琼地区，所钻的崖城 21-1-3 井，井深 4688m，井底温度 206℃。江苏油田完钻的一口重点大位移预探定向井徐闻 X3 井，设计垂深 5100m、斜深 5664m、水平位移 1893.92m、井斜 35°，完钻井深 5974m，实测井底温度达 211℃。

国内外在深井、超深井钻探实践的基础上，积累了超高温高密度钻井液研究与应用的成功经验，为深入开展超高温高密度钻井液的研究奠定了基础。从文献分析看，在已钻探的井底温度大于 200℃的深井、超深井中，所用超高温钻井液，并非都是高密度，有些超深井尽管井底温度很高，但地层压力系数并不高，相对而言这些情况下钻井液的难度小，而有些地区不仅井底温度高(大于 200℃)，且地层压力系数高(需要 2.0g/cm^3 以上密度的钻井液才能平衡)，超高温高密度条件下，钻井液所遇到的难题就复杂的多。

（二）超高温高密度钻井液研究应用现状

1.油基钻井液

早在20世纪60年代，人们就对深井油基钻井液给予重视。70年代就针对深井、超深井钻井的需要先后研制了一系列超高温油基钻井液。但在早期的超深井钻探中所用的超高温钻井液大部分为水基钻井液[1]。随着对油基钻井液优越性认识不断提高以及研究的不断深入，国外在超高温井钻探中越来越多的采用油基钻井液，国内应用较少，表12–1是油基钻井液在部分井的应用情况。

表12–1 油基钻井液现场应用情况

钻井液类型	应用地区或公司	井深及井底温度	应用情况	文献编号
PDF–MOM高温高压油基钻井液体系	宝岛19–2–2井	完钻井深为5300m，井底温度为213℃	是一口高温高压深井，井下畅通、安全，没有发生任何复杂情况	[5]
versa aean低毒性油基钻井液	西江24–3–A14井，麦克巴泥浆公司	设计井深9320m，水平位移8220m	大位移井，钻井液性能满足设计要求	[6]
油包水钻井液体系	松辽盆地，葡深1井	完钻井深5500m，井底温度219.49℃	钻井液具有流变性优异、稳定性好、滤失量低等特点，顺利钻达完钻井深	[7]
油基钻井液	得克萨斯南部，Endeavour 2井	井深为6553m，井底温度249℃	机械钻速高、施工顺利	[8]

现场应用表明，与水基钻井液相比，油基钻井液在井壁稳定、润滑防卡、抑制地层水敏膨胀、抑制地层造浆及快速钻进等方面具有明显的优势，已成为钻探高难度的高温深井、海上钻井、大斜度定向井、水平井、各种复杂井段和储层保护的重要手段。油基钻井液正是由于其优越性，倍受人们重视，并不断开展研究与应用。以柴油或者低毒矿物油为基油，由用作高温高压滤失调节剂的聚合物以及有机土、乳化剂、润湿剂、加重材料等组成的全油基钻井液，在204℃下性能稳定，由于体系中聚合物/有机土颗粒的良好配伍作用，体系的高温高压滤失量非常低，采用无毒的润湿剂代替了传统的阴离子乳化剂，提高了基油对有机土颗粒的润湿性，通过润湿剂、聚合物和有机土三者的协同作用，有效地提高了钻井液体系的黏度。实验表明，该体系表现出类似于水基聚合物钻井液的流变性，有较高的动塑比，剪切稀释性好，因而提高了钻速，减少了井漏，改善了井眼清洗状况及悬浮性。该体系已经在60多口井应用，密度范围0.83~2.04g/cm^3，钻进深度最深达到6309m，井底最高温度213℃，井斜达到69°，尤其在大斜度定向井中应用十分成功[9]。

在传统油基钻井液的基础上，针对超高温高密度钻井液的需要，还开展了逆乳化钻井液研究。逆乳化钻井液用于高温高压井中，抗温可以达到260℃。新研制的抗高温处理剂在油水比为85:15~90:10钻井液中的效果显著，在310℃和203MPa下具有很好的稳定性，钻井液密度可达到2.35g/cm^3。针对高温(260℃)高密度(2.10~2.16g/cm^3)钻井液中易出现重晶石沉降问题，采用一种密度为4.8g/cm^{3}的亚微米颗粒的四氧化锰代替重晶石已经在北海高温高压无黏土油基钻井液中得到成功应用，这种钻井液可以减小当量循环密度，在钻井、下套管和固井中可降低滤失量，并且不会出现加重材料沉降的问题[10]。

2.合成基钻井液

在20世纪80年代，美国、英国、挪威等国的石油公司相继开展了合成基钻井液的研发工作。90 年代在北海首次应用并获得成功[11,12]，此后合成基钻井液的种类和应用不断增加。合成基钻井液具有很强的抗高温能力，在 218.3℃的温度下热滚动 16h 不会发生热降解[13]。若选用抗高温的乳化剂和流变性调节剂，合成基钻井液可用于 200℃以上的高温高压深井，为满足深井、海洋钻井的勘探开发需要，开发具有油基钻井液优点，而对环境无毒的合成基钻井液已受到了广泛的关注。

合成基钻井液可从不同途径得到，以脂肪醇为起始剂，经环氧烯烃加成反应后并进行封端缩聚可以获得合成基液，以此建立的合成基钻井液具有较强的抗钙、抗镁、抗海水污染和抗劣质土固相侵污能力。线性 α-烯烃钻井液电稳定性好、低毒、抗温达 215℃，最高密度为 2.1g/cm^3，最低密度为 0.86g/cm^3，抗水污染能力强。该钻井液的油层保护效果好，岩心渗透率恢复值可以达到 90%以上[14]。

由于合成基钻井液热稳定性好，用于超高温钻井取得了好的效果，如美国休斯敦 EEX 公司采用比例为 90:10 的线性 α-烯烃和酯的混合物的合成基，按照 70%的合成基和 30%的水组成的钻井液，在墨西哥湾深水区的 Garden Bank Block 386 区块钻成了一口 8493m 超深井，井底温度 275℃[15]。YC21-1-4 井是在莺琼盆地钻探的一口高温高压井，井深 5250m，井底温度 200℃，该井自井深 4960m 至完钻(井深 5250m)采用以线性 α-烯烃为基油、铁矿粉为加重剂形成的 ULTIDRILL 合成基钻井液体系。该合成基钻井液抑制性强，具有抗高温、滤失量小、稳定井壁的性能，满足了 YC21-1-4 井钻井施工的要求[16]。

3.水基钻井液

虽然油基钻井液和合成基钻井液是公认的解决高温问题的有效途径，可以顺利解决高温高压井段钻井液稳定性问题，但油基钻井液和合成基钻井液初始成本高、原料来源不充分，且油基钻井液对环境产生一定的污染，并存在安全问题，其推广受到一定的限制，因此，超高温水基钻井液体系一直深受油田化学工作者关注。如 EXXON 公司研制的无毒水基钻井液体系(EHT 体系)成功应用于陆上和海上钻井，井底温度最高达到 215.5℃、钻井液密度 1.86g/cm^3。应用表明，EHT 钻井液流变性稳定，由于钻井液中含有一定的盐，在钻井过程中钻井液性能对盐不敏感[17]。由降滤失剂 Thermohumer 和流变性稳定剂 Huminsol 等组成的钙处理水基钻井液，可以用于温度大于 220℃的环境下，其密度可以达到 2.10g/cm^3 以上，且具有良好的抗污染能力[18]。采用两种新型的聚合物为主剂，辅以 pH 值添加剂、加重材料和适量的黏土研制的新型的环境友好的抗高温水基聚合物钻井液体系，耐温可达 232℃，高温条件下，还具有良好的抗污染能力，对 Ca^{2+}、Mg^{2+}和一般的固态污染物均具有极强的抵抗能力。该体系不仅可以用淡水配置，也可以用海水配置，这便为满足各种不同环境条件下的钻井施工提供了极大的灵活性。另外，由于该体系不含金属铬以及其他具有环境毒性的物质，环境友好，完全符合环保要求[19]。采用由合成多糖类聚合物降滤失剂、抗温可达 260℃的低分子量 SSMA 和合成聚合物 AT 解絮凝剂，抗温可达 315℃的低相对分子质量 AMPS/AM 共聚物降滤失剂、高相对分子质量的 AMPS/AAM 降滤失剂、增黏剂以及改性褐煤聚合物 CTX 等组成的高温聚合物钻井液体系，在 Mississippi 州作为压井液成功压井，并在后续钻井施工中成功应用。该压井液体系具有良好的剪切稀释性和良好的抗温能力，作业中采用密度为 1.98~2.64g/cm^3 的压井浆进行循环压井作业，泵压低，流变性好，可以满足 Mississippi 州 Smackover 地区的钻探工作[20]。

从文献情况看，国外超高温钻井液的研制是建立在专用处理剂研制的基础上，专用处理剂的研究始于20世纪80年代[21,22]，并主要集中在乙烯基磺酸单体(AMPS)与丙烯酰胺、烷基丙烯酰胺、乙烯基乙酰胺和乙烯基吡咯烷酮等单体的多元共聚物处理剂的研究上，在应用的基础上形成了以COP-1、COP-2、Hostadrill 4706、Polydrill、Mil-Tem，Pyro-Trol、Kem Seal和Polydrill为代表的一系列产品，并在此基础上不断研发新产品。而国内在这方面起步较晚，近期首先在超高温钻井液方面开展了一些研究工作。由高温保护剂、降滤失剂、封堵剂等钻井液处理剂组成抗高温(220℃)高密度(2.3g/cm^3)水基钻井液(2%夏子街土+2% GBH+6% GJ-Ⅱ+4% GJ-I+4%封堵剂GFD+重晶石)具有良好的抑制性和抗钻屑污染性能，抗钻屑粉污染达10%，具有一定的抗电解质能力，抗盐2%，抗氯化钙0.5%[23]。由抗高温保护剂、高温降滤失剂、封堵剂、增黏剂等组成的抗温可达240℃的淡水钻井液体系，各种密度配方在240℃温度下均具有良好的高温稳定性，高温高压滤失量低，并具有良好的流变性能、抑制性能和抗钻屑污染性能[24]。由4%膨润土+1.5% SMP-2+2% SPNH+3% HL-2+1% SMC+0.2% 80A-51+0.3% KHPAN+重晶石+2% SF260(降黏剂)+1%高温稳定剂+0.5%表面活性剂+1.0%润滑剂等组成的抗200℃高温、密度达2.30g/cm^{3}的水基聚磺钻井液，热稳定性好，流变性好，抗盐、抗钙污染能力强[25]。由3%膨润土基浆+5% BS-OS(接枝共聚物与磺化腐殖酸衍生物复配产品)+5% BS-OC (接枝共聚物与磺化腐殖酸衍生物复配产品)+2.5% BS-PN(磺化褐煤树脂类)+3% SPC(磺化褐煤树脂类)+1.5% PA-1(无荧光防塌剂)+5%聚合醇等组成抗高温水基钻井液体系，抗温可达250~260℃，抑制防塌效果强、抗污染能力强，润滑性好，岩心的渗透率恢复值平均为83.11%[26]。为解决费尔干纳盆地深部井段抗高温高密度钻井液技术难题，开发出了抗温220℃、密度2.60~3.00g/cm^{3}的有机盐钻井液，该体系在密度达3.00g/cm^{3}时，固相含量低于50%，滤饼摩阻系数小于0.20，具有良好的流动性和润滑防卡能力，较好地解决了加重材料的沉降和过饱和盐水的结晶问题[27]。以抗高温降滤失剂LP527-1、MP488和抗盐高温高压降滤失剂HTASP等作为主处理剂，与磺化褐煤、XJ-1分散剂等配伍，得到的密度2.30kg/L、盐含量10%~30%的盐水钻井液，经过220℃、16h老化后，表现出良好的高温稳定性，没有出现高温稠化，高温高压滤失量控制在20mL以内。利用抗盐黏土、抗高温降滤失剂、抗高温解絮凝剂、抗高温保护剂等，研制了可用于230℃高温环境的饱和盐水钻井液配方：水+(3%~5%)抗盐土+(1%~3%)海泡石+(2%~5%)SMP+(2%~5%)GCL-1+(3%~5%)SPNH+(3%~5%)GCL-2+0.5% DDP+1% GBHJ(加盐至饱和)。室内评价试验表明，用该配方配制的耐高温钻井液经230℃、16h高温滚动老化后，具有良好的流动性能，高温高压失水量(210℃、3.45MPa)小于35mL/30min[28]。

与国外相比，国内在超高温钻井液研究方面还存在较大的差距，尽管国内在超高温高密度水基钻井液研究方面开展的工作较多，且部分指标接近或领先于国外，但从整体情况看，国内还缺乏专用的钻井液处理剂。在油基和合成基钻井液方面开展工作少，无论是研究水平还是应用面都与国外差距很大。结合国内外情况，在超高温高密度钻井液上，特别是油基和合成基钻井液方面，要加强攻关力度，围绕体系配方优化、处理剂研制，高温高压下钻井液流变性和滤失量控制方面开展工作[29]。

二、超高温水基钻井液设计与评价

钻井实践表明，随着井深的增加，钻井技术难题逐渐增加，对钻井液而言，井下高温严重影响钻井液性能,而钻井液性能的好坏对确保深井和超深井的安全、快速钻井起着十分关键的作用。为此,围绕超深井的需要,国内在抗高温水基钻井液体系方面开展了一系列工作。为了总结和提高对超高温钻井液的认识,结合初步实践和文献,在抗高温处理剂设计的基础上,围绕高温对水基钻井液和处理剂的要求、高温对钻井液性能影响等方面,从处理剂分子结构、基团性能、相对分子质量、降解和交联、吸附,环境保护以及高温对黏土性质的影响因素出发,对超高温水基钻井液研究的难点进行了分析,并结合具体配方优化和钻井液性能评价,对钻井液设计的可靠性进行了验证[30,31]。

(一) 超高温水基钻井液设计依据

与常规水基钻井液相比,在超高温钻井液设计时受到的限制更多,影响因素更复杂,这些均与高温下处理剂性能以及处理剂与黏土颗粒之间的作用密切相关, 故研究超高温钻井液首先要明确高温条件下影响处理剂和钻井液的因素。基于此,提出超高温钻井液的设计思路:首先明确高温条件下对钻井液的要求,其次是明确保证钻井液体系高温下稳定的关键,第三是明确超高温条件下对钻井液处理剂的要求,第四是钻井液处理剂的选择与设计,最后是钻井液配方设计与性能评价。

1.对超高温钻井液的基本要求

井下压力和温度越高,对钻井液性能的影响越复杂,这便对钻井液提出更高的要求,特别是超高温高密度钻井液要求更高。总体而言,超高温条件下钻井液应从性能、配制与维护、复杂情况处理和环境保护等方面满足要求。

① 钻井液性能。从钻井液综合性能来讲,要满足超高温条件下的需要,应达到:钻井液流变性稳定,不出现高温稠化或高温减稠;钻井液高温高压滤失量低、泥饼质量好,悬浮稳定性好、携砂能力强,抑制性强,润滑性好;具有较好的储层保护能力;当需要加重至高密度时,钻井液能够满足加重的需要,用普通重晶石作为加重剂能够很容易加重至需要的密度。钻井液在井底温度下长时间静止后,流变性和滤失量能够满足要求。

② 钻井液配制与维护。钻井液主处理剂来源充分,价格相对低廉,抗温抗盐抗剪切能力强,所用钻井液处理剂种类尽可能少,钻井液现场配制方便,性能稳定,在钻进过程中易于维护处理。在维护处理过程中,关键是保证钻井液的流变性、滤失量和悬浮稳定性。

③ 复杂情况处理。在钻井过程中遇到井漏、井塌、卡钻、井涌或井喷等复杂情况,或钻井液受到地层流体污染时,钻井液能够满足复杂情况处理的需要。

④ 环境保护。钻井液对环境无污染或尽可能减少对环境的影响,钻完井后钻井液易于实施无害化处理,能够满足环境保护的要求。

2.超高温钻井液处理剂应具备的性能

超高温条件下,钻井液性能是否稳定,关键取决于处理剂的抗温和抗盐能力,对于处理剂而言,高温下性能稳定的关键是处理剂分子结构、功能基团和相对分子质量。

① 分子结构。从分子结构方面讲,要保证高温下稳定,处理剂应具备分子链刚性强,分子主链上含有环状结构,最好含芳环,或处理剂为高枝化程度的枝链结构或梳型结构。

② 功能基团。从功能基团来讲,主要涉及温度和盐对功能基团性能的影响。为保证钻井液处理剂高温下稳定,尽可能选用羟基和胺基、季铵基或水解稳定性强,高温下不发生基团变异的基团作为主要吸附基,以磺酸基、膦酸基为主要水化基。处理剂分子中要有足

量的吸附基团和水化基团,吸附基团高温下吸附能力强,吸附量受温度影响小,并能通过不同类型的吸附基团的协同作用,保证高温下有足够的吸附量。其次是盐对处理剂在黏土颗粒上的吸附量影响小,水化基团高温下水化能力强,盐敏性低。

③ 相对分子质量。作为降滤失剂,处理剂相对分子质量应尽可能低,一方面达到为了降低滤失量而使产品用量增加时,对体系的黏度影响小;另一方面,不致于因处理剂分子高温降解而影响其性能,同时保证常温下溶解快,黏度效应小,并对加重材料有分散作用;处理剂具有解絮凝作用,能够控制体系不出现稠化现象,保证体系的稳定性;有好的控制高温高压滤失量的能力,泥饼薄而韧。作为增黏、包被降滤失剂,在保证处理剂分子高温下稳定的前提下,相对分子质量要适当高,不同作用的处理剂间配伍性好,高温下具有协同增效作用,同时要有较强的抑制性,能有效地控制高密度钻井液中黏土粒子含量。

3.超高温条件下钻井液性能影响因素分析

超高温条件下影响钻井液性能的因素比较多,特别是在盐存在时,影响更复杂,既存在独立因素,也存在关联因素,归纳起来影响因素可以分为影响处理剂本身性能的因素和影响钻井液体系性能的因素两方面。

(1) 影响处理剂性能的因素

在钻井液处理剂方面,影响因素可以从化学因素和物理因素两方面来考虑。化学因素不可逆,物理因素当温度降低后会得到部分恢复,因此应尽可能减少因化学因素而带来的不利影响。

① 化学因素。化学因素包括处理剂分子的高温降解、高温交联和高温基团变异。

高温降解:高温下聚合物分子主链断裂将使处理剂相对分子质量降低,相对分子质量的降低将导致处理剂功能部分或全部丧失,最终影响钻井液性能。

高温交联:对于烯基单体聚合物而言,绝大多数情况下主要发生降解现象,但当体系中含有一些可诱导产生自由基的过渡金属离子时, 可以产生交联, 磺化酚醛树脂与磺化褐煤、磺化栲胶、磺化木质素等天然高分子材料,在高温下会发生交联。适当交联将有利于改善处理剂的降滤失能力,磺化酚醛树脂必须配合磺化褐煤才能发挥作用,便是利用高温交联这一特性。当体系中同时存在烯基单体聚合物和磺化酚醛树脂与磺化褐煤等处理剂时,它们之间也可以产生交联形成互穿网络,其结果是抵消了链状处理剂因降解带来的性能降低现象,从而保持或提高处理剂的作用效果,但当发生分子间或分子内过度交联时,会形成不溶于水的交联产物,致使处理剂失去作用,如果交联形成网状结构进一步交联成体型结构时,可以导致体系成为凝胶,产生高温稠化,使钻井液流变性变差。

基团变异:高温基团变异分两种情况,即基团高温水解和高温分解,当基团高温下发生水解时,基团性质将发生变化,如酰胺基等一些极性吸附基在高温下因水解产生基团变异(酰胺基变为羧基),使原本起吸附作用的基团转化为水化作用的基团,改变了处理剂分子上的吸附基和水化基比例,使处理剂在黏土上的吸附能力减弱,作用效果降低。当功能基发生分解时,功能基团分解将导致功能基减少,降低处理剂的吸附和水化能力,从而使处理剂抗盐污染能力和护胶能力降低,甚至完全失去作用。

② 物理因素。物理因素主要是高温对处理剂分子在黏土颗粒上的吸附和水化能力的影响,当钻井液中含盐时会使影响加剧。

高温解吸附:高温将导致处理剂在黏土颗粒上的吸附量减少,随着处理剂在黏土颗粒上的吸附量的减少,处理剂的作用效果将逐渐降低,使钻井液高温下流变性变差,滤失量增加,滤饼变虚。

去水化作用:随着温度的升高,处理剂分子中水化基团的水化能力降低,使处理剂高温下的护胶作用减弱,导致高温下钻井液滤失量上升,流变性变差。

当钻井液中含盐时,盐将使黏土颗粒聚结,减少处理剂在黏土颗粒上的吸附,同时使处理剂水化能力减弱,护胶能力下降。

(2) 影响钻井液性能的因素

从钻井液性能方面来讲,影响因素可以从处理剂的高温分解、高温对黏土的影响、高温对处理剂与黏土颗粒作用的影响来考虑。

① pH 值。高温作用后,由于部分处理剂分解以及黏土发生离子交换等,将导致钻井液 pH 值下降。不同组成的钻井液 pH 值下降程度不同,矿化度越高,pH 值下降程度越大,在低 pH 值下黏土水化能力变差,黏土基钻井液胶体稳定性变差。同时在低 pH 值下大部分处理剂作用效果降低,最终影响钻井液的稳定性。

② 处理剂消耗。由于处理剂在高温下发生主链降解和功能基团变异或分解,使其效果变差,严重时失去作用。高温下不仅加快处理剂的消耗,由于处理剂失效,将导致钻井液流变性变差、滤失量增加,要保证钻井液性能稳定,必须增加处理剂用量,增加钻井液维护处理次数,因此将消耗更多的处理剂。要有效地保证钻井液成本不至于过大,就要选择抗高温能力强的产品,即分子主链热分解温度高、功能基团热稳定性强、超过耐温上限的处理剂尽可能不用。

③ 黏土。高温对黏土的影响因体系的不同会产生不同的结果, 即高温分散、高温聚结、高温钝化现象,不同现象产生不同影响。当黏土高温分散时,由于高温加剧了黏土的分散,使钻井液中黏土颗粒变细,黏土粒子含量增加,如果控制不当,将导致钻井液流变性变差,直至出现高温稠化。相反,当黏土发生高温聚结时,因黏土粒子高温聚结使钻井液中的黏土颗粒变粗,黏土颗粒减少,滤饼质量降低,导致摩阻增加,同时减少处理剂在黏土颗粒上的吸附量,护胶作用降低,钻井液滤失量增加。当高温下黏土粒子产生高温钝化现象时,使钻井液中的黏土颗粒表面吸附能力降低,水化能力减弱,与处理剂间的架桥能力降低,将出现高温减稠,严重时悬浮能力下降,使加重剂沉淀,影响钻井液的稳定性。

(二) 设计的可靠性验证——220℃钻井液配方及性能评价

1.配方设计

基于前面的分析,超高温盐水钻井液配方设计的关键有三点,一是能够满足超高温下抗盐需要的处理剂选择,二是钻井液中合适黏土含量的选择与控制,三是钻井液高温高压滤失量和流变性控制。据此,在配方实验的基础上进行了盐水钻井液配方设计。

(1) 材料

膨润土(钠基)、重晶石、磺化褐煤(SMC)均取自现场(其质量符合行业或企业标准),高温分散剂 XJ-1、解絮凝降滤失剂 LP527、降滤失剂 MP488 和抗盐高温高压降滤失剂 HTASP 均为室内合成。

(2) 钻井液配方

在基本性能实验的基础上，以4%钠膨润土浆为基浆，采用HTASP与LP527、MP488、SMC等，通过调整HTASP加量，设计了含盐量分别为10%、15%、20%、25%和30%的盐水钻井液配方，并用重晶石加重至密度2.3g/cm³，不同钻井液组成：

1号：基浆+1.0% LP527+1.5% MP488+6% SMC+4% HTASP+0.5% XJ+0.5% NaOH+10% NaCl+重晶石；

2号：基浆+1.0% LP527+1.5% MP488+6% SMC+7% HTASP+0.5% XJ+0.75% NaOH+15% NaCl+重晶石；

3号：基浆+1.0% LP527+1.5% MP488+6% SMC+7% HTASP+0.5% XJ+1.0% NaOH+20% NaCl+重晶石；

4号：基浆+1.0% LP527+1.5% MP488+6% SMC+9% HTASP+0.5% XJ+1.25% NaOH+25% NaCl+重晶石；

5号：基浆+1.0% LP527+1.5% MP488+6% SMC+9% HTASP+0.5% XJ+1.5% NaOH+30% NaCl+重晶石。

按照上面5组配方分别配制含盐量不同的钻井液，并于220℃下老化16h，降温后向钻井液中加入0.5%的氢氧化钠，高速搅拌10min测定钻井液性能，结果见表12-2。从表中可以看出，5种含盐量不同的钻井液均具有良好的流变性，高温高压滤失量均≤16mL，说明体系具有良好的高温稳定性。表中实验结果还表明，当钻井液含盐量不同时，通过调整HTASP的加量，可以控制不同盐含量的盐水钻井液体系的性能。在实验条件下得到的密度2.3g/cm³的盐水钻井液，能够满足现场需要。

表12-2 不同盐含量的盐水钻井液性能

配方	*AV*/(mPa·s)	*PV*/(mPa·s)	*YP*/Pa	*Gel*/(Pa/Pa)	ρ/(g/cm³)	*FL*/mL	FL_{HTHP}/mL	pH值	温度/℃
1	111.5	80	31.5	4.5/15	2.3	3.4	14	8.5	55
2	110	78	32	13/31.5	2.3	2.6	14	8.5	55
3	81.5	63	18.5	2.5/7	2.3	2.8	12	8.5	55
4	128	98	30	16/27	2.3	1.0	10	9.0	55
5	112.5	84	28	14/27	2.3	10.5	16	8.5	55

注：高温高压滤失量测定条件为180℃、压差3.5MPa。

2.钻井液性能实验

在钻井液配方实验的基础上，按照2号配方，配制含盐15%的钻井液进行钻井液性能综合评价。

为了考察所设计配方的可操作性，平行配制3组密度2.3g/cm³含盐15%的盐水钻井液，经220℃高温老化16h后，加入0.5%的氢氧化钠，高速搅拌10min测定钻井液性能，实验结果见表12-3。从表中可以看出，3组实验结果相近，表明钻井液配方重复性较好，钻井液的流变性和滤失量均能够满足需要。

同时评价了钻井液的抑制防塌能力和悬浮稳定性。以15%的盐水钻井液为代表进行抑制性实验，以评价钻井液的抑制和防塌能力。在钻井液体系中加入不同量的岩屑粉，经过220℃高温老化16h后测定性能，实验结果见表12-4。从表中可以看出，钻井液具有较强的抗岩屑污染能力，即使岩屑加量达到15%，钻井液仍然具有较好的流变性。

表 12-3 钻井液重复配浆的实验

序 号	ρ/(g/cm³)	*AV*/(mPa·s)	*PV*/(mPa·s)	*YP*/Pa	*Gel*/(Pa/Pa)	pH值	*FL*/mL	FL_{HTHP}/mL
1	2.32	93	78	15	2.5/5.5	8.5	1.6	15
2	2.3	84	67	17	3.5/9.0	9.0	2.6	12
3	2.3	81.5	63	18.5	2.5/7	8.5	2.8	12

注:高温高压滤失量测定条件为 180℃、压差 3.5MPa。

表 12-4 岩屑污染实验

岩屑加量,%	ρ/(g/cm³)	*FL*/mL	*AV*/(mPa·s)	*PV*/(mPa·s)	*YP*/Pa	*Gel*/(Pa/Pa)	泥饼/mm	pH值
0	2.32	3.0	93	78	15	4.5/11	0.5	9.0
5	2.32	2.0	76.5	63	13.5	2/5	0.5	9.0
10	2.34	1.6	82	67	15	2/6.5	0.5	9.0
15	2.39	1.6	109	87	22	3/7.5	0.5	9.0

注:①岩屑粉为马 12 井 2700m 岩屑粉碎至粒径小于 0.15mm(100 目以上)。

表 12-5 是页岩滚动回收率试验结果。从表中可知,钻井液具有较高的二次页岩回收率,说明该体系抑制泥页岩分散的能力较强,能有效控制泥页岩水化分散。

表 12-5 页岩滚动回收率

项 目	R_1,%	R_2,%	R,%
盐水钻井液体系	97.3	95.8	98.5
清 水	13.55		

注:①试验条件:一次回收率(在聚合物溶液中的回收率)120℃/16h,二次回收率(一次回收所得岩屑在清水中的回收率)120℃/2h。②岩屑为马 12 井 2700m,岩屑粒径 1.7~3.35mm(10~6 目),用孔径 0.38mm(40 目)标准筛回收。

表 12-6 是密度为 2.3g/cm³ 的 15%盐水钻井液,经 220℃下滚动老化 16h 后,放入 1000mL 量筒中静置不同时间后测定的钻井液上、下部的密度。从表中可以看出,密度 2.3g/cm³ 的 15%盐水钻井液经过 72h 静置后,上下密度差为 0.04g/cm³,说明钻井液具有良好的沉降稳定性。

表 12-6 沉降稳定性实验

时间/h	24	48	72
上部密度/(g/cm³)	2.29	2.28	2.28
下部密度/(g/cm³)	2.31	2.32	2.32

(三) 设计的可靠性验证——240℃钻井液配方及性能评价

1.影响因素实验

在前面研究的基础上确定了实验用基础配方:(1%~6%)膨润土浆+(0.5%~2.5%)MP488+(2.5%~3.5%)LP527+(0.5%~3.0%)CGW-5+(3.0%~7.0%)HTASP+(0.5%~2.0%)NaOH+36% NaCl+重晶石(加重至密度为 2.0g/cm³)。采用上述配方为基础,考察膨润土含量、NaOH 加量、不同处理剂及加量对钻井液性能的影响,评价实验时将钻井液在 240℃老化 16h,然后在 60℃下测定其常规性能,高温高压滤失量在 180℃、3.5MPa 下测定,结果见表 12-7:随着钻井液中膨润土含量的增加,钻井液的黏度和切力逐渐升高,中压滤失量、高温高压滤失量先降低后升高。结合实验结果及实验现象,选择膨润土加量为 2%~4%较好。

随着 NaOH 加量的增加,即体系 pH 值的升高,钻井液的表观黏度和动切力逐渐降低,而高温高压滤失量先降低后增大(见表 12-8),从流变性和滤失量考虑,NaOH 的合适加量为 1.0%~1.5%。从表 12-8 还可以看出,老化后钻井液的流变性通过调整体系的 pH 值可以得到明显改善,高温高压滤失量也有一定的降低,所以超高温饱和盐水钻井液的 pH 值在

8.5~9.5 之间较好，这是因为当 pH 值过低时，黏土水化分散性弱，黏土颗粒聚结导致钻井液增稠；当 pH 值过高时，钻井液中的黏土颗粒容易产生高温钝化，使钻井液塑性黏度提高，动切力和初终切降低，滤失量增大，pH 值过高还会促使处理剂水解，加剧处理剂高温失效的速度。

表 12–7 膨润土含量对饱和盐水钻井液性能的影响

膨润土加量，%	*AV*/(mPa·s)	*PV*/(mPa·s)	*YP*/Pa	*Gel*/(Pa/Pa)	*FL*/mL	泥饼/mm	FL_{HTHP}/mL
1	89.5	59.0	30.5	12/15.5	9.8	1.0	62
2	90.5	53.0	37.5	19/28.0	6.8	0.5	32
3	85.0	54.0	31.0	10/24.0	4.4	0.5	26
4	96.0	61.0	35.0	14/20.0	7.8	0.5	20
5	119.0	69.0	50.0	24/26.0	6.0	0.5	30
6	128.0	82.0	46.0	20/24.5	5.2	1.0	50

表 12–8 pH 值对饱和盐水钻井液老化后性能的影响

NaOH，%	pH值调整情况	*AV*/(mPa·s)	*PV*/(mPa·s)	*YP*/Pa	*Gel*/(Pa/Pa)	*FL*/mL	pH值	FL_{HTHP}/mL
0.5	不调整	107.5	53.0	54.5	35.0/44.0	4.8	7.0	40
	调 pH 值	76.0	35.0	41.0	23.0/26.0	4.8	9.0	28
1.0	不调整	64.0	41.0	23.0	9.0/14.5	8.0	7.5	20
	调 pH 值	62.0	40.0	22.0	9.0/13.5	7.0	9.0	16
1.5	不调整	65.0	40.0	25.0	7.0/11.5	13.0	7.5	30
	调 pH 值	62.0	47.0	15.0	5.0/12.0	14.0	9.0	24
2.0	不调整	59.0	53.0	6.5	1.5/4.0	11.0	8.0	50
	调 pH 值	49.5	36.0	13.5	3.0/8.0	12.0	9.0	38

在其他材料加量一定时，随着高温稳定剂 CGW–5 加量的增加，钻井液的表观黏度、切力逐渐增加，而高温高压滤失量是先降低后增加，见表 12–9。这是由于当加量过大时，滤液黏度增加，不利于滤饼快速形成，导致滤失量增加，结合实验结果，CGW–5 的加量在 1.5%~2.0%较合适。

表 12–9 高温稳定剂 CGW–5 对饱和盐水钻井液性能的影响

加量，%	*AV*/(mPa·s)	*PV*/(mPa·s)	*YP*/Pa	*Gel*/(Pa/Pa)	*FL*/mL	pH值	FL_{HTHP}/mL
0.5	67.5	47.0	20.5	8.0/12.0	4.0	9.0	44
1.0	66.5	45.0	21.5	9.5/13.5	4.8	9.0	36
1.5	68.5	44.0	24.5	11.0/17.0	3.2	9.0	20
2.0	75.5	47.0	28.5	12.0/19.0	2.8	8.5	24
3.0	80.0	50.0	30.0	16.0/23.0	4.4	8.5	32

抗高温解絮凝剂 LP527 的加量从 2.5%增加至 3.5%，钻井液的表观黏度从 76.5mPa·s 下降至 63.5mPa·s，动切力从 35.5Pa 下降至 22.5Pa，静切力从 19.5Pa/30Pa 下降至 7Pa/19Pa，而中压滤失量和高温高压滤失量变化不大(见表 12–10)，说明在高温饱和盐水钻井液中利用解絮凝剂可有效改善钻井液的流变性。LP527 相对分子质量较低，在饱和盐水钻井液中可以吸附在膨润土颗粒的断键边缘形成吸附水化层，削弱黏土颗粒之间因盐的絮凝作用形成的端–面和端–端的连接，削弱或拆散钻井液中的空间网架结构，降低黏度和切力。

表 12-10 LP527 加量对钻井液性能的影响

加量,%	AV/(mPa·s)	PV/(mPa·s)	YP/Pa	Gel/(Pa/Pa)	FL/mL	FL_{HTHP}/mL
2.5	76.5	41.0	35.5	19.5/30.0	5.2	39
3.0	70.5	45.0	25.5	14.0/22.0	7.2	46
3.5	63.5	41.0	22.5	7.0/19.0	5.6	36

如表 12-11 所示,在其他处理剂加量一定时,随抗高温降滤失剂 MP488 加量的增加,钻井液的表观黏度、切力逐渐增加,而中压滤失量和高温高压滤失量逐渐降低。这说明 MP488 在饱和盐水浆中有能较好地提高钻井液的黏度和切力、降低钻井液的高温高压滤失量的作用。

表 12-11 MP488 加量对钻井液性能的影响

加量,%	AV/(mPa·s)	PV/(mPa·s)	YP/Pa	Gel/(Pa/Pa)	FL/mL	FL_{HTHP}/mL
0.5	45.5	33.0	12.5	2.5/6.5	15.0	118
1.0	61.0	43.0	18.0	5.5/9.5	11.6	84
1.5	85.5	66.0	19.5	12.0/16.0	7.6	64
2.0	94.0	71.0	23.0	15.0/21.0	6.4	50
2.5	103.0	75.0	28.0	18.0/27.0	5.8	42

2.钻井液配方的确定及性能评价

通过对各种不同处理剂加量的考察,在前面研究的基础上确定了抗温达 240℃、密度为 2.0g/cm^3 的饱和盐水钻井液配方:(2%~4%)膨润土浆+(1%~2%)MP488+(3%~4%)LP527+(1%~2%)CGW-5+(5%~9%)HTASP+(1%~2%)NaOH+36% NaCI+重晶石,采用该配方平均值配制的饱和盐水钻井液的漏斗黏度为 76s,滤失量为 2.8mL,表观黏度为 75mPa·s,动切力为 21Pa,静切力为 8Pa/13.5Pa,180℃下的高温高压滤失量为 16mL。

按照上述配方配制钻井液,进行了抗钙、黏土、岩屑污染及悬浮稳定性实验。将钻井液经 240℃老化 16h 后,加入不同加量的 $CaCl_2$,常温下测其性能,结果见图 12-1。从图中可以看出,随着钙离子含量的增加,钻井液的滤失量出现降低增加交替变化趋势,表观黏度略有降低,但幅度均不大,当钙离子累计含量达 5000mg/L 后,钻井液仍具有良好的流变性和较低的滤失量,表明钻井液具有一定的抗钙离子污染的能力。

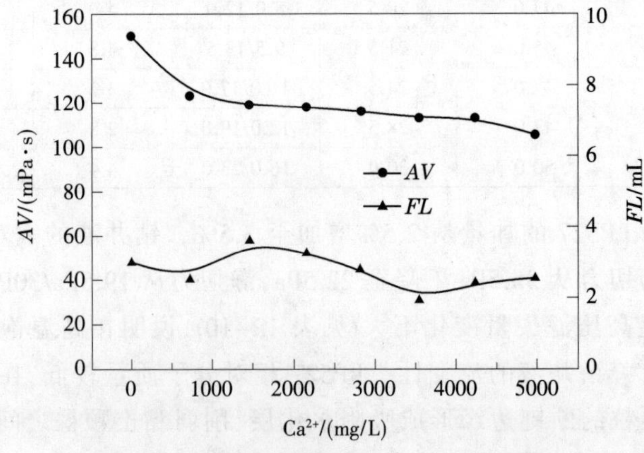

图 12-1 氯化钙加量对钻井液性能的影响

将页岩加入饱和盐水钻井液中，经过240℃老化16h后，测得页岩的一次回收率为97.4%，二次回收率为89.35%，相对回收率为91.74%。在饱和盐水钻井液中分别加入5%岩屑粉和5%钙膨润土，经240℃老化16h后，仍具有良好的流变性和较低的滤失量(见表12–12)。说明钻井液体系具有较强的抑制能力，可有效地控制泥页岩的水化分散、控制劣质固相的高温分散。饱和盐水钻井液经240℃老化16h后，静置72h，钻井液的上下密度差仅为0.04g/cm^3，说明该钻井液具有良好的沉降稳定性。

表12–12 抗黏土、岩屑污染实验

污染物	ρ/(g/cm^3)	*PV*/(mPa·s)	*YP*/Pa	*Gel*/(Pa/Pa)	*FL*/mL	pH值	FL_{HTHP}/mL
空 白	2.01	54	21	8/13.5	2.8	9.0	16
5%岩屑	2.02	36	8	1/4.5	1.0	8.5	15
5%膨润土	2.01	55	20	7/11.0	1.4	8.5	8

三、超高温钻井液的现场应用

本节第二部分就超高温钻井液设计，从设计依据、设计思路的验证等方面对影响超高温钻井液性能的因素、超高温钻井液的难点及超高温钻井液配方进行了初步探讨，为超高温钻井液体系的研究奠定了一定基础。杨小华等[32,33]基于超高温钻井液处理剂的研制，采用超高温降滤失剂PFL–M、PFL–L等与现场常用抗温处理剂配伍，形成了一套能够满足现场需要的超高温钻井液体系，并在现场应用中见到了较好的效果。

(一) 配伍性实验

采用抗高温降滤失剂PFL–M、PFL–L设计超深井抗高温钻井液体系，并分别进行了常温、220℃高温滚动16h后性能评价。所设计钻井液经220℃高温滚动16h后钻井液性能见表12–13。从实验结果可知，淡水钻井液体系经220℃高温16h后*AV*=33mPa·s，*PV*=22mPa·s，*YP*=11Pa，Q_{10s}=1.0Pa，Q_{10min}=3.5Pa，*FL*=6.4mL，黏度变化率为26%，滤失量变化率为15.8%，表现出较好的高温稳定性。

表12–13 钻井液经220℃滚动16h前后性能

配 方	实验条件	*FL*/mL	*AV*/(mPa·s)	*PV*/(mPa·s)	*YP*/Pa	初切/Pa	终切/Pa	pH值	*AV*变化率，%
4%基浆	常 温	21	15	9	6	3.5	4		63
	220℃/16h	25	5.5	5.0	0.5	0		7.5	
4%基浆+1% PFL–M+1.0% PFL–L+2% SMP+2% SMC	常 温	7.6	45	37	8	1.5	6	9	26
	220℃/16h	6.4	33	22	11	1.0	3.5	9	

适当调节处理剂和重晶石加量，控制固相含量，分别得到密度为1.83g/cm^3、2.0g/cm^3的钻井液体系。并将其在220℃下老化16h，然后测定其性能，同时测定高温高压滤失量(HTHP为220℃滚动16h后180℃测定)，实验结果见表12–14。从表中可看出，当处理剂加量适当时，可以得到稳定性较好的钻井液体系。

(二) 配方确定

室内以PFL–L、PFL–H为主剂，与优选出的磺化类降滤失剂、抑制剂、封堵防塌剂、润滑剂等处理剂配伍，形成抗200℃强抑制盐水及淡水钻井液体系，两种钻井液的性能见表

12-15。由表 12-15 可见，两种抗 200℃高温钻井液体系高温老化后钻井液性能稳定，且 API 滤失量低，强抑制盐水钻井液的高温高压滤失量在 180℃下为 13mL、195℃下为 20mL，强抑制淡水钻井液高温高压滤失量在 195~200℃下为 11.8mL。

表 12-14 加重钻井液 220℃滚动 16h 性能

实验号①	ρ/(g/cm³)	FL_{API}/mL	AV/(mPa·s)	PV/(mPa·s)	YP/Pa	Gel/(Pa/Pa)	FL_{HTHP}/mL
1	1.83	4.0	85	55	30	11.5/16	15
2	2.0	2.0	59	47	12	2.5/7	26
3	2.0	4.8	78	65	13	1.5/7.5	14

注：①1 号配方：3%浆+2% PFL-L +2% SMP+4% SMC+0.5% ZSC-201+0.5% NaOH+重晶石；2 号配方：2%浆+2% PFL-L+4% SMP+4% SMC+0.5% ZSC-201+1.0% NaOH+重晶石；3 号配方：2%浆+0.3% PFL-H+0.5% PFL-L+2.0% SMP+6.0% SMC+0.5% ZSC-201+2.0% NaOH +36.0% NaCl+重晶石。

表 12-15 钻井液性能实验结果

钻井液类型	实验条件	ρ/(g/cm³)	流变参数						FL/mL	pH值	K_f
			ϕ_{600}	ϕ_{300}	ϕ_{200}	ϕ_{100}	ϕ_6	ϕ_3			
抑制盐水钻井液①	室 温	1.42	196	113	83	50	12	10	2.2	10	0.06
	200℃/16h	1.42	138	89	70	49	20	18	2.6	9	0.06
强抑制淡水钻井液②	室 温	1.42	210	128	95	60	16	14	1.6	10	0.06
	200℃/16h	1.42	155	109	89	49	20	18	2.6	9	0.06

注：①4%膨润土浆+0.3% NaOH+1.5% PFL-L+0.5% PFL-H+0.2% PAC-LV+6% SPNH+4% SMC+3% HQ-10+2%白油+2% KD-05+0.2% SP-80+0.2% Na_2SO_3+5% KCl+2% QS-2；②4%膨润土浆+0.3% NaOH+1.5% PFL-L+0.3% PFL-H+0.2% PAC-LV+6% SPNH+4% SMC+3% HQ-10+2%白油+2% KD-05+0.2% Na_2SO_3+2% QS-2。

(三) 现场应用

徐闻 X3 井是在北部湾盆地部署的一口重点预探井，属于大井斜长稳斜段三靶点的高难度定向井，设计垂深 5100m，斜深 5664.16m，井斜 35°，水平位移 1893.92m，三开预计井底温度为 187℃。根据邻井徐闻 X1 和徐闻 X2 井的资料显示，该区块下第三系流沙港组有大段微裂隙发育的硬脆性泥岩，压力系数较大，易剥落掉块，极易导致井下事故，故要求钻井液具有良好的高温稳定性、封堵防塌能力、润滑性。

徐闻 X3 井三开钻至井深 5000m 后，随着井深的增加，井底温度增高，水平位移增加，摩阻扭矩增大，为应对随时可能钻遇的流沙港二段易垮泥岩，确保井下安全，逐渐将普通聚磺钻井液体系转换为超高温钻井液体系，达到降低钻井液高温高压滤失量、改善润滑性、降低摩阻扭矩的目的。将 PFL-L、PFL-H 与 SMC、SPNH、Na_2SO_3、SP-80、NaOH 按一定比例配制，同时补充 FST-1、QS-2、PE、HQ-10 等防塌封堵性材料提高泥饼的致密性，改善泥饼质量，有效封堵部分裂缝、孔隙，降低钻井液消耗量。

为降低摩阻扭矩，不断补充石墨和白油，润滑剂含量保持在 3%~5%之间，摩擦系数控制在 0.04~0.06 之间。180℃高温高压滤失量由 24mL 逐渐降低至 10mL，低滤失量、致密润滑性好的泥饼大大降低了大斜度长裸眼井段黏卡的风险。为降低钻井液消耗量，保持钻井液密度介于 1.1~1.14g/cm³，充分利用四级固控设备，有效清除无用固相，特别是亚微米级固相含量，钻井液固含量基本保持在 10%左右。

钻至井深 5582.9m 更换部分钻杆，预计井底温度 190℃左右，钻井液在高温下静置 120h，起钻前、下钻后钻井液性能见表 12-16。由表 12-16 可见,长时间高温静置后进行下钻循环,钻井液流变参数变化不大,高温高压滤失量也没有增加,钻井液性能平稳,未出现高温增稠等现象,说明该钻井液高温稳定性好。现场应用表明,该抗钻井液体系具有良好的流变性,满足现场携岩要求,顺利完钻,完钻井深 6010m,垂深 5397.43m,水平位移 2017.22m,井深 5974m 处电测温度为 211℃。

表 12-16 高温下钻井液静止 120h 前后性能变化

施工情况	FV/s	ρ/(g/cm³)	FL_{API}/mL	FL_{HTHP}/mL	pH值	AV/(mPa·s)	PV/(mPa·s)	YP/Pa	Gel/(Pa/Pa)
起钻前	79	1.11	4.8		9.5	47.5	39	8.5	8.5/19
	77	1.12	5.0	16	10	49.5	40	9.5	7/18
	87	1.10	4.8		10	47.5	37	10.5	9/20.5
	82	1.10	4.0	15	10	47.5	37	10.5	8.5/20.5
下钻后	68	1.12	3.8		9.5	47	36	11	4/9
	70	1.12	4.0	16	10	46.5	34	12.5	4.5/9
	68	1.12	4.0		9.5	45	34	11	4.5/9
	67	1.12	4.0	15.2	9	48.5	38	10.5	4.5/8

此外,还有一些关于超高温钻井液体系的成功应用实例也为超高温钻井液的研究奠定了基础。如泌深 1 井是中国石化的一口重点探井,完钻井深为 6005m,实测井底温度达到 236℃。通过室内实验优选出抗 220℃和抗 245℃两套超高温水基钻井液。应用结果表明,两套超高温钻井液流变性好,具有较高的抗温能力、抑制能力和悬浮携带岩屑能力,摩阻系数低,泌深 1 井在四开高温井段的钻井过程中没有发生井下复杂情况,顺利完钻。关于泌深 1 井超高温水基钻井液体系及应用情况可以参考有关文献[34,35]。

胜科 1 井井深超过 7000m,井底温度为 235℃,压力超过 100MPa。该井地层情况复杂,存在盐岩、泥页岩及盐膏泥混层,钻井液性能难以调控。该井四开(4155~7026m)钻进使用了聚磺封堵防塌钻井液、高密度聚磺非渗透钻井液和超高温钻井液。应用结果表明,这 3 种钻井液的高温稳定性、润滑性和剪切稀释特性良好,在高固相情况下仍具有良好的流变性和低的高压滤失量,经受住各种可溶性盐类及高价离子的污染,配制和维护处理方便,各种钻井液之间的转换非常顺利,没有出现任何井下复杂情况,尤其是该井采用的超高温钻井液体系有效地保证了胜科 1 井的安全、快速钻进。详细情况见文献[36]。

四、超高温钻井液的现场维护处理要点

超高温钻井液的维护处理除满足常规钻井液维护处理要求之外,还需要根据本节第二部分超高温水基钻井液设计依据所述关键点,从以下几方面重点注意。

(一) 高温高压流变性控制

① 对于超高温钻井液,要严格控制钻井液中膨润土和固相含量,尤其是膨润土含量控制在适当范围,以保证钻井液的流变性和稳定性,对于高密度钻井液体系,还需要优选碱土金属化合物含量低、密度高、粒度级配合理的加重材料,必要时可以通过对加重材料进行表面活化提高其悬浮稳定性;

② 采用黏度效应小、高温稳定性好的处理剂,以避免处理剂足量加入时室温下钻井液黏、切过高,同时减少由于高温下处理剂降解或分解导致的性能大幅度下降;

③ 防止酸性气体(二氧化碳和硫化氢等)污染；

④ 维护体系中合理的自由水含量；

⑤ 对于易水化分散的地层，强化体系的抑制性，并严格控制钻井液 pH 值在 9~10 左右，既有利于控制泥页岩分散，又有利于处理剂作用的发挥；

⑥ 为了准确把握影响钻井液性能的主要因素，尽可能减少处理剂的种类；

⑦ 钻井液循环及固相控制系统运转良好，保证钻井液清洁。

(二) 高温高压滤失量控制

① 控制合适的膨润土含量，必要时可以添加适量的海泡石以有效地保证体系的胶体稳定性；

② 采用高温下结构稳定、基团稳定，且高温下吸附能力和水化能力强的处理剂；

③ 针对处理剂的消耗情况，及时补充处理剂，保持处理剂量能够满足高温高压滤失量的控制；

④ 结合高温高压流变性控制中提到的优选高密度、粒度级配合理的加重材料，并采用表面活化的加重材料以有利于解决控制滤失量和流变性控制的矛盾；

⑤ 现场尽可能采用低相对分子质量或低黏度效应的聚合物处理剂或合成树脂类降滤失剂。

(三) 准确把握钻井液在井下的情况

由于高温高压条件下对钻井液性能的特殊要求，不仅是室内，即使是现场也需要能控温的流变仪、加压密度计、高温高压失水仪、恒温高速搅拌器等，以获得钻井液高温高压状况下钻井液的真实性能，找准主要影响因素，有针对性地指导现场钻井液性能维护处理。

五、超高温钻井液发展方向

尽管在超高温钻井液方面已经开展了一些研究和应用，并取得了一些经验和初步认识，但由于应用面还较小，要确保超高温条件下安全顺利施工，仍然需要开展深入研究，形成配套的钻井液处理剂和钻井液体系，结合超深井钻井技术发展方向及目前现状，提出超高温钻井液发展方向。

(一) 水基钻井液

尽管国内在水基钻井液方面已经开展了一些工作，但还没有形成成熟配套的钻井液处理剂，今后应集中力量把其研究方向放在超高温钻井液处理剂研制上来，重点围绕解决超高温钻井液的流变性和高温高压滤失量控制，关键是在抗高温不增黏聚合物处理剂和超深井的高温高压降滤失剂、抑制剂和降黏剂研制的基础上，优化钻井液配方，进一步提高钻井液的抗污染和抗温能力。并重点考虑如下方面：

1.单体开发

针对超高温钻井液处理剂研制的需要，开展新单体合成与转化，如乙烯基甲(乙)酰胺、2-丙烯酰胺基长链烷基磺酸、*N*,*N*-二甲(乙)基丙烯酰胺和异丙基丙烯酰胺、(甲基)丙烯酰氧乙基三甲基氯化铵等工业化研究。*N*-(甲基)丙烯酰氧乙基-*N*,*N*-二甲基磺丙基铵盐、2-丙烯酰胺基-2-苯基乙磺酸等单体的合成工艺研究。在应用的基础上，通过优化工艺参数提高(2-丙烯酰氧基)-异戊烯磺酸钠、对苯乙烯磺酸钠、乙烯基磺酸钠等单体的收率和纯度，降低生产成本，使其在超高温钻井液处理剂合成中发挥更大的作用。

2.处理剂研制

研制低相对分子质量聚合物降滤失剂、降黏剂、抑制剂、润滑剂和超高温抗盐高温高压降滤失剂；利用腐殖酸等来源丰富价格低廉的天然材料，通过接枝共聚改性和高分子化学反应获得高性能超高温钻井液处理剂。

3.超高温钻井液体系

① 在聚磺钻井液的应用经验基础上，通过引入新型超高温聚合物处理剂，并经配方和性能优化，使其抗温性能提高到200℃以上；

② 研制抗温不低于240℃，密度不小于2.4g/cm³ 的抗饱和盐的超高温高密度钻井液，重点是解决流变性和高温高压降滤失剂控制问题；

③ 研制抗温不低于200℃，密度不小于2.0g/cm³ 的超高温无黏土相钻井液，重点是通过抗高温增稠剂、流变性控制剂和高温高压降滤失剂的研制，有机盐加重剂的优选解决钻井液高温下的流变性、滤失量和悬浮稳定性。

(二) 油基钻井液

在油基钻井液方面，国内与发达国家比，明显滞后，故更要重视油基钻井液开发，当温度超过200℃，高密度水基钻井液的难度会大幅度增加，特别是当温度大于240℃时对于水溶性聚合物处理剂来讲，由于已经达到应用的极限(主要是基团的稳定性)，提高钻井液抗温性虽然可以实现，但难度很大，因此，如果走油基钻井液这一思路，从技术上要容易得多。在油基钻井液方面，围绕改善钻井液的悬浮稳定性和流变性以及乳化稳定性，从以下方面开展工作。

1.处理剂研制

研制新型的油基钻井液处理剂，特别是超高温高效乳化剂、增黏剂、降滤失剂，并在此基础上形成抗温不低于220℃，密度不小于2.0g/cm³ 超高温高密度的油基钻井液体系；通过重晶石加工处理、新的加重剂选择，或者通过研制高性能提切、提黏剂和表面活性剂，提高钻井液的沉降稳定性。

2.低毒油基钻井液

① 围绕油基钻井液向低毒或无毒方向发展目标，选择或研制新的无毒或低毒基础油，如低芳香烃的矿物油、无芳香烃基油和植物油，同时研制可降解油基钻井液处理剂；

② 研制可逆乳化钻井液体系，重点是乳化剂的研制及配伍性处理剂的优选或研制以及体系综合性能优化，保证钻井液较低的滤失量和较高的乳化稳定性。

3.循环利用技术

油基钻井液通过循环利用、固液分离和含油钻屑的处理，形成经济可行的废弃钻屑处理技术。

4.基础研究

研究油基钻井液的流变性、稳定性等，形成系统的流变性控制方法，建立钻井液体系流变性和密度预测模型。

(三) 合成基钻井液

合成基钻井液有利于提高钻井速度、井壁稳定和油气层的保护，同时有利于环境保护，可实现钻井液体系的高效、多功能化，在全世界范围内，使用合成基钻井液的井已达500多口,使用的地区包括墨西哥湾、北海、远东、欧洲大陆、南美等地区和澳大利亚、墨西哥及俄罗斯等国家和地区,其中墨西哥湾和北海地区占使用合成基体系总数的90%以上。但国外在超高温高密度合成基钻井液的应用还较少，我国在整个合成基钻井液方面应用均较少,超高温高密度合成基钻井液更少,因此国内应该围绕超高温高压条件下钻井的需要,在合成基钻井液方面开展以下工作：

① 低成本、环保合成基钻井液。借鉴国外经验,在引进、消化、吸收的基础上研制和应用既有利于井壁稳定和油气层保护,又有利于环境保护的合成基钻井液体系,并努力使合成基钻井液更具有经济性。

② 合成基研制。结合国内情况开展新型合成基材料的选择或研制,并在降低成本上下功夫,探索抗温大于200℃的生物质合成基研究,为实施绿色合成基钻井液研究打基础。

③ 处理剂开发。研制超高温合成基钻井液配套的处理剂,如乳化剂、流型调节剂和增黏剂等,同时开展加重剂处理及新的加重剂的优选。

④ 基础研究。超高温高压条件下高密度合成基钻井液流变性、悬浮稳定性研究。

⑤ 完善工艺。探索合成基钻井液的现场应用工艺及配套技术,包括合成基钻井液的回收再利用。

总而言之,国外在超高温高密度钻井液处理剂及钻井液体系方面已开展了卓有成效的工作,油基钻井液和水基钻井液体系的使用温度已经超过260℃,并形成了配套的钻井液处理剂和成熟的钻井液体系。与国外相比，国内在油基和合成基钻井液方面存在很大差距,因此需要在这方面加大投入。在超高温水基钻井液,特别是在超高温高密度钻井液研究方面,国内研究水平接近国际先进水平,但大部分研究仅局限在实验室阶段,研究的针对性还不强。今后应集中力量把研究重点放在超高温钻井液处理剂的成果转化上来,并根据超深井的需要开发抗高温不增黏处理剂和抗高温抗盐高温高压滤失量控制剂、流型调节剂、润滑剂的研制上。强化油基钻井液和合成基钻井液的攻关,油基和水基钻井液并重,通过钻井液体系配方优化以及钻井液高温性能评价，不断完善超高温高密度钻井液的性能,提高钻井液技术水平,形成适用的超高温高密度钻井液,以解决深井、超深井钻井液在高温情况下流变性和滤失量控制问题,从而满足石油工业发展的需要。

第二节 超高密度钻井液

随着石油勘探开发向深部发展,深井、高压井逐渐增多,对钻井液性能的要求越来越高,从而对钻井液处理剂提出了更高的要求,既要求处理剂加入钻井液中具有较低高温高压滤失量以及较高抗温抗盐性能,又要求处理剂具有保持钻井液具有良好的流变性及沉降稳定性的能力。国外高温高压地层主要集中于欧洲北海地区,所涉及到的高密度体系大多为1.80~2.20g/cm³,最高钻井液密度为2.30g/cm³,压井液密度为2.64g/cm³。国内钻遇高压或异常高压地层的井主要集中在西部和西南部地区，西部地区典型超高压井主要有克拉4井、英深1井、旺南1井等。西南地区典型超高压井主要有官3井和官7井,官3井用密度2.87~2.91g/cm³超高密度钻井液压井成功。官7井用密度2.64g/cm³超高密度钻井液实施了压井,由于不能正常钻进,最终提前完钻。至官深1井之前,国内外尚未有采用2.70g/cm³以上密度钻井液顺利实施钻探施工的先例，官渡地区面临的是30年来始终未能有效解决异常高压层下的油气勘探技术难题。为此，中国石化工程技术研究院开展了有针对性的研究，在各施工单位的共同努力和配合下，并最终用密度2.87g/cm³的超高密度钻井液成功完成了官深1井超高压地层的钻井施工，使2.87g/cm³超高密度钻井液实钻成为现实，为了超高密度钻井液研究与应用奠定了基础。本节结合实践及有关研究和文献，对密度超过2.70g/cm³超高密度钻井液研究与应用中取得的一些新认识进行简要介绍。

一、超高密度钻井液设计

近年来，人们对超高密度的关注度逐渐增加，围绕高密度超高密度钻井液开展了一系列分析和探索。蔡利山等[37]针对高密度钻井液技术难点，对国内已经使用的高密度(1.80~2.50g/cm³)、超高密度(2.50~3.00g/cm³)钻井液进行了系统分析，就高密度、超高密度钻井液作业中遇到的难点、技术问题进行了讨论，并对特高密度钻井液体系可能遇到的技术问题进行了探讨，提出了可能的突破方向和技术方案，并结合最新的研究情况，认为形成具有良好流动性的超高密度钻井液体系的手段大致有3种[38]：即加重剂选择、新型分散剂和降滤失剂研制和配方的优化，为高密度、超高密度钻井液体系的研究和应用提供了有益的参考。由于超高密度钻井液固相体积分数高，在研究中传统的钻井液相关机理已表现出局限性，以下针对超高密度钻井液的特征，对超高密度钻井液技术难点和设计要点进行了简要归纳。

(一) 技术难点

对于超高密度钻井液来说，随着固相含量升高，致使钻井液黏度迅速增加，切力上升，内摩擦增加，剪切稀释性变差，高密度固相容易聚结沉淀并形成结构，从而导致钻井液流变性控制困难，主要体现在：

① 当加重材料体积分数占钻井液总体积的50%以上时，将严重影响钻井液流变性和稳定性，且由于存在滤失量控制和流变性控制矛盾，若滤失量增加，将使泥饼质量差，黏附系数大，易造成卡钻事故。

② 超高密度条件下固控设备的使用受到限制，钻遇泥页岩地层和其他易水化地层时，大量低密度钻屑及黏土侵入钻井液中，造成钻井液的固相含量进一步增加，导致钻井液中的有害固相难以清除。由于超高密度钻井液固相容限低，加之有害固相的吸水性使钻井液流变性控制难度进一步加大。

③ 由于超高密度钻井液中膨润土含量控制的非常低，作业过程中钻井液若受到盐水侵，悬浮稳定性会受到破坏。同时，盐的聚结或絮凝作用，给钻井液流变性、滤失量及悬浮稳定性控制带来困难。

④ 超高密度钻井液流变性和沉降稳定性之间的矛盾突出，实钻过程中经常会陷入加重→稠化→降黏(稀释)→加重剂沉降→……的不良循环。

⑤ 在钻井液维护处理中，用高质量分数胶液护胶和高固相含量之间的矛盾，实钻中要想获得较低的高温高压滤失量及较好的胶体稳定性，就需要加入高浓度的处理剂胶液，高浓度的胶液一般情况下都伴随着高的胶液黏度，往往出现高黏度的胶液加不进高固相含量钻井液中的现象，尤其在重晶石体积分数高达50%以上时，固、液两相间的主体作用已很难区分，若用低含量稀胶液维护，势必增加液相体积分数，使密度降低，甚至出现悬浮稳

定性下降,影响钻井液性能。

⑥ 缺乏专用的超高密度钻井液处理剂,高密度加重材料选择困难,普通重晶石加重剂在超高密度钻井液中黏度效应更大,对钻井液组成要求更高。

(二) 设计原则与要点

1.对超高密度钻井液处理剂的要求

超密度钻井液性能是否满足要求,关键取决于处理剂,对于处理剂而言,高固相情况如何保证钻井液稳定,其关键是处理剂功能基团及基团数量、分子结构和相对分子质量。

① 功能基团及基团数量。从功能基团来讲,主要涉及吸附和水化能力对处理剂作用的影响。为保证钻井液性能稳定,既不希望固相聚结也不希望过度分散,因此处理剂分子链上的吸附基对吸附介质的选择性不能太强,否则将会因为钻井过程中固相成分的变化导致吸附点转移而引起的结构力变化以及对某一固相成分的过度吸附,引起流变性波动。水化基团的水化能力必须足够强,以通过处理剂的水化作用,减少固相颗粒的吸水量和聚并现象。基于超高密度钻井液的特殊性,处理剂在保证一定链长的情况下,要有尽可能多的基团(即基团密度大),以有效控制重晶石参与的结构形成的倾向。盐和温度对处理剂吸附和水化能力的影响尽可能小,保证钻井液的流变性、滤失量和悬浮稳定性受盐和温度的影响尽可能小。

② 分子结构。从分子结构方面讲,要保证超高密度钻井液性能稳定,处理剂分子链要有利于增加基团数量,保证有效吸附,高枝化程度的枝链结构或梳型结构有利于保证前面所述的要求。就结构而言,采用非线性结构,降低体系的网状结构和强度,保持低黏切,同时还可以减少水化后的分子间的摩擦阻力,改善钻井液的润滑性。

③ 相对分子质量。分散剂采用低相对分子质量聚合物或天然材料改性产物,并优化吸附基和水化基团的比例。而作为降滤失剂,处理剂相对分子质量应尽可能低,一方面达到为了降低滤失量而使产品用量增加时,对体系的黏度影响小(黏度效应小);另一方面,不致于因处理剂分子高温或剪切降解而影响其控制滤失量和解絮凝的能力。

在形成超高密度钻井液体系时,应尽可能减少处理剂种类,保证处理剂的低加量,减少液相黏度增加对钻井液造成的不利影响。对处理剂而言,除分散剂外,要求其他处理剂对加重材料也要有分散作用,如降滤失剂,在控制滤失量的同时在钻井液中具有解絮凝作用,能够控制体系不出现稠化现象,保证体系的稳定性,有好的控制高温高压滤失量的能力,泥饼薄而韧,保证润滑性良好。同时要有较强的抑制性,能有效地控制高密度钻井液中黏土粒子含量。降滤失剂和分散剂配伍性好,具有协同分散和降滤失作用。

2.对钻井液性能的要求

从钻井液综合性能来讲,超高密度钻井液除满足基本的钻井液性能要求的前提下,要满足如下要求:

① 钻井液流变性满足钻井液循环要求,为了保证开泵顺利,结构力不能过强;

② 钻井液高温高压滤失量低(防止钻井液稠化)、泥饼质量好(防止卡钻);

③ 悬浮稳定性好,保证钻井液静止时不出现重晶石沉淀;

④ 润滑性好,以减少摩擦阻力;

⑤ 钻井液在井底温度下长时间静止后,流变性和滤失量能够满足要求。

3.钻井液配制与维护处理

采用高等级(密度大于 4.3g/cm³)重晶石可以比较容易的加重至需要密度，钻井液主处理剂黏度效应低，发挥主体作用的情况下不引起其他性能的变化，钻井液体系对盐和温度不敏感，固相污染容限高，钻井液现场配制方便，性能稳定，在钻进过程中易于维护处理。若对重晶石粒度进一步优化，则更有利于流变性和悬浮稳定性的控制。

4.复杂情况处理的要求

在钻井过程中遇到井漏、井塌、卡钻、井涌或井喷等复杂情况，或钻井液受到地层流体污染时，特别是钻遇盐膏层时，始终保证钻井液良好的胶体稳定性和悬浮稳定性，以保证重晶石不能出现聚结或沉淀，长时间静止后钻井液流变性能够满足开泵和循环要求。即使经过污染钻井液性能变坏后应很容易调整到正常。

5.环境保护的要求

钻井液对环境影响小，钻完井后钻井液中重晶石易于分离，废弃物能够满足实施无害化处理的要求。

二、加重材料的选择

加重材料是超高密度钻井液配制的关键，在基浆性能一定时，加重剂的类型和质量对钻井液性能有显著的影响。

(一) 重晶石

采用重晶石配制密度 2.8g/cm³ 的钻井液，150℃滚动 16h 后，测定常温性能，结果见表 12-17。从表中可以看出，重晶石密度低于 4.3g/cm³，配制超高密度钻井液流动性无法保证。因此配制超高密度钻井液优选密度高的重晶石是保证钻井液的流变性的关键。

表 12-17 重晶石在密度 2.8g/cm³ 钻井液加重效果

加重剂编号	加重剂密度/(g/cm³)	ρ/(g/cm³)	FV/s	(Q_{10s}/Q_{10min})/(Pa/Pa)	FL/mL
1	4.10	2.80	318	11/20	2.2
2	4.15	2.81	310	10/20	2.4
3	4.18	2.80	270	9/19	2.0
4	4.20	2.80	224	8.5/19	1.8
5	4.23	2.81	206	8.0/17	2.0
6	4.30	2.81	80	3.5/8.0	1.8
7	4.30	2.87	157	6.0/11	1.6

将普通重晶石经过处理可以降低其黏度效应，改善加重效果。表 12-18 是对重晶石处理前后加重效果实验结果。从表 12-18 可以看出，重晶石经过表面处理以后，大大降低了重晶石的黏度效应，明显改善了钻井液的流动性，降低了流动阻力，可以满足超高密度钻井液配制的需要。因此，在有特殊需要的情况下，可以通过对普通重晶石的处理来达到满足超高密度钻井液加重的需要。

表 12-18 重晶石处理前后钻井液性能

处理情况	老化情况	ρ/(g/cm³)	FV/s	ϕ200	ϕ100	(Q_{10s}/Q_{10min})/(Pa/Pa)
处理前	常 温	2.90	510			18.0/24.0
	150℃/16h	2.90	230		165	7.0/15.0
处理后	常 温	2.90	240		158	6.0/13.0
	150℃/16h	2.90	85	172	90	3.5/7.5

(二) 铁矿粉

在超高密度钻井液中也可以使用铁矿粉来达到加重的目的。与重晶石相比，铁矿粉的密度比较高(一般在 4.5g/cm^3 以上)，理论上讲，其在达到同样密度的情况下，应该能够有效降低固相的体积分数，改善流动性。为此，考察了铁矿粉的加重效果，实验结果见表 12-19。从表 12-19 可以看出，铁矿粉按照不同的比例与重晶石进行复配应用，从流变性来看差别不大，但是钻井液的沉降稳定性不能得到保证，与重晶石相比没有明显的优势。尽管铁矿粉密度比重晶石高，但单纯使用铁矿粉进行加重，加重效果还不如重晶石，漏斗黏度从 80s 上升到 207s，流动性明显变差。说明铁矿粉虽然密度高于重晶石，但却不适用于超高密度钻井液加重。

表 12-19 铁矿粉在密度 2.8g/cm^3 钻井液加重效果

铁矿粉:重晶石(质量比)	ρ/(g/cm^3)	FV/s	FL/mL	(Q_{10s}/Q_{10min})/(Pa/Pa)	备 注
3:1	2.81	83	2.0	5.5/9.0	微 沉
2:1	2.81	90	2.0	4.5/9.0	微 沉
1:1	2.81	81	3.6	4.5/9.5	沉 降
铁矿粉	2.81	207	3.2	6.0/10.5	沉 降

(三) 微锰粉 MicroMAX

王琳等[39]研究了重晶石粉和微锰粉 MicroMAX 为加重剂对钻井液性能的影响，并将其按一定比例复配为加重剂，配制出 2.85~2.90g/L 的超高密度钻井液，高温老化后进行流变性、滤失性和沉降稳定性的评价试验，结果见表 12-20。

表 12-20 不同配比复合加重剂对淡水超高密度钻井液性能的影响

MicroMAX与重晶石复配比例	试验条件	钻井液密度/(g/cm^3)	FL_{API}/mL	FL_{HTHP}/mL	六速黏度计读数		
					ϕ_{600}/ϕ_{300}	ϕ_{200}/ϕ_{100}	ϕ_6/ϕ_3
0:10	热滚前	2.88	2.8	12.0	/235	143/83	38/26
	120℃/16h	2.89	2.6	14.0	/173	117/64	8/7
	120℃/16h	2.89	3.2	7.0	/220	149/78	9/6
1:9	热滚前	2.90	4.4	13.0	/246	183/120	37/35
	120℃/16h	2.90	2.8	17.0	/164	116/68	13/10
	120℃/16h	2.90	10.4	19.0	273/152	109/64	15/14
2:8	热滚前	2.89	6.8	16.0	/190	149/104	44/42
	120℃/16h	2.90	7.0	31.5	243/136	98/59	13/11
	120℃/16h	2.90	12.2	35.5	247/168	110/71	24/23
4:6	热滚前	2.87	8.8	20.0	269/178	138/103	53/51
	120℃/16h	2.89	8.4	34.0	174/107	80/53	19/16
	120℃/16h	2.89	17.4	37.0	219/142	109/81	47/46

从表 12-20 可以看出，纯度较高的重晶石粉能够配制出具有良好流变性、悬浮稳定性的超高密度钻井液，且高温高压滤失量小；用重晶石粉和密度更高、粒径较小的微锰粉复配加重，高温老化后钻井液的黏度和动切力下降，流变性有一定改善，但高温高压滤失量增大。综合考虑钻井液性能、经济性和实用性，用性价比相对较高的重晶石粉为加重剂较为理想。

（四）加重剂的粒度级配的影响

根据实验要求，采用重晶石作为加重剂，选择两种不同目数的重晶石按照不同比例进行复配，不同目数的重晶石比例见表 12–21，实验结果见表 12–22。从表 12–22 可以看出，钻井液表观黏度随着 100~400 目比例的减小，逐渐增大，当比例小于 50%以后，则大幅度增加，当比例为 30%时，表观黏度为 118.5mPa·s，说明重晶石的粒度变小，比表面积大，内摩擦大，造成黏度上升。钻井液的沉降稳定性随着 100~400 目比例的降低，进一步改善钻井液沉降稳定性。当 100~400 目比例为 100%时，钻井液密度差为 0.12g/cm³，发生沉淀，随着 100~400 目比例的降低，过 400 目比例的增大，钻井液密度差逐渐变小，当 100~400 目比例为 30%，钻井液密度差为 0.02g/cm³，钻井液体现出良好的流变性。在实际应用中要根据配方构成，优化最佳加重剂粒径分布，以满足钻井液性能稳定的需要。

表 12–21 不同粒度加重材料配比

序号	实验配比，%	
	100~400 目	过 400 目
1	100	0
2	90	10
3	70	30
4	50	50
5	30	70
6	10	90
7	0	100

表 12–22 不同粒度加重材料对钻井液性能的影响

序号	*AV*/(mPa·s)	*PV*/(mPa·s)	*YP*/Pa	ρ/(g/cm³)	*FL*/mL	Q_{10s}/Pa	Q_{10min}/Pa	FL_{HTHP}/(mL/mm)	$\Delta\rho$/(g/cm³)
1	60	65	–5	2.71	1.8	1.5	6.0		0.12
2	78	80	–2	2.71	2.4	2.5	7.0	10/8	0.10
3	93	84	9	2.71	1.2	4.5	10		0.05
4	86	78	8.0	2.71	1.8	4	8	15/18	0.06
5	118.5	110	8.5	2.71	1.0	7.0	12.5	16/15	0.01
6				2.71	2.2	11.5	20.5	14/20	0.02
7				2.70	1.2	15.5	25	28/22	0.01

基于超高密度钻井液基本配方：(2%~4%)膨润土浆+(0.1%~0.3%)聚合物类降黏剂 JI–28+(1%~2%)SD–101 树脂类降滤失剂+(0.1%~0.3%)XY–27+(1%~3%)SD–202 改性褐煤类降滤失剂+(1%~2%)FT–2 封堵防塌剂+重晶石，研究了重晶石粒度级配对钻井液性能的影响，认为[40]：

① 在一定的粒度范围内，无论粒度大小，重晶石粉颗粒粒度分布较为集中时钻井液的黏度很高，随着重晶石粉颗粒粒度分布范围变宽，钻井液的黏度降低且存在最小值。固相含量较高时，粗颗粒能够参与体系结构的形成，特别是老化后出现类似于絮凝的现象。这可能是由于粗颗粒尺寸比处理剂分子尺寸大得多，很多处理剂与颗粒表面结合后，形成以粗颗粒为核心的毛球，当粗颗粒的含量高于一定程度后，这些毛球之间相互作用，搭建成结构。另外，加工出的粗颗粒形状不规则，它们之间的摩擦阻力大大增加。以上两者是造成颗粒粒度较大时钻井液的黏度和切力都很高的主要原因。

② 对于沉降稳定性而言，粒度大沉降稳定性降低，加重剂颗粒粒度较大时，钻井液沉降稳定性很差。完全由粒径为 0.0385~0.1540mm 的颗粒加重的钻井液在老化前静置后的沉降现象比较严重；随着粒径小于 0.0385mm 颗粒配比的增多，钻井液的稳定性有很大的改

善，当其比例大于50%后，钻井液的沉降稳定性已经非常好。这也说明，只有当固相颗粒与体系结合紧密后，才能稳定悬浮于钻井液中，单独从切力值判断高密度钻井液的沉降稳定性是不合适的。

③ 颗粒小滤失量增加。由于加重剂颗粒粒度较大时，不参与滤饼的形成，因此对滤失量和滤饼质量的影响不大。随着粒径小的颗粒比例增加，参与形成泥饼的加重剂固相颗粒逐渐增多，从而破坏了膨润土浆泥饼的结构，使滤失量有所增加。为了配制流变性和滤失性较好的超高密度钻井液，建议加重剂中粒径为0.0385~0.1540mm的颗粒比例为10%~50%，粒径小于0.0385mm的颗粒比例为50%~90%。

三、钻井液配方研究及在官7井的应用

刘明华等[41]从处理剂选择、钻井液配方及钻井液性能评价等方面，对超高密度钻井液进行研究，下面介绍该研究所取得的一些认识。

(一) 处理剂

1.分散剂JZ-1

分散剂JZ-1是采用天然材料与乙烯基单体共聚而得到的接枝共聚物，具有支化结构。由于分子中含有阳离子基团，有利于分散剂吸附在重晶石表面，增大重晶石表面的Zeta电位，增强重晶石的分散性；分子中含有较多的水化基团，可以保证分散剂吸附在重晶石表面以后能够提供足够的水化膜厚度，防止重晶石粒子之间的聚结；分子中含有的磺酸基团提高了分散剂JZ-1的抗温和抗盐钙污染性能。同时，JZ-1兼具天然材料改性物和聚合物处理剂的优点，保证了分散剂在室温以及高温老化后都能明显改善超高密度钻井液体系流变性能。在基浆中，加入1.5%的JZ-1就可使基浆流变性能明显得到改善，见表12-23。从表中还可以看出，JZ-1分散剂还具有一定的降滤失作用。

表12-23 分散剂JZ-1加量对基浆性能影响

JZ-1加量，%	ϕ_{600}	ϕ_{300}	ϕ_{200}	ϕ_{100}	FL/mL
0				240	40
1.0			236	156	36
1.5		213	187	118	32
2.0		206	186	115	30
3.0		196	178	110	26

注：基浆配方为2%膨润土浆+重晶石，密度2.80g/cm³。

2.降滤失剂

由于目前还没有超高密度钻井液专用降滤失剂，故在实验的基础上，确定用低相对分子质量的接枝共聚物XL-1、SMP、SMC和LV-CMC等作为超高密度钻井液的滤失量控制剂，这些材料按照适当的比例配伍能够满足超高密度钻井液滤失量控制的需要。

(二) 影响钻井液流变性因素

1.膨润土用量

超高密度钻井液配制的关键是控制膨润土含量，含量大会导致黏度、切力太高，流变性控制困难，过低则导致悬浮能力差，加重材料容易沉淀，影响钻井液的悬浮稳定性。因此控制膨润土用量是超高密度钻井液良好流变性的前提。表12-24是膨润土用量对钻井液流

变性影响。从表中可以看出，随着膨润土加量增大，表观黏度逐渐上升。当加量为2%以下时，由于钻井液黏度切力太低，出现重晶石沉降现象，随着膨润土加量增大，沉降稳定性得到改善。当加量超过3.0%时，表观黏度急剧上升，流变性变差。从滤失量来看，当膨润土加量为1%时，滤失量为4.4mL，随着加量增大，滤失量明显降低，当加量为1.5%时，滤失量为2.0mL，再增加膨润土用量，滤失量变化不大。实际应用中，在保证钻井液良好的的流变性、悬浮稳定性和较低的滤失量的前提下，应尽可能减少膨润土用量。

表 12-24 不同膨润土加量对钻井液性能影响

加量，%	AV/(mPa·s)	PV/(mPa·s)	YP/Pa	ρ/(g/cm^3)	FL/mL	Q_{10s}/Pa	Q_{10min}/Pa	备 注
1.0	84.5	92	-7.5	2.71	4.4	1.0	17	沉 降
1.5	90	96	-6	2.71	2.0	1.0	3.0	沉 降
2.0	112	94	8.0	2.71	2.0	6.5	11.5	
2.5	100.5	84	16.5	2.71	1.6	5.5	12.0	
3.0	104.5	89	15.5	2.70	2.2	6.0	11.0	
3.5	131	75	56	2.70	1.8	9.0	15.5	

2.温度

表12-25和表12-26分别是老化时间一定时温度对钻井液性能的影响和温度一定时老化时间对钻井液性能的影响。

表 12-25 不同温度下老化 16h 后钻井液性能

温度/℃	AV/(mPa·s)	PV/(mPa·s)	YP/Pa	ρ/(g/cm^3)	FL/mL	Q_{10s}/Pa	Q_{10min}/Pa	FL_{HTHP}/(mL/mm)
120	147.5	125	22.5	2.72	1.0	8.5	24	
135	145	120	25	2.72	1.8	7	17.5	
150	133.5	119	14.5	2.73	1.0	5.5	16	4/10
165	139	122	17	2.73	2.0	6.5	15.5	5/10
180	148	129	19	2.72	3.6	9	20	

表 12-26 钻井液在 150℃高温下老化不同时间后的性能

时间/h	AV/(mPa·s)	PV/(mPa·s)	YP/Pa	ρ/(g/cm^3)	FL/mL	Q_{10s}/Pa	Q_{10min}/Pa	FL_{HTHP}/(mL/mm)
8.0	146	120	26	2.70	1.8	9.0	22	6/12
16	141	114	27	2.70	2.0	10	20	5/10
24	140	112	28	2.71	1.6	11	21	4/10
32	148.5	119	28.5	2.71	1.0	14	23.5	2/12
48	136	110	16	2.72	3.8	10	19.5	4/15
60	133	108	25	2.72	1.2	10	18.5	2/14

从表12-25可以看出，总体趋势是随着老化温度的增加，钻井液表观黏度、塑性黏度、切力等先降低，后又增加，而滤失量呈上升趋势。可见，在温度低于150℃时，提高温度有利于改善钻井液的流变性，当温度超过150℃后，再增加温度，钻井液黏切增加。这与不同温度下处理剂降解或交联程度不同有关，也与温度对黏土的水化膨胀有关。

从表12-26中可以看出，在150℃下老化时，即使老化时间达到60h，钻井液仍然具有较好的流变性和较低的滤失量，说明钻井液具有较强的热稳定性。

3.pH 值

钻井液体系的pH值对钻井液流变性和胶体稳定性有明显的影响，pH值过低钻井液中处理剂和膨润土不能充分发挥作用，不能形成稳定体系。pH值高时尽管有利于黏土颗粒的分散，但使钻井液固相颗粒分散度增大，黏切升高，致使流变性不易控制。表12-27是pH值对钻井液性能的影响。从表中可以看出，在考察的pH值范围内，随pH值增大，钻井液表观黏度和切力先降低再升高。其中，钻井液表观黏度和切力在pH值为9时，达到最低值，对应的表观黏度和切力分别为132.5mPa·s和23Pa；而滤失量则随着pH值的增加略有降低。在实验条件下，pH值选9~9.5较好。

表12-27 pH值对钻井液性能的影响

pH值	AV/(mPa·s)	PV/(mPa·s)	YP/Pa	ρ/(g/cm^3)	FL/mL	Q_{10s}/Pa	Q_{10min}/Pa
8.0				2.72	2.2	20	36.0
8.5	134.5	114	20.5	2.71	3.0	16.5	25.5
9.0	132.5	103	29.5	2.71	2.2	13	23
9.5	138	105	33	2.71	2.0	13.5	24
10.0	147	117	30	2.72	2.2	15	26
10.5				2.71	1.8	18.5	38

(三) 配方及性能评价

在前面的实验基础上，结合影响超高密度钻井液流变性影响因素，如降滤失剂、膨润土、稀释分散剂以及处理剂之间的配伍性、加量等，通过正交试验确定了超高密度钻井液配方：2%膨润土+(3%~5%)SMP+(7%~8%)SMC+(3%~5%)JZ-1润湿分散剂+(0.3%~0.5%)XL-1降滤失剂+(1%~1.5%)NaOH+重晶石。钻井液基本性能：ρ=2.70~2.75g/cm^3；AV=110~130mPa·s；FL_{HTHP}≤15mL(150℃)。以此为基础进行性能评价，结果如下：

按配方要求配制不同密度的钻井液，经150℃/16h高温滚动老化后，静置24h后测上下钻井液密度，实验结果见表12-28。从表12-28可以看出，钻井液在静止24h后，密度变化较小，上下密度差小于0.02g/cm^3，没有发生重晶石沉降，说明超高密度钻井液具有良好的沉降稳定性。

表12-28 钻井液沉降稳定性实验

ρ/(g/cm^3)	$\rho_上$/(g/cm^3)	$\rho_下$/(g/cm^3)	$\Delta\rho$/(g/cm^3)
2.72	2.71	2.72	0.01
2.80	2.79	2.81	0.02

按配方要求配制密度2.8g/cm^{3}的钻井液，经150℃/16h高温滚动老化后，测定不同温度下钻井液的漏斗黏度，结果见图12-2。从图中可以看出，钻井液的漏斗黏度随温度升高而降低，且流动性进一步改善，能够满足现场需要。

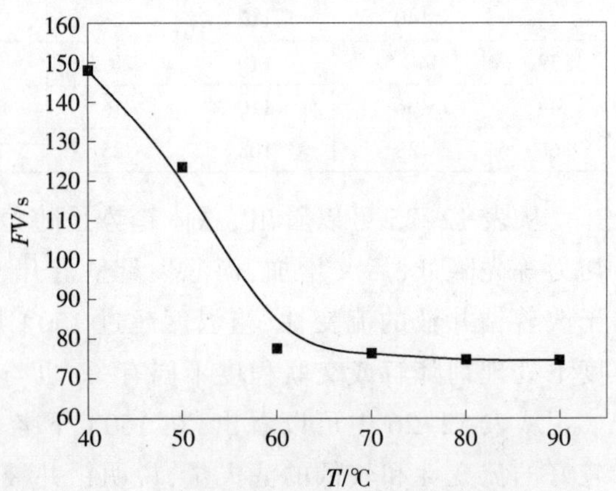

图12-2 漏斗黏度随温度变化曲线

表12-29是密度2.8g/cm^{3}的钻井液，于150℃下老化不同时间后，测得的钻井液性能。从表12-29可以看出，随着老化时间的增加，尽管钻井液漏斗黏度和切力逐渐增加，但即使经过48h老化，钻井液漏斗黏度仍低于120s，表现出较好的流动性和热稳定

性，其性能可以满足现场需要。

表 12-29 高温稳定性实验结果

老化条件	FV/s	FL/mL	pH值	Q_{10s}/Pa	Q_{10min}/Pa
150℃/16h	78	3.6	11	2.0	4.5
150℃/32h	85	3.0	11	3.5	7.0
150℃/48h	119	2.4	10	4.0	7.0
150℃/64h	145	2.0	9.0	6.0	9.5

从表 12-30 可以看出，不同密度的钻井液均具有良好的润滑性，能够满足实际需要。

表 12-30 润滑性实验结果

ρ/(g/cm³)	FV/s	K_f	FL/mL	Q_{10s}/Pa	Q_{10min}/Pa
2.70	78	0.1224	2.0	2.0	4.5
2.75	84	0.0787	1.8	3.0	5.0
2.80	83	0.0787	1.4	3.5	5.0

将密度为 2.80g/cm³ 的钻井液经过 150℃/16h 高温后，加入不同量的 NaCl 和硫酸钙，NaCl 和硫酸钙加量对钻井液性能的影响见表 12-31 和图 12-3。

表 12-31 不同 NaCl 加量对钻井液性能的影响

NaCl加量，%	FV/s	FL/mL	pH值	Q_{10s}/Pa	Q_{10min}/Pa
0	78	3.6	11	2.0	4.5
1	93	3.2	11	2.0	5.5
3	112	2.8	10	3.0	7.5
5	129	2.2	10	4.0	9.5
7	141	1.8	9	4.5	10.0
10	159	1.6	9	5.5	12.5

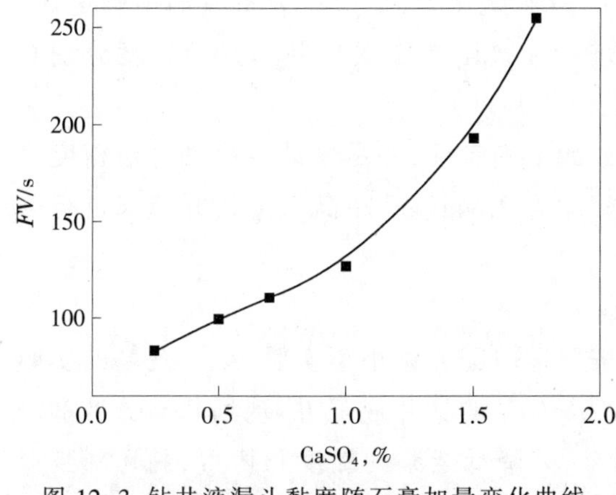

图 12-3 钻井液漏斗黏度随石膏加量变化曲线

从表 12-31 中可以看出，随着 NaCl 加量的增大，钻井液黏切上升，当 NaCl 加量为 10%时，钻井液的漏斗黏度为 159s，仍然表现出较好的流动性，而钻井液的滤失量则随着 NaCl 加量的增加而降低，说明钻井液具有较强的抗 NaCl 污染能力。

从图 12-3 中可以看出，石膏($CaSO_4$)加量在 1%以内时，钻井液漏斗黏度随石膏加量增大而增加，但幅度不大，当加量超过 1.0%时，漏斗黏度急剧上升，流变性变差，因此石膏加量 1.0%以内时，可以保证钻井液流动性，表现出一定的抗石膏污染能力。

表 12-32 和表 12-33 是密度为 2.80g/cm³ 的钻井液，高温老化后，加入不同比例的钻屑和水后，测得的钻井液性能。从表 12-32 中可以看出，钻井液具有较强的抑制能力和较高的固相容量。当钻屑加量在 8%以内时，钻井液漏斗黏度变化幅度较小，表现出较好的抑制性。

表 12-32 抗钻屑污染实验结果

钻屑加量,%	FV/s	FL/mL	pH值	Q_{10s}/Pa	Q_{10min}/Pa
0	78	3.2	11	2.0	4.5
5	96	2.8	11	4.0	6.5
8	114	2.4	11	4.5	8.0
11	138	2.2	11	5.0	8.0

表 12-33 抗清水污染实验结果

清水加量,%	ρ/(g/cm^3)	FV/s	FL/mL	pH值	Q_{10s}/Pa	Q_{10min}/Pa	$\Delta\rho$/(g/cm^3)
0	2.80	79	3.6	11	2.0	4.5	0.02
5	2.76	70	4.0	10	5.0	12.5	0.02
10	2.71	67	4.2	9	4.5	11.5	0.03
15	2.67	62	5.0	9	4.0	10.5	0.05
加　重	2.81	83	3.2	8	2.5	9.0	0.03

从表 12-33 中可以看出,随着清水加量的增大,钻井液的密度逐渐降低,黏切也逐渐下降,但是钻井液流变性好,沉降稳定性好。重新加重到原来的密度,钻井液性能几乎没有发生变化,具有良好的流变性,表明钻井液具有较强的抗清水污染能力。

(四) 现场应用

官渡地区属于国内典型的异常高压地层,在钻探中先后钻遇不同程度的超高压地层,比较典型的是官 3 井[42]。该井在钻至井深 3871.5m 后将钻井液密度调至 2.80~2.85g/cm^3,钻至井深 3973m 完钻,进尺 64m,取得了较好效果。

官 7 井是在四川盆地南低褶带官渡构造带官中茅口构造布置的一口预探井,设计井深 3850m[43]。钻到嘉一段,井深 3049.19m 时,钻遇高压盐水层,发生井涌,立即关井。立压为 22MPa,套压为 22.5MPa,当时的钻井液性能为:ρ=1.66g/cm^3,FV=61s,AV=51mPa·s,FL=2.8mL,PV=43mPa·s,YP=8Pa,由于立压和套压的数值比较大,地层压力系数的不确定性,与计算数值有误差,在原有钻井液的基础上,进行 3 次压井(3 次压井钻井液密度分别是 2.0g/cm^3、2.5g/cm^3 和 2.6g/cm^3),但均没有压住。

为了实施近平衡压井,考虑到井下压力系数的不确定性,并尽量减少因钻井液密度过高造成压裂地层的井漏和把井压死,决定选用密度为 2.64g/cm^3 超高密度钻井液来进行第四次压井。

1.密度为 2.64g/cm^3 超高密度钻井液的配制

在前面研究的基础上,取现场钻井液严格按照室内配方做小型实验,结合现场的实际情况,经过对现场材料的筛选,确定了密度为 2.64g/cm^3 的钻井液配方:现场浆与分散剂胶液(分散剂:NaOH=6:1,质量分数为 10%)1:2 稀释,来降低老浆的黏度和切力,黏切降到以能悬浮加重剂为准,同时降低膨润土的含量,达到加重前基浆的基本性能。加重剂为密度 4.2g/cm^3 的重晶石。

2.工艺要点

① 加重前将基浆膨润土的含量调整至 10~15g/L,其漏斗黏度 25~30s,静切力 1~2Pa,然后按配方量将 SMP、SMC、LV-CMC 从漏斗加入,并充分搅拌和循环。

② 加重时，将重晶石和质量分数10%的分散剂胶液同时加入。当密度达到2.0g/cm³以后，由于钻井液的黏切随密度的增加明显提高，加重会越来越困难。此时更应注意一次加足分散剂，因为若将密度加重到要求的值时，再降黏切将十分困难。

③ pH值控制在8~10之间。

④ 为了增强体系体系的抗污染能力，体系中Ca^{2+}的浓度保持1000mg/L以上。

⑤ 同时还要做好护胶，以满足钻井液有良好的流变性和沉降稳定性。

3.现场维护

① 压井过程中细水长流方式补充分散剂胶液，以确保钻井液具有良好的流动性。

② 在压井过程中盐水不断外溢，高压盐水会在井眼形成大段盐水柱，危及钻井液的稳定性。因此，需要及时补充降滤失剂胶液护胶剂或补充1%的膨润土浆，以维持钻井液的稳定性。

③ 为保持钻井液具有良好的性能，所有搅拌器要正常运转。

4.压井过程

开始先用密度为2.60~2.64g/cm³钻井液230m³进行第四次压井，压井前立压为2.5MPa，套压为6MPa。压井过程中控制立压在18~22MPa范围内，套压最高9MPa，至出口密度2.60g/cm³时，立压22MPa，套压为0。开泵循环，进口密度2.60~2.64g/cm³，出口密度2.60g/cm³，立压18MPa，循环排量20L/s，表明超高压盐水层已经被压住，说明采用密度为2.64g/cm³的超高密度钻井液确保了正常压井，出口钻井液的性能见表12-34。

表12-34 官7井超高密度钻井液现场性能

条 件	ρ/(g/cm³)	*FV*/s	*PV*/(mPa·s)	*YP*/Pa	*FL*/mL	K/mm
入 口	2.64	144	92	15	4.0	2
出 口	2.62	135	86	12	4.8	2

5.压井效果

① 钻井液流变性良好。在压井过程中虽然高压盐水不断窜入井眼内，但钻井液性能基本保持稳定，流动性良好，保持了较好的流变性能。

② 钻井液沉降稳定性良好。特别是钻井液在井眼内处于循环状态的时间较长，尽管大量高压盐水侵入钻井液，形成盐水柱，但钻井液的沉降稳定性仍然保持良好，静止放置24h后上下密度差不大于0.06g/cm³，未发生重晶石沉降现象，沉降稳定性得到控制，确保了正常压井。

③ 钻井液的抗污染能力强。在压井过程中，大量高压盐水侵入钻井液，钻井液的基本性能保持稳定，黏度和切力在进出口前后变化很小，未发生钻井液聚结或沉降现象，保证了压井的顺利进行。

④ 钻井液的维护简单。在压井过程中，出现异常情况时，用稀胶液进行维护，控制钻井液的黏度和切力，加强固控设备的使用，最大限度降低有害固相对钻井液性能的影响。

四、钻井液配方研究及在官深1井的应用

林永学、杨小华等[44]在文献分析和初步实践的基础上，针对超高密度钻井液性能控制的需要，首先设计并合成了具有良好的抗盐钙稀释分散作用兼具降滤失能力的高密度分

散剂 SMS-19,同时研发了具有低相对分子质量的聚合物降滤失剂 SML-4,采用研制的分散剂和降滤失剂,用密度 4.3g/cm^3 常规重晶石加重,形成具有良好综合性能的超高密度钻井液体系。在贵州官渡地区官深 1 井进行了现场应用,见到了良好的效果,取得了较好的技术和经济效益。

(一) 关键处理剂的研制

分散剂和低黏度效应的降滤失剂是保证超高密度钻井液体系性能的关键处理剂,为此,研制了超高密度钻井液分散剂和降滤失剂。

1.分散剂 SMS-19

超高密度钻井液中固相含量高,常用稀释分散剂对加重材料作用很小,甚至不起作用,致使钻井液黏度迅速增加,切力上升,高密度固相容易聚结沉淀,从而导致钻井液流变性控制困难,为此研制了专用的高密度分散剂 SMS-19。

SMS-19 是由不同原料在高温高压条件下经分子重排、缩合反应而得到,具有良好的抗盐钙稀释分散作用、兼具降滤失作用。分散剂 SMS-19 是一种含有磺酸基团、胺基及螯环结构的络合物,分子中磺酸基的硫原子与碳原子相连,具有很好的稳定性,高的磺化度使其具有良好的水溶性,且分子链上的胺基可以提高其吸附能力,评价表明,SMS-19 在超高密度钻井液中可以起到如下作用:

① 可拆散高固相下形成的空间网状结构,有效降低钻井液的黏度和切力;

② 分散剂分子在泥页岩上的吸附,可抑制其水化分散作用,这不仅有利于井壁稳定,还可防止泥页岩造浆所引起的钻井液黏度和切力上升;

③ 分子中含有一定比例的水化基及吸附基使其具有很好的抗盐钙稀释分散作用,兼具降滤失作用;

④ 分散剂分子吸附于重晶石表面并形成水化膜,可以减少颗粒间的摩擦力。

中国发明专利[45]公开了该分散剂的制备方法。将木质素 10~40 份,酚类 1.5~20 份,磺化剂 2.5~15 份,调聚剂 0.5~5 份,催化剂 0.5~4 份,水 100 份,混合均匀,在 160~180℃下反应 6~10h 后制得所述超高密度钻井液用分散剂。

2.降滤失剂 SML-4

超高密度钻井液体系往往随着密度的升高,体系中的固相越来越多,黏度升高,滤失量相对较低,但要想得到优质的超高密度钻井液就出现了钻井液的流变性与悬浮稳定性之间的矛盾,即超高密度钻井液体系中要想提高体系的稳定性,得到较好的流变性,就要在保证加入足够的加重材料的同时能够加入足量的处理剂。这就要求降滤失剂具有非常小的相对分子质量,才能使其尽可能多的加入到钻井液体系中起到稳定性能、降低滤失的同时而不至于使钻井液的黏度提高太多。为此,采用丙烯酰胺、丙烯酸、磺酸单体等,通过分子设计及合成条件优化研制了能够部分改变加重剂粒子表面性质,提高其分散均匀度,降低水化膜厚度形成致密泥饼,阻止水分子通过滤饼颗粒间空隙,降低滤失量的含磺酸基团的低分子量接枝共聚物 SML-4。

中国发明专利[46]公开了该降滤失剂的制备方法,将褐煤 10~70 份,醛 0.5~20 份,磺酸盐聚合物 2~30 份,水 100 份等组分混合均匀,在 180~220℃反应 6~10h,干燥、粉碎,即得到该剂。

采用上述两种处理剂为主，形成了能够满足实钻要求的超高密度钻井液。

(二) 超高密度钻井液体系研究

1.淡水钻井液影响因素分析及体系配方

首先就膨润土、分散剂 SMS-19、降滤失剂 SML-4 等加量对钻井液性能的影响进行了实验，结果如下：

膨润土是影响超高密度钻井液流变性和稳定性的重要因素，不同膨润土含量对超高密度(ρ=2.75g/cm^3)钻井液性能影响实验见表 12-35。从表 12-35 可知，超高密度钻井液中膨润土含量过高(大于 1.5%)，高温作用使钻井液黏度、切力增大，甚至失去流动性；如果膨润土含量过低(低于 0.5%)，钻井液中的高价阳离子会在高温条件下挤压黏土扩散双电层，使黏土易于高温聚结，钻井液的胶体稳定性被破坏，极易沉降。因此，选择合适的膨润土含量很关键，在现场维护过程中，超高密度钻井液的膨润土含量保持在 0.5%~1.0%范围内较佳。

表 12-35 不同膨润土含量对密度为 2.75g/cm^3 的淡水钻井液性能的影响(120℃/16h)

膨润土含量，%	*FL*/mL	流变参数					
		ϕ_{600}	ϕ_{300}	ϕ_{200}	ϕ_{100}	ϕ_6	ϕ_3
0.5	3.4	236	130	96	55	13	11
1.0	4.0	272	156	115	69	18	16
1.5	3.4		197	123	78	21	18

注：①流变参数采用六速旋转黏度计在 60℃所测，下同。②基础配方：不同膨润土含量+2.5% SMS-19+1.5% SML-4+1.5%辅助降滤失剂+0.5%高温稳定剂+1%防塌剂+0.25%表面活性剂+0.5% pH 值调节剂+适量重晶石。

分散剂 SMS-19 加量对淡水钻井液性能影响见表 12-36。从表 12-36 可看出，随着分散剂 SMS-19 的加量逐渐增加，尽管钻井液黏度增加，由于可以加入的重晶石的量增加，钻井液的密度也相应的提高，虽然密度提高了，钻井液流变性仍然较好，但当 SMS-19 加量达到 4.5%时黏度明显增大，加量在 1.5%时经 120℃高温后出现明显沉降(约 2mL 厚)。也就是说，SMS-19 在合适的加量范围内可显著拆散体系的空间网状结构，而钻井液的滤失量则随着 SMS-19 的增加而降低，故 SMS-19 用量控制在 2%~4%之间较好。

表 12-36 分散剂加量对超高密度钻井液性能影响(120℃/16h)

不同 SMS-19 加量	ρ/(g/cm^3)	FL_{API}/mL	流变参数					
			ϕ_{600}	ϕ_{300}	ϕ_{200}	ϕ_{100}	ϕ_6	ϕ_3
基础配方+1.5% SMS-19	2.74	4.8	179	92	63	34	4	3
基础配方+2.0% SMS-19	2.75	3.8	227	121	85	46	7	5
基础配方+3.0% SMS-19	2.785	3.2	232	124	89	51	11	9
基础配方+3.5% SMS-19	2.77	2.5	237	130	93	53	13	11
基础配方+4.0% SMS-19	2.795	3.8	260	148	106	63	24	20
基础配方+4.5% SMS-19	2.805	1.6		212	157	97	30	23

注：基础配方为 0.5%膨润土浆+1.8% SML-4+0.25%表面活性剂+0.45% pH 值调节剂+重晶石。

表 12-37 是降滤失剂 SML-4 加量对超高密度钻井液性能影响实验结果。从表 12-37 可知，随着 SML-4 加量增加，体系黏度逐渐增加，高温高压滤失量逐渐降低，考虑到流变性及沉降稳定性，选择 SML-4 加量在 1.5%~2%比较合适。

结合前面的实验，在试验的基础上，确定了 2.75g/cm^3 超高密度钻井液的淡水配方：1%

浆+3.0% SMS-19+2.0% SML-4+2.0%辅助降滤失剂+1.0%高温稳定剂+1%防塌剂+0.5%表面活性剂+0.5% pH 值调节剂+重晶石。其钻井液性能见表 12-38。从表中可看出,所设计的淡水钻井液具有良好的悬浮稳定性、流变性和较低的高温高压滤失量。

表 12-37 降滤失剂加量对超高密度钻井液性能影响

配方	实验条件	FL_{API}/mL	FL_{HTHP}/mL	流变参数						Gel_{10s}/Pa
				ϕ_{600}	ϕ_{300}	ϕ_{200}	ϕ_{100}	ϕ_6	ϕ_3	
基础配方+1.5% SML-4	120℃/16h	3.7	13	264	142	100	56	12	10	5
基础配方+2.0% SML-4	120℃/16h	3.0	11	288	164	118	67	14	11	6
基础配方+2.5% SML-4	120℃/16h	3.2	10		190	135	80	18	14	8

注:基础配方:0.5%浆+3.0% SMS-19+0.25%表面活性剂+0.45% pH 值调节剂+重晶石。

表 12-38 2.75g/cm³ 超高密度淡水钻井液性能

实验条件	ρ/(g/cm³)	FL_{HTHP}/mL	pH值	流变参数						(Gel_{10s}/Gel_{10min})/(Pa/Pa)
				ϕ_{600}	ϕ_{300}	ϕ_{200}	ϕ_{100}	ϕ_6	ϕ_3	
室 温	2.76	10	10			220	123	26	23	
120℃/16h				183	92	60	32	7	4	2/8

将 2.75g/cm³ 超高密度钻井液体系分别在 120℃、150℃、165℃下滚动老化 16h, 并在 120℃下重复老化不同时间,不同温度下钻井液性能见表 12-39,不同老化时间的钻井液性能见表 12-40。从表 12-39 可以看出,老化温度增加,钻井液流变性进一步改善,对于滤失量而言,即使经 165℃老化的钻井液高温高压滤失量仍较小(13mL)。从表 12-40 可以看出,在 120℃温度下老化时,随着老化时间的增加,钻井液流变性得到改善,而高温高压滤失量基本不变,表现出较好的耐老化性。

表 12-39 不同温度下钻井液性能

实验条件	FL_{HTHP}/mL	流变参数						(Gel_{10s}/Gel_{10min})/(Pa/Pa)
		ϕ_{600}	ϕ_{300}	ϕ_{200}	ϕ_{100}	ϕ_6	ϕ_3	
室 温			262	190	115	29	25	17/
120℃/16h	9(120℃)	266	149	107	62	15	12	7.5/15
150℃/16h	10(150℃)	230	129	91	51	10	8	6/13.5
165℃/16h	13(165℃)	186	100	70	40	10	9	5/19

表 12-40 不同老化时间对钻井液性能影响

实验条件	FL_{HTHP}/mL	流变参数						(Gel_{10s}/Gel_{10min})/(Pa/Pa)
		ϕ_{600}	ϕ_{300}	ϕ_{200}	ϕ_{100}	ϕ_6	ϕ_3	
室 温			260	192	124	39	33	18.5/30
120℃/16h	8	260	148	108	66	21	18	8.5/16.5
120℃/32h	9	259	148	108	66	20	17	9.5/15
120℃/48h	8	253	144	105	63	20	17	9/15

在密度 2.75g/cm³ 钻井液的基础上,将钻井液密度进一步提高到 2.85g/cm³,其性能见表 12-41。从表 12-41 可以看出,密度 2.85g/cm³ 的淡水钻井液在 120℃和 150℃高温老化后,仍然具有良好的流变性能,高温高压滤失量均低于 10mL,能够满足现场需要。

表 12-41 2.85g/cm³ 超高密度钻井液性能

实验条件	ρ/(g/cm³)	FL/mL	FL_{HTHP}/mL	流变参数					
				ϕ_{600}	ϕ_{300}	ϕ_{200}	ϕ_{100}	ϕ_6	ϕ_3
室 温	2.85	2.8				235	143	33	28
120℃/16h	2.89	2.6	6		173	117	64	8	7
150℃/16h	2.89	3.2	7		170	117	63	8	6.5

2.盐水钻井液影响因素分析及体系配方

在超高密度钻井液实际钻进过程中,高密度钻井液在钻遇厚盐层时经常出现钻井液黏度迅速增加,切力上升,从而导致钻井液流变性控制困难等问题。为了减少盐膏污染对钻井液性能的影响,在淡水超高密度钻井液配方及性能研究的基础上,开展了超高密度盐水钻井液体系的研究。

为了考察膨润土含量对钻井液性能的影响,选定基础配方后,进行改变膨润土加量实验。表 12-42 是膨润土含量对钻井液性能的影响结果。从表中可以看出,膨润土含量小于0.7%时难以保证体系的沉降稳定性。在膨润土含量达到 0.85%时钻井液才能兼具较好的流动性及沉降稳定性,且同时具有较小的高温高压滤失量,氯化钠含量 10%的盐水钻井液分别经120℃、150℃高温滚动后亦具有较好的流动性、沉降稳定性及高温高压滤失量。该体系经 150℃老化后的部分性能优于 120℃老化后性能, 进一步说明所研制处理剂在抗温抗盐方面显示出明显的优势。

表 12-42 膨润土含量对超高密度钻井液性能影响①

膨润土含量,%	实验条件	ρ/(g/cm³)	FL/mL	FL_{HTHP}/mL	流变参数						备 注
					ϕ_{600}	ϕ_{300}	ϕ_{200}	ϕ_{100}	ϕ_6	ϕ_3	
0.5	室 温	2.87	2.8					210	53	46	
	120℃/16h	2.90	0.8			195	135	74	10	8	微 沉
	150℃/16h	2.89	1.6			193	132	71	8	6	微 沉
0.7	室 温	2.86	3.4					230	44	36	
	120℃/16h	2.87	1.0	10	263	133	91	49	5	4	微 沉
	150℃/16h	2.87	3.2			176	120	65	8	5	微 沉
0.85	室 温	2.85	2.8				235	143	33	28	
	120℃/16h	2.89	2.6	14		173	117	64	8	7	
	150℃/16h	2.89	3.2	7		170	117	63	8	6.5	

注:①基础配方:膨润土浆+1.5% SMS-19+1.5% SML-4+1.8%辅助降滤失剂+0.35%高温稳定剂+1%防塌剂+1.0% pH 值调节剂+0.25%表面活性剂+10% NaCl+重晶石加重至密度 2.85g/cm³。

在实验的基础上确定超高密度钻井液配方:1%浆+4% SMS-19+1.8% SML-4+1%防塌剂+0.5%表面活性剂+10% NaCl+1% pH 值调节剂+重晶石。表 12-43 是密度 2.75g/cm³ 盐水钻井液性能。从表 12-43 可见,经过 120℃/16h 老化后,钻井液仍然具有良好的悬浮稳定性和较低的高温高压滤失量,且流变性进一步得到改善。

在密度 2.75g/cm³ 的钻井液体系配方的基础上进一步增加加重剂的用量, 将钻井液密度提高到 2.80g/cm³,钻井液性能见表 12-44。从表 12-44 可以看出,密度 2.80g/cm³ 超高密度盐水钻井液在 120℃高温老化后,具有良好的流变性和较低的高温高压滤失量,且重复性较好。

表 12-43 2.75g/cm³ 超高密度盐水钻井液性能

实验条件	ρ/(g/cm³)	FL_{HTHP}/mL	pH值	流变参数						(Gel_{10s}/Gel_{10min})/(Pa/Pa)
				ϕ_{600}	ϕ_{300}	ϕ_{200}	ϕ_{100}	ϕ_{6}	ϕ_{3}	
室 温	2.75		9.5		173	120	65	10	8	
120℃/16h	2.75	15	9.5	186	109	80	50	16	14	8/16.5

表 12-44 2.80g/cm³ 超高密度钻井液性能

序 号	实验条件	ρ/(g/cm³)	FL/mL	FL_{HTHP}/mL	pH值	ϕ_{600}	ϕ_{300}	(Gel_{10s}/Gel_{10min})/(Pa/Pa)
1	室 温	2.80			9.5		236	
	120℃/16h	2.81	2.0	15.0	9.5	270	150	12.5
2	室 温	2.79			9.5		260	
	120℃/16h	2.80	0.2	15.0	9.5	261	149	12

将密度 2.80g/cm³ 钻井液，进一步将密度加重至 2.85g/cm³，钻井液性能见表 12-45。从表中可以看出，密度 2.85g/cm³ 的盐水钻井液在 120℃和 150℃高温老化后，流变性能较好，高温高压滤失量为 11mL，能够满足现场施工要求。

表 12-45 2.85g/cm³ 超高密度钻井液性能

实验条件	ρ/(g/cm³)	FL/mL	FL_{HTHP}/mL	六速黏度计读数					
				ϕ_{600}	ϕ_{300}	ϕ_{200}	ϕ_{100}	ϕ_{6}	ϕ_{3}
室 温	2.89	2.8					228	121	94
120℃/16h	2.90	1.6	11		215	168	111	43	39
150℃/16h	2.86	2.0	8		226	171	106	29	27

(三) 现场应用

官深 1 井是继官 3 井、官 7 井等之后，又一口钻探异常高压地层的井。基于室内研究，在官深 1 井三开井段进行了现场应用实验[47]。采用密度为 2.75~2.87g/cm³ 的超高密度钻井液安全钻进 835m。现场应用结果表明，研制的超高密度钻井液体系具有良好的高温稳定性、流变性能、悬浮稳定性，且高温高压滤失量低。尽管在转化为超高密度钻井液初期钻井液漏斗黏度相对较高，但钻井液能够顺利循环，钻井施工顺利，能够满足异常高压地区钻井的需要，突破了前几口井的技术瓶颈，为超高密度钻井液的研究与应用奠定了基础。

1.官深 1 井概况

官深 1 井是中国石化部署在四川盆地的一口重点预探井，位于贵州赤水市，设计井深 4110m。以下二叠统茅口组为主要目的层，兼顾探索下三叠统嘉陵江组、飞仙关组及上二叠统长兴组。该井地质预测地层压力系数 2.00~2.40，钻井液设计最高密度为 2.40~2.55g/cm³。

2.钻井液转换

① 现场放大实验。为了证实室内配方的可靠性，首先于官深 1 井现场进行了超高密度钻井液的放大试配，试配时采用了部分井浆，井浆数量以控制超高密度体系中膨润土含量在 9~11g/L 为依据。对所配制的超高密度钻井液评价表明，具有良好的抗盐和抗地层水污染能力，老化前后钻井液性能稳定，无沉淀现象，可以满足现场安全作业要求。钻井液性能见表 12-46。

② 超高密度钻井液的转换。结合现场情况，首先配制密度大于 2.85kg/L 的压井液，以

备钻进时调节井浆密度和应对复杂情况。配制时控制膨润土含量为 9g/L，配制好的压井液密度为 2.85~2.90kg/L，陈化 72h 后测定 *FV* 为 280~360s，FL_{HTHP} 为 7~9mL。然后按照"10kg/L 膨润土+1.5kg/L ELV-CMC+20kg/L SPNH+25kg/L SRM-2+20kg/L SMC+15kg/L RFT-443+10kg/L SMS-19+5kg/L SML-4+7.5kg/L KOH+2kg/L 表面活性剂+20kg/L LRTH-2+重晶石(密度 4.3g/cm^3)430kg/L"的优化配方，配制密度为 2.45g/cm^3 加重钻井液，并替换原井浆转入三开钻进。

表 12-46 2.85g/cm^3 超重浆性能

老化情况	ρ/(g/cm^3)	*FV*/s	FL_{HTHP}/mL	pH值	(Gel_{10s}/Gel_{10min})/(Pa/Pa)	流变参数					
						ϕ_{600}	ϕ_{300}	ϕ_{200}	ϕ_{100}	ϕ_6	ϕ_3
室 温	2.88	356			22.5/38				184	22	15
120℃/16h	2.88	175	7.6	9.5	11/32.5			244	143	35	30

3.现场施工

官深 1 井三开钻进期间，钻遇了两套比较典型的超高压地层，在钻井过程中将钻井液密度由 2.44g/cm^3 提高至 2.88g/cm^3 并实现了正常钻进。

① 密度由 2.45g/cm^3 提高至 2.55g/cm^3。官深 1 井自 2608m 开始进入嘉陵江 5 段，钻至 2864.66m 时结束二开钻进作业，下入 ϕ339.7mm 套管封隔上部地层。以 2.45g/cm^3 钻井液替换井筒中 1.70g/cm^3 钻井液开始三开钻进。钻至 2912.80~2914.11m 钻遇嘉陵江组 2 段，钻时由 117min/m 降至 78min/m；气测全烃值由 1.53%上升至 16.38%(峰值达到 43.4%)；气侵钻井液密度由 2.44g/cm^3 降低至 2.40g/cm^3；漏斗黏度 67s。关井后套压 1.7MPa，将循环井浆密度直接提高至 2.55g/cm^3 压稳。稳定后的钻井液性能为：ρ=2.53g/cm^3；*FV*=69s；ϕ_{600}~ϕ_3：203/126/95/61/19/18；*AV*=101.5mPa·s；*PV*=77；*YP*=24.5Pa；Gel_{10s}/Gel_{10min}=9/18Pa；*FL*=2.8mL；*K*=1mm；pH 值=10。

下钻至套管鞋处循环出现后效，当钻至 2927m，下钻到底循环，返出钻井液密度降低至 2.20g/cm^3，漏斗黏度降至 38s。在 2927~2930m 井段(嘉陵江 2 段)钻遇含气水层，钻时由 88min/m 降至 70min/m；气测全烃值由 1.31%上升至 7.42%，钻井液密度由 2.54g/cm^3 降低至 2.52g/cm^3。节流循环，将密度提高至 2.54~2.55g/cm^3 循环压稳，后效消失。

② 继续提高密度至 2.85g/cm^3 以上。当钻进至 2955.42m 时，再次遇高压流体层，钻时由 160min/m 降至 102min/m；气测全烃值由 13.13%上升至 63.91%；钻井液密度由 2.54g/cm^3 降至 2.38g/cm^3；黏度由 76s 降至 50s。井下有跳钻现象，伴随液面上涨 1.8m^3，电导率有所升高，关井套压稳定于 5MPa，直接用 2.85g/cm^3 储备浆循环压井，然后大循环加重钻井液，将出口密度提高至 2.85g/cm^3，恢复正常钻进，井深 2960m，以密度 2.85g/cm^3 钻井液施工，施工过程中密度最高达到 2.87g/cm^3。最终以 2.75~2.87g/cm^3 钻井液安全钻进 835m，顺利完成整个三开钻进。

4.钻井液的维护要点

① 流变性维护。钻进期间，随着钻井液密度升高，黏度控制越来越困难，针对实际情况采用不同质量分数胶液进行维护，胶液中处理剂最低用量为 30kg/m^3，最高时超过 200kg/m^3。低质量分数胶液主要是用于改善体系流动性，而高质量分数的胶液是在保持体系胶体稳定性的同时，尽可能减少维护量，以防出现流动性与密度控制的矛盾。同时注意：保持体系中

主处理剂总含量不低于60kg/m^3;控制体系pH值10~11;合理使用分散剂SMS-19,必要时可以采用SMS-19配伍KOH或NaOH进行强化分散;严格控制高聚物材料用量(现场的经验含量是0.05~0.08kg/m^3),以控制漏斗黏度;加入适量的抑制剂,提高体系的抑制性;合理使用润滑剂,且维护时润滑剂的有效含量不高于5kg/m^3;保持体系中CO_3^{2-}、HCO_3^-总量不高于1000mg/L,尽可能将HCO_3^-全部除去。

② 密度控制。结合现场实践,为了减少加重剂非正常损耗量,确定了以下筛布组合方案:以120+100+100目组合筛布为主,100+80+80目组合筛布为辅,80+40+40目组合筛布作为特殊情况下的补充调节。施工时根据情况灵活使用3台装有不同筛布的振动筛,从而合理地控制了加重材料损耗量。为了减少密度降低,尽量减少胶液补充量,并以补充高质量浓度胶液为主,通常采用补充2.95~2.98g/cm^{3}的超高密度压井液维护密度(一般不采取直接加入干料的方式加重)。

③ 膨润土含量的控制。现场维护中,$\rho \geqslant 2.50$g/cm^{3}超高密度钻井液的有效膨润土含量最高为12g/L,当井浆密度提高至2.80g/cm^{3}以上时,采用亚甲基蓝吸附法测得的B_c值为7~9.2g/L,实际有效含量为1.7~7.2g/L。在以2.75~2.88g/cm^{3}超高密度钻井液钻进期间,有效B_c值为1.3~7.8g/L,但使用中并没有出现流动性和体系胶体稳定性发生明显变化的情况。这表明,超高密度钻井液一旦形成稳定体系以后,允许膨润土含量在一个比较大的范围内变动,但含量上限不能高于上述范围,而最低含量则完全取决于当时钻井液的性能。

④ 固相控制。为了有效控制钻屑含量,灵活使用不同筛布组合的振动筛,尽可能提高分离物中低密度固相的比例;适时适量地添加抑制剂GCYZ-1,以抑制钻屑分散;合理控制井浆置换速率,一般情况下钻井液与胶液消耗量保持在1:1~1:1.1时对流变性能的调控作用最强,过高或过低均不理想。

表12-47给出了官深1井钻进飞仙关组二段强水敏性软泥岩地层时的固相控制情况。从表12-47可以看出,高密度固相与低密度固相之比的范围为10:1~57:1,一般保持在15:1~30:1,说明低密度固相的清除率达到了比较高的水平。尽管官深1井钻遇的飞仙关组二段强水敏性软泥岩地层厚达321m(井深3166~3487m),但施工时的漏斗黏度始终保持在180~210s,最低时仅为140~150s。良好的流动性尽管与合理选择和使用分散剂、降滤失剂、抑制剂以及科学的维护处理密不可分,但施工时低密度固相能够得到有效分离也起到了不可忽视的作用。

五、现场施工及维护处理要点

由于超高密度钻井液体系中固相含量高,尤其是密度超过2.5g/cm^{3}以后,体系中固相质量分数过高,体系中固相粒子表面通过润湿和吸附作用使得整个体系自由水含量大幅度减少,导致体系抗钻屑等固相污染容量降低,一旦遇到外来物质的污染,体系黏切快速升高,处理剂和加重材料加入不进去,使流变性控制困难。要配制流变性和失水造壁性好的超高密度钻井液,工艺难度大而且要求高。根据室内的研究和现场的实际情况,提出超高密度钻井液的现场配制工艺和维护工艺要点[43,47]。

(一) 超高密度钻井液配制

与常规钻井液相比,超高密度钻井液配制既有相同性,也有特殊性,要确保超高密度钻井液性能满足钻井液要求,必须高度重视超高密度钻井液的配制,而且首先要重视基浆的配制,并把握好3个关键环节,即原浆配方,配制工艺和基浆的处理。尤其是保证基浆膨润土含量低、护胶彻底和适度絮凝。

为了保证超高密度钻井液的配制质量和效率,配制中要注意以下几点:①针对超高密度钻井液密度及性能维护的需要,选择最适宜的处理剂,选择高质量膨润土和加重剂。②准确了解处理剂性能参数、作用机理、使用方法和配伍情况,明确对钻井液各项性能指标(密度、失水、黏切等)的要求。③严格按照配制程序、方法进行操作;尤其是严格计量(所用原材料、处理剂、加重材料),分别溶解(处理剂以胶液形式加入,以免形成鱼眼),依次加入(避免加入顺序不同,达不到理想效果),充分搅拌(加重材料充分分散,避免颗粒过大,造成加重材料沉降)。密度大于2.80g/cm³钻井液加重时,需要同时补充分散剂。

同时还需要做到:①有效地控制基浆黏切和膨润土含量。钻井液黏度和切力以能较好地悬浮加重材料为准。合适的膨润土含量是获得良好流变性的前提,通常欲配钻井液密度越高,则需膨润土含量越低。同时在基浆降黏切后,让钻屑等无用固相自然沉淀,并进行彻底掏罐一次,以尽可能清除有害固相。②加重前,处理剂量要加足,并充分循环和搅拌,同时控制加入速度,保证处理剂均匀加入和有效分散。③加重时,稀释剂胶液要一次加够,在加重过程中要做到重晶石粉按循环周期加入,保证密度无波动,同时钻具必须起至安全井段,上下活动,要搞好过滤和净化。④钻井液的pH值控制在8.5~10之间。⑤加入适量的润滑剂,提高泥饼表面润滑性,降低摩阻系数,改善泥饼质量,从而提高泥饼可压缩性,降低泥饼渗透率。⑥保持钻井液具有一定盐含量或保证钻井液具有足够的抑制性,以充分发挥处理剂作用, 控制体系中亚微米粒子含量。⑦配制过程中严格执行设计的钻井液密度要求,在实际钻进中,各层段的钻井液密度一般不得低于设计密度的下限,也不得高于上限。

表12-47 官深1井部分井段施工时的固相控制情况

井深/m	井浆密度/(g/cm³)	总固相含量/(g/L)	高密度固相含量/(g/L)	钻屑含量/(g/L)	膨润土含量①/(g/L)	干固相平均密度/(g/cm³)
3212	2.87	2495	2378.2	78.2	7.0	4.30
3240	2.85	2475	2311.0	145.8	8.0	4.19
3269	2.85	2475	2289.6	157.2	8.0	4.17
3307	2.85	2450	2398.0	39.0	8.0	4.30
3324	2.82	2390	2268.0	121.5	8.5	4.17
3367	2.82	2400	2241.7	158.8	7.0	4.01
3402	2.835	2325	2197.6	228.0	9.0	4.04
3449	2.81	2400	2284.4	97.8	9.0	4.21

注:①表示膨润土含量为基于亚甲基蓝吸附量的计算值。由于钻井液中除膨润土以外的其他所有固相均会或多或少地吸附一些亚甲基蓝,并且各种化学添加剂对亚甲基蓝吸附终点也有影响,因此通过亚甲基蓝吸附实验得到的含量是一个综合性数值,虽不能完全代表实际的膨润土含量,但相差不大。

(二) 超高密度钻井液维护与处理

钻井液的使用以满足井下安全需要、取准地质资料为目的,钻井液维护以控制其抑制性、流变性和悬浮稳定性,保证井壁稳定、井眼净化,达到井壁润滑和保护油气层为目的。超高密度钻井液高固相,容易受到外界因素的污染,造成流变性难以控制,超高密度钻井液除执行一般钻井液的常规维护外,维护的关键在于稀释、护胶和净化,以满足钻井液有良好的流动性，较高的沉降稳定性要求，同时做好润滑防卡、防漏的控制。

1.钻井液维护原则

① 切实做好返浆性能测定；

② 及时调整钻井液性能和补充新浆；

③ 预防或避免地层流体或钻屑对钻井液污染；

④ 防止自然条件和人为因素对钻井液性能的破坏；

⑤ 及时清除有害固相，保持钻井液清洁，确保钻井液性能稳定。

2.现场维护要点

① 每次进行钻井液维护前，均要做好小型试验，以小型试验结果指导钻井液性能维护；

② 钻进时，随时监测钻井液性能变化，根据实际情况适时补加所需处理剂；若补加处理剂胶液，则必须根据密度变化情况及时加重；

③ 钻井过程中，应细水长流方式加入稀释剂或分散剂胶液，保证钻井液良好的流动性；

④ 加重时应保证钻井液具有足够的悬浮能力，防止重晶石聚结或沉降；

⑤ 根据钻遇的地层地质情况，及时补充护胶剂或预水化膨润土浆，维持钻井液的胶体性稳定性，保持较低的滤失量；

⑥ 超高密度钻井液固相含量高，为保持钻井液良好性能，所有搅拌器都要正常运转；

⑦ 保证钻井液具有良好的润滑性，防止黏附卡钻；

⑧ 在易漏失地层，在保证钻井液性能的前提下，加入一定量的防漏堵漏材料；

⑨ 确保所有固相控制设备正常运转。

六、下步工作

以研制的超高密度钻井液专用处理剂为基础，通过钻井液中膨润土含量的控制、配伍处理剂类型及用量优化，加重剂颗粒及分布优化，采用密度 4.3g/cm³ 的工业重晶石加重，成功实现了最高密度 2.87g/cm³ 的超高密度钻井液顺利钻井的目标，也实现了重晶石加重钻井液密度大于 2.8g/cm³ 的突破。研究表明，若将工业重晶石经过处理后，可以使钻井液密度突破 3.0g/cm³ 的水平。近期的研究虽然积累了一定的成功经验，但由于钻井液密度超过 2.8g/cm³ 以后，以重晶石为加重剂的钻井液中固相质量分数已经大于液相质量分数，在此情况下传统的流变性、滤失量、密度等测定方法是否能够真实反映超高密度钻井液的性能，需要进一步研究，同时在机理上也需要进一步探索。结合实际，今后需要从以下方面开展工作：

① 机理研究。由于超高密度钻井液固相含量高，加重剂体积分数甚至超过水的体积分数，在这种情况下，建立在常规钻井液基础上的理论或机理已经不适用于超高密度钻井液。为了准确理解超高密度钻井液的特征，建立超高密度钻井液配制及维护处理方法，需要研究高固体分下超高密度钻井液流变性、悬浮稳定性、携砂、滤失量控制、井壁稳定、防漏堵漏机理等，形成一套科学的超高密度钻井液机理或理论，为超高密度钻井液研究奠定理论基础。

② 仪器。为了保证对超高密度钻井液性能的准确把握，结合超高密度钻井液机理研究，以满足机理研究和钻井液性能有效测定为目标，需要结合超高密度钻井液的特征，研制适用于超高密度钻井液的流变性、滤失量、密度等测定仪器。

③ 处理剂。在目前工作的基础上，进一步完善超高密度钻井液专用处理剂的研究，形成配套的分散剂、降滤失剂、封堵剂、抑制剂和润滑剂等。

④ 加重材料。研究加重剂矿源、不同类型加重剂及加重剂加工工艺、加重剂形态、粒度及粒度分布对加重剂性能和加重效果的影响；研究表面处理对加重剂加重效果的影响；开展加重剂吸附特性研究。特别是在经过粒度及粒度分布优化，并经过表面处理后，采用重晶石加重实现密度 3.0g/cm^3 超高密度钻井液的突破。

参考文献

[1] 黄林基.超深井泥浆设计原理与应用[EB/OL].http://www.swpuxb.com/qikan/manage/wenzhang/08.pdf.

[2] MITCHELL R K,BETHKE M E,DEARING H L.Design and Application of a High-Temperature Mud System for Hostile Environments[C]//SPE Annual Technical Conference and Exhibition,23-26 September 1990,New Orleans,Louisiana.

[3] 徐同台.八十年代国外深井泥浆的发展状况[J].钻井液与完井液,1991,8(增):29-45.

[4] 王中华.国内外超高温高密度钻井液技术现状及发展趋势[J].石油钻探技术,2011,39(2):1-7.

[5] 中国海洋石油有限公司初步攻克高温高压难题[EB/OL].http://www.cnooc.com.cn/news.php?id=204467.

[6] 赵正尧.低毒性油基钻井液的使用[J].石油钻采工艺,1998,20(增):73-83.

[7] 于兴东,姚新珠,林士楠,等.抗 220℃高温油包水钻井液研究与应用[J].石油钻探技术,2001,29(5):45-47.

[8] 徐同台,赵忠举.21 世纪国外钻井液和完井液技术[M].北京:石油工业出版社,2004:305-314.

[9] MAS M,TAPIN T,MARQUEZ R,et al.A New High-Temperature Oil-Based Drilling Fluid[C]//Latin American and Caribbean Petroleum Engineering Conference,21-23 April 1999,Caracas,Venezuela.

[10] CARBAJAL D L,BURRESS C N,SHUMWAY W,et al.Combining Proven Anti-sag Technologies for HPHT North Sea Applications:Clay-free Oil-Based Fluid and Synthetic,Sub-Micron Weight Material [C]//SPE/IADC Drilling Conference and Exhibition,17-19 March 2009,Amsterdam,The Netherlands.

[11] PARK S,CULLUM D,MCLEAN A D,et al.The Success of Synthetic-Based Drilling Fluids Offshore Gulf of Mexico:A Field Comparison to Conventional Systems[C]//SPE Annual Technical Conference and Exhibition,3-6 October 1993,Houston,Texas.

[12] Friedheim J E,Conn H L.Second Generation Synthetic Fluids in the North Sea:Are They Better?[C]//SPE/IADC Drilling Conference,12-15 March 1996,New Orleans,Louisiana.

[13] GROWCOCK F B,FREDERICK T P.Operational Limits of Synthetic Drilling Fluids[C]//Offshore Technology Conference,2-5 May 1994,Houston,Texas.

[14] 孙金声,刘进京,潘小镛,等.线性 a-烯烃钻井液技术研究[J].钻井液与完井液,2003,20(3):27-30.

[15] PRATER T.Fluid System Key to Record Sucess[J].Oil gas Rep,1999,42(8):79-84.

[16] 彭放.YC21-1-4 井钻井液技术[J].钻井液与完井液,2000,17(3):41-43.

[17] ELWARD-BERRY J,DARBY J B.Rheologically Stable,Nontoxic,High-Temperature Water-Base Drilling Fluid[J].SPE Drilling & Completion,1997,12(3):158-162.

[18] DORMAN J.Chemistry and Field Practice of High-Temperature Drilling Fluids in Hungary[C]//SPE/IADC Drilling Conference,11-14 March 1991,Amsterdam,Netherlands.

[19] THAEMLITZ C J,PATEL A D,COFFIN G,et al.New Environmentally Safe High-Temperature Water-Based Drilling-Fluid System[J].SPE Drilling & Completion,1999,14(3):185-189.

[20] MICHAL SPOONER,KEN MAGEE,MICHAEL OTTO,et al.The Application of High Temperature Polymer Drilling Fluid on Smackover Operations in Mississippi[C]//AADE 2004 Drilling Fluids Conference,April 6-7,2004,Houston,Texas.

[21] PERRICONE A C,ENRIGHT D P,LUCAS J M.Vinyl Sulfonate Copolymers for High-Temperature Filtration Control

of Water-Base Muds[J].SPE Drilling Engineering,1986,1(5):358-364.

[22] GIDDINGS D M,RIES D G,SYRINEK A R.Terpolymers for Use High Temperature Fluid Loss Additive and Rheology Stabilizer for High Pressure,High Temperature Oil Well Drilling Fluids:US,4502966[P].1985-03-05.

[23] 杨泽星,孙金声.高温(220℃)高密度(2.3g/cm³)水基钻井液技术研究[J].钻井液与完井液,2007,24(5):15-17.

[24] 孙金声,杨泽星.超高温(240℃)水基钻井液体系研究[J].钻井液与完井液,2005,23(1):15-18.

[25] 付燕,蒲晓林,曾欣,等.抗高温高密度水基钻井液室内研究[J].钻井液与完井液,2008,25(2):17-18.

[26] 沈丽.抗高温钻井液体系的研究与应用[J].精细石油化工进展,2008,9(4):5-9.

[27] 艾贵成,田效山,兰祖权,等.超高温超高密度有机盐钻井液技术研究[J].西部探矿工程,2010(9):47-49.

[28] 陶士先,张丽君,单文军.耐高温(230℃)饱和盐水钻井液技术研究[J].探矿工程:岩土钻掘工程,2014,41(1):21-16.

[29] 王中华.国内外钻井液技术进展及对钻井液的有关认识[J].中外能源,2011,16(1):48-60.

[30] 王中华,王旭,杨小华.超高温钻井液体系研究(Ⅳ)——盐水钻井液设计与评价[J].石油钻探技术,2009,37(6):1-5.

[31] 王旭,王中华,周乐群,等.240℃超高温饱和盐水钻井液室内研究[J].钻井液与完井液,2011,28(4):19-21.

[32] 杨小华,钱晓琳,王琳,等.抗高温聚合物降滤失剂 PFL-L 的研制与应用[J].石油钻探技术,2012,40(6):8-12.

[33] 田璐,李胜,杨小华,等.PFL 系列超高温聚合物降滤失剂在徐闻 X3 井的应用[J].油田化学,2012,29(2):138-141.

[34] 邱正松,黄维安,何振奎,等.超高温水基钻井液技术在超深井泌深 1 井的应用[J].钻井液与完井液,2009,26(2):35-36,42.

[35] 孙中伟,何振奎,刘霞,等.泌深 1 井超高温水基钻井液技术[J].钻井液与完井液,2009,26(3):9-11,15.

[36] 李公让,薛玉志,刘宝峰,等.胜科 1 井四开超高温高密度钻井液技术[J].钻井液与完井液,2009,26(2):12-15.

[37] 蔡利山,胡新中,刘四海,等.高密度钻井液瓶颈技术问题分析及发展趋势探讨[J].钻井液与完井液,2007,24(增):38-44.

[38] 蔡利山,林永学,田璐,等.超高密度钻井液技术进展[J].钻井液与完井液,2011,28(5):70-77.

[39] 王琳,林永学,杨小华,等.不同加重剂对超高密度钻井液性能的影响[J].石油钻探技术,2012,40(3):48-53.

[40] 李公让,赵怀珍,薛玉志,等.超高密度高温钻井液流变性影响因素研究[J].钻井液与完井液,2009,26(1):12-14.

[41] 刘明华,苏雪霞,周乐海,等.超高密度钻井液的室内研究[J].石油钻探技术,2008,36(3):39-41.

[42] 胡德云.超高密度 ρ>3.00g/cm³ 钻井液的研究与应用[J].钻井液与完井液,2001,18(1):6-11.

[43] 张东海,马洪会.超高密度钻井液在官 7 井的应用[J].钻井液与完井液,2006,23(5):8-11.

[44] 林永学,杨小华,蔡利山,等.超高密度钻井液技术[J].石油钻探技术,2011,39(6):1-5.

[45] 中国石油化工股份有限公司,中国石化石油工程技术研究院.一种超高密度钻井液用分散剂、制备方法及应用:中国,103013459 A[P].2013-04-03.

[46] 中国石油化工股份有限公司,中国石化石油工程技术研究院.一种褐煤接枝共聚降滤失剂及制备方法:中国,103013458 A[P].2013-04-03.

[47] 蔡利山,林永学,杨小华,等.官深 1 井超高密度钻井液技术[J].石油学报,2013,34(1):169-177.

第十三章 油基钻井液及处理剂

油基钻井液具有抗高温、抗盐、有利于井壁稳定、润滑性好和对油气层损害程度小等诸多优点，国外早在20世纪60年代，就十分重视油基钻井液技术的开发与应用，现已广泛作为深井、超深井、海上钻井、大斜度定向井、水平井和水敏性复杂地层钻井及储层保护的重要手段。国外油基钻井液体系及配套技术已比较成熟，国内在油基钻井液方面尽管早在20世纪80年代就开展了研究与应用，由于成本和环境、安全和认识等的因素，应用还比较少，在油基钻井液方面还没有形成成熟配套的处理剂和钻井液体系[1]。

目前国内非常规油气资源的开发已经启动，对油基钻井液有了需求，我国应在油基钻井液应用方面尽快行动起来，在借鉴国外经验和国内初步实践的基础上，首先开展油基钻井液的应用，在应用中积累经验、完善体系，并通过油基钻井液处理剂(乳化剂、降滤失剂、提黏切剂、封堵剂及润湿剂)的研制，逐渐形成具有国内特点，能够满足现场需要的油基钻井液体系及钻井液回收处理循环再利用的配套设备与方法。同时，开展油基钻井液高温下流变性、稳定性研究，以形成系统的流变性控制方法，为油基钻井液体系的应用提供理论支撑，以促进国内页岩气等非常规油气资源的开发步伐。

为了更好地理解油基钻井液，本章首先对油基钻井液基础进行介绍，然后介绍近年来油基钻井液处理剂及油基钻井液在页岩气水平井中的应用情况，在此基础上探讨了为什么发展油基钻井液、发展油基钻井液需要解决的问题，并就油基钻井液处理剂合成路线进行简要介绍。在介绍中力求避免与过去有关书籍的重复，重点放在最新进展，并结合近期的研究和认识提出了下步方向。

第一节 油基钻井液基础

为对油基钻井液有个基本的了解，本节从油基钻井液基本组成、油基钻井液配方与性能和油基钻井液施工要点等方面简要介绍油基钻井液基本知识[2]。

一、油基钻井液基本组成

油基钻井液通常由基础液(油或油水乳化液)和油基钻井液处理剂、加重剂等组成。

(一) 基础液

1.油

通常称基油，纯油基钻井液采用油作为基础液，而油包水乳化钻井液是以水滴为分散相，油为连续相，并添加适量的乳化剂、润湿剂、亲油胶体和加重剂等所形成的稳定的乳状液体系。

在油包水乳化钻井液中用作连续相的油称为基油，目前普遍使用的基油为柴油(我国常使用零号柴油)和各种低毒矿物油(白油)。为确保安全，其闪点和燃点应分别在82℃和

93℃以上。

由于柴油中所含的芳烃对钻井设备的橡胶部件有较强的腐蚀作用,因此芳烃含量不宜过高,一般要求柴油的苯胺点在60℃以上。苯胺点是指等体积的油和苯胺相互溶解时的最低温度。苯胺点越高,表明油中烷烃含量越高,芳烃含量越低。同时由于柴油中的芳烃对人体有害,从环保的角度讲,应尽可能减少或不用柴油。

当选择矿物油时为了有利于对流变性的控制和调整,其黏度不宜过高。

此外,基于环保考虑,可以采用人工合成的有机物(即合成基)代替油作为基础液。采用合成基时,钻井液称为合成基钻井液。合成基钻井液(也称低毒油基钻井液)一般用于海上钻探,因为作为油基钻井液,其液体燃烧的毒性比油基钻井液更小。从环保的角度出发,近年来也有采用植物油、油酸甲基(生物柴油)等作为基油的油基钻井液研究或应用实例。

2.盐水

盐水是油包水乳化钻井液的内相,也称水相。淡水、盐水或海水均可用作油基钻井液的水相,为了保证井壁稳定及活度平衡,通常使用含有一定量 $CaCl_2$ 或 NaCl 的盐水,其主要目的在于控制水相的活度,以防止或减弱泥页岩地层的水化膨胀,保证井壁稳定。

油包水乳化钻井液的水相含量通常用油水比来表示。一般情况下,水相含量为15%~40%,最高可达60%,且不低于10%。

在一定的含水量范围内,随着水所占比例的增加,油基钻井液的黏度、切力逐渐增大。因此,人们常用它作为调控油基钻井液流变性的一种方法,同时增大含水量可减少基油用量,降低配制成本。但是,随着含水量增大,维持油基钻井液乳化稳定性的难度也随之增加,必须添加更多的乳化剂才能使其保持稳定。对于高密度油基钻井液,为保证钻井液的流变性,水相含量应尽可能小。

在实际钻井过程中,会有一部分地层水不可避免地进入钻井液,即油水比呈自然下降趋势,因此为了保持钻井液性能稳定,必要时应适当补充基油的量,以维护合理的油水比。

对于全油基钻井液,尽管水属于污染物应及时清除,但油基钻井液一般可以容纳3%~5%的水,只要不超过5%时,不一定非要清除。

(二) 基本材料

1.乳化剂

为了形成稳定的油包水乳化钻井液,必须正确地选择和使用乳化剂。一般认为,乳化剂的作用机理是在油/水界面形成具有一定强度的吸附膜,降低油水界面张力,增加外相黏度。以上三方面均可阻止分散相液滴聚并变大,从而使乳状液保持稳定。其中又以吸附膜的强度最为重要,是乳状液能否保持稳定的决定性因素。

在油包水乳化钻井液中,常用的乳化剂有:

① 高级脂肪酸的二价金属皂,如硬脂酸钙;

② 烷基磺酸钙;

③ 烷基苯磺酸钙;

④ 山梨糖醇酐单油酸脂,即斯盘-80(或Span-80);

⑤ 脂肪酸与多胺反应物或脂肪酸与多胺、多元酸反应物。

此外,国内早期用于油包水乳化钻井液的乳化剂还有:环烷酸钙、石油磺酸铁、油酸、环烷酸酰胺和腐殖酸酰胺等。国外在该类钻井液中使用的乳化剂多用代号表示,如 Oilfaze、Vertoil、EZ-Mul、DFL 和 Invermul 等都是常用的乳化剂。

值得注意的是,在以上乳化剂中,属于阴离子表面活性剂的都是有机酸的多价金属盐(钙盐、镁盐和铁盐等,以钙盐居多),而不选择单价的钠盐或钾盐。

由于皂分子具有两亲结构,即烃链是亲油的,而离子型基团—COO^-是亲水的,因此当皂类存在于油、水混合物中时,其分子会在油水界面自动浓集并定向排列,将其亲水端伸入水中,亲油端伸入油中,从而导致界面张力显著降低,有利于乳状液的形成。

即使是全油基钻井液,仍然需要乳化剂,在全油基钻井液中乳化剂可以起到调节钻井液流变性,保证钻井液悬浮稳定性的作用,并一定程度上控制钻井液的滤失量。

上述乳化剂均属于工业上通用的乳化剂,对于油基钻井液来讲,无论是性能还是针对性,均存在一些不足。目前应用的乳化剂则是结合工业乳化剂应用中存在不足,而有针对性的发展起来的专用乳化剂,主要为聚酰胺羧酸类和聚酯酰胺类乳化剂,现场常分为主乳化剂和辅乳化剂。

2.润湿剂

大多数天然矿物是亲水的。当重晶石粉和钻屑等亲水的固体颗粒进入 W/O 型钻井液时,它们趋向于与水聚集,引起高黏度和沉降,从而破坏乳状液的稳定性。

为了避免以上情况的发生,在油相中需要添加润湿控制剂,简称润湿剂。润湿剂也是具有两亲结构的表面活性剂,分子中亲水的一端与固体表面有很强的亲合力。当这些分子聚集在油和固体的界面并将亲油端指向油相时,原来亲水的固体表面便转变为亲油,这一过程常被称作润湿反转。润湿剂的加入使刚进入钻井液的重晶石和钻屑颗粒表面迅速转变为油润湿,从而保证它们能较好地悬浮在油相中。

虽然用作乳化剂的表面活性剂也能够在一定程度上起润湿剂的作用,但其效果有限,不能满足实际需要。较好的润湿剂有季胺盐(如十二烷基三甲基溴化铵)、卵磷脂和石油磺酸盐等。国外常用的润湿剂有 DV-33、DWA 和 EZ-Mul 等,其中 DWA 和 EZ-Mul 可同时兼作乳化剂。

3.有机膨润土

有机膨润土是由亲水的膨润土与季胺盐类阳离子表面活性剂发生作用而制成的亲油黏土。所选择的季胺盐必须有很强的润湿反转作用,目前常用的有十二烷基三甲基溴化铵、十二烷基二甲基苄基溴化铵。有机土很容易分散在油中起提黏和悬浮重晶石的作用,通常在 100mL 油包水乳化钻井液中加入 3g 有机土便可悬浮 200g 左右的重晶石粉。有机土还可在一定程度上增强油包水乳状液的稳定性,起固体乳化剂的作用。

相对于乳化剂,采用经过优选的工业有机土基本可以满足油基钻井液配制的要求。但有针对性的开发油基钻井液专用的有机土更有利于形成热稳定性和悬浮稳定性好的油基钻井液体系。

4.氧化沥青

氧化沥青是一种将普通石油沥青经加热吹气氧化处理后,与一定比例的石灰混合而成的粉剂产品,常用作油包水乳化钻井液的悬浮剂、增黏剂和降滤失剂,同时能够提高体系的高温稳定性和悬浮稳定性。它主要由沥青质和胶质组成,是最早使用的油基钻井液处理剂之一。在早期使用的油基钻井液中,氧化沥青的用量较大,它可将油基钻井液的 API 滤失量降低为零,高温高压滤失量控制在 5mL 以下。但是,它的最大缺点是对提高机械钻速不利,因此在目前常用的油基钻井液配方中,国外已尽可能减少或不用。

有机土和氧化沥青在油基钻井液中属于亲油性胶体,用于调节钻井液的流变性和滤失量,此外亲油的改性褐煤、二氧化锰等也可以作为亲油胶体,可以用作增黏剂和降滤失剂。

5.石灰

石灰是油基钻井液中的必要组分,其主要作用有以下方面:

① 提供的 Ca^{2+}有利于二元金属皂的生成,从而保证所添加的乳化剂充分发挥作用;

② 维持油基钻井液的 pH 值在 8.5~10 范围内以利于保持乳状液的稳定性,也可以防止钻具腐蚀;

③ 可有效地防止地层中 CO_2 和 H_2S 等酸性气体对钻井液的污染;在油基钻井液中,未溶 $Ca(OH)_2$ 的量一般应保持在 0.43~0.72kg/m³ 范围内,当遇到 CO_2 或 H_2S 污染时应适当提高其含量。

6.加重材料

油基钻井液的加重材料以重晶石粉为主,为了保证重晶石较好地分散和悬浮在钻井液中,需要对其粒径提出要求。对于密度小于 1.68g/cm³ 的油基钻井液,也可用碳酸钙作为加重材料。虽然其密度只有 2.7g/cm³,比重晶石低得多,但它的优点是比重晶石更容易被油所润湿,而且具有酸溶性,可兼作保护油气层的暂堵剂。

7.封堵剂

为了减少油基钻井液在钻进中的渗透性漏失,需要采用封堵剂,同时还可以起到阻断流体进入地层的通道,控制压力传递,保持井壁稳定。

在钻遇裂缝或缝洞型地层时,为了应对漏失也会用到堵漏剂,由于油基钻井液成本高,堵漏作业消耗大,一般在易漏失地层不推荐使用油基钻井液。

从目前情况看,用于水基钻井液的封堵材料在油基钻井液中具有局限性,因此须结合油基钻井液防漏堵漏的特征,完善配套相应的封堵或防漏堵漏材料。实践表明,一定粒度和粒度分布的水凝胶、膨胀石墨、纤维素或木质素粉等可作为渗透性地层的有效封堵剂。

二、油基钻井液的基本配方及性能

表 13-1 是基于传统的油基钻井液给出的油基钻井液配方,其性能见表 13-2。

表 13-1 油基钻井液配方

组 分	不同油水比处理剂加量/(kg/m³)	
	全油(含水量小于 5%)	油包水(油水比 95:5~7:3)
有机土	40~60	20~40
降滤失剂	30~50	30~50
主乳化剂	30~40	30~40
辅乳化剂	15~20	10~20
润湿剂	0~15	0~15
生石灰	30~50	20~40
加重材料	视钻井液密度需要而定	视钻井液密度需要而定

注:水相是质量分数为 20%~40%的 $CaCl_2$ 水溶液。

表 13–2 性能指标

项 目	指 标	项 目	指 标
密度/(g/cm^3)	0.9~2.2	破乳电压/V	≥400
漏斗黏度/s	50~120	API滤失量/mL	≤2
动切力/Pa	8~26	HTHP滤失量/mL	≤4
动塑比	0.15~0.45	碱度/(mg/L)	1.5~2.5
($G_{初}/G_{终}$)/(Pa/Pa)	(2~8)/(6~12)		

注:HTHP 滤失量在 150℃下测定,其他性能指标在 60℃±2℃条件下测定。

三、油基钻井液现场施工要点

(一) 设备要求

① 循环罐、储备罐和循环槽应清洁、封闭,并配备防雨、防沙棚;

② 循环罐和循环槽连接处应密封,搅拌机应运转正常;

③ 钻井泵及净化设备的橡胶密封件应符合相关规定(即保证具有耐油能力);

④ 振动筛、除砂器、除泥器、离心机应运转正常;

⑤ 冬季施工,配制罐、储备罐和循环罐和外接管线应具保温功能;

⑥ 夏季施工,配制罐、储备罐和循环罐应具通风设备。

(二) 配制工艺

① 用清水清洗干净循环系统及上水管线;

② 在配制罐内配制所需浓度的 $CaCl_2$ 水溶液;

③ 按配方在罐内加入基油,开动地面循环,经混合漏斗依次加入所需有机土、氧化沥青、石灰粉,充分循环搅拌 1.5~2h 至全部均匀分散,然后加入乳化剂、润湿剂充分搅拌 2h 或根据实际情况确定时间;

④ 将配制好的 $CaCl_2$ 水溶液缓慢加入油相中,充分搅拌 1.5~2h;

⑤ 根据设计要求,加入加重材料达到所要求的钻井液密度;

⑥ 按①、③、⑤程序配制全油基钻井液。

(三) 维护处理

1.维护处理的基本要求

① 高剪切速率下最小的黏度;

② 有效的环空剪切速率下要有足够的黏度保证清洗井眼及适当的循环压力;

③ 足够的切力以悬浮重晶石和岩屑;

④ 保证乳化钻井液的乳化稳定性;

⑤ 较低的滤失量(滤液中不见水);

⑥ 油包水乳化钻井液的活度与地层的活度要匹配;

⑦ 适当的碱度保证钻井液悬浮稳定性和乳状液稳定性;

⑧ 合适的黏度以有利于通过细目振动筛,并减少在岩屑上的吸附;

⑨ 减少循环滤失与漏失。

2.维护处理要点

① 按照配方设计性能要求进行性能维护,保持钻井液中有足量的乳化剂和润湿剂,保

证乳液稳定性和固相的油润湿性。也可以根据具体情况加入适量的辅乳化剂，以达到乳化剂最佳的 *HLB* 值。

② 用石灰维持钻井液合适的碱度范围，并随着井温增加适当提高碱度。

③ 根据钻井液密度变化调整油水比，保持钻井液良好的流变性。降低黏度、切力应加入柴油或白油。提高黏度、切力应加入同浓度的氯化钙水溶液或有机土。

④ 定时测量钻井液的破乳电压，需要调整钻井液性能时加密测量，若破乳电压有下降趋势，且有破乳倾向时，应补充乳化剂和润湿剂。

⑤ 需加入重晶石提高钻井液密度时，同时补充润湿剂；需降低密度时，加入配制的未加重基浆。

⑥ 按配方设计及时补充钻井液，避免因消耗造成钻井液量不足。

(四) HSE 要求

1.安全要求

以下方面要符合有关安全规定：

① 井场布置、井场安全标志设置及施工过程的防火防爆措施；

② 井场用电设备电路安装及照明；

③ 井场安全要求、灭火器材配备及管理；

④ 现场施工必须动火时；

⑤ 钻井液设备防雷、防静电；

⑥ 井控设备密封件。

2.环保要求

① 施工过程中避免钻井液泄漏于地面或扩散；

② 完井后使用的油基钻井液应全部回收处理或再利用；

③ 完井后的废液及清洗各种设备、仪器的污水处理应符合排放标准。

3.健康要求

① 现场人员从事与油基钻井液接触工作时，穿戴防火、防静电的劳保用品；

② 当必须进行油基钻井液相关作业时，应穿戴个人防护用具。

四、典型配方

通过 3 个例子，简要介绍全油和油包水乳化钻井液体系配方和应用情况。

(一) 油包水钻井液

1.配方

采用 0 号柴油作为连续相，水相为 20%的 $CaCl_2$ 水溶液，形成油基乳化钻井液配方[3]：基液(油水比 8:2)+3%主乳化剂+3%辅乳化剂+3%有机土+4%降滤失剂+3% CaO+重晶石。

钻井液性能见表 13-3。从表中结果可见，不同密度的钻井液性能稳定，乳化稳定性好，破乳电压都在 900V 以上，动塑比在 0.2~0.4 之间，能够满足现场需要。

2.钻井液配制

严格按照油基钻井液配方、配制工艺进行配制，确保配制成的油基钻井液流变性和悬浮稳定性良好。如果初期检测其性能电稳定性低、高温高压滤失量较高，分散相固相颗粒较大，体系不稳定等现象出现，主要是由于地面设备剪切不充分，钻井液经过入井循环后性能可以得到改善。具体配制工艺如下：

① 按照需要准备好循环罐并清洗干净,各连接处密封、无跑、冒、滴、漏；

② 在配制罐内配制所需浓度的 $CaCl_2$ 水溶液；

③ 按配方量在罐内加入基油,开动地面循环,经混合漏斗加入所需有机土、氧化沥青、石灰粉,充分循环搅拌 1.5~2h 至全部均匀分散,然后加入乳化剂充分搅拌 2h；

④ 将配制好的 $CaCl_2$ 水溶液缓慢加入油相中,充分搅拌 1.5~2h；

⑤ 根据设计要求,加入重晶石达到所要求的钻井液密度；

⑥ 如果老浆再利用,按照小型试验结果确定新浆与老浆的混合比例,然后再进行混合。

表 13-3 不同密度钻井液性能

条 件	ρ/(g/cm³)	*FL*/mL	*AV*/(mPa·s)	*PV*/(mPa·s)	*YP*/Pa	($Q_{初}$/$Q_{终}$)/(Pa/Pa)	*ES*/V	动塑比
150℃/16h	1.2	0.8	24.5	19	5.5	2.5/3.0	986	0.289
150℃/16h	1.4	0.6	30.5	23	7.5	3.0/4.0	1024	0.326
150℃/16h	1.6	1.0	40.0	31	9.0	4.0/5.0	1122	0.290
150℃/16h	1.8	1.0	53	43	10	4.5/5.5	983	0.233
150℃/16h	2.2	1.2	85	68	17	6.5/8.0	1216	0.250

3.油包水钻井液的置换

为更快、干净顶替水基钻井液,置换前大排量循环两周,充分循环清洗井底及破坏水基钻井液结构,为避免混浆使用柴油或盐水作为隔离液,置换时保持泥浆泵以最大的排量均匀稳定进行,避免中途停泵。返出的水基钻井液外排放掉,并在即将返出油基钻井液时,连续测量钻井液密度,以确定置换终点。置换完以后,防止原水基钻井液及钻屑对油基钻井液污染,快速清洁锥形罐、泥浆槽及相关循环罐。清洁完毕,建立全井循环两周以上,使油基钻井液充分剪切混合。

4.维护与处理

钻进过程中根据钻井速度和钻井液消耗量,及时补充新浆或基液,保证施工安全。钻进中及时检测钻井液各项性能指标,发现异常立即进行维护处理,保证钻井液性能稳定。

① 密度的调整:提高密度时使用重晶石按循环周均匀加重,同时根据钻井液稳定性变化补充乳化剂等处理剂。钻井过程中钻屑、重浆压钻具水眼引起的密度上升,要及时使用固控设备清除固相,或适当补充基液稀释。

② 流变性的控制:通过固相控制设备控制固相,保持良好的流变性。黏度异常时,首先检测油基钻井液的油水比、固相含量是否符合要求。根据情况调整油相与水相比例,并充分剪切乳化;加重剂、钻屑等固相引起的增黏,使用固控设备及时清除,同时补充乳化剂改变钻井液体系中固相的润湿性, 以降低钻井液的黏度。保持钻井液具有适当的剪切速率,防止因钻井液长时间静止而造成的乳液不稳定。

③ 电稳定性:确保乳状液的稳定性是油包水钻井液的核心。始终保持破乳电压大于 400V。如出现异常,应考虑油水比、电解质的浓度、钻屑、处理剂、剪切状况、温度等因素影响,分析后有针对性进行调整。

④ 碱度:根据消耗及时补充适量石灰,保持体系碱度在 1.5~2.5mg/L 范围内。

⑤ 高温高压滤失量:保持高温高压滤失量小于 4mL。如果大于 4mL,应及明补充降滤

失剂、氧化沥青、有机土或加入封堵剂。

5.现场应用效果

油包水钻井液在中原、新疆顺南及玉北、西南焦石坝等不同区块70余口井的应用证明,油包水钻井液具有良好的井壁稳定、润滑性和携岩能力,长水平段井壁稳定和井径规则,平均井径扩大率小于5%,高温下乳液稳定性好,破乳电压大于600V,可满足泥岩、泥页岩等水敏性地层非常规油气藏水平井的施工;且施工工艺简单,维护容易,老浆回收循环利用率高。

(二) 无芳烃油基钻井液

采用低度矿物油代替柴油,可以使油基钻井液的污染降低或达到环境保护的要求。实践表明,采用低毒矿物油代替柴油所形成的油基钻井液能够满足施工要求。

中国石油长城钻探的一种全白油基钻井液在现场成功应用,并见到了较好的效果[4]。

1.基本配方

5号白油+3%有机土+0.6%增黏剂+2.5%润湿剂+0.5%结构剂+0.5%氧化钙+3%碳酸钙+0.5%降滤失剂+重晶石。

钻井液性能见表13-4。由表中结果以及实验现象可以看出,老化前后钻井液具有良好的流变性和高温稳定性,150℃时的高温高压滤失量为12.8mL,能够满足现场施工需要。

表13-4 全白油基钻井液性能

实验条件	ρ/(g/cm³)	FL/mL	PV/(mPa·s)	YP/Pa	n	K/(mPa·s^n)
50℃	1.51	2.4	32	2.0	0.91	63
150℃/16h	1.50*	2.2	49	22.5	0.61	1061

注:热滚后无沉淀出现,FL_{HTHP}为12.8mL。

2.现场配制

现场配制的全油基钻井液配方:119m³白油+3.9t有机土+1.3t增黏剂+6.6t液体增黏剂+0.65t结构剂+2.38t润湿剂+0.68t氧化钙+3.6t超细碳酸钙+重晶石+0.68t主乳化剂+0.65t降滤失剂。

配制过程如下:

① 中途完钻固井后,放掉二开钻井液,彻底清洗各罐。

② 用清水清洗循环系统的所有管线,将技术套管内的钻井液彻底替净,再用白油将套管内的清水替出,将清水和油水混合液排净。

③ 在钻井液池2、3号罐中放入5号白油,将技术套管内清水顶替干净,补充白油量。

④ 全井循环,按循环周均匀地在加料漏斗中按配方依次加入有机土、增黏剂、结构剂、润湿剂、氧化钙和超细碳酸钙、重晶石、乳化剂、降滤失剂,并用泥浆枪反复冲刺,保证每一种处理剂充分分散或溶解。

⑤ 基浆配好后检测其性能,经过充分搅拌循环后,钻井液性能良好,达到了设计要求。同时在基地配制储备的钻井液。在正常钻进过程中,全油基钻井液的消耗用符合现场要求的储备浆进行补充,该次试验井共配制170m³储备浆。

3.现场应用效果

沈307井在三开井段(3709~4146m)使用了全油基钻井液。该井段钻遇地层为新生界下第三系、沙河街组四段和新生界下第三系房身泡组。其中 3709~4022m 井段地层为深灰色泥岩夹灰色粉砂岩,4022~4030m 井段地层为灰黑色蚀变玄武岩,下层由灰色、深灰色粉砂质泥岩、灰色粉砂岩组成。

应用表明,该钻井液具有较好的流变性、高温稳定性、电稳定性及沉降稳定性,钻进过程顺利,满足了施工要求。使用 ϕ152mm 钻头的全油基钻井液比使用 ϕ241mm 钻头的有机硅钻井液钻速要快,如果考虑到钻头直径及井深对钻速的影响因素,使用全油基钻井液钻速比水基钻井液钻速要快得多,且钻头磨损减轻,使用寿命延长。

(三) 低毒油基钻井液

中国海洋石油总公司在渤海海域蓬莱 19-3 油田的 I 期开发过程中, 选择使用 VersaClean 低毒油基钻井液钻进生产井段。在南中国海使用该钻井液,当钻屑含油量低于 15% 时,钻屑直接排放入海;在渤海湾使用时,限于内陆海的环境特点,使用钻屑回注技术处理,有利于环境保护[5]。

1.钻井液配方与性能

VersaClean 低毒油基钻井液的主要成分为基油和盐相, 配合使用各种钻井液添加剂控制钻井液的性能,其基本配方见表 13-5。油基钻井液的现场使用性能见表 13-6。

表 13-5 钻井液基本配方及材料

钻井液材料	功 能	含 量
钻井水	水 相	体积分数 30%
低毒矿物油	连续相	体积分数 70%
Versamul	主乳化剂,还具有润湿、增黏、降滤失和改善热稳定性的性能	11.4kg/m^3
Versacoat	乳化和润湿,具有改善钻井液热稳定性,控制高温高压滤失的性能	5.7kg/m^3
95%的 $CaCl_2$	活度控制剂	92.5kg/m^3
Versatrol	高温高压降滤失剂,增加油基钻井液的润滑性	5.7kg/m^3
Lime	石灰,用来控制钻井液的碱度,同时提供增强乳化性能	17.1kg/m^3
Barite	加重剂	231.9kg/m^3
VG-plug	有机膨润土,增黏剂	20.0kg/m^3

2.现场应用

(1) 现场维护处理

现场维护处理时,要控制各种处理剂在设计的范围内,以维护钻井液性能稳定。矿物油和海水控制在 70:30 左右,既经济又能提高携屑能力。高温高压滤失不能满足要求时,加磺化沥青或 Veratrol 降低滤失量,同时添加乳化剂 Versamul 和 Versacoat,并保持过量石灰在 4.27~7.13kg/m^3 范围内,以提高乳化性能。应控制 $CaCl_2$ 的加量,否则会造成钻井液乳化性能降低,而且 $CaCl_2$ 不能和重晶石一起加入,否则会引起重晶石水润湿。添加有机土 VG-plug 提高低剪切速率下的黏度,维持 ϕ3 和 ϕ6 的值,以提高携屑能力,降低固相含量。若钻进过程中出现摩阻和扭矩增大的情况,应适量提高油水比或添加磺化沥青,以提高钻井液及泥饼的润滑性,降低摩阻和扭矩。在保持钻井液密度的前提下,尽量控制较低的固相含量。现场使用油基钻井液时,除不可避免的地层水进入循环系统内以及调整钻井液性能时必须加水外,禁止其他类型的水进入循环系统。

表 13-6 钻井液性能

钻井液性能	设 计	实 际	
		最小值	最大值
密度/(g/cm³)	1.14~1.26	1.05	1.12
PV/(mPa·s)	25~35	18	27
YP/Pa	10.53~16.76	8.61	13.88
*Gel*①/Pa	N/A	4.3/8.6/8.6	9.6/13.4/14.4
FL_{HTHP}/mL	<4.0	2.4	3.8
K/mm	N/A	0.79	1.19
油水体积比	70:30	69:31	74:26
固相体积分数,%	N/A	6.0	8.2
校正后固相体积分数,%	N/A	4.2	7.0
氯离子含量/(mg/L)	N/A	36500	51500
碱度(0.1H_2SO_4)/mL	N/A	0.9	3.0
过量石灰含量/(kg/m³)	12.18~20.34	11.64	31.72
水相盐度/(mg/L)	>178000	138811	166000
电稳定性/V	>600	626	972

注:①为 10s/10min/30min。

(2) 固相控制

根据低毒油基钻井液的特点和以往的固相控制经验,使用 4 台高速线性振动筛和 2 台高速离心机清除固相,除振动筛和离心机外,关闭所有其他固相控制设备,例如除砂器、除泥器等。

在振动筛上配备使用 120~200 目的筛布,可一次清除 74μm 以上的固相颗粒。由于所钻地层的固相颗粒的大小可能和筛布网眼相同,尤其是砂岩颗粒,容易导致堵塞,因此应适当更换不同目数的筛布,在清除固相颗粒的同时尽量减少从振动筛处跑钻井液。

对于低于 74μm 的固相颗粒以及由于更换筛布没有清除的高于 74μm 的颗粒, 通过离心机清除。

(3) 应用效果

在渤海海域蓬莱 19-3 油田的应用表明,VersaClean 低毒油基钻井液有效地保护了油层。根据已经投产井的产能情况来看,大大提高了油田的采收率。通过合理的完井方法及工艺措施等,单井平均日产量超过 200m³/d,是采用水基钻井液钻进、采用常规砾石充填方法完井的油井日产量的 3~4 倍。

第二节 油基钻井液的应用

2012 年以来,随着国内页岩气开发的快速推进,在页岩气水平井钻井中,油基钻井液得到了广泛的应用。从已经完成的威 201-H3、泌页 HF1 井、渤页 HF1 井、建页 HF-1 井、延页 HF1 井、涪页 HF-1 井和焦页 1HF 井等井的初步的实践证明,油基钻井液是页岩气水平井施工的首选钻井液体系[6]。

一、钻井液体系的应用

威远地区页岩气储层石英含量较高，岩石脆性特征明显，属于弱水敏。同时具有较强的层理结构，极易发生层间剥落，且页岩强度有显著的各向异性，层理面倾角为40°~60°，岩心易发生沿层理面的剪切滑移破坏，造成定向段和水平段井壁失稳。针对威远地区页岩气储层特性，威 201-H3 井在定向、水平段应用了油基钻井液体系：柴油+3.5%有机土+10% $CaCl_2$ 水溶液(质量体积比为 20%~40%)+(4%~6%)主乳化剂+(1%~2%)辅乳化剂+(2%~3%)降滤失剂+(1%~3%)塑性封堵剂+(0.5%~1%)润湿剂+(1%~2%)$CaCO_3$(粒径为 0.043mm)+(2%~3%)$CaCO_3$ (粒径为 0.030mm)+(1.0%~1.5%)CaO+重晶石。该体系较好地解决了威远地区泥页岩层垮塌的问题[7]。

泌页 HF1 井设计三开在页岩层中钻进水平段，水平段设计长度 1000.0m。该井定向段应用水基聚合物钻井液，在接近水平段时钻遇泥岩、页岩地层，并发生严重井壁失稳。为防止页岩水化、分散、垮塌及长水平段易黏卡的问题，在三开水平井段试验应用了油基钻井液。该体系采用 5 号白油为连续相，质量浓度 28.0g/L 的 $CaCl_2$ 水溶液为水相，通过优选主乳化剂、辅乳化剂及加量以及润湿剂、有机土、降滤失剂、提切剂和封堵剂的加量，形成了油基钻井液配方：80%的 5 号白油+20%质量浓度 28.0g/L 的 $CaCl_2$ 水溶液+2.5%主乳化剂 MUL1+1.5%辅乳化剂 COAT1+1.5%润湿剂+2.5%有机膨润土+3.0%降滤失剂 FLTR1+2% CaO+0.5%提切剂+2.0%树脂封堵剂+3.0%乳化封堵剂+2.0%纳米封堵剂。该油基钻井液在泌页 HF1 井三开水平段应用，仅用时 6.5d 就钻完实际长达 1044.00m 的水平段。应用表明，油基钻井液封堵防塌能力强、性能稳定、滤失量低、流变性好，且具有较强的携岩能力[8]。

在前期应用的基础上，油基钻井液体系不仅逐渐成熟，而且类型更为完善，可以满足不同需要。为解决鄂尔多斯盆地延长组页岩气水平井钻井过程中的井壁稳定问题，通过室内实验优选了一套页岩水平井油包水乳化钻井液：基液(油水比大于 70:30，水为 10%的 $CaCl_2$ 溶液，油为 3 号白油)+(3%~4%)SRH+1%油酸+(2%~3%)OP-4+3%有机土+3%有机褐煤+4% CaO+1%提切剂+(2%~3%)FSYJ-1+重晶石。室内评价表明，该体系可加重至 1.60g/cm^3，破乳电压大于 800V，抗温 120℃，封堵突破压力为 7.28MPa，浸泡后对页岩强度影响较小，能够有效抑制页岩膨胀和封堵裂缝性地层[9]。

选用气制油 Saraline185 作为基础油，形成的合成基钻井液的基本配方：气制油 Saraline 185+3.0%乳化剂+1.0%有机土+水+1.6%醋酸钾+1.6% $Ca(OH)_2$+2.0%降滤失剂+0.7%提切剂+2.0%润湿剂+重晶石，钻井液加重至 2.40g/cm^3，其流变性能良好，破乳电压较高，在 130℃条件下热滚老化前后流变性及破乳电压变化都不大。在四川盆地的富顺区块 3 口页岩气水平井的应用表明，在长达 2000m 的大斜度及水平井段中，返出的页岩岩屑棱角分明，粉碎后的岩屑内部干燥，起下钻井眼顺畅，斜井段平均机械钻速 5.33m/h，复合钻进平均机械钻速 8.8m/h，电测、下套管、固井作业顺利[10]。

为了满足页岩气长水平段水平井钻井施工井壁稳定与井眼清洁的技术要求，基于核心处理剂的研发，形成了一套油基钻井液体系：0 号柴油与 20% $CaCl_2$ 组成的基液+1.5%主乳化剂+1.0%辅乳化剂+0.5%润湿剂+2.0% CaO+1.8%有机膨润土+2%降滤失剂+0.3%提切剂+3.0%封堵剂。该体系在彭页 2HF 井水平段钻进中，创造了国内陆上页岩气水平井水平段和水平位移最长的新纪录[11]。针对彭页 3HF 井三开龙马溪组页岩黏土矿物含量高达

30.05%,以伊利石和伊/蒙混层为主,且页岩微裂缝发育,在彭页 2HF 井应用的基础上,进一步优化钻井液性能,采用大分子乳化剂和提切剂等形成的油基钻井液顺利完成了三开施工,钻进期间性能稳定,塑性黏度为 20~28mPa·s,动切力为 10~15Pa,表现出低黏高切的流变性,且封堵防塌能力强,无剥落、掉块现象,循环过程中钻井液消耗量低,井眼清洁、无岩屑床,摩阻、扭矩低,无托压现象[12]。

建页 HF-1 井、建页 HF-2 井采用油基钻井液体系,很好地满足了页岩气水平井的作业要求,取得了很好的效果,不仅对今后继续实施油基钻井液技术具有指导作用,同时也为江汉油田的非常规页岩油气资源的大力开发提供了技术支撑[13,14]。

中石化中原石油工程公司油基钻井液逐步成熟配套[15],不同组成的油基钻井液体系已在中原、新疆、四川、陕北等不同地区成功应用 70 余井次。其中顺南 3 井井下最高温度达 175℃,配制油水比 9:1 的油包水钻井液体系,流变性及乳化稳定性良好,破乳电压大于 1100V,满足现场施工要求。尤其是在研究应用的基础上,开发了针对页岩气水平井的油基钻井液体系,通过现场 50 多口井应用见到了良好的效果。其中,焦页 12-4HF 井完钻井深 4720m,水平段长 2130m,钻井周期 66.6d,创中石化页岩气水平井水平段最长新纪录,同时也创涪陵工区完成井深最深、钻井周期最短新纪录。

二、井壁稳定和封堵探索

油基钻井液的成功应用为页岩气水平井安全快速钻井积累了经验。此外,为解决页岩钻井中井壁稳定问题,借助固体力学、断裂力学和界面化学理论,建立了介质润湿特性控制的裂缝扩展模型,提出了基于润湿理论的页岩井壁稳定评价方法。采用该方法评价表明,页岩地层钻井时水基钻井液应减小钻井液界面张力和增大钻井液与岩石的润湿角;油基钻井液应减小钻井液界面张力和润湿角,从而强化井壁围岩强度、防止页岩井壁发生垮塌;页岩地层井壁稳定性尺度效应明显,不同尺度条件下井壁围岩裂缝扩展机制各异。对页岩气井钻井液设计具有重要的意义[16]。

在页岩气地层页岩特征分析的基础上,提出了针对性的油基钻井液井壁稳定关键技术和井眼清洁技术,奠定了沁水盆地页岩气资源安全高效开发的技术基础[17]。

为了探究油基钻井完井液对页岩储层的损害机理及防治方法,以四川盆地志留系龙马溪组和寒武系牛蹄塘组页岩为研究对象,开展了页岩储层敏感性评价、油基钻井完井液静态和动态损害评价系列实验。通过实验分析认为,及时高效封堵裂缝、降低滤失量、控制合理的 pH 值和正压差,并与井眼轨迹优化设计相结合既是强化页岩井壁稳定的技术对策,也是提高油基钻井完井液保护页岩气储层能力的重要途径[18]。

第三节 为什么要发展油基钻井液

近年来,随着国内能源需求的增加,石油勘探开发逐渐向深部和复杂地层发展,钻探深井、超深井、大斜度井、多分支井、水平井等复杂井的数量越来越多,特别是非常规油气资源的开发,对油基钻井液体系逐步有了需求。因此,如何在国外油基钻井液技术和经验的基础上,尽快形成能够满足非常规油气资源开发需要的油基钻井液体系,已成为目前国内钻井液工作者的重要课题。现从两方面探讨为什么要加快发展油基钻井液[19]。

一、油基钻井液发展时机已经成熟

从国内近五年来的情况看，非常规油气资源的开发，特别是页岩气水平井钻井为油基钻井液发展迎来了前所未有的机遇。

① 目前，国内发展油基钻井液的时机已经成熟，随着国内对非常规油气资源开发的重视，特别是通过钻水平井进行页岩油气资源开发，针对页岩地层的特征，油基钻井液具有独特的优势。近期涪陵页岩气田焦石坝地区的钻井实践证明，油基钻井液是页岩气水平井施工的首选钻井液体系。焦石坝地区页岩气开发的成功经验也为其他地区页岩气开发提供了参考，同时也促进了国内页岩气开发的进程，从目前情况来看，国内页岩气水平井钻井液几乎全部采用油基钻井液，由于我国页岩气勘探开发潜力巨大，这便为油基钻井液的发展提供了市场。

② 就钻井液体系而言，当温度超过 200℃，水基钻井液的难度会大幅度增加，要解决钻井液的稳定性，要从处理剂上下功夫，特别是当温度大于 240℃时对于水溶性聚合物处理剂来讲，由于已经达到应用的极限(主要是基团的稳定性)，提高其抗温性虽然可以实现，但难度很大，因此，对于超高温钻井液如果走油基钻井液这一思路，从技术上要容易得多。再者，环保技术的进步也为油基钻井液技术发展及钻屑的处理提供了技术保证。

③ 与国外相比，我国油基钻井液的水平还比较低，国外钻井液服务市场油基钻井液的应用占 50%左右，其中非常规油气藏钻井 60%以上采用油基钻井液，而国内油基钻井液应用仅占 5%左右。造成国内外油基钻井液技术水平及应用差距的原因中，技术因素并不是主要的，更多的因素是因为认识和需求问题，且国内熟悉或掌握油基钻井液技术的人员较少，技术推广的力度和广度还不够，同时在油基钻井液回收循环利用等后处理技术方面还缺乏经验及配套设备。国外油基钻井液体系及技术已经非常成熟，我们可以直接借鉴，目前更重要的是在现场应用中逐渐完善体系、积累经验，并利用好这项技术，使油基钻井液技术更快的得到发展。鉴于油包水乳化钻井液存在着剪切稀释性能较差、需备用大量乳化剂、易产生润湿反转和乳化堵塞对油气层造成损害等问题，而全油基钻井液体系具有热稳定性好，抗温达 200℃以上，密度达 2.0g/cm^3 以上，对于钻复杂地质条件下的深井，如水敏性强的地层、深井高温高压地层、巨厚盐膏层地层等具有独特的性能，因此应首先考虑应用纯油基钻井液体系。

二、油基钻井液能够满足复杂地层钻井的需要

(一) 油基钻井液有利于提高钻井速度

油基钻井液抑制性强，润滑性良好，有利于保持井壁稳定，减少井下复杂，从而提高钻井速度。采用以柴油或者低毒矿物油为基油，由用作高温高压滤失调节剂的聚合物、有机土、乳化剂、润湿剂、加重材料等组成的 INTOLTM 100%油基钻井液体系，在 204℃下能保持性能稳定。钻井液中润湿剂、聚合物和有机土的协同作用，可以有效地提高体系的黏度，保证该体系具有类似于水基聚合物钻井液的流变性，有较高的动塑比，剪切稀释性好，因而提高了钻速，减少了井漏，改善了井眼清洗状况及悬浮性。现场应用表明，INTOLTM 100%钻井液体系提高钻井速度效果显著，用该体系所钻的 Coporo-12 井，平均钻度达到 55.4m/h，最高瞬时进尺速度达 85.3m/h[20]。全油基钻井液在沈 307 井的应用表明，与水基钻井液相比，采用油基钻井液机械钻速提高 3 倍以上，且有效地防止了大段脆性泥页岩垮塌，井径平

均扩大率为 5.16%，完钻后电测 3 次、井壁取心 6 次全部顺利到底，起下钻畅通，裸眼井段浸泡近 20d，井壁仍然稳定[21]。

(二) 油基钻井液抗污染能力强

油基钻井液抗污染能力强，有利于保护油气层。如采用白油为基油，通过对主要处理剂(增黏剂、表面活性剂、碳酸钙、氧化钙、降滤失剂等)进行优选，研制出了一套无黏土全油基低密度钻井完井液。该钻井液密度低，黏度可控，切力适中，滤失量低，破乳电压大于 2000V；具有电稳定性好、抗温性强、在高温下的乳化效果好等特点。抗水侵污限为 20%，抗盐(NaCl)侵污限为 8.0%，抗土侵污限为 20.0%，且滤液全为油，有利于储层保护。通过主、辅乳化剂、降滤失剂和润湿剂研制和筛选，研制的抗高温高密度油基钻进液体系，经室内测定，体系抗温达 220℃，密度大于 2.3g/cm^3，能抗 15%海水污染和 30%的泥页岩岩屑污染，并成功用于现场。

(三) 油基钻井液润滑性好，防塌能力强

油基钻井液润滑性好，抑制性强，在大斜度井、水平井钻井中，可以有效的防塌、防卡。如针对番禺 30-1 气田地层疏松、渗透性强，容易发生井漏、遇阻、卡钻等复杂情况，优选出一种适用于大斜度定向井的油基钻井液体系。室内评价及现场应用表明，该体系具有较好的流变性、沉降稳定性和润滑性能，添加石墨等润滑剂能进一步改善该油基钻井液的润滑性，降低钻进扭矩和摩阻，降低顶驱等关键设备的故障率，且井壁更加稳定，同时解决了番禺 30-1 气田由于存在断层和裂缝发育而发生井漏的难题[22]。中原油田采用密度 2.1g/cm^3 的全油基钻井液顺利完成濮深 18-侧 1 井的施工，应用表明，钻井液抑制性和润滑性好，钻井中起下钻畅通无阻、5 趟电测均顺利，后期由于钻井液被稠油污染，虽然在处理稠油污染的过程中裸眼段经历 10 多天侵泡，但下套管仍然顺利。这口斜深 3319m 的深层高压稠油井的顺利完钻，进一步证实了油基钻井液良好的的润滑性和井壁稳定性能。

(四) 油基钻井液抗温能力强

油基钻井液热稳定性好，性能稳定，易于维护，适用于深井、超深井钻井。如早在 20 世纪 80 年代在加利福尼亚州塔普曼 934-29R 探井上，采用 LVT 油基钻井液顺利钻至 7447m，在井深 6860m 时，钻井液在井下静置 69d，性能仍然稳定。在得克萨斯的 Hunt Energy Cerf Ranch 1-9 井，采用油基钻井液顺利钻至 9046m[23]。含有非磺化的聚合物和(或)非亲有机物质的黏土的油基钻井液，在高温下能够保持所需的流变性，且悬浮稳定性好[24]。采用密度为 0.83~2.04g/cm^3 的油基钻井液，在大斜度定向井中应用十分成功，钻进深度最深达到 6309m，井底最高温度 213℃，井斜达到 69°[25]。采用一种密度为 4.8g/cm^3 的亚微米颗粒的四氧化锰代替重晶石得到的高温高压无黏土油基钻井液在北海钻井中得到成功应用，解决了高温(260℃)高密度(2.10~2.16g/cm^3)钻井液中易出现的重晶石沉降问题[26]。

(五) 油基钻井液抑制性强

油基钻井液抑制性强，可有效地保护油气层。油基钻井液优良的抑制性使其在钻复杂井，特别是在钻水敏性地层中优势更明显。如胜利油田王 732 区块储层具有非速敏、极强水敏、强酸敏、弱碱敏的特征，为了更好地保护油气层，满足勘探开发的要求，在该区块使用全油基钻井液，并在王 73-平 4 井进行了首次应用。应用表明，全油基钻井液能够满足现场施工的要求，有效地保护了油气层和提高油气产量[27]。针对新疆油田普遍存在富含水敏矿物地层的实际，研制了一种具有良好的流变性、电稳定性和滤失量低，且抑制性强、井壁稳定性好的油基钻井液。该体系的应用为解决新疆强水敏地层的井壁稳定以及实现欠平衡钻井的安全顺利施工作业提供了很好的技术支持和保障[28]。

正是油基钻井液的上述优点，特别是其具有很好保护油气层的能力，使其深受重视并在国外被广泛应用。

第四节 发展油基钻井液需要解决的问题

虽然油基钻井液已成为钻高难度的高温深井、大斜度定向井、水平井和各种复杂地层的重要手段，但是油基钻井液仍然存在一些缺点或不足，如何克服油基钻井液存在的不足，充分利用油基钻井液的优点，开发低污染、低成本，且与地层配伍性好的油基钻井液体系，将是油基钻井液研究和应用要面临的重要课题。结合当前实际，认为发展油基钻井液需要解决如下一些问题。

一、油基钻井液的悬浮和乳液稳定性问题

对于油基钻井液来说，加重材料的沉降问题特别突出，尤其是在高温条件下更为明显。研究表明，加重剂的油润湿性及油包水钻井液中水相的组成，对重晶石的悬浮稳定性影响较大。在白油中将加重材料(如重晶石)磨碎，可使其表面具有有效的油湿性和抗沉降能力。采用处理的重晶石可以形成稳定的低固相、高密度、低黏性的悬浮液或钻井液，保证用超细颗粒重晶石所配成的钻井液具有低黏度、低胶凝强度和低沉降特点。高温下油基钻井液的黏度会降低，因此保证高温下钻井液的悬浮稳定性非常重要，通过优选或研制抗高温增黏剂、提切剂和润湿剂是提高钻井液悬浮稳定性的有效途径。

在油基钻井液使用过程中，也必须确保乳液的稳定性。目前，衡量乳液稳定性的主要指标是破乳电压。破乳电压通常是将老化处理后的钻井液于低温下测定，结果并不能真实反映油基钻井液在高温下的稳定性，基于此，提出了采用 SW-I 高温高压电稳定仪来测量高温下的破乳电压[29]。实践表明，破乳电压低时，也能够得到稳定性好的乳化钻井液。故破乳电压作为油基钻井液稳定性的指标，存在一定的局限性，需要进一步探讨。从钻井液的组成讲，乳液稳定性关键取决于表面活性剂的特性及高温稳定性以及与其他处理剂的配伍性，特别是在乳化体系中，由于水的存在，乳化剂在高温高压下将更易于因为水解而失效，故研制高性能表面活性剂是提高油基钻井液稳定性的关键。

二、油基钻井液的封堵问题

尽管油基钻井液具有很强的抑制性，但对于一些层理和微裂缝发育的硬脆性和破碎性地层，由于液体的压力传递作用，油或油基钻井液的侵入仍然会带来地层的不稳定因素，故油基钻井液的封堵问题仍然不能忽视。通过在油基钻井液中引入超微细颗粒材料、纤维材料、变形材料和黏弹性材料等，可大幅度提高其封堵能力。研究及实践证明，增强油基钻井液的封堵能力对保持硬脆性泥页岩井壁稳定至关重要。如中国南海西部北部湾油田的涠州组二段和流沙港组二段水敏/硬脆性泥页岩层理和微裂缝较发育，而且微裂缝发育的大小没有规律，坍塌应力大，极易垮塌，给钻井作业带来很大困难。为此，对涠二段和流二段水敏/硬脆性泥页岩的垮塌机理进行了深入研究，以多粒径的封堵材料以及运用多种封

堵机理进行综合封堵，使钻井液在近井壁附近形成一层“隔离膜”，从而增强泥饼对地层的封堵效果。通过进行一系列的室内配伍试验，形成了一套具有强封堵能力的油基钻井液体系，成功的在W11-4D油田的开发及涠洲12-1北油田二期工程中应用，解决了北部湾油田泥页岩坍塌垮塌问题，钻井施工顺利，几乎无井下复杂事故[30,31]。

除解决封堵外，油基钻井液漏失也应该引起重视，近期重庆涪陵焦石坝页岩气水平井钻井过程中，井漏不仅大大增加了钻井液成本，而且也成为影响安全钻井的因素之一，因此，如何结合油基钻井液的特点，研制开发适用于油基钻井液的堵漏剂和堵漏工艺已成为目前急需解决的问题。特别是在堵漏剂上，由于水基钻井液堵漏材料不适用于油基钻井液，更需要尽快开展研究。

三、油基钻井液流变性对温度的敏感性

研究表明，油基钻井液的流变性受温度影响比较明显，针对该问题国内学者已经开展了一些研究，并形成了初步的流变性预测模型。相对于流变性的温度敏感性，钻井液在低温(低于40℃)下黏度升高问题更显突出，特别是高密度油基钻井液在从井底返到地面后的黏度升高幅度非常大。该问题在中原油田濮深18-侧1井采用密度2.1g/cm^{3}油基钻井液施工中就明显暴露，特别是钻遇稠油层后，由于稠油的污染，钻井液在低温下黏度更高(取地面钻井液在39℃下测得的漏斗黏度429s，当加热到60℃测得的漏斗黏度128s，足见温度对黏度的影响)。此现象在一定程度上给钻井作业带来了影响，故解决油基钻井液低温下的黏度高的问题十分迫切。

四、钻屑或钻井液污染问题

钻屑或钻井液的排放会对环境造成一定的影响，寻找经济有效的处理方法、研制无毒的钻井液体系是减少污染的关键。使用油基钻井液时，钻屑上滞留的油量越多，处理越复杂，采用可减少油基钻井液在钻屑上滞留量的新型处理剂——CCS，添加至油基钻井液后可有效地减少钻屑表面所吸附的油量。通过加入一种油溶性的聚合物表面活性剂，可以得到降低岩屑上油的滞留量的聚合物油基钻井液体系，并已经在现场成功应用[32]。这些研究为减少钻屑的污染提供了一些思路，但要达到经济、高效处理，还需要进一步开展研究，以寻找更科学有效的方法。

为了尽可能减少油基钻井液的污染，采用低毒或无毒的油基钻井液是一种重要途径。在南海西部海域钻井作业中的应用证明，低毒Versaclean油基钻井液具有环境安全、井眼稳定、润滑性好、抗污染能力强、对油层损害小、抗腐蚀性好等特点[33]。由于植物油具有很高的闪点、燃点及很好的高温稳定性，可循环利用，且其具有易降解性和低毒性，使植物油基钻井液的环保性能与水基钻井液相当。以棕榈油为基础油的钻井液无毒，即使在厌氧的条件下钻井液和岩屑也具有很高的生物降解率，可以达到80%，实验表明，棕榈油基钻井液具有较好的环境可接受性，对环境影响小，LC_{50}大于10×10^4mg/L[34]。采用可逆转的油基钻井液既可保持常规油基钻井液的优点，又可在完钻后及时转化为水包油乳化钻井液，将油湿的岩石表面重新转变为水湿，避免油相渗透率降低，对储层起到有效的保护作用，还便于对泥饼的清洗和清除，在海上钻井中可简化对钻屑的处理程序，减少处理费用，有利于对环境的保护。

由于油基钻井液刚刚起步，国内关于油基钻屑的处理技术还不完善，大量的油基钻屑

一定程度上给油基钻井液的使用造成了麻烦。可见,尽快完善油基钻屑处理技术和装置配套完善,将有利于油基钻井液的推广应用。

五、低剪切速率下流变性控制

低剪切速率流变性控制有两方面要求,一是在低温下,低剪切速率下黏度不能过高;二是在高温下,低剪切速率下必须具有一定的黏度,保证钻井液具有良好的携砂能力。

在海洋深水钻井作业中,钻井液不仅会处于低温下,且在流经立管时其剪切速率一般很低。研究表明[35],油包水钻井液在静置或低剪切速率下,会形成一种具有高弹性的类似凝固体的结构。温度的升高会减弱这种弹性,削弱结构强度。剪切力对这种弹性会有很大的影响,使钻井液从黏弹性固态转化成黏弹性液态。经剪切的钻井液静止后会转化成固态结构,黏弹性会逐渐增大,在长时间(大于 4h)后达到平衡。要在理论研究的基础上,通过优选配方来达到改善钻井液低温下低剪切速率下的流变性,使其更好的用于深水钻井。

在水平井或大位移钻井中,为了保证井眼净化,还必须保证钻井液在低剪切速率下具有良好的携砂能力。低毒 Versaclcan 油基钻井液具有润滑性好、稳定性强以及抗高温、抗污染和保护油层的特点,且在低剪切速率下具有较高黏度,适用于钻大位移井。如西江 24-3-A20ERW 大位移井,完钻井深为 8987m,垂直井深为 2851.23m,水平位移为 7825.51m,尾管下至井深 8984m, 该井在 ϕ311.1mm 和 ϕ215.9mm 井眼使用低毒 Versaclean 油基钻井液体系,现场应用表明,该体系具有润滑性好、井眼稳定性强以及抗高温、抗污染和保护油层的特点,在低剪切速率下具有较高的黏度,成功地钻成了西江 24-3A20ERW 大位移井,且固井质量优良[36]。

六、固井及后期的井筒清洗问题

在钻井过程中,采用油基钻井液可产生较薄的泥饼,具有优良的润滑性、较快的钻进速度及优异的井眼稳定性,具有许多水基钻井液无法比拟的优点。但其缺点是,完井时残留钻井液和滤饼不易清除、固井时残余的钻井液若留在井筒、油润湿地层和套管里,导致水润湿地层和套管之间的水泥胶结强度大大下降,严重影响固井质量。因此,在采用油基钻井液的同时要重视采用油基钻井液钻井的固井质量问题。油基钻井液对固井质量的影响主要反映在顶替效率、水泥石强度及第二界面的胶结程度上。研究表明[37],对二界面胶结强度的影响由大到小依次是体系、乳状液、主乳化剂、降滤失剂、白油,采用前置液清洗后,胶结强度成倍提高,尤其对体系、乳状液和降滤失剂清洗效果最佳,随混浆比的增大,水泥浆初凝和终凝时间明显延长,水泥石抗压强度明显下降,甚至不凝。因此从固井前井眼清洗的角度讲,前置液或清洗液的研制或优选对提高固井质量非常关键。围绕页岩气水平井采用油基钻井液后的固井问题已经开展了一些工作,并取得了明显的效果,但如何进一步提高固井质量满足后期作业的要求仍然没有有效的解决。

从南海涠洲 12-1 油田看,采用油基钻井液在解决该油田易垮塌硬脆性泥岩的剥落掉块以及提高钻速、减少井下复杂情况等方面具有较好的应用效果。但是在固井作业完成后,含有钻屑的油基钻井液会牢牢黏附在套管内壁,射孔作业时这些污物将直接影响油井的储层保护效果。因此,室内研制了油基钻井液井筒清洗装置,并开发出针对性的清洗液。该清洗液不仅能对套管内壁上的油膜产生较强的渗透清洗力,并且能防止洗掉的油污造成二次污染,具有较理想的清洗效果,清洗率达 90%以上,有效地保护了储层[38]。

七、油基钻井液天然气侵及稠油污染问题

天然气等可溶于油基钻井液，在超过临界压力和临界温度的井眼内，天然气有可能在油基钻井液中完全溶解凝析甚至发生超临界现象。故天然气侵入油基钻井液后的运移膨胀规律有别于水基钻井液的运移膨胀规律。在向上部井段运移过程中，溶解气存在反凝析挥发现象和气体因压力降低而发生的等温膨胀现象，这都将引起井筒气液体积比急速升高。若不对侵入油基钻井液的天然气进行井口控制，将可能引发灾难性事故[39]。钻遇稠油层时，稠油会溶于油基钻井液，导致钻井液流变性变差，前面提到的濮深18-侧1井就是一个典型的例子。因此在采用油基钻井液钻开稠油层时，必须重视稠油污染的预防和处理工作。

八、其他问题

① 与水基钻井液相比，油基钻井液的初期配制成本要高得多，同时也会对井场周围的生态环境造成影响。通过油基钻井液回收再利用，不仅可以大幅度降低成本，而且可以减少污染，因此应用油基钻井液的同时必须重视油基钻井液的回收再利用，建立集中的油基钻井液处理与储存基地，通过配套设备，制定科学的处理工艺，实现钻井液的循环利用的目的。

② 油基钻井液的使用对地质录井也有一定影响，如岩屑清洗困难，岩性辨认困难，油气显示发现困难，甚至造成不能准确评价地层性质，严重影响了地质人员对含油岩层和油气发育的判断。因此必须针对油基钻井液的特点选择合适的测录井方法，通过改进录井方法的途径，全部或部分地消除油基钻井液对录井的影响。

③ 采用油基钻井液成功钻井的同时，由于油基钻井液与水基完井液、原油之间的配伍性差，相关井原油的重质成分、沥青质含量高，在某些油田部分采用油基钻井液所钻的井在生产过程中会出现黏稠返出物、影响产能的情况[40]，因此，在后期的作业中需要针对不同情况，采取相应措施，以保证不影响油井产量。

第五节 油基钻井液处理剂

针对油基钻井液发展的需要，围绕油基钻井液处理剂开展了一系列研究工作，在处理剂方面的研究主要集中在降滤失剂、表面活性剂和有机土等方面，这些研究为油基钻井液性能的提高和油基钻井液技术的发展奠定了基础。本节就油基钻井液处理剂简要介绍，以期对国内油基钻井液处理剂研制及完善配套起到一定的参考作用。

一、重要原料

油基钻井液处理剂合成中涉及一些脂肪酸、脂肪胺、多元酸、多元胺等化工原料，下面就所涉及的一些重要原料的性质、应用等简要介绍。

(一) 油酸

油酸，即(Z)-9-十八(碳)烯酸，为单不饱和脂肪酸，存在于动植物体内。外观无色油状液体，分子式$C_{18}H_{34}O_2$，相对分子质量282.47，熔点16.3℃，沸点350~360℃，密度0.8910g/cm^3(25℃)，折射率1.4585~1.4605，闪点189℃，蒸气压52mmHg(37℃)。易溶于乙醇、乙醚、氯仿等有机溶剂中，不溶于水。易燃。遇碱易皂化，凝固后生成白色柔软固体。在高热下极易氧化、聚合或分解。无毒。油酸由于含有双键，在空气中长期放置时能发生自氧化作用，局部

转变成含羰基的物质，有腐败的哈喇味，这是油脂变质的原因。商品油酸中，一般含7%~12%的饱和脂肪酸，如软脂酸和硬脂酸等。油酸的钠盐或钾盐是肥皂的成分之一。纯的油酸钠具有良好的去污能力，可用作乳化剂等表面活性剂。油酸的其他金属盐也可用于防水织物、润滑剂、抛光剂等方面。可用于制备油基钻井液乳化剂和水基钻井液液润滑剂等。

(二) 硬脂酸

硬脂酸，即十八烷酸、十八碳烷酸，分子式 $C_{18}H_{36}O_2$，相对分子质量284.47，纯品为白色略带光泽的蜡状小片结晶体，熔点56~69.6℃，沸点232℃(2.0kPa)，闪点220.6℃，自燃点444.3℃，相对密度0.9408，360℃分解。微溶于冷水，溶于酒精、丙酮，易溶于苯、氯仿、乙醚、四氯化碳、二硫化碳、醋酸戊酯和甲苯等，无毒，具有一般有机羧酸的化学性质。由油脂水解而得到，主要用于生产硬脂酸盐，广泛用于制化妆品、塑料耐寒增塑剂、脱模剂、稳定剂、表面活性剂、橡胶硫化促进剂、防水剂、抛光剂、金属皂、金属矿物浮选剂、软化剂、食品、医药品及其他有机化学品。此外，还可用作油溶性颜料的溶剂、蜡笔调滑剂、蜡纸打光剂、硬脂酸甘油脂的乳化剂等。

(三) 柠檬酸

柠檬酸又称枸缘酸，化学名称2-羟基丙烷-1,2,3-三羧酸，结构式，

$$\begin{array}{ccccccccc} & & & & O\!\!=\!C\!-\!OH & & & & \\ & & & & | & & & & \\ HO & & & & & & & & OH \\ & \backslash & & & & & & / & \\ & & C & -CH_2- & C & -CH_2- & C & & \\ & / \!/ & & & | & & & \backslash\!\backslash & \\ O & & & & OH & & & & O \end{array}$$

，化学式 $C_6H_8O_7$，相对分子质量192.14，熔点153℃，沸点175℃分解，相对密度1.6650，外观白色结晶粉末，溶于水。根据其含水量的不同，分为一水柠檬酸和无水柠檬酸。柠檬酸的用途非常广泛，用于食品工业占生产量的75%以上，可作为食品的酸味剂、抗氧化剂、pH值调节剂，用于清凉饮料、果酱、水果和糕点等食品中。用于医药工业占10%左右，主要用作抗凝血剂、解酸药、矫味剂、化妆品等。用于化学工业等占15%左右，用作缓冲剂、络合剂、金属清洗剂、媒染剂、胶凝剂、调色剂等。在电子、纺织、石油、皮革、建筑、摄影、塑料、铸造和陶瓷等工业领域中也有十分广阔的用途。是油基钻井液处理剂合成的重要原料之一。柠檬酸钾可以用于有机盐钻井液。

(四) 酒石酸

酒石酸又称2,3-二羟基丁二酸，结构式

$$\begin{array}{c} H \\ | \\ HO-C-COOH \\ | \\ HO-C-COOH \\ | \\ H \end{array}$$

，分子式 $C_4H_6O_6$，相对分子质量150.09(D型，无水物)，168.10(DL型，一水物)。酒石酸分子中有两个不对称碳原子，故有3种光学异构体，即右旋酒石酸或D-酒石酸、左旋酒石酸或L-酒石酸、内消旋酒石酸。等量的左旋酒石酸与右旋酒石酸混合得外消旋酒石酸或DL-酒石酸。天然酒石酸是右旋酒石酸。工业上生产量最大的是外消旋酒石酸。D型酒石酸为无色透明结晶或白色结晶粉末，无臭，味极酸，相对密度1.7598，熔点168~170℃，易溶于水，溶于甲醇、乙醇，微溶于乙醚，不

溶于氯仿。DL 型酒石酸为无色透明细粒晶体,无臭味,极酸,相对密度 1.697,熔点 204~206℃,210℃分解,溶于水和乙醇,微溶于乙醚,不溶于甲苯。酒石酸在空气中稳定。无毒。

酒石酸作为食品中添加的抗氧化剂,可以使食物具有酸味。酒石酸最大的用途是饮料添加剂,也是药物工业原料。在制镜工业中,酒石酸是一种重要的助剂和还原剂,可以控制银镜的形成速度,获得非常均一的镀层。可以作为油基钻井液乳化剂合成的原料。

(五) 松香酸

松香酸是一种三环二萜类含氧化合物,是最重要的树脂酸之一,微黄至黄色透明,硬脆的玻璃状固体,有松脂气味。结构式 OH O ,分子式 $C_{20}H_{30}O_2$,相对分子质量 302.457,相对密度 1.067,折射率 1.5453,软化点(环球法)72~74℃,熔点约 160~170℃,沸点约 300℃(0.67kPa),闪点约 216℃,着火点 480~500℃,玻璃化温度 T_g 约 30℃。松香酸不溶于冷水,微溶于热水,易溶于常见有机溶剂如乙醇、乙醚、丙酮、苯、二氯甲烷、二硫化碳、松节油、石油醚等,并溶于油类和碱溶液,松香的微细粉尘与空气的混合物具有爆炸性。松香毒性不高,但其浓蒸气可引起头疼、昏眩、咳嗽、气喘等急性中毒症状。松香应用范围极广,在橡胶、塑料、涂料、造纸、表面活性剂、医药、电器、建材等领域均有使用,胶黏剂中主要用作增黏剂。由于其分子结构中既有能与烃类良好相溶的氢化菲核,又含有高极性的羧基,因此与橡胶及合成树脂的相容性良好,同时由于松香含有立体障碍大的氢化菲核,使其增黏效果显著。

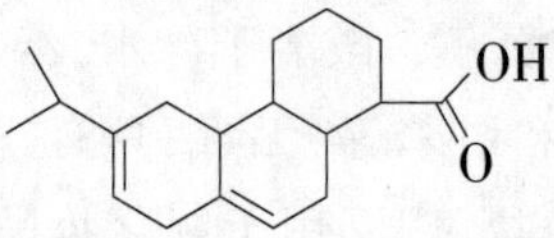

(六) 己二酸

己二酸又称肥酸,是一种重要的有机二元酸,白色结晶或结晶性粉末,化学式 $C_6H_{10}O_4$,相对分子质量 146.14,熔点 152℃,燃点(开杯)231.85℃,熔融黏度 4.54mPa·s(160℃),易溶于酒精、乙醚等有机溶剂,微溶于水,己二酸在水中的溶解度随温度变化较大,当溶液温度由 28℃升至 78℃时, 其溶解度可增大 20 倍,15℃时溶解度为 1.44g/100mL,25℃时溶解度为 2.3g/100mL,100℃时溶解度为 160g/100mL。己二酸具有的官能团是羧基,能够发生成盐、酯化、酰胺化等反应,并且能与二元胺或二元醇缩聚成高分子聚合物等。己二酸是工业上具有重要意义的二元羧酸,在化工生产、有机合成工业、医药、润滑剂制造等方面都有重要作用。

(七) 葵二酸

葵二酸又称皮脂酸,分子式 $C_{10}H_{18}O_4$,相对分子质量 202.25,癸二酸纯品为白色鳞片状结晶,工业品略带浅黄色,熔点 134.5℃,微溶于水,溶于酒精和乙醚。用于制取聚酰胺、聚氨酯、醇酸树脂、合成润滑油、润滑油添加剂,环氧树脂固化剂聚癸二酸酐以及香料、涂料、化妆品等。

(八) 均苯四甲酸

均苯四甲酸又称 1,2,4,5-苯四甲酸,白色至微黄色粉末状结晶,分子式 $C_{10}H_6O_8$,相对分子质量 254.15,熔点 276℃(无水物),242℃(带 2 分子结晶水),相对密度 1.79,易溶于醇,微溶于乙醚和水,能升华。用于合成聚酰亚胺、均苯四酸辛酯等,是生产消光固化剂的主要原料,也可以用作油基钻井液处理剂的合成原料。

(九) 十二烯基代丁二酸酐

十二烯基代丁二酸酐也叫十二烯基丁二酸酐，十二烯基琥珀酸酐，3-(1-十二烯基)噁戊环-2,5-二酮，结构式

$$\begin{array}{l} \qquad\qquad\qquad\qquad\qquad\qquad\qquad\quad CH_3 \qquad\quad O \\ C_3H_7-\underset{\displaystyle CH_3}{\underset{|}{CH}}-CH_3-\underset{\displaystyle CH_3}{\underset{|}{C}}=CH-\overset{|}{\underset{\displaystyle CH_3}{\underset{|}{C}}}-C-C\!\!\overset{\displaystyle //}{} \\ \qquad\qquad\qquad\qquad\qquad\qquad\qquad\qquad\qquad\quad |\qquad O \\ \qquad\qquad\qquad\qquad\qquad\qquad\qquad\qquad\qquad\; C-C \\ \qquad\qquad\qquad\qquad\qquad\qquad\qquad\qquad\qquad\qquad\quad O \end{array}$$

，分子式 $C_{16}H_{26}O_3$，相对分子质量 266.39。淡黄色油状黏稠液体，相对密度 1.002，沸点 180~182℃(0.67kPa)，折光率(n_D^{25}) 1.4745，闪点(开杯)177℃，结晶点 31~35℃，黏度(25℃)290mPa·s，毒性较大。溶于丙酮、苯、石油醚、不溶于水。主要用作环氧树脂固化剂，用于浇铸和层压制品，一般用量 120~150 份。制品具有良好的冲击韧性和电性能，但耐热性略差。该品还用于纸张上胶剂、防锈剂、醇酸树脂柔软性改良剂、塑料增塑剂、油墨配合剂、皮革憎水处理剂、干燥剂，聚氯乙烯稳定剂的生产。可作为油基钻井液处理剂合成的原料。

(十) 双马来酸酰亚胺

结构式为

$$\begin{array}{c} O \qquad\qquad\qquad O \\ CH-C \qquad\qquad\qquad C-CH \\ \| \qquad\quad N-R-N \qquad\quad \| \\ CH-C \qquad\qquad\qquad C-CH \\ O \qquad\qquad\qquad O \end{array}$$

，黄色晶体，熔点 155~159℃，沸点 584.9℃，折射率 1.689，闪点 278.3℃，密度 1.43g/cm^3。不溶于水，溶于 DMF，THF。双马来酰亚胺(简称 BMI)是由聚酰亚胺树脂体系派生的另一类树脂体系，是以马来酰亚胺(MI)为活性端基的双官能团化合物，有与环氧树脂相近的流动性和可模塑性，可用与环氧树脂类同的一般方法进行加工成型。

(十一) 多乙烯多胺

多乙烯多胺是乙二胺、二乙烯三胺、三乙烯四胺和四乙烯五胺的联产物，黄色或橙红色透明黏稠液体，有氨气味，沸点 250℃，密度 1.070g/cm^3，折光率(n_D^{20})1.5120，闪点 110℃。极易吸收空气中的水分与二氧化碳。与酸生成相应的盐，低温时会凝固，呈强碱性。能与水、醇和醚混溶，有腐蚀性。主要用于制备原油破乳剂、乳化剂、污水处理剂、农药分散剂及日用品添加剂。

1.二乙烯三胺

二乙烯三胺又称二乙撑三胺，无色或黄色具有吸湿性的透明黏稠液体，有刺激性氨臭，可燃，呈强碱性，易吸收空气中的水分和二氧化碳。分子式 $C_4H_{13}N_3$，相对分子质量 103.17，蒸气压 0.03kPa(20℃)，闪点 94℃，熔点-39℃，沸点 207℃，相对密度(水=1)0.96、(空气=1) 3.48，折射率 1.4810，溶于水、丙酮、苯、乙醇、甲醇等，难溶于正庚烷，对铜及其合金有腐蚀性。具有仲胺的反应性，易与多种化合物起反应，其衍生物有广泛的用途。

2.三乙烯四胺

三乙烯四胺又称三亚乙基四胺，具有强碱性和中等黏性的浅黄色黏稠液体，其挥发性低于二亚乙基三胺，但其性质相近似。分子式 $C_6H_{18}N_4$，相对分子质量 146.23，沸点 278℃，

157℃(2.67kPa),熔点 12℃,相对密度(20/20℃)0.9818,折射率(n_D^{20})1.4971,闪点 115℃(开杯),自燃点 338℃。溶于水和乙醇,微溶于乙醚。易燃,挥发性低,吸湿性强,呈强碱性。能吸收空气中的二氧化碳。接触明火和高热有发生燃烧的危险。腐蚀性强,能刺激皮肤黏膜、眼睛和呼吸道,并引起皮肤过敏、支气管哮喘等症状。三亚乙基四胺除作溶剂外,还用于制造环氧树脂固化剂、金属螯合剂以及合成聚酰胺树脂和离子交换树脂等。

3.四乙烯五胺

四乙烯五胺又称四亚乙基五胺、三缩四乙二胺，黄色或橙红色黏稠液体，分子式 $C_8H_{23}N_5$,相对分子质量 189.31,相对密度(20/20℃)0.9980,熔点-30℃,沸点 340.3℃,闪点 164℃,蒸气压小于 1333Pa,折射率 1.5042。易溶于水和乙醇,不溶于苯和乙醚。有碱性,与酸作用生成相应的盐,在空气中易吸收水分和二氧化碳。用于合成聚酰胺树脂、阴离子交换树脂、润滑油添加剂、燃料油添加剂等,也可用作环氧树脂固化剂、橡胶硫化促进剂、无氰电镀添加剂等。

(十二) 己二胺

己二胺又称 1,6-二氨基己烷、1,6-己二胺、六次甲基二胺、二氨基己烷,分子式 $NH_2(CH_2)_6NH_2$,相对分子质量 116.2,熔点 41~42℃,沸点 204~205℃,相对密度(30/4℃) 0.883,黏度(50℃)1.46kPa·s,折射率(n_D^{40})1.4498,闪点 81℃。易溶于水,溶于乙醇、乙醚。在空气中易吸收水分和二氧化碳。主要用于生产聚酰胺,如尼龙 66、尼龙 610 等,也用于合成二异氰酸酯以及用作脲醛树脂、环氧树脂等的固化剂、有机交联剂等。是油基钻井液乳化剂合成的重要原料之一。

(十三) 十六胺

十六胺又称十六烷基伯胺,白色片状结晶,分子式 $C_{16}H_{35}N$,相对分子质量 241.46,熔点 46.77℃,沸点 332.5℃,187(2.0kPa),177.9℃(1.33kPa),162~165℃(0.69kPa),相对密度(20/4℃) 0.8129,折光率 1.4496,闪点 140℃。溶于乙醇、乙醚、丙酮、苯和氯仿,不溶于水。可吸收二氯化碳。用于制取树脂、杀虫剂和高级洗涤剂,纤维助剂、化肥抗结块剂、浮选剂等以及制树脂、杀虫剂和高级洗涤剂等。

(十四) 十八胺

十八胺又称十八烷基伯胺,蒸馏氢化牛脂基伯胺、硬脂胺,白色蜡状结晶,分子式 $CH_3(CH_2)_{16}$ CH_2NH_2,相对分子质量 269.51,凝固点 54~58℃,熔点 52.86℃,沸点 232℃(4.27kPa),密度(20℃)0.8618g/cm³,折射率 1.4522,闪点 149℃。极易溶于氯仿,溶于醇、醚、苯,微溶于丙酮,不溶于水,具有胺的通性。主要用于制备十八烷季铵盐及多种助剂,如阳离子润滑脂稠化剂、矿物浮选剂、沥青乳化剂、抗静电剂、水处理用缓蚀剂、表面活性剂、杀菌剂、彩色胶片的成色剂等。

二、乳化剂

乳化剂主要用于保证钻井液的乳化稳定性,是油基钻井液的最关键处理剂,如前所述高级脂肪酸的二价金属皂、烷基磺酸钙、烷基苯磺酸钙和山梨糖醇酐单油酸脂类表面活性剂是最早应用的油基钻井液乳化剂。为了提高油基钻井液的稳定性和悬浮能力,针对性的研制了专门的油基钻井液乳化剂,通常为 *HLB* 值 3~6 的酰胺化和酯化产等物。

(一) 聚酰胺羧酸类表面活性剂

乳化剂的合成分为两步[41]。首先,使脂肪酸和多胺产生“不完全酰胺”的中间产品,多亚烃基多胺(最好为多亚乙基多胺)和脂肪酸先形成胺基酰胺,然后剩余的胺基进一步和酸酐或者多羧酸反应生成聚酰胺羧酸,反应过程如下:

第一步反应得到不完全酰胺化的中间产物,见式(13-1)。

$$R—COOH + H_2N\left(R_1—NH\right)_n R_1—NH_2 \xrightarrow{-H_2O} R—CO—NH\left(R_1—NH\right)_n R_1—NH_2 \tag{13-1}$$

第二步是不完全酰胺化的中间产物与多羧酸或酸酐反应,见式(13-2)和式(13-3)。

$$R_2—(COOH)_2 + R—CO—NH\left(R_1—NH\right)_n R_1—NH_2 \xrightarrow{-H_2O} R—CO—NH\left(R_1—NH\right)_n R_1—NH—\overset{O}{\overset{\|}{C}}—R_2—COOH \tag{13-2}$$

$$R_3—\overset{O}{\overset{\|}{C}}—O—\overset{O}{\overset{\|}{C}}—R_3 + R—CO—NH\left(R_1—NH\right)_n R_1—NH_2 \longrightarrow R—CO—NH\left(R_1—NH\right)_n R_1—NH—\overset{O}{\overset{\|}{C}}—R_3 + R_3—COOH \tag{13-3}$$

羧酸可以是二元酸,如已二酸、酒石酸等,也可以是多元酸。如果采用多元酸,当多元酸不同时可以得到不同的反应产物,如采用柠檬酸、均苯四甲酸和 3,4-二羧基已二酸时可以分别得到如式(13-4)~式(13-6)所示的产物。

$$HOOC—CH_2—C(OH)(COOH)—CH_2—COOH + R—CO—NH\left(R_1—NH\right)_n R_1—NH_2 \xrightarrow{-H_2O}$$

$$R—CO—NH\left(R_1—NH\right)_n R_1—NH—CO—CH_2—C(OH)(COOH)—CH_2—CO—NH—R_1\left(NH—R_1\right)_n NH—CO—R \tag{13-4}$$

$$\mathrm{C_6H_2(COOH)_4} + \mathrm{R{-}CO{-}NH{-}\!\left(R_1{-}NH\right)_n\!{-}R_1{-}NH_2} \xrightarrow{-\mathrm{H_2O}}$$

$$\mathrm{C_6H_2}\left[\mathrm{C(=O){-}NH{-}R_1{-}\left(NH{-}R_1\right)_n{-}NH{-}CO{-}R}\right]_4 \tag{13-5}$$

$$\mathrm{HOOC{-}CH_2{-}CH(COOH){-}CH(COOH){-}CH_2{-}COOH} + \mathrm{R{-}CO{-}NH{-}\left(R_1{-}NH\right)_n{-}R_1{-}NH_2} \xrightarrow{-\mathrm{H_2O}}$$

$$\mathrm{\left[R{-}CO{-}NH{-}\left(R_1{-}NH\right)_n{-}R_1{-}NH{-}C(=O)\right]{-}CH_2{-}CH\left[C(=O){-}NH{-}R_1{-}\left(NH{-}R_1\right)_n{-}NH{-}CO{-}R\right]{-}CH\left[C(=O){-}NH{-}R_1{-}\left(NH{-}R_1\right)_n{-}NH{-}CO{-}R\right]{-}CH_2{-}C(=O){-}NH{-}R_1{-}\left(NH{-}R_1\right)_n{-}NH{-}CO{-}R} \tag{13-6}$$

也可以通过如式(13-7)~式(13-12)所示的反应制备聚酰胺羧酸类表面活性剂。

$$\mathrm{R{-}CH{=}CH{-}(CH_2)_7{-}COOH} + \underset{\text{马来酸酐}}{\mathrm{CH{=}CH{-}C(=O){-}O{-}C(=O)}} \xrightarrow{\text{cat}} \mathrm{R{-}CH{=}CH{-}CH{-}(CH_2)_6{-}COOH}\ \ (\text{CH 上连 } \mathrm{CH{-}C(=O){-}O{-}C(=O){-}CH_2}\ \text{环}) \tag{13-7}$$

$$\mathrm{R'{-}C(=O){-}OH{+}H_2N{-}\left(CH_2{-}CH_2\right)_n{-}NH_2} \longrightarrow \mathrm{R'{-}C(=O){-}NH{-}\left(CH_2{-}CH_2\right)_n{-}NH_2} \tag{13-8}$$

$$\mathrm{R'{-}C(=O){-}NH{-}\left(CH_2{-}CH_2\right)_n{-}NH_2} + \mathrm{R{-}CH{=}CH{-}CH{-}(CH_2)_6{-}COOH}\ \ (\text{CH 上连 } \mathrm{CH{-}C(=O){-}O{-}C(=O){-}CH_2}\ \text{环}) \longrightarrow$$

$$\mathrm{R{-}CH{=}CH{-}\underset{\displaystyle |}{CH}{-}(CH_2)_6{-}\overset{O}{\overset{\|}{C}}{-}NH{-}\!\left(CH_2{-}CH_2\right)_n\!{-}NH{-}\overset{O}{\overset{\|}{C}}{-}R'}$$

$$\mathrm{\quad\quad\quad\; CH{-}\overset{O}{\overset{\|}{C}}{-}OH}$$

$$\mathrm{\quad\quad\quad\; CH_2{-}\underset{\underset{O}{\|}}{C}{-}NH{-}\!\left(CH_2{-}CH_2\right)_n\!{-}NH{-}\underset{\underset{O}{\|}}{C}{-}R'} \tag{13-9}$$

$$\mathrm{R{-}\overset{O}{\overset{\|}{C}}{-}OH + H_2N{-}\!\left(CH_2{-}CH_2{-}NH\right)_n\!{-}CH_2{-}CH_2{-}NH_2 \xrightarrow{cat}}$$

$$\mathrm{R{-}\overset{O}{\overset{\|}{C}}{-}NH{-}\!\left(CH_2{-}CH_2{-}NH\right)_n\!{-}CH_2{-}CH_2{-}NH_2} \tag{13-10}$$

$$\mathrm{R{-}\overset{O}{\overset{\|}{C}}{-}NH{-}\!\left(CH_2{-}CH_2{-}NH\right)_n\!{-}CH_2{-}CH_2{-}NH_2 + \begin{matrix} CH{-}C{=}O \\ \| \quad\;\; \diagdown \\ \| \qquad\; O \\ \| \quad\;\; \diagup \\ CH{-}C{=}O \end{matrix} \longrightarrow}$$

$$\mathrm{R{-}\overset{O}{\overset{\|}{C}}{-}NH{-}\!\left(CH_2{-}CH_2{-}N(C({=}O){-}CH{=}CH{-}COOH)\right)_n\!{-}CH_2{-}CH_2{-}NH{-}C({=}O){-}CH{=}CH{-}COOH} \tag{13-11}$$

$$\mathrm{R{-}\overset{O}{\overset{\|}{C}}{-}NH{-}\!\left(CH_2{-}CH_2{-}NH\right)_n\!{-}CH_2{-}CH_2{-}NH_2 + \begin{matrix} O{=}C{-}CH_2 \\ \diagup \qquad\quad | \\ O \qquad\qquad\; | \\ \diagdown \qquad\quad | \\ O{=}C{-}CH{-}CH{=}CH{-}(CH_2)_9{-}CH_3 \end{matrix}}$$

$$\mathrm{\longrightarrow R{-}\overset{O}{\overset{\|}{C}}{-}NH{-}\!\left(CH_2{-}CH_2{-}N(C({=}O){-}CH_2{-}CH(COOH){-}CH{=}CH{-}(CH_2)_9{-}CH_3)\right)_n\!{-}CH_2{-}CH_2{-}NH{-}C({=}O){-}CH_2{-}CH(COOH){-}CH{=}CH{-}(CH_2)_9{-}CH_3} \tag{13-12}$$

也可以利用上述反应合成润湿剂，并通过进一步扩链合成增黏剂、结构剂等。如果采用单羧酸(脂肪酸)与脂肪胺反应，可以得到最基本的酰胺类表面活性剂，见式(13-13)。

$$R-\overset{\overset{O}{\|}}{C}-OH+NH_2-R_1 \xrightarrow{-H_2O} R-\overset{\overset{O}{\|}}{C}-NH-R_1 \quad (13-13)$$

(二) 聚酯酰胺乳化剂

聚酯酰胺乳化剂包括酰胺化和酯化反应[42],见式(13-14)~式(13-17)。

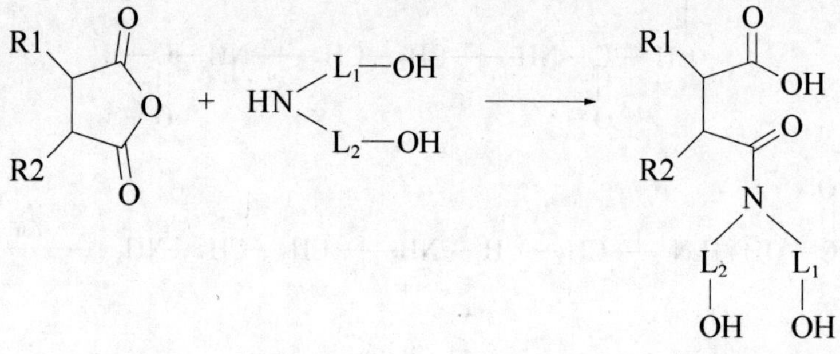

(13-14)

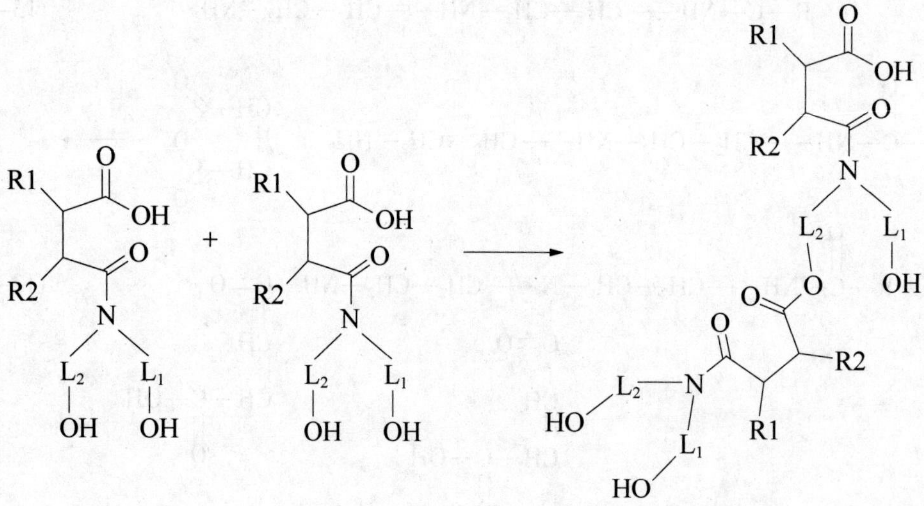

(13-15)

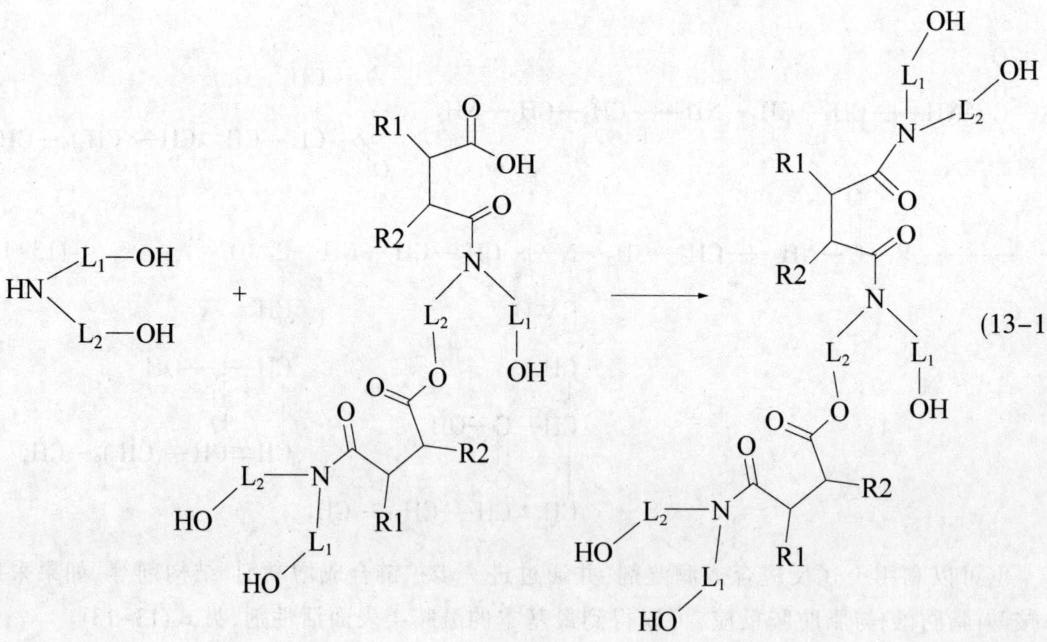

(13-16)

$$
\text{(structural scheme: two molecules shown with R1, R2, L}_1\text{, L}_2\text{, N, OH, O groups)} \longrightarrow \text{product} \quad (13\text{-}17)
$$

式中：R1、R2 为氢、C_1~C_{20} 的烷基、C_5~C_8 的环烷烃或取代芳烃，L_1、L_2 为 C_1~C_{30} 烷烃。

(三) 烷醇酰胺乳化剂

烷醇酰胺乳化剂反应过程见式(13-18)和式(13-19)[43]。

$$
R^1—COOH + [NH_2(R^2)—CH_2CHR^3—O—(CHR^4—CHR^5O)_m—(CH_2CH_2O)_n]_pX \longrightarrow
$$

$$
[R^1—CON(R^2)—CH_2CHR^3—O—(CHR^4—CHR^5O)_m—(CH_2CH_2O)_n]_pX \quad (13\text{-}18)
$$

$$
R^1—COOH + H_2N—[CH_2CHR^3—O—(CHR^4—CHR^5O)_m—(CH_2CH_2O)_nX]_2 \longrightarrow
$$

$$
R^1—CON—[CH_2CHR^3—O—(CHR^4—CHR^5O)_m—(CH_2CH_2O)_nX]_2 \quad (13\text{-}19)
$$

式中：R^1 为线性或支链 C_7~C_{30} 饱和或不饱和烃基，R^2、R^3 为 H 或 C_1~C_4 烃基；R^4、R^5 为 H 或 C_1~C_2 烃基；X 为 H、C_1~C_6 烃基、磷羧酸或硫酸等基团；m 为 0~20，n 为 0~50，p 为 1 和 2，X 根据基团而定。

也可以如式(13-20)~式(13-22)所示反应制备烷醇酰胺类乳化剂：

$$
R—\overset{O}{\overset{\|}{C}}—OMe + H_2N—(CH_2)_x—NH—CH_2—CH_2—OH \xrightarrow{-CH_3OH}
$$

$$
R—\overset{O}{\overset{\|}{C}}—NH—(CH_2)_x—NH—CH_2—CH_2—OH \quad (13\text{-}20)
$$

$$
R—\overset{O}{\overset{\|}{C}}—NH—(CH_2)_x—NH—CH_2—CH_2—OH + \overset{O}{CH_2—CH_2} \longrightarrow
$$

$$
R—\overset{O}{\overset{\|}{C}}—NH—(CH_2)_x—NH—\!\!\left[—CH_2—CH_2—O—\right]_n\!\!—H \quad (13\text{-}21)
$$

$$R-\overset{\overset{O}{\|}}{C}-NH-(CH_2)_x-NH-CH_2-CH_2-OH + \underset{CH_2-CH-CH_3}{\overset{O}{\wedge}} \longrightarrow$$

$$R-\overset{\overset{O}{\|}}{C}-NH-(CH_2)_x-NH-CH_2-CH_2-O-\left[CH_2-\overset{\overset{CH_3}{|}}{CH}-O\right]_n-H \qquad (13-22)$$

除单独采用环氧乙烷、环氧丙烷外，还可以采用环氧乙烷和环氧丙烷交替进行烷氧基化反应。

(四) 烷醚酰胺乳化剂

烷醚酰胺乳化剂通过烷基醇与丙烯腈制备醚胺，进一步与脂肪酸反应得到，见式(13-23)~式(13-28)。

$$R-OH+H_2C=CH-CN \longrightarrow R-O-CH_2-CH_2-CN \qquad (13-23)$$

$$R-O-CH_2-CH_2-CN \longrightarrow R-O-CH_2-CH_2-CH_2-NH_2 \qquad (13-24)$$

$$R-O-CH_2-CH_2-CH_2-NH_2 + R'-COOH \longrightarrow$$

$$R-O-CH_2-CH_2-CH_2-NH-\overset{\overset{O}{\|}}{C}-R' \qquad (13-25)$$

$$R-O-CH_2-CH_2-CH_2-NH_2 + H_2C=CH-COOCH_3 \longrightarrow$$

$$R-O-CH_2-CH_2-CH_2-N\begin{matrix} \diagup CH_2-CH_2-COOCH_3 \\ \diagdown CH_2-CH_2-COOCH_3 \end{matrix} \qquad (13-26)$$

$$R-O-CH_2-CH_2-CH_2-N\begin{matrix} \diagup CH_2-CH_2-COOCH_3 \\ \diagdown CH_2-CH_2-COOCH_3 \end{matrix} + H_2NCH_2CH_2NH_2 \longrightarrow$$

$$R-O-CH_2-CH_2-CH_2-N\begin{matrix} \diagup CH_2-CH_2-CONHCH_2CH_2NH_2 \\ \diagdown CH_2-CH_2-CONHCH_2CH_2NH_2 \end{matrix} \qquad (13-27)$$

$$R-O-CH_2-CH_2-CH_2-N\begin{matrix} \diagup CH_2-CH_2-CONHCH_2CH_2NH_2 \\ \diagdown CH_2-CH_2-CONHCH_2CH_2NH_2 \end{matrix} + R'-COOH \longrightarrow$$

$$R-O-CH_2-CH_2-CH_2-N\begin{matrix} \diagup CH_2-CH_2-CONHCH_2CH_2NHCOR' \\ \diagdown CH_2-CH_2-CONHCH_2CH_2NHCOR' \end{matrix} \qquad (13-28)$$

(五) 聚酰胺类乳化剂

采用脂肪酸与多元胺或脂肪酰氯与多元胺反应可以得到酰胺化产物，见式(13-29)~式(13-31)。

$$R-COOH + H_2N-\left(R_1-NH\right)_n-R_1-NH_2 \xrightarrow{-H_2O}$$

$$\mathrm{R{-}\overset{\overset{\displaystyle O}{\|}}{C}{-}NH{-}\!\left(R_1{-}\underset{\underset{\displaystyle R}{|}}{\underset{\displaystyle C{=}O}{\underset{|}{N}}}\right)_{\!n}\!{-}R_1{-}NH{-}\overset{\overset{\displaystyle O}{\|}}{C}{-}R} \tag{13-29}$$

$$\mathrm{R{-}\overset{\overset{\displaystyle O}{\|}}{C}{-}Cl + H_2N{-}\!\left(R_1{-}NH\right)_{\!n}\!{-}R_1{-}NH_2 \xrightarrow{-H_2O}}$$

$$\mathrm{R{-}\overset{\overset{\displaystyle O}{\|}}{C}{-}NH{-}\!\left(R_1{-}\underset{\underset{\displaystyle R}{|}}{\underset{\displaystyle C{=}O}{\underset{|}{N}}}\right)_{\!n}\!{-}R_1{-}NH{-}\overset{\overset{\displaystyle O}{\|}}{C}{-}R} \tag{13-30}$$

$$\mathrm{R'{-}COOH + H\overset{\overset{\displaystyle R}{|}}{N}{-}\!\left(CH_2{-}CH_2\right)_{\!n}\!{-}\overset{\overset{\displaystyle R}{|}}{N}H \xrightarrow{-H_2O} \overset{\overset{\displaystyle R}{|}}{\underset{\underset{\displaystyle R'}{|}}{\underset{\displaystyle C{=}O}{\underset{|}{N}}}}{-}\!\left(CH_2{-}CH_2\right)_{\!n}\!{-}\overset{\overset{\displaystyle R}{|}}{\underset{\underset{\displaystyle R'}{|}}{\underset{\displaystyle C{=}O}{\underset{|}{N}}}}} \tag{13-31}$$

先由双马来酸酰亚胺与二元胺缩聚得到聚胺-酰亚胺，聚胺-酰亚胺再与脂肪酸酰化反应得到一种大分子聚酰胺表面活性剂,见式(13-32)。

$$\text{双马来酰亚胺 (CH=CH–C(=O)–N–R–N–C(=O)–CH=CH，双五元环)} + \mathrm{H_2N{-}R'{-}NH_2} \longrightarrow$$

$$\left[\mathrm{NH{-}CH{-}C(=O)\ (CH_2{-}C(=O))N{-}R{-}N(C(=O){-}CH_2)\ C(=O){-}CH{-}NH{-}R'}\right]_n \xrightarrow{\mathrm{R''{-}\overset{\overset{O}{\|}}{C}{-}OH}}$$

$$\left[\mathrm{\underset{\underset{\displaystyle R''}{|}}{\underset{\displaystyle C{=}O}{\underset{|}{N}}}{-}CH{-}C(=O)\ (CH_2{-}C(=O))N{-}R{-}N(C(=O){-}CH_2)\ C(=O){-}CH{-}\overset{\overset{\displaystyle R''}{|}}{\overset{\displaystyle O{=}C}{\overset{|}{N}}}{-}R'}\right]_n \tag{13-32}$$

采用季戊四醇与丙烯腈反应,再进一步水解得到多羧酸,多羧酸与脂肪胺发生酰胺化反应可以得到星型结构的产物,见式(13-33)。

按照上述反应也可以制备其他结构的产物,同时还可以将季戊四醇与丙烯腈反应产物经过加氢制备端胺基的产物，进一步与丙烯酸甲酯、乙二胺等反应得到树枝状端胺产物，进一步与脂肪酸反应可以得到图 13-1 所示结构的树型结构的表面活性剂。采用不同代数的树枝状聚酰胺-胺与脂肪酸反应，还可以制备不同相对分子质量的树枝状高分子乳化剂(见图 13-2)。

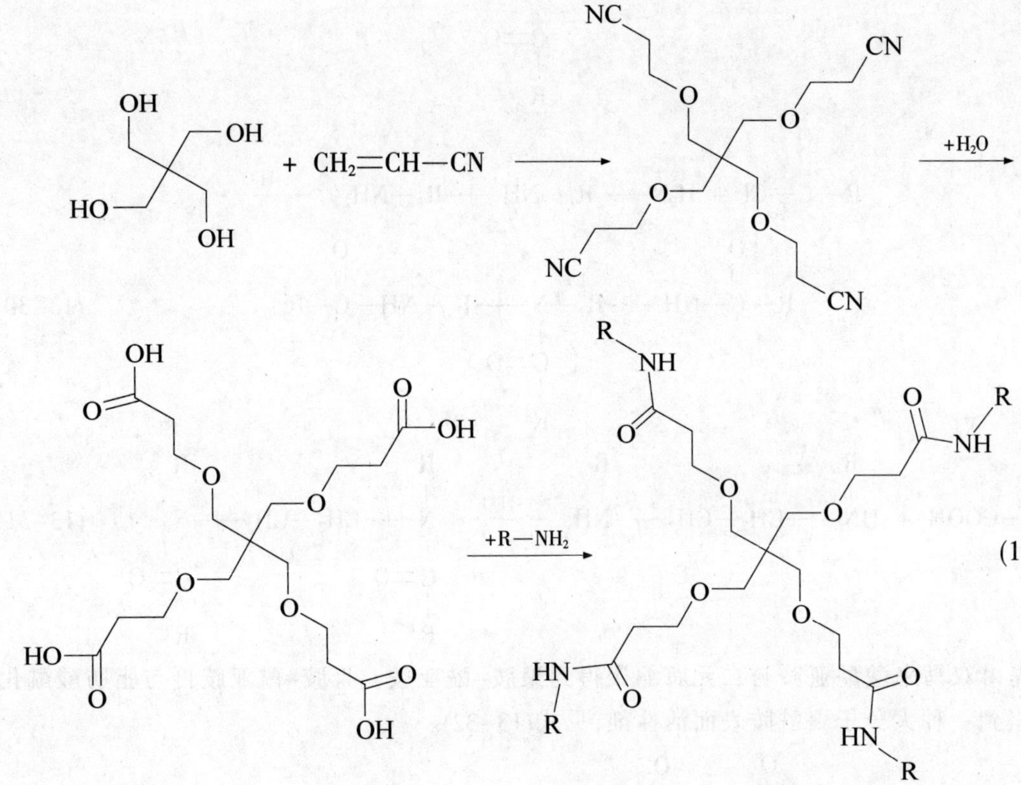

$$C(CH_2OH)_4 + CH_2{=}CH{-}CN \longrightarrow C(CH_2OCH_2CH_2CN)_4 \xrightarrow{+H_2O} C(CH_2OCH_2CH_2COOH)_4 \xrightarrow{+R-NH_2} C(CH_2OCH_2CH_2CONHR)_4 \quad (13-33)$$

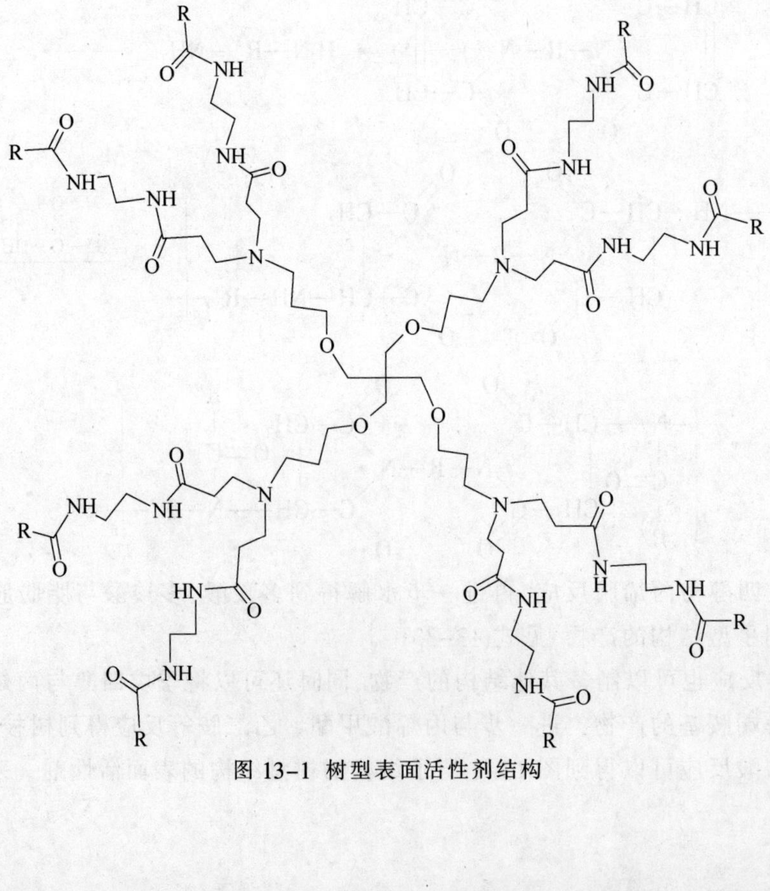

图 13-1 树型表面活性剂结构

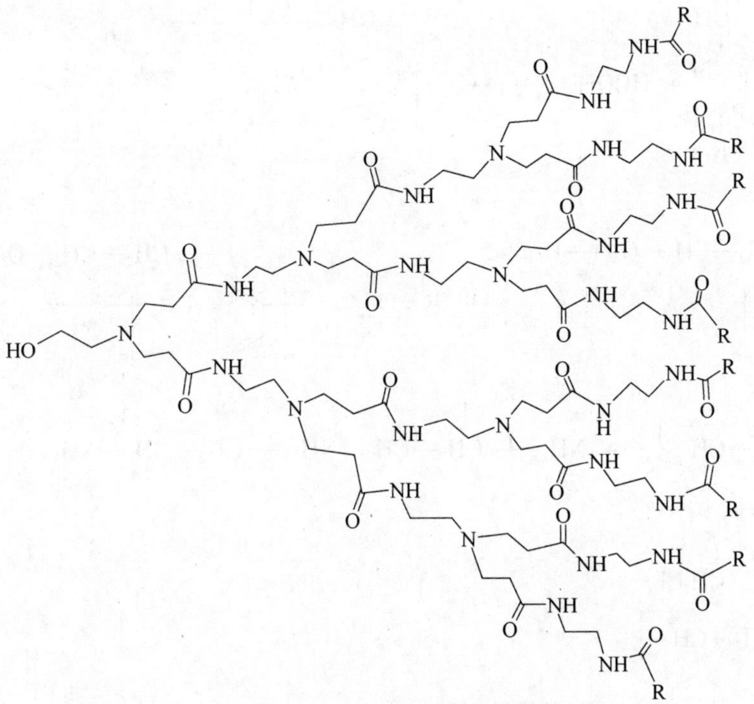

图 13-2 树枝状表面活性剂结构

(六) 可逆乳化剂的合成

可逆乳化剂合成反应及可逆转化过程见式(13-34)和式(13-35)[44]。

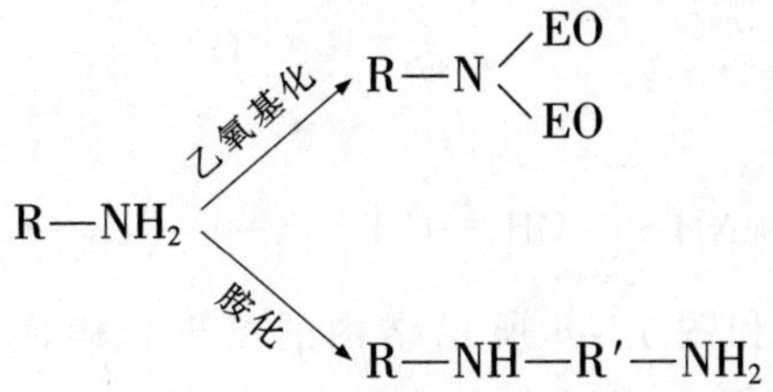

$$R-NH_2 \xrightarrow{\text{乙氧基化}} R-N\begin{matrix}EO\\EO\end{matrix}$$

$$R-NH_2 \xrightarrow{\text{胺化}} R-NH-R'-NH_2 \tag{13-34}$$

$$R-N\begin{matrix}EO\\EO\end{matrix} \underset{OH^-}{\overset{H^+}{\rightleftharpoons}} R-\overset{+}{N}H\begin{matrix}EO\\EO\end{matrix} \tag{13-35}$$

可逆乳化剂转化过程

(七) 高分子乳化剂

采用可反应性高分子，通过高分子化学反应可以合成高分子表面活性剂，见式(13-36)~式(13-38)。

$$H_2N-(CH_2-CH_2-NH)_3-CH_2-CH_2-NH_2 + \underset{\backslash O /}{CH_2-CH}-CH_2-Cl \xrightarrow{-HCl}$$

$$\left[NH-(CH_2-CH_2-NH)_3-CH_2-CH_2-NH-CH_2-\underset{OH}{\underset{|}{CH}}-CH_2\right]_n \xrightarrow[-H_2O]{+C_{17}H_{35}COOH}$$

$$\left[NH-(CH_2-CH_2-NH)_3-CH_2-CH_2-\underset{C_{17}H_{35}-C=O}{\underset{|}{N}}-CH_2-\underset{OH}{\underset{|}{CH}}-CH_2\right]_n \tag{13-36}$$

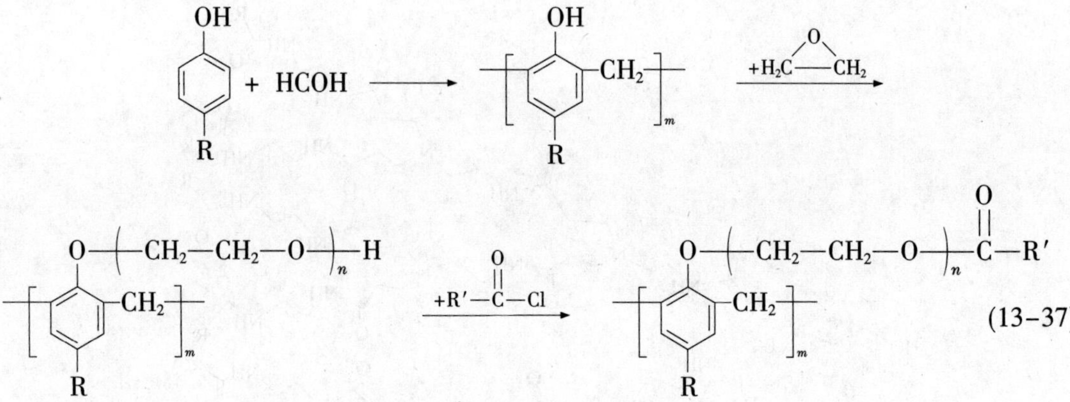

$$\text{(4-R-phenol)} + HCOH \longrightarrow \left[\text{phenol ring(OH, R)}-CH_2\right]_m \xrightarrow{+H_2C\overset{O}{—}CH_2}$$

$$\left[\text{ring}(O-(CH_2-CH_2-O)_n-H)(R)-CH_2\right]_m \xrightarrow{+R'-\overset{O}{\overset{\|}{C}}-Cl} \left[\text{ring}(O-(CH_2-CH_2-O)_n-\overset{O}{\overset{\|}{C}}-R')(R)-CH_2\right]_m \tag{13-37}$$

$$\left[CH_2-CH(C_6H_4CH_2Cl)\right]_n + NH_2-(CH_2-CH_2-NH)_x-CH_2-CH_2-NH_2 \longrightarrow$$

$$\left[CH_2-CH(C_6H_4-CH_2-NH-(CH_2-CH_2-NH)_x-CH_2-CH_2-NH_2)\right]_n \xrightarrow{R-\overset{O}{\overset{\|}{C}}-OH}$$

$$\left[CH_2-CH(C_6H_4-CH_2-NH-(CH_2-CH_2-N(\overset{O}{\overset{\|}{C}}R))_x-CH_2-CH_2-NH-\overset{O}{\overset{\|}{C}}-R)\right]_n \tag{13-38}$$

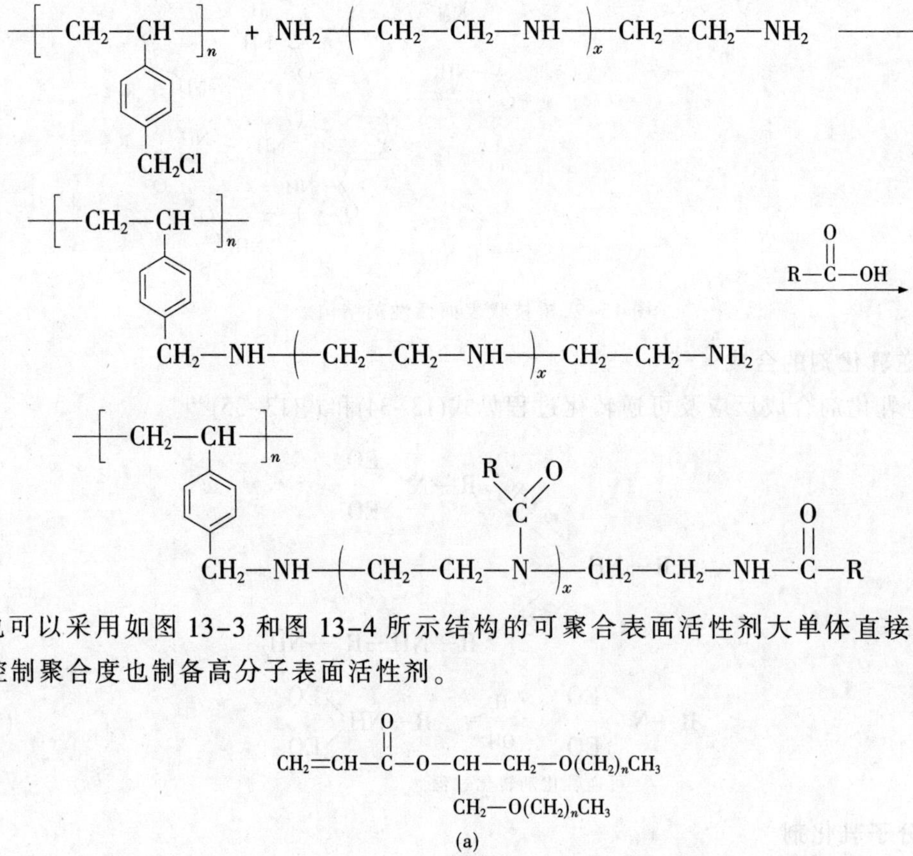

也可以采用如图 13-3 和图 13-4 所示结构的可聚合表面活性剂大单体直接聚合，并通过控制聚合度也制备高分子表面活性剂。

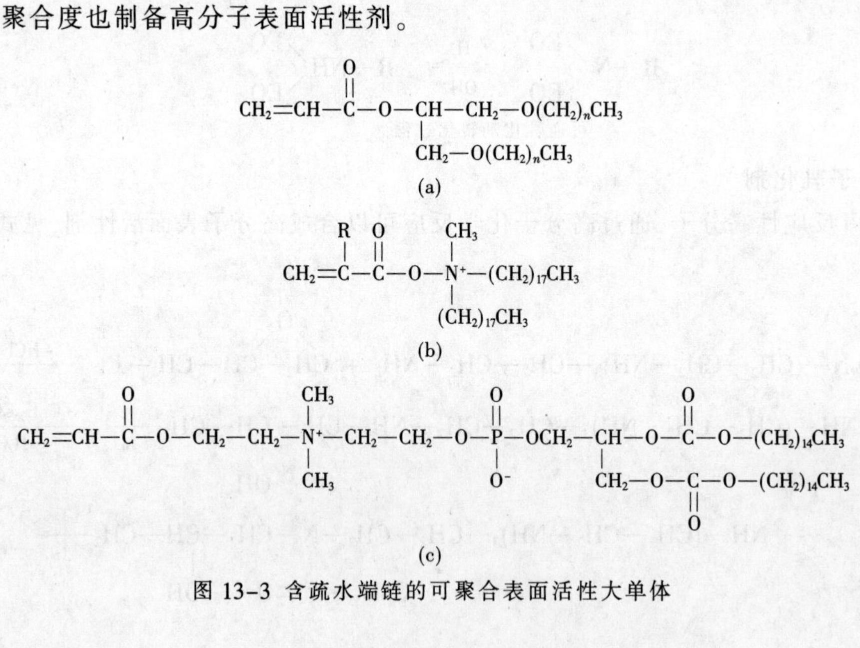

$$CH_2=CH-\overset{O}{\overset{\|}{C}}-O-CH(CH_2-O(CH_2)_nCH_3)-CH_2-O(CH_2)_nCH_3$$

(a)

$$CH_2=\overset{R}{\overset{|}{C}}-\overset{O}{\overset{\|}{C}}-O-\overset{CH_3}{\overset{|}{N^+}}((CH_2)_{17}CH_3)-(CH_2)_{17}CH_3$$

(b)

$$CH_2=CH-\overset{O}{\overset{\|}{C}}-O-CH_2-CH_2-\overset{CH_3}{\underset{CH_3}{N^+}}-CH_2-CH_2-O-\overset{O}{\underset{O^-}{P}}-OCH_2-CH(CH_2-O-\overset{O}{\overset{\|}{C}}-O-(CH_2)_{14}CH_3)-O-\overset{O}{\overset{\|}{C}}-O-(CH_2)_{14}CH_3$$

(c)

图 13-3 含疏水端链的可聚合表面活性大单体

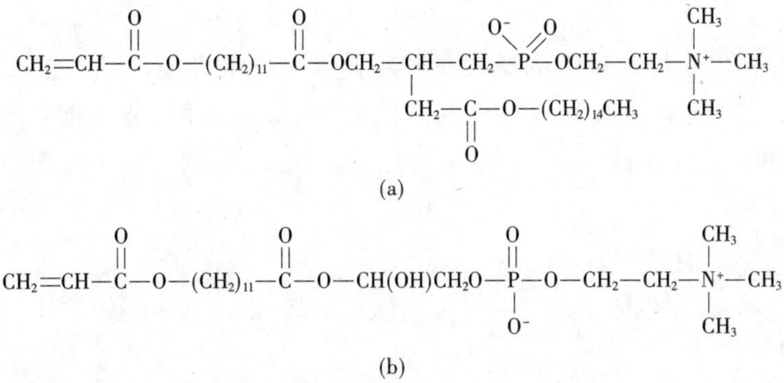

$$CH_2{=}CH-\overset{O}{\overset{\|}{C}}-O-(CH_2)_{11}-\overset{O}{\overset{\|}{C}}-OCH_2-\underset{CH_2-\underset{\underset{O}{\|}}{C}-O-(CH_2)_{14}CH_3}{\underset{|}{CH}}-CH_2-\overset{O^-\ \ O}{\overset{\diagup\ \diagup}{P}}-OCH_2-CH_2-\overset{CH_3}{\overset{|}{\underset{CH_3}{\underset{|}{N^+}}}}-CH_3$$

(a)

$$CH_2{=}CH-\overset{O}{\overset{\|}{C}}-O-(CH_2)_{11}-\overset{O}{\overset{\|}{C}}-O-CH(OH)CH_2O-\overset{O}{\overset{\|}{\underset{O^-}{\underset{|}{P}}}}-O-CH_2-CH_2-\overset{CH_3}{\overset{|}{\underset{CH_3}{\underset{|}{N^+}}}}-CH_3$$

(b)

图 13-4 端基含两性离子基团的可聚合表面活性大单体

前面从 7 个方面介绍了不同类型乳化剂的合成反应,利用这些反应可以很容易地制备不同结构和不同性能的乳化剂,目前,针对上述不同结构的部分反应产物,开展了如下一些研究:用硬脂酸、油酸、亚油酸、塔罗油、被氧化塔罗油和甘油三酸脂等 18 碳原子的脂肪酸得到的合成脂肪酸皂盐[45];高度改性的塔罗脂肪酸皂盐或者塔罗松香酸皂盐,或者两种改性产品的混合产品[46,47]。分子中含有 8~12 个碳原子的亲油基和一个亲水的胺基的烷基伯胺表面活性剂,可通过选择不同的烷基来实现亲油基团的变化,并通过胺基的重复作用来改变亲水基团,从而使表面活性剂达到预想的性能[48,49]。

近期国内在油基钻井液乳化剂方面开展了一些研究,如用油脂加工废料与有机碱为原料,合成的油基钻井液用可降解乳化剂 CET,用其配制的 CET 油基钻井液不含润湿剂、组分数较少(因而生产成本较低)、滤失量较低、破乳电压较高(即乳化稳定性较好)[50]。中国专利公开介绍了一种油基钻井液用乳化剂松香酸与环已胺酰化产物的制备方法，由按质量比 45%~60%的松香酸、15%~20%的环已胺、20%~40%的白油制备而成。制备方法为在反应釜中依次加入松香酸质量的 2~3 倍的乙醇、松香酸，充分搅拌至松香酸完全溶解并加热;当反应釜温度达到 60~80℃时,在 0.5~1h 匀速滴加完环已胺,在 100~120r/min 的搅拌下保温反应 4~8h;加热至 90~100℃蒸馏出乙醇,加入白油,搅拌 0.5h[51]。

专利[52]公开了一种具有图 13-5 结构的酚醚磺酸盐油基乳化剂,专利[53]公开了一种具有图 13-6 所示结构的一种多羟基结构油基钻井液乳化剂。

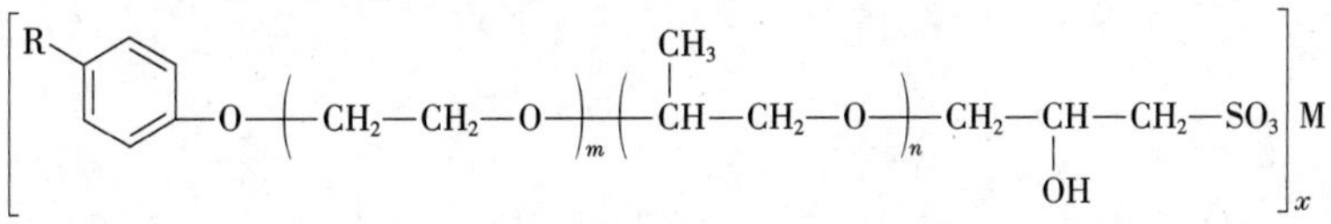

$$\left[R-C_6H_4-O-\left(CH_2-CH_2-O\right)_m\left(\overset{CH_3}{\overset{|}{C}H}-CH_2-O\right)_n CH_2-\underset{OH}{\underset{|}{CH}}-CH_2-SO_3\ M\right]_x$$

图 13-5 酚醚磺酸盐结构

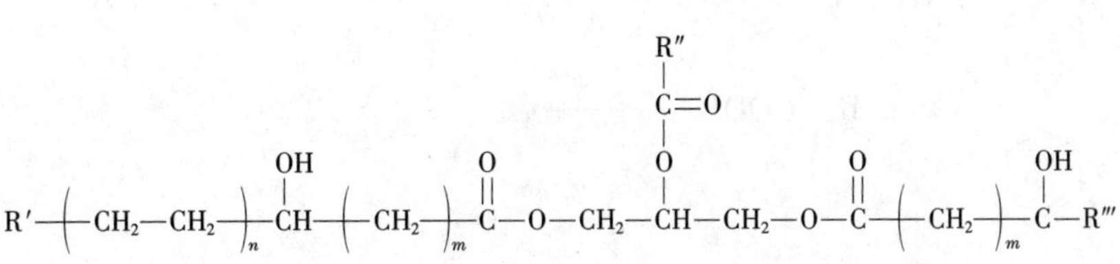

$$R'\left(CH_2-CH_2\right)_n\overset{OH}{\overset{|}{C}H}\left(CH_2\right)_m\overset{O}{\overset{\|}{C}}-O-CH_2-\overset{R''-C(=O)-O}{\overset{|}{C}H}-CH_2-O-\overset{O}{\overset{\|}{C}}\left(CH_2\right)_m\overset{OH}{\overset{|}{C}}-R'''$$

图 13-6 多羟基结构乳化剂

说明:R′、R‴为 C_{15}~C_{21} 的烷基或单烯基;R″为氢或 C_{12}~C_{22} 的烷基、单烯基或双烯基;

n 为 1~3 的整数;m 为为 1~4 的整数

三、降滤失剂

降滤失剂主要用于控制体系的滤失量和稳定性。高软化点(大于 220℃)沥青是良好的降滤失剂之一,同时还有一些其他类型的降滤失剂,如腐殖酸、松香酸等与烷基胺的反应产物,见式(13-39)~式(13-44)。

$$\text{(COOH, H 取代环己二烯酮)} + H_2N—R \longrightarrow \text{(C(=O)—NH—R, H 取代环己二烯酮)} \tag{13-39}$$

$$H_2N—R—NH_2 + R'—\overset{\displaystyle O}{\overset{\|}{C}}—OH \longrightarrow H_2N—R—NH—\overset{\displaystyle O}{\overset{\|}{C}}—R' \xrightarrow{\text{(COOH, H 取代环己二烯酮)}} \text{(环己二烯酮)}—\underset{\underset{\displaystyle O}{\|}}{C}—NH—R—NH—\overset{\displaystyle O}{\overset{\|}{C}}—R' \tag{13-40}$$

$$\text{(松香酸, HO—C=O)} + H_2N—R \longrightarrow \text{(C(=O)—NH—R)} \tag{13-41}$$

$$\text{(松香酸, HO—C=O)} + H_2N—R—NH_2 \longrightarrow \text{(C(=O)—NH—R—NH}_2\text{)} \tag{13-42}$$

$$\text{(C(=O)—NH—R—NH}_2\text{)} + R—COOH \longrightarrow \text{(C(=O)—NH—R—NH—C(=O)—R)} \tag{13-43}$$

$$\underset{\displaystyle COOR}{CH_2=\underset{|}{C}H} + \underset{\displaystyle R'}{CH_2=\underset{|}{C}H} + \underset{\displaystyle COOR}{CH_2=\underset{|}{C}H} \longrightarrow$$

$$-\!\!\left[\mathrm{CH}-\mathrm{CH_2}\right]_m\!\!\left[\mathrm{CH}-\mathrm{CH_2}\right]_n\!\!\left[\mathrm{CH}-\mathrm{CH_2}\right]_o\!\!- \quad \begin{matrix}\mathrm{(CH:\ COOR)} & \mathrm{(CH:\ R')} & \mathrm{(CH:\ COOH)}\end{matrix} \tag{13-44}$$

基于微观结构特殊设计，研制出了在油基钻井液和合成基钻井液中都有很好的溶解性、抗高温的油溶性颗粒聚合物降滤失剂。该剂在基油中发生膨胀,膨胀的颗粒在压力或切力下发生变形，周围伸展的线性链能够与钻井液中的水或固相发生反应。在滤失过程中,聚合物颗粒将会在外部形成薄且易变形的泥饼，在内部泥饼中聚合物颗粒将会封堵地层孔隙,从而降低滤失量,在切力的作用下,聚合物颗粒会发生变形并且体积变小,使得颗粒更容易回收,因此可以减轻对储层的损害[54]。

针对高温、高密度油包水逆乳化钻井液滤失量大的问题,采用胺化合物对腐殖酸进行改性，得到一种抗温能力达 220℃，可用于密度 2.38g/cm^3 的油基钻井液降滤失剂 XN-TROL220。该剂在油中具有良好的分散能力,在油包水逆乳化钻井液中具有明显的降滤失效果,同时具有稀释降黏、辅助乳化等功能[55]。由白雀木与反应性有机胺缩合反应得到的产物,可作为油基钻井液的降滤失剂[56]。

为进一步改善腐殖酸类产品在油包水乳化钻井液中的抗温能力、分散能力和降滤失能力,采用十八烷基三甲基氯化铵对腐殖酸进行改性制备降滤失剂 H-QA,最佳合成条件为:反应物的配比 KHu(腐殖酸钾):十八烷基三甲基氯化铵为 3:1,反应体系 pH 值=8.86,反应温度 40℃,裂解反应时间 4h。作为油包水乳化钻井液降滤失剂,在 H-QA 加量为 4%时,常温中压滤失量从 6.4mL 降到 4.0mL,150℃高温高压滤失量从 8.6mL 降到 6.8mL。此降滤失剂对钻井液流变性影响较小,有较好的分散能力[57]。使用有机胺对腐殖酸进行亲油改性,得到一种适合油基钻井液用的腐殖酸类降滤失剂 FLA180。评价表明,采用 4% FLA180 配制的密度为 2.0g/cm^3 油包水乳化钻井液在 180℃高温下中压滤失量为 0、高温高压滤失量为 9mL,且表现出较强的抗钻屑和盐污染能力和降黏作用,有利于提高机械钻速,适用于高温高压深井[58]。以有机硅、腐殖酸和二椰油基仲胺等为主要原料,运用活化酯法对腐殖酸进行改性,通过合成条件优化,研制一种亲有机质的有机硅腐殖酸酰胺降滤失剂 FRA-1。研究结果表明,FRA-1 在合成基钻井液体系中有良好的分散性和耐温性,优于常用的油基钻井液降滤失剂,并且对钻井液流变性影响较小,可以替代沥青类和褐煤类产品作为合成基钻井液降滤失剂[59]。将 100 份褐煤、40~50 份有机胺、10~20 份顺丁橡胶和 1~2 份 EDTA 混合均匀,在 220~260℃下反应 4~5h 后,干燥粉碎制得一种棕褐色固体粉末降滤失剂。用于油基钻井液能保持钻井液流变性,降低钻井液的滤失量[60]。

四、润湿剂

润湿剂的主要作用是使刚进入钻井液的钻屑和加重材料表面迅速转变为油湿,从而保证它们能较好地悬浮在油相中。油基钻井液中润湿剂的 *HLB* 值(亲水亲油平衡值)一般要求在 7~9 范围内,国外产品已经比较成熟,而国内油基润湿剂研究相对较晚,目前成熟产品相对较少。

近年来结合需要由未改性的脂肪酸和多胺缩合生成的中间产物,进一步和酸酐或者多羧酸反应得到的聚酰胺羧酸润湿剂 EZ-MUL,在油基钻井液中可以作为辅助乳化剂和润湿剂,抗温可达 260℃,与其他乳化剂配伍性好。根据需要优选出了一种新型的阳离子表面活性剂 XNWET。XNWET 作为油基钻井液的润湿反转剂,具有来源广、价格低、亲油性强的特点,实验表明,在 220℃高温下,XNEWT 仍能与亲水性固体有很好的吸附性能,抗温性能和热稳定性好,最优加量为 1.2g/100g 重晶石[61]。采用油脂加工废料经过提纯和胺化得到一种可生物降解型润湿剂 CQ-WBP。实验结果表明,生物降解型润湿剂 CQ-WBP 对亲水和亲油表面均具有改变其润湿性效果,有效地促使重晶石在油相(白油、柴油、合成基)中润湿性改变和分散性能提高,其生物降解率最高可以达到 80%。加入生物降解型润湿剂 CQ-WBP 的油基钻井液(白油、柴油、合成基)乳化稳定性好,破乳电压均在 400V,流变性稳定,滤失性较好,特别是高温高压滤失量均小于 5mL[62]。

近期中国专利文献介绍了一些润湿剂的制备方法:

① 基于长链烷基醇胺的季铵盐类有机物[63],属于阳离子型润湿剂,润湿剂润湿率达到70%以上,且其抗温达到 200℃,对油基钻井液体系的稳定性、固相悬浮性、携岩性、流变性具有重要调节作用。制备方法如下:各组分以质量份数计,向反应釜中依次加入 1200 份长链烷基醇胺、80 份纯碱和 120 份水;升温至 140℃反应 1h;将反应釜内的液体降温,当反应釜中的温度在 80~90℃,停止降温;向反应釜中泵入 100 份月桂基醇胺;在搅拌下加热至110℃反应 3h;冷却至反应釜中的温度在 50~60℃;向反应釜泵入 10 份 *HLB* 值大于 14 的非离子表面活性剂,在搅拌条件下,在 40℃下反应 2h;冷却至常温后,向反应釜中加入150kg 白油,常温搅拌 30min,得到润湿剂。

② 以大豆油酸、二乙烯三胺为原料,经过酰胺化合成端基带有伯胺基的大豆油酸酰胺基胺润湿剂[64],采用 5 号白油进行润湿性评价,润湿率为 90%。其由以下步骤制得:大豆油酸与二乙烯三胺以 1:1 的物质的量比加入反应釜中;通 N_2 充分驱氧后,对反应釜进行加热,搅拌,控制釜内温度为 230℃,反应至酸值降低 60%,胺值降低约 20%,完成反应;保持釜内温度,减压蒸馏除去釜内残余二乙烯三胺,降温后出料,制得所述润湿剂。

五、有机膨润土

有机土是油基钻井液中重要的配浆材料之一,是保证油基钻井液胶体稳定性和悬浮稳定性的关键。它是由高度分散的亲水黏土与阳离子表面活性剂(季胺盐)通过离子交换吸附反应而制成的亲油膨润土,保证其在油基钻井液中能够很好的分散,以达到增黏、降滤失的目的[65]。正是由于有机土的重要性,围绕油基钻井液的需要,在油基钻井液用有机土方面开展了一些研究。

通过在季铵盐中引入了易降解的酰胺基团,合成的阳离子表面活性剂——甲基硬脂酰胺丙基氯化铵或二甲基苄基硬脂酰胺丙基氯化铵与膨润土发生离子置换反应,制备的可降解的钻井液用有机土,不仅不会对环境造成伤害,而且形成的有机土在油基钻井液中表现出了良好的性能[66]。

通过优选季铵盐和采用螯合技术合成的高温稳定的有机土 XNORB,不但在柴油和白油中具有良好的分散性能和增黏效果,而且能在 220℃的高温下基本保持稳定[67]。利用十二烷基三甲基氯化铵、十六烷基三甲基氯化铵、十八烷基三甲基氯化铵与提纯钠基膨润土发生置换反应,再用相对分子质量较高的聚合物 SOPAE 进行插层,制备了系列白油基钻井液用有机土,这种有机土有较好的增黏提切和耐高温性能,在高温下更有利于有机土晶片的分散成胶[68]。硅镁土、烷氧基季铵盐、非烷氧基季铵盐等有机阳离子制备的油基钻井液的有机黏土添加剂,使得油基钻井液具有改进的不随温度改变的流变学特性[69]。通过对钙基膨润土钠化和有机改性,制备出了可抗 240℃的白油基钻井液用有机土。钠化方法是配制质量分数约 12%的膨润土浆,在 65℃下加入钠化剂和分散剂,钠化改性 1~2h,经过沉降和离心分离提纯,在 120℃下烘干,粉碎即得到钠土。研究表明,改性后季铵盐类有机覆盖剂进入蒙脱石层间,在蒙脱石表面发生化学键连,晶层间距增大到 18.78,有机土层片变得疏松。与国内外有机土相比,该有机土在白油中胶体率高,抗温性强,能起到很好的增黏提切和较好的流变性能,具有较好的推广前景[70]。

六、其他处理剂

有机土作为油基钻井液的增黏提切剂,被广泛使用。但是,有机土易高温稠化、减小油基钻井液的固相容量,不利于高温下油基钻井液的稳定控制。随着环境保护要求的日益严格,合成基油取代柴油后,这些问题更加突出。特别是随着油基泡沫钻井液、恒流变油基钻井液、弱凝胶或无土相油基钻井液等的发展,更迫切需要有机土的替代品——提切剂。图 13-7、图 13-8 所示结构的产物,通过调节烷基链长,可以作为油基钻井液的提切剂、结构剂等[71],同时也可以作为乳化剂。这些产物可以通过基本的有机合成方法得到。

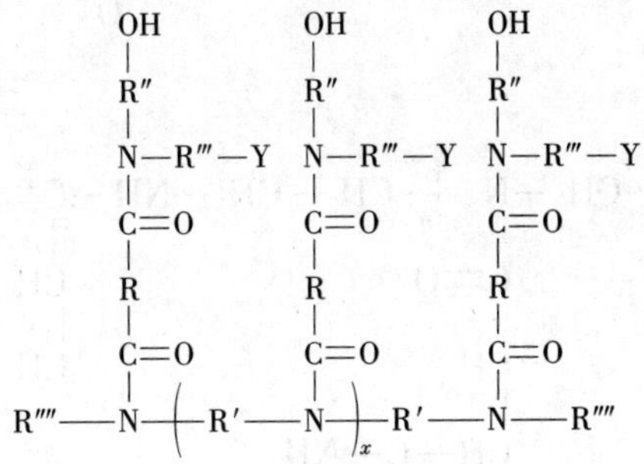

$$\begin{array}{ccccccc} & \mathrm{OH} & & \mathrm{OH} & & \mathrm{OH} & \\ & | & & | & & | & \\ & \mathrm{R''} & & \mathrm{R''} & & \mathrm{R''} & \\ & | & & | & & | & \\ & \mathrm{N-R'''-Y} & & \mathrm{N-R'''-Y} & & \mathrm{N-R'''-Y} & \\ & | & & | & & | & \\ & \mathrm{C=O} & & \mathrm{C=O} & & \mathrm{C=O} & \\ & | & & | & & | & \\ & \mathrm{R} & & \mathrm{R} & & \mathrm{R} & \\ & | & & | & & | & \\ & \mathrm{C=O} & & \mathrm{C=O} & & \mathrm{C=O} & \\ & | & & | & & | & \\ \mathrm{R''''}- & \mathrm{N} & -\!\left(\mathrm{R'}-\right. & \left.\mathrm{N}\right)_x & -\mathrm{R'}- & \mathrm{N} & -\mathrm{R''''} \end{array}$$

图 13-7 酰胺树脂结构通式

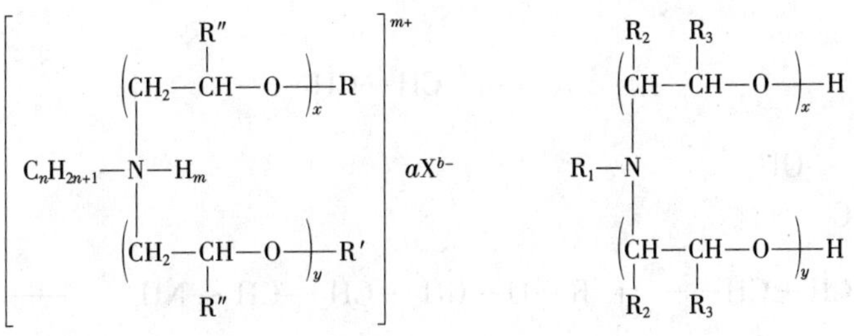

$$\left[\begin{array}{l} \left(\mathrm{CH_2-\underset{}{\overset{R''}{\overset{|}{C}}H-O}}\right)_x\!\mathrm{R} \\ \quad | \\ \mathrm{C_nH_{2n+1}-N-H_m} \\ \quad | \\ \left(\mathrm{CH_2-\underset{\underset{R''}{|}}{C}H-O}\right)_y\!\mathrm{R'} \end{array}\right]^{m+} a\mathrm{X}^{b-} \qquad \begin{array}{l} \left(\mathrm{\overset{R_2}{\overset{|}{C}}H-\overset{R_3}{\overset{|}{C}}H-O}\right)_x\!\mathrm{H} \\ \quad | \\ \mathrm{R_1-N} \\ \quad | \\ \left(\mathrm{\underset{\underset{R_2}{|}}{C}H-\underset{\underset{R_3}{|}}{C}H-O}\right)_y\!\mathrm{H} \end{array}$$

图 13-8 烷氧基化脂肪胺结构通式

采用具有长链烷基或烯基多元羧酸(如采用十二烯基代丁二酸)与含端胺基的脂肪酸酰胺反应,可以得到具有增黏作用的表面活性剂,见式(13-45)。

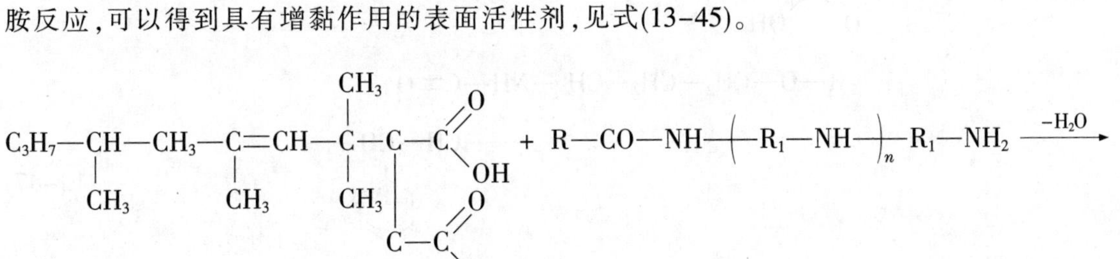

$$\mathrm{C_3H_7-\underset{\underset{CH_3}{|}}{C}H-CH_3-\underset{\underset{CH_3}{|}}{C}=CH-\overset{CH_3}{\overset{|}{\underset{\underset{CH_3}{|}}{C}}}-\underset{\underset{C-C(=O)OH}{|}}{C}-C(=O)OH} + \mathrm{R-CO-NH}\!\left(\mathrm{R_1-NH}\right)_n\!\mathrm{R_1-NH_2} \xrightarrow{-\mathrm{H_2O}}$$

$$C_3H_7-CH(CH_3)-CH_3-C(CH_3)=CH-C(CH_3)_2-CH(CONH-R_1-\!\!\left[NH-R_1\right]_n\!\!-NH-CO-R)-CH_2-CONH-R_1-\!\!\left[NH-R_1\right]_n\!\!-NH-CO-R \tag{13-45}$$

采用具有一定聚合度的含活性基团的聚合物,通过高分子的化学反应可以制备能够增加油基钻井液黏度和切力的产物,见式(13-46)~式(13-55)。

$$\left[CH_2-CH(C_6H_4NH_2)\right]_n + R-CO-NH-\left(CH_2-CH_2-N(CO-CH=CH-COOH)\right)_n-CH_2-CH_2-NH-CO-CH=CH-COOH \longrightarrow$$

$$R-CO-NH-\left(CH_2-CH_2-N(CO-CH=CH-CO-NH-C_6H_4-\left[CH-CH_2\right]_n)\right)_n-CH_2-CH_2-NH-CO-CH=CH-CO-NH-C_6H_4-\left[CH_2-CH\right]_n \tag{13-46}$$

$$\left[CH(COOH)-CH(C_6H_4COOH)\right]_n + R-O-CH_2-CH_2-CH_2-NH_2 \longrightarrow$$

$$\left[CH(CO-NH-CH_2-CH_2-CH_2-O-R)-CH(C_6H_4-CO-NH-CH_2-CH_2-CH_2-O-R)\right]_n \tag{13-47}$$

$$HOOC-\left[CH_2-CH=CH-CH_2\right]_m\left[CH_2-\underset{\underset{CN}{|}}{CH}\right]_n-COOH + R-NH_2 \longrightarrow$$

$$R-NH-\overset{\overset{O}{\|}}{C}-\left[CH_2-CH=CH-CH_2\right]_m\left[CH_2-\underset{\underset{CN}{|}}{CH}\right]_n-\overset{\overset{O}{\|}}{C}-NH-R \tag{13-48}$$

$$\left[\overset{\overset{O}{\|}}{C}-CH_2-NH-\overset{\overset{O}{\|}}{C}-\left(CH_2\right)_n-NH\right]_m + R-\overset{\overset{O}{\|}}{C}-Cl \longrightarrow$$

$$\left[\overset{\overset{O}{\|}}{C}-CH_2-NH-\overset{\overset{O}{\|}}{C}-\left(CH_2\right)_n-\underset{\underset{\underset{\underset{R}{|}}{O=C}}{|}}{N}\right]_m \tag{13-49}$$

$$\left[NH-C_2H_4-NH-C_2H_4-NH-\overset{\overset{O}{\|}}{C}-C_4H_8-\overset{\overset{O}{\|}}{C}-NH-C_2H_4-NH-C_2H_4-NH\right]_n + HO-\overset{\overset{O}{\|}}{C}-R$$

$$\longrightarrow \left[NH-C_2H_4-\underset{\underset{\underset{\underset{R}{|}}{C=O}}{|}}{N}-C_2H_4-NH-\overset{\overset{O}{\|}}{C}-C_4H_8-\overset{\overset{O}{\|}}{C}-NH-C_2H_4-\underset{\underset{\underset{\underset{R}{|}}{C=O}}{|}}{N}-C_2H_4-NH\right]_n \tag{13-50}$$

$$C_4H_9Li+CH_2=\underset{\underset{C_6H_5}{|}}{CH} \longrightarrow C_4H_9\left[CH_2-\underset{\underset{C_6H_5}{|}}{CH}\right]_n CH_2-\underset{\underset{C_6H_5}{|}}{CH^-}\ Li^+ \tag{13-51}$$

$$R-COCl + C_4H_9\left[CH_2-\underset{\underset{C_6H_5}{|}}{CH}\right]_n CH_2-\underset{\underset{C_6H_5}{|}}{CH^-}\ Li^+ \longrightarrow$$

$$C_4H_9\left[CH_2-\underset{\underset{C_6H_5}{|}}{CH}\right]_n CH_2-\underset{\underset{C_6H_5}{|}}{CH}-\overset{\overset{O}{\|}}{C}-R \tag{13-52}$$

$$CH_2=\overset{\overset{CH_3}{|}}{C}-COCl + C_4H_9\left[CH_2-\underset{\underset{C_6H_5}{|}}{CH}\right]_n CH_2-\underset{\underset{C_6H_5}{|}}{CH^-}\ Li^+ \longrightarrow$$

$$C_4H_9 \!-\!\!\left[CH_2-\underset{C_6H_5}{CH} \right]_n\!\!-CH_2-\underset{C_6H_5}{CH}-\overset{O}{\overset{\|}{C}}-\overset{CH_3}{\overset{|}{C}}=CH_2 \xrightarrow{CH_2=\overset{CH_3}{\overset{|}{C}}-COOR}$$

$$-\!\!\left[CH_2-\overset{CH_3}{\underset{COOR}{C}} \right]_x\!\!\left[CH_2-\overset{CH_3}{\underset{\overset{|}{\underset{O}{\underset{\|}{C}}}-\underset{C_6H_5}{CH}-CH_2-\left[\underset{C_6H_5}{CH}-CH_2 \right]_n-}{C}} \right]_y \qquad (13\text{-}53)$$

$$HO\!-\!\!\left[CH_2-CH=CH-CH_2 \right]_n\!\!-OH + H_2N-R-NH_2 \longrightarrow$$

$$HO\!-\!\!\left[CH_2-\overset{HN-R-NH_2}{\overset{|}{CH}}-CH_2-CH_2 \right]_n\!\!-OH \qquad (13\text{-}54)$$

$$HO\!-\!\!\left[CH_2-\overset{HN-R-NH_2}{\overset{|}{CH}}-C_2H_4 \right]_n\!\!-OH \xrightarrow{+1R'-\overset{O}{\overset{\|}{C}}-OH} HO\!-\!\!\left[CH_2-\overset{HN-R-NH-\overset{O}{\overset{\|}{C}}-R'}{\overset{|}{CH}}-C_2H_4 \right]_n\!\!-OH \qquad (13\text{-}55)$$

$$HO\!-\!\!\left[CH_2-\overset{HN-R-NH_2}{\overset{|}{CH}}-C_2H_4 \right]_n\!\!-OH \xrightarrow{+3R'-\overset{O}{\overset{\|}{C}}-OH} R'-\overset{O}{\overset{\|}{C}}-O\!-\!\!\left[CH_2-\overset{HN-R-NH-\overset{O}{\overset{\|}{C}}-R'}{\overset{|}{CH}}-C_2H_4 \right]_n\!\!-O-\underset{O}{\underset{\|}{C}}-R'$$

近期，国内学者结合油基钻井液应用中存在的问题及发展的需要，围绕提黏切剂和封堵剂方面开展了一些探索性工作，如以苯乙烯和 α-烯烃为原料，利用本体聚合法制备苯乙烯和 α-烯烃的共聚物，再用乙酸酐与浓硫酸的混合物处理该共聚物，对其加以改性制备出了油基钻井液增黏剂。该油基钻井液增黏剂能够有效增黏提切，而且可以降低钻井液的塑性黏度，抗温可达到 180℃[72]。

采用悬浮聚合法制备了一种油基钻井液提切剂。方法是在装有温度计、搅拌器、回流冷凝管的四口烧瓶中依次加入去离子水、单体[m(St):m(MMA):m(HDA)=3:2:5]及分散剂 PVA [m(PVA):m(单体)=2:100]，通入氮气，加热使其完全溶解；缓慢滴加溶有引发剂 BPO[m(BPO):m(单体)=0.4:100]、交联剂 MBA[m(MBA):m(单体)=0.2:100]、致孔剂 EA[m(EA):m(单体)=12:100]，继续升温至 80℃反应 3h。反应结束后趁热过滤，并用热水和无水乙醇洗涤 3~4 次，置于 50℃烘箱内干燥 12h，得白色珠状颗粒，研磨粉碎后过 100 目筛，即得油基钻井液用提切剂。该聚合物提切剂具有良好的热稳定性,加入该聚合物的柴油基钻井液切力大幅上升,高温高压滤失量显著下降,较好地改善了泥饼质量,且不影响钻井液体系的稳定性,是一种很好的增黏提切材料[73]。

提高油基钻井液对微裂缝的封堵能力是解决页岩气水平井井壁失稳和减少油基钻井液循环漏失的关键措施之一。为此,以苯乙烯、甲基丙烯酸甲酯为单体和原料,在一定条件下采用乳液聚合法合成出油基钻井液用纳米聚合物封堵剂。该封堵剂粒径分布在50~300nm之间,热稳定性好,分解温度高达393℃。评价表明,与未加入封堵剂的白油基钻井液相比,加入1%封堵剂的白油基钻井液破乳电压基本不变,泥饼质量得到很大改善,高温高压滤失量降低34%,封堵率从90%提高到100%,正向突破压差达19MPa,渗透率恢复值接近100%。该封堵剂尺寸与微裂缝匹配良好,能在微裂缝表面形成致密封堵层,有利于井壁稳定[74]。

第六节 今后工作方向

实践证明,油基钻井液体系的应用可以大幅减少井下复杂,提高机械钻速,降低整体钻井成本。油基钻井液技术也是我们开拓海外钻井液技术服务市场、提升国际竞争力的技术保障。同时,为解决国内钻高温深井、大斜度定向井、水平井、特殊工艺井和减少井下复杂情况的发生提供了有效的技术手段。

在油基钻井液研究和应用方面,尽管国内早在20世纪70年代就开始了应用,但由于应用面很小,就整体而言发展严重滞后于美国、挪威、英国和法国等发达国家,可喜的是近几年随着页岩气开发的逐步展开,使国内油基钻井液有了长足的发展,初步形成了柴油基、白油基和油基乳化钻井液体系,使得作为钻井液两大支柱之一的油基钻井液逐步趋于成熟,但与水基钻井液相比,由于应用的时间短,应用的范围还比较少,为了尽快补齐油基钻井液这一短板,更需要重视油基钻井液开发与应用。

结合国外成功经验,国内在油基钻井液方面,需要结合目前应用的经验和存在的问题,重点围绕以下几方面开展工作。

一、油基钻井液及处理剂

在油基钻井液体系和钻井液处理剂方面,重点围绕体系配套与规范,把油基钻井液处理剂研制作为提高油基钻井液技术水平的关键。

① 围绕改善钻井液的悬浮稳定性和流变性以及乳化稳定性开展深入研究,针对使用中存在的问题,从分子设计出发,研制新型的油基钻井液处理剂,形成配套的油基钻井液处理剂(包括研制与生产),特别是高温高效乳化剂、增黏剂、降滤失剂。在处理剂研制上,为了有效地降低产品成本,应注重天然材料、工业废料的利用。

② 选择或研制新的无毒或低毒基础油,如低芳香烃的矿物油、无芳香烃基油和植物油,研制可降解油基钻井液处理剂。针对植物油脂高温下容易水解和皂化的不足,通过深度化学反应制备既能够满足油基钻井液高温下稳定性需要,又能够满足环保需要的生物质合成基。

③ 通过重晶石加工处理、新的加重剂选择,或者通过研制高性能提切、提黏剂和表面

活性剂等,以提高油基钻井液的沉降稳定性,改善高密度油基钻井液的流变性。

④ 研究油基钻井液高温高压下的流变性、稳定性等,形成系统的流变性控制方法,建立钻井液体系流变性和密度预测模型。通过理论研究和应用研究相结合,使油基钻井液技术水平尽快赶上或超过发达国家水平,以满足我国石油勘探开发的需要。

⑤ 研制高温高密度的油基钻井液体系和超高密度油基钻井液体系。

⑥ 研制新型可逆转乳化钻井液体系,重点是乳化剂选择与研制以及体系综合性能优化,保证钻井液较低的滤失量和较高的乳化稳定性。

⑦ 制定油基钻井液的选用原则,根据钻遇地层和复杂情况合理选用全油基钻井液、乳化钻井液或合成基钻井液等,提高油基钻井液体系的针对性,保证油基钻井液性能的有效发挥。

二、井壁稳定与防漏堵漏

井壁稳定与防漏堵漏技术方面,要结合油基钻井液的特点及应用中存在的问题,把握关键环节,保证技术的适用性和针对性。

① 研究油基钻井液条件下井壁稳定机理和井壁稳定技术。为保证页岩气水平井安全高效钻井,针对页岩具有易膨胀、易破碎的特点,开展页岩气钻井井壁稳定性研究,揭示使用油基钻井液情况下页岩气水平井井壁失稳原因,形成油基钻井液井壁稳定技术。

② 进一步完善油基钻井液体系,改善流变性,提高封堵能力,减少油基钻井液的循环漏失,避免钻井过程中井壁的坍塌。

③ 开展油基钻井液用防漏堵漏材料及堵漏工艺研究,在凝胶微球堵漏剂的基础上,结合不同漏失情况形成完善配套的油基钻井液防漏堵漏材料及技术,提高堵漏一次成功率,减少油基钻井液漏失造成的损失。

④ 针对油基钻井液堵漏与水基钻井液堵漏的区别,探索油基钻井液漏失和防漏堵漏机理,为防漏堵漏提供理论支撑。

三、油基钻井液及钻屑处理

重点集中在处理技术和装备配套,装备配套还必须结合施工地区的特点,保证装备的实用性和可靠性,处理技术必须从处理效率、效果和成本控制上下功夫。

① 油基钻井液循环利用。围绕提高老浆循环利用率,重点是结合老浆性能分析,制定老浆回收、储存及处理措施、规程,通过钻井液净化和维护处理,使钻井液达到能够直接使用的水平,同时还需要研究循环次数对油基钻井液性能的影响,以便制定针对性更强的处理方法。对于高密度油基钻井液还需要做好重晶石等加重材料的回收,减少废物排放。形成配套的油基钻井液回收处理设备。

② 废钻井液及钻屑处理。在固液分离和含油钻屑的处理等方面深入研究,形成经济可行的废弃钻屑处理技术,满足环境保护的需要。尤其围绕页岩气开发,尽快形成配套的页岩气钻井和压裂等作业过程中产生废液、废水及废渣处理技术及设备,特别是油基钻井液的回收利用、油基钻屑处理以及含油废液、废水的处理。结合现场需要建立配套的随钻处理、现场处理和集中处理设备。

四、钻井液技术规范

① 油基钻井液处理剂质量检测方法及产品标准,重点是油基钻井液乳化剂、降滤失

剂、增切黏剂、封堵剂、有机土和加重剂等。

② 在现场实践的基础上，制定油基钻井液(包括全油基钻井液、乳化钻井液、合成基钻井液和可逆乳化钻井液)技术规范或技术规程，并结合不同油基钻井液体系的组成和性能特征，最终形成油基钻井液技术手册。

③ 建立油基钻井液回收及钻屑处理技术规范，制定处理后油基钻屑残余成分检测的实验方法与达标排放标准。

参考文献

[1] 王中华.国内外油基钻井液研究与应用进展[J].断块油气田，2011，18(4)：541-544.

[2] 油基钻井液介绍及应用[EB/OL].http://wenku.baidu.com/link?url=5yVBywZcsOosQTJUVEiUbWo6TAP81RROCnY-6NBrioKxsT7mSosdzJ1FMQ4 IavXbUBE5qs9d1OhNpnUmdmQvYa7oR4fY7HYbLhbeW1hnYYC.

[3] 刘明华，王阳，孙举，等油包水钻井液研究与应用[J].中外能源，2014，19(2)：30-34.

[4] 刘绪全，陈敦辉，陈勉，等.环保型全白油基钻井液的研究与应用[J].钻井液与完井液，2011，28(2)：10-12.

[5] 安文忠，张滨海，陈建兵.VersaClean 低毒油基钻井液技术[J].石油钻探技术，2003，31(6)：33-35.

[6] 王中华.国内页岩气开采技术进展[J].中外能源，2013，18(2)：36-42.

[7] 何涛，李茂森，杨兰平，等.油基钻井液在威远地区页岩气水平井中的应用[J].钻井液与完井液，2012，29(3)：1-5.

[8] 何振奎.泌页 HF1 井油基钻井液技术[J].石油钻探技术，2012，40(4)：23-32.

[9] 高莉，张弘，蒋官澄，等.鄂尔多斯盆地延长组页岩气井壁稳定钻井液[J].断块油气田，2013，20(4)：508-512.

[10] 王京光，张小平，曹辉，等.一种环保型合成基钻井液在页岩气水平井中的应用[J].天然气工业，2013，33(5)：82-85.

[11] 王显光，李雄，林永学.页岩水平井用高性能油基钻井液研究与应用[J].石油钻探技术，2013，41(2)：17-22.

[12] 何恕，李胜，王显光，等.高性能油基钻井液的研制及在彭页 3HF 井的应用[J].钻井液与完井液，2013，30(5)：1-4.

[13] 杨淑君，郑士权，吴彬，等.INVERMUL 油基钻井液在建页 HF-1 水平井的应用[J].化学与生物工程，2013，30(8)：74-76.

[14] 章文斌，钟少华，于成旺.建页 HF-2 井国产油基钻井液应用技术[J].江汉石油科技，2013，23(3)：35-41.

[15] 刘明华，孙举、王阳，等.油基钻井液在中原油田非常规油气藏开发中的应用[J].中外能源，2013，18(7)：38-41.

[16] 卢运虎，陈勉，安生.页岩气井脆性页岩井壁裂缝扩展机理[J].石油钻探技术，2012，40(4)：13-16.

[17] 李玉光，崔应中，王荐，等.沁水盆地页岩气地层页岩特征分析及钻井液对策[J].石油天然气学报(江汉石油学院学报)，2013，35(12)：105-111.

[18] 康毅力，杨斌，游利军，等.油基钻井完井液对页岩储层保护能力评价[J].天然气工业，2013，33(12)：99-104.

[19] 王中华.对加快发展我国油基钻井液体系的看法[J].中外能源，2012，17(2)：36-42.

[20] MAS M，TAPIN T，MÁRQUEZ R，et al.A New High-Temperature Oil-Based Drilling Fluid[C]//Latin American and Caribbean Petroleum Engineering Conference，21-23 April 1999，Caracas，Venezuela.

[21] 孙德全.全油基钻井液技术实现自主化[J].石油与装备，2011(5)：20-21.

[22] 余可芝，李自立，耿铁，等.油基钻井液在番禺 30-1 气田大位移井中的应用[J].钻井液与完井液，2011，28(2)：5-9.

[23] SHULTZ S M，SCHULTZ K L，PAGEMAN R C.Drilling Aspects of the Deepest Well in California[C]//SPE California Regional Meeting，5-7 April 1989，Bakersfield，California.

[24] VAN SLYKE，DONALD C.Thermally Stable Oil-based Drilling Fluid：US，5700763[P].1997-12-23.

[25] MAS M，TAPIN T，MARQUEZ R，et al.A New High-Temperature Oil-Based Drilling Fluid[C]//Latin American and Caribbean Petroleum Engineering Conference，21-23 April 1999，Caraca，Venezuela.

[26] CARBAJAL D L，BURRESS C N，SHUMWAY W，et al.Combining Proven Anti-sag Technologies for HPHT North Sea Applications：Clay-free Oil-Based Fluid and Synthetic，Sub-Micron Weight Material[C]//SPE/IADC Drilling Confer-

ence and Exhibition, 17-19 March 2009, Amsterdam, The Netherlands.

[27] 刘振东,薛玉志,周守菊,等.全油基钻井液完井液体系研究及应用[J].钻井液与完井液,2009,26(6):10-12.

[28] 张文波,戎克生,李建国,等.油基钻井液研究及现场应用[J].石油天然气学报,2010,32(3):303-305.

[29] 高海洋,黄进军,崔茂荣,等.高温下乳状液稳定性的评价方法[J].西南石油学院学报,2001,23(4):57-58.

[30] 胡文军,刘庆华,卢建林,等.强封堵油基钻井液体系在 W11-4D 油田的应用[J].钻井液与完井液,2007,24(3):12-15.

[31] 岳前升,向兴金,李中,等.油基钻井液的封堵性能研究与应用[J].钻井液与完井液,2006,23(5):40-42.

[32] OAKLEY D J, HALLIDAY G, BEGBIE R J, et al. New Oil-Based Drilling Fluid Reduces Oil on Cuttings[C]//Offshore Europe, 7-10 September 1993, Aberdeen, United Kingdom.

[33] 彭放.低毒油基钻井液在南海西部的应用[J].钻井液与完井液,1996,13(6):28-32.

[34] SACHEZ G, LEON N, ESCLAPES M. Environmentally Safe Oil-Based Fluids for Drilling Activities[C]//SPE/EPA Exploration and Production Environmental Conference, 1-3 March 1999, Austin, Texas.

[35] HERZHAFT B, ROUSSEAU L, NEAU L, et al. Influence of Temperature and Clays/Emulsion Microstructure on Oil-based Mud Low Shear Rate Rheology[J]. SPE Journal, 2003, 8(3): 211-217.

[36] 黄浩清.西江 24-3-A20ERW 大位移井钻井液技术[J].钻井液与完井液,2002,19(1):28-31.

[37] 单高军,崔茂荣,马勇,等.油基钻井液性能与固井质量研究[J].天然气工业,2005,25(6):69-71.

[38] 王荐,岳前升,吴彬,等.油基钻井液井筒清洗技术室内研究[J].海洋石油,2008,28(4):73-76.

[39] 刘俊,谭山川,方敏,等.天然气侵入油基钻井液的井口脱气分离技术[J].天然气技术,2010,4(3):27-28,46

[40] 王昌军,艾俊哲,王正良,等.涠洲油田油基钻井液黏稠物的形成机理[J].钻井液与完井液,2010,27(5):25-27.

[41] WALKER T O, SIMPSON J P, DEARING H L. Fast Drilling Invert Emulsion Drilling Fluids: US, 4508628[P]. 1985-04-02.

[42] BALLARD D A. Highly Branched Polymeric Materials as Surfactants for Oil-based Muds: US, 7825071[P]. 2007-12-20.

[43] DALMAZZONE C, AUDIBERT-HAYET A, LANGLOIS B. Oil-based Drilling Fluid Comprising a Temperature-stable and Non-polluting Emulsifying System: US, 7247604[P]. 2004-01-22.

[44] PATEL A D, FRIEDHEIM J. Invert Emulsion Drilling Fluids and Muds Having Negative Alkalinity and Elastomer Compatibility: US, 6589917[P]. 2003-07-08.

[45] WALKER T O, SIMPSON J P, DEARING H L. Fast Drilling Invert Emulsion Drilling Fluids: US, 4508628[P]. 1985-04-02.

[46] JEFF K, MILLER J, BRACKEN J, et al. Additive for Oil-based Drilling Fluids: US, 7008907[P]. 2006-03-07.

[47] MILLER J J. Metallic Soaps of Modified Tall Oil Acids: US, 7534746[P]. 2009-05-19.

[48] PATEL A, ALI S. New Opportunities for the Drilling Industry Through Innovative Emulsifier Chemistry[C]//International Symposium on Oilfield Chemistry, 5-7 February 2003, Houston, Texas.

[49] GREEN T C, HEADLEY J A, SCOTT P D, et al. Minimizing Formation Damage with a Reversible Invert Emulsion Drill-In Fluid[C]//SPE/IADC Middle East Drilling Technology Conference, 22-24 October 2001, Bahrain.

[50] 党庆功,孙双,贾辉,等.油基钻井液用 OET 乳化剂的研制[J].油田化学,2008,25(4):300-301,308.

[51] 中国石油集团川庆钻探工程有限公司工程技术研究院.一种油基钻井液用乳化剂及其制备方法:中国,103756652 A[P].2014-04-30.

[52] 中国石油化工股份有限公司,中国石油化工上海石油化工研究院.酚醚磺酸盐油基乳化剂及制备方法:中国,103897172[P].2014-07-02.

[53] 中国石油集团渤海钻探工程有限公司.一种多羟基结构乳化剂及含有该乳化剂的油基钻井液:中国,103013465 A[P].2013-04-03.

[54] GUICHARD B, VALENTI A, FRIEDHEIM J E, et al. An Organosoluble Polymer for Outstanding Fluid-loss Control With Minimum Damage[C]//European Formation Damage Conference, 30 May-1 June 2007, Scheveningen, The Netherlands.

[55] 高海洋，黄进军.新型抗高温油基钻井液降滤失剂的研制[J].西南石油学院学报，2000，22(4)：61-64.

[56] 阿温德·D·帕泰尔，萨希库马·梅塔斯，伊曼纽尔·斯塔马塔基斯，等.用于油基泥浆的降滤失剂：中国，101484546[P].2009-07-15.

[57] 张群正，孙霄伟，李长春，等.降滤失剂 H-QA 的制备与性能评价[J].石油钻采工艺，2013，35(1)：40-44.

[58] 赵泽.油基钻井液用腐殖酸类降滤失剂的研制与性能评价[J].应用化工，2014，43(7)：1189-1191.

[59] 韩子轩，蒋官澄，李青洋，等.新型合成基钻井液降滤失剂合成及性能评价[J].大庆石油学院学报，2014，38(5)：86-92.

[60] 中国石油集团长城钻探工程有限公司.一种油基钻井液用降滤失剂及其制备方法：中国，102911646[P].2013-02-06.

[61] 李春霞，黄进军，徐英.一种新型高温稳定的油基钻井液润湿反转剂[J].西南石油学院学报，2002，24(5)：21-23.

[62] 李巍，陶亚婵，罗陶涛.油基钻井液生物降解型润湿剂的研制与性能评价[J].钻采工艺，2014，37(6)：96-98.

[63] 中国石油集团长城钻探工程有限公司.一种油基钻井液润湿剂及其制备方法：中国，102816556 A[P].2012-12-12.

[64] 中国石油集团渤海钻探工程有限.酰胺基胺油基钻井液润湿剂及其制备方法：中国，103694968 A[P].2014-04-02.

[65] 王重，谢士光，陈德芳，等.有机膨润土的合成及应用综述[J].辽宁化工，2000，29(1)：36-39.

[66] MILLER J J.Drilling Fluids Containing Biodegradable Organophilic Clay：US，7521399[P].2009-4-21.

[67] 李春霞，黄进军，高海洋，等.一种新型抗高温有机土的研制及性能评价[J].西南石油学院学报，2001，23(4)：54-56.

[68] 王茂功，王奎才，李英敏.白油基钻井液用有机土的研制[J].钻井液与完井液，2009，26(5)：1-3.

[69] 戴维·迪诺，杰弗里·汤普森.亲有机黏土添加剂和具有更少依赖于温度的流变学特性的油基钻井液：中国，101370901[P].2009-02-18

[70] 崔明磊.抗高温白油基钻井液用有机土的研制及性能研究[J].广州化工，2014，42(6)：70-72.

[71] 冯萍，邱正松，曹杰，等.国外油基钻井液提切剂的研究与应用进展[J].钻井液与完井液，2012，29(5)：84-88.

[72] 米远祝，罗跃，李建成，等.油基钻井液聚合物增黏剂的合成及性能研究[J].钻井液与完井液，2013，30(2)：6-9.

[73] 季一辉，王建华，李外，等.油基钻井液用提切剂的研制及性能评价[J].现代化工，2014，34(7)：10-13.

[74] 王建华，李建男，闫丽丽，等.油基钻井液用纳米聚合物封堵剂的研制[J].钻井液与完井液，2013，30(6)：5-8.

[55] 高海洋,黄进军.新型抗高温油基钻井液降滤失剂的研制[J].西南石油学院学报,2000,22(4):61-64.

[56] 阿温德·D·帕泰尔,萨希库马·梅塔斯,伊曼纽尔·斯塔马塔基斯,等.用于油基泥浆的降滤失剂:中国,101484546[P].2009-07-15.

[57] 张群正,孙霄伟,李长春,等.降滤失剂 H-QA 的制备与性能评价[J].石油钻采工艺,2013,35(1):40-44.

[58] 赵泽.油基钻井液用腐殖酸类降滤失剂的研制与性能评价[J].应用化工,2014,43(7):1189-1191.

[59] 韩子轩,蒋官澄,李青洋,等.新型合成基钻井液降滤失剂合成及性能评价[J].大庆石油学院学报,2014,38(5):86-92.

[60] 中国石油集团长城钻探工程有限公司.一种油基钻井液用降滤失剂及其制备方法:中国,102911646[P].2013-02-06.

[61] 李春霞,黄进军,徐英.一种新型高温稳定的油基钻井液润湿反转剂[J].西南石油学院学报,2002,24(5):21-23.

[62] 李巍,陶亚婵,罗陶涛.油基钻井液生物降解型润湿剂的研制与性能评价[J].钻采工艺,2014,37(6):96-98.

[63] 中国石油集团长城钻探工程有限公司.一种油基钻井液润湿剂及其制备方法:中国,102816556 A[P].2012-12-12.

[64] 中国石油集团渤海钻探工程有限.酰胺基胺油基钻井液润湿剂及其制备方法:中国,103694968 A[P].2014-04-02.

[65] 王重,谢士光,陈德芳,等.有机膨润土的合成及应用综述[J].辽宁化工,2000,29(1):36-39.

[66] MILLER J J.Drilling Fluids Containing Biodegradable Organophilic Clay:US,7521399[P].2009-4-21.

[67] 李春霞,黄进军,高海洋,等.一种新型抗高温有机土的研制及性能评价[J].西南石油学院学报,2001,23(4):54-56.

[68] 王茂功,王奎才,李英敏.白油基钻井液用有机土的研制[J].钻井液与完井液,2009,26(5):1-3.

[69] 戴维·迪诺,杰弗里·汤普森.亲有机黏土添加剂和具有更少依赖于温度的流变学特性的油基钻井液:中国,101370901[P].2009-02-18

[70] 崔明磊.抗高温白油基钻井液用有机土的研制及性能研究[J].广州化工,2014,42(6):70-72.

[71] 冯萍,邱正松,曹杰,等.国外油基钻井液提切剂的研究与应用进展[J].钻井液与完井液,2012,29(5):84-88.

[72] 米远祝,罗跃,李建成,等.油基钻井液聚合物增黏剂的合成及性能研究[J].钻井液与完井液,2013,30(2):6-9.

[73] 季一辉,王建华,李外,等.油基钻井液用提切剂的研制及性能评价[J].现代化工,2014,34(7):10-13.

[74] 王建华,李建男,闫丽丽,等.油基钻井液用纳米聚合物封堵剂的研制[J].钻井液与完井液,2013,30(6):5-8.